Nr. 38
S. 12111—12434

1959
23. September

Chemisches Zentralblatt

Vollständiges Repertorium für alle Zweige der reinen und angewandten Chemie

1830 gegründet. 1897—1945 von der Deutschen Chemischen Gesellschaft fortgeführt. Im Auftrage der Deutschen Akademie der Wissenschaften zu Berlin, der Chemischen Gesellschaft in der DDR, der Akademie der Wissenschaften zu Göttingen und der Gesellschaft Deutscher Chemiker (in der BRD)

herausgegeben von Prof. Dr. Heinrich Bertsch und Prof. Dr. Dr. h. c. Wilhelm Klemm

130. Jahrgang
1959

Chefredakteure: Dr. Eugen Klever und Dr. Heinz Walter

Akademie-Verlag GmbH., Berlin — Verlag Chemie, GmbH., Weinheim/Bergstr.

Inhalt

Namenregister

Patentregister

VOM WASSER

EIN JAHRBUCH FÜR WASSERCHEMIE UND WASSERREINIGUNGSTECHNIK

Herausgegeben von der

Fachgruppe Wasserchemie der Gesellschaft Deutscher Chemiker

Verantwortlich für den Text: W. HUSMANN

Band XXV (1958)

1959. 396 Seiten mit 94 Abbildungen und 36 Tabellen. Halbleinen DM 35,—

Früher erschienen und noch lieferbar:

Band XX (1953)

1954. 336 Seiten mit 133 Abbildungen, 49 Tabellen und 1 farbigen Ausschlagtafel — Halbleinen DM 24,80

Band XXI (1954)

1955. 279 Seiten mit 149 Abbildungen, 43 Tabellen, 1 Farb- und 1 Ausschlagtafel — Halbleinen DM 21,60

Band XXII (1955)

1956. 438 Seiten mit 149 Abbildungen und 75 Tabellen — Halbleinen DM 31,80

Band XXIII (1956)

1957. 292 Seiten mit 84 Abbildungen und 65 Tabellen — Halbleinen DM 27,40

Band XXIV (1957)

1958. 367 Seiten mit 161 Abbildungen und 23 Tabellen — Halbleinen DM 35,—

VERLAG CHEMIE · GMBH — WEINHEIM / BERGSTR.

Chemisches Zentralblatt

1959 Nr. 38 23. September

A. Allgemeine, physikalische und anorganische Chemie.

A_1. Kernphysik und Kernchemie.

K. C. McCracken und **N. R. Parsons,** *Ungewöhnliche Höhenstrahlintensitätsschwankungen, die auf südlichen Stationen während der Zeit vom 21.—24. Oktober 1957 beobachtet worden sind.* Die beobachteten Schwankungen lassen die Existenz einer kurzlebigen u. stark richtungsabhängigen Anisotropie der prim. Höhenstrahlung während der Periode vermuten, die einer Abnahme vom FORBUSH-Typ unmittelbar vorangeht. (Physic. Rev. [2] **112.** 1798—1801. 1/12. 1958. Hobart, Tasmania, Univ. of Tasmania, Phys. Dep.) GERHARD SCHMIDT. 85

K. D. Cole, *Energiearme Teilchenstrahlung auf hohen geographischen Breiten.* Der auf hohen geograph. Breiten in Höhen von ca. 100 km beobachtete Elektronenfluß (50—90 keV) u. der im Nordlicht beobachtete Protonenfluß (bis zu wenigstens 90 keV) werden auf der Grundlage des von BOHM u. GROSS erörterten Beschleunigungsmechanismus geladener Teilchen durch fortschreitende elektrostat. Wellen, die einem Dispersionsgesetz genügen, erklärt. Vf. nimmt an, daß diese elektrostat. Wellen in der Exosphäre durch solare Teilchenströme entstehen, sich längs der geomagnet. Feldlinien fortpflanzen u. dabei geladene Teilchen einfangen. (Nature [London] **183.** 738. 14/3. 1959. Melbourne, Dep. of External Affairs, Antarct. Div.) D. JÖRCHEL. 85

G. S. Murty und **R. K. Varma,** *Beschleunigung der Höhenstrahlung.* Verallgemeinerung des ALFVÉNschen Modells diskontinuierlicher Magnetfeldänderungen für die Beschleunigung von Höhenstrahlen durch den Betatronmechanismus auf kontinuierliche Feldänderungen. (Physic. Rev. [2] **112.** 1789—92. 1/12. 1958. Bombay, Tata Inst. of Fundament. Res.) GERHARD SCHMIDT. 85

D. A. Tidman, *Erzeugung suprathermischer Teilchen durch Doppelsterne.* Es wird angenommen, daß die sich ausdehnenden Koronen von Doppelsternen zusammenstoßen u. ein Gebiet starker Bewegung erzeugen, das zur Beschleunigung von Ionen durch den FERMI-Mechanismus fähig ist. Dieser Vorgang kann für die Injizierung von Höhenstrahlung niedriger Energie in den interstellaren Raum von Bedeutung sein. (Physic. Rev. [2] **112.** 1759—62. 1/12. 1958. Chicago, Ill., Univ. of Chicago, Enrico Fermi Inst. of Nucl. Stud. and Dep. of Phys.) HERBERT WEBER. 85

T. H. R. Skyrme, *Durch μ-Mesonen induzierte Fusion.* Im Anschluß an die Verss. (ALVAREZ u. Mitarbeiter) über (p,d)-Rkk. in Ggw. von μ-Mesonen (Bldg. mes. Atome u. Moll.) werden die Reaktionsgeschwindigkeiten analysiert, die zur Klärung der experimentellen Ergebnisse erforderlich sind. (Philos. Mag. [8] **2.** 910—16. Juli 1957. Harwell, Berks., A. E. R. E.) GERHARD SCHMIDT. 90

E. Helmy, J. H. Mulvey, D. J. Prowse und **D. H. Stork,** *Beispiel der Erzeugung eines π^--Mesons durch ein K^+-Meson.* Bei der Unters. von 50 m Bahnen von K^+-Mesonen (200—300 MeV) in Kernemulsionen wurde ein Wechselwirkungsereignis gefunden, von dem eine Pionenbahn ausgeht. Das einfallende K^+ hatte eine kinet. Energie von 323 $\pm$ 20 MeV u. trat mit einer Energie von 30 MeV unter 36° wieder aus. Die Pionenbahn hatte eine charakterist. π^--Endung, das Pion wurde mit 34 MeV unter 96° emittiert. Ferner verließ ein 40 MeV-Proton den Stern unter 81° neben 3 weiteren kurzen Bahnen. (Physic. Rev. [2] **112.** 1793—95. 1/12. 1958. Los Angeles, Calif., Univ. of California, Dep. of Phys.) HERBERT WEBER. 90

R. A. Sorensen, *Elektromagnetische Effekte bei der Meson-Nucleon-Streuung.* Im Hinblick auf Diskrepanzen in den Dispersionsbeziehungen für Mesonenstreuung werden die Effekte der elektromagnet. Wechselwirkung auf die Meson-Nucleon-Streuung in einer sonst ladungsunabhängigen Theorie untersucht. Berechnet werden 1) die Effekte der Massendifferenz von geladenen/neutralen Mesonen, für die ein elektromagnet. Ursprung angenommen wird, u. 2) andere elektromagnet. Effekte unter Einschluß eines virtuellen Photons in der COULOMB-Approximation. Effekte bei der π^+-Proton-Streuung werden untersucht. (Physic. Rev. [2] **112.** 1813—25. 1/12. 1958. Pittsburgh, Pa., Carnegie Inst. of Technol.) HERBERT WEBER. 90

Howard J. Schnitzer und **Georg Salzman,** *Diskrepanz zwischen π^--Proton-Streuung und einer Dispersionsbeziehung.* Die Benutzung neuerer Daten zur Ableitung des sehr empfindlichen Hauptwertintegrals u. eine detailliertere Fehleranalyse führen zu einer kleineren Diskrepanz für die π^--Proton-Streuung. Die Analyse ist sehr empfindlich gegenüber der experimentellen Ladungsaustauschstreuung. Die Bedeutung von D-Wellen bei der Ausdehnung der Analyse auf Energien oberhalb 300 MeV wird demonstriert. Die Beiträge von Energien oberhalb ca. 2 GeV u. vernünftige Änderungen der Kopplungskonstante f^2 sowie der S-Wellenstreulängen a_1 u. a_3 können nicht wesentlich zur Lösung der Diskrepanz beitragen. (Physic. Rev. [2] **112.** 1802—09. 1/12. 1958. Rochester, N. Y., Univ., Dep. of Phys. and Astron.) Herbert Weber. 90

G. Alexander, C. Ballario, R. Bizzarri, B. Brunelli, E. Di Capua, A. Michelini, G. C. Moneti und **A. Zichichi,** *Erzeugung von Λ^0- und Θ^0-Teilchen in Eisen.* Eine Nebelkammer, die Fe-Platten enthielt, wurde auf 3500 m der Höhenstrahlung ausgesetzt. Durch Messungen der Winkel u. Schätzungen der Ionisation wurden 115 V^0-Fälle analysiert u. 107 Λ^0 u. Θ^0 beobachtet. Die relativen Häufigkeiten der Erzeugung betrugen $\Lambda^0/\Theta^0 = 1{,}0 \pm 0{,}4$. Die Zerfälle beider Teilchen scheinen isotrop zu verlaufen. Der Wirkungsquerschnitt für die Erzeugung von V^0 ist größer bei Pionen als bei Nucleonen; ferner nimmt er mit der im Schauer freiwerdenden Energie zu. (Nuovo Cimento [10] **9.** 624—46. 16/8. 1958. Roma, Univ., Ist. di Fis., Ist. Naz. di Fis. Nucl.) M. Wiedemann. 90

Elihu Boldt, Herbert S. Bridge, David O. Caldwell und **Yash Pal,** *Neutrale Zerfallsmodi der Θ_1^0 und Λ^0.* In einer großen Mehrplatten-Nebelkammer wird ein Ereignis gefunden, das sehr dafür spricht, daß der Zerfallsmodus $\Theta_1^0 \rightarrow 2\pi^0$ existiert u. daher der Spin des K-Mesons gerade ist. Zwei beobachtete Schauer müssen entsprechend ihrer Raumwinkel u. Energien im wesentlichen die ganze Energie der beiden π^0 aus einem Θ_1^0 darstellen, das in Assoziation mit einem Λ^0 erzeugt worden ist. Auf der Basis dieses Ereignisses ergibt sich der Anteil der Θ_1^0-Zerfälle, die nach dem 2 π^0-Modus verlaufen, zu ca. 0,06. Die Wahrscheinlichkeit, daß dieser Anteil mit dem nach der $\Delta I = 1/_2$-Auswahlregel vorhergesagten Wert von $1/_3$ übereinstimmt, ist 3%. Andererseits ist der Anteil von Λ^0-Zerfällen, die nach einem neutralen Zerfallsmodus verlaufen, mit dem Wert $1/_3$ nach der $\Delta I = 1/_2$-Regel in Einklang. Die für diesen Anteil erhaltenen Werte sind $0{,}22 \pm 0{,}13$ aus der direkten Beobachtung von Schauern (wahrscheinlich $\Lambda^0 \rightarrow n + \pi^0$) u. $0{,}33 \pm 0{,}06$ aus der Zahl der Λ^0, die nicht nach geladenen Teilchen zerfallen. (Physic. Rev. [2] **112.** 1746—49. 1/12. 1958. Cambridge, Mass., MIT; Upton, N. Y., Brookhaven Nat. Labor.) Herbert Weber. 90

M. Goldhaber, T. D. Lee und **C. N. Yang,** *Zerfallsmodi eines $(\Theta + \bar{\Theta})$-Systems.* Beziehungen zwischen den verschied. Zuständen eines Syst., das aus einem Θ-Meson, einem $\bar{\Theta}$-Meson u. einer bestimmten Anzahl von Pionen besteht, werden analysiert. Theoreme bzgl. gewisser Korrelationen zwischen den Erzeugungswahrscheinlichkeiten für geladene u. ungeladene Θ-Mesonen u. den Zerfallsmodi (Θ_1^0 u. Θ_2^0) werden erhalten. (Physic. Rev. [2] **112.** 1796—98. 1/12. 1958. Upton, N. Y., Brookhaven Nat. Labor.) Herbert Weber. 90

Kiyomi Itabashi, *Über die $|\Delta I| = 1/2$-Regel für den Σ-Zerfall.* Diese Selektionsregel bedeutet, daß im Isotopenspinraum die Hamilton-Funktion der Zerfallswechselwirkung wie eine Spinorkomponente transformiert wird. (Progr. theoret. Physics [Kyoto] **19.** 747—48. Juni 1958. Sendai, Tohoku Univ., Dep. of Phys. [Orig.: engl.]) M. Wiedemann. 90

C. A. Mead, *Theorie der Strahlungsdämpfung in stationären Zuständen.* Es wird ein Formalismus zur Best. der stationären Zustände eines Syst. entwickelt, für das Strahlungsdämpfungseffekte berücksichtigt werden müssen. Die Meth. schließt das Kriterium zur Entscheidung der Frage ein, ob ein gegebener ungestörter Zustand einen exakten, ihm entsprechenden stationären Zustand hat oder nicht. Die Theorie wird auf das Lee-Modell mit instabilem V-Teilchen angewandt. (Physic. Rev. [2] **112.** 1843—47. 15/12. 1958. Upton, N. Y., Brookhaven Nat. Labor., Chem. Dep.) D. Jörchel. 90

J. Schneps, *π^+-mesonischer Zerfall eines Hyperfragments.* Das Hyperfragment wurde in einem K^--Mesonenstern in Emulsion erzeugt u. zerfiel in 2 sichtbare Teilchen, ein π^+-Meson u. einen Rückstoßkern. Das Ereignis kann als ${}_{\Lambda}{}^7Li \rightarrow n + \pi^+ + {}^6He$ oder ${}_{\Lambda}{}^7Be \rightarrow n + \pi^+ + {}^6Li$ interpretiert werden. Da das Λ-Teilchen nur in $p + \pi^-$ u. $n + \pi^0$ zerfällt, wird das Auftreten eines π^+-Mesons aus diesem Hyperfragment auf den Ladungsaustausch eines π^0-Mesons aus dem Λ-Zerfall mit dem Restkern des Hyperfragments zurückgeführt. (Physic. Rev. [2] **112.** 1335—36. 15/11. 1958. Medford, Mass., Tufts Univ., Dep. of Phys.) Herbert Weber. 90

R. F. Christy, *Die Analyse von Daten für die nucleare Streuung geladener Teilchen.* Theoret. Diskussion der elast. Streuung geladener Teilchen mit Energien bis zu einigen MeV an Kernen unter Berücksichtigung der Daten für breite Resonanzen (Nichtresonanzwechselwrkgg.) u. enge Resonanzen. (Physica [Utrecht] **22.** 1009—18. Nov. 1956. Pasadena, Calif., California Inst. of Technol., Kellogg Radiat. Labor.) GERHARD SCHMIDT. 90

L. van Hove, *Einige Bemerkungen zum optischen Modell für elastische Nucleon-Kern-Streuung.* Übersicht über die Analyse energiereicher Nucleonenstreuung an komplexen Kernen auf der Grundlage des quasiopt. Modells mit Einschluß von Polarisationseffekten. (Physica [Utrecht] **22.** 979—86. Nov. 1956. Utrecht, Rijksuniv., Inst. voor theoret. Fys.) GERHARD SCHMIDT. 90

James L. Anderson, *Superpotentiale für eine allgemein kovariante Feldtheorie.* (Vgl. C. **1959.** 4678.) Ein Ausdruck für die Superpotentiale, die dem Energie-Impuls-Komplex entsprechen, wird wiedergegeben. Es werden keine speziellen Annahmen bzgl. der Symmetrie-Eigg. der LAGRANGE-Funktion gemacht. (Physic. Rev. [2] **112.** 1826—27. 1/12. 1958. Hoboken, N. J., Stevens Inst. of Technol., Dep. of Phys.) HERBERT WEBER. 90

Gérard Petiau, *Über ein System nichtlinearer Wellengleichungen, die die Gleichungen der Theorie des Teilchens mit Spin $\hbar/2$ verallgemeinern.* Vf. untersucht ein nichtlineares Gleichungssystem, das allg. ein Syst. beschreibt, das sich als Teilchen mit Spin $\hbar/2$ u. ein begleitendes Vektorfeld deuten läßt. Ebene-Wellen-Lösungen u. Entartungen dieses Modells werden erörtert. (C. R. hebd. Séances Acad. Sci. **248.** 1620—22. 16/3. 1959.) D. JÖRCHEL. 90

R. van Wageningen und **H. J. Groenewold,** *Symmetrien bei der elastischen Spin $^1/_2$–Spin 0-Streuung.* Theoret. Betrachtung von 4 Phasenverschiebungsreihen für die elast. Streuung von Spin $^1/_2$-Teilchen an Spin 0-Streuern. (Physica [Utrecht] **23.** 720—26. Aug. 1957. Groningen, Rijks Univ., Natuurkunde Labor.) GERHARD SCHMIDT. 90

S. F. Edwards und **P. T. Matthews,** *Crossing-Symmetrie und die relativistische Gleichung für zwei Fermionen.* Theoret. Betrachtungen der Symmetrien der Streumatrix von 2 Fermionen führen zu dem Vorschlag einer linearen Streugleichung, die sämtliche Symmetrie- u. Invarianzeigg. der wahren t-Matrix besitzt. (Philos. Mag. [8] **2.** 831—38. Juli 1957. Birmingham, Univ., Dep. of Math. Phys.) GERHARD SCHMIDT. 90

S. F. Edwards und **P. T. Matthews,** *Bemerkungen über Crossing-Symmetrie.* Theoret. Ableitung einiger Beziehungen zwischen verschied. von der Crossing-Symmetrie herrührenden Amplituden der Partialwellen für Meson-Nucleon-Streuung u. einige ähnliche Symmetrieeigg. für die Nucleon-Nucleon-Wechselwirkung. (Philos. Mag. [8] **2.** 839—44. Juli 1957. Birmingham, Univ., Dep. of Math. Phys.; Rochester, N. Y., Univ., Dep. of Phys.) GERHARD SCHMIDT. 90

H. A. Bethe, *Einführung in die Brucknersche Theorie.* Bedeutung der BRUECKNERschen Theorie für das Problem der Ableitung der Energieniveaus u. dynam. Eigg. von Kernen, falls die Kräfte zwischen den Nucleonen gegeben sind. (Physica [Utrecht] **22.** 987—93. Nov. 1956. Ithaca, N. Y., Cornell Univ., Labor. for Nucl. Stud.) GERHARD SCHMIDT. 90

Luis W. Alvarez, Frank S. Crawford jr. und **M. Lynn Stevenson,** *Elastische Streuung von 1,6 MeV-γ-Strahlen an H-, Li-, C- und Al-Kernen.* Die elast. Streuung von 1,6 MeV-γ-Strahlen (^{140}Ba–^{140}La-Quelle) an H, Li, C u. Al wurde unter einem Winkel von 124° gemessen. Die Verhältnisse der gemessenen differentiellen Querschnitte zu den klass. differentiellen THOMSON-Querschnitten betragen $0,94 \pm 0,16$ für H, $0,92 \pm 0,10$ für Li, $1,06 \pm 0,10$ für C u. $1,15 \pm 0,10$ für Al. Die Ergebnisse sind mit der Vorhersage der Feldtheorie in Einklang, wonach bei niedriger Photonenenergiegrenze der Querschnitt sich dem klass. THOMSON-Querschnitt nähern muß. (Physic. Rev. [2] **112.** 1267—73. 15/11. 1958. Berkeley, Calif., Univ. of California, Radiat. Labor. and Dep. of Phys.) HERBERT WEBER. 90

J. Moffatt und **M. W. Stringfellow,** *Die Kleinwinkelstreuung energiereicher Photonen in Uran.* Der differentielle Streuquerschnitt für 90 MeV-Photonen wurde an einem U-Target von 11,0 g/cm² Dicke gemessen. Der differentielle COMPTON-Wirkungsquerschnitt betrug 7,3 barn/Raumwinkel u. war über den gesamten Bereich konstant. Der Energieverlust der COMPTON-Streuung ist so gering, daß der ČERENKOV-Zähler zwischen COMPTON- u. unelast. Streuung nicht diskriminieren kann. Das Maximum bei der experimentellen Verteilungskurve wird jedoch auf elast. Streuprozesse zurückgeführt. Es wird angenommen, daß der Hauptbeitrag zur elast. Streuung von der DELBRÜCK-Streuung herrührt. (Philos. Mag. [8] **3.** 540—42. Mai 1958. Oxford, Clarendon Labor.) P. WOLF. 90

U. Fano, H. W. Koch und **J. W. Motz,** *Schätzung von Bremsstrahlungsquerschnitten an der Hochfrequenzgrenze.* Neuere experimentelle Werte für den Bremsstrahlungsquerschnitt nahe der Hochfrequenzgrenze mit Elektronenenergien von 0,05 bis 15 MeV u. Targets mit Z von 13—79 (bes. für *Al, W* u. *Au*) werden mit theoret. Schätzungen verglichen. (Physic. Rev. [2] **112.** 1679—83. 1/12. 1958. Washington, D. C., Nat. Bur. of Stand.) Herbert Weber. 90

W. A. Tumanjan, W. A. Sharkow und **G. Ss. Stoljarowa,** *Berücksichtigung von pseudoternären Prozessen bei der Beurteilung des Querschnittes der direkten Bildung von Elektron–Positron-Paaren.* Nach der Monte-Carlo-Meth. wird der Anteil der pseudotern. Prozesse, bei denen aus dem γ-Quant der Bremsstrahlung in unmittelbarer Nähe des Elektrons ein Elektronenpaar entsteht, für Primärenergien von 10^{10}, 10^{11} u. 10^{12} für Kernemulsionen u. zwei verschied. Formen des Spektr. der Bremsstrahlung berechnet. Der Anteil der wahren Tridents kann abgeschätzt werden. Die Berechnung wird für verschied. Bahnlängen des Elektrons durchgeführt. (Доклады Академии Наук СССР [Ber. Akad. Wiss. UdSSR] **122.** 208—10. 11/9. 1958.) M. Wiedemann. 90

J. S. Geiger, G. T. Ewan, R. L. Graham und **D. R. MacKenzie,** *Messungen über die Longitudinalpolarisation von β-Strahlen aus ^{32}P, ^{90}Y, ^{144}Pr, ^{198}Au und $^{210}Bi(RaE)$.* Die Polarisation der β-Strahlen wurde nach der Meth. der Møller-Streuung in einer magnetisierten Ni–Fe-Folie untersucht. Die gestreuten Primärelektronen u. die Rückstoßelektronen aus der Targetfolie wurden in Koinzidenz durch 2 Scintillationszähler nachgewiesen. Die Differenz zwischen den Koinzidenzzählraten für die 2 Richtungen der Folienmagnetisierung, dividiert durch die mittlere Rate, liefert ein quantitatives Maß für die Longitudinalpolarisation der prim. β-Strahlen. Die Ergebnisse sind für ^{32}P $P = -(0{,}94 \pm 0{,}06)\ v/c$; $^{90}Y\ P = -(0{,}86 \pm 0{,}06)\ v/c$; $^{144}Pr\ P = -(0{,}90 \pm 0{,}22)\ v/c$; $^{198}Au\ P = -(0{,}98 \pm 0{,}18)\ v/c$ u. für RaE $P = -(0{,}69 \pm 0{,}10)\ v/c$. Der niedrige Wert für RaE zeigt ein Abweichen von der $-v/c$-Polarisation für dieses Nuclid an, während die Differenzen der ersten 4 Ergebnisse zu $-v/c$ im Bereich möglicher systemat. Fehler liegen. (Physic. Rev. [2] **112.** 1684—91. 1/12. 1958. Chalk River, Ont., Atom. Energy of Canada Ltd., Chalk River Labor.) Herbert Weber. 90

P. K. Sen Chaudhury und **G. Pfotzer,** *Über den Einfluß von Kohleabsorbern auf die Neutronenerzeugung in Blei durch kosmische Strahlung und die absolute Häufigkeit nuclearer Kaskaden in verschieden dicken Bleischichten.* Die Neutronenerzeugung in einer Pb-Platte unter C wurde mit BF_3-Zählern bestimmt u. das Maximum bei 9 bis 11 cm C, das dem Maximum der Sternhäufigkeit entspricht, auf die Streuung der Verdampfungsneutronen am Absorber zurückgeführt. Die Intensität der Neutronen nimmt monoton mit der Schichtdicke entsprechend einer Absorptionslänge von $182 \pm 30\ g/cm^2$ ab. Die integrale absol. Häufigkeit nuclearer Kaskaden in Pb kann durch 2 Absorptionslängen von 23 u. $320\ g/cm^2$ am besten beschrieben werden, hier besteht ein Zusammenhang mit Übergangseffekten. Die absol. Intensität der kernakt. Komponente auf Seehöhe beträgt $(3{,}8 \pm 0{,}7) \cdot 10^{-3}/cm^2$ sec. (Z. Naturforsch. **14a.** 10—23. Jan. 1959. Lindau/Harz, MPI für Aeronomie, Inst. für Stratosphärenphys.) M. Wiedemann. 90

D. J. Hughes, *Neutronen und Kernstruktur.* Im Anschluß an die Unterss. über Neutronenresonanzen werden u. a. die Strahlungsbreiten nuclearer Energieniveaus u. ihre Beziehung zu den theoret. Übergangswahrscheinlichkeiten, die Größenverteilungen von Neutronenbreiten der Niveaus u. die Wahrscheinlichkeit der Compoundkernbildung behandelt. (Physica [Utrecht] **22.** 994—1008. Nov. 1956. Upton, N. Y., Brookhaven Nat. Labor.) Gerhard Schmidt. 90

Daniel Cribier, Magda Ericson, Bernard Jacrot und **Gobalakichéna Sarma,** *Streuung kalter Neutronen an Manganfluorid (MnF_2).* Die Streuung näherungsweise monochromat. Neutronen mit einer mittleren Wellenlänge von 4,5 Å an MnF_2-Pulver wurde bei 300 u. 600° K experimentell gemessen. Es zeigte sich, daß in Übereinstimmung mit der Theorie von de Gennes die Energiebreite des gestreuten Bündels mit kleiner werdendem Streuwinkel nach null geht. Bei einem Streuwinkel von 90°, wo die Van Vleck-Formel anwendbar sein sollte, weicht das beobachtete Spektr. wesentlich von der Voraussage ab. Die Halbwertsbreite der theoret. Gauss-Kurve ist $5{,}5 \cdot 10^{-3}$ eV, gemessen wurden ca. 10^{-3} eV. (C. R. hebd. Séances Acad. Sci. **248.** 1631—34. 16/3. 1959.) D. Jörchel. 90

E. Richard Cohen, *Das Neutronengeschwindigkeitsspektrum in einem schweren Moderator.* Vf. untersucht die Wilkinssche Differentialgleichung zur Darst. des Geschwindigkeitsspektr. der Neutronen in einem schweren Moderator für den Fall der 1/v-Absorption. Eine exakte Lösung in Ausdrücken 2. Ordnung für den Absorptionsparameter ermöglicht eine genaue Best. der asymptot. Neutronendichte. (Nuclear Sci. Engng. **2.** 227—45. Mai 1957. Canoga Park, Calif., Atom. Internat.) Gerhard Schmidt. 90

F. J. Jankowski, D. Klein und **T. M. Miller,** *Eichung von Regelstäben.* Eine theoret. Behandlung der Oscillationstechnik wird gegeben. Die nach dieser Meth. erhaltenen experimentellen Ergebnisse werden mit denen verglichen, die nach einem zweiten Verf. erhalten werden, wonach eine Neutronenquelle plötzlich aus einem unterkrit. Reaktor entfernt wird. Die Neutronenniveaus vor u. nach Änderung werden verglichen. (Nuclear Sci. Engng. **2.** 288—302. Mai 1957. Pittsburgh, Pa., Westinghouse Electr. Corp., Bettis Atom. Power Div.) Gerhard Schmidt. 90

John Potter und **Khosrow Chadan,** *Nichtlokale Wechselwirkungen und Streumatrix.* Vff. zeigen, wie man bei einer Proton–Proton-Wechselwirkung, die aus der Summe einer lokalen Wechselwirkung, die die Coulomb-Wechselwrkg. einschließt, u. einer abtrennbaren nichtlokalen Wechselwrkg. besteht, den abtrennbaren Anteil bestimmen kann, indem man vom lokalen Anteil u. der Streumatrix für alle Energien ausgeht. (C. R. hebd. Séances Acad. Sci. **248.** 1612—15. 16/3. 1959.) D. Jörchel. 90

R. M. Sternheimer, *Einfluß einer komplexen Spin–Bahn-Kopplung auf die Polarisation von elastisch an Kernen gestreuten Protonen.* Der Einfl. einer komplexen Spin-Bahn-Kopplung auf die Polarisation bei der elast. Nucleon–Kern-Streuung wurde für den speziellen Fall der Streuung von 150 MeV-Protonen an Emulsionskernen (Ag, Br) untersucht. Die Berechnungen wurden für ein festes Zentralpotential V u. einen festen Realteil U_r bei variablem Imaginärteil U_i der Spin-Bahn-Kopplung durchgeführt. Danach wächst die maximale Polarisation P_{max} in der 1. Beugungsspitze etwas mit steigendem U_i (von 0,55 für $U_i = 0$ bis 0,76 für U_i mit dem Maximalwert $U_{i, max} = 1{,}0$ MeV an der Kernoberfläche). Die kleinen negativen Werte der Polarisation P im Kleinwinkelbereich der Coulomb-Streuung (P = ca. — 0,02) u. die großen negativen Werte von P im Bereich des 1. Beugungsminimums sind ziemlich unempfindlich gegenüber Änderungen von U_i. Weitere Berechnungen wurden für die Polarisation der an *C* u. *Pb* gestreuten 150 MeV-Protonen durchgeführt. (Physic. Rev. [2] **112.** 1785—89. 1/12. 1958. Upton, N. Y., Brookhaven Nat. Labor.) Herbert Weber. 90

P. C. Gugelot, *Reaktionen und Streuung bei mittleren Energien.* Die Interpretation der Ergebnisse der elast. Protonenstreuung führt zu der Annahme eines nuclearen Absorptionspotentials, das zwischen 2 u. 10 MeV variiert. Die entsprechende freie Weglänge eines Nucleons in Kernmaterie ist dann in der gleichen Größenordnung wie die Kerndimension. Vf. demonstriert die direkte Wechselwrkg. mit Protonen durch Vgl. des Verhältnisses von Protonen- zu α-Emission bei Rkk. des Typs X(x,y)Y, wobei x ein Proton, y ein Proton oder α-Teilchen u. Y der Endkern ist, der vorzugsweise der gleiche bei den p- u. α-Rkk. sein soll. (Physica [Utrecht] **22.** 1019—26. Nov. 1956. Amsterdam, Inst. voor kernphys. Onderz.) Gerhard Schmidt. 90

Charles A. Coombes, Bruce Cork, William Galbraith, Glen R. Lambertson und **William A. Wenzel,** *Antiproton–Proton-Querschnitte bei 133, 197, 265 und 333 MeV.* Mit Scintillationszählern wurde die $\bar{p}$–p-Wechselwirkung im Energiebereich 133 bis 333 MeV untersucht. Im Bevatron erzeugte Antiprotonen, die außen durch ein Syst. von magnet. Quadrupolen u. Ablenkmagneten ausgewählt u. durch die Flugzeit identifiziert wurden, traten in ein Target mit fl. H_2 ein. Dieses Target war vollständig umgeben von einem Syst. von Scintillationszählern, die sowohl gestreute Antiprotonen als auch Vernichtungssekundärteilchen nachwiesen. Ein elektrostat.-magnet. Geschwindigkeitsspektrometer wurde im äußeren magnet. Kanal zur Steigerung des $\bar{p}/\pi$-Verhältnisses benutzt. Die totalen, elast., unelast. u. Ladungsaustauschquerschnitte für $\bar{p}$–p-Wechselwirkungen u. die Winkelverteilung bei der elast. Streuung wurden für jede Energie gemessen. Der unelast. Querschnitt beträgt bei diesen Energien ca. die Hälfte des totalen Querschnitts. (Physic. Rev. [2] **112.** 1303—10. 15/11. 1958. Berkeley, Calif., Univ. of California, Radiat. Labor.) Herbert Weber. 90

E. van der Spuy und **H. J. Pienaar,** *Die Wechselwirkung zweier α-Teilchen.* Vff. untersuchen die Frage, ob die Phasenverschiebungswerte für die α–α-Streuung bis zu 6 MeV durch ein geschwindigkeitsunabhängiges Wechselwirkungspotential oder eine Zweikörperwechselwirkung dargestellt werden können. Unter Zugrundelegung eines Kastenpotentials u. rein phänomenolog. Betrachtungen der Wechselwirkungen mit einem unendlich abstoßenden Kernrumpf (Core) kann keine Entscheidung getroffen werden. Die Ergebnisse zeigen jedoch, daß ein äußerer Wechselwirkungsradius von ca. $4 \cdot 10^{-13}$ cm mit einem stark abstoßenden Core mit Radius von ca. $1{,}8 \cdot 10^{-13}$cm angenommen werden muß. (Nuclear Physics **7.** 397—410. Juli 1958. Stellenbosch, Univ., Dep. of Phys.) G. Kurdal. 90

S. Nakagawa, E. Tamai und **S. Nomoto,** *Energiereiche schwere Teilchen aus nuclearen Sternen.* Kernemulsionen wurden dem 6,2 GeV-Protonenbündel ausgesetzt u. in den ca. 5000 in Ag u. Br erzeugten Sternen 80 schnelle schwere ($Z \geqslant 3$) Fragmente ausgewählt. Die Ladungsverteilung zeigte eine exponentielle Abnahme mit steigendem Z.

Die Winkelverteilung zeigte eine starke Bevorzugung der Richtung des Primärteilchens u. unterschied sich stark von der der langsamen Verdampfungsteilchen. Die energiereichen Fragmente scheinen nicht durch Verdampfung u. nicht durch direkte knock-on-Prozesse zu entstehen, sondern wahrscheinlich als Folge starker lokaler Erhitzung nahe der Oberfläche während des Kernkaskadenprozesses. (Nuovo Cimento [10] **9.** 780—90. 1/9. 1958. Ikebukuro, Tokyo, Rikkyo Univ., Dep. of Phys.) M. Wiedemann. 90

Charles E. Porter, *Elastische Stickstoff–Stickstoff-Streuung.* Messungen über die elast. N–N-Streuung bei ca. 20 MeV werden nach dem opt. Modell analysiert. Eine quasiklass. Diskussion der entsprechenden Phasenverschiebungen wird wiedergegeben. (Physic. Rev. [2] **112.** 1722—30. 1/12. 1958. Los Alamos, N. Mex., Univ. of California, Los Alamos Scient. Labor.) Herbert Weber. 90

H. Y. Carr, *Freie Präzession im stationären Zustand bei der kernmagnetischen Resonanz.* Ein „steady-state free precession"-Verf. zur Beobachtung von kernmagnet. Resonanz wird beschrieben. Eine mathemat. Analyse für spezielle Bedingungen sowie erste Verss. (Glycerin u. O_2-freies W.) zu ihrer Bestätigung werden wiedergegeben. Das Verf. liefert 2 Möglichkeiten zur Verbesserung des Signal/Rausch-Verhältnisses: 1) Mechanismus ähnlich dem der „Spinechos" zur Eliminierung des Einfl. der Inhomogenität des Magnetfeldes auf die Signalstärke, was die Benutzung größerer Proben ermöglicht, u. 2) ein „steady-state signal", das mit einem Schmalbanddetektor beobachtet werden kann. Unter gewissen Bedingungen zeigt des Verf. ein breites Ansprechen als Funktion der Frequenz oder des Feldes. Die obere Grenze für die Breite dieses Ansprechens wird eher durch die elektron. App. zur Versorgung der HF-Impulse als durch den Magneten oder die Probe bestimmt. (Physic. Rev. [2] **112.** 1693—1701. 1/12. 1958. New Brunswick, N. J., Rutgers Univ., Dep. of Phys.) Herbert Weber. 95

David F. Griffing und **J. C. Wheatley,** *Kernausrichtung von* ^{58}*Co.* Durch (α,n)-Rk. aus ^{55}Mn hergestelltes, trägerfreies ^{58}Co wurde in Einkristallen aus (22,7% Cu 77,3% Zn)$K_2(SO_4)_2 \cdot 6\,H_2O$, in denen auf 10^4 Cu-Ionen < 1 Co-Ion kam, unter Benutzung einer 2stufigen Demagnetisierungstechnik ausgerichtet. Die Intensität der 0,805 u. 1,6 MeV-γ-Strahlung wurde als Funktion der paramagnet. Susceptibilität bei Winkeln von 38,0, 55,1 u. 86,5° gemessen. Dabei wurde ein zur Mischung der Fermi- u. der Gamow-Teller-Wechselwrkg. in Beziehung stehender Paramater λ bestimmt. Es wird versucht, die Aktivitätsrate der 0,805 MeV-γ-Strahlung des ^{58}Co als Thermometer bei der Best. der Abhängigkeit der paramagnet. Susceptibilität von der absol. Temp. zu benutzen. Die Korrektur der Intensität der im Verhältnis zur 0,805 MeV-Strahlung schwachen 1,6 MeV-Linie für zufällige Koinzidenzen zweier 0,805 MeV-Photonen wird erklärt. (Physic. Rev. [2] **104.** 389—98. 15/10. 1956. Urbana, Ill., Univ. of Illinois.) L. Wiesner. 95

S. T. Butler, N. Austern und **C. Pearson,** *Halbklassische Behandlung von direkten Kernreaktionen.* Zur Diskussion der Winkelverteilungen bei direkten Kernreaktionen wird eine halbklass. Meth. angewendet. Die einfallenden u. die austretenden Teilchen werden als Strahlen beschrieben, die klass. Bahnen folgen; diese Strahlen können durch einen „clouded-crystal-ball"-Kern gebrochen, reflektiert u. absorbiert werden. Änderungen der Wellenlänge u. des Drehimpulses bei der Streuung werden berücksichtigt. Die bei direkten Rkk. oft auftretenden Oscillationen in den Winkelverteilungen entstehen bei dieser Betrachtung als Ergebnis der Interferenz zwischen direkten Streuungen in verschied. Bereichen des Kerns. (Physic. Rev. [2] **112.** 1227—38. 15/11. 1958. Sydney, Univ. of Sydney, School of Phys., F. B. S. Falkiner Nucl. Res. and Adolph Basser Comput. Labors.) Herbert Weber. 103

P. M. Endt, *Einfangreaktionen.* Die Unters. der nach dem Einfang von Neutronen, Protonen oder α-Teilchen durch die engen Resonanzen eines Atomkerns ausgesandten γ-Strahlen erlaubt die Best. von Spin u. Parität der Resonanzniveaus u. der tiefer liegenden Niveaus. Die Messung der γ-Intensitäten läßt eine Prüfung der Isobarenspinauswahlregel für E1-Strahlung zu. Die durch die Teilchenenergie u. die M. der zu untersuchenden Kerne sowie durch Überlappung benachbarter Resonanzen bedingten Grenzen der Anwendbarkeit der Meth. werden diskutiert. Einige Beispiele experimenteller Arbeiten über (p,γ)-Rkk. werden angeführt. (Physica [Utrecht] **22.** 1062—68. Nov. 1956. Utrecht, Rijksuniv., Phys. Labor.) L. Wiesner. 103

Ernö Bujdosó, *Untersuchung der Kernreaktion* $^{10}B(n,\alpha)^7Li$ *mit der Photoemulsionsmethode.* Vf. untersuchte die Rk ^{10}B(n,α)^{7}Li mit einer an B gesätt. 100 μ dicken Agfa K_3-Emulsion u. bestimmte das Verhältnis der Zahl der zum Grund- u. angeregten Zustand von ^{7}Li führenden α-Zerfälle. Nach Anwendung der geometr. Korrektur ergab sich das Verhältnis der Wirkungsquerschnitte der beiden Übergänge zu $0{,}086 \pm 0{,}009$. (Magyar fizikai Folyóirat [Ung. Z. Physik] **6.** 143. 1958.) J. Plank. 103

S. M. Shaforth und **S. S. Hanna,** *Winkelkorrelation bei der 2,86—0,72 MeV-Kaskade in* ^{10}B. (Vgl. C. **1955.** 8776.) Die Winkelkorrelation der 2,86—0,72 MeV-Kaskade in ^{10}B wurde an der Rk. ^{9}Be(d,n)^{10}B*(γ)^{10}B untersucht. Da ein dickes Be-Target mit Deuteronen geringer Energie (< 0,7 MeV) beschossen wurde, ergibt sich die γ–γ-Winkelkorrelation unabhängig von vorhergehender (d,n)-Reaktion. Für die Winkelkorrelation wurde $1 + A_2 \cos^2 \Theta$ mit $A_2 = -0{,}05 \pm 0{,}02$ gefunden. Damit erhält man Spin 1 für den 1. u. Spin 3 für den 2. angeregten Zustand. (Physic. Rev. [2] **104.** 399—401. 15/10. 1956. Baltimore, Md., Johns Hopkins Univ., Dep. of Phys.) L. Wiesner. 103

Serge Gorodetzky, André Gallmann, Michel Croissiaux und **Raymond Armbruster,** *p-γ-Winkelkorrelation bei der Reaktion* $^{10}B(d, p)^{11}B$. Vff. bestimmen die (p,γ)-Winkelkorrelation für das 2,14 MeV-Niveau von ^{11}B mit einem Koinzidenzspektrometer. Ein ^{10}B-Target wird mit 1,2 MeV-Deuteronen beschossen. Die Messungen werden in einer Ebene senkrecht zur Richtung der einfallenden Deuteronen durchgeführt, der Protonenzähler ist fest. Die Anordnung zählt nur die vom 2,14 MeV-Übergang herrührenden Koinzidenzen. Die (p, γ)-Winkelkorrelation der Rk. ^{10}B(d, p)^{11}B erweist sich als isotrop innerhalb der statist. Fehlergrenzen von ± 3,5%. Der Grundzustand von ^{11}B hat einen Spin $J = 3/2$. Ein Spin $J = 3/2$ für das 2,14 MeV-Niveau mit einer Quadrupolstrahlung von 2,14 MeV könnte die Isotropie der Korrelation erklären. Dieser Fall wird jedoch als sehr unwahrscheinlich angesehen. Die isotrope Korrelation läßt sich besser durch den Wert 1/2 des Spins des 2,14 MeV-Niveaus deuten; dieser Wert entspricht den Voraussagen des Schalenmodells. (C. R. hebd. Séances Acad. Sci. **242.** 2545—46. 23/5. 1956.) Gerhard Schmidt. 103

C. Schuhl und **R. Basile,** *(γ,n)-Reaktionen in der Nähe der Schwelle und Feinstruktur der Riesenresonanz.* Aus den experimentellen Ergebnissen versuchen Vff., die Diskontinuitäten in den Aktivierungskurven der (γ, n)-Rkk. der mittleren Elemente zu bestimmen. Die Verss. werden mit einem 22 MeV-Betatron an den Rkk. ^{31}P(γ, n)^{30}P u. ^{35}Cl(γ, n)^{34}Cl* durchgeführt. Nach einer von der Schrödinger-Gleichung ausgehenden Berechnung wird eine Formel für die Energie des Maximums der Riesenresonanz der Dipolabsorption aufgestellt. (Physica [Utrecht] **22.** 1144—45. Nov. 1956. Saclay, Centre d'Etud. nucl.; Paris, Inst. du Radium.) Gerhard Schmidt. 103

R. Chastel, *Untersuchung des Spektrums der Photoprotonen des Kupfers, das durch die beiden γ-Strahlen von 14,8 und 17,6 MeV erzeugt worden ist.* Inhaltlich im wesentlichen ident. mit den C. **1957.** 10667 u. 12359 referierten Arbeiten. (Physica [Utrecht] **22.** 1147. Nov. 1956. Paris, Coll. de France, Phys. et Chim. nucl.) Gerhard Schmidt. 103

A. N. Murin und **I. A. Jutlandow,** *Radiochemische Untersuchung der Spaltung beim Beschuß getrennter Kupferisotope mit 660 MeV-Protonen.* Vff. bestimmen die Ausbeuten einer Reihe radioakt. Prodd. der Spaltung bei dem Beschuß der ^{63}Cu- u. ^{65}Cu-Isotope mit 660 MeV-Protonen u. berechnen aus den erhaltenen Werten die theoret. Ausbeuten beim Beschuß des natürlichen Cu-Isotopengemischs. Die Hauptspaltprodd. sind ^{54}Mn, ^{51}Cr, ^{52}Mn, ^{55}Fe u. ^{58}Co. Die Bldg. der Spaltprodd. wird durch eine Beziehung wiedergegeben, die für die Bldg. von ^{57}Ni aus ^{65}Cu nicht zutrifft. (Известия Академии Наук СССР, Отделение Химических Наук [Nachr. Akad. Wiss. UdSSR, Abt. chem. Wiss.] **1957.** 408—13. April. Akad. der Wiss. der UdSSR, Chlopin-Radium-Inst. u. Leningrad, Univ.) H.-J. Ostmann. 103

Wilfrid Sébaoun und **Henri Gauvin,** *Messung des Wirkungsquerschnitts der durch 14,8 und 17,6 MeV-γ-Strahlen erzeugten Reaktion* $^{181}Ta(\gamma,p)^{180}Hf$. Als Strahlenquelle dienten die beiden bei der Rk. ^{7}Li(p, γ)^{8}Be → 2 ^{4}He erzeugten γ-Strahlen mit einem Intensitätsverhältnis von $I_{14,8}/I_{17,6} = 0{,}5$. Als Wirkungsquerschnitt der Rk. ^{181}Ta(γ,p)^{180}Hf ergab sich $\sigma = (1{,}6 \pm 1{,}2) \cdot 10^{-26}$ cm². Da für die ^{181}Ta(γ, n)-Rk. von anderen Autoren $\sigma = 0{,}21 \cdot 10^{-24}$ cm² bestimmt wurde, ist das Verhältnis $\sigma_{\gamma,p}/\sigma_{\gamma,n}$ (für ^{181}Ta) $= 7{,}6 \cdot 10^{-2}$ um einen Faktor 10^3 größer als nach der statist. Theorie berechnet. Dieses Ergebnis deutet auf das Überwiegen der direkten Wechselwrkg. bei der Ta(γ, p)-Rk. hin. (C. R. hebd. Séances Acad. Sci. **248.** 791—93. 9/2. 1959. Orsay, Seine-et-Oise, Labor. de Phys. nucl.) D. Jörchel. 103

G. L. Bate, D. S. Miller und **J. L. Kulp,** *Isotopenanalyse von Tetramethylblei.* Die Meth. der Isotopenbestimmung von Pb durch die Analyse von Tetramethylblei wurde mit 6 in.-Massenspektrometern untersucht. Die Pb-Spektren in den Bereichen von Pb^+ u. $Pb(CH_3)_3^+$ wurden analysiert. (Analytic. Chem. **29.** 84—88. Jan. 1957. Wheaton, Ill., Wheaton Coll., Dep. of Phys.; Palisades, N. Y., Columbia Univ., Lamont Geolog. Obs.) A. Koss-Rosenqvist. 104

W. S. Eastwood, L. B. Mullett und **J. L. Putman,** *Der amerikanische nucleare Miniaturgenerator SNAP III.* Beschreibung des für Weltraumraketen konstruierten App., der die Zerfallsenergie einer ^{210}Po-Quelle (3000 c) verwendet. Die Energie wird direkt in elektr. Strom durch Anbringen von 20 radialen Thermoelementen an die Po-Kapsel umgewandelt. (Nature [London] **183.** 643—44. 7/3. 1959. Harwell, Berks., A.E.R.E.) GERHARD SCHMIDT. 110

L. D. Roland, *Ionenaustausch. Fünf Beiträge zur Kerntechnik.* (Atomics **8.** 131—35. April 1957. — C. **1958.** 12875.) W. KARCHER. 110

F. S. Martin, *Kernchemie und Metallurgie.* Die Darst. der spaltbaren Metalle Pu u. U u. von Th, deren Eigg. u. Legierungsmöglichkeiten werden beschrieben. (Atomics **8.** 127—47. April 1957. Harwell, Berks. A.E.R.E.) W. KARCHER. 110

J. Burkett, *Chemische Gesichtspunkte von Kernreaktoren.* 2. Mitt. (1. vgl. C. **1959.** 7020.) Übersicht über die Entw. auf dem Gebiet der Aufarbeitung ausgebrannter Kernbrennstoffe u. der verschied. Kühlmittel für Kernreaktoren. (Brit. chem. Engng. **3.** 205—07. April 1958.) W. KARCHER. 110

W. L. Fleischmann und **S. L. Williams,** *Erleichterung des Betriebs von Kernkraftwerken durch Wahl der richtigen Werkstoffe.* Beschreibung der Verminderung der Restradioaktivität von Kernkraftwerken durch Auswahl von Abschirmwerkstoffen, die nicht durch Neutroneneinfang radioakt. werden oder schwache, kurzzeitige Strahlung entwickeln (Einschränkung der Anwendung von Ta, Mn, Ni u. Co) u. Verminderung der Radioaktivität der Korrosionsprodd. durch Anwendung von Zr u. Beschränkung der Anwendung von Co. (Materials Design Engng. **49.** 73—75. Jan. 1959. Knolls Atom. Power Labor.) W. WESLY. 110

Ulrich O. Schanze, *Strahlungsmessungen an radioaktiven Erzen und Mineralien.* Nachdem kurz auf die in der Natur vorkommenden radioakt. Stoffe eingegangen wird, wird ein Überblick über die radiometr. Meßmethoden u. -geräte für die Prospektion als auch die Unters. im Laboratorium gegeben. (Chemiker-Ztg. **81.** 254—58. April 1957. Erlangen.) H. LINDBERG. 112

F. Běhounek, *Schnelle Bestimmung radioaktiver Oberflächenverunreinigung.* (Jaderná Energie **4.** 291—93. Okt. 1958. Praha, Karl univ., Fak. techn. a jader. fys. — C. **1958.** 12878.) H. TŮMA. 112

Zdeněk Spurný, *Chemisches Dosimeter zur Bestimmung von kleinen Dosen der Röntgen- und γ-Strahlung mit guter Reproduzierbarkeit.* Unter Benutzung der von CLARK u. BIERSTEDT vorgeschlagenen Lsg. von CCl_4 u. A. wurde ein visuelles chem. Dosimeter für kleine Strahlenmengen entwickelt. — Das Lösungsm. (am vorteilhaftesten 80% CCl_4 u. 20% A.) entwickelt unter Bestrahlung HCl, deren Konz. nicht nur mittels der p_H-Best., sondern auch mittels Farbänderung eines Indicators ermittelt werden kann. Vf. schlägt zu diesem Zweck eine $5 \cdot 10^{-5}$ mol. Lsg. von Resazurin oder eine 0,003%ige Lsg. von Bromkresolgrün vor. Resazurin wird zu dem Lösungsmittelgemisch zugesetzt u. nach Bestrahlung mit W. extrahiert, während bei Benutzung von Bromkresolgrün mit der wäßrigen Lsg. des Indicators extrahiert wird. Aus dem Farbumschlag (von blau auf rot bzw. von blau auf gelb) wird auf die Dosis geschlossen. Im Gebiet zwischen 0—200 r beträgt die Genauigkeit der Best. ca. 20%. (Jaderná Energie **4.** 294—96. Okt. 1958. Praha, Českoslov. akad. věd, ústav jader. fys.) H. TŮMA. 112

Éva Csongor und **János Nagy,** *Stabilisierte Netzspannungsquellen zum Speisen von Geiger-Müller-Zählrohren.* Beschreibung einer Stabilisiervorr. durch Einbau einer Kronen-Stabilisierungsröhre mit sehr steiler Charakteristik. (Magyar fizikai Folyóirat [Ung. Z. Physik] **4.** 375—77. 1956. Debrecen, Univ., Inst. für Exp. Phys.) J. PLANK. 112

Ottó Orient, *Austrittsarbeit von Elektronen und die Betriebseigenschaften von Geiger-Müller-Zählrohren.* Als Kathodenmaterial wurde Zn, Cd, Cu u. Ni verwendet. Bei auf gleichen Druck gefüllten Zählrohren gleicher Geometrie wird in den mit Kathoden größerer Austrittsarbeit verwendeten Rohren die Länge des Plateaus größer u. die Steilheit kleiner als mit Kathoden kleinerer Austrittsarbeit. (Magyar fizikai Folyóirat [Ung. Z. Physik] **5.** 395—403. 1957. Budapest, Zentralforsch. Inst. für Phys., Radiolog. Abt.) J. PLANK. 112

József Koch, *Löschkreis für selbstlöschende Geiger-Müller-Zählrohre.* Schaltschema des Löschkreises u. dessen Prüfung. (Magyar fizikai Folyóirat [Ung. Z. Physik] **6.** 133—42. 1958. Budapest, Zentralforsch. Inst. für Phys., Elektron. Abt.) J. PLANK. 112

Ervin Friedländer und **Kiss Dezsö,** *Messungen mehrfacher Geiger-Müller-Impulse.* Mit dem von Vff. entwickelten Verf. wurde die Abhängigkeit der Durchschnittsmultiplizität von der Überspannung an für Höhenstrahlung u. radiolog. Messungen verwendeten GEIGER-MÜLLER-Zählrohren gemessen. Es ergab sich, daß die Hebung des Plateaus durch das Ansteigen der Durchschnittsmultiplizität mit der Überspannung verursacht wird. (Magyar fizikai Folyóirat [Ung. Z. Physik] **4.** 547—52. 1956. Budapest, Zentralforsch. Inst. für Phys., Abt. für Höhenstrahlung.) J. PLANK. 112

László Vályi, *Neutronenzähler gleicher Empfindlichkeit.* Die Empfindlichkeit eines nach HANSON u. MCKIBBEN (Physic. Rev. [2] **72.** [1947.] 673) hergestellten Neutronenzählers nahm bei Energien < 1 MeV schnell ab. Durch kon. Aushöhlung des Paraffinblockes an der Stirnseite sinkt die Empfindlichkeit für höhere Energien. Durch Einbringen einer Reihe dünner Paraffinkegel in die Aushöhlung wird eine veränderliche Empfindlichkeit erzielt u. die Messung verschied. Energiebereiche mit gleicher Empfindlichkeit ermöglicht. (Magyar fizikai Folyóirat [Ung. Z. Physik] **5.** 405—12. 1957. Budapest, Zentralforsch. Inst. für Phys., Atomphysikal. Abt.) J. PLANK. 112

Samuel Helf und **Cecil White**, *Flüssigkeits-Scintillationszählung von mit ^{14}C markierten organischen Stickstoffverbindungen.* ^{14}C-markierte organ. Stickstoffverbb. in fl. Scintillatoren zeigen eine Unterbrechung der Scintillation, die eine Verminderung des Zählvermögens zur Folge hat. Die Unterbrechung ist von der Konz. der Verbb. abhängig. Bei Gebrauch eines Wellenschiebers kann die Unterbrechung größtenteils vermieden werden. (Analytic. Chem. **29.** 13—16. Jan. 1957. Dover, N. Y., Chem. Res. Labor., Picatinny Ars.) A. KOSS-ROSENQVIST. 112

I. M. Rozman und **K. G. Zimmer**, *Die Verwendung von Plaste-Scintillatoren für Dosismessungen.* An einem Polystyrol-Scintillator mit *Tetraphenylbutadien* (**I**) oder **I** mit *Paraterphenyl* als Aktivatoren wird durch Messung mittels eines Photomultipliers gezeigt, daß die Luminescenzfähigkeit linear mit der Dosisleistung ansteigt u. bis zu 10^6 erg/gsec keine Sättigung zeigt. Das gilt für β-Strahlen von $^{144}Ce/^{144}Pr$ sowie für die α-Strahlen von ^{210}Po. (Int. J. appl. Radiat. Isotopes **3.** **43.** 1958.) W. REUSSE. 112

Lajos Keszthelyi und **Lehel Zsoldos**, *Scintillations-Dosismessung auf photographischem Wege.* Vff. untersuchten, ob die photograph. Dosismessung von γ-Strahlung mittels oberhalb der Platte angebrachtem Scintillationskristall empfindlicher wird. Verss. mit Anthracen-Kristall u. AGFA-Röntgen-Duro-Film ergaben, daß die Empfindlichkeit um eine Größenordnung erhöht wird. 50 mr tägliche Toleranzdosis ist noch gut meßbar, die Schwärzung beträgt, abhängig vom Entwickler, 0,2—0,3. (Magyar fizikai Folyóirat [Ung. Z. Physik] **4.** 253—57. 1956. Budapest, Univ., Physik. Inst.) J. PLANK. 112

László Medveczky, *Apparatur zur Winkelmessung am Mikroskop.* Beschreibung eines Gerätes, das zur mkr. Winkelmessung in Photoemulsionen benutzt wird. Das Gerät besteht aus einer Scheibe von 72 mm Durchmesser, auf Grade geteilt, einem kon. Ring am Tubus des Mikroskops zum Drehen der Scheibe u. einer Lupe mit Fadenkreuz zum Ablesen der Einteilung. Neutronenenergiemessungen lassen sich auf diese Weise auf einige $^1/_{10}$ Grade genau durchführen. (Magyar fizikai Folyóirat [Ung. Z. Physik] **4.** 259—61. 1956.) J. PLANK. 112

W. Jentschke, *Neuere Methoden der Teilchenbeschleunigung.* Ausführliche Beschreibung der bisher entwickelten Verff. zur Teilchenbeschleunigung. (Cyclotron, Betatron, Synchrotron, FFAG-Beschleuniger u. Prinzip der starken Fokussierung.) (Acta physica austriaca **11.** 485—510. 1958. Hamburg, Physikal. Staatsinst.) W. KARCHER. 112

E. Cilenšek, **F. Cvelbar** und **V. Ramšak**, *Die Massenanalyse an einer Hochfrequenz-Ionenquelle für den Van de Graaff-Beschleuniger.* Durch eine günstige Linsenmontage wurde eine gute Fokussierung des von der Quelle ausgehenden Ionenbündels bewirkt. Ein Magnetfeld vor dem Kollektor ermöglicht die Massenanalyse des Ionenbündels. Die Meßergebnisse sind in Kurvenform aufgezeichnet. („J. Stefan" Inst., Rep. [Ljubljana] **3.** 87—94. Okt. 1956.) A. KOSS-ROSENQVIST. 112

Ede Koltay, *Messen der elektrischen Feldstärke eines Van de Graaff-Generators im Elektrolyttank.* Zur Prüfung der Möglichkeit der Erhöhung der Betriebsspannung des Generators wurden an einem 1:20 verkleinerten Modell im Elektrolyttank Potential- u. Feldstärkemessungen ausgeführt. Es ergab sich, daß die Feldstärke auf der Oberfläche der Kugel in großem Winkelgebiet konstant ist, jedoch in der Nähe der Aufhängungen wird der durchschnittliche Wert um ca. 26% der maximalen Feldstärke überschritten. (Magyar fizikai Folyóirat [Ung. Z. Physik] **4.** 213—18. 1956. Debrecen, Univ., Inst. für exper. Phys.) J. PLANK. 112

A₂. Optisches Verhalten der Materie.

J. Shapiro und **G. Breit**, *Metastabilität der 2 s-Zustände wasserstoffähnlicher Atome.* (Vgl. BREIT u. TELLER, Astrophysic. J. **91.** [1940.] 215.) Die l. c. berechneten unteren u. oberen Grenzen für die mittlere Lebensdauer, die dem hauptsächlich durch Doppelphotonenemission verursachten Zerfall der metastabilen 2 s-Zustände interstellarer H-Atome entspricht, werden exakter bestimmt u. führen auf einen Wert der reziproken mittleren Lebensdauer (Übergangswahrscheinlichkeit A_τ) von $(8{,}226 \pm 0{,}001)Z^6$ sec^{-1}, wo Z die Atomzahl bedeutet. Da relativist. Effekte vernachlässigt wurden, gilt das Ergebnis genau nur für kleine Z. (Physic. Rev. [2] **112.** 179—81. 1/1. 1959. New Haven, Conn., Yale Univ.) D. Jörchel. 114

Pierre Callon, *Untersuchung der K-Emissionsbande des Magnesiums.* Die K-Emissionsbande von reinem *MgO* hat zwei Maxima, die gegenüber der Spitze des Bandes des reinen Metalls nach kleineren Energien um 4 bzw. 6 eV verschoben sind. Die Gesamtbreite des MgO-Bandes an der Basis beträgt 9 eV, die „empir. Breite" (im Sinne von Skinner) 7,5 eV. An *Mg*-Metallproben aufgenommene Kurven zeigen ebenfalls schwache breite Linien an diesen Stellen, die der Ggw. von MgO zugeschrieben werden. Als Breite der K-Emissionsbande von Mg wurden 6,8 ± 0,5 eV bestimmt. Die Ergebnisse sind mit Beobachtungen anderer Autoren u. der Theorie in Übereinstimmung. (C. R. hebd. Séances Acad. Sci. **248.** 1985—87. 1/4. 1959.) D. Jörchel. 116

J. Rolfe, *Hydroxyd-Absorptionsbanden in Alkalihalogenidkristallen.* Schmelzflußeinkristalle von Alkalihalogeniden (verschied. Herkunft) zeigten bei Raumtemp. außerhalb der Grundgitterabsorption folgende Absorptionsbanden: *KBr* 215, *KCl* 203,5 u. *NaCl* 190 mμ. Bei Herst. der Kristalle unter vollständigem Ausschluß von W.-Dampf verschwinden die Banden; in Ggw. von feuchtem N_2 werden sie verstärkt. Die Banden werden daher Spuren von OH^--Ionen in den Kristallen zugeschrieben. UV-Bestrahlung der (KCl + KOH)-Kristalle bei tiefer Temp. erzeugt neben der F-Bande die U_1 u. U_2-Banden (H^--Ionen bzw. H-Atome auf Zwischengitterplätzen); nach Erwärmen auf Raumtemp. bleibt eine dem K_2O entsprechende Bande übrig. Ähnlich verhält sich KBr + KOH, jedoch tritt nur eine mit KH in Verb. stehende Bande auf, u. gleichzeitig erscheint noch eine V_1-Bande. (Physic. Rev. Letters **1.** 56—58. 15/7. 1958. Ottawa, Nat. Res. Council, Radio and Electr. Engng. Div.) J. Rudolph. 118

H. Friedrich und **R. Seiwert,** *Fluorescenzuntersuchungen an Cd-Dampf und einem Cd–Cs-Dampfgemisch.* Messungen der Resonanzfluorescenz von Cd-Dampf bei Anregung mit einer Houtermans–Cd-Lampe (selbstumkehrfreie 3261 Å-Linie) als Funktion der Temp. T des Versuchsgefäßes zeigen, daß die Resonanzfluorescenz bereits bei 75° ($p \sim 10^{-8}$ Torr) nachweisbar ist. Bei 230° erfolgt der Übergang von der Strahl- zur Volumenfluorescenz, bei 259° hat die Intensität ein Maximum. In einem Cd–Cs-Dampfgemisch, das der niedrigen Tempp. wegen ohne Verfärbung des Quarzgefäßes untersucht werden konnte, zeigten sich im Spektr. zwischen 3200 u. 6700 Å zahlreiche sensibilisierte Cs-Fluorescenzlinien von Haupt- u. Nebenserien sowie der Bergman-Serie. Auch die Resonanzlinien des Cs (8521 u. 8943 Å) waren nachweisbar. (Exp. Techn. Phys. **5.** 193—205. 1957. Berlin, Humboldt-Univ., II. Phys. Inst.)
J. Rudolph. 118

M. Ss. Aschkinasi, I. P. Gerassimowa und **B. Ja. Dain,** *Einfluß von Wasser auf das Absorptionsspektrum und Lichtempfindlichkeit von Eisenphäophorbid.* Bei Anwesenheit selbst von Spuren von W. wird nach intensiver Lichtbestrahlung das Absorptionsgebiet des Eisenphäophorbids in A., Aceton, Toluol u. a. Lösungsmitteln zu längeren Wellenlängen verschoben. Bei Luftzutritt kommt es in A. rasch zur Regeneration u. damit zur Absorption bei ungefähr den früheren Wellenlängen. Vff. nehmen an, daß der Grund zu diesen Absorptionsänderungen in einer Assoziation des Ionentyps mit den W.-Molekülen zu suchen ist. (Доклады Академии Наук СССР [Ber. Akad. Wiss. UdSSR] **108.** 655—58. 1/6. 1956. Akad. der Wiss. der UdSSR, Pissarshewski-Inst. für Physik. Chem.) H. Tůma. 118

G. I. Kobyschew und **D. N. Ssuglobow,** *Luminescenzspektren der Koordinationsverbindungen des Uranylnitrats.* Ein Strukturspektr. der Luminescenz ist keine spezif. Eig. der Kristallhydrate von $UO_2(NO_3)_2$ (**I**), sondern die Folge einer Koordination von Mol.-Addenden am UO_2^{2+}. Für verschied. Koordinationsverbb. von **I** mit der allg. Konst. **I** · X werden die Intensitätsmaxima λ_{max} (cm^{-1}) bestimmt: für X = NH_3 18850, C_5H_5N 18970, C_2H_5OH 19150, $(C_2H_5)_2O$ 19850, $O(CH_2)_4O$ 19800, CH_3CN 18950, $C_6H_5NO_2$ 19800, CH_3NO_2 20000, NO_2 20270. In einigen Fällen wird von diesen Verbb. auch das IR-Spektr. u. das Raman-Spektr. auf Grund der Literatur verglichen. In allen Fällen, in denen eine Struktur des Luminescenzspektr. auftritt, handelt es sich um Addenden mit Elektrodonatoreigg. am UO_2^{2+}; diese Eigg. kommen in der Basizitätskonstante zum Ausdruck. Analog dem Maximum verschiebt sich auch die kurzwellige Bande des Luminescenzspektr., deren Lage die Größe des rein elektron. Überganges kennzeichnet. (Доклады Академии Наук СССР [Ber. Akad. Wiss. UdSSR] **120.** 330—32. 11/5. 1958. Leningrad, Shdanow-Univ., Physik. Inst. u. Chem. Inst.) R. K. Müller. 118

W. G. Maisch und **H. G. Drickamer,** *Der Einfluß des Druckes auf die Farbzentren in Alkalihalogenidkristallen.* Vff. untersuchen die spektrale Verschiebung sowie die Entfärbung von durch Röntgenstrahlen oder additiv erzeugten Farbbanden (F-Banden) durch hohe Drucke P (bis 50000 at) für die einkristallinen Alkalihalogenide *NaCl, KCl,*

KBr, *KJ* u. *CsBr* sowie für polykristallines *CsCl*. Einige Messungen werden auch an *LiF* (M-Bande) ausgeführt. Im allg. zeigt sich eine mit P zunehmende kurzwellige Verschiebung (unter teilweiser Entfärbung) für die F-Banden sowie für eine in einigen Fällen beobachtete neue Bande (K') in F-Bandennähe, die als Folge der Druckeinw. auf Kosten der F-Bande entsteht. Mögliche Deutungen dieser K'-Banden werden diskutiert. (Physics Chem. Solids **5**. 328—36. 1958.) J. RUDOLPH. 119

W. Ermisch und **R. Seiwert**, *Die Molekularstrahlmethode und ihre Anwendung bei der Messung des Polarisationsgrades der Natriumresonanzfluorescenz.* Nach Behandlung der Anwendungsmöglichkeiten der Molekularstrahlmeth. sowie der Intensität von Atomstrahlen u. der Geschwindigkeitsverteilung der Atome im Strahl werden Ergebnisse der Messungen der Polarisation der Resonanzfluorescenz von Na-Dampf mit Hilfe einer im einzelnen beschriebenen Meßanordnung mitgeteilt. Für beide Na–D-Linien zusammen ergab sich — bei einem Intensitätsverhältnis der D-Linien von 1:1,18 in der anregenden Strahlung — bei verschwindendem Magnetfeld ein Polarisationsgrad p des Fluorescenzlichtes von 12,84% (theoret. Wert 13,59%). Messungen mit Magnetfeld liefern für p u. den Drehwinkel der Polarisationsebene die theoret. Werte. (Exp. Techn. Phys. **4**. 97—110. 1956. Berlin, Humboldt-Univ., II. Phys. Inst.) J. RUDOLPH. 119

F. E. Williams und **P. D. Johnson**, *Konfigurationskoordinatenmodell für KCl:Tl einschließlich der Spinbahnwechselwirkung.* Die Wrkg. des Kristallfeldes auf die Spinbahnwechselwrkg. der $^3P^0$- u. $^1P^0$-Zustände des Tl^+ in KCl wird in das Konfigurationskoordinatenmodell einbezogen. Das aufgestellte Energie-Konfigurationskoordinaten-Diagramm gibt die erhältlichen spektralen Daten einschließlich der relativen Oscillatorstärke für die beiden Hauptverunreinigungsabsorptionsbanden befriedigend wieder. Die Kurve für den niedrigeren angeregten Zustand hat 2 Minima, die den Emissionsbanden bei 3050 u. 4750 Å entsprechen. Auf Grund des einzelnen Minimums des oberen angeregten Zustandes wird eine nahe der 2470 Å-Absorptionsbande gelegene zusätzliche Emissionsbande vorausgesagt, die auch experimentell bei intensiver Anregung bei 77° K in einem engen Spektralbereich nahe 1960 Å gefunden wurde. (Physic. Rev. [2] **112**. 97—101. 1/1. 1959. Schenectady, N. Y., Gen. Electric Res. Labor.) D. JÖRCHEL. 119

Jeanine Louisfert, *Meßmethoden und „innere" absorptionsaktive Grundschwingungsfrequenzen und ihre Harmonischen des Calcits, Dolomits und Magnesits.* Die beschriebenen Methoden dienen zur genauen Best. der Reflexions- oder Absorptionsfrequenzen der „inneren" Grundschwingungen der rhomboedr. Carbonate. Nach der „Meth. der ausgleichenden Dicke" wurden bestimmt: Für Dolomit: $E_\mu = 725{,}1450$, $A_\mu = 880{,}850$ cm^{-1} u. für Magnesit: $E_\mu = 746{,}1470$, $A_{2\mu} = 885{,}855$ cm^{-1}. Die Ergebnisse, die bes. auch in bezug auf die Frequenzänderung beim Übergang von ^{12}C nach ^{13}C der Theorie entsprechen, bestätigen die allg. Hypothese, daß die in Dolomit beobachteten Frequenzen jeder Grundschwingung in der Nähe des arithmet. Mittels der Calcit- u. Magnesitfrequenzen liegen. Diese Linearität gilt auch noch für die Anharmonizitätskoeffizienten. (C. R. hebd. Séances Acad. Sci. **248**. 1497—99. 9/3. 1959.) D. JÖRCHEL. 119

Sonja Robin-Kandare und **Boris Vodar**, *Reflexionsvermögen von massivem Silicium und Germanium zwischen 1000 und 3000 Å.* Die Reflexionskurven von Si- u. Ge-Einkristallproben unterschiedlich behandelter Oberflächen wurden aufgenommen. Es zeigte sich, daß das Reflexionsvermögen im fernen UV sehr hoch ist; Si dürfte unterhalb 1500 Å die größte bisher an einem einfachen Festkörper beobachtete Reflexion aufweisen. (C. R. hebd. Séances Acad. Sci. **248**. 1965—67. 1/4. 1959.) D. JÖRCHEL. 119

Frédéric Schuller und **Louis Galatry**, *Einfluß von Dispersionseffekten auf die Verschiebung der Schwingungsfrequenz eines in Lösung befindlichen X-H-Moleküls. Allgemeine Betrachtungen.* Der Einfl. der Dispersionswechselwirkungsenergie auf die Verschiebung der IR-Frequenzen wird berechnet, indem diese Energie als Funktion der Änderung des zwischennuclearen Abstandes im X–H-Mol. dargestellt wird. (C. R. hebd. Séances Acad. Sci. **248**. 1974—76. 1/4. 1959. Bellevue, Seine-et-Oise, C.N.R.S., Labor. des Hautes Pressions.) D. JÖRCHEL. 120

W. G. Spitzer, **D. Kleinman** und **D. Walsh**, *Infraroteigenschaften des hexagonalen Siliciumcarbids.* An einigen Proben von grünem α-SiC wurden Transmissions- u. Reflexionsmessungen zwischen 1 u. 25 μ durchgeführt, wobei die Reststrahlbanden für den ordentlichen u. außerordentlichen Strahl beobachtet wurden. Die Resonanzfrequenzen betragen 2,380 bzw. 2,356 · 10^{13} sec^{-1}. Aus der Reflexion errechnet sich die HF–DK zu 6,7, aus der klass. Dispersionsbeziehung, die bei geeigneter Wahl der Parameter von den Reststrahlbanden befriedigt wird, die niederfrequente DK zu 10,0. Die effektive Ladung beträgt 0,94e. Zur vollständigen Beschreibung der Reststrahlbande für den außerordentlichen Strahl muß eine Doppelresonanz (mit einer zusätzlichen schwachen Resonanz bei $2{,}647 \cdot 10^{13}\ sec^{-1}$) angenommen werden. Wirkungen von Oberflächenbehandlungen zeigen, daß die mitgeteilten Reflexionseigg. innere Eigg. des Kristalls sind. Der Raumtemp.-Absorptionskoeff. als Funktion der Wellenlänge zeigt einige schwache Gitterbanden zwischen 5 u. 10 μ. (Physic. Rev. [2] **113.** 127—32. 1/1. 1959. Murray Hill, N. J., Bell Telephone Labors.) D. Jörchel. 120

W. G. Spitzer, D. A. Kleinman und **C. J. Frosch,** *Infraroteigenschaften von kubischen Siliciumcarbidfilmen.* (Vgl. vorst. Ref.) Die Transmissions- u. Reflexionsmessungen wurden im Bereich 1—15 μ an SiC-Filmen durchgeführt, die durch die Rk. von Methan mit hochreinen Si-Oberflächen bei 1300° u. anschließende Wegätzung des Si hergestellt worden waren. Die Parameter der klass. Dispersionsbeziehung wurden für die Fundamentalresonanz bei 12,60 μ zu ϱ („Resonanzstärke") = 0,263, γ („Resonanzbreite") = 0,0107 u. $\varepsilon_0 = 6{,}7$ bestimmt. Die Daten stimmen mit Ausnahme des etwas größeren γ genau mit denen für den ordentlichen Strahl in hexagonalem α-II-SiC überein. (Physic. Rev. [2] **113.** 133—36. 1/1. 1959.) D. Jörchel. 120

John M. Powell und **S. W. Kurnick,** *Indiumantimonid-Infrarotfilter.* Die Durchlässigkeit im IR (7—15 μ) wird für n-leitendes InSb (27% im Maximum bei ca. 9 μ) durch Aufbringen einer Antireflexschicht aus As_2S_3 auf 55% bei 25° u. 60% bei 0° erhöht. Dies ist in roher Übereinstimmung mit dem bekannten Absorptionskoeff. von 4 cm^{-1} für n-InSb-Kristalle mit ca. 10^{17} Donatoren pro cm^3. (J. appl. Physics **29.** 1129—30. Juli 1958. Chicago, Ill., Midway Labor.) J. Rudolph. 120

Georges D. Watkins, *Elektronenspinresonanz des Mn^{2+} in Alkalichloriden: Association mit Fehlstellen und Verunreinigungen.* Die Spinresonanzspektren des Mn^{2+} in *LiCl, NaCl* u. *KCl* wurden experimentell untersucht. Für NaCl wurden 5 verschied. Umgebungen der Mn-Ionen entsprechende Spektren beobachtet: (I) Mn^{2+} im angehäuften oder ausgefällten Zustand, (II) isolierte Mn^{2+}, die sich entfernt von Fehlstellen befinden, (III_I) Mn^{2+} mit einer am nächsten Kationenplatz gebundenen Positivionenleerstelle, (III_{II}) mit einer am zweitnächsten Platz gebundenen Leerstelle u. (IV) Mn^{2+}, die mit ladungskompensierenden chem. Verunreinigungen gepaart sind. In allen 3 Salzen erwiesen sich die nächsten u. zweitnächsten Leerstellen-Mn^{2+}-Paare etwa gleich stabil. Mit steigender Temp. wurde eine therm. Dissoziation dieser Paare beobachtet, die von einem entsprechenden Anstieg der Zahl isolierter Mn^{2+} begleitet ist. Dieser Prozeß folgt einem einfachen Massenwirkungsgesetz, das eine Bindungsenergie für die Leerstellen-Mn^{2+}-Paare von ca. 0,4 eV liefert. Verschied. Eigg. der Spektren lassen sich durch ein Ionenpunktladungsmodell des Kristallfeldes deuten, das durch die Fehlstellen erzeugt wird. Nach der Theorie von Watanabe ergibt sich jedoch ein um den Faktor 10 zu geringes Feld, was auf den Einfl. überlappender Ionenrümpfe u./oder Kovalenz zurückgeführt wird. (Physic. Rev. [2] **113.** 79—90. 1/1. 1959. Schenectady, N. Y., Gen. Electric Res. Labor.) D. Jörchel. 121

Georges D. Watkins, *Bewegung der Mn^{2+}-Kationenleerstellenpaare in NaCl: Untersuchung durch Elektronenspinresonanz und dielektrische Verluste.* (Vgl. vorst. Ref.) Die therm. Bewegung gebundener Postivionenleerstellen um ein Mn^{2+} in *NaCl* wurde als Verbreiterung einiger Multipletts im Mn^{2+}-Spinresonanzspektr. beobachtet. Außerdem lassen Messungen der dielektr. Verluste bei Radiofrequenzen auf ein Maximum des Debye-Verlustes schließen, das sich direkt mit dieser therm. Bewegung verknüpfen läßt. Als Lebensdauer der Fehlstelle an dem Mn^{2+} nächstbenachbarten Kationenplatz ergab sich $1/\tau = 1{,}2 \cdot 10^{14} \exp(-E/kT)$ mit $E = 0{,}63 \pm 0{,}05$ eV. Nahe 300° ist die Lebensdauer der Fehlstelle am zweitnächsten Platz ca. $^1/_3$ geringer. Größe u. Gestalt des Verlustmaximums sind in guter Übereinstimmung mit der Theorie von Lidiard, wenn beide Paartypen berücksichtigt werden. (Physic. Rev. [2] **113.** 91—97. 1/1. 1959.) D. Jörchel. 121

A. Wrzesińska, *Mechanismus des Leuchtens kristalliner Phosphore-Luminophore.* Übersicht. — 23 Literaturangaben. (Postępy Fizyki **9.** 281—301. 1958. Toruń, Uniw. M. Kopernika, Kat. Fiz. dośw.) F. Urban. 125

Frederick F. Morehead jr., *Elektroneneinfänge und die Leuchtstärke und Wellenform der Elektroluminescenz.* Messungen sowohl der Stärke u. Gestalt der Elektroluminescenz-Impulse von mit *Cu* aktivierten *ZnS*-Leuchtstoffen in einem leicht leitenden Medium bei einfachen Wellenformen der Anregungsspannungen in Abhängigkeit von der Temp. u. den Spannungsanstiegzeiten als auch der mittleren Leuchtstärke bei sinusförmiger Anregung einer binderlosen Leuchtstoffschicht als Funktion der Temp., Spannung u. Frequenz führen zu folgenden Schlüssen: Der Haupttemperatureffekt der Elektroluminescenz besteht — abgesehen von therm. Löschung — im Übergang von Elektronen, die im Bereich kleinen Feldes innerhalb der Leuchtstoffmasse an Haftstellen gebunden wurden, zu ionisierten Emissionszentren im Bereich hohen Feldes.

Eine Temperaturerhöhung vergrößert die Konz. der Leitungselektronen, die sich im therm. Gleichgewicht mit den Haftstellen im Bereich geringen Feldes befinden u. durch das angelegte Feld in den Bereich hoher Feldstärke befördert werden. Das angelegte Feld scheint die Haftstellentiefe nicht wesentlich zu erniedrigen. Wiedereinfang, bevor es zur Rekombination kommt, dürfte eine große Rolle spielen. Obwohl ein einzelnes Haftniveau zur Deutung der meisten experimentellen Erscheinungen ausreicht, weisen verschied. Leuchtwellenformen auf die Ggw. zusätzlicher tieferer Niveaus hin. (J. electrochem. Soc. **105**. 461—68. Aug. 1958. Cleveland, O., Gen. Electric Co., Lamp Div., Lamp Developm. Dep.) D. Jörchel. 125

Willi Lehmann, *Elektroluminescenz von Zinksulfid als Gleichgewichtsprozeß.* Vf. behandelt die Emissionsintensität im zeitlichen Mittel von pulverförmigen ZnS-Phosphoren bei Anregung in starken Wechselfeldern unter der Annahme eines dynam. Gleichgewichtes zweier konkurrierender unabhängiger Prozesse, der monomol. Stoßanregung u. der bimol. Rekombinationsprozesse. Die sich für ein einfaches Modell mit Aktivator u. Haftstelle ergebenden Gleichgewichtsbedingungen lassen Aussagen zu über die Abhängigkeit der Emissionsintensität u. Ausbeute von angelegter Spannung, Temp. sowie von Aktivator- u. Haftstellenkonzentration. Der Vgl. dieser Aussagen mit experimentellen Beobachtungen an *ZnS · Cu, Cl*-Phosphoren zeigte gute Übereinstimmung. (J. opt. Soc. America **48**. 647—53. Sept. 1958. Bloomfield, N. Y., Westinghouse El. Corp. Lamp. Div.) J. Rudolph. 125

J. R. Hensler, *Synthese der Farbzentren in Siliciumdioxyd und ihre Thermoluminescenz.* Verss. an reinen u. mit Al, Al + Li, Al + Ag, Al + Mg sowie Al + P dotierten SiO_2-Pulverproben, die einerseits durch γ-Bestrahlung verfärbt, andererseits durch Erhitzen zur Luminescenz angeregt wurden, erlaubten, verallgemeinerte Aussagen über das von O'Brien (C. **1957**. 846) beschriebene Verunreinigungszentrum von Rauchquarz zu machen. Die Luminescenz von reinem SiO_2 rührt von einem Prozeß her, bei dem Zwischengitter-O-Atome plus eingefangene Löcher durch O-Fehlstellen plus eingefangene Elektronen vernichtet werden. Derartige Zentren entsprechen zwei Absorptionsbanden im UV. Die Verringerung der Luminescenz in Ggw. von an Stelle eines Si substituierten Al-Zentrums deutet auf die Wechselwrkg. dieser Zentren mit den UV-Absorptionszentren hin. Die Wahrscheinlichkeit dieser Wechselwrkg. steigt mit der Konz., wodurch das Auftreten eines Luminescenzmaximums bei mittleren Bestrahlungsdosen erklärbar ist. Li u. P — wie auch andere mögliche Ionen —, die die Substitution des Al durch Kompensation der positiven Überschußladung ermöglichen, haben von ihrer unterschiedlichen Beweglichkeit abhängige Einfll. auf die Wechselwrkg. dieser Zentren beim Bleichen. (Nature [London] **183**. 672—73. 7/3. 1959. Rochester, N. Y., Bausch and Lomb Optic. Co.) D. Jörchel. 125

Takeo Kikuchi, *Die Thermoluminescenz von Gläsern.* Na-Silicatglas u. Quarzglas zeigen nach Röntgenbestrahlung bei tiefen Tempp. breite Glow-Maxima bei 130 bis 200° K im Gegensatz zu kristall. Quarz, bei dem erst bei 320° K ein Glow-Maximum beobachtbar ist. Mit abnehmender Bestrahlungstemp. rücken (160—100° K) die Glow-Maxima für die glasigen Prodd. nach niedrigeren Temperaturen. Das Abklingen der röntgenstrahlerregten Luminescenz, das über Zeiten länger als 10 Min. geht, ist weder rein mono- noch bimolekular. Mit steigender Bestrahlungsdauer wird das Abklingen langsamer. Das Verh. der Gläser wird mit Hilfe eines Modells mit kontinuierlich unterhalb des Leitungsbandes verteilten Haftstellen (0,2—0,5 eV) gedeutet. (J. physic. Soc. Japan **13**. 526—31. Mai 1958. Osaka, Univ., Inst. of Polytechn.) J. Rudolph. 125

G. Bonfiglioli, P. Brovetto und **C. Cortese,** *Thermoluminescenz-Rekombination von F- und V-Zentren.* Das experimentelle Verh. bei der Thermoluminescenz von röntgenstrahlbehandeltem *NaCl* wird unter folgenden Annahmen gedeutet: a) Die Analyse der Glow-Kurven muß einen einzigen Wert für die therm. Aktivierungsenergie E für alle Maxima haben; b) die Emission bei verschied. Glow-Maxima hat verschied. Wellenlängen; c) die Temp. der Glow-Maxima ist nicht charakterist. für die Haftstellentiefe, sondern hängt vielmehr von der F-Zentrenkonz. zu Beginn eines Glow-Maximums ab. Experimentell werden ein E von 0,72 eV für alle Glow-Maxima sowie Emissionswellenlängen von 3620, 4180/4320 bzw. 5250 Å für das erste, zweite (Dublett) bzw. dritte Glow-Maximum gefunden. Als für die Luminescenz verantwortliche Leuchtzentren werden die — gleichzeitig bei der Röntgenbestrahlung erzeugten — V-Zentren u. somit die Rekombination eines Elektrons mit den Löchern der V-Zentren als Emissionsursache angenommen. Für die Energie des emittierten Lichtes $(h\nu)_i$ gilt nach Vff. die Beziehung $(h\nu)_i = \varepsilon - (h\nu)_{\nu i}$, wobei ε die Energiedifferenz zwischen angeregtem Term des Elektrons u. dem Valenzband (prakt. Breite der verbotenen Zone) u. $(h\nu)_{\nu i}$ die Energie der zum i-ten V-Zentrum gehörigen Absorptionsbande bedeuten. Beim NaCl ergibt sich für ε aus bekannten Daten ein Wert nahe dem der verbotenen Zone (ca. 9 eV). (Physic. Rev. Letters 1. 94—95. 1/8. Errata: 263. 1/10. 1958.) J. RUDOLPH. 125

H. Ortmann, *Über die luminescenzerregende Wirkung von Alpha-Teilchen verschiedener Energie auf Zinksulfid-Leuchtmassen.* Bestimmte ZnS · Cu-Phosphore, bes. solche, die in Abwesenheit von O_2 hergestellt wurden, zeigen bei Erregung durch α-Strahlen erhöhter Reichweite (Rdth gegenüber Ra) bei gleichen Energiemengen einen Helligkeitsgewinn bis zu 50%. Die Ausbeute ist demnach ähnlich wie bei Elektronenstrahlen von der Energie der α-Teilchen abhängig. Dieses Verh. ist bei der Herst. von radioakt. Leuchtmassen zu berücksichtigen. (Exp. Techn. Phys. **4.** 275—78. 1956. Berlin-Buch, Dtsch. Akad. der Wiss., Angew. Isotopenforschg.) J. RUDOLPH. 125

L. R. Koller und **H. D. Coghill**, *Elektronenanregung von Zweischichtschirmen.* Eine Doppelschicht aus einer ca. 0,5 μ dicken transparenten Aufdampfschicht eines gelbleuchtenden *ZnS · Mn*-Phosphors auf einer blauluminescierenden *ZnS · Ag*-Schicht (ca. 2 μ dick) zeigt bei Erregung mit Kathodenstrahlen bis ca. 10 kV nur die gelbe Luminescenz der Deckschicht, mit steigender Spannung (bis 22,5 kV) infolge größerer Eindringtiefe der Elektronen zunehmend die blaue Emission der unteren Schicht. In quantitativer Hinsicht herrscht Übereinstimmung mit der auf Elektroneneindringtiefe u. -streuung beruhenden Theorie. Die Änderung des Gelb-Blau-Verhältnisses der Emission mit der Spannung ist in der Hauptsache auf ein Anwachsen der blauen Emission — bei nahezu konstanter gelber Luminescenz — zurückzuführen. (J. appl. Physics **29.** 1064—66. Juli 1958. Schenectady, N. Y., Gen. Electr. Res. Labor.) J. RUDOLPH. 125

Donald A. Wiegand, *Tieftemperaturluminescenz und -photoleitfähigkeit von AgCl.* Im Bereich 4—210° K wurden gleichzeitig die Luminescenz u. die Photoleitung von AgCl untersucht. Die Abnahme der Luminescenzintensität mit steigender Temp. kann einem konkurrierenden Rekombinationsprozeß zugeschrieben werden, der eine therm. Aktivierungsenergie von 0,05 eV hat u. nicht von sichtbarer Strahlung begleitet ist. Die Abklingzeiten sind keine monotonen Funktionen der Temp., sondern weisen Maxima auf, die sich durch ein Modell deuten lassen, in dem die Energie vom Absorptionsort zum Luminescenzzentrum durch bewegliche Löcher u. Elektronen transportiert wird. Transportverzögerungen treten durch Loch- u. Elektroneneinfang auf; die Temperaturabhängigkeit dieser Verzögerung bestimmt die Temperaturabhhängigkeit der Abklingzeiten. Nach diesem Modell berechnete Kurven stimmen qualitativ mit den Verss. überein. Die relativen Größen von Luminescenz- u. Photostromabklingzeiten sowie die Abhängigkeit der Abkling- u. Anstiegzeiten vom Temperaturzustand weisen darauf hin, daß im Falle, wenn der Hauptanteil der Photoleitung von einer Elektronenbewegung herrührt, Luminescenz durch Löchereinfang verursacht wird. Vermutlich findet diese Rekombination an Ag-Ionenfehlstellen statt. (Physic. Rev. **113.** [2] 52—62. 1/1. 1959. Ithaca, N. Y., Cornell Univ.) D. JÖRCHEL. 125

Edwin F. Carpenter and others eds., Transactions of the International Conference on the Use of Solar Energy — the scientific basis; 5 v., v. 1; The available energy measurement of the radiation. V. 2: Thermal processes (2 sections); pt 1, section A, flat-plate collectors; pt 1, section B, high temperature solar furnaces, solar power. V. 3: Thermal processes; pt 2, solar house heating, solar water heating, solar stoves, solar distillation. V. 4: Photochemical processes. V. 5: Electrical processes. Tucson: Univ. of Arizona Press pap. 1958. V. 1: (151 S. m. Abb. u. Diagr.) 4°. V. 2: (278 S. m. Abb. u. Diagr.) 4°. V. 3: (178 S. m. Abb. u. Diagr.) 4°. V. 4: (199 S. m. Abb. u. Diagr.) 4°. V. 5: (139 S. m. Abb. u. Diagr. 4°. Jeder Bd. $ 12.50.)

A₃. Elektrizität. Magnetismus. Elektrochemie.

Jiří Macků, Ivan Kosmák und **Robert Kalvoda**, *Elektrische Messungen in der Chemie.* 2. Mitt. *Reagentien zur Indication von Strahlung.* (1. vgl. C. **1959.** 8456.) Vff. behandeln übersichtlich Einrichtungen zur Indikation von n. u. IR-Strahlung, radioakt. u. Röntgenstrahlen (photoelektr. Elemente, Ionisationskammern, Zähler). (Chemie [Praha] **10.** 323—35. 1958. Hradec Králové, Voj. lék. akad. J. Ev. Purkyně u. Praha, Českoslov. akad. věd, Polarograf. ústav.) H. TŮMA. 130

M. A. Bagirow, *Bildungsgeschwindigkeit des Hauptkanals eines langen Funkens im Zwischenraum Stab-Stab.* Die Bldg. des Hauptkanals erfolgt im Moment der Annäherung der Entladungsspitzen, u. das Maximum des Stromstoßes im Hauptkanal bildet sich im Zwischenraum, bevor die maximale Geschwindigkeit im Kanal erreicht wird. (Журнал Технической Физики [J. techn. Physik] **26.** 755—58. April 1956. Energet. Inst. der Akad. der Wiss. der UdSSR.) A. KUNZE. 131

Y. P. Varshni und **G. P. Srivastava**, *Die Temperaturabhängigkeit der Dielektrizitätskonstanten.* Die von DEBYE angegebene Formel für die Temp.-Abhängigkeit der DK kann für Festkörper u. Fll. bei Vernachlässigung der Dichteänderung durch $\varepsilon = A$

+ B/(T + C) wiedergegeben werden (ε = DK; T = absol. Temp.; A, B u. C = Konstanten). Für Gase ist die Formel nur als bequeme Näherung brauchbar. Die Konstanten der Gleichung werden für *W.*, *Chlf.*, *Propen*, *1.2-Dichlor-2-methylpropan*, *1-Brombutan*, *1-Isobutan*, *CCl_4*, *Bzl.*, *Petroleumhexan* u. für eine Lsg. von CH_3Cl (6,06 Mol% in Hexan angegeben. Ein Vgl. der errechneten Temp.-Abhängigkeiten der DK mit Experimentalwerten aus der Literatur zeigt, daß der durchschnittliche Fehler etwa bei 1% liegt. (Z. physik. Chem. **210**. 144—50. März 1959. Allahabad, India, Univ., Dep. of Phys.) J. JASKOWSKY. 132

R. H. Parmenter, *Akustisch-elektrischer Effekt.* (Vgl. C. **1954**. 5230.) Die Gleichgewichts-, die Transport- u. die phänomenolog. Näherung in der Theorie des elektroakust. Effekts werden krit. verglichen. Als Gründe für die nicht übereinstimmenden Ergebnisse der 3 Näherungen ergeben sich: 1. Die phänomenolog. Näherung ist nur anwendbar, wenn die mittlere freie Weglänge der Ladungsträger viel kleiner als die akust. Wellenlänge ist, die anderen beiden Näherungen gelten nur für gegenüber der Wellenlänge viel größere Weglängen. 2. Die Transportnäherung vernachlässigt notwendig den Beitrag der durch die akust. Welle „eingefangenen" Ladungsträger. 3. Die bisher benutzte phänomenolog. Näherung vernachlässigt den von den Ionenrümpfen eines Metalls oder den ionisierten Verunreinigungsatomen eines Halbleiters herrührenden Beitrag zur Raumladungsdichte. Vf. entwickelt eine phänomenolog. Theorie für Metalle u. Halbleiter, die unter den meisten experimentellen Bedingungen anwendbar ist. Bei hinreichend tiefen Tempp. u. hohen akust. Frequenzen ist jedoch die Gleichgewichtsnäherung für Metalle u. Halbleiter geeigneter. Durch Anwendung eines Magnetfeldes läßt sich der elektroakust. Effekt merklich vergrößern. (Physic. Rev. [2] **113**. 102—09. 1/1. 1959. Princeton, N. J., RCA Labors.) D. JÖRCHEL. 133

A. G. Chynoweth, *Effekte durch Strahlungsschäden in ferroelektrischem Triglycinsulfat.* An Hand zahlreicher oscillograph. Aufnahmen werden die Verzerrungen, Verdopplungen u. Verschiebungen der ferroelektr. Hystereseschleife von teilweise u. völlig polarisierten *Triglycinsulfat*-Einkristallen erörtert, die unter der Einw. ionisierender Strahlung (Röntgenstrahlung u. Elektronen) infolge Strahlungsschäden im Kristall beobachtet wurden. Die „beschädigten" Hystereseschleifen weisen außerdem ungewöhnliche feld- u. temperaturabhängige Änderungen auf. So wird unter bestimmten Bedingungen eine verdoppelte Schleife durch Anlegen eines Wechselfeldes zu einer n. einfachen Schleife „ausgetempert", bei Entfernung des Feldes erscheint jedoch wieder die Doppelschleife. Solange das Feld nicht zu lange abgeschaltet bleibt, läßt sich dieser Wechsel offenbar unbegrenzt wiederholen. Andrerseits kann, wenn die Doppelschleife nach längerer Ruhepause auf eine Feldbehandlung nicht mehr anspricht, der unstabilere Zustand der Einzelschleife durch eine therm. Behandlung erzwungen werden. Die Ergebnisse schließen eine Erklärung auf der Grundlage von sich bildenden Raumladungsfeldern oder ungleichförmigen Schäden des Kristalls aus. Vielmehr dürften gleichförmige Spannungen im Kristall für die Erscheinungen verantwortlich sein, die versuchsweise mit Hilfe der üblicherweise zur Beschreibung des ferroelektr. Mechanismus benutzten Doppelminimum-Potentialkurve gedeutet werden, wobei sich zeigt, daß eine wesentlich kompliziertere Kurve der potentiellen Energie erforderlich sein dürfte. Da die Röntgenstrahldosen, die zur Erzeugung großer Veränderungen der ferroelektr. Eigg. ausreichten, viel kleiner als die bei den üblichen röntgenograph. Strukturbestimmungen verwendeten Dosen sind, erscheint es fraglich, ob die unbeschädigte Struktur des Kristalls (u. auch anderer strahlungsempfindlicher organ. Kristalle) überhaupt je bestimmt wurde. (Physic. Rev. [2] **113**. 159—66. 1/1. 1959. Murray Hill, N. J., Bell Telephone Labors.) D. JÖRCHEL. 133

Shozo Sawada, Shoichiro Nomura, Shin'ichi Fujii und **Ikushi Yoshida,** *Ferroelektrizität in $NaNO_2$.* Es werden die dielektr. Eigg. der $NaNO_2$-Kristalle untersucht. In Richtung der b-Achse ist $NaNO_2$ unterhalb des Übergangspunktes, der bei 160° liegt, ferroelektr. Die DK in Richtung der b-Achse beträgt bei Zimmertemp. 7,4. Beim Erhitzen erreicht sie bei 164° den Wert 780 u. beim Abkühlen bei 162° den Wert 1100. Senkrecht zur b-Achse beträgt die DK 6,4. Sie wird auch durch Erhöhen der Temp. nicht größer, obgleich sie am Übergangspunkt eine kleine Anomalie aufweist. Aus pyroelektr. Messungen erhält man für die spontane Polarisation bei Zimmertemp. 7 μ Coul/cm². Aus der P–E-Hysteresisschleife ergibt sich in guter Übereinstimmung für die spontane Polarisation 6,4 μ Coul/cm². Die Größe des Koerzitivfeldes hängt von Temp. u. angelegter Feldstärke ab. (Phys. Rev. Letters **1**. 320—21. 1/11. 1958. Tokyo, Univ. of Tokyo, Inst. for Solid State Phys.) W. KLEIN. 133

Teodor Krajewski, *Untersuchung elektrostriktiver Schwingungen im $BaTiO_3$.* Die Veränderungen der Resonanzfrequenz f_R in Abhängigkeit von der polarisierenden Feldstärke (— 20 bis + 20 kV/cm) sind ein- u. zweidimensional vom Verhältnis a der geometr. Dimensionen des polykrist. $BaTiO_3$-Transistors abhängig. f_R hat bei a < 0,2 ein Minimum. Die elektrostriktiven Eigg. von $BaTiO_3$ bestehen nur im ferroelektr. Gebiet unterhalb des Curie-Punktes. Oberhalb des Curie-Punktes beobachtete Schwingungen sind erzwungen in einem starken polarisierenden Feld. Der hydrostat. Druck (bis 600 at) hat nur einen kleinen Einfl. auf f_R: Die relative Änderung $\Delta f_R/f_R$ beträgt $1{,}7 \cdot 10^{-5}$ [at^{-1}], hat also dieselbe Größenordnung wie die Änderung des Young-Moduls (3,4 10^{-5}). (Poznańskie Towarzystwo Przyjaciół Nauk, Wydzial mat.-przyrodniczy, Prace Komisji mat.-przyrodniczej **8.** Nr. 2/1—4. 41—59. 1958. Poznań, Uniw. A. Mickiewicza, Kat. Fiz. dośw. [Orig.: poln.; Auszug: engl.]) F. Urban. 133

P. Görlich, H. Hora und **W. Macke,** *Über die lichtelektrische Richardson-Gleichung und eine Theorie der spektralen Verteilung von Photokathoden.* Es wird für Photokathoden unter Berücksichtigung der Quantenausbeute u. der Richardson-Gleichung für den lichtelektr. Emissionsstrom eine Beziehung abgeleitet, die die Frequenzabhängigkeit der Quantenausbeute einer Photokathode wiedergibt. Die Beziehung wird mit Hilfe der bekannten experimentellen Daten für eine Cs_3Sb-Photokathode (für den opt. Bereich 1,6—3 eV) geprüft. Übereinstimmung herrscht bei einem Temperaturexponenten r = 3 in der Richardson-Formel. Für eine Frequenz $\nu \rightarrow \infty$ (Röntgenstrahlen) ergibt sich eine Quantenausbeute von 50%, wie sie in der Tat für den Röntgenphotoeffekt gemessen wird. (Exp. Techn. Phys. **5.** 217—21. 1957. Jena u. Dresden.) J. Rudolph. 134

J. Dezoteux, *Nutzbarmachung der Halbleiter.* Bericht über die neuere Entw. der Halbleiterphysik u. -Technik (neue Bauelemente, Herstellungsverfahren.) (Chim. et Ind. **76.** 235—45. Aug. 1956. Rép. Transmission du C.N.E.T.) K. Zückler. 135

H. L. Armstrong, *Über die Stoßionisation in Halbleitern.* Aus einem Verf., das auf der Stationaritätsbedingung u. einem Ansatz für die Feldstärkenabhängigkeit der Stoßzeit beruht, wird für die Randschicht eines p-n-Überganges die Abhängigkeit des Stromes von der Spannung V unter Berücksichtigung der Stoßionisation hergeleitet. Es ergibt sich $\ln(i - i_0) \sim |V|^{1/2}$ (J. Electronics and Control **4.** 355—57. April 1958. Culver City, Calif., Pacific Semiconductors, Inc.) K. Zückler. 135

Hazimu Kawamura, *Das Deformationspotential von Kaliumchlorid.* Mit Hilfe einer erweiterten Zellenmeth. wird unter Berücksichtigung von Austausch- u. Überlappungskorrekturen die Energie E des unteren Randes des Leitfähigkeitsbandes des KCl für verschied. Gitterparameter berechnet u. daraus das als Änderung des E in Abhängigkeit vom Vol. definierte Deformationspotential E_1 ermittelt. Der E-Wert für den n. Gitterparameter (+ 8,81 eV) wird durch die Korrekturen auf — 3,63 eV reduziert. Der E_1-Wert ergibt sich zu 5,4 eV pro Dilatationseinheit. Die physikal. Bedeutung des E_1 für elektron. Prozesse in Ionenkristallen, wie Elektroneneinfang längs Versetzungslinien oder Beweglichkeit eines Elektrons (Streuung durch akust. Phononen), wird kurz diskutiert. (Physics Chem. Solids **5.** 256—63. 1958. Bristol, Univ., H. H. Wills Phys. Labor.) J. Rudolph. 135

D. A. H. Brown, *Majoritätsträgerlebensdauer in kupferdotiertem Germanium bei 20° K.* Aus Messungen der lichtelektr. Empfindlichkeit u. des Rauschens wird an Cu-dotierten Ge-Einkristallen die Zeitkonstante der Rekombination von Defektelektronen mit negativ geladenen Cu-Störstellen bestimmt. Die Ergebnisse stimmen größenordnungsmäßig überein, sind aber niedriger als die theoret. Werte. Die theoret. Konzentrationsabhängigkeit der Zeitkonstante wird ebenfalls nicht gefunden. (J. Electronics and Control **4.** 341—49. April 1958. Gt. Malvern, Worcestershire, Royal Radar Establ.) K. Zückler. 135

J. Lagrenaudie, *Untersuchung der elektrischen Eigenschaften von Telluramalgam.* Dünne Telluramalgamplättchen haben im IR-Bereich bei 2,5 μ ein Absorptionsminimum, bei 4,3 μ eine Bande u. zwischen 8 u. 9 μ eine Schulter. Die Aktivierungsenergie beträgt ca. 0,15 eV. Bei n. Temp. beträgt die Elektronenbeweglichkeit 6—25000 $cm^2/V/sec$. Telluramalgam eignet sich für magnet. u. thermoelektr. Verwendung. (J. Chim. physique Physico-chim. biol. **55.** 175—76. März 1958. CNET-RPO.) R. Lenschau. 135

Hans-Joachim Henkel, *Die Erzeugung von Sperrschichten in Aluminiumantimonid nach dem Legierungsverfahren.* AlSb kann durch Aufschmelzen von Al-Folien kontaktiert werden. Werden einer Al-Folie einige % Zn zugesetzt, so können bei diesem Verf. Sperrschichten in n-leitendem AlSb erzeugt werden. Die Kristallisationszonen können durch Ätzung sichtbar gemacht werden. Durch Messung des Potentialverlaufes wird nachgewiesen, daß der p-n-Übergang an der Grenze zwischen dem n-leitenden Ausgangsmaterial u. der durch den Zn-Geh. der Elektrode p-leitend gewordenen Kristallisationszone liegt. (Z. Metallkunde **50.** 51—53. Jan. 1959. Erlangen, Siemens-Schuckertwerke, A.-G. Forschungslabor.) H. Hochstein. 135

H. Ehrenreich, *Elektronenstreuung in InSb.* Es wird die Wrkg. der Elektronenstreuung durch akust. u. opt. Phononen sowie der Elektronen-Defektelektronenstreuung auf die Beweglichkeit u. die thermoelektr. Kraft von InSb betrachtet. Es werden eine Cyclotronresonanzmasse von 0,013 m_0 u. die Bändertheorie von KANE der Rechnung zugrunde gelegt. Zwischen 200 u. 500° K wird die Beweglichkeit vorwiegend durch Elektronenstreuung durch opt. Phononen infolge polarer Wechselwrkg. bestimmt. Für einen angemessenen Wert der effektiven Ionenladung e* stimmen in dem betrachteten Temp.-Bereich die theoret. Ergebnisse für die Beweglichkeit gut mit den Experimenten überein. Ebenfalls gut ist die Übereinstimmung für die thermoelektr. Kraft, die von e* unabhängig ist. Elektronen-Defektelektronenstreuung wird oberhalb von 500° K mit der polaren Streuung vergleichbar. Unterhalb von 500° K gibt sie jedoch keinen wesentlichen Beitrag. (Physics Chem. Solids **2.** 131—49. April 1957. Schenectady, N. Y., Gen. Electr. Res. Labor.) W. KLEIN. 135

C. H. Champness, *Die transversale magnetische Widerstandsänderung in InSb.* Im Gebiet von 80 bis 700° K wurden an nahezu einkristallinen Proben aus InSb spezif. Widerstand, HALL-Effekt u. die transversale magnet. Widerstandsänderung gemessen. Die Größe der Widerstandsänderung in den meisten Fällen läßt sich durch Annahme von Gitter- u. Störstellenstreuung aus den Trägerkonzz. u. Beweglichkeiten verstehen, die sich aus den anderen Verss. ergeben. Dagegen wird die Widerstandsänderung bei der Temp. der fl. Luft größer als erwartet. (J. Electronics and Control **4.** 201—18. März 1958. Metropolitan-Vickers Electr. Co. Ltd., Res. Dep.) K. ZÜCKLER. 135

Gaston Fischer und **W. B. Pearson,** *Die elektrische Leitfähigkeit von Manganarsenid und -antimonid.* Es werden neue Messungen über den elektr. Widerstand von *MnAs* u. *MnSb* als Beitrag für die Auffindung der Beziehungen der elektron. u. der Kristallstruktur von Verbb. zu ihren elektr. Eigg. wiedergegeben. Dabei werden für die Herst. der Kristalle moderne Methoden angewandt, um Risse im Kristall zu vermeiden, die sehr stark den gemessenen Widerstand beeinflussen. Der spezif. Widerstand beträgt im paramagnet. Gebiet, in dem er temperaturunabhängig ist, etwa $5 \cdot 10^{-4}$ Ωcm. Im ferromagnet. Gebiet ist er bei 0° $2 \cdot 10^{-4}$ Ωcm u. hat einen Temp.-Koeff. von $5 \cdot 10^{-3}$ pro °C. (Canad. J. Physics **36.** 1010—16. Aug. 1958. Ottawa, Div. of Pure Phys., Nat. Res. Council.) W. KLEIN. 135

G. Diemer und **W. Hoogenstraaten,** *Ambipolare und Excitonendiffusion in CdS-Kristallen.* (Vgl. C. **1958.** 11721.) Es wurde die Diffusion der Photoleitfähigkeit in nicht beleuchtete Teile der CdS-Einkristalle an unaktivierten u. mit Ag aktivierten Proben untersucht. Dabei wurden Diffusionslängen von Bruchteilen eines μ bis zu mehreren hundert μ beobachtet. Messungen der spektralen u. der Temp.-Abhängigkeit der Diffusionslänge u. der Photo-EMK zeigten, daß die großen Werte der Diffusionslängen auf Excitonendiffusion zurückzuführen sind. Die Aktivierungsenergie für die therm. Ionisation der Excitonen wurde zu ca. 0,1 eV bestimmt. In den meisten der Ag-aktivierten Kristalle setzt sich die therm. Diffusion der Leitfähigkeit bei Zimmertemp. aus ambipolarer u. Excitonendiffusion zusammen. Dazu wird für den eindimensionalen Fall eine Theorie gegeben. (Physics Chem. Solids **2.** 119—30. April 1957. Eindhoven, Netherland, N. V. Philips Gloeilampenfabrieken, Philips Res. Labor.) W. KLEIN. 135

Y. T. Sihvonen und **D. R. Boyd,** *Ohmsche Sondenkontakte auf CdS-Kristallen.* Drahtsonden aus *Al, Ag, Au, BeCu, Bi, Cu, In, Pt, Ta* u. *Phosphorbronzen* lieferten auf der Oberfläche eines *CdS*-Kristalles zunächst (bei Spannungen von 1 oder 15 V) gerichtete Kontakte, die aber nach Durchleiten von Stromimpulsen aus Kondensatoren (200 bis 350 V; 0,1 μF) permanent in ohmsche umgewandelt werden konnten, wenn die Sonden gegenüber dem Kristall positiv geladen waren. Die Erklärung erfolgt an Hand des von KRÖGER, DIEMER u. KLASENS (C. **1956.** 14253) aufgestellten Termschemas. Sie führt zu dem Schluß, daß ein starker Elektronenfluß vom Kristall zur Sonde die Gitterstruktur des CdS in Umgebung der Sonde stören wird, dadurch permanent die auf dem CdS befindliche Ermüdungs-Zone verschmälert u. so einen leichteren Stromfluß ermöglicht. (J. appl. Physics **29.** 1143—45. Aug. 1958. Detroit, Mich., Gen. Motors Corp., Res. Staff.) R. JUNGE. 135

N. I. Ananitsch und **L. A. Gretschanik,** *Zum Problem der Herstellung eines halbleitenden Films in Blei-Wismut-Gläsern bei ihrer Behandlung in Wasserstoff.* Durch Einführung von Bi_2O_3 in Pb-Gläser wird deren Oberflächenleitfähigkeit erhöht. Mit 0,1—3,2 (Mol-)% Bi_2O_3-Zusatz wird der Oberflächenwiderstand (OW) eines Glases mit 32,26% PbO u. 67,74% SiO_2 (nach Behandlung mit H_2 bei 380°) von $> 10^{10}$ auf $2 \cdot 10^9 - 2 \cdot 10^6$ Ω/cm^2 herabgesetzt, bei höherem Bi_2O_3-Zusatz tritt keine wesentliche Veränderung mehr ein. Wenn die Gläser nach der Red. mit H_2 wieder in Luftatmosphäre erhitzt werden, nimmt der OW wieder zu. Auch Zusatz von Na_2O erhöht den OW der PbO–Bi_2O_3-Gläser schon bei kleinen Zusatzmengen merklich. Die Anwendungsmöglichkeiten für solche Gläser mit halbleitendem Oberflächenfilm werden erörtert. (Журнал Прикладной Химии [J. angew. Chem.] **31.** 566—71. April 1958. Zentr. wiss. Forsch.-Labor. für elektrotechn. Glas.) R. K. MÜLLER. 135

E. Wallauschek, *Über die unipolare Leitfähigkeit an der Grenze Halbleiter-Metall. Leitfähigkeitsmessungen an Silber-Jodid.* An Silber-Silberjodidzellen wurden Leitfähigkeitsmessungen durchgeführt u. dabei eine charakterist. Form der Strom-Zeitkurven gefunden. Die Leitfähigkeit ist unipolar. Der Mechanismus wird diskutiert. Die Sperrwrkg. baut sich erst nach einer bestimmten Zeit (abhängig von der Flußbelastung) auf. Bei höheren Tempp. steigt der Strom, am stärksten in Sperr-Richtung (elektrolyt. Leitung). Die Unters. der Druckabhängigkeit zeigt, daß der Strom mit dem Druck steigt, bes. in Sperr-Richtung. (Acta physica austriaca **9.** 351—66. 1955. Wien, TH, Inst. für Experimentalphys.) K. ZÜCKLER. 135

W. N. Roshanski, Ju. W. Gorjunow und **N. W. Dekartowa,** *Einige Besonderheiten des Einflusses des oberflächenaktiven Mediums auf die Deformation und die damit verbundene Änderung des Elektrowiderstandes von metallischen Einkristallen.* Es wird gezeigt, daß der Anteil der sprunghaften Deformation bei der Dehnung der Zn-Einkristalle mit zunehmendem Neigungswinkel $\varkappa_0$ der Gleitfläche zur Achse der Probe zunimmt, bes. stark in der Nähe von $\varkappa_0 = 45^0$. Durch oberflächenakt. Mittel, wie 0,2%ig. Lsg. von *Oleinsäure,* in Vaselinöl, wird die sprunghafte Deformation verstärkt. Ihr Anteil wird hier verdoppelt. Bei Ausschließung des Einfl. der Fließgrenze nimmt der Adsorptionseffekt mit steigendem $\varkappa_0$ nur sehr wenig zu. Der Anstieg des elektr. Widerstandes der Einkristalle von Zn u. Sn bei der Streckung im oberflächenakt. u. inakt. Medium ist eindeutig durch den Grad der Deformation gegeben. (Журнал Физической Химии [J. physik. Chem.] **31.** 882—86. April 1957. Moskau, Lomonossow-Univ.) O. LEBTAG. 136

Thérèse Rappeneau, *Eine Untersuchung der magnetischen Widerstandsänderung dünner Nickelschichten, hergestellt durch Vakuumbedampfung.* An Ni-Aufdampfschichten u. an kompaktem Ni in Stärken zwischen 360 u. 720 Å werden bei Raumtemp. der elektr. Widerstand, sein Temp.-Koeff., die Kristallstruktur u. die Widerstandsänderung im Magnetfeld, wobei Strom u. Magnetfeld verschied. Winkel miteinander bilden, gemessen. Zusätzlich werden die Eigg. auch nach Wärmebehandlungen untersucht. Die gemessenen Widerstandsänderungen im Magnetfeld lassen eine Anisotropie durch die Abnahme bei zunehmender magnet. Feldstärke erkennen. Diese Anisotropie gestattet auch eine Berechnung der Widerstandsanisotropie im Nullfeld u. die Einführung eines inneren Feldes H_1, das mit dem Molekularfeld zusammenhängt. Dieses Feld H_1 vermittelt auch den Zusammenhang zwischen den Widerständen R im ferromagnet. Zustand u. R_0 im paramagnet. Zustand. Für die dünnsten Schichten ändert sich R mit H^2. Ferromagnetismus tritt erst bei Schichtdicken $>$ 480 Å auf. Bei einer Schichtdicke von 720 Å sind die untersuchten Eigg. fast die gleichen wie bei massivem Ni. (Cahiers de Physique **1958.** (Nr. 93/94.) 185—237. Mai/Juni. Paris, Univ., Fac. des Sci.) H. FAHLENBRACH. 136

Albert L. Perrier, *Eine allgemeine Energiebetrachtung des Hallstroms.* Seit 1927 hat Vf. eine Reihe von Veröffentlichungen über die magnetogalvan. u. magnetothermoelektr. Erscheinungen durchgeführt, von denen hier ein charakterist. Ausschnitt im Hinblick auf die Bewertung des HALL-Stromes gebracht wird. Vf. berechnet allg. die Parameter des HALL-Stromes u. die transversalen u. longitudinalen Energien. (Helv. physica Acta **31.** 558—64. 31/10. 1958. Lausanne.) H. FAHLENBRACH. 137

Henry Benoit und **Jacques Hennequin,** *Messung des magnetischen Erdfeldes mit einem Kernresonanz-Maser.* (Vgl. C. **1959.** 5033.) Die Messung wurde mit dem l. c. beschriebenen Maser ausgeführt. Die Oscillationsfrequenz des Masers läßt sich innerhalb einiger Sek. mit einer Genauigkeit messen, die der Stabilität des Erdfeldes während dieser Zeit entspricht. (C. R. hebd. Séances Acad. Sci. **248.** 1991—93. 1/4. 1959. Fontenay-aux-Roses, Faculté de Sci., Labor. d'Électron. et Radioélectricite.) D. JÖRCHEL. 137

Roger Vautier und **André-Jean Berteaud,** *Direkte Messung der Resonanzkurvenbreite ferromagnetischer Stoffe.* Die beschriebene Meth. zur direkten Messung der Breite ΔH der Absorptionskurven μ''(H) macht eine vollständige Registrierung der μ''-Kurven selber überflüssig. Sie beruht auf einer von ARTMAN u. TANNENWALD (C. **1956.** 11339.) angegebenen Beziehung, die μ'' direkt mit der Änderung der Überspannung des die ferromagnet. Probe enthaltenden Hohlraums verknüpft. Es genügt danach, die der Halbwertbreite entsprechende Spannung als Funktion der der gyromagnet. Resonanz entsprechenden, durch Regelung von H zu erhaltenen Spannung zu messen. Für einen kugelförmigen Ferrit (ø 1,02 mm) der Zus. *4,8* Fe_2O_3, *0,2* Cr_2O_3, *3* Y_2O_3 wurde ein ΔH = 280 Oe gemessen. Aus der Kurve selber folgt ΔH = 270 Oe.

(C. R. hebd. Séances Acad. Sci. **248.** 1957—59. 1/4. 1959. Bellevue, Seine-et-Oise, Labor. du Magnet. et de Phys. du Corps Solide.) D. JÖRCHEL. 137

F. P. Levi, *Magnete aus feinem Eisendraht.* Nach einer neuen Technik wurden in einer Cu-Legierungsmatrix eingebettete parallel verlaufende Fe-Drähte bis hinunter zu Stärken von 0,1 μ u. weniger gezogen. Die Drähte der so gebildeten Magnete haben Koerzitivkräfte von 300—900 Oe. Die Abhängigkeit der Koerzitivkraft vom Drahtdurchmesser wird für individuelle, unendlich weit voneinander entfernte Drähte angegeben. Die magnet. Eigg. derartiger Magnete dürften den bekannten theoret. Eigg. kleiner, ausgerichteter u. in gleichen Abständen angeordneter Fe-Teilchen von ca. 0,02 μ Durchmesser nahekommen, deren Herst. jedoch noch nicht befriedigend gelungen ist. (Nature [London] **183.** 1251—52. 2/5. 1959. Richmond, Australia, Victoria, Rola Co Pty. Ltd.) D. JÖRCHEL. 137

R. E. Carter, *Die Wirkung des Sauerstoffdruckes auf die Mikrostruktur und Koerzitivkraft von Magnesium-Ferriten.* Sehr reine $MgFe_2O_4$-Proben sind bei 1400° u. unterschiedlichen O_2-Drucken gebrannt worden. Gefüge u. magnet. Eigg. wurden als Funktion des O_2-Druckes gemessen. In red. Atmosphäre bildet sich auf der Oberfläche eine Schicht, die ihrer Natur nach wüstitähnlich sein muß. Je nach der Abkühlungsgeschwindigkeit ändert sich der Unterschied im Ausdehnungskoeff. u. damit auch die Koerzitivkraft. Die Porosität dieses Zweiphasensyst. verringert sich rascher als beim reinen Ferrit. Ein wiederholtes Aufheizen in O_2-Atmosphäre bringt die Wüstitschicht zum Verschwinden u. hinterläßt einen porenfreien Ferrit mit ausgezeichneten magnet. Eigenschaften. (J. Amer. ceram. Soc. **41.** 545—50. 1/12. 1958. Schenectady, N. Y., Gen. Electr. Comp. Res. Labor.) H. SAALFELD. 137

G. Busch, H. J. Stocker und **O. Vogt,** *Magnetische Susceptibilität von Ladungsträgern in Ge–Si-Mischkristallen.* (Vgl. C. **1959.** 9479.) Aus den Abweichungen der magnet. Susceptibilitätswerte von Ge–Si-Mischkristallen bei verschied. Tempp. (vgl. l. c.) wird auf die effektiven Massen der Ladungsträger (m_n [Elektronen], m_p [Löcher]) geschlossen. Für Legierungen mit Si-Gehh. zwischen 60 u. 100% Si ist $\overline{(m/m_p)^2 + m/m_n)^2} \leqslant 8$ unabhängig von der Konzentration. Zwischen 50 u. 15% Si erfolgt die größte Änderung. Für Legierungen mit 15—20% Si können die Meßresultate dadurch erklärt werden, daß die Leitungsbänder L_1 u. Δ_1 eng benachbart u. somit gleichzeitig wirksam sind. Zwischen 30 u. 50% Si ist die Änderung von $\overline{(m/m_n)^2 + (m/m_p)^2}$ deswegen auffallend groß, weil das Band L_1 sicher nicht mehr wirksam ist. Die Änderung kann nur durch das Band Δ_1 oder höchstens noch teilweise durch die Valenzbänder bedingt sein. (Helv. physica Acta **31.** 565—67. 31/10. 1958. Zürich, ETH, Labor. für Festkörperphys.) H. FAHLENBRACH. 137

Yves Ayant und **Jean Thomas,** *Deutung der Magnetisierungskurve des Erbiumgallats bei tiefen Temperaturen.* (Vgl. C. **1959.** 9808.) Die Magnetisierungskurve σ(H/T) von Er-Gallat wurde für tiefe Tempp. (einige °K) nach einem Modell berechnet, in dem jedes Ion der Seltenen Erde von 8 Sauerstoff-Ionen umgeben ist, die in guter Näherung einen derart deformierten Würfel bilden, daß 2 gegenüberliegende Flächen des Würfels um einen Winkel von ca. $\pm$ 11° um die zu diesen senkrechte quatern. Achse gedreht sind. Die theoret. Kurve weicht von der experimentellen 10—15% ab. Diese Abweichung dürfte z. T. von der vereinfachenden Annahme herrühren, daß das betrachtete Doppelniveau nur aus reinen $J = \pm 15/2$-Zuständen zusammengesetzt ist. (C. R. hebd. Séances Acad. Sci. **248.** 1955—56. 1/4. 1959. Grenoble, Labor. d'Électrostat. et de Phys. du Métal.) D. JÖRCHEL. 137

T. G. Castner, W. Känzig und **T. O. Woodruff,** *Die elektronische Struktur eines V-Zentrums.* Vff. geben eine Übersicht über die wesentlichen Ergebnisse der Strukturbest. eines V-Zentrums mit Hilfe der paramagnet. Resonanz für Kristalle von *KCl*, *NaCl*, *LiF* u. *KBr* nach Röntgenbestrahlung bei 80° K (vgl. auch CASTNER u. KÄNZIG C. **1959.** 11136). Für das zugrundegelegte Modell des einfachsten V-Zentrums (V_1) als X_2^--Molekülion (X = Halogen) werden Grundzustand des ungepaarten Elektrons im X_2^- sowie angeregte Zustände des Molekülions berechnet. (Suppl. del Nuovo Cimento Nr. 2 (zu [10] **7**). 612—19. 1958. Urbana, Ill., Univ.; Schenectady, N. Y., Gen. Electr. Res. Labor.) J. RUDOLPH. 137

G. I. Krugljakowa, *Abhängigkeit der magnetischen Susceptibilität von Salzen von ihrem Wassergehalt.* Zur Eichung von astat. Magnetometern werden paramagnet. Metallsalze benützt, deren Susceptibilität (S) in starkem Maße von dem W.-Geh. abhängig ist. Vf. untersuchte aus diesem Grunde S von $CoCl_2$ u. $NiSO_4$ mit verschied. W.-Gehalt. — Aus den graph. dargestellten Ergebnissen ist zu sehen, daß bei $CoCl_2$ S mit steigendem W.-Geh. rasch linear absinkt. Bei Sättigung mit W. ($CoCl_2 \cdot 6\,H_2O$) erfährt die Linie einen Knick u. S fällt weniger schnell. Beim Zustand der Kristalle in wss.

Suspension erscheint ein weiterer, wenn auch bedeutungsloser Knick. — Ein ähnliches, weniger ausgeprägtes Verh. zeigt $NiSO_4$. (Доклады Академии Наук СССР [Ber. Akad. Wiss. UdSSR] **123.** 443—45. 21/11. 1958. Akad. der Wiss. der UdSSR, Inst. für Geol. von nützlichen Mineralen.) H. TŮMA. 137

Otto Knessl, *Magnetische Kernresonanz.* Problemstellung, Apparate-Beschreibung u. Anwendung an Hand der Literatur. — 74 Literaturangaben. (Chemie [Praha] **10.** 1—19. Jan. 1958. Praha, Chem. ústav ČSAV.) H. WEJNAR. 137

Kazimierz Antonowicz, *Magnetische Kernresonanz und ihre Anwendung.* Übersicht. — 31 Literaturangaben. (Postępy Fizyki **9.** 303—26. 1958. Toruń, Uniw. M. Kopernika, Kat. Fiz. dośw.) F. URBAN. 137

A. M. El-Aggan, D. C. Bradley und **W. Wardlaw,** *Die Leitfähigkeit einiger Chloride in Äthanol.* 2. Mitt. *Elektrolytisches Verhalten von Äthoxyzirkoniumchloriden.* (1. vgl. C. **1958.** 12026.) Vff. messen die Leitfähigkeit von *Tris-[isopropoxy]-zirkoniumchlorid* (I) $ZrCl(OC_3H_7)_3$, *Bis-[isopropoxy]-zirkoniumdichlorid* (II) $ZrCl_2(OC_3H_7)_2$ u. *Äthoxyzirkoniumtrichlorid* (III) $ZrCl_3(OC_2H_5)$ in absol. „Leitfähigkeits-A." in sehr verd. Lsgg. bei 25°. I u. II gehen in der Lsg. in die entspr. Äthylderivate über, deren Leitfähigkeitsverh. sich durch die Unters. ergibt. Die tabellar. wiedergegebenen Ergebnisse (Grenzleitfähigkeiten, Konz.-Abhängigkeit der Leitfähigkeit) zeigen, daß bei allen drei Substanzen Solvolysegleichgewichte des Typs $ZrCl_n(OC_2H_5)_{4-n} + n\ C_2H_5OH = Zr(OC_2H_5)_4 + n\ H^+ + n\ Cl^-$ vorliegen müssen, deren genaue Aufklärung jedoch durch Leitfähigkeitsmessungen allein nicht möglich erscheint. (J. chem. Soc. [London] **1958.** **4643—46.** Dez. London, Birkbeck Coll.) H.-J. OSTMANN. 138

Orland W. Kolling, *Aciditätsmessungen mit Indicatoren in Eisessig.* Das Umschlagen von bas. Indicatoren in Eisessig als Lösungsm. läßt sich in keine einfache Beziehung zum p_H bringen. Ausgehend von der LEWISschen Säure-Basen-Theorie leitet Vf. eine Aciditätsfunktion für sehr starke Säuren wie $HClO_4$ ab, die für schwächere Säuren durch ein weiteres Glied (ion pair parameter) zu ergänzen ist. (J. chem. Educat. **35.** 452—53. Sept. 1958. Wichita, Kan., Friends Univ.) K. BLUMRICH. 139

Anne-Marie Baticle und **Yves Thouvenin,** *Über eine Methode, welche die Bestimmung des Austauschstromes einer Elektrode gestattet.* Vff. entwickelten eine Meth., welche die Unters. des Elektronen- bzw. Ionenübergangs einer Elektrode in der Nähe des Gleichgewichts für Redoxsysteme u. Amalgame bei Ggw. von Ionenlsgg. des gleichen Metalls für den Fall gestattet, daß ein Diffusionsvorgang mit dem Übergang verbunden ist. Die experimentelle Best. des Anstiegs der Kurve Stromdichte–Potential bzw. die Messung des radioakt. Austauschs zwischen der Elektrode u. der Gleichgewichtslsg. ermöglicht die Best. des scheinbaren Austauschstroms I_a. Die Änderung von log I_a in Abhängigkeit vom Potential der Elektrode (V_0) für $k = 1$, $\alpha = 0{,}8$, $n = 2$ u. $T = 25°$ wurde berechnet. Es wird ein Netz von analogen Kurven erhalten; am Anfang der Kurven, wenn die Konz. des Red.-Mittels ($C_{Red.}$) zunimmt, ist log I_a $C_{Red.}$ proportional, d. h. die Diffusion des Red.-Mittels überwiegt. Am Ende der Kurve geht log I_a gegen $\log_{\infty K}$, die Diffusion des Oxydationsmittels wird vorherrschend. Der mittlere Bereich (Bereich des n. Potentials) gestattet die Unters. des Übergangs. Eine Meth. zur Berechnung der Parameter (α,k) der Übergangsrk. besteht darin, daß die experimentellen Kurven log I_a/V_0 für $C_{Red.}$ bzw. $C_{Ox.}$ = konstant im Bereich des n. Potentials aufgenommen werden. Es sind 2 Fälle möglich: 1. Es resultiert eine Gerade; der Übergang erfolgt so langsam, daß das Diffusionspotential vernachlässigbar ist, I_a ist gleich dem Übergangsstrom I_0. 2. Bei nicht geradem Kurvenverlauf wird ein größerer Konz.-Bereich untersucht, um die horizontale Asymptote zu erhalten. Aus dem Grenzstrom $I_{\infty K}$ u. $I_{\infty A}$ wird dann I_0 u. α berechnet. Die Meth. vermeidet die bei der direkten Messung des Diffusionsstromes auftretenden Fehler. (C. R. hebd. Séances Acad. Sci. **248.** 794—96. 9/2. 1959. Bellevue, Seine-et-Oise, C.N.R.S., Labor. d'Électrolyse.) W. KARCHER. 140

A. I. Sebrewa, *Über die Potentiale der Amalgame.* Es wird die These aufgestellt, daß das Potential in Hg schwer lösl. Metalle durch die Konz. des lösl. Anteils bedingt wird. Wenn sich in einem komplizierten Amalgam (A) eine intermetall. Verb. bildet, so wird das Potential des A durch die Löslichkeit dieser in Hg bestimmt. Wenn diese nach dem Phasentyp von HUME-ROTHERY, LAVES oder überstrukturell aufgebaut ist, so ist der lösl. Teil der Verbb. völlig in Hg dissoziiert u. verhält sich wie ein Gemisch einfacher Amalgame. In solchen Fällen kann das Löslichkeitsprod. der Verb. nach der Potentialhöhe des A berechnet werden. (Вестник Академии Наук Казахской ССР [Nachr. Akad. Wiss. KasachSSR] **14.** Nr. 11. 88—92. Nov. 1958.) E. v. PEZOLD. 140

Masayasu Ohtani, *Aktivitäten von Mangan und Kohlenstoff in Fe–C–Mn-Schmelzen.* Die Löslichkeit von C in Fe–C–Mn-Schmelzen wurde bei 1530° ± 10° bis 40% Mn bestimmt. In einer speziell konstruierten Konzentrationszelle Fe, Mn | SiO_2, MnO, CaO, Al_2O_3, MgO | Fe, C, Mn wurde die EMK, die der Änderung im Mn- u. C-Geh. entspricht,

gemessen (1540°). Binäre Fe–Mn-Schmelzen gehorchen dem RAOULTschen Gesetz, aber Fe–C–Mn-Schmelzen zeigen negative Abweichung beim Zufügen von C. Der Einfl. des C auf den Aktivitätskoeff. von Mn wurde unter Benutzung des Wechselwirkungsparameters γ^{c}_{Mn} diskutiert. (Sci. Rep. Res. Inst. Tôhoku Univ., Ser. A **9**. 426—33. Okt. 1957. Res. Inst. of Mineral Dressing and Metallurgy. [Orig.: engl.])
H. K. HOFMEISTER. 140

Tatsuo Yokoyama, *Elektrolyse von Calciumchloridlösung mit einer amalgamierten Kathode.* (Kurze Mitt.) Durch Verwendung einer amalgamierten Cu-Kathode wird die Abscheidung von $Ca(OH)_2$ bei der Elektrolyse von $CaCl_2$ mit Cu-Kathoden u. der damit verursachte Stromanstieg verhindert. In ähnlicher Weise wird Fe-Draht als Kathode in einer gemischten Elektrolyselsg. von $HgNO_3$ u. $NaNO_3$ für die Elektrolyse von Lsgg. mit 15% $CaCl_2$ + 4% NaCl verwendet. (J. chem. Soc. Japan., ind. Chem. Sect. [Kōgyō Kagaku Zassi] **58**. 154. Febr. 1955. Takaoka, Toyama Univ. [Orig.: japan.])
L. SCHULER. 141

Yasuichi Shibasaki, *Mechanische Spannung der elektrolytischen Abscheidung von Bleidioxyd.* 15. Mitt. *Einfluß von Kobaltsalzen auf die mechanische Abscheidungsspannung („stress") von Bleidioxyd.* (14. vgl. J. chem. Soc. Japan, ind. Chem. Sect. [Kōgyō Kagaku Zassi] **57**. [1954.] 794.) Der elektrolyt. mechan. Abscheidungsstress von PbO_2 wird wie in früheren Mitteilungen bestimmt. Dem Elektrolysebad aus 1,0(Mol)$Pb(NO_3)_2$ u. 0,1 $Cu(NO_3)_2$ werden wechselnde Mengen an $Co(NO_3)_2$ bis zu 0,05 zugesetzt. Selbst geringe Co-Zusätze verringern deutlich den Abscheidungsstress. (J. chem. Soc. Japan, ind. Chem. Sect. [Kōgyō Kagaku Zassi] **58**. 95—96. Febr. 1955. Yokohama, Staatsuniv. [Orig.: japan.])
L. SCHULER. 141

Tadashi Yoshida, Kenkichi Takagi und **Kumasaburō Hara,** *Elektrolytische Abscheidung von Chrom aus Bädern des dreiwertigen Sulfats.* 32. Mitt. *Experimentelle Untersuchung über die Umkehrpunkte der kathodischen Polarisationskurve.* (31. vgl. J. chem. Soc. Japan, ind. Chem. Sect. [Kōgyō Kagaku Zassi] **57**. [1954.] 884.) Mit einer Magnetitanode u. einer Cu-Kathode wird die n. Badlsg. (vgl. l.c.) mit Zusatz von 0,1—0,5g/Liter CrO_3 bei 40° u. 0,24—0,48 A/dm² 10—30 Min. elektrolysiert, um die Ursache für die beobachteten 2 Umkehrpunkte der kathod. Polarisationskurve zu untersuchen. Bestimmt wird die Abnahme von Cr(VI) mit dem Fortschreiten der Elektrolyse u. die Ausbeute hinsichtlich H_2-Entwicklung. Aus den Beobachtungen wird gefolgert, daß der eine Umkehrpunkt der Red. $Cr^{3+} \rightarrow Cr^{2+}$, der andere der beginnenden Abscheidung von Cr aus Cr^{3+} oder Cr^{2+} zuzuordnen ist. — 3 Tabellen u. Diagramme. (J. chem. Soc. Japan, ind. Chem. Sect. [Kōgyō Kagaku Zassi] **58**. 8—10. Jan. 1955. Tokyo, Waseda Univ. [Orig.: japan.])
L. SCHULER. 141

Tadashi Yoshida, *Elektrolytische Abscheidung von Chrom aus Bädern des dreiwertigen Sulfats.* 33. Mitt. *Einfluß von Harnstoff und dessen Wirkungsmechanismus.* (32. vgl. vorst. Ref.) Die Wrkg. eines Zusatzes von *Harnstoff* (I) zu Cr(III)-Sulfatbädern besteht 1. in einer Pufferwrkg., 2. in der Aufrechterhaltung eines reduzierenden Zustands u. 3. in störungsfreier Rk. des Cr^{3+} an der Kathode. Die Bldg. von Komplexen mit **I** wird erörtert. (J. chem. Soc. Japan, ind. Chem. Sect. [Kōgyō Kagaku Zassi] **58**. 86—89. Febr. 1955. [Orig.: japan.])
L. SCHULER. 141

Tadashi Yoshida und **Reiko Yoshida,** *Elektrolytische Abscheidung von Chrom aus Bädern des dreiwertigen Sulfats.* 34. Mitt. *Mechanismus der elektrolytischen Abscheidung des Chrommetalls, dessen Anwendung auf den Fall der Abscheidung von Legierungen und Zusammenfassung der bisherigen Ergebnisse.* (33. vgl. vorst. Ref.) Die elektrolyt. Abscheidung von Cr aus einem Cr(III)-Sulfatbad zeigt folgende Stufen: 1) Red. des Cr^{3+}-Komplexes zu Cr^{2+}, 2) Stabilisierung von Cr^{2+} durch *Harnstoff*, u. elektrochem. Red. des Cr^{2+} an der Kathodenoberfläche. Elektrolyt. Abscheidung von Legierungen wie *Cr–Fe*, *Cr–Ni*, *Cr–Co* bzw. *Cr–Mn* auf Cu läßt sich z. B. mit folgender Badzus. erreichen: 0,3(Mol/Liter) $Cr_2(SO_4)_3$, 0,3 $FeSO_4$, 2,2 $(NH_4)_2SO_4$ u. 3,0 Harnstoff, p_H 2,4—2,8, 40°, 8—16 A/dm². Der erzeugte Film von etwa 10 μ enthält etwa 18—19% Cr. Kurze Zusammenfassung der bisherigen Mitteilungen. (J. chem. Soc. Japan, ind. Chem. Sect. [Kōgyō Kagaku Zassi] **58**. 89—91. Febr. 1955. [Orig.: japan.])
L. SCHULER. 141

P. Winkel und **B. Verkerk,** *Über den Mechanismus der elektrolytischen Gleichrichtung.* Es wird gezeigt, daß die elektrolyt. Gleichrichtung gleichmäßig auf der ganzen Oberfläche stattfindet. Bei *Al* ist die Gleichrichtung unabhängig von der Oberflächenbehandlung des Al u. von den Störstellen. (Philips Res. Rep. **13**. 501—05. Dez. 1958.)
K. ZÜCKLER. 142

A. B. Tripler und **L. D. McGraw,** *Eine Untersuchung über einige neue Materialien zur Depolarisierung von Kathoden.* Die Verwendung der depolarisierenden Materialien erfolgte in Flüssigkeitszellen u. Trockenelementen; das Material befand sich in einem

Metallbecher oder einem Kunststoffbeutel, durch den ein Kohlestab als Elektrode getrieben wurde. Als depolarisierende Materialien wurden *$MnPO_4$*, *$BaFeO_4$* u. *Chloranil* benutzt. Die Eigg. der entspr. Zellen werden beschrieben. (J. electrochem. Soc. **105.** 179—83. April 1958. Columbus, O., Battelle Memorial Inst., Electrochem. Engng. Div.) FRIEDRICH WOLF/Berlin. 142

P. Kivalo, *Über die polarographische Reduktion von Metallkationen in Gegenwart gewisser Proteine.* Die polarograph. Red. von Metallsalzen wie *$Cd(ClO_4)_2$*, *$Cu(ClO_4)_2$*, *$Pb(ClO_4)_2$*, *$Fe(ClO_4)_2$* u. *$Hg(NO_3)_2$* in Ggw. von *Eialbumin* (I) u. *Gelatine* bei verschied. p_H-Werten wird untersucht. Mit steigender Konz. an I treten z. B. bei Cu^{2+} in 0,1 mol. $HClO_4$-Lsg. (p_H = 1,5) an Stelle einer Stufe zwei auf, wobei die Höhe der ersten ständig abnimmt, während die der zweiten konstant bleibt. Mit einer von 1 auf 6 Millimol/Liter anwachsenden Konz. des Cu bilden sich zwei kleine Stufen am Fuß der Hauptstufe aus. Zunehmende H-Ionenkonz. bewirkt abnehmende Oberflächenspannung des Hg, was offensichtlich durch stärkere Adsorption von I verursacht wird. Die Versuchsergebnisse stehen mit der elektrostat. Abstoßungstheorie nicht in Einklang. Anstatt dieser nimmt Vf. als Erklärung an, daß der Proteinfilm den Elektronenübergang verzögert. (Suomen Kemistilehti **30.** B 88—96. 1957. Helsinki, Finland Inst. of Technol.) S. NEUE. 142

Herman A. Johansen, George B. Adams jr. und **Pierre Van Rysselberghe,** *Anodische Oxydation von Aluminium, Chrom, Hafnium, Niob, Tantal, Titan, Vanadin und Zirkonium bei sehr niederen Stromdichten.* (Vgl. C. **1950/54.** 3718 S.) Für eine Reihe von Metallen wurde die Bldg. von Oxydfilmen im Potentialgebiet unterhalb der O_2-Entw. untersucht. Die experimentellen Bedingungen wurden dabei so konstant wie irgend möglich gehalten. Untersucht wurden in der vorliegenden Arbeit die oben angeführten Metalle außer Zirkonium, über das (vgl. l. c.) berichtet wurde. Es lassen sich prinzipiell drei Kategorien bei diesen Metallen unterscheiden. 1) Keine Filmbildner wie Cr u. V; 2) Die Filmbildner Al, Ti, Hf, Ta u. Zr. 3) Eine Zwischenklasse mit Nb als einzigem Vertreter. Für die erwähnten Metalle werden die entspr. experimentell ermittelten elektrolyt. Parameter angegeben, u. die Bildungsgebiete der Oxydschichten näher diskutiert. Unter Benutzung der bereits l c. beschriebenen Methoden werden die Lokalströme abgeschätzt. (J. electrochem. Soc. **104.** 339—46. Juni 1957. Eugene, Ore., Univ. of Oregon, Dep. of Chem.) R. ABEND. 143

V. Čupr, *Superpositionsprinzip in Korrosionsdiagrammen.* Es wurde nachgewiesen, daß die Superposition von Strom-Spannung-Kurven in einem Syst. mit rechteckigen Koordinaten, bzw. die Addition von Partialströmen zu einem Gesamtstrom nicht berechtigt ist, u. zwar im Falle, wenn die kathod. u. anod. Rk. durch eine numer. Gleichung verbunden sind. Diese Schlüsse gelten auch für Korrosions-Rkk., bei welchen für die Beschreibung lokaler Ströme durch das OHMsche Gesetz Bedenken notwendig sind. Als prakt. Beispiel wurde das Korrosionsdiagramm nach AKIMOW diskutiert. (Spisy vydávané přírodovědeckou Fak. Masarykovy Univ. [Publ. Fac. Sci. Univ. Masaryk] C **10.** 189—96. 1958. Brno, Masarykova univ.) J. SCHNEIDER. 143

Shinzō Okada, Shirō Yoshizawa und **Sugio Ōtani,** *Mikroskopische Untersuchung der anodischen Korrosion von Graphitelektroden.* (Kurze Mitt.) 6 verschied. Arten (USA u. Japan) von *Graphit* werden 30 Min. — 20 Std. als Elektroden bei der Elektrolyse von gesätt. NaCl-, gesätt. NaCl + Na_2SO_4(30 g/Liter)-Lsg., 4n NaOH u. Na_2SO_4 (30 g/Liter)-Lsg. benutzt u. jeweils Mikrofotos aufgenommen. SO_4^{2-} verursacht in geringem Maße Quellung der Elektrode. Zur Beurteilung dient die Beobachtung der Oberflächenkorrosion durch Elektrolyse von NaOH. (J. chem. Soc. Japan, ind. Chem. Sect. [Kōgyō Kagaku Zassi] **58.** 76—77. Jan. 1955. Kyoto Univ. [Orig.: japan.]) L. SCHULER. 143

Shinzō Okada, Shirō Yoshizawa und **Sugio Ōtani,** *Beobachtung der anodischen Korrosion von Graphitelektroden mittels Elektronenmikroskop.* (Kurze Mitt.) (Vgl. vorst. Ref.) Erörterung von Elektronenmikrophotos (7) von *Graphit*-Oberflächen, die längere Zeit als Elektrolyseelektroden gedient u. ankorrodiert waren, bes. im Vgl. mit opt. Mikrophotos der gleichen Oberflächen vor u. nach der Elektrolyse. (J. chem. Soc. Japan, ind. Chem. Sect. [Kōgyō Kagaku Zassi] **58.** 155—56. Febr. 1955. [Orig.: japan.]) L. SCHULER. 143

J. D. Minford, M. H. Brown und **R. H. Brown,** *Reaktion von Aluminium und Tetrachlorkohlenstoff.* 1. Mitt. Viele Al-Legierungen korrodieren in sd. CCl_4, wobei sich u. a. $AlCl_3$ u. C_2Cl_6 bilden. Außerdem entsteht vermutlich ein CCl_4-lösl. Komplex, der Al, C u. Cl enthält u. durch W. zersetzt wird sowie CCl_4-lösl. Verbb. mit verzweigten Ketten u./oder Doppelbindungen. Die Reaktionsgeschwindigkeit nimmt beim Abkühlen auf 50° erheblich ab u. wird bei Zimmertemp. unbedeutend. Auf Zusatz von $AlCl_3$ nimmt die Korrosion erheblich zu. Retardierend wirken 1.6-Hexandiamin, 3-Methoxypropylamin, 2-Methyl-2-aminopropanol-(1), Triäthylamin, Aceton, Hexandion-

(2.5), Essigsäureäthylester, Acetessigester, Essigsäureanhydrid, Phthalsäureanhydrid, Essigsäure sowie Phthalsäure in Ggw. von W., Pyrrol, Chinolin, Thiophen, Cyclohexen, 1.4-Naphthochinon, Nitrobenzol, Chinon, 1.3.5-Trinitrobenzol, $Al(NO_3)_3 \cdot 9\,H_2O$ u. 8-Hydroxychinolin. Viele der Verbb. können mit $AlCl_3$ Komplexe bilden u. machen es dadurch unwirksam. Die Wirkungsweise anorgan. Salze ist jedoch unklar. Bei Al–Mg-Legierungen nimmt die Korrosion schnell mit steigendem Mg-Geh. ab. (J. electrochem. Soc. **106.** 185—91. März 1959. New Kensington, Pa., Aluminium Comp. of America, Alcoa Res. Labors.) M. Laser. 143

R. H. Brown, E. H. Cook, M. H. Brown und **J. D. Minford,** *Reaktion von Aluminium und Tetrachlorkohlenstoff.* 2. Mitt. (1. vgl. vorst. Ref.) Leitfähigkeitsmessungen in sd. CCl_4 in Ggw. von reinstem Al zeigen einen Anstieg der Leitfähigkeit $\varkappa$ von $6{,}80 \cdot 10^{-12}$ bis auf $5{,}87 \cdot 10^{-9}\,\Omega^{-1}$ (nach 330 Min.). $\varkappa$ beginnt sofort nach Reaktionsbeginn zu steigen. Die auf Grund der Best. des Gewichtsverlustes beobachtete Induktionszeit ist nur eine scheinbare. Durch Zusatz von $AlCl_3$ zu sd. CCl_4 steigt $\varkappa$ innerhalb von 20 Min. auf ca. $6 \cdot 10^{-10}\,\Omega^{-1}$. Nach Zusatz von Al zu dieser Lsg. steigt $\varkappa$ weiter auf ca. $6 \cdot 10^{-9}\,\Omega^{-1}$. Ein Zusatz von C_2Cl_6 bleibt ohne Einfluß. Durch Anlegen einer Gleichspannung von 220 V (Elektrodenabstand 1 inch, Fläche ca. 3 inch^2, Stromstärke $5 \cdot 10^{-9}$ Amp.) konnte die Korrosion an der Kathode verhindert werden. Ein Zusatz von retardierenden Reagenzien zu einer gesätt. Lsg. von $AlCl_3$ in CCl_4 hat ein Absinken von $\varkappa$ zur Folge. Es besteht jedoch keine einfache Beziehung zwischen der Fähigkeit zur Erniedrigung von $\varkappa$ u. der retardierenden Wirksamkeit. Die Ergebnisse deuten auf einen elektrochem. Mechanismus der Korrosion. Die Rk. von freien Radikalen scheint nicht der geschwindigkeitsbestimmende Schritt zu sein. Im Falle von 2-Chlor-2-methylbutan, 2-Chlorpropen-(2), 1.4-Dichlorbutan, 1.1.2-Tetrachloräthan, α-Chlortoluol, Methylchloroform, 1.1.2-Trichloräthan u. 3-Chlor-2-methylpropan war ein kathod. Schutz nicht zu erreichen. (J. electrochem. Soc. **106.** 192—99. März 1959.) M. Laser. 143

W. M. Kadek und **L. K. Lepin,** *Elektrodenpotentiale und Oxydationsgeschwindigkeit von Kupfer in wäßrigen Nitrat- und Sulfatlösungen.* (Vgl. C. **1958.** 9692.) Oxydationsgeschwindigkeit von Cu ist in ungesätt. K_2SO_4- u. $NaNO_3$-Lsg. anfangs 5mal größer als in gesättigten. Verzögerung der Korrosion erfolgt infolge Hemmung des Kathodenvorganges, analog den bereits untersuchten Chloridlösungen. Bei $NaNO_3$-Lsgg. hemmen Anodenvorgänge die Korrosion zusätzlich, so daß die Oxydationsgeschwindigkeit der Nitratlsgg. gegen Ende der Rk. nur halb so groß ist wie in Sulfatlösungen. Die sich im Ergebnis der Korrosion bildende Kupferionen-Konz. bestimmt das Elektrodenpotential. (Известия Академии Наук Латвийской ССР [Nachr. Akad. Wiss. LettSSR] **1957.** Nr. 11. 121—27.) G. Pretzschner. 143

A$_4$. Thermodynamik. Thermochemie.

L. Deffet, L. Lialine und **P. Hestermans,** *Die Messung der p, v, t-Beziehungen mittels der Isothermenmethode.* Es wird ein aus der Amagat-Meth. abgeleitetes Verf. beschrieben, mit dessen Hilfe die Kompressibilität industrieller Gase, einzeln oder gemischt, bei Drucken bis zu 3000 atü u. — am günstigsten — Tempp. von 0—200° mit einer Genauigkeit von $^1/_{1000}$ untersucht werden kann. (Ind. chim. belge **22.** 513—32. Mai 1957. Inst. Belge des Hautes Pressions.) W. Niemitz. 148

H. M. Ashton und **E. S. Halberstadt,** *Lichtbrechungsvermögen von Gasen und seine Verwendung zur Berechnung von Virialkoeffizienten.* (Vgl. C. **1958.** 9693.) Darlegung der theoret. Grundlagen u. der prakt. Möglichkeiten zur Best. von Virialkoeff. von Gasen aus dem Brechungsindex. Ausführliche Beschreibung genauer Messungen dieser Größe von *Äthylen* u. *Neopentan* (sowie einiger Messungen von *Luft* u. *n-Hexan*) im Druckbereich zwischen 0 u. 1 at u. bei Tempp. zwischen 25 u. 70°. Berechnung der Virialkoeffizienten. Diskussion einiger Gesichtspunkte bei der Verwendung des Rayleigh-Interferenzrefraktometers. (Proc. Roy. Soc. [London], Ser. A **245.** 373—81. 24/6. 1958. Reading, Univ., Dep. of Chem.) W. Wagner. 149

D. A. Singh und **R. K. Pathria,** *Bose-Einstein-Statistik und Helium-Filme.* Auf der Grundlage der Bose-Einstein-Statistik wurde die (graph. angegebene) Abhängigkeit der Temp. des Supraflüssigkeitseinsatzes von der Filmdicke berechnet. Es zeigte sich, daß diese Abhängigkeit mit abnehmender Filmdicke bedeutend wird, wenn diese sich dem ca. 10fachen der mittleren DeBroglie-Wellenlänge nähert. Dieser Sachverhalt wird durch Messungen von Long u. Meyer (C. **1956.** 7456) bestätigt. (Nature [London] **183.** 668. 7/3. 1959. Delhi, Univ., Dep. of Phys.) D. Jörchel. 149

J. H. Wernick, D. Dorsi und **J. J. Byrnes,** *Techniken und Ergebnisse beim Zonenschmelzverfahren einiger Metalle.* Nach dem Zonenschmelzverfahren wurden Ni, Ti u. V, sowie unter Verwendung von Graphitschiffchen Al u. Au gereinigt. Ein beträchtlicher Anteil der Verunreinigungen verdampft bei der Behandlung. Ti u. V wurden nach der Reinigung spektroskop. untersucht. Bei Ni, Al u. Au wurde der Widerstand bei 4,2° K bestimmt. (J. electrochem. Soc. **106.** 245—48. März 1959. Murray Hill, N. J., Bell Telephone Labors., Inc.) M. Laser. 150

James C. Phillips, *Schwingungsspektren und spezifische Wärmen der Gitter vom Diamanttyp.* Es wird eine Meth. angegeben, nach der sich die Frequenzverteilung eines Kristalls aus den gemessenen Dispersionskurven ohne Konstruktion eines Kraftkonstantenmodells berechnen läßt. Das danach bestimmte Schwingungsspektr. für Ge wird zur Berechnung der spezif. Gitterwärme verwendet, deren Wert innerhalb weniger % mit experimentellen Daten übereinstimmt. Die Ergebnisse sind hinreichend detailliert, um die Notwendigkeit zur Berücksichtigung einer von der Anharmonizität (selbst bei $T \approx \Theta/2$) herrührenden Korrektur aufzuzeigen. Mit Hilfe von Analogiebetrachtungen werden ferner die Schwingungsspektren, die spezif. Wärmen u. die Dispersionskurven für *Si* u. graues *Sn* abgeleitet. In ähnlicher Weise werden die Verhältnisse für *InSb* u. *Diamant* diskutiert. Abschließende Bemerkungen gelten der Beziehung zwischen spezif. Wärme u. Schwingungsspektren. (Physic. Rev. [2] **113.** 147—55. 1/1. 1959. Murray Hill, N. J., Bell Telephone Labors.) D. Jörchel. 151

Heinrich Wollenberger, *Eine Meßanordnung für den Temperaturgang der spezifischen Wärme von Metallen.* Die bisher bekannten calorimetr. Methoden werden miteinander verglichen. Beschrieben wird ein neues einfaches Differentialverf. zur Aufnahme des Temp.-Ganges spezif. Wärmen. Die Meßsicherheit der Vorr. wird ermittelt. Als Anwendungsbeispiel werden die $c_p(T)$-Kurven einer Ni- u. einer Ag–Mn-Probe wiedergegeben. (Z. Metallkunde **49.** 629—33. Dez. 1958. Berlin, Physikal.-Techn. Bundesanst.) H. Hochstein. 151

G. L. Guthrie, S. A. Friedberg und **J. E. Goldman,** *Spezifische Wärme einiger Kupfer–Nickel-Legierungen mit hohem Cu-Gehalt bei Temperaturen des flüssigen Heliums.* Verss. an Cu–Ni-Proben mit 60, 65, 75 u. 90 Gew.-% Cu bestätigten im wesentlichen frühere Ergebnisse von Keesom u. Kurrelmeyer (Physica **7.** [1940.] 1003). In Proben mit höherem Cu-Geh. gehorcht die spezif. Wärme dem Gesetz $c_v = \gamma T + \beta T^3$. Anomalien wurden jedoch in Proben mit 60 u. 65% Cu beobachtet, die einem magnet. Effekt zugeschrieben werden. Eine Analyse der Daten zeigt, daß die übliche Kollektivelektronendeutung der inneren Magnetisierung der Cu–Ni-Legierungen zu vereinfacht ist. (Physic. Rev. [2] **113.** 45—48. 1/1. 1959. Pittsburgh, Pa., Carnegie Inst. of Technol.) D. Jörchel. 151

Douglas L. Martin, *Thermische Effekte der martensitischen Umwandlung in Natrium.* Durch Messung der spezif. Wärmen zwischen 40° u. 100° K konnten die Befunde von Barrett (J. Inst. Metals **84.** [1955.] 43 u. C. **1957.** 12390) bestätigt werden. Nach Abkühlen auf 2° K bzw. 20° K zeigten sich in der Kurve der spezif. Wärmen Anomalien von 4 cal/g-Atom bzw. 1 cal/g-Atom. (Phys. Rev. Letters **1.** 4—5. 1/7. 1958. Ottawa, Nat. Res. Council, Div. of Pure Phys.) H. K. Hofmeister. 155

Ss. A. Schtschukarew, *Über die Zahl der von den Metallen der großen Perioden des Systems gebildeten beständigen Oxyde.* (Vgl. C. **1959.** 11499.) Zwischen den bin. Verbb. der Metalle der großen Perioden besteht eine statist.-thermodynam. Konkurrenz der verschied. Oxydationsstufen. Die Endglieder der dadurch gebildeten „Plejade" sind an der einen bzw. der anderen Komponente gesätt., wie beim Mn MnX_2 u. MnX_7; jenseits dieser Grenzen liegende Verbb. disproportionieren zu den Grenzgliedern. Bei den Plejaden gasförmiger Oxyde (von C, N, O) wird der Stabilitätsbereich durch die Atomisierungsenergien begrenzt. Beim Ausfallen einzelner Oxydationsstufen spielt das Prinzip der Gerad- u. Ungeradzahligkeit der Moll. u. die Polymerisation eine Rolle: Viele Oxyde von Metallen der geradzahligen Reihen sind in gasförmigem Zustand instabil u. dissoziieren in die Komponenten bzw. in O_2 u. Oxyde mittlerer Oxydationsstufen. Die Kondensationsenthalpien weisen bei kondensierten Oxyden ein Maximum für die mittleren Oxydationsstufen auf. In der 4. Periode treten Enthalpieminima für die höheren Oxyde auf. Die Regel von Bayley (Stabilisierung der höheren Oxyde der d-Metalle von oben nach unten) erklärt sich aus der Zunahme der Kondensationsenergie u. der Abnahme des Endoeffekts der allmählichen Sättigung der Metallatome mit O. Eine neue Regel postuliert die Verschiebung der unteren Stabilitätsgrenze nach höherem Oxydationsgrad beim Übergang im Syst. von oben nach unten; Ursache ist der Gang der Atomisierungsenergien der Metalle. Ein Oxyd höchster Kondensationsenergie wie OsO_2 fällt häufig aus der Plejade benachbarter Oxyde infolge Disproportionierung heraus. In analoger Weise ist auch die bes. Stabilität bestimmter Oxydationsstufen zu erklären. (Журнал Общей Химии [J. allg. Chem.] **28** (**90**). 795—811. März 1958. Leningrad, Univ.) R. K. Müller. 156

Loren G. Hepler, *Thermodynamische Daten des Hydrogenchromat- und des Dichromations in wäßriger Lösung. Bildungswärmen von Chromaten und Dichromaten.* Auf Grund früherer calorimetr. Messungen berechnet Vf. die Rk.-Wärmen für $HCrO_4^-(aq) = H^+(aq) + CrO_4^{2-}(aq)$ $\Delta H = -0,7 \pm 0,4$ kcal/Mol u. für $Cr_2O_7^{2-}(aq) + H_2O = 2\ HCrO_4^-(aq)$ $\Delta H = 4,7 \pm 0,3$ kcal/Mol $Cr_2O_7^{2-}$. Hieraus ergeben sich in Verbindung mit Literaturwerten die partiellen mol. Normalentropien zu: $Cr_2O_7^{2-}(aq)$: 57,2 cal/Grad · Mol u. $HCrO_4^-(aq)$: 41,3 cal/Grad · Mol. Die Lsg.-Wärmen des $K_2Cr_2O_7$ in H_2O betragen für die Bldg., von $HCrO_4^-(aq)$: 20,7, für die Bldg. von $Cr_2O_7^{2-}(aq)$: 15,8 kcal/Mol $K_2Cr_2O_7$; die entspr. Werte für $(NH_4)_2Cr_2O_7$ betragen 16,7 bzw. 12,4 kcal/Mol. Hieraus ergibt sich in Verbindung mit der Rk.-Wärme des CrO_3 (krist.) mit $OH^-(aq)$, daß die Bldg.-Wärmen von CrO_3 (krist.) u. $(NH_4)_2Cr_2O_7$ (krist.) gleich sind (maximaler Unterschied 1,5 kcal/Mol). Vf. berechnete folgende Bldg.-Wärmen: $HCrO_4^-$ (aq): —207,9 (kcal/Mol), $Cr_2O_7^{2-}$ (aq): — 352,2, CrO_4^{2-} (aq): —207,6, 208,6, 209,3, $K_2Cr_2O_7$ (krist.): — 488,4, K_2CrO_4 (krist.): — 332,8. Die freien Bldg.-Energien berechnet Vf. zu $HCrO_4^-$ (aq): — 180,0, $Cr_2O_7^{2-}$ (aq): — 305,9, CrO_4^{2-} (aq): — 171,1. Bei allen Berechnungen wurden die Verdünnungswärmen vernachlässigt. (J. Amer. chem. Soc. **80.** 6181—83. 5/12. 1958. Charlottesville, Va., Univ. of Virginia, Cobb Chem. Labor.)
L. SCHWIEGK. 156

Edgar F. Westrum jr. und **Fredrik Grønvold,** *Die Wärmekapazität und thermodynamischen Funktionen von Triuranoctoxyd bei niedrigen Temperaturen.* Zwischen 5 u. 350° K haben Vff. die Wärmekapazität von U_3O_8 ermittelt. Bei 25,3° K tritt ein Maximum auf, daß einer λ-Umwandlung mit einem Entropieinkrement von 0,56 cal/Mol·Grad zugeschrieben wird. Die Enthalpie dieser Umwandlung beträgt 12 cal/Mol. Durch numer. Integration wurden die thermodynam. Funktionen ermittelt. Bei 298,15° K ist $Cp = 56,87$ cal · Grad^{-1} · Mol^{-1}, $S^0 = 67,534$ cal · Grad^{-1} · Mol^{-1}, $H^0 - H_0^0 = 10216$ cal · Mol^{-1} u. $-(F^0 - H_0^0)/T = 33,572$ cal · Grad^{-1} · Mol^{-1}. Vff. kommen zu dem Schluß, daß die beobachtete λ-Umwandlung magnet. Ursprungs ist u. daß sich das U_3O_8 so verhält, als enthielte es U^{5+} u. U^{6+}-Ionen. (J. Amer. chem. Soc. **81.** 1777—80. 20/4. 1959. Ann Arbor, Mich., Univ. of Michigan, Dep. of. Chem.) H. U. WOELK. 156

Fredrik Grønvold und **Edgar Westrum jr.,** *α-Eisen(III)-oxyd: Wärmekapazität und thermodynamische Funktionen bei niedrigen Temperaturen.* (Vgl. vorst. Ref.) Vff. haben die Wärmekapazität von synth. α-Fe_2O_3 als Funktion der Temp. zwischen 5 u. 350° K ermittelt. Die erhaltene Kurve zeigt den n. Verlauf ohne Anzeichen einer Umwandlung. Aus den experimentellen Werten werden die thermodynam. Funktionen durch numer. Integration erhalten. Für 298,15° K ergeben sich folgende Werte: $Cp = 24,80$ cal · Grad^{-1} · Mol^{-1}, $S^0 = 20,889$ cal · Grad^{-1} · Mol^{-1}, $H^0 - H_0^0 = 3718,9$ cal Grad^{-1} · Mol^{-1} u. $-(F^0 - H_0^0)/T = 8,416$ cal · Grad^{-1} · Mol^{-1}. (J. Amer. chem. Soc. **81.** 1780—83. 20/4. 1959.) H.-U. WOELK. 156

C. Halpern und **F. W. Ruegg,** *Eine Untersuchung über die Entnahme von Flammengasen.* Werden heiße Gase der Temp. T gekühlt, so verschiebt sich wegen der dabei auftretenden Änderung der Gleichgewichtskonstanten ihre Zus. solange, bis eine Temp. T_q erreicht wird, bei der jede Rk. so langsam verläuft, daß keine Änderungen mehr erkennbar sind. Im konkreten Fall der schnellen Abkühlung, wie er z. B. bei der Entnahme von Gasproben vorliegt, finden beim Abkühlen auf T_q Rkk. statt, so daß die Zus. bei T_q in Wirklichkeit einer Zus. bei einer zwischen T u. T_q liegenden Temp. T_{aq} entspricht, der sog. scheinbaren Rk.-Unterdrückungstemperatur. Vff. bestimmten T_{aq} an verschied. stöchiometr., trockenen Gemischen mit Luft von *C_2H_2* (**I**), *Naturgas* (**II**) u. *CH_4* (**III**) aus den auf Grund der Theorie berechneten u. den experimentell bestimmten Molverhältnissen CO/CO_2 sowie H_2/H_2O unter der Annahme, daß in den Flammen chem. stationäre Gleichgewichte vorliegen. Vergleichende Temp.-Messungen nach der Na-Linienumkehrmeth. zeigten, daß bei **I** die Differenz der gemessenen u. berechneten T-Werte etwa 100° betrug bei Absolutwerten von T = 2500—3200° K, bei **II** betrug $T_{gemessen} = 2200°$ K, $T_{berechnet} = 2230°$ K, bei **III** betrug die Differenz 0—75° bei T = 2100—2600° K. Bei den Verss. wurde mit horizontal gelagerten Bunsenbrennern verschied. Weiten bei unterschiedl. Strömungsgeschwindigkeit der Brennstoffe gearbeitet. Die Gasproben der heißen Flammen wurden mit W.-gekühlten V2a-Injektionsnadeln oder mit Rohren aus Pt oder Ag der inneren Durchmesser d = 0,027 bis 0,07 cm entnommen, die koaxial mit dem Flammenkonus angebracht wurden u. mittels Feintrieb auf bestimmte Abstände von der Brenneröffnung eingestellt werden konnten. Die Analyse der Gasproben geschah gravimetr. u. volumetrisch. Zum Teil wurden die Proben auch mit Capillaren entnommen, die an der Spitze rechtwinklig gebogen waren (d = $^1/_{16}$ in.). Die aus der Gaszus. ermittelten Werte von T_{aq} lagen bis zu 500° unter T (bei T = 3050° K); die Differenz wurde kleiner bei geringerem T, so daß bei T = 2250° K die Gaszus. bei T_{aq} etwa der von T entsprach. Die Geschwindigkeit der Probeentnahme hat, so lange kein feststehender Temp.- oder Konz.-Gradient an der Entnahmestelle vorhanden ist, kaum Einfl. auf die Zus. der Probe. T_{aq} lag um so näher an T, je geringer d gewählt wurde. Der Probenehmer konnte weder die Rkk. völlig unterdrücken noch die Originalzus. der Gase erhalten. Das Material u. die Form der Probenehmer hatten keinen Einfl. auf die Konzz. der Proben. (J. Res. nat. Bur. Standards **60.** 29—37. Jan. 1958. Washington, D. C., Bur. of Aeronaut., Dep. of the Navy, Power Plants Div.) E. ROEDER. 157

Gerhard Micus und **Bernhard Taranczewski,** *Apparatur zur Bestimmung der Explosionsgrenzen von Dampf/Luft-Gemischen brennbarer Flüssigkeiten.* Es werden die Grenz-Konzz. eines Dampf–Luft-Gemisches bestimmt, außerhalb deren sich bei Fremdzündung eine Explosion nicht mehr fortpflanzen kann. Sie werden meist auf 760 Torr u. 20° bezogen. Da bei vielen Substanzen der Sättigungsdampfdruck nicht ausreicht, die Explosionsgrenzen zu erreichen, wird hier der Gesamtdruck des Gemisches auf 1 at gehalten u. die Temp. so variiert, daß über den von ihr abhängigen Dampfdruck der untersuchten Substanz die verschied. Gemisch-Konzz. mittels einer einfachen vollständig aus Glas bestehenden App. eingestellt werden können. Die Temp. des Dampfes wird beim Auftreten von Explosionen an einem Thermometer abgelesen. Der Explosionsraum von 20 cm^3 Inhalt, in dem sich die Funkenstrecke von 5 mm Abstand befindet, kann visuell beobachtet werden, u. das Auftreten von Explosionen kann therm. oder durch Druckmessungen geprüft werden. Die mit der App. erhaltenen Werte an *Methyl-, Äthyl-, Butylacetat, Eisessig, n-* u. *Isobutanol* stimmen mit denen bei NABERT u. SCHÖN (Sicherheitstechn. Kennzahlen brennbarer Gase u. Dämpfe. Berlin 1953) gut überein. (Chemie-Ing.-Techn. **29.** 275—77. April 1957. Frankfurt/M. — Höchst, Farbwerke Höchst.) H. FREIWALD. 157

J. Eggert, *Die Zündung von Explosivstoffen durch Strahlung.* Vf. gibt eine Zusammenstellung der explosiven Verbb., die durch Strahlung (z. B. Elektronenblitze) gezündet werden können. Es besteht ein deutlicher Zusammenhang zwischen der Empfindlichkeit der Substanzen gegenüber der Strahlung, ihrer Färbung u. der Detonationstemperatur. An Hand einiger Beispiele werden die möglichen Reaktionsmechanismen bei dieser Art der Zündung diskutiert. Hierzu gehören photochemische, therm. u. mechan. (Druckwellen) Vorgänge. Die Zündtemp. spielt aber in jedem Fall eine beherrschende Rolle. (J. physic. Chem. **63.** 11—15. Jan. 1959. Zürich, Federal Inst. of Technol.) H.-U. WOELK. 157

Helmuth Reuther und **Christa Krahnefeld,** *Zündpunkte einiger siliciumorganischer Stoffe.* Mit einer App. nach der ASTM-Vorschrift Nr. D 286—30 wurden die Zündpunkte, d. h. die Tempp. T_z bestimmt, bei denen sich die aufgeführten siliciumorgan. Verbb. von selbst entzündeten. Neben *Trichlorsilan* (**I**) zeigten vor allem *Triäthoxysilan* (**II**) u. *Tetraäthoxysilan* (**III**) bes. niedrige T_z-Werte. Allg. erwiesen sich Verbb. mit Äthoxygruppen als bes. leicht entzündbar. Im einzelnen wurde untersucht: **I,** $HSiCl_3$ [220° (T_z), 31° ($Kp._{760}$)]; **II,** $HSi(OC_2H_5)_3$ (250°, 132°); **III,** $Si(OC_2H_5)_4$ (235°, 165°), *Methyltriäthoxysilan* $CH_3Si(OC_2H_5)_3$ (220°, 144°), *Dimethyldiäthoxysilan* $(CH_3)_2Si(OC_2H_5)_2$ (260°, 114°); *Äthyltriäthoxysilan* $C_2H_5Si(OC_2H_5)_3$ (260°, 161°); *n-Propyltriäthoxysilan* $nC_3H_7Si(OC_2H_5)_3$ (250°, 177°); *Phenyltriäthoxysilan* $C_6H_5Si(OC_2H_5)_3$ (265°, 120° bei 13 Torr); *Diphenyldiäthoxysilan* $(C_6H_5)_2Si(OC_2H_5)_2$ (295°, 168° bei 12 Torr); *Methylphenyldiäthoxysilan* $CH_3C_6H_5Si(OC_2H_5)_2$ (260°, 105° bei 15 Torr); *Diphenylmethyläthoxysilan* $(C_6H_5)_2CH_3Si(OC_2H_5)$ (305°, 164° bei 15 Torr); *Tetra-n-propoxysilan* $(n\text{-}C_3H_7O)_4Si$ (285°, 226°); *Tetra-n-butoxysilan* $(n\text{-}C_4H_9O)_4Si$ (240°, 280°); *Tetra-sek.-butoxysilan* $(sek.\text{-}C_4H_9O)_4Si$ (255°, 247°); *Äthylsilicat* 40 = 40% SiO_2 (T_z = 260°); *Butylsilicat* 40 = 40% SiO_2 (> 400°). (Chem. Techn. **10.** 103—04. Febr. 1958. Radebeul, Inst. für Silikon- u. Fluorkarbonchem.) E. ROEDER. 157

Sch. N. Pljat, *Über die Ausdehnung der Theorie der verallgemeinerten Leitfähigkeit von Odelewski auf die Wärmeleitfähigkeit.* Bei der Untersuchung von korundhaltigen keram. Schleifstoffen wurde ermittelt, daß deren Wärmeleitfähigkeit (gemessen um ca. 300°) der allgem. Theorie der Leitfähigkeit von ODELEWSKI entspricht. (Журнал Технической Физики [J. techn. Physik] **27.** 2789—90. Dez. 1957.) H. TŮMA. 158

William Schotte, *Wärmeübertragung an eine chemische Reaktion in der Gasphase.* Es werden die theoret. Grundlagen erörtert u. Gleichungen aufgestellt, um die Wärmeübergänge für Strömungen bei gleichzeitigen chem. Rkk. in der Gasphase berechnen zu können. Die Rechnungen sind nur möglich bei Einführung von effektiver Leitfähigkeit u. spezif. Wärme. Die Theorien wurden durch Unterss. mit der Rk. $N_2O_4 = 2\,NO_2$ bewiesen. Es wurden Unterss. im laminaren u. turbulenten Bereich mit einer genau beschriebenen App. ausgeführt. Durch die chem. Rk. wird der Wärmeübergang 6—8fach vergrößert. (Ind. Engng. Chem. **50.** Nr. 4. 683—90. April 1958. Wilmington, Del., E.I. du Pont de Nemours & Co, Inc., Engng. Res. Labor., Engng. Dep.) H. MIETHING. 158

L. Berger, *Über die thermische Leitfähigkeit ferromagnetischer Metalle.* An einer *Fe–Ni*-Legierung mit 76,4% Ni wird die Wärmeleitfähigkeit bei 82° K bei einem konstanten Wärmestrom mit zwei Widerstandsthermometern aus C gemessen. Die Messungen wurden bei verschied. Feldstärken, die transversal u. longitudinal zum Wärmestrom angelegt wurden, durchgeführt. In beiden Fällen steigt die Wärmeleitfähigkeit ähnlich wie die elektr. Leitfähigkeit mit wachsender magnet. Feldstärke stark an u. erreicht bei höheren Feldstärken einen Grenzwert. Im transversalen u. im longitudinalen Fall sind die Kurven voneinander verschieden, was z. T. durch die unterschiedlichen Entmagnetisierungsfaktoren in beiden Fällen erklärt werden kann. (Helv. physica Acta **31.** 570—72. 31/10. 1958. Lausanne, Univ., Labor. de Phys.) H. FAHLENBRACH. 158

Vlad. Raušer, *Der thixotropische Effekt des Ultraschalls.* Der thixotrop. Effekt des Ultraschalls in Gelatinefolien wird mittels der Meth. der rhythm. Fällungen — LIESEGANGschen Ringen — verfolgt. Die Geschwindigkeit der Bldg. der Ringe in den beschallten Gelatinefolien ist ziemlich hoch. Die Zahl der gebildeten Ringe ist von der Zeit der Beschallung u. von der Intensität des Ultraschalls abhängig. Die Unterschiede in der Qualität der Ringe in den beschallten Folien im Vgl. mit Kontroll-Präpp. sind deutlich, die Ringe sind hier feiner u. dichter beieinander. (Spisy vydávané přírodovédeckou Fak. Masarykovy Univ. [Publ. Fac. Sci. Univ. Masaryk] C **10.** 197—215. 1958. Brno, Masarykovy univ., Katedra lékařské fys. a chem.) J. SCHNEIDER. 159

A_5. Kolloidchemie. Grenzschichtforschung.

Kōichi Nishimura, Hirotarō Saitō und **Noriyoshi Morita,** *Über Porengrößenverteilung von Aktivkohle und anderen porösen Stoffen.* Für 3 Arten Kastanienholzkohle, direkt u. mit Dampf bzw. $ZnCl_2$ aktiviert, käufliche Aktivkohle, Kieselgur u. auf Maschensiebweite 10—20 zerkleinerte poröse Scheibchen wird die spezif. innere Oberfläche (berechnet nach dem B.E.T.-Verf. aus Adsorptionsdaten von N bei der Temp. von fl. O_2), die Porosität nach dem Verf. von WIIG (J. Amer. chem. Soc. **71.** [1949.] 2079) durch Verdrängung mit Hg u. die Verteilung der Porengrößen (bzw. -durchmesser) nach RITTER (Ind. Engng. Chem., analyt. Edit. **17.** [1945.] 787) mit einem Druckporosimeter, sowie die Adsorption von W.- u. Bzl.-Dampf bestimmt. Ergebnisse in Diagrammen u. Erörterung des Zusammenhangs der Daten u. der Schwankungen der Porositäten mit den Behandlungsverfahren. — App.-Skizze. (J. chem. Soc. Japan, ind. Chem. Sect. [Kōgyō Kagaku Zassi] **58.** 5—7. Jan. 1955. Nagoya Univ. [Orig.: japan.]) L. SCHULER. 165

B. W. Derjagin und **W. P. Smilga,** *Elektronentheorie der Adhäsion von Metallen, die durch Halbleiterschichten verbunden sind.* Es wird mit Hilfe von mathemat. Berechnungen der Zusammenhang zwischen der Metalladhäsion u. dem Problem der elektrostat. gegenseitigen Einw. von zwei ungleich geladenen Oberflächen erörtert. — Wird die richtungsfreie Potentialenergie des Elektrons in der Leitfähigkeitszone $\tilde{V}$ in Abhängigkeit von der Ausgangsenergie des Metalls u. des Halbleiters verschieden, so steigt ω (richtungsfreie Kraft) gleichmäßig negativ an, während bei gleichem $\tilde{V}$ diese durch ein Maximum in Abhängigkeit von der Stärke der Zwischenschicht geht. Danach wird bei genügender Verringerung der Zwischenschicht zwischen zwei Metalloberflächen eine Vergrößerung der Doppelschicht u. somit auch der Adhäsionskraft erreicht. (Доклады Академии Наук СССР [Ber. Akad. Wiss. UdSSR] **121.** 877—80. 11/8. 1958.) H. TŮMA. 166

S. C. Jain, *Einfache Lösungen für die partielle Differentialgleichung der Diffusion (oder Wärmeleitung).* Entwicklung einer Methode, mit der allg. Lsgg. der Diffusionsgleichung für den Fall der linearen Diffusion in einem endlichen Streifen erhalten werden können. Das Verf. ist anwendbar auf die Diffusion in mehreren Dimensionen in Festkörpern verschied. Gestalt u. für verschied. Anfangs- u. Grenzbedingungen u. bes. geeignet zur Auswertung u. Analyse experimenteller Daten. (Proc. Roy. Soc. [London], Ser. A **243.** 359—74. 14/1. 1958. Leeds, Univ., Dep. of Phys.) W. WAGNER. 171

Donald A. Flanders und **Hugo Fricke,** *Anwendung eines mit hoher Geschwindigkeit arbeitenden elektronischen Rechenautomaten in der Kinetik der Diffusion.* Die Gleichungen $\partial n/\partial t = \nabla^2 n - K_1 n^2 - K_2 n$, die beim Einsetzen entspr. Anfangs- u. Grenzbedingungen zur Erfassung der Rk.-Kinetik des zur Beschreibung des Spureffektes in der Strahlenchemie einer Lsg. mit einer einzigen gelösten Komponente früher von FRICKE entwickelten Ein-Radikal-Modelles geeignet ist, wurde unter Verwendung einer elektron. Rechenanlage numer. gelöst. Die Ergebnisse stimmen in den meisten Fällen innerhalb einer Fehlergrenze von 10% mit den nach der Näherungs-Meth. von JAFFÉ

(Ann. Physique **42.** [1913]. 312) erzielbaren überein. (J. chem. Physics **28.** 1126—29. Juni 1958. Lemont, Ill., Argonne Nat. Labor.) E. ÜHLEIN. 171

W. L. Wilkinson, *Nichtnewtonsche Strömung.* Es werden empir. Gleichungen für einzelne Materialien für den Druckabfall, auch bei Rohrverengungen durch Ventile u. dergleichen, für laminare Strömung aufgestellt. Die Viscosität, die durch Rotationsviscosimeter bestimmt wird, muß immer berücksichtigt werden. Es kann auch die Reibung für verschied. REYNOLDSsche Zahlen zugrunde gelegt werden. Turbulente Strömung kommt kaum in Frage, obgleich sie für den Wärmeübergang besser wäre. (Ind. Chemist **34.** Nr. 396. 79—84. Febr. 1958. Swansea, Univ. Coll., Dep. of Chem. Engng.) H. MIETHING. 173

D. Kestlicher, *Das Ausfließen nichtnewtonscher Flüssigkeiten.* Nach Diskussion der Kriterien nichtnewtonscher Fll. u. ihrer verschied. möglichen Arten wird das Ausfließen einer plast. Fl. aus einer zylindr. Führung theoret. untersucht. Die sich bei der funktionellen Darst. des Verhältnisses zwischen vorliegendem u. ursprünglichem Tangentialdruck in Abhängigkeit von einer definierten dimensionslosen Zahl Z ergebende Kurve läßt sich in drei Abschnitte aufteilen, die durch einfache Gleichungen erfüllt werden. Weiter sind die entspr. Ausdrücke für Druckverlust u. Ausflußgeschwindigkeit aufgeführt, die den Übergang von laminarer in turbulente Strömung für solche Fll. wiedergeben. An 3 Anwendungsbeispielen (einer Zementanrührung, Papierbrei u. Ab-W.) wird die Leistungsfähigkeit der theoret. abgeleiteten Gleichungen bestätigt. Für Rotationsviscosimeter mit koaxialen Zylindern werden die für die Messung plast. Fll. notwendigen Formeln angegeben, deren Bedeutung am Falle einer Mehlsuspension demonstriert wird. Da für andere nichtnewtonsche Fll. (pseudo-plast. u. dilatante) die mathemat. Analyse sehr kompliziert ist, wird der Weg zu einer Näherungs-Lsg. bei Anwendung eines Rotationsviscosimeters aufgezeigt. (Rev. univ. Mines, Métallurg., Trav. publ., Sci. Arts appl. Ind. [9] **14** (**101**). 245—58. Aug. 1958.) E. ÜHLEIN. 173

K. M. Kiser und **H. E. Hoelscher,** *Chemische Reaktionen in einem Wassertunnel.* Vff. beschreiben eingehend eine App., den geschlossenen Umlaufwassertunnel u. ihre Handhabung, in der chem. Rkk. in heterogenem Syst. in strömendem Zustand in weitem Bereich der REYNOLDSschen Zahl (als Äquivalent eines Rühreffektes) durchgeführt werden können. Diese App., die genau definierte Grenzschichtbedingungen liefert, ist für diesen Zweck besser geeignet als jede bisher dafür verwandte Apparatur. Als Testrk. wurde die Auflsg. von Zn in verd. Essigsäure gewählt. Es ergab sich, daß für alle chem. Rkk., außer den sehr langsam verlaufenden, ein Bedingungskomplex existiert, bei dem die Diffusion durch eine dünne Fl.-Grenzschicht an der festen Oberfläche der geschwindigkeitsbestimmende Faktor für die Gesamtrk. ist. Die klass. Grenzschichtanalyse ist auf solche Prozesse anwendbar. Bei den Unterss. der Vff. wurde kein Fall beobachtet, bei dem die reine Oberflächenrk. geschwindigkeitsbestimmend war. (Ind. Engng. Chem. **49.** 970—77. Juni 1957. Baltimore, Md., Johns Hopkins Univ., Dep. of Chem. Engng.) GERHARD GÜNTHER. 173

Hiroshi Fujita und **V. J. MacCosham,** *Erweiterung der Theorie der Sedimentationsgeschwindigkeit auf mittlere Größen.* Die Sedimentation von Moll. mittlerer Größe ist dadurch charakterisiert, daß eine merkliche Änderung der Konzentrationsverteilung in der Nähe des Meniskus erfolgt. Vff. betrachten ein nur durch den Meniskus begrenztes, in radialer Richtung unendliches Syst. u. erhalten, unter der Annahme konzentrationsunabhängiger Sedimentations- u. Diffusionskoeffizienten Näherungslösungen für die Sedimentation in einem derartigen System. Ob eine experimentelle Prüfung der theoret. Ansätze möglich ist, kann noch nicht entschieden werden. Eine Erweiterung auf Systeme mit linearer Abhängigkeit des Sedimentationskoeff. von der Konz. u. Konst. sowie vom Diffusionskoeff. ist möglich. (J. chem. Physics **30.** 291—98. Jan. 1959. Madison, Wis., Univ. of Wisconsin, Dep. of Chem.) H.-U. WOELK. 174

Hans-Peter Nieboj, *Ein physikalisches Prinzip zur Analyse von Mischstäuben.* Zusammenfassung der zur Analyse von Mischstäuben möglichen Untersuchungsmethoden: Konimetermessungen in Verbindung mit einem Tyndallometer; Sedimentationsanalysen; chem. u. Röntgenanalysen; Unters. in MILLIKAN-Kammer; Anwendung der EINSTEINschen Beziehung für die BROWNsche Molekularbewegung auf Teilchen unter $3\,\mu$, $\overline{x^2} = (2\,RT/N \cdot 6\,\pi r \eta) \cdot t$; Unters. in einem Schallfeld, in dessen Schwingungsbauch die Teilchen getrieben werden, nach der Beziehung $(10/3)\,(\pi^2 r^3/\Lambda) \cdot \overline{E} \cdot \sin(2kz) = 6\,\mu r \eta v$; Messung der Dicke der Adsorptionsschicht eines Staubteilchens; Beobachtung der Staubteilchen an der Trennungsschicht zweier nicht mischbarer Fll. u. Berechnung der Teilchengröße nach der STOKESschen Formel

$$\varrho_T = \{\varrho_{M_1} - (\eta_1/\eta_2)(\nu_1/\nu_2)\varrho_{M_2}\}/\{1 - (\eta_1/\eta_2)(\nu_1/\nu_2)\};$$

Best. mittels Ultramikroskopes u. auf photograph. Wege. (Kolloid-Z. **153.** 58—59. Juli 1957. Saarbrücken, Univ. des Saarlandes, Phys. Inst.) D. FORST. 175

N. N. Awgul, A. A. Issirikjan, A. W. Kisselew, I. A. Lygina und **D. P. Poschkuss,** *Adsorptionsgleichgewichte und Energie der Adsorptionskräfte.* Vff. beschreiben eine Meth. zur Berechnung der Adsorptionsenergie von unpolaren Moll. unter Berücksichtigung von 3 Gliedern im Potential der Dispersionskräfte mit Konstanten, die sich aus der Polarisierbarkeit u. der magnet. Permeabilität berechnen lassen. Die so berechneten Werte für die Adsorptionsenergie der nachstehenden Stoffe an Graphit liegen in der Nähe der experimentellen Adsorptionswärmen an graphitisierten Rußen: Ne, Ar, Kr, N, n-Butan, n-Pentan, n-Hexan, n-Heptan, n-Octan, 2.2-Dimethylbutan, 3-Methylhexan, 2.2.4-Trimethylpentan, Buten-(1), Cyclopentan, Methylcyclopentan, Bzl. u. Toluol. Auch die berechneten Werte für die Adsorptionsenergie der n. Alkane, Bzl. u. Toluol an MgO liegen in der Nähe der gemessenen Adsorptionswärmen. Bei der Adsorption an Graphit beträgt der Anteil des 1., 2. u. 3. Gliedes der Energie der Dispersionskräfte u. die absol. Abstoßungsenergie 90—95, 5—10, 0,5—1 u. 35—40% von der Gesamtenergie der Dispersionskräfte. Bei der Adsorption an MgO beträgt der Anteil des 1., 2. u. 3. Gliedes der Energie der Dispersionskräfte, der Energie der Induktionskräfte u. der absol. Abstoßungsenergie 81—83, 12—14, 3,2, u. 42—48% der Gesamtenergie der Anziehungskräfte (Dispersions- u. Induktionskräfte). (Известия Академии Наук СССР, Отделение Химических Наук [Nachr. Akad. Wiss. UdSSR, Abt. chem. Wiss.] **1957.** 1314—27. Nov. Moskau, Lomonossow-Univ., Inst. für physik. Chem. der Akad. der Wiss. der UdSSR.) O. LEBTAG. 176

K. D. Schtscherbakowa und **K. I. Slowetzkaja,** *Über den Einfluß der chemischen Modifikation der Oberfläche von Silicagel auf seine Adsorptionseigenschaften.* Die Unterss. über die Adsorption u. Desorption von CH_3OH (**I**) an grobkörnigem grobporigem Silicagel (**II**), an der durch Einw. von Diazomethan erhaltenen methylierten Probe (**III**) mit 1,2 (mval/g) CH_3O u. an der durch $SOCl_2$ chlorierten u. anschließend methylierten Probe (**IV**) mit 1,56 CH_3O sowie die Adsorption u. Desorption von Bzl. an **II** u. an der chlorierten Probe (**V**) ergaben, daß die Desorptions- u. Adsorptionsisothermen von **I** an **II, III** u. **IV** im Anfangsgebiet stark auseinander gehen, im Gebiet der Capillarkondensation sehr nahe beieinander liegen u. teilweise sich decken. Im Gebiet der geringen Werte von p/p_s ist die **I**-Adsorption an **III** u. **IV** viel schwächer als an **II** (bes. an **IV**). Das Gesamtvol. des adsorbierten fl. **I** ist bei der Sättigung ($p/p_s = 1$) gleich 0,86 cm^3 an **II** u. gleich 0,85 cm^3 an **III** u. **IV**. Die Struktur der Silicagele wird durch die Methylierung u. Chlorierung nicht verändert. Im Gebiet der monomol. Besetzung ist das Adsorptionsvermögen von **V** für Bzl.-Dämpfe viel geringer als das von **II**. Dies erklärt sich nach Ansicht der Vff. aus den Elektronendonatoreigg. des Bzl.-Mol. gegenüber den Akzeptoreigg. des teilweise protonisierten H der OH-Gruppen der Oberfläche. (Доклады Академии Наук СССР [Ber. Akad. Wiss. UdSSR] **111.** 855—58. 1/12. 1956. Moskau, Lomonossow-Univ.) O. LEBTAG. 176

G. F. Davidson und **H. Spedding,** *Die Absorption von Kupfer durch Baumwollcellulose aus Natriumcupratlösungen. Die Normann-Verbindung.* Messungen des Cu-Geh. von Baumwollcellulose, die mindestens 48 Std. mit alkal. (5 n oder 10 n NaOH) Cu^{2+}-Lsgg. bei 0° oder 25° in Berührung war, ergaben steigende Cu-Aufnahme mit steigender Konz. der Lösung. Die Isothermen entsprechen etwa den FREUNDLICHschen. Die durch Instabilität der Cuprat-Lsg. verursachte obere Best.-Grenze liegt bei einer Gleichgewichtskonz. von 33,5 mMol Cu/Liter 10 n NaOH, bei der die Cellulose bei 25° 0,574 Atome Cu/Glucose-Einheit aufgenommen hatte, also wesentlich mehr als dem Geh. der von NORMANN beobachteten „Kupfer-Alkali-Cellulose" entspricht. (Shirley Inst. Mem. **31.** 163—68. Aug. 1958. Didsbury, Shirley Inst., British Cotton Ind. Res. Assoc.) R. JUNGE. 176

D. F. Klemperer und **F. S. Stone,** *Adsorptionswärmen an aufgedampften Nickelfilmen.* Umfangreiche calorimetr. Unterss. der Adsorption bei Raumtemp. von O_2, H_2 u. CO an aufgedampften, unter verschied. Bedingungen hergestellten *Ni*-Filmen. Die calorimetr. Meßeinrichtung, Herst. der Filme u. das Meßverf. werden beschrieben. Zur parallellaufenden Ermittlung von Bedeckungsgraden bzw. Gasaufnahme wurden einmal Adsorptionsisothermen mit Kr bei 77° K aufgenommen, zum anderen die Beziehungen zwischen Filmgewicht u. Ausmaß der Chemisorption studiert. Mit O_2 erreicht die Bedeckung eine vollständige Molekülschicht, bei H_2 ergab sich dagegen bei 0,1 mm Druck nur ein Bedeckungsgrad von 0,4. Durch nacheinanderfolgende Zugabe kleinster Gasmengen wurden Kurven für die differentiellen Adsorptionswärmen in Abhängigkeit von der Bedeckung erhalten. Bei O_2 bleibt dabei die Adsorptionswärme bis zu 80% Aufnahme nahezu konstant (150 kcal/Mol), fällt dann bei weiterer Adsorption auf unter 50 kcal ab. Die Wärmetönung bei der Adsorption von H_2 fällt fast stetig von 40 auf etwa 10 kcal/Mol ab. Die integralen Adsorptionswärmen waren in allen Fällen größer als bei Ni-Pulvern. Eine eingehende Diskussion der Ergebnisse führt zu dem Schluß, daß diese Erhöhung der Adsorptionswärmen mit dem Grad der Unordnung der Metallproben zusammenhängt; durch die Art der Herst. können die Filme eine große Anzahl akt. Stellen mit bes. hohen Adsorptionspotentialen besitzen. Bei hohen Bedeckungen oder nach Sintern nähert sich das Verh. der Filme weitgehend dem von Pulvern. (Proc. Roy. Soc. [London], Ser. A **243**. 375—99. 14/1. 1958. Bristol, Univ., Dep. of Phys. and Inorg. Chem.) W. WAGNER. 176

M. E. Ginn und **C. L. Church**, *Neues Ionenaustauschverfahren nach der Säulen- oder mixed-bed-Methode zur Analyse oder Reinigung oberflächenaktiver Stoffe.* Für die Analyse oder Reinigung oberflächenaktiver Stoffe werden Ionenaustauscher (Dowex u. Duolite) zur Trennung ionisierter u. nichtionisierter Stoffe sowie zur Trennung von Anionen u. Kationen angewendet; u. zwar im Säulen- oder batch-Verf. Die Meth. bewährt sich dann, wenn Extraktions- oder Fällungsmeth. versagen. Die einzelnen Stoffe werden mit einer Genauigkeit von 94—100% erfaßt. Anwendung auf säure- oder alkaliempfindliche Stoffe, wie Estersulfonate oder -sulfate, ist nicht möglich. Bei Anwendung der Austauscher als mixed-bed ergab sich kein Unterschied zum Verf., bei dem zwei Säulen hintereinander benutzt wurden. (Analytic. Chem. **31**. 551—55. April 1959. Dayton, O., Monsanto Chem. Co., Res. and Engng. Div.)
FRIEDRICH WOLF/Berlin. 177

Richard P. Rhodes und **Elmer L. Gaden jr.**, *Charakterisierung der Bewegungseffekte in geschüttelten Flaschen.* Die Beziehung der Schüttelfrequenz zum Stoffübergang aus Lsgg. an leichte suspendierte Teilchen ist bes. für Fermentierungsprozesse von Bedeutung. Sie wurde für die Aufnahme von *Cu^{2+}* durch *Amberlite* einheitlicher Körnung durch Ionenaustausch bei Hubzahlen von 190 u. 240/Min. für Hin- u. Herbewegung u. bei 90, 176 u. 268 Umdrehungen/Min. für rotierendes Schütteln festgestellt (Entnahme von Proben nach je 0,5 Min. u. Best. des gelöst gebliebenen Cu^{2+} durch Colorimetrieren nach Zusatz von NH_3; große Ungenauigkeit durch Zeitfehler usw.). Es ergab sich nur eine kleine Wrkg. (auch mit seitlich eingekerbten Erlenmeyerkolben beim Rotieren) im Vgl. zum Rühren, das bedeutend höhere Frequenzen (Energieaufnahme) mit entspr. größerem Stoffübergang erlaubt. — Die Rotfärbung von phenolphthaleinhaltiger geschüttelter NaOH-Lsg. verschwand nach plötzlichem Zusatz überschüssiger HCl bei rotierendem Schütteln in glatten Kolben erst nach 6 bis 52 Sek. (je nach Flüssigkeitsvol. u. Frequenz), sonst sehr schnell. (Ind. Engng. Chem. **49**. 1233—36. Aug. 1957. New York, N. Y., Columbia Univ., Dep. of Chem. Engng.) K. BLUMRICH. 177

Robert I. Walter, *Anionenaustauschuntersuchungen von Sc(III) und V(IV). Trennung von Scandium, Titan und Vanadin.* Die Adsorption von ^{46}Sc(III) u. ^{48}V(IV) (aus d-Beschuß von Ti) an *Dowex 1* (Formiatform) bei Ggw. geringer Konzz. von Oxalat-(I), Citrat-(II), F^-- u. CO_3^{2-}-Ionen wurde untersucht. V(IV) bildet stark adsorbierbare Komplexe mit allen 4 Anionen, Sc(III) mit **I** u. **II**, während die Verss. mit F^- u. CO_3^{2-} schlecht reproduzierbar waren. Beide Elemente, sowie Ti, werden auch aus Oxalsäurelsg. (III) stark adsorbiert. Aber die Komplexe zeigen eine ganz verschied. Stabilität gegenüber HCl, so daß auf dieser Basis eine Trennung von Sc(III), V(IV) u. Ti(IV) entwickelt werden konnte: Eine 0,1 mol., saure **III**-Lsg. von Spuren Sc u. V (ca. 10^{-12}—10^{-13} mol.) u. 5 mg Ti (IV) wurde durch eine Säule (10 cm · 0,209 cm^2) gegeben. Alle 3 Ionen wurden als schmales Band am Kopf der Säule zurückgehalten. Dann wurden Sc mit einer 0,1 mol. **III**- + 0,1 mol. HCL-Lsg., anschließend V mit 0,1 mol. **III**- + 0,4 mol. HCl-Lsg. u. zum Schluß Ti mit 0,1n HCl eluiert. Die Trennung war quantitativ. Verss. mit je 5 mg der drei Ionen hatten im wesentlichen das gleiche Ergebnis. (J. inorg. Nuclear Chem. **6**. 58—62. Febr. 1958. Upton, N. Y., Brookhaven Nat. Labor.) F. UMLAND. 177

W. H. Slabaugh, *Adsorptionscharakteristika gleichioniger Bentonite.* Vf. untersucht die Adsorptionsisothermen gleichioniger *Bentonite* mit den Kationen *Li, Na, K, H, Mg, Ca, Ba, Sn, Zn, Cd, Cu, Fe* u. *Ni* durch Beobachtung ihrer Wasseraufnahme bei 14, 27 u. 37,5°. Er stellt fest, daß die Art des austauschbaren Kations auf die Adsorptionseigg. von wesentlicher Bedeutung ist, u. daß die Wasseraufnahme im allg. in 2 Stufen erfolgt. Die untersuchten Bentonite lassen sich nach ihrem Verh. in 3 Gruppen einteilen: 1. Na-, K- u. Mg-Bentonite adsorbieren H_2O-Dampf in 2 verschied. Stufen, die sich durch eine scharfe Richtungsänderung der (linearen) Adsorptionsisothermen voneinander unterscheiden; 2. Ca-Bentonit adsorbiert selbst bei 37,5° noch reichlich H_2O-Dampf, obwohl bei niedrigeren Tempp. Anzeichen einer Phasenänderung bzw. einer Diskontinuität auftraten; 3. H-, Li-, Sn-, Ba-, Zn-, Cd-, Fe- u. Ni-Bentonite ergeben S-förmige Adsorptionsisothermen ohne Auftreten von Diskontinuitäten. Die isosteren Adsorptionswärmen der Bentonite wurden aus je einem Paar der reversiblen

Isothermen für zwei verschied. Tempp. berechnet u. sind tabellar. mitgeteilt. (J. physic. Chem. **63.** 436—38. März 1959. Corvallis, Ore., Oregon State Coll., Dep. of Chem.) D. ERTEL. 177

Ja. I. Kogan und **R. Ss. Repina,** *Über einen Effekt bei der Bewegung von Aerosolteilchen.* Nach der herrschenden Vorstellung wird bei der laminaren Strömung eines Aerosols längs einer senkrechten glatten Wand die Annäherung der elektr. neutralen Aerosolteilchen an die Wandung allein durch die BROWNsche Bewegung verursacht. Zwecks Nachprüfung dieser These wurde der ungehinderte Durchgang (ohne Berührung der Wand) von Aerosolteilchen vom $r = 0{,}015—3{,}0\ \mu$ durch eine senkrechte Glascapillare von der Länge $L = 1000$ mm u. Radius $R = 0{,}2$ mm bei der Strömungsgeschwindigkeit 0,5 u. 1,0 cm^3/Min. in Abhängigkeit von der Richtung des Stromes (von unten nach oben u. umgekehrt) untersucht. Die Aerosole wurden durch Zerstäuben von 1,5 n $NaNO_3$-Lsgg. in HNO_3 (aktiviert durch Po) erhalten. Bei kleiner Teilchengröße ($0{,}015\ \mu < r < 0{,}3\ \mu$) stimmten die experimentellen Punkte gut mit der theoret., unter Berücksichtigung der Diffusionsfällung aufgenommenen Kurve, fast unabhängig von der Strömungsrichtung, überein. Bei höherer Teilchengröße ($r > 0{,}4\ \mu$) nahm der ungehinderte Durchgang mit steigender Teilchengröße im Aufstrom stark ab, nicht jedoch im Abwärtsstrom. Die Ergebnisse werden damit erklärt, daß unter dem Einfl. der Gravitationskraft bei beiden Strömungsarten die Bewegung des Mediums gegenüber dem Teilchen unsymm. wird, wodurch eine horizontale Komponente der Teilchenbewegung auftritt, die im Aufstrom gegen die Wand, im Abstrom von der Wand gerichtet ist. Dieser Effekt wird vom MAGNUS-Effekt beeinflußt. In erster Näherung ist im Gebiet $v < (du/dx)r$ die Geschwindigkeit der horizontalen Bewegung proportional der Fallgeschwindigkeit v. (Доклады Академии Наук СССР [Ber. Akad. Wiss. UdSSR] **111.** 851—54. 1/12. 1956.) O. LEBTAG. 180

Fritz Hauer und **Gertrud Keck,** *Beobachtungen der Radioaktivität des Luftstaubes.* Bei der Messung der Radioaktivität von auf Filterblättchen angesaugten Staubproben wurde festgestellt, daß die lange andauernde Aktivität solcher Staubteilchen immer auf einzelne Staubteilchen zurückgeführt werden kann. (Naturwissenschaften **45.** 627. 2. Dez.-H. 1958. Wien, Univ., Inst. für Med. Phys.) H. PLUSKAL. 180

James Frederic Danielli and others, eds., Surface phenomena in chemistry and biology. New York: Pergamon Press. 1958. (330 S. m. Abb. u. Diagr.) 8°. $ 10.—.

W. Jost, *Fortschritte der physikalischen Chemie. 1. Diffusion. Methoden der Messung und Auswertung.* Darmstadt: Verlag von Dr. Dietrich Steinkopff. 1957. (X, 177 S. m. 57 Abb. + 19 Tab.) DM 25,—.
Das 1. Bändchen der Monographienreihe, die ihre Entstehung einer Anregung von H. UHLICH verdankt, will dem in Industrie, Forschung und Lehre tätigen Wissenschaftler ebenso wie dem Studierenden einen Überblick über die Grundlagen der Diffusionsvorgänge u. der Meßmethoden für den prakt. Gebrauch vermitteln. Begrüßenswert erscheint die Beschränkung in der Stoffauswahl u. die dafür wesentlich ausführlichere Behandlung grundsätzlicher Fragen sowie die umfangreichen Literaturzusammenstellungen weiterführender Originalarbeiten. M. GEHLEN-KELLER

A₆. Strukturforschung

E. Menzel, *Die Darstellung verschiedener Phasenkontrast-Verfahren in der optischen Übertragungstheorie.* In der Übertragungstheorie wird die Abb. von Selbstleuchtern durch Kontrast-Übertragungsfunktionen analog der Behandlung von Fragen in der Fernmeldetechnik beschrieben. Diese Beschreibung ist auch bei partiell-kohärenter Beleuchtung möglich, wenn das Objekt nur kleine Kontrastunterschiede enthält. Analog läßt sich das Sichtbarwerden von Phasenobjekten durch Phasenkontrast-, Schlieren- u. Interferenzverff. mit Hilfe von Phasenkontrast-Funktionen darstellen. Diese werden mittels eines variablen Phasengitters experimentell bestimmt, welches sich durch Interferenzen gleicher Dicke realisieren läßt. (Optik **15.** 460—70. Aug. 1958. Darmstadt, TH, Phys. Inst.) H. LINDBERG. 181

Roger Dargent, Louis Durrieu und **Jacqueline Rzepka,** *In der Elektronenmikroskopie verwendbare Filme aus Parlodion-Kohlenstoff.* Um die bei reinen C-Filmen auftretenden Nachteile zu vermeiden, haben Vff. nach einem näher beschriebenen Verf. ca. 150 Å dicke Parlodion-Filme hergestellt, die dann im Vakuum mit einer ca. 200 Å starken C-Schicht bedeckt wurden. Die strukturlosen, gegen Elektronenstrahlen beständigen u. sehr elektronentransparenten Membranen eignen sich, wie an einigen Aufnahmen veranschaulicht, sehr gut als elektronenmkr. Objektträger. (C. R. hebd. Séances Acad. Sci. **248.** 1962—64. 1/4. 1959. Toulouse, C. N. R. S., Labor. d'Opt. électron.) D. JÖRCHEL. 181

G. F. J. Garlick, J. M. Hough und **R. A. Fatehally,** *Die Natur der Bindung in Cadmiumtellurid.* Der Brechungsindex n wurde jenseits der Absorptionskante (880 $m\mu$ bei 290° K) bei 903 $m\mu$ u. 1100 $m\mu$ gemessen u. zu $3{,}47 \pm 0{,}05$ bzw. $3{,}13 \pm 0{,}04$ bestimmt. Aus der Übereinstimmung der DK mit n^2 wird auf einen vorwiegend homöopolaren Charakter der Bindung geschlossen. (Proc. physic. Soc. **72.** 925—26. 1/11. 1958. Hull Univ., Dep. of Phys.) H. K. HOFMEISTER. 182

G. M. Bartenew, *Über zwei Glasbildungsprozesse.* Vf. unterscheidet streng die mechan. Glasbldg. von der strukturellen. Am Beispiel von Naturkautschuk wird gezeigt, daß die beiden Glasbildungsarten völlig unabhängig voneinander verlaufen. Bei hoher Frequenz oder geringer Dauer der mechan. Einw. bei der Abkühlung einer hoch- oder niedrigmol. Fl. erfolgt zunächst eine mechan., dann eine strukturelle Glasbildung. Durch Verringerung der Frequenz der mechan. Einw. bei gleichbleibender Abkühlungsgeschwindigkeit kann eine Übereinstimmung der Werte von T_g^{mech} u. T_g^{str} erreicht werden. Bei der üblichen Geschwindigkeit der Temperaturänderung (ca. 1°/Min.) u. der mechan. Einw. (ca. 1 Schwingung/Min.) liegen T_g^{str} u. T_g^{mech} nahe beieinander. Hieraus erklärt sich die Tatsache, daß in der Literatur die beiden Glasbildungsprozesse bisher nicht streng voneinander getrennt wurden. (Доклады Академии Наук СССР [Ber. Akad. Wiss. UdSSR] **110.** 805—07. 11/10. 1956.) O. LEBTAG. 186

Akira Morita, *Theorie der Kohäsionsenergien und Energiebandstrukturen von Valenzkristallen vom Diamanttyp. — Die SLCO-Methode.* 2. Mitt. (1. vgl. C. **1959.** 10815.) Die l. c. formulierte SLCO-Meth. zur Berechnung der Kohäsionsenergie von Ionenkristallen wurde auf *InSb* angewandt. Es wurde außerdem eine neue Meth. zur Berechnung der Energiebandstrukturen von zweiatomigen Kristallen mitgeteilt. (Progr. theoret. Physics [Kyoto] **19.** 534—40. Mai 1958. Sendai, Tōhoku Univ., Fac. of Sci., Phys. Inst. [Orig.: engl.]) C. GOTTFRIED. 190

R. Brout, *Summenregel für Gitterschwingungen in Ionen-Kristallen.* Es wird gezeigt, daß in Gittern tetraedr. Symmetrie mit 2 Ionen pro Einheitszelle in der Näherung der abstoßenden Wechselwrkg. nächster Nachbarn für einen gegebenen Wellenvektor q für die Kreisfrequenz ω der ersten 6 Schwingungen die Summenregel $\sum_{i=1}^{6} \omega_i^2(q) = 18\, r_0/\beta M$ gilt ($M = m_+m_-/(m_+ + m_-)$, m_+ bzw. $m_- = M$. des positiven bzw. negativen Ions, r_0 = Zwischenionenabstand, β = Kompressibilitätskoeff.). Das Theorem eignet sich dazu, numer. Rechnungen zu prüfen, u. als eine Beziehung für die Abwärtskrümmung der opt. Schwingungen bei kleinen q als Funktion der Schallgeschwindigkeit. Für sehr kleine q erhält man die erste SZIGETI-Beziehung. — Für ein Elektronengas geringer D., in dem die Elektronen in einem Gitter lokalisiert sind, gilt die Regel: $\sum_{i=1}^{3} \omega_i^2\,(q) = \omega_{pl}^2$, wo ω_{pl}^2 die klass. Plasmafrequenz bedeutet. (Physic. Rev. [2] **113.** 43—44. 1/1. 1959. Ithaca, N. Y., Cornell Univ., Dep. of Phys.) D. JÖRCHEL. 190

E. Billig und **D. B. Gasson,** *Die Herstellung von Einkristallbarren von Silicium mittels der Ziehtechnik.* Bau u. Wirkungsweise eines Laboratoriumofens zur Herst. von Si-Einkristallen nach der Ziehtechnik werden beschrieben. Die Wachstumsfront des Barrens kann beobachtet werden. Es ist möglich, die Qualität des hochreinen Si abzuschätzen u. einen Hinweis über die Konz. der vorherrschenden Verunreinigung, die für den gemessenen Widerstand verantwortlich ist, durch Vgl. mit den berechneten Verteilungskurven zu erhalten. (J. sci. Instruments **35.** 360—65. Okt. 1958. Aldermaston, Berks., Assoc. Electr. Ind. Ltd.) H. K. HOFMEISTER. 190

Jan Goorissen und **Frithjof Karstensen,** *Das Ziehen von Germanium-Einkristallen aus dem „schwimmenden Tiegel".* Ge-Kristalle können mit homogener Dotierung hergestellt werden, wenn man in der Schmelze die Anreicherung des zur Dotierung verwendeten Elementes verhindert. Mit der Meth. des schwimmenden Tiegels ist das möglich. Bei dieser Meth. wird der Kristall aus einem kleinen Tiegel gezogen, der auf geschmolzenem Ge in einem größeren Tiegel schwimmt. Die beiden Tiegelinhalte sind durch eine Capillare verbunden, durch die fortlaufend das dem kleinen Tiegel durch Wachsen des Kristalls entzogene Ge aus dem Vorrat des großen Tiegels ersetzt wird. Die theoret. Ausbeute dieser Meth. wird mit der des CZOCHRALSKI- u. des Zonenschmelzverf. verglichen. (Z. Metallkunde **50.** 46—50. Jan. 1959. Eindhoven, N. V. Philips' Gloeilampenfabrieken, Philips Forschungslabor.) H. HOCHSTEIN. 190

Hans H. Stadelmaier und **Leo J. Hütter,** *Keimbildung im mittleren Konzentrationsbereich eines binären Systems mit Mischungslücke.* Es wird gezeigt, welche Forderungen sich für die Keimbldg. im mittleren Konz.-Bereich eines idealen Syst. mit einfacher Mischungslücke im festen Zustand ergeben. Nach BORELIUS müßte die Keimbildungshäufigkeit am krit. Punkt ihren Höchstwert erreichen, während dann, wenn ein Einfl. der Keimoberfläche vorliegt, das Maximum der Keimbildungshäufigkeit bei viel tieferen Tempp. auftritt. Beim Syst. *KCl–NaCl* sprechen experimentelle Beob-

achtungen für ein Verf., das eher dem Modell von BECKER entspricht. (Z. Metallkunde **50.** 41—44. Jan. 1959. Raleigh, N. C., North Carolina State Coll., Dep. of Engng. Res.)
H. HOCHSTEIN. 190

Donald E. Garrett und **Gerhard P. Rosenbaum,** *Kristallisation von Borax.* Unterss. über den Einfl. von Übersättigung (ÜS), Abkühlgeschwindigkeit, Impfung, Temp., Viscosität, Zeit u. Zusätzen auf die Kristallisation von Borax zeigen (Diagramme), daß ÜS die Kristallgröße, -form u. -agglomerierung am stärksten beeinflußt; ÜS führt zu gestreckten Kristallen, Tafeln, Nadeln u. Klumpen. Ölsäure verbessert die Kristallisation. Mit steigender Menge an Impfkristallen erhöht sich die Ausbeute an Kristallen u. vermindert sich deren Größe. (Ind. Engng. Chem. **50.** 1681—84. Nov. 1958. Trona, Calif., Amer. Potash and Chem. Corp.) W. WESLY. 190

Masao Sakaguchi, *Über den Wachstumsvorgang gefällter Calciumcarbonatkristalle.* Beim Wachstum gefällter $CaCO_3$-Kristalle treten verschied. Wachstumsformen auf. So wachsen aus den kugelförmigen Primärkristalliten fächer- u. nadelförmige Sekundärkristalle. Die notwendige Voraussetzung für instabile Wachstumsformen scheint eine lokale Übersättigung an Ca^{2+} u. CO_3^{2-} zu sein. Das Wachstum von Aragonitkristallen läßt sich durch Zuführung von Salzen stören, die die Löslichkeit von $CaCO_3$ erhöhen. Die gefällten Prodd. wurden mkr. u. röntgenograph. untersucht. (J. ceram. Assoc., Japan [Yogyo Kyokai Shi] **66.** Nr. 8. 165—70. 1958. Kyushu, Univ., Fac. of Gen. Educat. [Orig.: japan.; Auszug: engl.]) H. SAALFELD. 190

R. J. Miller und **C. H. Bachman,** *Herstellung von Cadmiumsulfidkristallen durch Komponentenverdampfung im Vakuum.* Die Aufdampfapp. besteht aus einer Vakuumkammer mit getrennten Verdampfungsöfchen für S (120—150°) u. für Cd (340—550°) mit je einem, den Dampfstrahl in eine bestimmte Richtung leitenden, heizbaren Rohr aus Ta sowie aus einem, auf Tempp. bis ca. 650° heizbarem Auffänger (Ta oder Mo). Die Dampfdrucke waren in der Größenordnung 10^{-3} bis 10^{-4} Torr; die Aufdampfzeiten lagen zwischen 20 Min. u. 5 Stunden. Durch Variierung von Aufdampfgeschwindigkeit u. Auffängertemp. konnten nach Wunsch verschied. Formen der (bis 6 mm langen) CdS-Kristalle erhalten werden: Bänder, Nadeln, spiralförmige u. kuglige Kristalle. (J. appl. Physics **29.** 1277—85. Sept. 1958. Syracuse, N. Y., Univ., Dep. of Phys.) J. RUDOLPH. 190

Masayoshi Sakamoto und **Shunsuke Kobayashi,** *Das Verhältnis eins zu eins zwischen Ätzgruben und Versetzungen in KCl-Kristallen.* Ätzgruben wurden in KCl-Kristallen mit wasserfreiem Eisessig erhalten. KCl ist so weich, daß Versetzungen durch leichten mechan. Stoß erzeugt werden. Deshalb sind KCl-Oberflächen leicht verunreinigt im Sinne der Versetzungstheorie. Es wird angenommen, daß ihre Tiefe 100 μ oder mehr beträgt. Das Verhältnis 1:1 zwischen Ätzgruben und Versetzungen wird diskutiert. (J. physic. Soc. Japan **13.** 800—09. Aug. 1958. [Orig.: engl.])
H. K. HOFMEISTER. 190

Robert Bakish, *Die metallographische Auffassung über die Luftoxydation des Tantals bei 750°.* Als Untersuchungsmaterial diente Ta, welches bei 750° 45 Min. lang an der Luft erhitzt wurde. Die Oxydation erfolgt in Flächen parallel der Fläche {100} mit einer Meßgenauigkeit von 2°. Diese Oxydation kann durch die hohe Aktivität dieser Fläche oder durch günstig orientierte Störstellen gegeben sein. An Korngrenzen wurde keine Oxydation bevorzugter Flächen beobachtet. Die entstehenden Flächen erreichen eine Dicke von bis zu 0,002 mm. Die im allg. an Korngrenzen auftretende höhere Aktivität ist hier nicht zu beobachten, was zur Zeit noch nicht erklärt werden kann. Die Kristallisationszentren scheinen Gitterstörstellen zu sein. (J. electrochem. Soc. **105.** 71—74. Febr. 1958. North Adams, Mass., Sprague Electr. Co.)
FRIEDRICH WOLF/Berlin. 190

Y. M. De Haan, *Die Kristallstruktur von γ-Schwefel.* Drehkristall- u. WEISSENBERG-Aufnahmen wurden an γ-S um die c- u. b-Achse mit Cu-Strahlung aufgenommen. Die Elementarzelle enthält n = 64 Atome mit a = 13,96 Å, b = 13,05 Å, c = 9,26 Å, β = 92°11′ Nadelrichtung [001]. Die S_8-Ringe sind geldrollenartig aneinandergereiht. Sie sind säulenartig entlang der c-Achse angeordnet u. bilden eine zweidimensionale pseudo-hexagonale dichte Packung. (Physica [Utrecht] **24.** 855—56. Okt. 1958. Delft, Labor. voor techn. natuurkunde.) H. K. HOFMEISTER. 195

Jean Rouxel, *Das Kristallgitter des Aluminiumoxychlorids.* Es wurde die Struktur des durch längere Einw. von Cl_2 auf α-Al_2O_3 bei 320° dargestellten AlOCl untersucht. Ein Diagramm nach SEEMANN-BOHLIN wurde aufgenommen, für die Elementarzelle wurde rhomb. Symmetrie mit Raumgruppe V_h^{13} = Pmnm, a = 3,61, b = 7,67 Å, c = 3,62 Å. $D_{\text{Röntgen}}$ 2,60, $D_{\text{pykn.}}$ 2,51 gefunden. Für die Koordinaten der 6 in der Elementarzelle vorhandenen Atome wurde für Al 0; 0,07; $^1/_2$ u. $^1/_2$; — 0,07; 0, für O 0; — 0,06; u. $^1/_2$; 0,06; $^1/_2$ u. für Cl 0; 0,30; 0 u. $^1/_2$; — 0,30; $^1/_2$ ermittelt. AlOCl krist.

in einem Einfachschichtgitter, die Koordinationszahl des Al beträgt 6 (4 O u. 2 Cl). (C. R. hebd. Séances Acad. Sci. **248.** 810—12. 9/2. 1959. Rennes, Fac. des Sci., Labor. de Chim. minér.) W. KARCHER. 195

Gabriel Sarazin, *Darstellung und Struktur des Orthoaluminiumtantalats.* Durch Zusammenschmelzen einer äquimol. Mischung von fein zerteiltem Al_2O_3 u. Ta_2O_5 bei ca. 1800° wurde ein dunkelbraunes Prod. erhalten, dessen DEBYE-SCHERRER-Diagramm mit der Cu–K_α-Strahlung aufgenommen wurde. Mit Hilfe einer analyt. Meth. wurde das Syst. tetragonal indiziert; nach der Meth. der kleinsten Quadrate wurde a zu 4,568 $\pm$ 0,001 u. c zu 2,964 $\pm$ 0,001 Å bestimmt (c/a = 0,649). Für das Vol. der Elementarzelle wurde V = 61,85 Å^3, für die makroskop. D. 6,9 gefunden; die Anzahl der Formeleinheiten pro Elementarzelle beträgt 1. Das Diagramm ist dem des Rutils ähnlich; daraus wurde für die Lage der O-Atome xx0, xx0, $^1/_2 + x$, $^1/_2 - x$, $^1/_2$, $^1/_2 - x$, $^1/_2 + x$, $^1/_2$ abgeleitet. Durch Vgl. der relativen u. berechneten Intensitäten wurde x best., für x = 0,3 wird gute Übereinstimmung zwischen den berechneten u. beobachteten Werten erhalten; die Abstände Me — O u. O—O wurden zu 1,94 bzw. 2,58 Å bestimmt. Beim Tempern bei 1300° wird die Verb. in eine polymorphe Modifikation umgewandelt. (C. R. hebd. Séances Acad. Sci. **248.** 815—17. 9/2. 1959.) W. KARCHER. 195

Paolo Corradini und **Giuseppe Allegra,** *Röntgenometrische Strukturbestimmung des Tricarbonylchrombenzols.* Einkristalle von *Tricarbonylchrombenzol* (**I**) wurden nach der Meth. von WEISENBERG untersucht, dabei wurde für a = 6,58 $\pm$ 0,04; b = 10,99 $\pm$ 0,06 u. c = 6,09 $\pm$ 0,04 Å; β = 101°30′ u. N = 2 gefunden. Aus der PATTERSON-Projektion entlang der a- u. c-Achse geht hervor, daß eine Symmetrieebene durch die Cr-Atome existiert. Daraus folgt für die Raumgruppe $P2_1/m$. Die fraktionellen Cr-Koordinaten sind x = 0,022; y = 0,250 u. z = 0,331. Eine FOURIER-Projektion der Elektronendichte längs der a- u. c-Achse wurde durchgeführt, aus der Lage der Maxima der Elektronendichte folgt, daß die C-Atome des Bzl. den gleichen Abstand vom Cr besitzen (2,25 $\pm$ 0,05 Å), daß die Ebene, in der die O-Atome liegen, parallel der Ebene des Bzl.-Rings verläuft u. daß die C- u. O-Atome jeder CO-Gruppe mit dem Cr auf einer Linie liegen. Die Winkel OC–Cr–CO sind gleich u. betragen annähernd 90° (experimentell 89°). Die Cr–O-Abstände sind 2,95 $\pm$ 0,05 Å. (J. Amer. chem. Soc. **81.** 2271—72. 5/5. 1959. Milano, Polytechn. Inst. of Milano, Dep. of Indust. Chem.) W. KARCHER. 195

A. N. Scheschminzew, *Der Mechanismus der Lösung von Mullit und Korund in Alumosilicatschlacke.* Mullitkristalle lösen sich bei 1550° in Schlacken (SiO_2 49(%), Al_2O_3 24,9, Fe_2O_3 9,1, CaO 5,7) nur an den Seitenflächen parallel zur c-Achse. In Richtung der c-Achse erfolgt dagegen Wachstum von Sekundärmullit, begleitet von Aufspaltung der Kristalle in lange Nadeln. Auf Korundkristalle wächst Sekundärmullit ohne bes. Orientierung des Wachstums auf. (Вестник Академии Наук Казахской ССР [Nachr. Akad. Wiss. KasachSSR] **14.** Nr. 6. 69—72. Juni 1958.) H. HUBER-EMDEN. 196

A. Pande, *Elektronenbeugungsuntersuchung des epitaktischen Wachstums von Silber auf einigen Einkristallen.* Das Aufwachsen von Ag-Kristallen bei der Verdampfung im Vakuum auf den Spaltflächen von *Steinsalz, MgO u. Glimmer* bei verschied. Tempp. wurde mit Elektronenbeugung untersucht. Bei dünnen Filmen von niedergeschlagenem Ag auf NaCl wird neben der gewöhnlichen kub. flächenzentrierten Struktur, die man mit dem Substrat erhält, eine neue Orientierung, die eine hexagonale Struktur (c/a = 1,60) ergibt, beobachtet. (J. sci. ind. Res. [New Delhi], Sect. B **17.** 1—6. Jan. 1958. New Delhi, Nat. Phys. Labor.) H. K. HOFMEISTER. 196

Clarence Zener, *Statistische Mechanik und Metallkunde.* Erörtert wird die Bedeutung der statist. Mechanik für die Metallkunde. Hierbei werden als Beispiele der Einfl. der Entropie u. innerer Spannungen auf den Elastizitätsmodul, die Deutung der besonderen Eigg. von β-Messing u. der Einfl. der magnet. Entropie auf die polymorphe Umwandlung des *Mn* u. *Fe* herangezogen. (Z. Metallkunde **50.** 3—7. Jan. 1959. Pittsburgh, Pa., Westinghouse Research Labor.) H. HOCHSTEIN. 197

D. F. Kurdgelaidze, *Phänomenologische Verallgemeinerung der Thomas-Fermi-Dirac(TFD)-Gleichung im Falle der Theorie der Metalle und ihre periodischen Lösungen.* Die TFD-Gleichung wird in eine geeignete Form gebracht, die Austauschwechselwirkung zwischen den Metallatomen wird berücksichtigt. Die freien Parameter werden entsprechend Gitterkonstante, Austrittsarbeit u. durchschnittlicher oder Grenzdichte der Leitfähigkeitselektronen gewählt. Die Gleichung besitzt period. Lösungen. (Acta physica Acad. Sci. hung. **9.** 185—94. 1958. [Orig.: russ.; Auszug: engl.]) M. WIEDEMANN. 197

S. Chandra und **G. D. Scott,** *Kondensationskoeffizienten von Silber, Gold und Kupfer bei Vakuumabscheidung.* Der Kondensationskoeff. — definiert als das Verhältnis

der kondensierten Atome zur Gesamtzahl der Atome, die auf ein Substrat fallen — wurde bestimmt für Ag bei Substrattempp. von — 30° bis 170° u. für Au u. Cu bei Tempp. von 25° bis 165°. Für Ag beträgt der Kondensationskoeff. bei Zimmertemp. 0,936. Durch graph. Analyse der Ergebnisse wird gezeigt, daß die Temp., unterhalb der vollständige Kondensation eintritt, 200° K für Ag, 230° K für Au u. 180° K für Cu beträgt. (Canad. J. Physics **36.** 1148—53. Sept. 1958. Toronto, Univ., Dep. of Phys.)
H. K. HOFMEISTER. 197

Horst Böhm, *Das System Lithium–Silicium.* Untersucht wird das Syst. Li–Si mittels therm. Analyse u. das Zustandsbild aufgestellt. Es treten die beiden Verbb. Li_4Si (bzw. $Li_{15}Si_4$) u. Li_2Si auf. Li_4Si bildet sich peritekt. bei 633° ± 5°. Li_2Si schmilzt unzersetzt bei 752° ± 5°. Si u. Li_2Si bilden bei 39,4 ± 0,5 Atom-% Si u. 635° ± 5° ein Eutektikum. (Z. Metallkunde **50.** 44—46. Jan. 1959. Frankfurt/Main, Metallgesellschaft AG., Metall-Labor.)
H. HOCHSTEIN. 197

M. Walouch und **I. B. Borowski,** *Verteilung der Beimengungen im metallischen Zinkeinkristall mit Honigwabenstruktur.* Es wurde ein Zn-Einkristall mit 0,7% Cu u. < 0,01% anderer Verunreinigungen hergestellt, welcher nach Zerschneiden senkrecht zur Längsachse eine Honigwabenstruktur zeigte. Mittels chem. Analyse wurde nachgewiesen, daß die Mitte der Körner 0,7% Cu u. die Grenzzonen 0,4% Cu enthielten. Es wird hiermit bestätigt, daß die den Schmelzpunkt erhöhenden Beimengungen im Kornzentrum konzentriert werden. (Доклады Академии Наук СССР [Ber. Akad. Wiss. UdSSR] **123.** 490—91. 21/11. 1958. Prag, Karls-Univ., Lehrstuhl für Physik der Metalle; Akad. der Wiss. der UdSSR, Baikow-Inst. für Metallurgie.)
H. TŮMA. 197

Kenji Kusumoto, Mutsuo Ohta und **Narumi Konishi,** *Röntgenstrukturuntersuchungen über den Fällungsvorgang in Al–AgMg-Legierungen.* Das Syst. ist entgegen der Vermutung von OHTANI nicht pseudo-bin. sondern Teil eines tern. Systemes. Die intermetall. Verb. *AlAgMg* ist eine LAVES-Phase vom $MgZn_2$-Typ vermutlich mit der Formel $Mg(Ag_{1,03}Al_{0,97})$. Als Hauptbestandteil wird *AgMg* ausgefällt, mit der Orientierung $[110]_p \parallel [2\bar{1}\bar{1}]_M$ u. $[2\bar{1}1]_p \parallel [110]_M$. GUINIER-PRESTON-Zonen wurden nicht gefunden. (Nippon Kinzoku Gakkai-Si [J. Japan Inst. Metals] **21.** 561—65. Sept. 1957. [Orig.: japan.; Auszug: engl.])
H.-G. MOSLÉ. 197

M. W. Mallett, W. M. Albrecht und **P. R. Wilson,** *Die Diffusion von Sauerstoff in Alpha- und Beta-Zircaloy 2 und -Zircaloy 3 bei hohen Temperaturen.* Der Diffusionskoeff. für O_2 zwischen 1000 u. 1500° beträgt in α-Zircaloy 2 (I) $D_\alpha = 0{,}196$ exp (— 41000 ± 1500/RT), in β-Zircaloy 2 (**II**) $D_\beta = 0{,}0433$ exp (— 28200 ±2400/RT) cm^2/sec. Bei 1600° konnten keine genügend genauen Werte erhalten werden. Die Löslichkeit von O_2 in **II** entspricht der in reinem Zr. Die Diffusionskoeffizienten von α- u. β-Zircaloy 3 bei 1100 u. 1400° stimmen mit denen von **I** bzw. **II** überein. In den beiden β-Modifikationen sind die Koeffizienten ca. 10mal höher als der von N_2 in β-Zr hoher Reinheit. (J. electrochem. Soc. **106.** 181—84. März 1959. Columbus, O., Battelle Memorial Inst.)
M. LASER. 197

Georg Brauer und **Richard Lesser,** *Carbidphasen des Niobs.* Das binäre Syst. Nb–NbC wird hinsichtlich der Phasen u. deren Grenzen überprüft. Bei 1800—2000° werden vier verschied. Phasen festgestellt, nämlich α, β, ζ u. δ. Die kub. raumzentrierte Metallphase α (A_2-Typ) reicht vom Reinniob bis zu ca. 2,0 Atom-% C ($NbC_{0,02}$). Der Bereich der β-Phase (L′3-Typ) liegt zwischen 26,5 u. 33,3 Atom-% C ($NbC_{0,36}$ bis $NbC_{0,50}$). Die Phase ζ ist neu aufgefunden worden. Sie entspricht der ζ-Phase im System Ta–C. Sie wird jedoch nur in geringer Ausbeute neben anderen NbC-Carbidphasen erhalten u. ist daher nicht näher charakterisiert worden. Ihr Existenzgebiet liegt zwischen der β- u. der δ-Phase. Das Gebiet der homogenen kub. δ-Phase (B 1-Typ) erstreckt sich von 41,1 Atom-% C ($NbC_{0,70}$) bis zu ca. 47,6 Atom-% C ($NbC_{0,91}$). An Hand von röntgenograph. Präzisionsbestimmungen u. genauen Analysen wird gezeigt, daß Proben mit sehr hohen Gehh. an Carbid gebundenem C therm. instabil sind u. bei längerer Wärmebehandlung einen Teil des C wieder graphit. ausscheiden. Die Gitterkonstante für das relativ beständige C-reichste Grenzcarbid der Formel $NbC_{0,91}$ beträgt 4,4690 Å. (Z. Metallkunde **50.** 8—10. Jan. 1959. Freiburg/Br., Univ., Chem. Labor., Anorg. Abt.)
H. HOCHSTEIN. 197

Richard Lesser und **Georg Brauer,** *Carbidphasen des Tantals.* (Vgl. vorst. Ref.) Das bin. Syst. Ta–TaC wird mit chem.-präparativen, chem.-analyt. u. röntgenograph. Methoden untersucht, um die vorkommenden Phasen zu ermitteln u. ihren Konz.-Bereich festzulegen. Dabei werden bei 1800—2100° die α-, β-, ζ- u. δ-Phasen festgestellt. Die metall. α-Phase mit der kub. raumzentrierten Kristallstruktur des Ta(A2) vermag nur geringe C-Mengen zu lösen. Die β-Phase kristallisiert mit einer annähernd hexagonal dichtesten Kugelpackung der Metallatome (L'3). Ihr Phasengebiet erstreckt sich zwischen 29 u. 33 Atom-% C. Die Existenz der ζ-Phase war bisher nicht bekannt. Diese stabile Phase liegt etwa bei der Formel $TaC_{0,64}$ (39 Atom-% C) u. hat vermutlich keinen Homogenitätsbereich. Sie bildet sich nach sehr langen Sinterzeiten bei 1800°. Es ist jedoch nicht gelungen, sie in vollständig reiner Form darzustellen. Ihre Struktur ist noch nicht aufgeklärt worden. Das Gebiet der δ-Phase, deren Carbide nach dem Steinsalztyp (B 1) kristallisieren, erstreckt sich zwischen 42,5 u. 50 Atom-% C ($TaC_{0,74}$ bis $TaC_{1,00}$). Hinweise für die Instabilität oder Inhomogenität von $TaC_{1,00}$ sind nicht gefunden worden. Die Gitterkonstante von $TaC_{1,00}$ wird zu 4,4544 Å bestimmt. Eine Konz.-Abhängigkeit der Gitterkonstanten in der β- u. δ-Phase ist festgestellt worden. (Z. Metallkunde **49.** 622—26. Dez. 1958.) H. HOCHSTEIN. 197

I. I. Kornilow und **N. T. Domotenko,** *Einfluß der Atomkonzentration von Chrom, Molybdän und Wolfram auf die Eigenschaften von festen Lösungen des Nickels.* Bei festen Lsgg. von Cr, Mo u. W in Ni (4, 6, 10%) nehmen die Gitterparameter in der Reihenfolge Cr < Mo < W zu; in gleicher Reihenfolge erhöht sich auch die Zunahme mit der Konz. an Cr, Mo bzw. W, ferner die spezif. Leitfähigkeit, während bei der Härte bei 20, 800 u. 1000° die Reihenfolge Cr < W < Mo gilt, ebenso die Zunderfestigkeit bei 800° u. 1000° unter der Belastung 4 bzw. 2 kg/mm² u. die für eine Biegung um 5 mm bei denselben Bedingungen erforderliche Zeit. Diese Unterschiede der Reihenfolge werden damit erklärt, daß für Gitterparameter u. Leitfähigkeit der Unterschied der Atomdurchmesser maßgebend ist, für Härte u. Zunderfestigkeit u. allg. mechan. Eigg. die Kräfte der chem. Bindung in der festen Lsg. u. ein individueller Einfl. der Elemente auf die chem. Verfestigung. (Доклады Академии Наук СССР [Ber. Akad. Wiss. UdSSR] **120.** 311—13. 11/5. 1958. Shukowski-Kriegs-Lufting.-Akad.) R. K. MÜLLER. 197

Heinz Borchers und **Alfred Schäfer,** *Abhängigkeit der intermediären Gefügeänderung bei der Rekristallisation einer Bronze von der Vorbehandlung.* Im Anschluß an eine schon früher gemachte Beobachtung intermediärer Gefügeverfeinerung während der Rekristallisation von Cu werden auch bei einer α-Bronze gleichartige Erscheinungen festgestellt u. in einem engen Verformungsbereich untersucht. Ein Vgl. der Röntgenbilder läßt erkennen, daß Bronze gegenüber Cu einen ausgeprägteren Spannungsanstieg u. -abfall mit höheren Spannungsspitzen aufweist. Hierbei ergibt sich eine Abhängigkeit von der Vorbehandlung. Restspannungen aus der vorletzten Rekristallisationsbehandlung scheinen sie zu verursachen. Bei feinem Korn tritt die Verspannung deutlicher in Erscheinung als bei grobem. Unter bestimmten Voraussetzungen wird auch eine Abhängigkeit einer Endkorngröße nach bestimmter Glühzeit von der Ausgangskorngröße u. der vorletzten Glühung in einem begrenzten Verformungsbereich festgestellt. Auf Nachteile der zwischenzeitlich auftretenden Verspannungen, des ungünstigen Ätzverh. u. ungleichmäßigen Gefüges wird hingewiesen. Eine Maßnahme zu ihrer Verminderung besteht in einer verstärkten Vorrekristallisation. (Z. Metallkunde **50.** 24—31. Jan. 1959. München, TH, Inst. für Metallurgie u. Metallkunde.) H. HOCHSTEIN. 197

Bohuslav Rajda, *Untersuchung des Gleichgewichtsystems Kupfer–Antimon (bis zu 20% Sb).* Zur Unters. des Gleichgewichtsdiagramms Cu–Sb bis zu 20% Sb stellte Vf. eine Reihe von Legierungen mit steigendem Sb-Geh. im Vakuum her, welche er metallograph., röntgenograph. u. dilatometr. untersuchte. Das aus den Ergebnissen konstruierte Gleichgewichtsdiagramm weist entgegen den früher aufgestellten nur geringe Unterschiede auf. Bei der eutekt. Temp. (640°) beträgt die Sb-Löslichkeit 10,65%; mit sinkender Temp. geht die Löslichkeit im Gebiet der β-Phase nur wenig herab u. sinkt dann rasch nach der Phasenumwandlung $\alpha + \beta \rightleftharpoons \alpha + \eta$. Unter 430° zerfällt η in das $\alpha + \delta$-Eutektoid. (Hutnické Listy **13.** 761—68. Aug. 1958. Panenské Břežany, Výzk. ústav kovů.) H. TŮMA. 197

Isolde Dietrich und **Lisl Koch,** *Zur Bildung innerer Oxydationszonen bei Silber–Indium-Legierungen.* An Ag–In-Legierungen werden innere Oxydationszonen durch Glühen der Proben an Luft hergestellt. Der Nachweis der inneren Oxydation erfolgt teils durch Messungen an Querschliffen, teils durch Widerstandsmessungen. Die Fortschreitungsgeschwindigkeit der inneren Oxydation wird in Abhängigkeit von der In-Konz., der Glühdauer u. der Glühtemp. bestimmt. Bei Legierungen mit einem In-Geh. unter 6% u. bei Glühtempp. über 400° ergibt sich ein parabol. Zeitgesetz u. eine exponentielle Temp.-Abhängigkeit in guter Übereinstimmung mit einer Formel von RHINES, zu deren Ableitung die Diffusion des O durch die innere Oxydationszone als zeitbestimmender Faktor vorausgesetzt worden ist. (Z. Metallkunde **50.** 31—35. Jan. 1959. Siemens & Halske, Akt.-Ges., Werkstoff-Hauptlabor.) H. HOCHSTEIN. 197

Manfred Wilkens und **Konrad Schubert,** *Über die Kristallstrukturen von $Au_3Zn(r)$, Au_3Zn_5 und einigen Varianten.* Berichtet wird über die Strukturbest. von $Au_3Zn(r)$ u.

Au_5Zn_3 sowie zweier zugehöriger Varianten $Au_3Zn_{2,3}Ga_{1,3}$ u. Au_5Zn_2Ga. Alle vier Strukturen lassen sich in nullter Näherung, d. h. bei Vernachlässigung schwacher Atomverrückungen, als L 1_2-artige Verwerfungsüberstrukturen auffassen. Es besteht etwa die gleiche Abhängigkeit der Verwerfungsdichte von der Valenzelektronenkonz., wie sie von $L1_2$-Verwerfungsüberstrukturen z. B. im Syst. Cu–Au–Zn her bekannt ist. Jedoch sind bei den besprochenen Strukturen die tetragonalen Verzerrungen der A_1-Unterstrukturen stärker ausgeprägt. Die inhomogenen Atomverschiebungen lassen sich zum Teil an Hand von Atomradienargumenten verstehen. Ferner werden Verwandtschaftsbeziehungen zu den Strukturen der C16-Familie beschrieben. Im Anschluß daran wird über die Struktur von $CuAu_2Zn$ berichtet, die als Stapelvariante des B_{19}-Types aufzufassen ist. (Z. Metallkunde **49.** 633—46. Dez. 1958. Stuttgart, Max-Planck-Inst. für Metallforsch.) H. HOCHSTEIN. 197

Werner Köster und **Wolf-Dieter Haehl,** *Das Zweistoffsystem Palladium–Vanadin.* Pd u. V bilden eine eutekt. Legierungsreihe. An der eutekt. Umsetzung nimmt ein Pd-Mischkristall mit etwa 58 Atom-% V u. ein V-Mischkristall mit etwa 62,5 Atom-% V teil. Die Mischungslücke erweitert sich mit sinkender Temperatur. Bei 840° bildet sich peritektoid die Phase PdV_3 mit β-Wolfram-Struktur. Im Bereich der homogenen Pd-Mischkristalle entstehen die Überstrukturphasen Pd_3V u. Pd_2V unterhalb 815 bzw. 905°. Beide Phasen haben ein tetragonal verzerrtes kub. flächenzentriertes Gitter. Für Pd_3V ist $c/a > 1$, für Pd_2V ist $c/a < 1$. (Z. Metallkunde **49.** 647—49. Dez. 1958. Stuttgart, MPI für Metallforsch.) H. HOCHSTEIN. 197

L. W. Krassnitschenko und **M. G. Ross,** *Sauerstoff und Stickstoff in metallisierten Pseudolegierungen.* Bei der Metallisierung treten intensive Oxydationsprozesse auf, so daß infolgedessen der Geh. an O in einer aus einem Stahldraht mit 0,11(%) C, 0,50 Mn, Spuren Si, 0,020 S, 0,032 P erzeugten Pseudolegierung im Vgl. zum Ausgangsmetall um das hundertfache vergrößert wird. Die Pseudolegierung besteht aus 11,41 FeO, 0,54 Fe_3O_4, 0,130 N. Die sich in einem metastabilen Zustand befindende Pseudolegierung enthält O hauptsächlich als FeO, was sowohl durch chem. als auch Röntgenstruktur-Unterss. bestätigt wird. Während der Metallisierung tritt eine Sättigung des Metalles an N ein, die in der Hauptsache durch Bldg. von Nitriden vor sich geht. Der Geh. an Oxyden in einer aus hochkohlenstoffhaltigem Draht erhaltenen Pseudolegierung ist wesentlich niedriger als für eine aus niedriggekohltem Draht erzeugte Legierung. (Журнал Прикладной Химии [J. angew. Chem.] **31.** 1170—74. Aug. 1958.) H. HOCHSTEIN. 197

C. Leymonie und **P. Lacombe,** *Feststellung der Volumen-Selbstdiffusionskonstanten im Gebiet der α-Phase mittels radioaktiver Isotopen.* Eine Schicht ^{55}Fe u. ^{59}Fe-Isotopen werden oberflächlich auf dünnen Plättchen aus Armco-Eisen (Dicke $< 100\ \mu$) aufgebracht. Während eines unter stationärem Vakuum durchgeführten Diffusionsglühens wird jenseits des Plättchens die Aktivität gemessen. Hieraus ergibt sich eine einfache Beziehung zwischen dem Wechsel der gemessenen Intensitäten u. dem Diffusionskoeffizienten. Die Verss. wurden auf polykristallinen Proben (Tempp. über 850°) durchgeführt. Unter diesen Bedingungen wird die Schwankung des Diffusionskoeff. in Abhängigkeit von der absol. Temp. T durch $D = 18 \exp(-64000/RT)$ ausgedrückt. (Rev. Métallurgie **55.** 524—30. Juni 1958.) H. HOCHSTEIN. 197

A. K. Schewelew, *Über die Natur der festen Lösung des Bors im α-Eisen.* Auf Grund geometr. Berechnungen einer festgestellten zeitweisen Verringerung des Kristallgitters u. der D. der Legierung sowie auf Grund einer Veränderung der Interferenzlinienintensität auf den Röntgenogrammen wird nachgewiesen, daß das im α-Fe gelöste B einen Substitutions-Mischkristall bildet. (Доклады Академии Наук СССР [Ber. Akad. Wiss. UdSSR] **123.** 453—56. 21/11. 1958. Gorki, Physikal-techn. Forsch.-Inst. u. Lobatschew-Univ.) H. HOCHSTEIN. 197

M. W. Pridanzew, O. N. Meschtscherinowa und **Ju. W. Pigusow,** *Untersuchung des Mechanismus der Einwirkung von Bor nach der Methode der inneren Reibung.* Im Temp.-Intervall 20—700° wurde bei einer Frequenz von 1 Hz der Einfl. eines Zusatzes von 0,002, 0,004, 0,006 u. 0,008% B zu C-armem Fe nach der Meth. des Abklingens der Torsionsschwingungen eines Drahtes von 300 mm Länge u. 0,7 mm Durchmesser untersucht. Als Maß der inneren Reibung diente das logarithm. Dekrement der Schwingung. Der Draht wurde entweder 30 Min. auf 900° erhitzt u. mit einer Geschwindigkeit von 20°/Std. abgekühlt oder 1 Std. im Vakuumofen auf 700, 750 oder 800° erhitzt u. im abgeschalteten Ofen bei Vakuum abgekühlt. Die Abhängigkeit der inneren Reibung Q von der Temp. weist danach je ein ausgeprägtes Maximum bei 30 u. 540° auf. Während das Tieftemperaturmaximum mit steigender Temp. der vorangegangenen Temperung bei den Stählen mit u. ohne Zusatz von B stetig zunimmt, nimmt das 540°-Maximum nur bei B-Zusatz ab. Die Zunahme des 30°-Maximums erklären Vff. mit der

Auflösung von C (möglicherweise auch B) im α-Eisen. Die Abnahme des 540°-Maximums beruht entweder auf der Ggw. von viel B-Atomen in der festen Lsg. oder auf einer Abnahme der C-Löslichkeit im α-Fe unter dem Einfl. von B, wodurch in der übersätt. Lsg. bei ~ 540° eine intensivere Ausscheidung von feindispersen Teilchen erfolgt. Die letzte Annahme wird durch die Werte der Schlagzähigkeit der mechan. gealterten Proben bestätigt: 18 (kg · m/cm²) nach der Alterung ohne B u. 2 mit B. (Доклады Академии Наук СССР [Ber. Akad. Wiss. UdSSR] **111.** 98—101. 1/11. 1956. Inst. für Stahl des Zentr. Wiss. Forsch.-Inst. für Eisenmetallurgie.) O. Lebtag. 197

André Kohn und **Michel Olette,** *Über die Gegenwart freier Kristalle in Legierungen im Verlauf der Erstarrung und der Bildung des inversen Abscheidungskegels in industriellen Metallen.* An Fe–S-Legierungen wurde das Vorhandensein von freien dendrit. Kristallen im Innern der Schmelze beobachtet. Etwa 10 Proben von ca 200 g wurden durch Zusammenschmelzen von elektrolyt. Fe mit radioakt. S (in Form von FeS) im Widerstandsofen unter Ar-Atmosphäre dargestellt, bis zur homogenen Verteilung von S fl. gehalten u. dann rasch abgekühlt. Der S-Geh. betrug 0,003 bis 0,007%. An axialen u. transversalen Probenschnitten wurden autoradiograph. Unterss. vorgenommen. Die Aufnahmen zeigen klar die Ggw. charakterist. dendrit. Kristalle sowohl in der Oberfläche als auch im Innern der Barren, während die Masse der Proben aus feinen, gegen die Achse gerichteten Nadeln besteht. Es wird angenommen, daß dendrit. Kristalle, die viel S-ärmer sind als das fl. Metall, in der Fl.-Oberfläche entstehen. Der dabei ausgeschiedene S hat nicht die Möglichkeit, in die fl. Phase zu diffundieren; er verbleibt auf den Kristalloberflächen. Beim Eingießen des Metalls in die Gießform erfolgt infolge des raschen Abkühlens Ausbldg. der Kristalle von der Oberfläche zur Achse hin. Bei der systemat. autoradiograph. Unters. von transversalen Schnitten einer Legierung mit 0,003% S wurden viele dendrit. Kristalle beobachtet, deren Anzahl von oben nach unten zunimmt. Die Erscheinung wird damit erklärt, daß sich im Innern der Proben Kristalle bilden, die eine größere Reinheit aufweisen als die fl. Phase, die infolge ihrer größeren D. nach unten sinken u. sich dabei im unteren Teil der Barren anreichern. In Industriestählen ist die Erscheinung von geringerer Bedeutung. (C. R. hebd. Séances Acad. Sci. **248.** 797—800. 9/2. 1959. St. Germain-en-Laye, Inst. de Rech. de la Sidérurgie.) W. Karcher. 197

Toshisada Mori, *Thermodynamische Untersuchung der nichtmetallischen Einschlüsse in Stahl.* 1. Mitt. *Verhalten von Al-, Si- und Fe-Nitriden und deren Einfluß auf die Austenitkorngröße von Stahl.* Das Wachstum der Austenitteilchen wird vornehmlich durch *AlN* gehemmt. Es werden die Gleichgewichte Al + N = AlN sowie von *AlN* u. Si_3N_4 innerhalb des Stahls erörtert u. in Zustandsdiagrammen dargestellt. (Tetsu to Hagane [J. Iron Steel Inst. Japan] **41.** 379—81. März 1955. Kyoto Univ. [Orig.: japan.]) L. Schuler. 197

I. N. Franzewitsch, D. F. Kalinowitsch, I. I. Kowenski und **W. W. Penkowski,** *Über die Acceptorrolle des Eisens in Eisen–Kohlenstoff-Legierungen.* Festgestellt u. erörtert wird ein Zusammenhang zwischen den Festigkeitseigg. u. den zwischenatomaren Bindungen im Kristallgitter. Die zwischenatomaren Wechselwrkgg. werden besprochen u. Unterss. über die Wanderung der Atome in aufgekohlten Proben aus Elektrolyteisen unter dem Einfl. eines durch Gleichstrom erzeugten elektr. Feldes angestellt. Hierbei wird das Ausmaß der wahren durch Wärmediffusion hervorgerufenen Atomwanderung ermittelt. Die Ergebnisse widersprechen nicht der bekannten Tatsache der Schwächung der zwischenatomaren Bindung durch C im Fe-Gitter. Die Einw. des C auf das Fe-Gitter kann nicht durch die Entstehung ergänzender Bindungen kompensiert werden. (Доклады Академии Наук СССР [Ber. Akad. Wiss. UdSSR] **121.** 277—79. 11/7. 1958. Inst. für Metallkeramik u. Sonderlegierungen der Akad. der Wiss. der UkrainSSR.) H. Hochstein. 197

H. Dsheru, P. Jlijessku, A. Morojanu und **Je. Krutschianu,** *Über Struktur und magnetische Eigenschaften einiger Legierungen des Systems Fe–C–Al.* Die Mikrostruktur der *Fe–C–Al*-Legierungen verändert sich bei einer Erhöhung des Al-Geh. in Richtung einer Erhöhung des Dispersionsgrades des Perlits bis zu Gehh. von 6—7% Al. Bei höheren Gehh. verschwindet allmählich die lamellare Struktur unter gleichzeitigem Auftreten der ε-Phase mit einer kugeligen Struktur. Der α-Mischkristall reichert sich nach u. nach an Al an, wobei bei einem Geh. nahe 12,69% Al u. 1,16% C in der Legierung der Curie-Punkt von 768° auf 600° erniedrigt wird. Die Zus. des Zementits ändert sich allmählich gleichzeitig mit der Zunahme des Al-Geh. in der Legierung, wobei bei 7,22% Al u. 1,26% C der Curie-Punkt von 213° auf etwa 90° verlagert wird. Die ε-Phase erscheint in Legierungen mit ca. 7% Al (in Abhängigkeit vom C-Geh.) u. kann eine verschiedene Zus. haben. Durch Härten in verschied. Mitteln (W., Öl) kann man entweder eine martensit. oder austenit. Struktur erzielen. Fast immer scheidet sich gleichzeitig auch die ε-Phase aus. Ein Anlassen bei Tempp. unter 280° ergibt keine sichtliche Veränderung des Feingefüges. Der Übergang von Austenit im Martensit u. weiter von Martensit in Ferrit u. die ε-Phase tritt nur beim Anlassen bei höheren Tempp. auf. Die Zus. der ε-Phase verändert sich während des Anlassens. Zunächst scheidet sich aus der festen Lsg. die an Al angereicherte ε-Phase aus; bei einer Verlängerung der Haltezeit oder bei Erhöhung der Anlaßtemp. werden in dieser Phase eine allmähliche Abnahme des Al-Geh. u. ein Streben zu seinem Gleichgewichtsgeh. hin beobachtet. Günstige, magnet. harte Magneteigg. können in Legierungen mit 8% Al u. 1,4—1,7% C erhalten werden. Die günstigsten magnet. Eigg. werden auf dem Wege der Dispersion u. der geeignetsten Zus. der ε-Phase erzielt. Dies wird durch eine Abschreckung auf Austenit u. auf ε-Phase sowie durch ein 1—2stdg. Anlassen bei 350—400° erreicht. (Rev. Métallurgie [Bucarest] **3.** Nr. 2. 5—18. 1958.) H. HOCHSTEIN. 197

Yôtaro Murakami, Hirozô Kimura und **Yoshio Nishimura,** *Eine Untersuchung über das System Titan–Eisen–Kohlenstoff.* 2. Mitt. (1. vgl. C. **1959.** 10151.; 3. vgl. C. **1959.** 4064.) Im tern. Syst. Ti–Fe–C treten auf: Ti-reiche feste α- u. β-Lsgg., Graphit, δ-(TiC-) Phase, TiFe-Phase, $TiFe_2$-Phase, Fe-reiche, feste α- u. γ-Lösung. Die δ-Phase erstreckt sich von 13—20% C, die höchste Fe-Löslichkeit beträgt ca. 15%. Eine Veränderung der C-Konz. in der festen δ-Lsg. hat eine größere Einw. auf den Gitterparameter der δ-Phase als die Fe-Konzentration. Die Löslichkeit der tern. TiFe-Phase reicht von 52 bis 54% Fe; die höchste C-Löslichkeit beträgt $< 0,1\%$. Die tern. $TiFe_2$-Phase hat ein Löslichkeitsgebiet, das sich von 69—77% Fe erstreckt; die höchste C-Löslichkeit beträgt $< 0,2\%$. Die feste δ-Lsg. ist im Gleichgewicht mit α- u. β-Ti, TiFe-, $TiFe_2$-Phase, α- u. γ-Fe u. Graphit. Es liegen 2 quasi-bin. eutekt. Rkk. von fl. $\rightleftharpoons \delta + TiFe_2$ u. fl. $\rightleftharpoons$ + (Fe)α vor. (Nippon Kinzoku Gakkai-Si [J. Japan Inst. Metals] A **21.** 669—73. Nov. 1957. [Orig.: japan.; Auszug: engl.]) W. WESLY. 197

Hermann Schenck und **Franz Neumann,** *Aktivität des Mangans in flüssigen Eisen–Mangan–Kohlenstoff-Lösungen.* Durch Unters. der Mn-Verteilung zwischen Ag als Hilfsphase u. Fe-C-Legierungen wurde die Aktivität des Mn in fl. Fe–Mn–C-Lsgg. ermittelt. Dabei ließ sich die Mischungslücke im Zustandsschaubild Mn–Ag festlegen u. die Bildungsenergie von MnC errechnen. Die Verschiebung der Sättigungsgrenze des Fe für C durch Mn wurde erneut bestimmt. Es ergaben sich die Mn-Aktivitäten der an C gesättigten Fe-Mn-C-Lsgg. für 1450, 1500 u. 1600° sowie die der ungesättigten Schmelzen für 1500°. Aus den dafür aufgestellten Schaubildern lassen sich die Mn-Aktivitäten für alle Konzentrationsbereiche mit ausreichender Sicherheit interpolieren. (Arch. Eisenhüttenwes. **29.** 263—67. Mai 1958. Aachen, TH.) H. HOCHSTEIN. 197

A. G. Lessnik, *Zwischenatomare Wechselwirkung in Legierungen des Systems Eisen–Chrom.* Mitgeteilt werden theoret. Ableitungen zur mathemat. Erfassung der durch zwischenatomaren Elektronenwechsel gek. energet. Verhältnisse beim Erschmelzen von Fe–Cr-Legierungen in Abhängigkeit vom Legierungsgeh. u. von der Temperatur. Festgestellt wird hierbei eine Abhängigkeit der freien Mischungsenergie vom Cr-Geh. bei 700—800°. Das Zustandsschaubild des Syst. Fe–Cr wird erörtert u. eine Abhängigkeit der Mischungswärme vom Cr-Geh. ermittelt. Es werden hieraus Folgerungen über die bes. Bedingungen beim Zerfall der festen Lsgg. unter Ausscheidung der σ-Phase gezogen. (Доклады Академии Наук СССР [Ber. Akad. Wiss. UdSSR] **122.** 385—88. 21/9. 1958. Inst. für Metallphysik der Akad. der Wiss. der UkrainSSR.) H. HOCHSTEIN. 197

W. Dickenscheid und **H. J. Seemann,** *Beitrag zur Untersuchung des Dämpfungsverhaltens und der Alterung von Eisen–Kohlenstoff–Phosphor-Legierungen.* Fe–C–P-Legierungen mit P-Gehh. zwischen 0,015 u. 0,17% u. C-Gehh. $< 0,02\%$ wurden mit dem Dämpfungspendel bei einer Frequenz von 1 Hz untersucht. Hierbei zeigte sich eine Abnahme der SNOEK-Dämpfung mit steigendem P-Geh., eine unveränderte Temp. des Maximums der SNOEK-Dämpfung, eine Asymmetrie der Dämpfung-Temp.-Kurven bei höheren P-Gehh. sowie ein Einfl. von P u. C auf die Restdämpfung. (Rev. Métallurgie **55.** 872—75. Sept. 1958.) H. HOCHSTEIN. 200

A. S. Darling, *Innere Reibung von plastisch verformtem Kupfer.* Zur Unters. der Wrkg. der plast. Verformung von Raffinierofen- u. hochreinem Cu auf eine innere Reibung wurde ein Torsionspendel mit einem niedrigen Bodenenergieverlust verwendet. Die durch Verformung induzierte innere Reibung wächst zu einem Maximum für Abgleitungen um 0,002—0,06 Radiant, wonach sie sehr schnell abfällt. Die Größe dieser Wrkg. wächst mit der Temp., bei der die Probe vorher warm behandelt wurde. Sek. Maxima in den Kurven innere Reibung/Spannung scheinen von dem Auftreten einer Rekristallisationstextur begleitet zu sein. Die innere Reibung verändert sich mit der nach der Verformung vergangenen Zeit. Bei Cu handelsüblicher Reinheit nimmt die innere Reibung unveränderlich ab, bei Cu hoher Reinheit dagegen nimmt sie zu oder ab, je nach der Vorgeschichte der Probe. Der Wechsel in diesem Verh. liegt etwa bei einem Reinheitsgrad von 0,004%. Diese Änderungen der inneren Reibung werden auch von Änderungen des Elastizitätsmoduls begleitet, diese sind von ihnen aber nicht unmittelbar abhängig. Der Elastizitätsmodul wächst unveränderlich mit der Zeit nach der Verformung, dabei ist die Größe dieses Effektes nicht von der Höhe der Verunreinigungen abhängig, wohl aber von der Temp. der vorhergehenden Wärmebehandlung. Durch Wärmebehandlung bei 160° kann die Wrkg. der plast. Verformung auf die innere Reibung bei Raffinade-Cu aufgehoben u. bei hochreinem Cu beträchtlich herabgesetzt werden. (J. Inst. Metals **85.** 489—505. Aug. 1957. Wembley, Middlesex, Johnson, Matthey and Co., Ltd.) F. Vier. 200

Hideharu Ohara, *Verhalten übersättigter Leerstellen während der Anfangsstufe des Kriechens.* An Cu ausgeführte Kriechverss. zeigen, daß der Beginn der Kriechkurve bei hoher Temp. einem Vorgang entspricht, bei dem die Diffusion von übersätt. Leerstellen die Geschwindigkeit bestimmt. Es wird gezeigt, daß die Proportionalitätskonstante der Gleichung des Geschwindigkeitsvorganges gehorcht; ihre Aktivierungsenergie (AE) beträgt 23 kcal/Mol, etwa entsprechend der halben AE der Selbstdiffusion von Cu. (Nippon Kinzoku Gakkai-Si [J. Japan Inst. Metals] **21.** 655—58. Nov. 1957. [Orig.: japan., Auszug: engl.]) W. Wesly. 200

H. G. Van Bueren, *Das plastische Kriechen von Germaniumeinkristallen.* Die Temp. u. Beanspruchungsabhängigkeit der Kriechgeschwindigkeit von Ge-Einkristallen bei Zugbelastung ist gemessen worden. Drei Abschnitte können in der Kriechkurve unterschieden werden. Eine Theorie wird dargelegt, in der der erste Abschnitt durch das Freiwerden von Versetzungsquellen von Verunreinigungsatomen erklärt wird. Die stationäre Kriechgeschwindigkeit, die im zweiten Abschnitt erreicht wird, ist durch die Beweglichkeit der Versetzungen selbst bestimmt. Diese Beweglichkeit ist durch das Vorhandensein gebrochener Valenzen entlang der Versetzungen beschränkt. Der dritte Teil der Kriechkurve ist erreicht, wenn die Versetzungsdichte im Material so groß ist, daß sich angehäuft Gruppen bilden. (Physica [Utrecht] **24.** 831—37. Okt. 1958. Eindhoven, N. V. Philips' Gloeilampenfabrieken, Philips Res. Labors.) H. K. Hofmeister. 200

Claude Mascré und **André Lefebvre,** *Bemerkung zum Elastizitätsmodul einiger Leichtmetallegierungen.* Es werden Berechnungsunterlagen gegeben, aus denen sich auf die Unterschiede der Elastizitätsmoduln in den Leichtmetallegierungen schließen läßt. Bei den Al–Si-Legierungen hängt der Elastizitätsmodul vom Si-Geh. ab. (Fonderie **1958.** 302—04. Juli.) F. Vier. 200

Toshimasa Morooka, *Die Schwankung des Elastizitätsmoduls nach der Wärmebehandlung von Zn–Al-Legierungen.* Nach dem Verf. der Längsschwingungen bei Zimmertemp. ausgeführte Messungen des Elastizitätsmoduls (E) von Zn–Al-Legierungen mit 10—95% Zn zeigen sehr geringe E-Werte in Proben mit einer α-Phase. In geglühten Proben steigt E allmählich mit dem Zn-Geh., woraus gefolgert wird, daß die α- u. β-Phase höhere E-Werte als die α'-Phase haben. Nach Alterung oder Temperung der Proben mit ca. 78% Zn zeigen die Mg-freien, bei Zimmertemp. gealterten u. die bei 100° getemperten, 0,1% Mg enthaltenden Proben Mindestwerte in den E–t-Kurven zu Beginn der Alterung bzw. Temperung. In den anderen Fällen nimmt E rasch bis zum Sättigungswert zu, außer in Legierungen mit 0,1% Mg, die bei Zimmertemp. gealtert sind. (Nippon Kinzoku Gakkai-Si [J. Japan Inst. Metals] **22.** 436—39. Aug. 1958. [Orig.: japan.; Auszug: engl.]) W. Wesly. 200

Kamal Matta und **Italo Barducci,** *Experimentelle Untersuchungen über das elastische und unelastische Verhalten von Sb–Bi-Legierungen.* 2. Mitt. (1. vgl. C. **1957.** 4331.) Die Messungen zur Best. der Fortpflanzungsgeschwindigkeit elast. Wellen, ihres Temp.-Koeff. u. des Dekrements an Bi–Sb-Legierungen mit 0, 18,3, 39,5, 60,1, 79,6, 70,6 u. 100% Sb wurden fortgesetzt (vgl. l. c.). Die Best. erfolgte nach der Meth. der Biegungsschwingungen an Stäben mit rechteckigem Querschnitt im Temperaturbereich von 200—350° vor u. nach dem Tempern. Bei reinem Bi beobachtet man eine elast. Ermüdung, was auf das unelast. Fließen zwischen verschied. krist. Teilchen zurückzuführen ist. Die Änderung des logarithm. Dekrementes beim Sb durch Tempern ist durch Rekristallisation bedingt. Bei den Sb-reichen Legierungen erfolgt durch das Tempern eine Homogenisierung durch Diffusion u. Rekristallisation, während bei den anderen eine graduelle Elimierung von Defektstellen erfolgt. (Ricerca sci. **26.** 1160—76. April 1956. Alessandria, Univ., Fac. di Sci; Roma, Ist. Naz. di Ultracustica „O. M. Corbino", Ist. Sup. P. T.) H. Nöth. 200

W. N. Roshanski, *Über den Mechanismus der Entwicklung von Keimrissen in Kristallen bei ihrer plastischen Deformation.* Vf. unterstellt die in der Literatur angeführten Theorien des Ursprungs der Rißbldg. einer eingehenden Kritik u. ist der Ansicht, daß der Ursprung (Keim) der Rißbldg. in den Gleitebenen der Kristallversetzungen zu suchen ist. — Mathemat. Berechnung der Abhängigkeit Deformation–Neigung zur Rißbildung. (Доклады Академии Наук СССР [Ber. Akad. Wiss. UdSSR] **123.** 648—51. 1/12. 1958. Moskau, Lomonossow-Univ.) H. TŮMA. 200

W. A. Kubassow, *Vervollkommnung der Maschine für heiße cyclische Metalluntersuchungen beim Auftreten einer veränderlichen plastischen Deformation.* Die von TIMOSCHUK [1938] gebaute App. zur Prüfung des Verh. von Metallen bei rhythm. plast. Biegedeformation konnte bei Tempp. bis 100° verwendet werden. Um sie für höhere Tempp. (400—450°) zu verwenden, wird der Stahlbecher mit dem Prüfstück nicht mit einer Fl. angefüllt (deren F. < 100°, der Kp. erheblich > 450° liegen müßte), sondern mit reinem Quarzsand, der auf einem Schaumschamottering ruht, unter welchem sich die Heizspiralen befinden. Durch den Ring wird von einem Kompressor Luft in solchen Mengen eingeblasen, daß der Sand sich in suspendiertem, gleichsam verflüssigtem Zustand befindet. Durch diesen Kunstgriff werden schädliche Dämpfe u. chem. Rkk. einer Fl. (an Stelle des Sandes) sowie ein Nachfüllen (der verdampfenden Fl.) vermieden; Temperatursteigerung u. -ausgleich bieten keine Schwierigkeiten. (Заводская Лаборатория [Betriebs-Lab.] **23.** 101—02. 1957. Moskau, Inst. für den Bau chem. Maschinen.) A. v. WILPERT. 200

A₇. Gleichgewichte. Kinetik.

E. Haslam, *Ausgangsverhältnis von Reaktanten für eine maximale Ausbeute an Produkten beim Gleichgewicht.* Mittels Berechnen des Minimums der Molsumme von 2 Ausgangsstoffen (1. Ableitung = 0 gesetzt) beweist Vf., daß der maximale Umsatz bezogen auf diese Summe beim Gleichgewicht erreicht wird, wenn die Stoffe im stöchiometr. Verhältnis standen. (J. chem. Educat. **35.** 471. Sept. 1958. Saskatoon, Can., Univ. of Saskatoon.) K. BLUMRICH. 221

Michael A. Auro, Howard M. Hodge und **Norman G. Roth,** *Sauerstoffabsorptionsgeschwindigkeiten in geschüttelten Flaschen.* Die O_2-Aufnahme einer geschüttelten Fl. aus der Luft (wichtig für das Wachstum von Mikroorganismen) wurde für eine mit 90 Hub/Min. u. 3 Zoll. Amplitude in Erlenmeyerkolben verschied. Größe geschüttelte 5n Na_2SO_3-Lsg. (10^{-4} mol. an $CuSO_4$ als Überträger) bei verschied. Füllungsgraden gemessen (jodometr. Best.). Es ergab sich, daß ihre Geschwindigkeit bei sonst gleichen Bedingungen nur vom Verhältnis der Voll. der Fl. u. des Kolbens, nicht aber von dessen Größe selbst abhängt, so daß sie nach einer abgeleiteten Gleichung nach Einsetzen der den Verss. entsprechenden Konstanten für alle Verhältnisse dieser Voll. mit guter Genauigkeit vorausberechnet werden kann. (Ind. Engng. Chem. **49.** 1237—38. Aug. 1957. Frederick, Md., Fort Detrick, Chem. Corps.) K. BLUMRICH. 224

Thomas H. Elmer und **Martin E. Nordberg,** *Kieselsäurelöslichkeit in Salpetersäuren.* Es wurde die Löslichkeit von porösem Glas sowie von Kieselgel in Salpetersäure bei 95°, 65° u. 36° gemessen. Die Proben wurden Säuren unterschiedlicher Konz. verschied. lang ausgesetzt. Die Best. des gelösten SiO_2 erfolgte colorimetr. mit Ammoniummolybdatlsg. Die Löslichkeit nimmt mit steigender Konz. von HNO_3 ab nach der Gleichung: $\log C = -aN - b$. Hierbei ist C die Löslichkeit von SiO_2, N ist die Normalität der Säure, a u. b sind empir. Konstanten. Das Maximum der Löslichkeit liegt bei 0,8 N bei kurzzeitiger Säureeinwirkung, bei 0,1 N, wenn die Säure lange einwirken kann. Die Löslichkeit steigt mit wachsender Temperatur. Die Meßwerte für Glas u. Silicagel werden mitgeteilt. (J. Amer. ceram. Soc. **41.** 517—20. 1/12. 1958. Corning, N. Y., Corning Glass Works, Res. Div.) H. SAALFELD. 224

Hanzō Mase, *Aufschluß von Serpentin mit Schwefelsäure. Untersuchung über die Verwertung von Serpentin und Olivin.* 1. Mitt. Ein Serpentin mit 36,82% *MgO*, 0,38% *NiO* u. 2,44% *FeO*, neben den Sesquioxyden (R_2O_3) wird in H_2SO_4 I von 10—60° Bé bei 15—30 bzw. 90° (bis 90 Min.) gelöst u. dabei der Einfl. der I-Konz., Rk.-Zeit, Schütteldauer, Temp. usw. auf die Löslichkeit obiger Oxyde untersucht. Auf < 80 Maschen/in. gepulvertes MgO löst sich fast völlig bei höherer Temp., als oben geprüft, außerdem nach vorheriger Calcination bei 600—675°. Auch die Löslichkeit von NiO steigt deutlich bei Temp.-Erhöhung u. längerem Schütteln. R_2O_3 u. FeO aber scheinen mit Steigerung der Calciniertemp. schwerer lösl. zu werden. Vf. schlägt vor, MgO dadurch gut zur Lsg. zu bringen, daß man durch die Verdünnungswärme von I Temp.-Erhöhung erzielt. — 6 Diagramme. (J. chem. Soc. Japan, ind. Chem. Sect. [Kōgyō Kagaku Zassi] **58.** 92—95. Febr. 1955. Morioka, Iwate Univ. [Orig.: japan.]) L. SCHULER. 224

Yen-sheng Yang, P'ei-ken Fan und **Shu-chuan Liang,** *Der Einfluß von Wolfram(VI) auf die Ätherextraktion von Molybdän(VI) aus salzsauren Medien.* Steigende W-Zusätze zu salzsauren Mo-Lsgg. erhöhen den mit Ae. extrahierbaren Anteil solange, bis WO_3 ausfällt. Mit steigender HCl-Konz. steigt die Löslichkeit des W u. damit seine

Wirksamkeit. Bei einmaliger Extraktion mit Ae. bei 25° sind ohne W-Zusatz in 6n HCl 60,8% Mo extrahierbar, mit 0,1 mg W/ml H_2O 75,2%; in konz. HCl ohne W-Zusatz 61,1% Mo, mit 0,4 mg W/ml H_2O 94,0% Mo. (Sci. Rec. [Peking] [N. S.] **2.** 343—45. Okt. 1958. Peking, Univ., Chem. Dep.; Acad. Sinica, Inst. Chem. [Orig.: engl.])
G. Bergerhoff. 224

Gj. Deželić und **B. Težak,** *Methorik der Fällungsprozesse.* 18. Mitt. *Der Einfluß von Temperatur und Konzentration auf die Fällung von Silberbromid.* (17. vgl. C. **1959.** 6396.) Die tyndallometr. Kurven der AgBr-Fällung wurden bei 20, 40 u. 60° gemessen. Die Fällung erfolgte durch Eingießen 10^{-4}, 10^{-5} oder 10^{-6}n $AgNO_3$-Lsgg. in KBr-Lsgg. verschied. Konzz. (von 1n bis etwas unterhalb des Äquivalenzpunktes). Damit sind im größten Teil des Syst. wegen des Br^--Überschusses die Teilchen negativ geladen. Die Fällungsdiagramme mit 10^{-4}n $AgNO_3$ zeigen — bei hohen KBr-Konzz. beginnend — bei allen 3 Tempp. die Bereiche der Komplexlöslichkeit, der Konzentrationsmaxima, der stabilen Sole u. der isoelektr. Maxima. Mit steigender Temp. verschiebt sich die Grenze der Komplexlöslichkeit zu kleineren KBr-Konzentrationen. Das bei niedriger Temp. infolge Adsorption von Br^--Ionen im positiven Bereich des Fällungsdiagramms liegende isoelektr. Maximum verschiebt sich mit zunehmender Temp. zum Äquivalenzpunkt hin; der Bereich des stabilen Sols wird dadurch stark eingeengt. — Das 20°-Diagramm mit 10^{-5}n $AgNO_3$ unterscheidet sich vom vorigen folgendermaßen: Der Bereich der Komplexlöslichkeit reicht bis zu einer kleineren ($2{,}5 \cdot 10^{-1}$n) KBr-Konz.; der stabile Bereich unterhalb des Konzentrationsmaximums ist stark eingeengt ($1{,}5$—$2{,}5 \cdot 10^{-3}$n KBr) u. wird begrenzt durch ein sogenanntes „Maximum bei pBr 5" (analog dem „Maximum bei pJ 8" im AgJ-Syst.), dessen Grenze über den Äquivalenzpunkt hinaus in den positiven Bereich des Diagramms reicht. — Mit steigender Temp. verschwindet der Bereich des stabilen Sols (d. h. die Zeit der Stabilität wird kürzer). Das Konzentrationsmaximum wird kleiner u. wird unter dem Einfl. der Komplexlöslichkeit zu kleineren KBr-Konzz. verschoben. Das „Maximum bei pBr5" verschiebt sich zu höheren KBr-Konzz.; es endet bei 40° beim Äquivalenzpunkt u. liegt bei 60° ganz im negativen Bereich des Diagramms. — Mit 10^{-6}n $AgNO_3$ wurden die Messungen sehr unsicher. Bei 20° wurde ein sogenanntes Kristallisationsmaximum bei $5 \cdot 10^{-5}$n KBr beobachtet, das bei 40° zu $2{,}5 \cdot 10^{-5}$n verschoben war. Bei 60° konnte das Auftreten einer festen Phase nicht mehr beobachtet werden. — Bei großer Überschreitung des Löslichkeitsprod. (ca. 10^5-fach bei 10^{-4}n $AgNO_3$) können also bei niedriger Temp. ein schneller (Koagulation) u. ein langsamer Prozeß (stabiles Sol) klar unterschieden werden. Mit zunehmender Temp. wird die Rekristallisation beschleunigt u. die Prozesse der Koagulation u. der Rekristallisation stören in hohem Maße. Bei geringerer Überschreitung (ca. 10^3-fach bei 10^{-5}n $AgNO_3$) sind die Konzentrationsmaxima durch Rekristallisationsprozesse schon stark deformiert. Es ist möglich, daß bei 60° bereits reine Kristallisation vorliegt, da das Löslichkeitsprod. des AgBr ($1{,}58 \cdot 10^{-11}$ bei 60°) nur noch 10- bis 100-fach überschritten wird. — Die Messungen mit 10^{-6}n $AgNO_3$ zeigen lediglich, daß in diesen Konzentrationsbereichen noch eine feste Phase auftritt. Die Konzz. liegen im Bereich der ionalen Löslichkeit; die Systeme reagieren deshalb sehr stark auf Änderungen der Temp. u. der Konz., wie die bemerkenswerte Verschiebung der Kristallisationsmaxima zeigt. (Arhiv Kem. **30.** 119—25. 1958. Zagreb, Univ. of Zagreb, Fac. of Sci., Labor of Phys. Chem.) F. Umland. 224

Ralph G. Pearson, *Substitutionsreaktionen in der anorganischen Chemie.* Vf. diskutiert verschied. Arten von Substitutions-Rkk. bei anorgan. Komplexverbb. unter bes. Berücksichtigung möglicher Dissoziations- u. Verdrängungsmechanismen. Die Einfll. von Zentralatom, Ligandenart, Rk.-Medium, sowie der geometr. Anordnung der Liganden u. der Koordinationszahlen auf Rk.-Geschwindigkeit u. -Mechanismus werden erörtert. Eine Erklärung der infolge von Kristallfeldeffekten u. unvollständiger Abschirmung der Kernladung durch die äußeren Elektronen erforderlichen Korrekturen gibt Vf. durch Heranziehung einer elektrostat. Theorie. (J. physic. Chem. **63.** 321—26. März 1959. Evanstone, Ill., Northwestern Univ., Chem. Dep.) D. Ertel. 225

Jacques-Émile Dubois und **Josef Barthel,** *Bemerkungen über die Beziehungen zwischen den Reaktionsgeschwindigkeitskonstanten in flüssiger Phase und den physikalischen Größen des Lösungsmittels.* Es werden mittels hypothet. Überlegungen über den Bezugszustand u. über den Reaktionsmechanismus in den miteinander verglichenen Milieus allg. Ausdrücke abgeleitet, die es gestatten, für Serien von Lösungsmm. die Veränderungen der Reaktionsgeschwindigkeitskonstanten zu berechnen u. wesentlich spezifischere Aussagen über die Rkk. zu machen als es mit Hilfe der elektrostat. Modelle möglich ist. (C. R. hebd. Séances Acad. Sci. **245.** 1531—33. 28/10. 1957.)
W. Niemitz. 225

Roger Montarnal und **Jean-Claude Balaceanu**, *Beitrag zur Kenntnis von Reaktionsgleichgewichten.* Es wird ein vom Ausgangspunkt der Rk. unabhängiger Ausdruck für die Reaktionsgeschwindigkeit des katalyt. ablaufenden Austauschgleichgewichtes zwischen H^+ u. D^+ im W. entwickelt, dessen Genauigkeit für beide Reaktionsrichtungen gleich groß ist, was als Bestätigung des klass. Gleichgewichtsausdruckes angesehen werden kann sowie als Kriterium für die Gültigkeit der vorgeschlagenen Kinetik. (C. R. hebd. Séances Acad. Sci. **244**. 3150—53. 24/6. 1957. Rueil-Malmaison, Seine-et-Oise, Inst. Franc. du Pétrole.) W. NIEMITZ. 225

P. J. C. Fierens, A. Halleux und **H. Hannaert**, *Die Leitfähigkeitsmethode in der chemischen Kinetik.* Vff. beschreiben eine Leitfähigkeitsmeth. zur Unters. von Geschwindigkeiten homogener Rkk. in organ. Lösungsmitteln u. diskutieren ihre Vorteile, ihre Fehlergrenze (im allg. weniger als 3%), sowie ihre Grenzen. Die Meth. ist bes. geeignet zur Best. kinet. Konstanten von Rkk., die nach dem S_N2-Mechanismus verlaufen, bzw. von Solvolysen organ. Halogenverbindungen. (Bull. Soc. chim. belges **64**. 191—202. 30/6. 1955. Bruxelles, Univ. Libre, Fac. des Sci., Serv. de Chim. Org.) W. NIEMITZ. 225

Frederick R. Duke, *Säure–Base-Reaktionen in Oxydationsmechanismen.* Eine Redox-Rk. ist mit einer Säure–Base-Rk. verknüpft oder diese läuft ihr voraus. Diese Hypothese macht den Einfl. bestimmter p_H-Werte oder Katalysatoren verständlich. Es werden einige Rkk. zwischen Kationen, zwischen Anionen u. zwischen An- u. Kationen betrachtet. Kationen werden als LEWIS-Säuren, Anionen als LEWIS-Basen betrachtet. Freie Radikale werden mit dieser Hypothese nicht erfaßt. (Analytic. Chem. **31**. 527—29. April 1959. Ames, Io., Iowa State Coll., Inst. for Atom. Res. and Dep. of Chem.) FRIEDRICH WOLF/Berlin. 225

M. Eigen und **L. de Maeyer**, *Die Geschwindigkeit der Neutralisationsreaktion.* Die Geschwindigkeit der Rk. $H^+ + OH^- \rightarrow H_2O$ wurde an sehr reinem W., dessen elektr. Leitfähigkeit allein durch die aus der Eigendissoziation stammenden H^+- u. OH^--Ionen best. wird, aus der Zeitabhängigkeit des Dissoziationsfeldeffektes (vgl. EIGEN, C. **1950/54**. 1500 S; EIGEN u. SCHOEN, C. **1957**. 12986) bestimmt. Die Meth. besteht darin, daß durch Anlegen eines starken elektr. Feldes (10^5 V/cm) die Lage des Dissoziationsgleichgewichts verschoben wird; diese mit einer für die betr. Rk. charakterist. Zeitkonstanten verlaufende Verschiebung (meßbar als Erhöhung der elektr. Leitfähigkeit) wurde unter Verwendung rechtwinkliger Hochspannungsimpulse (Dauer 10—100 μsec) hoher Flankensteilheit ($< 10^{-7}$ sec) direkt auf dem Bildschirm eines Stoßspannungsoscillographen als exponentieller Leitfähigkeitsanstieg sichtbar gemacht. Die Unterss. wurden bei 20—40° durchgeführt. In reinem W. wurde ein merklicher Dissoziationsfeldeffekt mit verzögerter Einstellung beobachtet; aus den Relaxationszeiten für die Gleichgewichtseinstellung ergab sich für die Geschwindigkeitskonstante k der Neutralisationsrk. ein Wert von ca. $1{,}3 \cdot 10^{11}$ Liter/Mol. sec mit einer Aktivierungsenergie von ca. 3 kcal/Mol; für die Geschwindigkeitskonstante der Dissoziationsrk. der W.-Moll. ergab sich daraus mit Hilfe der Gleichgewichtskonstanten ein Wert von etwa $2 \cdot 10^{-5}$ sec^{-1}. Damit ist die Neutralisationsrk. die schnellste, bisher bekannte bimol. Ionenrk. in wss. Lösung. (Naturwissenschaften **42**. 413—14. 2. Juli-H. 1955. Göttingen, MPI für Phys. Chem.) M. SCHENK. 225

I. Shapiro, Max Lustig und **Robert E. Williams**, *Austauschlagen bei der Deuterierung von Dekaboran.* Das Fortschreiten des H/D-Austausches zwischen Dekaboran (**I**) u. D_2O in Dioxan (**II**) wurde durch Messung des kernmagnet. Resonanzspektr. (KRS) verfolgt. Gewogene Mengen von **I** u. D_2O wurden mit **II** kondensiert, so daß nachst. Konzz. erhalten wurden: **I** 0,08 mol. u. D_2O 3,10 molar. Nach Ablauf der Rk.-Zeit wurde die Rk.-Mischung in fl. N_2 abgeschreckt, **II** u. HDO durch Dest. entfernt u. **I** durch Sublimation von durch Hydrolyse entstandener, partiell deuterierter Borsäure abgetrennt. Für die KRS-Analyse wurde **I** in CS_2 gelöst, für die massenspektrometr. Analyse (MSA) wurde der **I**-Dampf direkt in das MS-Gerät eingeführt. Wie aus dem Protonen-KRS von **I** hervorgeht, findet der anfängliche H/D-Austausch an den Brückenpositionen von **I** statt, was durch das KRS von ^{11}B bestätigt wird. Bei längerer Rk.-Zeit tritt der H/D-Austausch mit den endständigen H in Erscheinung. Beim Altern einer 0,5 Std.-Probe in reinem **II** wurden Veränderungen im ^{11}B-KRS beobachtet, die darauf hindeuten, daß nur die 5-, 7-, 8-, 10-Lagen am H/D-Austausch mit den Brückenlagen teilnehmen. Bei längeren Rk.-Zeiten (bis zu 120 Std.) wurden keine weiteren Änderungen im Spektr. festgestellt. Aus der MSA wurde abgeleitet, daß nach 0,15 Std. **I** maximal 4 D-Atome (in den Brückenlagen), nach 3 Std. maximal 10 D enthält. Für den Austauschmechanismus wird eine Säure–Base-Rk. (LEWIS-Typ) mit mehreren diskreten Schritten vorgeschlagen. Der erste Schritt ist eine Komplexbldg., wobei die LEWIS-Base (W. oder **II**) mit der 6- u./oder 9-Lage verknüpft wird. Durch Abgabe eines

Elektronenpaars vom O an das 6- oder 9-B-Atom wird B elektron. abgesättigt, wodurch H vorübergehend eine endständige Lage an einem benachbarten B-Atom einnehmen kann. Während dieser Oscillation kann rascher Austausch mit D_2O stattfinden. (J. Amer. chem. Soc. **81**. 838—41. 20/2. 1959. Pasadena, Calif., Olin Mathieson Chem. Corp., Res. Labor.) W. KARCHER. 225

W. M. Albrecht und **M. W. Mallett**, *Reaktion von Wasserstoff mit Uran.* Vff. diskutieren die kinet. Deutung früherer (C. **1956**. 12488) Messungen über die Bldg. von Uranhydriden unter Berücksichtigung der Abhängigkeit der Reaktionsgeschwindigkeit vom Druck des Syst. u. der Zus. des Reaktionsproduktes. Die Möglichkeiten, diese beiden Variabeln experimentell zu erfassen, werden erläutert. Berechnungen über die Abhängigkeit der Reaktionsgeschwindigkeit von der jeweiligen Zus. des Hydrids werden unter Verwendung der früher mitgeteilten experimentellen Werte für den Bereich $UH_{2,973}$ bis $UH_{3,000}$ durchgeführt. (J. electrochem. Soc. **105**. 610—11. Okt. 1958. Columbus, O., Battelle Mem. Inst., Ferrous Metallurgy Div.) H.-U. WOELK. 225

W. W. Smeltzer, *Oxydation einer Aluminiumlegierung mit 3% Magnesium im Temperaturbereich 200—550°.* Bei Unters. einer Legierung aus Al mit 2,87% Mg u. Verunreinigungen von 0,002% Cu, 0,03% Fe u. 0,001% Si zeigt sich, daß diese bis 200° gegen Oxydation resistent ist u. eine schnellere Oxydation erst über 400° eintritt. Das Metall wurde in Form von Blech (0,025 cm stark) untersucht, die auftretende Oxydschicht war ungleichmäßig (3—15 μ) u. enthielt Al-Einschlüsse, die eine Grau- bis Schwarzfärbung hervorriefen, welche beim Erhitzen auf 900° wieder verschwand. Oberhalb 350° begann das Mg im Vakuum von 10^{-6} mm zu verdampfen nach einer Induktionszeit, deren Länge durch die angewandte Temp. gegeben war u. die bei 500° so kurz war, daß sie nicht mehr erfaßt werden konnte. Die Oxydationskinetik wurde durch parabol. u. lineare Gleichungen für das Temp.-Gebiet von 350—500° in erster Näherung erfaßt. — Die Oxydationsgeschwindigkeit der Legierung ist die gleiche wie für reines Mg, ferner ist die Oxydationsgeschwindigkeit der Legierung oder von Mg viel kleiner als die Verdunstungsgeschwindigkeit des Mg. Also setzt die Oxydschicht der Oxydation des Metalles einen Widerstand entgegen. (J. electrochem. Soc. **105**. 67—71. Febr. 1958. Kingston, Ontario, Can., Aluminium Labors. Ltd.)

FRIEDRICH WOLF/Berlin. 225

Earl A. Gulbransen und **Kenneth F. Andrew**, *Die Kinetik der Oxydation von Chrom.* Die Oxydation von Cr höchster Reinheit wurde im Temperaturbereich von 700—1100° unter Anwendung der Vakuum-Mikrogleichgewichtsmeth. untersucht. Unterhalb 900° wurden die konventionellen Oxydationskurven erhalten, die dem parabol. Verlauf der Oxydationsgeschwindigkeit entsprechen. Über 900° u. bei Oxydationsfilmdicken von annähernd 4800 Å stieg die Oxydationsgeschwindigkeit in einer ungewöhnlichen Weise. Die graph. Darst. des Logarithmus der Oxydationsgeschwindigkeit gegen die reziproke absol. Temp. läßt zwei Geraden, die dem parabol. Geschwindigkeitsgesetz gehorchen, erkennen. Zwischen ihnen liegt ein Transformationsgebiet. Die Aktivierungswärme beträgt zwischen 700 u. 950° 37500 cal/Mol u. 59400 cal/Mol zwischen 1000 u. 1100°. Die Existenz des Transformationsgebietes deutet auf eine größere Umwandlung innerhalb des Syst. Metall–Oxyd hin. Vergleiche mit der Verdampfungsgeschwindigkeit des Cr bei den vorliegenden Tempp. lassen Beziehungen zwischen dem Dampfdruck des Cr bei hohen Tempp. u. der Kinetik der Oxydation des Cr in dem krit. Bereich erkennen. Bei 950° ergab sich annähernd Gleichheit zwischen der Verdampfungsgeschwindigkeit u. der Oxydationsgeschwindigkeit des Cr. (J. electrochem. Soc. **104**. 334—38. Juni 1957. Pittsburgh, Pa., Westinghouse Electr. Corp., Res. Labor.)

R. ABEND. 225

André Roos *Die Aktivität der Eisenoxyde.* Es wird versucht, die verschied. Aktivität der einzelnen Fe-Oxyde in Beziehung zu ihrer Struktur zu setzen. Die Oxydationsreaktionen des Metalls zeigen, daß das Wachstum der Oxydfilme von der Anzahl der Ionen u. der Gitterlücken abhängt. Auch die Reduktionsreaktionen lassen sich zur Ionenstruktur in Beziehung setzen, nur dadurch ist eine Erklärung der Anomalien unter Berücksichtigung des Gesetzes von GULDBERG–WAAGE möglich. Weiter wird die Theorie von WOLKENSTEIN diskutiert u. gezeigt, daß sich diese Theorie auf industrielle Probleme der Fe-Oxyd-Gasphasen-Red. im Hochofen bzw. im elektr. Ofen anwenden läßt. Schließlich wird eine Erklärung für die Ausbeuteunterschiede im Hochofen zwischen n. oxydiertem u. vorher reduziertem Erz gegeben, in dem die größere Leichtigkeit, mit der das n. Erz reduziert wird, auf seine Halbleiterstruktur zurückgeführt wird. (Chim. et Ind. **78**. 206—13. Sept. 1957.) W. NIEMITZ. 225

A. C. Loonam, *Grundlagen und Anwendungen des Jodidprozesses.* Thermodynam. u. kinet. Betrachtungen zum Jodidprozeß nach VAN ARKEL u. DE BOER. Niedrige Bildungswärme der Jodide u. leichte Dissoziation von J_2 bei mäßigen Tempp. begünstigen die Abscheidung der Elemente aus dem Dampf ihrer Jodide. Der Dampfdruck des Elementes u. die Stabilität niederer Jodide bestimmen das Temperatur- u. Druckgebiet, in dem die Abscheidung möglich ist. Die untere Druckgrenze bei einer gegebenen Temp. ist durch den Dampfdruck des Elementes, die obere durch die Stabilität niederer Jodide gesetzt. So können monomere Monojodide mit beträchtlicher Stabilität in der Dampfphase nicht unter Bldg. von Metall zers. werden. Bei sehr niedrigen Drucken ist die Zers. eine heterogene Rk. 1. Ordnung. Mit steigendem Druck nimmt die Abscheidungsgeschwindigkeit ab u. wird eventuell nullter Ordnung. Die Verdampfung der J-Atome von der gesätt. Oberfläche bestimmen dann die Geschwindigkeit. Bei hohen Drucken ist die Geschwindigkeit diffusionsbestimmt. Die Faktoren, die die Eigg. der Abscheidung, die Entfernung von Verunreinigungen u. die Abscheidung von Legierungen beeinflussen, werden besprochen. (J. electrochem. Soc. **106.** 238—44. März 1959. New York, N. Y.) M. LASER. 225

Y. K. Gupta und **S. Ghosh,** *Die Reduktion von Permanganat durch Oxalat.* 2. Mitt. *Der Einfluß des Mangan(II)-Ions.* (1. vgl. C. **1959.** 8802.) Der Einfl. von Mn(II) auf die Rk. zwischen MnO_4^- u. $C_2O_4^{2-}$ wurde jodometr. u. spektroskop. bei [$KMnO_4$] = 0,002 bis 0,005n; [$MnSO_4$] = 0,002 bis 0,01 mol.; [$C_2O_4^{2-}$] = 0,16 mol.; p_H 1,9 bis 2,2 untersucht. Während die Rk. im gesamten Rk.-Verlauf durch H^+ beschleunigt wird, ohne daß jedoch die Induktionsperiode dabei völlig verschwindet, beschleunigen Mn^{2+}-Ionen die Rk. nur zu Beginn der Rk. durch direkte Bldg. von Mn(III), während im weiteren Verlauf der Rk. ihre Geschwindigkeit durch Mn^{2+} herabgesetzt wird. Dieser antikatalyt. Effekt durch Mn^{2+} gegen Ende der Rk., wird jedoch nur bei geringer Acidität der Lsgg. beobachtet. (Z. physik. Chem. **210.** 1—10. Jan. 1959. Allahabad, India, Univ., Chem. Labor.) M. SCHENK. 225

F. D. Graziano und **G. M. Harris,** *Substitutionsreaktionen von Oxalatokomplexionen.* 1. Mitt. *Oxalataustauschreaktionen der Trisoxalatokobalt(III)- und -chrom(III)-komplexanionen.* Vff. berichten über Unterss. der Rkk. zwischen den Ionen $[Co(C_2O_4)_3]^{3-}$ (**I**) u. $[Cr(C_2O_4)_3]^{3-}$ (**II**) mit ^{14}C-markiertem $C_2O_4^{2-}$. Der Austauschvorgang wurde durch Fällung von $CaC_2O_4 \cdot H_2O$ u. Messung der Radioaktivität des freien $C_2O_4^{2-}$ verfolgt. Der Ligandenaustausch bei **I** erfolgt mit einer gegenüber der therm. Zers. vernachlässigbaren geringen Geschwindigkeit. Die Halbwertszeit der Austausch-Rk. beträgt bei 50° u. p_H 8 $\geqslant$ 130 Std., für die therm. Zers. von **I** dagegen nur 6,5 Stunden. Vff. nehmen deshalb an, daß die Zers. von **I** nach einem Rk.-Mechanismus vor sich geht, der weder reversible Gleichgewichte von $C_2O_4^{2-}$-Ionen noch solche von C_2O_4-Radikalen einschließt. — Im Dunkeln zeigt **II** selbst innerhalb mehrerer Wochen bei 75° u. p_H 4—6 keine therm. Zers., während der Ligandenaustausch unter ähnlichen Bedingungen mit einer Halbwertszeit von $<$ 1 Tag erfolgt. Außerhalb der genannten Aciditätsgrenzen tritt eine meßbare Zers. ein u. der Austausch wird beschleunigt. Im p_H-Gebiet 4—6 ist die Austauschgeschwindigkeit prakt. unabhängig von der Wasserstoffionenkonz.; bei niedrigeren p_H-Werten ist sie dagegen 1. Ordnung in bezug auf die Wasserstoffionenkonzentration. Bezüglich der **II**-Konz. ist die Austauschrk. 1. Ordnung, bzgl. der $C_2O_4^{2-}$-Konz. liegt eine Rk.-Ordnung mit einem gebrochenen Exponenten vor. Ein auf Grund ähnlicher Unterss. am Chromiation entwickelter Rk.-Mechanismus ergibt Übereinstimmung mit den Vers.-Ergebnissen der vorliegenden Untersuchung. Vff. stellen eine weitgehende Analogie hinsichtlich des Verh. des entspr. Rhodiatanions fest. (J. physic. Chem. **63.** 330—35. März 1959. Buffalo, N. Y., Univ. of Buffalo, Dep. of Chem.) D. ERTEL. 225

D. W. Margerum, *Koordinationskinetik von Äthylendiamintetraessigsäurekomplexen.* Aus kinet. Unterss. an *Äthylendiamintetraessigsäure*-(EDTA)-Komplexen von *Zn, Fe(II), Fe(III), Cd, Ni, Pb, Cu, Co(II), Co(III), Cr, Al, La, Zr, Th u. Ir* folgt, daß intermediäre EDTA-Komplexe teils mit abnehmender Koordinationszahl, teils mit $>$ 1 Metallion/Ligand auftreten; einige dieser intermediären Komplexe konnten in Lsg. auf UV-spektrophotometr. Wege nachgewiesen werden. Die Stabilität der Komplexe ist dem Ausmaß der EDTA Austauschrkk. umgekehrt proportional. Die Austauschrkk. verlaufen unter der katalyt. Wirkung von Säuren über elektrophile Substitutionsmechanismen (S_E 1, S_E 2). (J. physic. Chem. **63.** 336—39. März 1959. Lafayette, Ind., Purdue Univ., Chem. Dep.) D. ERTEL. 225

Melvin L. Morris und **Daryle H. Busch,** *Die Geschwindigkeit der sauren „Hydrolyse" von fünfzähnigen Kobalt(III)-komplexen der Äthylendiamintetraessigsäure und Hydroxyäthylendiamintriessigsäure.* Die Geschwindigkeit der sauren „Hydrolyse" der fünfzähnigen *Bromo-* u. *Chloro-Äthylendiamintetraessigsäure* (EDTA)- u. *-Hydroxyäthylendiamintriessigsäure* (HETA)-*Kobalt(III)*-Komplexe wurde bei 30, 40 u. 50° gemessen. Während sich die Komplexe $[Co(EDTA)X]^-$ (X = Cl,Br) im Verlauf der Hydrolyse in die sechszähnigen Komlexe $[Co(EDTA)]^-$ umwandeln, gehen die Komplexe

$[Co(HETA)X]^-$ in $[Co(HETA)H_2O]$ über. Die Rk. ist 1. Ordnung, p_H-unabhängig im Bereich p_H 1—3 u. im wesentlichen unabhängig von der Ionenstärke, jedoch zeigen zweiwertig positive Kationen einen beschleunigenden Einfluß. Vff. deuten diese Beobachtungen zusammen mit den ungewöhnlich niedrigen Frequenzfaktoren durch die Annahme eines monomol. nucleophilen Substitutionsmechanismus. Abweichungen vom Gesetz der 1. Ordnung bei langen Rk.-Zeiten werden durch Simultanrkk. geometr. Isomerer erklärt. (J. physic. Chem. **63**. 340—46. März 1959. Columbus, O., Ohio State Univ., McPherson Chem. Labor.) D. ERTEL. 225

D. Banerjea und **K. K. Tripathi,** *Kinetik und Mechanismus der Substitution in Palladium(II)-komplexen.* Durch Messungen der zeitlichen Veränderung der Leitfähigkeit wurden die Geschwindigkeitskonstanten für die stufenweise Substitution von Cl u. NO_2 in *trans-Dichlorodiamminpalladium(II)* (**I**), *Dichloroäthylendiaminpalladium(II)* (**II**), *cis-* (**III**) u. *trans-Dinitrodiamminpalladium(II)* (**IV**) ermittelt. Die Rkk. verlaufen fast ausschließlich nach dem S_N 2-Typ, wobei die Geschwindigkeit in folgender Reihe der Reagentien abnimmt: Hydroxylion > Thioharnstoff > Pyridin > Glycin > Anilin > Wasser. Sie entspricht also fast dem nucleophilen Charakter dieser Gruppen. Die cis-Form reagiert meist schneller als die trans-Form u. **IV** viel langsamer als **I**. Aus diesen Ergebnissen wird gefolgert, daß der trans-Effekt in Pd(II)-Verbb. nicht auftritt u. daß die trans-Stellung keine Aktivierung der π-Bindung zeigt. Unter Vgl. mit den Verhältnissen in Pt(II)-Komplexen (vgl. ORGEL, C. **1959**. 7385) geben Vff. eine Erklärung mit Hilfe der Molekülbahntheorie. (J. inorg. Nuclear Chem. **7**. 78—84. Aug./Sept. 1958. Calcutta, India, Indian Assoc. for the Cultivat. of Sci., Dep. of Inorg. and Analyt. Chem.) R. JUNGE. 225

R. Coekelbergs, P. Gosselain und **M. Van der Venne,** *Einige zukünftige Gesichtspunkte der Radiochemie.* Vff. erörtern die Möglichkeiten, welche die Kerntechnik zur Durchführung von durch Kernstrahlung induzierten Rkk. bietet. Die erste Möglichkeit besteht in der Auswertung der β- u. γ-Strahlungsenergie, eine zweite in der unmittelbaren Ausnutzung der Rückstoßenergie, die den Spaltprodd. im Innern des Reaktors mitgeteilt wird. Vff. nehmen an, daß die Verwendung der β- u. γ-Strahlungsenergie auf wenige günstige Rkk. (Oxydations-, Halogenierungs- u. Polymerisationsrkk.) beschränkt bleiben wird, während die direkte Anwendung der Spaltungsenergie bes. bei einfachen Rkk. in der Gasphase (z. B. für die Synth. von Stickoxyden u. die Überführung von CH_4 in C_2H_2) ausgedehntere Möglichkeiten zu bieten scheint. — 56 Literaturhinweise. (Ind. chim. belge **22**. 153—64. 1957. École Royale Militaire, Labor. de Chim. Nucl.) W. KARCHER. 226

Garman Harbottle und **Norman Sutin,** *Die Szilard-Chalmers-Reaktion in Festkörpern.* 1. Mitt. *Chemische Wirkungen des Kernrückstoßes.* Ausgehend von den Ansätzen von SEITZ u. KOEHLER für die Abbremsung energiereicher Atome entwickeln Vff. ein Modell für die Behandlung von SZILARD-CHALMERS-Reaktionen in Festkörpern unter bes. Berücksichtigung der Bldg. u. der Lebensdauer von heißen Zonen u. der dadurch bedingten chem. Reaktionen. (J. physic. Chem. **62**. 1344—51. Nov. 1958. Upton, N. Y., Brookhaven Nat. Labor., Chem. Dep.) H.-U. WOELK. 226

Otto S. Neuwirth, *Die Photolyse von Nitrosylchlorid und die Speicherung von Sonnenenergie.* Vf. hat die photochem. Zers. von NOCl in CCl_4 als Funktion der Zeit u. der Konz. (0,25—0,65 mol./Liter) durch Best. der NO-Konz. in der Gasphase in einer stationären u. einer Strömungsapp. verfolgt. Die Bestrahlung erfolgte mit einer W-Lampe oder mit Sonnenlicht. Im sichtbaren Teil des Spektr. wird der Hauptanteil des einfallenden Lichtes absorbiert, die Quantenausbeuten liegen zwischen 0,75 u. 1,08. Die Prodd. der Photolyse, NO u. Cl_2 können getrennt aufgefangen u. nach beliebiger Zeit unter Freisetzung von Energie wieder zur Rk. gebracht werden. Die Speicherung von Energie pro g ist aber gering. (J. physic. Chem. **63**. 17—19. Jan. 1959. Madison, Wis., Univ. of Wisconsin, Dep. of Chem.) H.-U. WÖELK. 226

Robert Edelson und **Robert A. Plane,** *Die photochemische Hydratisierung von $[Cr(NH_3)_6]^{3+}$ und $[Cr(NH_3)_5H_2O]^{3+}$.* Vff. berichten über Unterss. der Austauschgeschwindigkeit eines NH_3-Mol. in $[Cr(NH_3)_6]^{3+}$ gegen ein H_2O-Mol. aus dem Lösungsm. bei Bestrahlung mit Licht verschied. Wellenlänge. Die Quantenausbeute der Rk. beträgt 0,32, unabhängig von Temp., Konz., Lichtintensität, sowie unabhängig davon, welche der beiden Ligandenfeldbanden eingestrahlt wird. Die Unters. der Austauschgeschwindigkeit eines NH_3-Mol. in $[Cr(NH_3)_5H_2O]^{3+}$ gegen ein H_2O-Mol. führt zu ähnlichen Ergebnissen; die Quantenausbeute beträgt hier 0,25. Vff. führen eine vergleichende Diskussion der Vers.-Ergebnisse mit entspr. photochem. Verss. an $[Cr(H_2O)_6]^{3+}$ durch u. teilen einen mutmaßlichen Rk.-Mechanismus mit. (J. physic. Chem. **63**. 327—30. März 1959. Ithaca, N. Y., Cornell Univ., Dep. of Chem.) D. ERTEL. 226

Maak-Sang Tsao und **W. K. Wilmarth,** *Die Chemie anorganischer freier Radikale in wäßrigem Medium. 1. Mitt. Der Mechanismus der photolytischen Zersetzung des Persulfations in wäßriger Lösung und das Gleichgewicht Sulfat-Hydroxylradikal.* Die photolyt. Rk. $S_2O_8^{2-} + H_2O \rightarrow 2\,HSO_4^- + {}^1/_2O_2$ wurde bei 32 ± 2^0 unter Benutzung von Licht der Wellenlänge 2537 Å untersucht. Bei konstanter Lichtintensität gilt das Gesetz der 1. Ordnung für die Rk.-Geschwindigkeit (bezogen auf $S_2O_8^{2-}$). Die Rk. ist im wesentlichen unabhängig von der Acidität (0,2n NaOH bis 1,0n $HClO_4$), jedoch beobachteten Vff. bes. bei kleinen $S_2O_8^{2-}$-Konzz. u. kleinen Ionenstärken ein geringes Ansteigen der Rk.-Geschwindigkeit mit zunehmender Acidität. Weder H^+- noch SO_4^{2-}-Ionen beeinflussen für sich allein die Rk. (konstante Quantenausbeute), jedoch verzögert die gleichzeitige Ggw. beider Ionen innerhalb eines bestimmten Konz.-Bereiches die Photolyse. Bei hohen Werten des Ionenkonz.-Prod. $[H^+][SO_4^{2-}]$, bei denen ein vollständiger Stillstand der Photolyse erwartet wurde, sinkt die Rk.-Geschwindigkeit nicht auf Null ab, sondern auf einen Wert von ca. 20% der normalen Rk.-Geschwindigkeit. Sowohl aus den Inhibitionsunterss. als auch aus Tracer-Verss. mit ^{18}O u. ^{35}S ergab sich, daß die photolyt. Zers. über zwei parallel ablaufende Rkk. erfolgt. Die eine dieser beiden Simultanrkk. (K_1) wird durch Ggw. von HSO_4^--Ionen (d. h. Ionenprod. $[H^+][SO_4^{2-}]$) verzögert; Tracer-Verss. ergaben einen induzierten ^{35}S-Austausch zwischen markiertem SO_4^{2-} u. unmarkiertem $S_2O_8^{2-}$. Der bei der Rk. K_1 gebildete O_2 hatte denselben ^{18}O-Geh. wie das Lösungsm. (H_2O). Die andere Simultanrk. (K_2) wird durch Ggw. von HSO_4^- nicht verzögert, induziert keinen ^{35}S-Austausch u. liefert H_2O mit einem ^{18}O-Geh., welcher dem Mittel der Gehh. des Lösungsm. (H_2O) u. des $S_2O_8^{2-}$-Ions entspricht. Durch reaktionskinet. Messungen konnten Vff. zeigen, daß im Laufe der Rk. K_1 SO_4-Radikale gebildet werden, u. daß folgendes reversible Gleichgewicht existiert: $SO_4^- + H_2O \rightleftharpoons OH + H^+ + SO_4^{2-}$. Bei Werten des Ionenprod. $[H^+][SO_4^{2-}] \geqq 0{,}02$ ist dieses Gleichgewicht weitgehend nach links verschoben, so daß sich die SO_4^--Radikale zu $S_2O_8^{2-}$-Ionen rekombinieren; die Rk.-Verzögerung durch Ggw. von HSO_4^- sowie der ^{35}S-Austausch wird dadurch verständlich. Bei geringeren Werten des Ionenprod. erfolgt eine Verlagerung des Gleichgewichts auf die rechte Seite, d. h. die zunächst vorherrschenden OH-Radikale verlassen schließlich durch Rekombination zu mol. O_2 das System. Zur Deutung der Teilrk. K_2 nehmen Vff. an, daß sich zunächst HSO_5^- bildet, welches jedoch unter Bldg. von O_2 (über einen Radikalkettenmechanismus) schnell zerstört wird. (J. physic. Chem. **63.** 346—53. März 1959. Los Angeles, Calif., Univ. of Southern California, Dep. of Chem.) D. ERTEL. 226

Concetto R. Giuliano, Newton Schwartz und **K. W. Wilmarth,** *Die Chemie anorganischer freier Radikale in wäßrigem Medium. 2. Mitt. Der durch Peroxydisulfat induzierte Austausch von Sauerstoffatomen zwischen Wasser und molekularem Sauerstoff und die Aciditätskonstante des Hydroxylradikals.* (1. vgl. vorst. Ref.) Unter Verwendung der therm. Zers. von $S_2O_8^{2-}$ als Radikalquelle untersuchen Vff. den radikalkatalysierten Austausch von ^{18}O zwischen H_2O u. O_2 bei 60^0. Infolge der Tatsache, daß die therm. Zers. viel langsamer als die Austauschrk. abläuft u. deshalb vernachlässigt werden kann, sehen Vff. die $S_2O_8^{2-}$-Konzz. bei allen Austauschverss. als konstant an. Der Austausch erfolgt über einen Kettenmechanismus mit einer durch einen Austausch von 2 Sauerstoffatomen pro zers. $S_2O_8^{2-}$-Ion definierten Kettenlänge von 1. In Lsgg. mit p_H-Werten 3—11 ist die Kettenlänge annähernd konstant mit Werten von $4{,}3 \pm 1{,}5$ u. $P_{O_2} = 0{,}5$ Atomsphären. Wird die Alkalinität von p_H 11 bei dem gleichen Sauerstoffdruck überschritten, nimmt die Kettenlänge zunächst stark zu u. nähert sich dann einem Wert von 450 in Lsgg. mit $>$ 0,2n Alkalihydroxyd. In diesem Bereich stellen Vff. eine lineare Zunahme der Kettenlänge mit wachsender $S_2O_8^{2-}$-Konz. fest. Den Rk.-Mechanismus deuten Vff. dahingehend, daß sich bei der $S_2O_8^{2-}$-Zers. primär SO_4^- bildet, aus welchem sek. durch Rk. mit H_2O die Austauschkatalysatoren OH u. O^- entstehen. In Lsgg. mit $p_H > 11$ verläuft die Neutralisierung des OH-Radikals bei der Austausch-Rk. unter zunehmender Teilnahme des hochakt. Katalysators O^-. Aus der Konstanz der Kettenlänge im stark alkal. Gebiet schließen Vff. auf eine vollständige Neutralisierung des OH-Radikals, jedoch wird diese Interpretation durch in Betracht zu ziehende Spurenverunreinigungen des Alkalihydroxyds u. deren mögliche Wirkung als Radikalfänger etwas kompliziert. (J. physic. Chem. **63.** 353—58. März 1959.)
D. ERTEL. 227

D. D. Eley und **H. Inokuchi,** *Organische Festkörper und heterogene Katalyse. Elektronenübertragung im α,α'-Diphenyl-β-pikrylhydrazyl.* Vff. untersuchen die durch *α,α'-Diphenyl-β-pikrylhydrazyl* (I), (F. 147^0) katalysierte Umwandlung von p-H_2 in o-H_2 im Temp.-Bereich —183 bis 100^0. Die Rk. erfolgt nach der ersten Ordnung mit einer scheinbaren Aktivierungsenergie von ~ — 200 cal/Mol. Die erhaltenen Geschwindigkeitskonstanten stimmen sehr gut mit den von HARRISON u. MCDOWELL (Proc. Roy.

Soc. [London], Ser. A **220.** [1953.] 77) erhaltenen Daten überein. Dieses Ergebnis, in Verb. mit dem Befund, daß ein Austausch zwischen H_2 u. D_2 nicht stattfindet, schließt einen Mechanismus aus, bei dem die o-p-Konversion durch eine dissoziative Chemisorption der H_2-Moll. durch freie Valenzen erfolgt. Die Beweglichkeit der freien Radikalelektronen wird ferner durch Best. des spezif. Widerstandes des **I** aufgezeigt. Der mittels einer Wechselstrom- bzw. Gleichstrommeth. bestimmte spezif. Widerstand (gemessen an einer Zelle vom Typ Al | I | Al (Schichtdicke des **I** $0{,}2 \cdot 10^{-4}$ cm) beträgt bei 15^0 $1{,}3 \cdot 10^{10}$ bzw. $1{,}5 \cdot 10^{8}$ Ohm. cm. H_2, N_2 u. O_2 haben auf die Leitfähigkeit des **I** in dieser Meßanordnung keinen Einfluß. In einer Zelle Al | **I** | Pd verursachte die Ggw. von H_2 einen merklichen reversiblen Abfall der Wechselstromleitfähigkeit. Ein Al-Film, dem ein **I**-Film aufgedampft wird, erfährt eine Widerstandszunahme von 20%, während der Widerstand eines Pd-Filmes nur um 1,3% zunimmt. Diese Beobachtungen können durch Annahme einer Elektronenübertragung vom **I** an das Al oder Pd bzw. H_2 gedeutet werden. (Z. Elektrochem., Ber. Bunsenges. physik. Chem. **63.** 29—34. Febr. 1959. Nottingham, Univ., Dep. of Chem.) K. FRENKLER. 227

H. Noller und **K. Ostermeier,** *Geometrische Faktoren bei der katalytischen Abspaltung von HCl aus Chlorkohlenwasserstoffen.* Die vorgeschlagene Katalyse der Abspaltung von HCl aus Chlor-KW-Stoffen durch Zweipunktadsorption wird an einer im NaCl-Typ kristallisierenden Reihe von Katalysatoren (Chloride, Carbide u. Nitride) untersucht. Die Änderung der Aktivierungsenergie in Abhängigkeit von der halben Gitterkonstanten (= Abstand der Heteroatome) gibt eine Aussage über geometr. Faktoren im Vgl. zu elektron. Faktoren der Katalyse. Bei Carbid- u. Nitridkatalysatoren mit relativ kleiner Gitterkonstante fällt die Aktivierungsenergie mit steigender Gitterkonstante. Bei Alkalichloriden mit großer Gitterkonstante steigen Gitterkonstante und Aktivierungsenergie gleichsinnig. Das Minimum fällt etwa mit dem HCl-Abstand im Alkylchlorid von 2,57 Å zusammen. Die Vff. schlagen am NaCl folgenden kryptoion. Rk.-Mechanismus vor: Ein Elektronenpaar des Cl wird anteilig an dem s-Zustand des Na^+. Die Elektronen des Gitteranions Cl^- binden das β-ständige Proton. Im aktivierten Komplex ist der π-Zustand der entstehenden Doppelbindung schon teilweise besetzt. Da die Bindungen zum Katalysator kovalenten Charakter tragen, ergeben sich feste Valenzwinkel u. eine kleine Toleranzgrenze, innerhalb der der akt. Komplex gebildet werden kann. Die Ergebnisse stehen im Gegensatz zu der BALANDINschen Multiplett-Theorie. (Z. Elektrochem., Ber. Bunsenges. physik. Chem. **63.** 191—97. 1959. München, Univ., Phys. Chem. Inst.) D. PALM. 227

Liv Gjertsen und **Arthur C. Wahl,** *Die durch Caesiumionen katalysierte Isotopenaustauschreaktion zwischen Manganat und Permanganat.* Zur Klärung der Frage, ob die Erhöhung der Austauschgeschwindigkeit R, die zwischen MnO_4^{2-} u. MnO_4^- in Ggw. von CsOH unter Verwendung des Isotops ^{54}Mn beobachtet wurde, auf die Anwesenheit von aus der Darst. des CsOH stammenden Ag^+-Ionen zurückzuführen ist, wurde der Austausch in Ggw. von CsOH, das durch Rk. von wss. NaJ mit Ag_2O u. durch Umsetzung von $Ba(OH)_2$ mit Cs_2SO_4 in wss. Lsg. dargestellt wurde, untersucht. Es wurde festgestellt, daß R von der Darst.-Weise des CsOH innerhalb der Fehlergrenze nicht beeinflußt wird. Daraus wird geschlossen, daß die bei Ggw. von CsOH gegenüber KOH, NaOH u. LiOH beobachtete Erhöhung von R auf eine katalyt. Wrkg. der Cs^+-Ionen zurückzuführen ist. Für R wurde die Beziehung $R = [MnO^{2-}][MnO^-](k_0 + k'\ [Cs^+])$ abgeleitet; bei 0^0 u. einer Ionenstärke von 0,16 wurde für $k_0 = 710 \pm 30\ Mol^{-1} \cdot sec^{-1}$ u. $k' = 12000 \pm 3000\ Mol^{-2} \cdot sec^{-1}$ erhalten. (J. Amer. chem. Soc. **81.** 1572—73. 5/4. 1959. St. Louis, Mo., Washington Univ., Dep. of Chem.) W. KARCHER. 227

Sch. Battalowa, O. L. Assanowa und **D. W. Ssokolski,** *Untersuchung der katalytischen Eigenschaften der Bentonittone des Monraker Vorkommens in der Kasachischen SSR.* Die Bentonittone des Monraker Vorkommens (Montmorillonit-Typus) eignen sich nach 6tägiger Aktivierung mit 30%ig. H_2SO_4 u. 18std. therm. Behandlung bei 500^0 als Katalysatoren zur Crackung von Dieselöl. Durch Zusatz von $Al(OH)_3$ bis zum Gesamtgeh. von 26,2% wird ihre Stabilität erhöht. Hinsichtlich der katalyt. Aktivität, mechan. Festigkeit u. Stabilität besitzen sie ähnliche Eigg. wie industrielle Alumosilicat-Katalysatoren. (Вестник Академии Наук Казахской ССР [Nachr. Akad. Wiss. KasachSSR] **14.** Nr. 6. 62—66. Juni 1958.) H. HUBER-EMDEN. 227

Yoshiyuki Urushibara, Shigeo Nishimura und **Hideo Uehara,** *Eine neue Darstellung von katalytischem Nickel.* Die Darst. des neuen Hydrierungs-Katalysators U–Ni–A erfolgt in derselben Weise wie die Darst. von U–Ni–B (Bull. chem. Soc. Japan **27.** [1954.] 480), nur wird das Ni nach der Fällung u. Auswaschen mit heißem W. mit Essig- oder Propionsäure statt mit Alkalien behandelt. Nach Aufhören der H_2-Entw. wird erneut mit dest. W. von 50—60^0, darauf mit dem bei der Hydrierung verwendeten Lösungsm. gewaschen u. der Katalysator unter Ausschluß von Luft in das Rk.-Gefäß gebracht. U–Ni–A enthält prakt. kein metall. Zn mehr; er eignet sich vorzüglich zur katalyt. Red. von Nitrobenzol u. Zimtsäureestern; bei Zusatz geringer Mengen von Alkalien eignet er sich ausgezeichnet zur Red. von Ketonen. — Es wird angenommen, daß der aktivierende Effekt bei der Behandlung des gefällten Ni mit Säuren bzw. Alkalien in der Freilegung aktiver Ni-Oberflächen (Entfernung bas. Zinkchloride) besteht, nicht aber auf der Bldg. akt. Substanzen oder Zustände auf der Ni-Oberfläche beruht. (Bull. chem. Soc. Japan **28.** 446. Aug. 1955. Tokyo, Univ., Fac. of Sci., Dep. of Chem. [Orig.: engl.]) M. SCHENK. 227

Jochen Block und **Hans Kral,** *Der kinetische Isotopie-Effekt bei der Zersetzung von Deutero-Ameisensäure an Silberkatalysatoren.* Die Geschwindigkeit der katalyt. Zers. von Ameisensäure an Silberkatalysatoren nimmt in der Reihenfolge *HCOOH* (**I**), *HCOOD* (**II**), *DCOOH* (**III**), *DCOOD* (**IV**) ab. Bei Ameisensäurepartialdrucken über 2 Torr beträgt der kinet. Isotopieeffekt bei 190° für **II** (65,8% D) $\alpha_1 = 1{,}35$; für **III** (66,6% D) $\alpha_2 = 1{,}69$; für **IV** (65,8% C–D u. 42,6% O–D) $\alpha_3 = 4{,}92$ u. nimmt mit steigender Temp. ab. (Weitere Werte für 210, 230 u. 250°). Aus den entspr. D–C- u. O–D-Schwingungsspektren werden theoret. Werte für $\alpha_1 = 1{,}93$ u. $\alpha_2 = 1{,}71$ u. deren Temp.-Abhängigkeit berechnet. Da α_3 qualitativ gleich der Summe von α_1 u. α_2 ist folgt, daß beide H-Atome der Ameisensäuremol. im einheitlichen, geschwindigkeitsbestimmenden Schritt gleichzeitig abgespalten werden. Die experimentellen Aktivierungsenergien sind für **I** 19,8; **II** 21,1; **III** 21,7 u. **IV** 22,2 kcal/Mol. Die Aktivierungsenergie hängt von der Elektronendichte des Katalysators ab, ohne daß Elektronenübergänge geschwindigkeitsbestimmend wären. — Unterhalb 1 Torr werden die Zers.-Geschwindigkeiten aller Ameisensäuren druckabhängig, die Rk. neigt mit fallendem Druck zur 1. Ordnung. Die Abhängigkeit läßt sich als Chemisorption deuten. (Z. Elektrochem., Ber. Bunsenges. physik. Chem. **63.** 182—90. 1959. München, Univ., Physik.-Chem. Inst.) D. PALM. 227

A_8. Präparative anorganische Chemie. Komplexverbindungen. Metallorganische Verbindungen.

Karel Komárek, *Der heutige Stand der anorganischen Mikrochemie.* Kurze Übersicht mit 6 Literaturangaben. (Chemie [Praha] **9.** 515—18. Aug. 1957. Praha, Národni museum.) J. SCHNEIDER. 228

Suekichi Abe, Kin'ichi Uchigasaka und **Masayuki Itō,** *Herstellung von Hydroxylamin unter Benutzung von flüssigem Schwefeldioxyd.* Beim Eintropfen von fl. SO_2 in eine wss. Lsg. von $NaNO_2 + NaHSO_3$ (je 1 Mol/Liter W.) bei 0° bildet sich *Hydroxylamin.* Eine Höchstausbeute von 92% wird erreicht bei 0,95—0,97 Mol SO_2 pro $NaNO_2$, einem Mol-Verhältnis $NaHSO_3/NaNO_2 = 1:1$ u. nachfolgender Hydrolyse durch 5std. Kochen. — App-Skizze. — 4 Diagramme. (J. chem. Soc. Japan, ind. Chem. Sect. [Kōgyō Kagaku Zassi] **58.** 100—02. Febr. 1955. Sendai, Tohoku Univ. [Orig.: japan.]) L. SCHULER. 243

Stanisława Witekowa und **Tadeusz Witek,** *Untersuchungen über die Reaktion zwischen Jod und Schwefeldioxyd.* In wss. oder in gasförmiger Phase bildet J_2 mit SO_2 eine gelbe Komplexverb., deren Zus. nach Extinktionsmessungen dem Verhältnis $J:SO_2 = 1:2$ entspricht. Das im Komplex enthaltene J gibt keine Farbrk. mit Stärke. Vff. nehmen an, daß es sich um die Verb. $HJ \cdot SO_2$ handelt. (Zeszyty naukowe Politechn. Łódzkiej, Chem. spożywcza **1955.** Nr. 1. 73—86.) F. URBAN. 253

Nathalie Demassieux und **Colette Malard,** *Thermogravimetrische Untersuchung der einfachen Nickel-, Kalium-, Rubidium- und Cäsium-Selenate und deren Doppelsalze.* Vff. untersuchten die Umwandlung von $NiSeO_4$ (**I**), $K_2Ni(SeO_4)_2$ (**II**), $Rb_2Ni(SeO_4)_2$ (**III**) u. $Cs_2Ni(SeO_4)_2$ (**IV**) (jeweils in Form der Hexahydrate) zwischen 20 u. 900°. Die Doppelselenate beginnen ihr Kristall-W. bei 100 zu verlieren; **II** bildet zwischen 280 u. 300° ein stabiles Dihydrat u. geht bei ca. 420° in das Anhydrid über. **III** u. **IV** verlieren ihr Kristall-W. kontinuierlich (die Anhydride liegen bei 250° vor) u. zers. sich bei ca. 550°. **II** ergibt bei 700° ein Gemisch K_2SeO_4 u. NiO, **III** u. **IV** scheinen vor Erreichen dieses Zustandes (zwischen 650 u. 700°) zwischen 550 u. 600° ein Gemisch Alkaliselenat/Ni-Selenit zu bilden. **I** verliert sein W. bei ca. 100° (über das Di- u. Monohydrat) u. geht über das Anhydrid u. Ni-Selenit in NiO (bei ca. 650°) über. Diese Ergebnisse befinden sich in Übereinstimmung mit den Unterss. von KLEIN u. GENOIS. Die K-, Rb- u. Cs-Selenate sind stabil bis 700°, ein leichter Gewichtsverlust tritt $>$ 800°, 750° bzw. 700° ein. (C. R. hebd. Séances Acad. Sci. **248.** 805—07. 9/2. 1959. Paris, Fac. des Sci., Labor. de Chim.) W. KARCHER. 254

Jerome Hollander und **Leonard Spialter,** *Die Reduktion von Kohlendioxyd.* Referate von Arbeiten über die Red. von CO_2 durch C, Metalle, Metallhydride usw. sowie über die katalyt. elektrochem. u. strahlungsinduzierte Hydrierung zu CO, Formaldehyd,

Ameisensäure, Methanol usw. — 51 Literaturangaben. (J. chem. Educat. **35.** 446—49. Sept. 1958. Wright-Patterson AFB, O., Aeronaut. Res. Labor., Chem. Res. Branch.) K. BLUMRICH. 260

Michel Billy, *Stickstoffverbindungen des Siliciums, die bei der Reaktion der Ammoniumhalogenide mit dem Imid SiN_2H_2 entstehen.* (Vgl. C. **1959.** 5908.) Es wurde die Thermolyse von Mischungen SiN_2H_2/NH_4Cl (**I**) u. SiN_2H_2/NH_4Br (**II**) jeweils im Verhältnis 1:4 untersucht. Je nachdem die Einw. von NH_4X (**III**) unter- oder oberhalb der Sublimationstemp. erfolgt, können zwei verschied. Phasen unterschieden werden. Wenn 612,6 mg von **I** 24 Std. bei 110° gehalten werden, tritt ein Gewichtsverlust von 20 mg entspr. einer NH_3-Abgabe $NH_3/SiN_2H_2 = 0{,}522$ ein. Die Desamminierung in Ggw. von NH_4Br erfolgt langsamer ($NH_3/SiN_2H_2 = 0{,}491$ nach 5 Tagen). Die entspr. der Rk. $2\,SiN_2H_2 \rightarrow NH_3 + Si_2N_3H$ (**IV**) abgegebene NH_3-Menge ist bei weitem größer als bei der Thermolyse von reinem SiN_2H_2 unter den gleichen Bedingungen ($NH_3/SiN_2H_2 = 0{,}061$). Es wird daraus geschlossen, daß die Desamminierung durch **III** katalysiert wird. Über 150 bzw. 200° wird die Abgabe von NH_3 bei Ggw. von **III** bei der Thermolyse im Vakuum (Aufheizgeschwindigkeit 150°/Std.) beschleunigt entspr. den Dampfdruckkurven von **III**. Am Ende der Sublimation findet Rk. zwischen **III** u. **IV** nach der Gleichung $Si_2N_3H + (NH_3 \cdot HX) \rightarrow NH_3 + Si_2N_3H_2X$ (**V**) statt. **V** stellen ein weißes, feines Pulver (amorph) dar, das mit W. unter sofortiger Bldg. von **III** u. allmählicher NH_3-Entw. reagiert; in der Hitze ist die Zers. nach wenigen Min. beendet. Der Existenzbereich der Verbb. **V** wurde untersucht; das Mol. **V** ist stabil bis 300°, zwischen 300 u. 400° bildet sich unter Entw. von N_2 u. X_2 im Verhältnis N/X = 1 eine definierte Verb. nach dem Schema $3\,Si_2N_3H_2X \rightarrow NH_4X + Si_3N_4HX$. Über 400° findet Zers. unter Abgabe von HX nach $Si_3N_4HX \rightarrow HX + Si_3N_4$ statt.

V e r s u c h e : Darst. von **V** durch Erhitzen des bei der Ammonolyse von SiX_4 erhaltenen Prod. in inerter Gasatmosphäre auf 200° (Cl) bzw. 250° (Br) u. Absorption des entstehenden NH_3 mit konz. H_2SO_4. (C. R. hebd. Séances Acad. Sci. **248.** 807—10. 9/2. 1959.) W. KARCHER. 261

Toru Takatani, *Untersuchungen über Kieselsäureester.* 6. Mitt. *Über die Hydrolyse von Methyl- und Äthylorthosilicaten.* (5. vgl. J. chem. Soc. Japan, pure Chem. Sect. [Nippon Kagaku Zassi] **74.** [1953.] 948.) Läßt man 624 g *Äthylorthosilicat* mit 300 cm³ absol. A., 27 g W. u. 1 cm³ konz. HCl über Nacht stehen, so ergibt die Vakuumfraktionierung: $(C_2H_5O)_6Si_2O$, $Kp._1$ 102—109°. — $(C_2H_5O)_8Si_3O_2$, Kp_1. 133—144°. — $[(C_2H_5O)_2SiO]_4$, Kp_1. 149—157°. — Eine *polycycl. Verb.* mit Kp_1. 182—195° (21,3% Si). — In gleicher Weise ergibt *Methylorthosilicat:* $(CH_3O)_6Si_2O$ Kp_3. 73°; $D._4^{20}$ 1,1222; n_D^{20} 1,3812. — $(CH_3O)_8Si_3O_2$, Kp_2.121°; $D._4^{20}$ 1,1598; n_D^{20} 1,3868. — $(CH_3O)_{10}S_4O_3$, Kp_2. 144°, $D._4^{20}$ 1,1806, n_D^{20} 1,3890. — $(CH_3O)_{12}$ Si_5O_4, Kp_3 188°; $D._4^{20}$ 1,2100; n_D^{20} 1,3926. — $(CH_3O)_{14}Si_6O_5$, Kp_3. 211°; $D._4^{20}$ 1,2212; n_D^{30} 1,3940. — $(CH_3O)_{16}Si_7O_6$, Kp_3. 222°; $D._4^{20}$ 1,2318; n_D^{20} 1,3953. Nach den Analysen enthalten die letzten 3 Fraktionen kleine Mengen cycl. Verbindungen. (J. chem. Soc. Japan, pure Chem. Sect. [Nippon Kagaku Zassi] **76.** 7—8. Jan. 1955. Tokyo, Hitachi Hauptlabor. [Orig.: japan.]) L. SCHULER. 261

Toru Takatani, *Untersuchung über Kieselsäureester.* 7. Mitt. *Allyloxy- und o-Allylphenoxyabkömmlinge von Silan.* (6. vgl. vorst. Ref.) Es werden folgende Verbb. hergestellt: *Methyltriallyloxysilan* $CH_3Si(OCH_2CH{:}CH_2)_3$, Kp. 195—205°; $D._4^{30}$ 0,9346; n_D^{30} 1,4242; 95 g aus 100 g CH_3SiCl_3(**I**) nach Zusatz von 116 g *Allylalkohol*(**II**) u. 15 Std. Kochen unter Rückfluß. — *Dimethyldiallyloxysilan* $(CH_3)_2Si(OCH_2CH{:}CH_2)_2$, Kp. 152—165°; $D._4^{30}$ 0,8828; n_D^{30} 1,4145; 133 g aus 129 g $(CH_3)_2SiCl_2$ (**III**) u. 116 g **II**. – *Trimethylallyloxysilan* (**IV**) $(CH_3)_3SiOCH_2CH{:}CH_2$, Kp. 100—100,2°; $D._4^{30}$ 0,7830; n_D^{30} 1,3904; wie vorst. 72 g aus 181 g $(CH_3)_3SiCl$ (**V**) u. 96 g **II**. Für die Herst. von **IV** werden **II** u. **V** bes. sorgfältig gereinigt u. überschüssiger **II** abdest unter Zusatz von Na. — *Methyltris-[o-allylphenoxy]-silan* $CH_3Si(o\text{-}CH_2{:}CHCH_2C_6H_4O)_3$, Kp. 200—210°; $D._4^{20}$1,0740; n_D^{20} 1,5580; 52 g aus 80 g *o-Allylphenol* (**VI**) u. 30 g **I**. — *Dimethyl-bis-[o-allylphenoxy]-silan,* $(CH_3)_2Si(o\text{-}CH_2{:}CHCH_2C_6H_4O)_2$, Kp_1. 174—184°; $D._4^{20}$ 1,0487; n_D^{20} 1,5330; 40 g aus 50 g **III** u. 134 g **VI**. — **V** + **VI** ergeben kein reines *Trimethyl-[o-allylphenoxy]-silan.* — *Tetrakis-[o-allylphenoxy]-silan [Tetra-(o-allylphenyl)-silicat], Si* $(o\text{-}CH_2{:}CHCH_2C_6H_4O)_4$, $Kp_{0,8}$. 265—270°; $D._4^{30}$ 1,1185; n_D^{30} 1,5715; 50 g aus 134 g **VI** u. 52 g Äthylsilicat beim Erwärmen mit Na u. Entfernung des Alkohols. (J. chem. Soc. Japan, pure Chem. Sect. [Nippon Kagaku Zassi] **76.** 9—11. Jan. 1955. [Orig.: japan.]) L. SCHULER. 261

W. W. Udowenko und **Ju. Ja. Fialkow,** *Viscosität binärer Systeme mit Austauschwechselwirkung.* (Vgl. C. **1958.** 10625.) Aus den Kurven der Viscosität u. der D. in Abhängigkeit von der Zus. werden bin. Syst. des $SiCl_4$ (**I**) mit organ. Verbb. in Bzl. als indifferentem Lösungsm. untersucht. Die Verschiebung des Maximums nach der Seite der organ. Verb. entspricht der Bldg. folgender Verbb.: im Syst. **I** — Methylal *Dichlordimethoxysilan* u. *Chlordimethyläther*; im Syst. **I** — Acetal *Dichlordiäthoxysilan*

u. *α-Chlordiäthyläther;* im Syst. I — Acetanhydrid *Si–Tetraacetat* u. *Acetylchlorid.* Auf diese Weise ergibt sich eine neue Meth. der Darst. von Dichlordialkoxysilanen in guter Ausbeute u. Reinheit. (Журнал Общей Химии [J. allg. Chem.] **28** (**90**). 814—18. März 1958. Kiew, Polytechn. Inst.) R. K. MÜLLER. 261

Jacqueline Potier, Antoine Potier und **Josette Colin,** *Das Gleichgewicht flüssig-fest des binären Systems Salpetersäure-Rubidiumnitrat.* Es wurde das Gleichgewichtsdiagramm zwischen fl. u. festen Phasen des bin. Syst. $HNO_3/RbNO_3$ zwischen —78 u. + 100° aufgenommen. Das Diagramm weist große Ähnlichkeit mit dem Syst. HNO_3 $-KNO_3$ auf, es treten das Monosolvat $HNO_3 \cdot RbNO_3$ u. das Disolvat $(HNO_3)_2RbNO_3$ auf. Das Eutektikum E_1 erscheint bei —50,2° (HNO_3/Disolvat), die entspr. TAMANN-Kurve wurde konstruiert; die Koordinaten wurden zu 18,2 ± 0,6 Gew.-% u. 8,7 ± 0,4 Mol-% $RbNO_3$ u. t = 50,2 ± 0,2 bestimmt. Das Eutektikum E_2(Di-/Monosolvat) liegt bei + 46,9°, die exakten Koordinaten sind durch den Schnittpunkt der Liquidus kurve mit der eutekt. Horizontalen gegeben u. betragen 55,5 ± 0,6 Gew.-% bzw. 34,8 ± 0,4 Mol-% $RbNO_3$ u. 46,9 + 0,2°. Ein Umwandlungspunkt wurde bei 75° mit den Koordinaten 69,2 ± 0,6 Gew.-%, 49,0 Mol-% $RbNO_3$ u. 75,0 + 0,2° beobachtet. Die von DITTE angegebene Verb. $5HNO_3 \cdot RbNO_3$ konnte nicht aufgefunden werden. (C. R. hebd. Séances Acad. Sci. **248.** 812—15. 9/2. 1959.) W. KARCHER. 276

Henry Bassett, *Die Phosphate des Calciums.* 5. Mitt. *Korrektur des früheren Zustandsdiagramms.* (4. vgl. J. chem. Soc. [London] **111.** [1917.] 620.) Es wird das l. c. veröffentlichte Zustandsdiagramm des Syst. $CaO–P_2O_5–H_2O$ berichtigt u. erweitert. In der vorliegenden Arbeit ist das korr. Zustandsdiagramm als Raumdiagramm in der Projektion gegeben, das teils aus alten Werten (BASSET, Z. anorg. allg. Chem. **59.** [1908.] 29) u. aus neubestimmten Werten konstruiert ist. Die neuen Vers.-Ergebnisse sind tabelliert. Eingehender als bisher wird das Auftreten der verschied. Phosphorsäuren $H_8P_2O_9$, H_3PO_4 u. $H_4P_2O_7$ bzw. ihrer Ca-Salze untersucht. Bes. Sorgfalt wird für die Best. der Quintapel-Punkte verwandt, die bisher aus apparativen Gründen nur ungenau best. werden konnten. (J. chem. Soc. [London] **1958.** 2949—55. Sept. Reading, Univ.) E. KESSLER. 283

Takashi Mukaibō, Kyōji Kurotsu und **Yoshio Yamanaka,** *Untersuchung über Calciumcarbid.* 6. Mitt. *Reaktion der Carbide der alkalischen Erden mit Wasserdampf bei 100—400°.* (5. vgl. J. chem. Soc. Japan, ind. Chem. Sect. [Kōgyō Kagaku Zassi] **57.** [1954.] 191.) Vff. untersuchen die Rk.-Prodd. von CaC_2, SrC_2 bzw. BaC_2 mit Wasserdampf bei 100—400°. Die Ausbeute an Zers.-Prodd. von C_2H_2, nämlich H_2 u. CH_4 steigt mit den Tempp. > 100° an. Die Unterschiede in der Zers.-Geschwindigkeit u. der Polymerisation von C_2H_2 zwischen den einzelnen Carbiden scheint von der verschied. Beschaffenheit der Oberflächen der Carbide herzurühren. Sintern bei 1500—1900° verringert deutlich die Zers., aber Zusätze von BaO, CaO, Ruß usw. fördern die Zersetzung. (J. chem. Soc. Japan, ind. Chem. Sect. [Kōgyō Kagaku Zassi] **58.** 83—86. Febr. 1955. Tokyo Univ. [Orig.: japan.]) L. SCHULER. 285

Virginia D. Hogan und **Saul Gordon,** *Eine thermoanalytische Untersuchung des oxydierenden binären Systems Bariumperchlorat-Kaliumnitrat.* Vff. haben das Syst. $Ba(ClO_4)_2–KNO_3$ mit Hilfe der Differentialthermoanalyse u. der Thermogravimetrie untersucht. Reines $Ba(ClO_4)_2$ zeigt eine endotherme Umwandlung bei 290°, eine zweite bei 365° ist nicht sicher. Die kräftige therm. Zers. zu $BaCl_2$ beginnt bei 500° (F. 490°). KNO_3 unterliegt einer endothermen Umwandlung bei 130°, eine kleine exotherme Spitze kann unterhalb des F. (340°) bei 330° beobachtet werden. Merkliche therm. Zers. beginnt bei 750°. Das therm. Verh. von Mischungen dieser beiden Salze wird stark durch die Zus. bestimmt. Die erhaltenen Kurven lassen sich durch die Annahme einer Rk. $Ba(ClO_4)_2 + 2KNO_3 \rightarrow Ba(NO_3)_2 + 2KClO_4$ mit $\Delta H_{325°}$ = — 13,5 kcal/Mol deuten. Diese Rk. läuft im festen Zustand vollständig ab, $KClO_4$ u. $Ba(NO_3)_2$ sind ein stabiles Salzpaar. Dieser Befund wird auch durch röntgenograph. Unterss. bestätigt. Auch das Verh. von Mischungen mit $Ba(ClO_4)_2$- bzw. KNO_3-Überschüssen läßt sich auf dieser Grundlage unter Berücksichtigung der therm. Eigg. der Komponenten verstehen. (J. physic. Chem. **63.** 93—96. Jan. 1959. Dover, N. J., Picatinny Arsenal, Pyrotechnics Chem. Res. Labor.) H.-U. WOELK. 285

Günther Weitzel und **Theodor Spehr,** *Zink-Komplexe von Purinen, Nucleosiden und Nucleotiden.* Im Hinblick auf das gemeinsame Auftreten von *Zink* u. *Nucleotiden* im Muskel u. in Enzymgemischen wurden zahlreiche Zn-Komplexe dargestellt u. deren Stabilität potentiometr. gemessen. Die Zn-Nucleotide weisen mit zunehmender Zahl der Phosphatreste einen Anstieg der Stabilitätskonstanten u. durchweg eine höhere Stabilität als die entspr. Mg- u. Ca-Komplexe auf. Die Komplexbildungskonstante für *Zn–Diphosphopyridinnucleotid* ist so gering, daß eine Bindung von *Diphosphopyridinnucleotid* an zinkhaltige Dehydrogenasen über das Zn unwahrscheinlich ist.

V e r s u c h e : *Zn(Adenin)$_2$*, $C_{10}H_8N_{10}Zn$, aus Adenin in 1 n NH_4OH gelöst u. einer Lsg. von $ZnSO_4$. Nach 12 Std. weißer, amorpher Nd; 70% (Ausbeute). — *Zn(Hypoxanthin)$_2$*, $C_{10}H_6N_8O_2Zn$, aus Hypoxanthin in 1 n NH_4OH mit 25%ig. wss. NH_4Cl-Lsg. nach Zusatz von ammoniakal. $ZnCl_2$-Lösung Der Nd. wird mit konz. NH_3 wieder aufgelöst u. durch Methanol gefällt. Nach 48 Std. bei 0° weißer Nd.; 50%. — *Zn(Guanin)$_2$*, $C_{10}H_8N_{10}O_2Zn$, fällt aus einer Lsg. von Guanin in Natriummethylat u. methanol. $ZnCl_2$ in der Kälte amorph u. weiß; 40%. — *(Adenin · HCl)ZnCl$_2$*, $C_5H_6Cl_3N_5Zn$, aus Adenin in 1 n HCl mit wss. Lsg. von $ZnCl_2$; nach 12 Std. kristallin; 40%. — *(Guanin · HCl)ZnCl$_2$*, $C_5H_6Cl_3N_5OZn$, aus Guanin in W. suspendiert u. Zusatz von wenig $ZnCl_2$; Lösen durch Zusatz von konz. HCl; nach 12 Std. bei 0° Kristalle, mit Methanol gewaschen; 50%. — *(Guanin · HCl)$_2$ZnCl$_2$*, $C_{10}H_{12}Cl_4N_{10}O_2Zn$, aus Guanin in W. suspendiert, durch wenig 1 n HCl gerade gelöst, Überschuß von $ZnCl_2$ dazu; nach 10 Std. bei 0° Kristalle; 45%. — *(Hypoxanthin)$_2$ZnCl$_2$*, $C_{10}H_8Cl_2N_8O_2Zn$, aus Hypoxanthin in W. suspendiert, dazu $ZnCl_2$ bis die Lsg. klar wird. Durch A. gefällt; 40%. — *Adenosinzinkoxalat* (1:1:1), $C_{12}H_{13}N_5O_8Zn$, aus Adenosin u. Oxalsäure in Methanol gelöst nach Zusatz von äquimol. 0,1 n $ZnCl_2$-Lsg. in Methanol. Bei 0° nach 12 Std. Nd.; 80%. — *Zn-Adenosin-3-monophosphat (1:1)*, $C_{10}H_{12}N_5O_7PZn$, nach 3 Methoden, höchste Ausbeute aus Adenosin-3-monophosphat in wss. Methanol gelöst nach Zusatz von methanol. $ZnCl_2$-Lsg. als weißer Nd.; 80%. — *Zn-Adenosin-5-monophosphat (1:1)*, $C_{10}H_{12}N_5O_7PZn$, aus Adenosin-5-monophosphat in W. gelöst (p_H 3) u. Zusatz von frisch gefälltem $Zn(OH)_2$. 2 Std. Rühren bis der Nd. feinkristallin wird; 70%. — *Zn-Adenosindiphosphat (3:2)*, $C_{20}H_{24}N_{10}O_{20}P_4Zn_3$, aus wss. Lsg. von Adenosindiphosphat nach Zusatz von einer $ZnCl_2$-Lsg. in wss. Methanol; mit Methanol fällt weißer Nd.; 80%. — *Zn-Adenosintriphosphat (2:1)*, $C_{10}H_{12}N_5O_{13}P_3Zn_2$, aus am Austauscher Dowex 50 H gereinigtem Adenosintriphosphat nach Zusatz von frisch gefälltem $Zn(OH)_2$. 2 Std. Rühren u. vom $Zn(OH)_2$-Überschuß abfiltrieren. Aus dem eingeengten Filtrat fällt mit Methanol der W.-lösl. Nd.; 50%.—*Zn-Cytidinmonophosphat (1:1)*, $C_9H_{12}N_3O_8PZn$, aus Cytidinmonophosphat in wss. Lsg. nach Zusatz einer methanol. $ZnCl_2$-Lsg. 80%. — *Zn-Diphosphopyridinnucleotid (1:2)*, $C_{42}H_{52}N_{14}O_{28}P_4Zn$, aus Diphosphopyridinnucleotid in W. gelöst mit einem Überschuß an frisch gefälltem $Zn(OH)_2$ 2 Std. gerührt. $Zn(OH)_2$ wird abfiltriert, aus dem eingeengten Filtrat wird mit Aceton ein weißer amorpher Nd. gefällt; 70%. (Hoppe Seyler's Z. physiol. Chem. **313**. 212—26. 9/12. 1958. Tübingen, Univ., Physiol.-chem. Inst.) L. TRÄGER. 288

André Benacerraf und **Micheline Guittard,** *Über die Selenide Me_2Se_3 der Lanthaniden (vom Lanthan bis Gadolinium) vom Typ Th_3P_4 mit großem Homogenitätsbereich.* Es werden die Darst. u. die Eigg. der Selenide Me_2Se_3 (von La bis Gd) beschrieben. Alle Verbb. kristallisieren im kub. Syst. des Th_3P_4 u. sind innerhalb eines großen Homogenitätsbereiches existent. Die Dissoziation der Verbb. im Vakuum u. bei verschied. Tempp. wurde untersucht. Von La bis Nd nimmt oberhalb von 1200° im Vakuum die D. mit steigendem Me-Geh. zu, nach 2 Std. nähert sich die Zus. in allen Fällen der Formel Me_3Se_4. Verbb. dieser Zus. werden auch durch Einw. von Al auf Me_2Se_3 bei 1400° über 2 Std. erhalten. Die Verbb. sind blauschwarz u. besitzen metall. Glanz, die magnet. Susceptibilitäten entsprechen denen der Me(III)-Selenide. Da freie Elektronen vorliegen, sind die Verbb. elektr. leitend. Beim Erhitzen von Sm_2Se_3 werden bereits bei relativ niedrigen Tempp. Verbb. mit hohem Sm-Geh. erhalten (Grenzzus. $SmSe_{1,27}$), dabei nimmt die magnet. Susceptibilität in Abhängigkeit von Se/Sm linear zu. Bei Gd wird zwischen 900 u. 1600° ein Prod. erhalten, dessen Zus. zwischen Gd_2Se_3 u. Gd_3Se_4 liegt. Die Parameter der Elementarzelle bleiben beim Übergang von einer Phase zur anderen unverändert, nur im Falle des Sm_2Se_3 wird beim Auftreten des Sm(II) eine Dilatation beobachtet. Das Gd_2Se_3 besitzt neben dem Typ Th_3P_4 noch 2 weitere krist. Formen, die bei 800 bzw. 1000° erscheinen. Die Selenide zeigen ein den Polyseleniden ähnliches Verhalten.

V e r s u c h e : Darst. der Selenide durch Erhitzen der Polyselenide auf eine bestimmte Temp. im Vakuum bzw. in H_2. (La bis Nd 1200°, Sm 1000° u. Gd 800°). *La_2Se_3* rot, *Ce_2Se_3* violett, *Pr_2Se_3* dunkelrot, *Nd_2Se_3* violett, *Sm_2Se_3* schwarz u. *Gd_2Se_3* schwarz. (C. R. hebd. Séances Acad. Sci. **248**. 2012—14. 1/4. 1959.) W. KARCHER. 310

I. Koncz und **M. Koncz-Déri,** *Bildung der δ-Phase durch Oxydation von α-Titan.* Die Oxydation von α-Ti wurde im Temp.-Bereich von 570 bis 820° bei Drucken von 2 bis 5 mm Hg in reinem O_2 untersucht. Dichte Oxydschichten mit Gleichrichtereigg. wurden festgestellt. Die Ggw. der δ-Phase wurde durch Röntgenanalyse festgestellt: $a = 3{,}20$ Å; $c = 5{,}12$ Å; $c/a = 1{,}600$. Der Diffusionskoeff. von Sauerstoff in Ti bei 790 u. 840° wurde zu 10^{-11} bzw. $5 \cdot 10^{-11}$ cm²sec⁻¹ gefunden. Eine mögliche Erklärung

für den Mechanismus der Rk. wird gegeben. (Periodica polytechn. [Budapest], Elektrotechn. **1.** 67—87. 1957. Budapest, Polytechn. Univ., Inst. of Electrochem.)
K. H. HOFMEISTER. 321

Paul Hagenmuller, André Lecerf und **Michel Tournoux,** *Die Einwirkung von Chlorwasserstoffgas auf Titanmonoxyd und -dioxyd.* Bei der Einw. von trockenem HCl (aus NaCl + H_2SO_4) auf TiO (aus TiO_2 + Ti) entsteht > 290° nach der Rk. (1) 2 TiO + 4 (1 + x) HCl → (1 — x)TiO_2 + (1 + x)$TiCl_4$ ein Gemisch von TiO_2 u. $TiCl_4$, wie durch chem. u. radiokristallograph. Analyse nachgewiesen wurde. Das gebildete TiO_2 entspricht einer Mischung *Anatas* (I)/*Rutil* (II) bzw. bei längerer Einw. reinem **II.** Bei Einw. von HCl auf TiO_2 bei 500° werden pro TiO_2 2HCl gebunden, die dabei entstehende Verb. ist ident. mit dem bei der Hydrolyse von TiO_2 erhaltenen Zwischenprod. der Zus. $Ti(OH)_2Cl_2$. Bei konstanter Temp. ist die Angriffsgeschwindigkeit von I u. II gleich; bei einem HCl-Anfangsdruck p_0 ist die im geschlossenen Gefäß nach der Zeit t noch vorhandene TiO_2-Menge x gegeben durch $x = e^{-Kp_0t}$ (K = 171 CGS bei 500°). Es wird angenommen, daß I u. II bei der Einw. von HCl auf TiO nicht gleichzeitig entstehen, sondern II durch Umwandlung von I gebildet wird. ΔG^0 für die Rk. 1 wurde bei 500° zu —43,1 kcal u. die Konstante des Massenwirkungsgesetzes zu $1{,}6 \cdot 10^{12}$ berechnet. (C. R. hebd. Séances Acad. Sci. **248.** 2009—10. 1/4. 1959. Rennes, Fac. des Sci., Labor. de Chim. miner.)
W. KARCHER. 321

I. D. Varma und **R. C. Mehrotra,** *Reaktionen von Titantetrachlorid mit Benzoesäure.* Bei der Unters. der stufenweise verlaufenden Rk. zwischen $TiCl_4$ u. Benzoesäure (I) wurde festgestellt, daß beim Molverhältnis von 1:1 der genannten Ausgangsprodd. die Bldg. von *Benzoyltitantrichlorid,* beim Molverhältnis 1:2 die Bldg. von *Dibenzoyltitandichlorid* (II) schnell erfolgt. Bei Anwendung eines Molverhältnisses 1:3 schreitet nach Entstehung von II die Rk. nur langsam fort unter Bldg. des instabilen *Tribenzoyltitanmonochlorid,* das allmählich in Benzoylchlorid u. *Titanylbenzoat* zerfällt. Letztere Verb. wurde rein erhalten durch Umsetzung von $TiCl_4$ u. I in Bzl. in Ggw. von W.-freiem Ammoniak. Bei weiterem Ersatz von Cl in I wird das Mol. unbeständig; eine Darst. von Ti-Tetrabenzoat gelang nicht.

V e r s u c h e : *Benzoyltitantrichlorid,* aus 3,3 g I u. 5,02 g $TiCl_4$ in 25 g Bzl. unter Rühren, dann 12 Std. Stehen mit abwechselndem Rühren, gefolgt von 8 std. Durchblasen eines trockenen Luftstromes; kanariengelbes, mikrokristallines Pulver; 7,2 g (Ausbeute). — *Dibenzoyltitandichlorid* **II,** Darst. analog vorst. Verb. aus 3,84 g I u. 3,01 g $TiCl_4$ in 30 g Bzl.; orangerote Kristalle aus Bzl.; 4,8 g. — *Titanylbenzoat,* durch langsames Einleiten von trockenem Ammoniak in eine Lsg. von 2 g $TiCl_4$ u. 5,83 g I in 40 g Bzl. bis zur Beibehaltung der Raumtemp., dann 12 Std. Stehen; schwachgelbe Kristalle; 2,8 g. (J. prakt. Chem. [4] **8 (280).** 64—67. Febr. 1959. Lucknow, Indien, Univ. Chem. Labor.; Gorakhpur, Univ., Chem. Labor.)
W. BURGHARDT. 321

Arnošt Okáč und **Lumír Sommer,** *Spektrophotometrische Untersuchungen einiger analytisch wichtiger Komplexe des Titans in Lösung.* Um farbige Ti-Komplexe in Lsg. näher zu untersuchen u. die Entstehungsbedingungen eines stabilen Komplexes festzustellen, wendeten Vff. spektrometr. Methoden an. Bei *Chromotropsäure, Brenzcatechin, Tiron, Sulfosalicylsäure, Pyrogallolcarbonsäure* u. *Gallussäure* konnten sie stufenweise Komplexbldg. nachweisen. Der Komplex TiR bildet sich in schwach sauren Lsgg., der Komplex TiR_3, der stabiler ist, in schwach sauren Pufferlösungen. Bei Sulfosalicylsäure u. Pyrogallolcarbonsäure wurde er nicht nachgewiesen. Die Stabilität der entstandenen Chelatbindung ist abhängig von den Absorptionsspektr. u. von der Stabilität der N-Bindung zwischen den funktionellen Gruppen der Chelatbildner. Die Bldg. eines einheitlichen Komplexes ist Vorbedingung für eine genaue photometr. Bestimmung. Einige Methoden der Ti-Best. auf photometr. Wege werden besprochen. (Analytica chim. Acta [Amsterdam] **15.** 345—54. Okt. 1956. Brno, Tschechoslowakei, Univ., Inst. für analyt. Chem.)
E.-M. KREBS. 321

D. J. Carswell, J. M. Fletcher und **D. W. Clelland,** *Die Gewinnung von Thorium-230 aus Uranabwässern.* (Vgl. C. **1958.** 9716.) Durch Lösungsmittelextraktion im Kreislauf mit *Dibutylcarbitol* (I) bzw. *Tributylphosphat* (TBP) kann Th aus U-Abwässern der Pechblendeaufbereitung gewonnen werden. Das Verf. verläuft in 3 Stufen: Zunächst wird das U durch Extraktion mit I aus salpetersaurer Lsg. vom Th u. den anderen Begleitelementen abgetrennt, dann erfolgt die Th-Extraktion, ebenfalls aus HNO_3-Lsg. mit verd. TBP-Lsg. in Kerosin u. Fällung als Th-Oxalat, u. schließlich extrahiert man das Th mit 40%ig. TBP-Lsg. selektiv als $Th(NO_3)_4$. — Die Abwässer enthalten ca. 6 mg ^{230}Th/Liter u. das erhaltene Gesamt-Th — massenspektrograph. ermittelt — 12,1% ^{230}Th. — Die erforderliche Trennung des Th vom Sc u. Y erfolgt vorher durch Ausfällung des Th mit *Phenylarsonsäure* u. nachfolgender Alkalibehandlung. (J. inorg.

Nuclear Chem. 5. 147—52. 1957. Harwell, Berks., AERE; Windscale, Cumb., U. K. Atom. Energy Authority.) H. Eckstein. 324

W. D. Nefedow und **W. I. Andrejew,** *Untersuchung des chemischen Zustandes des beim Zerfall von RaD als Bestandteil einiger Phenylderivate entstehenden RaE.* Beim β-Zerfall von RaD entsteht RaE von Bi-Charakter, dementsprechend beim Zerfall des RaD in *$RaD(C_6H_5)_3Cl$* (**I**) oder *$RaD(C_6H_5)_4$* (**II**) in Form von *$Bi^*(C_6H_5)_3Cl_2$* (**III**), *$Bi^*(C_6H_5)_3$* (**IV**) u. *$Bi^*(C_6H_5)_2Cl$* (**V**). Durch Radioaktivitätsbest. u. Best. des in 5%ig. HCl lösl. Anteils der benzol. Lsg. werden die Anteile an RaE in den Formen **III**, **IV** u. **V** bei Anreicherung in **I** bzw. **II** ermittelt. In **I**-Lsg. ist der RaE-Anteil höher (im Mittel 68,3 ± 3%) als bei **I**-Kristallen (29 ± 5%). Beim **I**-Kristall liegen (im Mittel) 18,0 ± 2% des RaE als **III**, 60,46% als **IV** vor. Beim Zerfall von **II** reichert sich RaE auf 60,5 ± 7% an, davon als **IV** in Kristallen 58,9 ± 6%, in Lsg. 35,6 ± 6%. An einem in die benzol. Lsg. von **I** eingebrachten Träger wird RaE zu 28,8% als **III**, zu 38,3% als **IV**, zu 29,5% als **V** adsorbiert. (Журнал Физической Химии [J. physik. Chem.] **31.** 563—72. März 1957. Leningrad, Shdanow-Univ.) R. K. Müller. 328

J. Beltrán und **C. Guillén,** *Methoden zur Darstellung von Ammoniumisopolyvanadaten. 4. Mitt. Untersuchung der Einwirkung von Salpetersäure auf die wäßrigen Lösungen von Ammoniummetavanadat.* (3. vgl. C. **1958.** 13998.) Bei Zugabe von 2n oder 3n HNO_3 zu 3—4%ig. wss. Suspension von NH_4VO_3 wird $3(NH_4)_2O \cdot 5V_2O_5 \cdot 6H_2O$ erhalten, mit stöchiometr. Menge verd. HNO_3 $(NH_4)_2O \cdot 2V_2O_5$, bei 6-tägiger Einhaltung von p_H 4—4,5 ($H^+/V = 0{,}574$) mit End-p_H 4,10 mit 2,5—3 H_2O; rhomb. Kristalle, die in feuchtem Zustand bei Kontakt mit Luft in das dunklere, in W. unlösl. $(NH_4)_2O \cdot 3V_2O_5 \cdot 2H_2O$ übergehen. Bei p_H 4—6,8 entstehen bis 30° in festem Zustand nur die Polyvanadate 3:5 u. 1:2. Bei p_H 2—3 (optimal 2,2—2,5) erhält man $2(NH_4)_2O \cdot 5V_2O_5 \cdot 5H_2O$ in roter Lsg., als Nd. mit 3facher Menge 96%ig. A, umkrist. mit W., Ausbeute 89%, ebenfalls rhomb. Kristalle, aber kleiner, in W. lösl. 65—70%. Wasserfreies $(NH_4)_2O \cdot 3V_2O_5$ entsteht aus gesätt. NH_4VO_3-Lsg. beim Kp. mit 53,7%ig. wss. Essigsäure mit $H^+/V = 0{,}69$ als roter Nd., homogen nach mehrfachem Waschen. (An. Real Soc. españ. Física Quím., Ser. B **53.** 735—44. Dez. 1957. Valencia, Labor. de Quím. inorgán. u. Inst. Alonso Barba.) R. K. Müller. 330

Stanisław Stolarz, *Niob, seine Eigenschaften und seine Anwendung.* Übersicht. — 9 Literaturangaben. (Wiadomości Hutnicze **14.** 282—84. Sept. 1958.) F. Urban. 331

Alan Cowley, Fred Fairbrother und **Norman Scott,** *Die Halogenide von Niob (Columbium) und Tantal. 5. Mitt. Diäthylätherkomplexe der Pentachloride und Pentabromide; die Löslichkeit des Tantalpentajodids in Äther.* (4. vgl. C. **1955.** 1905.) NbF_5 TaF_5, $NbCl_5$ u. $TaCl_5$ sind gute Friedel-Crafts-Katalysatoren. Analog verhalten sich $NbBr_5$ u. $TaBr_5$ (Lewis-Säuren), die krist. 1:1-Komplexe mit Ae. bilden, die bei 16° einen Dissoziationsdruck < 10 mm Hg aufweisen. Dabei haben die Ta- gegenüber den Nb-Komplexen, wie die Bromid- gegenüber den Chlorid-Komplexen die höheren Dissoziationsdrucke. Beim TaJ_5 kann kein Komplex erhalten u. keine Friedel-Crafts-Katalysator-Wrkg. festgestellt werden. Während die Löslichkeit der Pentachloride u. Pentabromide in Ae. größer als die ideale ist, ist die des TaJ_5 geringer. Erhitzen auf 100° spaltet das Ätherat auf unter Bldg. von Äthylhalogenid u. Metalloxytrihalogenid, das bei höheren Tempp. weiter in Pentahalogenid u. Pentoxyd zerfällt.

Versuche: $NbCl_5 \cdot C_2H_5OC_2H_5$, F. 83° (Zers.), aus $NbCl_5$ u. Ae., grüngelbe Kristalle. — $TaCl_5 \cdot C_2H_5OC_2H_5$, F. 80° (Zers.), aus $TaCl_5$ u. Ae., farblose Kristalle. — $NbCl_5 \cdot C_2H_5OC_2H_5$, F. 71° (Zers.), aus $NbCl_5$ u. Ae., braune Kristalle aus roter Lösung. — $TaCl_5 \cdot C_2H_5OC_2H_5$. F. 77° (Zers.), aus $TaBr_5$ u. Ae., orangefarbene Kristalle. (J. chem. Soc. [London] **1958.** 3133—37. Sept. Manchester, Univ.) E. Kessler. 332

J. Masaguer Fernández, *Untersuchung der Entwässerung von $[CrCl_2(H_2O)_4]Cl \cdot 2H_2O$ in trockenem HCl und in HCl–Äther.* In einem Strom von $CaCl_2$-getrocknetem HCl wird *$[CrCl_2(H_2O)_4]Cl \cdot 2H_2O$* (**I**) bei gewöhnlicher Temp. zu *$[CrCl_2(H_2O)_4]Cl$* (**II**) entwässert, in 12 Std. bei 85° geht **II** in braunes *$[CrCl_3(H_2O)_3]$* (**III**) über, das in 12 Std. bei 130—140° violettes $CrCl_3$ bildet; jedoch verläuft auch noch bei 140—150° die vollständige Entwässerung sehr langsam, vermutlich wegen des kovalenten Charakters der Bindungen. Beim Durchleiten von HCl durch absol.-äther. Lsg. von **I** stellt sich Gleichgewicht der Rk. 3 **II** ⇌ 2 **III** + **I** ein; da die Rk. von links nach rechts sehr langsam ist, wird fast reines **II** erhalten. Die Rk. mit HCl geht weiter nach 3 **III** + HCl → $CrCl_3 \cdot HCl \cdot 5H_2O$ (**IV**) + $2[CrCl_3 \cdot (H_2O)_2]$ (**V**). **IV** fällt als grüner Nd. aus. **V** wird beim Eindampfen der violetten Lsg. im Vakuum über H_2SO_4 unter wiederholter Zugabe von absol. Ae als violette, sehr hygroskop. M. erhalten. (An. Real Soc. españ. Física Quím., Ser. B **53.** 635—40. Sept./Okt. 1957. Santiago de Compostela, Univ., Labor. de Quím. inorgán.) R. K. Müller. 335

Hans-Ludwig Krauss und **Walter Huber**, *Neue Komplexe des Molybdän(VI).* Bei Verss. zur Herst. gemischter Anhydride zwischen Carbonsäuren u. Molybdänsäure mit Carbonsäurehalogeniden u. Molybdat werden Komplexe der allg. Formel $MoO_3 \cdot 2RCOHal$ erhalten. Beschrieben wird die Herst. von $MoO_3 \cdot 2CH_3COCl$, $MoO_3 \cdot 2C_2H_5COCl$ u. $MoO_3 \cdot 2C_3H_7COCl$. Debye-Scherrer-Aufnahmen dieser Komplexe zeigen Ähnlichkeit mit $MoO_3 \cdot 2H_2O$, $MoO_3 \cdot 2HCl$ u. $MoO_3 \cdot 2CH_3OH$.

Versuche: $MoO_3 \cdot 2CH_3COCl$ (I), F. 170° (Zers.), aus trockenem $PbMoO_4$ u. CH_3COCl in PAe. unter Feuchtigkeitsausschluß; grobe Kristalle, 46% (Ausbeute). — $MoO_3 \cdot 2C_2H_5COCl$, F. 103° (Zers.), Darst. analog **I**. — $MoO_3 \cdot 2C_3H_7COCl$, F. 85° (Zers.), Darst. analog **I**. (Z. Naturforsch. **13b**. 820. Dez. 1958. München, TH, Anorgan. Chem. Inst.) E. Kessler. 336

Jaromír Malý und **Václav Veselý**, *Ein Beitrag zur Chemie der Natriumpolyuranate.* Aus potentiometr. Titrationen u. spektrophotometr. Messungen von verschied. $NaOH/UO_2(NO_3)_2$-Mischungen in Abhängigkeit vom p_H wird im Verein mit der röntgenograph. Identifizierung zweier Strukturtypen geschlossen, daß beim p_H 4 ein Polyuranat $(UO_3H_2O)_5 \cdot N_2O_5$ entsteht u. bei weiterer Zugabe von NaOH kontinuierlich in strukturgleiches $(UO_3H_2O)_n \cdot Na_2O$ übergeht, wobei n von 16 auf 5 sinkt. Zwischen n = 5 u. n = 3 wechselt das Gitter I in ein Gitter II, das End-Prod. der Umsetzung ist $Na_2U_2O_7$. Struktur I wird bei Z = 4 U rhomb. indiziert mit a = 7,09; b = 9,55; c = 5,11 Å. Raumgruppe D_2^2 — P 2221. (J. inorg. Nuclear Chem. **7.** 119—28. Aug./Sept. 1958. Prag, Inst. für Kernphysik.) H. Bergerhoff. 339

Jaromír Malý und **Václav Veselý**, *Beitrag zur Chemie der Natriumpolyuranate.* Inhaltlich ident. mit vorst. Ref. (Jaderná Energie **4.** 371—76. Dez. 1958.) H. Bergerhoff. 339

N. Isaac, *Extraktion von Plutonium und Uran aus Kernbrennstoffen.* Es wird eine Übersicht über die verschied. Methoden zur Extraktion von Pu u. U aus bestrahlten Kernbrennstoffen gegeben. Behandelt werden Verff., die in wss. Lsg. durchgeführt werden (Fällungsmethoden, Solvensextraktion u. Ionenaustausch) und nicht-wss. Verff. (fraktionierte Dest. der Fluoride u. pyrometallurg. bzw. Hochtemp.-Verff.). — 15 Literaturhinweise. (Ind. chim. belge **22.** 139—52. Febr. 1957. Mol-Donk, Centre d'Études pour les Appl. de l'Énergie Nucl.) W. Karcher. 343

J. A. Brothers, **R. G. Hart** und **W. G. Mathers**, *Die Nitratkomplexe des vierwertigen Plutoniums.* Ergebnisse, die durch Fl.-Extraktion von salpetersauren (0,2 mol.), perchlorat- u. nitrathaltigen Pu(IV)-Lsgg. mit Lsgg. des Ionentauschers *Amin 9 D-178* (Röhm u. Haas) in Toluol gewonnen wurden, zeigen, daß Pu zum größten Teil als $Pu(NO_3)_4$ vorlag u. mit dem Amin (**R**) die Verbindung $\mathbf{R}_2Pu(NO_3)_6$ bildete. Analoge Verss. mit Tributylphosphat in Soltrol (inerte Petroleumfraktion vom Kerosintyp) ergaben annähernde Konstanz des Verteilungskoeff. im Bereich 1,0—4,5 mol. HNO_3 bei konstant gehaltener Ionenkonzentration. Da ferner die Absorptionsspektren der zur Extraktion benutzten Pu-Lsgg. u. von Pu-Lsgg. in reiner 2 mol. u. 4 mol. HNO_3 analog verlaufen, kann als sicher gelten, daß in 1—4 mol. HNO_3 praktisch nur die Verb. $Pu(NO_3)_4$ existiert. Das Spektr. in 11 mol. HNO_3 zeigt, daß auch hier nur eine Pu-Verb. dominiert. Ein Vgl. mit dem Spektr. von $\mathbf{R}_2Pu(NO_3)_6$ in der Amin-Toluol-Lsg. läßt auf $H_2Pu(NO_3)_6$ schließen. Im Bereich 4—11 mol. HNO_3 existiert noch eine weitere Verb., u. zwar vermutlich $HPu(NO_3)_5$. (J. inorg. Nuclear Chem. **7.** 85—93. Aug./Sept. 1958. Chalk River, Ontario, Atom. Energy of Canada Ltd.) R. Junge. 343

J. Wouters, *Ist Nobelium als jüngster Sproß der Aktiniden-Familie bereits geboren oder noch zu erwarten?* Übersicht über Gewinnung u. Eigg. von No (Element 102). — 14 Schrifttumhinweise. (Meded. vlaamse chem. Veren. **20.** 179—85. Sept./Okt. 1958. Leuven, Kathol. Univ., Labor. voor Phys.) W. Wesly. 348

Kōki Gunji, *Redoxgleichgewichte im System (Mn–Wüstit)-CO-CO_2.* 1—2 g von 6 verschied. *Fe-Mn*-Legierungen mit 3,15 bis 55,53% Mn werden in einem Gemisch von sorgfältig gereinigtem *CO* u. CO_2 bei 100—200 cm³/Min auf Temp. von 800—1000° erhitzt u. die Zus. des durchgegangenen Gases wie der Probe bestimmt, so daß sich die Menge des mit Fe sich verbindenden O errechnen läßt. Bei zunehmendem Mn-Geh. erweitert sich das Gebiet des *Wüstits.* Die Fe-bildende Rk. $FeO + CO \rightleftharpoons Fe + CO_2$ wird bei niedrigem CO_2, die Magnetit bildende Rk. $Fe_3O_4 + CO \rightleftharpoons 3 FeO + CO_2$ durch hohes CO_2 begünstigt, bzw. es tritt eine entspr. Verschiebung ein. Bei zunehmendem Mn im Wüstit nimmt das mit Fe sich verbindende O ab. Die Temp.-Erhöhung von 800—1000° beschleunigt nur die Einstellung des Gleichgewichts von 35—50 auf 20—30 Stunden. (Tetsu to Hagane [J. Iron Steel Inst. Japan] **41.** 198—99. März 1955. Sendai, Tohoku Univ. [Orig.: japan.]) L. Schuler. 354

N. Ju. Koshewnikow, **O. W. Trawin** und **Je. N. Jarcho**, *Einfluß von CaF_2 auf die Verteilung von Phosphor zwischen flüssigem Eisen und Eisen–Kalk–Schlacken.* Unter

Verwendung von radioakt. ^{32}P wird die gegenseitige Beeinflussung von CaF_2 u. P_2O_5 in den Systemen $CaO-FeO-P_2O_5$ u. $CaO-FeO-CaF_2$ untersucht. Bei niedrigen Phosphorkonzz. entstehen Phosphationen nach: $2[P] + 5(FeO) + 3(CaO) \rightleftharpoons 2(PO_4^{3-}) + 3Ca^{2+} + 5Fe$, $\Delta H = -128000$ kal. Bei Vergrößerung der Phosphorkonz. auf 3% entsteht Calciumphosphat nach: $2(PO_4^{3-}) + 3(Ca^{2+}) \rightleftharpoons [Ca_3(PO_4)_2]$, $\Delta H = -56000$ kcal. Die Gesamtreaktion der Systeme Fe u. $CaO-FeO-P_2O_5$ verläuft nach: $2[P] + 5(FeO) + (3\,CaO) \rightleftharpoons [Ca_3(PO_4)_2]$, $\Delta H = -184000$ kal. (Доклады Академии Наук СССР [Ber. Akad. Wiss. UdSSR] **122.** 635—38. 1/10. 1958.) G. PRETZSCHNER. 354

E. F. G. Herington, *Reaktionen von Dinatriumpentacyanoamminoferrat mit aromatischen Aminen.* 2. Mitt. *Die Darstellung und Eigenschaften von Verbindungen, die das Pentacyano-p-aminodiphenylaminoferration enthalten.* (1. vgl. C. **1957.** 59.) $Na_2[Fe(CN)_5NH_3]$(I) gibt mit Anilin in alkal. Lsg. $Na_3[Fe(CN)_5NHC_6H_4NHC_6H_5]$ (**II**). **II** ist mit dem Komplex ident., der sich aus **I** u. *p-Aminodiphenylamin* (**III**) bildet. Red. von **II** aus Anilin gibt **III**, u. Rk. von **II** mit HNO_2 gibt eine Diazoverb., die mit der Diazoverb. aus **III** ident. ist. Die tief blaugrüne **II**-Lsg. besitzt bei 660 mμ ein Absorptionsmaximum. Papierelektrophorese der wss. **II**-Lsg., die mehrere Monate gestanden hatte, zeigt eine allmähliche Zersetzung. Die Darst. einiger intensiv gefärbter Schwermetallsalze des **II**-Anions wird beschrieben.

Versuche: *p-Aminodiphenylamin* **III**, F. 64° (aus Bzl.), durch Isomerisierung von N-Nitrosodiphenylamin zu p-Nitrosodiphenylamin, Red. mit Sn u. HCl u. Extraktion mit Ae. nach Zers. mit NaOH. *Acetylverb.*, F. 154°. — *Zinkpentacyano-p-aminodiphenylaminoferrat(III)* $Zn_3[Fe(CN)_5NHC_6H_4NHC_6H_5]_2 \cdot 8H_2O$: a) Aus 0,16 g Anilin u. 0,7 g $Na_2[Fe(CN)_5NH_3] \cdot H_2O$ in 5 ml 0,1 n NaOH-Lsg., 30 Min. Schütteln u. Papierelektrophorese dieser Lsg. in 2 ml Anteilen unter Verwendung von Kohlenelektroden. Nach 3½ Std. werden die blaugrünen Ionen aus dem Papier geschnitten u. mit 0,1 n NaOH-Lsg. extrahiert. Der Extrakt wird mit 1 g $Zn(NO_3)_2$ in 5 ml W. u. 12 ml Eisessig versetzt u. der blaugrüne Nd. bis zur neutralen Rk. mit W. gewaschen. IR-Absorptionsspektren sind angegeben. b) Aus 0,35 g $Na_2[Fe(CN)_5NH_3] \cdot H_2O$ in 10 ml 0,025 n NaOH-Lsg. u. 0,18 g **III** durch 20 std. Schütteln, Verdünnen auf 200 ml, Zugabe von 20 ml Eisessig u. 35 ml 0,1 mol. $Zn(NO_3)_2$-Lsg. u. Trocknen des neutral gewaschenen Nd. im Vakuum. — Die in 0,2 n Essigsäure unlösl. *Pentacyano-p-aminodiphenylaminoferrate(III)* folgender Metalle wurden durch Tüpfeln der entspr. Metallchlorid- bzw. -nitratlsg. u. **II**-Lsg. auf Papier u. Waschen des Fleckes mit 0,2 n Essigsäure untersucht: *Cu(II)*-, blau; *Ag*-, blaugrün; *Zn*-, blaugrün; *Cd*-, blau; *Hg(II)*-, blauviolett, (wird an der Luft bald entfärbt); *Hg(I)*-, blau; *Zr*-, grün; *Sn(II)*-, blassgrün (an der Luft schnell verblassend); *Bi*-, grün; *Cr(III)*-, blassblau; *Mn(II)*-, braun; *Fe(III)*-, blau; *Co(II)*-, grün; *Ni*-, grün. (J. chem. Soc. [London] **1958.** 4683—88. Dez. Hoshiarpur, India, Panjab Univ., Chem. Dep.) H. HOFMANN. 354

Paul Lossaint, *Über das Komplexbildungsvermögen von Extrakten einiger frischer und zersetzter Forst-Streuarten gegenüber zwei- und dreiwertigem Eisen.* Wss. Extrakte der Streu 8 verschied. Laub- u. Nadelhölzer wurden im Hinblick auf ihr Komplexbildungsvermögen untersucht. Es zeigte sich, daß die Extrakte unzers. Streu unterschiedliche Mengen Fe zu binden vermögen (Laubstreu das 5–7-fache von Nadelstreu) u. daß das Komplexbildungsvermögen der Extrakte mit fortschreitendem Abbau der Streu sich verschied. verhält: Bei Laubstreu nimmt es sehr rasch ab, während es bei der Nadelstreu nahezu gleichbleibt. (C. R. hebd. Séances Acad. Sci. **247.** 106—09. 7/7. 1958. Straßburg, Univ., Botan. Inst.) W. WERNER. 354

Seymour Katz, James F. Weiher und **Adolf F. Voigt,** *Reaktion von Bis-[cyclopentadienyl]-kobalt(II) mit organischen Halogeniden.* Bei der Umsetzung von Bis-[cyclopentadienyl]-kobalt(II) mit überschüssigem CCl_4 in einer inerten Atmosphäre bildet sich ein Nd. von *Bis-[cyclopentadienyl]-kobalt(III)-chlorid* $(C_5H_5)_2CoCl$ (100% Ausbeute); aus der Lsg. wird nach Abdampfen des CCl_4 im Vakuum, Sublimation u. fraktionierter Kristallisation aus Hexan eine Trichlormethyl-Verb. $(C_5H_5)_2CoCCl_3$ (**I**) (Ausbeute 90%) erhalten. **I**: F. 79—80°, orangerot, zers. sich innerhalb von 40 Std., lösl. in organ. Lösungsmitteln, unlösl. in W., reagiert mit A.–W.-Gemischen langsam unter Bldg. des *Bis-[cyclopentadienyl]-kobalt(III)-kations* (70% Ausbeute). Vff. diskutieren den Bindungsmechanismus in **I**; auf Grund des IR-Spektr. u. des Reaktions-Verh. gegenüber Maleinsäureanhydrid u. gegenüber $FeCl_2$, das im letzteren Falle zur Bldg. von *Bis-[cyclopentadienyl]-eisen(II)* führt, nehmen Vff. vorerst an, daß mindestens 1 Cyclopentadienyl-Ring über eine σ-Bindung an das Co gebunden ist. (J. Amer. chem. Soc. **80.** 6459. 5/12. 1958. Ames, Io., Iowa State Coll., Ames Labor., Inst. for Atomic Res. and Dep. of Chem.) L. SCHWIEGK. 355

Ernestina Paglia und **Cenzo Sironi,** *Dipyridyl- und Phenanthrolinkobaltkomplexe: relative Oxydoreduktion.* Die Perchlorate der diamagnet. Komplexe $[Co(Dipy)_3]^{3+}$

u. $[Co(fen)_3]^{3+}$ [Dipy = *α.α'-Dipyridyl*(I) fen = *o-Phenanthrolin*] lassen sich durch Lösen von $Co_2O_3 \cdot 3H_2O$ in Eisessig-Acetanhydrid, Versetzen mit Dipy oder fen u. Fällen mit $NaClO_4$ darstellen. Die entspr. Chloride u. Jodide gewinnt man durch anod. Oxydation der BLAUschen paramagnet. Komplexe $[Co(Dipy)_3]^{2+}$ u. $[Co(fen)_3]^{2+}$. Die Co(III)-Komplexe sind Oxydationsmittel u. oxydieren Jodid zu Jod, wobei in W. unlösl. rote Polyjodide der Zus. $[Co(Dipy)_3]_2J_7$ ausfallen. In Ggw. von Natriumalkoholat werden die Co(III)-Komplexe in wss.-alkoh. Lsg. gleichfalls reduziert. Die Messungen des Redoxpotentials der Systeme $[Co(Dipy)_3]^{2+} \rightleftharpoons [Co(Dipy)_3]^{3+} + e^-$ zeigten, daß die Co(III)-Komplexe weniger stabil als die Co(II)-Komplexe sind. Folgende Potentiale (gegen eine gesätt. Kalomelelektrode) wurden gemessen: $[Co(fen)_3]Cl_2 \rightleftharpoons [Co(fen)_3]Cl_3$ 0,37 V, $[Co(Dipy)_3]Cl_2 \rightarrow [Co(Dipy)_3]Cl_3$ 0,31 V, $[Co(fen)_3](ClO_4)_2 \rightarrow [Co(fen)_3](ClO_4)_3$ 0,42 V, $[Co(Dipy)_3](ClO_4)_2 \rightarrow [Co(Dipy)_3](ClO_4)_3$ 0,37 V, $[Fe(Dipy)_3](ClO_4)_2 \rightarrow [Fe(Dipy)_3](ClO_4)_3$ 1,08 V.

Versuche: *$[Co(Dipy)_3](ClO_4)_2 \cdot 2H_2O$*, aus $[Co(Dipy)_3](CH_3COO)_2$ u. $HClO_4$ in W.; gelb, etwas hygroskop. lösl. in W., CH_3OH, A, Aceton, unlösl. im Ae. u. PAe.; magnet. Susceptibilität $\chi_{Co}^{20°} \cdot 10^6 = 8010$; $\mu_{eff.}$ 4,34 (BOHRsche Magnetonen). — *$[Co(fen)_3](ClO_4)_2 \cdot 2H_2O$*, Darst. analog vorst. Verb.; gelb, lösl. in A., wenig lösl. in W., Methanol, unlösl. in $CHCl_3$, Ae.; $\chi_{Co}^{20} \cdot 10^6 = 8970$; μ_{eff} 4,61. — *$[Co(Dipy)_3]J_2 \cdot 3H_2O$*, Lsg. von $CoCl_2$ u. I (1:3) wird mit festem KJ behandelt; dunkelockerfarbenes Salz, lösl. in W., A., Methanol, wenig lösl. in Aceton, $CHCl_3$, unlösl. in Ae.; $\chi_{Co}^{20} \cdot 10^6 = 9620$; μ_{eff} 4,76. — *$[Co(fen)_3]J_2$*, gelbes Salz, lösl. in W., A., Methanol, unlösl. in $CHCl_3$, Ae, Aceton; $\chi_{Co}^{20} \cdot 10^6 = 9630$; μ_{eff} 4,78. — *$[Co(Dipy)_3]_2J_7 \cdot 5H_2O$*, zur I-Lsg. in Eisessig gibt man die berechnete Menge $Co_2O_3 \cdot 3H_2O$, erwärmt auf 40° u. fügt zur Lsg. KJ; amarantrote Kristalle, unlösl. in W., Ae., lösl. in Aceton; $\chi_{Co}^{20} \cdot 10^6 = 10050$; μ_{eff} 4,86. — *$[Co(fen)_3]_2J_7 \cdot H_2O$*, analog vorst. Verb. dargestellt; tiefrot; $\chi_{Co}^{20} \cdot 10^6 = 7120$; μ_{eff} 4,12. — *$[Co(Dipy)_3]Cl_3$*, durch anod. Oxydation des Co(II)-Komplexes in 1 mol. KCl- u. 1 mol. HCl-Lsg. an einer Pt-Anode bei einer anod. Stromdichte von 0,015 A/cm²; Badtemp. 0°; aus der neutralisierten Lsg. wird das KCl mit A. u. Ae. fraktioniert gefällt; hellgelbes Salz, lösl. in W., Methanol, A.; $\chi_{Co}^{20} \cdot 10^6 = -175$. — *$[Co(fen)_3]Cl_3 \cdot 2H_2O$*, Darst. analog. vorst. Verb.; $\chi_{Co}^{20} \cdot 10^6 = -180$. — *$[Co(Dipy)_3](ClO_4)_3 \cdot 5H_2O$*, a) Darst. durch Versetzen einer $Co_2(SO_4)_3$-Lsg. mit einer Lsg. von $HClO_4$ oder $NaClO_4$ mit I. b) Lösen von $Co_2O_3 \cdot 3H_2O$ in wenig Eisessig-Acetanhydrid, Zugabe der berechneten Menge Base u. Erwärmen auf 80°. Zur filtrierten Lsg. fügt man $HClO_4$. Gelbe Verb., unlösl. in A., Methanol, Aceton, $CHCl_3$, Ae., Eisessig; $\chi_{Co} \cdot 10^6 = 95$. — *$[Co(fen)_3](ClO_4)_3 \cdot 5H_2O$*, Darst. analog vorst. Verb. nach Meth. b.; hellgelbes, diamagnet. Salz, Löslichkeiten wie vorst. Verb.; $\chi_{Co}^{20} \cdot 10^6 = 70$. (Gazz. chim. ital. **87.** 1125—32. Okt. 1957. Milano, Univ., Ist. per la laurea in Chim. ind. Centro di Chim. metallurg. del CNR.) H. NÖTH. 355

Ernestina Paglia, *Glyoximkomplexe des Kobalts mit α.α'-Dipyridyl und o-Phenanthrolin.* (Vgl. vorst. Ref.) Die bei der Einw. von α.α'-Dipyridyl (I, Dipy) oder o-Phenanthrolin (II, fen) auf $H[Co^{III}Br_2(C_4H_7N_2O_2)_2]$ ($C_4H_8N_2O_2$ = Dimethylglyoxim) entstehenden Komplexe $[Co^{III}Br_2(fen)(C_4H_7N_2O_2)]$ (**II**) u. $[Co^{II}Br_2(fen)(C_4H_8N_2O_2)]$ (**III**) behalten bei der Rk. ihre oktaedr. „trans"-Konfiguration bei, wobei **II** diamagnet, u. **III** paramagnet. ist. Bei der Einw. von Luft auf eine Lsg. von Kobaltacetat in Ggw. der Basen **I** u. **II** u. von $C_4H_8N_2O_2$ wurden die organ. Lösungsmittel unlösl. Verbb. des Typs $[(C_4H_7N_2O_2)_2Co(OH)(Dipy)_2]$ u. $[(C_4H_7N_2O_2)_2Co(OH)(fen)_2]$ isoliert. Diese Verbb. sind diamagnetisch. Sie entstehen vermutlich durch Assoziation der Co(III)-Dimethylglyoximsalze, wobei die Basen ohne Änderung der Oxydationszahl des Metalles u. der Elektronenanordnung eingreifen: $[(C_4H_7N_2O_2)_2Co(OH)] + 2\,Dipy \rightarrow [(C_4H_7N_2O_2)_2Co(OH)(Dipy)_2]$. Die Basen **I** u. **II** stabilisieren das zweiwertige Co auch in seinen Komplexen mit Dithiocarbamat (Dith) u. Acetylaceton. Dargestellt wurden die paramagnet. Verbb. $[(Dith)_2Co(fen)]$ u. $[(Acetylaceton)_2Co(fen)]$.

Versuche: *Dimethylglyoxim-o-phenanthrolinkobalt(II)-bromid*, $[(C_4H_8O_2N_2)(C_{12}H_8N_2)CoBr_2]$, aus gesätt. kalter Lsg. von $[(C_4H_7N_2O_2)_2CoBr_2]H$ u. **II** (1:2) in Methanol durch Fällen mit Ae.; graugrünes Salz; lösl. in W. u. A.; $\chi_{Co} \cdot 10^6 = 1420$; μ_{eff} 1,78 (BOHRsche Magnetonen). — *$[C_4H_7N_2O_2)Co(Dipy)Br_2] \cdot 1,25\,Dipy \cdot 3H_2O$*, $[(C_4H_7N_2O_2)(C_{10}H_8N_2)_{2,25}CoBr_2] \cdot 3H_2O$; Darst. analog vorst. Verb.; maronenfarbiges Salz; $\chi_{Co} \cdot 10^6 = 48$. — *$\{[(C_4H_7N_2O_2)(C_4H_6N_2O_2)Co]_2(C_{12}H_8N_2)_3\} \cdot 4CH_3OH$*, eine konz. methanol. Lsg. von Kobaltacetat wird mit einer methanol. Dimethylglyoxim-Lsg. (Molverhältnis 2:1 bezogen auf Co) versetzt u. erhitzt, bis braunrote Farbe auftritt. Fällen mit Ae.; gelbliche Kristalle; lösl. in W. u. A.; $\chi_{Co} \cdot 10^6 = -15$. — *$[(C_4H_7N_2O_2)_2Co(OH)(C_{12}H_8N_2)_2] \cdot 2CH_3OH \cdot H_2O$*, Rückstand des $CHCl_3$-Extraktes der vorst. Verb., diamagnet.; grünlich; $\chi_{Co} \cdot 10^6 = 12$. — *$[(C_4H_7N_2O_2)_2Co(OH)(C_{10}H_8N_2)_2] \cdot CH_3OH \cdot H_2O$*, Darst. analog vorst. Verb.; grünlich; $\chi_{Co} \cdot 10^6 = -28$. — *o-Phenanthrolinkobalt(II)-bis-[diäthyldithiocarbamat]*, $(C_4H_{10}NCS_2)_2Co(C_{12}H_8N_2)$, aus $CoCl_2$, Na-Acetat, fen u. Na-Diäthyldithiocarbamat in wss. Lsg.; ockerfarben; $\chi_{Co} \cdot 10^6 = 10990$; μ_{eff} 5,08. — *o-Phenanthrolinkobalt(II)-bis-[acetylacetonat]*, $(C_5H_7O_2)_2(C_{12}H_8N_2)Co$, Fällen einer mit **II** versetzten Lsg. von Co(II)-Acetylacetonat in Methanol mit Ae., hellgelb, lösl. in A., Aceton, $CHCl_3$, unlösl. in Ae.; $\chi_{Co} \cdot 10^6 = 10190$; μ_{eff} 4,92. (Gazz. chim. ital. **87.** 1133—38. Okt. 1957.) H. NÖTH. 355

R. Mathur und **Hira Lal,** *Reaktion von Imidazol mit Kobalt(II).* Auf Grund potentiometr. Messungen an wss. *Imidazolnitrat–Co(NO₃)₂*-Lsgg. bei 25 u. 2° ermitteln Vff. die pK-Werte für die Dissoziation des Imidazoliumions u. berechnen die Bldg.-Konstanten u. Rk.-Wärmen für die entstehende Imidazol–Co(II)-Verb., wobei sie ihren Berechnungen eine angenommene Koordinationszahl von 6 für Co(II) zugrunde legen. (J. physic. Chem. **63.** 439—40. März 1959. Poona, India, Nat. Chem. Labor., Physic. Chem. Div.) D. ERTEL. 355

W. Feitknecht und **L. Hugi-Carmes,** *Über Bildung und Eigenschaften der Kupferacetylide.* Bei der Einw. von C_2H_2 auf Cu-Salz-Lsgg. u. feste Cu-Verbb. entstehen insgesamt 6 verschied. röntgenograph. identifizierbare Prodd. der wahrscheinlichen Zus.: $Cu_2C_2 \cdot H_2O$ in 3 verschied. großen Fehlordnungsgraden; $Cu_2C_2 \cdot CuCl$; $Cu_2C_2 \cdot 4\,CuCl$; amorphes Acetylid. Es werden die Bedingungen der Bldg., die Umsetzung mit feuchter Luft u. C_2H_2 u. die therm. Zers. studiert. Ein Acetylid des 2wertigen Cu bildet sich nicht. (Schweiz. Arch. angew. Wiss. Techn. **23.** 328—38. Okt. 1957. Bern, Univ., Inst. für anorg., analyt. u. physik. Chem.) H. BERGERHOFF. 358

René Faivre, *Über farbige, nichtstöchiometrische Oxyde und Hydroxyde.* Vf. gibt einen Überblick über die von ihm u. JUILLET u.a. dargestellten farbigen Oxyde u. Hydroxyde mit Halbleitereigg., die eine nichtstöchiometr. Zus. aufweisen. (*ZnO, CdO, Ag_2O, $Mg(OH)_2$* u. *Al_2O_3*). (C. R. hebd. Séances Acad. Sci. **248.** 2011. 1/4. 1959.) W. KARCHER. 359

A₉. Mineralogische und geologische Chemie.

P. C. Zwaan und **L. van der Plas,** *Optische und röntgenographische Untersuchung einiger Pyroxene und Amphibole von Nagpur, Zentralprovinz, Indien (behandelnd Blanfordit, manganhaltigen Aegirin-Augit, Juddit und Tirodit.* Folgende opt. Daten werden angegeben: Juddit: n_x 1,658 hellgelb, n_z 1,668 rosa bis orange, 2V 72° bzw. 70°; Tirodit: n_Y 1,648 blaßgelb, n_z 1,655 gelb, 2V 66° bzw. 60°, 45° bis 60°; Blanfordit: n_x 1.767, blaßrosa mit einem Stich Violett, n_z 1,799 himmelblau, 2V 72° bzw. 68°; brauner manganhaltiger Klinopyroxen: n_x 1,732 braungelb, n_z 1,755 bis 1,759 blaßgelb. Von den Mineralen werden die d-Werte der Pulveraufnahmen angegeben. (Proc., Kon. nederl. Akad. Wetensch., Ser. B **61.** 265—77. 1958. Leiden, Univ., Dep. of Mineral.-Petrol.) J.-E. HILLER. 372

Carleton A. Chapman und **Paul S. Wingard,** *Physikalische Kontrolle und Alter der Eruptivformation des Küstengebiets von Maine.* Die Eruptivgesteine, welche ans Biotitgraniten, Hornblendegraniten u. Dioriten bestehen u. neben Glimmerschiefern u. Gneisen vorkommen, gehören verschiedenen Entstehungsepochen an. (Bull. geol. Soc. America **69.** 1193—95. Sept. 1958. Urbana, Ill., Univ. of Illinois; Manhattan, Kan., Kansas State Coll.) F. ENSSLIN. 378

Georg Knetsch und **Erwin Sprengler,** *Strahlungsmessungen an sedimentären Gesteinen Unterfrankens.* Proben aus einer Profilserie über die Grenze Röt zum Wellenkalk am Grainsberg über dem Bahnhof Grambach am Main wurden mittels Felsmeßgeräten, GM-Becherzählrohr und Scintillometer auf ihre Strahlungsintensität untersucht. Die Proben aus dem Wellenkalk haben viel niedrigere Werte als die aus dem Buntsandstein. Es wird versucht, die Strahlungsungleichheiten der Horizonte analog einem typ. Mineralgeh. oder der Gesteinsfarbe diagnost. zu verwerten. Anscheinend synsedimentär angelegte u. später nur unwesentlich verlagerte Anomalien in Gesteinen kontinentaler Herkunft werden als eine aride Lösungskonz. gedeutet. (Neues Jb. Geol. Paläontol., Mh. **1958.** 385—97. Sept. Würzburg, Univ., Geolog.-paläontolog. Inst.) K. LÖFFLER. 378

Hermann Borchert, *Der initiale Magmatismus und die zugehörigen Lagerstätten.* (Freiberger Forschungsh., Reihe, C, Nr. **44. 1958.** 47—48. April. Clausthal. — C. **1959.** 1388.) J.-E. HILLER. 378

Albert Günter Herrmann, *Vorkommen und Verteilung einiger Metallspurenelemente innerhalb der Staßfurtserie des Südharzbezirkes.* Die Spurenelemente wurden nach Anreicherung durch Extraktion spektralanalyt. ermittelt. In dem älteren Steinsalz aus dem Südharzbezirk u. in Klammern in den Bohrungen von Gröna wurden gefunden Pb 2,5 · 10^{-5}% (2,5 · 10^{-6}%) Sn 4 · 10^{-6}%, Cu 5,9 · 10^{-5}% (3,0 · 10^{-6}%), Mn 4,0 · 10^{-5}% (3,0 · 10^{-6}%), Al 2,2 · 10^{-4}% (2,0 · 10^{-5}%) u. Zn 3,0 · 10^{-5}% (1,7 · 10^{-5}%). Freiberger Forschungsh., Reihe A Heft **88.** 80—84. 1958 Berlin.) F. ENSSLIN. 378

Karl Kegel, *Das Auftreten von CO_2 im Werra-Kalisalzgebiet.* Die prim. Steinsalz- u. Carnallitlager sind durch CO_2-haltige tert. Lsg. teilweise aufgelöst u. NaCl u. Sylvin unter Abfuhr der größten Menge $MgCl_2$ sek. wieder abgeschieden worden. Hierbei wurde die CO_2 in die sek. Salze vorwiegend in das KCl eingebaut u. gibt beim Abbau zu mehr oder weniger starken CO_2-Ausbrüchen Anlaß. Es wird vermutet, daß das CO_2 in Fehlstellen des KCl-Gitters mol. eingebaut ist. Gasblasen u. Laugeeinschlüsse können, soweit sie überhaupt vorhanden, niemals so große CO_2-Mengen liefern. (Bergakademie [Freiberg] **10.** 60—64. Febr. 1958. Freiberg/Sa.) F. ENSSLIN. 378

Richard Král, *Geochemie des Quecksilbers.* Kurze Übersicht mit 13 Literaturangaben. (Chemie [Praha] **9.** 524—28. Aug. 1957. Praha, ČSAV.) J. SCHNEIDER. 378

Duncan McConnell, *Apatitähnliche Minerale in Sedimenten.* Vf. nimmt Stellung zu einer Arbeit von LUND (C. **1958.** 11758) u. beanstandet die Verwendung des Ausdruckes *Fluorapatit* als Hauptkomponente phosphat. Sedimente. Er nimmt an, daß es sich in Wirklichkeit um *Francolith* gehandelt habe. (Econ. Geol. **53.** 110—11. Jan/Febr. 1958. Columbus, O., Ohio State Univ.) J.-E. HILLER. 378

Edouard Roch, *Die Bauxite Mittelfrankreichs: Ihre Entstehung.* Die mittelfranzös. Bauxite sind wie die meisten europäischen durch Verwitterung carbonat. Gesteine entstanden. Hierbei dürfte eine gewisse Windrichtung eine ausschlaggebende Rolle gespielt haben. (Rev. gén. Sci. pures appl. **65.** 151—156. Mai/Juni 1958. Sorbonne.) F. ENSSLIN. 378

R. L. Barinski, *Über die Beziehungen zwischen geradzahligen und ungeradzahligen Elementen der Seltenen Erden in verschiedenen Mineralien.* Aus den Verteilungskurven der Seltenen Erden in 30 untersuchten Mineralien (vorwiegend Y-haltigen), bei deren Aufnahme Pm nicht berücksichtigt u. die ungeradzahlige Kurve verschoben wurde, geht hervor, daß zwischen den Gehh. der entspr. Elementenpaare annähernd eine proportionale Beziehung besteht. Es ist: Ce:La = 3; Nd:Pr = 3; Gd:Tb = 6; Dy:Ho = 5; Er:Tu = 6; Yb:Lu = 6; wegen des geringen Eu-Geh. kann das Verhältnis Sm:Eu nur sehr angenähert zu 10—20 ermittelt werden. Die Streuung der Punkte beruht auf der Verschiedenheit der Kristallstruktur der untersuchten Mineralien. Die beobachteten Gesetzmäßigkeiten erklären sich daraus, daß die Bldg. der Elemente der Lanthanidengruppe auf 2 parallelen Wegen erfolgt. Die sprunghafte Veränderung des Verhältnisses von 3 auf 6 erfolgt im Gebiet von Pm. Die Sonderstellung von Pm beruht auf dessen geringer Halbzeit des Zerfalls, wodurch Pm schon vor der beginnenden Kristallisation verschwindet. Das ähnliche Verhalten der Elementenpaare unter den verschied. Bedingungen der Mineralbldg. u. bei sehr verschied. Geh. dieser Elemente in den verschied. Mineralien erklärt Vf. mit der ähnlichen Elektronenstruktur der Elementenpaare selbst innerhalb der Lanthanidengruppe. (Доклады Академии Наук СССР [Ber. Akad. Wiss. UdSSR] **120.** 573—76. 21/5. 1958. Inst. für Mineral., Geochem. u. Kristallchem. der seltenen Elemente der Akad. der Wiss. der UdSSR.) O. LEBTAG. 378

Paul F. Kerr, *Uranvererzung in dem Colorado Plateau.* Die meisten Lagerstätten sind sedimentär u. ihre Entstehung geht vom Palaeozoikum bis zum Tertiär u. besonderen Anreicherungen im Trias u. Jura. Einige Lagerstätten sind primär. Aus den möglichen Entstehungstheorien dürfte die hydrothermale Bldg. am wahrscheinlichsten sein. Als Spurenelemente sind charakterist. Se, Mo, As, Cu, K, V, Co, Cr, Pb, Zn u. S. Die Tempp. der Lsgg. dürften zwischen 100 u. 350° C gelegen sein. Aus den mit dem U imprägnierten organ. Material, welches gecrackt wurde, lagen die Tempp. über 275°. (Bull. geol. Soc. America **69.** 1075—1111. Sept. 1958.) F. ENSSLIN. 378

P. C. Zwaan, *Bemerkungen über Einschlüsse in einem Aquamarin.* An einem Aquamarin unbekannter Herkunft werden die Einschlüsse untersucht. Zwei Arten von Einschlüssen können unterschieden werden: solche parallel der c-Achse u. die häufigeren parallel zur Basisebene. Die letzteren sind tropfenartig u. jünger als die Erstgenannten u. müssen daher sekundär sein. Die Einschlüsse parallel c sind teils gefüllt oder leer, wobei die leeren durch die basisparallelen Einschlüsse geschnitten werden. Sie dürften ursprünglich ebenfalls gefüllt gewesen sein u. verloren diese Füllung, als die basisparallelen Einschlüsse gebildet wurden. (Proc., Kon. nederl. Akad. Wetensch., Ser. B **61.** 260—64. 1958. Leiden, Ryjks Museum, Van Geologie en Mineral.) J.-E. HILLER. 380

I. F. Forster und **S. Grafenauer,** *Diskussion zur Arbeit von Krause „Erzmikroskopische Untersuchungen an türkischen Chromiten“.* Vff. nehmen zu einer Arbeit von KRAUSE (C. **1959.** 1387) Stellung u. weisen in den erzmikroskop., chem. u. genet. Betrachtungen Irrtümer nach, wegen denen sie auch seiner Hypothese der Entstehung der Chromerzlagerstätten nicht zustimmen. Dem gegenüber stellen sie eine genet. Klassifikation der Erzlagerstättentypen in orogenet. Peridotitmassiven auf: 1) Lagerstätten, gebildet durch Ausseigerung des prim. Peridotitmagmas, 2) Lagerstätten, gebildet durch Chromerzmagma, reich an leicht flüchtigen bzw. als Schmiermittel wirksamen Komponenten, 3) Umwandlungen des Chromits, früheren oder späteren Ursprungs. (Neues Jb. Mineralog., Abh. **92.** 171—82. Sept. 1958. Heidelberg, Univ., Mineral.-Petrogr. Inst.) J.-E. HILLER. 380

Caius Superceanu, *Chalkographische Untersuchung über die kupferhaltigen Mineralisationen von Deva-Siebenbürgen.* In dem untersuchten Vork. finden sich in Andesiteruptivgestein Erze von *Cu, Mo, Au, Pb, Zn, Fe, Ti, Zr* u. *W*, die im einzelnen angeführt u. besprochen werden. In Abb. werden Paragenesen von $CuFeS_2$ u. Cu_5FeS_4, auch mit SiO_2 u. Fe_3O_4 bzw. Fe_2O_3 gezeigt, ferner solche von Fe_2O_3, Fe_3O_4 u. SiO_2 u. MoS_2 u. SiO_2 usw.; unter den Mineralien der Gangart werden hydrothermale Gesteine u. Bestandteile des Andesits gefunden. Es handelt sich um eins der bedeutendsten Vork. von Cu-Erzen in Rumänien. (Rev. Minelor **9.** 112—25. März 1958.) R. K. MÜLLER. 380

A. Nowakowski, *Sekundärer Riebeckit in unterpermischen veränderten Laven von Lomnitz (Sudetengebirge).* Der Deckenmelaphyr des Berges „Riegel" in der Nähe des Dorfes Lomnitz im Waldenburger Gebirge ist zuerst durch eine Kalimetasomatose verändert worden. Aus Olivin und Diopsid wurde Biotit; die Plagioklase erhielten einen Orthoklassaum. Durch eine darauffolgende Natriummetasomatose setzte von den Rändern der biotitisierten Olivine u. Augite sowie der Chloritpseudomorphosen dieser Minerale ausgehend eine Riebeckitbldg. ein, die bei den Augiten eine Mitbldg. von Ca-Epidot verursachte. Daneben wurde eine gemeine Hornblende als Zwischenstadium zwischen Augit u. Riebeckit beobachtet. Die Natriummetasomatose ist einer Spilitisierung gleichzusetzen, bei der durch Na- u. CO_2-haltige Wässer aus den bas. Plagioklasen des ursprünglichen trachybasaltähnlichen Gesteines Albit u. Calcit gebildet wurden. (Bull. Acad. polon. Sci., Sér. Sci. chim., géol. géogr. **5.** 765—68. 1957. Warsaw, Univ., Dep. of Petrology.) K. LÖFFLER. 380

Ulrike Marr, *Die Bildung des Staßfurt-Flözes unter Berücksichtigung geochemischer Untersuchungen.* Der Tachyhydrit, welcher bei der Verarbeitung des Carnallits zu Störungen Veranlassung gibt, ist in dem Staßfurt-Typ ein prim. Gemengteil des Carnallits. Dies ist nach dem quinären System der ozean. Salze nur dann möglich, wenn die Salze aus sauren Lsgg. kristallisierten, wobei als Bodenkörper gleichzeitig Carnallit u. Tachyhydrit entstehen. Dies gilt nur für die Salze vom Staßfurt-Typ. Im Werrazyklus liegen die Verhältnisse anders. Freiberger Forschungsh., Reihe A Heft **88.** 85—96. 1958 Meißen.) F. ENSSLIN. 380

Zbigniew Werner, *Die Zechstein-Salzlagerstätten in Mittelpolen (Kujawien).* Beschreibung der verschied. Salzstöcke aus Mittelpolen, deren Stratigraphie u. petrograph. Ausbildung u. deren Tektonik mit den deutschen Zechsteinsalzlagerstätten viele gemeinsame Merkmale hat. Freiberger Forschungsh., Heft A **88.** 65—79. 1958 Warschau.) F. ENSSLIN. 380

Harry von Eckermann, *Über die alkalischen und carbonatitischen Gänge der Alnö-Formation auf dem nordwestlichen Festland der Insel Alnö.* Durch einen Tunnel für ein Kraftwerk wurde ein 6 km langes Profil durch die alkal. Intrusionen auf Alnö freigelegt. Rd. 300 Gänge werden aufgeführt, wobei 18 Gänge, die in ihrer Zus. von den bereits beschriebenen abweichen, analysiert u. im einzelnen beschrieben werden. Ebenso wird die Verwitterung u. Veränderung der Gänge mit Hilfe von Analysen untersucht. (Kungl. svenska Vetenskapsakad. Handl. **7.** 1—61. 1958.) J.-E. HILLER. 385

Tan Kim Hong und **J. van Schuylenborgh,** *Über die Klassifizierung und Entstehung von Böden aus andesitischem, vulkanischem Material unter einem Monsun-Klima.* Über den Höhenbereich von 500—3900 m wurden am Lawn-Vulkan, Centraljava, Bodenproben entnommen u. nach folgenden Gesichtspunkten näher untersucht: Morphologie des Profils (Farbe, Struktur, Textur, Konsistenz), p_H-Wert, Verteilung der organ. Substanz, mineralog. Zus. der Sandfraktion, C:N-Verhältnis der Horizonte, C-, N-, H- u. O-Geh. der extrahierten organ. Substanz. Anhand der Ergebnisse werden die Böden klassifiziert u. ihre genet. Entw. diskutiert. (Netherl. J. agric. Sci. **7.** 1—21. Febr. 1959. Bogor, Univ. of Indonesia.) WILFRIED WERNER. 385

J. J. Reed, *Granite und Mineralisation in New Zealand.* Die neuseeländ. Granite sind bis auf einen Na-Granit n. K-Granite,an sie gebunden sind die Cu–Mo–Au–Ag–Pb-Zugänge von Mt. Radiant u. die W-Zugänge von Port Pegasus. Wahrscheinlich stehen auch die Reefton Au-Gänge, ein CaF_2-$BaSO_4$-Lager u. möglicherweise die Gold-Scheelit. Vorkk. in den Otago- u. Marborough-Schiefern mit dem Granitmagma im Zusammenhang. (New Zealand J. Geol. Geophysics **1.** 47—64. Febr. 1958. New Zealand, Geol. Surv., Dep. of Sci. and Ind. Res.) F. ENSSLIN. 385

W. T. Huang, *Riebeckitgranit in den Wichita Mountains, Oklahoma.* (Vgl. C. **1959.** 4732) Der dunkelgrüne Granit enthält 25% Riebeckit, dessen kristallograph. Daten bestimmt wurden. (Bull. geol. Soc. America **69.** 1191—92. Sept. 1958. Waco, Tex., Baylor Univ., Dep. of Geol.) F. ENSSLIN. 385

B. Allgemeine und theoretische organische Chemie.

J. Nys und **A. van Dormael,** *β-Anilinovinylderivate von heterocyclischen Basen.* 4. Mitt. *Vergleich ihrer Absorptionsspektren mit denen der entsprechenden Malonanile.* (3. vgl. C. **1950/54.** 888 S.) Durch Rk. des entsprechenden Anilinhydrochlorids mit Propargylaldehyddiäthylacetal in alkoh. HCl u. Chromatographie der Hydrochloride an Al_2O_3 werden *β-Anilinoacroleinanile* (**A**) erhalten, die in den p-Stellungen nucleophile oder elektrophile Substituenten tragen. Das Verf. eignet sich nicht zur Darst. der *p-Carboxyverb.*, die aber durch Verseifung der *p-Carbäthoxyverb.* erhalten wurde. Die p-Dimethylaminoverb. konnte nicht synthetisiert werden. Die Absorptionsmaxima der Farbstoffe wurden in neutraler u. saurer Lsg. gemessen. Die Salze sind lichtempfindlich, ebenso *β-[p-Nitroanilino]-acrolein-[p-nitroanil]*. Der Vgl. der Absorptionsmaxima mit denen der entsprechenden Anilinovinylheterocyclen (**B**) u. denen der reinen heterocycl. Cyaninfarbstoffe (**C**) zeigt ein anomales opt. Verh. der substituierten Anilinovinylsalze. Die Maxima der **B** weichen vom arithmet. Mittel der Maxima von **A** u. **C** deutlich zum Langwelligen, zu den Maxima von **C** hin, ab. Diese Anomalie wird in einer ausführlichen Diskussion auf der Grundlage der verschieden starken Beteiligung der mesomeren Grenzstrukturen am angeregten Zustand des Mol. zu deuten versucht. Danach besitzt im 3.3'-Diäthylthiacyanin die mesomere Struktur mit einer negativen Ladung am zentralen C-Atom u. positiven Ladungen an den S-Atomen bes. Stabilität u. verursacht eine anomal kurzwellige Absorption. Diese Anomalie schwächt sich ab bei den Oxazolen u. den Homologen mit längerer Methinkette u. verschwindet bei den Chinolinen.

Versuche: *Propargylaldehyddiäthylacetal*, Kp. 138—140°, aus α.β-Dibrompropionaldehyddiäthylacetal. — *β-Anilinoacroleinanilhydrochlorid*, F. 240°. — *β-[p-Chloranilino]-acrolein-[p-chloranil]*, $C_{15}H_{12}Cl_2N_2$, F. 158—159°, durch Chromatographieren des Hydrochlorids aus A. an Al_2O_3 u. Eluieren mit CH_3OH; 48% (Ausbeute). *Hydrochlorid*, durch 1 std. Kochen von 12,75 g *p*-Chloranilin u. vorvorst. Verb. in äthanol. HCl; 17 g. — *β-[p-Methoxyanilino]-acrolein-[p-methoxyanil]*, $C_{17}H_{18}N_2O_2$, F. 184—185°, aus p-Methoxyanilin über das *Hydrochlorid* (37%); 26%. — *β-[p-Carboxyanilino]-acrolein-[p-carboxyanil]*, *Hydrochlorid*, $C_{17}H_{15}ClN_2O_4$, F. 310°, durch 30 Min. Kochen des Diäthylesterhydrochlorids mit 15%ig. äthanol. KOH; 60%. *Diäthylester*, $C_{21}H_{22}N_2O_4$, F. 186—187°; 66%. *Diäthylesterhydrochlorid*, $C_{21}H_{23}ClN_2O_4$, F. 260° (Zers.; A.-2n HCl 4 : 1), aus p-Carbäthoxyanilin; 80%. — *β-[p-Acetylanilino]-acrolein-[p-acetylanil]*, $C_{19}H_{18}N_2O_2$, F. 225 bis 226°; 82%. *Hydrochlorid*, aus 13,5 g p-Acetylanilin; 17 g. — *β-[p-Nitroanilino]-acrolein-[p-nitroanil]*, F. 240—241° (Zers.). *Hydrochlorid*, $C_{15}H_{13}ClN_4O_4$, F. 257—258° (Zers.), aus p-Nitranilin; ockergelbe Kristalle; 74%. (Bull. Soc. chim. belges **65.** 809—30. Sept./Okt. 1956. Mortsel-Anvers, S. A. Photo-Produits Gevaert, Serv. de Rech. Chim.)
R. PASEDAG. B 118

Audrey White, *Der Einfluß des p_H auf die Fluorescenz von Tyrosin, Tryptophan und verwandten Verbindungen.* Die Unters. des p_H-Einfl. auf die Fluorescenz von *Tyrosin* (**I**), *Tryptophan* (**II**) u. verwandten Verbb. zeigte, daß das p_H der sauren Halblöschung (p_{H_F}) von **I, II** u. deren Derivv. mit intakter COOH-Gruppe annähernd dem pK-Wert der Carbonsäuren entspricht u. bei Derivv. mit substituierter oder fehlender COOH-Gruppe auf viel niedrigere Werte absinkt. **I**, *Tyramin* u. *Phenol* werden bei Dissoziation des phenol. OH in nichtfluorescierende Verbb. umgewandelt, so daß die Löschung als empfindlicher Nachw. dieser Dissoziation dienen kann. Bei $p_H > 7$ zeigen *Glycyltyrosin* u. *Glycyltyrosylglycin* u. *Tryptamin*, **II**-*Methylester* u. *Glycyltryptophan* ein Fluorescenzmaximum, das anscheinend vom Vorliegen einer freien NH_2-Gruppe abhängt. Die relative Quantenausbeute in neutraler wss. Lsg. u. bei bestimmter Wellenlänge wurde für die Verbb. ermittelt. Die Fluorescenzanregungsspektren der meisten Verbb. wurden in neutraler u. alkal. Lsg. bestimmt. Sie entsprachen den „Teil"-Absorptions-Spektren (C. **1957.** 9677) bei p_H 7. (Biochem. J. **71.** 217—20. Febr. 1959. Sheffield, Univ., Dep. of Biochem.)
K. MAIER. B 118

B. M. Krassowitzki und **D. G. Perejasslowa,** *Einfluß sterischer Faktoren auf die Eigenschaften von Farbstoffen mit Biphenylkern.* 2. Mitt. *Untersuchung von Disazofarbstoffen (Derivaten des Biphenyls, Fluorens, Fluorenons, Carbazols und Phenanthrenchinons).* (1. vgl. Украинский Химический Журнал [Ukrain. chem. J.] **20.** [1954.] 646.) Vff. untersuchen die Substantivität u. messen die Absorptionsspektren von Disazofarbstoffen aus 2.7-Diaminofluoren (**I**), 2.7-Diaminofluorenon (**II**), 2.7-Diaminocarbazol (**III**), 2.7-Diaminophenanthrenchinon (**IV**), 2.5-Diaminofluoren (**V**) u. Diphenylin (**VI**) u. vergleichen die Farbstoffe mit den entsprechenden aus Benzidin erhaltenen. Es wird festgestellt, daß die Substantivität von Farbstoffen, die in kondensierten Systemen den

Biphenylkern enthalten, auf der koplanaren Anordnung der Benzolringe beruht. — Als Kupplungskomponenten dienten H-Säure (**VII**) u. Naphthol-(1)-sulfonsäure-(4) (**VIII**). Für die folgenden Farbstoffe werden Absorptionsmaxima (in mμ) u. Substantivität (in %) angegeben: *Benzidin*-**VIII**: 540; 67.— *Benzidin*-**VII**: 580; 67. — **I-VIII**: 550; 55. **I-VII**: 590; 55. — **III-VIII**: 555; 65. **III-VII**: 595; 65. — **II-VIII**: 530; 55. **II-VII**: 570; 55. — **IV-VII**: 560; 42. — *2-Methylbenzidin*-**VII**: 560 (W.); 605 (Cellophan); 57. — **VI-VIII**: 505; 12. **VI-VII**; 515; 12. — **V-VIII**: 520; 50. **V-VII**: 535; 50. (Украинский Химический Журнал [Ukrain. chem. J.] **21**. 71—75. 1955. Charkow, Gorki-Univ.)

Helmut Schäfer. B 118

B. M. Krassowitzki, D. G. Perejasslowa, O. D. Kowalenko und **L. I. Schtscherbakowa,** *Einfluß sterischer Faktoren auf die Eigenschaften von Farbstoffen mit Biphenylkern.* 3. Mitt. *Untersuchung von Disazofarbstoffen (Derivaten des Biphenyls, Phenanthrens, Phenazons und Phenanthridons).* (2. vgl. vorst. Ref.) Es wurden die Eigg. der aus 2.7-Diaminophenanthren (**I**), 2.7-Diaminophenazon (**II**) u. 2.7-Diaminophenanthridon (**III**) mit H-Säure (**IV**), Naphthol-(1)-sulfonsäure-(4) (**V**) u. 1-Aminonaphthol-(8)-disulfonsäure-(2.4) (**VI**) erhaltenen Disazofarbstoffe (DA) untersucht u. mit den Eigg. der entsprechenden DA aus Benzidin (**VII**), 2.7-Diaminofluoren (**VIII**), 2.7-Diaminophenanthrenchinon (**IX**) u. anderen Diaminen (vgl. 2. Mitt.) verglichen. **I** wurde in Form eines 81%ig. Prod. durch 5std. Erhitzen von 2.7-Dibromphenanthren mit konz. NH_4OH auf 225—230° in Ggw. von $CuCl_2$ u. Cu-Pulver im Rohr erhalten. **II** wurde durch Red. von 2.2'-Dinitrobenzidin mit Na-Amalgam, **III** durch Verseifen des **III**-Diacetylderiv. mit 0,5n alkoh. KOH (4 Std. kochen) dargestellt. Die Färbung der DA aus **I** oder **II** u. **IV** entspricht den mit **IX** erhaltenen DA, doch zeigen die aus **I** oder **II** mit **IV** erhaltenen DA eine Farberhöhung gegenüber denen aus **VII** u. **VIII**. Dies ist offenbar mit dem elektronenanziehenden Einfl. der Äthylenbrücke (in **I**) oder der Azogruppe (in **II**) auf die Kette der konjugierten Doppelbindungen zu erklären. Beim Übergang der aus **II** erhaltenen DA zu den aus 3.3'-Diaminoazobenzol (**X**) erhaltenen tritt eine Farberhöhung u. ein scharfer Abfall der Substantivität auf. Der Vgl. der DA aus **III** mit denen aus 3.3'- (**XI**) u. 4.4'-Diaminobenzanilid (**XII**) erhaltenen zeigt, daß die Einführung einer —CO—NH-Gruppe keinen merklichen Einfl. auf die Substantivität hat, das Auftreten der Diphenylbindung führt jedoch zu einer größeren Substantivität. — Von den DA sind nachst. die Komponenten, das Absorptionsmaximum (in mμ) u. die Substantivität (in %) angegeben: **VII-IV** (580; 67). **VIII-IV** (590; 55). **I-IV** (565; 55). **IX-IV** (560; 42). **II-IV** (560; 54). **X-IV** (525; 31). **XII-IV** (550; 63). **XI-IV** (520; 13). **III-IV** (570; 61). — **VII-VI** (575; 59). **XII-VI** (550; 56). **XI-VI** (520; 9). **III-VI** (575; 54). — Von den folgenden DA ist nur λ_{max} angegeben: **IV-V** (540). **XI-V** (490). **III-V** (540), **X-V** (490). **II-V** (525). — Trisazofarbstoffe aus 2.4.4'-Triaminobiphenyl (**XIII**) nehmen hinsichtlich der Substantivität u. der Färbung eine Mittelstellung zwischen den DA aus **VII** u. den aus 2.4'-Diaminobiphenyl (**XIV**) ein: **VII-IV** (580; 67). **XIV-IV** (515; 12). **XIII-IV** (560; 39). **VII-V** (540). **XIV-V** (505). **XIII-V** (520). (Украинский Химический Журнал [Ukrain. chem. J.] **21**. 614—18. 1955.)

G. Froelich. B 118

B. M. Krassowitzki und **T. A. Sserowa,** *Einfluß sterischer Faktoren auf die Eigenschaften von Farbstoffen mit Biphenylkern.* 4. Mitt. *Untersuchung von Monoazofarbstoffen mit Biphenylkern.* (3. vgl. vorst. Ref.) Im Vgl. zu den aus p-Substitutionsprodd. des Anilins u. H-Säure erhaltenen Azofarbstoffen der Benzolreihe [$X—C_6H_4—N=N—R$; X = Methyl-, Brom-, Methoxy-, Methylmercapto- u. Nitro-] üben die gleichen in p'-Stellung befindlichen Substituenten in Farbstoffen, die aus 4-Aminobiphenyl mit H-Säure erhalten werden [$X—(C_6H_4)_2—N=N—R$], einen geringeren Einfl. auf die Farbe aus. Eine bathochrome Verschiebung wird allg. jedoch durch den zweiten Benzolkern hervorgerufen. In o-Stellung zur Diphenylbindung befindliche CH_3-Gruppen führen zu ster. Hinderungen u. rufen eine Farberhöhung u. bedeutende Herabsetzung der Haftfestigkeit hervor. So zeigt der Azofarbstoff aus 2.2'-Dimethyl-4-amino-4'-nitrobiphenyl u. H-Säure eine Farberhöhung (525 mμ) gegenüber dem entsprechenden Farbstoff aus 4-Amino-4'-nitrobiphenyl (535 mμ) u. ist sehr viel weniger haftfest.

V e r s u c h e: *Bis-[4-aminobiphenylyl-(4')]-disulfid,* F. 90—100°, zu Na_2S_2 (aus 52 g $Na_2S \cdot 9H_2O$ u. 6,8 g S in 40 ml sd. W.) gibt man 8 g NaOH in 20 ml W. u. in ½ Std. bei 0° die HCl-saure Lsg. von 36,8 g monodiazotiertem Benzidin; 26,5% (Ausbeute). — *Bis-[4-acetamidobiphenylyl-(4')]-disulfid,* $C_{28}H_{24}N_2O_2S_2$, F. 256—257°, man erhitzt 10 g vorst. Verb. in 80 ml Eisessig, filtriert u. kocht das Filtrat 5 Std mit 10 ml Acetylchlorid; 3 g. — *4-Acetamido-4'-mercaptobiphenyl,* $C_{14}H_{13}NOS$, F. 230°; durch Red. von 1,68 g vorst. Verb. in 50 ml Eisessig mit Zn (5std. Kochen); nach Behandeln mit verd. HCl F. 272°; 0,8 g. — *4-Acetamido-4'-methylmercaptobiphenyl,* $C_{15}H_{15}NOS$, F. 201—203°, durch Zutropfen von 0,7 g CH_3J zu 0,7 g vorst. Verb. in 10 ml Pyridin u. Verdünnen des Gemisches nach 1 Std. mit 100 ml W.; 0,74 g. — *4-Amino-4'-methyl-*

mercaptobiphenylhydrochlorid, $C_{13}H_{14}ClNS$, F. 258°, durch 4std. Kochen von 0,7 g vorst. Verb. in 30 ml A. u. 15 ml konz. HCl; 0,4 g. — *4.4'-Bis-[acetamido]-diphenyldisulfid*, F. 182°, zu 9,75 g 4-Aminoacetanilid in 18,5 ml HCl (D. 1,19) u. 100 ml W. gibt man 4,5 g $NaNO_2$ u. gießt die Lsg. bei 2—5° in eine Lsg. von 17,3 g $Na_2S \cdot 9H_2O$ u. 2,25 g S in 6,5 ml NaOH u. 40 ml W.; 8,55 g. Daraus durch Red. mit Al in verd. Essigsäure *4-Mercaptoacetanilid*, welches nach Methylierung mit CH_3J in Pyridin u. Verseifung des gebildeten 4-Methylmercaptoacetanilids mit A. u. HCl *4-Methylmercaptoanilin* liefert. (Украинский Химический Журнал [Ukrain. chem. J.] **22.** 70—75. 1956.)
W. KURTZMANN. B 118

Bernard Muel und **Michel Hubert-Habart,** *Phosphorescenzspektrum des 3.4-Benzopyrans in bei —180° eingefrorenen Lösungen.* Das Phosphorescenzspektr. (P) von *3.4-Benzopyran* (**I**), aufgenommen bei —180° in äthanol. Lsg. (100 γ/cm^3), zeigt von 6700 bis 10500 Å folgende 3 Bandengruppen: I 6815, 6975, 7135 Å, II 7455, 7640, 7835 Å, III 8420, 8650 Å. Daraus errechnen sich als charakterist. Frequenzen 1250 u. 330 (cm^{-1}), die Valenzschwingungen im Grundzustand zugeordnet werden. Das P unter obigen Bedingungen stimmt im wesentlichen mit dem Fluorescenzspektr. von **I** in Hexan bei 20° u. dem von **I** in Borsäure bei Zimmertemp. überein. Aus dem Absorptionsspektr. von **I** in Äthyljodid kann eine Schulter der Bande 14670 cm^{-1} aus dem P zugeordnet werden. Einige im Sichtbaren beobachtete Banden bei der Aufnahme des P von handelsüblichem **I** im Bereich von 5000—6700 Å verschwinden nach 3maligem Chromatographieren der Proben. Die im nahen IR aufgenommenen Spektren bleiben unverändert. (J. Chim. physique Physico-Chim. biol. **55.** 377—83. Mai 1958. Inst. du Radium, Labor. Pasteur.)
D. PALM. B 118

S. B. Roy, *Ultraviolettabsorptionsspektren von Pyridin in verschiedenen Lösungsmitteln bei verschiedenen Temperaturen.* Vf. bestimmte die UV-Absorptionsspektren von *Pyridin* in Cyclohexan (**I**), 3-Methylpenten (**II**), CCl_4 (**III**) u. Isobutylalkohol (**IV**) bei 30 u. —180° u. vergleicht sie mit dem Spektr. im Gaszustand. In den Spektren der Lsgg. in **I, II** u. **III** treten zwei Bandensyst. auf, die den Übergängen $n \rightarrow \pi^*$ u. $\pi \rightarrow \pi^*$ angehören, in **IV**-Lsg. tritt nur das Bandensyst. des $\pi \rightarrow \pi^*$-Übergangs auf. Der Abstand der aufeinanderfolgenden Banden im ersten Syst. beträgt 542 cm^{-1}, was gut mit dem im Dampfzustand beobachteten übereinstimmt. Die 0.0-Bande des ersten Syst. verschiebt sich in den Lösungsspektren um 430 cm^{-1}. Der $n \rightarrow \pi^*$-Übergang tritt im Fall der alkoh. Lsg. infolge der Ausbldg. einer Bindung zwischen Pyridin u. dem Alkohol unter Beteiligung des freien Elektronenpaars des N-Atoms nicht auf. Diese Bindung wird bei den anderen Lösungsmitteln nicht gebildet. (Indian J. Physics Proc. Indian Assoc. Cultivat. Sci. **32** (**41**). 323—29. Juli 1958. Calcutta, Yadavpur, Ind. Assoc. for the Cult. of Sci., Opt. Dep.)
M.-L. KLAAR. B 118

Robert J. Koegel, Jesse P. Greenstein, Milton Winitz, Sanford M. Birnbaum und **Rita A. McCallum,** *Untersuchungen über diastereomere α-Aminosäuren und entsprechende α-Hydroxysäuren.* 5. Mitt. *Infrarotspektren.* (4. vgl. C. **1958.** 10314.) Die IR-Spektren folgender Säuren wurden zwischen 2 u. 8 μ an den festen Verbb. untersucht; angegeben sind Bandentabellen von: *Glycin, Alanin, α-Aminobuttersäure, Norvalin, Norleucin, α-Aminoheptyl-, -capryl-, -nonyl-, -decyl-, -undecyl-* u. *-dodecylsäure, Valin, Isovalin, Leucin, Isoleucin* (**I**), *Alloisoleucin* (**II**), *tert.-Leucin, α-Aminocyclohexylessig-, -cyclohexylpropion-* u. *-phenylessigsäure, Phenylalanin, Tyrosin, Tryptophan, Serin, Homoserin, Homoserinlactonhydrochlorid, Pentahomoserin, Hexahomoserin, Phenyl-* (**III**) u. *Allophenylserin* (**IV**), *Threonin* (**V**), *Allothreonin* (**VI**), *Prolin, Hydroxy-* (**VII**) u. *Allohydroxyprolin* (**VIII**), *Asparagin-, Glutamin-, α-Aminoadipin-, Bernstein-* u. *Tricarballylsäure, α-Amino-* (**IX**) u. *Allo-α-aminotricarballylsäure* (**X**), *Pyrrolidon-* (**XI**) u. *Allopyrrolidondicarbonsäure* (**XIII**), *Isocitronen-* (**XIII**) u. *Alloisocitronensäurelacton* (**XV**), *α.β-Diaminopropion-* u. *α.γ-Diaminobuttersäurehydrochlorid, Ornithindihydrochlorid, Lysin-* u. *Argininhydrochlorid, Citrullin, Histidin, Methionin, Äthionin, Cystin, Homocystin, Cysteinhydrochlorid, S-Benzylcystein* u. *-homocystein.* Die Spektren von **I**—**XIV** sind zwischen 650 u. 4500 cm^{-1} als Diagramme angegeben. In jedem Falle entsprach das Spektr. einer L-Aminosäure in diesem Bereich dem des entsprechenden D-Antipoden. Bei diastereomeren Aminosäuren mit 2 opt. Asymmetriezentren wurden Unterschiede verschied. Grades in den IR-Spektren beobachtet. Die meisten der untersuchten Verbb. zeigten im Bereich von 6,3—7,5 μ folgende Banden: 6,3 (antisymm. Valenzschwingung der ionisierten COOH-Gruppe des dipolaren Aminosäureions), 6,6 (N—H-Deformationsschwingung der α-Aminogruppe), 6,9 (antisymm. CH_3-Valenz- u. vielleicht CH_2-Deformationsschwingung), 7,1 (symm. Valenzschwingung der ionisierten COOH-Gruppe), 7,3 (symm. CH_3-Valenz- u. vielleicht CH_2-Deformationsschwingung) u. 7,5 μ (CH_2-Kippschwingung). Auch bei 3,3, 3,9 u. 4,7 μ (N—H-, C—H-Valenzschwingungen bzw. [vermutlich] N—H-Valenzschwingung der NH_3^+-Gruppe des dipolaren Aminosäureions) traten oft gemeinsame Banden auf. Für die Gruppe der homologen geradkettigen α-Aminosäuren konnte an der fortschreitenden Bandenverschiebung im Bereich von 6 μ der Einfl. von Substituenten beobachtet werden. (J. Amer. chem. Soc. **77.** 5708—20. 5/11. 1955. Bethesda, Md., Nat. Inst. of Health, Nat. Cancer Inst., Labor. of Biochem.)

B. GNAUCK. B 120

Ja. I. Rysskin und **M. G. Woronkow,** *Molekülassoziation und Schwingungsspektren von Silanolen.* Die IR-Absorptionsspektren von *Triäthylsilanol* (I, $Kp._{27}$ 75,3°; n_D^{20} 1,4329; $D.^{20}_4$ 0,864) u. *Diäthylsilandiol* (II) bei verschied. Assoziationsgrad werden zwischen 7,5 u. 14,5 μ aufgenommen. Eine starke Bande mit Maximum bei 8,04 [μ] ist charakterist. für an Si gebundene Alkylgruppen. Eine Doppelbande 10,25, 10,55 (auch bei krist. II) gehört wahrscheinlich Valenzschwingungen der C—C-Bindung zu. Die 12,4-Bande wird durch Schwingungen von isolierten, die Banden bei 12,06 u. 11,89 durch solche von assoziierten Moll. verursacht. Die Absorptionskurven von I werden bei verschied. Konzz. (0,5—30%) in CS_2 aufgenommen; sie ähneln denjenigen von Hexaäthyldisiloxan, in denen aber die Banden bei 11,89—12,06 (SiOH) fehlen. Zum Vgl. mit I u. II werden auch die Spektren von R_3SiOD u. $R_2Si(OD)_2$ untersucht. In einem nichtpolaren Lösungsm. (CCl_4) kann die Änderung der Zahl der assoziierten Moll. mit der Konz. aus der Bande zwischen 11 u. 13 verfolgt werden. (Журнал Физической Химии [J. physik. Chem.] **30.** 2275—81. Okt. 1956. Leningrad, Inst. für Silicatchem. der Akad. der Wiss. der UdSSR.)

R. K. MÜLLER. B 120

W. R. Allison, W. R. Logan, G. T. Newbold und **T. J. Ross,** *Phthalane.* 2. Mitt. *Ultraviolett- und Infrarotspektren.* (1. vgl. C. **1958.** 8311.) Bei der Isomerisierung einiger substituierter 4-Hydroxymethylphthalide zu entsprechenden Phthalancarbonsäuren-(4) treten in den UV-Spektren bei der kurzwelligen Bande (212—221 mμ) Intensitätsminderungen ($\Delta\varepsilon$ 5—15·10³), jedoch keine bemerkenswerten Verlagerungen der Maxima ein. Ein Vgl. der UV-Spektren von *3-Amino-4.5-dimethoxyphthalalkohol* u. der *5-Methyl*-Verb. (aus den entsprechenden Phthaliden durch Red. mit $LiAlH_4$) mit *4-Amino-5.6-dimethoxyphthalan* bzw. der *6-Methyl*-Verb. (aus der entsprechenden Phthalancarbonsäure-(4) über das Säureamid u. HOFMANNschen Abbau) zeigt als Charakteristikum der Phthalanringbldg. eine Verschiebung des langwelligen Maximums (Δmμ —8 bzw. —15) u. Intensitätsabnahme ($\Delta\varepsilon$ —1450 bzw. —1000). Die IR-Spektren von Phthalanen, *4-Carboxy-*, *5.6-Dimethoxy-4-carboxy-* (auch *Säurechlorid, Amid* u. *Methylester*), *5.6-Dimethyl-4-amino-*, *5-Methoxy-6-methyl-4-carboxy-* (auch *Amid*), *5-Methoxy-6-methyl-4-amino-*, *5.7-Dimethoxy-4-carboxy-* (u. *Methylester*), *5.6.7-Trimethoxy-4-carboxy-* u. *5.6-Dimethoxy-7-methyl-4-carboxyphthalan,* weisen eine für den Phthalanring charakterist. Bande mittlerer Stärke bei 900—910 cm^{-1} auf, vergleichbar mit der symm. Ringvalenzschwingung des Tetrahydrofurans (913 cm^{-1}). Zum Vgl. sind die Banden in diesem Bereich angegeben für folgende Hydroxymethylverbb. *4-Hydroxymethyl-6.7-dimethoxy-*, *4-Hydroxymethyl-7-methoxy-6-methyl-*, *4-Hydroxymethyl-5.6.7-trimethoxy-*, *4-Hydroxymethyl-6.7-dimethoxy-5-methyl-*, *4-Hydroxymethyl-5.7-dimethoxyphthalid* u. *3.4-*, *4.5-Dimethoxy-*, *4-Methoxy-5-methyl-*, *3-Amino-4.5-dimethoxy-*, *3-Amino-*, *3-Amino-4-methoxy-5-methyl-1.2-bis-[hydroxymethyl]-benzol* u. ferner für *m-Dioxano-[4'.5':6.7]-phthalid*, *2-Amino-* u. *3-Amino-2-methylbenzylalkohol* angegeben.

Versuche: 5.6-Dimethoxyphthalane: *Carbonsäure-(4)-chlorid*, $C_{11}H_{11}ClO_4$, F. 102,5—103,5° (Bzl.-Leichtbenzin), aus der Säure (1,0 g) durch 1std. Kochen mit $SOCl_2$; Blättchen; 500 mg (Ausbeute). — *Carbonsäure-(4)-amid*, $C_{11}H_{13}NO_4$, F. 134—135° (Chlf.-Leichtbenzin), aus vorst. Prod. (1,0 g) mit fl. NH_3 in trocknem Ae. durch Stehen über Nacht; Nadeln; 600 mg. — *4-Amino-*, $C_{10}H_{13}NO_3$, F. 96—97,5° (Bzl.-Leichtbenzin), aus vorst. Prod. (740 mg) u. 10%ig. KOH/Br_2-Lsg., 20 Min. Rk. bei n. Temp., 15 Min. bei 80°; Plättchen; 500 mg. — 5-Methoxy-6-methylphthalane: *Carbonsäure-(4)-amid*, $C_{11}H_{13}NO_3$, F. 174—176° (A.), aus der Säure (1,1 g) analog vorvorst. Verb.; prismat. Nadeln; 0,75 g. — *4-Amino-*, $C_{10}H_{13}NO_2$, F. 74—76° (Leichtbenzin), aus vorst. Verb.; Nadeln; 190 mg. — *5.7-Dimethoxyphthalancarbonsäure-(4)-methylester*, $C_{12}H_{14}O_5$, F. 150—151° (Methanol), aus der Säure in CH_3OH mit Diazomethan in Ae., Nadeln. — Phthalalkohole: *4-Methoxy-5-methyl-*, $C_{10}H_{14}O_3$, F. 71,5—72,5° (Bzl.-Leichtbenzin), aus 6-Methoxy-5-methylphthalid (1,38 g) in Tetrahydrofuran durch Eintropfen in sd. $LiAlH_4$/Ae.-Lsg., 2½std. Kochen; 1,1 g. — *3-Amino-4-methoxy-5-methyl-*, $C_{10}H_{15}NO_3$, F. 119° (Bzl.-Leichtbenzin), aus 7-Amino-6-methoxy-5-methylphthalid (2,0 g) wie vorst.; Nadeln; 1,2 g. *O.O.N-Triacetylverb.*, $C_{16}H_{21}NO_6$, F. 167—168° (Bzl.-Leichtbenzin), durch ½std. Kochen mit Acetanhydrid in Pyridin; Nadeln. — *3-Amino-4.5-dimethoxy-*, $C_{10}H_{15}NO_4$, F. 112° (Aceton-Leichtbenzin), aus 7-Amino-5.6-dimethoxyphthalid (1,0 g) wie vorst.; prismat. Nadeln, 750 mg. (J. chem. Soc. [London] **1958.** 4311—14. Dez. Glasgow, Roy. Coll. of Sci. and Technol.)

E. RIEDEL. 120

D. F. Hoelzl Wallach, D. M. Surgenor, J. Soderberg und **E. Delano**, *Darstellung und Eigenschaften von 3.6-Dihydroxy-2.4-bis-[N.N'-di-(carboxymethyl)-aminomethyl]-fluoran. Anwendung bei der Ultramikrobestimmung von Calcium. 3.6-Dihydroxy-2.4-bis-[N.N'-bis-(carboxymethyl)-aminomethyl]-fluoran* (I) wurde durch Kondensation von Fluorescein (II) mit Formaldehyd u. Iminodiessigsäure (III) erhalten. Die Struktur wurde durch die bei Säure- bzw. Basetitration auftretenden Änderungen des Absorptions- u. Fluorescenzspektr. sowie durch das IR-Spektr. bestätigt. I zeigt bei der komplexen Bindung von Ca^{2+}, Mg^{2+} u. Zn^{2+} Verschiebung der Absorptionsmaxima u. verstärkte Fluorescenz. Die komplexometr. Titration von Ca^{2+} mit I als Indicator zeigt gute Ergebnisse bis hinab zu 1 γ. Die Ggw. eines 20fachen mol. Überschusses an Mg u. eines 100fachen an P stört nicht, dagegen werden Ba u. Sr mit Ca titriert. Schwermetalle wie Fe, Co, Cu wirken fluorescenzlöschend, können aber mit Cyanid u. Triäthanolamin maskiert werden. Bei Anwendung einer fluorometr. Messungsmeth. lassen sich noch weit geringere Ca-Mengen bestimmen.

Versuche: *3.6-Dihydroxy-2.4-bis-[N.N'-bis-(carboxymethyl)-aminomethyl]-fluoran* (I), $C_{30}H_{26}N_4O_{13} \cdot H_2O$, F. $> 300^0$ (70%ig. A.), durch Zutropfen von CH_2O zur gekühlten Lsg. von **II, III** u. NaOH in A./W. bei 4^0, 8std. Rühren bei 70^0, gelbe Nadeln; 20% Ausbeute. pK-Werte für **I**: < 3, < 4, 5,4, 9,0 u. > 12. (Analytic. Chem. **31.** 456—60. März 1959. Boston, Mass., Harvard Med. School, Dep. of Biol. Chem.; P. B. Brigham Hosp. and Protein Found., Dep. of Med.) E. Dehmlow. B 120

A. R. Katritzky, A. R. Hands und **R. A. Jones**, *Infrarotuntersuchungen heterocyclischer Verbindungen.* 3. Mitt. *3-Monosubstituierte Pyridine.* (2. vgl. J. chem. Soc. [London] **1958.** 2202.) Die Lage u. Intensitäten der charakterist. IR-Banden folgender Pyridine in Chlf. sind angegeben: *3-Methylamino-, 3-Amino-, 3-Äthoxy-, 3-[N-Methyl-N-acetylamino]-, 3-[N-Methyl-N-benzoylamino]-, 3-Acetamido-, 3-Benzamido-, 3-Methyl-, 3-[β-Carbäthoxyäthyl]-, 3-Carbäthoxymethyl-, 3-Hydroxymethyl-, 3-[β-Carbäthoxyäthenyl]-, 3-Phenyl-, 3-[p-Nitrophenyl]-, 3-Chlor-, 3-Brom-, 3-Cyan-, 3-Carbomethoxy-, -äthoxy-, -n-propoxy-, -isopropoxy-, -n-, -iso-* u. *-sek.-butoxy-, 3-Formyl-, 3-Acetyl-* u. *3-Nitropyridin.* Nachst. 11 Banden sind tabellar. aufgeführt: Gebundene Chlf.-CH-Valenzfrequenz [Bezeichnung] νCH 2950—3000 [cm^{-1}]; [Zuordnung der Pyridinbande] A_1, νCC, CN 1581—1608; B_1, νCC, CN 1581—1608; B_1, νCC, CN 1440—1488; A_1 νCC, CN 1407—1442; ?, 1175—1196; B_1, βCH 1114—1130; A_1, βCH 1086—1112; B_1, βCH 1023 bis 1047; A_1, Ring 1001—1029; B_2, γCH 803—820. (J. chem. Soc. [London] **1958. 3165** bis 3167. Sept. Oxford, Univ., Dyson Perrins Labor.; Cambridge, Univ., Chem. Labor.) B. Gnauck. B120

J. U. N. Cheinker, T. V. Gortinskaia und **T. P. Sycheva**, *Spektren und Struktur von p-Dihydroxyderivaten des Pyridazins und des Phthalazins.* Vff. untersuchten die IR- u. UV-Spektren von p-Dihydroxyderivv. des Pyridazins u. des Phthalazins sowie einigen Methyl- u. Halogenderivv. dieser Verbindungen. Das *3.6-Dihydroxypyridazin* u. *1.4-Dihydroxyphthalazin* zeigen im kristallinen Zustand u. in Lsg. eine Hydroxyoxomischstruktur, liegen also als 3-Hydroxypyridazon-(6) (I) bzw. 1-Hydroxyphthalazon-(4) (**II**) vor. Die Moll. von I sowie des 1-Methylderiv. von I bilden im kristallinen Zustand Ketten, wobei ein Mol. jeweils so zwischen zwei andere gelagert ist, daß die Kette durch Ausbldg. chelatartiger H-Brückenbindungen stabilisiert wird. Die Wasserstoffbindungen in II entstehen nicht durch Kettenbldg., sondern möglicherweise analog denen bei Phthalazon-(4) beobachteten. Durch Gegenüberstellung anderer Eigg. der untersuchten Verbb., wie F., Löslichkeit u. Acidität, ergeben sich weitere Schlüsse auf die Struktur. Die IR- u. UV-Spektren folgender Verbb. sind — außer denen der genannten Verbb — abgebildet: *1.2-Dimethylpyridazindion-(3.6), 3.6-Dimethoxypyridazin, 1-Methyl-3-methoxy-, 3-Methoxy-* u. *1-Methyl-3-hydroxypridazon-(6), 2.3-Dimethylphthalazindion-(1.4), 1-Methoxyphthalazon-(4), 1-Methoxy-4-chlorphthalazin; 3-Chlorpyridazon-(6); 3.6-Dichlor-; 3.6-Bismethylmercapto-* u. *3.6-Dimercaptopyridazin* u. *3-Methyl-1-hydroxyphthalazon-(4)* (nur UV). (J. Chim. physique Physico-Chim. biol. **55.** 217—26. März 1958. Moscou, U.R.S.S., Inst. S. Ordjonikidze chim.-pharm. de rech. sci.) M.-L. Klaar. B 120

R. Norman Jones und **Glyn Roberts**, *Die Infrarotspektren von Hydroxysteroiden unter 1350 cm^{-1}.* 31. Mitt. *über Untersuchungen über Steroidstoffwechsel.* (30. vgl. C. **1956.** 13715.) Die IR-Spektren von Steroidalkoholen wurden im Bereich von 650—1350 cm^{-1} in CS_2 bzw. z. T. in Chlf. oder in KBr aufgenommen. Von folgenden Verbb. sind die Bandentabellen angegeben: *Androstan-3α-ol* (I), *Allopregnan-3α-ol, Cholestan-3α-ol, Δ^{16}-Androsten-3α-ol, Androstan-3α-ol-17-on, Allopregnan-3α-ol-20-on, Androstan-3α.17β-diol-17-acetat, Allopregnan-3α.20β-diol-20-acetat, Androstan-3α.17β-diol, Allopregnan-3α.20α-diol, Androstan-3β-ol* (II), *Allopregnan-3β-ol, Cholestan-3β-ol, Ergostan-3β-ol, Δ^{22}-Stigmasten-3β-ol, Androstan-3β-ol-17-on, Allopregnan-3β-ol-20-on, Androstan-3β.17α-* u. *-3β.17β-diol, Allopregnan-3β.20α-diol, Ätiocholan-3α-ol* (III), *Pregnan-3α-ol, Koprostan-*

3α-ol, Δ¹⁶-Ätiocholen-3α-ol, Ätiocholan-3α-ol-17-on, Pregnan-3α-ol-20-on, 17α-Pregnan-3α-ol-20-on, Ätiocholan-3α.17β-diol-17-acetat, Ätiocholan-3α.17α- u. *3α.17β-diol, Pregnan-3α.20α-diol, Ätiocholan-3β-ol* (**IV**), *Pregnan-3β-ol, Koprostan-3β-ol, Δ¹⁶-Ätiocholen-3β-ol, Ätiocholan-3β-ol-17-on, Pregnan-3β.17α-diol-20-on, Δ⁵-Androsten-3β-ol* (**V**), *Δ⁵-Pregnen-3β-ol, Δ⁵-Cholesten-3β-ol, Δ⁵-Stigmasten-3β-ol, Δ⁵-17α-Pregnen-3β.17β-diol, Δ⁵-Androsten-3β-ol-17-on, Δ⁵-Pregnen-3β-ol-20-on, 3β-Hydroxy-Δ⁵-cholensäuremethylester, Δ⁵-Androsten-3β.17α-* u. *-3β.17β-diol, 17-Äthinyl-Δ⁵-androsten-3β.17β-diol, Δ⁵-Androsten-3β.16α-diol, Androstan-17β-ol* (**VI**), *Androstan-17β-ol-3-on, Δ¹-Androsten-17β-ol-3-on, Androstan-3α.17β-, -3β.17β-* u. *-6β.17β-diol, Ätiocholan-17β-ol* (**VII**), *Ätiocholan-17β-ol-3-on, Ätiocholan-3α.17β-diol, Δ⁴-Androsten-17β-ol-3-on, Δ¹·⁴-Androstadien-17β-ol-3-on, Δ⁵-Androsten-3β.17β-diol, Allopregnan-20α-ol* (**VIII**), *Allopregnan-20α-ol-3-on, Allopregnan-3α.20α-diol-3-acetat, Allopregnan-3α.20α-* u. *-3β.20α-diol, Allopregnan-20β-ol* (**IX**), *Allopregnan-20β-ol-3-on, Pregnan-20α-ol* (**X**), *Pregnan-20α-ol-3-on, Pregnan-3α.20α-diol, Pregnan-20β-ol* (**XI**) u. *Pregnan-20β-ol-3-on.* Die Spektrendiagramme der Verbb. **I—XI** sind ferner zwischen 650 u. 1350 cm^{-1} angegeben. Die Hauptbande der 3-Hydroxysteroide liegt zwischen 1056 u. 999 [cm^{-1}], sie ist vermutlich einer C—O-Valenzschwingung zuzuordnen, da ihre Lage durch Deuterierung nur wenig verändert wird. Diese Verbb. besitzen ferner einige schwache, aber scharfe Banden im Bereich von 1015—890, deren Lage für die Stereochemie an $C_{(3)}$ u. $C_{(5)}$ charakterist. ist. 17β-Hydroxysteroide haben eine mittelstarke Bande bei 1059—1046, die vermutlich auch einer C—O-Valenzschwingung entspricht. Die Lage dieser Bande ist bei 5α- u. 5β-Verbb. sowie in Verbb. mit Δ⁴- oder Δ⁵-Doppelbindungen kaum verschieden. 20β-Hydroxysteroide sind durch eine mittelstarke Bande bei 1100—1090 charakterisiert. Dagegen besitzen 20α-Hydroxyverbb. in diesem Teil des Spektr. keine vergleichbare Absorption, ihre stärkste Bande tritt bei 1016—1008 auf. In dieser Reihe besitzen 5α- u. 5β-Derivv. eine charakterist. Bande bei 957—952. Die 20β-Hydroxyverbb. der 5α-Reihe weisen eine starke Bande bei 965—962 auf, die in der entsprechenden 5β-Reihe nicht so ausgeprägt ist. Die Spektren der 20α-Hydroxysteroide der 5α- u. 5β-Reihe besitzen keine systemat. Unterschiede. Dies trifft aber nicht auf die analogen Verbb. der 20β-Verbb. zu, bes. zwischen 1050 u. 900, wo die 5β-Derivv. eine Reihe scharfer Spitzen zeigen. Anscheinend hat der stereochem. Bau an $C_{(5)}$ bei den 20β-Hydroxysteroiden einen größeren Einfl. auf das Spektr. als dies bei den 20α- u. 17β-Hydroxyverbb. der Fall ist. Vorst. Ergebnisse werden diskutiert sowie die Lage ähnlicher Banden in den Spektren von Ketonen u. Acetaten. Es zeigt sich, daß bei gesätt. 6gliedrigen Ringketonen u. bei linearen Ketonen durch Substituenteneffekte, die Banden der Kategorien I u. II verursachen, hauptsächlich Banden im Bereich von 1300—1150 u. unter 850 auftreten. Die Ursachen für die Banden zwischen 1300 u. 1150 sind vermutlich Skelettschwingungen der Carbonylgruppe u. der mit ihr verbundenen C-Atome; die schwächere Absorption unter 850 ist wohl mit C—H-Spreizschwingungen der α-CH_2-Gruppen verbunden. Bei 17-Ketosteroiden treten die starken Skelettschwingungen bei 1100—1000 auf. Bei Steroidacetaten liegen die Hauptbanden bei 1240 u. zwischen 1100—1000; beide Absorptionsgebiete werden mit Valenzschwingungen der stark polarisierten C—O-Bindungen der Estergruppe in Zusammenhang gebracht. Die hauptsächliche Wrkg. der OH-Gruppe ist ebenfalls zwischen 1100 u. 1000 sowie sek. zwischen 1000 u. 900 zu beobachten. Wenn funktionelle Gruppen mit Äthylendoppelbindungen konjugiert sind, erscheint eine weitere Absorption unterhalb 900 (vermutlich nichtebene CH-Deformationsschwingungen der äthylen. H-Atome). Außer diesen Hauptbanden sind allg. zahlreiche schwächere Banden zu beobachten (Kategorie III). Ihre Intensitäten sind sehr unterschiedlich, ihre Frequenzen liegen meist außerhalb der vorst. untersuchten Bereiche. Ihr Auftreten hängt sehr wahrscheinlich mit Schwingungen in der Nachbarschaft der funktionellen Gruppen zusammen, entsprechend ähneln sie den Banden der Kategorien I u. II. Bemerkenswert ist, daß einige dieser Banden im gleichen Bereich bei solchen Steroiden auftreten, die verschied. funktionelle Gruppen besitzen. (J. Amer. chem. Soc. **80**. 6121—30. 20/11. 1958. New York, N. Y., Sloan-Kettering Inst. for Cancer Res.; Ottawa, Nat. Res. Council of Canada, Div. of Pure Chem.) B. GNAUCK. B 120

A. F. E. Sims und **P. W. G. Smith,** *Die Struktur von Dihydro-1.2.6-trimethylpyridin-3.5-dicarbonsäurediäthylester.* Aus dem kernmagnet. Resonanzspektr. von *Dihydro-1.2.6-trimethylpyridin-3.5-dicarbonsäurediäthylester* (I) in CCl_4, dargestellt durch Red. von Pyridinsulfat mit $Na_2S_2O_6$ in Na_2CO_3-Lsg. (Ring CH_2, zwei ident. Methylgruppen am Ring) folgt, daß dieser Verb. 1.4-Dihydrostruktur zukommt. In Chloroform-lsg. überlagern sich die Ring-CH_2- u. N—CH_3-Singuletts völlig. Das in den gleichen Lösungsmitteln bestimmte Spektr. des nach HANTZSCH synthetisierten *Dihydro-2.6-dimethylpyridin-3.5-dicarbonsäurediäthylesters* erweist sich als komplizierter u. deutet auf eine asymm. Struktur hin. Eindeutige Zuordnungen der verschied. peaks, die wegen beschränkter Löslichkeit der Verbb. schwach sind, konnten nicht gemacht werden. I gibt mit Maleinsäureanhydrid (II) in absol. Ae. eine 1 : 1-Anlagerungsverb., welche dem IR-Spektr. u. katalyt. Hydrierung nach kein Addukt vom DIELS-ALDER-Typ ist, sondern die Struktur **A** hat. 1.4-Dihydro-1-methylnicotinsäuremethylester bildet ein ähnliches Addukt; bei Behandlung der Anlagerungsverbb. mit kalter 2n HCl bildet sich Bernsteinsäure. Mit II in Ae. wird I in gleicher Weise wie durch angesäuertes 2.4-Dinitrophenylhydrazin abgebaut, wobei *N-Methylmaleamsäure* u. *2.6-Dioxoheptan-3.5-dicarbonsäurediäthylester* (isoliert als 2.4-Dinitrophenylhydrazon) entstehen. (Proc. chem. Soc. [London] **1958.** 282. Okt. London, Imp. Coll., Dep. of Organ. Chem.; Woolwich Polytechnic.)

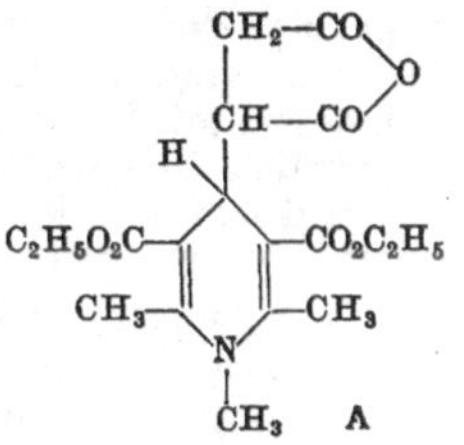

A

ANTJE SCHMIDT. B 137

Robert Schaal, *Säurefunktion in Wasser–Äthylendiamin-Mischungen.* Im Verlauf von Unterss. über die Ionisation sehr schwacher Säuren ergab sich, daß Lösungsmittelgemische aus W.–*Äthylendiamin* (Kp. 116—116,5°) sehr geeignet sind, pK-Werte bis zu 19 zu bestimmen. Die Eigg. der Lösungsmittelgemische, ihre Herst. u. die theoret. Grundlagen werden beschrieben u. die am Beispiel des *2.4.6-Trinitrodiphenylamin* (F. 180°) erläuterte Meth. benutzt, um die pK-Werte folgender Verbb. zu bestimmen: *3.6-Dinitrocarbazol,* F. 338—340° (13,05); *p-Nitrobenzylcyanid,* F. 118° (13,45); *2.4-Dinitrodiphenylamin* (14,65); *3-Nitrocarbazol,* F. 215° (15,10); *2.4-Dinitroanilin,* F. 180° (15,80) u. *1.3-Dinitrobenzol,* F. 89° (16,80). (J. Chim. physique Physico-Chim. biol. **52.** 784—95. Nov./Dez. 1955. Paris, PCB Labor. de Chim. IV.) W. NIEMITZ. B 139

Robert Schaal, *Anwendungen der Säurefunktion von Wasser–Äthylendiamin-Gemischen.* Die Vorteile der im vorst. Ref. beschriebenen Meth. werden erläutert u. die weniger durch theoret. als durch experimentelle Möglichkeiten (begrenzter Umfang des spektrophotometr. erfaßbaren Bereiches) gegebenen Grenzen aufgezeigt. Die im vorst. Ref. erhaltenen Werte werden diskutiert u. Folgerungen aus ihnen für verwandte Verbb. gezogen. Eine Unters. von Polynitrobenzolen liefert folgende pK-Werte: *2.4-Dinitrotoluol* (17,12); *2.4.6-Trinitro-m-xylol* (16,05); *1.3.5-Trinitrobenzol* (14,40 u. 18,00); *Trinitrotoluol* (14,45 u. 17,55) u. *2.4.6-Trinitrophenol* (*Pikrinsäure,* 15,10), deren Bedeutung in Hinblick auf strukturelle Überlegungen diskutiert werden. Außerdem wird ein Weg aufgezeigt, der es gestattet, die beschriebene Meth. auch auf nichtabsorbierende Verbb. anzuwenden, wie am Beispiel der Best. der pK-Werte des *Malonsäureäthylesters* (15,75) u. des *Phenylmalonsäureäthylesters* (15,85) gezeigt wird. Keine Acidität im verwendeten Lösungsmittelsyst. wurde gefunden für: *3-Nitro-N-acetylcarbazol*; *1-Nitrocarbazol*; *4-Nitrodiphenylamin* u. dessen *N-Nitrosoderiv.*; *2-Nitrodiphenylamin*; *2-* u. *4-Nitranilin, 2.6-Dinitrotoluol*; *2.4-Dinitromesitylen.* Unsicher sind die Werte für *Benzylcyanid, N-Methyl-* u. *N.N-Dimethyl-2.4-dinitranilin.* (J. Chim. physique Physico-Chim. biol. **52.** 796—808. Nov./Dez. 1955.) W. NIEMITZ. B 139

D. Monnier und **W. Haerdi,** *Polarographische Untersuchung des Cyclohexandiondioxims* (*Nioxims*). Bei der polarograph. Unterss. des *Nioxims* zeigen sich Anomalien. Es treten 3 Stufen V_1, V_2, V_3 auf, die den Verbb. RH_2, RH^- u. R^{2-} nicht entsprechen. Die Kurven, die die Abhängigkeit der Stufenhöhen von dem p_H angeben, schneiden sich (bei 20°) bei 7,7. Dieser Wert entspricht nicht den durch spektrometr. bzw. potentiometr. gefundenen pK-Werten. Die Erscheinung ist nicht auf kinet. Ströme, sondern auf das Vorhandensein eines Gleichgewichts zwischen tautomeren Formen zurückzuführen. Das Gleichgewicht zwischen syn- u. anti-Verb. besteht nur in saurem Medium u. benötigt zur Einstellung bei gewöhnlicher Temp. mehrere Stunden. Es ist anzunehmen, daß die syn-Verb. (mit Ni nicht fällbar) Anlaß zur Stufe V_1, die anti-Verb. (mit Ni fällbar) Anlaß zu V_2 geben, während die Stufe V_3 vermutlich auf eine amphi-Form (ebenfalls fällbar) zurückzuführen ist. (Helv. chim. Acta **41.** 2205—13. 1/12. 1958. Genf, Univ., Labor. de Chim. Min., de Chim. Anal. et de Microchim.) S. NEUE. B 142

Paolo Papoff und **Nunzio Turchi,** *Irreversible elektrochemische Prozesse: Bestimmung der Bildungskonstanten des Komplexes zwischen Isonicotinsäurehydrazid und Cu(II).* In Ggw. von *Isonicotinsäurehydrazid* (RH) wird die polarograph. Entladung des Cu^{2+} bei p_H 4,3 in 0,1n Na_2SO_4-Lsg. irreversibel. Die Bildungskonstante des Komplexes RCu^+, der sich unter diesen Bedingungen bildet, wurde zu $5{,}3 \pm 0{,}4 \cdot 10^{-4}$ ermittelt. (Ricerca sci. **28.** 812—19. April 1958. Modena, Univ., Ist. di Chim.; Milano, Univ., Ist. di farmacol.) H. NÖTH. B 142

I. N. Buschmakin und **N. W. Lutugina,** *Die Gleichgewichte Flüssigkeit–Flüssigkeit und Flüssigkeit–Dampf im System Wasser–Essigsäure–n-Butylacetat.* (Vgl. C. **1959.** 11367.) Es wird das Gleichgewicht Fl.–Fl. im tern. Syst. *W.–Essigsäure–n-Butylacetat* bei 18°

u. am Kp. der Lsg. untersucht. Es werden die Kpp. des bin. Syst. W.–n-Butylacetat u. des tern. Syst. W.–Essigsäure–n-Butylacetat bei 760 mm Hg in Abhängigkeit von der Zus. bestimmt. Es werden die Siede- u. Dampfdruckkurven angegeben. Die Verss. werden ausführlich beschrieben u. diskutiert. (Вестник Ленинградского Университета, Серия Физики и Химии [Nachr. Leningrader Univ.] **13.** Nr. 2. [Ser. Physik. Chem.] Nr. 10. 75—83. 1958.) HELMUT SCHÄFER. B 150

H. Kroepelin und **H.-J. Neumann,** *Zum Mechanismus der spontanen Emulgierung.* Modellverss. zur Aufklärung des Mechanismus der Emulsionsbldg. zeigen, daß die spontane Emulgierung auf Bewegungsvorgängen in Grenzflächen beruht, die ihrerseits auf Unterschiede der Grenzflächenspannung an benachbarten Grenzflächen zurückzuführen sind. Untersucht wurden die Systeme *CCl_4–Glycerin–Methanol, Chlorbenzol*–W.*–Essigsäure* u. *Toluol*–W.*–Methanol*, bei denen CCl_4 in Glycerin, bzw. Chlorbenzol in W., bzw. Toluol in W. emulgiert wurden, während die 3. Komponente jeweils für die Entstehung der Bewegungsvorgänge verantwortlich war. (Naturwissenschaften **45.** 540. 2. Nov.-H. 1958. Braunschweig, TH, Inst. für Chem. Technol.) E. ÜHLEIN. B 161

R. Loos und **R. Ruyssen,** *Untersuchung der Aggregation in Lösungen von Natriumdesoxycholat mittels Lichtdiffusionsmessungen.* Die für die Lichtzerstreuung von reinen *Na-Desoxycholat*-Lsgg. gefundenen Kurven, die die Trübung τ als Funktion der Konz. c wiedergeben, konvergieren zum Ursprung des Koordinatensyst. u. schneiden nicht die c-Achse. Aus den Kurven kann keine krit. Konz. für die Micellbldg. abgeleitet werden. Die Extrapolation der c/τ-Werte als Funktion der Konz. führt zu einem Micellgewicht von 1250 in wss. Lsg. u. von 4000 in 0,1n NaCl-Lösung. (Meded. Kon. vlaamse Acad. Wetensch., Letteren schone Kunsten België, Kl. Wetensch. **20.** Nr. 4. 1—14. 1958. Gent, Rijksuniv., Labor. voor Pharmaceut. en Med. Chem. en Phys. Biochem.) W. WESLY. B 162

P. de Moerloose und **R. Ruyssen,** *Micellbildung und Solubilisierungsvermögen von Natriumdesoxycholatlösungen.* Obwohl Oberflächenspannung, Leitfähigkeit u. Trübung von *Na-Desoxycholat* (**I**)-Lsgg. nicht auf eine krit. Konz. der Micellbldg. deuten, zeigen die Lichtstreuungsmessungen, daß ein Micellaggregatzustand vorliegt. Die mittlere Micellgewicht (MG) wird durch Elektrolyte erhöht u. durch das Kation bestimmt. Das Solubilisierungsvermögen (SV) deutet auf eine krit. Konz. von 4—7 mMol/Liter, von der an eine lineare Löslichkeitserhöhung meßbar wird. Aus Solubilisierungsverss. mit *Cholesterin* (**II**) u. *n-Octanol* (**III**) folgt, daß in **I**-Lsgg. 2 Arten von SV auftreten. Das SV von **II** bewirkt keine Veränderung des MG, wogegen das SV eines polaren Stoffes, wie **III**, das MG beträchtlich erhöht. Elektrolyte beeinflussen das SV von **III** gar nicht, das von **II** dagegen stark. (Meded. Kon. vlaamse Acad. Wetensch., Letteren schone Kunsten België, Kl. Wetensch. **20.** Nr. 5. 1—22. 1958. Gent, Rijksuniv., Labor. voor Pharmac. en Med. Chem. en Phys. Biochem.) W. WESLY. B 162

J. R. Partington, R. F. Hudson und **K. W. Bagnall,** *Selbstdiffusion einer Reihe aliphatischer Alkohole.* Vff. bestimmen die Selbstdiffusionskoeff. von *W.* u. den aliphat. *Alkoholen* C_1—C_3 sowie *n-* u. *tert.-Butanol* in einem Temperaturbereich von 15—55°, wobei D in der OH-Gruppe als Tracer benutzt wurde; einige Messungen wurden an ^{14}C-markiertem Methanol durchgeführt. Die Beziehung zwischen Viscosität u. Diffusion gehorcht ungefähr der STOKES-EINSTEINschen Gleichung. Die experimentell erhaltenen Aktivierungsentropien werden mit den Entropien der Fll. verglichen. Die Entropie des aktivierten Zustandes wächst regelmäßig mit dem Mol.-Gewicht. Dies wird als Übergang einer geordneten Konfiguration in eine zufällige während der Aktivierung gedeutet. Ebenso gleicht das System z. Z. der Aktivierung mehr einem komprimierten Gas als einem Kristallgitter. (J. Chim. physique Physico-Chim. biol. **55.** 77—82. Febr. 1958. London, Queen Mary Coll.) M. WOLFF. B 171

C. Rossi, E. Bianchi und **A. Rossi,** *Diffusionsmessungen in Wasser.* Vff. haben die Diffusionskoeffizienten einer Reihe unverzweigter organ. Säuren (*Essig-* bis *Valeriansäure; Bernstein-* u. *Glutarsäure*), Alkohole (C_1—C_4) u. anderer einfacher Verbb. (*Ae., Aceton, Glykokoll, Dioxan*) in W. bei 20° gemessen u. einen Zusammenhang mit der Mol.-Struktur festgestellt. Sie fanden ein fast vollständige Übereinstimmung zwischen dem mittleren Mol.-Radius, berechnet mittels des Diffusionskoeff. nach der Gleichung von STOKES-EINSTEIN, u. dem Drehungsradius des Mol., der auf Grund seiner Struktur nach statist. Methoden berechnet wurde. Größere Moll. (*Tetra-* u. *Pentaglykolmonoäthyläther; Mono-* bis *Heptaglykol*) gaben die gleichen Ergebnisse bei Anwendung eines Korrekturgliedes $\alpha = 1 + 0{,}01\,n^{1/4}$, das die Aufblähung des Mol. in Lsg. berücksichtigt. Dabei ist n die Anzahl der Bindungen. Bei niedrigmol. Dicarbonsäuren versagt die Methode. (J. Chim. physique Physico-Chim. biol. **55.** 91—96. Febr. 1958. Genova, Univ., Ist. di Chim. Ind.) M. WOLFF. B 171

C. Rossi, E. Bianchi und **A. Rossi,** *Diffusionsmessungen in Benzol.* (Vgl. vorst. Ref.) Vff. fanden eine empir. Gleichung $R_D = R_b [1 + 122/(R_D - 1)]$, nach der auch in benzol. Lsg. der Äquivalenzradius eines gelösten Mol. auf Grund von Diffusionsmessungen berechnet werden kann. Dabei ist R_b der direkt durch den Diffusionskoeff. berechenbare Radius u. R_D der korrigierte, der gut mit dem theoret. übereinstimmt. Die Gleichung gilt für ein Intervall zwischen 2,3 u. 4,7 Å u. wurde bestätigt an einer Reihe von n-KW-stoffen (C_5, C_{10}, C_{14}, C_{18} u. C_{20}), n-Alkoholen (C_1—C_4, C_6—C_8, C_{12}, C_{14}, C_{16}, C_{18}) u. Estern (*Methylformiat, -butyrat, -caprylat* u. *-caprat, Propylbutyrat*). Bei Messungen an Polystyrolen mit einem Mol.-Gew. zwischen 1000 u. 4000 mußte bei der Berechnung die ster. Behinderung der Drehung der Bindungen durch den Benzolkern nach FLORY (C. **1950**. I. 554) berücksichtigt werden. (J. Chim. physique Physico-Chim. biol. **55**. 97—101. Febr. 1958.)
M. WOLFF. B 171

Michie Shimizu, *Dielektrische Eigenschaften von Stoffen, die in monomolekularen Schichten adsorbiert sind.* 4. Mitt. *Über die dielektrische Polarisation von n-Butanol, adsorbiert an Silicagel.* (3. vgl. C. **1957**. 6708.) Für das Syst. *Silicagel–n-Butanol* werden Gleichgewichtsdruck u. dielektr. Polarisation zwischen 20° u. 150° bestimmt. Aus den Ergebnissen wird abgeleitet, daß 2 verschied. Arten von akt. Zentren für die Adsorption auf der Geloberfläche in Frage kommen, eine davon zeigt infolge der Ggw. von Wassermoll. die Wrkg. von OH-Gruppen in der Oberfläche. (J. chem. Soc. Japan, pure Chem. Sect. [Nippon Kagaku Zassi] **76**. 1125—28. Okt. 1955. Sendai, Tohoku Univ. [Orig.: japan.])
L. SCHULER. B 176

Michie Shimizu, *Dielektrische Eigenschaften von Stoffen, die in monomolekularen Schichten adsorbiert sind.* 5. Mitt. *Untersuchung über die Änderung der elektrischen Dipolmomente von Äthanol- und n-Butanolmolekülen bei Adsorption an Silicagel und Tonerde.* (4. vgl. vorst. Ref.) Genauere theoret. Erörterungen zu den Ergebnissen der vorst. Mitteilung. (J. chem. Soc. Japan, pure Chem. Sect. [Nippon Kagaku Zassi] **76**. 1128—31. Okt. 1955. [Orig.: japan.])
L. SCHULER. B 176

D. H. Desty, A. Goldup und **W. T. Swanton,** *Gaschromatographische Trennung von m- und p-Xylol.* Zur gaschromatograph. Trennung der *Xylole* (**I**) eignet sich als stationäre Phase *7.8-Benzochinolin* auf Celite 545 als Trägersubstanz. An einer 12 m-Kolonne konnten m- u. p-I gut voneinander u. von *Äthylbenzol* (**II**) getrennt werden. Die spezif. Retentionsvoll. für m-I/p-I verhielten sich wie 1 : 1,08, die von p-I/II wie 1 : 1,068. (Nature [London] **183**. 107—08. 10/1. 1959. Sunbury-on-Thames, Brit. Petroleum Co. Ltd., Res. Station.)
E. MOISAR. B 177

W. I. Minkin, *Einige Bemerkungen zur Frage der σσ-Konjugation.* Die Frage der σσ-Konjugation wird am Beispiel des Unterschiedes des Einfl. von Substituenten wie CH_3- u. C_2H_5-Gruppen auf das chem. Verh. von Phenoläthern (**A**) u. Alkylanilinen (**B**) erläutert. Die Exaltation der Mol.-Refr. (EM_D) ist bei den Äthylderivv. der **A** u. **B** durchweg höher als bei den Methylderivv., was auf einen dynam. Effekt des C_2H_5-Radikals, u. zwar auf σσ-Konjugation, zurückgeführt wird. Bei den **B** ist EM_D größer als bei den **A** u. Thiophenoläthern; die o- u. p-Nitrophenoläther kommen den **B** nahe. Die σσ-Konjugation spielt auch bei der in Ggw. von $AlCl_3$ verlaufenden Umlagerung von N-Äthylacetanilid mit o-Äthylaminoacetophenon als Zwischenprod. eine Rolle. Angegeben sind die Mol.-Refraktionen von *N-Äthyl-* (40,41) u. *N-Methyl-* (35,61), *N.N-Diäthyl-*(50,24) u. *N.N-Dimethylanilin* (40,81); *Anisol* (32,86), *Phenetol* (37,61), *o-Nitroanisol* (38,58) u. *-phenetol* (44,29), *Thioanisol* (39,36) u. *Thiophenetol* (44,07). (Журнал Общей Химии [J. allg. Chem.] **27** (**89**). 3173—75. Nov. 1957. Rostow, Univ.)
R. K. MÜLLER. B 182

Göran Bergson, *Über die hypothetische verzweigte Struktur von Dinaphthyl-(2.2)-diselenid.* Die Beobachtungen von LOEVENICH [1929] über die Existenz zweier isomerer Formen (**I, II**) von *Dinaphthyl-(2.2')-diselenid,* von denen einer (**II**) eine verzweigte Struktur zugeschrieben wurde, wurden überprüft, da neuere Arbeiten gezeigt haben, daß Mol. der Struktur $(R)_xA—B$ nur existent sind, wenn das in der 6. Gruppe stehende Atom B elektronegativer ist als A (FOSS, C. **1953**. 8529). Das von LOEVENICH durch Diazotieren von β-Naphthylamin, Rk. mit KSeCN, alkal. Hydrolyse zu β-Naphthylselenol u. Luftoxydation dargestellte **I** war nicht rein, der F. von reinem **I** ist 139,5°. **I** kann im Gegensatz zu Angaben von LOEVENICH leicht mit $KMnO_4$ oxydiert werden. Die für **II** von vorst. Autoren angegebene Darstellungsmeth. — Rk. von β-Naphthyldiazoniumchlorid mit K_2Se_2 oder Rk. von Dinaphthyl-(2.2')-selenid (**III**) mit Se — ergibt Gemische von **I** u. **III**. Auch die Rk. von β-Naphthyldiazoniumchlorid mit K-Polyselenid führt zu ähnlichen Gemischen. Diese Gemische wurden spektroskop. untersucht; durch mehrmaliges Umkristallisieren werden keine reinen Verbb. erhalten. Das Schmelzdiagramm **I–III** wurde aufgenommen. Die nach den von LOEVENICH angegebenen

Methoden erhaltenen Gemische von **I** u. **III** zeigten etwa die von diesem Autor für **III** angegebenen Schmelz- u. Siedepunkte. Es wurden keine Anhaltspunkte für die Existenz von **II** gefunden.

Versuche: *Dinaphthyl-(2.2')-diselenid* (**I**), F. 137—138°, durch Oxydation von β-Naphthylselenol in Ae. mit Luft. — *Dinaphthyl-(2.2')-selenid* (**III**), F. 134—135° (A.) durch Diazotieren von β-Naphthylamin mit $NaNO_2$ u. HCl, Puffern mit Na-Acetat, Gießen in K-Polyselenidlsg., Ae.-Extraktion, Abdest. des Ae., Dest. im Vakuum (Kp. 220 bis 270°), Umkristallisieren des orangegelben Destillates aus A. (F. 119—122°), Lösen in heißem Eisessig, Behandeln mit Zn-Staub, Filtrieren, Zugabe von W., Chloroformextraktion. (Ark. Kemi **10**. Nr. 2. 127—33. 1956. Uppsala, Univ., Chem. Inst., Dep. of Organ. Chem.) H. BERTSCH. B 182

G. A. Golder und **G. Ss. Shdanow**, *Röntgenstrukturuntersuchung von Naphthazarin.* Es wird eine PATTERSON-Projektion der Elektronendichte von *Naphthazarin* auf die yz-Ebene mitgeteilt. Die Röntgenmessung der Gitterparameter ergibt für die 3 Modifikationen: dunkelgrüne Nadeln (**I**): a = 3,76, b = 7,72, c = 15,2 Å; β = 109° 36'; Z = 2; Raumgruppe C_{2h}^5 = P 2_1/c; dunkelrote Prismen: 5,41; 6,40; 12,86; 92° 24'; 2; C_{2h}^5 = P 2_1/c; hellrote Plättchen: 7,92; 7,26; 13,8; 96°; 4; C_{2h}^5 = P 2_1/c. Der kürzeste Abstand zwischen C u. O beträgt in den verschied. Moll. 3,10 Å. Das Vorliegen eines Symmetriezentrums bei **I** wird bestätigt; die Struktur des Naphthalinrings ist hier durch den Charakter der Bindungen zwischen C u. O bedingt, von denen die eine (1,1817 Å) eine Doppelbindung, die andere (1,35 Å) eine einfache Bindung ist. Bei Kristallisation aus Lsg. fallen gleichzeitig alle 3 Modifikationen aus; ebenso entsteht ein Gemisch bei der Umkristallisation einer der Modifikationen; demnach scheint ein Isomerengleichgewicht zwischen symm. u. unsymm. Verteilung der C=O- u. der C—OH-Gruppen vorzuliegen. (Доклады Академии Наук СССР [Ber. Akad. Wiss. UdSSR] **118**. 1131—33. 21/2. 1958. Physik.-chem. Karpow-Inst.) R. K. MÜLLER. B 195

Ernst Terres und **Somendra Nath Sur**, *Über Harnstoff-Einschlußverbindungen geradkettiger und verzweigter aliphatischer Verbindungen.* Vff. beschreiben als Grundlage der Entparaffinierung von Mineralölfraktionen die Herst. u. Best. der Mengenverhältnisse von *Harnstoff* (**I**)-Einschlußverbb. mit n- u. verzweigtkettigen Paraffinen, n-Olefinen-(1), n-Alkoholen-(1), n-Alkylbromiden, Fettsäuren bzw. 2.4.6-Trimethylparaffin-*Thioharnstoff* (**II**)-Addukten. Bei der Darst. der Addukte zeigte sich, daß zur Adduktbldg. eine Mindestanzahl C-Atome in der unverzweigten Kette im Addenden vorhanden sein muß. Im allg. muß der unverzweigte Teil der Kette um so länger sein, je größer die Raumbeanspruchung u. die Zahl der Substituenten ist u. je weiter diese vom Kettenende entfernt sind. So ist im Falle einer Monomethylsubstitution in 2-, 3-, 4- oder 5-Stellung bei der geraden Kohlenstoffkette eine Zahl von 11, 11, 15 u. 16 Atomen erforderlich, bei der 2.3- u. 2.4-Dimethylsubstitution eine solche von 17 bzw. 18 Kohlenstoffatomen nötig. Die Mengenverhältnisse zwischen **I** u. verschied. Addenden zeigen, daß keine stöchiometr. Beziehung zwischen ihnen besteht; jedoch konnte eine lineare Funktion zwischen dem Mengenverhältnis u. der Anzahl der C-Atome der Kette festgestellt werden. Die Gleichgewichtskonstanten K der Adduktbldg. wurden für fünf homologe Reihen — n-Paraffine, n-Olefine-(1), n-Alkohole-(1), n-Alkylbromide u. Fettsäuren — bei 25, 40 u. 50° bestimmt. Dabei zeigte es sich, daß eine lineare Beziehung zwischen dem Mengenverhältnis u. log K besteht. Ferner wurde ersichtlich, daß der Schnittpunkt der Linie für log K = 0 mit der 25°-Isotherme die mol. Zus. des zur I-Adduktbldg. befähigten Anfangsgliedes der homologen Reihe wiedergibt, daß die K-Werte mit zunehmender Kettenlänge abnehmen, woraus hervorgeht, daß die Beständigkeit der Addukte längerer Moll. größer ist, daß die K-Werte mit steigender Temp. zunehmen u. daß die Stabilität der Addukte mit zunehmender Kettenlänge bei tiefer Temp. stärker ansteigt als bei höherer. Aus der log K/Temperaturbeziehung wurden die Bildungswärmen $-\Delta H$ (kcal/Mol) der Addukte nach der VAN'T HOFFschen Gleichung errechnet u. mit den calorimetr. gemessenen Werten verglichen. Die Übereinstimmung zwischen beiden ist sehr befriedigend, z. T. auffallend gut. Die Bildungswärme der Addukte ist eine lineare Funktion der Anzahl der C-Atome der Kette. Zur Berechnung dieser Funktion wurden für verschied. Reihen von Addenden Gleichungen aufgestellt. Es zeigte sich, daß verschied. funktionelle Gruppen einen Einfl. auf den Wärmeffekt ausüben. So sind z. B. die $-\Delta H$-Werte der Fettsäuren-Addukte viel größer als die der anderen Reihen. Das erklärt auch ihre größere Stabilität. Die Wärmetönung der Isoparaffinaddukte konnte nicht gemessen werden, da hier das Addukt nicht so spontan gebildet wird, wie bei den geradkettigen KW-stoffen. Folgende Verbb. wurden untersucht: I-Addukte: *n-Decan* (Molverhältnis v = Mole I/Mole Addend 8,4; log K bei 298° K 2,7998; $-\Delta H_{exp}$ 12,79), *n-Hexadecan* (12,4; 3,2990; 22,70), *n-Eikosan* (14,9; 4,0991; 30,05), *n-Tetrakosan* (18,0; 5,0347; 35,98), *n-Octakosan* (21,5; 5,4000 bei 313° K; 42,25), *Dotriakontan* (23,7; —; —), *n-Hexatriakontan*

(26,1; —; —), *2-Methyldodecan* (v = 10,48), *-tridecan* (11,08), *-tetradecan* (11,78), *-hexadecan* (13,08), *-theptadecan* (13,65), *-octadecan* (14,16), *-nonadecan* (14,80), *-eikosan* (15,60), *3-Methyltridecan* (10,85), *-tetradecan* (11,40), *-pentadecan* (12,11), *-hexadecan* (12,72), *-heptadecan* (13,40), *-octadecan* (13,74), *-nonadecan* (14,38), *-eikosan* (14,95), *-heneikosan* (15,45), *4-Methylpentadecan* (11,97), *-hexadecan* (12,62), *-heptadecan* (13,25), *-octadecan* (13,90), *-nonadecan* (14,55), *-eikosan* (15,00), *-heneikosan* (15,65), *-dokosan* (15,86), *5-Methylhexadecan* (12,47), *-heptadecan* (12,91), *-octadecan* (13,40), *-nonadecan* (14,02), *-eikosan* (14,48), *-heneikosan* (14,92), *-dokosan* (15,40), *-trikosan* (15,70), *2.3-Dimethylheptadecan* (13,25), *-octadecan* (13,75), *-nonadecan* (14,20), *2.4-Dimethyloctadecan* (13,60), *-nonadecan* (14,06), *-eikosan* (14,45), *-heneikosan* (14,90), *-dokosan* (15,35), *n-Octen-(1)* (6,35; log K — bei 298°; $-\Delta$H 7,37), *n-Nonen-(1)* (7,1; —; 9,50), *n-Decen-(1)* (7,75; —; 11,60), *n-Undecen-(1)* (8,5; —; 13,01), *n-Dodecen-(1)* (9,3; 2,5403; 15,20), *n-Tridecen-(1)* (10,2; —; 17,69), *n-Tetradecen-(1)* (10,9; 2,2001; 19,60), *n-Pentadecen-(1)* (11,1; —; 20,70), *n-Hexadecen-(1)* (12,3; 3,3601; 21,90), *n-Heptadecen-(1)* (13,0; —; 24,80), *n-Octadecen-(1)* (13,2; —; 25,30), *n-Nonadecen-(1)* (14,4; —; 28,30), *n-Eikosen-(1)* (15,0; 5,7877; 29,71), *n-Heneikosen-(1)* (15,9; 5,5003; 32,10), *n-Hexanol-(1)* (5,6; —; 2,56), *n-Octanol-(1)* (7,0; —; 5,40), *n-Decanol-(1)* (8,2; 2,9589; 8,41), *n-Dodecanol-(1)* (9,1; 2,2015; 11,70), *n-Tetradecanol-(1)* (10,8; 3,8059; 14,27), *n-Pentadecanol-(1)* (11,5; 3,4376; 16,15), *n-Hexadecanol-(1)* (12,45; 3,0987; 17,96), *n-Heptadecanol-(1)* (12,8; 4,8032; 19,70), *n-Octadecanol-(1)* (13,6; 4,7243; 20,70), *n-Hexylbromid* (5,4; —; 3,5), *n-Octylbromid* (7,2; —; 6,5), *n-Decylbromid* (8,9; 2,3996; 9,91), *n-Dodecylbromid* (10,3; —; 13,05), *n-Tridecylbromid* (11,0; 3,6637; 16,20), *n-Tetradecylbromid* (11,9; —; 17,49), *n-Pentadecylbromid* (12,9; 3,2650; 19,48), *n-Hexydecylbromid* (13,5; 4,9141; 20,92), *n-Heptadecylbromid* (14,5; 4,7028; 22,22), *n-Octadecylbromid* (15,1; 4,4291; 22,91), *Valerian-* (4,6; —; 8,51), *Heptyl-* (6,15; —; 11,50), *Capryl-* (7,0; 2,1800; 13,20), *Caprin-* (8,5; 2,4937; 16,99), *Undecyl-* (9,3; 2,3411; —), *Laurin-* (9,9; 2,1005; 21,00), *Myristin-* (11,8; 3,5201; 22,51), *Palmitin-* (13,0; 4,8790; 26,60), u. *Stearinsäure* (14,4; 4,3016; 29,50). **II**-A d d u k t e: *2.4.6-Trimethyltetradecan* (v = 7,1), *-pentadecan* (7,7), *-hexadecan* (8,15), *-heptadecan* (8,6), *-octadecan* (9,1), *-nonadecan* (9,7), *-eikosan* (10,1) u. *-heneikosan* (10,7). (Brennstoff-Chem. **38**. 330—43. 13/11. 1957. Karlsruhe, TH, Carl-Engler- u. Hans-Bunte-Inst. für Mineralöl- u. Kohleforschung.) K. O. MÜLLER. B 223

B. A. Arbusow und **A. W. Fushenkowa**, *Physikalisch-chemische Untersuchung der Reaktion von Phosphorigsäureestern mit Alkylhalogeniden.* In den Systemen *Triäthylphosphit* (I)–C_2H_5X (X = *J*, *Br*), I–*α.β-Dibromdiäthyläther* (**II**) u. *Triphenylphosphit–RJ* (R = CH_3, C_2H_5) werden bei 20—70° die Isothermen von D. (d), n_D, Viscosität (η), Kompression (D_n) u. elektr. Leitfähigkeit ($\varkappa$) aufgenommen. Aus den Isothermen von d u. n_D kann nicht auf chem. Rk. geschlossen werden, diejenigen von η, D_n u. $\varkappa$ zeigen die für chem. Rk. charakterist. Verschiebung des Maximums nach links (Seite von **I**) bei steigender Temp., lassen aber keinen Schluß auf Bldg. eines Zwischenprod. zu. Bei der Umsetzung von **I** mit **II** liegen scharfe Maxima von $\Delta\eta$, D_n, $\varkappa$ u. Änderung des spezif. Vol. Δv_{sp} beim Verhältnis **I** : **II** = 1 : 1 vor, die S-förmige Kurve für η deutet auf Assoziation einer der Komponenten, wahrscheinlich **II**, hin. (Доклады Академии Наук СССР [Ber. Akad. Wiss. UdSSR] **113**. 1269—71. 21/4. 1957. Kasan, Uljanow-Lenin-Univ.) R. K. MÜLLER. B 223

R. Foster, D. Ll. Hammick und **S. F. Pearce**, *Wechselwirkung von Lewis-Säuren mit aromatischen Kohlenwasserstoffen und Basen.* 18. Mitt. *Pikrate aromatischer Kohlenwasserstoffe in Chloroform.* (17. vgl. C. **1957**. 4349.) Mittels der Verteilungsmeth. von ANDERSON u. HAMMICK (C. **1952**. 6511) wurden die Stabilität der Pikrate folgender Aromaten in Chlf. bei 18° bestimmt (Verteilung von Pikrinsäure [**I**] zwischen W. u. Chlf. in Ggw. des Aromaten), die Gleichgewichtskonstanten K = [Komplex]/[KW-stoff] [**I**] ermittelt u. die freie Bildungsenergie ΔG der Komplexe berechnet: *Diphenyl* [K] 0,97, [G] 0,02 [kcal/Mol], *Diphenylmethan* 0,66, 0,24, *Triphenylmethan* 0,52, 0,38, *Dibenzyl* 0,70, 0,21, *Stilben* 1,80, —0,34, *Tolan* 1,54, —0,25, *Tetraphenyläthan* (**II**) 0,83, 0,11, *Tetraphenyläthylen* (**III**) 0,22, 0,87, *Diphenyldiacetylen* (**IV**) 1,22, —0,11, *Naphthalin* (**VI**) 2,68, —0,57, *Anthracen* (**VII**) 7,56, —1,17, *Phenanthren* (**VIII**) 8,04, —1,20, *Acenaphthen* (**IX**) 4,36, —0,85 u. *Fluoren* (**V**) 2,87, —0,61. Für folgende Verbb. wurden die Molekularvol. in Bzl. bei 25° bestimmt: **II** 302 [ml], **III** 298, **IV** 200, **V** 152. Beim Auftragen der ΔG-Werte gegen die Frequenzen der Ladungsübertragungsbande der Mol.-Komplexe von **V**—**IX** mit Chloranil (zwischen 15000 u. 30000 cm^{-1}) ergibt sich eine Gerade (mit Ausnahme des Werts von **VIII**). Das entsprechende gilt auch für die gleichen Daten von *Bzl., Toluol, m-Xylol, Mesitylen, Durol* u. *Hexamethylbenzol.* Die Stabilität des Pikrats von **VIII** ist mit der des Pikrats von **VII** vergleichbar, die Lage der erwähnten Bande des Chloranilkomplexes ist jedoch relativ kurzwellig, doch ist dies nach dem Ionisationspotential von **VIII** (vgl. POPLE, C. **1958.** 60) zu erwarten. (J. chem. Soc. [London] **1959.** 244—47. Jan. Oxford, Univ., Dyson Perrins Labor.; Dundee, Univ. of St. Andrews, Queen's Coll.) B. GNAUCK. B 223

Per Ekwall, Torsten Rosendahl und **A. Sten,** *Untersuchungen an Salzlösungen von Gallensäuren.* 2. Mitt. *Die Löslichkeit von Cholsäure in Natriumcholatlösungen und von Desoxycholsäure in Natriumdesoxycholatlösungen.* (1. vgl. C. **1959.** 746.) Es werden die Löslichkeiten von *Cholsäure* (I) in Na-Cholatlsgg. u. von *Desoxycholsäure* (II) in Na-Desoxycholatlsgg. bei kleinen Salzkonzz. potentiometr. u. bei großen Konzz. refraktometr. bestimmt. Die pK_L-Werte der Löslichkeitsprodukte betragen bei 20° 8,72 (I) bzw. 9,15 (II). Die Löslichkeit von I in W. beträgt 91,8 g/Liter. Die Aktivität von undissoziiertem I, gesätt. in Na-Cholat-Lsg., ist $1{,}8 \cdot 10^{-4}$ mol.; unterhalb einer Salzkonz. von 0,01 mol. tritt keine Assoziation der Cholatanionen auf, bis 0,03 mol. ist die Assoziation partiell, darüber werden die zugefügten Cholationen vollkommen assoziiert. Die Aktivität der undissoziierten **II**, gesätt. in der Na-Salzlsg., ist $1{,}05 \cdot 10^{-4}$ mol.; die Assoziation ist von 0,005—0,006 mol. ab partiell u. oberhalb 0,01 mol. vollständig. Die Erhöhung der Löslichkeit der Säuren durch ihre Salze erfolgt schrittweise, so daß anzunehmen ist, daß die Micellen in den verschied. Konzentrationsbereichen unterschiedliche Eigg. haben. (Acta chem. scand. **12.** 1622—33. 1958. Åbo, Åbo Acad., Inst. of Physic. Chem.) R. LACMANN. B 224

S. E. Hunt, J. Idris Jones und **A. S. Lindsey** (unter Mitarbeit von **D. C. Killoh** und **H. S. Turner**), *Mechanismus der Kolbe-Schmitt-Reaktion.* 2. Mitt. *Einfluß des Alkalimetalls.* (1. vgl. C. **1955.** 2166.) Mono-Na-Salicylat (I) lieferte beim Erhitzen (im Vakuum) auf 300° äquimol. Mengen von *Phenol* (II), CO_2 u. *Di-Na-Salicylat* (**III**). Ein Gemisch von Na-Phenolat u. I ergab bei 140° äquimol. Mengen von **II**, CO_2 u. **III**. Mono-Na-p-Hydroxybenzoat gab bei 250° *Di-Na-p-Hydroxybenzoat* sowie **II** u. CO_2. Dagegen führte die Erhitzung von Mono-K-Salicylat (**V**) auf 250° zu **II**, CO_2 u. *p-Hydroxybenzoesäure* (**VI**) sowie geringen Mengen von *4-Hydroxyisophthalsäure* (**VII**), *6-Hydroxytrimesinsäure* (**VIII**) u. *Salicylsäure* (**IX**). Das gleiche Ergebnis wurde bei der Rk. des Gemischs von I + **V** erzielt. Mono-K-p-Hydroxybenzoat ergab aber bei 340° *Di-K-p-Hydroxybenzoat* (**X**), **II** u. CO_2. Die therm. Zers. von Mono-Li-, -Na-, -K-, -Rb- u. -Cs-Salicylat wurde in einem z. T. evakuierten Gefäß manometr. verfolgt. Die Temp., bei der die Zers. einsetzt, sinkt u. die Zersetzunsgeschwindigkeit steigt in dieser Folge. Am Ende der Rk. tritt anscheinend eine Rückcarboxylierung auf. Aus I u. dem Li-Salz entstand nur **IX**, aus den anderen Salzen dagegen **VI**. Für die Ansicht von BROWN (C. **1956.** 382), daß die therm. Zers. durch Heterolyse des Säureanions nach Wanderung des Metallkations erfolgt, spricht der Befund, daß I in **II** vollständig durch Erhitzen decarboxyliert wird. Die zweite Stufe der Rk. ist wohl die Rk. des Metallphenolats mit einem zweiten Mol. Metallsalicylat unter Bldg. von **II** u. Di-Metallsalicylat, das im Falle der Salze mit K, Rb oder Cs Umlagerung erleidet. Ähnlich ISEMER (Doktorarbeit, Halle [1951]) fanden Vff., daß beim Erhitzen von Tri-K-4-Hydroxyisophthalat mit **V VI**, wenig **IX** u. **VIII** gebildet werden. Aus Salicylamid + **V** entstand *3-Carbamoyl-4-hydroxybenzoesäure* ($C_8H_7NO_4$, F. 297° [Zers.; Dioxan]) bzw. aus Salol *4-Hydroxyisophthalsäure-3-phenylester* ($C_{14}H_{10}O_5$, F. 235° [Methanol]). Im Gegensatz zu KUPFERBURG [1876] bleibt **III** bei 360° unverändert. **V** liefert jedoch bei 200—240° **X**, wenn unter Wasserausschluß gearbeitet wurde. Schon Zutritt von feuchter Luft führte zu Umwandlung von **X** in **VI** sowie geringe Mengen von **VII** u. **VIII**. Durch kinet. Unters. der Rk. von Di-K-Salicylat (**IV**) bei 250° zeigte sich, daß eine autokatalyt. Rk. im festen Zustand vorliegt; das entstehende **II** wirkt dabei als Katalysator. Beim Erhitzen von Di-Na- bzw. Di-K-4-Hydroxyisophthalat (6 Std. bei 250°) entstanden **IX** u. **VIII** bzw. **VI** u. **VIII**. Ebenso lieferte Di-K-3-Methyl-2-hydroxybenzoat (o-Kresotinat) die *K-Salze* von *4-Hydroxy-5-methylbenzoe-* ($C_8H_8O_3$, F. 174—175°, sublimiert) u. *-isophthalsäure* ($C_9H_8O_5$, F. 294—295° [wss. A.]). Bei 160° wurden aus 4-Amino-2-hydroxy-K-benzoat infolge fast vollständiger Decarboxylierung freies u. gebundenes *m-Aminophenol* sowie wenig *4-Aminosalicylsäure* erhalten. Eine Unters. der Zers. von **IV** in Ggw. von $K_2{}^{14}CO_3$ bei 200° unter N_2 zeigte, daß ein weitgehender oder vollständiger Austausch stattfindet. Vff. konnten keine Umlagerung beim Erhitzen eines äquimol. Gemischs von **IV** u. K-Methylat (6 Std. bei 250°) feststellen, nach 6 Std. bei 340° konnten dagegen die Bldg. von etwas **VI, VII** u. **IX** nachgewiesen werden. Zugabe von 5% K_2CO_3 hatte keinen Effekt auf die Zersetzungsgeschwindigkeit. Vermutlich wird die Umlagerung also nicht durch Protonen katalysiert. Die Inhibierung durch K-Methylat oder KOH kann mit der Bldg. eines o-Salzes $o\text{-}KOC_6H_4C(OK)_2OCH_3$ oder $o\text{-}KOC_6H_4C(OK)_2OH$ erklärt werden. Zum Mechanismus der Umlagerung von **IV** wird angenommen, daß die Rk. nicht durch Decarboxylierung—Rückcarboxylierung mit freiem CO_2 erfolgt. Wahrscheinlich wandert die Gruppe ^+COOK, die im Übergangszustand nur locker (über eine π-Bindung) an den Ring gebunden ist. Da die Rk. sowohl intra-

als auch intermol. verlaufen kann, ist ein Austausch zwischen $^{+}COOK$ u. Carbonat möglich. Anzeichen für das Auftreten einer Chelatisierung lieferte die Rk. eines Gemischs von **I** u. K-Phenolat (bei 245°) bzw. von **I** u. K_2CO_3 (bei 250°). Jeweils entstanden erhebliche Mengen an **VI**, das aus o-KOC_6H_4COONa entstanden sein dürfte. Ein Gemisch von **X** u. **III**, die beide für sich allein bei 340° stabil sind, führte nach 6 Std. bei 320° zur Bldg. erheblicher Mengen von **VII** u. **VIII**; nach Austausch der Kationen muß also eine Wanderung der Carboxylatgruppen erfolgen. (J. chem. Soc. [London] **1958**. 3152—60. Sept. Teddington, Middlesex, D.S.I.R., Chem. Res. Labor., Organ. Group.) B. GNAUCK. B 225

Georg Wittig und **Hanshelmut Schlör**, *Zur Umlagerung anionisierter Benzhydryläther. 7. Mitt. über die intraanionische Ätherisomerisation.* (6. vgl. C. **1958**. 2386.) Untersucht wurde die intraanion. Ätherisomerisierung bei Benzhydrylalkyläthern u. die Abhängigkeit der Umlagerungstendenz vom Alkylrest. Da bereits früher (vgl. Liebigs Ann. Chem. **557**. [1947.] 206) festgestellt worden war, daß Benzhydrylmethyläther (**VII**) bei der Einw. von Phenyl-Li (**I**) in Ae. neben Diphenylmethylcarbinolat erhebliche Mengen von Nebenprodd. entstehen, wurde statt dessen Benzpinakondimethyläther (**III**) untersucht [5—6 Std. Schütteln mit Li bzw. 10 Tage mit K in Tetrahydrofuran (**II**)]. Nach Zers. mit W. konnten 40 bzw. 25% *Diphenylmethylcarbinol* (F. 79 bis 81° [PAe.]) u. 33 bzw. 39% *Tetraphenyläthan* (F. 195—200°) isoliert werden. **III** reagiert demnach mit Alkalimetallen nach 2 verschied. Richtungen. Benzhydryl-tert.-butyläther (**VI**) ergab mit Butyl-Li (**IV**) in Ae. (48 Std. bei 40°) nur 12% *Diphenyl-tert.-butylcarbinol* (**V**; $C_{17}H_{20}O$, $Kp._{0,01}$ 124—127°, auch aus Trimethylessigester u. **I**; n_D^{20} 1,5747), in **II** (30 Std. bei 40°) jedoch 46% bzw. mit **I** in **II** (3 Tage bei 50°) 63% **V**. Auch mit KNH_2 in fl. NH_3 ließ sich **VI** metallieren (Rotfärbung), nach Verdrängung des NH_3 durch Ae. u. 10std. Erwärmen auf 45° wurden 43% **V**, 11% *Benzhydrol* (**X**) u. 2% *Benzamid* isoliert. Zum Beweis seiner Konst. wurde **V** mit $SOCl_2$ nach CONANT u. BIGELOW [1928] in *Diphenyl-tert.-butylchlormethan* (F. 73—74°) übergeführt, das sich in das auch unmittelbar aus **V** mit Acetylchlorid erhältliche *1-Methyl-1-chlor-2.2-diphenylbutan* (F. 104 bis 105°) umlagern ließ. Ein Vgl. der Isomerisierungsgeschwindigkeiten der metallierten Äther **VI** u. **VII** zeigt, daß die tert.-Butylgruppe erheblich träger als CH_3 vom O zum benachbarten C wandert. Durch Einw. von **I** bzw. **IV** auf Benzhydrylallyläther (**VIII**) in Ae. wurden 40 bzw. 77% **X** erhalten. Da Allylbenzol nicht nachzuweisen war, erfolgt die Metallierung vermutlich vorzugsweise an der Allylgruppe, worauf Zers. zu Benzhydrylat u. Allen (das jedoch nicht isoliert wurde) stattfindet. Bei der Rk. von **I** mit **VIII** in **II**, das die intraion. Isomerisierung begünstigt, konnte dagegen bei 38° nach 2 Tagen das erwartete *Diphenylallylcarbinol* (F. 30—32°; 15% Ausbeute) isoliert werden. Beim 20std. Erhitzen von Benzhydryl-p-nitrophenyläther (**XII**) mit Li-Methylat in Methanol bei 100° wurden statt des erwarteten Carbinols, Diphenyl-p-nitrophenylcarbinol (**IX**), nur 49% **X** u. 60% *p-Nitroanisol* erhalten. Diese Rk. verläuft offenbar über nebenst. Zwischenstufe. Bei der Rk. von **XII** mit K-tert.-Butylat (8 Std. bei 65°) wurden aber 5% **IX** (F. 97—98° [Bzn.]) sowie 26% *p-Nitrophenol* (**XI**) abgetrennt. Da Benzhydrylphenyläther unter diesen Bedingungen nicht umzulagern ist, bestätigt sich der Befund, daß bei intraion. Isomerisierung bevorzugt positive Liganden wandern.

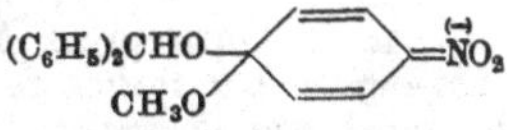

V e r s u c h e: *Benzpinakondimethyläther* (**III**), F. 159—161° (Bzl.-Methanol; Zers.), durch 36std. Schütteln von Benzophenondimethylacetal (Kp. 106—107°) mit K in absol. **II** unter N_2 u. Schütteln der abgetrennten Suspension mit $HgCl_2$ (einige Std.); 31% (Ausbeute). — *Benzhydryl-tert.-butyläther* (**VI**), $C_{17}H_{20}O$, F. 55—56° (Methanol), $Kp._{15}$ 155,5—157°, durch Zugabe von Benzhydrylbromid (F. 38—39°) in wenig tert.-Butanol zu K-tert.-Butylat in sd. tert.-Butanol (1½ Std.), ½std. Kochen u. Gießen in W.; 70%. — *Benzhydrylallyläther* (**VIII**), $C_{16}H_{16}O$, $Kp._{0,05}$ 113—115°, durch Zugabe von Allylalkohol zu Na in Bzl. (2—3 Std.) unterhalb 40°, Zutropfen von Benzhydrylchlorid in Allylalkohol unter Kochen u. 8std. Sieden; n_D^{20} 1,5637; 67%. — *Benzhydryl-p-nitrophenyläther* (**XII**), F. 156,5—157,5° (A.), durch Zugabe von **XI** zu Diphenyldiazomethan (**XIII**, F. 28—29°) in absol. Ae., 2std. Schütteln bei 30—35° u. 30 Min. bei 40° unter Abdest. des Ae.; 56% (bezogen auf **XIII**). (Suomen Kemistilehti **31**. B 2—10. 1958. Tübingen, Univ., Chem. Inst.) B. GNAUCK. B 225

N. N. Semenov, *Mechanismus der Oxydation einfacher Kohlenwasserstoffe.* Zusammenfassung. Besprochen werden Verlauf u. Mechanismus der Oxydation bei hoher u. niedriger Temp., die photochem. Bldg. von Hydroperoxyden u. die Entstehung sek. Zwischenprodd., die Bldg. von freien Radikalen, das Auftreten von Kettenverzweigungen sowie die Initiierung durch Zugabe von aktivierenden Stoffen oder durch Bestrahlung. (Chim. et Ind. **79**. 3—10. Jan. 1958. Akad. der Wiss. der UdSSR, Physikal.-Chem. Inst.) F. ROSENDAHL. B 225

K. C. Grover und **R. C. Mehrotra,** *Mechanismus der Oxydationsreaktionen von Brom. 3. Mitt. Kinetische Untersuchung der Reaktion zwischen Ameisensäure und Brom.* (2. vgl. Z. physik. Chem. Frankf. Ausg. [N. F.] **14.** [1958.] 357.) Die Rk. zwischen *HCOOH* u. Br_2 verläuft bei p_H 2—13 u. 25° nach der 2. Ordnung. Die Abhängigkeit der Geschwindigkeitskonstanten vom p_H kann durch einen der beiden folgenden Mechanismen gedeutet werden: 1. $HCOOH + HBrO \rightarrow H_2O + CO_2 + H^+ + Br^-$ bzw. 2. $HOOC^- + Br^+$ [oder H_2BrO^+] $= H^+ + Br^- + CO_2$ [$+ H_2O$], wobei Vff. die Rk. 2 für wahrscheinlicher ansehen, da hier der Elektronenaustausch leichter ist u. die beiden Reaktionspartner entgegengesetzte Ladungen tragen. (Z. physik. Chem. Frankf. Ausg. [N. F.] **18.** 401—05. Dez. 1958. Gorakhpur, India, Univ., Chem. Dep.) M. SCHENK. B 225

R. W. Kutscher, W. D. Jenaljew und **A. I. Jurshenko,** *Über die Aktivität von 1.1-Diphenyläthanhydroperoxyd als Initiator bei der Kohlenwasserstoffautoxydation in Emulsion. 1.1-Diphenyläthanhydroperoxyd* (I) ist in 1.1-Diphenyläthan (**II**) therm. stabiler als in wss. Medium, in alkal. **II**-Emulsion ist der therm. Zerfall von **I** beschleunigt. Der Verteilungskoeff. von **I** zwischen wss. Sodalsg. u. **II** wird durch die Ggw. von koll. Elektrolyten (Seifen wie K-Palmitat, Nekal, Leukanol) wesentlich erhöht, **I** ist in W. schwerlöslich. Die Oxydation von **II** mit O_2 in fl. Phase (alkal. Emulsionen) erfolgt rascher als in homogenem Medium. Dabei ist die Natur des Emulgators von Einfl.; der Start der Rk. findet vorwiegend in der wss. Phase statt. (Журнал Общей Химии [J. allg. Chem.] **27** (**89**). 1774—79. Juli 1957. Lwow, Univ.) R. K. MÜLLER. B 225

Keizoo Tsushima, Goro Kikuchi, Michiko Makita, Fujiko Uchimura und **Koozoo Kaziro,** *Abbau von Hämatin im Reaktionssystem Dicyanhämatin–Ascorbinsäure–Wasserstoffperoxyd.* Bei der Oxydation von *Dicyanhäm* (**II**; λ_{max} 538 u. 568 mμ) mit H_2O_2 in Ggw. von *Ascorbinsäure* (**I**) bildet sich bei 25° innerhalb von 80 Min. eine Verb. mit einer starken Bande bei 588 mμ u. einer schwächeren bei 550—545 mμ mit isosbest. Punkten bei 571, 513, 446 u. 404 mμ. Die Bldg. der Verb. nimmt anfangs mit steigender H_2O_2-Konz. u. auch in Ggw. von KCN zu, bei geringen **I**-Konzz. u. durch K_2CO_3 dagegen wird sie unterdrückt. Bei Reaktionszeiten über 80 Min. bildet sich unter Verlust des 1. Zwischenprod. eine weitere Verb. (618 mμ). Diese sek. Umwandlung ist nach ca. 24 Std. beendet. Wie **II** verhält sich auch *Dicyanhämatin.* H_2O_2 kann auch durch atmosphär. O_2 ersetzt werden. Sowohl die 588- wie 618 mμ-Verb. können mit *Pyridin* (**III**) oder *Globin* Verbb. bilden, von denen das Reaktionsprod. mit **III** ein kurzwelliges Maximum (608 mμ) besitzt. Sie sind gegen Alkali stabil u. nur wenig autoxydabel. Es wird angenommen, daß in ihnen der Porphinring noch geschlossen ist u. daß das 2. Oxydationsprod. dem Pseudohämatin ähnlich, aber nicht mit ihm ident. ist. (J. Biochemistry [Tokyo] **44.** 525—33. Aug. 1957. Tokyo, Nippon Med. School, Biochem. Labor.)

W. SCHELER. B 225

A. Je. Gawrilowa, M. G. Gonikberg, W. T. Alexanjan und **Ch. Je. Sterin,** *Untersuchung der homogenen destruktiven Hydrierung von Tetralin bei hohen Wasserstoffdrucken.* Es wird die destruktive Hydrierung von *Tetralin* (**I**) bei 440—462° u. 100—600 at H_2-Anfangsdruck untersucht. Höhere Drucke beschleunigen die destruktive Hydrierung von **I**: Eine H_2-Drucksteigerung von 300 auf 500 at in 3 Std. führt zu dem gleichen **I**-Umwandlungsgrad wie eine Verlängerung der Reaktionsdauer von 3 auf 6 Stunden. Bei 462° u. einem Anfangsdruck von 300 at H_2 liefert **I** ein Katalysat, das fraktioniert dest. wird. Die zwischen 136,1 u. 183,9° erhaltenen Fraktionen enthalten, wie durch Aufnahme der RAMAN-Spektren nachgewiesen wird, insgesamt ca. 16 (%) *Äthyl-*, 9 *Isopropyl-*, 10 *n-Propyl-*, 12 *sek.-Butyl-* u. 43 *n-Butylbenzol* (**II**), 4 *Indan* u. 2—4 *α-Methylindan* (**III**) sowie 0,5 *1-Methyl-2-äthylbenzol,* $<$0,5 *o-Xylol,* 0,5 —1 *trans-Dekalin* (**IV**) u. wahrscheinlich auch $<$0,7 *1-Methyl-2-isopropyl-* u. $<$0,8 *1-Methyl-2-n-propylbenzol.* Die höher sd. Fraktion (Kp. 185—190°) besteht hauptsächlich aus **III** u. **II**, 5—10 *β-Methylindan* (**V**) u. 1—3 **IV**, die Fraktion 190—200° aus **III**, **IV** u. nichtumgesetztem **I**. cis-Dekalin konnte nicht nachgewiesen werden. Würde **II** aus **I** über **III** als Zwischenprod. entstehen, so müßte mit längerer Hydrierungszeit der Geh. an **II** im Katalysat steigen, der Geh. an **III** dagegen sinken. Es wird jedoch gezeigt, daß bei 2 u. 5 std. Hydrierung von **I** bei 440° u. 250 at H_2 das Verhältnis der Fraktionen Kp. 180—185° u. 185—190° fast unverändert bleibt (nach 2 Std. 1,43; 5 Std. 1,6). Folglich wird **I** bei der Druckhydrierung einerseits zu **III** isomerisiert u. reagiert andererseits zu **II**. Der Mechanismus der Bldg. von **V** ist bisher noch ungeklärt. Isobutylbenzol, das Abbauprod. der destruktiven Hydrierung von **V**, wurde nicht gebildet. — Vff. geben ein Reaktionsschema für den Mechanismus der destruktiven **I**-Hydrierung. (Известия Академии Наук СССР, Отделение Химических Наук [Nachr. Akad. Wiss. UdSSR, Abt. chem. Wiss.] **1958.** 981—89. Aug. Zelinsky-Inst. für organ. Chem. der Akad. der Wiss. der UdSSR.)

W. KURTZMANN. B 225

C. A. Bunton, P. B. D. de la Mare, P. M. Greaseley, D. R. Llewellyn, N. H. Pratt und **J. G. Tillett,** *Nucleophile Substitutionen in organischen Sulfiten.* 1. Mitt. *Die Stelle des Bindungsbruchs bei der Hydrolyse einiger cyclischer 1.2- und 1.3-Sulfite.* Die saure u. alkal. Hydrolyse von *Äthylen-* (I; $Kp._{52}$ 88°, n_D^{25} 1,4450), *Propylen-* ($Kp._9$ 58°, n_D^{25} 1,4359), *meso-Butylen-(2.3)-*, *Tetramethylen-*, *Trimethylen-* (II) u. *Butylen-(1.3)-sulfit* wurde in ^{18}O angereichertem W. untersucht. Die Isotopenbest. in den entstandenen Diolen zeigte, daß in allen Fällen eine S—O-Bindungspaltung stattfindet. Ein ^{18}O-Austausch zwischen Sulfit u. $H_2{}^{18}O$ findet nicht oder nur sehr geringfügig statt, da bei teilweiser Hydrolyse von I u. II die nicht umgesetzten Sulfite isotop. n. waren.

Versuche: *meso-Butylen-(2.3)-sulfit*, $Kp._8$ 67°, aus Butandiol-(2.3) ($Kp._{101}$ 127°, n_D^{25} 1,4370); n_D^{25} 1,4380; IR-Banden. — *Tetramethylensulfit*, F. 44—45° (Methanol u. PAe.), nach SZMANT u. EMERSON (C. **1956.** 13654); IR-Banden. — *Propandiol-(1.3)-diacetat*, $Kp._{50}$ 127°, aus Trimethylenbromid ($Kp._{760}$ 163°, n_D^{24} 1,5215) u. K-Acetat; n_D^{25} 1,4171. — *Propandiol-1.3*, $Kp._{15}$ 113° durch Hydrolyse von vorst. Verb.; n_D^{25} 1,4373. Verb. mit $SOCl_2$; n_D^{25} 1,4509. — *Butylen-(1.3)-sulfit*, $Kp._6$ 54°, aus Butandiol-(1.3); n_D^{25} 1,4430. —*^{18}O-Äthylensulfit*, $Kp._8$ 58°, Darst. mit $S^{18}OCl_2$ (Kp. 78°, durch Einleiten von SO_2 in $H_2{}^{18}O$, Freisetzen des $S^{18}O_2$ durch Erhitzen u. Rk. mit PCl_5). (J. chem. Soc. [London] **1958.** 4751—54. Dez. London, Univ. Coll., William Ramsay and Ralph Forster Labor.) W. SCHRAMM. B 225

C. A. Bunton, P. B. D. de la Mare und **J. G. Tillett,** *Nucleophile Substitutionen in organischen Sulfiten.* 2. Mitt. *Die säurekatalysierte Hydrolyse von Äthylensulfit und Trimethylensulfit.* (1. vgl. vorst. Ref.) Die säurekatalysierte Hydrolyse von *Äthylen-* u. *Trimethylensulfit* in W. zwischen 35 u. 73° wurde, auch in Ggw. von Salzzusätzen, kinet. untersucht. Es wurden folgende Aktivierungsgrößen bei der Hydrolyse in W. (1 mol. an $HClO_4$) erhalten: I ΔE 20,15 (kcal·Mol^{-1}); ΔS^* —15,8 (cal·$Grad^{-1}$·Mol^{-1}) u. II ΔE 20,15; ΔS^* —13,0. In 90%ig. D_2O ist die Rk. um das 1,5fache schneller. Die Reaktionsgeschwindigkeitskonstante k nimmt mit steigender $HClO_4$-Konz. bis 1 m annähernd linear, danach jedoch stärker zu. Wird durch Zusatz von $NaClO_4$ die Gesamtionenkonz. konstant gehalten, so sind k u. [$HClO_4$] annähernd proportional. Zusätze von NaBr u. NaCl beschleunigen die Rk. stark, von $NaClO_4$, Na-p-Toluolsulfonat u. Tetraäthylammoniumperchlorat nur sehr wenig. Die Ergebnisse u. Hydrolysenmechanismen werden diskutiert. (J. chem. Soc. [London] **1958.** 4754—60. Dez.) W. SCHRAMM. B 225

C. A. Bunton, P. B. D. la de Mare, A. Lennard, D. R. Llewellyn, R. B. Pearson, J. G. Pritchard und **J. G. Tillett,** *Nucleophile Substitutionen in organischen Sulfiten.* 3. Mitt. *Vergleich der alkalischen und sauren Hydrolyse von Trimethylensulfit und verwandten Verbindungen.* (2. vgl. vorst. Ref.) Die Kinetik der alkal. Hydrolyse von *Trimethylen-* (I) u. *Butylen-(1.3)-sulfit* (II) mit NaOH bei 0° wurde untersucht, wobei folgende Geschwindigkeitskonstanten 2. Ordnung ermittelt wurden: I k_2 ca. 4,9 [Liter·Mol^{-1}·min^{-1}]; II ca. 1,30. Die Verfolgung der Rk. durch Best. sowohl der Abnahme der OH-Ionenkonz. als auch der SO_2-Bldg. ergab gleiche k_2-Werte. Das mögliche Zwischenprod. der Rk. (z. B. bei I $HOCH_2 \cdot CH_2 \cdot CH_2OSO_2^-$) reichert sich nicht an, da bei Titration mit Methylrot/Bromkresolgrün-Mischung u. auch mit Phenolphthalein (Unterschied bei Vorhandensein 1- u. 2basiger Säuren) gleiche Werte erhalten wurden. Die alkal. Hydrolyse der 1.2-Sulfite verlief zur Messung zu schnell. Strukturelle Einfll. auf die Rk. sind gering, was der Vgl. der k_2-Werte von I u. II zeigt. — Für die saure Hydrolyse wurden folgende Ergebnisse erhalten: *Tetramethyläthylensulfit* (III) mit 1 m $HClO_4$, E 19,7 (kcal·Mol^{-1}), ΔS^* — 17,8 (kcal·$Grad^{-1}$·Mol^{-1}). Geschwindigkeiten der sauren Hydrolyse relativ zu Äthylensulfit bei 35° (wenn nicht anders angegeben): *Propylen-* (100°) 1; *(—)-Butylen-(2.3)-* 0,8; *meso-Butylen-(2.3)-* 1,2; III 0,7; *3-Chlorpropylensulfit* 0,3 (bei 100°); I 4; II 2,4 (100°). Auch bei der sauren Hydrolyse kommt es zu keiner Anhäufung von Zwischenprodukten. Der Substituenteneinfl. ist wie bei der alkal. Hydrolyse gering, es werden aber hier die 6gliedrigen Ringe schneller hydrolysiert. Die Reaktionswege werden diskutiert. (J. chem. Soc. [London] **1958.** 4761—65. Dez.) W. SCHRAMM. B 225

E. D. Davies und **J. G. Tillett,** *Nucleophile Substitutionen in organischen Sulfiten.* 4. Mitt. *Der Einfluß von Salzzusätzen auf die Löslichkeit von Äthylensulfit.* (3. vgl. vorst. Ref.) Da Salzzusätze eine ausgeprägte Wrkg. auf die saure Hydrolyse von *Äthylensulfit* (I) ($Kp._{52}$ 88°; n_D^{25} 1,4450) haben, wurde dessen Löslichkeit in wss. Lsg. bei 25° (18,0 g/100 ml) bestimmt u. auch bei verschied. Salzzusätzen untersucht. Für die einzelnen Salzzusätze wurden die SETCHENOW-Konstanten K errechnet (für 1 mol. Salz-Lsgg., wenn nicht anders angegeben): NaCl 0,089, NaBr 0,0356, Na-p-Toluolsulfonat (II) 0,256, KJ —0,047, Tetraäthylammoniumchlorid (III) —0,062, KCl 0,056, $NaClO_4$ (2,0 mol.) —0,207 u. Tetraäthylammoniumperchlorat (IV, 0,1 mol.) —0,026. Danach erniedrigen also NaCl, NaBr u. KCl die Löslichkeit von I (Aussalzeffekt) u. $NaClO_4$

II, KJ u. III erhöhen sie (Einsalzeffekt). IV hat nur geringe Wirkung. (J. chem. Soc. [London] **1958.** 4766—67. Dez.) W. SCHRAMM. B 225

J. T. Edward und **K. A. Terry,** *Die Hydrolyse von Amiden und verwandten Verbindungen. 4. Mitt. Diacetylamin und Succinimid in wässerigem Alkali.* (3. vgl. J. chem. Soc. [London] **1957.** 2009.) Die wss.-alkal. Hydrolyse von *Diacetylamin* (I) u. *Succinimid* (II) wird bei verschied. p_H-Werten spektroskop. (240 bzw. 235 mμ) verfolgt. Die Hydrolysengeschwindigkeit ist nicht der OH^--Ionenkonz., sondern dem Anteil an ionisiertem Imid proportional; der geschwindigkeitsbestimmende Schritt der Hydrolyse besteht in einer Rk. der OH^--Ionen mit undissoziiertem Imin. Bei p_H 11,9 ist I zu 12,1%, II zu 99,6% ionisiert. Bei diesem p_H-Wert wird I 710mal schneller hydrolysiert als II. (J. chem. Soc. [London] **1957.** 3527—30. Aug. Dublin, Trinity Coll.) U. UHLICH. B 225

Emile Cherbuliez, H. Probst, J. Rabinowitz und **S. Sandrin,** *Untersuchungen über die Bildung und die Umwandlung von Estern.* 12. Mitt. *Über den Einfluß verschiedener funktioneller Gruppen auf die Hydrolysierbarkeit primärer Phosphorsäureesterfunktionen.* (11. vgl. C. **1959.** 3427.) Die Geschwindigkeit der Hydrolyse (H) bekannter bzw. in der 13. Mitt. (vgl. C. **1959.** 12196) beschriebener Phosphorsäureaminoalkylester (A) wird bei p_H 0, 4,5 u. 14 untersucht, wobei alle β-Aminogruppen (prim., sek., tert. u. quartäre) denselben Einfl. ausüben, unabhängig davon, ob die veresterte OH-Gruppe prim. oder sek. ist. Eine der Esterfunktionen in der *1.1'-Imino-bis-[propyl-(2)-dihydrogenphosphat]* (I) ist bes. labil, so daß durch H von I der *Monophosphorsäureester des Diisopropanolamins* erhalten wird. In aromat. Phosphorsäureestern wirken Carboxylgruppen auch in Form der Derivv. bei saurer H etwas aktivierend, die Wrkg. von o- nach p-Stellung nimmt ab. Alkal. wirkt aromat. gebundenes CN viel stärker aktivierend als COOH (da CN rascher hydrolysiert wird als die P-Esterbindung, sind die nachst. Zahlen durch Extrapolation erhalten); aliphat. γ-ständige Carboxyl- u. Carbalkoxygruppen üben keine Aktivierung mehr aus, die γ-Nitrilgruppe jedoch eine starke.

Versuche: Halbwertszeiten der H nachst. Verbb. in 0,1mol. Lsg. bei 100° u. p_H 0, 4,5, 14: *Monocolaminphosphat,* 30, 7, ca. 20000. *N-Methylderiv.,* 30, 7 (in 15 Tagen <2%). *N-Äthylderiv.,* 31, 7 (in 15 Tagen <2%). *N.N-Diäthylderiv.,* 25, 7 (in 15 Tagen <2%). — *Monocholinphosphat,* sehr langsam, langsam, keine H. — *Mono-[1-aminopropyl-(2)]-phosphat,* 36, 6 (in 15 Tagen <2%). — *1.1'-Imino-bis-[propyl-(2)-dihydrogenphosphat]* (I), (nach 1/4 Std. totale H), (dto.), (dto.). — *1-[2'-Hydroxy-propylamino]-propyl-(2)-dihydrogenphosphat,* 35, 7, (in 15 Tagen 2%). *Ba-Salz,* C_6H_{15}·$Ba_{0,5}NO_5P$, durch 1/2std. Kochen von I (gegebenenfalls in Ggw. von H_2SO_4), Neutralisieren mit $BaCO_3$ u. dann $Ba(OH)_2$ u. Einengen. — Die Ba-Salze nachst. Verbb. wurden durch Erhitzen a) 8 Std. bei 100°, b) 15 Std. bei 80° aus entsprechenden Hydroxyverbb. mit überschüssiger Polyphosphorsäure, Zugeben von W., Ausäthern, Neutralisieren wie vorst., Einengen u. Fällen mit A. erhalten. Halbwertszeiten (HW) der H (nach Freimachen der Säuren mit H_2SO_4) in 1n HCl bzw. 1n NaOH bei 100°. — *m-Cyanphenyldihydrogenphosphat,* aus m-Hydroxybenzonitril nach a); 34%. HW —, 30 (für *m-Carboxyphenyldihydrogenphosphat:* —, ca. 800). — *p-Cyanphenyldihydrogenphosphat,* aus p-Hydroxybenzonitril nach a); 35%. HW 0,75, 20 (für die *p-Carboxyverb.:* —, ca. 500). — *γ-Carbäthoxypropyldihydrogenphosphat,* aus γ-Hydroxybuttersäureäthylester [aus dem γ-Aminobuttersäureäthylesterhydrochlorid mit HNO_2 bei 0°; 23% (Ausbeute)] nach b); 24%. HW —, ca. 1500 (für *γ-Carboxypropyldihydrogenphosphat:* —, ca. 1500). — *γ-Cyanpropyldihydrogenphosphat,* aus γ-Hydroxybutyronitril [durch Kochen von 3-Brompropanol-(1) mit KCN in A.] nach b); 16%. HW: —, ca. 40. (Helv. chim. Acta **41.** 1163—68. 16/6. 1958. Genf, Univ., Labor. de Chim. org. et pharm.) F. J. MEYER. B 225

D. M. Brown, G. E. Hall und **H. M. Higson,** *Phospholipoide.* 3. Mitt. *Die Hydrolyse der cis- und trans-Isomeren von Glycerin-1-[2-hydroxycyclohexylphosphat] und verwandten Verbindungen.* (2. vgl. C. **1958.** 85.) Die Rk. von Glycid (III) mit Cyclohexylammonium-cis-2-hydroxycyclohexylhydrogenphosphat (cis-I) liefert *Glycerin-1-[cis-2-hydroxycyclohexylphosphat]* (cis-II), das als Ba-Salz isoliert wurde. Die Perjodattitration zeigt eine 10%ig. Verunreinigung mit dem 2-Isomeren an. Analog wird *trans*-II mit 10% an 2-Isomerem dargestellt. Beide II-Verbb. sind instabil u. zers. sich schon im Vakuum bei 80°, hauptsächlich zu *cycl.-Glycerinphosphat.* Bei der Umsetzung von III mit 2-Hydroxycyclohexyldihydrogenphosphat in absol. Dioxan entstehen größere Mengen der 2-Isomeren. Die alkal. oder saure Hydrolyse von cis-II liefert zu 85% *2-Hydroxycyclohexylphosphat,* während trans-II 75% Glycerinphosphat gibt; dieses besteht zu 45% aus *Glycerin-1-phosphat* (V). Da auch bei der alkal. Hydrolyse von *Glycerin-1.2-phosphat* (IV) 42% V erhalten werden, kann IV als Zwischenprod. der alkal. Hydrolyse von trans-II angenommen werden. Vergleichende kinet. Unterss. der alkal.

Hydrolyse von cis- bzw. trans-**II** bzw. von *Benzyl-* u. *Methyl-cis-* bzw. *-trans-2-hydroxycyclohexylphosphat* zeigen eine Zunahme der Reaktionsgeschwindigkeit in der Reihe Benzylalkohol < Methylalkohol < Glycerin u. einen kleinen katalyt. Effekt der Ba-Ionen. Die Geschwindigkeitskonstanten für cis- u. trans-**II** sind etwa gleich groß, aber größer als die von *Glycerin-1-benzylphosphat.* Die Ergebnisse stehen im Einklang mit der Annahme, daß der geschwindigkeitsbestimmende Schritt die Bldg. des 1.2-Cyclohexylenphosphations darstellt. Es wird eine Synth. für **IV** beschrieben.

Versuche: *Glycerin-1-[cis-2-hydroxycyclohexylphosphat]*(cis-**II**)-*Ba-Salzhexahydrat*, $C_{18}H_{36}BaO_{14}P_2 \cdot 6H_2O$, durch 6std. Kochen von 1,0 g cis-**I** u. **III** in W., Verdünnen, Einstellen auf p_H 8—9, Chromatographieren an Dowex-2 (Formiatform), Eluieren mit 0,05n HCOOH, Einengen, Neutralisieren mit $Ba(OH)_2$ u. Umfällen aus A.–Aceton; 640 mg (Ausbeute). *trans-***II***-Ba-Salzmonohydrat*, $C_{18}H_{36}BaO_{14}P_2 \cdot H_2O$; 350 mg aus 1,03 g. — *Cyclohexylammonium-cis-2-hydroxycyclohexylmethylphosphat*, $C_{13}H_{28}NO_5P$, F. 188—189,5° (A.–Essigester), aus 200 mg cis-**I** in CH_3OH, CH_2N_2 u. Cyclohexylamin (**VI**) in Ae.; 110 mg. *trans-Verb.*, F. 183—185°. — *Bis-[cyclohexylammonium]-glycerin-1-phosphat*, $C_{15}H_{35}N_2O_6P$, F. 145—150° (A.–Essigester), aus **III**, **VI** u. Na_2HPO_4. — *Cyclohexylammoniumglycerin-1-benzylphosphat*, $C_{16}H_{28}NO_6P$, F. 126° (A.–Essigester), durch Schütteln von Ba-**V** mit Dowex-50 (H-Form), Neutralisieren mit **VI**, Einengen, Lösen in A., Stehen mit Phenyldiazomethan (aus Benzaldehydhydrazon) in Ae. über Nacht, Einengen, Schütteln mit W.–Chlf. u. Einengen der wss. Phase. — *Brucinglycerin-1.2-phosphatmonohydrat*, $C_{26}H_{33}N_2O_9P \cdot H_2O$, durch Behandeln von Na-Glycerin-2-phosphat mit Dowex-50 (H-Form), Rk. mit Dicyclohexylcarbodiimid in Dimethylformamid, ½std. Stehen bei p_H 10, Filtrieren, Chromatographieren an Cellulose aus Propanol-(2)/NH_4OH (D. 0,88)/W. (40 : 1 : 14), Einengen, Behandeln mit Zeokarb 215 in W. u. Neutralisieren mit Brucin in CH_3OH; 310 mg. (J. chem. Soc. [London] **1958.** 1360—66. April. Cambridge, Univ., Chem. Labor.) R. PASEDAG. B 225

E. Shilov und **F. Weinstein,** *Kinetischer Isotopeneffekt bei der Jodierung von aromatischen Aminen.* Der kinet. H/D-Isotopeneffekt bei der Jodierung aromat. Amine, Aminocarbonsäuren u. Aminosulfonsäuren wurde bestimmt. Folgende Werte von k_H/k_D wurden mit in 2.4.6-Stellung deuterierten Verbb. erhalten: *m-Dimethylaminobenzoesäure* (95% deuteriert) 1,4 bei 30°; *m-Aminobenzoesäure* (90%) 4,8 bei 30° bzw. 3 bei p_H 7,2 u. Zusatz von 0,05 (Mol) Phosphat; *m-Aminobenzolsulfonsäure* (61%) 2 bei 35°; *Anilin* (86%) 3,5 bei 25° bzw. 4,0 bei p_H 7,6 unter Zusatz von 0,025 Phosphatpuffer u. 0,08 NaCl; *N-Methylanilin* (95%) 3,2 bei 25° u. 0,05 Acetatpuffer; *N.N-Dimethylanilin* (89%) 3,0 bei 30° u. 0,5 Acetatpuffer. — Bei *m-* u. *p-Dimethylaminobenzolsulfonsäure* wird kein Effekt beobachtet. (Nature [London] **182.** 1300—01. 8/11. 1958. Acad. of Sci. of Ukrainian SSR, Inst. of Org. Chem.) I. PAETZKE. B 225

H. Schmid und **Ch. Essler,** *Kinetik und Mechanismus der Diazotierung.* 13. Mitt. *Beziehungen der Diazotierung zur allgemeinen Säure–Basen-Katalyse.* (Kurze Mitt.)(12. vgl. Mh. Chem. **88.** [1957.] 631.) Vff. fanden, daß die früher (vgl. C. **1957.** 10162) für die Diazotierung des Anilins (**IV**) u. der Chloraniline mit NOCl in HCl-Lsg. ermittelte Beziehung $\log k = 11{,}089 + 0{,}178\, K_B$ ($K_B = [RNH_3^+][OH^-]/[RNH_2]$) auch für die Diazotierung von *o-* (**I**), *m-* (**II**) u. *p-Toluidin* (**III**) gilt. Das kinet. Verh. der Toluidine wird durch zwei gegenläufige Effekte erklärt: Elektronenabstoßende Wrkg. der CH_3-Gruppe u. ster. Hinderung. Die CH_3-Gruppe in m- bzw. p-Stellung begünstigt durch Elektronenabstoßung die Polarisierung des Amino-N durch das Nitrosierungsmittel, die k-Werte von **II** u. **III** sind daher größer (27,0 bzw. $30{,}0 \cdot 10^{-8}$ bei 25°) als der von **IV** ($26{,}0 \cdot 10^{-8}$). Bei **I** macht sich der Orthoeffekt bemerkbar ($k = 24{,}4 \cdot 10^{-8}$ bei 25°), ein geringer ster. Effekt wird auch für **II** angenommen. (Mh. Chem. **88.** 1110—12. 1957, herausg. 28/1. 1958. Wien, TH, Inst. für physikal. Chem.) B. GNAUCK. B 225

M. J. S. Dewar und **D. S. Urch,** *Elektrophile Substitution.* 12. Mitt. *Die Nitrierung von Diphenylmethan, Fluoren, Diphenyläther, Dibenzofuran, Diphenylamin und Carbazol. Relative Reaktivitäten und partielle Geschwindigkeitsfaktoren.* (11. vgl. C. **1958.** 2392.) Wie früher (vgl. C. **1957.** 8460) wurde die Isomerenverteilung bei der Nitrierung folgender Verbb. in Acetanhydrid spektrophotometr. ermittelt (Daten in der Folge 1-, 2-, 3- bzw.-4-Nitroverb. bei 0 bzw. 25°): *Diphenylmethan* (**I**) —, 52 [%], —, 48 bzw. —, 38, 62, —; *Fluoren* (**II**, F. 117—117,5°), —, 63, 3, 34 bzw. —, 69, 2, 29; *Diphenyläther* (**III**) —, 51, —, 49 bzw. —, 50, —, 50; *Dibenzofuran* (**IV**) 25, 39, 36, — bzw. 19, 40, 41, —; *Diphenylamin* (**V**) —, 76, —, 24 bzw. —, 71, —, 29; *Carbazol* (**VI**) 29, 1, 70, — bzw. 28, 2, 70, —. Unter den gewählten Bedingungen entstanden nur Mononitroderivate. Bei **V** bildeten sich neben *N-Acetyldiphenylamin* auch *N-Acetyl-2-* u. *-4-nitrodiphenylamin.* Obige Daten für **V** schließen auch die Ausbeuten an diesen Nitroverbb. ein. Nach der Konkurrenzmeth. wurden ferner folgende Reaktivitäten R (Bzl. = 6) u. die partiellen Geschwindigkeitsfaktoren f für die Nitrierung bei 25° ermittelt: **I** [R] 117; [f für die obigen Stellungen] 13, 32; **II** 608; 2040, 60, 944; **III** 936; 117, 23; **IV** 470; 47, 94, 94; **V** 4430000; 831000, 575000; **VI** 222000; 32100, 1100, 77600. Beim Vgl. der Wertepaare für **III**—**IV** u. **V**—**VI** zeigt sich, daß durch 5-Ringe die R-Werte verringert werden.

Versuche: *Perylen*, F. 271—272°, durch Decarboxylierung von Perylentetracarbonsäure. — *Carbazol* (**VI**), F. 244—245°, durch Dehydrierung von Tetrahydrocarbazol, Reinigung durch Chromatographie aus Bzl. an Al_2O_3. — *3-Nitrocarbazol* (**VII**), F. 215,5—216,5° (gelbe Kristalle aus A.), *allotrope Form*, F. 213—215° (dunkelweinrote Kristalle aus Bzl.), aus **VI** nach LINDEMANN (1924); aus den Mutterlaugen *1-Nitrocarbazol* (**VIII**), F. 186—187° (nach Chromatographie). — Die UV-Maxima folgender Verbb. in 95%ig. A. sind angegeben: *2-* (Öl), *3-* (Öl) u. *4-Nitrodiphenylmethan* (F. 30—31°), *2-Nitrofluoren* (F. 155—156°), *2-* (F. 75,5—76°), *3-* (F. 113—114°) u. *4-Nitrodiphenylamin* (F. 132,5—133°), *N-Acetyl-2-* (F. 135—136°), *-3-* (F. 66—66,5°) u. *-4-nitrodiphenylamin* (F. 100—101°), *N-Acetyldiphenylamin* (F. 101—102°), *2-* (Öl) u. *4-Nitrodiphenyläther* (F. 31—31,5°), **VII**, **VIII**, *2-* (F. 165—60° [?]) u. *4-Nitrocarbazol* (F. 181—20° [?]). (J. chem. Soc. [London] **1958**. 3079—84. Sept. London, Queen Mary Coll.) B. GNAUCK. B 225

J. Holubek, *Das polarographische Verhalten von 2.2'-Pyridoin und 2.2'-Pyridil*. Während Benzoin (**I**) u. Benzil bei Anwendung von zwei Elektroden in einer polarograph. Stufe zu **I** bzw. zum entsprechenden Glykol red. werden, gibt *2.2'-Pyridoin* (**II**) eine kathod. Reduktionsstufe bei —1,0—1,35 V (p_H 2,9—9,4 — Veronalpufferlsg. — 50% A.) u. eine anod. Oxydationsstufe bei 0,0—0,21 V (p_H 2,9—9,9). *2.2'-Pyridil* (**III**) wird in zwei Stufen red.: bei der positiveren Stufe liegt $E^1/_2$ bei 0,4—0,62 V (p_H 2,9—9,9), während die zweite Stufe denselben Wert von $E^1/_2$ wie die Reduktionsstufe von **II** besitzt. Erklärt wird dies damit, daß **II** in der anod. Zweielektronenstufe zu **III** oxydiert, in der negativen Stufe zum entsprechenden Glykol red. wird. Die positivere Reduktionsstufe des **III** entspricht seiner Red. zum **II**, das weiter zum Glykol red. wird. Mit steigendem p_H teilt sich die negativere Stufe in zwei, von denen die positivere in Form einer Dissoziationskurve abnimmt. Die Aufteilung erfolgt bei **II** bei p_H 9, bei **III** bei p_H 8. **II** wird in äthanol. Lsg. durch Luftsauerstoff stufenweise zu **III** oxydiert; dabei nimmt die anod. Stufe des **II** ab, zugleich entsteht eine neue Stufe, die der Red. des entstehenden **III** zu **II** entspricht. Die Summe der beiden Stufenhöhen bleibt konstant. Eine Rolle spielt der Geh. der Lsg. an W.: in absol. A. bleibt die anod. Stufe bis 6 Std. unverändert, während sie in 96%ig. A. schon nach 3 Std. verschwunden ist. Längere Aufbewahrung führt zu weiterer Zers., wobei Picolinsäure entsteht. (Naturwissenschaften **45**. 417—18. 1. Sept.-H. 1958. Prag, Forschungsinst. für Heilpflanzen.) S. NEUE. B 225

B. G. Jassnitzki und **Je. B. Dolberg**, *Reaktionen von Acylsulfanilylchlorid mit 2-Aminothiazol*. 2. Mitt. *Untersuchung der Reaktion von Carbomethoxysulfanilylchlorid mit 2-Aminothiazol*. (1. vgl. C. **1958**. 113.) Bei der Acylierung von 2-Aminothiazol mit N-Carbomethoxysulfanilylchlorid in inerten Lösungsmitteln wird das Verhältnis, in dem *2-[N-Carbomethoxysulfanilylamino]-thiazol* (**I**) u. *2-[N.N-Bis-(N-carbomethoxysulfanilyl)-amino]-thiazol* (**II**) entstehen, durch Reaktionstemp. u. -dauer bedingt, weniger durch die Natur des Lösungsmittels. Bei Temperaturerhöhung steigt nicht nur die relative Ausbeute an **I**, sondern auch die Gesamtausbeute an **I** u. **II**. — Die Acylierung kann in 2 Stufen aufgeteilt werden: In der ersten wird das Verhältnis von **I** zu **II** vor allem durch das Verhältnis der Geschwindigkeitskonstanten ihrer Bldg., k_1 u. k_2, bestimmt. Bei 100° ist k_1 ca. 23mal größer als k_2, u. es entsteht vornehmlich **I**; bei 25° ist k_2 ca. 11mal größer als k_1, u. es bildet sich **II** als Hauptprodukt. In der 2. Stufe reagiert **II** mit 2-Aminothiazol mit der Geschwindigkeitskonstanten k_3 u. bildet **I**. k_3 ist aber zwischen 25 u. 130° immer um 2—3 Größenordnungen kleiner als k_1 u. k_2, d. h. solange noch im Syst. Sulfochlorid vorhanden ist, hat k_3 auf das Verhältnis **I** : **II** keinen wesentlichen Einfluß. (Журнал Общей Химии [J. allg. Chem.] **26** (**88**). 2859—62. Okt. 1956. Charkow, Wiss. Chem.-Pharmazeut. Forschungsinst.) HELMUT SCHÄFER. B 225

DeLos F. DeTar und **Takuo Kosuge**, *Mechanismen der Diazoniumsalzreaktionen*. 6. Mitt. *Die Reaktionen von Diazoniumsalzen mit Alkoholen unter sauren Bedingungen; Beweis für die Hydridübertragung*. (5. vgl. C. **1957**. 4940.) Vff. analysierten UV-spektroskop. die Prodd. der therm. Zers. folgender Diazoniumbisulfate in Methanol (**V**): *p-Methyl-* (**I** [Temperaturbereich] 25—100°) 4% (Ausbeute an Reduktionsprod. [C_6H_5X = Toluol]), 94% (Ausbeute an Äther [$XC_6H_4OCH_3$ = p-Methylanisol) bzw. (65° unter N_2) 23, 73 bzw. (Rückfluß = R) 6—14, 91—84; *m-Methyl-* (R) 5, 95; *p-Brom-* (**II**, 100—185°) 47—67, 45—31, (65°, N_2) 96, 2, (R) 66—84, 31—17; *m-Brom-* (100°) 30, 60, (65°, N_2) 85, 12, (R) 18—40, 76—53; *o-Brom-* (100° oder R) 97, 1; *p-Nitro-* (**III**, 25—135°) 66—89, 13—5, (R) 79—83, 14—9; *m-Nitro-* (100° oder R) 85, 4; *o-Nitro-* (100° oder R) 96, 2; *p-Methoxy-* (**IV**) (65—150°) 10—29, 85—64, (65°, N_2) 96, 4, (R) 76—99, 18—1; *m-Meth-*

oxybenzoldiazoniumbisulfat (100° oder R) 2, 94. Hohe Ätherausbeuten wurden also aus den diazotierten Toluidinen u. Anisidinen, erhebliche Ausbeuten an Reduktionsprodd. aus den diazotierten Brom- u. Nitroanilinen erhalten. Die Rk. in Ggw. von O_2 gibt hohe Ausbeuten an Äthern, während unter N_2 die Bldg. der Reduktionsprodd. begünstigt ist. So liefert **IV** je nach Bedingungen überwiegend *Anisol* oder *Hydrochinondimethyläther*. Änderungen der Konzz. oder Reaktionstempp. haben nur eine geringe Wrkg. auf die Zus. der Produkte. Die Rk. von **IV** wurde durch die Ggw. von Formaldehyd oder Ameisensäure relativ wenig beeinflußt. Die Prodd. der therm. Zerss. von **I**—**IV** u. von *Benzoldiazoniumbisulfat* (**VI**) wurden a) in Ggw. von O_2 u. Säure (H_2SO_4) bei 25 u. 65 bzw. 65 u. 100°, b) in Ggw. von O_2 ohne Säure, c) unter N_2 in Ggw. von Säure u. d) unter N_2 ohne Säurezusatz nach mehrtägiger Reaktionsdauer untersucht. Die Ggw. von Säure hat keine bzw. bei **III** nur eine geringe Wrkg., außer bei der Rk. von **IV** verursachen Temperaturänderungen nur geringe Unterschiede. Bei den Zerss. von **II** u. **III** in Ggw. von O_2 scheinen außer den Äthern u. Brom- bzw. Nitrobenzol noch geringere Mengen anderer Prodd. zu entstehen. Ferner wurde die therm. Zers. von *Benzoldiazoniumfluoborat* in Alkoholen zwischen ca. 20 u. 60° kinet. (manometr., vgl. C. **1957.** 4939) verfolgt. Folgende Daten wurden ermittelt: in **V** [log A] 16, 195 [sec^{-1}], [E] 27,619 [kcal/Mol], in A. 15, 848, 27,199, in Isopropylalkohol 14, 415, 25,095 bzw. bei *p-Toluoldiazoniumfluoborat* in **V** 15, 439, 27,887. Diese Ergebnisse stimmen gut mit Literaturdaten überein. In Abweichung von der Kinetik 1. Ordnung läuft die Rk. zu Beginn zu schnell ab. Dies wird auf eine Ketten-Rk., die Bzl. liefert, zurückgeführt. Aus der Unters. der Photozers. von **I**, **III**, **IV** u. **VI** bei 30—43° ergibt sich, daß die therm. u. photochem. Aktivierung zu gleichen Zersetzungsprodd. führen. Vff. schließen, daß wenigstens zwei Reaktionswege bei der therm. Zers. beschritten werden: 1. Ion. Zers. unter Bldg. der Äther u. Reduktionsprodd. u. 2. Radikalkettenprozeß, der nur Reduktionsprodd. liefert sowie geringe Mengen von Biarylen. Reaktionsweg 2 wird durch die Ggw. von Basen (wie Na-Acetat) gefördert u. durch Ggw. von O_2 beeinträchtigt; er kann daher durch Zugabe von starken Säuren in Ggw. von O_2 zugunsten der heterolyt. Spaltungen unterdrückt werden. Die in diesem Fall entstehenden Reduktionsprodd. bilden sich vermutlich durch einen Hydridübertragungsprozeß: $Ar^+ + V \rightarrow ArH + CH_2OH^+$ (vgl. BARTLETT u. MCCOLLUM, C. **1956.** 10432). Eine heterolyt. Spaltung tritt auch während der Photozers. auf. (J. Amer. chem. Soc. **80.** 6072—77. 20/11. 1958. Columbia, S. C., Univ. of South Carolina, Dep. of Chem.) B. GNAUCK. B 225

Ss. M. Skuratow, A. A. Strepichejew, Ss. M. Schtecher und **A. W. Wolochina,** *Über die Enthalpie der Polymerisation von cyclischen Formalen.* Es wird die Enthalpie der Polymerisation von *Äthylen-* (**I**, Kp. 76,0°; n_D^{20} 1,4002; $D.^{20}_4$ 1,0595), *Trimethylen-* (**II**, Kp. 103,5—104°; n_D^{20} 1,4183; $D.^{20}_4$ 1,0319), *Tetramethylen-* (**III**, Kp. 117—117,5°; n_D^{20} 1,4387; $D.^{20}_4$ 1,0023) u. *Pentamethylenformal* (**IV**, Kp. 134°; n_D^{20} 1,4383; $D.^{20}_4$ 0,9886) in Abhängigkeit von der Ringgliederzahl (Δ Z) durch Berechnung der Cyclisierungsenthalpien ($\Delta H_{Cycl.}$) bestimmt. Diese erhält man aus der Differenz der Verbrennungswärmen vorst. Verbb. für den gasförmigen Zustand [$\Delta H_{(g)} = \Delta H_{fl.\ gemessen} +$ Verdampfungswärme; $\Delta H_{(g)}$: **I** 415,9, **II** 566,8, **III** 729,2, **IV** 894,7 kcal/Mol] u. den additiv aus den Inkrementen der entsprechenden Gruppen (CH_2; $-O-CH_2-O-$) ermittelten Verbrennungswärmen [$\Delta H_{(g)} - \Delta H_{(g)\ berechnet} = \Delta H_{Cycl.}$]. Die $\Delta H_{Cycl.}$ nehmen wie die der entsprechenden Alkane ($\Delta Z = 5$, 6, 7 u. 8 entsprechend 6,6, 0,1, 6,2 u. 9,6 kcal/Mol) in der Reihenfolge $8 > 5 > 7 > 6$ ab. Für **I**, **II**, **III** u. **IV** fand man entsprechend 6,2, 0, 4,7 u. 12,8 kcal/Mol. Nach STREPICHEJEW u. WOLOCHINA (C. **1956.** 1617) nimmt die Polymerisationsfähigkeit der Formale ab in der Reihenfolge $8 > 5 > 7 > 6$, wobei sich die 5- u. 7-gliedrigen Ringe hinsichtlich ihrer Polymerisationsfähigkeit nur wenig voneinander unterscheiden. Wie ein Vgl. der Abhängigkeit der $\Delta H_{Cycl.}$ von Δ Z mit den Ergebnissen vorst. Vff. zeigt, gestattet die Best. von $\Delta H_{Cycl.}$ eine Abschätzung der relativen Polymerisationsfähigkeit der Formale. (Доклады Академии Наук СССР [Ber. Akad. Wiss. UdSSR] **117.** 263—65. 11/11. 1957. Moskau, Lomonossow-Univ.) W. KURTZMANN. B 225

A. Maschka und **G. Müller,** *Modellversuche zum Standölprozeß. Geschwindigkeit der Diels-Alder-Reaktion von in Methylstearat gelöster Eläostearinsäure.* Vff. untersuchten die Ringschluß-Rk. zweier Fettsäureketten nach DIELS-ALDER bei der Standölkochung von *β-Eläostearinsäure* (**I**) bzw. deren *Methylester* (**II**) in Methylstearat als Lösungsm. unter CO_2, wobei durch Einhaltung von 250° als oberer Temperaturgrenze die möglichen Isomerisierungen u. Umesterungen mit gleichzeitigen Molekülvergrößerungen sowie weitere Diensynthesen der aus Trienen gebildeten cycl. Diene vermieden wurden. Bei der Diensynth. im Rahmen der Standölbldg. fällt nur die intermol. Rk. gegenüber der intramol. ins Gewicht. Dabei kann die als Dienophile fungierende Komponente a) entweder mit einer endständigen oder b) mit einer mittelständigen Doppelbindung reagieren, wobei bei a) konjugierte, bei b) nur isolierte Doppelbindungen im Dimeren auftreten. Aus dem Anteil von 46% konjugierten Dienen schließen Vff. auf etwa gleiche Verteilung zwischen Rk. a) u. b). Der gleichzeitige Konzentrationsabfall der ursprünglichen konjugierten Triene mit dem Anstieg der Diene scheint eine Isomerisierung auszuschließen, durch die Rk. a) vorgetäuscht werden kann. Die kinet. Auswertung ergab eine Rk. 2. Ordnung; **I** reagierte rund doppelt so schnell wie **II**. (Mh. Chem. **86**. 397—407. 1955. Wien, TH, Inst. für physikal. Chem.) P. HOLZLÖHNER. B 225

Robert A. Benkeser und **William Schroeder,** *Aromatische Substitution durch ein stark selektives Radikal — Triphenylmethyl. Ein Fall der Reaktion eines freien Radikals, bei der Nitrobenzol so gut wie nicht reaktionsfähig ist.* Die bei Rkk. freier Radikale wirksamen elektr. Effekte werden untersucht an der WIELAND-Rk. (WR), dem Angriff des resonanzstabilisierten *Triphenylmethylradikals* (I) in Ggw. von Dibenzoylperoxyd (Bz_2O_2) auf aromat. Substrate. Vff. bestimmten die relative Reaktivität von **I** unter den Bedingungen der WR gegenüber folgenden Substraten (in der Folge der Reaktivität): *Anisol* (1,8) > *Chlorbenzol* (1,3—1,2) > *Bzl.* (1,0) > *Benzoesäuremethylester* (0,97 bis 0,91) > *Benzotrifluorid* (0,36) > *Nitrobenzol* (**II**, 0). Diese Reihenfolge wird zurückgeführt auf den Grad der Schwierigkeit der Bldg. eines Komplexes zwischen aromat. Kernen geringer Elektronendichte u. dem stark selektiven, elektrophilen **I**. Die relativen Reaktivitäten sowie die IR-spektroskop. ermittelte Isomerenverteilungen (IV) in den bei der WR erhaltenen Gemischen isomerer Tetraphenylmethanderivv. wurden bestimmt mit Hilfe der inversen Isotopenverdünnungsmeth. unter Verwendung von $^{14}C_{(COH)}$-*Triphenylcarbinol*, dessen Darst. beschrieben wird. Im Gegensatz zur Mitt. von WIELAND u. MAYER (vgl. Liebigs Ann. Chem. **551**. [1942.] 249) ergibt sich als arithmet. Mittel der IV aus allen untersuchten Substraten (Einzelwerte tabelliert) 43% o-/36% m-/21% p-, was der statist. Verteilung (40/40/20) sehr nahe kommt. Eine Hypothese zur Erklärung dieser IV wird diskutiert. **II** reagiert unter den Bedingungen der WR nicht mit Bz_2O_2 u. **I**, in Ggw. von Bzl. wurden außer den üblichen Reaktionsprodd. 10% *Tetraphenylmethan* u. 9% *p-Bis-triphenylmethylbenzol* gebildet. Die Beobachtung von HAMMOND u. RAVVE (C. **1952**. 1155 über die Bldg. von Azobenzol u. Triphenylcarbinol aus **II** u. **I** wird als Irrtum aufgeklärt, spurenweise Bldg. von Phenol erwies sich als unabhängig von der Ggw. von **II**. Aus dem Prod. der WR mit *p-Nitroanisol* ließ sich kein Tetraphenylmethanderiv., aus dem mit *m-Nitroanisol* jedoch *3-Nitro-5-tritylanisol* isolieren.

V e r s u c h e: *p-Tritylbenzoesäuremethylester*, $C_{27}H_{22}O_2$, F. 201—202° (Bzl./Methanol), durch Oxydation von p-Trityltoluol u. nachfolgend Veresterung mit CH_2N_2. — *m-Tritylbenzoesäuremethylester*, $C_{27}H_{22}O_2$, F. 135° (Bzl./Methanol), vorst. Verb. analog. — *2-Methyl-4'-acetylaminotetraphenylmethan*, $C_{28}H_{25}NO$, F. 206—207° (Methanol), durch 30std. Kochen von o-Tolyldiphenylcarbinol (**III**) mit Anilin·HCl (**IV**) u. Eisessig; 42% (Ausbeute). — *2-Methyl-4'-aminotetraphenylmethan*, a) aus vorst. Verb. durch Hydrolyse in alkoh. HBr; 93%; b) aus **III** u. **IV**. — *o-Methyltetraphenylmethan* (**VI**), F. 191—192°, zweitnachst. Verb. analog. — *m-Trifluormethylphenyldiphenylcarbinol*, $C_{20}H_{15}F_3O$, F. 52—54° (PAe.), Kp.$_{0,5}$ 140—142°, aus m-Trifluormethylphenyl-MgBr u. Benzophenon in Ae./Bzl.; 53%. — *m-Tritylbenzotrifluorid*, $C_{26}H_{19}F_3$, F. 148—150° (95%ig. A.), durch 2½std. Kochen vorst. Verb. mit **IV** u. Eisessig, Versetzen der Lsg. des rohen Amines in Eisessig mit $NaNO_2$ u. H_3PO_2 bei 10—15°; sublimiert bei 140°/0,5 mm; 39%. — *o-Tritylbenzotrifluorid*, F. 163—165°, vorst. Verb. analog. — *p-Tritylbenzotrifluorid*, F. 197—198°, vorst. Verb. analog. — *o-Tritylanisol*, F. 147—148,5°, analog vorst. Verb. aus dem entsprechenden Triphenylcarbinol. — *m-Tritylanisol* (**VII**), F. 170—171°, analog vorst. Verb. aus Triphenylcarbinol (**V**) u. o-Anisidin. — *p-Tritylanisol*, F. 194° (Bzl./Methanol), aus Anisol u. **V** durch 7std. Kochen der Lsg. in Eisessig mit H_2SO_4. — *o-Tritylchlorbenzol*, F. 193—194°, analog vorvorst. Verb. aus dem entsprechenden Triphenylcarbinol. — *m-Tritylchlorbenzol*, F. 193—194°, analog **VII** aus **V** u. o-Chloranilin. — *p-Tritylchlorbenzol*, F. 228—229° (Dimethylformamid/Methanol), aus p-Tritylanilin durch SANDMEYER-Rk. mit Cu_2Cl_2; sublimiert bei 180°/0,5 mm; 38%. — *o-Tritylbenzylbromid, Additionsverb. mit Cyclohexan*, $C_{26}H_{21}Br \cdot C_6H_{12}$, F. 103—105° (Cyclohexan), aus **VI** durch 6std. Kochen mit N-Bromsuccinimid u. Bz_2O_2 in CCl_4; 89%; wird durch Zn u. Eisessig zu **VI** red. (86%). *o-Tritylbenzylpyridiniumbromid*, F. 250—251°. — *o-Tritylbenzylalkohol*, $C_{26}H_{22}O \cdot 1,5H_2O$, F. 90—92° (A./W.), aus vorst. Bromid durch Hydrolyse in Glykoldimethyläther mit KOH/Ag_2O, 3 Std. am Rückfluß. — *9.9-Diphenylanthron*, $C_{26}H_{18}O$, F. 189,5—190,5° (Essigester), durch Oxydation von 8 g vorst. Verb. mit CrO_3 in Eisessig; 7,5 g. — *o-Tritylbenzoesäure*, $C_{26}H_{20}O_2$, F. 227—228,5° (A./W.), aus vorvorst. Verb. durch Oxydation mit $KMnO_4$ in Pyridin; sublimiert bei 210°/0,5 mm; 32%. *Methylester*, $C_{27}H_{22}O_2$, F. 137,5—139° (CH_3OH), aus vorst. Säure mit CH_2N_2. — *p-Bis-[diphenylhydroxymethyl]-benzol*, $C_{32}H_{26}O_2$, F. 175° (Aceton/W.);

durch mehrstd. Kochen des aus p-Dibrombenzol u. n-Butyl-Li durch 14std. Sieden erhaltenen p-Di-Li-Bzl. mit Benzophenon in Bzl.; 25%. — *p-Bis-[4-aminophenyl-diphenylmethyl]-benzol*, $C_{44}H_{36}N_2$, F. 340° (Pyridin/W.), aus vorst. Verb. durch 8std. Kochen mit **IV** in Eisessig; 85%. — *p-Bis-triphenylmethylbenzol*, $C_{44}H_{34}$, F. 330° (Dioxan), aus vorst. Diamin mit H_3PO_2 u. $NaNO_2$ in Eisessig bei 15—20° u. Zers. des Tetrazoniumsalzes in gelinder Wärme; sublimiert bei 290—300°/0,5 mm; 98%. — *$^{14}C_{(COH)}$-Triphenylcarbinol*, F. 161—162° (Toluol/PAe.), aus $^{14}C_{(COOH)}$-Benzoesäure durch Überführung in das Säurechlorid u. Umsetzung mit Phenyllithium in Ae.; 70%. — *3-Nitro-5-tritylanisol*, $C_{26}H_{21}NO_3$, F. 130—131°, durch WR aus m-Nitroanisol u. Triphenylchlormethan mit Hg in **II**, 20 Std. unter N_2, danach Zusatz von Bz_2O_2, Reinigung durch mehrfaches Chromatographieren; aus A. gelbe Kristalle; durch Red. mit Zn u. Eisessig/HCl u. Behandeln mit H_3PO_2 u. $NaNO_2$ wird **VII** gebildet. (J. Amer. chem. Soc. **80**. 3314—22. 5/7. 1958. Lafayette, Ind., Purdue Univ., Chem. Labor.) W. DIEPERS. B 225

Donald S. Noyce und **Wilmer L. Reed**, *Carbonylreaktionen*. 6. Mitt. *Beweis für wechselnde Mechanismen bei der Dehydratisierung von β-Hydroxyketonen.* (5. vgl. C. **1959.**) Die Kinetik der Dehydratisierung von *4-[p-Methoxyphenyl]-* (**I**), *4-Phenyl-* (**II**) u. *4-[p-Nitrophenyl]-4-hydroxybutanon-(2)* (**III**) bei 25 u. 45° in Ggw. von Säure wurde UV-spektroskop. verfolgt. Die 10^6 k_1-Werte betrugen bei 25° für **I** in 1,04—3,94mol. H_2SO_4 36—1635 sec^{-1}. Es zeigt sich, daß in 1mol. H_2SO_4 nur ein geringer Substituenteneinfl. auftritt. Vff. nehmen daher an, daß der geschwindigkeitsbestimmende Schritt die vom Phenylkern nicht beeinflußte Enolisierung $ArCHOH-CH_2C(=OH^+)CH_3 + H_2O \rightarrow ArCHOHCH=C(OH)CH_3 + H_3O^+$ ist. Die folgende Wasserabspaltung verläuft dann schnell über $ArCH(OH_2^+)CH=C(OH)CH_3 \rightarrow ArCH = CHC(=OH^+)CH_3$ bei **II** u. **III**, die log k-Werte stehen dementsprechend (vgl. ZUCKER u. HAMMETT, J. Amer. chem. Soc. **61**. [1939.] 2791) in keiner linearen Beziehung zur Säurefunktion H_0. Dagegen zeigen die Daten der Rk. von **I** eine solche Abhängigkeit. Es wird daher wie früher (vgl. l. c.) für diese Dehydratisierung angenommen, daß sie wenigstens z. T. über eine Carboniumionzwischenstufe verläuft. Die nach diesem Mechanismus berechneten 10^6 k-Werte (k_c) betragen in 1,04—3,94mol. H_2SO_4 18,5—1530 sec^{-1}, sie erfüllen die Gleichung $\log k_c - H_0 =$ Konstante. Danach verläuft die Rk. von **I** in 1- bzw. 4,94mol. H_2SO_4 zu 51 bzw. 93% nach dem Carboniumionmechanismus, d. h. langsamster Schritt ist $CH_3OC_6H_4CH(OH_2^+)CH_2COCH_3 \rightarrow CH_3OC_6H_4CH^+ \cdot CH_2COCH_3 + H_2O$. Bei gleichem H_0 durchgeführte Rkk. von **I** in H_2SO_4 u. $HClO_4$ sind kinet. nicht unterscheidbar. Die Rk. von **II** in $HClO_4$ verläuft dagegen schneller als die in H_2SO_4. Folgende Aktivierungsparameter wurden bestimmt: **I** $\Delta F^{\ddagger}$ 23,5 [kcal/Mol], $\Delta H^{\ddagger}$ 20,2 [kcal/Mol], $\Delta S^{\ddagger}$ $-10,9 \pm 0,6$ [cal/Grad·Mol]; **I** (bezogen auf k_c) 23,9, 22,4, $-5,2 \pm 2,0$; **II** 24,0, 18,1, $-19,6 \pm 1,6$; **III** 24,0, 17,5, $-21,9 \pm 0,3$. Der größere $\Delta S^{\ddagger}$-Wert von **I** entspricht einer geringeren Spannung im Übergangszustand u. ist im Einklang mit den vorgeschlagenen Mechanismen.

Versuche: *4-[p-Methoxyphenyl]-4-hydroxybutanon-(2)* (**I**), $C_{11}H_{14}O_2$, F. 40° (95%ig. A.), $Kp._6$ 91—93°, durch schnelle Zugabe von Anisaldehyd u. Aceton bei 0° zu 0,03n NaOH u. 25 Min. Einw. bei 0°. — *4-Phenyl-4-hydroxybutanon-(2)* (**II**), F. 34 bis 36° (CCl_4), analog **I** aus Benzaldehyd; *3.5-Dinitrobenzoat*, $C_{17}H_{14}N_2O_7$, F. 128 bis 129°. — *4-[p-Nitrophenyl]-4-hydroxybutanon-(2)* (**III**), F. 60—62°, nach BAEYER u. BECKER (1883) mit verd. NaOH. — *4-Phenylbuten-(3)-on-(2)*, aus **II** durch Erhitzen mit 1mol. H_2SO_4 auf 45°; 97,5% (Ausbeute). — *4-[p-Methoxyphenyl]-buten-(3)-on-(2)*, F. 68—71°, analog aus **I**; 77,2%. — *4-[p-Nitrophenyl]-buten-(3)-on-(2)*, F. 107—109°, a) analog aus **III**; 86,1%; b) durch Nitrierung vorvorst. Verb. nach BURCKHALTER u. JOHNSON (C. **1953**. 367). (J. Amer. chem. Soc. **80**. 5539—42. 20/10. 1958. Berkeley, Calif., Univ. of California, Dep. of Chem.) B. GNAUCK. B 225

Ju. I. Ljadowa, W. I. Wedenejew und **W. W. Wojewodski**, *Untersuchung der Kinetik und des Mechanismus des thermischen Zerfalls von Isobutylen.* Es wurde der therm. Zerfall von *Isobutylen* (**I**) untersucht u. der Reaktionsmechanismus diskutiert. Die Crackung von **I** wird im Vakuum im Temperaturintervall 542—620° u. Druckintervall 100—500 mm Hg durchgeführt. Der Zerfall von **I** ist eine Rk. 1. Ordnung, die Aktivierungsenergie beträgt $49,5 \pm 3$ kcal/Mol. Die thermochromatograph. Gasanalyse zeigt, daß als Crackprodd. C_3H_6, CH_4, iso-C_4H_{10}, C_2H_4, H_2, sowie geringe Mengen C_2H_6 u. C_3H_8 auftreten. Die Bldg. der Gasprodd. in Abhängigkeit vom Druck wird für 542, 555, 568 u. 600° graph. dargestellt. Extrapolation der Kurven auf Null ergibt die prim. Zus. des Gasgemisches. Ca. ein Drittel **I** (bezogen auf C) geht in die Fl. über. Mit fortschreitender Zers. vergrößert sich der Anteil der fl. Prodd. auf die Hälfte an verbrauchtem **I**, während Temperaturerhöhung eine Verringerung zur Folge hat. Das Verhältnis von C u. H zur Fl. ist ≈ 1. Es zeigte sich, daß sich aus den prim. Prodd. bis zu 10% *Isobutan* (**II**) bilden. Durch Druckerhöhung u. Temperaturverringerung wird die Menge an II vergrößert. Daraus ergibt sich, daß bei der Rk. H-Atome an die Doppelbindung von I angelagert werden. Zur weiteren Klärung dieser Rk. werden Verss. mit einer Mischung I : C_2H_4 = 1 : 1 bei 600° u. 400 mm Hg durchgeführt u. mit dem Zerfall von reinem I u. reinem C_2H_4 verglichen. Vergrößerung der Geschwindigkeit des I-Zerfalls u. Auftreten größerer Mengen C_2H_6 in Ggw. von C_2H_4 bestätigen die Annahme, daß die Rk. nach einem Radikalkettenmechanismus verläuft. Die Bldg. großer Mengen C_2H_6 ist außerdem ein weiterer Beweis für die Anlagerung eines H-Atoms an die Doppelbindung des Olefins. Reaktionsgleichungen für die Zers. von I sowie I + C_2H_4 werden angegeben. (Доклады Академии Наук СССР [Ber. Akad. Wiss. UdSSR] **114**. 1269—71. 21/6. 1957. Inst. für chem. Phys. der Akad. der Wiss. der UdSSR.) S. PAINER. B 225

Karl Friedrich Lang und **Herbert Buffleb,** *Die Pyrolyse des α- und β-Methylnaphthalins.* Die Pyrolyse von α- (I) u. *β-Methylnaphthalin* (II) (Durchsatz ½—1 kg/Std. bei 750°) liefert im Gegensatz zu der des Naphthalins keine durch prim. Kernverknüpfung entstandenen KW-stoffe. Aus I wurden *Picen* (F. 354°), *1.2;5.6-Dibenzo-* (F. 261—262°), *1.2;7.8-Dibenzoanthracen* (F. 195°) u. *3.4-Benzotetraphen* (III, F. 292—293°) gewonnen. II ergab hauptsächlich *Dinaphthyläthan* (F. 185—186°), *Dinaphthyläthylen* (F. 252 bis 255°) u. *Pentaphen* (F. 257°), daneben *β.β'-Dinaphthyl* (F. 186—187°), III u. etwas *1.2-Benzotetracen.* Alle diese KW-stoffe dürften durch Kondensation von prim. gebildeten α- u. β-Naphthylmethylradikalen entstanden sein. (Chem. Ber. **91.** 2866—70. 19/12. 1958. Castrop-Rauxel, Rütgerswerke AG., Zentrallabor.)
S. SATTLER-DORNBACHER. B 225

J. Loiseleur, *Chemische Synthesen infolge der Einwirkung ionisierender Strahlen.* Vortrag. Die Synth. unter dem Einfl. ionisierender Strahlen wird von drei Faktoren bestimmt: Bldg. eines prim. Peroxyds, Folge-Rkk. dieses Peroxyds („Nacheffekt") u. Einfl. des Mol.-Gew. des bestrahlten Mol., das den „Nacheffekt" in Richtung Synth. oder Spaltung orientiert. So tritt bei Phenolen mit kleinem Mol.-Gew. (*Gallussäure, Tyrosin, Adrenalin, Tannin*) nach der Bestrahlung Kondensation zwischen Peroxyd u. dem Phenol ein, die Rk. ist abhängig von der Temp., dem Katalysator usw. u. kann durch Zusatz von Reduktionsmitteln unterdrückt werden; makromol. Verbb. mit hohem Mol.-Gew. werden dagegen im Verlauf des „Nacheffekts" zers. durch Rk. des Peroxyds mit oxydablen Bindungen im eigenen Mol. (H-, HS-Bindungen bei *Desoxyribonucleinsäure, Trypsin*). Als Beispiel einer Radiosynth. berichtet Vf. über die Darst. von *Methylenblau* durch Bestrahlung von Dimethyl-p-phenylendiamin (I) u. $(NH_4)_2S$ in HCl-Lsg. in Ggw. von $CuSO_4$ + O_2 mit 100000 r; zwischen $1 \cdot 10^5$ u. $5 \cdot 10^5$ r ist die Ausbeute proportional der Strahlungsdosis u. dem Verhältnis $O_{2\,aktiviert}$/I. Die Bestrahlung von Aminosäuren führt im Fall von Ringverbb. (*Phenylalanin, Tryptophan, Tyrosin*) zu Polypeptiden mit hohem Mol.-Gew., während offenkettige Aminosäuren (*Glykokoll, Alanin, Leucin, Valin, Asparaginsäure, Lysin, Glutaminsäure*) keine Peptide bilden. — Die Synth. von *Harnstoff* erfolgt durch Bestrahlung einer Lsg. von CH_2Cl_2 in CH_3OH u. wss. NH_4OH-Lsg. unter Durchleiten von O_2 in Ggw. von m-Phenylendiamin mit $2 \cdot 10^5$ r/Minute. Die Ausbeute ist zunächst proportional der Dosis, bleibt mit erhöhter Dosis zunächst gleich u. nimmt bei mehr als $1{,}5 \cdot 10^6$ r wieder ab. (J. Chim. physique Physico-Chim. biol. **52.** 626—33. Sept. 1955. Inst. Pasteur, Serv. de Chim. Phys.)
M. SCHENK. B 226

M. Daniels, G. Scholes und **J. Weiss,** *Chemische Wirkung ionisierender Strahlen in Lösung.* 16. Mitt. *Die Bildung labiler Phosphorsäureester aus Purin- und Pyrimidinribonucleotiden durch Bestrahlung mit Röntgenstrahlen in wässeriger Lösung.* (15. vgl. C. **1959.** 77.) Röntgenbestrahlung (200 kV) ca. 0,003 mol. wss. Lsgg. von *Purin-* u. *Pyrimidinribonucleotiden* führt zur Bldg. intermediärer labiler Phosphorsäureester. Zusätzlich zur Bldg. anorgan. Phosphats während der Bestrahlung findet nach dieser bei 25° u. p_H ca. 7 eine weitere Abspaltung (ca. 30 Std. lang) statt. Die Phosphatabspaltung, die nach der Bestrahlung, ohne oder mit O_2, erfolgt, verläuft nach einer Rk. 1. Ordnung u. wird durch Alkali stark katalysiert. Es wird angenommen, daß die durch Bestrahlung hervorgerufene Labilität der Nucleotide auf die Bldg. aktivierender CO-Gruppen in den Zuckerkomponenten beruht. (J. chem. Soc. [London] **1956.** 3771—79. Okt. Newcastle-upon-Tyne, Univ. of Durham, King's Coll.) K. MAIER. B 226

Gabriel Stein, *Reduktionen durch Bestrahlung wässeriger Lösungen.* Vortrag. Es werden die durch Bestrahlung wss. Lsgg. bewirkten Redd. untersucht, bei denen die reduzierenden Agentien freie organ. Radikale sind. Die Red. von *Methylenblau, Cytochrom c* u. dem *Coenzym I* (*DPN*) zeigen die spezif. Wirksamkeit dieser verschied. Radikale. Der Reaktionsmechanismus wird für den Fall des DPN u. der N-Alkylnicotinamide als Modellsubstanz auf der Basis neuer experimenteller Ergebnisse diskutiert. Die durch Bestrahlung induzierten Rkk. werden mit enzymat. u. solchen Prozessen verglichen, bei denen die reduzierenden Agentien Na-Dithionit u. Na-Borhydrid sind. (J. Chim. physique Physico-Chim. biol. **52.** 634—44. Sept. 1955. Jerusalem, Israel, Hebrew Univ., Dep. of Phys. Chem.) M. SCHENK. B 226

M. G. Terechowa, Je. N. Jeremin und **N. I. Kobosew,** *Gewinnung von Äthylalkohol auf der Basis des Elektrocrackens von Methangas.* Das bei der elektr. CH_4-Spaltung (Transformator 110/15000 V, 350 W) bei 35—40 mm Hg, 100 mA, 12—13 Liter/Std. erhaltene Gas enthält 8—10% C_2H_2 u. 44—47% H_2, der bei der nachfolgenden Hydrierung von Acetaldehyd (I) zu A. verwendet wird. Das Gas wird ohne Zerlegung der Hydratisierung zu I bei 350° unterworfen, für die H_3PO_4 auf akt. Kohle (II), aktiviert mit Spuren Cu-Phosphat, oder H_3PO_4 + Zn-Phosphat auf **II** die besten Katalysatoren sind; sie liefern I in 85—92%ig. Ausbeute, auf durchgesetztes C_2H_2 berechnet, bzw. 0,20—0,22 Mol/Liter Katalysator·Std. bei einer Betriebsdauer des Katalysators von 25—30 Std.; der Katalysator arbeitet selektiv, Nebenreaktionen finden prakt. nicht statt. Für die Stufe I → A. ist der beste Katalysator Cu auf Silicagel (aus $CuCO_3$ in konz. NH_4OH, mit H_2 bei 200° red.). A.-Ausbeute ca. 30% (auf durchgesetztes C_2H_2 berechnet), entsprechend 0,015—0,020 Mol A. je Liter Katalysator u. Std., etwa dem thermodynam. Gleichgewicht. Bei Herabsetzung der Hydriertemp. von 200 auf 60—70° gelingt es, die A.-Ausbeute auf 80—90% zu erhöhen. (Журнал Прикладной Химии [J. angew. Chem.] **30.** 893—903. Juni 1957.) R. K. MÜLLER. B 227

Ch. M. Minatschew, N. I. Schuikin und **W. L. Winogradow,** *Vergleich der katalytischen Eigenschaften von Platin bei der Aromatisierung von Benzin bei Atmosphärendruck und erhöhtem Wasserstoffdruck.* Untersucht wird die Aromatisierung von Bzn. (Kp. 89,5 bis 126°) mit einem Geh. von 52,7 (%) Alkanen, 14,6 Cyclopentanen, 18,5 Cyclohexanen u. 5,6 aromat. KW-stoffen in Ggw. von 0,8% Pt/Kohle bei 460°, 20 at H_2 (Bzn. : H_2 = 1:5) u. in Ggw. von 4% Pt/Kohle bei 300, 325, 350, 375 u. 400° im schwachen H_2-Strom bei 1 at. Es zeigt sich, daß bei gleichen Katalysatormengen in Ggw. von 0,8% Pt/Kohle u. 20 at H_2 bei 460° bereits in 152 Std. 6,5mal mehr Bzn. (bezogen auf 1 g Pt) aromatisiert wird als in Ggw. von 4% Pt/Kohle in 390 Stunden. Außer der Dehydrierung von 6gliedrigen Cyclanen erfolgen keine anderen Reaktionen. — Die Katalysatoren wurden durch Trocknen von OH^--ionenfreier Aktivkohle bei 120—125°, 2std. Stehen, Tränken mit H_2PtCl_6 entsprechender Konzz., 6std. Trocknen bei 120—125° u. 12std. Red. mit elektrolyt. gewonnenem H_2 bei Temperatursteigerung auf 315—320° hergestellt. Ihre Aktivitäten, gemessen an der Dehydrierung von 15 ml über 100 ml 4%ig. u. 50 ml 0,8%ig. Pt/Kohle übergeleitetem Cyclohexan bei 300—305°, entsprachen 98,5 bzw. 96%. (Известия Академии Наук СССР, Отделение Химических Наук [Nachr. Akad. Wiss. UdSSR, Abt. chem. Wiss.] **1958.** 866—69. Juli. Zelinsky-Inst. für organ. Chem. der Akad. der Wiss. der UdSSR.) W. KURTZMANN. B 227

Karel Kochloefl, Miloš Kraus und **Vladimír Bažant,** *Isomerisation und Disproportionierung von Kresolen.* Es wurde der Verlauf der Isomerisation u. Disproportionierung der *Kresole* an oxyd. Katalysatoren untersucht. Als Ausgangsmaterial wurde die m.p-Kresolfraktion aus der Braunkohleverkokung benutzt, die ungefähr 35% m-Kresol (I) enthielt. Durch die Isomerisation wurde der Geh. an I im Gemisch auf 60% erhöht. Daneben wurden auch die reinen Isomeren u. eine Xylenolfraktion eingesetzt. — Bei Rkk. in fl. Phase wurde $AlCl_3$ bei 140° benutzt, die Ergebnisse entsprechen hier denen von BADDELEY (J. chem. Soc. [London] **1943.** 527) u. MEISSNER u. FRENCH (C. **1952.** 6188). In der Gasphase wurden verschied. oxyd. u. fluorhaltige Katalysatoren geprüft, am besten bewährten sich 20% Aluminiumfluoroborat auf γ-Al_2O_3. Die Kresole wurden bei der Rk. mit H_2 im Verhältnis 1 : 1 verd., um die Kohlenstoffausscheidung auf dem Katalysator zu vermeiden. Weiter wurde der Einfl. der Temp. (380—500°) u. der Raumgeschwindigkeit (15—75 Mol/Std./Liter Katalysator) untersucht, ferner die Wrkg. von Katalysatorengiften: N-haltige Verbb. (Pyridin u. Chinolin) vermindern vor allem die Isomerisation u. erst in größerer Menge auch die Disproportionierung. S-haltige Stoffe (2.4-Dimethylthiophenol) unterdrücken nur die Isomerisation, woraus Vff. schließen, daß Isomerisation u. Disproportionierung an verschied. akt. Zentren verlaufen. Guajacol beeinflußt diese Rkk. ähnlich wie Pyridin. — Die Gleichgewichtskonstanten für die Isomerisation betragen: $\log k_{m/p} = 1381/T - 1,729$; $\log k_{m/o} = -852/T - 1,442$; $\log k_{p/o} = -2100/T - 2,989$; für die Disproportionierung $\log k_{diss} = 1668/T - 3,132$; u. die Reaktionswärmen dieser Rkk.: $\Delta H_{m/p}$ — 6,3; $\Delta H_{m/o}$ 3,9; $\Delta H_{p/o}$ 9,6 u. ΔH_{diss} —7,6 [kcal/Mol]. (Chem. Listy **51.** 2295—2303. Dez. 1957. [Orig.: tschech.]; Collect. czechoslov. chem. Commun. **24.** 958—67. März 1959. [Orig.: deutsch.]. Praha, Československá akad. věd, Chem. Ústav, Oddělení organ. technol.) K. SETÍNEK/Prag. B 227

W. I. Schimuliss, W. D. Jagodowski und **W. M. Grjasnow,** *Spektroskopische Untersuchung der Kinetik der Isomerisation von Allylbenzol an Palladiumfilmen.* Auf der Wand des Reaktionsraumes bei verschied. Tempp. niedergeschlagene Pd-Filme, die prakt. keinen H_2 oder andere Gase enthalten u. spektralrein sind, katalysieren die Isomerisierung von Allylbenzol (I) zu Propenylbenzol (II). Ihre Aktivität dauert länger an, wenn sie auf Quarz bei 300° niedergeschlagen oder vor dem Vers. auf 300° gehalten werden. Die Unterschiede im Absorptionsspektr. von I u. II ermöglichen es, die Rk. spektroskop. zu verfolgen. Bei I-Drucken von 0,4—0,7 mm Hg verläuft die Isomerisierung als Rk. nullter Ordnung, bei niedrigeren I-Drucken nähert sie sich der 1. Ordnung. Die Adsorption des II an Pd u. an Glas beeinflußt die Reaktionsordnung nicht. An stark katalyt. wirksamen Pd-Filmen werden Aktivierungsenergien (200—300°) von ca. 12 kcal/Mol ermittelt. (Вестник Московского Университета, Серия Математики, Механики, Астрономии, Физики, Химии [Nachr. Moskauer Univ., Ser. Math., Mechan., Astronom., Physik, Chem.] **12.** Nr. 4. 237—49. 1957. Labor. für Mol.-Spektroskopie.) R. K. MÜLLER. B 227

G. W. Gray, ed., Steric effects in conjugated systems; proceedings of a symposium held at the University Hull, 15—17 July, 1958 by the Chemical Society. New York: Academic Press. 1959. (189 S. m. Diagr.) 8°. $ 6,50.

J.-P. Mathieu et **G. Ourisson**, Tables de constantes et données numériques organisme affilié de l'Union Internationale de Chimie pure et appliquée. Vol. 9. Constantes sélectionnées pouvoir rotatoire naturel II. Triterpènes. Paris, London, New York, Los Angeles, Frankfurt/Main: Pergamon Press. 1958. (302 S.) 7 £.

J.-P. Mathieu, P. Desnuelle and **J. Roche**, Tables of constants and numerical data affiliated to the International Union of pure and applied chemistry. Vol. 10. Selected constants optical rotatory power III. Amino-acids. London, Paris, New York, Los Angeles, Frankfurt/Main: Pergamon Press. 1959. (61 S.) 40 s.

C. Präparative organische Chemie. Naturstoffe.

Ss. Ss. Nowikow, I. Ss. Korssakowa und **K. K. Babijewski,** *Anlagerung von Nitroalkanen an Verbindungen, die eine aktivierte Doppelbindung enthalten.* Allg. Überblick über die Anlagerung von Nitroalkanen an α.β-ungesätt. Ketone, Aldehyde, Säuren, Nitrile, Sulfone u. Nitroalkene. — 68 Literaturangaben. (Успехи Химии [Fortschr. Chem.] **26.** 1109—24. Okt. 1957.) G. FROELICH. 460

Samuel G. Levine, *Eine neue Aldehydsynthese.* Die WITTIGsche Olefinsynth. kann zur Gewinnung einiger *Aldehyde* über die Stufe ihrer *Enoläther* verwendet werden. Versuche: *Triphenylmethoxymethylphosphoniumchlorid,* $C_{20}H_{20}ClOP$, F. 191 bis 193°, aus Triphenylphosphin u. Chlormethylmethyläther. — *3-Methoxymethylen-5α.22β.25D-spirostan,* $C_{29}H_{46}O_3$, F. 178—181°, durch Zugabe von Phenyl-Li zu vorst. Verb. in Ae. unter N_2[→ *Methoxymethylentriphenylphosphoran* (I)] u. Rk. mit 5α.22β.25D-Spirostan-3-on (Tigogenon); $[\alpha]_D^{23}$ —65,8°; 85% (Ausbeute). — *Epimerengemisch von 5α.22β.25D-Spirostan-3-aldehyd,* $C_{28}H_{44}O_3$, F. 160—170°, durch Lösen von vorst. Verb. in mit 72%ig. $HClO_4$ gesätt. Ae.; $[\alpha]_D^{23}$ —57,4°; ca. 100%. — *Cyclohexanaldehyd,* analog aus I u. Cyclohexanon u. Isolierung als *2.4-Dinitrophenylhydrazon* (F. u. Misch-F. 172 bis 173°); 40%. — *Hydratropaaldehyd,* aus I u. Acetophenon u. Isolierung als *Semicarbazon* (F. 150—151°); ca. 40%. *2.4-Dinitrophenylhydrazon,* F. 134—135°. (J. Amer. chem. Soc. **80.** 6150—51. 20/11. 1958. Philadelphia, Pa., Agricult. Res. Serv., Eastern Utilizat. Res. and Developm. Div.) R. WISSLER. 470

G. Wittig und **E. Knauss,** *Eine neue Aldehydsynthese.* Vff. synthetisierten wie LEVINE (vgl. vorst. Ref.) *Triphenylmethoxymethylphosphoniumchlorid* (I), das mit Benzophenon zu *1.1-Diphenyl-2-methoxyäthylen* [$Kp._{<10^{-2}}$ 104—105°, F. 37°; 83% (Ausbeute)] reagiert; durch längeres Kochen mit Säure läßt sich daraus *Diphenylacetaldehyd* erhalten. Analog entsteht aus I u. Benzaldehyd in Ggw. von äther. Phenyl-Li bzw. alkoh. $NaOC_2H_5$ in 40%ig. Ausbeute *β-Methoxystyrol,* das leicht in *Phenylacetaldehyd* übergeführt werden kann. (Angew. Chem. **71.** 127. 7/2. 1959. Heidelberg, Univ., Chem. Inst.) R. WISSLER. 470

M. F. Schosstakowski und **Je. P. Gratschewa,** *Synthese und Umwandlung von α-Methylvinyläthern von Isoalkoholen und Äthylenglykol.* 5. Mitt. (3. vgl. **1957.** 9387.) Methylacetylen (I) reagiert mit Isopropanol beim Erhitzen auf 248° in Ggw. von KOH unter Bldg. von [*α-Methylvinyl*]-*isopropyläther.* Analog reagiert I mit Isobutyl- u. Isoamylalkohol. Die Struktur der Äther wird durch saure Hydrolyse bewiesen. Ferner wird eine Meth. zur Polymerisation der Äther in Ggw. von $FeCl_3$ bei tiefen Tempp. beschrieben: nach $FeCl_3 + HOH \rightarrow FeCl_3 \cdot HOH \rightarrow (FeCl_3 \cdot OH)^- + H^+$ beteiligt sich dieses H-Ion an der Bldg. eines Carboniumions, das die Polymerisation auslöst. Mit Äthylenglykol (II) reagiert I bei 170—180° in Ggw. von KOH wahrscheinlich unter Bldg. von II-Monoisopropenyläther, der bei der hohen Reaktionstemp. zu *Acetonäthylenketal* isomerisiert wird.

Versuche: [*α-Methylvinyl*]-*isopropyläther,* $C_6H_{12}O$, $Kp._{756}$ 77—78,5°, durch 11 std. Erhitzen von 120 g I, 198 g Isopropanol u. 66 g KOH im Autoklaven auf 240—248°;

$D._4^{20}$ 0,7691, n_D^{20} 1,3932; 54,2% (Ausbeute). Gibt bei Hydrolyse mit 2%ig. H_2SO_4 *Aceton* u. *Isopropanol*. — *[α-Methylvinyl]-isobutyläther*, $C_7H_{14}O$, Kp.$_{749}$ 98,5—99°, analog Vorst. (13 Std. erhitzen); $D._4^{20}$ 0,7817, n_D^{20} 1,4050; 51,6%. — *[α-Methylvinyl]-isoamyläther*, $C_8H_{16}O$, Kp.$_{749}$ 126—127°, analog (9 Std. erhitzen); $D._4^{20}$ 0,7771, n_D^{20} 1,4172; 50,7%. — *Acetonäthylenketal*, $C_5H_{10}O_2$, Kp.$_{749}$ 88,5—89°, durch 8std. Erhitzen von 100 g **I** mit 124 g **II** u. 32,4 g KOH im Autoklaven auf 170—175°; $D._4^{20}$ 0,9259, n_D^{20} 1,3970; 81,3%. — *Polymerisation der Äther*: Man gibt zu 0,1—0,2 Mol Äther bei —15 bis —25° 0,015 g $FeCl_3$ als 5%ig. Dioxanlösung. (Журнал Общей Химии [J. allg. Chem.] **27** (89). 355—59. Febr. 1957. Inst. für organ. Chem. der Akad. der Wiss. der UdSSR.)
O. POLLAK V. EMHOFEN. 550

A. Balog und **L. Bindácz,** *Beiträge zur Untersuchung der Reaktionen α-halogenierter Äther. 1. Mitt. Die Addition von Chlormethyläthern an Acetylen.* Vff. untersuchen die Addition von Äthern der allg. Formel $ClCH_2OR$ [R = CH_3 (**I**), C_2H_5 (**II**), n-C_3H_7 (**III**), n-C_4H_9 (**IV**), $C_6H_5CH_2$ (**V**)] an Acetylen (**VI**) in Ggw. von $AlCl_3$. Mit **I** entsteht ein Gemisch aus *3-Methoxy-1-chlorpropen-(1)* (**VII**) u. *1.3-Dichlorpropen* (**VIII**), dessen Trennung durch Überführung von **VIII** unter Einw. von Na-Phenolat in *3-Phenoxy-1-chlorpropen-(1)* erfolgt. Das Verhältnis zwischen **VII** u. **VIII** hängt von den Arbeitsbedingungen ab; die diesbzgl. Daten sind tabellar. wiedergegeben. Mit **II, III** u. **IV** erhält man ausschließlich die erwarteten Additionsprodd. *R—O—CH₂—CH=CHCl* (**A**); dagegen unterbleibt die Rk. zwischen **V** u. **VI**, da **V** durch $AlCl_3$ zers. wird. — Ferner wird die Additions-Rk. von Br_2 an die **A** unter Bldg. von *R—O—CH₂—CHBr—CHBrCl* beschrieben.

Versuche: 3-Alkoxy-1-chlorpropene-(1), durch gleichzeitiges Zufügen der entsprechenden Chlormethylalkyläther u. **VI** in eine Suspension von $AlCl_3$ in CS_2 oder CCl_4, zuerst unter starker Kühlung, dann bei Zimmertemp.: *3-Methoxy-* (**VII**), C_4H_7ClO, Kp. 107—108°, $D._4^{22}$ 1,040, n_D^{22} 1,4330; a) Trennung von dem sich daneben bildenden *1.3-Dichlorpropen* (**VIII**) durch Kochen mit alkoh. Na-Phenolat, Dest. mit Wasserdampf, Extrahieren des Rückstandes mit Ae., dann Abdampfen u. Vakuumdest.; der mit Wasserdampf flüchtige Anteil enthält *3-Phenoxy-1-chlorpropen-(1)*-, C_9H_9ClO, Kp.$_{14}$ 116—117°, $D._4^{22}$ 1,142, n_D^{22} 1,5419; b) Kochen von **VII** u. **VIII** mit $NaOCH_3$, dann Wasserdampfdestillation. — *3-Äthoxy-*, C_5H_9ClO, Kp. 126—127,5°, $D._4^{22,5}$ 1,0072, $n_D^{22,5}$ 1,4315; 45—50% (Ausbeute). — *3-n-Propoxy-*, $C_6H_{11}ClO$, Kp.$_{13}$ 39—39,5°, $D._4^{21,5}$ 0,9884, $n_D^{21,5}$ 1,4350; 55%. — *3-n-Butoxy-*, $C_7H_{13}ClO$, Kp.$_{13}$ 62—62,5°, $D._4^{25,8}$ 0,9553, $n_D^{25,8}$ 1,4380; 49%. — 3-Alkoxy-1-chlor-1.2-dibrompropane, aus vorst. Verbb. mit Br_2 in Eisessig: *3-Methoxy-*, $C_4H_7Br_2ClO$, Kp.$_{13}$ 95—97°, $D._4^{20}$ 1,9165, n_D^{20} 1,5208; 81%. — *3-Äthoxy-*, $C_5H_9Br_2ClO$, Kp.$_{12,5}$ 104,5—105°, $D._4^{20}$ 1,7913, n_D^{20} 1,5099; 86%. — *3-n-Propoxy-*, $C_6H_{11}Br_2ClO$, Kp.$_{13}$ 113,5—114°, $D._4^{22}$ 1,679, n_D^{22} 1,5040; 88%. — *3-n-Butoxy-*, $C_7H_{13}Br_2ClO$, Kp.$_{12}$ 130,5—131,5°, $D._4^{20}$ 1,6075, n_D^{20} 1,4995; 80%. (Studii Cercetări Chim. [Cluj] **8.** Nr. 3—4. 339—46. Juli/Dez. 1957. Cluj, Univ. Bolyai, Cat. chim. organ.)
F. HODOŞAN/Cluj. 560

J. Defaye und **E. Lederer,** *Über die Synthese eines Glycerinmonomycolats.* (Berichtigung.) Bei der Veresterung von Glycerin (**I**) mit opt. akt. Mycolsäure entsteht infolge Neubldg. eines asymm. C-Atoms (**I**-$C_{(2)}$) ein Gemisch zweier *Diastereomerer*, nicht ein rac. Ester wie früher (Bull. Soc. Chim. biol. **38.** [1956.] **1301**) angegeben worden ist. (Bull. Soc. Chim. biol. **39.** 659. 7/6. 1957. Paris, Inst. de Biol. Physico-Chim.)
K. MAIER. 850

René Bertocchio und **Jacques Dreux,** *Nucleophile Additionen an Acrylsäuremethylester.* Aus Ketonen u. Acrylsäuremethylester (**I**) werden in Ggw. alkal. Katalysatoren ($NaNH_2$, 2n CH_3OK) u. Hydrochinon in exothermer Rk., 1½std. Kochen, Neutralisieren u. Dest. folgende δ-Ketocarbonsäuremethylester erhalten: *4-Acetylpentansäure-*, $C_8H_{14}O_3$, Kp.$_{12}$ 103—104°, aus Methyläthylketon; $D._4^{25}$ 1,002, n_D^{25} 1,4282; 17,5% (Ausbeute). *2.4-Dinitrophenylhydrazon*, F. 77° (absol. A.). *Freie Säure*, $C_7H_{12}O_3$, Kp.$_{10}$ 151°, aus dem Ester durch Verseifung; $D._4^{25}$ 1,067, n_D^{25} 1,4460; *Semicarbazon*, F. 136° (absol. A.). — *4-Acetylhexansäure-*, $C_9H_{16}O_3$, Kp.$_9$ 102—103°, aus Methylpropylketon; $D._4^{25}$ 0,982, n_D^{25} 1,4322; 7,5%. *2.4-Dinitrophenylhydrazon*, F. 55,5° (W./A.). — *4-Methyl-4-acetylpentansäure-*, $C_9H_{16}O_3$, Kp.$_{11}$ 106—107°, aus Methylisopropylketon; $D._4^{25}$ 0,992, n_D^{25} 1,4351; 10%. *2.4-Dinitrophenylhydrazon*, F. 94,5° (A.). — *3-[2-Ketocyclopentyl]-propansäure-*, $C_9H_{14}O_3$, Kp.$_{12,5}$ 129,5°, aus Cyclopentanon; $D._4^{25}$ 1,072, n_D^{25} 1,4565; 9%. *Semicarbazon*, F. 169° (W./A.). — *3-[2-Ketocyclohexyl]-propansäure-*, $C_{10}H_{16}O_3$, Kp.$_{10,5}$ 137°, aus Cyclohexanon; $D._4^{25}$ 1,059, n_D^{25} 1,4635; 13%. *Semicarbazon*, F. 123° (W./A.). — *4-Benzoylbutansäure-*, $C_{12}H_{14}O_3$, Kp.$_{13}$ 177—180°, aus Acetophenon; 11%. *2.4-Dinitrophenylhydrazon*, F. 148° (CH_3OH/Chlf.). *Freie Säure*, $C_{11}H_{12}O_3$, F. 125 bis 126° (W.). — *4-Phenyl-4-acetylbuttersäure-*, $C_{13}H_{16}O_3$, Kp.$_{2,5}$ 122°, aus Methylbenzylketon; $D._4^{25}$ 1,075, n_D^{25} 1,5038; 82%. *2.4-Dinitrophenylhydrazon*, F. 99,5° (CH_3OH). —

Ähnlich reagiert Benzylcyanid mit I unter Bldg. von *4-Phenyl-4-cyanbuttersäuremethylester* (54%) neben wenig *4-Phenyl-4-cyanpimelinsäuredimethylester* [$C_{16}H_{19}NO_4$, Kp.$_2$ 185°, F. 38—41° (PAe./Bzl.); *freie Säure*, $C_{14}H_{15}NO_4$, F. 174,5° (W.)]. (C. R. hebd. Séances Acad. Sci. **248.** 1533—35. 9/3. 1959. Lyon, Fac. des Sci., Inst. de Chim.) E. RIEDEL. 870

Kenji Okawa, *Synthese von Poly-DL-allothreonin.* Vf. synthetisiert DL-Allothreonin über folgende Stufen: *Methylcrotonat* (I), *α.β-Dibrommethylbutyrat, α-Brom-β-benzyloxymethylbutyrat, freie Säure* u. *O-Benzyl-DL-allothreonin.*

Versuche: *α-Brom-β-benzyloxybuttersäure*, durch Bromieren von I in Ae. bei —5°, Zusatz der Lsg. von Na-Benzylat–Benzylalkohol–Ae. nach 1 Std., Stehen über Nacht bei 20°, 5—6std. Schütteln mit $Ba(OH)_2$-Lsg. u. Ansäuern; 60% (Ausbeute). — Allothreonine: *O-Benzyl-DL-*, $C_{11}H_{15}NO_3$, F. 210° (Zers.; verd. A.), durch 9std. Erhitzen vorst. Verb. mit NH_4OH auf 100°; 31% (bezogen auf I). — *DL-*, F. 252—253° (Zers.), durch 1std. Kochen von 2 g vorst. Verb. mit 5n HCl; 0,8 g. — *4-[α-Benzyloxyäthyl]-oxazolidindion-(2.5)* (*O-Benzyl-DL-allothreonin-N-carbonsäureanhydrid*), $C_{12}H_{13}$·NO_4, F. 122—123° (Zers.; Äthylacetat–PAe.), durch 1std. Erwärmen vorst. Verb. mit Phosgen. — DL-Allothreonine: *Poly-O-benzyl-*, $(C_{11}H_{13}NO_2)_n$, durch 44std. Erhitzen von 1 g vorst. Verb. in Chlorbenzol auf 100° u. 1wöchiges Stehen bei n. Temp.; 0,6 g. — *Poly-*, $(C_4H_7NO_2)_n$, a) aus vorst. Verb. u. PH_4J in Eisessig; 7,71%; b) aus 130 mg vorst. Verb. mit Na in fl. NH_3; 50 mg. Hydrolyse mit 5n HCl in 3 Std. im Rohr oder mit 5n NaOH in 24 Std. bei n. Temp. → *Threonin.* (J. chem. Soc. Japan, pure Chem. Sect. [Nippon Kagaku Zassi] **76.** 75—77. Jan. 1955. Osaka, Univ. [Orig. japan.]) L. SCHULER. 950

Emile Cherbuliez und **J. Rabinowitz,** *Untersuchungen über die Bildung und Umwandlung von Estern.* 13. Mitt. *Über die Reaktion von Aminoalkoholen mit Polyphosphorsäure: Phosphorylierung und/oder Cyclisierung.* (12. vgl. C. **1959.** 12186.) Aminoalkohole werden in Ausbeuten von 45—85% in ihre *Monophosphorsäureester* (**A**) übergeführt durch Erhitzen auf 140—250° bei 3—50 Torr mit Pyro- (PP.) bzw. Polyphosphorsäure (PPA.). Trisalkanolamine (OH in β-Stellung) liefern analog **A** von *N-[Hydroxyalkyl]-morpholinen*, sek. Dialkanolamine u. Aminodiole *Bis-***A** von *Bis-[hydroxyalkyl]-piperazinen.* N-Phenylcolamin (I) wird zu *N-Diphenylpiperazin*, N-Methyldiäthanolamin (II) zu *N-Methylmorpholin* cyclisiert, wobei nur im Falle von II in geringer Menge ein **A** entsteht.

Versuche: Veresterungen durch langsames Zugeben von 0,2 Mol Aminoalkohol zu 0,1—0,11 Mol PP. bzw. entsprechende Menge (bezogen auf die Zahl der verknüpften P-Atome) PPA. unter Kühlen, langsames Erwärmen auf nachst. Temp. unter Evakuieren auf 3—20 Torr, Versetzen mit W. u. Neutralisieren mit z. B. $BaCO_3$, Einengen u. Fällen mit 1—4 Voll. A.; aus den Salzen wird z. B. mit H_2SO_4 die Säure erhalten u. durch Einengen u. Fällen mit 4 Voll. A. isoliert. — *Colamindihydrogenphosphat*, F. 237°, aus Colamin in 20 Std. bei 180°; 72% (Ausbeute). *N-Methylderiv.*, F. 194°, analog aus N-Methylcolamin; 55%. *N.N-Dimethylderiv.*, F. 78—81°, analog aus N.N-Dimethylcolamin; 80%. *N-Äthylderiv.*, F. 214°, analog aus N-Äthylcolamin; 55%. *N.N-Diäthylderiv.*, F. 118—123°, analog; 85%. *N-Aminoäthylderiv., Ca-Salz*, aus N-Aminoäthylcolamin in 20 Std. bei 170°; 45%. — *3-Aminopropyldihydrogenphosphat, Monohydrat*, F. 179°, aus 3-Aminopropanol in 20 Std. bei 180°; 58%. — *2-Aminopropyldihydrogenphosphat, Di-Ba-Salz*, aus 2-Aminopropanol analog; 50%. — *1-Aminopropyl-(2)-dihydrogenphosphat*, F. 230—231°, aus 1-Aminopropanol-(2) in 40 Std. bei 170°; 60%. — *1.1'-Imino-bis-[propyl-(2)-dihydrogenphosphat], Tetra-Ca-Salz*, aus Diisopropanolamin in 50 Std. bei 170°; 85%. Hat bei p_H 1,5—3, 5—7, 9—11 Pufferwrkg. (potentiometr. Titrationskurve vgl. Orig.). — *4-Aminobutyldihydrogenphosphat*, F. 225°, aus 4-Aminobutanol in 20 Std. bei 180°; 60%. — Analog: *2-Aminobutyldihydrogenphosphat*, F. 237°, 65%. — *2-Amino-2-methylpropyldihydrogenphosphat*, F. 244°, in 40 Std.; 60%. — *5-Aminopentyldihydrogenphosphat, Monohydrat*, F. 240°, 20 Std.; 50%. — *6-Aminohexyldihydrogenphosphat*, F. 247°; 45%. — *2-Morpholinoäthyldihydrogenphosphat, Ca-Salz*, a) analog aus 2-Morpholinoäthanol; 60%; b) aus 0,1 Mol Triäthanolamin u. 0,07 bis 0,1 Mol PP. (oder PPA.), 50 Std. bei 180°; 55%. *α.2'.6'-Trimethylderiv., Ca-Salz*, aus Triisopropanolamin wie vorst. (b), 60 Std. bei 170°; 85%. — *Piperazin-N.N'-bis-[äthyl-(2)-dihydrogenphosphat], Ca-Salz*, aus Diäthanolamin wie vorst. in 70 Std. bei 180°; 45%. — *2.5-Dimethylpiperazin-2.5-bis-[methyldihydrogenphosphat], Ca-Salz*, analog aus 2-Amino-2-methylpropandiol-(1.3) in 50 Std. bei 180°; 60%. — *N.N'-Diphenylpiperazin*, F. 163 bis 164°, durch 10—20std. Erhitzen von 0,2 Mol I mit 0,1 Mol PP. auf 180°; ca. 100%. — *N-Methylmorpholin*, aus II u. PP. (je 0,1 Mol) 20 Std. bei 170°; daneben 5% *Methylamin-N.N-bis-[äthyldihydrogenphosphat].* (Helv. chim. Acta **41.** 1168—75. 16/6. 1958.) F. J. MEYER. 980

H. N. Rydon und **B. L. Tonge**, *Die organische Chemie des Phosphors. 6. Mitt. Einige phosphorhaltige Derivate von 2.2.2-Trichloräthanol und N-Methylanilin.* (5. vgl. C. **1959**. 2053.) Aus PCl_3 u. 2.2.2-Trichloräthanol (I) wird in Ggw. von Diäthylanilin (II) *Tris-[2.2.2-trichloräthyl]-phosphit* (III), in Abwesenheit von II *1.1.2-Trichloräthylphosphonsäure-bis-2.2.2-trichloräthylester* erhalten. Durch Chlorierung wird III in *Tris-[2.2.2-trichloräthyl]-phosphat* übergeführt, wobei ein Zwischenprod. $[(CCl_3{-}CH_2{-}O{-})_3 \cdot PCl_2$ (?)] isoliert wird, dessen Pyrolyse *1.1.1.2-Tetrachloräthan* liefert. Durch Umsetzung von PCl_3 mit N-Methylanilin (IV) entsteht *Phosphorigsäure-tris-N-methylanilid* (V), das durch Chlorierung u. Hydrolyse in *Phosphorsäure-tris-N-methylanilid* übergeht. V reagiert nicht mit Alkoholen unter Bldg. von Alkylchloriden.

Versuche: *Tris-[2.2.2-trichloräthyl]-phosphit* (III), $Kp._{0,1}$ 127—131°, aus 13,8 g PCl_3 u. 45 g I mit 45 g II in Ae. bei 0°, Absaugen nach 2 Std. vom II-*Hydrochlorid* u. Dest.; n_D^{20} 1,5174; 71% (Ausbeute). Bleibt beim Erwärmen mit Chloral (10 mg/3 g) unter Einleiten von HCl (3 Std. bei 60°) unverändert. — *1.1.2-Trichloräthylphosphonsäure-bis-2.2.2-trichloräthylester*, $C_6H_6Cl_9O_3P$, F. 153—154°, durch langsame Zugabe von 13,8 g PCl_3 zu 45 g I unter Kühlen; aus Chlf.-PAe. feine Nadeln; 65%. — *Tris-[2.2.2-trichloräthyl]-phosphat*, F. 71° (wss. A.), durch Einleiten von Cl_2 in die Lsg. von III in Ae., Einengen (hygroskop. Rückstand) u. Behandeln mit W.; 74%. — *1.1.1.2-Tetrachloräthan*, Kp. 130—134°, aus 23,8 g III wie vorst. mit 3,6 g Cl_2, 1std. Rühren, Abgießen des Ae., Trocknen im Vakuum u. Erhitzen auf 150°; 54%. — *Phosphorigsäure-tris-N-methylanilid* (V), $C_{21}H_{24}N_3P$, F. 208—209°, aus 13,75 g PCl_3 u. 64,2 g IV in Ae. unter Eiskühlung u. dann 2std. Kochen, Absaugen von IV-Hydrochlorid u. Einengen; Prismen aus Bzl.; 86%. — *Phosphorsäure-tris-N-methylanilid*, F. 162° (A.), durch Einw. von 2,33 g Cl_2 auf 11,4 g V in Chlf. u. Einengen (der Rückstand reagiert nicht mit n-Butanol), Zugabe von W. u. 1std. Erhitzen auf dem Dampfbad; 92%. (J. chem. Soc. [London] **1957**. 4682—83. Nov. Manchester, Coll. of Sci. and Technol.) F. J. MEYER. 980

Tosao Fukuda und **Tokishige Kusama**, *Darstellung der Grignard-Verbindung aus Chlorbenzol.* 1. Mitt. Vff. stellen fest, daß die besten Ausbeuten an *Phenyl-MgCl* (I) (> 80%) durch mehr als 3std. Erwärmen einer mehr als 20%ig. Lsg. von Chlorbenzol in Di-n-butyläther (II) mit Mg auf ca. 170° erhalten werden. Die entsprechende Rk. mit Brombenzol bei über 120° verläuft viel langsamer bei etwa gleicher Ausbeute. — 5std. Rühren von I mit Trockeneis in II → *Benzoesäure* (90,9%). (J. chem. Soc. Japan, pure Chem. Sect. [Nippon Kagaku Zassi] **76**. 28—32. Jan. 1955. Yokohama, Natl. Univ. [Orig.: japan.]) L. SCHULER. 1010

Cesare Cardani, Giuseppe Casnati, Franco Piozzi und **Bruno Cavalleri**, *2-Isoamyl-5-heptylphenol.* Auf 3 verschied. Wegen synthetisieren Vff. *2-Isoamyl-5-heptylphenol* (XVII). Die Kernnitrierung der Ausgangsphenone ist nur mit rauchender HNO_3 bei Tempp. unter —5° möglich; das Nitriergemisch führt neben der Kernnitrierung auch zur Oxydation der Acylseitenkette, ein Gemisch aus konz. HNO_3 + Acetanhydrid von verschiedenster Zus. gibt keine Nitrierung. Bes. Bedeutung hat der zur Red. der nitrierten Acylbenzole verwendete Katalysator; in Ggw. von RANEY-Ni wird, neben größeren Mengen an Kondensationsprodd., unter milden Bedingungen ein Gemisch aus Aminoketon + Aminocarbinol, unter energ. Bedingungen daneben wahrscheinlich noch m-Alkylanilin erhalten. Pd/Kohle dagegen zeigt selektive Wrkg. u. erlaubt damit eine nur durch die Stellung der Kernsubstituenten beeinflußte, stufenweise Red. zu einheitlichen Prodd.: aus dem m-Nitroacylbenzol entsteht nur die m-Aminoverb., deren intakt gebliebenes Carbonyl erst nach Zugabe von $HClO_4$ zum Carbinol red. wird; ein Carbonyl in meta-Stellung zu einem Hydroxyl (oder Methoxyl) wird zuerst zur Carbinol- u. nach $HClO_4$-Zugabe weiter zur Methylengruppe red.; ein Carbonyl in o-Stellung zu einem Hydroxyl wird nicht angegriffen, in Ggw. von $HClO_4$ aber direkt zur Methylengruppe reduziert. — Die Überführung von XVII in Dihydroflavoglaucin (2.5-Dihydroxy-3-isoamyl-6-heptylbenzaldehyd) gelang nicht, da der erste Schritt dazu, die Monoformylierung (nach DUFF mit Hexamethylentetramin in Glyceroborsäure) völlig ausbleibt; Ersatz der Glyceroborsäure durch CH_3CO_2H ergab bei XVII, Thymol u. Isoamylheptylhydrochinonmonomethyläther (C. **1959**. 9588) die Bldg. der entsprechenden *o.p-Dialdehyde*. Die Bldg. des Monoaldehyds ist auch nicht zu erreichen, wenn in XVII die p-Stellung durch die leicht in Hydroxyl umzuwandelnde NO-Gruppe geschützt ist. Die Spektren von XVII, *Thymol*, *2.5-* u. *3.4-Dimethylphenol* werden verglichen.

Versuche (Redd. über Pd/Kohle bei Raumtemp. u. n. Druck): *Isovalerophenon*, $Kp._{25}$ 129°, nach FRIEDEL-CRAFTS; n_D^{20} 1,5250; 60% (Ausbeute). *2.4-Dinitrophenylhydrazon* (*2.4-DNP*), $C_{17}H_{18}O_4N_4$, F. 134—135° (stabile Form), durch einige Min. langes Kochen des Ketons mit einem Überschuß an 2.4-Dinitrophenylhydrazin in Methanol in Ggw. einiger Tropfen konz. HCl (ebenso alle anderen 2.4-DNP); aus verd. A. in der Kälte lange, goldgelbe Nadeln, die durch Reiben oder Erhitzen auf ca. 90° in eine, aus konz. alkoh. Lsg. in der Wärme direkt erhältliche, stabile rote Form in rhomb. Schuppen übergehen. — *Önanthophenon*, Kp.$_{15}$ 154—158°, nach FRIEDEL-CRAFTS; 86%. *2.4-DPN*, $C_{19}H_{22}N_4O_4$, F. 138—138,5°, aus A. orangefarbige rhomboedr. Blättchen. — *Isoamylbenzol* (I), Kp. 198°, durch 18std. Red. von Isovalerophenon in A. über RANEY-Ni bei 130—140°/250 at; n_D^{20} 1,4850; 60 bzw. 70—80% (über Cu-Chromit). Red. des Phenons nach CLEMMENSEN (mit amalgamiertem Zn-Pulver in 20%ig. HCl) gibt kein I; durch bimol. Rk. entsteht wenig *2.7-Dimethyl-4.5-diphenyl-4.5-dihydroxyoctan*, $C_{22}H_{30}O_2$, F. 175° (A.); seidige Prismen; ca. 12%. — Önanthophenone: *4-Isoamyl-* (II), $C_{18}H_{28}O$, Kp.$_1$ 170°, F. ca. —10°, durch langsame Zugabe von I zu der auf —5° gekühlten u. gerührten Lsg. von Önanthoylchlorid u. $AlCl_3$ in CS_2, 2std. Stehen bei Raumtemp. u. 5std. Erhitzen, Entfernen des CS_2, Zers. mit Eis u. konz. HCl, Ausziehen mit Ae. u. Vakuumdest.; n_D^{20} 1,5027; 60%. *2.4-DNP*, $C_{24}H_{32}N_4O_4$, F. 152°, aus A. rote Prismen. *Semicarbazon*, $C_{19}H_{31}N_3O$, F. 136° (A.), durch 2tägiges Stehen von II mit Semicarbazid·HCl u. Na-Acetat in wss. Methanol. — *3-Nitro-4-isoamyl-* (III), $C_{18}H_{27}NO_3$, Kp.$_{0,5}$ 168°, durch so langsames Zutropfen von II zu rauchender HNO_3 (D. 1,52) bei —10°, daß die Temp. niemals auf 0° steigt, weitere tropfenweise Zugabe von rauchender HNO_3 bei —5 bis —10° u. Ausziehen mit Ae. in Ggw. von Eis; 60%. *2.4-DNP*, $C_{24}H_{31}N_5O_6$, F. 122 bis 124°, aus A. gelatinöse gelbe M.; aus verd. Lsg. haarförmige, verfilzte Kristalle. — *3-Amino-4-isoamyl-* (IV), $C_{18}H_{29}NO$, F. 52°, durch Red. von III in A. über Pd/Kohle (20 Min.; 2 at Anfangsdruck); gelbliches Öl, das nach 12 Std. zu einer bräunlichen M. erstarrt; aus PAe. in der Kälte (manchmal zu Bündeln vereinigte) feine Nadeln mit grünem Schimmer; 60%. Gibt keine Acetyl- oder Benzoylverb., keine Pikrate, weder Färbung noch Nd. mit diazotiertem Dinitroanilin, mit diazotiertem p-Nitranilin (p-NA) roten Nd. nur in Essigsäure; diazotiertes u. in verd. Säuren suspendiertes IV gibt mit Naphtholen in Alkali nur schwache Färbung; ein braunroter bzw. orangeroter Nd. entsteht, wenn das in Essigsäure/verd. H_2SO_4 (1:3) diazotierte IV mit alkal. α- bzw. β-Naphthol umgesetzt wird. *2.4-DNP*, $C_{24}H_{33}N_5O_4$, F. 172,5°, aus A. granatrote Schuppen. — *3-Hydroxy-4-isoamyl-* (V), F. 98—98,5°, durch 8std. Diazotierung von IV in Eisessig/verd. H_2SO_4 (1:3), 12std. Stehen bei ca. 5° (die Lsg. gibt mit β-Naphthol einen roten Nd.), Zers. durch rasches Eintropfen in sd. 5%ig. H_2SO_4, die Spuren Cu-Pulver enthält, u. Reinigung des ausgefallenen Prod. aus PAe. u. Hexan; strohgelbe Prismen oder (aus verd. Lsg.) bündelartige Kristalle. Gibt in A. keine Färbung mit $FeCl_3$, in CLAISEN-alkal. Lsg. mit p-NA einen rotvioletten Niederschlag. *2.4-DNP*, $C_{24}H_{32}N_4O_5$, F. 165°, aus V u. 2.4-Dinitrophenylhydrazin in A./H_3PO_4 (JOHNSON, J. Amer. chem. Soc. **73**. [1951.] 5888); aus Heptan-Bzl. (1:10) lange, orangegelbe Nadeln. — *3-Nitro-* (VI), $C_{13}H_{17}NO_3$, Kp.$_2$ 173°, aus Önanthophenon u. rauchender HNO_3 analog III; 88%. *2.4-DNP*, $C_{19}H_{21}N_5O_6$, F. 138—138,5°, aus A.-Bzl. (1:10) orangegelbe, rechtwinklige Blättchen. *p-Nitrophenylhydrazon*, $C_{19}H_{22}N_4O_4$, F. 160°, aus A. goldgelbe Blättchen. — *3-Amino-* (VII), $C_{13}H_{19}NO$, Kp.$_{0,5}$ 141—147°, durch 2std. Red. von VI in A. über Pd/Kohle, Vertreiben des A., Verdünnen mit W. u. doppelte Vakuumdest.; das Diazoniumsalz gibt mit α- u. β-Naphthol einen roten Niederschlag. *2.4-DNP*, $C_{19}H_{23}N_5O_4$, F. 203,5—204,5° (A.). — *3-Hydroxy-* (VIII), F. 63°, durch Red. von 30 g VI in A. über Pd/Kohle, Vertreiben des A., Diazotierung des in 30%ig. H_2SO_4 gelösten VII, Zerstörung des überschüssigen Nitrits mit Harnstoff, Zers. analog V, Ausziehen mit Ae., Eindampfen u. Aufnehmen des Rückstandes in 2n NaOH, Entfernen des ungelösten Öls mit Ae. u. Vakuumdest.; das bei 170—177° (0,6—0,7 mm) übergehende Öl erstarrt rasch; 11 g (42%ig.; roh); aus Hexan 5 g sehr reines Produkt. Gibt in alkal. Lsg. mit p-NA intensiv roten Nd., mit diazotierter Sulfanilsäure Orangefärbung, nach Ansäuern blutroten Niederschlag. *2.4-DNP*, $C_{19}H_{22}N_4O_5$, F. 139° (Bzl.). — *3-Methoxy-* (IX), Kp.$_{0,6}$ 139—144°, durch $^1/_2$std. Eintropfen von Dimethylsulfat in eine aus 35,1 g VI erhaltene alkal. Lsg. von VIII, 90 Min. langes Erhitzen auf dem Wasserbad u. Ätherextraktion; leicht gelbliches Öl; n_D^{20} 1,5153; 35% (bezogen auf VI). *2.4-DNP*, $C_{20}H_{24}N_4O_5$, F. 110,5—111°, aus Methanol orangerote, rechtwinklige Blättchen. — Carbinole: *3-Aminophenylhexyl-* (X), $C_{13}H_{21}NO$, Kp.$_{0,7}$ 153—156°, durch Red. von 4,7 g VI in A. über Pd/Kohle bis zum Aufhören der H_2-Aufnahme, weitere Red. nach Zugabe von wenig $HClO_4$, Eindampfen im Vakuum, Verdünnen mit W., Ausziehen mit Ae. u. Vakuumdest.; 2 g. Diazotiertes X gibt mit α-Naphthol intensiv rote Fällung. — *3-Hydroxyphenylhexyl-* (XI), $C_{13}H_{20}O_2$, F. 97°, a) durch Red. von VIII analog X u. Vertreiben des A.; aus Heptan federförmige Kristalle; 97% (roh); b) durch Diazotierung von X in 50%ig. H_2SO_4, Zers. analog V, Ausziehen mit Ae. u. Vakuumdest. (aus der Fraktion vom Kp.$_{0,6}$ 150—170°). — *3-Methoxyphenylhexyl-* (XII), $C_{14}H_{22}O_2$, Kp.$_3$ 140—145°, a) durch Umsetzung der GRIGNARD-Verb. des *3-Bromanisols* [Nitrobenzol → *3-Bromnitrobenzol* → *3-Aminobrombenzol* (75%) → *3-Bromphenol* (70—80%) → 70%] mit Önanthaldehyd in A. in der Kälte, 1std. Kochen

u. Zers. mit Eis u. HCl; farbloses Öl; 42%. Gibt durch Oxydation mit CrO_3 in 80%ig. Essigsäure **IX**, das durch $AlBr_3$ in Bzl. zu **VIII** demethyliert wird; b) durch Red. von **IX** in A. über Pd/Kohle, Vertreiben des A. im Vakuum u. Vakuumdest.; Öl, $Kp._{3,5}$ 149 bis 150°; n_D^{20} 1,5087. — *3-Hydroxyheptylbenzol* (**XIII**), $Kp._{0,2}$ 115°, aus **XI** in A. über Pd/Kohle in Ggw. von $HClO_4$; Öl; n_D^{20} 1,5037; 60%. Gibt mit diazotierter Sulfanilsäure in Alkali Orangefärbung, die beim Ansäuern rot wird u. in eine mattrote Fällung übergeht. *Isovalerianat* (**XV**), $C_{18}H_{28}O_2$, $Kp._{0,3-0,4}$ 140—145°, durch Eintropfen von 5,3 g Isovalerylchlorid in Ae. in eine gekühlte Lsg. von 2,8 g **XIII** in wasserfreiem Pyridin/Ae., Stehen über Nacht, 3—4std. Erhitzen (Wasserbad), Eindampfen, Erwärmen bis zum Schmelzen des Rückstandes, Gießen in W. u. öfteres Ausziehen mit Ae.; orangegelbes Öl; 4 g. — *3-Methoxyheptylbenzol* (**XIV**), $C_{14}H_{22}O$, $Kp._{0,8-0,7}$ 109—110°, $Kp._{0,3-0,4}$ 102—104°, a) durch Red. von **XII** in Eisessig analog **XIII**; Öl; n_D^{20} 1,4935; 50%; b) analog durch Red. von **IX** in A.; Öl; n_D^{20} 1,4929; 80%. — *2-Isovaleryl-5-heptylphenol* (**XVI**), $C_{18}H_{28}O_2$; A) durch FRIESsche Verschiebung, a) in der Kälte: durch Zugabe von 7,5 g **XV** in Nitrobenzol zu einer auf 0—5° gekühlten Lsg. von $AlCl_3$ in Nitrobenzol, Zers. mit Eis u. HCl, Wasserdampfdest., 15std. Stehen u. Aufarbeitung nach b); $Kp._{0,7}$ 148°; 2,9 g; b) in der Wärme: eine Lsg. von 7,9 g $AlCl_3$ in 9 g **XV** wird rasch auf 140° erhitzt u. 15 Min. bei dieser Temp. gehalten; das mit Eis u. konz. HCl zers. Gemisch bleibt längere Zeit stehen, wird mit Ae. behandelt, die wss. Schicht mit Ae. ausgezogen u. der Rückstand im Vakuum destilliert; gelbes Öl; $Kp._{1,7}$ 173—174°; n_D^{20} 1,5148; 6 g (66%). Reagiert in alkal. Suspension nicht mit diazotierter Sulfanilsäure, gibt aber mit p-NA in CLAISEN-Alkali roten Nd. u. in A. mit $FeCl_3$ rubinrote Färbung. *p-Nitrophenylhydrazon*, $C_{24}H_{33}N_3O_3$, F. 130—131°, aus A. kleine, goldgelbe Tafeln. *2.4-DNP*, $C_{24}H_{32}N_4O_5$, F. 112—113°, aus Methanol große, rote Schuppen; B) nach FRIEDEL-CRAFTS: die CS_2-Lsg. von 9,4 g $AlCl_3$ u. 7,8 g Isovalerylchlorid wird unter Rühren erwärmt, auf —5 bis —10° gekühlt, innerhalb 1 Std. mit 12,6 g **XIV** in CS_2 versetzt u. 5 Std. am Rückfluß gekocht; 10 g. — *2-Isoamyl-5-heptylphenol* (**XVII**), $C_{18}H_{30}O$, $Kp._{0,1}$ 145—147°, F. 32°, a) durch 5std. Red. von **V** in A. über Pd/Kohle in Ggw. von $HClO_4$, Entfernen des A., Verdünnen mit W. u. Ausziehen mit Ae.; gelbliches, nach einigen Tagen zu einer wachsartigen M. erstarrendes Öl; 85%; gibt in A. keine Färbung mit $FeCl_3$, in CLAISEN-Alkali mit p-NA veilchenfarbige Fällung; b) analog durch Red. von **XVI** nach b) in A.; $Kp._{0,8}$ 149—150°; 78%; c) durch analoge Red. von **XVI** nach B; Öl; $Kp._{0,5}$ 148—150°. — *2-Isoamyl-4-nitroso-5-heptylphenol*, $C_{18}H_{29}NO_2$, F. 91°, durch Zugabe von 1 g $NaNO_2$ in W. zu 2 g **XVII** in A./CH_3CO_2H, 4std. Rühren bei Raumtemp., Verdünnen mit W. u. Ätherextraktion; rotes Öl, das nach mehrtägigem Stehen bei 0° zum größten Teil erstarrt; aus PAe. in der Kälte rosafarbene Nadeln; 0,27 g. — *2-Isoamyl-5-heptylchinon*, F. 66° (A.), durch Nitrosierung von **XVII** in CH_3CO_2H allein, Ausziehen des nicht erstarrenden Öles mit Hexan u. Chromatographie an Al_2O_3. — *2-Isopropyl-4.6-diformyl-5-methylphenol*, aus 15 g Thymol u. 15 g Hexamethylentetramin in Essigsäure durch Kochen im Ölbad (30 Min. unter N_2), Zugabe verd. HCl (1:3) in der Wärme, weitere 5 Min. bei 100°, Abkühlen u. wiederholte Ätherextraktion; durch Dest. feste M.; 3,6 g (20%). Ein Monoaldehyd konnte nicht nachgewiesen werden. Aus Nitrosothymol entsteht unter denselben Bedingungen kein Aldehyd. — *2-Isoamyl-4.6-diformyl-5-heptylphenol*, $C_{20}H_{30}O_3$, aus 10 g **XVII** u. 10 g Hexamethylentetramin in Eisessig unter Kochen im Ölbad (3 Std. unter N_2), Zugabe verd. HCl (1:3), 10 Min. langes Kochen bei 100°, wiederholte Ätherextraktion, Lösen des braunroten Öles (11,8 g) in Hexan, Chromatographie an Al_2O_3, Elution mit Hexan u. Dest.; $Kp._{0,2}$ 170—185°; 2 g. *Bis-p-nitrophenylhydrazon*, $C_{32}H_{40}N_6O_5$, F. 267° (A.), aus 54 mg Dialdehyd u. p-Nitrophenylhydrazin in Essigsäure; 68 mg (roh). *Bis-2.4-DNP*, $C_{32}H_{38}N_8O_9$, F. 241° (Bzl.), aus 76 mg Dialdehyd u. einer gesätt. Lsg. von Dinitrophenylhydrazin in Ggw. von konz. HCl; roter Nd.; 121 mg (roh). — *2-Hydroxy-3-isoamyl-6-heptylbenzaldehyd-2.4-dinitrophenylhydrazon*, $C_{25}H_{34}N_4O_5$, F. 137—138°, durch direkte Dest. des Ätherauszuges vorst. Dialdehyds, Umsetzung der Fraktion vom $Kp._2$ 150° mit Dinitrophenylhydrazin u. Ausziehen des Nd. mit sd. Alkohol. (Gazz. chim. ital. **88**. 487—516. Juni/Juli 1958. Milano, Ist. di chim. gen. del politecnico.) F. FICHTNER. 1060

Karel Vereš, *Fortschritte in der organischen Synthese.* 5. Mitt. (4. vgl. Chemie [Praha] **9**. [1957.] 877.) Kurze Übersicht über die Herst. *aromat. Sulfochloride* nach einer neuen Modifikation der SANDMEYERschen Reaktion. (Chemie [Praha] **10**. 47—49. Jan. 1958. Praha, Biologický Ústav ČSAV.) H. WEJNAR. 1090

F. Hodoşan, *Die Oxydation organischer Schwefelverbindungen mit 2-Brom-2-nitropropandiol-(1.3).* SH-Gruppen-haltige Verbb. oder solche, die unter dieser Form zu reagieren vermögen, werden in Ggw. von Alkalien mit Leichtigkeit u. guter Ausbeute durch 2-Brom-2-nitropropandiol-(1.3) (I), das seinerseits nach WILKENDORF u. TRÉNEL (Ber. dtsch. chem. Ges. **56**. [1923.] 611) bequem darstellbar ist, zu den entsprechenden Disulfiden oxydiert. Vf. beschreibt die Oxydation einiger N-Arylthiobenzamide.

Versuche (unter Mitarbeit von **Bianca Brîndușa-Orha**): *Bis-[α-phenyliminobenzyl]-disulfid*, $C_{26}H_{20}N_2S_2$, F. 105—106°, aus Thiobenzanilid, I u. NaOH in A. bei Zimmertemp.; gelbliche Kristalle aus A.; 80—85% (Ausbeute). — *Bis-[α-naphthyl-(1)-iminobenzyl]-disulfid*, $C_{34}H_{24}N_2S_2$, F. 118—120°, aus N-α-Naphthylthiobenzamid wie vorst.; gelbliche Kristalle aus PAe. + Bzl.; 85%. — *Bis-[α-(p-tolylimino)-benzyl]-disulfid*, $C_{28}H_{24}N_2S_2$, F. 78—80°, aus Thiobenz-p-toluidid, I u. NaOH in wss. Aceton unter Eiskühlung; gelbe Kristalle aus PAe.; 85—90%. (Studii Cercetări Chim. [Cluj] **8.** Nr. 3 bis 4. 335—38. Juli/Dez. 1957. Cluj, Inst. de chimie al Acad. RPR.)

H. Roth/Cluj. 1090

Eugen Schnabel, *L-Serylglycyl-L-alanylglycyl-L-alanylglycyl-L-tyrosin.* 11. Mitt. *über Peptide.* (10. vgl. C. **1959.** 4437.) Bei der Darst. von L-Tyrosinbenzylester (I)–Benzolsulfonat nach der Meth. von Miller u. Waelsch (C. **1952.** 6999) entsteht als Nebenprod. (ca. 30% Ausbeute) *O-Benzyl-L-tyrosinbenzylester* (**II**)-*Benzolsulfonat* (präparative Trennung durch fraktionierte Kristallisation der *Hydrochloride* aus Methanol). Die Umsetzung von Carbobenzoxy-(Cbo)-glycyl-L-alanylglycinazid mit **I** bzw. **II** lieferte *Cbo-glycyl-L-alanylglycyl-L-tyrosinbenzylester* (**III**) bzw. *Cbo-glycyl-L-alanylglycyl-O-benzyl-L-tyrosinbenzylester* (**IV**). Aus **III** u. **IV** wird mit HBr/Eisessig bei Raumtemp. das ölige, chromatograph. nicht einheitliche *Glycyl-L-alanylglycyl-L-tyrosinbenzylesterhydrobromid* (**V**) erhalten, das mit Cbo-L-serylglycyl-L-alaninazid in 20—30%ig. Ausbeute zu *Cbo-L-serylglycyl-L-alanylglycyl-L-alanylglycyl-L-tyrosinbenzylester* (**VII**) gekuppelt werden konnte. Katalyt. Hydrierung von **VII** führte zum amorphen, schwach gelben *L-Serylglycyl-L-alanylglycyl-L-alanylglycyl-L-tyrosin* (**VIII**). Analog wird aus **IV** *Glycyl-L-alanylglycyl-L-tyrosin* gewonnen. Auf Grund des Debyeogramms liegt **VIII** in der β-Form vor. Das IR-Spektr. von **VIII** wird diskutiert.

Versuche: *Cbo-glycyl-L-alanylglycinäthylester*, $C_{17}H_{23}N_3O_6$, F. 121—122° (Essigester), durch Überführen von Cbo-glycyl-L-alaninhydrazid in HCl, Eisessig u. W. in das Azid, Extrahieren mit Ae. u. 24std. Stehen mit Glycinäthylester; Sphärolithe; $[\alpha]_D^{26}$ —36° (c = 2; Methanol); 60% (Ausbeute). *Hydrazid* (**VI**), $C_{15}H_{21}N_5O_5$, F. 183—184° (Methanol/W.), durch mehrstd. Stehen des Esters in Methanol mit $N_2H_4 \cdot H_2O$; $[\alpha]_D^{26}$ —28,8° (c = 2; Eisessig); 93%. — *Cbo-glycyl-L-alanylglycyl-L-tyrosinbenzylester* (**III**), $C_{31}H_{34}N_4O_8$, F. 161—163° (Methanol/Essigester), durch Rk. von **VI** in Eisessig, HCl u. W. mit $NaNO_2$, Extrahieren mit Essigester u. Rk. mit **I** (aus dem Hydrochlorid), Einengen u. Behandeln mit absol. A.; 47%. — *O-Benzyl-L-tyrosinbenzylester* (**II**)-*Hydrochlorid*, $C_{23}H_{24}ClNO_3$, F. ab 222° (Zers.; Methanol), durch 6std. Erhitzen von L-Tyrosin mit Benzylalkohol u. Benzolsulfonsäure auf 115—120° im Vakuum, erneute Zugabe von Benzylalkohol u. Benzolsulfonsäure, 6std. Dest., Überführung in das Hydrochlorid u. Fraktionierung aus Methanol; $[\alpha]_D^{26}$ —17,25° (c = 2; Methanol); 20%. — *Cbo-glycyl-L-alanylglycyl-O-benzyl-L-tyrosinbenzylester* (**IV**), $C_{38}H_{40}N_4O_8$, F. 146—147° (Methanol), durch Überführung von **VI** ins Azid, Extrahieren mit Essigester u. 24std. Stehen mit **II** in Chlf. bei Raumtemp.; sechseckige Blättchen, $[\alpha]_D^{25}$ —8,3° (c = 1; Methanol); 51%. — *Glycyl-L-alanylglycyl-L-tyrosinbenzylesterhydrobromid* (**V**), durch Rk. von **III** oder **IV** mit HBr/Eisessig u. Zugeben von Äther. — *Glycyl-L-alanylglycyl-L-tyrosin*, $C_{16}H_{22}N_4O_6$, F. 250—251° (Zers.; W./A.), durch katalyt. Hydrierung von **IV** in Methanol/Eisessig in Ggw. von Pd bei 50°; mikrokrist. Pulver, $[\alpha]_D^{25}$ +3,5° (c = 2; W.); 85%. — *Cbo-L-serylglycyl-L-alanylglycyl-L-alanylglycyl-L-tyrosinbenzylester* (**VII**), $C_{39}H_{47}N_7O_{12}$, F. 199—202° (Methanol), durch Überführen von Cbo-L-serylglycyl-L-alanylhydrazid in das Azid, Extrahieren mit Essigester, 3tägiges Stehen mit **V** u. Triäthylamin in Chlf. u. 24std. Stehen bei Raumtemp.; 19%. — *L-Serylglycyl-L-alanylglycyl-L-alanylglycyl-L-tyrosin* (**VIII**), $C_{24}H_{35}N_7O_{10} \cdot 2\,H_2O$, F. ca. 180—190° (Zers.; W./A.), durch katalyt. Hydrierung von **VII** in Methanol/Eisessig in Ggw. von Pd; gelblich amorph, $[\alpha]_D^{25}$ —14,5 ± 2° (c = 2; 6n HCl); 73%. (Liebigs Ann. Chem. **622.** 181—87. 15/5. 1959. Aachen, TH, Deutsches Wollforschungsinst.)

E. Schröder. 1350

G. Schott und **H. Berge,** *Silanole.* 1. Mitt. *Stabilität und Kondensationsverhalten von Organosilandiolen.* Vff. untersuchen den Einfl. organ. Substituenten auf die Kondensationsvorgänge verschied. monomerer Organosilandiole (*Diäthyl-*, *Dibenzyl-*, *Diphenyl-*, *Di-p-chlorphenyl-* u. *Di-p-bromphenylsilandiol*) durch Best. des Gewichtsverlustes, des Mol.-Gew., des OH-Gruppengeh. u. der Viscosität; festgestellte Unterschiede werden bindungstheoret. diskutiert. Bei allen verwendeten Substanzen mit Ausnahme des Diäthylsilandiols zeigte sich, daß die wesentlichsten Kondensationsvorgänge in den ersten 5—10 Std. stattfinden, wobei die Wasserabspaltung das Reaktionsgeschehen überwiegend bestimmt. Nach 10 Std. treten zu dieser bisherigen Silanolkondensation in zunehmendem Maße oxydative u. hydrolyt. Spaltungen der C—Si-Bindung in den Vordergrund.

Versuche: *Di-p-chlorphenyldichlorsilan*, $C_{12}H_8Cl_4Si$, F. 61° (Ligroin), Kp.$_{40}$ 240 bis 243°, aus p-Chlorbrombenzol in Ae. u. Mg-Spänen durch Erwärmen auf dem Wasserbad unter Rühren bis 1 Std. nach Beendigung der Rk., dann tropfenweise Zugabe von $SiCl_4$ in Ae. unter Rühren u. Kühlung, dann 2std. Kochen. — *Di-p-chlorphenylsilandiol*, $C_{12}H_{10}Cl_2O_2Si$, F. 117,5° (Chlf. u. Essigester), aus vorst. Verb. in Ae. durch Zutropfen von W. unter Rühren u. Eiskühlung. — *Di-p-bromphenyldichlorsilan*, Kp. $<_{10}$ 220—225°, F. 81,1°, analog vorvorst. Verb. aus p-Dibrombenzol. — *Di-p-bromphenylsilandiol*, $C_{12}H_{10}Br_2O_2Si$, F. 131° (Chlf. u. Essigester), aus vorst. Verb. in Ae. durch Eintropfen in ein Gemisch von Ae. u. W. unter Rühren u. Eiskühlung. (Z. anorg. allg. Chem. **297**. 32—43. 1958. Rostock, Univ., Inst. für Anorgan. Chem.) W. BURGHARDT. 1380

G. Schott und **H. Berge**, *Silanole*. 2. Mitt. *Kondensationsprodukte des Di-p-chlorphenylsilandiols*. (1. vgl. vorst. Ref.) Im Zusammenhang mit Unterss. des Hydrolyseverh. von *Di-p-chlorphenyldichlorsilan* (I) werden die Entstehungsbedingungen von neben dem prim. gebildeten *Di-p-chlorphenylsilandiol* (II) entstandenen niedermol. Kondensationsprodd. variiert u. näher betrachtet. Vff. stellen fest, daß die Darst. von Diorganosilandiolen nur in verd. Lsgg. unter möglichster Einhaltung nahezu neutraler Rk. gelingt. Geringe Kondensationsgeschwindigkeit fördert die Bldg. von Siloxanringen, u. zwar scheint bei niederen Tempp. der 6-Ring, bei höheren der 8-Ring begünstigt zu sein.

Versuche: *Di-p-chlorphenylsilandiol* (II), F. 117,5° (Ae.), aus 10 g I in 100 cm³ Ae. u. 200 cm³ W. unter Rühren u. Eiskühlung. — *Tetra-p-chlorphenyldisiloxandiol*, F. 210° (Bzl.-A.), aus 10 g I in 100 cm³ Ae. u. 200 cm³ 1%ig. wss. NH_4OH unter Rühren u. Eiskühlung. — *Hexa-p-chlorphenylcyclotrisiloxan*, F. 251,5°, a) aus einer konz. Lsg. von I in 5%ig. wss. KOH durch mehrtägiges Stehen an der Luft (CO_2); b) aus II in etwas NH_3-haltigem Aceton durch eintägiges Stehen. — *Okta-p-chlorphenylcyclotetrasiloxan*, F. 229° (Bzl. u. A.), aus II in sd. 95%ig. A. u. Zusatz einer Spur KOH. — *Hexa-p-chlorphenyltrisiloxandiol*, F. 147,5° (Chlf. bzw. Bzl./A.), durch ca. 72std. Erhitzen von II auf 110° (Z. anorg. allg. Chem. **297**. 44—47. 1958.) W. BURGHARDT. 1380

M. H. Maguire und **G. Shaw**, *Synthetische Pflanzenhormone*. 4. Mitt. *Aryloxymethylphosphinsäuren*. (3. vgl. C. **1959**. 8522.) Gegenüber den Aryloxymethylphosphonsäuren (I; vgl. l. c.) schienen *Aryloxymethylphosphinsäuren* [ArO·CH_2·PO(H)(OH)] als einbasische Säuren den entsprechenden Carbonsäuren ähnlicher zu sein. Sie wurden durch Red. der entsprechenden Phosphonsäuredichloride (II) mit $LiAlH_4$ u. Oxydation der Prodd. (Phosphine?) mit Luft erhalten. Bei der Rk. der I mit 2 Mol PCl_5 werden außer 52—80% II 11—14% *Aryloxymethylchlorid* (III) erhalten, die sich mit 3 Mol PCl_5 im Falle der 2.4-Dichlorphenoxymethylverb. auf 83,5% erhöhten. I-*Diäthylester* wurden durch ARBUSOW-Rk. aus den III u. Triäthylphosphit (IV) erhalten. Während *2-Chlorphenoxymethylphosphinsäure* schwache Auxinwrkg. zeigt, ist die 2.4-Dichlorverb. unwirksam u. die 4-Chlor- u. 2.4.5-Trichlorderivv. sind Antiauxine.

Versuche: *2.4-Dichlorphenoxymethylphosphonsäuremonoäthylester, Na-Salz, Trihydrat*, $C_9H_{10}O_4Cl_2NaP \cdot 3\,H_2O$, F. 62—63° (Platten aus Essigester–PAe.), aus 10 g Äthylhydrogen-2.4-dichlorphenoxymethylphosphonat mit wss. NaOH; 9,5 g (Ausbeute). *Hemihydrat*, $C_9H_{10}O_4Cl_2NaP \cdot \frac{1}{2}\,H_2O$, durch 4std. Erhitzen des Trihydrats im Vakuum auf 100°. — *Natriumhydrogen-2.4-dichlorphenoxymethylphosphonat, Hydrat*, $C_7H_6O_4Cl_2 \cdot NaP \cdot H_2O$, durch Zugeben von $SOCl_2$ zu 7,1 g Hemihydrat (heftige Rk.), Einengen (viscoses Öl) u. Rühren mit 4%ig. NaOH; 3,67 g; aus W. Platten. Gibt beim Ansäuern eine krist. *Säure* von unbestimmten Schmelzpunkt. — *N-p-Tolyl-2.4-dichlorphenoxymethylphosphonamidsäure, Hydrat*, $C_{14}H_{14}O_3Cl_2NP \cdot H_2O$, F. 192—193° (Zers.; Nadeln aus W.), durch Erwärmen vorst. Säure mit p-Toluidin. — *2.4-Dichlorphenoxymethylphosphonsäuredichlorid*, $C_7H_5O_2Cl_4P$, Kp.$_{0,3}$ 138°, aus 18,7 g Säure u. 30 g PCl_5 (heftige Rk.), Erwärmen u. Dest.; 65,5%; daneben 1,2 g *2.4-Dichlorphenoxymethylchlorid* [V; $C_7H_5OCl_3$, Kp.$_{0,6}$ 89°, wird aus 14,92 g Säure u. 36,32 g PCl_5 (2 Std. bei 140°) zu 83,5% neben PCl_3 erhalten]. — Analog: *p-Chlorphenoxymethylphosphonsäuredichlorid*, $C_7H_6O_2Cl_3P$, Kp.$_{0,6}$ 132°, aus 11,4 g Säure; 7,4 g; daneben 1,16 g *p-Chlorphenoxymethylchlorid* (Kp.$_{0,4}$ 60°. Gibt mit Thioharnstoff das *Thiuroniumsalz, Hydrat*, $C_8H_{10}OCl_2N_2S \cdot H_2O$, F. 119°). — *o-Chlorphenoxymethylphosphonsäuredichlorid*, Kp.$_{0,5}$ 113°, aus 7,2 g Säure; 4,4 g; daneben 0,8 g *o-Chlorphenoxymethylchlorid* (Kp.$_{0,5}$ 45°. *Thiuroniumsalz*, $C_8H_{10}OCl_2N_2S$, F. 145 bis 147°). — *2.4.5-Trichlorphenoxymethylphosphonsäuredichlorid*, $C_7H_4O_2Cl_5P$, F. 61—62°, Kp.$_{0,4}$ 150—151°, aus 21,32 g Säure; 17,36 g; daneben 2,01 g *2.4.5-Trichlorphenoxymethylchlorid* [$C_7H_4OCl_4$, Kp.$_{1,2}$ 110—115°, F. 87—87,5° (nach Sublimation)]. — *2.4.5-Trichlorphenoxymethylphosphinsäure*, $C_7H_6O_3Cl_3P$, F. 129—130°, durch Zutropfen von 17 g vorst. Dichlorids in Ae. zur sd. äther. Lsg. von 2,2 g $LiAlH_4$, Filtrieren u. Eindampfen; nach 2tägigem Stehen an der Luft Kristalle; 1,8 g; Prismen aus Bzl.–Cyclohexan; daneben 0,1 g *2.4.5-Trichloranisol* (F. 73—74°, aus A.–W. Nadeln) u. 2 g *2.4.5-Trichlor-*

phenol (F. 65—66°). — Analog: *2.4-Dichlorphenoxymethylphosphinsäure*, $C_7H_7O_3Cl_2P$, F. 100—101° (Nadeln aus Bzl.-Cyclohexan), aus 1,4 g Dichlorid; 0,78 g. *p-Toluidinsalz*, $C_{14}H_{16}O_3NCl_2P$, F. 145°, aus A.-Ae. Platten; daneben 1,2 g *2.4-Dichlorphenol*. — *p-Chlorphenoxymethylphosphinsäure*, $C_7H_8O_3ClP$, F. 122—124° (Platten aus Bzl.-PAe.), aus 7,3 g Dichlorid; 1,96 g. — *o-Chlorphenoxymethylphosphinsäure, p-Toluidinsalz, Hemihydrat*, $C_7H_8O_3ClP \cdot C_7H_9N \cdot 1/2\, H_2O$, F. 124—127° (Nadeln aus A.-Ae.), aus 4,4 g Dichlorid; 0,58 g. — *2.4-Dichlorphenoxymethylphosphonsäurediäthylester*, $C_{11}H_{15}O_4Cl_2P$, $Kp._{0,7}$ 162°, durch 2½std. Erhitzen von 10,26 g **V** u. 8,05 g **IV** auf 140—160° unter Gasentw.; 11,35 g. (J. chem. Soc. [London] **1957**. 311—14. Jan. Sydney, N. S. W., Australia, Univ. of Technol.) F. J. Meyer. 1380

M. H. Maguire und **G. Shaw**, *Synthetische Pflanzenhormone*. 5. Mitt. *(+)- und (—)-2.4-Dichlorphenoxyfluor- und -difluoressigsäure*. (4. vgl. vorst. Ref.) Durch Einw. von Na-2.4-dichlorphenolat (**I**) auf Chlorfluor- bzw. Chlordifluoressigsäureäthylester sowie Verseifung werden *2.4-Dichlorphenoxyfluoressigsäure* (**II**) u. *2.4-Dichlorphenoxydifluoressigsäure* (**III**) erhalten. **II** läßt sich in die opt. Isomeren spalten, von denen die (+)-*Verb.* Auxinwrkg. zeigt (< 2.4-Dichlorphenoxyessigsäure), die (—)-*Verb.* jedoch nicht. **III** hat geringe Wirkung.

Versuche: *rac. 2.4-Dichlorphenoxyfluoressigsäure* (**II**), $C_8H_5O_3Cl_2F$, F. 91—93°, aus 23,3 g nachst. Ester u. 10%ig. NaOH; 15,2 g (Ausbeute); aus Bzl.-PAe. Nadeln. (+)-*Säure*, F. 104—105°, über das *Strychninsalz* (Aceton-W.); Nadeln aus Cyclohexan oder PAe.; $[\alpha]_D^{22,5}$ +57,1° ± 0,3 (c = 1,504; Chlf.). (—)-*Säure*, F. 103—105°, über das (+)-*α-Methyl-β-phenäthylaminsalz* in Ae. (Ae.-Chlf.); Nadeln aus Bzl.-PAe., $[\alpha]_D^{21,5}$ —57,1° ± 0,3 (c = 1,504; Chlf.). *rac.-Äthylester*, $C_{10}H_9O_3Cl_2F$, $Kp._{1,5}$ 121—122°, durch 2 std. Kochen der Lsg. von 8,2 g Na in A. mit 58 g 2.4-Dichlorphenol u. Chlorfluoressigsäureäthylester; 40,6 g; $n_D^{14,5}$ 1,5108. — *2.4-Dichlorphenoxydifluoressigsäure* (**III**), $C_8H_4O_3Cl_2F_2$, F. 68—71°, durch 41 std. Kochen von 25 g **I** u. 54 g Chlordifluoressigsäureäthylester u. Einw. von 1%ig. NaOH; 8,4 g; zerfließende Nadeln aus PAe.; daneben eine *Verb.* vom F. 200—203° (Essigsäure). *p-Toluidinsalz*, $C_8H_4O_3ClF_2 \cdot C_7H_9N$, F. 134—135°, Blättchen aus Essigester-Cyclohexan. *Äthylester*, $C_{10}H_8O_3Cl_2F_2$, $Kp._{0,5}$ 80—88°, durch 1 std. Kochen von 0,73 g **III** in A.; 0,49 g; $n_D^{22,5}$ 1,4833. (J. chem. Soc. [London] **1957**. 2713—15. Juni.) F. J. Meyer. 1380

D. A. H. Taylor, *1-Äthyl-3-methylcyclopentadien*. *1-Äthyl-3-methylcyclopentadien* (**I**) entsteht aus Äthyl-MgBr u. 3-Methylcyclopenten-(2)-on-(1) (**II**). Mit Dienreagentien wie Maleinsäureanhydrid werden keine krist. Prodd. erhalten, was auf eine Doppelbindungsisomerie hinweist. Die gegenüber Cyclopentadien erhöhte Extinktion deutet auf eine exocycl. Doppelbindung (*2-Äthyliden-1-methylcyclopenten?*). Das UV-Spektr. ist angegeben.

Versuche: *1-Äthyl-3-methylcyclopentadien* (**I**), C_8H_{12}, $Kp._{50}$ 58°, aus Äthyl-MgBr (aus 56 g C_2H_5Br u. 12 g Mg) u. 48 g **II** in Ae. u. Zers. mit NH_4Cl-Lsg.; n_D^{20} 1,4688; 15 g Ausbeute. (J. chem. Soc. [London] **1958**. 4779. Dez. Ibadan, Nigeria, Univ. Coll.) R. Wissler. 1810

J. Schreiber, M. Pesaro, W. Leimgruber und **A. Eschenmoser**, *Über eine neue Bildungsweise des Troponsystems*. Vorl. Mitt. Das aus p-Kresol leicht zugängliche *Oxim* des *1-Dichlormethyl-1-methylcyclohexadien-(2.5)-ons-(4)* (**I**) bildet durch Erwärmen in n-NaOH u. nachfolgende chromatograph. Abtrennung an Silicagel in 20—25%ig. Ausbeute *4-Methyltroponoxim* (**II**), für welches Vff. die Existenz zweier stereoisomerer, in ster. Hinsicht gleichwertiger Formen in Betracht ziehen.

Versuche: *1-Dichlormethyl-1-methylcyclohexadien-(2.5)-on-(4)-oxim*, F. 63—65° (Ae.), aus 10 g **I** u. 10 g Hydroxylaminhydrochlorid in 100 cm³ A. u. 50 cm³ Pyridin durch 2 std. Erhitzen auf dem Wasserbad; UV-Banden angegeben; 10 g (Ausbeute). — *4-Methyltroponoxim* (**II**), C_8H_9NO, a) F. 64—66° (Cyclohexan-PAe.), aus 2 g vorst. Verb. durch 15 Min. Kochen in 80 cm³ n-NaOH unter N_2, Neutralisieren nach Abkühlen mit HCl, Extraktion mit Methylenchlorid, Chromatographie des CH_2Cl_2-Rückstands an 15% W. enthaltendem Silicagel u. Elution mit Bzl.-Ae. (6:1); rote Kristalle; UV-Banden angegeben; b) F. 133—134° (Cyclohexan), aus **II** vom F. 64° durch langsames Sublimieren bei 45°/0,01 Torr oder bei sehr langsamer Kristallisation aus Cyclohexan; tiefrote Nadeln; UV-Spektr. ident.; IR-Spektr. unterschiedlich; gibt mit benzol. Pikrinsäurelsg. bei raschem Kristallisieren ein *Pikrat vom F. 76—79°* (Cyclohexan-PAe.). — **II**-*Pikrat*, $C_{14}H_{12}N_4O_8$, F. 160—161° (Bzl. mit wenig Pikrinsäure), aus 11 g **II** in wenig Bzl. durch Versetzen mit einer gesätt. Lsg. von 45 g Pikrinsäure in Bzl.; 20 mg. **II**-*Pikrolonat*, $C_{18}H_{17}N_5O_6$, F. 182° (A.-W.), aus 7 g **II** in wenig A. durch Versetzen mit heißer wss. Pikrolonsäurelsg.; gelborangefarbene Nadeln. — *4-Methylcycloheptanon* (?), aus 308 mg **II** vom F. 64° in 7 cm³ Eisessig durch Hydrierung in Ggw. von Pt-Katalysator bei Zimmertemp.

innerhalb 3½ Std.; die äther. Lsg. des Reaktionsprod. wird mit verd. HCl gewaschen u. das neutrale Öl in Aceton mit 8n Chromsäure–H_2SO_4 oxydiert; 33%. *Semicarbazon*, $C_9H_{17}N_3O$, F. 154° (Essigester). *2.4-Dinitrophenylhydrazon*, $C_{14}H_{18}N_4O_4$, F. 133° (A.). (Helv. chim. Acta **41**. 2103–08. 1/12. 1958. Zürich, ETH, Organ. chem. Labor.)

W. BURGHARDT. 1960

Tanezo Taguchi und **Ken Hayashida**, *Stereochemische Untersuchungen*. 15. Mitt. *Stereochemie der 2.2'-Dihydroxydicyclohexylamine*. 1. Mitt. Von den 6 möglichen diastereomeren Formen des *2.2'-Dihydroxydicyclohexylamins* (**I**) entsteht durch Rk. von cis-Cyclohexenoxyd (cis-**II**) mit *d*- oder *l*-trans-2-Aminocyclohexanol neben *d*- bzw. *l-trans.-trans*-**I** (F. 115°) das schon von BRUNEL [1903] dargestellte *meso-trans.trans*-**I** vom F. 153°. Hieraus wurden 2 weitere Stereoisomere, *dl-trans·cis*-**I** u. *meso-cis.cis*-**I** auf folgendem Wege erhalten: Das *meso-trans.trans*-**I**-*N-Benzoylderiv.* (**IV**), das durch Behandlung von meso-cis-**II** mit verd. NH_4OH u. Benzoylierung erhalten wird, gibt durch Einw. von $SOCl_2$ u. nachfolgende Behandlung mit verd. NaOH unter WALDENscher Umkehrung das *dl-trans.cis*-**I**-*N-Benzoylderiv.* (**V**), dessen Verseifung zu *dl-trans.cis*-**I** vom F. 147° führt. Die gleiche Verb. entsteht durch die stereospezif. Rk. von meso-cis-**II** mit dl-cis-2-Aminocyclohexanol. Der Nachw. der WALDENschen Umkehrung konnte durch Isolierung des cycl. Zwischenprod. *dl-3-[trans-2-Hydroxycyclohexyl]-2-phenyl-cis-4.5-cyclohexano-Δ²-oxazoliniumchlorid* (**III**; $>C = N^{(+)}<$, λ_{max} 6,20 μ) als *Pikrat* geführt werden. **III** gibt einerseits durch Einw. von W. unter Öffnung des Oxazolinrings das

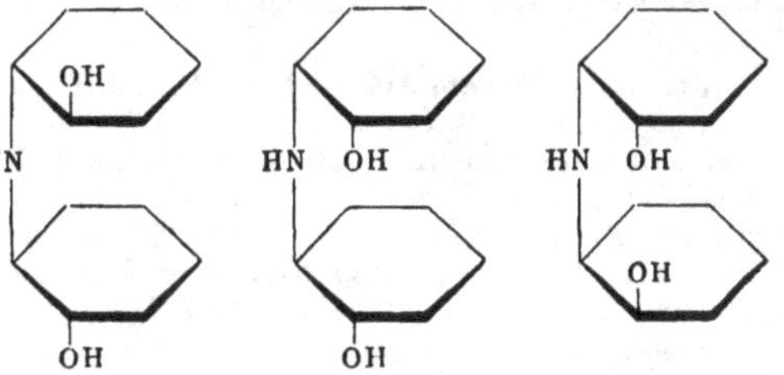

meso-trans.trans | dl-trans.cis | meso-cis.cis

I

Hydrochlorid (**VI**) des *dl-trans.cis*-**I**-*O'-Benzoylderiv.*, das sowohl mit NaOH als auch mit trockenem K-Acetat/Eisessig über das *O.N-Diacetylderiv.* (**VII**) ohne Acylwanderung *dl-trans.cis*-**I** liefert, andererseits durch Behandlung mit trockenem K-Acetat/Eisessig unter Inversion das *meso-trans.trans*-**I**-*O.O'-Diacetyl-N-benzoylderiv.*, aus dem mit 2 Äquivalenten KOH wieder **IV** gewonnen wird. — Analog verläuft die Umwandlung des dl-trans.cis-**I**-N-Benzoylderiv. (**V**) mit $SOCl_2$ über das vermutliche *dl-3-[cis-2'-Hydroxycyclohexyl]-2-phenyl-cis-4.5-cyclohexano-Δ²-oxazoliniumchlorid* u. das *Hydrochlorid* (**VIII**) des *dl-cis.cis*-**I**-*O-Benzoylderiv.* zu *meso-cis.cis*-**I** vom F. 101°, wobei als Nebenprod. *dl-N.N-[trans-2-Chlor-cis-2'-hydroxydicyclohexyl]-benzoylamin* anfällt, das durch Kochen mit W. **VIII**, durch Kochen mit verd. HCl u. nachfolgende Behandlung mit NaOH ebenfalls *meso-cis.cis*-**I** liefert.

Versuche: *meso-trans.trans-2.2'-Dihydroxydicyclohexylamin* (meso-trans.trans-**I**), $C_{12}H_{23}NO_2$, F. 153° (A.), durch 1 wöchiges Stehen von meso-cis-**II** (100 g) mit 28%ig. NH_4OH bei Raumtemp.; Prismen; 53,5 g (Ausbeute). *N-Benzoylderiv.* (**IV**), $C_{19}H_{27}NO_3$, F. 231–232° (A.), durch Zugeben von Benzoylchlorid in Bzl. zu meso-trans.trans-**I** (77 g) in 10%ig. HCl u. Zutropfen von 35%ig. wss. NaOH; Prismen; 81 g. — *dl-N.N-[trans.cis-2.2'-Dihydroxydicyclohexyl]-benzoylamin* (**V**), $C_{19}H_{27}NO_3$, F. 196–197° (Bzl.), durch 3 std. Stehen von 43 g **IV** in $SOCl_2$, Gießen in W. u. Zugeben von 10%ig. wss. NaOH (p_H 14); Blättchen; 27,7 g. — *dl-3-[trans-2-Hydroxycyclohexyl]-2-phenyl-cis-4.5-cyclohexano-Δ²-oxazoliniumchlorid* (**III**), F. 149–153° (Zers.), durch 1 std. Stehen von **V** in HCl gesätt. absol. Chlf. bei 0° u. Zugeben von absol. Ae., hygroskopisch. *Pikrat*, $C_{19}H_{26}Cl\cdot NO_2\cdot C_6H_3N_3O_7$, F. 130° (Aceton/Ae.), gelbe Nadeln. — *dl-trans-2-Hydroxy-cis-2'-benzoyloxydicyclohexylaminhydrochlorid* (**VI**), $C_{19}H_{27}NO_3\cdot HCl$, F. 224–226° (Zers.; W.), durch Stehen von **III** an feuchter Luft. *Pikrat*, $C_{19}H_{27}NO_3\cdot C_6H_3N_3O_7$, F. 150° (A.), a) aus **VI** u. Pikrinsäure; b) durch 3 std. Stehen von 1 g **IV** mit $SOCl_2$, Gießen in W., Einengen, Umwandlung des Öls in das *Pikrat* u. Kristallisation aus Aceton; 650 mg (roh); daneben aus der Mutterlauge durch Zugeben von Ae. das **III**-*Pikrat*; 0,7 g. *Freie Base*, $C_{19}H_{27}NO_3$, F. 79° (Bzl.), durch Alkalisieren der wss. **VI**-Lsg. mit 10%ig. Na_2CO_3-Lsg.; Blättchen. — *meso-N.N-[trans.trans-2.2'-Diacetoxydicyclohexyl]-benzoylamin*, $C_{23}H_{31}NO_5$, F. 143–147° (Bzl./PAe. oder Ae.), durch 10 Min. langes Kochen von K-Acetat, Eisessig u. Acetanhydrid, Zugeben von 0,5 g **III**, ¼ std. Kochen, Einengen u. Extrahieren mit Essigester; Blättchen; 0,3 g; durch mehrstd. Stehen von 0,1 g in äthanol. KOH (p_H 7,4) u. Einengen → 60 mg **IV**. — *dl-[N.N-[trans-2-Acetoxy-cis-2'-benzoyloxydicyclohexyl]-acetylamin* (**VII**), $C_{23}H_{31}NO_5$, F. 152–153,5° (Bzl./PAe.), a) aus den Mutterlaugen vorst. Verb.; 50 mg; b) aus **VI** analog vorst. Verb.; Blättchen. — *dl-N.N-[trans-2-Hydroxy-cis-2'-benzoyloxydicyclohexyl]-benzoylamin*, $C_{26}H_{31}NO_4$, F. 147–148° (Methanol/PAe.), durch Benzoylierung von 1 g **VI**; Blättchen; 550 mg; durch Partialhydrolyse mit KOH → **V**. — *dl-trans.-cis-2.2'-Dihydroxydicyclohexylamin* (dl-trans.cis-**I**), $C_{12}H_{23}NO_2$, F. 147° (Bzl.), a) durch 10tägiges Stehen von dl-cis-2-Aminocyclohexanol mit meso-cis-**II** in Methanol u. Einengen; Nadeln; b) durch 1 std. Kochen von 50 mg **VII** mit äthanol. NaOH; 20 mg; c) durch 2tägiges Stehen von **VI** mit NaOH. *Hydrochlorid*, $C_{12}H_{23}NO_2 \cdot HCl$, F. 237—239° (Zers.; Methanol), durch 5 std. Kochen von 0,5 g **V** mit 10%ig. HCl u. Einengen; Prismen; 190 mg. — *dl-cis-2-Benzoyloxy-cis-2'-hydroxydicyclohexylaminhydrochlorid* (**VIII**), $C_{19}H_{27}NO_3 \cdot HCl$, F. 201—203° (Zers.; W.), durch 3 std. Stehen von 4,7 g **V** mit $SOCl_2$, Gießen in W., Extrahieren mit Ae., Extrahieren mit 5%ig. HCl u. Einengen der wss. Lsg.; Kuben. — *dl-N.N-[trans-2-Chlor-cis-2'-hydroxydicyclohexyl]-benzoylamin*, $C_{19}H_{26}ClNO_2$, F. 134 bis 135° (Methanol), durch Einengen der Ae.-Lsg. von **VIII**; Blättchen; 0,8 g. — *meso-cis.cis-Dihydroxydicyclohexylamin* (meso-cis.cis-**I**), $C_{12}H_{23}NO_2$, F. 101°, durch Rk. von **VII** mit 10%ig. NaOH-Lsg. u. weitere Hydrolyse des *dl-cis-2-Benzoyloxy-cis-2'-hydroxydicyclohexylamins* ($C_{19}H_{27}NO_3$, F. 56—59°) mit 1,2 Äquivalenten KOH. (J. Amer. chem. Soc. **80**. 2522—26. 20/5. 1958. Katakasu, Fukuoka, Japan, Univ. of Kyushu, Med. Fac., Pharmaceut. Inst.) E. SCHRÖDER. 2120

Je. Ss. Pokrowskaja und **N. A. Schimanko**, *Über die Synthese von Cyclopentyl- und Cyclohexylmesitylenen.* Bei der Alkylierung von Mesitylen (**I**) mit Cyclopenten in Ggw. von wasserfreiem $AlCl_3$ wird infolge gleichzeitiger Isomerisierung von **I** *1.2.4-Trimethyl-5-cyclopentylbenzol* (**II**) u. daneben *1.2.4-Trimethyl-3.5-dicyclopentylbenzol* (?) erhalten. Analog führt die Rk. von **I** mit Cyclohexen zu *1.2.4-Trimethyl-5-cyclohexylbenzol* (**III**) u. *1.2.4-Trimethyl-3.5-dicyclohexylbenzol* (?). In Ggw. von konz. H_2SO_4 verläuft die Rk. ohne Isomerisierung zu *1.3.5-Trimethyl-2-cyclopentyl-* (**IV**) u. *1.3.5-Trimethyl-2.4-dicyclopentylbenzol* (?) bzw. zu *1.3.5-Trimethyl-2-cyclohexyl-* (**V**) u. *1.3.5-Trimethyl-2.4-dicyclohexylbenzol* (?). Für die Annahme der Struktur von **II** u. **III** spricht die Identität ihrer Absorptionsspektren mit dem des Durols. Die Spektren von **IV** u. **V** stimmen mit dem des Isodurols überein.

Versuche: *1.2.4-Trimethyl-5-cyclopentylbenzol* (**II**), $Kp._2$ 100°; aus **I** u. Cyclopenten in Ggw. von $AlCl_3$; $D.^{20}_4$ 0,9424; n_D^{20} 1,5330; erstarrt bei —45° zu einer glasartigen M.; daneben *1.2.4-Trimethyl-3.5-dicyclopentylbenzol* (?), $Kp._3$ 159—160°; n_D^{20} 1,5540; erstarrt bei —10° zu einer glasartigen Masse. — *1.3.5-Trimethyl-2-cyclopentylbenzol* (**IV**), $C_{14}H_{20}$, $Kp._3$ 100,5—101,5°, $Kp._{755}$ 266—267°; F. —8,7°; aus **I** u. Cyclopenten in Ggw. von konz. H_2SO_4; $D.^{20}_4$ 0,9441; n_D^{20} 1,5343; daneben *1.3.5-Trimethyl-2.4-dicyclopentylbenzol* (?) $Kp._3$ 155—160°, F. 63,7° (A.). — *1.2.4-Trimethyl-5-cyclohexylbenzol* (**III**), $Kp._2$ 119—120°; E. —19°; aus **I** u. Cyclohexen in Ggw. von $AlCl_3$; $D.^{20}_4$ 0,9384; n_D^{20} 1,5309; daneben *1.2.4-Trimethyl-3.5-dicyclohexylbenzol* (?), $C_{21}H_{32}$, F. 148°. — *1.3.5-Trimethyl-2-cyclohexylbenzol* (**V**), $C_{15}H_{22}$, $Kp._2$ 107—108°; E. 13,7°; aus **I** u. Cyclohexen in Ggw. von konz. H_2SO_4 (2:1:2); $D.^{20}_4$ 0,9402; n_D^{20} 1,5320; daneben *1.3.5-Trimethyl-2.4-dicyclohexylbenzol* (?), $C_{21}H_{32}$, $Kp._3$ ca. 180—185°, F. 127,8°; aus A. Nadeln. (Доклады Академии Наук СССР [Ber. Akad. Wiss. UdSSR] **123**. 109—12. 1/11. 1958. Erdöl-Inst. der Akad. der Wiss. der UdSSR.) W. KURTZMANN. 2210

G. S. Saharia und **B. R. Sharma**, *Hydroxyketone.* 7. Mitt. *Die Fries-Reaktion der Ester von o- und m-Methoxybenzoesäure und eine Untersuchung über den Mechanismus.* (6. vgl. J. Indian chem. Soc. **33**. [1956.] 788.) p-Methoxybenzoesäureester von Phenolen geben bei der FRIESschen Verschiebung in n. Rk. die entsprechenden *Hydroxyketone*, während o-Methoxybenzoesäureester hauptsächlich *Salicylsäureester* u. m-Methoxybenzoesäureester in geringer Ausbeute unter gleichzeitiger Entmethylierung *Dihydroxyketone* liefern. Die Ergebnisse zeigen, daß bei der FRIES-Rk. die Komplexbldg. zwischen dem Phenoxyl-O u. $AlCl_3$ wesentlich ist u. daß bei ster. Hinderung (o-Verb.) oder bei Verbb. mit Substituenten mit großer Elektronendichte keine oder nur schwierig Verschiebung eintritt; der Carbonyl-O ist ohne wesentlichen Einfl. auf den Ablauf der Reaktion.

Versuche: *m-Methoxybenzoesäure, Phenylester* (**I**), F. 66°, aus m-Methoxybenzoylchlorid u. sd. Phenol (1½ Std.); aus verd. A. Platten; 70—90% (Ausbeute). Analog: *p-Tolylester* (**II**), F. 67°, prismat. Nadeln. *m-Tolylester* (**III**), F. 40°, rechteckige Platten. *o-Tolylester* (**IV**), $Kp._{750}$ 264—266°, schweres Öl. *α-Naphthylester*, F. 100°, aus A.-Aceton Nadeln. *β-Naphthylester*, F. 108°, aus A.-Aceton flache Platten. — *o-Methoxybenzoesäure, Phenylester* (**V**), F. 57°, prismat. Nadeln. *p-Tolylester*, F. 50°, winzige Prismen. *m-Tolylester*, F. 55°. Platten, *o-Tolylester*, F. 40—41°. *α-Naphthylester*, F. 96°, Nadeln. *β-Naphthylester*, F. 66°, Nadeln. — *2.3'-Dihydroxybenzophenon*, $C_{13}H_{10}O_3$, F. 127°, aus **I** u. 1,3 Mol $AlCl_3$ bei 120—160° (2 Std.) u. Zers. mit eiskalter HCl (Meth. **A**); aus PAe. Nadeln. *2.4-Dinitrophenylhydrazon*, F. 267—268°. — *3.4'-Dihydroxybenzophenon*, $C_{13}H_{10}O_3$, F. 196—197°, neben vorst. Verb.; aus W. Nadeln. *2.4-Dinitrophenylhydrazon*, F. 257°. — *2.3'-Dihydroxy-5-methylbenzophenon*, $C_{14}H_{12}O_3$, F. 136°, aus **II** nach **A**; aus verd. A. seidige Nadeln. *2.4-Dinitrophenylhydrazon*, F. 244°. — *2.3'-Dihydroxy-4-methylbenzophenon*, $C_{14}H_{12}O_3$, F. 105° (PAe.), neben nachst. Verb. aus **III** nach **A**. — *4.3'-Dihydroxy-2-methylbenzophenon*, $C_{14}H_{12}O_3$, F. 173°, neben vorst. Verb.; aus W. Nadeln. *2.4-Dinitrophenylhydrazon*, F. 237—238°. — *2.3'-Dihydroxy-3-methylbenzophenon*, $C_{14}H_{12}O_3$, F. 144°, neben nachst. Verb. aus **IV** nach **A**; aus PAe. Nadeln. *2.4-Dinitrophenylhydrazon*, F. 233—235°. — *4.3'-Dihydroxy-3-methylbenzophenon*, $C_{14}H_{12}O_3$, F. 172° (verd. A.). *2.4-Dinitrophenylhydrazon*, F. 266°. — *[3-Hydroxyphenyl]-[1-hydroxynaphthyl-(2)]-keton* (?), $C_{17}H_{12}O_3$, F. 174°, aus m-Methoxybenzoesäure-α-naphthylester nach **A**; aus Bzl. gelbe Prismen. *2.4-Dinitrophenylhydrazon*, Zers. bei 308°. — *[3-Hydroxyphenyl]-[2-hydroxynaphthyl-(1)]-keton*, $C_{17}H_{12}O_3$, F. 178° (Bzl.), neben nachst. Verb. aus m-Methoxybenzoesäure-β-naphthylester nach **A**. — *m-Hydroxybenzoesäure-β-naphthylester*, $C_{17}H_{12}O_3$, F. 140°, aus A. Blättchen. — *Salicylsäurephenylester*, F. 41—42°, wie nachst. Verbb. aus **V** nach **A**; ca. 60%. *p-Tolylester*, F. 39°, Kp.$_{20-22}$ 90—92°. *m-Tolylester*, F. 76°, aus A. glänzende Blättchen. *o-Tolylester*, F. 35—36°. *α-Naphthylester*, F. 84°, aus A. Platten. *β-Naphthylester*, F. 95°, aus A. Blättchen. — *2.4-Dihydroxybenzophenon*, F. 150°, aus **V** oder Salicylsäurephenylester u. 2,6 Mol $AlCl_3$ bei 120—160°; aus Bzl. Platten. — *4.2'-Dihydroxy-2-methylbenzophenon*, $C_{14}H_{12}O_3$, F. 146°, wie vorst. aus o-Methoxybenzoesäure-m-tolylester; aus A. winzige Nadeln. (J. sci. ind. Res. [New Delhi], Sect. B **16**. 125—28. März 1957. Delhi, Univ., Dep. of Chem.) E. HANSCHKE. 2380

Walter Ried und **Gerhard Dankert**, *Äthinierungsreaktionen. 11. Mitt. Umsetzung von Alkinolen mit Chinonen und Synthesen neuer Chinokumulene.* (10. vgl. Naturwissenschaften **46**. [1959.] 142; 9. vgl. C. **1959**. 4101.) Durch Anlagerung von Äthinylbenzhydrol (**V**), Äthinylfluorenol (**VI**) u. Äthinylcyclohexanol an p-Benzochinon (**I**) in Ggw. von $LiNH_2$ in fl. NH_3 oder in Xylol bei höherer Temp. wurden *1.4-Bis-[3-hydroxy-3.3-diphenylpropin-(1)-yl]-* (**VII**), *1.4-Bis-{2-[9-hydroxyfluorenyl-(9)]-äthinyl}-* (**VIII**) u. *1.4-Bis-[2-(1-hydroxycyclohexyl)-äthinyl]-1.4-dihydroxy-1.4-dihydrobenzol* (**IX**) dargestellt. Anthrachinon (**II**) gab analog *9.10-Bis-[3-hydroxy-3.3-diphenylpropin-(1)-yl]-* (**X**), *9.10-Bis-{2-[9-hydroxyfluorenyl-(9)]-äthinyl}-9.10-dihydroxy-9.10-dihydroanthracen* (**XI**) u. *9-Hydroxy-10-oxo-9-{2-[9-hydroxyfluorenyl-(9)]-äthinyl}-9.10-dihydroanthracen* (**XII**). **X** wurde auch durch Rk. der Li-Verb. von 9.10-Dihydroxy-9.10-diäthinyl-9.10-dihydroanthracen in fl. NH_3 mit Benzophenon (**XX**) dargestellt. Phenanthrenchinon (**IV**) konnte nur in *9-Hydroxy-10-oxo-9-[3-hydroxy-3.3-diphenylpropin-(1)-yl]-9.10-dihydrophenanthren* (**XIII**) übergeführt werden. Aus Pentacenchinon (**III**) wurden *13.14-Dihydroxy-13.14-bis-[3-hydroxy-3.3-diphenylpropin-(1)-yl]-*, *13-Hydroxy-14-oxo-13-[3-hydroxy-3.3-diphenylpropin-(1)-yl]-* (**XIV**) u. *-13-{2-[9-hydroxyfluorenyl-(9)-äthinyl}-13.14-dihydropentacen* (**XV**) dargestellt. **VII, VIII, IX, XI, XIII** u. **XV** wurden an RANEY-Ni oder Pd-Kohle hydriert; in **VII, VIII** u. **IX** wurden sowohl die Dreifachbindungen als auch die Cyclohexadienringe hydriert; bei **XV** trat Aromatisierung ein. Bei der Hydrierung von **XIII** blieb die Ketogruppe erhalten. Die Carbonylgruppen in **XII, XIV** u. **X** können mit den üblichen Reagentien nicht nachgewiesen werden. Nur **XIII** ergab ein *Hydrazon*. Durch Oxydation der Diole u. Tetraole mit $KMnO_4$ erhält man *Anthra-*, *Phenanthren-* u. *Pentacenchinon* u. *Fluorenon* bzw. **XX** zurück, in der **I**-Reihe konnten nur Fluorenon u. **XX** als Abbauprodd. isoliert werden. Die Verbb. **VII—XV** zers. sich bei der Rk. mit Acetanhydrid oder Acetylchlorid leicht; nur **XI** u. **XII** konnten in die *Acetate* übergeführt werden. Durch monovalente Red. konnten die Acetylenglykole der Anthrachinon- u. Pentacenchinonreihe in stabile *Kumulene* übergeführt werden; die Red. mit P_2J_4 ergab nur mäßige Ausbeuten, durch Red. mit $SnCl_2$ in 50%ig. HCl u. Ae. oder Dioxan oder durch STEPHEN-Reagens wurden die Kumulene in ca. 60%ig. Ausbeute erhalten. Die Kumulene scheiden sich krist. ab, wegen ihrer Schwerlöslichkeit ist eine Reinigung verlustreich. Die dargestellten Kumulene verfärben sich beim Erhitzen über 200° oder beim längeren Kochen in hochsd. Lösungsmitteln langsam unter Verharzung; bei Raumtemp. sind sie weder O_2- noch lichtempfindlich. Die Lichtabsorption der dargestellten Kumulene im Gebiet von 230—700 mμ ist angegeben. Bei der Red. von **XIII** mit $SnCl_2$—HCl oder STEPHEN-Reagens tritt die tiefrote Farbe des Kumulens auf; die entstandene Verb. zers. sich aber rasch unter Abscheidung eines Harzes. Unter CO_2 hält sich die rote Farbe längere Zeit; spektroskop. Unterss. zeigten, daß prim. das entsprechende Kumulen entsteht. Die IR-Spektren der Kumulene werden diskutiert; die IR-Spektren von *13.14-Bis-[3.3-diphenylpropadienyliden]-* u. *14-Oxo-13-[3.3-diphenylpropadienyliden]-13.14-dihydropentacen* sind angegeben. Durch lang dauernde Hydrierung von *9.10-Bis-[3.3-diphenylpropadienyliden]-9.10-dihydroanthracen* (**XVI**) wurde *9.10-Bis-[3.3-diphenylpropyl]-anthracen* erhalten. **XVI** addiert bei 40° in Chlf. 4 Bromatome; auch bei höherer Temp. findet keine weitere Bromierung statt. Die Tetraole der p-Benzochinonreihe konnten nicht zu Kumulenen red. werden, da in salzsaurem Medium Umlagerung eintrat. Verss.,

VII u. **VIII** in alkal. Lsg. mit $Na_2S_2O_4$ zu red., schlugen fehl. Durch Behandlung von **VII** in Ae. mit $SnCl_2$ u. HCl trat kurzzeitig Rotfärbung auf; aus dem Reaktionsgemisch wurde jedoch *4-[1-Chlor-3.3-diphenylpropadienyl]-1-[2-chlor-3.3-diphenylacryloyl]-benzol* (**XVII**) isoliert. **XVII** entstand auch durch Erwärmen von **VII** in A. mit HCl. Durch Hydrieren von **XVII** wurde *4-[1-Chlor-3.3-diphenylpropyl]-1-[2-chlor-1-hydroxy-3.3-diphenylpropyl]-benzol* erhalten. **XVII** wird durch 2n wss. NaOH oder K-Alkoholat nicht in eine chlorfreie Verb. übergeführt; die Rk. nach FINKELSTEIN [1910] mit NaJ in Aceton verlief negativ. Die Carbonylgruppe in **XVII** läßt sich nur spektroskop. nachweisen. Der Mechanismus der Umlagerung von **VII** in **XVII** entspricht zunächst der Umlagerung des 1.4-Diäthinyl-1.4-dihydroxycyclohexadiens-(2.5) zu p-Äthinyl-ω-chloracetophenon; aus dem entsprechenden, nicht faßbaren Zwischenprod. entsteht durch Abspaltung von 2 Mol W. u. Addition eines Chloranions **XVII**. **VIII** reagiert mit HCl analog zu *4-[1-Chlor-2-fluorenylidenäthenyl]-1-[2-chlor-2-fluorenylidenacetyl]-benzol.* 1.4-Dihydroxy-1.4-bis-[buten-(3)-in-(1)-yl]-cyclohexadien-(2.5) (**XVIII**) wird durch verd. Essigsäure zu *2.4-Bis-[buten-(3)-in-(1)-yl]-phenol* (**XIX**) umgelagert. Diese Rk. entspricht einer vinylogen Pinakolinumlagerung. **XIX** ergab durch katalyt. Hydrierung *2.4-Dibutylphenol.* Allylacetylen gab mit **I** keine definierten Reaktionsprodd.; durch Rk. mit Cyclohexandion-(1.4) wurde *1.4-Bis-[penten-(4)-in-(1)-yl]-cyclohexandiol-(1.4)* erhalten. Das durch Rk. von Diäthinylbenzol mit **XX** in fl. NH_3 darstellbare *1.4-Bis-[3-hydroxy-3.3-diphenylpropin-(1)-yl]-benzol* ergab durch Behandlung mit $SnCl_2$–HCl oder STEPHEN-Reagens eine tiefrote Lsg., die unter CO_2 längere Zeit beständig ist; es wird vermutet, daß unter Aufhebung des aromat. Zustandes 1.4-Bis-[3.3-diphenylpropadienyliden]-1.4-dihydrobenzol entsteht.

Versuche: *1.4-Dihydroxy-1.4-bis-[3-hydroxy-3.3-diphenylpropin-(1)-yl]-1.4-dihydrobenzol* (**VII**), $C_{36}H_{28}O_4$, F. 232° (wss. Pyridin oder A.), durch Rk. von fl. NH_3 mit Li in Ggw. von wenig $Fe(NO_3)_3 \cdot H_2O$ bei —40°, Zutropfen von **V** in Ae. nach Verschwinden der Blaufärbung, 1—2std. Rühren, Zugabe von **I** in Ae. bei —40°, 3std. Rühren, Neutralisieren mit NH_4Cl, Verdunsten des NH_3, Extraktion mit Essigester u. Auskochen des Extraktes mit PAe. als Rückstand; 13% (Ausbeute). — *1.4-Dihydroxy-1.4-bis-[3-hydroxy-3.3-diphenylpropyl]-cyclohexan,* $C_{36}H_{40}O_4$, F. 268° (wss. Pyridin), durch Hydrieren von **VII**. — *4-[1-Chlor-3.3-diphenylpropadienyl]-1-[2-chlor-3.3-diphenylacryloyl]-benzol* (**XVII**), $C_{36}H_{24}Cl_2O$, F. 253° (Zers.; goldgelbe Nadeln aus Bzl.-Ae.), durch Zutropfen von konz. HCl zu **VII** in heißem A. unter Rühren, 2std. Rühren u. Heißfiltration; 41%. — *4-[1-Chlor-3.3-diphenylpropyl]-1-[2-chlor-1-hydroxy-3.3-diphenylpropyl]-benzol,* $C_{36}H_{32}Cl_2O$, F. 59° (Zers.; wss. CH_3OH), durch Hydrieren von **XVII**. — *1.4-Dihydroxy-1.4-bis-{2-[9-hydroxyfluorenyl-(9)]-äthinyl}-1.4-dihydrobenzol* (**VIII**), $C_{36}H_{24}O_4$, F. 226° (wss. A. oder Xylol), analog **VII** aus **VI** u. **I** in 20 Std. bei —35°, Extraktion des Rückstandes mit Essigester, Auskochen des Extraktes mit Bzl. u. Filtrieren in der Kälte; lichtempfindlich; 10%. — *1.4-Dihydroxy-1.4-bis-{2-[9-hydroxyfluorenyl-(9)]-äthyl}-cyclohexan,* $C_{36}H_{36}O_4$, F. 301° (Zers.), durch Hydrieren von **VIII**. — *4-[1-Chlor-2-fluorenylidenäthenyl]-1-[2-chlor-2-fluorenylidenacetyl]-benzol,* $C_{36}H_{20}Cl_2O$, F. 254—256° (Zers.; hellrote Nadeln aus Isoamylalkohol–CH_3OH oder Aceton–A.), analog **XVII**; ca. 60%. — *1.4-Dihydroxy-1.4-bis-[2-(1-hydroxycyclohexyl)-äthinyl]-1.4-dihydrobenzol* (**IX**), $C_{22}H_{28}O_4$, F. 166° (W.), analog **VII** aus Äthinylcyclohexanol u. **I** in 12 Std., Abtrennen der Ae.-Phase, Extraktion des Rückstandes mit Essigester u. Einengen des Extraktes; 10%. — *1.4-Dihydroxy-1.4-bis-{2-(1-hydroxycyclohexyl)-äthyl}-cyclohexan,* $C_{22}H_{40}O_4$, F. 185—187° (Bzl. oder Essigester), durch Hydrieren von **IX**. — *9.10-Dihydroxy-9.10-bis-[3-hydroxy-3.3-diphenylpropin-(1)-yl]-9.10-dihydroanthracen* (**X**), $C_{44}H_{32}O_4$, F. 196° (A. oder Bzl.-A.), a) analog **VII** aus **V** u. festem **II** in 24 Std., Waschen des Rückstandes mit W., Lösen des Rückstandes in heißem A. u. Zugabe von W. bis zur Trübung; 25%; b) durch Rk. von Li mit fl. NH_3 in Ggw. von $Fe(NO_3)_3 \cdot H_2O$ bei —40°, Zutropfen von **V** in Ae. unter Rühren nach Verschwinden der Blaufärbung, 1—2std. Rühren, Zutropfen von Xylol unter Rühren, Verdunsten des NH_3 zuletzt unter Erwärmen, Zugabe von festem **II**, 8std. Kochen im Vakuum, Filtrieren, Extraktion des Rückstandes mit Ae. u. Einengen des Ae.- u. Xylolextrakts; 30%. — *9.10-Bis-[3.3-diphenylpropadienyliden]-9.10-dihydroanthracen* (**XVI**), $C_{44}H_{28}$, F. >365° (Zers. ab 220°; blauviolette Nadeln aus Dioxan oder Xylol), durch Red. von **X** mit 50%ig. HCl u. $SnCl_2$ in Ae.; 65%. — *9.10-Bis-[3.3-diphenylpropyl]-anthracen,* $C_{44}H_{38}$, F. 250—252° (gelbe Kristalle aus Bzl.-PAe.), durch Hydrierung von **XVI** in Dioxan–Bzl. (2:1). — *9.10-Bis-[1.2-dibrom-3.3-diphenylpropen-(2)-yliden]-9.10-dihydroanthracen,* $C_{44}H_{28}Br_4$, F. 132—134° (gelbbraune Kristalle aus Bzl.-CH_3OH oder Bzl.-PAe.), durch Zutropfen von Br_2 in Chlf. zu **XVI** in Chlf. bei 40° bis zum Verschwinden der blauroten Farbe, Schütteln mit $Na_2S_2O_3$ u. Eindampfen der Chloroformlösung. — *9.10-Dihydroxy-9.10-bis-{2-[9-hydroxyfluorenyl-(9)]-äthinyl}-9.10-dihydroanthracen* (**XI**), F. 241° (Zers.; A. oder wss. Pyridin), analog **X** nach b) aus 21 g **VI** u. 10,5 g **II** durch 6std. Kochen im Vakuum, Extraktion des Filterrückstandes mit Essigester u. Einengen des Extraktes; 24%. *Tetraacetat*, $C_{52}H_{36}O_8$, F. ca. 220° (Zers.; Pyridin), durch 3tägiges Stehen von **XI** mit Acetanhydrid in Pyridin u. Filtrieren; lichtempfindlich. — *9.10-Dihydroxy-9.10-bis-{2-[9-hydroxyfluorenyl-(9)]-äthyl}-9.10-dihydroanthracen*, $C_{44}H_{36}O_4$, F. 289—290° (Zers.; wss. Pyridin), durch Hydrieren von **XI** in Essigester. — *9.10-Bis-[2-fluorenylidenäthenyliden]-9.10-dihydroanthracen*, dunkelgrün, durch Red. von **XI** in Ae.-Essigester mit STEPHEN-Reagens oder 50%ig. HCl u. $SnCl_2$; zersetzlich. — *9-Hydroxy-10-oxo-9-{2-[9-hydroxyfluorenyl-(9)]-äthinyl}-9.10-dihydroanthracen* (**XII**), $C_{29}H_{18}O_3$, F. 240° (Zers.; wss. Pyridin), neben **XI** als in Essigester unlösl. Rückstand; 5,5 g. *Diacetat*, $C_{33}H_{22}O_5$, F. 190° (Zers.; bräunliche Blättchen aus Toluol–PAe.). — *10-Oxo-9-[2-fluorenylidenäthenyliden]-9.10-dihydroanthracen*, $C_{29}H_{16}O$, F. 278° (Zers.; blauviolette Nadeln aus Dioxan), analog **XVI** durch Red. von **XII** in Dioxan; 76%. — *9-Hydroxy-10-oxo-9-[3-hydroxy-3.3-diphenylpropin-(1)-yl]-9.10-dihydrophenanthren* (**XIII**), $C_{29}H_{20}O_3$, F. 170° (Bzl. oder wss. CH_3OH), analog **X** nach b) aus **V** u. festem **IV** durch 12std. Rühren in Toluol bei Raumtemp., 8std. Rühren bei 80° u. Einengen im Vakuum; 11%. *2.4-Dinitrophenylhydrazon*, $C_{35}H_{24}N_4O_6$, F. 210—211° (gelbrote Kristalle). — *9-Hydroxy-10-oxo-9-[3-hydroxy-3.3-diphenylpropyl]-9.10-dihydrophenanthren*, $C_{29}H_{24}O_3$, F. 94—96° (Zers.; gelbe Kristalle aus Bzl.–PAe.), durch Hydrieren von **XIII** in Essigester–Alkohol. — *13.14-Dihydroxy-13.14-bis-[3-hydroxy-3.3-diphenylpropin-(1)-yl]-13.14-dihydropentacen*, $C_{52}H_{36}O_4$, F. 125° (Bzl.), analog **X** nach b) aus 21 g **V** u. 15,5 g **III** durch 16std. Kochen in Xylol im Vakuum, Filtrieren u. Aufarbeitung des Filtrates; 8,5%. — *13.14-Bis-[3.3-diphenylpropadienyliden]-13.14-dihydropentacen*, $C_{52}H_{32}$, F. $>$370° (ab 250° Zers.; blauviolette Nadeln aus Xylol oder Pyridin), analog **XVI** aus vorst. Verb. in Essigester; 61%. — *13-Hydroxy-14-oxo-13-[3-hydroxy-3.3-diphenylpropin-(1)-yl]-13.14-dihydropentacen* (**XIV**), $C_{37}H_{24}O_3$, F. 229—230° (Zers.; gelbe Nadeln aus Xylol oder Dioxan), durch Extraktion des neben vorvorst. Verb. anfallenden Rückstandes mit Pyridin u. Verdünnen des Extraktes mit W.; 2,5 g. — *14-Oxo-13-[3.3-diphenylpropadienyliden]-9.10-dihydropentacen*, $C_{37}H_{22}O$, F. 234° (Zers.; dunkelrote Nadeln aus Dioxan oder Chlf.), analog **XVI** aus **XIV**; 50%. — *13-Hydroxy-14-oxo-13-{2-[9-hydroxyfluorenyl-(9)]-äthinyl}-13.14-dihydropentacen* (**XV**), $C_{37}H_{22}O_3$, F. 261° (Zers.; gelbe Kristalle aus Dioxan), analog **X** nach b) aus **VI** u. 15,5 g **III** durch 48std. Kochen in Xylol im Vakuum, Einengen, Filtrieren u. Extraktion des Rückstandes mit Bzl.–Dioxan (1:1); 8,5%. — *14-Oxo-13-[2-fluorenylidenäthenyliden]-13.14-dihydropentacen*, $C_{37}H_{20}O$, F. 296° (Zers.; blauviolette Nadeln aus Pyridin), analog **XVI** aus **XV** in Dioxan; 37%. — *14-Hydroxy-13-{2-[9-hydroxyfluorenyl-(9)]-äthyl}-pentacen*, $C_{37}H_{26}O_2$, F. 240° (Bzl.), durch Hydrierung von **XV** in Dioxan. — *2.4-Dibutylphenol*, $C_{14}H_{22}O$, Kp.$_{15}$ 156—158°, durch 30 Min. Erwärmen von **XVIII** mit 50%ig. Essigsäure u. CH_3OH auf 50°, Verdünnen mit W., Ae.–Extraktion u. Hydrieren des erhaltenen *2.4-Bis-[buten-(3)-in-(1)-yl]-phenols* (**XIX**) an RANEY-Ni in A.; 40—50%. — *1.4-Bis-[penten-(4)-in-(1)-yl]-cyclohexandiol-(1.4)*, $C_{16}H_{20}O_2$, F. 111° (Toluol), durch Überführen von 1 Mol Allylacetylen in Ae. in die GRIGNARD-Verb. u. 3—4std. Rühren mit 0,5 Mol Cyclohexandion-(1.4) bei 60°; 27%. — *1.4-Bis-[3-hydroxy-3.3-diphenylpropin-(1)-yl]-benzol*, $C_{36}H_{26}O_2$, F. 226° (Aceton), durch Rk. von Li mit fl. NH_3 in Ggw. von $Fe(NO_3)_3 \cdot H_2O$, Zugabe von p-Diäthinylbenzol in Ae., 2½std. Rühren bei —40°, Zutropfen von **XX** in Ae., 12std. Rühren bei —40°, Zugabe von NH_4Cl, Verdunsten des NH_3, Aufnehmen des Rückstandes in Ae. u. wenig W., Abdest. des Ae., Erwärmen des Rückstandes mit A. u. Filtrieren in der Kälte als Rückstand; 56%. — *1.4-Bis-[3.3-diphenylpropadienyliden]-1.4-dihydrobenzol*, durch Red. vorst. Verb. in Dioxan mit konz. HCl u. $SnCl_2$ oder STEPHEN-Reagens nach Sättigen mit CO_2 als dunkelrote Lsg.; zers. sich bei der Aufarbeitung. (Chem. Ber. **92.** 1223—36. 2/5. 1959. Frankfurt/M., Univ., Inst. für Organ. Chem.)

H. BERTSCH. 2600

G. Ja. Wanag und **G. Ja. Dubur**, *Imine von Di- und Polyketonen.* 2. Mitt. *Trisindandion.* (1. vgl. C. **1959.** 1101.) Tris-indandion (**I**) liefert beim Kochen mit NH_4-Acetat in Eisessig *Indandion-(1.3)-2.4'-spiro-2'.3'(CO);6'.5'(CO)-dibenzoylen-3'.4'-dihydropyridin* (**II**); intermediär bildet sich wahrscheinlich **I**-Monimin. Die Struktur von **II** wird dadurch bestätigt, daß der Stickstoff mit Säuren oder Basen u. auch durch Schmelzen mit Ätzalkali nicht abspaltbar ist, ferner dadurch, daß **II** bei Red. mit Zn kein prim. Amin, sondern ein Tetrahydroderiv. von **II**, wahrscheinlich *Indandion-(1.3)-2.4'-spiro-1''.1'''-dihydroxydiindano-[3''.2'':2'.3';2'''.3''': 5'.6']-3'.4'-dihydropyridin* gibt. Die Alkalilöslichkeit von **II** ist durch eine enolisierbare Ketogruppe bedingt u. beruht nicht auf einer Hydrolyse unter Bldg. eines Phthalylrestes, wie die Löslichkeit von **II** in absol. Pyridin zeigt. Oxydation der alkal. Lsg. von **II** mit Luft oder H_2O_2 liefert eine *Verb.* $C_{54}H_{24}N_2O_8$, vermutlich *Bis-[indandion-(1.3)-2.4'-spiro-2'.3'(CO);6'.5'(CO)-dibenzoylen-3'.4'-dihydropyridyl-(3')]*.

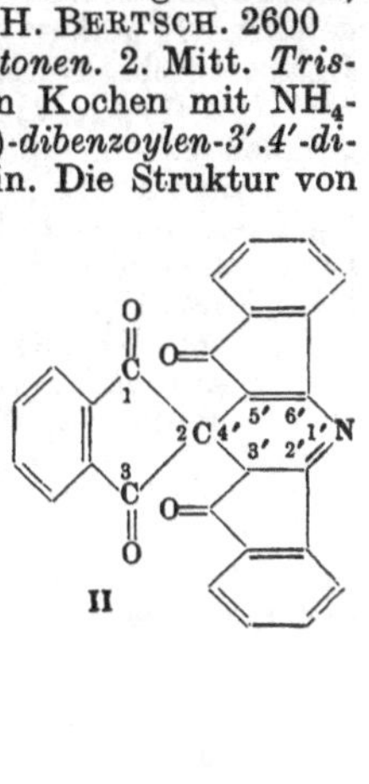

II

Versuche: *Indandion-(1.3)-2.4'-spiro-2'.3'(CO);6'.5'(CO)-dibenzoylen-3'.4'-dihydropyridin* (II), $C_{27}H_{13}NO_4$, F. 285°; zu 1 g I in 100 ml sd. Eisessig gibt man 5 g NH_4-Acetat u. kocht 3 Std.; den Nd. kocht man mit Eisessig, dann mit 5—10%ig. NH_4OH aus; rotbraune, viereckige Plättchen mit violettem Schimmer; ca. 0,8 g (Ausbeute); löst sich grün in konz. H_2SO_4 u. in wss. oder alkoh. Lauge, blaugrün in Pyridin. — *Indandion-(1.3)-2.4'-spiro-1''.1'''-dihydroxydiindano-[3''.2'':2'.3';2'''.3''':5'.6']-3'.4'-dihydropyridin* (?), $C_{27}H_{17}NO_4$, man red. II mit Zn in Eisessig bis zur Entfärbung, filtriert heiß, verd. mit W., filtriert u. gibt zum Filtrat einen großen Überschuß NH_4OH; flockiger Niederschlag. — *Bis-[indandion-(1.3)-2.4'-spiro-2'.3'(CO);6'.5'(CO)-dibenzoylen-3'.4'-dihydropyridyl-(3')]* (?), $C_{54}H_{24}N_2O_8$, F. 355° (Zers.), a) man schüttelt II mit wss.-alkoh. KOH; b) man erhitzt 1,5 g II in 50 ml 0,5%ig. methanol. KOH mit 2 ml 30%ig. H_2O_2 1 Std. auf dem Wasserbad; aus Acetanhydrid oder konz. HNO_3 lange gelbe Nadeln; in konz. H_2SO_4 orangegelb. (Журнал Общей Химии [J. allg. Chem.] **27** (**89**). 2729—33. Okt. 1957. Lett. Univ.) Helmut Schäfer. 2650

G. Ja. Wanag, E. I. Stankewitsch und **E. Ja. Gren,** *Imine von Di- und Polyketonen.* 3. Mitt. *Benzalindandion.* (2. vgl. vorst. Ref.) Bei der Rk. von 2-Benzalindandion-(1.3) (I) mit NH_4-Acetat in Eisessig wird *4-Phenyl-2.3(CO);6.5(CO)-dibenzoylenpyridin* (II) erhalten, das ein Disemicarbazon, Mono- u. Dioxim u. Monooximacetat bildet. Bei Red. von II mit Zn entsteht *4-Phenyl-1'.1''-dihydroxydiindano-[3'.2':2.3;2''.3'':5.6]-pyridin* (III). — I hydrolysiert wahrscheinlich unter den Bedingungen der Darst. von II zu Benzaldehyd u. Indandion-(1.3); letzteres reagiert mit unverändertem I zu Phenyl-bis-[indandion-(1.3)-yl-(2)]-methan, das durch NH_4-Acetat monoiminiert wird u. sofort zum Dihydropyridinderiv. (3.4- oder 1.4-Dihydropyridinderiv.) kondensiert. Dieses geht infolge seiner Oxydabilität in Berührung mit Luft oder schneller beim Behandeln mit H_2O_2 in II über. Strukturbeweisend für II ist, daß II bei Red. kein prim. Amin, sondern III liefert.

Versuche: *4-Phenyl-2.3(CO);6.5(CO)-dibenzoylenpyridin* (II), $C_{25}H_{13}NO_2$, F. 354 bis 355°; man kocht 5 g I, 20—30 g NH_4-Acetat u. 30 ml Eisessig ½ Std., filtriert, erwärmt das Filtrat mit 3—4 ml Perhydrol u. krist. den Nd. mit den zuerst abfiltrierten Kristallen aus Bzl. oder Toluol um; 62% (Ausbeute). *Disemicarbazon,* $C_{27}H_{19}N_7O_2$, Zers. beim Erhitzen. *Oxim,* $C_{25}H_{14}N_2O_2$, Zers. beim Erhitzen, 1 g II, 20 ml Pyridin u. 0,1 g Hydroxylaminhydrochlorid erhitzt man einige Std. auf dem Wasserbad u. gießt in 100 ml verd. HCl (1:1); hellgelbe Flocken. *Dioxim,* $C_{25}H_{15}N_3O_2$, Zers. bei 297—298° (Dioxan), aus II u. überschüssigem Hydroxylaminhydrochlorid. *Oximacetat,* $C_{27}H_{16}N_2O_3$, man erhitzt II-Monoxim u. Acetanhydrid 1 Std. auf dem Wasserbad u. krist. aus Dioxan um. — *4-Phenyl-1'.1''-dihydroxydiindano-[3'.2':2.3;2''.3'':5.6]-pyridin* (III), $C_{25}H_{17}NO_2$, F. 303—305° (Aceton oder A.); man erhitzt 1,2 g II, 20 ml Eisessig u. überschüssiges Zn 3 Std., filtriert u. verd. mit W.; 0,7 g. *Bis-phenylisocyanatderiv.,* $C_{39}H_{27}N_3O_4$. — *4-[m-Nitrophenyl]-2.3(CO);6.5(CO)-dibenzoylenpyridin,* $C_{25}H_{12}N_2O_4$, Zers. bei 390°; man kocht 4,2 g 2-[m-Nitrobenzal]-indandion-(1.3), 20 g NH_4-Acetat u. 70 ml Eisessig 20 Min. u. krist. aus Toluol oder Xylol um; 1,8 g. (Журнал Общей Химии [J. allg. Chem.] **27** (**89**). 2733—36. Okt. 1957.) Helmut Schäfer. 2650

L. Ss. Geita und **G. Ja. Wanag,** *Verbindungen mit zwei gem.-Indandiongruppen im Molekül.* 2. Mitt. *Kondensation von 5.6-Dinitroacenaphthenchinon mit Indandion-(1.3).* (1. vgl. C. **1959.** 4128.) Bei der Kondensation von 5.6-Dinitroacenaphthenchinon (I) mit Indandion-(1.3) (II) entstehen nebeneinander *5.6-Dinitro-2-[indandion-(1.3)-yliden-(2)]-* (III) u. *5.6-Dinitro-2.2-bis-[indandion(1.3)-yl-(2)]-acenaphthenon-(1)* (IV). III lagert leicht weiteres II unter Bldg. von IV an; IV wird durch konz. H_2SO_4 in III übergeführt. III addiert Br_2 zu einem instabilen *Dibromid,* das bei der Rk. mit A. nur ein Br austauscht. Durch Einw. von Essigsäureanhydrid wird IV zu *5.6-Dinitroacenaphthenon-(1)-2.4'-spiro-2'.3'(CO);6'.5'(CO)-dibenzoylenpyran* cyclisiert, das mit NH_3 oder Aminen zu den entsprechenden *Dihydropyridinderivv.* reagiert.

Versuche: *5.6-Dinitro-2-[indandion-(1.3)-yliden-(2)]-acenaphthenon-(1)* (III), $C_{21}H_8N_2O_7$, F. 300—302°, a) durch Zugeben von II u. einigen Tropfen konz. HCl zu I in sd. Eisessig u. ¼std. Kochen; 64,6% (Ausbeute); daneben IV; b) durch Lösen von IV in konz. H_2SO_4 u. Verdünnen mit Wasser. *Dibromid,* $C_{21}H_8Br_2N_2O_7$, Zers. bei 150 bis 170°, durch Kochen von III mit Br_2 in Eisessig. — *5.6-Dinitro-2.2-bis-[indandion-(1.3)-yl-(2)]-acenaphthenon-(1)* (IV), $C_{30}H_{14}N_2O_9$, F. 218—220° (Chlf.-A.), a) durch 1std. Kochen von I mit II in A.; 78,7%; b) durch Kochen von I u. II (1:2 Mol) in Eisessig in Ggw. von konz. HCl. *NH_4-Salz,* $C_{30}H_{14}N_2O_9 \cdot NH_3$, F. 165—170°, aus IV u. wss. NH_4OH in Alkohol. *Piperidinsalz,* $C_{30}H_{14}N_2O_9 \cdot 2\,C_5H_{11}N$, F. 183—186° (A.). — *5.6-Dinitroacenaphthenon-(1)-2.4'-spiro-2'.3'(CO);6'.5'(CO)-dibenzoylenpyran,* $C_{30}H_{12}N_2O_8$, F. 407°, durch ¼std. Kochen von IV mit Essigsäureanhydrid in Ggw. von wenig konz. H_2SO_4. — *5.6-Dinitroacenaphthenon-(1)-2.4'-spiro-2'.3'(CO);6'.5'(CO)-dibenzoylen-1'.4'-dihydropyridin,* C_{30}-

$H_{13}N_3O_7$, F. 265°, durch Stehen vorst. Verb. in fl. NH_3 über Nacht. (Журнал Общей Химии [J. allg. Chem.] 28 (90). 2801—05. Okt. 1958. Inst. für org. Synth. der Akad. der Wiss. der LettSSR.) H.-E. TOUSSAINT. 2650

Sylvestre Julia und **Yannik Bonnet**, *cis- und trans-1-Methyl-2-carboxy-1.2.3.4-tetrahydronaphthalin.* Die katalyt. Hydrogenolyse von cis-3-Äthoxycarbonyl-4-methyltetralon (cis-I) u. Verseifung führt zu *cis-1-Methyl-2-carboxytetralin* (cis-II), das auch durch katalyt. Hydrierung des aus 2-Acetyl-4-phenylbuttersäureäthylester (III) zugänglichen *1-Methyl-2-carboxy-3.4-dihydronaphthalins* (IV) in Ggw. von Pd-Kohle erhalten wird. IV läßt sich mit $LiAlH_4$ zum *Alkohol* red., der katalyt. zu *cis-1-Methyl-2-hydroxymethyltetralin* (cis-V) hydriert wird. Letzteres ist ident. mit dem $LiAlH_4$-Reduktionsprod. von cis-II. cis-II wird mit Na_2CO_3 bis 180° nicht isomerisiert. Dagegen liefert das aus *cis-II-Amid* mit $POCl_3$ erhaltene Nitril beim Erhitzen mit Na_2CO_3 in 2-Methoxyäthanol *trans*-II, das ebenfalls aus trans-I durch Hydrogenolyse u. Verseifung bzw. aus III durch KBH_4-Red., Verseifung u. Cyclisierung des *2-Hydroxy-3-carboxy-5-phenylpentans* (VI) mit H_2SO_4 synthetisiert u. als *Anilid* charakterisiert wurde. Die $LiAlH_4$-Red. von trans-I gibt *trans-4-Methyl-3-hydroxymethyltetralol-(1)*, das durch Hydrogenolyse in *trans*-V übergeführt wird. trans-V ist auch durch Red. aus trans-II zugänglich. Bei der Hydrierung von III in A. über RANEY-Ni u. Verseifung entsteht eine ölige, von VI verschied. *Hydroxysäure*. Mit H_2SO_4 erfolgt Cyclisierung zu sehr wenig cis-II, u. über das *Tosylat* kann *5-Phenyl-3-carboxypenten-(2)* erhalten werden. Letzteres läßt sich mit Polyphosphorsäure (VII) zu *2-Äthylidentetralon-(1)* cyclisieren, das ident. ist mit dem Reaktionsprod. von 2-Formyltetralon-(1) mit CH_3MgJ. *Phenäthylfumarsäure* wird durch Umsetzung von Butyrolacton mit Bzl., Veresterung, Kondensation des *γ-Phenylbuttersäureäthylesters* mit Oxalsäurediäthylester, Hydrierung des *δ-Phenyl-α-keto-β-carbäthoxyvaleriansäureäthylesters* (IX) in Ggw. von RANEY-Ni, Behandlung mit Tosylchlorid (VIII)/Pyridin u. Verseifung erhalten. Sie ließ sich nicht mit VII cyclisieren.

Versuche: *1-Methyl-2-carboxy-3.4-dihydronaphthalin* (IV), aus III. — *cis-1-Methyl-2-carboxytetralin* (cis-II), $C_{12}H_{14}O_2$, F. 87—88° (Ae.-PAe.), a) durch 35 Min. Hydrieren von 1 g IV in CH_3OH in Ggw. von Pd-Kohle; dicke Platten; 850 mg (Ausbeute); b) durch Hydrieren von cis-I in Essigsäure in Ggw. von Pd-Kohle u. $HClO_4$, Filtrieren, Alkalisieren mit Na_2CO_3, Ausäthern u. Verseifen mit methanol. KOH; 50%; *Anilid*, $C_{18}H_{19}NO$, F. 160° (Bzl.), seidige Nadeln; *Amid*, $C_{12}H_{15}NO$, F. 172—173° (Bzl.). *trans*-II, F. 82—83° (PAe.), a) aus trans-I; kleine Blättchen; 52%; b) durch Zutropfen von cis-II-Amid in Pyridin zu $POCl_3$ bei 0°, 20 Min. Stehen, Gießen in W., Ausäthern, 10std. Kochen des Nitrils in Glykolmonomethyläther/wss. Na_2CO_3 u. Neutralisieren; c) durch 30 Min. Erhitzen von VI mit 80%ig. H_2SO_4 auf dem Wasserbad, Gießen auf Eiswasser u. Ausäthern; 36,5%; *Anilid*, F. 163—164° (CH_3OH-Bzl.), seidige Nadeln. — *2-Hydroxy-3-carboxy-5-phenylpentan* (VI), $C_{12}H_{16}O_3$, F. 94—95° (Ae.-PAe.), durch 1std. Kochen von III in CH_3OH mit KBH_4 in wenig W. in Ggw. von K_2CO_3, Stehen über Nacht bei Raumtemp. u. 5std. Kochen mit methanol. n-KOH; Nadeln; 30%. — *1-Methyl-2-hydroxymethyl-3.4-dihydronaphthalin*, durch 2std. Kochen von IV mit $LiAlH_4$ in Ae.; *Phenylurethan*, $C_{19}H_{19}NO_2$, F. 80° (Ligroin), große, prismat. Nadeln. — *trans-4-Methyl-3-hydroxymethyltetralol-(1)*, $C_{12}H_{16}O_2$, F. 117° (Bzl.-Ligroin), durch 2std. Kochen von 3 g trans-I mit $LiAlH_4$ in Ae.; glänzende Blättchen; 1,5 g. — *cis-1-Methyl-2-hydroxymethyltetralin* (cis-V), a) durch 2std. Kochen von cis-II mit $LiAlH_4$ in Ae.; b) durch 25 Min. Hydrieren vorvorst. Verb. in A. in Ggw. von Pd-Kohle; *Phenylurethan*, $C_{19}H_{21}NO_2$, F. 107° (Bzl.-Ligroin), glänzende Blättchen. *trans*-V, a) aus trans-II u. $LiAlH_4$/Ae. in 3 Std.; b) aus vorst. Verb. durch Hydrierung in Essigsäure in Ggw. von $HClO_4$ u. Pd-Kohle; *Phenylurethan*, F. 68,5° (Ligroin), lange, seidige Nadeln. — *5-Phenyl-3-carboxypenten-(2)*, $C_{12}H_{14}O_2$, F. 91—92° (Ae.-PAe.), durch 1std. Hydrierung von III in 95%ig. A. in Ggw. von RANEY-Ni, Filtrieren, Stehen mit VIII/Pyridin über Nacht, Gießen auf Eis-verd. HCl, Ausäthern u. 3std. Kochen in Dioxan mit wss. KOH; lange, seidige Nadeln; 700 mg. *Anilid*, F. 94° (unrein). — *2-Äthylidentetralon-(1)*, $C_{12}H_{12}O$, F. 42—44° (PAe.), durch 1std. Erhitzen vorst. Verb. mit VII auf dem Wasserbad, Gießen auf Eiswasser u. Ausäthern; gelbe, prismat. Nadeln; 63%. — *Phenäthylfumarsäure*, F. 198—200° (Bzl.), durch Hydrieren von IX (Rohprod.) in A. in Ggw. von RANEY-Ni, Stehen des Hydroxyesters mit VIII/Pyridin bei 0° über Nacht u. 3std. Kochen mit Dioxan-wss. KOH; 37%. (Bull. Soc. chim. France **1959**. 419—21. Febr. Paris, École Nat. Supér. de Chim.) R. PASEDAG. 2700

Denzo Koike, *Untersuchung über Reaktionen von Chinonen. 1. Mitt. Reaktion von Tetralin mit Chloranil: Bildung von Tetrachlorhydrochinondi-α-tetrahydronaphthyläther.* Im Zusammenhang mit der Eig. von Chinonen, als Unterbrecher von Radikalketten-Rkk. bei der Autoxydation von *Tetralin* (I) zu wirken, werden folgende Rkk. durchgeführt: *m-Dinitrobenzol* (II), durch Stehen von 100 cm³ I u. 4 g Phenyldiazoniumacetat (III) unter CO_2, Abdestillieren des Prod. mit CCl_4, CrO_3-Oxydation des Destillats u. Nitrierung nach Abdampfen des CCl_4; 0,24 g (Ausbeute). — *Tetrachlorhydrochinon-bis-[α-tetrahydronaphthyläther]*, F. 180—190° (je nach Art des Erhitzens), durch 4tägiges Stehen von 200 cm^3 I u. 11,6 g III in Ggw. von 10 g Chloranil unter CO_2 neben *Essigsäure* (1,7 g) u. II (0,28 g); 5,84 g. Erhitzen von 1 g im Vakuum zum F. → *Tetrachlorhydrochinon* (0,4 g) u. *1.2-Dihydronaphthalin* (0,34 g). (J. chem. Soc. Japan, pure Chem. Sect. [Nippon Kagaku Zassi] **76.** 69—72. Jan. 1955. Kiriu, Gumma Univ. [Orig.: japan.]) L. Schuler. 2700

Alexander Schönberg, Abdel Kader Fateen und **Abd Elmaged Amin Sammour,** *Untersuchungen an sterisch behinderten Phenolen.* 2. Mitt. *Durch Kondensation von Aldehyden mit Alkylhydroxynaphthylketonen erhaltene „überfüllte" Phenole.* (1. vgl. C. **1956.** 10458.) Vff. beschreiben die Kondensation von Paraformaldehyd (I) mit 2-Acetyl- (II), 2-Propionyl- (III) u. 2-Butyrylnaphthol-(1) (IV) in Amylalkohol u. in Ggw. von konz. HCl u. erhalten in fast quantitativen Ausbeuten *3.3'-Diacyl-4.4'-dihydroxy-dinaphthyl-(1)-methane.* Die gleichen Ketone kondensieren sich mit aromat. Aldehyden unter den genannten Bedingungen nicht, wohl aber in Eisessig u. in Ggw. von konz. H_2SO_4; es entstehen *Phenylmethane.* 2-Acetyl-4-bromnaphthol-(1) gibt mit I kein Kondensationsprodukt. Von den erhaltenen Verbb. werden Farb-Rkk. mit $FeCl_3$ u. konz. H_2SO_4 angegeben.

V e r s u c h e: Durch 3std. Kochen der entsprechenden Ketone mit I nachst. D i n a p h t h y l - (1) - m e t h a n e: *3.3'-Diacetyl-4.4'-dihydroxy-* (V), $C_{25}H_{20}O_4$, F. 228° (Bzl. oder PAe.), aus 3 g II u. 1 g I; gelb; 3 g (Ausbeute). *Dibenzoylderiv.*, $C_{39}H_{28}O_6$, F. 251° (Bzl.). *Diacetylderiv.*, $C_{29}H_{24}O_6$, F. 200° (Bzl.), aus 1 g V durch 2 Min. Kochen mit wasserfreiem Na-Acetat u. Acetanhydrid u. Gießen in W.; 0,9 g. — *3.3'-Dipropionyl-4.4'-dihydroxy-*, $C_{27}H_{24}O_4$, F. 187° (Bzl. oder PAe.), aus 1 g III u. 0,3 g I; gelb; 1 g. *Dibenzoylderiv.*, $C_{41}H_{32}O_6$, F. 179° (Bzl.). *Dioxim*, $C_{27}H_{26}N_2O_4$, F. 235—236° (aus verd. A. gelbe Kristalle). — *3.3'-Dibutyryl-4.4'-dihydroxy-*, $C_{29}H_{28}O_4$, F. 168° (Bzl. oder PAe.), aus 1 g IV u. 0,3 g I; gelb; 1 g. — *4.4'-Diacetyl-1.1'-dihydroxydinaphthyl-(2)-methan*, $C_{25}H_{20}O_4$, F. 245° (A.), aus 3 g 4-Acetylnaphthol-(1) u. 1 g I; gelblich; 2,9 g. *Diacetylderiv.*, $C_{29}H_{24}O_6$, F. 194° (Bzl.). — Durch 7tägiges Stehen der entsprechenden Ketone mit den entsprechenden aromat. Aldehyden bei 5° nachst. P h e n y l m e t h a n e: *3.3'-Diacetyl-4.4'-dihydroxydinaphthyl-(1)-*, $C_{31}H_{24}O_4$, F. 268° (Bzn.), aus 1 g II u. 0,3 g Benzaldehyd (VI); orangefarben; 0,9 g. — *3.3'-Dipropionyl-4.4'-dihydroxydinaphthyl-(1)-*, $C_{33}H_{28}O_4$, F. 202° (Bzn.), aus 1 g III u. 0,3 g VI; orangefarben; 0,7 g. — *3.3'-Dibutyryl-4.4'-dihydroxydinaphthyl-(1)-*, $C_{35}H_{32}O_4$, F. 122° (Bzn.), aus 1 g IV u. 0,3 g VI; orangefarben; 0,5 g. — *3.3'-Diacetyl-4.4'-dihydroxydinaphthyl-(1)-p-nitro-*, $C_{31}H_{23}NO_6$, F. 310° (Toluol), aus 1 g II u. 0,4 g p-Nitrobenzaldehyd; dunkelbraun; 1,2 g. — *3.3'-Dipropionyl-4.4'-dihydroxydinaphthyl-(1)-o-chlor-*, $C_{33}H_{27}ClO_4$, F. 228° (Bzn.), aus 1 g III u. 0,4 g o-Chlorbenzaldehyd; orangefarben; 0,8 g. (J. org. Chemistry **23.** 2025—27. Dez. 1958. Cairo, Univ.; A'In Shams Univ., Dep. of Chem.) O. Wolf. 2700

Karel Stajner, Ferdinand Mužík, Zdeněk J. Allan und **Jaroslav Poskočil,** *Aromatische Diazo- und Azoverbindungen.* 31. Mitt. *Zersetzung von Diazoverbindungen, die von Azofarbstoffen mit 1-Naphthylamin-6-sulfonsäure als Endglied abgeleitet sind.* (30. vgl. C. **1959.** 10560.) Auf Grund des papierchromatograph. Nachw. [im Syst. 15%ig. NH_4OH/Pyridin/Isoamylalkohol (1:1:1), absteigend] enthält der Handelstyp von *Coprantinbraun RL* (Ciba; I; Darst. vgl. Poskočil u. Allan, 17. Mitt., Chem. Listy **48.** [1954.] 1782) neben 45% der Hauptkomponente [*Salicylsäure* (II) ← *Benzidin* (III) → *Naphthylamin-(1)-sulfonsäure-(6)* (IV) → *8-Hydroxychinolin*] noch 40% des *Farbstoffes* II ← III → [*1.1'-Dinaphthyl-6.6'-disulfonsäure* (gekuppelt in *4.4'-Stellung*)] ← III → II. Die letztgenannte Komponente entsteht bei der Darst. von I durch Zers. des überschüssigen Disazodiazoniumsalzes während der dritten Kupplung. Auf ihr Vorliegen ist auch die erwünschte rotbraune Tönung von I zurückzuführen. Außerdem enthält der Handelstyp von I noch 10% des gelben *Farbstoffes* II ← III → II (Nebenprod. der ersten Kupplung) u. 5% des roten *Farbstoffes* II ← III → *Naphthol-(1)-sulfonsäure-(6)* (Nebenprod. der dritten Kupplung). Des weiteren wurde die Zers. des *4-[2.5-Disulfophenylazo]-6-sulfonaphthyl-(1)-diazoniumsalzes* (VI) [aus Anilin-2.5-disulfonsäure (V) u. IV] in sodaalkal. Lsg. bei verschied. Tempp. (0, 15, 100°) untersucht. Das durch Zers. von VI erhaltene Gemisch enthält gemäß $RN_2^{(+)}$ (VI) → ROH (VII) + VI → R(OH)N_2R (VIII), VI → R—R (IX), VI → RNH_2 (X) → RNHR (XI) neben einigen % *Tri-Na-4-[2.5-disulfophenylazo]-6-sulfonaphthol-(1)* (VII) u. dem aus VI u. VII entstandenen Farbstoff *Hexa-Na-2-[4'-(2.5-disulfophenylazo)-6'-sulfonaphthyl-(1')-azo]-4-[2.5-disulfophenylazo]-6-sulfonaphthol-(1)* (VIII) vorwiegend die Farbstoffe *Hexa-Na-4.4'-bis-[2.5-disulfophenylazo]-6.6'-disulfodinaphthyl-(1.1')* (IX), *Tri-Na-4-[2.5-disulfophenylazo]-6-sulfonaphthyl-*

amin-(1) (**X**) u. *Hexa-Na-bis-[4-(2.5-disulfophenylazo)-6-sulfonaphthyl-(1)]-amin* (**XI**). Die Konst. von **VII, VIII** u. **X** wurde durch Vgl. mit Chromatogrammen authent. Präpp. festgestellt. **IX** wurde als *Ba-Salz*, $C_{32}H_{17}O_{18}N_4S_6Ba_{2,5} \cdot 12\,H_2O$, isoliert u. analysiert. Auf die Struktur von **XI** wird aus dem Ergebnis seiner sauren Hydrolyse, bei der sich **VII** bildet, geschlossen. Die reduktive Spaltung von **IX** (HCl u. $SnCl_2$ in der Wärme) liefert **V** u. *4.4'-Diaminodinaphthyl-(1.1')-disulfonsäure-(6.6')* (**XII**). Die Struktur von **XII** (nicht in krist. Zustand isoliert) ergibt sich aus der Identität ihres Chromatogramms mit dem der isomeren *4.4'-Diaminodinaphthyl-(1'.1')-disulfonsäure-(7.7')*, die aus diazotierter **IV** nach der Meth. von BOGOSLAVSKIJ (vgl. Журнал Общей Химии [J. allg. Chem.] **16.** [1946.] 193) hergestellt wurde. Abgesehen von **VII** u. **VIII**, die n. Zerfallsprodd. von **VI** darstellen, weist das Vorliegen von **IX, X** u. **XI** auf den Redoxcharakter des Zerfalls von **VI** hin. Die Frage, auf Kosten welcher Verb. bzw. oxydierbarer Gruppe sich der reduktive Vorgang bei der Entstehung von **IX, X** u. **XI** abspielt, bleibt indessen offen. Vff. schließen nicht aus, daß sich der Zerfall intramol. vollzieht u. daß z. B. **IX** (u. dann auch die zweite Komponente des Handelstyps von **I**) im Mol. an Stelle einer Azogruppe eine Azoxygruppe enthält. (Chem. Listy **52.** 1304—09. Juli 1958. [Orig.: tschech.]; Collect. czechoslov. chem. Commun. **24.** 1873—79. Juni 1959. [Orig.: deutsch]. Pardubice-Rybitví, Výzk. Ústav organ. synthes.) A. EMR/Prag. 2700

D. C. Morrison, *Eine Synthese von Fluorencarbonsäure-(3). Fluorencarbonsäure-(3)* wird durch Phenylierung von Terephthalsäurediäthylester (**I**) mit Benzoylperoxyd, Verseifung, Cyclisierung u. Red. der *Fluorenoncarbonsäure-(3)* mit HJ/rotem P gewonnen. Die Oxydation von 3-Methylfluoren mit CrO_3 oder $KMnO_4$ gibt unreine Prodd. in schlechteren Ausbeuten.

Versuche: *Terephthalsäurediäthylester* (**I**), durch 2tägiges Kochen der Säure mit A./H_2SO_4. — *Phenylterephthalsäure*, F. 277—280° (Ae.), durch portionsweise Zugabe von Benzoylperoxyd bei 60—70° zu **I**, 4std. Erhitzen auf dem Wasserbad, Abdestillieren des überschüssigen **I** im Vakuum neben etwas *Diphenyl*, Lösen in Ae., Waschen mit Na_2CO_3- u. NaCl-Lsg., Fraktionieren des *Diäthylesters* [Kp.$_3$ 160°, hellgelbes Öl; 11,73% (Ausbeute)] u. Verseifen durch 32std. Kochen in 50%ig. A. mit KOH, Abdestillieren des A. u. Ansäuern; 94,2% (bezogen auf den Diäthylester). — *Fluorenoncarbonsäure-(3)*, F. 229—304° (wss. Aceton), durch Cyclisieren vorst. Säure in konz. H_2SO_4 (25—30° bis zur Lsg., später 20—30 Min. bei 40°), Gießen in Eiswasser u. Reinigen über den *Methylester* [F. 146—147° (nach Sintern bei 133°; wss. Aceton); 90%]; 81,9%. — *Fluorencarbonsäure-(3)*, F. 229,5—231,5° (wss. Aceton), durch 45std. Kochen vorst. Methylesters in Eisessig mit HJ in Ggw. von rotem P, Einengen, Verdünnen mit W., Kühlen, Absaugen, Aufnehmen in K_2CO_3-Lsg. u. Ansäuern; 98,7%. *Methylester*, $C_{15}H_{12}O_2$, F. 78 bis 80° (wss. Aceton), durch 24std. Kochen mit CH_3OH/H_2SO_4 u. Kurzwegdestillation. (J. org. Chemistry **23.** 1371—72. Sept. 1958. Berkeley, Calif., Univ., School of Med., Dep. of Physiol. Chem.) R. WISSLER. 2750

Ken'Ichi Takeda und **Keizo Kitahonoki,** *Diels-Alder-Reaktion.* 4. Mitt. *Über die Reaktion einiger Phenole mit Maleinsäureanhydrid.* (3. vgl. Pharmac. Bull. [Tokyo] **4.** [1956.] 12.) Verss., Maleinsäureanhydrid (**I**) an Brenzcatechin, Tolu-, 2.6-Dimethyl-, Thymo- u. 2.3.5.6-Tetramethylhydrochinon anzulagern, verliefen ergebnislos, mit Resorcin erfolgte eine unübersichtliche Rk., lediglich 2.5-Dimethylhydrochinon addiert **I** zu einem *Addukt* $C_{12}H_{12}O_5$ (**II**), welches auf Grund der nachst. Unterss. als *1.4-Dimethyl-3.6-dioxobicyclo-[2.2.2]-octan-7.8-dicarbonsäureanhydrid* identifiziert wurde. Im IR-Spektr. von **II** ist eine CO- u. eine Anhydridgruppe erkennbar, im UV-Spektr. lediglich eine CO-Gruppe; demnach ist kein aromat. Ring vorhanden. **II** wurde mit Äthandithiol/BF_3 in das *Bis-äthylenthioketal* übergeführt, welches ebenfalls aus dem aus **II** dargestellten *Dicarbonsäuredimethylester* zugänglich ist u. anschließend über RANEY-Ni zur *Desoxoverb. 1.4-Dimethylbicyclo-[2.2.2]-octan-7.8-dicarbonsäureanhydrid* (**III**) entschwefelt wurde. Die Struktur von **III** u. der ebenfalls bei obigen Rkk. möglicherweise entstehenden 2.5-Dimethylverb. (**IV**) wurde durch Synth. zu klären versucht. Zur Gewinnung des als Ausgangsmaterial für **IV** erforderlichen 1.4-Dimethylcyclohexadiens-(2.6) (**V**) wurde einmal aus 1.2-Dibrom-1.4-dimethylcyclohexan (**VI**) beim Erwärmen mit Chinolin HBr abgespalten, zum anderen **VI** mit $NaOC_2H_5$ in *2-Äthoxy-1.4-dimethylcyclohexen-(6)* verwandelt u. diesem mit $KHSO_4$ C_2H_5OH entzogen. Es bildet sich jedoch nicht **V**, sondern unter Wanderung der Doppelbindung *1.4-Dimethylcyclohexadien-(1.3)* (**VII**; vgl. dagegen ZELINSKY u. GORSKY, Ber. dtsch. chem. Ges. **41.** [1908.] 2630, u. MOUSSERON u. Mitarbeiter, Bull. Soc. chim. France, Mém. [5] **13.** [1946.] 232 u. früher), wie die Rk. mit **I** zu *1.4-Dimethylbicyclo-[2.2.2]-octen-(2)-dicarbonsäure-(7.8)-anhydrid* andeutet, welches im IR-Spektr. eine Bande bei 14,18 μ (—CH=CH—) aufweist u. durch anschließende Hydrierung in **III** übergeht. Des weiteren wurde **VII** eindeutig durch Einw. von KOH auf Dichlor-α.β-pulenenon [1.4-Dimethyl-1-dichlormethylcyclohexen-(3)-on-(2)] zu *1.4-Dimethylcyclohexadien-(1.3)-carbonsäure-(2)* u. Decarboxylierung erhalten. Die Red. von **II** nach HUANG-MINLON ergab *trans-1.4-Dimethylbicyclo-[2.2.2]-octan-2.3-dicarbonsäure* (trans-**VIII**). Abschließende Verss., **I** an Orcin, Gentisinsäure, Gallussäure-n-propylester u. Phloroglucin zu addieren, blieben ebenfalls erfoglos.

Versuche: *1.4-Dimethyl-3.6-dioxobicyclo-[2.2.2]-octan-7.8-dicarbonsäureanhydrid* (**II**), $C_{12}H_{12}O_5$, F. 235—236,5°, durch 3std. Erhitzen von 2.5-Dimethylhydrochinon u. **I** im CO_2-Strom auf 200—205° (Badtemp.) u. Zufügen von Ae.; aus Aceton Tafeln; 20,8% (Ausbeute). — *1.4-Dimethyl-3.6-dioxobicyclo-[2.2.2]-octan-7.8-dicarbonsäure-dimethylester*, $C_{14}H_{18}O_6$, F. 122,5—123,2°, durch Eindampfen der wss. **II**-Lsg. u. Verestern mit äther. CH_2N_2-Lsg.; aus CH_3OH Prismen. — *Bis-äthylenthioketal* von **II**, $C_{16}H_{20}O_3S_4$, F. 227—228°, a) durch 6tägiges Stehen von 0,36 g vorst. Dimethylesters in 1.2-Dimercaptoäthan u. 47%ig. BF_3-Ätherat u. Gießen in Eiswasser; aus Aceton Prismen; 0,36 g; b) aus **II** wie unter a). — *1.4-Dimethylbicyclo-[2.2.2]-octan-7.8-dicarbonsäure-anhydrid* (**III**), $C_{12}H_{16}O_3$, F. 59,5—61,5°, durch 13std. Kochen von 0,67 g vorst. Verb. in Dioxan mit RANEY-Ni u. Vakuumabdampfen; aus PAe. Prismen; 35 mg. — *1.4-Dimethylbicyclo-[2.2.2]-octen-(2)-dicarbonsäure-(7.8)-anhydrid*, $C_{12}H_{14}O_3$, F. 59—60,8°, a) durch 2½std. Stehen von 1,35 g des nach ZELINSKY (l. c.) dargestellten **VII** in Bzl. mit **I**, Abdampfen des Bzl., Aufnehmen in 5%ig. NaOH, Ausäthern, Ansäuern mit verd. HCl u. Ausäthern; aus PAe. seidige Nadeln; 0,218 g; b) analog a) aus dem nach MOUSSERON (l. c.) dargestellten **VII** (1,4 g); 0,125 g; c) aus 0,52 g des nach AUWERS u. HESSENLAND [1908] dargestellten **VII**; 0,95 g; gibt bei der katalyt. Hydrierung über Pd-Kohle in Bzl. oder über RANEY-Ni in Dioxan **III**. — *cis-1.4-Dimethylbicyclo-[2.2.2]-octan-2.3-dicarbonsäure* (cis-**VIII**; *cis-3.6-Endoäthylen-3.6-dimethylhexahydrophthalsäure*), $C_{12}H_{18}O_4$, Zers. bei 141°, durch Verseifen von **III** mit NaOH; aus Ae./PAe. Nadeln. — *1.4-Dimethyl-2-carboxybicyclo-[2.2.2]-octen-(2)-7.8-dicarbonsäureanhydrid*, $C_{13}H_{14}O_5$, F. 193 bis 194,5°, aus 1.4-Dimethylcyclohexadien-(1.3)-carbonsäure-(2) u. **I**; aus Bzl./Ae. Tafeln. — *trans*-**VIII**, $C_{12}H_{18}O_4$, F. 229—230,5°, a) durch Verseifen von 0,51 g **II** in W., 3std. Erhitzen in Triäthylenglykol mit 82%ig. Hydrazinhydrat u. KOH, Abdestillieren bis 200°, 3std. Erhitzen bei 200°, Verdünnen mit wenig W., Ausäthern, Ansäuern der wss. Lsg. u. Ausäthern; aus Aceton Tafeln; 0,42 g; b) durch 2std. Erhitzen von cis-**VIII** mit KOH in Triäthylenglykol auf 140—160° u. dann 2 Std. auf 190—200°. *Dimethylester*, $C_{14}H_{22}O_4$, F. 56,5—57,5°, aus PAe. Prismen. — *trans-3.6-Endoäthylenhexahydrophthalsäure*, $C_{10}H_{14}O_4$, F. 232—234°, durch Rk. von 1 g Bicyclo-[2.2.2]-octan-2.5-dioxo-7.8-dicarbonsäure in Triäthylenglykol mit Hydrazinhydrat u. KOH wie oben; aus Aceton Prismen; 0,77 g; b) durch KOH-Isomerisierung der cis-Säure wie oben. (Liebigs Ann. Chem. **606**. 153—58. 10/7. 1957. Osaka, Shionogi A.-G., Forschungsinst.)
H. LEHWALD. 2950

Maximilian Zander und **Walter Franke,** *Dicoronyl und Dicoronylen.* Coronendicarbonsäure-(1.2)-anhydrid (**I**) wird mit KOH in Ggw. von RANEY-Ni in guter Ausbeute zu *Coronen* (**II**) decarboxyliert, wobei *Dicoronyl* (**III**) als Nebenprod. entsteht. *Dicoronylen-(2.2';3.1')* (?) wird in einer NaCl/$AlCl_3$-Schmelze von **II** oder **III** erhalten u. reagiert nicht mit Maleinsäureanhydrid oder Chloranil. Die UV-Spektren von **II** u. **III** sind angegeben.

Versuche: *Coronen* (**II**), F. 425—428°, durch 20std. Erhitzen von **I** mit KOH u. RANEY-Ni in W. im Autoklaven auf 350° u. Sublimation bei 330°/0,05 mm; gelbliche Nadeln aus Xylol; 65% (Ausbeute). — *Dicoronyl* (**III**), $C_{48}H_{22}$, F. 522—524°, neben **II** durch Sublimation bei 500°/0,05 mm u. Heißchromatographie an Al_2O_3; gelbe Blättchen. — *Dicoronylen* [*Dicoronylen-(2.2';3.1')* ?], $C_{48}H_{20}$, durch 10 Min. langes Erhitzen von **II** mit NaCl u. $AlCl_3$ auf 160°, Zers. mit HCl u. Sublimation bei 530°/0,01 mm; rote Nadeln aus Pyren-α-Methylnaphthalin; schm. nicht bis 550°; 47% (roh). (Chem. Ber. **91**. 2794—97. 19/12. 1958. Castrop-Rauxel, Rütgerswerke A.-G., Zentrallabor.)
H. KAMPFER. 2950

A. Ebnöther, E. Jucker, E. Rissi, J. Rutschmann, E. Schreier, R. Steiner, R. Süess und **A. Vogel,** *Über Azetidindione-(2.4)* (*Malonimide*). Während monosubstituierte Malonsäuredichloride bei der Umsetzung mit Aminen oder Hydrazinen keine 4gliedrigen *Azetidindione-(2.4)* (**A**; *Malonimide*) liefern, entstehen die **A** glatt aus disubstituierten Malonsäuredichloriden, wobei wahrscheinlich eine bedeutende Änderung des Valenzwinkels eine wesentliche Rolle spielt. Meist gibt Diphenylmalonylchlorid (**I**) bessere Ausbeuten als Diäthyl- (**II**) bzw. Dipropylmalonylchlorid. Mit Dimethylmalonylchlorid sind die Ausbeuten gering bis null. Die Rk. erfolgte in Pyridin oder CH_2Cl_2- bzw. Tetrahydrofuran-$(C_2H_5)_3N$ oder nach SCHOTTEN-BAUMANN. Im allg. werden im letzteren Fall schlechtere Ausbeuten erzielt. 2-Aminoindol (**IV**) aber reagiert nur nach dieser

Methode. Bei der Umsetzung mit stark bas. Aminen bilden sich nur *Diamide*, mit aromat. oder heterocycl. Aminen dagegen die Diamide u. die **A**. Aus **I** bzw. **II** u. Anilin (**III**) entsteht *1.3.3-Triphenyl-* (**VII**) bzw. *1-Phenyl-3.3-diäthylazetidindion-(2.4)*. Analog **III** reagiert p-Dimethylaminoanilin. Die Umsetzung von p-Phenylendiamin (**X**) mit **II** führt zu *1.4-Bis-[3.3-diäthyl-2.4-diketoazetidino]-benzol* u. *Diäthylmalonsäure-bis-[p-(3.3-diäthyl-2.4-diketoazetidino)-anilid]* neben amorphen, schwerlösl. Polykondensationsprodukten. 2-Aminothiazol, **IV** u. 2-Aminoskatol (**V**) lassen sich glatt umsetzen. Bei der Rk. von **IV** u. **V** mit **II** bilden sich als Nebenprodd. *N.N'-[Diäthylmalonyl]-2-aminoindol* bzw. *-2-aminoskatol*. Aus 2-Aminopyridin (**XI**) u. **II** wurden wenig *Diäthylmalonsäure-bis-[pyridyl-(2)-amid]*, *Diäthylessigsäure-[pyridyl-(2)-amid]* u. *3.3-Diäthyl-1-[pyridyl-(2)]-azetidindion-(2.4)* erhalten. Aus Diphenylketen (**VIII**) u. Methyl- (**IX**) bzw. Cyclohexylisocyanat konnten in 20—25%ig. Ausbeute *1-Methyl-* u. *1-Cyclohexyl-3.3-diphenylazetidindion-(2.4)* dargestellt werden. Die **A** sind gegen hydrolyt. Angriff sehr empfindlich u. liefern prim. *Malonsäurehalbamide*, die sich meist zu *Diaryl-* bzw. *Dialkylessigsäureamiden* decarboxylieren. Mit methanol. NH_3 geben die **A** nur an einem N substituierte *Malonsäurediamide*. Die Malonimidgruppierung vermindert die Basizität anderer bas. Gruppen in der Molekel. Die Hydrochloride von *1-[p-Dimethylaminophenyl]-* bzw. *1-[Pyridyl-(2)]-3.3-diäthyl-* u. *-3.3-diphenylazetidindion-(2.4)* bzw. von *1-[Pyridyl-(3)]-* u. *1-[Pyridyl-(4)]-3.3-diphenylazetidindion-(2.4)* werden schon durch W. hydrolysiert, wogegen in der wss. Lsg. der *Hydrochloride* von *1-[Pyridyl-(3)]-* (**VI**) bzw. *1-[Pyridyl-(4)]-3.3-diäthylazetidindion-(2.4)* der 4-Ring hydrolyt. aufgespalten wird. Die 1-[Pyridyl-(2)]-verbb. lassen sich mit CH_3J nicht mehr quaternisieren. Beim längeren Stehen von **VI** mit Weinsäure (**XII**) bildet sich nicht das Tartrat, sondern das *innere Salz* des *Diäthylmalonsäuremono-[pyridyl-(3)-amids]*. Das *Hydrochlorid* des letzteren wurde auch direkt aus **VI**-*Hydrochlorid* erhalten. Die $LiAlH_4$-Red. von **VII** führt zu *Hydroxymethyldiphenylessigsäureanilid*. Einige *1-Pyridylverbb.* bzw. ihre *Methojodide* konnten in Ggw. von PtO_2 zu den *1-Piperidylverbb.* hydriert werden, die nicht durch direkte Acylierung zugänglich waren u. deren *Salze* in W. u. A. stabil sind. Die Umsetzung von disubstituierten Malonylchloriden mit 1.1-disubstituierten Hydrazinen oder Hydrazonen liefert neben den *Malonsäuredihydraziden* bzw. im Falle der Verwendung von **I** neben den *Diphenylessigsäurehydraziden 1-Aminoazetidindione-(2.4)* (**B**). Beim *1-{N-[1-Methylpiperidyl-(4)]-N-acetylamino}-3.3-diäthylazetidindion-(2.4)-hydrochlorid* wird bei Raumtemp. durch W. der 4-Ring in 24 Std. zu 30%, in 5 Tagen zu 80% geöffnet, wobei *1-Acetyl-1-[1-methylpiperidyl-(4)]-2-[α-carboxy-α-äthyl-n-butyryl]-hydrazin* bzw. dessen *Hydrochlorid* erhalten wurde. Mit CH_2N_2 wurde der *Methylester* dargestellt, der unabhängig aus Diäthylmalonsäuremethylesterchlorid (**XVIII**) u. 1-Acetyl-1-[1-methylpiperidyl-(4)]-hydrazin (**XVII**) synthetisiert wurde. Auch monosubstituierte Hydrazine liefern überraschend die **B**, wobei als Nebenprodd. *Pyrazolidindione-(3.5)* u. *Dihydrazide* auftreten. Auch hier steigen die Ausbeuten mit abnehmender Basizität der Hydrazidkomponente. Monosubstituierte **B** können mitunter auch durch milde Hydrolyse der entsprechenden N-Acetylverbb. erhalten werden. Aus *1-Acetylamino-3.3-diphenylazetidindion-(2.4)* wurde mit HCl *1-Amino-3.3-diphenylazetidindion-(2.4)* (**XIII**) erhalten. **XIII** gibt eine *Diacetylverb.* u. mit N-Methylpiperidon-(4) (**XIV**) das *Hydrazon*, welches sich glatt in Ggw. von Pt zur monosubstituierten **B**-Verb. hydrieren läßt. In allen **B** ist die Aminogruppe nicht mehr basisch. — Die IR-Spektren einiger **A** u. **B** zeigen die charakterist. Imidringbande bei 1725—1770 cm^{-1}, die oft von schwachen Banden im Bereich 1800—1900 cm^{-1} begleitet wird. Die CO-Bande liegt je nach der Substitution bei 1725—1770 cm^{-1}. Zum Vgl. wurden die IR-Spektren von *α-Methyl-α-äthyl-N-methylsuccinimid*, *1-Phenyl-4.4-diäthylpyrazolidindion-(3.5)*, *N-Phenylglutarimid*, *1-Phenylazetidindion-(2)* u. *1.1.3.3-Tetraphenylcyclobutandion* herangezogen. Bei den von LOSSE u. Mitarbeitern (C. **1957.** 6449 u. **1959.** 9230) aus Malonylchloriden u. Thiosemicarbaziden erhaltenen u. als 2.6.6-trisubstituierte 1.2.4-Heptriazindion-(5.7)-thione-(3) beschriebenen Verbb. handelt es sich nach den IR-Spektren um *1-[Thioureido]-azetidindione-(2.4)*. *1-[3-Phenyl-1-methylthioureido]-3.3-diäthylazetidindion-(2.4)* (**XVI**) gibt beim Erhitzen über den F. *Phenylisothiocyanat* u. *1-Methylamino-3.3-diäthylazetidindion-(2.4)*, das als p-Toluolsulfonylderiv. charakterisiert wurde. Analog verhält sich die *Dipropylverbindung*. Die bei der Rk. von 2-Phenylthiosemicarbazid (**XV**) u. **II** nach LOSSE (l. c.) erhaltene u. als 3-Mercapto-6.6-diäthyl-2-phenyl-1.2.4-heptriazindion-(5.7) beschriebene Verb. vom F. 186—187° wird als *1-[1-Phenylthioureido]-3.3-diäthylazetidindion-(2.4)* (F. 183—185°) erkannt. Daneben wurde *2-Phenyl-6.6-diäthyl-5.7-dioxo-1.2.4-triazacycloheptanthion-(3)* vom F. 208—209° isoliert. Verschied. **B** besitzen bemerkenswerte antiphlogist. Wrkg. (Formalinarthritismeth.).

V e r s u c h e : *1-Methyl-3.3-diphenylazetidindion-(2.4)*, $C_{16}H_{13}NO_2$, F. 100—101° (korr.; Aceton-CH_3OH), durch 5std. Erhitzen von **VIII** u. **IX** im Rohr auf 220°, Verdünnen mit Ae., Abfiltrieren von *Tetraphenylcyclobutandion-(2.4)* (F. 245—246°), Einengen u. Chromatographie aus PAe.; 18% (Ausbeute). — *Trimethylisocyanursäure*, F. 174—175° (Bzl.), neben vorst. Verbindung. — *Diphenylmalonsäureamidmethylamid*, $C_{16}H_{16}N_2O_2$, F. 144—145° (CH_3OH), durch Stehen vorvorst. Verb. mit methanol. NH_3 bei Raumtemp. über Nacht. — *1-Cyclohexyl-3.3-diphenylazetidindion-(2.4)*, $C_{21}H_{21}NO_2$, F. 78° (korr.; Aceton–CH_3OH); 26%. — *Diphenylmalonsäureamidcyclohexylamid*, $C_{21}H_{24}N_2O_2$, F. 124—125° (Aceton–Ae.). — *1.3.3-Triphenylazetidindion-(2.4)* (**VII**), $C_{21}H_{15}NO_2$, F. 125° (korr.; Aceton–CH_3OH), durch Zutropfen von **III** in absol. Pyridin zu **I** in absol. Pyridin unter Eiskühlung, Rühren über Nacht bei Raumtemp., Gießen auf Eiswasser, Alkalisieren mit $NaHCO_3$, Extrahieren mit Chlf. u. Chromatographie aus Bzl. an Al_2O_3; 40%. — *Diphenylmalonsäuredianilid*, F. 188—189° (Aceton–CH_3OH), neben **VII**; 48%. — *Diphenylmalonsäureamidanilid*, $C_{21}H_{18}N_2O_2$, F. 236—238° (A.). — *Hydroxymethyldiphenylessigsäureanilid*, $C_{21}H_{19}NO_2$, F. 169—170° (CH_3OH), durch Zugeben von $LiAlH_4$ zu 1 g **VII** in absol. Ae. unter Eis-NaCl-Kühlung, 3std. Stehen, 30 Min. Kochen u. Zutropfen von 2n HCl; Prismen; 930 mg. *Acetat*, $C_{23}H_{21}NO_3$, F. 83 bis 84° (Ae.). — *1-[Indolyl-(2)]-3.3-diäthylazetidindion-(2.4)*, $C_{15}H_{16}N_2O_2$, F. 79—80° (korr.; Ae.–PAe.), Kp.$_{0,01}$ 125—130°, durch Zugeben von **II** in Chlf. zu 1,7 g **IV**-Hydrochlorid/wss. NaOH in Chlf. u. 4std. Stehen; Prismen; 18%. — *N.N'-[Diäthylmalonyl]-2-aminoindol*, $C_{15}H_{16}N_2O_2$, F. 147—148° (Cyclohexan; sublimiert im Hochvakuum bei 135°), neben vorst. Verb.; 33%. — *Diäthylmalonsäure-bis-[indolyl-(2)-amid]*, $C_{23}H_{24}N_4O_2$, F. 225—226° (Bzl.), neben vorst. Verb.; 820 mg. — *Diäthylmalonsäureamid-[indolyl-(2)-amid]*, $C_{15}H_{19}N_3O_2$, F. 201—202° (Aceton–Ae.). — *2-[p-Nitrophenylazo]-skatol*, $C_{15}H_{12}\cdot N_4O_2$, F. 208—209° (CH_3OH), durch 5 Min. Rühren von p-Nitroanilin mit $NaNO_2$/HCl/Eis, Filtrieren u. ½std. Stehen mit Skatol in Eisessig; rot. — *2-Aminoskatol* (**V**), durch Erwärmen u. Rühren vorst. Verb. mit Zn in Eisessig–CH_3OH–HCl, Einengen, Lösen in A. u. Versetzen mit Äther. — *1-[Skatolyl-(2)]-3.3-diäthylazetidindion-(2.4)*, $C_{16}H_{18}N_2O_2$, F. 131—133° (korr.; Cyclohexan), durch 24std. Stehen von **V** mit **II** in Pyridin, Zers. mit W. u. Einengen; derbe Prismen. — *N.N'-[Diäthylmalonyl]-2-aminoskatol*, $C_{16}H_{18}N_2O_2$, F. 215—216° (Essigester), neben vorst. Verb.; Nadeln. — *3.3-Diäthyl-1-phenylazetidindion-(2.4)*, $C_{13}H_{15}NO_2$, Kp.$_{12}$ 143—145°. — *1-[Indolyl-(2)]-3.3-diphenylazetidindion-(2.4)*, $C_{23}H_{16}N_2O_2$, F. 162—163° (korr.; Aceton–CH_3OH). — *1-[Thiazolyl-(2)]-3.3-diphenylazetidindion-(2.4)*, $C_{18}H_{12}N_2O_2S$, F. 234° (Zers.; korr.; A.). — *1.4-Bis-[3.3-diäthyl-2.4-diketoazetidino]-benzol*, $C_{20}H_{24}N_2O_4$, F. 128—129° (Cyclohexan oder Ae.), aus 1 Mol **X** u. 2,5 Mol **II** aus dem Benzoleluat; 5%. — *Diäthylmalonsäure-bis-[p-(3.3-diäthyl-2.4-diketoazetidino)-anilid]*, $C_{33}H_{40}N_4O_6$, F. 167—168° (Essigester), neben vorst. Verb. aus dem Chloroformeluat; 9%. — *1-[Pyridyl-(2)]-3.3-diäthylazetidindion-(2.4)*, $C_{12}H_{14}N_2O_2$, Kp.$_{0,25}$ 110°, aus **II** u. **XI**; n_D^{21} 1,5290; 13%. *Hydrochlorid*, $C_{12}H_{15}ClN_2O_2$, F. 225—230° (Zers.; korr.). — *Diäthylessigsäure-[pyridyl-(2)-amid]*, $C_{11}H_{16}N_2O$, F. 81—82° (Ae.–PAe.; sublimiert im Hochvakuum), neben vorst. Verb.; 7,5%. *Pikrat*, F. 88—89° (Aceton–Ae.). — *Diäthylmalonsäure-bis-[pyridyl-(2)-amid]*, $C_{17}H_{20}N_4O_2$, F. 126—127° (CH_3OH), neben vorst. Verb.; 6%. — *1-[Pyridyl-(2)]-3.3-diphenylazetidindion-(2.4)*, $C_{20}H_{14}N_2O_2$, F. 113—114° (korr.; CH_3OH), aus **I** u. **XI**; 70%. *Pikrat*, $C_{26}H_{17}N_5O_9$, F. 117—118°. — *Diphenylessigsäure-[pyridyl-(2)-amid]*, $C_{19}H_{16}N_2O$, F. 120° (CH_3OH), durch 1std. Kochen vorst. Verb. in 80%ig. A. mit 2n Na_2CO_3, Einengen, Lösen in W. u. Extrahieren mit Chlf.; *Hydrochlorid*, $C_{19}H_{17}ClN_2O$, F. 210—212° (Zers.; Aceton), durch 1std. Erwärmen vorst. Verb. in 70%ig. A./Eisessig auf dem Wasserbad, Einengen u. Versetzen mit 2n HCl. — *Diphenylmalonsäureamid-[pyridyl-(2)-amid]*, $C_{20}H_{17}N_3O_2$, F. 194—195° (CH_3OH), aus vorvorst. Verb.; Prismen. — *1-[Pyridyl-(3)]-3.3-diäthylazetidindion-(2.4)* (**VI**), $C_{12}H_{14}N_2O_2$, Kp.$_{0,1}$ 117—118°, aus 3-Aminopyridin u. **II**; n_D^{20} 1,5272; 60%. *Hydrochlorid*, $C_{12}H_{15}ClN_2O_2$, F. 178—180° (Zers.; korr). *Pikrat*, $C_{18}H_{17}N_5O_9$, F. 153—156° (Zers.; korr.). *Neutrales Oxalat*, $C_{26}H_{30}N_4O_8$, F. 93—95° (korr.). *Methobromid*, $C_{13}H_{17}BrN_2O_2$, F. 157—158° (Zers.; korr.). *Methojodid*, $C_{13}H_{17}J\cdot N_2O_2$, F. 119—120° (korr.; Aceton–Ae.). — *Diäthylmalonsäuremono-[pyridyl-(3)-amid]*, $C_{12}H_{16}N_2O_3$, F. 176—178° (Zers.; CH_3OH–Aceton), durch 1std. Erwärmen von **VI** in CH_3OH mit wss. **XII** auf dem Wasserbad u. 1wöchiges Stehen bei Raumtemp.; *Hydrochlorid*, $C_{12}H_{17}ClN_2O_3$, F. 145—147° (Zers.; CH_3OH–Aceton oder Aceton), a) mit CH_3OH/HCl; b) durch 2std. Kochen von 1 g **VI**-Hydrochlorid in W.; 820 mg. — *Diäthylmalonsäureamid-[pyridyl-(3)-amid]*, $C_{12}H_{17}N_3O_2$, F. 136—137°, aus **VI**. — A z e t i d i n d i o n e - (2.4) (**A**): *1-[p-Dimethylaminophenyl]-3.3-diäthyl-*, $C_{15}H_{20}N_2O_2$, F. 58 bis 59° (korr.), Kp.$_{0,01}$ 120°. *Pikrat*, $C_{21}H_{23}N_5O_9$, F. 175—177° (Zers.; korr.). *Hydrochlorid*, $C_{15}H_{21}ClN_2O_2$, F. 165—167° (Zers.; korr.). — *1-[p-Dimethylaminophenyl]-3.3-diphenyl-*, $C_{23}H_{20}N_2O_2$, F. 149° (korr.). *Pikrat*, $C_{29}H_{23}N_5O_9$, F. 99—100° (korr.). — *1-[Pyridyl-(3)]-3.3-diphenyl-*, $C_{20}H_{14}N_2O_2$, F. 129—130° (korr.). *Methojodid*, $C_{21}H_{17}\cdot JN_2O_2$, F. 164—165° (korr.). — *1-[Pyridyl-(4)]-3.3-diäthyl-*, $C_{12}H_{14}N_2O_2$, F. 35—38°

(korr.), Kp.$_{0,1}$ 87—88°. *Pikrat*, $C_{18}H_{17}N_5O_9$, F. 205—207° (Zers.; korr.). *Hydrochlorid*, $C_{12}H_{15}ClN_2O_2$, F. 220—222° (Zers.; korr.). *Methojodid*, $C_{13}H_{17}JN_2O_2$, F. 182—183° (korr.). — *1-[Pyridyl-(4)]-3.3-diphenyl-*, $C_{20}H_{14}N_2O_2$, F. 164—165° (korr.). *Pikrat*, $C_{26}H_{17}N_5O_9$, F. 220—225° (Zers.; korr.). *Hydrochlorid*, $C_{20}H_{15}ClN_2O_2$, F. 235—240° (Zers.; korr.). *Methojodid*, $C_{21}H_{17}JN_2O_2$, F. 230—233° (korr.). — *1-[Piperidyl-(3)]-3.3-diäthyl-*, $C_{12}H_{20}N_2O_2$, Kp.$_{0,01}$ 95—100° (Badtemp.), durch 27std. Hydrieren von **VI**-Hydrochlorid in absol. A. in Ggw. von PtO_2 bei n. Temp. u. n. Druck, Filtrieren, Einengen, Aufnehmen in Ae., Extrahieren mit 30%ig. NaOH u. Einengen der Ae.-Phase; 80%. *Pikrat*, $C_{18}H_{23}$·N_5O_9, F. 124—125° (korr.). *Saures Tartrat*, $C_{16}H_{26}N_2O_8$, F. 167—168° (Zers.; korr.). *Saures Maleinat*, $C_{16}H_{24}N_2O_6$, F. 173—174° (Zers.; korr.). *N-Acetylderiv.*, $C_{14}H_{22}N_2O_3$, Kp.$_{0,01}$ 125—130° (Badtemp.). *N'-[p-Nitrobenzoyl]-deriv.*, $C_{19}H_{23}N_3O_5$, F. 145—146° (korr.). — *1-[1-Methylpiperidyl-(3)]-3.3-diäthyl-*, $C_{13}H_{22}N_2O_2$, Kp.$_{0,01}$ 95° (Badtemp.), analog aus **VI**-Methojodid in Aceton über PtO_2 in 40 Std. über das *Hydrojodid* ($C_{13}H_{23}$·JN_2O_2, F. 200—201° [korr.; Aceton], Prismen; 70%); 97%. *Pikrat*, $C_{19}H_{25}N_5O_9$, F. 140 bis 141° (korr.). *Saures Oxalat*, $C_{15}H_{24}N_2O_6$, F. 188—189° (Zers.; korr.). *Methobromid*, $C_{14}H_{25}BrN_2O_2$, F. 230—231° (korr.). — *1-[1-Methylpiperidyl-(3)]-3.3-diphenyl-*, $C_{21}H_{22}$·N_2O_2, Kp.$_{0,01}$ 160° (Badtemp.). *Hydrochlorid*, $C_{21}H_{23}ClN_2O_2$, F. 223—224° (korr.). *Hydrojodid*, $C_{21}H_{23}JN_2O_2$, F. 245—246° (korr.). *Methobromid*, $C_{22}H_{25}BrN_2O_2$, F. 258 bis 259° (korr.). — *1-[Piperidyl-(4)]-3.3-diäthyl-*, $C_{12}H_{20}N_2O_2$, Kp.$_{0,01}$ 95° (Badtemp.). *Hydrochlorid*, $C_{12}H_{21}ClN_2O_2$, F. 207—208° (korr.). — *1-[1-Methylpiperidyl-(4)]-3.3-diäthyl-*, $C_{13}H_{22}N_2O_2$, Kp.$_{0,01}$ 80° (Badtemp.). *Saures Oxalat*, $C_{15}H_{24}N_2O_6$, F. 147—148° (Zers.; korr.). *Hydrochlorid*, $C_{13}H_{23}ClN_2O_2$, F. 236—237° (korr.). *Hydrojodid*, $C_{13}H_{23}$·JN_2O_2, F. 177—178° (korr.). *Methobromid*, $C_{14}H_{25}BrN_2O_2$, F. 263—264° (korr.). — *1-[1-Methylpiperidyl-(4)]-3.3-diphenyl-*, $C_{21}H_{22}N_2O_2$, F. 100—101° (korr.), Kp.$_{0,01}$ 165 bis 170°. *Saures Oxalat*, $C_{23}H_{24}N_2O_6$, F. 211—212° (Zers.; korr.). *Hydrochlorid*, $C_{21}H_{23}$·ClN_2O_2, F. 228—230° (korr.). *Methobromid*, $C_{22}H_{25}BrN_2O_2$, F. 266—268° (Zers.; korr.). — Azetidindione-(2.4) (**B**): *1-[1-Methylpiperidyl-(4)-amino]-3.3-diphenyl-*, $C_{21}H_{23}N_3O_2$, F. 173—174° (A.), a) durch 1std. Erhitzen der N-Acetylverb. (vgl. unten) mit 2n HCl auf 100° am Rückfluß, Alkalisieren mit 40%ig. NaOH bei 0° u. Extrahieren mit Chlf.; Nadeln; 70%; b) aus **I** u. 1-Methylpiperidyl-(4)-hydrazin; c) durch 6std. Hydrieren von 1-[1-Methylpiperidyliden-(4)-amino]-3.3-diphenylazetidindion-(2.4) (vgl. unten) in A. über PtO_2. *Hydrochlorid*, $C_{21}H_{24}ClN_3O_2$, F. 228—232° (A.–Ae.). — *1-Anilino-3.3-diäthyl-*, $C_{13}H_{16}N_2O_2$, F. 76—77° (CCl_4–Hexan), durch Zutropfen von Phenylhydrazin in Pyridin zu **II** in absol. Pyridin bei 5°, 4std. Rühren bei Raumtemp., Filtrieren, Einengen, Extrahieren mit Chlf., Ausschütteln von *Diäthylmalonsäure-bis-[phenylhydrazid]* (F. 210—213° [Aceton]; 19%) mit W. u. n-HCl, Einengen der Chloroformlsg. u. Aufnehmen in Ae.; 35% [daneben 14% *1-Phenyl-4.4-diäthylpyrazolidindion-(3.5)*]. — *1-[1-Methylpiperidyl-(4)-amino]-3.3-diäthyl-*, $C_{13}H_{23}N_3O_2$, F. 94—95° (PAe.). *Hydrochlorid*, $C_{13}H_{24}ClN_3O_2$, F. 227—229° (Aceton–Ae.). — *1-Anilino-3.3-diphenyl-*, $C_{21}H_{16}N_2O_2$, F. 116—117° (A.–Ligroin). — *1-Acetylamino-3.3-diphenyl-*, $C_{17}H_{14}N_2O_3$, F. 174—176° (Ae.–PAe.). — *1-[3-Phenylureido]-3.3-diphenyl-*, $C_{22}H_{17}N_3O_3$, F. 183—185° (CH_2Cl_2–PAe.). — *1-Amino-3.3-diphenyl-* (**XIII**), $C_{15}H_{12}N_2O_2$, F. 121—123° (Ae.–PAe.), durch 2std. Erhitzen vorvorst. Verb. mit wss. n-HCl u. Dioxan auf dem Wasserbad, Alkalisieren mit konz. NaOH bei —5° u. Extrahieren mit Chlf.; Nadeln; 59%. — *1-Isopropylidenamino-3.3-diäthyl-*, $C_{10}H_{16}N_2O_2$, Kp.$_{0,08}$ 82°, durch Zutropfen von Acetonmonohydrazon u. $(C_2H_5)_3N$ in CH_2Cl_2 zu **II** in CH_2Cl_2 bei 0°, 4std. Rühren bei Raumtemp., Versetzen mit Ae. bei 0°, Filtrieren u. Einengen; 80,6%. — *1-[1-Methylpiperidyliden-(4)-amino]-3.3-diphenyl-*, F. 135 bis 136° (Ae.–PAe. u. CH_3OH), durch 1std. Kochen von **XIII** u. **XIV** in Chlf. u. Einengen. — *1-[4-Methylpiperazino]-3.3-diäthyl-*, $C_{12}H_{21}N_3O_2$, F. 75—79° (Aceton–PAe.). *Hydrochlorid*, $C_{12}H_{22}ClN_3O_2$, F. 232—236° (A.–Ae.). — *1-[4-Methylpiperazino]-3.3-diphenyl-*, $C_{20}H_{21}N_3O_2$, F. 143—145° (CH_2Cl_2–PAe.). *Hydrochlorid*, $C_{20}H_{22}ClN_3O_2$, F. 236 bis 238° (A.). — *1-[4-Äthylpiperazino]-3.3-diäthyl-*, *Hydrochlorid*, $C_{13}H_{24}ClN_3O_2$, F. 220 bis 225° (A.–Ae.). — *1-[4-Äthylpiperazino]-3.3-diphenyl-*, $C_{21}H_{23}N_3O_2$, F. 93,5—96,5° (Ae.–PAe.). *Hydrochloridäthanolat*, $C_{21}H_{24}ClN_3O_2 \cdot C_2H_5OH$, F. 199,5—203,5° (A.–Ae.). — *1-[4-Isopropylpiperazino]-3.3-diäthyl-*, *Hydrochlorid*, $C_{14}H_{26}ClN_3O_2$, F. 198—200° (A.). — *1-[4-Isopropylpiperazino]-3.3-diphenyl-*, $C_{22}H_{25}N_3O_2$, F. 101—103° (Ae.–PAe.). *Hydrochlorid*, $C_{22}H_{26}ClN_3O_2$, F. 241—246° (A.–Ae.). — *1-[4-n-Butylpiperazino]-3.3-diäthyl-*, *Hydrochlorid*, $C_{15}H_{28}ClN_3O_2$, F. 239—241° (A.–Ae.). — *1-[4-n-Butylpiperazino]-3.3-diphenyl-*, *Hydrochlorid*, $C_{23}H_{28}ClN_3O_2$, F. 260—262° (A.). — *1-Piperidino-3.3-diphenyl-*, $C_{20}H_{20}N_2O_2$, F. 80—81° (Ae.–PAe.). — *1-Pyrrolidino-3.3-diphenyl-*, $C_{19}H_{18}N_2O_2$, F. 77 bis 79° (Ae.–PAe.). — *1-[Carbazolyl-(9)]-3.3-dimethyl-*, $C_{17}H_{14}N_2O_2$, F. 159—161° (A.). — *1-[Carbazolyl-(9)]-3.3-diäthyl-*, $C_{19}H_{18}N_2O_2$, F. 120—122° (A.). — *1-[Carbazolyl-(9)]-3.3-diphenyl-*, $C_{27}H_{18}N_2O_2$, F. 249—257° (Aceton). — *1-Diacetylamino-3.3-diphenyl-*, $C_{19}H_{16}N_2O_4$, F. 117—118° (Ae.–PAe.), durch Zutropfen von Acetylchlorid in Chlf.

zu **XIII** in Chlf. u. $(C_2H_5)_3N$ bei 0° u. 1 std. Rühren; verwachsene Prismen. — *1-[1-Phenylthioureido]-3.3-diäthyl-*, $C_{14}H_{17}N_3O_2S$, F. 183—185° (Zers.; A.), durch 45 Min. Zutropfen von **II** zu **XV** in Pyridin bei 5°, 1 std. Rühren u. Gießen in Eiswasser; große Prismen. — *2-Phenyl-6.6-diäthyl-5.7-dioxo-1.2.4-triazacycloheptanthion-(3)*, $C_{14}H_{17}N_3O_2S$, F. 208 bis 209° (Essigester), neben vorst. Verb.; feine Nadeln. — *Diphenylthioharnstoff*, F. 153 bis 154° (Essigester), durch 10 Min. Erhitzen von 2 g **XVI** auf 170°, Dest. bei 120 bis 170°/11 mm u. Rk. mit **III**; 1,11 g. — *1-Methylamino-3.3-diäthylazetidindion-(2.4)*, Kp.$_{11}$ 115—130° (Badtemp.), neben vorst. Verb.; 800 mg. *p-Toluolsulfonylverb.*, $C_{15}H_{20}$·N_2O_4S, F. 69—70° (A.), Stäbchen. — *1-{N-[1-Methylpiperidyl-(4)]-N-acetylamino}-3.3-diäthylazetidindion-(2.4)*, $C_{15}H_{25}N_3O_3$, F. 70—71° (Hexan), aus **II**, **XVII** u. $(C_2H_5)_3N$ in CH_2Cl_2 in 1½ Std.; 60%. *Hydrochlorid*, $C_{15}H_{26}ClN_3O_3$, F. 228—231° (Zers.; Aceton–A.–Ae.). *Saures Oxalat*, $C_{17}H_{27}N_3O_7$, F. 145—146° (A.–Aceton). *Methansulfonat*, $C_{16}H_{29}$·N_3O_6S, F. 162—163° (Aceton–Hexan). *Saures Naphthalin-1.5-disulfonat*, $C_{25}H_{33}N_3O_9S_2$, F. 298—299° (W.). — *1-Acetyl-1-[1-methylpiperidyl-(4)]-2-[α-carboxy-α-äthyl-n-butyryl]-hydrazin*, $C_{15}H_{27}N_3O_4$, F. 196—198° (Zers.; CH_3OH–Ae.), durch Schütteln vorst. Hydrochlorids in CH_2Cl_2 mit 20%ig., NaCl-gesätt. NaOH bei —20°, Einengen, 7½ std. Kochen mit W. u. Einengen; 82%. *Hydrochlorid*, $C_{15}H_{27}N_3O_4$·HCl, F. 177—181° (Zers.; A.–Ae.), a) mit 2,5n wss. HCl; b) durch 4 std. Kochen vorst. Hydrochlorids in W.; 84%. *Methylesterhydrochlorid*, $C_{16}H_{29}N_3O_4$·HCl, F. 201—206° (Zers.; A.–Ae.), a) aus dem Hydrochlorid mit CH_2N_2/CH_3OH; b) durch 1 std. Rühren von **XVII** u. **XVIII** in CH_2Cl_2 bei Raumtemp. u. Stehen über Nacht; 64%. — *1-Diphenylamino-3.3-diäthyl-*, $C_{19}H_{20}N_2O_2$, F. 81—83° (Hexan u. CH_3OH). — *1-Diphenylamino-3.3-diphenyl-*, $C_{27}H_{20}N_2O_2$, F. 186 bis 187° (Aceton). — *1-[N-Benzylanilino]-3.3-diäthyl-*, $C_{20}H_{22}N_2O_2$, F. 81—83° (Hexan u. CH_3OH). — *1-[N-Benzylanilino]-3.3-diphenyl-*, $C_{28}H_{22}N_2O_2$, F. 139—141° (A. u. Aceton). — *1-[N-Acetylanilino]-3.3-diäthyl-*, $C_{15}H_{18}N_2O_3$, F. 86—89° (Isopropanol u. Hexan). — *1-[N-Acetylanilino]-3.3-diphenyl-*, $C_{23}H_{18}N_2O_3$, F. 129—131° (A.). — *1-[3-Phenyl-1-methylthioureido]-3.3-dimethyl-*, F. 118—120° (Zers.; A.). — *1-[3-Phenyl-1-methylthioureido]-3.3-diäthyl-* (**XVI**), $C_{15}H_{19}N_3O_2S$, F. 151—154° (Zers.; Essigester). — *1-[3-Phenyl-1-methylthioureido]-3.3-dipropyl-*, $C_{17}H_{23}N_3O_2S$, F. 116—119° (Zers.; A. u. Bzl.). — *1-[Methyl-p-toluolsulfonylamino]-3.3-dipropyl-*, $C_{17}H_{24}N_2O_4S$, F. 93—95° (A.–PAe.). — *1-[N-Acetyl-β-diäthylaminoäthylamino]-3.3-diäthyl-*, $C_{15}H_{27}N_3O_3$, Kp.$_{0,03}$ 90—110°. — *1-{N-Acetyl-N-[dimethylaminopropyl-(2)]-amino}-3.3-diäthyl-*, $C_{14}H_{25}N_3O_3$, Kp.$_{0,05}$ 110 bis 120°. — *1-{N-Acetyl-N-[diäthylaminopropyl-(2)]-amino}-3.3-diäthyl-*, $C_{16}H_{29}N_3O_3$, Kp.$_{0,05}$ 110—120°. — *1-{N-Acetyl-N-[1-dimethylaminobutyl-(3)]-amino}-3.3-diäthyl-*, C_{15}·$H_{27}N_3O_3$, Kp.$_{0,01}$ 122—125°; n_D^{26} 1,4727. — *1-[N-Acetyl-N-(2-dimethylaminoisohexyl)]-3.3-dipropyl-*(?, im Orig. *äthyl-*), $C_{19}H_{35}N_3O_3$, Kp.$_{0,02}$ 124—125°. — *1-[N-Acetyl-1-methylpiperidyl-(4)-amino]-3.3-dipropyl-*, $C_{17}H_{29}N_3O_3$, F. 86—87° (PAe.). *Hydrobromid*, $C_{17}H_{30}BrN_3O_3$, F. 187—188° (A.–Ae.). — *1-[N-Acetyl-1-methylpiperidyl-(4)-amino]-3.3-di-n-butyl-*, $C_{19}H_{33}$·N_3O_3, F. 104—105° (PAe.). *Hydrochlorid*, $C_{19}H_{34}ClN_3O_3$, F. 183—185° (Bzl.–PAe.). — *1-[N-Acetyl-1-methylpiperidyl-(4)-amino]-3.3-diphenyl-*, $C_{23}H_{25}N_3O_3$, F. 175° (Ae.). — *1-[N-Acetyl-1-methylpiperidyl-(4)-amino]-3.3-dibenzyl-*, *Hydrochlorid*, $C_{25}H_{30}ClN_3O_3$, F. 238 bis 241° (A.–Ae.). — *1-[N-Propionyl-1-methylpiperidyl-(4)-amino]-3.3-diäthyl-*, $C_{16}H_{27}$·N_3O_3, F. 67—68° (PAe.). — *1-[N-Butyryl-1-methylpiperidyl-(4)-amino]-3.3-diäthyl-*, $C_{17}H_{29}N_3O_3$, F. 72—73° (PAe.). *Hydrochlorid*, $C_{17}H_{30}ClN_3O_3$, F. 198° (Bzl.). — *1-[N-(α.α-Dimethylpropionyl)-1-methylpiperidyl-(4)-amino]-3.3-diäthyl-*, $C_{18}H_{31}N_3O_3$, F. 87—88° (PAe.). *Hydrochlorid*, $C_{18}H_{32}ClN_3O_3$, F. 251—252° (A.–Ae.). — *1-[N-Hexanoyl-1-methylpiperidyl-(4)-amino]-3.3-diäthyl-*, $C_{19}H_{33}N_3O_3$, F. 95—96° (PAe.). *Hydrochlorid*, $C_{19}H_{34}ClN_3O_3$, F. 170° (Aceton–Ae.). — *1-[N-Benzoyl-1-methylpiperidyl-(4)-amino]-3.3-diäthyl-*, C_{20}·$H_{27}N_3O_3$, F. 93—94° (Aceton–PAe.). *Hydrochlorid*, $C_{20}H_{28}ClN_3O_3$, F. 215—216° (Aceton–Ae.). — *1-[N-(2-Benzyloxybenzoyl)-1-methylpiperidyl-(4)-amino]-3.3-diäthyl-*, $C_{27}H_{33}N_3O_4$, F. 127—128° (Ae.–PAe.). — *1-[N-Phenoxycarbonyl-1-methylpiperidyl-(4)-amino]-3.3-diäthyl-*, $C_{20}H_{27}N_3O_4$, F. 88—90° (PAe.). *Hydrochlorid*, $C_{20}H_{28}ClN_3O_4$, F. 243—245° (Aceton–Ae.). — *1-[N-Butyryl-1-methylpiperidyl-(4)-amino]-3.3-di-n-butyl-*, $C_{21}H_{37}N_3O_3$, F. 82° (PAe.). *Nitrat*, $C_{21}H_{38}N_4O_6$, F. 176—177° (Aceton). *Saures Tartrat*, $C_{25}H_{43}N_3O_9$, F. 145 bis 146° (A.). *Saures Maleinat*, $C_{25}H_{41}N_3O_7$, F. 140° (Essigester). — *1-[N-Acetyl-1-äthylpiperidyl-(4)-amino]-3.3-diäthyl-*, *Hydrochlorid*, $C_{16}H_{28}ClN_3O_3$, F. 221—224° (Aceton–Ae.). — *1-[N-Acetyl-1-isopropylpiperidyl-(4)-amino]-3.3-diäthyl-*, *Hydrochlorid*, $C_{17}H_{30}$·ClN_3O_3, F. 218—220° (CH_3OH–Ae.). — *1-[N-Acetyl-1-isopropylpiperidyl-(4)-amino]-3.3-dipropyl-*, *Hydrochlorid*, $C_{19}H_{34}ClN_3O_3$, F. 216—219° (Aceton–Ae.). — *1-[N-Acetyl-1-n-butylpiperidyl-(4)-amino]-3.3-di-n-butyl-*, $C_{22}H_{39}N_3O_3$, F. 84—85° (PAe.). — *1-[N-Propionyl-1-n-butylpiperidyl-(4)-amino]-3.3-di-n-butyl-*, $C_{23}H_{41}N_3O_3$, F. 65—66° (PAe.). — *1-[N-Butyryl-1-n-butylpiperidyl-(4)-amino]-3.3-di-n-butyl-*, *Hydrochlorid*, $C_{24}H_{44}ClN_3O_3$, F. 134—135° (Aceton–Bzn.). — *1-[N-Acetyl-1-methylpiperidyl-(4)-amino]-3-methyl-3-phenyl-*, $C_{18}H_{23}N_3O_3$, F. 127—128° (Hexan). — *1-[N-Acetyl-1-methylpiperidyl-(4)-*

amino]-3-äthyl-3-phenyl-, $C_{19}H_{25}N_3O_3$, F. 112—113° (Essigester). — *1-[N-Acetyl-1-methyl-piperidyl-(4)-amino]-3-äthyl-3-äthoxy-*, $C_{15}H_{25}N_3O_4$, F. 52—55° (PAe.). (Helv. chim. Acta **42**. 918—55. 4/5. 1959. Basel, Sandoz AG., Pharmazeut.-chem. Labor.)

R. PASEDAG. 3040

Elmar Profft, *Über 2-Alkoxythiophenaldehyde-(5).* Durch Erhitzen von 2-Jodthiophen (**I**) mit Na-Alkoholaten in Ggw. von Cu-Pulver wurden *2-Methoxy-* (**II**), *2-Äthoxy-* u. *2-Propoxythiophen* (**III**) erhalten. Die Isolierung des analog dargestellten *2-Butoxy-* (**IV**) u. *2-n-Pentyloxythiophens* in reiner Form gelang durch Dest. nicht; es wurde ein Gemisch des *2-substituierten Thiophens* mit dem entsprechenden Alkohol erhalten, das ohne Nachteile für die folgende Überführung in den Aldehyd verwendet werden konnte. Dithienyl wurde in keinem Fall als Nebenprod. gebildet. Die Darst. von **II** in Ggw. von CuO an Stelle von Cu nach SICÉ (C. **1954**. 2822) wurde nachgearbeitet; **II** wurde aber in 64%ig. u. nicht in 80%ig. Ausbeute erhalten. Bei der Darst. von **III** u. **IV** ergab die Verwendung von CuO oder Cu etwa dieselben Ausbeuten, die Reaktionszeit in Ggw. von Cu ist aber wesentlich kürzer. Die dargestellten *2-Alkoxythiophene* konnten nach VILSMEIER bei Raumtemp. in *2-Alkoxythiophenaldehyde-(5)* übergeführt werden, die als *p-Nitrophenylhydrazone* u. *Thiosemicarbazone* charakterisiert wurden. Aus 2-n-Propoxythiophenaldehyd-(5) (**VI**) u. 3-Aminopyren wurde die SCHIFFsche Base dargestellt. Bei der Umsetzung der *2-Alkoxythiophenaldehyde-(5)* nach CANNIZZARO trat zwar Rk. ein; die entsprechenden Carbonsäuren oder Alkohole konnten jedoch nicht isoliert werden.

Versuche: Thiophene: *2-Methoxy-* (**II**), C_5H_6OS, Kp.$_{762}$ 151—152°, durch Stehen von 70 cm³ CH_3OH mit 1 g Cu-Pulver u. 4,6 g Na über Nacht, Zugabe von 0,2 Mol **I**, 2std. Erhitzen auf 165° (Bad), Wasserdampfdest., Verdünnen des Destillates mit W., Ae.-Extraktion, Dest., Zers. von unverändertem **I** in den bei 165—170° sd. Anteilen in Ae. mit 2,1 g Mg, 2std. Kochen, Zers. mit gesätt. NH_4Cl-Lsg., Lösen von Mg mit verd. HCl u. Dest. der Ae.-Phase; n_D^{20} 1,5288; 44% (Ausbeute). — *2-Äthoxy-*, C_6H_8OS, Kp.$_{18}$ 64°, analog **II**; n_D^{20} 1,5168; 34%. — *2-n-Propoxy-* (**III**), $C_7H_{10}OS$, Kp.$_{30}$ 93 bis 96°, analog **II**; n_D^{20} 1,5092; 34%. — *2-n-Butoxy-* (**IV**), $C_8H_{12}OS$, Kp.$_{0,6}$ 40—43°, analog **II** als 40%ig. Lsg. in n-Butanol; 16%. — *2-n-Pentyloxy-*, $C_9H_{14}OS$, Kp.$_{0,6}$ 57—61°, analog **II** als 52%ig. Lsg. in n-Amylalkohol; 13%. — Thiophenaldehyde-(5): *2-Methoxy-* (**V**), $C_6H_6O_2S$, Kp.$_{16}$ 130—135°, durch Mischen von 27 g N-Methylformanilid u. 27 g $POCl_3$, Kühlen auf Raumtemp., Zugabe von 0,1 Mol **II** unterhalb 65—70°, 120std. Stehen bei 20°/40—70 Torr, Gießen auf Eis u. Benzolextraktion; 58%. *Thiosemicarbazon*, $C_7H_9N_3OS_2$, F. 170—171° (CH_3OH), durch Zugabe von W. zur alkoh. Lsg. von **V** bis zur Trübung, Klären mit wenig A., Zugabe von Thiosemicarbazid, Erhitzen auf dem Wasserbad bis zur Lsg., Zugabe von wenig Eisessig, 1½std. Kochen u. Kühlen; 53%. — *2-Äthoxy-*, $C_7H_8O_2S$, Kp.$_{15}$ 136—139°, analog **V** in 72 Std. bei 20°/40—70 Torr; 55%. *p-Nitrophenylhydrazon*, $C_{13}H_{13}N_3O_3S$, F. 163,5—164° (rote Kristalle aus A.), in heißer, konz. alkoh. Lsg.; 57%. *Thiosemicarbazon*, $C_8H_{11}N_3OS_2$, F. 155—156° (CH_3OH), wie oben; 55%. — *2-n-Propoxy-* (**VI**), $C_8H_{10}O_2S$, Kp.$_{14}$ 147—149°, analog **V** in 7 Std. bei 60°/40—70 Torr u. Stehen über Nacht bei 20°/40—70 Torr; 59%. *p-Nitrophenylhydrazon*, $C_{14}H_{15}N_3O_3S$, F. 128° (rote Kristalle aus A.), wie oben; 54%. *Thiosemicarbazon*, $C_9H_{13}\cdot N_3OS_2$, F. 147—148° (CH_3OH), wie oben; 90%. — *2-n-Butoxy-*, $C_9H_{12}O_2S$, Kp.$_{20}$ 148 bis 156°, analog **V** in 37½ Std. bei 20°/40—70 Torr; verunreinigt; 40%. *Thiosemicarbazon*, $C_{10}H_{15}N_3OS_2$, F. 160—161,5° (CH_3OH), wie oben; 32%. — *2-n-Pentyloxy-*, $C_{10}H_{14}\cdot O_2S$, Kp.$_{15}$ 175—178°, analog **V** in 80 Std. bei 20°/40—70 Torr; 63%. *Thiosemicarbazon*, $C_{11}H_{17}N_3OS_2$, F. 98—99,5° (CH_3OH); 36%. — *3-[2-n-Propoxythenyliden-(5)-amino]-pyren*, $C_{24}H_{19}NOS$, F. 117—118,5° (A.-Chlf.), durch 5std. Erhitzen von 5,18 g **VI** mit 5,4 g 3-Aminopyren auf dem Wasserbad, Kühlen, Pulvern unter PAe. u. Filtrieren; 96%. (Liebigs Ann. Chem. **622**. 196—200. 15/5. 1959. Leuna-Merseburg, TH für Chem., Forschungsinst. Magdeburg.)

H. BERTSCH. 3071

H. Plienninger und **W. Bühler,** *Eine Synthese für α.α'-unsubstituierte Pyrrole.* Eine schon zur Darst. von *3-Methyl-* u. *3.4-Dimethylpyrrol* in ca. 40%ig. Ausbeute benutzte Meth. geht von einem Keton aus, das zunächst formyliert wird. Der erhaltene Aldehyd wird mit methanol. H_2SO_4 acetalisiert. Das Cyanhydrin des entstandenen $R-CO-CHR'-CH(OCH_3)_2$ wird mit Dihydropyran (**I**) umgesetzt u. das Prod. mit $LiAlH_4$ zu $R-C(O-C_5H_9O)(CH_2-NH_2)-CHR'-CH(OCH_3)_2$ red., das (acetyliert) durch Einw. von Toluolsulfonsäure in Aceton unter Abspaltung von **I**, Freisetzen des Aldehyds u. Ringschluß in das *N-Acetylpyrrol* übergeht, dessen Acetyl sich schonend alkal. abspalten läßt. (Angew. Chem. **71**. 163. 21/2. 1959. Heidelberg, Univ., Chem. Inst.)

K. BLUMRICH. 3081

Hirooki Sasaki, *Untersuchung über das Kondensationsprodukt aus Äthylcinnamat und Äthylhippurat.* Der Vers. der MICHAEL-Kondensation von Äthylhippurat (I) u. Äthylcinnamat (II) liefert ein *Pyrrolidonderivat.*

Versuche: N-Benzoylpyrrolidone-(3): *2-Carbäthoxy-5-phenyl-, Enolform* (III), $C_{20}H_{19}NO_4$, F. 100—101° (A.), durch 5std. Erhitzen einer Lsg. von I u. II in Na-Äthylat–A. auf dem Wasserbad neben *N-[α-Phenyl-β-carboxyäthyl]-hippursäure* [$C_{18}H_{17}NO_5$, F. 124—124,5° (A.), auch durch 2std. Kochen von 1 g III mit alkoh. KOH u. Reinigung über das Cu-Salz; 0,5 g]; 30% (Ausbeute). *Ketoform,* F. 74—75° (A.), durch 40 Min. Erhitzen von 1 g III in absol. A. in Ggw. von 4 Tropfen Piperidin; 0,7 g. — *5-Phenyl-,* $C_{17}H_{15}NO_2$, F. 118—119° (A.-PAe.), durch 2std. Erhitzen von 2 g III mit 1%ig. H_2SO_4; 1,5 g. *Phenylhydrazon,* $C_{23}H_{21}N_3O$, F. 203°, aus 0,11 g Keton; 0,14 g. — *2-Brom-2-carbäthoxy-5-phenyl-,* $C_{20}H_{18}BrNO_4$, F. 147—148° (A.), aus 1 g III u. Br_2 in A.; 0,9 g. (J. chem. Soc. Japan, pure Chem. Sect. [Nippon Kagaku Zassi] **76.** 35—37. Jan. 1955. Tokyo, Sasaki Forsch.-Inst. [Orig.: japan.]) L. SCHULER. 3081

J. van Espen, *Untersuchung von Adrenochrombisulfit-Natrium.* Für das schwach gelblich gefärbte, sehr hygroskop., in W. gut, in organ. Lösungsm. wenig lösl. *Na-Adrenochrombisulfit* [I, $C_9H_{10}NNaO_6S$, $[\alpha]_D^{20}$ +50° (W.)], rein erhalten durch Versetzen einer Lsg. von Adrenochrom (II) mit Na-Pyrosulfit u. Kristallisation aus A. u. Äthylacetat, wird vom Vf. die Struktur eines *Na-Adrenochrom-4-* oder *-7-bisulfits* begründet. — Das Fehlen reduzierender Eigg. schließt eine hypothet. Formulierung als Indohydrochinon aus, wogegen die Stabilität der reinen I-Lsg. gegen J_2, die Instabilität gegen Wärme, Säuren, Alkalien u. J_2 (in Ggw. von Bicarbonat) u. die positive Rk. mit $FeCl_3$ (unter teilweiser Rückbldg. von II) für eine Additionsverbindung charakterist. sind. — Die Addition des Bisulfits kann nur an den C-Atomen 4 oder 7 erfolgen, da eine Addition an eines der Carbonyl-O-Atome unter Bldg. einer α-Hydroxysulfonsäure aus folgenden Gründen zu verneinen ist: a) II gibt mit Hydrazinen nur ein Monohydrazon u. ist daher nicht als echtes Chinon, sondern eher als ein p-Chinonimin aufzufassen; b) I gibt ebenfalls nur ein Semicarbazon (I-SC; in W. lösl. Pulver von stark blauer Fluorescenz) u. ein Dinitrophenylhydrazon (I-DNP; in W. lösl. orangegelbes Pulver); c) die beiden letztgenannten Verbb. spalten in der Wärme oder in Ggw. von Alkalien das Bisulfit ab u. geben das entsprechende II-SC bzw. II-DNP; d) I-DNP gibt in alkal. Lsg. eine nach kurzer Zeit (5 Min. in der Kälte, einige Sek. in der Wärme) in Blau umschlagende Rotfärbung; dieselbe Blaufärbung nimmt in alkal. Lsg. das (in W. unlösl.) II-DNP an; die äußerst ähnlichen Spektren beider Lsgg. zeigen die Identität von II-DNP, direkt aus II erhalten, mit dem durch Bisulfitspaltung aus I-DNP entstandenen Prod.; e) die bei der Elektrophorese auftretenden Flecke bestätigen gleichfalls diesen durch Wärme oder Alkali hervorgebrachten Übergang I-SC → II-SC; f) die umgekehrte Rk., die Addition von Bisulfit an II-SC bzw. II-DNP wurde niemals beobachtet. (Pharmac. Acta Helvetiae **33.** 207—16. Juni 1958. Bruxelles, Univ. Catholique de Louvain, Labor. de Chim. Pharmaceut.) K. FICHTNER. 3081

Ernst D. Bergmann und **Zvi Pelchowicz,** *5- und 6-Fluorindolyl-(3)-essigsäure.* Vff. beschreiben die Synth. von *5-* u. *6-Fluorindolyl-(3)-essigsäure* aus 5- bzw. 6-Fluorindol über die entsprechenden *Fluorgramine.*

Versuche: *5-Fluor-2-nitrotoluol,* $Kp._{30}$ 114°, durch Diazotieren von 3-Methyl-4-nitroanilin, Zugabe von HBF_4 u. Zers. des erhaltenen *Fluoborats* [48% (Ausbeute)] an Talkum bei 100°; 30%. — *5-Fluorindolcarbonsäure-(2),* F. 233° (Zers.), durch 24std. Stehen vorst. Verb. mit Oxalsäurediäthylester in äther.-äthanol. K-Äthylat u. 1std. Kochen des erhaltenen K-5-Fluor-2-nitrophenylpyruvats (75%) mit NH_4OH u. $FeSO_4$. — *5-Fluorindol,* C_8H_6FN, F. 46°, durch ½std. Erhitzen des NH_4-Salzes vorst. Säure auf 250°; 20%. — *5-Fluorgramin,* $C_{11}H_{13}FN_2$, F. 139—141°, durch 24std. Stehen vorst. Verb. mit wss. Dimethylamin u. Formaldehyd in Eisessig; 100%. — *5-Fluorindolyl-(3)-essigsäure,* $C_{10}H_8FNO_2$, F. 140—141° (Isopropanol), durch 90std. Kochen vorst. Verb. mit wss.-alkoh. KCN, 4std. Kochen des Reaktionsprod. mit 2n KOH u. Ansäuern; 80%. — Analog: *4-Fluor-2-nitrotoluol,* $Kp._{0,2}$ 56—57°, $Kp._{24}$ 107—109°. — *4-Fluor-2-nitrophenylbrenztraubensäure,* F. 135°. — *6-Fluorindolcarbonsäure-(2),* F. 246°. — *6-Fluorindol,* F. 72°. — *6-Fluorgramin,* F. 131—132,5°. — *6-Fluorindolyl-(3)-essigsäure,* F. 165—165,5°. (J. chem. Soc. [London] **1959.** 1913—14. Mai. Tel-Aviv, Israel, Ministry of Defence, Sci. Dep.) H. KAMPFER. 3081

Christoph Grundmann, *Über die spontane Polymerisation des Phenylisocyanids; ein neuer Weg in die Indigoreihe.* Phenylisocyanid (I) polymerisiert sich > —20° spontan unter Bldg. von Harzen u. *Indigodianil* (II). Bei —15° beträgt die Ausbeute nach mehrmonatiger Reaktionszeit bis zu 35%, bei steigender Temp. sinken Reaktionszeit u. Ausbeute. Oxydation- oder Reduktionsmittel, Schwermetalle, Säuren, Alkalien, O_2 u. Licht beeinflussen die Rk. nicht, während sie durch Verdünnen mit Bzl. oder Ae. bzw. durch Zugabe von Anilin (III) oder N_2H_4 unterdrückt wird. Bei dem von JESSAFOW (Журнал Общеи Химии [J. allg. Chem.] **14.** [1944.] 299) beschriebenen Dimeren von I vom F. 137° handelt es sich um N.N'-Diphenylformamidin. II wird mit N_2H_4 oder besser Phenylhydrazin (IV) in Pyridin zu *3.3'-Dianilinodiindolyl-(2.2')* red., das sich leicht zu II zurückoxydieren läßt. II wird mit 30%ig. HNO_3 zu *Dehydroindigodianiltrinitrat* oxydiert, während mit CrO_3/Essigsäure *Isatin* entsteht. Für die Rk. I → II wird ein Reaktionsmechanismus unter intermediärer Bldg. von *3-Oxoindoleninanil* diskutiert. p-Tolylisocyanid liefert bei der Polymerisation nur Harze. p-Chlorphenylisocyanid bleibt unterhalb des F. unverändert u. verharzt beim Schmelzen schnell. 2.4-Dibromphenylisocyanid konnte nach der Chlf./Alkalimeth. nicht dargestellt werden. Es entstand neben einem hellgelben, krist. Polymeren nur *2.4-Dibromformanilid.* o-Methoxyphenyl- u. o-Tolylisocyanid verändern sich langsam ohne Farbstoffbildung.

Versuche (FF. korr.): *Phenylisocyanid* (I), $Kp._{13}$ 53,5—54°, durch Erwärmen von III, Chlf., NaOH u. absol. A. unter Rühren bis zur exothermen Rk. (Kühlung), 1 std. Kochen u. scharfe Fraktionierung; 55% (Ausbeute). — *Indigodianil* (II), $C_{28}H_{20}N_4$, F. 298° (Zers.; Nitrobenzol), durch 90tägiges Stehen von I bei —15°; dunkelblaue Nadeln; 35%. *Pyridinsolvat,* $C_{28}H_{20}N_4 \cdot C_5H_5N$, aus Pyridin. — *Dehydroindigodianiltrinitrat,* $C_{28}H_{18}N_4 \cdot 3HNO_3$, F. 170° (Zers.; 30%ig. HNO_3), durch Erwärmen von II mit 30%ig. HNO_3; scharlachrote Nadeln. — *3.3'-Dianilinodiindolyl-(2.2'), Pyridinsolvat,* $C_{28}H_{22}N_4 \cdot C_5H_5N$, F. 294° (Pyridin), durch Erhitzen von II mit IV zum Sieden u. Abkühlen unter N_2; gelbliche, derbe Prismen; 93%. Aufkochen in Nitrobenzol → II. — *Isatin,* F. 202 bis 203° (Toluol), durch Kochen von II mit CrO_3–Eisessig, Dampfdest., Ansäuern mit 2n H_2SO_4 u. Extrahieren mit Essigester; braunrote derbe Nadeln. — *2.4-Dibromformanilid,* $C_7H_5Br_2NO$, F. 145° (Bzl./Bzn.), durch 100 Min. Kochen von 53 g 2.4-Dibromanilin mit NaOH in Chlf.-CH_3OH, Einengen, Ausäthern, Entfernen der Ausgangsverb. als Sulfat u. Schütteln mit KOH über die *K-Verb.* (glänzende Blättchen); glänzende Blättchen; 2,9 g. Aus dem nichtsublimierbaren Rückstand ein *Polymeres* $(C_7H_3Br_2N)_x$, F. 253—255° (Zers.; Nitrobenzol), citronengelbe Kristalle. (Chem. Ber. **91.** 1380—87. 31/7. 1958. Ohio State Univ. Res. Foundat., Labor.) G. BACH. 3081

Ulrich Schmidt, *Synthesen mit den Thioamiden der Malonsäure.* 1. Mitt. *3.5-Diaminodithiyliumsalze. Ein neuer pseudoaromatischer Fünfring mit 1.2-Stellung der S-Atome.* Durch Oxydation von Dithiomalonsäurediamid (II) mit J_2 wurde *3.5-Diamino-1.2-dithiyliumjodid* (I) erhalten. Die analoge Oxydation von Dithiomalonsäure ergab kein stabiles inneres Disulfid. Alle Verss. die I entsprechende freie Base zu isolieren, schlugen fehl. I wird durch Einw. eines Mol. Alkali in verd. Lsg. zers., wobei teilweise II entsteht. Durch Red. von I mit H_2S in Ggw. von Pyridin entsteht ebenfalls II. Verss., durch Kondensation mit Benzaldehyd oder p-Dimethylaminobenzaldehyd in I den 1.2-Dithia-3.5-diiminocyclopentanring zu fixieren, mißlangen. Auch die Darst. von 1.2-Dithia-3.5-diimino-4-benzalcyclopentan durch Dehydrierung von Benzaldithiomalonsäurediamid gelang nicht, da durch Rk. von Benzalmalonitril mit H_2S nur II entstand; unter der Wrkg. einer tert. Base in wss. A. trat fast quantitativ Spaltung der C—C-Doppelbindung ein. I ist in W. u. A. lösl.; I entsprechende *Salze* anderer Säuren wurden durch Oxydation von II mit H_2O_2 in Ggw. der Säure erhalten. Durch Pikrinsäure werden *Pikrate* gefällt. Die Addition von H_2S an Phenylmalonitril zu *Phenyldithiomalonsäurediamid* u. folgende Dehydrierung mit J_2 lieferte *3.5-Diamino-4-phenyl-1.2-dithiyliumjodid.* II addiert Acrylnitril zu *[β-Cyanäthyl]-dithiomalonsäurediamid,* aus dem durch J_2-Oxydation *3.5-Diamino-4-[β-cyanäthyl]-1.2-dithiyliumjodid* dargestellt wurde. Durch Dehydrierung von Dithiomalonsäuredianilid mit J_2 konnte kein 3.5-Dianilino-1.2-dithiyliumjodid erhalten werden. Aus der Dehydrierlsg. konnte durch Pikrinsäure das *Pikrat* des *3.5-Bis-[phenylimino]-1.2-dithiacyclopentans* gefällt werden. Das I entsprechende Chlorid ist ein spezif. Mäusegift. Bei Hunden verursacht das I entsprechende Chlorid wie Lobelin eine Steigerung der Atemfrequenz u. des Atemvolumens.

Versuche: *Dithiomalonsäurediamid* (II), F. 212° (nach Sintern; gelbliche Kristalle aus Dimethylformamid), durch Lösen von 200 g Malonitril in einem Gemisch von A., Picolin u. β-Diäthylaminoäthanol bei 0°, Einleiten von H_2S bei 0°, Absaugen nach 24, 48 u. 72 Std., Lösen in 2n NaOH, Stehen mit Kohle, Filtrieren u. Fällen mit 2n HCl; 250 g (roh) (Ausbeute). — *3.5-Diamino-1.2-dithiyliumjodid* (I), $C_3H_5JN_2S_2$, F. 180° (Zers.; blaßgelbe Kristalle aus W.), durch Oxydation von II in A. mit alkoh. J_2-Lsg. in der Wärme u. Abdest. des Alkohols. *Pikrat,* $C_3H_5N_2S_2 \cdot C_6H_2N_3O_7$, F. 213° (Zers.), mit alkoh. Pikrinsäure. *Chlorid,* F. 240° (nach Sintern u. Zers. ab 220°; W.), durch Zutropfen von 30%ig. H_2O_2 zu II in 70° warmer, verd. HCl, Kühlen nach dem Lösen, mehrstd. Stehen u. Filtrieren; ca. 100%. — *Phenyldithiomalonsäurediamid,* $C_9H_{10}N_2S_2$, F. 168° (Zers.; Eisessig–A.), durch mehrtägiges Einleiten von H_2S in eine Lsg. von 10 g

Phenylmalonitril in absol. A. u. β-Diäthylaminoäthanol u. Filtrieren; 8—10 g. — *3.5-Diamino-4-phenyl-1.2-dithiyliumjodid*, $C_9H_9JN_2S_2$, F. 240° (Zers.), analog I aus vorst. Verb.; ca. 100%. *Pikrat*, $C_9H_9N_2S_2 \cdot C_6H_2N_3O_7$, F. 188° (Zers.). — *[β-Cyanäthyl]-dithiomalonsäurediamid*, durch Zugabe von Acrylnitril zu 5,5 g **II** in wss. Dioxan (1 : 1) bei 80°, Schütteln, Zugabe von wss. NaOH, kurzes Schütteln, Kühlen, 1 std. Stehen bei Raumtemp., Abdest. des Lösungsm. im Vakuum auf dem Wasserbad, Aufnehmen in warmem Eisessig, mehrtägiges Stehen bei Raumtemp. u. Filtrieren; 3 g (roh). — *3.5-Diamino-4-[β-cyanäthyl]-1.2-dithiyliumjodid*, $C_6H_8JN_3S_2$, F. 236° (Zers.; blaßgelbe Kristalle aus 50%ig. Essigsäure), analog I aus vorst. Verb.; ca. 100%. *Pikrat*, F. 215° (Zers.). — *3.5-Bis-[phenylimino]-1.2-dithiacyclopentan, Pikrat*, $C_{15}H_{12}N_2S_2 \cdot C_6H_3N_3O_7$, F. 180° (Zers.; gelbe Kristalle aus Eisessig), analog I durch Oxydation von Dithiomalonsäuredianilid mit J_2 u. Zugabe von alkoh. Pikrinsäure; 100%. (Chem. Ber. **92**. 1171—76. 2/5. 1959. Freiburg/Br., Univ., Chem. Labor.) H. BERTSCH. 3112

Walter Ried und **Franz-Josef Königstein**, *Aldehyde durch hydrogenolytische Spaltung von $N_{(1)}$-Acyl-3.5-dimethylpyrazolen.* *$N_{(1)}$-Acyl-3.5-dimethylpyrazole* lassen sich durch Kondensation von Carbonsäurehydraziden mit Acetylaceton in wss.-alkoh. HCl oder durch Kochen der Komponenten in A. oder Bzl. in guter Ausbeute darstellen. Derivv. empfindlicher Carbonsäuren, wie der Vitamin-A-Säure, erhält man nach WIELAND u. BERNHARD (C. **1953**. 6860) durch Einw. der Carbonsäure in Form eines gemischten Anhydrids mit einem Kohlensäureester auf 3.5-Dimethylpyrazol (**I**). Auch durch Rk. von Carbonsäurechloriden mit **I** in Bzl. in Ggw. von Pyridin wurden *$N_{(1)}$-Acyl-3.5-dimethylpyrazole* erhalten. Durch Hydrogenolyse dieser $N_{(1)}$-Acyl-3.5-dimethylpyrazole mit $LiAlH_4$ bei 0—20° wurden die dem Acylrest entsprechenden *Aldehyde* dargestellt. Der Mechanismus der Hydrogenolyse wird diskutiert.

Versuche: 3.5-Dimethylpyrazole: *$N_{(1)}.N_{(1)}'$-Isophthalyl-bis-* (**II**), $C_{18}H_{18}N_4O_2$, F. 102—103° (A.), a) durch Schütteln von Isophthalsäuredihydrazid in wss.-alkoh. HCl mit Acetylaceton bis zur exothermen Rk. u. Filtrieren; 82% (Ausbeute); b) analog **III** nach a); 96%. — *$N_{(1)}$-Sorbinoyl-* (**III**), $C_{11}H_{14}N_2O$, F. 78° (wss. A.), a) durch Zutropfen von Sorbinoylchlorid zu **I** u. Pyridin in Bzl. bei 0°, 1 std. Stehen bei 0°, 3 bis 4 std. Stehen bei 20°, Zugabe von W. bis zur Lsg. u. Eindampfen der Benzollsg. im Vakuum; 95%; b) analog **IV**; 78%. — *$N_{(1)}$-{3.7-Dimethyl-9-[2.6.6-trimethylcyclohexen-(1)-yl-(1)]-nonatetraen-(2.4.6.8)-oyl}-* (**IV**), F. 74—76° (Zers.), durch Zugabe von Triäthylamin zu Vitamin-A-Säure in absol. Tetrahydrofuran (THF), Kühlen auf —25°, langsame Zugabe von Chlorameisensäureäthylester unter Schütteln, 30 Min. Stehen im Kältebad, Zugabe von **I** in absol. THF, Erwärmen auf Raumtemp. unter Schütteln, 4 std. Stehen bei Raumtemp., Filtrieren, Eindampfen bei 30° (Bad) im Vakuum, Aufnehmen in Ae., Abdampfen des Ae., Aufnehmen in Chlf., Zugabe von PAe., Reiben bis zur Kristallisation, Dekantieren u. zweimaliges Umfällen; 86%. — *$N_{(1)}$-Benzoyl-* (**V**), $Kp._{25}$ 158°, a) durch 4 std. Kochen von Benzoesäurehydrazid mit Acetylaceton in A.; 64%; b) analog **III**; 88%. — *$N_{(1)}$-Propionyl-*, $Kp._{12}$ 94°, analog **V**; 74%. — *$N_{(1)}$-[2-Nitrobenzoyl]-*, $C_{12}H_{11}N_3O_3$, F. 109,5°, a) analog **II**; 88%; b) analog **III**; 85%. — *$N_{(1)}$-[2-Hydroxybenzoyl]-*, a) analog **II**; 85%; b) analog **III**; roh verarbeitet; 93%. — *$N_{(1)}$-Phenylacetyl-*, $C_{13}H_{14}N_2O$, F. 55,5—56,5°, a) analog **IV**; 91%; b) analog **III**; 91%. — *$N_{(1)}$-[2-Methylbenzoyl]-*, $C_{13}H_{14}N_2O$, $Kp._{12}$ 175°, analog **III**; 92%. — *$N_{(1)}$-Cinnamoyl-*, $C_{14}H_{14}N_2O$, F. 72°, analog **III**; 97%. — *$N_{(1)}.N_{(1)}'$-Phthalyl-bis-*, $C_{18}H_{18}N_4O_2$, F. 132°, analog **III**; 93%. — *$N_{(1)}$-Benzolsulfonyl-*, $C_{11}H_{12}N_2O_2S$, F. 78—79°, analog **III**; 97%. — *Isophthalaldehyd-bis-phenylhydrazon* (**VI**), F. 247° (gelbe Kristalle aus wss. Dimethylformamid), durch Zugabe von $LiAlH_4$ in Ae. zu **II** in Ae. innerhalb 30 Min. bei 0°, 8 std. Rühren bei 18°, Gießen in Eis, Zugabe von verd. H_2SO_4, Ae.-Extraktion, Abdampfen des Ae., Aufnehmen in A., Zugabe von 50%ig. Essigsäure u. Phenylhydrazin u. Filtrieren; 79%. — *Benzaldehydphenylhydrazon*, F. 157—158°, durch Zutropfen von **V** in Ae. zu $LiAlH_4$ in Ae. innerhalb von 5 Std. bei 0°, 16 std. Stehen bei 18° u. Aufarbeitung analog **VI**; 96%. *2.4-Dinitrophenylhydrazon*, F. 237°. — *Vitamin-A-Aldehyd-2.4-dinitrophenylhydrazon*, F. 206° (rotbraune Kristalle), durch Zutropfen von $LiAlH_4$ in Ae. zu **IV** in Ae. bei Raumtemp., Hydrolyse mit Eis u. verd. H_2SO_4 nach 12 Std., Ae.-Extraktion u. 30 Min. Kochen des Extraktes mit 2.4-Dinitrophenylhydrazin in A.; 51%. — *Hexadien-(2.4)-al-(1)* (*Sorbinaldehyd*), *Phenylhydrazon*, F. 101°, durch Zutropfen von $LiAlH_4$ in Ae. zu **III** in Ae. bei 0°, 1 std. Stehen bei 0°, 24 std. Stehen bei Raumtemp. u. Aufarbeitung analog **VI**; 78%. — *Propionaldehyd, 2.4-Dinitrophenylhydrazon*, F. 155°, analog **VI** in 2 Std. bei —15°; 80%, *Semicarbazon*, F. 89°. — *Phenylacetaldehyd, Phenylhydrazon*, F. 58°, analog **VI** in 4 Std. bei 18°; 80%. *2.4-Dinitrophenylhydrazon*, F. 121°. — *2-Nitrobenzaldehyd, Semicarbazon*, F. 256°, analog **VI** in 30 Min. bei 0° u. 15 Std. bei 20°; 74%. *2.4-Dinitrophenylhydrazon*, F. 250° (Zers.). — *Salicylaldehyd, Phenylhydrazon*, F. 142°, analog **VI** in 30 Min. bei 0° u. 15 Std. bei 18°; 84%. — *2-Methylbenzaldehyd, 2.4-Dinitrophenylhydrazon*, F. 193—194°, analog **VI** in 30 Min. bei 0° u. 5 Std. bei 20°; 87,5%. *Semicarbazon*, F. 210°. — *Zimtaldehyd, Phenylhydrazon*, F. 168°, analog **VI** in 30 Min. bei 0° u. 12 Std. bei 20°; 77%. *2.4-Dinitrophenylhydrazon*, F. 255° (Zers.). — *o-Phthalaldehyd, 2.4-Dinitrophenylhydrazon*, F. 280°, analog **VI** in 30 Min. bei 0° u. 20std. bei 18°; 82%. (Liebigs Ann. Chem. **622**. 37—42. 15/5. 1959. Frankfurt/M., Univ., Inst. für organ. Chem.) H. Bertsch. 3122

Henry Najer, Pierre Chabrier und **René Giudicelli,** *Über einige N-substituierte 2-Aminooxazoline mit vasculärer Aktivität.* Durch Einw. von β-Chloräthylisocyanat (**I**) auf die entsprechenden Amine werden *N-Alkyl-*, *N-Aralkyl-* bzw. *N-Aryl-N'-[β-chloräthyl]-harnstoffe* dargestellt, die sich durch Kochen in W. zu *N-substituierten 2-Amino-Δ^2-oxazolinen* cyclisieren lassen. Bei schweren Aralkyl- oder Arylsubstituenten, wie Benzhydryl- oder Naphthyl-(1)-, verläuft die Cyclisierung langsamer, *N-[4-Chlornaphthyl-(1)]-N'-[β-chloräthyl]-harnstoff* läßt sich nicht cyclisieren. Bei Verwendung von *N-[4-Chlorphenyl]-*, *N-[4-Propionylphenyl]-*, *N-[Naphthyl-(1)]-*, *N-Benzhydryl-*, *N-[3-* bzw. *-4-Chlorbenzhydryl]-* u. *N-[Naphthyl-(1)-methyl]-N'-[β-chloräthyl]-harnstoff* entstehen als Nebenprodd. der Cyclisierung *N-substituierte N'-[β-Hydroxyäthyl]-harnstoffe*. Von letzteren sind *N-Benzhydryl-* u. *N-[Naphthyl-(1)-methyl]-N'-[β-hydroxyäthyl]-harnstoff* neben *N.N'-Bis-[benzhydryl]-* bzw. *-[naphthyl-(1)-methyl]-harnstoff* auch durch Rk. von Benzhydrylamin (**IV**) bzw. N-[Naphthyl-(1)-methyl]-amin (**III**) mit Oxazolidon-(2) (**II**) bei 180—200° zugänglich. Dagegen führt die Einw. von 1-Phenylpropyl-(2)-amin (**XIII**) auf **II** zu *N.N'-Bis-[phenylisopropyl]-harnstoff* u. *1-Phenylisopropylimidazolidon-(2)*. Aus **II** u. Naphthyl-(1)-amin (**V**) bzw. 4-Chloranilin wird *1-[Naphthyl-(1)]-* bzw. *1-[4-Chlorphenyl]-imidazolidon-(2)* erhalten. Aminoäthanol (**XII**) setzt sich mit Phenyl-, 4-Chlorphenyl- (**XI**) u. Naphthyl-(1)-isocyanat zu *N-Phenyl-* (**X**), *N-[4-Chlorphenyl]-* u. *N-[Naphthyl-(1)]-N'-[β-hydroxyäthyl]-harnstoff* um. Während letzteres mit $SOCl_2$ in der Kälte nicht reagiert u. in der Wärme zerstört wird, liefern die beiden anderen Verbb. mit $SOCl_2$ die *2-Amino-Δ^2-oxazoline*. — *4-Chlornaphthyl-(1)-amin* wird durch Chlorierung von N-[Naphthyl-(1)]-acetamid mit $NaClO_3$ u. Verseifung, **III** durch $LiAlH_4$-Red. von Naphthonitril-(1) (**VI**), **IV** durch Rk. von Benzophenon (**VII**) mit NH_4-Formiat u. *4-Chlor-* bzw. *3-Chlorbenzhydrylamin* entsprechend aus 4- bzw. 3-Chlorbenzophenon erhalten. — *2-Benzylamino-* u. *2-[Naphthyl-(1)-amino]-Δ^2-oxazolin* besitzen gefäßverengende Eigg., *2-Benzhydrylamino-Δ^2-oxazolin* (**IX**) zeigt gefäßerweiternde u. adrenolyt. Wrkg. u. *2-[2.6-Dimethylanilino]-Δ^2-oxazolin* hat gefäßverengende u. lokalanästhet. Wirkung.

Versuche: *N-[Naphthyl-(1)]-acetamid*, F. 158° (A.), aus Acetanhydrid u. **V** in 50%ig. Essigsäure; 85% (Ausbeute). — *N-[4-Chlornaphthyl-(1)]-acetamid*, F. 187° (A.), aus vorst. Verb. u. $NaClO_3$ u. Essigsäure-HCl; 42%. — *4-Chlornaphthyl-(1)-amin*, F. 96—97° (PAe.), durch 4std. Kochen vorst. Verb. mit 6%ig. alkoh. KOH; 37%. — *N-[Naphthyl-(1)-methyl]-amin* (**III**), $Kp._{0,09}$ 103—104°, durch 45 Min. Rühren von $LiAlH_4$ u. **VI** in Ae. u. Zugeben von Essigester u. 50%ig. HCl; 35%. — *Benzhydrylamin* (**IV**), $Kp._{0,5}$ 115—116°, durch 9std. Erhitzen u. Rühren von NH_4-Formiat u. **VII** auf 185—190° u. 1std. Kochen mit 27%ig. HCl über das *Hydrochlorid* (F. 262°; 80%); 52%. — *4-Chlorbenzophenon*, F. 75° (Hexan), aus Benzoylchlorid u. Chlorbenzol in Ggw. von $AlCl_3$; 99%. — *4-Chlorbenzhydrylamin*, $C_{13}H_{12}ClN$, $Kp._{0,1-0,2}$ 139—140°; 35%. *Hydrochlorid*, F. 271—272°; 64%. — *3-Chlorbenzoylchlorid*, $Kp._{13}$ 105—106°, aus 3-Chlorbenzoesäure u. $SOCl_2$; 87%. — *3-Chlorbenzophenon*, F. 82° (A.), aus vorst. Verb. u. Bzl. in Ggw. von $AlCl_3$; 93%. — *3-Chlorbenzhydrylamin*, $C_{13}H_{12}ClN$, $Kp._{0,07}$ 121—122°; 34%. *Hydrochlorid*, F. 267—269° (W.), durch 3std. Kochen vorst. Verb. mit NH_4-Formiat in Nitrobenzol; 47%. — N'-[β-Chloräthyl]-harnstoffe: *N-[β-Phenyläthyl]-*, $C_{11}H_{15}ClN_2O$, F. 102° (Essigester), durch 24std. Stehen von **I** u. β-Phenyläthylamin in absol. Ae. bei Raumtemp.; 47%. — *N-[n-Pentyl]-* (**VIII**), F. 68° (Cyclohexan–Essigester 10 : 3); 52%. — *N-[n-Heptyl]-*, F. 82° (50%ig. A.); 26%. — *N-[n-Octyl]-*, F. 82° (Hexan–1.2-Dichloräthan 10 : 1); 56%. — *N-[n-Dodecyl]-*, F. 86° (Methyläthylketon); 55%. — *N-Cyclohexyl-*, F. 130—132° (Essigester–Hexan 3 : 1); 32%. — *N-Benzyl-*, F. 108—109° (Essigester); 62%. — *N-Phenylisopropyl-*, F. 101—102° (Essigester); 29%. — *N-Benzhydryl-*, F. 163—165° (Essigester–CCl_4 1 : 1); 31%. — *N-[4-Chlorbenzhydryl]-*, F. 138—139° (CCl_4–Bzl. 4 : 1); 54%. — *N-[3-Chlorbenzhydryl]-*, F. 144—146° (Bzl.); 46%. — *N-[Naphthyl-(1)-methyl]-*, F. 152—154° (absol. A.); 23%. — *N-Phenyl-*, F. 126° (50%ig. A.); 78%. — *N-[4-Chlorphenyl]-*, F. 175° (1.2-Dichloräthan); 40%. — *N-[4-Methoxyphenyl]-*, F. 163° (95%ig. A.); 63%. — *N-[4-Acetylphenyl]-*, F. 166° (1.2-Dichloräthan); 35%. — *N-[4-Propionylphenyl]-*, F. 125° (1.2-Dichloräthan); 33%. — *N-[2.6-Dimethylphenyl]-*, F. 159—161° (Essigester); 49%. — *N-[Naphthyl-(1)]-*, F. 147—149° (1.2-Dichloräthan); 31%. — *N-[4-Chlornaphthyl-(1)]-*, F. 211—212° (absol. A.); 49%. — Δ^2-Oxazoline: *2-[n-Amylamino]-*, $C_8H_{16}N_2O$, $Kp._{0,2}$ 94°, durch 30 Min. Kochen von **VIII** in W., Filtrieren u. Alkalisieren mit verd. NH_4OH u. Ausäthern des Öls; n_D^{23} 1,4775; 55%. *Pikrat*, F. 119° (absol. A.). — *2-[n-Heptylamino]-*, $C_{10}H_{20}N_2O$, F. 47—48° (15%ig. A.); 73%. —

2-[n-Octylamino]-, $C_{11}H_{22}N_2O$, F. 50° (PAe.); 93%. — *2-[n-Dodecylamino]-*, F. 55° (PAe. u. Hexan); 49%. — *2-Cyclohexylamino-*, $C_9H_{16}N_2O$, F. 131° (Hexan); 42%. — *2-Benzylamino-*, $C_{10}H_{12}N_2O$, F. 72° (PAe.); 86%. *Pikrat*, F. 185° (A.). — *2-[β-Phenyläthylamino]-*, $C_{11}H_{14}N_2O$, F. 87° (Hexan), in 15 Min.; 74%. — *2-[Phenylisopropylamino]-*, $C_{12}H_{16}N_2O$, F. 64—65° (Hexan), in 10 Min.; 44%. — *2-Benzhydrylamino-* (**IX**), $C_{16}H_{16}N_2O$, F. 155—156° (CCl_4), in 3½ Std.; 57%. — *2-[4-Chlorbenzhydrylamino]-*, $C_{16}H_{15}ClN_2O$, F. 167° (CCl_4), in 4 Std.; 30%. — *2-[3-Chlorbenzhydrylamino]-*, F. 114—115° (50%ig. A.), in 4 Std.; 53%. — *2-[Naphthyl-(1)-methylamino)-*, $C_{14}H_{14}N_2O$, F. 104—105° (1.2-Dichloräthan–Hexan 1:1), in 75 Min.; 73%. — *2-Anilino-*, $C_9H_{10}N_2O$, F. 121° (CCl_4), a) in 10 Min.; 68%; b) durch 24std. Stehen von **X** u. $SOCl_2$, Einengen, Behandeln mit Bzl., Lösen in W. u. Versetzen mit verd. NH_4OH; 11%. — *2-[4-Chloranilino]-*, $C_9H_9ClN_2O$, F. 164° (CCl_4), a) in 85 Min. aus dem Chloräthylharnstoff; 48%; b) wie vorst. nach b) in 30 Min.; 52%. — *2-[4-Methoxyanilino]-*, $C_{10}H_{12}N_2O_2$, F. 120° (W.), in 30 Min.; 78%. — *2-[4-Acetylanilino]-*, $C_{11}H_{12}N_2O_2$, F. 123—125° (1.2-Dichloräthan u. W.), in 40 Min.; 83%. — *2-[4-Propionylanilino]-*, $C_{12}H_{14}N_2O_2$, F. 155° (1.2-Dichloräthan u. W.), in 1 Std.; 34%. — *2-[2.6-Dimethylanilino]-*, $C_{11}H_{14}N_2O$, F. 81° (Hexan/1.2-Dichloräthan), in 30 Min.; 70%. — *2-[Naphthyl-(1)-amino]-*, $C_{13}H_{12}N_2O$, F. 125° (CCl_4), in 75 Min.; 36%. — N'-[β-Hydroxyäthyl]-harnstoffe: *N-Benzhydryl-*, $C_{16}H_{18}N_2O_2$, F. 142° (Essigester), a) neben **IX**; 1,2 g aus 20,1 g; b) durch 2std. Erhitzen von **II** u. **IV** auf 180—185°, Behandeln mit W., Dekantieren u. Extrahieren mit A. neben 55% *N.N'-Bis-[benzhydryl]-harnstoff* (F. 273°); 14%. — *N-[4-Chlorbenzhydryl]-*, $C_{16}H_{17}ClN_2O_2$, F. 134° (1.2-Dichloräthan), wie vorst. Verb. nach a) u. Chromatographie an Al_2O_3 aus Essigester; 0,8 g aus 9,9 g. — *N-[3-Chlorbenzhydryl]-*, F. 93—95° (1.2-Dichloräthan), analog; 0,55 g aus 3,7 g. — *N-[Naphthyl-(1)-methyl]-*, $C_{14}H_{16}N_2O_2$, F. 138—139° (Essigester), a) neben der Chlorverb.; b) durch 2std. Erhitzen von 1,3 g **II** u. 3,2 g **III** im Rohr auf 180—190° neben *N.N'-Bis-[naphthyl-(1)-methyl]-harnstoff* ($C_{23}H_{20}N_2O$, F. 276° [Dioxan]; 47%); 0,25 g. — *N-[4-Chlorphenyl]-*, $C_9H_{11}ClN_2O_2$, F. 169° (W.), a) neben der Chloräthylverb.; 2 g aus 8 g; b) durch 30 Min. Zutropfen von **XI** in absol. Ae. zu **XII** in Ae. u. 6std. Rühren; 93%. — *N-[4-Propionylphenyl]-*, $C_{12}H_{16}N_2O_3$, F. 157°, neben der Chlorverb.; 1,4 g aus 5,1 g. — *N-[Naphthyl-(1)]-*, F. 189—190° (absol. A.), a) analog; b) aus **XII**. — *N-Phenyl-* (**X**), F. 123° (Essigester), aus **XII**; 93%. — *N.N'-Bis-[phenylisopropyl]-harnstoff*, F. 204° (Toluol), durch 2std. Kochen von **II** u. **XIII**; 5%. — *[1-Phenylisopropyl]-imidazolidon-(2)*, $C_{12}H_{16}N_2O$, F. 127° (CCl_4), neben vorst. Verb.; 8%. — *1-[Naphthyl-(1)]-imidazolidon-(2)*, F. 179° (absol. A.), durch 2std. Kochen von **II** u. **V**, Verdünnen mit W., Entfernen von **V** mit Wasserdampf, Filtrieren u. Extrahieren mit Methyläthylketon; 5%. — *1-[4-Chlorphenyl]-imidazolidon-(2)*, $C_9H_9ClN_2O$, F. 178—179° (Methyläthylketon); 13%. (Bull. Soc. chim. France **1959**. 352—59. Febr.) R. Pasedag. 3132

A. W. Stetzenko und **W. I. Iwanowa,** *Cyaninfarbstoffe der Naphthodithiazolreihe.* Das aus 1.5-Bis-[acetylamino]-naphthalin mit P_2S_5 erhaltene *1.5-Bis-[thioacetylamino]-naphthalin* läßt sich nach Jacobson mit rotem Blutlaugensalz zu *2.2'-Dimethylbenzthiazolo-[4'.5':5.4]-benzthiazol* cyclisieren, dessen *Jodmethylat* (**I**) mit verschied. Komponenten zu *Cyanfarbstoffen* kondensiert wird. Die Absorptionsmaxima der erhaltenen Farbstoffe werden den entsprechenden mit 2-Methyl-4.5-benzobenzthiazol erhaltenen Farbstoffen gegenübergestellt. Die Maxima der mit **I** erhaltenen Farbstoffe sind um ca. 3—10 mμ zum längerwelligen Bereich verschoben.

Versuche: *1.5-Bis-[thioacetylamino]-naphthalin*, F. 149°, durch ½std. Erhitzen von 1.5-Bis-[acetylamino]-naphthalin mit P_2S_5 in Pyridin auf 140—150°; 72% (Ausbeute). — *2.2'-Dimethylbenzthiazolo-[4'.5':5.4]-benzthiazol*, $C_{14}H_{10}N_2S_2$, F. 272° (Bzl.), aus vorst. Verb. u. $K_3[Fe(CN)]_6$ in alkal. Lsg. bei 3° u. 13 Std. Stehen; hellgelbe Nadeln; 96%; gibt bei kurzem Erhitzen mit $(CH_3)_2SO_4$, $(C_2H_5)_2SO_4$ oder p-Toluolsulfonsäureäthylester auf 100° *Monoquartärsalze*, bei längerem Erhitzen auf 130—140°. *Diquartärsalze. Jodmethylat* (**I**), $C_{15}H_{13}JN_2S_2$, F. 270°, aus der Base mit $(CH_3)_2SO_4$ durch 3std. Erhitzen auf dem sd. Wasserbad u. Fällen mit KJ; 59%. — *{2'.3-Dimethylbenzthiazolo-[4'.5':5.4]-benzthiazolyl-(2)}-{3-methylbenzthiazolyl-(2)}-monomethincyaninjodid*, $C_{23}H_{18}JN_3S_3$, F. 340° (Zers.), aus **I** u. 2-Methylmercaptobenzthiazolmethomethylsulfat in absol. A. u. Ggw. von wasserfreiem Na-Acetat (1 Std. Kochen); λ_{max} (A.) 445 mμ; 36%. — *Bis-{2'.3-dimethylbenzthiazolo-[5'.4':5.4]-benzthiazolyl-(2)}-trimethincyaninjodid*, $C_{31}H_{23}JN_4S_4$, F. 247° (Zers.), aus **I** u. Orthoameisensäureester in Ggw. von Acetanhydrid (½ Std. Kochen); 600 mμ; 58%. — *{2'.3-Dimethylbenzthiazolo-[4'.5':5.4]-benzthiazolyl-(2)}-[3-äthylbenzthiazolyl-(2)]-trimethincyaninjodid* (**II**), $C_{26}H_{22}JN_3S_3$, F. 216° (Zers.), aus **I** u. 2-[ω-Acetanilidovinyl]-benzthiazoljodäthylat in Ggw. von Na-Acetat u. Acetanhydrid (½ Std. bei 100°); 585 mμ; 25%. — *{2'.3-Dimethylbenzthiazolo-[4'.5':5.4)-benzthiazolyl-(2)}-[3-methylbenzthiazolyl-(2)]-trimethincyaninjodid*, $C_{25}H_{20}JN_3S_3$, F. 207°, analog **II**; 545 mμ; 58%. — *{2'.3-Dimethylbenzthiazolo-[4'.5':5.4]-benzthiazolyl-(2)}-{3-äthylnaphtho-[1'.2':5.4]-thiazo-*

lyl-(2)}-trimethincyaninjodid, $C_{30}H_{24}JN_3S_3$, F. 181° (Zers.), aus I u. 2-[ω-Acetanilidovinyl]-naphtbo-[1'.2':5.4]-thiazoljodäthylat analog II; 598 mμ; 38%. — *{2'.3'-Dimethylbenzthiazolo-[4'.5':5.4]-benzthiazolyl-(2)}-[1-äthylchinolyl-(2)]-trimethincyaninjodid*, $C_{28}H_{24}JN_3S_2$, F. 204° (Zers.), aus I u. 2-[ω-Acetanilidovinyl]-chinolinjodäthylat; 605 mμ; 62%. — *[2-(p-Dimethylamino)-styryl]-{2'-methylbenzthiazolo-[4'.5':5.4]-benzthiazolyl-(2)}-jodmethylat*, $C_{24}H_{22}JN_3S_2$, F. 242° (Zers.), aus I u. p-Dimethylaminobenzaldehyd in Ggw. von Acetanhydrid (½ Std. Kochen); aus A. rotviolette Kristalle; 535 mμ; 83%. (Украинский Химический Журнал [Ukrain. chem. J.] **22.** 772—75. 1956. Kiew, Schewtschenko-Univ., Lehrstuhl für organ. Chem.) U. SCHULZE. 3142

Adolf Wagner und **Rolf Banholzer,** *Darstellung eines neuartigen Ringsystems.* Durch Behandlung von o-Alkyl- oder o-Arylmercaptobenzolsulfonamiden mit Br_2 u. folgende Rk. mit Alkalien oder tert. Aminen entstehen *1-substituierte 1.3.2-Benzodithiazol-3.3-dioxyde*, die im IR die auch für offenkettige p-Toluolsulfonylsulfinimine typ. Bande aufweisen. Die dargestellten Verbb. sind farblos u. in Alkalien unlöslich.

Versuche: 1.3.2-Benzodithiazol-3.3-dioxyde: *1-Äthyl-5-nitro-*, F. 156°; 77% (Ausbeute). — *1-n-Butyl-5-nitro-*, F. 118°; 58%. — *1-n-Hexyl-5-nitro-*, F. 116°; 63%. — *1-n-Octyl-5-nitro-*, F. 122°; 92%. — *1-tert.-Butyl-5-nitro-*, F. 177 bis 178°; 76%. — *1-Phenyl-5-nitro-*, F. 261—262°; 92%. — *1-p-Tolyl-5-nitro-*, F. 213—214°; 80%. — *1-Benzyl-5-nitro-*, F. 168—169°; 72%. — *1-Äthyl-5-methyl-*, F. 164°; 94%. (Angew. Chem. **71.** 311. 7/5. 1959. Stuttgart, TH, Inst. für Organ. Chem. u. Organ.-chem. Technol.) H. BERTSCH. 3194

J. D. v. Mikusch, *Alkylierte und arylierte Pyrone aus Carbonsäuren, Ketonen und Anhydriden.* Durch Erhitzen von Fettsäureanhydriden mit Borsäure, B_2O_3 oder gewissen organ. oder anorgan. Borsäurederivv. auf 220—300° entstehen unter CO_2-Entw. *alkylierte Pyrone* u. *Pyronisomere.* Capronsäureanhydrid lieferte eine gelbliche Fl., $C_{23}H_{40}O_2$, Kp.$_9$ 210—230°, aus der bei tiefer Temp. *2.6-Diamyl-3.5-dibutyl-γ-pyron* [I, F. ca. —12°, n_D^{20} 1,486) auskristallisiert. Analog ergab Propionsäureanhydrid *2.6-Diäthyl-3.5-dimethyl-γ-pyron* (F. 38,7°); daneben wurde durch Verseifen des Rohprod. u. Ansäuern die dem α-Pyron entsprechende ungesätt. *Hydroxysäure*, $C_{11}H_{18}O_3$, F. 72°, erhalten. Bei hochsd. Fettsäuren, von der Capronsäure an, erfolgt unter obigen Bedingungen ebenfalls Pyronbldg., wenn man durch längeres Kochen im Vakuum — gegebenenfalls in Ggw. hochsd. Lösungsm. — u. Entfernung des Reaktionswassers die Anhydridbldg. begünstigt. Auf Grund der isolierten Zwischenprodd. wird geschlossen, daß die Rk. über das Anhydrid, das durch Abspaltung von CO_2 entstehende Keton u. das durch Rk. des Ketons mit dem Anhydrid gebildete β-Diketon verläuft. Capronsäureanhydrid allein oder im Gemisch mit Capronsäure reagiert bei ca. 200° mit Borverbb. zu einem borsäurehaltigen Komplex, der durch Hydrolyse *7-Butyltridecandion-(6.8)* (Kp.$_1$ 130—132°, n_D^{25} 1,448) ergab. Bei höherer Temp. reagiert das β-Diketon mit Capronsäure oder deren Anhydrid zu I. Das β-Diketon liegt im Reaktionsgemisch wahrscheinlich als Boroxoldienolester vor, der durch Hydrolyse β-Diketon u. Fettsäure, durch Hydrolyse B_2O_3 u. Pyron ergibt. Benzoesäure lieferte unter obigen Bedingungen das Anhydrid, das aber nicht in Benzophenon übergeht; Benzoesäureanhydrid reagiert aber mit aliphat. oder aromat. Ketonen weiter. Durch Rk. mit Capron wurde *2.6-Diphenyl-3.5-dibutyl-γ-pyron* (F. 113°) erhalten; analog wurden aus Diäthylketon *2.6-Diphenyl-3.5-dimethyl-γ-pyron* (F. 145°), aus Dibenzylketon *Tetraphenyl-γ-pyron* (F. 283°) erhalten. Die γ-Pyronstruktur wurde durch Überführung in 4-Thiopyrone (*2.6-Diphenyl-3.5-dibutyl-4-thiopyron, F. 95°*) u. deren UV-spektroskop. Identifizierung sichergestellt. (Angew. Chem. **71.** 311—12. 7/5. 1959. Hamburg-Harburg, Margarine-Union G. m. b. H., Hauptlabor.) H. BERTSCH. 3211

I. Ježo und **K. Tihlárik,** *Über die Reaktion von Allylalkohol mit Ammoniak bei erhöhten Temperaturen.* Bei den mit gasförmigem Ammoniak durchgeführten Rkk. wurde die Abhängigkeit der Ausbeute an destillierbaren Pyridinbasen von folgenden Faktoren untersucht u. folgende optimale Reaktionsbedingungen ermittelt: Bei einer Durchflußgeschwindigkeit von 20,5 g Allylalkohol pro Std. über 50 g Pd/Al_2O_3-Katalysator in einem Eisenrohr, dem Mol-Verhältnis Allylalkohol : NH_3 = 1 : 3 u. einer Temp. von 300—310° wurden 36,19% Basen erhalten. Hiervon entfielen auf *β-Picolin* 59,70%, auf *3.5-Dimethylpyridin* 15,80%, auf *3.5-Dimethyl-4-äthylpyridin* 7,32% u. auf undestillierbare Stoffe 17,10%. Bei der Durchführung der Rk. in einem Kupferrohr wurden unter sonst gleichen Bedingungen nur 30 g Katalysator benötigt. (Chem. Zvesti **12.** 558—69. Sept. 1958. Bratislava, Chem. Ústav SAV, odd. farmac. chém. a biochém.) H. WEJNAR. 3231

A. F. Wompe und **N. F. Turitzyna,** *Reaktionen von Pyridiniumsalzen.* 1. Mitt. *Synthese von Chlordinitrophenylaten substituierter Pyridiniumbasen.* Es wurde die Bldg. der *2.4-Dinitrophenylpyridiniumchloride* bei den Rkk. von 2.4-Dinitrochlorbenzol (I) mit Pyridin (**II**), β-Picolin (**III**), β-Hydroxy- (**IV**), β-Methoxy- (**V**), β-Acetamido- (**VI**), β-Dimethylamino- (**VII**), β-Nitro- (**VIII**), β-Chlor- (**IX**), β-Brom- (**X**), β-Jodpyridin (**XI**), Nicotinsäureäthylester (**XII**), Nicotinsäurediäthylamid (**XIII**), γ-Acetamido- (**XIV**), γ-Phenylaminopyridin (**XV**) u. Isonicotinsäureäthylester (**XVI**) untersucht. — Durch Erhitzen äquimol. Mengen der Komponenten auf dem Wasserbad, gegebenenfalls in Aceton, werden **II**—**VII**, **XI** u. **XIII**—**XVI** quaternisiert; die Ausbeuten bei **XVI** sind sehr gering. **VIII**, **IX**, **X** u. **XII** bleiben unter diesen Bedingungen unverändert. Erst beim Erhitzen auf 130° liefern **X** u. **XII** in geringer Ausbeute die *Chlor-2.4-dinitrophenylate*. Die Rk. von **I** mit **II**, **VI**, **VII**, **XI**, **XIII**, **XIV** u. **XV** in Aceton bei 17—19° gibt nach 22 (56) Std. folgende Ausbeuten (in %): 1,8 (3,5); 0 (0); 26,1 (52,3); 0 (0); 0 (0); 17,9 (35,8); 60,8 (77,7). — β- u. γ-ständige elektropositive Substituenten erleichtern somit die Quaternisierung von Pyridinbasen, während elektronegative diese erschweren oder gar verhindern. — Bei der Rk. von **I** mit **XII** bildet sich neben **XII**-*Chlor-2.4-dinitrophenylat* eine Verb., bei der es sich wahrscheinlich um *β.β'-Dicarbäthoxydipyridyl-(x.x')-dihydrochlorid* handelt. Beim Erhitzen von **XII**-Chlor-2.4-dinitrophenylat auf 140—160° wird Äthylchlorid abgespalten, u. es bildet sich wahrscheinlich *N-[2.4-Dinitrophenyl]-β-carboxypyridiniumbetain*. **IV**- u. **XV**-Chlor-2.4-dinitrophenylat werden durch wss. $NaHCO_3$ leicht dehydrohalogeniert u. liefern entsprechend *N-[2.4-Dinitrophenyl]-β-hydroxypyridiniumbetain* bzw. *N-[2.4-Dinitrophenyl]-γ-pyridoanil*. — α- u. γ-Picolin lieferten mit **I** Farbstoffe, die nicht weiter untersucht wurden. Die Quaternisierung von α-Methoxypyridin mit **I** gelang nicht.

Versuche: *N-2.4-Dinitrophenylpyridiniumchlorid*, F. 190—191°, man kocht 40 g **I** u. 20 ml **II** in 80 ml Aceton 15 Std.; aus A. gelbe Nadeln; 96,8% (Ausbeute). — *β-Picolin* (**III**), Kp. 143 bis 143,5°. *Pikrat*, F. 147,5—149°. *Chlor-2.4-dinitrophenylat*, $C_{12}H_{10}ClN_3O_4$, F. 208 bis 209°, man kocht 4,04 g **I** u. 1,84 g **III** in 16 ml Aceton 10 Std.; aus absol. A. Nadeln. — *β-Hydroxypyridin* (**IV**), F. 126,5—127,5°, man erhitzt pyridin-β-sulfonsaures Ammonium mit der 4fachen Gewichtsmenge KOH 4 Std. auf 170—178°; 76%. *Chlor-2.4-dinitrophenylat* (verunreinigt durch nachst. Verb.), F. 193—194°, man erhitzt 1,01 g **I** u. 0,47 g **IV** 6 Std. auf 90°; aus A. gelbliche Prismen; 0,80 g. — *N-[2.4-Dinitrophenyl]-β-hydroxypyridiniumbetain*, $C_{11}H_7N_3O_5$, F. 128°, man löst 0,148 g **IV**-Chlor-2.4-dinitrophenylat in 4 ml W. u. gibt 0,063 g $NaHCO_3$ zu; aus A. gelbliche Prismen; 61,5%. *Pikrat*, $C_{17}H_{10}\cdot N_6O_{12}$, F. 208—209°, man versetzt die heiße Lsg. von **IV**-Chlor-2.4-dinitrophenylat mit alkoh. Pikrinsäure; 81,6%. — *β-Methoxypyridin* (**V**), Kp. 177—179°, durch 40std. Erhitzen von **X** mit Na-Methylat auf 140—153°. *Pikrat*, F. 128—129°. *Chlor-2.4-dinitrophenylat*, aus 0,18 g **I** u. 0,10 g **V** in 0,5 ml Aceton (8 Std. bei 65—70°); sehr hygroskop.; 45,6%. — *β-Acetamidopyridin* (**VI**), F. 133—134°, aus β-Aminopyridin mit Acetanhydrid; aus Bzl. Plättchen. *Chlor-2.4-dinitrophenylat*, $C_{13}H_{11}ClN_4O_5 \cdot {}^1/_2\, C_2H_5OH$, F. 183°, aus 4,05 g **I** u. 2,72 g **VI** in 22 ml Aceton (5 Std. Erhitzen); aus absol. A. Prismen; 63,5%. — *β-Dimethylaminopyridin* (**VII**), $Kp._{6,5-7}$ 106—109°, aus β-Aminopyridin mit Formaldehyd u. Zn-Staub in n-H_2SO_4; gelbes Öl; 48,4%. *Chlor-2.4-dinitrophenylat*, $C_{13}H_{13}ClN_4O_4$, F. 183 bis 184,5°, aus 0,41 g **I** in 2 ml Aceton u. 0,24 g **VII** (56 Std. Stehenlassen bei 17 —19°); aus A.–Aceton (1:1) citronengelbe Plättchen; 84,7%. — *β-Nitropyridin* (**VIII**), F. 41°. *Pikrat*, F. 117°. Liefert nach 24std. Erhitzen mit **I** auf 130° nur **VIII**-*Pikrat*. — *β-Chlorpyridin* (**IX**), F. 148—149°, aus β-Aminopyridin. *Pikrat*, F. 145°. Liefert nach 10std. Erhitzen mit **I** auf 130° nur **IX**-*Pikrat*. — *β-Brompyridin* (**X**), Kp. 175°, man bromiert **II** bei 210—235° in Ggw. von $HgCl_2$; aus dem Reaktionsgemisch wird aus HCl-Lsg. *β.β'-Dibrompyridin* (F. 110°; Blättchen) mit Wasserdampf abgetrennt, aus der Mutterlauge wird nach Behandeln mit Alkali **X** isoliert. *Pikrat*, F. 153°. *Pikrolonat*, F. 151°. *Chlor-2.4-dinitrophenylat*, $C_{11}H_7BrClN_3O_4$, F. 145°, man erhitzt 2,02 g **I** u. 1,57 g **X** 24 Std. auf dem sd. Wasserbad; aus absol. A. Prismen; 18,6%. — *β-Jodpyridin* (**XI**), F. 52—53°, aus β-Aminopyridin; 52,6%. *Pikrat*, F. 153°. *Chlor-2.4-dinitrophenylat*, $C_{11}H_7ClJN_3O_4$, F. 180 bis 181° (A.), aus 2,02 g **I** u. 2,04 g **XI** (14 Std. Erhitzen); 87,2%. — *Nicotinsäureäthylester* (**XII**), $Kp._7$ 99°, Kp. 223—224°. *Chlor-2.4-dinitrophenylat*, $C_{14}H_{12}ClN_3O_6$, F. 120°, man erhitzt 10,12 g **I** u. 7,55 g **XII** 15 Std. auf 100° u. 46 Std. auf 130°; nach Behandeln mit Ae. u. Aceton verbleiben 2,89 g gelbe Kristalle, die nach Kristallisation aus 7 Vol. absol. A. 0,94 g *β.β'-Dicarbäthoxydipyridyl-(x.x')-dihydrochlorid* ($C_{16}H_{18}Cl_2N_2O_4$, F. 230°) liefern; aus der Mutterlauge werden mit Ae. 1,74 g **XII**-*Chlor-2.4-dinitrophenylat* gefällt. — *Nicotinsäurediäthylamid* (**XIII**), $Kp._{25}$ 175°. *Pikrat*, F. 123,5°. *Chlor-2.4-dinitrophenylat*, $C_{16}H_{17}ClN_4O_5$, F. 149°, aus 24,24 g **I** u. 21,36 g **XIII** (6 Std. auf dem sd. Wasserbad); Blättchen; sehr unbeständig; 37%. — *γ-Acetamidopyridin* (**XIV**), F. 149—150°, aus γ-Aminopyridin mit Acetanhydrid. *Chlor-2.4-dinitrophenylat*, $C_{13}H_{11}ClN_4O_5 \cdot {}^1/_2\, C_2H_5OH$, F. 224°, aus 1,22 g **I** u. 0,82 g **XIV** in 17 ml Aceton (6 Std. bei 50—60°); aus A. lange Prismen; 1,45 g. — *γ-Phenylaminopyridin* (**XV**), F. 179—180°; 23,1%. *Chlor-2.4-dinitrophenylat*, $C_{17}H_{13}ClN_4O_4$, F. 242°, aus 1,22 g **I** u. 1,02 g **XV** in 27 ml Aceton (6 Std. bei 50—80°); aus A. hellgelbe Prismen; 94,1%. — *N-[2.4-Dinitrophenyl]-γ-pyridoanil*,

$C_{17}H_{12}N_4O_4$, F. 192°, man gibt zu der wss. Lsg. von **XV**-*Chlor*-2.4-dinitrophenylat $NaHCO_3$; aus A. rotbraune Prismen; 90,9%. — *Isonicotinsäureäthylester* (**XVI**), Kp. 215 bis 216°. *Pikrat*, $C_{14}H_{12}N_4O_9$, F. 120—121,5°. *2.4-Dinitrophenylpikrat*, $C_{20}H_{14}N_6O_{13}$, F. 59 bis 61° (absol. A.), man erhitzt 1,02 g **I** u. 0,75 g **XVI** 5 Std. auf dem sd. Wasserbad u. fällt mit Pikrinsäure; sehr hygroskop.; 16,9%. (Журнал Общей Химии [J. allg. Chem.] **27** (**89**). 3282—90. Dez. 1957. Allunions Wiss. Kinophoto-Forschungsinst., Inst. für org. Chem. der Akad. der Wiss. der UdSSR.) HELMUT SCHÄFER. 3231

A. F. Wompe und **N. F. Turitzyna,** *Reaktionen von Pyridiniumsalzen.* 2. Mitt. *Reaktion von Chlor-2.4-dinitrophenylaten substituierter Pyridiniumbasen mit Anilin.* (1. vgl. vorst. Ref.) Es wird die Einw. von Anilin (**I**) auf Pyridin (**II**)-, β-Methyl- (**III**), β-Acetylamino- (**IV**), β-Methoxy- (**V**), β-Dimethylamino- (**VI**), β-Hydroxy- (**VII**), γ-Acetylamino- (**VIII**), γ-Phenylamino- (**IX**) u. β-Jodpyridinchlor-2.4-dinitrophenylat (**X**) untersucht. Durch die Einführung der β-ständigen Methyl-, Acetylamino- u. Methoxygruppe wird die Ring-C–N-Bindung stabilisiert, u. bei der Einw. von **I** auf **III**, **IV** u. **V** bildet sich neben den entsprechenden *Glutaconaldehyddianilen 2.4-Dinitrodiphenylamin* (**XI**). Durch Erhöhung der Reaktionstemp. wird die Bldg. von **XI** begünstigt; außerdem beeinflußt das Lösungsm. den Ablauf der Reaktion. Bei den Rkk. von **VI**, **VII**, **VIII** u. **IX** mit **I** entsteht nur **XI**. Dagegen reagieren **I** u. **X** nur unter Aufspaltung des Pyridinringes, u. **XI** wird nicht gebildet. — Bei der Rk. von **I** mit **VIII** u. **IX** entstehen neben **XI** rot gefärbte Molekülverbindungen. Es wird der Einfl. der Substituenten bei der Rk. der Pyridiniumsalze mit **I** auf den Reaktionsablauf diskutiert.

V e r s u c h e: Rk. von **I** mit **II**: Man kocht 2,8 g **II** u. 1,86 g **I** in 30 ml 30%ig. A. 4 Std. u. extrahiert mit heißem Toluol; man erhält als Rückstand *2.4-Dinitroanilin* (**XII**), F. 179—180°; 76% (Ausbeute). Aus der Toluollsg. erhält man *2.4-Dinitrodiphenylamin* (**XI**), F. 156—157°; aus absol. A. orangerote Nadeln; 0,02 g. Aus der alkoh. Mutterlauge von **XI** erhält man *N-Phenylpyridinpikrat*, F. 122—123°; aus A. hellgelbe Nadeln; 76,6%. — Rk. von **I** mit **III**: a) Man läßt 0,89 g **III** u. 0,56 g **I** in 7 ml A. 70 Std. im Dunkeln bei 5° stehen; filtriert, wäscht den Rückstand mit Aceton u. erhält *α-Methylglutaconaldehyddianilhydrochlorid*, $C_{18}H_{19}ClN_2 \cdot {}^1/_3\,H_2O$, F. 137—138° (Zers.); aus A. dunkelrote Nädelchen; 29,6%. Aus den Mutterlaugen erhält man 0,08 g **XII** u. 0,065 g **XI**. b) Man kocht 0,89 g **III** u. 0,56 g **I** $4^1/_2$ Std. in 6 ml A.; man erhält 33,3% **XII** u. 30,7% **XI**. — *Rk. von* **I** *mit* **IV**: a) Man läßt 1,69 g **IV** u. 1,86 g **I** in 70 ml A. bei 10—15° 24 Std. stehen: *α-Acetylaminoglutaconaldehyddianilhydrochlorid*, $C_{19}H_{20}ClN_3O \cdot H_2O$, F. 143° (Zers.); aus Methanol rote Nädelchen; 76,5%. b) Man kocht 1 g **IV** u. 0,56 g **I** 4 Std. in 10 ml A.: 0,02 g **XI** u. 0,44 g **XII**; *β-Acetylamino-N-phenylpyridinpikrat*, $C_{19}H_{15}N_5O_8$, F. 148—149° (A.); hellgelbe Prismen; 68,2%. — *Rk. von* **I** *mit* **V**: Aus 0,12 g **V** u. 0,07 g **I** in 1 ml A. ($1^1/_2$ Std. kochen): 38,3% **XI** u. *β-Methoxypyridinpikrat*, F. 128—129° (A.); 23%. — *Rk. von* **I** *mit* **VI**: Aus 0,65 g **VI** u. 0,37 g **I** in 4 ml A. (3 Std. bei 60—80°): 84,9% **XI**. — *Rk. von* **I** *mit* **VII**: a) Man kocht 0,3 g **VII** u. 0,19 g **I** in 10 ml A. 3 Std.: 23,1% **XI**; b) man läßt 0,25 g **VII** u. 0,16 g **I** in 7 ml A. 9 Monate bei 20° stehen: 32,2% **XI**. — *Rk. von* **I** *mit* **VIII**: Man kocht 0,34 g **VIII** u. 0,18 g **I** in 10 ml A. 3 Std.: 11,5% **XI** u. *Molekülverb.* aus **I** u. **VIII**, F. 218°; dunkelrote Prismen; 0,2 g. — *Rk. von* **I** *mit* **IX**: Aus 0,37 g **IX** u. 0,18 g **I** in 5 ml A. (5 Std. kochen; 23,1% **XI** u. *Molekülverb. aus* **I** u. **IX**, F. 210°): rote Prismen; 0,19 g. — *Rk. von* **I** *mit* **X**: Aus 0,2 g **X** u. 0,09 g **I** in 8 ml A. (3 Std. kochen): 77,8% **XII**. (Журнал Общей Химии [J. allg. Chem.] **28** (**90**). 2864—73. Okt. 1958.) HELMUT SCHÄFER. 3231

I. N. Nasarow und **A. Sch. Scharifkanow,** *Heterocyclische Verbindungen.* 58. Mitt. *Synthetische schmerzstillende Mittel.* 19. Mitt. *Synthese der Benzoate und Phenoxyacetate von 1-Alkenyl-2.5-dimethyl-4-äthinyl-4-piperidolen.* (56. vgl. C. **1959**. 3817.) Durch Anlagerung von Acetylen an die entsprechende 1-Alkenyl-2.5-dimethylpiperidone-(4) wurden *1-Allyl-* (**I**), *1-Crotyl-* (**II**) u. *1-[γ.γ-Dimethylallyl]-2.5-dimethyl-4-äthinylpiperidol-(4)* (**III**) erhalten. **I**, **II** u. **III** fielen als *Stereoisomerengemische* an, aus denen sich die γ- u. *β-Formen* isolieren ließen. Die Verbb. wurden in die *Benzoate* u. *Phenoxyacetate* übergeführt. — Die pharmakol. Prüfung auf Oberflächenanästhesie zeigte, daß γ-**II**-Benzoat so akt. wie Dicain, aber 3,5mal weniger tox. als dieses ist.

V e r s u c h e: *1-Allyl-2.5-dimethyl-4-äthinylpiperidol-(4)* (**I**), $C_{12}H_{19}NO$, Kp.$_2$ 92 bis 94° (Isomerengemisch), zu einem Gemisch von 400 ml absol. Ae. u. 105 g KOH tropft man bei —8° unter 6 at Acetylendruck in 2 Std. 157 g 1-Allyl-2.5-dimethylpiperidon-(4) in 200 ml Ae. zu, rührt $^1/_2$ Std., hydrolysiert mit 210 ml W., extrahiert mit Ae., neutralisiert mit CO_2 u. dest.; $D.^{20}{}_4$ 0,9836; $n_D{}^{20}$ 1,5000; zähes Öl; 80% (Ausbeute). Durch Kristallisation aus absol. A. erhält man die *γ-Form*, $C_{12}H_{19}NO$, F. 92—93° (PAe.). *Hydrochlorid*, $C_{12}H_{20}ClNO$, F. 212—213°; 29%. *Benzoathydrochlorid*, $C_{19}H_{24}ClNO_2$, F. 175 bis 176° (absol. A.), man erhitzt 4,6 g γ-**I**-Hydrochlorid u. 8,4 g Benzoylchlorid in 10 ml

Pyridin 2 Std. auf 120—125⁰, läßt über Nacht stehen u. verd. mit 30 ml absol. Ae.; 3,4 g. *Phenoxyacetathydrochlorid*, $C_{20}H_{26}ClNO_3$, F. 166—167⁰, man tropft zu 4,2 g γ-I in 8 ml trockenem Bzl. in Ggw. von 0,2 g Mg 10,2 g Phenoxyacetylchlorid, erhitzt 10 Std. auf 100—120⁰, dest. Bzl. ab, löst in W., extrahiert mit Ae., behandelt mit Soda u. nimmt in Ae. auf; man überführt in das Hydrochlorid u. krist. aus A.-Aceton (1:1) um; 0,5 g. — *β-Form*, $C_{12}H_{19}NO$, F. 78—79⁰. *Hydrochlorid*, $C_{12}H_{20}ClNO$, F. 193—194⁰; ca. 3%. — *1-Crotyl-2.5-dimethyl-4-äthinylpiperidol-(4)* (II), $C_{13}H_{21}NO$, Kp.$_2$ 98—102⁰ (Isomerengemisch), analog Vorst. mit 1-Crotyl-2.5-dimethylpiperidon-(4); D.$^{20}_4$ 0,9781; n_D^{20} 1,5020; zähes Öl; 76%. — *γ-Form*, $C_{13}H_{21}NO$, F. 79—80⁰, *Hydrochlorid*, $C_{13}H_{22}ClNO$, F. 208 bis 209⁰; 17%. *Benzoathydrochlorid*, $C_{20}H_{26}ClNO_2$, F. 211—212⁰ (absol. A.). — *1-[γ.γ-Dimethylallyl]-2.5-dimethyl-4-äthinylpiperidol-(4)* (III), Kp.$_2$ 218—220⁰ (Isomerengemisch), analog aus 1-[γ.γ-Dimethylallyl]-2.5-dimethylpiperidon-(4); D.$^{20}_4$ 0,9692; n_D^{20} 1,5030; zähes Öl; 73%. — *γ-Form*, $C_{14}H_{23}NO$, F. 90—91⁰ (PAe.). *Hydrochlorid*, $C_{14}H_{24}ClNO$, F. 205 bis 206⁰ (absol. A.); 25%. *Benzoathydrochlorid*, $C_{21}H_{28}ClNO_2$, F. 217—218⁰ (absol. A.). *Phenoxyacetathydrochlorid*, $C_{22}H_{30}ClNO_3$, F. 177—178⁰ (A.-Aceton). — *β-Form*, $C_{14}H_{23}$·NO, F. 85—86⁰ (PAe.); ca. 5%. *Hydrochlorid*, $C_{14}H_{24}ClNO$, F. 147—148⁰. *Benzoathydrochlorid*, $C_{21}H_{28}ClNO_2$, F. 206—207⁰ (absol. A.). (Известия Академии Наук СССР, Отделение Химических Наук [Nachr. Akad. Wiss. UdSSR, Abt. chem. Wiss.] **1958**. 446—50. April. Zelinsky-Inst. für org. Chem. der Akad. der Wiss. der UdSSR u. Kasach. Univ.) HELMUT SCHÄFER. 3231

I. N. Nasarow, A. Sch. Scharifkanow und **K. F. Danilowa**, *Heterocyclische Verbindungen*. 59. Mitt. *Synthetische schmerzstillende Mittel*. 20. Mitt. *Synthese der Benzoate und Phenoxyacetate von 1-Alkenyl-2.5-dimethyl-4-äthyl-4-piperidolen*. (58. bzw. 19. vgl. vorst. Ref.) Durch Rk. von Äthyl-Li mit den entsprechenden 1-Alkenyl-2.5-dimethylpiperidonen-(4) wurden *1-Allyl-* (I), *1-Crotyl-* (II) u. *1-[γ.γ-Dimethylallyl]-2.5-dimethyl-4-äthylpiperidol-(4)* (III) erhalten. **I, II** u. **III** fielen als *Stereoisomerengemische* an, aus denen durch Kristallisation der Hydrochloride die γ- u. *β-Formen* isoliert wurden. Die Verbb. wurden in die *Benzoate* u. *Phenoxyacetate* übergeführt. — Die Prüfung auf Oberflächenanästhesie ergab, daß γ-**II**-Phenoxyacetat bedeutend aktiver als Dicain, aber auch 2mal tox. ist. γ-**I**-Benzoat ist so akt. wie Dicain, dabei aber 3,5mal weniger toxisch.

V e r s u c h e: *1-Allyl-2.5-dimethyl-4-äthylpiperidol-(4)* (I), $C_{12}H_{23}NO$, Kp.$_2$ 82 bis 90⁰ (Isomerengemisch), man gibt zu 14 g Li in 800 ml PAe. in 1½ Std. 130 g Äthylbromid in 400 ml PAe. u. kocht bis zur vollständigen Lsg. des Li (2 Std.), dann tropft man bei —6⁰ 67 g 1-Allyl-2.5-dimethylpiperidon-(4) in 100 ml PAe. zu u. erhitzt noch 2 Std.; man hydrolysiert mit verd. HCl (1 : 2), macht die wss. Schicht alkal. u. äthert aus; D.$^{20}_4$ 0,9448, n_D^{20} 1,4872; 72% (Ausbeute). Die Isomeren trennt man durch Kristallisation der Hydrochloride aus absol. Alkohol: *γ-Form*, $C_{12}H_{23}NO$, F. 64—65⁰ (PAe.). *Hydrochlorid*, $C_{12}H_{24}ClNO$, F. 179—180⁰; 50%. *Benzoat*, $C_{19}H_{27}NO_2$, Kp.$_1$ 140—150⁰, man erhitzt 3,5 g γ-I-Hydrochlorid u. 6,5 g Benzoylchlorid in 8 ml Pyridin 6 Std. auf 125—126⁰, dampft das Lösungsm. ab, löst in W., extrahiert mit Ae., behandelt mit Soda u. extrahiert mehrmals mit Ae.; zähes Öl; n_D^{20} 1,5190. *Benzoathydrochlorid*, $C_{19}H_{28}ClNO_2$, F. 125 bis 126⁰ (A.). *Phenoxyacetat*, Kp.$_1$ 150—155⁰, man erhitzt 3 g γ-I u. 6,3 g Phenoxyacetylchlorid mit 0,5 g Mg in 6 ml Bzl. 10 Std. auf 90—95⁰, dampft das Lösungsm. im Vakuum ab u. arbeitet wie vorst. auf; 36,6%. *Phenoxyacetathydrochlorid*, $C_{20}H_{30}ClNO_3$, F. 154 bis 155⁰ (A.-Aceton). — *β-Form*, $C_{12}H_{23}NO$, Kp.$_2$ 96—97⁰; D.$^{20}_4$ 0,93945, n_D^{20} 1,4839. *Hydrochlorid*, $C_{12}H_{24}ClNO$, F. 162—163⁰; 15%. *Benzoat*, $C_{19}H_{27}NO_2$, Kp.$_3$ 142—145⁰; n_D^{20} 1,5192; 44,5%. *Benzoathydrochlorid*, $C_{19}H_{28}ClNO_2$, F. 167—168⁰. — *1-Crotyl-2.5-dimethyl-4-äthylpiperidol-(4)* (II), $C_{13}H_{25}NO$, Kp.$_2$ 99—109⁰ (Isomerengemisch), aus 14 g Li, 114 g Äthylbromid u. 91,2 g 1-Crotyl-2.5-dimethylpiperidon-(4) in 1,2 Litern PAe.; D.$^{20}_4$ 0,9482, n_D^{20} 1,4885; 47,5 g. — *γ-Form*, $C_{13}H_{25}NO$, F. 87—88⁰ (PAe.). *Hydrochlorid*, $C_{13}H_{26}ClNO$, F. 169—170⁰ (absol. A.); 44%. *Benzoat*, $C_{20}H_{29}NO_2$, Kp.$_1$ 140—146⁰; zähes Öl. *Benzoathydrochlorid*, $C_{20}H_{30}ClNO_2$, F. 161—162⁰ (absol. A.). *Phenoxyacetat*, $C_{21}H_{31}NO_3$, Kp.$_1$ 145—150⁰; n_D^{20} 1,5115. *Phenoxyacetathydrochlorid*, $C_{21}H_{32}ClNO_3$, F. 148—149⁰ (A.). *β(?)-Form*, $C_{13}H_{25}NO$, Kp.$_3$ 102—105⁰; n_D^{20} 1,4855. *Hydrochlorid*, nichtkrist. Öl. *Benzoat*, $C_{20}H_{29}NO_2$, Kp.$_2$ 145—150⁰, man erhitzt 3,2 g β(?)-**II**, 6 g Benzoylchlorid u. 10 ml Pyridin 2 Std. auf 100—102⁰ u. 8 Std. auf 128—132⁰; n_D^{20} 1,5212; 2 g. *Benzoathydrochlorid*, nichtkrist. Öl. — *1-[γ.γ-Dimethylallyl]-2.5-dimethyl-4-äthylpiperidol-(4)* (III), $C_{14}H_{27}NO$, Kp.$_2$ 111—113⁰ (Isomerengemisch), aus 5,3 g Li, 45,8 g Äthylbromid u. 19,5 g 1-[γ.γ-Dimethylallyl]-2.5-dimethylpiperidon-(4) in 140 ml absol. Ae.; D.$^{20}_4$ 0,9414, n_D^{20} 1,4900; ca. 66%. Trennung der Isomeren durch Kristallisation der Hydrochloride aus Aceton: *γ-Form*, Kp.$_4$ 124⁰; n_D^{20} 1,4915. *Hydrochlorid*, $C_{14}H_{28}ClNO$, F. 187—188⁰ (Aceton). *Benzoathydrochlorid*, $C_{21}H_{32}ClNO_2$, F. 172—173⁰ (Bzl.). — *β(?)-Form*, Kp.$_3$ 120—123⁰; n_D^{20} 1,4900. *Benzoathydrochlorid*, $C_{21}H_{32}ClNO_2$, F. 193—194⁰ (Aceton), man erhitzt 6 g β(?)-Form u. 7,2 g Benzoylchlorid in 10 ml Pyridin 5 Std. auf 125—130⁰, gibt noch

5 g Benzoylchlorid zu u. erhitzt 5 Std. auf 125—130°; 2,5 g. (Известия Академии Наук СССР, Отделение Химических Наук [Nachr. Akad. Wiss. UdSSR, Abt. chem. Wiss.] **1958.** 452—59. April.) HELMUT SCHÄFER. 3231

Wojciech Dymek, Jan Moszew und **Maria Wojtaś**, *Reaktionen von Methylbenzylketon mit Anilin und Phenylsenföl.* Methylbenzylketon (I), Anilin u. Phenylsenföl (II) reagieren in stöchiometr. Mengen bei 5 std. Erwärmen auf 200—240° zu *2-Benzyl-4-anilinochinolin* [$C_{22}H_{18}N_2$, F. 184—186°, Säulen (wss. A.). *Hydrochlorid* (III), $C_{22}H_{19}ClN_2$, F. 326 bis 328°, Nadeln (A.). *Pikrat*, $C_{28}H_{21}N_5O_7$, F. 213—215° (Zers.), rhomb. Würfel (A.). *N-Methojodid*, $C_{23}H_{21}JN_2$, F. 173—178° (Zers.), orangegelbe Säulen (A.)]. Beim Erwärmen von **III** mit alkoh. KOH auf 200° entsteht *2-Benzyl-4-hydroxychinolin* [**IV**; $C_{16}H_{13}NO$, F. 215—217°, Nadeln (A.)]. **IV** wird durch 1 std. Erwärmen mit PCl_5-Überschuß unter Zusatz von $POCl_3$ in *2-Benzyl-4-chlorchinolin* [$C_{16}H_{12}ClN$, F. 134—135°, Nadeln (A.)] übergeführt. Durch Zn-Staubdest. entsteht aus **IV** *2-Benzylchinolin* [*Pikrat*, F. 154—155°, *N-Methojodid*, $C_{17}H_{16}JN$, F. 208° (Zers.)]. — Durch analoge Umsetzung von p-Toluidin, I u. p-Tolylsenföl entsteht *2-Benzyl-4-[p-toluidino]-6-methylchinolin* [$C_{24}H_{22}N_2$, F. 166 bis 168°, Nadeln (A.). *Pikrat*, $C_{30}H_{25}N_5O_7$, F. 243° (Zers.)], das mit alkoh. KOH bei 220° zu *2-Benzyl-4-hydroxy-6-methylchinolin* [$C_{17}H_{15}NO$, F. 240°, Nadeln (A.)] verseift wird. (Ann. Univ. Mariae Curie-Skłodowska, Sect. AA **8.** 57—63. 1953, herausgeg. 1955. Lublin.) F. URBAN. 3231

M. Ionescu, I. Goia und **I. Felméri**, *Über Acridone.* 16. Mitt. *Die direkte Chlorierung des Acridons.* (15. vgl. C. **1958.** 10366.) Die Chlorierung des Acridons wird in Abhängigkeit von Lösungsm. (Eisessig, H_2SO_4, aliphat. Alkohole, Nitrobenzol, CCl_4), Katalysatoren (J_2, Fe, $FeCl_3$), Belichtung, Konz., Temp., Dauer u. Durchflußmenge untersucht. Desgleichen werden Chlorierungen mit HCl + H_2O_2 sowie in mit Chlor gesätt. Lösungsmitteln beschrieben. Die Ergebnisse sind tabellar. wiedergegeben. Die erhaltenen Gemische — deren maximaler Chlorgeh. einem Tetrachlorderiv. entspricht — konnten weder auf Grund von Löslichkeitsunterschieden noch durch Chromatographieren der entsprechenden 9-Dimethylanilinacridine getrennt werden. Weiterhin beschreiben Vff. die Darst. von *2.4.5.7-Tetrachloracridon* durch direkte Chlorierung u. durch Synth. aus N-[2'.4'-Dichlorphenyl]-benzimidoylchlorid (**I**) u. 2-Hydroxy-3.5-dichlorbenzoesäureäthylester (**II**).

Versuche: *N-[2'.4'-Dichlorphenyl]-benzimidoylchlorid* (**I**), $C_{13}H_8Cl_3N$, F. 78°, aus 3 g 2'.4'-Dichlorbenzanilid u. 2,34 g PCl_5 auf dem Wasserbad bis zum Aufhören der HCl-Entw., dann Filtrieren u. Verdünnen mit Bzn.; lange Nadeln aus Bzn.; 2,6 g (Ausbeute). — *2-Hydroxy-3.5-dichlorbenzoesäureäthylester* (**II**), F. 57°. — *[α-(2'.4'-Dichlorphenylimino)-benzyl]-2-carbäthoxy-4.6-dichlorphenyläther*, $C_{22}H_{15}Cl_4NO_3$, F. 126°, aus 1,85 g **I** u. 2,27 g **II** in Ae. mit $NaOC_2H_5$ in absol. A. unter Kühlung, dann 12 Std. bei Zimmertemp.; Plättchen aus Bzn. (starke Kühlung); 2 g. — *2.4.5.7-Tetrachloracridon*, $C_{13}H_5Cl_4NO$, F. 252—253°, a) aus 2 g vorst. Verb. durch 10 Min. langes Erhitzen auf 260°, Versetzen mit H_2SO_4 (bei 150°) u. Erwärmen (1 Min.) auf 200°; 0,15 g; b) aus Acridon in Eisessig durch ½ std. Chlorierung auf dem Wasserbad; 98%; feine, gelbe Nadeln aus Toluol. — *2.4.5.7.9-Pentachloracridin*, $C_{13}H_4Cl_5N$, F. 193°, aus vorst. Verb. mit $POCl_3$, zuerst bei 85—90°, dann 2 Std. bei 135—140°; aus Bzl. gelbliche Nadeln. (Studii Cercetări Chim. [Cluj] **8.** Nr. 3—4. 351—61. Juli/Dez. 1957. Cluj, Acad. RPR, Inst. de chim.) [F. HODOŞAN/Cluj. 3231

Takeichi Nishikawa, *Untersuchungen über Dicyandiamid.* 6. Mitt. *Wolff-Kishner-Reduktion von Malonylaminodicyandiamidinabkömmlingen.* (5. vgl. C. **1950/54.** 3890 S.) Untersucht wird die Red. nach WOLFF-KISHNER bei 200—250° von N^{ω}-[Furfurylidenamino]- (I), -[Benzalamino]-, -[α-Phenyläthylidenamino]- u. -[Diphenylmethylenamino]-malonyldicyandiamidin.

Versuche: Malonyldicyandiamidine: *N^{ω}-[Furfurylidenamino]-* (I), $C_{10}H_9N_5O_4$, aus N^{ω}-[Furfurylidenamino]-dicyandiamidin ($C_7H_9N_5O_2$; vgl. l. c.) u. Na-Malonsäurediäthylester in Methanol–A.–Na-Alkoholat durch 2½ std. Erwärmen auf 90—95°; 72% (Ausbeute). 2 std. Erhitzen auf 170—208° in Diäthylenglykol in Ggw. von Na → *α-Methylfuran*, Kp. 60—62°; 26,8%. — *N^{ω}-[Benzalamino]-*, $C_{12}H_{11}N_5O_3$, aus N^{ω}-[Benzalamino]-dicyandiamidin analog **I**; 81,2%. Erhitzen in Diäthylenglykol in Ggw. von Na auf 210—250° → *Toluol*, Kp. 109—111°; 51%. — *N^{ω}-[α-Phenyläthylidenamino]-*, $C_{13}H_{13}N_5O_3$, analog **I** aus N^{ω}-[α-Phenyläthylidenamino]-dicyandiamidin; 72%. Erhitzen in Diäthylenglykol auf 230—260° in Ggw. von Na → *Äthylbenzol*, Kp. 132—135°; 55,8%. — *N^{ω}-[Diphenylmethylenamino]-*, $C_{18}H_{15}N_5O_3$, analog **I** aus N^{ω}-[Diphenylmethylenamino]-dicyandiamidin; 84,5%. Erhitzen in Diäthylenglykol in Ggw. von Na auf 228—242° → *Diphenylmethan*; 34%. (J. chem. Soc. Japan, pure Chem. Sect. [Nippon Kagaku Zassi] **76.** 11—13. Jan. 1955. Fukuoka, Kyushu Univ. [Orig.: japan.]) L. SCHULER. 3272

Wojciech Dymek, Juliusz Malicki und **Antonia Waksmundzka,** *Synthesen von 2.4-Diarylaminochinazolinen und ihren Derivaten.* 2. Mitt (1. vgl. Ann. Univ. Mariae Curie-Skłodowska, Sect. AA **6.** [1952.] 25.) Symm. Bis-[o-tolyl]-guanidin (**I**) u. o-Tolylsenföl kondensieren sich bei 220° während 3 Std. unter H_2S-Entw. zu *2.4-Bis-[o-toluidino]-8-methylchinazolin* [$C_{23}H_{22}N_4$, F. 138—140°, Säulen (A.). *Hydrochlorid,* $C_{23}H_{23}ClN_4$, F. 240 bis 242°, Nadeln (A.). *Pikrat,* $C_{29}H_{25}N_7O_7$, F. 268—270°, gelbe Nadeln (Essigsäure)]. 4 Std. Hydrolyse mit 50%ig. alkoh. KOH bei 140° führt unter Abspaltung der 2-(o-Tolyl)-Gruppe zu *2-Hydroxy-4-[o-toluidino]-8-methylchinazolin* [$C_{16}H_{15}N_3O$, F. 243°, Nadeln (A.)] u. bei 160° unter Abspaltung beider o-Tolyl-Gruppen zu *2.4-Dihydroxy-8-methylchinazolin* [**II**; $C_9H_8N_2O_2$, F. 283°, Nadeln (A.)]. Die Feststellung, welche o-Tolylgruppe verseift wird, gelingt durch partielle Hydrolyse von *2-[o-Toluidino]-4-anilino-8-methylchinazolin* [$C_{22}H_{20}N_4$, F. 140—142°, Säulen (A.). *Hydrochlorid,* $C_{22}H_{21}ClN_4$, F. 310°], das durch Kondensation von **I** mit Phenylsenföl bei 220° erhalten wird; 4std. Erwärmen mit 50%ig. alkoh. KOH bei 140° liefert *2-Hydroxy-4-anilino-8-methylchinazolin* [$C_{15}H_{13}N_3O$, F. 249 bis 252°], bei 160—180° dagegen **II.** (Ann. Univ. Mariae Curie-Skłodowska, Sect. AA **8.** 65—70. 1953, herausgeg. 1955. Lublin.) F. Urban. 3272

J. G. Kuderna, J. W. Sims, J. F. Wikstrom und **S. B. Soloway,** *Darstellung einiger insekticider, chlorierter Brücken enthaltender Phthalazine.* Aus Azodiameisensäureester (**A**) u. Cyclopentadien (**I**) erhaltene Addukte addieren **I**, Hexachlorcyclopentadien (**II**) u. Tetrachlorcyclopentadienondimethylacetal (**III**) unter Bldg. der entsprechenden *Δ^6-Oktahydro-1.4;5.8-dimethanophthalazindicarbonsäure-(2.3)* (**IV**)*-Ester.* In gleicher Weise wird das **A**–*Butadien-Addukt* an **II** addiert, während das **A**–*Furan-Addukt* nicht mit **II** reagiert. Der von **II** abgeleitete **IV**-5.6.7.8.9.9-Hexachlordiäthylester (**V**) wird in saurem Medium verseift u. zum entsprechenden *Oktahydrophthalazin* (**VI**) decarboxyliert, das in Ggw. von Luft ebenso wie **V** in bas. Medium in *5.6.7.8.9.9-Hexachlor-1.4.4a.5.8.8a-hexahydro-1.4;5.8-dimethanophthalazin* (**VII**) übergeht. Analog **V** liefert auch der von **III** abgeleitete **IV**-*5.6.7.8-Tetrachlor-9.9-dimethoxydiäthylester* (**VIII**) mit Alkali das entsprechende *Hexahydrophthalazin.* In konz. H_2SO_4 wird **VIII** jedoch zu *5.6.7.8-Tetrachlor-1.2.3.4.4a.8a-hexahydro-1.4-methanophthalazinsulfat* abgebaut. **VII** liefert ein *N-Oxyd* u. spaltet beim Erhitzen N_2 ab unter Bldg. von *1.7.8.9.10.10-Hexachlortetracyclo-[5.2.1.0^{2,6}.0^{3,5}]-decen-(8).* **VII** besitzt gegenüber Stubenfliegen die 40—50fache Toxizität von DDT.

Versuche: *Azodiameisensäuredibutylester,* $C_{10}H_{18}N_2O_4$, Kp.$_{0,3}$ 88—96°, aus Dicarbaminsäuredibutylester mit HOCl; n_D^{27} 1,4311; 90% (Ausbeute). — *2.3-Diazabicyclo-[2.2.1]-hepten-(5)-dicarbonsäure-(2.3), Diäthylester,* $C_{11}H_{16}N_2O_4$, Kp.$_{0,1}$ 105—113°, aus **I** u. Azodiameisensäurediäthylester (**IX**); n_D^{25} 1,4834; 97%. *Dibromid,* $C_{11}H_{16}Br_2N_2O_4$, F. 65 bis 67°. *Dihydrophenyltriazolderiv.,* $C_{17}H_{21}N_5O_4$, F. 129°. Analog: *Dimethylester,* $C_9H_{12}N_2O_4$, F. 82°; 90%. *Dibutylester,* $C_{15}H_{24}N_2O_4$, Kp.$_{0,6}$ 150—152°, n_D^{20} 1,4734; 34%. — **IX**–*Furan-Addukt,* $C_{10}H_{14}N_2O_5$, n_D^{25} 1,4756; 97%; wird beim Vers. der Dest. zersetzt. — **IX**–*Butadien-Addukt,* $C_{10}H_{16}N_2O_4$, Kp.$_{0,6}$ 106—110°, n_D^{25} 1,4714; 70%. — *5.6.7.8.9.9-Hexachlor-1.2.3.4.4a.5.8.8a-oktahydro-1.4;5.8-dimethanophthalazindicarbonsäure-(2.3), Diäthylester* (**V**), $C_{16}H_{16}Cl_6N_2O_4$, F. 110—111° (verd. Methanol), aus dem **I**-**IX**-Addukt u. **II** in Ggw. von Di-tert.-butylhydrochinon bei 130° in 20 Std.; 95%. Analog: *Dimethylester,* $C_{14}H_{12}Cl_6N_2O_4$, F. 145°; 59%. *Dibutylester,* $C_{20}H_{24}Cl_6N_2O_4$; 33%. — **VI**-*Carbonsäure-(2), Äthylester* (**X**), $C_{13}H_{12}Cl_6N_2O_2$, F. 215—216°, durch Erwärmen von **V** mit methanol. KOH auf 45° u. 3tägiges Stehen bei Raumtemp.; 10%. *Methylester,* $C_{12}H_{10}Cl_6N_2O_2$, F. 171—172°, durch 4tägiges Stehen von **V** mit methanol. KOH bei Raumtemp.; 20%. — *1.2.3.4.4a.5.8.8a-Oktahydro-1.4;5.8-dimethanophthalazindicarbonsäure-(2.3)* (**IV**), *Diäthylester,* $C_{16}H_{22}N_2O_4$, Kp.$_{0,1}$ 160°, aus dem **I**-**IX**-Addukt u. **I** analog **V**; 61%. — *5.6.7.8-Tetrachlor-9.9-dimethoxy-1.2.3.4.4a.5.8.8a-oktahydro-1.4;5.8-dimethanophthalazindicarbonsäure-(2.3)-diäthylester* (**VIII**), $C_{18}H_{22}Cl_4N_2O_6$, F. 125—126°, wie vorst. mit **III**; 44%. — *5.6.7.8.9.9-Hexachlor-1.2.3.4.4a.5.8.8a-oktahydro-5.8-methanophthalazindicarbonsäure-(2.3)-diäthylester,* $C_{15}H_{16}Cl_6N_2O_4$, aus dem **IX**–Butadien-Addukt u. **II**; viscoses Öl. — *5.6.7.8.9.9-Hexachlor-1.2.3.4.4a.5.8.8a-oktahydro-1.4;5.8-dimethanophthalazin* (**VI**), $C_{10}H_8Cl_6N_2$, F. 202—205°. (Bzl.–Cyclohexan), aus **VI**-Sulfat (-Acetat) mit 10%ig. NaOH (W.) unter N_2; 90 (92)%. *Sulfat,* $C_{10}H_{10}Cl_6N_2 \cdot SO_4$, F. 235° (Zers.), durch 1—2std. Erhitzen von **V** mit 95%ig. H_2SO_4 auf 85° u. Gießen auf Eis; 85%. *Hydrochlorid,* $C_{10}H_9Cl_7N_2$, F. >300°, durch 140std. Erhitzen von **V** mit konz. HCl auf 100°; 83%. *Hydrobromid,* $C_{10}H_9BrCl_6N_2$, F. >300°, aus **VI** u. HBr; 74%. Analog: *Phosphat,* $C_{10}H_{11}Cl_6N_2 \cdot PO_4$, F. >300° (Zers.); 68%. *Chloracetat,* $C_{12}H_{11}Cl_7N_2O_2$, F. 138° (Zers.); 58%. *Formiat,* $C_{11}H_{10}Cl_6N_2O_2$, F. 162° (Zers.); 54%. *Oxalatdihydrat,* $C_{22}H_{22}Cl_{12}N_4O_6$, F. 210° (Zers.); 69%. *p-Toluolsulfonat,* $C_{17}H_{16}Cl_6N_2O_3S$, F. 195° (Zers.); 60%. *Acetat,* $C_{12}H_{12}Cl_6N_2O_2$, F. 127—130° (Zers.); 59%. *Citrat,* $C_{26}H_{24}Cl_{12}N_4O_7$, F. 203—205° (Zers.); 65%. *2.3-Diacetylderiv.,* $C_{14}H_{12}Cl_6N_2O_2$, F. 204°, aus **VI** mit Na-Acetat/Acetanhydrid bei 0°; 33%. *2-Sulfoderiv.,* $C_{10}H_8Cl_6N_2O_3S$, F. 233° (Zers.), aus **VI** mit Chlorsulfonsäure in Bzl. bei Raumtemp.; 94%. — *5.6.7.8.9.9-*

Hexachlor-1.4.4a.5.8.8a-hexahydro-1.4;5.8-dimethanophthalazin (**VII**), $C_{10}H_6Cl_6N_2$, F. 163 bis 164°, a) durch 8std. Rühren von **VI**-Sulfat in Bzl. mit wss. NaOH; 90%; b) neben **X**; 90%. *2-Oxyd*, $C_{10}H_6Cl_6N_2O$, F. 256° (Zers.), durch 136std. Stehen von **VII** mit Peroxybenzoesäure in Chlf.; 91%. — *1.7.8.9.10.10-Hexachlortetracyclo-[5.2.1.0^{2,6}.0^{3,5}]-decen-(8)*, $C_{10}H_6Cl_6$, F. 165°, durch 2std. Kochen von **VII** in Bzl.; 100%. — *5.6.7.8-Tetrachlor-1.4.4a.5.8.8a-hexahydro-1.4;5.8-dimethanophthalazinon-(9)-dimethylacetal*, $C_{12}H_{12}Cl_4N_2O_2$, F. 114°, aus **VIII** mit methanol. KOH in 4 Tagen bei Raumtemp.; 60%. — *5.6.7.8-Tetrachlor-1.2.3.4.4a.8a-hexahydro-1.4-methanophthalazinsulfat*, $C_9H_{10}Cl_4N_2O_4S$, F. 200—203° (Zers.), durch Erhitzen von **VIII** mit 95%ig. H_2SO_4 auf dem Dampfbad u. Gießen auf Eis; 46%. (J. Amer. chem. Soc. **81**. 382—86. 20/1. 1959. Modesto, Calif., Shell Developm. Co., Agric. Res. Div.) H. KAMPFER. 3272

Karl Winterfeld und **Gerhard Gierenz**, *Synthese des 2-Azachinolizidins und einiger Derivate*. (Vgl. C. **1957**. 9656.) Die Umsetzung des bei der katalyt. Hydrierung von 2-Cyanpyridin mit Pd/Tierkohle erhaltenen *Pyridyl-(2)-methylamins* (**I**) mit zwei Äquivalenten Chloressigester führt zu *N-[Pyridyl-(2)-methyl]-iminodiessigsäurediäthylester* (**II**), der katalyt. zum entsprechenden *Piperidinderiv.* hydriert wird, das bei der Dest. unter Abspaltung von A. den Ring zu *[4-Oxo-2-azachinolizidinyl-(2)]-essigsäureäthylester* (**III**) schließt. **III** wird mit LiAlH zu *2-Hydroxyäthyl-2-azachinolizidin* reduziert. Durch Kondensation von **I** mit einem Äquivalent Chloressigester unter Verwendung von K_2CO_3 in feuchtem Bzl. zu einem Gemisch aus 16% **II** u. 70% *N-[Pyridyl-(2)-methyl]-glycinäthylester* (**IV**), Hydrierung von **IV** mit PtO_2 in Eisessig, Dest. u. Red. des durch A.-Abspaltung u. Ringschluß gebildeten *4-Oxo-2-azachinolizidins* mit $LiAlH_4$ wird *2-Azachinolizidin* dargestellt. Ganz analog erfolgt die Synth. von *3-Hydroxymethyl-2-azachinolizidin* (**V**) durch Umsetzung von **I** mit *α-Brom-β-äthoxypropionsäureäthylester* zu *α-[Pyridyl-(2)-methylamino]-β-äthoxypropionsäureäthylester*, der durch Hydrierung u. Dest. *4-Oxo-3-äthoxymethyl-2-azachinolizidin* (**VI**) liefert. Die Red. von **VI** mit $LiAlH_4$ ergibt *3-Äthoxymethyl-2-azachinolizidin*, dessen Äthoxygruppe durch mehrstd. Kochen mit 48%ig. HBr zu **V** verseift werden kann. Mit Phenylisocyanat reagiert sowohl die sek. Aminogruppe als auch die Hydroxylgruppe. Die Kondensation von **I** mit α-Brompropionsäureester führt zu *N-[Pyridyl-(2)-methyl]-alaninäthylester*, der analog über *4-Oxo-3-methyl-2-azachinolizidin* in *3-Methyl-2-azachinolizidin* (**VII**) übergeführt wird. Die sek. Aminogruppe von **VII** läßt sich mit Phenylisocyanat nachweisen.

Versuche: *Pyridyl-(2)-methylamin* (**I**), $Kp._{14}$ 86—87°, durch 6std. Hydrieren von 2-Cyanpyridin in HCl enthaltendem absol. A. über 15%ig. Pd/Tierkohle; stark bas. Fl.; 62% (Ausbeute). *Dihydrochlorid*, F. 209—212° (Zers.). *Monohydrochlorid*, $C_6H_8N_2 \cdot HCl$, F. 128—129°, aus Ae./A. Blättchen. — *N-[Pyridyl-(2)-methyl]-iminodiessigsäurediäthylester* (**II**), $C_{14}H_{20}N_2O_4$, $Kp._{0,2}$ 134°, durch Zutropfen von 68 g Monochloressigsäureäthylester unter ständigem Rühren in eine auf 100—110° erwärmte Lsg. von 30 g **I** in Pyridin, 1std. Stehen bei gleicher Temp., Behandeln des schwarzen Sirups mit überschüssiger Na_2CO_3-Lsg. u. Extrahieren mit Chlf.; 16,7% neben 13 g **IV** ($Kp._{0,06}$ 100—103°). — *[4-Oxo-2-azachinolizidinyl-(2)]-essigsäureäthylester* (**III**), $Kp._{0,4}$ 169—170°, durch 9std. Hydrieren von **II** in Eisessig über PtO_2, Behandeln des vom Eisessig befreiten Rückstands mit überschüssiger halbkonz. K_2CO_3-Lsg. u. Ausschütteln mit Chlf.; gelbliches Öl; 57%. *Monoperchlorat*, $C_{12}H_{21}N_2O_3 \cdot ClO_4$, F. 204—207°, aus Ae./A. verfilzte Nädelchen. *Goldsalz*, F. 116—119°, aus W. gelbes Salz. — *2-Hydroxyäthyl-2-azachinolizidin*, Kp. 105—106°, durch Zutropfen einer Suspension von $LiAlH_4$ in absol. Ae. zu **III** in absol. Ae. im Laufe einer Std., 2std. Kochen auf dem Wasserbad, Zugabe von A. unter Rühren u. Eis/Kochsalz-Kühlung, 12std. Stehen u. Auskochen des Nd. in A.; hygroskop. Fl.; 70%. *Dipikrat*, $C_{10}H_{20}N_2O \cdot 2\,C_6H_3N_3O_7$, F. 250,5° (Zers.), aus W. u. Aceton gelbe Kristalle. — *N-[Pyridyl-(2)-methyl]-glycinäthylester* (**IV**), $C_{10}H_{14}N_2O_2$, $Kp._{0,1}$ 105°, durch Zutropfen einer benzol. Lsg. von 34 g Monochloressigsäureäthylester in eine sd. Lsg. von 30 g **I** u. K_2CO_3 u. wenig W. in Bzl., 4std. Kochen, Gießen des Reaktionsgemisches unter Eiskühlung in konz. K_2CO_3-Lsg. u. Ausschütteln der wss. Phase mit Chlf.; schwach gelbes, hygroskop. Öl; 61%. — *4-Oxo-2-azachinolizidin*, $Kp._{0,05}$ 111—113°, durch 10std. Hydrieren von **IV** in Eisessig über PtO_2; zähfl. Öl; 37,8%. *Monopikrat*, $C_8H_{14}N_2O \cdot C_6H_3N_3O_7$, F. 187—190°, aus W. gelbes Salz. — *2-Azachinolizidin*, $Kp._{12}$ 84°, durch 2std. Kochen vorst. Verb. mit $LiAlH_4$ in absol. Ae. unter Rühren; bas. reagierendes Öl; 64%. *Dipikrat*, $C_8H_{16}N_2 \cdot 2\,C_6H_3N_3O_7$, F. 250—260° (Zers.), aus W. gelbes Salz. — *2-[p-Aminobenzolsulfonyl]-2-azachinolizidin*, $C_{14}H_{21}N_3O_2S$, F. 154,5° (Ae./PAe.), aus 3 g vorst. Verb. u. 4,5 g N-Acetylsulfanilsäurechlorid in W., 1std. Kochen des Nd. in 2n HCl u. Einstellen der Lsg. mit Na_2CO_3-Lsg. auf p_H 8; ca. 1 g. — *α-Brom-β-äthoxypropionsäureäthylester*, $Kp._{15}$ 94—97°, nach BRETSCHNEIDER u. Mitarbeitern (vgl. Mh. Chem. **84**. [1953.] 1084); 69,5%. — *α-[Pyridyl-(2)-methylamino]-β-äthoxypropionsäureäthylester*, $C_{13}H_{20}N_2O_3$, $Kp._{0,1}$ 132°, durch 4std. Rühren von **I**, K_2CO_3 u. wenig W. mit vorst. Ester in Bzl. in der Siedehitze;

gelbes, viscoses Öl; 71,6% neben einem harzigen Rückstand. — *4-Oxo-3-äthoxymethyl-2-azachinolizidin* (**VI**), $Kp._{0,3}$ 134—135°, durch 12std. Hydrieren vorst. Esters in Eisessig über PtO_2; hygroskop. Öl; 51,6%. — *3-Äthoxymethyl-2-azachinolizidin*, $Kp._{0,05}$ 72°, durch 6std. Erhitzen von **VI** mit $LiAlH_4$ in absol. Ae. unter Rühren; bas. reagierendes Öl; 75%. *Dipikrat*, $C_{11}H_{22}N_2O \cdot 2\,C_6H_3N_3O_7$, F. 203—206°, aus W. gelbes Salz. — *3-Hydroxymethyl-2-azachinolizidin* (**V**), $C_9H_{18}N_2O$, F. 110,5°, $Kp._{0,2}$ 111°, durch 27std. Erhitzen vorst. Verb. mit 48%ig. HBr, Abdampfen des HBr im Vakuum, Behandeln des Rückstands mit überschüssiger konz. K_2CO_3-Lsg. u. Extrahieren mit Chlf.; aus PAe. kleine verfilzte Nadeln; 20%. — *2-Anilinoformyl-3-[anilinoformyloxymethyl]-2-azachinolizidin*, $C_{23}H_{28}N_4O_3$, F. 179° (A./Aceton), aus 0,25 g **V** u. 1 g Phenylisocyanat (3 Std.); 0,3 g. — *N-[Pyridyl-(2)-methyl]-alaninäthylester*, $Kp._{0,3}$ 114° bzw. $Kp._{0,05}$ 99—104°, aus α-Brompropionsäureäthylester u. **I**, K_2CO_3 u. wenig W. in Bzl. durch mehrstd. Erwärmen auf 70—75° unter Rühren; hellgelbe, ölige Fl.; 41,5% neben einem harzigen Rückstand. — *4-Oxo-3-methyl-2-azachinolizidin*, $C_9H_{16}N_2O$, $Kp._{0,2}$ 117°, durch 10std. Hydrieren vorst. Esters in Eisessig über PtO_2; zähes, hygroskop. Öl; 38,4%. — *3-Methyl-2-azachinolizidin* (**VII**), $Kp._{13}$ 89—90°, durch 4std. Rühren vorst. Verb. u. $LiAlH_4$ in absol. Ae. auf dem Wasserbad; bas. reagierendes Öl; 77,7%. *Dipikrat*, F. 229—238° (Zers.). — *3-Methyl-2-anilinoformyl-2-azachinolizidin*, $C_{16}H_{23}N_3O$, F. 174—176° (A./Aceton), aus **VII** u. Phenylisocyanat in absol. Toluol. (Chem. Ber. **92**. 240—44. 1959. Bonn, Univ., Pharmazeut. Inst.)
U. KRÜGER. 3272

I. Kompiš, J. Mokrý und **J. Tamchyna,** *Derivate von N-Methylxanthinen. 2. Mitt. 8-[p-Carboxyphenyl]-theophyllin und 8-[p-Carboxybenzyl]-theophyllin.* Vff. beschreiben die Synth. vorst. Verbb., deren Alkalisalze gut in W. lösl. u. somit der pharmakol. Auswertung zugänglich sind. Gleichzeitig wird die Synth. der benötigten *p-Carbomethoxyphenylessigsäure* u. ihrer Zwischenprodd. angeführt.

V e r s u c h e: *1.3-Dimethyl-4-amino-5-[p-carbomethoxybenzoylamino]-uracil*, $C_{15}H_{16} \cdot N_4O_5$, F. 258—259°, durch Schmelzen von Terephthalsäuremonomethylester (**I**) mit 1.3-Dimethyl-4.5-diaminouracil (**II**); 76,4% (Ausbeute). — *8-[p-Carboxyphenyl]-theopyllin*, $C_{14}H_{12}N_4O_4$, F. >360°, durch Cyclisieren vorst. Verb. in wss. NaOH bei 90° u. Ausfällen mit Essigsäure bis p_H 3; 86,7%. — *Terephthalsäuremethylesterchlorid* (**III**), $C_9H_7ClO_3$, F. 52—53°, aus **I** u. Thionylchlorid. — *p-Carbomethoxy-ω-diazoacetophenon*, $C_{10}H_8N_2O_3$, F. um 135°, aus **III** in Bzl. u. Diazomethan. — *p-Carbomethoxyphenylessigsäure*, $C_{10}H_{10}O_4$, F. 209—211°, aus **III** u. vorst. Verb. nach ARNDT-EISTERT; 64,1%. — *8-[p-Carboxybenzyl]-theophyllin*, $C_{15}H_{14}N_4O_4$, F. >300° (Pyridin), durch Schmelzen von **II** u. vorst. Verb. (30 Min. bei 185—200°) u. Ansäuern des Filtrats mit verd. HCl (p_H 1); gelb; 43,2%. (Chem. Zvesti **12**. 519—24. Sept. 1958. Bratislava, Chem. Ústav SAV, odd. farmac. chém. a biochém.)
H. WEJNAR. 3272

Fred K. Kirchner und **E. John Alexander,** *Eine neue Synthese einiger 2-substituierter 3.4-Dihydro-3-oxo-1.4.2-benzothiazinderivate.* 2-Aminothiophenol (**I**) reagiert mit β-Benzoylacrylsäuren zu *3.4-Dihydro-3-oxo-2-phenacyl-1.4.2-benzothiazin* (**III**)-*Derivaten.* Das *2-[4'-Aminophenacyl]-deriv.* wurde mit Buttersäure- u. Hexansäureanhydrid acyliert. *3.4-Dihydro-3-oxo-2-phenacyl-* bzw. *-2-[4-fluorphenacyl]-6-chlor-1.4.2-benzothiazin* wurden durch Red. der aus 4-Chlor-2-nitrothiophenol u. den entsprechenden β-Benzoylacrylsäuren erhaltenen Addukte dargestellt. Das *Oxim* war das einzige Ketonderiv. von *3.4-Dihydro-3-oxo-2-phenacyl-1.4.2-benzothiazin* (**III**), das erhalten werden konnte; durch BECKMANN-Umlagerung wurde daraus *3.4-Dihydro-3-oxo-1.4.2-benzothiazin-2-acetanilid* erhalten, das auch aus der Säure bzw. durch Rk. von Maleinsäuremonoanilid mit **I** dargestellt werden konnte. Diese Darstellungsmethoden, die Synth. von **III** aus α-Chlor-β-benzoylpropionsäure u. die Tatsache, daß **III** mit sd. Acetanhydrid nicht reagiert, bestätigen, daß durch Rk. von **I** mit β-Benzoylacrylsäuren *Benzothiazinderivv.* u. nicht Benzothiazepinderivv. entstehen. Durch Rk. von Maleinsäuremonoamiden, -monoaniliden oder -monophenylhydraziden mit **I** wurden *Amide, Anilide* u. *Phenylhydrazide* der *3.4-Dihydro-3-oxo-1.4.2-benzothiazin-2-essigsäure* (**IV**) erhalten, die auch aus **IV** dargestellt werden konnten. Durch Kondensation von α-Brom-γ-butyrolacton mit **I** zu *2-[2-Hydroxyäthyl]-3.4-dihydro-3-oxo-1.4.2-benzothiazin* u. Red. mit $LiAlH_4$ wurde *2-[2-Hydroxyäthyl]-3.4-dihydro-1.4.2-benzothiazin* erhalten, das auch durch $LiAlH_4$-Red. von **IV**-Äthylester dargestellt wurde. **IV**-Äthylester konnte durch Kondensation von **I** mit Maleinsäurediäthylester oder durch Rk. von **IV** mit A. u. HCl erhalten werden. 3.4-Dihydro-3-oxo-1.4.2-benzothiazin wurde mit $LiAlH_4$ zu *3.4-Dihydro-1.4.2-benzothiazin* reduziert.

V e r s u c h e (FF. korr.): 3.4 - D i h y d r o - 3 - o x o - 1.4.2 - b e n z o t h i a z i n e: *2-Phenacyl-* (**III**), $C_{16}H_{13}NO_2S$, F. 173—175° (Toluol), a) durch Zugabe von 1 Mol **I** in Toluol zu 1 Mol β-Benzoylacrylsäure in sd. Toluol unter Abscheidung des Reaktionswassers, 1std. Kochen, Kühlen oder Einengen u. Filtrieren; 80% (Ausbeute); b) durch Rk. von **I** mit β-Benzoylacrylsäure in Ae. in Ggw. von Piperidin bei Raumtemp.;

c) durch 7tägiges Stehen von **I** in absol. A. mit β-Benzoyl-α-chlorpropionsäure unter N_2. *Oxim*, $C_{16}H_{14}N_2O_2S$, F. 196—201°, durch 1std. Kochen mit Hydroxylaminhydrochlorid u. Na-Acetat·3 H_2O in A., Filtrieren u. Zugabe von W. u. Kühlen; 74%. — *2-[4-Methylphenacyl]-*, $C_{17}H_{15}NO_2S$, F. 205—206° (wss. Essigsäure), analog **III** nach a); 78%. — *2-[4-Isopropylphenacyl]-*, $C_{19}H_{19}NO_2S$, F. 157—160° (wss. CH_3OH), analog; 39%. — *2-[4-n-Butylphenacyl]-*, $C_{20}H_{21}NO_2S$, F. 131—132° (A.), analog; 60%. — *2-[4-n-Octylphenacyl]-*, $C_{24}H_{29}NO_2S$, F. 117—119° (A.); 83%. — *2-[4-n-Dodecylphenacyl]-*, $C_{28}H_{37}$·NO_2S, F. 118—120° (A.); 85%. — *2-[4-Acetylaminophenacyl]-*, $C_{18}H_{16}N_2O_3S$, F. 236 bis 238° (Aceton); 64%. — *2-[4-Fluorphenacyl]-*, $C_{16}H_{12}FNO_2S$, F. 171—173° (Toluol), analog **III** nach a) aus *β-[4-Fluorbenzoyl]-acrylsäure* [$C_{10}H_7FO_3$, F. 132—138° (unkorr.; Bzl.); 59%]; 62%. — *2-[4-Chlorphenacyl]-*, $C_{16}H_{12}ClNO_2S$, F. 193—195° (wss. Dioxan); 77%. — *2-[3.4-Dichlorphenacyl]-*, $C_{16}H_{11}Cl_2NO_2S$, F. 192—194° (wss. Dioxan); 56%. — *2-[2.4-Dichlorphenacyl]-*, F. 186—190° (Toluol); 70%. — *2-[2.4-Dihydroxyphenacyl]-*, $C_{16}H_{13}NO_4S$, F. 253° (Zers.; wss. Essigsäure); 39%. — *2-[4-Methoxyphenacyl]-*, $C_{17}H_{15}NO_3S$, F. 194 bis 196° (Dioxan); 71%. — *2-[4-Methylmercaptophenacyl]-*, $C_{17}H_{15}NO_2S_2$, F. 191—195° (Xylol); 73%. — *2-[3-Nitrophenacyl]-*, $C_{16}H_{12}N_2O_4S$, F. 191—194° (wss. Dioxan); 57%. — *2-[4-Aminophenacyl]-*, $C_{16}H_{14}N_2O_2S$, F. 194—196° (wss. A.), durch 2std. Kochen des Acetylderiv. mit wss.-alkoh. HCl, Stehen über Nacht u. Filtrieren; 46%. — *2-[4-Butyrylaminophenacyl]-*, $C_{20}H_{20}N_2O_3S$, F. 218—220° (wss. Aceton), durch Acylierung vorst. Verb. mit Buttersäureanhydrid in heißem Pyridin; 83%. — *2-[4-Caproylaminophenacyl]-*, $C_{22}H_{24}N_2O_3S$, F. 175—185° (Aceton–A.-Skellysolve C), analog vorst. Verb.; 82%. — *6-Chlor-2-phenacyl-*, $C_{16}H_{12}ClNO_2S$, F. 215—219° (Toluol), durch 15 Min. Erwärmen von 4-Chlor-2-nitrothiophenol u. β-Benzoylacrylsäure in Eisessig in Ggw. von Piperidin auf dem Wasserbad, portionsweise Zugabe von Zn-Staub, Erwärmen bis zur blaßgrünen Färbung, Zugabe von Eisessig, Heißfiltration, Kühlen u. Filtrieren; 28%. — *6-Chlor-2-[4-fluorphenacyl]-*, $C_{16}H_{11}ClFNO_2S$, F. 243—245° (wss. Essigsäure), analog vorst. Verb.; 54%. — *Maleinsäure, Mono-N-octylamid*, $C_{12}H_{21}NO_3$, F. 80—82° (Bzl.-Skellysolve C); 96%. *Mono-N-cyclohexylamid*, $C_{10}H_{15}NO_3$, F. 150—153° (Chlf.–Ae.); 60%. *Mono-N-methylanilid*, $C_{11}H_{11}NO_3$, F. 88—92° (Ae.); 78%. *Mono-4-fluoranilid*, $C_{10}H_3FNO_3$, F. 204—206° (absol. A.); 95%. *Mono-2.3-dichloranilid*, $C_{10}H_7Cl_2NO_3$, F. 138—139° (CH_3OH-Bzl.); 54%. *Mono-3.4-dichloranilid*, F. 211—212° (CH_3OH-A.); 81%. *Mono-2.4-dichloranilid*, F. 175 bis 177° (Chlf.-CH_3OH); 95%. *Mono-2.5-dichloranilid*, F. 144—146° (Chlf.); 92%. *Mono-3-chlor-4-methylanilid*, $C_{11}H_{10}ClNO_3$, F. 196—197° (Zers.; Ae.); 100%. *Mono-4-bromanilid*, $C_{10}H_8BrNO_3$, F. 197—199° (Ae.); 75%. *Mono-4-methylmercaptoanilid*, $C_{11}H_{11}NO_3S$, F. 175 bis 178° (Ae.); 98%. *Mono-4-carbäthoxyanilid*, $C_{13}H_{13}NO_5$, F. 191—192° (Zers.; Ae.); 50%. *Mono-4-fluorphenylhydrazid*, $C_{10}H_9FN_2O_3$, F. 155—156° (A.-Bzl.); 42%. *Mono-4-chlorphenylhydrazid*, $C_{10}H_9ClN_2O_3$, F. 162—165° (CH_3OH-Bzl.); 55%. *Mono-2.3-dichlorphenylhydrazid*, $C_{10}H_8Cl_2N_2O_3$, F. 189—190° (CH_3OH-Bzl.); 79%. *Mono-3.4-dichlorphenylhydrazid*, F. 175—177° (CH_3OH-Bzl.); 75%. *Mono-2.4-dichlorphenylhydrazid*, F. 166—167° (Zers.; CH_3OH-Bzl.); 54%. *Mono-2.5-dichlorphenylhydrazid*, F. 153—156° (Zers.; A.-Bzl.); 80%. *Mono-2.4.6-trichlorphenylhydrazid*, $C_{10}H_7Cl_3N_2O_3$, F. 159—161° (CH_3OH); 65%. *Mono-4-bromphenylhydrazid*, $C_{10}H_9BrN_2O_3$, F. 165° (Zers.; Ae.); 65%. *Mono-2.4.6-tribromphenylhydrazid*, $C_{10}H_7Br_3N_2O_3$, F. 169—171° (CH_3OH); 82%. — *3.4-Dihydro-3-oxo-1.4.2-benzothiazin-2-essigsäure* (**IV**), $C_{10}H_9NO_3S$, F. 196—199° (wss. A.), durch Mischen alkoh. Lsgg. von **I** u. Maleinsäure unter exothermer Rk. zu Filtrieren. *Äthylester*, $C_{12}H_{13}NO_3S$, F. 127—128°, a) durch Zutropfen von **I** zu Maleinsäurediäthylester bei 190° unter N_2, langsames Erwärmen auf 215°, Kühlen, Filtrieren, Lösen des Nd. in heißem absol. A., Zugabe von Skellysolve C u. Kühlen; 85%; b) durch Sättigen von A. mit HCl bei 0°, Erwärmen mit **IV** auf dem Wasserbad bis zur Lsg., 1std. Erwärmen u. Kühlen; 100%. *3-Chloranilid* (**V**), $C_{16}H_{13}ClN_2O_2S$, F. 229—230° (A.), durch Zugabe von 0,1 Mol Maleinsäureanhydrid zu 0,1 Mol 3-Chloranilin in Pyridin unter Kühlen, 5 Min. Stehen bei Raumtemp., Zugabe von 0,1 Mol **I**, 1std. Erhitzen auf dem Wasserbad, Zugabe von Bzl., Kochen unter Abdest. von W., Verdünnen mit Bzl. u. Filtrieren; 25%. *3.4-Dichlorphenylhydrazid* (**VI**), $C_{16}H_{13}Cl_2N_3O_2S$, F. 260—262° (Zers.; Pyridin-W.), durch Zugabe von **I** zu Maleinsäuremono-[3.4-dichlorphenyl]-hydrazid in Pyridin, kurzes Erwärmen auf dem Wasserbad, Zugabe von Bzl., Kochen unter Abdest. von W., Kühlen u. Filtrieren; 46%. *4-Chloranilid*, $C_{16}H_{13}ClN_2O_2S$, F. 276—282° (Pyridin), a) durch Zugabe von Chlorameisensäureisobutylester in Aceton zu **IV** u. Triäthylamin in Aceton u. Umsetzung mit 4-Chloranilin in Aceton; 12%; b) analog **VI**; 36%. *Phenylhydrazid* (**II**), $C_{16}H_{15}N_3O_2S$, F. 223—225° (wss. Pyridin), a) durch kurzes Stehen von **IV** in Pyridin mit Benzolsulfonylchlorid, Zugabe von Phenylhydrazin, kurzes Erwärmen auf dem Wasserbad, Kühlen, Zugabe von 5%ig. NaOH u. wenig $NaHSO_3$, Verdünnen mit W. u. Filtrieren; 42%; b) analog **VI**; 24%. *4-Carbohydrazidoanilid*, $C_{17}H_{16}N_4O_3S$, F. 261—263° (Pyridin), durch Zugabe einer Lsg. von 85%ig. Hydrazinhydrat in absol. A. zu einer Lsg. des 4-Carbäthoxyanilids in heißem A., 5std. Kochen, Eindunsten bei Raumtemp., Suspendieren des Rückstandes in heißem absol. A. u. Filtrieren; 55%. *Amid*, $C_{10}H_{10}N_2O_2S$, F. 223—225° (A.), analog **VI**; 30%. *Diäthylamid*, $C_{14}H_{18}N_2O_2S$, F. 156—158° (CH_3OH), analog **VI**; 35%. *Anilid*, $C_{16}H_{14}N_2O_2S$, F. 265—270° (wss. Pyridin), a) analog **VI**; 37%; b) analog **II**; 62%. *N-Methylanilid*, $C_{17}H_{16}N_2O_2S$, F. 172—173° (A.-Bzl.-Skellysolve C), analog **VI**; 40%. *n-Octylamid*, $C_{18}H_{26}N_2O_2S$, F. 188—191° (CH_3OH), analog **VI**; 26%. *n-Cyclohexylamid*, $C_{16}H_{20}N_2O_2S$, F. 250—252° (CH_3OH-Dioxan), analog **V**; 8%. *4-Fluoranilid*, $C_{16}H_{13}FN_2O_2S$, F. 267—270° (Pyridin-Bzl.-Skellysolve C), analog **VI**; 25%. *2-Chloranilid*, $C_{16}H_{13}ClN_2O_2S$, F. 232 bis 237° (Pyridin-wss. A.), analog **V**; 13,5%. *2.3-Dichloranilid*, $C_{16}H_{12}Cl_2N_2O_2S$, F. 270 bis 272° (wss. Pyridin), analog **VI**; 45%. *3.4-Dichloranilid*, F. 242—244° (wss. Pyridin); 34%. *2.4-Dichloranilid*, F. 241—242° (Pyridin-Bzl.-Skellysolve C), analog **V**; 23%. *2.5-Dichloranilid*, F. 261—265° (Pyridin-Bzl.-Skellysolve C), analog **VI**; 41,5%. *3-Chlor-4-methylanilid*, $C_{17}H_{15}ClN_2O_2S$, F. 240—242° (wss. Pyridin), analog **VI**; 40%. *4-Bromanilid*, $C_{16}H_{13}BrN_2O_2S$, F. 284° (Zers.; wss. Pyridin), analog **VI**; 42%. *4-Äthoxyanilid*, $C_{18}H_{18}N_2O_3S$, F. 267—269° (Pyridin-Bzl.), a) analog **V**; 23%; b) analog **II**; 29%. *4-Methylmercaptoanilid*, $C_{17}H_{16}N_2O_2S_2$, F. 263—265° (CH_3OH), analog **VI**; 42%. *4-Carbäthoxyanilid*, $C_{19}H_{18}N_2O_4S$, F. 205—206° (CH_3OH), analog **V**; 22%. *4-Äthylmercaptoanilid*, $C_{18}H_{18}N_2O_2S_2$, F. 235—237° (wss. Pyridin), analog **II**; 58%. *4-Methylsulfonylanilid*, $C_{17}H_{16}N_2O_4S_2$, F. 234—236° (wss. Pyridin), analog **II**; 52%. *4-Aminosulfonylanilid*, $C_{16}H_{15}N_3O_4S_2$, F. 280—283° (wss. Pyridin), analog **II**; 69%. *4-Fluorphenylhydrazid*, $C_{16}H_{14}FN_3O_2S$, F. 225—227° (wss. Pyridin), analog **VI**; 39%. *4-Chlorphenylhydrazid*, $C_{16}H_{14}ClN_3O_2S$, F. 235—237° (wss. Pyridin), analog **VI**; 43%. *2.3-Dichlorphenylhydrazid*, $C_{16}H_{13}Cl_2N_3O_2S$, F. 264—266° (wss. Pyridin), analog; 58%. *2.4-Dichlorphenylhydrazid*, F. 262—263° (Pyridin-Bzl.), analog; 27%. *2.5-Dichlorphenylhydrazid*, F. 266—267° (Dioxan-W.), analog **V**; 28%. *2.4.6-Trichlorphenylhydrazid*, $C_{16}H_{12}Cl_3N_3O_2S$, F. 248 bis 251° (Pyridin-W.-A.), analog **V**; 24%. *4-Bromphenylhydrazid*, $C_{16}H_{14}BrN_3O_2S$, F. 230,2° (Zers.; wss. Pyridin), analog **VI**; 42%. *2.4.6-Tribromphenylhydrazid*, $C_{16}H_{12}Br_3N_3O_2S$, F. 253—255° (wss. Pyridin), analog **VI**; 38%. — *2-[2-Hydroxyäthyl]-3.4-dihydro-3-oxo-1.4.2-benzothiazin*, $C_{10}H_{11}NO_2S$, F. 105—107° (A.-Skellysolve C), durch Zugabe von **I** zu α-Brom-γ-butyrolacton in absol. A., 15 Min. Erwärmen auf dem Wasserbad, Neutralisieren mit $NaHCO_3$, Verdünnen mit W. u. mehrtägiges Stehen; 43%. — *2-[2-Hydroxyäthyl]-3.4-dihydro-1.4.2-benzothiazin, Hydrochlorid*, $C_{10}H_{14}ClNOS$, F. 145—148° (A.-Ae.), a) durch portionsweise Zugabe von **IV**-Äthylester zu $LiAlH_4$ in Ae. unter Rühren, 3std. Kochen unter Rühren, Zers. mit A., W. u. Eisessig, Filtrieren, Zugabe von äther. HCl zum Filtrat u. Stehen; 52%; b) analog a) durch Zugabe vorst. Verb. in Ae. zu $LiAlH_4$ in Ae.; 28%. — *3.4-Dihydro-1.4.2-benzothiazin*, C_8H_9NS, F. 36—37°, durch Red. von 3.4-Dihydro-3-oxo-1.4.2-benzothiazin mit $LiAlH_4$ in Ae.; ca. 100%. *4-Phenylthiocarbamylderiv.*, $C_{15}H_{14}N_2S_2$, F. 128—129°. (J. Amer. chem. Soc. **81**. 1721—26. 5/4. 1959. Rensselaer, N. Y., Polytechn. Inst. u. Sterling-Winthrop Res. Inst.) H. Bertsch. 3292

C. Bodea und **M. Răileanu**, *Über die Nitrierung des Phenthiazins.* Um die hinsichtlich der Nitroderivv. des Phenthiazins (**I**) in der Literatur bestehenden zahlreichen Unstimmigkeiten zu klären, nitrieren Vff. **I** mit HNO_2 zu *3.7-Dinitrophenthiazin* u. oxydieren dieses mit HNO_3 zu *3.7-Dinitrophenthiazin-5-oxyd* u. dann mit H_2O_2 zum entsprechenden *5.5-Dioxyd* (**II**). Dieselbe Verb. **II** entsteht auch durch Nitrieren von Phenthiazin-5.5-dioxyd (**III**), das sich seinerseits durch Einw. von H_2O_2 auf das **I**-N-Benzoylderiv. u. nachfolgende Verseifung bildet. **III** geht unter der Einw. verd. HNO_3 in *3-Nitrophenthiazin-5.5-dioxyd* über; dieses kann andererseits auch durch Oxydation von 3-Nitrophenthiazin-5-oxyd (**IV**) mit H_2O_2 erhalten werden. Bei energ. Nitrierung von **II** oder **III** entsteht *1.3.7.9-Tetranitrophenthiazin-5.5-dioxyd* (**V**). Die gleiche Verb. **V** erhält man auch durch energ. Nitrierung von **I** zu *1.3.7.9-Tetranitrophenthiazin-5-oxyd* u. anschließende Oxydation mit H_2O_2. Von den in der Literatur beschriebenen **I**-Derivv. entspricht, wie Vff. zeigen, nur **IV** einem reinen Produkt.

Versuche: *3.7-Dinitrophenthiazin*, $C_{12}H_7N_3O_4S$, F. 286—287°, aus **I** in Chlf./Eisessig u. $NaNO_2$ (12std. Stehen); braune Nadeln aus Anilin; 55—60% (Ausbeute); hieraus durch Red. mit Zn u. Eisessig, dann Ansäuern mit HCl u. Oxydation mit Luftsauerstoff Lauthsches *Violett*. — *3.7-Dinitrophenthiazin-5-oxyd*, $C_{12}H_7N_3O_5S$, F. 309 bis 310° (Zers.), aus vorst. Verb. in Eisessig mit verd. HNO_3 (1:1) bei Zimmertemp., dann Ausfällen mit W.; gelbe Nadeln aus Anilin; 65%. — *3.7-Dinitrophenthiazin-5.5-dioxyd* (**II**), $C_{12}H_7N_3O_6S$, F. 377—378°, a) aus vorst. Verb. durch Kochen mit H_2O_2 in Eisessig; 85%; b) aus **III** u. HNO_3 (D. 1,50) in Eisessig beim Kochen; 35%; gelbe Prismen aus Nitrobenzol oder Anilin. — *10-Benzoylphenthiazin*, F. 172—173°, durch Erwärmen von **I** mit Benzoylchlorid bis zum Aufhören der HCl-Entw.; schwach rosa Plättchen aus A. u. Tierkohle; 90%. — *10-Benzoylphenthiazin-5.5-dioxyd*, F. 246—247°, aus vorst. Verb.

durch Kochen mit H_2O_2 in Eisessig, dann 12 std. Stehen bei Zimmertemp.; Nadeln aus Bzl.; 92%. — *Phenthiazin-5.5-dioxyd* (III), $C_{12}H_9NO_2S$, F. 255—256°, aus vorst. Verb. durch Kochen mit alkoh. 10%ig. KOH; Prismen aus Eisessig; 78%. — *3-Nitrophenthiazin-5.5-dioxyd*, $C_{12}H_8N_2O_4S$, F. 344—345°, aus vorst. Verb. u. verd. HNO_3 durch 8 std. Schütteln bei Zimmertemp.; gelbe Prismen aus Nitrobenzol; 70%. — *1.3.7.9-Tetranitrophenthiazin-5-oxyd*, $C_{12}H_5N_5O_9S$, F. 354—355° (Zers.), durch allmähliches Eintragen von I in HNO_3 (D. 1,50) + H_2SO_4 (mit 20% SO_3), dann 20 Min. langes Erwärmen auf dem Wasserbad; gelblich-orangefarbene Nadeln aus Nitrobenzol; 85%. — *1.3.7.9-Tetranitrophenthiazin-5.5-dioxyd* (V), $C_{12}H_5N_5O_{10}S$, F. 346—347°, a) aus vorst. Verb. durch Kochen mit H_2O_2 in Eisessig; 90%; b) aus II oder III mit HNO_3 (D. 1,50) u. H_2SO_4 (mit 20% SO_3) auf dem Wasserbad; 75% u. 90%; gelbe Stäbchen aus Nitrobenzol. (Studii Cercetări Chim. [Cluj] **8.** Nr. 3—4. 303—13. Juli/Dez. 1957. Cluj, Acad. RPR, Inst. de chim.) F. HODOŞAN/Cluj. 3292

Pauline K. Chang, *Synthese einiger 5-Alkyl-6-azauracile.* (Vgl. C. **1959.** 6426.) Es gelang, Semicarbazone geeigneter α-Ketosäuren (aber nicht α-Semicarbazidoisobuttersäure) zu *5-Alkyl-6-azauracilen* zu cyclisieren. Die narkot. Aktivität dieser Verbb. wurde an Mäusen getestet; sie steigt mit zunehmender Seitenkettenlänge, während die Verzweigung keinen Einfl. hat. Die stärkste narkot. Aktivität zeigte *5-n-Heptyl-6-azauracil* (22,4 bezogen auf 6-Azauracil).

Versuche: Semicarbazone: *Brenztraubensäure-* (I), F. 201° (Zers.); 94% (Ausbeute). — *α-Ketobuttersäure-*, F. 188—189° (Zers.); 91%. — *α-Keto-n-valeriansäure-*, F. 175—176°; 86%. — *Dimethylbrenztraubensäure-*, F. 158—159° (Zers.; Essigester); 63%. — *α-Keto-n-heptansäure-*, F. 148—149° (Zers.; Acetonitril); 82%. — *α-Keto-n-nonansäure-*, F. 156—158° (Zers.; Acetonitril); 100%. — *Phenylbrenztraubensäure-*, F. 174° (Zers.); 92%. — 6-Azauracile: *5-Methyl-*, F. 210—212° (W.), durch schnelle Zugabe von I in Glykol zu Na in A., 15 std. Kochen, Eindampfen bei 120° u. Ansäuern der wss. Lsg. mit konz. HCl auf p_H 2; 51%. — *5-Äthyl-*, $C_5H_7N_3O_2$, F. 145—147° (Bzl.); 56%. — *5-n-Propyl-*, $C_6H_9N_3O_2$, F. 132—134° (Bzl.); 63%. — *5-Isopropyl-*, $C_6H_9N_3O_2$, F. 195—196° (W.); 71%. — *5-n-Pentyl-*, $C_8H_{13}N_3O_2$, F. 126—128° (Bzl.); 53%. — *5-n-Heptyl-*, $C_{10}H_{17}N_3O_2$, F. 117—119° (W.); 73%. — *5-Benzyl-*, $C_{10}H_9N_3O_2$, F. 204—206° (W.) (W.); 94%. — Die UV-Maxima u. pK-Werte der 6-Azauracile sind angegeben. (J. org. Chemistry **23.** 1951—53. Dez. 1958. New Haven, Conn., Yale Univ., School of Med., Dep. of Pharmacol.) I. PAETZKE. 3313

Franz Runge, Zaki El-Hewehi und **Dieter Hempel,** *Zur Kenntnis des symm.-Trithians.* Durch Erhitzen von symm.-Trithian (I) mit S auf 150° entstanden H_2S u. CS_2. Durch Rk. von I mit S_2Cl_2 wurde *α.α'-Dichlordimethylsulfid* (II) dargestellt; durch Zugabe von ZnO läßt sich II haltbar machen. Durch Rk. von II mit Thiophenolen in Ggw. von Na-Äthylat wurde eine Reihe von *1.3-Bis-[arylmercapto]-2-thiapropanen* erhalten, die potentielle Insekticide darstellen. Einige Thiophenole wurden analog mit p-Chlorbenzylchlorid umgesetzt. Die Rk. von II mit K_2CS_3 ergab als Hauptprod. den *polymeren Thioformaldehyd* von WOHL [1886]. Durch Rk. von II mit Thioharnstoff entstand *Dimethylsulfid-1.1'-dithiuroniumchlorid* (III), das als *Dipikrat* u. *Direineckat* charakterisiert wurde, da die freie Base unbeständig ist. Bis-[mercaptomethyl]-sulfid entstand durch Rk. von III mit Basen nur in Spuren neben polymerem Thioformaldehyd. I wird durch Chlorierung in *Chlormethansulfonylchlorid* (IV) übergeführt. Chlormethansulfonanilide zeigen eine herbicide Wirkung. IV wurde mit prim. aromat. Aminen in Ae. oder Tetrahydrofuran, teilweise in Ggw. von Pyridin oder $KHCO_3$ umgesetzt; mit o- u. p-Nitroanilin konnte keine Kondensation erreicht werden. IV reagierte mit N-Äthylanilin, nicht aber mit Diphenylamin. Alle Verss., IV mit o- u. p-Phenylendiamin zu kondensieren, schlugen fehl; die Ausgangsprodd. wurden unverändert zurückgewonnen. Die Rk. von IV mit Benzidin in Ggw. von Pyridin ergab eine Verb., die in alkal. Lsg. gelb, in saurer Lsg. rot gefärbt ist; es wird angenommen,

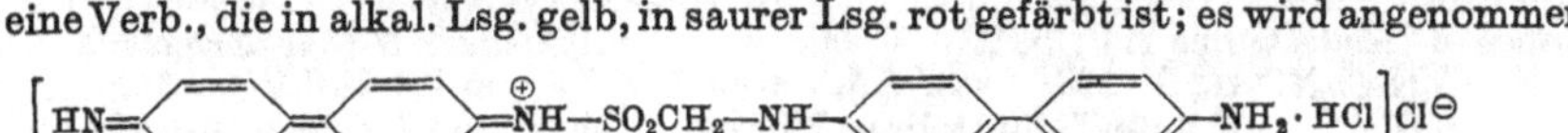

A

daß es sich um **A** handelt. Chlormethansulfonanilide reagierten weder mit K_2S, K_2CS_3, CH_2O noch mit Dekamethylendibromid. Die Chlorierung von Chlormethansulfanilid in CCl_4 in Ggw. von ZnO u. chromatograph. Reinigung ergab *Chlormethansulfonsäure-p-chloranilid.* Durch Thiophosgenisierung des Na-Salzes von Chlormethansulfonsäure-m-chloranilid wurde *Chlormethansulfonsäure-N-[chlorthioformyl]-m-chloranilid* gebildet. *N-Trichlormethylmercaptoanilide der Chlormethansulfonsäure* wurden durch Rk. von Chlormethansulfonsäureaniliden mit Perchlormethylmercaptan (**VI**) in alkal. Lsg. dargestellt. Die Rk. von **IV** mit p-Nitrophenylhydrazin in absol. Ä. ergab *N.N-Bis-[chlormethylsulfo-*

nyl]-N'-p-nitrophenylhydrazin u. *Chlormethansulfonsäure-p-nitrophenylhydrazid.* Die Rk. von **IV** mit 2.4-Dinitrophenylhydrazin lieferte nur das entsprechende *Hydrazid.* Durch Behandlung von Chlormethansulfonsäurehydraziden mit **VI** wurden *N-[Trichlormethylmercapto]-chlormethansulfonsäurephenylhydrazide* erhalten.

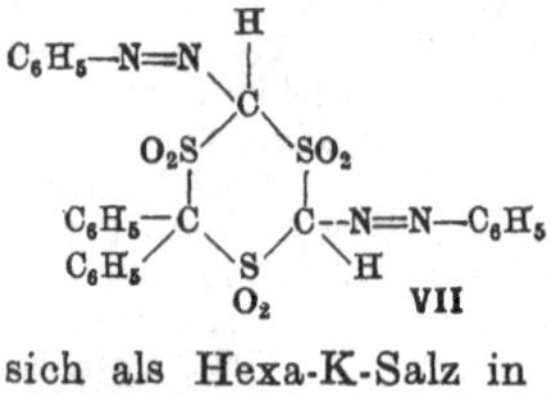

VII

Die Kondensation von **I**-Hexoxyd (1.3.5-Trisulfocyclohexan; **V**) mit CH_2O-Lsg. ergab ein Harz, in dem jedes C-Atom von **V** durch eine Methylengruppe mit einem C-Atom eines weiteren Mol. **V** verbunden ist. Das Tri-Na-Salz von **V** reagierte mit Phenyldiazoniumchlorid zu einem roten Farbstoff, dem die Struktur **VII** zugeschrieben wird; durch Rk. mit $(CH_3)_2SO_4$ entstand daraus ein grüner Farbstoff. **V** läßt sich als Hexa-K-Salz in wss. Lsg. unter Belichtung zu *Hexachlortrisulfocyclohexan* chlorieren, das stark fungicid wirkt.

Versuche: 1.3.5-Trithiapentane: *1.5-Diphenyl-*, $C_{14}H_{14}S_3$, Kp.$_{11}$ 135 bis 145°, durch Zugabe von 1,15 g Na zu 0,45 Mol Thiophnol in A., Zugabe von 0,025 Mol **II**, mehrstd. Kochen, Eindampfen zur Trockene u. Aufnehmen in Bzl.; 16,2% (Ausbeute). — *1.5-Bis-[p-chlorphenyl]-*, $C_{14}H_{12}Cl_2S_3$, F. 52° (CH_3OH), analog; 10,4%. — *1.5-Bis-[p-nitrophenyl]-*, $C_{14}H_{12}N_2O_4S_3$, F. 133,5° (gelbes Pulver aus Bzl.–PAe.), analog 27,4%. — *1.5-Bis-[2.4.5-trichlorphenyl]-*, $C_{14}H_8Cl_6S_3$, F. 119° (Ae.–CH_3OH); 17,2%. — *1.5-Bis-[pentachlorphenyl]-*, $C_{14}H_4Cl_{10}S_3$, F. 172° (CH_3OH); 6,5%. — *1.5-Bis-[3-phenyl-1.3.4-thiadiazolinthion-(2)-yl-(5)]-*, $C_{18}H_{14}N_4S_7$, F. 145—146° (goldgelbe Kristalle aus Chlf.–CH_3OH), analog aus 3-Phenyl-5-mercapto-1.3.4-thiadiazolinthion-(2) (**VIII**) u. **II**; 2,8%. — *1.5-Bis-[p-chlorbenzyl]-*, $C_{16}H_{16}Cl_2S_3$, F. 81,5° (CH_3OH), analog; 3,75%. — *3-Phenyl-5-[p-chlorbenzylmercapto]-1.3.4-thiadiazolinthion-(2)*, $C_{15}H_{11}ClN_2S_3$, F. 92° (gelbliche Kristalle aus Bzl.–PAe.), analog vorst. Verb. aus p-Chlorbenzylchlorid u. **VIII**. — *p-Chlorbenzyl-2.4.5-trichlorphenylsulfid*, $C_{13}H_8Cl_4S$, F. 96° (CH_3OH), analog vorst. Verb. aus p-Chlorbenzylchlorid u. 2.4.5-Trichlorthiophenol. — *Dimethylsulfid-1.1'-dithiuroniumchlorid* (**III**), $C_4H_{12}Cl_2N_4S_3 \cdot CH_3OH$, F. 199° (Zers.; CH_3OH–Ae.), durch 6std. Kochen von 0,1 Mol **II** mit 0,2 Mol Thioharnstoff in absol. A. u. Abdest. des A.; 41,3%. *Dipikrat*, $C_{16}H_{16}N_{10}O_{14}S_3$, F. 209° (Zers.; gelbe Nadeln aus n-Butanol); 100%. *Direineckat*, $C_{12}H_{24}Cr_2N_{16}S_{11}$, F. 223° (Zers.; dunkelrote Kristalle aus wss. A.), durch Zugabe von wss. Reineckesalzlsg. zu **III** in wss. A. bei 40°; ca. 100%. — *Bis-[mercaptomethyl]-sulfid*, Spuren neben *polymerem Thioformaldehyd*, $(CH_2S)_n$ u. F. 175° (Dimethylformamid), durch Kochen von **III** mit wss. KOH unter N_2 bis zum Beginn der NH_3-Entw., sofortiges Kühlen mit Eis, Zugabe gekühlter 30%ig. H_2SO_4, Abfiltrieren des Thioformaldehyds, Ae.-Extraktion u. Eindampfen des Extrakts. — *Chlormethansulfonsäure, m-Chloranilid*, $C_7H_7Cl_2NO_2S$, F. 103,5° (CCl_4) durch Zugabe von 0,1 Mol **IV** in Ae. oder Tetrahydrofuran zu 0,25 Mol Amin in Ae. oder Tetrahydrofuran unter Rühren u. Eiskühlung, Rühren bis zur Erwärmung auf Raumtemp., Abdest. des Lösungsm., Waschen mit HCl, Lösen in verd. NaOH u. Fällen mit Säure; 27,9%. *p-Chloranilid*, F. 106° (CCl_4), a) analog 42,5%; b) durch 8 Std. Einleiten von Cl_2 in eine Lsg. von 3 g des Anilids in CCl_4 in Ggw. von ZnO, Abdest. des CCl_4 u. chromatograph. Reinigung; 0,53 g. *o-Methoxyanilid*, $C_8H_{10}ClNO_3S$, F. 84° (CCl_4); 30,2%. *α-Naphthylamid*, $C_{11}H_{10}ClNO_2S$, F. 128° (CCl_4); 5%. *β-Naphthylamid*, $C_{11}H_{10}ClNO_2S$, F. 117° (CCl_4); 1%. *N-Äthylanilid*, $C_9H_{12}ClNO_2S$, F. 34,5°, analog; Dest. u. chromatograph. Reinigung; Kp.$_{11}$ 187—188°; 13,7%. — *Verb. $C_{25}H_{24}Cl_2N_4O_2S$*, Sintern oberhalb 225° (grünviolette Kristalle), durch Rk. von 0,1 Mol **IV**, 0,15 Mol Benzidin u. 0,2 Mol Pyridin in Tetrahydrofuran analog vorst. Verb., Abdest. des Lösungsm., mehrmaliges Anrühren mit verd. HCl u. mehrmaliges Umfällen mit CH_3OH–Ae.; 11,2 g. — *Chlormethansulfonsäure-N-[chlorthioformyl]-m-chloranilid*, $C_8H_6Cl_3NO_2S_2$, F. 161° (wss. A.), durch Eindampfen von 2 g vorvorst. m-Chloranilids mit Na-Äthylatlsg., Schütteln des Rückstandes mit äther. Thiophosgenlsg., 2std. Stehen u. Abdest. des Ae.; 53%. — *Chlormethansulfonsäure-N-[trichlormethylmercapto]-anilid*, $C_8H_7Cl_4NO_2S_2$, F. 134° (wss. A.), durch Zugabe von 0,1 Mol **VI** zu 0,1 Mol Anilid in wss. KOH bei 10° unter Schütteln u. Kühlen, Stehen über Nacht u. Anreiben des Nd. mit A.; 45%. *p-Chloranilid*, $C_8H_6Cl_5NO_2S_2$, F. 115—116° (wss. A.), analog; 30%. *o-Toluidid*, $C_9H_9Cl_4NO_2S_2$, F. 98—99° (wss. A.); 99%. *p-Toluidid*, $C_9H_9Cl_4NO_2S_2$, F. 96° (wss. A.; 51 72%. *o-Anisidid*, $C_9H_9Cl_4NO_3S_2$, F. 103° wss. A.); %. *α-Naphthylamid*, $C_{12} \cdot H_9Cl_4NO_2S_2$, F. 135° (wss. A.); 75%. *p-Nitroanilid*, $C_8H_6Cl_4N_2O_4S_2 \cdot C_2H_5OH$, Sintern oberhalb 250° (dunkelbraune Kristalle aus Tetrahydrofuran–A.). — *N.N-Bis-[chlormethylsulfonyl]-N'-p-nitrophenylhydrazin*, $C_8H_9Cl_2N_3O_6S_2 \cdot CH_3OH$, Sintern oberhalb 320° (bräunliche Kristalle aus CH_3OH), durch 2std. Kochen von 0,1 Mol **IV** mit 0,1 Mol p-Nitrophenylhydrazin in Ae., Eindampfen im Vakuum u. Kristallisieren aus CH_3OH. — *Chlormethansulfonsäure, p-Nitrophenylhydrazid*, $C_7H_8ClN_3O_4S$, F. 162° (Zers.; hellgelbe Kristalle aus CH_3OH–Ae.), aus der Mutterlauge vorst. Verbindung.

2.4-Dinitrophenylhydrazid, $C_7H_7ClN_4O_6S \cdot CH_3OH$, F. 194° (Zers.; A.–Ae.), durch 2std. Kochen von 2.4-Dinitrophenylhydrazin mit **IV** in Ae., Heißfiltration u. Eindampfen des Filtrates im Vakuum. — *Verb.* $C_{27}H_{22}N_4O_6S_3$, F. 149° (dunkelrot; wss. A.), durch Diazotieren von 0,13 Mol Anilin in wss. H_2SO_4 u. Eis mit wss. $NaNO_2$-Lsg., Sättigen mit Na-Acetat, langsame Zugabe zu einer gekühlten Suspension von 0,33 Mol **V** in wss. NaOH unter Rühren, Filtrieren, Lösen des Nd. in verd. NaOH, Filtrieren, Ansäuern des Filtrates mit verd. HCl, Filtrieren, Heißextraktion des Nd. mit A., Einengen des Extrakts, Zugabe von W. bis zur Trübung u. Stehen im Kühlschrank; 0,4%. — *Perchlortrisulfocyclohexan*, $C_3Cl_6O_6S_3$, F .252° (Zers.; Eisessig), durch 30 Min. Chlorieren des K-Salzes von **V** in kaltem W. unter UV-Belichtung; 89%. (J. prakt. Chem. [4] **8** (**280**). 1—16. Febr. 1959. Halle/Saale, Martin-Luther-Univ. Halle-Wittenberg, Inst. für techn. Chem.) H. BERTSCH. 3354

W. M. Corbett und **J. Kenner**, *Abbau von Kohlenhydraten durch Alkali*. 14. Mitt. *3.6-Anhydro-D-glucose*. (13. vgl. C. **1959**. 2464.) Der Abbau von *3.6-Anhydro-D-glucose* (I) in O_2-freiem, 0,04n Kalkwasser bei 25° wurde titrimetr. u. papierchromatograph. (Butanol/Pyridin/W. 6:4:3) verfolgt. Nach 216 Std. hatten sich 1,015 Säureäquivalente gebildet. Das Chromatogramm zeigte in zunehmendem Maße die Bldg. zweier Komponenten an, die als Ca-Salze der *3-Desoxy-D-gluconsäure* u. *3-Desoxy-D-mannonsäure* (*D-Glucometasaccharinsäuren*) identifiziert wurden. Der Abbau erfolgt über eine *2.3-Anhydroglucose* u. *Glucoson*.

V e r s u c h e: *3.6-Anhydro-D-glucose* (**I**), F. 116—119°, aus Mono-O-isopropyliden-D-glucose (vgl. OHLE, VARGHA u. ERLBACH [1928]; $[\alpha]_D^{20}$ +51,8° (c = 1,39; W.). — *Ca-3-Desoxy-D-mannonat* (**II**), **I** wurde 7 Tage bei 25° mit O_2-freiem Kalkwasser behandelt u. der $Ca(OH)_2$-Überschuß als Carbonat entfernt; aus 50%ig. A. kub. Kristalle; $[\alpha]_D^{23}$ —21,3° (c = 3,0; W.); 0,75 g aus 1,85 g **I**. — *3-Desoxy-D-mannonsäurelacton* F. 89,5—91,5°. — *3-Desoxy-D-gluconsäure, Ca-Salz*, aus der Mutterlauge von **II** durch weiteren Zusatz von A.; $[\alpha]_D^{23}$ —6,7° (c = 3; O W.); 0,74 g aus 1,85 g **I**. *Brucinsalz*, F. 145—150°. (J. chem. Soc. [London] **1957**. 927—28. Febr. Wythenshawe, Manchester, Brit. Rayon Res. Assoc., Heald Green Labors.) W. DEMMIG. 3400

Richard Kuhn, Waltraut Bister und **Werner Dafeldecker**, *Aminozuckersynthesen*. 14. Mitt. *D- und L-Chinovosamin*. (13. vgl. C. **1959**. 9583.) Die aus L-Arabinose nach WOHL-ZEMPLÉN oder RUFF dargestellte *5-Desoxy-L-arabinose* bildet mit Benzylamin oder Anilin u. HCN sirupöse Reaktionsprodd., deren Hydrierung neben wenig *L-Rhamnonsäure-γ-lacton* ein Gemisch der *Hydrochloride* von *L-Chinovosamin* u. *L-Rhamnosamin* liefert. Durch Erhitzen in Pyridin wird N-Acetyl-L-chinovosamin (L-**II**) zu *L-(—)-5-α-Hydroxyäthyl-3-acetamidofuran* (Chromogen III C) cyclisiert; die daneben erhältlichen Kristalle sind wahrscheinlich *5-Acetyl-3-acetamidopyrrol*. — *D-Chinovosaminhydrochlorid* wird aus D-Glucosamin über *Äthyl-N-acetyl-β-D-glucosaminid* dargestellt.

V e r s u c h e: Abbau von L-Rhamnose nach WOHL-ZEMPLÉN [1926]: *L-Rhamnoseoxim*, nach FISCHER [1896]; 85—86% (Ausbeute). — *Tetraacetyl-L-rhamnonsäurenitril*, $C_{14}H_{19}NO_8$, F. 68—70°, durch portionsweise Zugabe vorst. Oxims in Pyridin zu heißem Na-Acetat in Acetanhydrid, 1std. Erhitzen, Gießen auf Eis u. Ae-Extraktion nach ½std. Rühren; 36% u. 8% aus der Mutterlauge. — *5-Desoxy-L-arabinose*, a) aus einer gekühlten Lsg. vorst. Nitrils in Methanol mit Na-Methylat, Versetzen mit Essigsäure nach ¼std. Stehen bei Raumtemp., Abdampfen in Vakuum u. Filtrieren des in W. gelösten gelben Sirups durch Amberlite IR-120 (H^+); Sirup; $[\alpha]_D^{21}$ — 8° (15 Min.) → — 3° (14 Std., Endwert; c = 4,5; W.); 91—100%. Reinigung durch Dest. des Sirups bei 100—110°/10^{-3}Torr; 11% eines fast farblosen, aber sauer reagierenden Öls; oder durch Chromatographie an Papierpulver (Butanol/Aceton/W.; 1,5:7:1,5); 77% {$[\alpha]_D$ —4° (c = 2,57; W.)} neben 8,8% *Rhamnose*. *Diäthylmercaptal*, $C_9H_{20}O_3S_2$, F. 108° (W.), aus dem Sirup, konz. HCl u. Äthylmercaptan; aus W. Stäbchen; 28%; b) nach RUFF aus elektrolyt. dargestelltem *Ca-Rhamnonat* u. H_2O_2; gelber, unreiner Sirup; $[\alpha]_D^{21}$ —4° (c = 1,9; W.); 30%. — *L-Chinovosamin-* u. *L-Rhamnosaminhydrochlorid* (Gemisch), durch 3—4 Min. langes Erhitzen vorst. Sirups in A. mit Benzylamin, Zugabe von HCN, 18std. Stehen bei Raumtemp., Einengen, Aufnehmen in n-HCl u. Hydrierung über Carboraffin u. $PdCl_2$; 55—60%; durch Reinigung an Amberlite IR-120 (H^+) u. Eluieren mit W. (Fraktion **A**) neben Ausgangsprod., *L-Rhamnonsäure-γ-lacton* u. durch Eluieren mit HCl das hygroskop. Gemisch der Hydrochloride; 36—38%. — *β-Tetraacetyl-L-chinovosamin* (L-**I**), $C_{14}H_{21}NO_8$, F. 208—209° (W.), durch 15std. Stehen vorst. Gemisches bei Raumtemp. u. 10 Min. langes Erhitzen einer Suspension in Pyridin mit Triäthylamin u. Acetanhydrid; aus W. von 150—170° sublimierende Kristalle; $[\alpha]_D^{22}$ — 14° (c = 1,05; Chlf.); 7%. — *N-Acetyl-L-chinovosamin* (L-**II**), $C_8H_{15}NO_5$, F. 201—204°, a) durch Stehen des aus der Mutterlauge von L-**I** erhältlichen Sirups mit NH_3-gesätt. Methanol; $[\alpha]_D^{24}$ —54° (7 Min.) → —14° (15 Std., Endwert; c = 1,0;

W.); 20%; b) analog aus krist. L-I; $[\alpha]_D^{23}$ -43^0 (8 Min.) → -12^0 (15 Std.; Endwert; c = 1,0; W.); 60%. — *L-Chinovosaminhydrochlorid*, $C_6H_{13}NO_4 \cdot HCl$, F. 172—175° (Zers. ab 150°; Isopropanol), durch 1std. Erhitzen eines L-I–II-Gemisches mit 3n HCl; amorphes, hygroskop. Pulver; aus Isopropanol Kristalle; $[\alpha]_D^{22}$ -91^0 (3 Min.) → $-53^0 \pm 1^0$ (15 Std., Endwert; c = 1,08; W.); 62%. — *L-(—)-5-α-Hydroxyäthyl-3-acetamidofuran* (Chromogen III C), $C_8H_{11}NO_3 \cdot H_2O$, F. 47—48° (bei schnellem Erhitzen) u. F. 96—98° (2°/Min.; W.), aus L-II in Pyridin durch 50std. Kochen, Eindampfen, Versetzen mit n-Butanol, Filtration des ausgeschiedenen L-II u. Chromatographie an Al_2O_3; aus W. bräunliche, hygroskop. Kristalle; $[\alpha]_D^{21}$ -14^0 (c = 1,06; absol. Methanol); 23% neben L-II u. *3-Acetamidofuran*. — *5-Acetyl-3-acetamidopyrrol*, $C_8H_{10}N_2O_2$, F. 198—202° (Zers.; W.), durch 48std. Kochen von 8,75 g sirupösen Gemisches aus L-II, N-Acetyl-L-rhamnosamin u. Acetamid in Pyridin, Abtrennen von Chromogen III C wie vorst. u. Einengen der wss. Lsg.; aus W. feine Stäbchen; 211 mg. — *L-Rhamnonsäure-γ-lacton*, $C_6H_{10}O_5$, F. 146—148° (A.), durch Eindampfen von 11 g der Fraktion **A** aus der Darst. des rohen L-Chinovosamins; aus absol. A. Stäbchen; $[\alpha]_D^{21}$ -42^0 (c = 1,0; W.; ohne Mutarotation); 330 mg. — *L-Rhamnonsäureamid*, $C_6H_{13}NO_5$, F. 141—142° (absol. A.), aus vorst. Verb. u. NH_3-gesätt. absol. A.; aus absol. A. Blättchen; $[\alpha]_D^{21}$ $+27,5^0$ (c = 1,0; W.). — *Äthyl-N-acetyl-6-tosyl-β-D-glucosaminid*, $C_{17}H_{25}NO_8S$, F. 100—102° (A./Benzin), F. 70 bis 72° (W.), durch langsames (45 Min.) Zutropfen von Äthyl-N-acetyl-β-D-glucosaminid (KUHN u. KIRSCHENLOHR, C. **1954**. 3473) zu p-Toluolsulfochlorid in Pyridin bei 0°, ³/₄std. Stehen bei 0° u. 15 Std. bei Raumtemp., Versetzen mit wenig W., Gießen auf Eis/W. nach 35 Min. u. Chloroformextraktion; $[\alpha]_D^{22}$ $-41^0 \pm 1^0$ (aus A./Benzin; c = 1,10; Chlf.); $[\alpha]_D^{22}$ $-37^0 \pm 0,5^0$ (aus W. Nadeln; c = 1,29; Chlf.). — *β-Äthyl-N-acetyl-3.4-di-O-acetyl-6-tosyl-D-glucosaminid*, $C_{21}H_{29}NO_{10}S$, F. 184—185° (absol. A.), durch Zutropfen von p-Toluolsulfochlorid in Pyridin zu β-Äthyl-N-acetyl-D-glucosaminid in Pyridin bei 0° während 80 Min., 1std. Stehen bei 0° u 7 Std. bei Raumtemp., Zugabe von Acetanhydrid unter Kühlung, Stehen über Nacht bei Raumtemp., Zugabe von wenig W. u. Gießen auf Eis/W.; aus absol. A. Kristalle; $[\alpha]_D^{20}$ $+7,4^0$ (c = 1,0; Chlf.); 25% u. aus der Mutterlauge 3% — *β-Äthyltriacetyl-6-jod-D-glucosaminid*, $C_{14}H_{22}JNO_7$, F. 209—210° (50%ig. Methanol), aus vorst. Verb. in Aceton u. NaJ, 1 Std. im Bombenrohr bei 95—115°; aus W. Stäbchen, die ab 170° sublimieren; $[\alpha]_D^{23}$ $+6^0$ (c = 1,59; Chlf.); 78% u. aus der Mutterlauge noch 5%. — *β-Äthyltriacetyl-D-chinovosaminid*, $C_{14}H_{23}NO_7$, F. 225° (Aceton; Sublimation ab 170°), durch Hydrieren vorst. Verb. in Methanol über RANEY-Ni u. wenig Diäthylamin; 77—78%. — *β-Äthyl-N-acetyl-D-chinovosaminid*, $C_{10}H_{19}NO_5$, F. 209—211° (Sublimation ab 150°; absol. A.), aus vorst. Verb. u. Na-Methylat unter Kühlung, Stehen über Nacht bei Raumtemp., Filtrieren der mit CO_2 u. H_2O auf p_H 8—9 gebrachten Lsg. durch Amberlite IR-120 (H^+) u Eindampfen des Eluats; aus absol A. große Stäbe; $[\alpha]_D^{22}$ -61^0 (c = 1,01; W.) 88%. — *D-Chinovosaminhydrochlorid*, $C_6H_{13}NO_4 \cdot HCl$, F. 163—170° (Zers. ab 150°; Isopropanol), a) durch 80 Min. langes Erhitzen vorvorst. Verb. mit 2n HCl; $[\alpha]_D^{22}$ $+88^0$ (3 Min.) → $+53 \pm 0,5^0$ (15 Std.; Endwert; c = 1,20; W.); 79%; b) durch 1std. Erhitzen vorst. Verb. mit 2n HCl; $[\alpha]_D^{22}$ $+83^0$ (7 Min.) → $+53^0$ (3 Std., Endwert; c = 1,26; W.); 76%. — *N-Acetyl-D-chinovosamin* (*D*-**II**), $C_8H_{15}NO_5$, F. 209—211° (Zers. ab 200°), durch 7std. Stehen vorst. Verb. in CH_3OH mit Triäthylamin u. Acetanhydrid bei Raumtemp.; kleine Stäbchen; $[\alpha]_D^{22}$ $+63^0$ (2 Min.) → $+15^0 \pm 1^0$ (24 Std., Endwert; c = 1,08; W.); 69% u. 10% weniger reines Prod. aus der Mutterlauge. — *α-Tetraacetyl-D-chinovosamin*, $C_{14}H_{21}NO_8$, F. 178° (Sublimation ab 140°; W.), durch 20 Min. langes Erwärmen von D-Chinovosamin·HCl in Pyridin mit Triäthylamin u. Acetanhydrid u. 6std. Stehen bei Raumtemp.; aus W. dicke Stäbe; $[\alpha]_D^{22}$ $+114 \pm 1^0$ (c = 1,21; Chlf.); 87%. — *β-Tetraacetyl-D-chinovosamin* (*D*-**I**), $C_{14}H_{21}NO_8$, durch 24 std. Stehen von 170 mg D-**II** u. 2 cm³ Acetanhydrid mit 100 mg $ZnCl_2$ Gießen auf Eis, Einstellen auf p_H 8 mit Na_2CO_3 u. NaOH, Chloroformextraktion u. Eindampfen; 206 mg (75%) Kristalle, die aus W. 3 Fraktionen geben: a) 68 mg *β-Form*, F. 204—205° (Sublimation ab 160°), $[\alpha]_D^{21}$ $+16^0$ (c = 1,35; Chlf.), nochmals aus W. große Stäbchen, F. 209—210° (Sublimation ab 160°), $[\alpha]_D^{23}$ $+15^0 + 1^0$ (c = 1,07; Chlf.); b) 31 mg *α-Form*, F. 178—179° (Sublimation ab 150°), $[\alpha]_D^{21}$ $+106^0$ (c = 0,48; Chlf.); c) 50 mg α.β-Gemisch, F. 145—148° u. daraus aus W. 27 mg *α-Form*. (Liebigs Ann. Chem. **617**. 115—28. 30/10. 1958. Heidelberg, MPI für med. Forsch., Inst. für Chemie.) F. FICHTNER. 3400

Hellmut Bredereck, Adolf Wagner, Gerhard Faber, Walter Huber, Günther Immel und **Hermann Kreiselmeier,** *Urethane partiell acetylierter D-Glucosen.* Die Darst. der *Phenyl-* u. *Azobenzolurethane* von partiell acylierten Kohlenhydraten verläuft ohne Wanderung oder Hydrolyse der Acylgruppen. Gegenüber acylabspaltenden Agentien sind diese Urethangruppierungen stabil. 1.2.3.4- (I) u. 1.2.3.6-Tetraacetyl-β-D-glucopyranose (II) werden mit Phenylisocyanat in *Tetraacetyl-β-D-glucopyranose-6-* (**III**) bzw. *-4-phenylurethan* u. 2.3.4.6-Tetraacetyl-β-D-glucopyranose in *Tetraacetyl-β-D-glucopyra-*

nose-1-phenylurethan (**IV**) übergeführt. **III** gibt mit HBr/Eisessig *Triacetyl-α-D-glucopyranose-1-bromid-6-phenylurethan*, welches mit Zn in Eisessig/Dioxan/W. zu *3.4-Diacetyl-D-glucal-6-phenylurethan* red. wird. **IV** spaltet mit HBr/Eisessig unter CO_2-Entw. u. Abscheidung von *Anilinhydrobromid* den Urethanrest ab u. liefert *Tetraacetyl-α-D-glucopyranose-1-bromid* (*α-Acetobromglucose*). **I** u. **II** geben mit p-Azobenzolisocyanat *Tetraacetyl-β-D-glucopyranose-6* (**V**) bzw. *-4-p-azobenzolurethan* (**VI**) u. Methyl-2.3.4-triacetyl-α-D-glucopyranosid *Methyltriacetyl-α-D-glucopyranosid-6-p-azobenzolurethan* (**VII**). Durch Abspaltung der Acetylgruppen nach Zemplin werden aus **V** u. **VI** *D-Glucose-6-* (**VIII**) bzw. *-4-p-azobenzolurethan* erhalten, die mit Acetanhydrid/CH_3COONa wieder **V** u. **VI** geben. Bei -15^0 gibt jedoch **V** mit $NaOCH_3$ *2.3.4-Triacetyl-β-D-glucopyranose-6-p-azobenzolurethan* u. mit HBr/Eisessig *Triacetyl-α-D-glucopyranose-1-bromid-6-p-azobenzolurethan*, das mit Diäthylamin in *2.3.4-Triacetyl-D-glucoseen-6-p-azobenzolurethan* übergeht. **VIII** gibt mit Acetanhydrid/$HClO_4$ *Tetraacetyl-α-D-glucopyranose-6-p-azobenzolurethan*, das auch durch acetylierende Spaltung von **VII** erhalten wird. **VI** lagert sich in der Kälte mit Acetanhydrid/$HClO_4$ in *Tetraacetyl-α-D-glucopyranose-4-p-azobenzolurethan* um.

V e r s u c h e: *Tetraacetyl-β-D-glucopyranose-6-phenylurethan* (**III**), $C_{21}H_{25}NO_{11}$, F. 170°, $[\alpha]_D^{20}$ +30° (Chlf.), aus **I** u. Phenylisocyanat in absol. Pyridin durch 1std. Erwärmen auf 100°; Nädelchen (A./W.); 75% (Ausbeute). — *Tetraacetyl-β-D-glucopyranose-4-phenylurethan*, $C_{21}H_{25}NO_{11}$, F. 152°, $[\alpha]_D^{20}$ −7° (Chlf.), aus **II** wie vorst.; 75%. — *Tetraacetyl-β-D-glucopyranose-1-phenylurethan* (**IV**), $C_{21}H_{25}NO_{11}$, F. 133°, $[\alpha]_D^{20}$ −17° (Chlf.), aus 2.3.4.6-Tetraacetyl-β-D-glucopyranose; Nadeln (A./W.); 60%. — *Tetraacetyl-α-D-glucopyranose-1-bromid*, F. 87°, aus **IV** u. HBr/Eisessig in Acetanhydrid; Nadeln (Ae.). — *Triacetyl-α-D-glucopyranose-1-bromid-6-phenylurethan*, $C_{19}H_{22}BrNO_9$, F. 147 bis 149°, $[\alpha]_D^{20}$ +167° (c = 2; Chlf.), aus **III** u. HBr/Eisessig in Acetanhydrid; Nädelchen (Chlf./PAe.); 68%. — *3.4-Diacetyl-D-glucal-6-phenylurethan*, $C_{17}H_{19}NO_7$, F. 104°, $[\alpha]_D^{20}$ +33,6° (Chlf.), durch Red. vorst. Verb. mit Zn-Staub in Dioxan/Eisessig (1:1)–W. bei Raumtemp.; Nadeln (A.); 63%. — *Tetraacetyl-β-D-glucopyranose-6-p-azobenzolurethan* (**V**), $C_{27}H_{29}N_3O_{11}$, F. 175°, $[\alpha]_D^{20}$ +34° (c = 2; Chlf.), a) aus **I** u. p-Azobenzolisocyanat in absol. Pyridin durch 3std. Erwärmen auf 100°; orangefarbene Nadeln (Chlf./PAe.); 61%; b) aus **VIII** u. Acetanhydrid/CH_3COONa durch 10std. Erhitzen auf dem Wasserbad. — *Tetraacetyl-β-D-glucopyranose-4-p-azobenzolurethan* (**VI**), $C_{27}H_{29}N_3O_{11}$, F. 187°, $[\alpha]_D^{20}$ +14° (Chlf.), a) aus **II** wie **V**; 66%; b) aus D-Glucose-4-p-azobenzolurethan analog **V** (b). — *2.3.4-Triacetyl-β-D-glucopyranose-6-p-azobenzolurethan*, $C_{25}H_{27}N_3O_{10}$, F. 173°, $[\alpha]_D^{20}$ +87°, nach 42 Std. + 109° (Chlf.), aus **V** u. $NaOCH_3$ (bei −15° in 5 Min.). — *D-Glucose-6-p-azobenzolurethan* (**VIII**), $C_{19}H_{21}N_3O_7$, F. 187—190° (Zers.), $[\alpha]_D^{20}$ +11° (Pyridin), aus **V** u. $NaOCH_3$ bei 0° in 5 Min.; orangefarbene Nadeln (A.). — *D-Glucose-4-p-azobenzolurethan*, $C_{19}H_{21}N_3O_7$, F. 187—190° (Zers.), $[\alpha]_D^{20}$ −6° (Pyridin), aus **VI** wie vorst.; orangefarbene Nädelchen. — *Tetraacetyl-α-D-glucopyranose-6-p-azobenzolurethan*, $C_{27}H_{29}N_3O_{11}$, F. 204°, $[\alpha]_D^{20}$ +108° (Chlf.), a) aus **VII** mit Acetanhydrid u. $HClO_4$ durch 24std. Stehen bei 40°; 38%; b) aus **VIII** mit Acetanhydrid u. $HClO_4$ (2 Std.). — *Tetraacetyl-α-D-glucopyranose-4-p-azobenzolurethan*, F. 182—183°, $[\alpha]_D^{20}$ +71,8° (Chlf.), aus **VI** mit Acetanhydrid u. $HClO_4$; 70%. — *Methyltriacetyl-α-D-glucopyranosid-6-p-azobenzolurethan* (**VII**), $C_{26}H_{29}N_3O_{10}$, F. 115—118°, $[\alpha]_D^{20}$ +136,7° (Chlf.), aus Methyl-2.3.4-triacetyl-α-D-glucopyranosid u. p-Azobenzolisocyanat analog **V**; orangefarbene Nadeln (A./W.); 92%. — *Triacetyl-α-D-glucopyranose-1-bromid-6-p-azobenzolurethan*, $C_{25}H_{26}BrN_3O_9$, F. 140—142°, $[\alpha]_D^{20}$ +157° (c = 1; Chlf.), aus **V** mit HBr/Eisessig in Acetanhydrid in 45 Min.; gelbbraune Nadeln (Bzl./PAe.); 67%. — *2.3.4-Triacetyl-D-glucoseen-6-p-azobenzolurethan*, $C_{25}H_{25}N_3O_9$, F. 158—159°, $[\alpha]_D^{20}$ +43,4°, aus vorst. Verb. u. Diäthylamin in absol. Bzl. durch ½std. Erwärmen auf 60° u. Stehen über Nacht bei Raumtemp.; gelbbraune Kristalle (A./W.); 95%. (Chem. Ber. **91**. 2819—23. 19/12. 1958. Stuttgart, TH, Inst. für Organ. Chemie u. Organ.-Chem. Technologie.)

M. WINTER. 3400

Hellmut Bredereck, Helmut Zinner, Adolf Wagner, Gerhard Faber, Walter Greiner und **Walter Huber**, *Darstellung und Konstitution zweier Pentaacetylsaccharosen.* Die aus Saccharose durch Tritylierung u. anschließende Acetylierung erhaltene *Tritritylpentaacetylsaccharose* liefert mit HBr/Eisessig eine *Pentaacetylsaccharose* (**I**) vom F. 121°, deren wss. Lsg. mutarotiert. Durch Lösen von **I** in Phosphatlsg., verd. NaOH oder 5%ig. $NaHCO_3$-Lsg. wird eine weitere *Pentaacetylsaccharose* (*Isopentaacetylsaccharose*, **II**) vom F. 156° gewonnen, deren Drehung in W. der Enddrehung von **I** entspricht. **II** gibt durch Acetylierung *Oktaacetylsaccharose*, wodurch bewiesen ist, daß bei der Tritylabspaltung u. Umlagerung das Saccharosegerüst erhalten geblieben ist u. sich **I** u. **II** nur durch die Stellung der Acetylgruppen unterscheiden. **I** gibt durch Tritylierung *Tritritylpentaacetylsaccharose*, **II** nur unter energischeren Bedingungen eine *Ditritylpentaacetyl-*

saccharose. **II** besitzt demnach nur zwei freie prim. Hydroxylgruppen, die dritte ist durch eine Acetylgruppe substituiert. Daß **I** u. **II** keine benachbarten freien Hydroxylgruppen besitzen, wurde durch ihre $NaJO_4$-Spaltung im Vgl. zu der einiger Testsubstanzen in essigsaurer Lsg. bei 45° bewiesen. Danach konnten bei 3.4.5-Triacetyl-D-fructose, 1.5-Ditrityl-D-ribose je eine u. bei 1.6-Ditrityl-D-fructose 3 Spaltstellen, bei **I** u. **II** dagegen keine Spaltstelle nachgewiesen werden. Mit. p-Azobenzolisocyanat werden **I** u. **II** in *Pentaacetylsaccharose-tris-[p-azobenzolurethan]* (**III**) bzw. *Isopentaacetylsaccharose-tris-[p-azobenzolurethan]* (**IV**) übergeführt u. aus diesen durch Entacetylieren nach Zemplin *Saccharose-tris-[p-azobenzolurethan]* (**V**) bzw. *Saccharoseiso-tris-[p-azobenzolurethan]* (**VI**) erhalten. Durch $NaJO_4$-Spaltung in 70%ig. Eisessig werden für **V** 3 u. für **VI** 2 Spaltstellen gefunden. Letztere Umsetzung mit **V** ist vereinbar mit einem Saccharosederiv., bei dem die 3 prim. Hydroxylgruppen mit dem Isocyanat reagiert haben, u. **V** demnach als *Saccharose-6.1'.6'-tris-[p-azobenzolurethan]* vorliegt. Durch die acetylierende Spaltung von **III** u. **IV** mit Acetanhydrid/$HClO_4$ wird die Fructosekomponente zerstört u. aus **III** *Tetraacetyl-α-D-glucopyranose-6-p-azobenzolurethan* u. aus **IV** *Tetraacetyl-α-D-glucopyranose-4-p-azobenzolurethan* isoliert. Danach stellt **I** *2.3.4.3'.4'-Pentaacetylsaccharose*, **II** *2.3.6.3'.4'-Pentaacetylsaccharose* u. **IV** *Isopentaacetylsaccharose-4.1'.6'-tris-[p-azobenzolurethan]* dar. Gleichzeitig wurde bewiesen, daß es sich bei der von MCKEOWN u. Mitarbeitern (vgl. C. **1959.** 6806 u. früher) dargestellten Pentaacetylsaccharose entgegen ihrer Annahme nicht um **I**, sondern um **II** handelt.

Versuche: *6.1'.6'-Tritritylpentaacetylsaccharose*, $C_{79}H_{74}O_{16}$, F. 231°, $[\alpha]_D^{21}$ +72,4° (Chlf.), a) durch 2std. Erhitzen von Saccharose u. Tritylchlorid in absol. Pyridin auf 100°, Zugabe von Acetanhydrid, 20std. Stehen bei Raumtemp., Verdünnen mit Aceton u. Zutropfen in Eiswasser; Kristalle (Aceton/A.); 71% (Ausbeute); b) aus **I** u. Tritylchlorid in absol. Pyridin durch 3std. Erwärmen auf 95°; 40%. — *2.3.4.3'.4'-Pentaacetylsaccharose* (*Pentaacetylsaccharose*, **I**), $C_{22}H_{32}O_{16}$, F. 122°, $[\alpha]_D^{20}$ +31,2° (Chlf.), $[\alpha]_D^{20}$ +65,4° (W.), durch Lösen vorst. Verb. in Eisessig in der Wärme, tropfenweise Zugabe von eiskalter HBr/Eisessiglsg. unter Schütteln, Absaugen des ausgefallenen *Tritylbromids*, Auffangen des Filtrats in verd. CH_3COONa-Lsg., mehrmaliges Ausschütteln mit Chlf., Neutralisieren der Chloroformauszüge mit kalt gesätt. $NaHCO_3$-Lsg., Abdest. des Lösungsm. bei Raumtemp., Aufnehmen des Sirups in Chlf. u. Zugabe von Ae.; Nadeln; 78%. — *2.3.6.3'.4'-Pentaacetylsaccharose* (*Isopentaacetylsaccharose*, **II**, $C_{22}H_{32}O_{16}$, F. 156°, $[\alpha]_D^{21}$ +22,3 (Chlf.), $[\alpha]_D^{20}$ +44,4° (W.), a) durch Ausschütteln einer I–$NaHCO_3$-Lsg., mit Chlf., Einengen zum Sirup, Aufnehmen in Chlf. u. Versetzen mit Ae.; Nadeln; 46%; b) nach MCKEOWN (l. c.); c) durch Umlagerung von **I** in Eisessig bei 40° in 5 Tagen; 24%. — *Ditritylisopentaacetylsaccharose*, $C_{60}H_{60}O_{16}$, F. 189°, $[\alpha]_D^{18}$ +47,8° (Chlf.), aus **II** u. Tritylchlorid in absol. Pyridin durch 30std. Erwärmen auf 90° 40%. — *Oktaacetylsaccharose*, F. 80°, aus **II** u. Acetanhydrid in Pyridin bei Raumtemperatur. — *Pentaacetylsaccharose-6.1'.6'-tris-[p-azobenzolurethan]* (**III**), $C_{61}H_{59}N_9O_{19}$, F. 130—140°, $[\alpha]_D^{20}$ +77° (Chlf.), durch 15std. Erhitzen von **I** u. p-Azobenzolisocyanat in absol. Pyridin auf 100°, Zutropfen in Eiswasser, Absaugen des Nd., Digerieren mit Chlf., Absaugen vom *N.N'-Bis-[p-azobenzol]-harnstoff*, Versetzen mit PAe., Aufnehmen in Chlf. u. Chromatographieren an Al_2O_3 (Eluieren mit Chlf.). — *Isopentaacetylsaccharose-4.1'.6'-tris-[p-azobenzolurethan]* (**IV**), $C_{61}H_{59}N_9O_{19}$, F. 120—130°, $[\alpha]_D^{20}$ +28° (Chlf.), aus **II** wie vorst. (Eluieren mit Aceton). — *Saccharose-6.1'.6'-tris-[p-azobenzolurethan]* (**V**), $C_{51}H_{49}N_9O_{14}$, F. 160 bis 170°, $[\alpha]_D^{20}$ +121° (Chlf.), aus **III** in Chlf. u. $NaOCH_3$ bei 0° in 5 Min., Gießen in Eiswasser u. Ausfällen mit Petroläther. — *Saccharose-4.1'.6'-tris-[p-azobenzolurethan]* (**VI**), $C_{51}H_{49}N_9O_{14}$, F. 190° (Zers.), $[\alpha]_D^{20}$ +61° (Pyridin), aus **IV** in Chlf. u. $NaOCH_3$ bei 0° in 5 Min. Gießen in Eiswasser, Lösen des z. T. ausgefallenen Zuckers in Dioxan, u. Versetzen mit PAe.; orangefarbene Nadeln (Dioxan/PAe.). — *Tetraacetyl-α-D-glucopyranose-6-p-azobenzolurethan*, F. 205°, $[\alpha]_D^{20}$ +107° (Chlf.), aus **III** u. $HClO_4$ in Acetanhydrid in 2 Tage durch Stehen bei 40° u. Gießen in $NaHCO_3$-Lsg.; 35%. — *Tetraacetyl-α-D-glucopyranose-4-p-azobenzolurethan*, F. 183°, $[\alpha]_D^{20}$ +73,6° (Chlf.), aus **IV** wie vorst.; 35%. (Chem. Ber. **91.** 2824—29. 19/12. 1958. Stuttgart, TH, Inst. für Organ. Chemie u. Organ.-Chem. Technologie.) M. WINTER. 3400

S. Pfeifer, *Über die Spaltung des Narkotolins in schwach alkalischer Lösung.* 2. Mitt. (1. vgl. C. **1959.** 4481.) Dem beim Erwärmen von Narkotolin in schwach alkal. Lsg. neben Mekonin entstehenden *O-Desmethylkotarnin* (*Kotarnolin*) konnte vom Vf. auf Grund der UV- u. IR-Spektren sowie des Verh. bei der Polarographie die Strukturformel einer quartären Ammoniumbase (**I**) zugeordnet werden. Gleiches trifft auch für seine Salze zu. **I** zeigt infolge der inneren Salzbldg. den niedrigen p_b-Wert von 9,15; die Dissoziation des phenol. Hydroxyls ist dabei auf p_s ca. 13 (Titration in 95%ig. Aceton) abgeschwächt. Die Absorption im UV- u. IR-Gebiet läßt das Vorliegen der mit dem aromat. Kern konjugierten C=N-Gruppierung erkennen. Die polarograph.

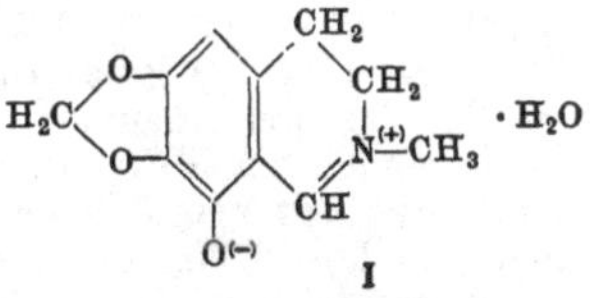

I

Reduktionswellen zeigen in allen p_H-Gebieten nur eine gleichartige Stufe, deren Stufenhöhe quantitativ von der Konz. abhängig ist. Das in W. u. organ. Lösungsmitteln lösl. I ist in Analogie zum Berberin braun gefärbt, als Salz bei Aufhebung der inneren Salzbldg. citronengelb. Gegen überhitzten Wasserdampf u. gegen Oxydationsmittel ist I weitgehend beständig. Das Vorliegen von 1 Mol. Kristallwasser läßt sich durch Trocknen nach ABDERHALDEN u. Wassertitration nach KARL FISCHER nachweisen. (Arch. Pharmaz. Ber. dtsch. pharmaz. Ges. **290/62.** 261—66. Juni 1957. Berlin, Humboldt-Univ., Pharmazeut. Inst.) K. ZOPFF. 3500

P. K. Grant und **A. W. Johnson,** *Pristimerin.* 1. Mitt. *Die Natur des Chromophors.* Vff. nehmen für das *Chromophor* des zuerst von BHATNAGAR u. DIVEKAR (J. sci. ind. Res. [New Delhi], Sect. B **10.** [1951.] 56) aus *Pristimera indica* (*Hippokratea indica*) u. *P. grahami* aus der *Celastraceae*-Familie isolierte Holzpigment *Pristimerin* (I), $C_{30}H_{40}O_4$, die Struktur II eines hydroxylsubstituierten Methylenchinons an. Für ein verwandtes Holzpigment, dem von GISVOLD (J. Amer. pharmac. Assoc. **31.** [1942.] 529 u. früher) sowie CHOU u. MEI (Chin. J. Physiol. **10.** [1936.] 529) aus der Wurzelrinde von Celastrus scandens isolierten Celastrol (III), $C_{29}H_{38}O_4$, das mit dem von SCHECHTER u. HALLER [1942] aus den Wurzeln von Tripterygium wilfordii HOOK (Celastraceae) isolierten Tripterin ident. ist, wird das gleiche Chromophor angenommen. III entsteht aus I durch Methylieren der sauren OH-Gruppe mit CH_2N_2. Vff. isolieren I aus der äußeren Rinde von *Celastrus dispermus* u. *Denhamia pittosporoides*, es enthält 1 O-Methylgruppe, mindestens 2 C-Methylgruppen u. 1 akt. H-Atom u. läßt sich zu *Pristimerol* (IV), $C_{30}H_{42}O_4$, mit dem *Chromophor* V eines Brenzcatechinderiv. hydrieren. I gibt eine positive $FeCl_3$-Rk. u. ein *Bisulfitadditionsprod.*, jedoch keine Rk. nach CRAVEN [1931] u. keine Farb-Rk. mit Indol oder Äthylendiamin. IV u. sein *Dimethyläther* (VI), $C_{32}H_{46}O_4$ (3 CH_3O-Gruppen), zeigt ein für monocycl. Phenole bzw. deren Äther charakterist. UV-Spektrum. Das Spektr. von I zeigt eine Bande, die der inerten CO-Gruppe zugeteilt wird, die mit einer OH-Gruppe über eine H-Brücke verbunden ist; das Spektr. von IV weist zusätzlich eine freie OH-Gruppe aus. Die Brenzcatechinstruktur von IV wird durch eine grüne $FeCl_3$-Rk. u. positive Rk. nach ASAHINA [1942] sowie durch die leichte Rückoxydation zu I wahrscheinlich gemacht. Ein negativer GIBBS-Test (vgl. KING u. Mitarbeiter, C. **1958.** 4283) weist darauf hin, daß die beiden p-Stellungen zu den OH-Gruppen im IV substituiert sind, das Kuppeln mit p-Sulfobenzoldiazoniumsalzen, daß die 6-Stellung im Brenzcatechinring frei ist. Ein Absorptionsmaximum von I im Sichtbaren weist auf 4 Doppelbindungen in II hin. Daß das UV-Spektr. von IV von denen substituierter Styrole verschieden ist, zeigt eine Doppelbindung an, die mit dem benzoide Ring nicht konjugiert ist; I gibt eine positive Rk. mit Tetranitromethan. IV geht durch Oxydation in I über u. nicht ins entsprechende o-Chinon, da I infolge der H-Brücke zwischen dem 2fach ungesätt. CO u. der OH-Gruppe u. der Teilnahme einer zusätzlichen Doppelbindung am konjugierten Syst. vermutlich stark stabilisiert ist. Spektroskop. wahrscheinlich gemacht wird auch, daß sich die inerte CO-Gruppe in I in einem 5-Ring befindet. VI gibt bei der $KMnO_4$-Oxydation ein farbloses, krist, *neutrales Prod.*, $C_{32}H_{44}O_5$,

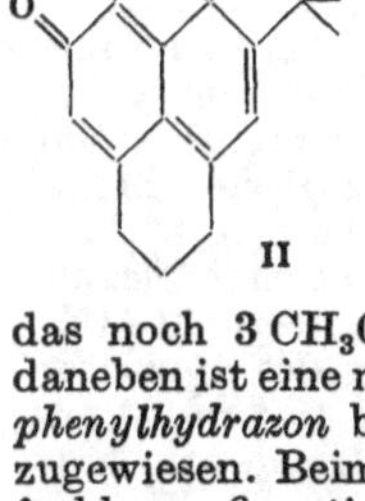

II

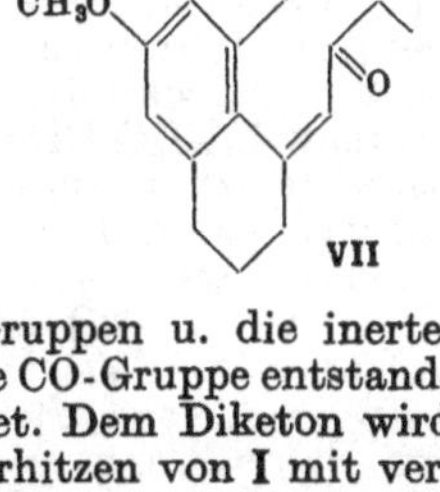

VII

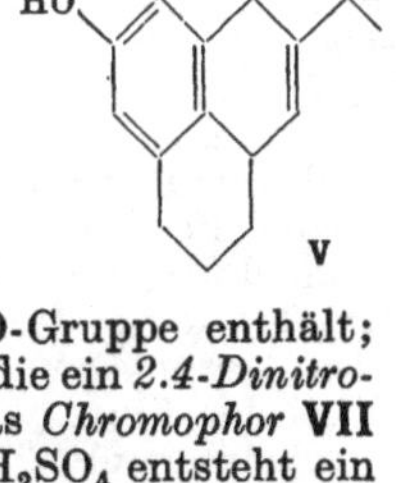

V

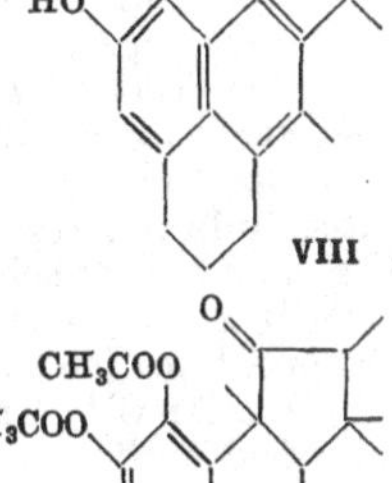

VIII

das noch 3 CH_3O-Gruppen u. die inerte CO-Gruppe enthält; daneben ist eine neue CO-Gruppe entstanden, die ein *2.4-Dinitrophenylhydrazon* bildet. Dem Diketon wird das *Chromophor* VII zugewiesen. Beim Erhitzen von I mit verd. H_2SO_4 entsteht ein farbloses *2wertiges Phenol*, $C_{30}H_{40}O_4$, das eine CH_3O-Gruppe enthält. Es gibt eine $FeCl_3$-Rk. u. reagiert nicht mit 2.4-Dinitrophenylhydrazin, kuppelt mit diazotierter Sulfanilsäure u. ist in alkal. Lsg. stabil. Daraus u. aus spektroskop. Befunden wird diesem Phenol das *Chromophor* VIII zugeschrieben, wobei eine

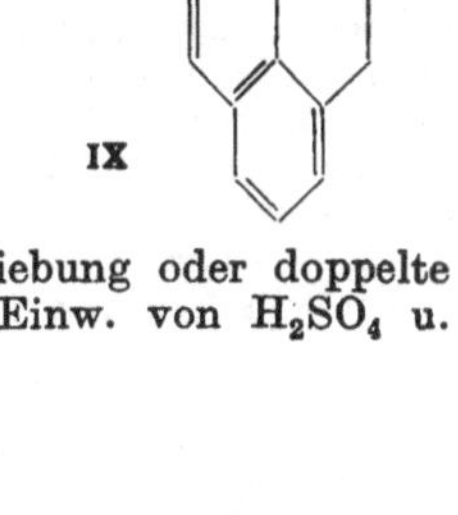

IX

anguläre CH_3O- oder CH_3-Gruppe durch anionotrope Verschiebung oder doppelte WAGNER-MEERWEIN-Umlagerung gewandert sein muß. Durch Einw. von H_2SO_4 u.

Acetanhydrid unter THIELE-Bedingungen auf I wird das *Acetylderiv.* $C_{34}H_{44}O_6$ mit 2 aromat. Acetatgruppen erhalten. Aus spektroskop. Befunden enthält dieses das *Chromophor* **IX**, das aus einem anderen Naphthalinsyst. als das 2wertige Phenol gebildet ist.

Versuche (FF. korr.): *Pristimerin* (I), $C_{30}H_{40}O_4$, F. 219—220°, a) durch 20std. Extrahieren der gemahlenen äußeren Rinde von *Celastrus dispermus* mit PAe., Entfernen des Lösungsm. unter vermindertem Druck, Behandeln mit CH_3OH, wobei vermutlich ein *Diterpen* [$C_{20}H_{30}O_2$, F. 197° (CH_3OH)] gefällt wird, Reinigen durch Gegenstromverteilung mit Cyclohexan-95%ig. wss. CH_3OH unter Zusatz von NaCl, Eindampfen zur Trockne unter vermindertem Druck u. Aufnehmen in Ae.; orangefarbene Nadeln (Ae.-PAe.); gibt durch 2std. Schütteln mit gesätt. wss. Cu-Acetat in Ae. u. Eindampfen eine dunkelgrüne *Cu-Chelatverb.*; b) aus **III** mit äther. CH_2N_2. Wird in Dioxan in Ggw. von PtO_2 zu nachst. **IV** hydriert, das bei Luftoxydation wieder **I** gibt. — *Pristimerol* (*Dihydropristimerin*, **IV**, mit *Chromophor* **V**), $C_{30}H_{42}O_4$, F. 226—227°, durch Versetzen von **I** in A. mit KBH_4, Hinzufügen von 50%ig. CH_3COOH u. dann von W.; Nadeln (PAe. oder wss. A.), R_F 0,88 (WHATMAN Nr. 1, Butanol-(1)/W.), 0,73 (WHATMAN Nr. 1, boratgepuffert, entwickelt mit tetrazotiertem Benzidin). — *Diacetyldihydropristimerin* (*Diacetylpristimerol*), $C_{34}H_{46}O_6$, F. 252°, durch 1/4std. Kochen der Suspension von **I**, Zn-Staub u. wasserfreiem CH_3COONa in Acetanhydrid u. Eisessig, Abfiltrieren vom Zn u. Gießen in Eiswasser; Nadeln (Chlf.-CH_3OH); gibt durch ½std. Kochen mit 1%ig. methanol. NaOH, Verdünnen mit W., Eindampfen im Vakuum u. Gegenstromverteilung mit Cyclohexan-95%ig. wss. CH_3OH + NaCl **I**. — *Dimethyldihydropristimerin* (*Pristimeroldimethyläther*) (**VI**), $C_{32}H_{46}O_4$, F. 214—215°, durch Hydrieren von **I** in CH_3OH in Ggw. von PtO_2, Versetzen mit Dimethylsulfat in 30%ig. wss. NaOH beim Schütteln unter H_2, weiteres mehrstd. Schütteln, Eindampfen unter vermindertem Druck, Versetzen mit 30%ig. wss. NaOH, Lösen der Salze in W. u. Chromatographie in Ae. an Al_2O_3; Nadeln (Chlf.-CH_3OH). Gibt durch Oxydation in Aceton mit $KMnO_4$ u. Eindampfen des Acetonfiltrats ein *Diketon* (mit *Chromophor* **VII**) [$C_{32}H_{44}O_5$, F. 217 bis 218°, Nadeln (Ae.-PAe.). *2.4-Dinitrophenylhydrazon*, $C_{38}H_{48}N_4O_8$, F. 278—279°, orangefarbene Nadeln (A.)]. — *2wertiges Phenol* $C_{30}H_{40}O_4$ (mit *Chromophor* **VIII**), durch 20std. Kochen einer Suspension von **I** in 2n H_2SO_4 unter N_2, Pulverisieren des sich bildenden Harzes, Aufnehmen in Ae. u. Eindampfen; Nadeln (CH_3OH), R_F 0,82 (WHATMAN Nr. 1, Butanol-(1)/W.), 0,72 (WHATMAN Nr. 1, boraxgepuffert, entwickelt mit tetrazotiertem Benzidin). — *Acetylierungsprod. von* **I** $C_{34}H_{44}O_6$, F. 160—161° (mit *Chromophor* **IX**; wss. CH_3OH), durch Versetzen der Lsg. von **I** in Acetanhydrid mit wenig konz. H_2SO_4, Gießen in Eiswasser u. Chromatographie in Ae. an Silicagel. (J. chem. Soc. [London] **1957**. 4079—89. Sept. Cambridge, Univ., Chem. Labor.; Nottingham, Univ.)

G. REISNER. 3550

P. K. Grant und **A. W. Johnson,** *Pristimerin.* 2. Mitt. *Weitere Reaktionen mit dem Chromophor.* (1. vgl. vorst. Ref.) Vff. stellen fest, daß durch Einw. von Dimethylsulfat auf Pristimerin (I) mit dem *Chromophor* **II** (vgl. vorst.) in Aceton in Ggw. von K_2CO_3 nicht, wie SHAH u. Mitarbeiter (C. **1958**. 5685) annehmen, „methyliertes Pristimerin", $C_{30}H_{42}O_4$, sondern durch Addition von Aceton an **I** u. folgende Methylierung ein *Acetonylpristimeroldimethyläther* (**III**, $C_{35}H_{50}O_5$) mit dem *Chromophor* **IV** entsteht. Die Rk. wird durch Säuren u. durch Alkali katalysiert. **III** enthält eine IR-Bande, die auf eine aliphat. CO-Gruppe hinweist. Das *2.4-Dinitrophenylhydrazon* von **III** zeigt noch die Banden für die inerte CO-Gruppe von **I** im IR-Spektrum. Entsprechend besitzt das durch Red. mit $LiAlH_4$ aus **III** erhaltene *Prod.* nicht die Bruttoformel $C_{30}H_{44}O_4$, sondern $C_{35}H_{52}O_5$; hierbei wird die CO-Gruppe des Acetonylrestes zur sek. Alkoholgruppe reduziert. Das *Diol* **V**, $C_{33}H_{46}O_5$, mit dem *Chromophor* **VI**, wird durch Einw. von K_2CO_3 oder verd. H_2SO_4 auf **I** in Aceton erhalten. Sie enthält 1 CH_3O-Gruppe, 2 akt. H-Atome u. 3 C-Methylgruppen. Nach ihrem Absorptionsspektr. ist sie ein substituiertes Brenzcatechinderiv., gibt eine grüne $FeCl_3$-Rk., eine negative GIBSS-Rk., färbt sich in alkal. Lsg. an der Luft schnell dunkel u. der R_F-Wert sinkt in Ggw. von Borat beträchtlich ab. Das IR-Spektr. weist auf OH—, gebundenes OH—, inertes —CO u. eine Acetonyl—CO-Gruppe hin. Die Ggw. der Acetonylgruppe verhindert die Wanderung der angulären CH_3O- oder CH_3-Gruppe bei der Einw. von H_2SO_4 (vgl. vorst. Ref.). **I** gibt mit Acetanhydrid in Pyridin wahrscheinlich ein *Triacetat*, dessen *Chromophor* **VII** spektroskop. wahrscheinlich gemacht wird. Mit trocknem HCl-Gas gibt **I** eine *Verb.* $C_{30}H_{41}ClO_4$, für die das *Chromophor* **VIII** angenommen wird. Die Verb. besitzt kein ion. Cl, ist unlösl. in W., gibt eine dem **I** ähnliche $FeCl_3$-Rk.; mit Alkali gibt sie wieder **I**. Mit Ketonreagentien gibt sie keine Derivv.; UV- u. sichtbares Absorptionsspektr. sind ähnlich denen von **I**.

Versuche: *Acetonylprimisteroldimethyläther* (**III**, mit *Chromophor* **IV**), $C_{35}H_{50}O_5$, F. 185—186°, durch 4std. Kochen einer Lsg. von **I** in Aceton mit Dimethylsulfat u.

K_2CO_3, Verdünnen mit W., Entfernen des Acetons unter vermindertem Druck, Schütteln mit 10%ig. NaOH u. Chromatographie in Ae. an Al_2O_3; Nadeln (wss. CH_3OH). *2.4-Dinitrophenylhydrazon*, $C_{41}H_{54}N_4O_8$, F. 204°, gelbe Nadeln (A.). — *Diol* **V** (mit *Chromophor* **VI**), $C_{33}H_{46}O_5$, F. 250°, a) durch 40 Min. langes Kochen von **I** in Aceton mit 2n H_2SO_4 unter N_2 u. Abdampfen des Acetons unter vermindertem Druck; Nadeln (Ae. u. Ae.-PAe.), R_F 0,89 [WHATMAN Nr. 1, Butanol-(1)/W.], 0,71 (WHATMAN Nr. 1, boratgepuffert, ent-

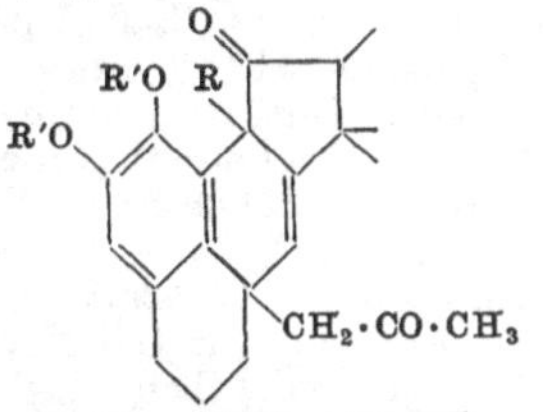

IV R = OCH_3 oder CH_3
R' = CH_3
VI R = OCH_3 oder CH_3
R' = H

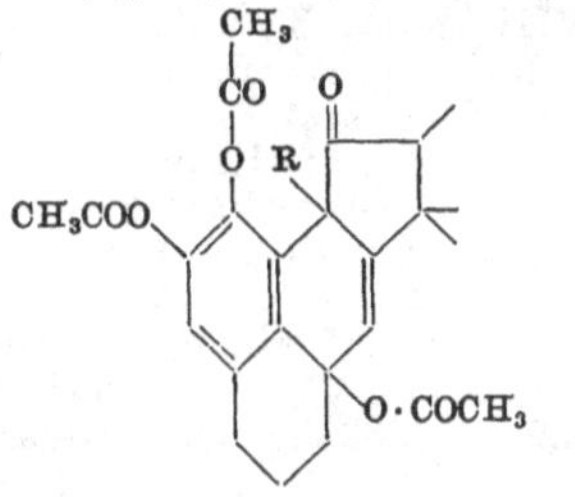

VII R = OCH_3 oder CH_3

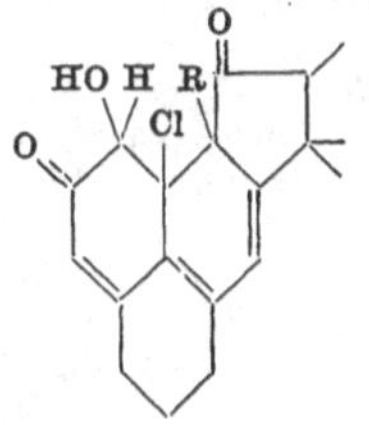

VIII R = OCH_3 oder CH_3

wickelt mit tetrazotiertem Benzidin); b) durch 10std. Kochen von **I** in Aceton in Ggw. von K_2CO_3; beim Ersatz von Aceton durch CH_3OH, Dioxan u. Methyläthylketon kein **V**. Durch 9std. Kochen in Aceton mit Dimethylsulfat u. K_2CO_3 → **III**. — *Acetat* (vermutlich mit *Chromophor* **VII**), F. 120—123°, durch 2std. Kochen einer Lsg. von **I** in Pyridin u. Acetanhydrid, Gießen in Eiswasser u. Chromatographie in Ae. an Silicagel; hellgelbes Pulver (aus CH_3OH, gefällt mit W.). — *HCl-Additionsprod. von* **I**, $C_{30}H_{41}ClO_4$, F. 123—124° (mit *Chromophor* **VIII**), durch Einleiten von trocknem HCl in eine Suspension von **I** in absol. Ae.; aus äther. HCl scharlachrote Nadeln; gibt durch ½std. Kochen in 10%ig. NaOH, Ansäuern u. Gegenstromverteilung (vgl. vorst. Ref.) **I** (F. 212°), das durch reduktive Acetylierung in *Diacetyldihydropristimerin* (F. 251—252°) übergeführt wird. (J. chem. Soc. [London] **1957**. 4669—72. Nov.) G. REISNER. 3550

Hans Lettré und **Dieter Hotz**, *Mehrwertige Alkohole aus Sterinen und Sterinderivaten.* Bei der Ozonisierung von Δ^5-Cholesten (**I**) in Ggw. von A. (vgl. C. **1958**. 9786; C. **1959**. 7143) bildet sich unter Aufnahme von je 1 Mol O_3 u. A. *5.6-Seco-5.6-peroxido-5-hydroxy-6-äthoxycholestan* (oder *-koprostan*; **II**), das mit $LiAlH_4$ zu *5.6-Secokoprostan-5.6-diol* (**III**) red. wird. **III** wird auch aus 5.6-Secocholestan-5-on-6-säuremethylester (**IV**) mit $LiAlH_4$ erhalten. **III** gibt mit Methansulfonylchlorid ein Gemisch, aus dem chromatograph. *5.6-Seco-5.6-oxidokoprostan* isoliert werden kann. Entsprechend wird für die aus 5.6-Secokoprostan-3β.5.6-triol (**V**; aus Cholesterylacetat, vgl. l. c.) mit p-Toluolsulfonylchlorid erhaltene Verb. die Formulierung als *3β-[p-Toluolsulfonyloxy]-5.6-seco-5.6-oxidokoprostan* angenommen. Bei der Hydrierung gibt **II** *5.6-Secocholestan-5-on-6-al* (**VI**), dessen *p-Nitrophenylhydrazon* (**VIb**) auf Grund des IR-Spektr. wenigstens teilweise in der n. offenen Form, dessen *Phenylhydrazon* (**VIa**) jedoch vollständig in der cycl. Form vorliegt. Analog werden aus Sitosterinacetat (**VII**), Stigmasterinacetat (**VIII**) u. 3β-Acetoxy-Δ^5-ätiocholensäure (**IX**) durch Ozonisierung in A. u. Red. mit $LiAlH_4$ *5.6-Secositostan-3β.5α.6-triol* (**X**), *5.6-Seco-bis-norcholan-3β.5α.6.22-tetrol* (**XI**) u. *5.6-Secotetranorcholan-3β.5α.6.20-tetrol* (**XII**) erhalten. Die cytotox. Wrkg. einiger aus Sterinen hergestellter mehrwertiger Alkohole wird an Hand mkr. Aufnahmen von Gewebekulturen erörtert. Während **V** ziemlich stark cytotox. wirkt, sind **III**, **X**, **XI**, **XII** u. *Cholestan-3β.5α.6β-triol* unwirksam. Für die cytotox. Wrkg. sind danach die Spaltung der Bindung zwischen $C_{(5)}$ u. $C_{(6)}$ u. die Ggw. mindestens einer OH-Gruppe an $C_{(3)}$, wahrscheinlich die aller 3 Hydroxyle an $C_{(3)}$, $C_{(5)}$ u. $C_{(6)}$ nötig. Als bes. stark cytotox. erwies sich *5.6-Seco-3β.5-dihydroxy-6-dimethylaminokoprostan* (vgl. nachst. Ref.).

V e r s u c h e: *5.6-Seco-5.6-peroxido-5-hydroxy-6-äthoxycholestan* (oder *-koprostan*; **II**), $C_{29}H_{52}O_4$, F. 108—109°, aus **I** in Chlf. in Ggw. von A. mit O_3 bei —40°; aus absol. A. Nadeln; 62%. — *5.6-Secokoprostan-5.6-diol* (**III**), $C_{27}H_{50}O_2$, F. 166—167°, a) aus **I** analog **II** (ohne dessen Isolierung), dann mit $LiAlH_4$ in Ae. (2 Std. kochen); aus Essigester Büschel stumpfer Spieße; 51%; b) aus **II** oder **IV** mit $LiAlH_4$ in Ae.; 79 bzw. 81%. — *5.6-Seco-5.6-oxidokoprostan*, $C_{27}H_{48}O$, F. 45—46°, aus **III** in Pyridin mit Methansulfonylchlorid (3 Tage bei 0°) u. Chromatographie aus PAe. an Al_2O_3; aus Ae.-CH_3OH lanzettförmige Kristalle; 29%. — *5.6-Secocholestan-5-on-6-al* (**VI**), $C_{27}H_{46}O_2$, Harz, aus 1 g **II** in Essigester mit 1 Mol H_2 über vorhydriertem PtO_2 (2 Std.); 0,8 g (roh). *Phenylhydrazon* (**VIa**), $C_{33}H_{52}N_2O$, flockig aus CH_3OH durch Fällung mit Wasser. *p-Nitrophenylhydrazon* (**VIb**), $C_{33}H_{51}N_3O_3$, aus CH_3OH durch Fällen mit W. Flocken. — *5.6-Seco-*

sitostan-3β.5α.6-triol (**X**), $C_{29}H_{54}O_3$, aus **VII** in Chlf. mit O_3 bei —40 bis —50° u. Red. des gebildeten Harzes mit $LiAlH_4$ in Ae.; aus Aceton–W. Blättchen; 34%. *Bis-3.5-dinitrobenzoat*, $C_{43}H_{58}N_4O_{13}$, F. 208—209°, aus A. unter Zusatz von W. verfilzte Nadeln. — *5.6-Seco-5.6-peroxido-3β-acetoxy-5-hydroxy-6-äthoxy(allo?)sitostan*, $C_{33}H_{58}O_6$, F. 108 bis 109° (A.), aus **VII** analog **II**; Nadeln; 21%. Gibt mit $LiAlH_4$ in Ae. **X**. — *5.6-Seco-bisnor-cholan-3β.5α.6.22-tetrol* (**XI**), $C_{22}H_{40}O_4$, F. 223—224° bzw. $C_{22}H_{40}O_4 \cdot ½H_2O$, F. 220 bis 224° ($CH_3OH$–W.), aus **VIII** analog **X**; 60%. *Tris-3.5-dinitrobenzoat*, $C_{43}H_{46}N_6O_{19}$, F. 180° (sintert bei 140°; A.). *Tris-p-nitrobenzoat*, $C_{43}H_{49}N_3O_{13}$, F. 118° (sintert bei 105°; A.). — *5.6-Seco-5.6-peroxido-3β-acetoxy-5-hydroxy-6-äthoxyätio(allo?)cholansäuremethylester*, $C_{25}H_{40}O_8$, F. 133—134° (A.), aus **IX** analog **II**; zu Fiedern vereinigte Nadeln; 50%. — *5.6-Seco-5.6-peroxido-3β-acetoxy-5-hydroxy-6-methoxyätio(allo?)cholansäuremethylester*, $C_{24}H_{38}O_8$, F. 120—121°, aus **IX** in CCl_4 in Ggw. von H_3OH mit O_3 bei —40°; aus 80%ig. CH_3OH Nadelbüschel; 67%. — *5.6-Secotetranorcholan-3β.5.6.20-tetrol* (**XII**), $C_{20}H_{36}O_4$, F. 195—196°, aus vorvorst. Verb. mit $LiAlH_4$ in Ae.; aus CH_3OH Nadelbüschel; 62%. — Die IR-Spektren von **VI**, **VIa** u. **VIb** sind graph. angegeben. (Liebigs Ann. Chem. **620**. 63—72. 1959. Heidelberg, Univ., Inst. für exp. Krebsforsch.)

H.-J. KOCH/Berlin. 3700

Hans Lettré, Dieter Hotz und **Christoph Scholtissek**, *Einige Amine aus Sterinderivaten*. (Vgl. vorst. Ref.) Die aus Cholesterinacetat (I) durch Oxydation mit CrO_3 entstehende *5.6-Seco-3β-acetoxycholan-5-on-6-säure* (**II**) wird über das *Chlorid* in das *Dimethylamid* (**IIa**) übergeführt, das mit $LiAlH_4$ zu *5.6-Seco-3β.5α-dihydroxy-6-dimethylaminokoprostan* (**III**) red. wird. Das früher (C. **1959**. 7143) dargestellte Isomere von **III** ist das 5β-Epimere. Beim Vers. der Darst. von **IIa** aus den rohen, amorphen, sauren Oxydationsprodd. von **I** wird (ebenso mit krist. **IIa**) bei der Chromatographie in 30- (aus mit CrO_3 hergestellten Säuren) bzw. in 50%ig. Ausbeute (aus mit O_3 u. CrO_3 hergestellten Säuren) unter Abspaltung von Essigsäure *5.6-Seco-Δ³-cholesten-5-on-6-säuredimethylamid* (**IV**) erhalten. **IV** addiert langsam Br_2, gibt bei der Hydrierung *5.6-Secocholestan-5-on-6-säuredimethylamid* u. mit $LiAlH_4$ *5.6-Seco-5(?)-hydroxy-6-dimethylamino-Δ³-cholesten*. Das *Dimethylamid* der 3β-Acetoxy-Δ⁵-cholensäure (**V**) gibt mit $LiAlH_4$ *25-Azacholesterin* (**VI**), die aus 24-Hydroxycholan (**VII**; vgl. WESSELY u. SWOBODA, C. **1952**. 4777) hergestellte *24-Jodverb.* mit Dimethylamin *25-Azakoprostan*. **VI** ist in Tierverss. tox. u. in der Gewebekultur cytotoxisch.

Versuche: *5.6-Seco-3β-acetoxycholestan-5-on-6-säuredimethylamid* (**IIa**), $C_{31}H_{53}NO_4$, F. 117—118° (PAe.), aus **II** mit PCl_5 in Ae. (30 Min.) u. Rk. des Prod. in Ae. mit Dimethylamin (1 Std. bei Zimmertemp.); 69% (Ausbeute). — *5.6-Seco-3β.5α-dihydroxy-6-dimethylaminokoprostan* (**III**), $C_{29}H_{55}NO_2$, F. 196—197° (Essigester), aus **IIa** mit $LiAlH_4$ in Ae.; 56%. *Hydrochlorid*, $C_{29}H_{56}ClNO_2$, F. 254—256° (Zers. u. Braunfärbung; CH_3OH–Essigester). — *5.6-Secokoprostan-3β.5.6-triol*, $C_{27}H_{50}O_3$, F. 193°, aus **II** mit CH_2N_2 in Ae. u. Red. des Methylesters mit $LiAlH_4$ in sd. Ae. (3 Std.); aus Essigester oder CH_3OH Nadeln; 86%. — *5.6-Seco-Δ³-cholesten-5-on-6-säuredimethylamid* (**IV**), $C_{29}H_{49}NO_2$, F. 113—114°, aus **I** in Eisessig mit O_3 bei 10° (30 Min.), Zusatz von CrO_3 in Eisessig (über Nacht bei 4°), Rk. der sauren Prodd. mit PCl_5 in Ae. (30 Min.), dann des Chlorids mit Dimethylamin in Ae. (1 Std.), Adsorption aus CCl_4 an Al_2O_3 u. Elution mit CCl_4, Ae., Essigester u. CH_3OH; aus den Ae.-Eluaten nach Rechromatographie aus CH_3OH–W. Nadeln; UV-Spektr. mit Absorption zwischen 216 u. 240 mμ ohne ausgeprägtes Maximum; 50%. — *5.6-Seco-3.4-dibromcholestan-5-on-6-säuredimethylamid*, $C_{29}H_{49}Br_2NO_2$, F. 140—141°, aus **IV** mit Br_2 in Chlf.; aus CH_3OH–W. Nadeln. — *5.6-Secocholestan-5-on-6-säuredimethylamid*, $C_{29}H_{51}NO_2$, F. 117°, aus **IV** in Eisessig mit H_2 über Pt; aus CH_3OH–W. Nadeln; 75%. — *5.6-Seco-5(?)-hydroxy-6-dimethylamino-Δ³-cholesten*, *Hydrochlorid*, $C_{29}H_{54}ClNO \cdot H_2O$, F. 225°, aus **IV** mit $LiAlH_4$ in sd. Ae. (3 Std.); aus CH_3OH–W. Nadeln; 75%. *Methojodid*, $C_{30}H_{56}JNO \cdot H_2O$, F. 227—228°, Nadeln. — *3β-Acetoxy-Δ⁵-cholensäuredimethylamid*, $C_{28}H_{45}NO_3$, F. 188—189°, aus **V** in Bzl. mit $SOCl_2$ (ca. 30 Min. bei 30°) u. Rk. des Chlorids in Bzl. mit Dimethylamin in Ae. (1 Std.); aus CH_3OH–W. Nadeln; 71%. — *3β-Hydroxy-24-dimethylamino-Δ⁵-cholen* (**VI**; *25-Azacholesterin*), $C_{26}H_{45}NO$, F. 151—152° (CH_3OH–W.), aus vorst. Verb. mit $LiAlH_4$ in Ae. (2 Std. kochen); 75%. *Hydrochlorid*, $C_{26}H_{46}ClNO$, F. 277—278° (CH_3OH–Essigester). — *24-Jodcholan*, $C_{24}H_{41}J$, F. 103—103,5°, aus **VII** mit rotem P u. J_2 in sd. Chlf. (3 Std.); aus CH_3OH–Essigester Nädelchen; 80%. — *24-Dimethylaminocholan* (*25-Azakoprostan*), $C_{26}H_{47}N$, F. 65—66°, aus vorst. Verb. mit sd. 2mol. methanol. Dimethylamin (3 Std.); aus CH_3OH–W. verfilzte Nädelchen; 68%. (Liebigs Ann. Chem. **621**. 79—85. 1959.)

H.-J. KOCH/Berlin. 3700

Franklin S. Prout und **Z. F. Chmieliwicz**, *Mit 22-Ketocholesterin verwandte Verbindungen*. 3β-Chlor-Δ⁵-bisnorcholenylchlorid gibt mit Diisoamyl-Cd nur eine Form von *3β-Chlor-22-keto-Δ⁵-cholesten* (**Ib**). Dagegen werden aus 22-Ketocholesterin (**II**, vgl. COLE u. JULIAN, J. Amer. chem. Soc. **67.** [1945.] 1369) mit $SOCl_2$ oder durch Umlagerung von 3β-Methoxy-3.5-cyclocholestan-22-on (**III**) Gemische zweier Formen von **I**, wahrscheinlich der $C_{(20)}$-Isomeren, erhalten. **Ib** gibt mit $NaNO_2/HNO_3$ die *6-Nitroverb.*, die mit Zn u. Essigsäure zu *3β-Chlorcholestan-6.22-dion* red. wird. Dieses wird mit K_2CO_3 in *3.5-Cyclocholestan-6.22-dion* übergeführt. **II**-p-Toluolsulfonat liefert mit $NaOCH_3$ oder K-Acetat **III**, das mit Essigsäure **II**-*Acetat* u. mit HCl **Ib** gibt. Verss. zur Red. von **III** nach WOLFF-KISHNER mißlangen.

Versuche: *3β-Hydroxy-Δ⁵-bisnorcholensäure*, F. 289—291°, aus dem Acetat durch Verseifung; 99% (Ausbeute). — *3β-Chlor-Δ⁵-bisnorcholensäure, Chlorid*, F. 170 bis 172° (Bzl.–Hexan), aus vorst. Verb. in sd. Ae.–Bzl. mit $SOCl_2$. *Amid*, $C_{22}H_{34}ClNO$, F. 245—247° (A.–W.); $[\alpha]_D^{29}$ −21° (1,4 mg/ml Chlf.). — *3β-Chlor-Δ⁵-cholesten-22-on*, $C_{27}H_{43}ClO$, **Ia**: F. 115,5—116° (Erweichen bei 113°), aus A. Nadeln; $[\alpha]_D^{22}$ −50,0° (58,0 mg → 1,96 ml in Chlf.); **Ib** [nach Meth. a)]: F. 115,5—116° (CH_3OH); $[\alpha]_D^{24}$ −53,2° (39,3 mg → 2 ml in Chlf.); a) aus vorst. Chlorid in Ae.–Bzl. mit Diisoamyl-Cd in Ae. (4 Std. bei 0° u. über Nacht bei Zimmertemp.), Chromatographie an Al_2O_3 u. Elution mit Hexan u. Hexan–Bzl.; λ_{max} 285 mμ (log ε = 1,88) bzw. 5,9 μ; 39,1% **Ib**, daneben *3β-Chlor-Δ⁵-bisnorcholensäure*, $C_{22}H_{33}ClO_2$, F. 215—217° (Cyclohexan); $[\alpha]_D^{28}$ −67° (10,5 mg → 5,0 ml in Chlf.); b) aus vorst. Chlorid mit GRIGNARD-Reagens; 19% (Rohprod.); c) aus 140 mg **III** in sd. Aceton mit konz. HCl (4 Std.), Chromatographie an Al_2O_3 u. Elution mit Bzl.–Hexan (1 : 9 → 48 mg **Ia** bzw. 1 : 4 → 22 mg **Ia** + **Ib** u. 28 mg **Ib**); d) aus 528 mg **II** mit $SOCl_2$ (90 Min. bei 23° u. 90 Min. bei 40—60°) u. Chromatographie an Al_2O_3; 342 mg (wahrscheinlich vorwiegend **Ib**). — *3β-Chlor-6-nitro-Δ⁵-cholesten-22-on*, $C_{27}H_{42}ClNO_3$, F. 192—192,5° (Acetonitril),aus **Ib** in Eisessig mit rauchender HNO_3 (D. 1,50; 30 Min.), Zusatz von $NaNO_2$ innerhalb 30 Min., dann 1 Std. rühren u. Chromatographie des Prod. an Al_2O_3; $[\alpha]_D^{26}$ −52,0° (39,5 mg → 2 ml in Chlf.); λ_{max} 260 mμ (log ε = 3,39); 42% (roh). — *3β-Chlorcholestan-6.22-dion*, $C_{27}H_{43}ClO_2$, F. 184,5—186° (CH_3OH), aus vorst. Verb. in Eisessig mit Zn-Staub innerhalb 90 Min., dann 2 Std. kochen u. Chromatographie an Al_2O_3; λ_{max} 290 mμ (log ε = 1,98); $[\alpha]_D^{25}$ −14,3° (42 mg → 2 ml in Chlf.); 65%. — *3.5-Cyclocholestan-6.22-dion*, $C_{27}H_{42}O_2$, F. 128,5 bis 130° (CH_3OH), aus vorst. Verb. mit K_2CO_3 in sd. wss. A. (2 Std.); $[\alpha]_D^{27}$ +17,3° (36,5 mg → 2 ml in Chlf.); λ_{max} 282,5 mμ (log ε = 2,14); 86,5%. — *22-Ketocholesterin* (**II**), *Acetat*, F. 150,5—152,5° (A.), aus 107 mg **III** mit sd. Eisessig (5 Std.); $[\alpha]_D^{31}$ −61° (Chlf.); 71 mg. *p-Toluolsulfonat*, $C_{34}H_{50}O_4S$, F. 143—144,5° (Aceton–Hexan), mit p-Toluolsulfonylchlorid in Pyridin (22 Std.); $[\alpha]_D^{26}$ −52,0° (42,4 mg → 1,96 ml in Chlf.); 45,7%. — *6β-Methoxy-3.5-cyclocholestan-22-on* (**III**, *22-Ketoisocholesterinmethyläther*), $C_{28}H_{46}O_2$, Öl, aus vorst. Tosylat, a) mit sd. methanol. $NaOCH_3$ (4½ Std.) u. Chromatographie an Al_2O_3; $[\alpha]_D^{29}$ +32° (12,4 mg → 1,96 ml in Chlf.); 88,4%; b) mit K-Acetat in sd. CH_3OH (4½ Std.); 77%. (J. org. Chemistry **24.** 308—11. März 1959. Chicago, Ill., De Paul Univ., Dep. of Chem.) H.-J. KOCH/Berlin. 3700

P. Wieland, K. Heusler, H. Ueberwasser und **A. Wettstein**, *Totalsynthese von 18-oxygenierten Ätiansäuren. Über Synthesen in der Aldosteron-Reihe.* 9. Mitt. *Über Steroide.* 151. Mitt. (150. bzw. 8. vgl. Helv. chim. Acta **41.** [1958.] 74; 148. bzw. 6. vgl. C. **1959.** 11262.) Das aus dem entsprechenden Δ⁵·¹⁴·¹⁸-Trien (I) durch Hydrierung erhaltene Δ⁵·¹⁸-3-Äthylendioxy-11β.18a-oxido-16-oxo-18a-methyl-18-homo-14-isoandrostadien (**II**; vgl. l. c.) liefert bei der Kondensation mit Ameisensäureäthylester ein Gemisch der entsprechenden *15-Formylverb.* (**III**) u. der *17-Hydroxymethylenverb.* (**IV**). Deren *Isopropyläther* (**IIIa** bzw. **IVa**) liefern bei der Red. der 16-Oxogruppe mit $NaBH_4$ u. anschließenden Spaltung der Äthergruppierung die entsprechenden α,β-ungesätt. *15-* (**V**) u. *17-Formylverbb.* (**VI**). **V** gibt bei der Hydrierung den *gesätt. Aldehyd* (**VII**), der mit Ag_2O jedoch nicht die erwartete *Säure* (**VIII**), sondern einen *stereoisomeren Aldehyd* liefert. In orientierenden Verss. wird aus dem aus **VII** mit CH_3MgJ erhaltenen *Methylcarbinol* mit CrO_3/Pyridin das entsprechende *Methylketon* nur in mäßiger Ausbeute, mit CrO_3/Eisessig unter Aufspaltung u. Oxydation des Dihydropyranringes dessen *18-Acetylanaloges* erhalten. Dagegen gibt **VII** mit $KMnO_4$ in Pyridin **VIII**, deren *Methylester* mit Alkali zur *15-Isoverb.* umgelagert wird, die durch Ketalspaltung, Abbau des Dihydropyranringes mit OsO_4 u. HJO_4, Verseifung u. Oxydation zum *Δ⁴-ungesätt. Lactonester* u. anschließende Hydrierung in *dl-3-Oxo-11β-hydroxy-15ξ-carbomethoxy-14-iso-5ξ-androstan-18-säure-18 → 11-lacton* verwandelt wird. In analoger Weise wird aus **VI** über *Δ⁴·¹⁸-3-Oxo-11β.18a-oxido-18a-methyl-18-homo-14.17-diisoätiadiensäuremethylester* (**IX**) das *dl-Δ⁴-3-Oxo-11β-hydroxy-14.17-diisoätiensäuremethylester-18-säure-18 → 11-lacton* (**X**) dargestellt u. zur entsprechenden *gesätt. Verb.* hydriert. **X** wird zum Beweis der 14-Isokonfiguration aus dl-Δ⁵-3-Äthylendioxy-11β-hydroxy-20-oxo-14.17-diisopregnen-18-säure-18 → 11-lacton **XI**; vgl. SCHMIDLIN u. Mitarbeiter, C. **1959.** 11262) durch Überführung in die *21-Acetoxyverb.*, Verseifung u. Ketalspaltung zur *Δ⁴-3.20-Dioxo-11β.21-dihydroxyverb.* u. Abbau mit HJO_4 dargestellt. I gibt bei der Kondensation mit Ameisensäureäthylester als einziges Prod. das *17-Hydroxymethylenderiv.*, dessen *Isopropyläther* jedoch auch bei vorsichtiger Hydrierung ausschließlich die *$\Delta^{5.18}$-Tetrahydroverb.* liefert, die für einen weiteren Seitenkettenaufbau nicht geeignet ist. Die aus I mit Kohlensäurediäthylester erhaltene *17-Carbäthoxyverb.* läßt sich selektiv in 14.15-Stellung hydrieren; Überführung der 16-Oxogruppe in das *Enolacetat* (**XII**) u. nachfolgende Hydrierung liefert den *Äthylester* der *dl-$\Delta^{5.18}$-3-Äthylendioxy-11β.18a-oxido-18a-methyl-18-homo-14.17-diisoätiadiensäure*, deren *Methylester* auch aus **VI** erhalten wurde. Die beschriebenen Verss. beweisen die 14-Isokonfiguration von **II** sowie die Ausbildung einer cis-Verknüpfung der Ringe C u. D bei der Hydrierung von I-Derivaten. Zum Beweis der „natürlichen" trans-Anellierung der Ringe C u. D des bei der Hydrierung von I als Nebenprod. gebildeten $\Delta^{5.18}$-3-Äthylendioxy-11β.18a-oxido-16-oxo-18a-methyl-18-homoandrostadiens (**XIII**; vgl. 150. Mitt., l. c.) wird die daraus mit Kohlensäurediäthylester erhaltene *17-Carbäthoxyverb.* in das *Enolacetat* übergeführt. Bei dessen Hydrierung wird zwar auch die Δ^5-Doppelbindung angegriffen, doch läßt sich aus dem Rohprod. nach Ketalspaltung u. Chromatographie neben der entsprechenden gesätt. Verb. *dl-$\Delta^{4.18}$-3-Oxo-11β.18a-oxido-18a-methyl-18-homoätiadiensäuremethylester* (**XIV**) gewinnen. Die Oxydation von **XIV** mit OsO_4 erfolgt hauptsächlich an der Δ^4-Doppelbindung, aus dem Mutterlaugenprod. wird aber durch Spaltung mit HJO_4, CrO_3-Oxydation, Verseifung u. Veresterung *dl-Δ^4-3-Oxo-11β-hydroxyätiensäuremethylester-18-säure-18 → 11-lacton* (**XV**) gewonnen, das auch durch HJO_4-Oxydation u. Veresterung aus authent. dl-Δ^4-3.20-Dioxo-11β.21-dihydroxypregnen-18-säure-18 → 11-lacton (**XVI**; vgl. SCHMIDLIN u. Mitarbeiter, Helv. chim. Acta **40.** [1957.] 2291) erhältlich ist. In Verss. zum Aufbau der Seitenkette mit **XV** wird dieses über das entsprechende *Säurechlorid* in das *Diazoketon* verwandelt. Das aus diesem über das *Ketolacetat* erhaltene freie *Ketol* ist jedoch nicht mit **XVI** ident., sondern dessen 17-Isoverb., deren Konst. ebenso wie die von **XVI** (l c.) bewiesen ist.

Versuche: *dl-$\Delta^{5.18}$-3-Äthylendioxy-11β.18a-oxido-15ξ-formyl-16-oxo-18a-methyl-18-homo-14-isoandrostadien* (**III**), $C_{24}H_{30}O_5$, F. 215—223° (Aceton), aus 28,5 g **II** u. Ameisensäureäthylester in Bzl. in Ggw. von Na-Methylat unter Kühlung in N_2; 14,3 g (Ausbeute), daneben 13,96 g *dl-$\Delta^{5.18}$-3-Äthylendioxy-11β.18a-oxido-16-oxo-17-hydroxymethylen-18a-methyl-18-homo-14-isoandrostadien* (**IV**), F. 156,6—163° (Ae.). **IV**-*Isopropyläther* (**IVa**), $C_{27}H_{36}O_5$, F. 160—164° (Bzl.–PAe.), mit Isopropyljodid in Aceton in Ggw. von K_2CO_3. — *dl-$\Delta^{5.18}$-3-Äthylendioxy-11β.18a-oxido-15-isopropoxymethylen-16-oxo-18a-methyl-18-homo-14-isoandrostadien* (**IIIa**), $C_{27}H_{36}O_5$, F. 153—160° (Aceton–PAe.), aus **III** analog **IVa**. — *dl-$\Delta^{5.18}$-3-Äthylendioxy-11β.18a-oxido-15-piperidinomethylen-16-oxo-18a-methyl-18-homo-14-isoandrostadien*, $C_{29}H_{39}NO_4$, F. 150—153° (Ae.), aus **III** u. Piperidin in sd. Bzl. (2½ Std. unter N_2). — *dl-$\Delta^{5.18}$-3-Äthylendioxy-11β.18a-oxido-16-oxo-17-piperidinomethylen-18a-methyl-18-homo-14-isoandrostadien*, $C_{29}H_{39}NO_4$, F. 214 bis 216° (Ae.), aus 1 g I analog vorst. Verb.; 670 mg. — *dl-$\Delta^{5.16.18}$-3-Äthylendioxy-11β.18a-oxido-17-formyl-18a-methyl-18-homo-14-isoandrostatrien* (**VI**), $C_{24}H_{30}O_4$, F. 156,5 bis 159° (Ae./PAe.), aus **IVa** mit $NaBH_4$ in absol. A. u. Behandlung des Prod. mit Eisessig/Essigsäureanhydrid (3 Std. bei 50° unter N_2). — *dl-$\Delta^{5.18}$-3-Äthylendioxy-11β.18a-oxido-17α-formyl-18a-methyl-18-homo-14-isoandrostadien*, $C_{24}H_{32}O_4$, F. 149 bis 158° (unscharf; Aceton–Ae.), aus **VI** in A. mit H_2 über 10%ig. Pd/Kohle. — *dl-$\Delta^{5.18}$-3-Äthylendioxy-11β.18a-oxido-18a-methyl-18-homo-14.17-diisoätiadiensäure*, F. 223° (Bzl.–Ae.), aus dem Äthylester mit sd. 10%ig. methanol. KOH. *Methylester*, $C_{25}H_{34}O_5$, F. 139 bis 141° (Aceton–Ae.), a) aus vorst. Verb. in Pyridin mit $KMnO_4$ in Aceton (4½ Std. bei 0°) u. Veresterung mit äther. CH_2N_2; b) aus der Säure mit CH_2N_2. *Äthylester*, $C_{26}H_{36}O_5$, F. 127—129° (A.), aus **XII** in Essigester mit H_2 über Pd/Kohle u. $CaCO_3$. — *dl-$\Delta^{4.18}$-3-Oxo-11β.18a-oxido-18a-methyl-18-homo-14.17-diisoätiadiensäuremethylester* (**IX**), $C_{23}H_{30}O_4$, F. 144—144,5° (CH_3OH), aus vorst. Methylester mit verd. Essigsäure (25 Min. bei 100°). — *dl-Δ^4-3.20-Dioxo-11β.21-dihydroxy-14.17-diisopregnen-18-säure-18 → 11-lacton*, $C_{21}H_{26}O_5$, F. 234—237,5° (CH_2Cl_2–Aceton), aus dem Acetat mit 4n $HClO_4$ in Tetrahydrofuran (3 Tage bei Zimmertemp.). *21-Acetat-Δ^5-3-äthylenketal*, $C_{25}H_{32}O_7$, F. 189—194° (CH_2Cl_2–Aceton–Ae.), aus 4,33 g **XI** u. Oxalsäuredimethylester in Bzl. in Ggw. von Na-Methylat (15 Std. unter N_2), Rk. des Prod. mit J_2 in CH_3OH in Ggw. von K-Acetat unter Eiskühlung (20 Min. unter N_2), Umsetzung des Prod. mit K-Acetat in Aceton (überNacht bei Zimmertemp. u. 20 Min. unter Rückfluß) u. Chromatographie; 1,54 g. — *dl-Δ^4-3-Oxo-11β-hydroxy-14.17-diisoätiensäuremethylester-18-säure-18 → 11-lacton* (**X**), $C_{21}H_{26}O_5$, F. 227—231,5° (Aceton–Ae.), a) aus **IX** mit CrO_3 in Essigsäure–CH_2Cl_2 (über Nacht bei 0—5°) u. Al_2O_3-Chromatographie; daneben *dl-Δ^4-3.11-Dioxo-18-acetyl-14.17-diisoätiensäuremethylester*, $C_{23}H_{30}O_5$, F. 175—180° (Aceton–Ae.); b) aus **IX** mit OsO_4 in Tetrahydrofuran–Pyridin–Ae. (über Nacht bei Zimmertemp.), Oxydation des Prod. in

CH_3OH-Pyridin mit HJO_4 (1½ Std.), Al_2O_3-Chromatographie u. Oxydation des erhaltenen dl-Δ^4-3.18-Dioxo-11β-acetoxy-14.17-diisoätiensäuremethylesters mit CrO_3 in Essigsäure (3 Std. bei Zimmertemp.); c) aus vorst. Verb. mit HJO_4 in Dioxan–CH_3OH–Pyridin (2 Std. bei Zimmertemp.). — *dl-3-Oxo-11β-hydroxy-14.17-diiso-5ξ-ätiansäuremethylester-18-säure-18 → 11-lacton*, F. 189—198°, aus 4,9 mg vorst. Verb. durch Hydrierung über PtO_2 in Eisessig u. Oxydation des Prod. mit CrO_3 in Eisessig (4¼ Std.); 2,5 mg. — *dl-$\Delta^{5.14.18}$-3-Äthylendioxy-11β.18a-oxido-15-formyl-18a-methyl-18-homo-14-isoandrostatrien* (**V**), $C_{24}H_{30}O_4$, F. 165—171° (Bzl.–PAe.), aus 8,5 g **IIIa** analog **VI**; 1,21 g. — *dl-$\Delta^{5.18}$-3-Äthylendioxy-11β.18a-oxido-15ξ-formyl-18a-methyl-18-homo-14-isoandrostadien* (**VII**), $C_{24}H_{32}O_4$, F. 161—165° (Zers.; Ae.–Hexan), aus 1,5 g **V** durch Hydrierung über 10%ig. Pd/$CaCO_3$ in A.; 961 mg. Gibt beim Vers. der Oxydation mit Ag_2O in Dioxan die *15-Isoverb.*, $C_{24}H_{32}O_4$, F. 161—164° (Ae.). — *dl-$\Delta^{5.18}$-3-Äthylendioxy-11β.18a-oxido-15ξ-acetyl-18a-methyl-18-homo-14-isoandrostadien*, $C_{25}H_{34}O_4$, F. 180—184° (Ae.), aus 150 mg **VII** u. CH_3MgJ in sd. Ae. (6 Std. unter N_2), Zers. mit verd. H_2SO_4, Oxydation des Rohprod. mit CrO_3/Pyridin (1 Std.) u. Al_2O_3-Chromatographie; 15 mg. — *dl-Δ^4-3.11-Dioxo-15ξ.18-diacetyl-14-isoandrosten*, $C_{23}H_{30}O_4$, F. 164—166° (Aceton–Ae.), aus rohem **VII** u. CH_3MgJ in Ae.–Bzl. (3½ Std. bei 50° unter N_2), Zers. mit verd. Essigsäure, Erhitzen des Prod. mit verd. Essigsäure (30 Min. auf 100°), Oxydation des Prod. mit CrO_3 in Essigsäure (über Nacht bei 0—5°) u. Al_2O_3-Chromatographie. — *dl-$\Delta^{4.18}$-3-Oxo-11β.18a-oxido-15ξ-formyl-18a-methyl-18-homo-14-isoandrostadien*, $C_{22}H_{28}O_3$, F. 141—145,5° (Zers.; Ae.–Hexan), aus 800 mg **VII** in wss. Essigsäure (1 Std. bei 80° unter N_2); 284 mg. — *dl-$\Delta^{5.18}$-3-Äthylendioxy-11β.18a-oxido-15ξ-carboxy-18a-methyl-18-homo-14-isoandrostadien* (**VIII**), *Methylester*, $C_{25}H_{34}O_5$, F. 125—131° (Ae.–PAe.), aus rohem **VII** (aus 4,12 g **V**) mit $KMnO_4$ in Pyridin–Aceton (4½ Std. bei 3°), Veresterung mit CH_2N_2 u. Al_2O_3-Chromatographie; 1,01 g. Gibt beim Kochen mit 10%ig. methanol. KOH unter N_2 die *15-Isoverb.*, $C_{25}H_{34}O_5$, F. 168—172°. — *dl-$\Delta^{4.18}$-3-Oxo-11β.18a-oxido-15ξ-carbomethoxy-18a-methyl-18-homo-14-isoandrostadien*, $C_{23}H_{30}O_4$, F. 190—193° (Aceton–PAe.), aus vorst. 15-Isomerenverb. mit Essigsäure (30 Min. bei 100° unter N_2). — *dl-Δ^4-3-Oxo-11β-hydroxy-15ξ-carbomethoxy-14-isoandrosten-18-säure-18 → 11-lacton*, $C_{21}H_{26}O_5$, F. 225° (Aceton–Ae.), aus 168 mg vorst. Verb. mit OsO_4 in Tetrahydrofuran–Pyridin–Ae. (über Nacht bei Zimmertemp.), Behandlung des Prod. mit HJO_4 in CH_3OH–Pyridin, Verseifung des entstehenden Acetoxyaldehyds (105 mg) mit K_2CO_3 in sd. wss. A. (1 Std.) u. Oxydation des entstehenden *dl-Δ^4-3.18-Dioxo-11β-hydroxy-15ξ-carbomethoxy-14-isoandrostencyclohemiacetals*, F. 210—215° (Aceton–Ae.), mit CrO_3 in Eisessig (1½ Std.); 34,5 mg. — *dl-3-Oxo-11β-hydroxy-15ξ-carbomethoxy-14-iso-5ξ-androstan-18-säure-18 → 11-lacton*, $C_{21}H_{28}O_5$, F. 244—249° (Aceton–Ae.), aus 34,5 mg vorst. Verb. durch Hydrierung über PtO_2 in Eisessig u. Oxydation des Prod. mit CrO_3 in Eisessig (4½ Std.); 20 mg. — *dl-$\Delta^{5.14.18}$-3-Äthylendioxy-11β.18a-oxido-16-oxo-17-hydroxymethylen-18a-methyl-18-homoandrostatrien*, $C_{24}H_{28}O_5 \cdot H_2O$, F. 204° (verd. A.), aus **I** analog **III**. *Isopropyläther*, $C_{27}H_{34}O_5$, F. 192—195° (Bzl.–Hexan). — *dl-$\Delta^{5.18}$-3-Äthylendioxy-11β.18a-oxido-16-oxo-17ξ-isopropoxymethyl-18a-methyl-18-homo-14-isoandrostadien*, $C_{27}H_{38}O_5$, F. 140,5—141,5° (Ae.–Hexan), aus vorst. Isopropyläther durch Hydrierung über 10%ig. Pd/Kohle in A. u. Al_2O_3-Chromatographie. — *dl-$\Delta^{5.14.18}$-3-Äthylendioxy-11β.18a-oxido-16-oxo-18a-methyl-18-homoätiotriensäureäthylester*, $C_{26}H_{32}O_6$, F. 154—156° (CH_2Cl_2–Ae.), aus 2 g **I** in Dioxan mit NaH u. Diäthylcarbonat in A. (18 Std.); 1,32 g. — *dl-$\Delta^{5.18}$-3-Äthylendioxy-11β.18a-oxido-16-oxo-18a-methyl-18-homo-14.17-diisoätiadiensäureäthylester*, $C_{26}H_{34}O_6$, F. 146—148°, aus vorst. Verb. durch Hydrierung über 10%ig. Pd/Kohle in A. in Ggw. von Triäthylamin. — *dl-$\Delta^{5.16.18}$-3-Äthylendioxy-11β.18a-oxido-16-acetoxy-18a-methyl-18-homo-14-isoätiatriensäureäthylester* (**XII**), $C_{28}H_{36}O_7$, F. 162—163° (Bzl.–Ae.), aus vorst. Verb. u. Essigsäureanhydrid in Pyridin (48 Std.). — *dl-$\Delta^{5.18}$-3-Äthylendioxy-16-oxo-11β.18a-oxido-18a-methyl-18-homoätiadiensäureäthylester*, $C_{26}H_{34}O_6$, F. 163° (Ae.), aus 5 g **XIII** u. Diäthylcarbonat in sd. Dioxan mit Na (14 Std. unter CO_2); 2,3 g. — *dl-$\Delta^{5.16.18}$-3-Äthylendioxy-11β.18a-oxido-16-acetoxy-18a-methyl-18-homoätiatriensäureäthylester*, $C_{28}H_{36}O_7$, F. 197—202° (Aceton), aus 2,3 g vorst. Verb. u. Essigsäureanhydrid in Pyridin (2 Tage); 1,94 g. — *dl-Δ^{18}-3-Äthylendioxy-11β.18a-oxido-18a-methyl-18-homo-5ξ-ätiensäuremethylester*, $C_{25}H_{36}O_5$, F. 170,5—174° (Ae.–CH_3OH), aus 3,42 g vorst. Verb. durch Hydrierung über 10%ig. Pd/Kohle in Essigester in Ggw. von $BaCO_3$, 2½std. Kochen des Prod. mit 10%ig. methanol. KOH unter N_2, Veresterung mit äther. CH_2N_2 u. Al_2O_3-Chromatographie; 380 mg, neben (nach Ketalspaltung mit wss. Essigsäure bei 100° u. Chromatographie) 1,0 g *dl-$\Delta^{4.18}$-3-Oxo-11β.18a-oxido-18a-methyl-18-homoätiadiensäuremethylester* (**XIV**), $C_{23}H_{30}O_4$, F. 186 bis 192° (Aceton–CH_3OH). — *dl-Δ^4-3-Oxo-11β-hydroxyätiensäuremethylester-18-säure-18 → 11-lacton* (**XV**), $C_{21}H_{26}O_5$, F. 241—244° (Aceton–PAe.), a) aus **XIV** mit OsO_4 in Tetrahydrofuran–Pyridin–Ae. (über Nacht bei Zimmertemp.), Behandlung des Prod.

mit HJO_4 in CH_3OH–Pyridin–Dioxan (1½ Std.), Oxydation mit CrO_3 in Eisessig (8 Std.), Veresterung mit äther. CH_2N_2 u. Al_2O_3-Chromatographie; b) aus **XVI** mit HJO_4 in Dioxan–CH_3OH–Pyridin (1 Std.), Veresterung mit äther. CH_2N_2 u. Al_2O_3-Chromatographie. — *dl-Δ^4-3-Oxo-11β-hydroxy-17-isoätiensäure-18-säure-18 → 11-lacton,* F. 232—244° (Zers., Chlf.), aus **XV** mit 10%ig. methanol. KOH (5 Std. bei 65° im geschlossenen Gefäß, dann über Nacht bei Zimmertemp.). *Methylester.* $C_{21}H_{26}O_5$, F. 199 bis 201,5° (Aceton–Ae.), a) aus nachst. Verb. mit HJO_4 in Dioxan–CH_3OH–Pyridin (4 Std.) u. Veresterung mit äther. CH_2N_2; b) aus der Säure mit äther. CH_2N_2 u. Al_2O_3-Chromatographie. — *dl-Δ^4-3.20-Dioxo-11β.21-dihydroxy-17-isopregnen-18-säure-18 → 11-lacton,* F. 213—218° (Aceton), aus dem Acetat mit 3,5n $HClO_4$ in Tetrahydrofuran (4 Tage) u. Papierchromatographie. *21-Acetat,* F. 176—181° (Aceton–Ae.), aus vorst. Säure u. Oxalylchlorid in Bzl.–Pyridin (1 Std. bei Zimmertemp.), Rk. mit äther. CH_2N_2 (1½ Std. bei Zimmertemp.) u. Eindampfen in Ggw. von Eisessig. — Die IR-Spektren aller u. die UV-Spektren einiger Verbb. sind angegeben. (Helv. chim. Acta **41.** 416—40. 15/3. 1958.) WALTER SIMON. 3750

K. Heusler, P. Wieland und **A. Wettstein,** *Eine neue Methode zum Aufbau der Pregnanseitenkette, ausgehend von 16-Oxoandrostanen. Über Synthesen in der Aldosteron-Reihe.* 10. Mitt. *Über Steroide.* 152. Mitt. (9. bzw. 151. vgl. vorst. Ref.) Durch Kondensation von dl-$\Delta^{5.14.18}$-3-Äthylendioxy-11β.18a-oxido-16-oxo-18a-methyl-18-homoandrostatrien (**I**; vgl. WIELAND u. Mitarbeiter, Helv. chim. Acta **41.** [1958.] 74) mit Oxalsäuredimethylester entsteht *dl-$\Delta^{5.14.18}$-3-Äthylendioxy-11β.18a-oxido-16.20-dioxo-18a-methyl-18-homopregnatrien-21-säure* (**II**)-*Methylester* **IIa**). Selektive Hydrierung von **IIa** liefert ein *Tetrahydroprod.*, in dem außer der Δ^{14}-Doppelbindung eine der beiden Oxogruppen an $C_{(16)}$ oder $C_{(20)}$ zur Hydroxygruppe hydriert ist. Bei der Alkylierung von **IIa** mit Isopropyljodid entstehen nebeneinander die *16-* (**III**) u. *20-Isopropylenoläther* (**IV**). **III** läßt sich leicht zur *$\Delta^{5.18}$-Tetrahydroverb.* hydrieren, doch verläuft die Abspaltung der 16-Isopropoxygruppe von **III** unbefriedigend. **II** zeigt keine Neigung zur spontanen Enollactonbldg., bei der Umsetzung mit prim. aromat. u. araliphat. Aminen u. mit NH_4OH bilden sich nur die entsprechenden *Amide.* Bei der Red. von **IV** durch katalyt. Hydrierung oder mit komplexen Metallhydriden wird die Enoldoppelbindung mindestens ebenso leicht angegriffen wie die Δ^{14}-Doppelbindung. Das bei der Acetylierung von **IIa** ausschließlich erhaltene *20-Enolacetat* (**V**) gibt bei der Hydrierung unter Abspaltung der Acetoxygruppe den entsprechenden *$\Delta^{5.14.18}$-17ξ-Pregnatrien-21-säuremethylester,* der auch aus **V** mit Zn/Essigsäure erhalten wird, ferner *$\Delta^{5.17.18}$-3-Äthylendioxy-11β.18a-oxido-16-oxo-18a-methyl-18-homo-14-isopregnatrien-21-säuremethylester* sowie wenig *$\Delta^{5.17.18}$-3-Äthylendioxy-11β.18a-oxido-16ξ-hydroxy-18a-methyl-20-acetoxy-18-homo-14-isopregnatrien-21-säure* (**VI**)-*Methylester,* dessen Ausbeute auch durch Änderung der Hydrierungsbedingungen nicht gesteigert werden konnte. Dagegen liefert **II**-*Morpholid* (**VII**) ein *20-Enolacetat* (**VIII**), das bei der Hydrierung in 90%ig. Ausbeute **VI**-*Morpholid* (**IX**) gibt. Verss. zur alkal. Verseifung von **IX** zur Δ^{16}-20-Oxo-21-säure führten nur zu unreinen Prodd., deren Reinigung schwierig war. Dagegen gibt **IX** mit Al_2O_3 in sd. Bzl. in guter Ausbeute *$\Delta^{5.16.18}$-3-Äthylendioxy-11β.18a-oxido-18a-methyl-20-oxo-18-homo-14-isopregnatrien-21-säuremorpholid* (**X**), das sich zur entsprechenden *16.17-gesätt. Verb.* hydrieren läßt. Die aus dieser erhaltene *freie α-Ketosäure* gibt bei Veresterungsverss. neben dem *Methylester* (**XI**) stets verschied. Nebenprodukte. Bei Verss. zum Schutz der 20-Ketogruppe von **XI** durch Kondensation mit Orthoameisensäuretriäthylester entstand nur der *3-Enoläther.* Daher wird **XI** mit $LiAlH_4$ zum *20.21-Glykol* red., das mit HJO_4 die entsprechende *17-Formylverb.* gibt. Letzte wird durch Oxydation u. Veresterung in den entsprechenden *Ätiadiensäuremethylester* (vgl. 151. Mitt., l. c.) übergeführt.

V e r s u c h e: *dl-$\Delta^{5.14.18}$-3-Äthylendioxy-11β.18a-oxido-16.20-dioxo-18a-methyl-18-homopregnatrien-21-säure* (**II**), $C_{25}H_{28}O_7$, F. 204—207° (Ae.), aus 100 mg **IIa** in Dioxan mit wss. K_2CO_3 unter N_2 (2 Std. bei 80°); 63 mg (Ausbeute). *Methylester* (**IIa**), $C_{26}H_{30}O_7$, F. 147—149° (CH_2Cl_2–CH_3OH), aus 32,0 g **I** mit Oxalsäuredimethylester in Bzl. in Ggw. von Na-Methylat (18 Std. bei Zimmertemp. unter N_2); hellgelbe Kristalle; 37,40 g. 455 mg **IIa** geben bei der Hydrierung über 10%ig. Pd/Kohle in absol. CH_3OH (1 Std.) 190 mg *dl-$\Delta^{5.18}$-3-Äthylendioxy-11β.18a-oxido-16* (oder *20?*)-*oxo-20* (*16?*)-*hydroxy-18a-methyl-18-homo-14-isopregnadien-21-säuremethylester,* $C_{26}H_{34}O_7 \cdot 1/2\ CH_3OH$, F. 199 bis 200° ($CH_3OH$). **II**-*Anilid,* $C_{31}H_{33}NO_6$, F. 219—221° (Zers.; CH_3OH), aus 200 mg **IIa** mit Anilin in sd. Bzl.; 130 mg. **II**-*Benzylamid,* $C_{32}H_{35}NO_6$, F. 191—193° (Zers.; CH_3OH u. Bzl.–Hexan), aus 200 mg **IIa** mit Benzylamin in sd. Bzl.; 210 mg; gibt bei der Acetylierung *dl-$\Delta^{5.14.17.18}$-3-Äthylendioxy-11β.18a-oxido-16-oxo-18a-methyl-20-acetoxy-18-homopregnatetraen-21-säure-N-acetylbenzylamid,* $C_{36}H_{39}NO_8$, F. 203—205° (Zers.; Aceton–Ae. u. CH_2Cl_2). **II**-*Amid,* $C_{25}H_{29}NO_6$, F. 236—237° (Zers.), aus 500 mg **IIa** mit konz.

wss. NH_4OH; aus CH_2Cl_2–CH_3OH Nädelchen; 500 mg. **II**-*Morpholid* (**VII**), $C_{29}H_{35}NO_7$, F. 193—195° (Bzl.–Ae.), aus 15,40 g **IIa** mit Morpholin in sd. Bzl.; 16,05 g; *Morpholinsalz*, $C_{33}H_{44}N_2O_8 \cdot {}^1/_2\,H_2O$, F. 190—193° (Zers., nach Umwandlung bei 174—177°). — *dl-$\Delta^{5.14.16.18}$-3-Äthylendioxy-11β.18a-oxido-16-isopropoxy-18a-methyl-20-oxo-18-homopregnatetraen-21-säuremethylester* (**III**), $C_{29}H_{36}O_7$, F. 203—205° (CH_3OH), aus 2,50 g **IIa** u. Isopropyljodid in Aceton in Ggw. von K_2CO_3 (23 Std. bei 80°) u. Al_2O_3-Chromatographie; 289 mg, neben 631 mg **IV**. Gibt bei der Hydrierung über 10%ig. Pd/Kohle in CH_3OH (30 Min.) *dl-$\Delta^{5.18}$-3-Äthylendioxy-11β.18a-oxido-16ξ-isopropoxy-18a-methyl-20-oxo-18-homo-14-iso-17ξ-pregnadien-21-säuremethylester*, $C_{29}H_{40}O_7$, F. 205—206° (CH_3OH–Ae.). —*dl-$\Delta^{5.14.17.18}$-3-Äthylendioxy-11β.18a-oxido-16-oxo-18a-methyl-20-isopropoxy-18-homopregnatetraen-21-säuremethylester* (**IV**), $C_{29}H_{36}O_7$, F. 194—195° (Ae.). — *dl-$\Delta^{5.14.17.18}$-3-Äthylendioxy-11β-18a-oxido-16-oxo-18a-methyl-20-acetoxy-18-homopregnatetraen-21-säuremethylester* (**V**), $C_{28}H_{32}O_8$, F. 200—203° (CH_2Cl_2–Ae.), aus 1,94 g **IIa** u. Essigsäureanhydrid in Pyridin (44 Std. bei 25°); 1,94 g. — *dl-$\Delta^{5.17.18}$-3-Äthylendioxy-11β.18a-oxido, 16ξ-hydroxy-18a-methyl-20-acetoxy-18-homo-14-isopregnatrien-21-säure* (**VI**), *Methylester* $C_{28}H_{36}O_8$, F. 201—203° (CH_3OH), aus 500 mg **V** durch Hydrierung über 10%ig. Pd/—$CaCO_3$ in CH_3OH (2 Std.); 109 mg, daneben bei der Al_2O_3-Chromatographie der Mutterlaugen 106 mg *dl-$\Delta^{5.17.18}$-3-Äthylendioxy-11β.18a-oxido-16-oxo-18a-methyl-18-homo-14-isopregnatrien-21-säuremethylester*, $C_{26}H_{32}O_6$, F. 181—185° (CH_3OH), gelbe Prismen. **VI**-*Morpholid* (**IX**), $C_{31}H_{41}NO_8$, F. 236—238° (Zers.; CH_3OH), a) aus 23,03 g **VIII** in Dimethylformamid mit H_2 über 10%ig. Pd/$CaCO_3$ (6½ Std.); 20,44 g; b) analog, aber in Essigester; daneben aus dem Rohprod. in Tetrahydrofuran mit wss. NaOH (12 Std. bei 80° unter N_2) *dl-$\Delta^{5.18}$-3-Äthylendioxy-11β.18a-oxido-16.20-dioxo-18a-methyl-18-homo-14-isopregnadien-21-säuremorpholid*, $C_{29}H_{37}NO_7$, F. 181—183° (Zers.; CH_3OH–Ae.), bzw. nach Überführung von **IX** in **X** durch Chromatographie *dl-$\Delta^{5.18}$-3-Äthylendioxy-11β.18a-oxido-16-oxo-18a-methyl-18-homo-14.17-diisopregnadien-21-säuremorpholid*, $C_{29}H_{39}NO_6$, F. 225—227°, Nädelchen. **IX**-*16-Acetat*, $C_{33}H_{43}NO_9$, F. 249—251° (Zers.; Aceton–CH_3OH). — *dl-$\Delta^{5.14.18}$-3-Äthylendioxy-11β.18a-oxido-16-oxo-18a-methyl-18-homo-17ξ-pregnatrien-21-säuremethylester*, $C_{26}H_{32}O_6$, F. 182—184° (CH_2Cl_2–Ae.), a) aus den Mutterlaugen von **VI**-Methylester mit K_2CO_3 in wss. Dioxan (3 Std. bei 80°); b) aus 250 mg **V** mit Zn-Staub in wss. Essigsäure (90 Min. bei Zimmertemp.); 176 mg. — *dl-$\Delta^{5.14.17.18}$-3-Äthylendioxy-11β.18a-oxido-16-oxo-18a-methyl-20-hydroxy-18-homopregnatetraen-21-säuremorpholid, 20-Acetat* (**VIII**), $C_{31}H_{37}NO_8$, F. 229—233° (Zers.), aus 4,05 g **VII** u. Essigsäureanhydrid in Pyridin (22 Std. bei Zimmertemp.); 3,923 g. *20-Isopropyläther*, $C_{32}H_{41}NO_7$, F. 261 bis 263° (CH_2Cl_2–CH_3OH), aus 2,50 g **VII** u. Isopropyljodid in Aceton in Ggw. von K_2CO_3 (3 Tage unter N_2); 1,72 g. — *dl-$\Delta^{5.16.18}$-3-Äthylendioxy-11β.18a-oxido-18a-methyl-20-oxo-18-homo-14-isopregnatrien-21-säure, Methylester*, $C_{26}H_{32}O_6$, F. 176—178°, aus 1,5 g **IX** in Dioxan mit wss. NaOH unter N_2 u. Rk. der rohen Säure (auch aus **X** erhältlich) mit CH_3J u. K_2CO_3 (12 Std. bei 60°); aus Ae. u. CH_3OH Spieße; 861 mg. *Morpholid* (**X**), $C_{29}H_{37}NO_6$, F. 203—210° (CH_3OH), aus 25,40 g **IX** mit alkal. Al_2O_3 in sd. Bzl. (6 Std.); 20,62 g. — *dl-$\Delta^{4.16.18}$-3.20-Dioxo-11β.18a-oxido-18a-methyl-18-homo-14-isopregnatrien-21-säuremorpholid*, $C_{27}H_{33}NO_5 \cdot H_2O$, F. 193—197° (Zers.; Bzl.–Ae.), aus 5,00 g **X** u. wss. Essigsäure (30 Min. bei 100° unter N_2); 3,72 g. — *dl-$\Delta^{5.18}$-3-Äthylendioxy-11β.18a-oxido-18a-methyl-20-oxo-18-homo-14.17-diisopregnadien-21-säuremorpholid*, $C_{29}H_{39}NO_6$, F. 142 bis 145° (CH_3OH), aus 1,623 g **X** durch Hydrierung über Pd/$CaCO_3$ in Essigester (1 Std. bei Zimmertemp.); 1,331 g. — *dl-$\Delta^{4.18}$-3.20-Dioxo-11β.18a-oxido-18a-methyl-18-homo-14.17-diisopregnadien-21-säuremorpholid*, $C_{27}H_{35}NO_5$, F. 139—141° (Aceton–Ae.), aus 1,50 g vorst. Verb. u. wss. Essigsäure (30 Min. bei 100° unter N_2); 1,07 g. — *dl-$\Delta^{5.18}$-3-Äthylendioxy-11β.18a-oxido-18a-methyl-20-oxo-18-homo-14.17-diisopregnadien-21-säure*, $C_{25}H_{32}O_6 \cdot H_2O$, F. 128—133° (Zers.; wss. CH_3OH), aus 8,41 g vorvorst. Verb. u. wss. NaOH in Dioxan (12 Std. bei 60° unter N_2); Nadeln; 4,83 g. *Methylester* (**XI**), $C_{26}H_{34}O_6$, F. 157—160° (Ae.), a) aus 1,55 g Säure u. CH_2N_2 in Ae.–CH_3OH (10 Min. bei 0°); 990 mg; daneben 45 mg *dl-$\Delta^{5.18}$-3-Äthylendioxy-11β.18a;20.21-bis-oxido-18a-methyl-18 homo-14.17-diiso-bisnorcholadiensäuremethylester*, $C_{27}H_{36}O_6$, F. 197—200° (Ae.); b) aus 223 mg Säure durch Überführung in das K-Salz u. Rk. mit $(CH_3)_2SO_4$; 127 mg. — *dl-$\Delta^{5.18}$-3-Äthylendioxy-11β.18a-oxido-18a-methyl-20ξ-hydroxy-23-oxo-18-homo-14.17-diisocholadien-21-säuremethylester*, $C_{29}H_{40}O_7$, F. 200—203° (Zers.; CH_3OH), aus 188 mg vorst. Säure u. CH_3J in CH_3OH–Aceton in Ggw. von K_2CO_3; 53 mg. — *dl-$\Delta^{4.18}$-3.20-Dioxo-11β.18a-oxido-18a-methyl-18-homo-14.17-diisopregnadien-21-säuremethylester*, $C_{24}H_{30}O_5$, F. 182—185° (CH_3OH), aus **XI** u. wss. Essigsäure (30 Min. bei 100°). — *dl-$\Delta^{3.5.18}$-3-Methoxy-11β.18a-oxido-18a-methyl-20-oxo-18-homo-14.17-diisopregnatrien-21-säuremethylester*, $C_{25}H_{32}O_5$, F. 147—153° (CH_3OH), aus 195 mg **XI** in Orthoameisensäuretriäthylester mit methanol. HCl (aus CH_3OH u. Acetylchlorid bereitet; 2 Std. bei 0°); 30 mg. — *dl-$\Delta^{5.18}$-3-Äthylendioxy-11β.18a-oxido-17α-formyl-18a-methyl-18-trans-14-isoandrostadien,*

$C_{24}H_{32}O_4$, F. 155—160° (Aceton–Ae.–PAe.), aus 500 mg **XI** mit $LiAlH_4$ in Tetrahydrofuran (1 Std. unter Eiskühlung u. ½ Std. bei Zimmertemp. unter N_2) u. Oxydation des entstehenden 20.21-Glykols mit HJO_4 in CH_3OH–Pyridin (1½ Std.); 190 mg. Gibt bei der Oxydation mit $KMnO_4$ u. nachfolgender Veresterung (vgl. vorst. Ref.) *dl-$\Delta^{5.18}$-3-Äthylendioxy-11β.18a-oxido-18a-methyl-18-homo-14.17-diisoätiadiensäuremethylester.* — Die UV- u. IR-Absorptionsmaxima der meisten Verbb. sind angegeben. (Helv chim. Acta **41**. 997—1017. 16/6. 1958.) WALTER SIMON. 3750

P. Wieland, K. Heusler und **A. Wettstein,** *Über 11.18-dioxygenierte 17α-Hydroxyprogesterone. Über Steroide.* 153. Mitt. *Über Synthesen in der Aldosteron-Reihe.* 11. Mitt. (10. bzw. 152. vgl. vorst. Ref.) dl-$\Delta^{5.16}$-3-Äthylendioxy-11β-hydroxy-20-oxopregnadien-18-säure-18 → 11-lacton (**I**; vgl. SCHMIDLIN u. Mitarbeiter, C. **1959.** 11262) gibt mit alkal. H_2O_2 das *16.17α-Epoxyd* (**II**), dessen Ketalgruppierung zwar leicht unter Bldg. des *Δ^4-3-Ketons* (**III**) abgespalten, dessen Epoxydring jedoch, wahrscheinlich infolge ster. Hinderung durch die Lactongruppe, nur schwer gespalten wird. Erst unter energ. Bedingungen wird das gewünschte *17α-Hydroxy-20-keton* in geringer Ausbeute erhalten. Das aus **II** erhältliche *3.20-Diketal* (**IV**) gibt mit der berechneten Menge $LiAlH_4$ ein komplexes Reaktionsgemisch, aus dem nach Acetylierung u. Ketalspaltung nur **III**, *Δ^4-3.20-Dioxo-11β.17α-dihydroxy-18-acetoxypregnen* u. eine Verb. der wahrscheinlichen Konst. eines *Δ^4-3.20-Dioxo-16.17α-oxido-11β-hydroxy-18-acetoxypregnens* (F. 196—197°), dagegen keine Verb. mit einer 18 → 11-Cyclohemiacetalgruppierung. Mit überschüssigem $LiAlH_4$ entsteht aus **IV** das entsprechende *11β.17α.18-Triol* (**Va**), das bei der OPPENAUER-Oxydation *Δ^5-3.20-Bis-äthylendioxy-11-oxo-17α.18-dihydroxypregnen* (**VI**) liefert. **Va**-*18-Monoacetat* (**Vb**) gibt mit CrO_3/Pyridin **VI**-*18-Monoacetat.* Ketalspaltung von **VI** liefert ein Gemisch aus dem entsprechenden *3.11.20-Triketon* (**VII**), dem *20-Monoketal* u. einem durch Umlagerung entstandenen *D-Homosteroid.* Dagegen entstehen bei der Ketalspaltung von **Va** nicht das erwartete Diketon, sondern 2 Verbb. unbekannter Konst., erst **Vb** liefert das *Diketonmonoacetat.* **VII** gibt mit MnO_2 *18-Acetoxyadrenosteron,* das auch aus **II** durch Red. mit $LiAlH_4$ zum *Tetrol,* Oxydation mit Pb-Tetracetat, Acetylierung, CrO_3-Oxydation u. Ketalspaltung dargestellt wird.

Versuche: *dl-Δ^5-3-Äthylendioxy-11β-hydroxy-16.17α-oxido-20-oxopregnen-18-säure-18 → 11-lacton* (**II**), $C_{23}H_{28}O_6$, F. 272,5—275° (CH_2Cl_2–CH_3OH), aus 5,00 g **I** mit 30%ig. H_2O_2 in CH_3OH–Bzl. in Ggw. von NaOH (25 Std. bei 0°); 5,03 g (Ausbeute). — *dl-Δ^4-3.20-Dioxo-11β-hydroxy-16.17α-oxidopregnen-18-säure-18 → 11-lacton* (**III**), $C_{21}H_{24}O_5$, F. 263—265° (CH_2Cl_2–Ae.), aus 200 mg **II** u. wss. Essigsäure (25 Min. bei 100°); 170 mg. — *dl-Δ^4-3.20-Dioxo-11β.17α-dihydroxypregnen-18-säure-18 → 11-lacton,* $C_{21}H_{26}O_5$, F. 255,5—258,5° (CH_2Cl_2–Ae.), a) aus 150 mg **III** mit HBr in Eisessig u. CH_2Cl_2 (7 Std. bei Zimmertemp.) Rk. des entstehenden *Bromhydrins* [$C_{21}H_{25}BrO_5$, F. 253—255° (Zers.; CH_2Cl_2–CH_3OH)] mit desaktiviertem RANEY-Ni in sd. Dioxan–CH_2Cl_2–CH_3OH–Eisessig–Aceton (4 Std.) u. Papierchromatographie; 42 mg; b) aus 22 mg dl-11β.17α-Dihydroxy-18-oxoprogesteron-18 → 11-cyclohemiacetal mit MnO_2 in Chlf. (25 Std. bei Zimmertemp.); 5,15 mg. — *dl-Δ^5-3.20-Bis-äthylendioxy-11β-hydroxy-16.17α-oxidopregnen-18-säure-18 → 11-lacton* (**IV**), $C_{25}H_{32}O_7$, F. 222,5—225,5°, aus **II** u. p-Toluolsulfonsäure in Äthylenglykol u. Al_2O_3-Chromatographie. — *dl-Δ^5-3.20-Bis-äthylendioxy-11β.17α.18-trihydroxypregnen* (**Va**), $C_{25}H_{38}O_7$, F. 184,5—190° (CH_2Cl_2–Ae.), aus **IV** mit $LiAlH_4$ in Tetrahydrofuran (2 Std. bei Zimmertemp. unter N_2) u. Al_2O_3-Chromatographie. *18-Monoacetat* (**Vb**), $C_{27}H_{40}O_8 \cdot ½\ H_2O$, F. 183—192° ($CH_2Cl_2$–Ae.). — *dl-$\Delta^4$-3.20-Dioxo-11β.17α-dihydroxy-18-acetoxypregnen,* $C_{23}H_{32}O_6$, F. 175,5—176,5° (CH_2Cl_2–Ae.), a) aus vorst. Monoacetat u. wss. Essigsäure (15 Min. bei 130° unter N_2); b) aus **IV** mit $LiAlH_4$ in Tetrahydrofuran (3½ Std. bei Zimmertemp. unter N_2), Zugabe von Acetanhydrid (16 Std. bei Zimmertemp.), Extraktion u. Papierchromatographie. — *dl-Δ^5-3.20-Bis-äthylendioxy-11-oxo-17α.18-dihydroxypregnen* (**VI**), $C_{25}H_{36}O_7$, F. 236—240° (CH_2Cl_2–Aceton), aus **Va** u. Cyclohexanon in Ggw. von Al-tert.-Butylat in Toluol (16 std. Kochen unter N_2) u. Papierchromatographie. *18-Monoacetat,* $C_{27}H_{38}O_8$, F. 260—263,5° (CH_2Cl_2–Ae.), a) aus **VI** mit Essigsäureanhydrid–Pyridin; b) aus **Vb** mit CrO_3–Pyridin (4 Std.). — *dl-Δ^4-3.11.20-Trioxo-17α.18-dihydroxypregnen* (**VII**), $C_{21}H_{28}O_5$, F. 210,5—215° (CH_2Cl_2–Ae.), a) aus 550 mg **VI** mit wss. Essigsäure (10 Min. bei 130° unter N_2) u. Papierchromatographie; 224 mg; daneben ein *D-Homosteroid,* $C_{21}H_{28}O_5$, F. 221,5—222,5° (CH_2Cl_2–Ae.) u. das *20-Monoäthylenketal,* $C_{23}H_{32}O_6$, F. 222—222,5° (CH_2Cl_2–Ae.); b) aus dem 20-Monoketal u. wss Essigsäure (20 Min. bei 130°) u. Papierchromatographie [daneben rohes *dl-11β.17α-Dihydroxy-18-oxoprogesteron-18 → 11-cyclohemiacetal* (F. 218—219°)]. *Ketalacetat,* $C_{25}H_{34}O_7$, F. 212,5—214,5° (CH_2Cl_2–Ae.). — *dl-Δ^5-3-Äthylendioxy-11β-hydroxy-17-oxo-18-acetoxyandrosten,* $C_{23}H_{32}O_6$, F. 177—178° (CH_2Cl_2–Ae.), aus **II** mit $LiAlH_4$ in Tetrahydrofuran (2 Std. bei Zimmertemp. u. 16 Std. bei 50°), Oxydation mit Pb-Tetraacetat in Eisessig (18 Std. bei Zimmertemp.), Acetylierung mit Essigsäureanhydrid in Ggw. von Na-Acetat (16 Std. bei Zimmertemp.) u. Chromatographie an Silicagel. — *dl-Δ⁵-3-Äthylendioxy-11.17-dioxo-18-acetoxyandrosten*, F. 220—221° (CH_2Cl_2–Ae.), aus 80 mg vorst. Verb. mit CrO_3–Pyridin (über Nacht bei Zimmertemp.); 77 mg. — *dl-18-Acetoxyadrenosteron*, $C_{21}H_{26}O_5$, F. 168,5 bis 169,5° (Aceton–Ae.), a) aus 40 mg vorst. Verb. u. wss. Essigsäure (10 Min. bei 96° unter N_2) u. Papierchromatographie; 17 mg; b) aus 10 mg **VII** mit MnO_2 in Chlf. (6 Std.); 5 mg. — Die UV- u. IR-Spektren der meisten Verbb. sind angegeben. (Helv. chim. Acta **41.** 1561—72. 15/10. 1958.) WALTER SIMON. 3750

P. Wieland, K. Heusler und **A. Wettstein,** *Über 11.18-dioxygenierte Derivate des Testosterons. Über Steroide.* 154. Mitt. *Über Synthesen in der Aldosteron-Reihe.* 12. Mitt. (11. bzw. 153. vgl. vorst. Ref.) Beim Abbau von dl-Δ⁵-3-Äthylendioxy-11β-hydroxy-16.17α-oxido-20-oxopregnen-18-säure-18 → 11-lacton (**I**) zu dl-Δ⁵-3-Äthylendioxy-11β-hydroxy-17-oxo-18-acetoxyandrostan (**II**; vgl. l. c.) läßt sich als Nebenprod. *Δ⁵-3-Äthylendioxy-11β-hydroxy-17.18-dioxoandrostencyclohemiacetalacetat* isolieren, das bei der Red. mit $NaBH_4$ u. anschließender Einw. von methanol. K_2CO_3 das entsprechende *18-Norketon* liefert. Red. mit $LiAlH_4$ oder Hydrierung von **II** führt zum *11β.17β.18-Triol* (**III**), das bei der Ketalspaltung *11β.18-Dihydroxytestosteron* gibt. Red. von **II** mit dosierten Mengen $NaBH_4$ gibt wenig **III**, neben **III**-*17-* (**IVb**) u. *-18-Acetat* (**IVa**). Diese Verschiebung der Acetatgruppe erfolgt hier ziemlich leicht, schon beim Umkristallisieren lagert sich **IVa** teilweise in **IVb** um. Dabei bildet sich als Nebenprod. unter Wasserabspaltung das *11β.18-Epoxyd*, das bei der Ketalspaltung *dl-11β.18-Oxidotestosteronacetat* liefert. Aus **IVb** entsteht bei Einw. von Cyclohexanon u. Al-tert.-Butylat in sd. Toluol *Δ⁵-3-Äthylendioxy-11β-hydroxy-17β-acetoxyandrosten-18-säure-18 → 11-lacton* (**V**), das bei der Ketalspaltung *dl-11β-Hydroxytestosteron-18-säure-18 → 11-lacton* gibt. Letztes ist auch aus dem aus **IVa** gewonnenen *17-Monotetrahydropyranyläther* (**VI**) zugänglich. Bei der Oxydation von **VI** mit CrO_3–Pyridin wird hauptsächlich *11.18-Dioxotestosteronacetat* gebildet.

Versuche: *dl-Δ⁵-3-Äthylendioxy-11β-hydroxy-17.18-dioxoandrostencyclohemiacetalacetat*, $C_{23}H_{30}O_6$, F. 233—236° (CH_2Cl_2–Ae.), aus 5 g **I** durch Red. mit $LiAlH_4$ u. Rk. mit Pb-Tetraacetat u. Na-Acetat–Essigsäureanhydrid (vgl. vorst. Ref.) u. Chromatographie an Silicagel; 100 mg (Ausbeute), neben **II** (l. c.). — *dl-Δ⁵-3-Äthylendioxy-11β-hydroxy-17-oxo-18-nor-18ξ-androsten*, $C_{20}H_{28}O_4$, F. 252—256° (Chlf.-CH_2Cl_2), aus vorst. Verb. mit $NaBH_4$ in Tetrahydrofuran (25 Std.); daneben aus den Mutterlaugen durch Ketalspaltung mit 90%ig. Essigsäure u. Papierchromatographie *dl-11β-Hydroxy-18-oxotestosteron-18 → 11-cyclohemiacetal* [$C_{19}H_{26}O_4$, F. 225,5—226,5° (CH_2Cl_2–Ae.); *Diacetat*, $C_{23}H_{30}O_6$, F. 237,5—239,5° (CH_2Cl_2–Ae.)] u. *dl-Δ⁴-3.17-Dioxo-11β-hydroxy-18-nor-18ξ-androsten*, $C_{18}H_{24}O_3$, F. 253—262°. — *dl-Δ⁵-3-Äthylendioxy-11β.17β.18-trihydroxyandrosten* (**III**), $C_{21}H_{32}O_5$, F. 241—244° (A.–Ae.), a) aus **II** mit $LiAlH_4$ in Tetrahydrofuran (2 Std. unter N_2); b) aus 36 mg **II** durch Hydrierung über PtO_2 in A. bei Zimmertemp.; 17,5 mg (Ausbeute). *17-Acetat* (**IVb**), $C_{23}H_{34}O_6$, F. 191,5—193,5° (CH_2Cl_2–Ae.), aus 800 mg **II** in Tetrahydrofuran mit $NaBH_4$ in W. u. Chromatographie an Silicagel; 440 mg, daneben 145 mg *18-Acetat* (**IVa**), $C_{23}H_{34}O_6$, F. 209,5—212,5° (Zers.; CH_2Cl_2–Ae.), u. wenig **IV**. *17.18-Diacetat*, $C_{25}H_{36}O_7$, F. 207—208,5° (CH_2Cl_2–Ae.), aus **IVa** oder **IVb**. — *dl-11β.18-Dihydroxytestosteron*, $C_{19}H_{28}O_4$, F. 193—193,5° (A.–CH_2Cl_2–Ae.), aus **III** u. wss. Essigsäure (10 Min. bei 100° unter N_2). — *dl-Δ⁵-3-Äthylendioxy-11β.18-oxido-17β-acetoxyandrosten*, $C_{23}H_{32}O_5$, F. 213,5—218,5° (CH_2Cl_2–Ae.), a) aus den Mutterlaugen von **IVa** durch Chromatographie an Silicagel; b) aus **IVb** u. p-Toluolsulfonylchlorid in Pyridin (17 Std.). — *dl-11β.18-Oxidotestosteronacetat*, $C_{21}H_{28}O_4$, F. 162—164,5° (CH_2Cl_2–Ae.-PAe.- aus vorst. Verb. u. 90%ig. Essigsäure (10 Min. bei 100°). — *dl-Δ⁵-3-Äthylendioxy-11β-hydroxy-17β-acetoxyandrosten-18-säure-18 → 11-lacton* (**V**), $C_{23}H_{30}O_6$, F. 259—260° (CH_2·Cl_2–Ae.), aus **IVb** u. Cyclohexan in Toluol in Ggw. von Al-tert.-Butylat (2 std. Kochen unter N_2). — *dl-Δ⁵-3-Äthylendioxy-11β.18-dihydroxy-17β-tetrahydropyranyloxyandrosten* (**VI**), $C_{26}H_{40}O_6$, F. 186—189° (CH_2Cl_2–Ae.), aus 145 mg Acetat mit $LiAlH_4$ in Tetrahydrofuran (1 Std. unter N_2); Stereoisomerengemisch; 111 mg. *18-Acetat*, F. 150—160° (Ae.), aus 200 mg **IVa** mit einem Gemisch aus Pyridin, Bzl., CH_3OH, Acetylchlorid u. Dihydropyran (4 Tage); Stereoisomerengemisch; 145 mg. — *dl-Δ⁴-3-Oxo-11β-hydroxy-17β-acetoxyandrosten-18-säure-18 → 11-lacton*, $C_{21}H_{26}O_5$, F. 210—210,5° (CH_2Cl_2–Ae.), a) aus **V** mit 90%ig. Essigsäure (5 Min. bei 120°) u. Papierchromatographie; b) aus **VI** u. Cyclohexanon in Toluol in Ggw. von Al-tert.-Butylat (18 Std. kochen unter N_2), Oxydation der entstehenden Kristalle (F. 177—182°) mit CrO_3/Pyridin (6 Std.), Acetylierung u. Papierchromatographie. — *dl-11.18-Dioxotestosteronacetat*, $C_{21}H_{26}O_5$, F. 183—189,5° (CH_2Cl_2–Ae.), aus **VI** mit CrO_3 in Pyridin (24 Std.), Rk. mit 83%ig. Essigsäure (10 Min. bei 100° unter N_2), Acetylierung u. Papierchromatographie. — Die IR-Spektren der Verbb. sind angegeben. (Helv. chim. Acta **41.** 1657—67. 15/10. 1958.)

WALTER SIMON. 3750

R. Neher, P. Desaulles, E. Vischer, P. Wieland und **A. Wettstein,** *Isolierung, Konstitution und Synthese eines neuen Steroids aus Nebennieren. Über Steroide.* 155. Mitt. (154. vgl. vorst. Ref.) Aus 1000 kg Schweinenebennieren wurden ca. 30 mg einer neuen kristallinen Substanz isoliert, die unter bestimmten biol. Bedingungen als Na-Ausscheidungsfaktor zu wirken scheint u. als *3β.16α-Dihydroxyallopregnan-20-on* (**I**) identifiziert wird. Im Verlauf der biol. Unterss. wird **I** provisor. als „*SEF*" (*Sodium Excreting Factor*) bezeichnet. Die Konst. von **I**, $C_{21}H_{34}O_3$, F. 260—262°, $[\alpha]_D^{25}$ +64°, wird zunächst auf Grund seiner physikal. u. chem. Eigg. sowie biogenet. Überlegungen diskutiert. Zur Synth. von **I** u. **I**-*Diacetat* (**Ia**) wird das aus Tigogenin gewonnene *3β-Acetoxyallopregnan-20-on-16α.17α-epoxyd* (**II**) mit Cr(II)-Acetat zu *Allopregnan-3β.16α-diol-20-on-3-acetat* red., dessen 16-Acetat mit **Ia** ident. ist. **I** wird ferner aus Allopregnan-3β-ol-20-on (**III**) durch mikrobiol. Hydroxylierung mit Streptomyces sp. A 7747, **Ia** aus Allopregnan-3β.16α.20β-triol (**IV**; MARRIANS Triol; vgl. HASLEWOOD u. Mitarbeiter, Biochem. J. **28.** [1934.] 1316) durch partielle Acetylierung zum *3.16-Diacetat* u. anschließende CrO_3-Oxydation gewonnen.

Versuche: *3β.16α-Dihydroxyallopregnan-20-on* (**I**; *SEF*), $C_{21}H_{34}O_3$, F. 260 bis 262°, a) aus Schweinenebennieren durch Extraktions- u. Chromatographiemethoden; $[\alpha]_D^{25}$ $+64 \pm 2°$, λ_{max} 287 mμ (log ε = 1,74); b) aus Tigogenin u. Essigsäureanhydrid in Pyridin in Ggw. von Methylaminhydrochlorid (8 Std. unter Rückfluß), Oxydation des Pseudotigogenins mit CrO_3 in CH_2Cl_2 u. wss. Essigsäure, Isolierung von Δ^{16}-3β-Acetoxyallopregnen-20-on, dessen Rk. mit H_2O_2 in CH_3OH in Ggw. von NaOH (60 Std. bei 5°) u. Red. des gebildeten **II** (auch analog aus Diosgenin nach Hydrierung des ungesätt. Epoxyds) mit Cr(II)-Acetat in Eisessig; c) aus **Ia** durch Verseifung mit methanol NaOH (15 Min. bei 20°) oder mit wss.-methanol. $NaHCO_3$ (16 Std. bei 20°) oder mit methanol. K_2CO_3 (16 Std. bei 20°) u. Papierchromatographie; d) aus **III** durch biol. 16α-Hydroxylierung mit Streptomyces sp. A 7747 (vgl. VISCHER u. Mitarbeiter, C. **1955.** 4360) u. Papierchromatographie. *o.p-Dinitrophenylhydrazon*, $C_{27}H_{38}N_4O_6$, F. 249—252°, orangefarben. **I**-*3β.16α-Diacetat* (**Ia**), $C_{25}H_{38}O_5$, F. 175,5—177° (Aceton–Ae.–PAe.), a) aus 1,5 mg **I** mit Essigsäureanhydrid in Pyridin (20 Std. bei 20°); Nadeln; 1,5 mg (Ausbeute); b) aus **II** durch Red. mit Cr(II)-Acetat, Silicagelchromatographie des entstehenden 3-Monoacetats u. Acetylierung; c) aus Mono-16-O-acetyl-**I** durch Acetylierung; d) aus **IV** durch 4std. Kochen mit Eisessig, chromatograph. Abtrennung von *3β.16α-Diacetoxyallopregnan-20β-ol* [$C_{25}H_{40}O_5$, F. 168° (CH_2Cl_2–Ae.–PAe.), $[\alpha]_D^{25}$ $-77 \pm 2°$ (c = 1,253 in Chlf.)] u. dessen Oxydation mit CrO_3 in Essigsäure (4 Std. bei Zimmertemp.); $[\alpha]_D^{26}$ $+20 \pm 1{,}5°$ (c = 0,92 in Chlf.–CH_3OH). *Mono-3-O-acetyl*-**I**, F. 184—186°, aus **I** durch partielle Acetylierung mit Essigsäureanhydrid in Bzl. in Ggw. von Pyridin (65 Std. bei 20°) u. Papierchromatographie; 10% neben 40% *Mono-16-O-acetyl*-**I**, F. 259—261°, aus Ae. Nadeln, u. 10% **Ia**. — Δ^{16}-*Allopregnen-3β-ol-20-on-o.p-dinitrophenylhydrazon*, $C_{27}H_{36}N_4O_5$, F. 257—260° (A.), aus **I** u. o.p-Dinitrophenylhydrazin in A. in Ggw. von H_2SO_4 (1 Std. bei 100°). — *16α-Methoxyallopregnan-3β-ol-20-on*, F. 170—173°, a) aus Δ^{16}-3β-Acetoxyallopregnen-20-on u. methanol. KOH (20 Std. bei 20°) u. Papierchromatographie; Nadeln; daneben Δ^{16}-*Allopregnen-3β-ol-20-on*, F. 206—208° (CH_3OH–Hexan); b) Nebenprod. bei der Verseifung von **Ia**. — *Allopregnan-16α-ol-3.20-dion* (*3-Dehydro-SEF*), F. 227—228° (Aceton–Ae.), a) aus **I** mit CrO_3/Pyridin (16 Std. bei 20°) u. Papierchromatographie; b) aus **I** mit CrO_3/Essigsäure (42 Std. bei 20°) u. Papierchromatographie; c) aus Allopregnan-3β-ol-20-on-16α.17α-epoxyd mit CrO_3/Pyridin (16 Std. bei 20°) Isolierung von *Allopregnan-3.20-dion-16α.17α-epoxyd*, F. 210—213°, dessen Red. mit Cr(II)-Acetat u. Silicagelchromatographie. — *16α-Acetoxyallopregnan-3.20-dion*, F. 145—147° (Ae.–Hexan), a) aus vorst. Verb. durch Acetylierung; b) aus Mono-16-O-acetyl-**I** mit CrO_3/Pyridin. — Die UV- u. IR-Spektren der Verbb. sowie die Rotationsdispersion u. eine mkr. Aufnahme der Kristallform von **I** sind angegeben. (Helv. chim. Acta **41.** 1667—92. 15/10. 1958.) WALTER SIMON. 3750

Seymour Bernstein, William S. Allen, Milton Heller, Robert H. Lenhard, Louis I. Feldman und **Robert H. Blank,** *7α-Hydroxy-Reichsteins-Verbindung-S.* Bei der Bebrütung von REICHSTEINs Verb. S (**I**) mit einer *Cephalosporium sp.* (LEDERLE No. Z-164) wird die entsprechende *7α-Hydroxyverb.* (**IIa**) erhalten. **IIa** bildet ein *21-Monoacetat* (**IIb**) u. ein *7.21-Diacetat.* Mit H_2SO_4 in sd. CH_3OH gibt **IIa** *17α.21-Dihydroxy-*$\Delta^{4.6}$*-pregnadien-3.20-dion* (**III**), mit Na-Wismutat *7α-Hydroxy-*Δ^4*-androsten-3.17-dion* (**IV**). Beim Vers. der Darst. des 3-Monoketals von **IIb** wird nur **III**-*21-Acetat* erhalten. Die Struktur von **IIa** u. seinen Acetaten wird auf Grund der mol. Drehungen u. der UV-Absorptionsmaxima diskutiert. In Verss. zur Darst. von **IIa** nach chem. Methoden wird 21-Acetoxy-3.20-bis-[äthylendioxy]-Δ^5-pregnen-17α-ol (**V**; **I**-Acetatdiäthylenketal) mit N-Bromsuccinimid bromiert u. das Prod. mit Al_2O_3 behandelt. Dabei entsteht *21-Acetoxy-3.20-bis-[äthylendioxy]-*Δ^5*-pregnen-7α.17α-diol* (**VI**), das mit CrO_3/Pyridin zum entsprechenden *7-Keton* oxydiert wird. Bei einem Vers. ließ sich aus den Mutterlaugen von **VI** nach der CrO_3-Oxydation *21-Acetoxy-20-äthylendioxy-17α-hydroxy-$\Delta^{4.6}$-pregnadien-3-on* (**VII**) isolieren, das bei der alkal. Verseifung u. anschließenden sauren Hydrolyse **III** gibt. **IIa** bewirkt in Gesamtdosen von 15 u. 60 μg bei adrenalektomierten Ratten keine Verschiebung des Na/K-Verhältnisses, während Desoxycorticosteron schon in Dosen von 6 u. 25 μg eine signifikante Wrkg. zeigt. Im Thymusinvolutionstest bei adrenal- u. ovariektomierten Mäusen ist **IIa** in Gesamtdosen von 600 μg inakt., während Hydrocortison schon in Dosen von 75 u. 150 μg signifikante Rkk. gibt. **IV** ist im Kükenkammtest auf androgene Aktivität (7 Tage lang 20 μg/Tag) unwirksam, Dehydroisoandrosteron zeigt unter gleichen Bedingungen starke Aktivität.

V e r s u c h e ($[\alpha] = [\alpha]_D^{24-25}$ in Chlf.): *7α-Hydroxy*-REICHSTEINs-*Verb.-S* (**IIa**; *7α.17α.21-Trihydroxy-Δ^4-pregnen-3.20-dion*), $C_{21}H_{30}O_5$, F. 209—211° (Aceton–PAe.), durch 125std. Bebrütung von 6 g **I** in CH_3OH mit einem 72 Std.-Mycel von Cephalosporium in einem Lactalbumin–Cerelose-Maisextraktmedium bei 28° unter Rühren u. Belüften; Isolierung aus dem CH_2Cl_2-Extrakt durch Verteilungschromatographie an Celite mit CH_3OH–W. (6:4) als stationärer u. Äthylacetat–PAe. (8:3) als mobiler Phase; $[\alpha]_D^{24-25}$ +94° (c = 0,839 in CH_3OH); 0,99 g (Ausbeute). *21-Acetat* (**IIb**), $C_{23}H_{32}O_6$, F. 210—211,5° (Aceton–PAe.), [3 +111° (c = 1,146). *7.21-Diacetat*, $C_{25}H_{34}O_7$, F. 246 bis 248° (Aceton–PAe.), [α] + 107° (c =0,936). — *17α.21-Dihydroxy-$\Delta^{4.6}$-pregnadien-3.20-dion* (**III**), $C_{21}H_{28}O_4$, F. 225—228° (Aceton–PAe.), a) aus **IIa** mit sd. 8%ig. H_2SO_4 – CH_3OH (1 Std.); 79%; b) durch ½std. Kochen von 150 mg **VII** mit 2,5%ig. alkoh. KOH u. Behandlung des Prod. mit sd. methanol. H_2SO_4 (30 Min.); [α] +88° (c = 0,614); 56 mg. *21-Acetat*, F. 223,5—224,5° (Aceton–PAe.), durch 5std. Kochen von **IIb** mit Bzl., Äthylenglykol u. p-Toluolsulfonsäure unter Wasserabscheidung; 83%. *21-Acetat-20-äthylenketal* (**VII**), $C_{25}H_{34}O_6$, F. 191,5—194° (Aceton–PAe.), durch Oxydation von 3,8 g Mutterlaugen von **VI** mit CrO_3/Pyridin; [α]+ 39° (c = 0,536); 0,18 g. — *7α-Hydroxy-Δ^4-androsten-3.17-dion* (**IV**), $C_{19}H_{26}O_3$, F. 220—222,5° (Aceton–PAe.), aus 0,5 g **IIa** in Eisessig mit Na-Wismutat (25 Min.); [α] +178° (c = 1,205); 107 mg (roh). — *21-Acetoxy-3.20-bis-[äthylendioxy]-Δ^5-pregnen-7α.17α-diol* (**VI**), F. 201,5—203,5° (Aceton–PAe.), aus 1,0 g **V** m t N-Bromsucc.n.mid u. K_2CO_3 in sd. CCl_4–PAe. unter Bestrahlung (4 Min.), Behandlung der Lsg. mit Al_2O_3 (20 Min.) u. Elution des Al_2O_3 mit Aceton; [α] —71° (c = 0,973); 190 mg. — *21-Acetoxy-3.20-bis-[äthylendioxy]-17α-hydroxy-Δ^5-pregnen-7-on*, $C_{27}H_{38}O_8$, F. 186—187,5° (Ae.–PAe.), aus **VI** in Pyridin mit CrO_3/Pyridin (16 Std.); [α] —63° (c = 0,590); 84%. — Die UV- u. IR-Absorptionsmaxima der Verbb. sind angegeben. (J. org. Chemistry **24**. 286—89. Febr. 1959. Pearl River, N. Y., Amer. Cyanamid Co., Lederle Labors. Div.) H.-J. KOCH/Berlin. 3750

John C. Sheehan und **Kenneth R. Henery-Logan,** *Totalsynthese von Penicillin V.* Von D-Penicillamin (**I**) ausgehend, wurde über die dem *Phenoxymethylpenicillin* (*Penicillin V*; **II**) entsprechende *Penicillosäure* (**III**) durch Cyclisierung mit N.N'-Dicyclohexylcarbodiimid (**IV**) **II** mit brauchbarer Ausbeute synthetisiert. Die Rkk. erfolgten alle bei oder unterhalb Raumtemperatur. Die Cyclisierung von **III** mit Äthoxyacetylen u. Pentamethylenketencyclohexylimin verlief mit schlechterer Ausbeute.

V e r s u c h e: *D-α-4-Carboxy-5.5-dimethyl-α-phthalimidothiazolidin-2-essigsäure-tert.-butylester*, $C_{20}H_{24}N_2O_6S$, F. 161° (Zers.), durch Kondensation von **I** mit Phthalimidomalonaldehydsäure-tert.-butylester; $[\alpha]_D^{25}$ 54° (c = 1 in Essigsäure); das weniger lösl. D-γ-Isomere ist in guter Ausbeute zur D-α-Form isomerisierbar. — *D-α-4-Carboxy-5.5-dimethyl-α-aminothiazolidin-2-essigsäure-tert.-butylesterhydrochlorid*, $C_{12}H_{23}ClN_2O_4S$, F. 172° (Zers.), durch Hydrazinolyse vorst. Verb.; $[\alpha]_D^{25}$ 111° (c = 1 in CH_3OH); 85% (Ausbeute). — *D-α-Phenoxymethylpenicillosäure* (**III**), *Hydrat*, $C_{16}H_{20}N_2O_6S \cdot H_2O$, F. 129° (Zers.), durch Spaltung des Esters mit trockenem HCl u. Umkristallisation aus Aceton–W.–Pyridin; $[\alpha]_D^{25}$ 94° (c= 1 in CH_3OH); 75%. *tert.-Butylester*, $C_{20}H_{28}N_2O_6S$, F. 120—122° (Zers.), aus vorst. Verb. mit Phenoxyacetylchlorid u. $(C_2H_5)_3N$; $[\alpha]_D^{25}$ 67° (c = 1 in CH_3OH); 75%. — *K-Phenoxymethylpenicillin* (**II**; *Penicillin V*), F. 263° (Zers.), durch Cyclisierung von **III**-K in W.–Dioxan mit **IV** (20 Min. bei 25°); Isolierung durch Verteilung zwischen Methylisobutylketon u. Phosphatpuffer (p_H 5,5); $[\alpha]_D^{25}$ 223° (c = 0,2 in W.), Aktivität 107,8 ± 10% (natürliches **II** = 100%); 10—12%. **II** aus DL-**I** besitzt die relative Aktivität 51,4%. (J. Amer. chem. Soc. **79**. 1262—63. 5/3. 1957. Cambridge, Mass., MIT Dep. of Chem.) K. MAIER. 3900

Milton P. Gordon, Orsalia M. Intrieri und **George Bosworth Brown,** *Mit Tritium in der Ribosylgruppe markierte Nucleoside.* 1.2.3.5-Tetra-O-acetyl-D-ribofuranose wurde mit Tritiumgas behandelt u. in *9-β-D-Tritioribofuranosyladenin* umgewandelt. Das Prod. war radiochem. rein. Eine neue elektrophoret. Technik wurde zur Trennung der vier 1-β-D-Aldopentofuranosylthymine entwickelt.

Versuche (FF. korr.): Zur $Li^6(n,\alpha)T$-Rk. wurde D-Ribose mit Li_2CO_3 vermahlen u. unter Wasserkühlung bestrahlt. Nach Extraktion mit warmem W. Behandlung der Lsg. mit Kationenaustauscher. — *Tritio-1.2.3.5-tetra-O-acetyl-D-ribofuranose*, F. 81,5 bis 83°, aus der inakt. Verb. durch Einschluß mit Tritiumgas (1,2 Curie) bei 340 mm Druck, bei Raumtemp. 15 Tage. — *6-Methylmercapto-9-β-D-tritioribofuranosylpurin*, F. 158 bis 161° (A.), aus vorst. Verb. über *2.3.5-Tri-O-acetyl-D-tritioribofuranosylchlorid* durch Umsetzung mit Chlormercuri-6-methylmercaptopurin in Ggw. von Celite; 9% (Ausbeute). — *9-β-D-Tritioribofuranosyladenin*, $C_{10}H_{13}N_5O_4$, F. 235—236,5° (W.), aus vorst. Verb., im Gemisch mit inakt. Prod. durch Erhitzen im Bombenrohr, 10 Std. bei 100° mit 15 ml methanol. NH_3 (gesätt. bei 0°), dann erneut 4 Std. bei 125° mit 5 ml methanol. NH_3. (J. Amer. chem. Soc. **80**. 5161—64. 5/10. 1958. New York, N. Y., Cornell Univ., Med. Coll., Sloan-Kettering Div., Labors.) K. H. SCHAUERTE. 3950

K. Kratzl, G. Billek, A. Graf und **W. Schweers,** *Über die Synthese von mit* ^{14}C *markierten Vorstufen und Abbauprodukten des Lignins.* (Vgl. C. **1950/54.** 152 S.) $^{14}C_{(3)}$-*Coniferylalkohol* hoher Aktivität wurde enzymat. dehydriert u. das entstandene Dehydrierungspolymerisat (DHP) äthanolysiert; im Papierchromatogramm konnten dann die akt. HIBBERTschen Körper durch Radioautographie eindeutig nachgewiesen werden. Zur Aufklärung der Biogenese des Coniferins wurden $^{14}C_{(CH_3)}$-*Kreosol*, $^{14}C_{(CH_2OH)}$-*Vanillylalkohol*, $^{14}C_{(COOH)}$-*Vanillinsäure* u. deren *Glucoside* synthetisiert u. in Fichtenäste implantiert. Im Radioautogramm dieser Holzgewebe hinterließen nun auch solche Stoffe scharfe, nicht auswaschbare Spuren, die konstitutionsmäßig recht weit von den Ligninvorstufen entfernt sind. Inwieweit hier adsorptive Vorgänge eine Rolle spielen, soll in einer weiteren Arbeit geklärt werden. Falls man aus den Äthanolysaten obiger Verbb. definierte HIBBERTsche Körper erhalten könnte, wäre dies ein Beweis für den Aufbau der $C_{(3)}$-Seitenkette. Dafür war zunächst die Synth. der akt. HIBBERTschen Bausteine notwendig: $^{14}C_{(CO)}$-*α-Hydroxypropioguajacon* (**II**), $^{14}C_{(CO)}$-*α-Äthoxypropioguajacon*, $^{14}C_{(CO)}$-*Vanilloylacetyl*, $^{14}C_{(1)}$-*1-[4-Hydroxy-3-methoxyphenyl]-propanon-(2)*.

Versuche: $^{14}C_{(3)}$-*Ferulasäure*, F. 170°, aus 100 mg $^{14}C_{(CHO)}$-Vanillin (**I**) (Aktivität $5\cdot10^8$ Impulse/mMol·Min.) in 0,33 ml Pyridin u. 0,02 ml Anilin u. 160 mg Malonsäure bei 65° für 7 Std., Verdünnen mit 0,5 ml HCl in 2,3 ml W. u. Kühlen; 104 mg (Ausbeute). — $^{14}C_{(3)}$-*Acetylferulasäure*, aus 104 mg vorst. Säure in 0,35 ml Pyridin u. 0,25 ml Essigsäureanhydrid bei 100° für 1 Std., Eindampfen im Vakuum, Lösen des krist. Rückstandes in 1 ml Essigsäure, dann Filtration der Lsg. in ein Zentrifugenröhrchen, Versetzen des Filtrats mit 2 ml W. u. Zentrifugieren; 76 mg. — $^{14}C_{(3)}$-*Acetylferulasäurechlorid*, aus vorst. Säure u. 0,5 ml $SOCl_2$ bei 90° für 1 Std. u. Eindampfen durch Überleiten von trockenem N_2; hellgelbe Kristalle. — $^{14}C_{(3)}$-*Coniferylalkohol*, durch leichtes Erwärmen vorst. Verb. in 1 ml absol. Bzl. u. 3 ml absol. Ae. unter N_2, Einfrieren in fl. Luft, Zugabe von 40 mg $LiAlH_4$ u. Überschichten mit 3 ml absol. Ae.; nach Austausch der fl. Luft durch Eis/NaCl wird das Gemisch $^1/_2$ Std. langsam gerührt, auf Zimmertemp. erwärmt u. zentrifugiert, der Komplex in 5 ml Ae. mit 3 ml einer 5%ig. $(NH_4)_2CO_3$-Lsg. zers. u. die untere, wss. Phase viermal mit je 10 ml Ae. extrahiert; die getrockneten u. filtrierten Ätherextrakte werden durch Überleiten von N_2 bei 30° eingeengt u. im Exsiccator getrocknet; Umkristallisieren des hellgelben Öls (44 mg) durch Versetzen der Lsg. in absol. Chlf. mit PAe.; 32 mg ($5\cdot10^8$ Impulse/mMol·Min. = 0,225 mC/mMol = $2{,}77\cdot10^6$ Impulse/mg·Minuten. — $^{14}C_{(CH_3)}$-*Kreosol*, aus 125 mg **I** in 2 ml A. u. 2,5 ml konz. HCl mit 2,6 g Zn-Amalgam nach CLEMMENSEN; 60 mg. — *Kreosoltetraacetylglucosid*, $C_{22}H_{28}O_{11}$, F. 145—147°, durch 2 std. Schütteln von 920 mg Kreosol, 3,9 g Pentaacetylglucose in 20 ml absol. Bzl. mit 6 ml einer Lsg. von 480 mg BF_3 in Anisol, Eindampfen im Vakuum u. Umkrist. des Rückstandes aus A.; 1,31 g (Ausbeute). — *Kreosolglucosid, Hydrat*, $C_{14}H_{20}O_7\cdot H_2O$, F. 169—170° (W.), durch Verseifung von 1 g vorst. Verb. in 8 ml absol. Methanol mit 2 ml 0,5n Na-Methylat in Methanol; 510 mg; nach dem Trocknen bei Zimmertemp. verbleibt 1 Mol, bei 70° im Hochvakuum $^1/_3$ Mol Kristallwasser. — $^{14}C_{(CH_3)}$-*Kreosolglucosid*, analog Vorst. aus 80 mg $^{14}C_{(CH_3)}$-Kreosol; 45 mg ($31{,}6\cdot10^6$ Imp/mMol·Min.) — $^{14}C_{(CH_2OH)}$-*Vanillylalkohol*, durch Hydrierung von 47,8 mg **I** in 10 ml A. mit RANEY-Ni bei Zimmertemp. u. Einengen im Vakuum; 25,3 mg ($31{,}6\cdot10^6$ Imp/mMol·Min.). Aus 2 g inakt. Vanillin wurden 1,54 g *Vanillylalkohol* gewonnen. — $^{14}C_{(CH_2OH)}$-*Vanillylalkoholglucosid*, durch Red. von 135 mg $^{14}C_{(CHO)}$-Vanillinglucosid in 10 ml W. mit 3 g 3%ig. Na-Amalgam; nach Abtrennen des Hg wird die alkal. Lsg. über den Kationenaustauscher Lewatit S 100 filtriert u. im Vakuum eingedampft; 80 mg (Umkrist. aus absol. A. verlustreich). — $^{14}C_{(COOH)}$-*Vanillinsäure*, F. 202—205° (W.), durch Erhitzen von 100 mg $^{14}C_{(COOH)}$-Benzylvanillinsäure in 1 ml A. u. 2 ml konz. HCl für $1^1/_2$ Std. bei 120° u. Einengen unter CO_2; 43 mg. — $^{14}C_{(COOH)}$-*Vanillinsäuretetraacetylglucosid*, F. 173—178°, durch Oxydation von 400 mg $^{14}C_{(CHO)}$-Vanillintetraacetylglucosid in 7,5 ml Aceton mit 0,3 g $KMnO_4$ u. 0,04 g KOH in 10 ml W., Eindampfen des Filtrats im Vakuum u. Ansäuern mit wenig HCl; 160 mg. — $^{14}C_{(COOH)}$-*Vanillinsäureglucosid*, F. 198—204°, aus 160 mg vorst. Verb. u. 1 g $Ba(OH)_2 \cdot 8\,H_2O$ in 20 ml W.; Filtration durch Lewatit S 100 u. Einengen im Vakuum; 55 mg. — $^{14}C_{(COONa)}$-*Na-Propionat*, aus 1,97 g $Ba^{14}CO_3$ (150 μC) 710 mg. — $^{14}C_{(CO)}$-*Propioguajacon*, aus 710 mg vorst. Verb. in 3 ml CS_2 bei —10° u. 0,9 ml Oxalylchlorid durch Erwärmen auf 70°, Abkühlen nach 15 Min., Zugabe von 1,4 ml Veratrol in 2,5 ml CS_2, Erwärmen auf 70° für 1 Std., Stehen über Nacht bei Zimmertemp., Zers. der Mischung mit 10 ml W. u. 3 ml konz. HCl, Ausschütteln mit 50 ml Ae., Isolieren der Phenole mit 40 ml n-NaOH, Ansäuern, erneutes Ausäthern, Entfernen des gebildeten Guajacols durch $^1/_4$std. Erhitzen auf 100°/10 Torr. u. Dest. bei 110—120°/10^{-3} Torr; hellrotes Öl, das langsam krist.; 790 mg. — $^{14}C_{(CO)}$-*α-Brompropioguajacon*, aus 790 mg vorst. Verb. in 70 ml absol. Chlf. u. 0,23 ml Br_2 in 15 ml Chlf. u. Eindampfen im Vakuum; hellrote Kristalle; 1,062 g. — $^{14}C_{(CO)}$-*α-Acetoxypropioguajaconacetat*, aus 1,062 g vorst. Verb., 2,1 g wasserfreiem Na-Acetat u. 7,5 ml Essigsäureanhydrid; nach 4 std. Erhitzen auf dem Wasserbad Gießen in 80 ml W. u. Rühren bis zur völligen Kristallisation des ausgeschiedenen Öls; 898 mg; Umkrist. aus A.; 483 mg. — $^{14}C_{(CO)}$-*α-Hydroxypropioguajacon* (**II**), F. 105°, aus 483 mg vorst. Verb. in 5 ml absol. Methanol u. 0,5 g KOH in 5 ml Methanol; nach $^1/_4$std. Erhitzen Einengen im N_2-Strom, Zerlegen des K-Salzes (411 mg) in W. mit 0,3 ml 40%ig. H_2SO_4; hellgelbes Öl, das bald erstarrt; 296 mg (32,9·10^6 Imp/mMol·Min. = 14,8 μC/mMol). — $^{14}C_{(CO)}$-*α-Äthoxypropioguajacon*, a) durch 14 std. Kochen von 200 mg **II** in 6 ml absol. alkoh. HCl (3%ig.), Eindampfen unter CO_2 im Vakuum zur Trockne u. Dest. des rotbraunen Öls in 10 ml Ae. bei 125—130°/10^{-3} Torr; hellgelbes Öl; 116 mg; b) analog a) aus α-Acetoxypropioguajaconacetat. — $^{14}C_{(\alpha)}$-*Vanilloylacetyl*, F. 65°, durch 2 std. Erhitzen von 180 mg **II** in einer Lsg. von 520 mg $CuSO_4 \cdot 5\,H_2O$ in 0,8 ml Pyridin u. 0,4 ml W. auf 100°, Verdünnen mit 6 ml W. u. 2 ml konz. HCl, Ausäthern u. Dest. des Rückstandes bei 120°/5·10^{-3} Torr; gelbes Öl, das rasch krist.; 130 mg. — $^{14}C_{(1)}$-*1-[4-Hydroxy-3-methoxyphenyl]-2-nitropropen*, F. 102—103°, durch 5 tägiges Stehen von 250 mg **I** in 0,25 ml absol. Methanol, 10 mg Methylamin·HCl, 8 mg Na_2CO_3 u. 0,15 ml Nitroäthan bei Zimmertemp. u. Umkrist. aus A.; 200 mg. — $^{14}C_{(1)}$-*1-[4-Hydroxy-3-methoxyphenyl]-propanon-(2)*, durch 5 std. Kochen von 200 mg vorst. Verb. in 2,2 ml A. u. 5,5 ml W. mit 450 mg Fe-Pulver, 20 mg $FeCl_3$ u. 0,2 ml konz. HCl, Abdampfen des A., Extraktion mit Bzl., Eindampfen zur Trockne, Verseifen des gebildeten *Oxims* mit 4 ml 7 n H_2SO_4, 24 Std. bei Zimmertemp., dann 4 Std. bei 40°, Extraktion mit Bzl. u. Dest. des Rückstandes bei 120°/10^{-2} Torr; fast farbloses Öl; 110 mg. (Mh. Chem. **87**. 60—70. 15/2. 1956. Wien, Univ., I. Chem. Labor.) H. KOBLITZ. 3950

Hans Beyer, Lehrbuch der organischen Chemie. 6. u. 7. durchges. z. T. neubearb. Aufl. Leipzig: Hirzel. 1959. (XVI + 690 S. m. 34 Abb.) 8°. DM 22,50.

J. Sheehan, ed., Organic syntheses. London: Chapman & H. 1959. (V + 120 S. m. Abb. u. Diagr.) 32 s.

G. E. W. Wolstenholme and **Maeve O'Connor**, eds., Ciba Foundation. Symposium on the biosynthesis of terpenes and sterols. London: Churchill. 1959. (XII + 311 S. m. Diagr. u. Tab.) 45 s.

D. Makromolekulare Chemie.

R. J. Abraham und **D. H. Whiffen**, *Elektronenspinresonanzspektren einiger mit γ-Strahlen bestrahlter Polymerer*. Die folgenden Polymeren wurden im Vakuum bei Zimmertemp. mit γ-Strahlen einer ^{60}Co-Quelle mit Dosen zwischen 10^5 u. 10^6 r bestrahlt u. hierauf die Elektronenspinresonanzspektren untersucht: *Polythen, Polystyrol, Polyacrylsäure, Polymethyl-α-chloracrylat, Polyvinylalkohol, Polyvinylacetat, Polyvinylformal, Polyvinylacetal, Polyvinylbutyral, Polyvinylchlorid, Polyacrylonitril, Nylon, Stärke, Cellulose, Normaldruckpolyäthylen, Polymonochlortrifluoräthylen* u. *Polytetrafluoräthylen*. Bei den 3 letzten Substanzen wurde bei Bestrahlung im Vakuum kein Spektr. erhalten; dagegen wurden Signale nach Einlassen von Luft beobachtet. Die erhaltenen Ergebnisse sind tabellar. zusammengestellt; außerdem sind die Absorptionskurven wiedergegeben. Es wird eine versuchsweise Deutung der Hyperfeinstruktur gegeben. (Trans. Faraday Soc. **54**. 1291—99. Sept. 1958. Birmingham, Univ., Chem. Dep.) C. GOTTFRIED. 4000

C. L. Arcus, *Stereoisomere von Additionspolymeren*. 1. Mitt. *Stereochemie der Addition und Konfigurationen maximaler Ordnung*. Für die Ableitung der möglichen Kettenfigurationen linearer Polymerer aus einem Monomermol., das ein asymm. C-Atom enthält, sind bei der stufenweisen Addition der Monomermoll. drei ster. Faktoren bestimmend: (a) trans- oder cis-Addition; (b) ster. Konfiguration des durch Angriff des initiierenden Radikals oder Ions auf das Monomere entstehenden Radikal- oder Ionenkomplexes; (c) Bau des Kettenendes. Bei der Start-Rk. des Äthylenmonomeren der allg. Form $\genfrac{}{}{0pt}{}{K}{B}\!>\!C{=}C\!<\!\genfrac{}{}{0pt}{}{I}{A}$ (I) bildet sich intermediär ein Komplex aus I u. dem Radikal R, das an beiden C-Atomen der Doppelbindung gebunden ist. Die Start-Rk. von R auf I ergibt nun je nach dem Angriff von R auf die eine oder andere Seite des Äthylenmol. (D- oder L-Start) zwei Reihen enantiomerer Polymerketten. Die reguläre Auswrkg. der Faktoren (a), (b) u. (c) ergibt somit je zwei, demnach insgesamt 8 mögliche Konfigurationen von I. Vom Monomeren $CH_3{=}CHA$ (Vinylchlorid) leitet Vf. 4 polymere Konfigurationen ab, von denen je zwei enantiomer sind. Das symm. cycl. Olefin Acenaphthylen kann 4 Paare polymerer enantiomerer D- u. L-Formen bilden, von denen die D- u. L-Form dreier Paare, wenn der unterschiedliche Bau des Kettenendes (Faktor c) unberücksichtigt bleibt, auf Grund vorhandener Symmetrieebenen ident. werden. Vom nicht symm. cycl. Olefin Inden leiten sich ebenfalls 4 enantiomere Paare ab, von denen die D- u. L-Formen zweier Paare ident. werden, wenn die Kettenenden gleich sind. Der Einfl. des Faktors (c) auf die Stereoisomerie der Polymeren wirkt sich durch verschied. Mechanismen der Abbruch-Rk. aus, wie die Rk. mit dem initiierenden Radikal oder mit einem Inhibitor, die Kettenübertragung des Lösungsm., der Verlust eines Protons bei der Ionenpolymerisation u. die Übertragung eines H-Atoms einer Kette auf eine andere, wodurch eine gesätt. u. eine Olefinendgruppe entsteht. Der Kettenabbruch an beiden Enden kann schließlich zu komplexen diastereomeren Formen oder auch zu hochsymm. Mesoformen führen. (J. chem. Soc. [London] **1955.** 2801—06. Aug. 1955. London, Battersea Polytechnic.) L. HELWICH. 4000

C. L. Arcus, *Stereoisomerie von Additionspolymeren. 2. Mitt. Konfigurationen von maximaler Ordnung aus der alternierenden Copolymerisation. Die Bedingungen für optische Aktivität in Polymeren.* (1. vgl. vorst. Ref.) Ausdehnung der angestellten Betrachtungen auf Copolymere aus 2 Monomeren I u. II. Die Konfiguration der Copolymerkette wird bestimmt durch: trans- oder cis-Addition; Einleitung der Start-Rk. durch ein Radikal oder ein Ion an der einen oder anderen Seite von I bzw. II; relative Lage der Substituenten in I u. II zueinander. Die daraus sich ergebenden Stereoisomeriemöglichkeiten werden für den speziellen Fall einer alternierenden Copolymerisation für die Monomerenpaare $CH_2{=}CHA$ u. $CH_2{=}CHX$, $CH_2{=}CHA$ u. cis-$CHX{=}CHX$, $CH_2{=}CHA$ u. trans-$CHX{=}CHX$, $CH_2{=}ClA$ u. trans-$CHX{=}CHX$, $CH_2{=}CHA$ u. cis-$CHA{=}CHA$, $CH_2{=}CHA$ u. trans-$CHA{=}CHA$, $CHA{=}CHB$ u. $CHX{=}CHY$. Daraus ergibt sich theoret. die Möglichkeit der Bldg. von Polymerisaten, deren Hauptkette opt. Aktivität besitzt; der Einfl. der Start-, Wachstums- u. Abbruch-Rkk. auf die Bldg. solcher Polymerer wird kurz diskutiert. (J. chem. Soc. [London] **1957.** 1189—96. März.) O. FUCHS. 4000

M. Katz, *Bruchfestigkeit von Hochpolymeren.* Erörterung der verschied. Theorien des Mechanismus des Bruchs von Hochpolymeren. Die Theorie der Festigkeit von Fäden von COLEMAN (C. **1957.** 4275) basiert auf der Bruchfestigkeitsverteilung inmitten eines Faserbündels. Verss. an *Nylon-66*-Monofils bestätigen diese Annahme eines „schwachen Punkts". Die Theorie des Dehnungsmechanismus von Polymeren unter Spannungseinw. von BUECHE (C. **1950/54.** 1716 S) stützt sich auf die Hypothese, daß der Längung 4mol. Mechanismen zugrunde liegen. (Rev. gén. Caoutchouc **35.** 777—78. Juni 1958. Brooklyn, Polytechn. Inst.) R. SCHÄFF. 4000

Milton Kerker, *Teilchengrößenbestimmung in monodispersen Latexsuspensionen durch Lichtstreuung.* Zur Durchführung der Meth. von LA MER u. PLESNER (C. **1958.** 2154) zur Best. der Teilchengröße von monodispersen Latices durch Lichtstreuung unabhängig von der Elektronenmikroskopie gibt Vf. Erläuterungen u. erweitert die Tabelle der Funktionen von GUMPRECHT u. SLIEPCEVICH. (J. Polymer Sci. **28.** 429—32. März 1958. Potsdam, N. Y., Clarkson Coll. Technol., Dep. Chem.) R. SCHÄFF. 4000

A. W. Toptschijew, B. A. Krenzel und **A. I. Perelman,** *Polymerisation von Olefinen zu hochmolekularen Produkten an Oxydkatalysatoren.* Allg. Überblick. — 73 Literaturangaben. (Успехи Химии [Fortschr. Chem.] **26.** 1355—73. Dez. 1957.) G. FROELICH. 4010

E. Butta und **A. Charlesby,** *Dynamisch-mechanische Eigenschaften von bestrahltem Polyäthylen.* Bestrahltes *Polyäthylen* (**I**) zeigt bei 20° für eine krit. Strahlungsdosis ein Minimum des YOUNG-Moduls mit einem gleichzeitigen Maximum des Dämpfungsfaktors. Die Schallgeschwindigkeit–Temp.-Kurven weisen bei nicht u. bei schwach bestrahltem **I** drei Umwandlungspunkte T_g (—21°), T_s (+40°) u. T_m (115°) auf. Hoch bestrahltes **I** hat je nach Bestrahlung nur noch einen oder zwei Umwandlungspunkte. Diese ausgezeichneten Punkte können mit der Umwandlung aus dem Glaszustand, der Erweichung der amorphen Bereiche u. dem Schmelzen der Kristallite in Zusammenhang gebracht werden. Mit zunehmender Dosis wird T_m kleiner u. T_g größer, während T_s ein Minimum für die krit. Strahlungsdosis aufweist. Bei Tempp. oberhalb des Kristallit-F. (T_m) zeigen schwach vernetzte Proben Kautschukelastizität, stark vernetzte Proben das gleiche dynam. mechan. Verh. wie stark vernetzte amorphe Materialien. Die Ergebnisse werden auf der Grundlage der teilweisen Kristallinität von I u. der Veränderungen der Mol.-Struktur durch die Bestrahlung diskutiert u. erklärt. (J. Polymer Sci. **33.** 119—28. Dez. 1958. Pisa, Univ., Ist. di Chim. Ind. ed Appl.; Hinxton Hall, Tube Investments Res. Labors.) F. Vohwinkel. 4010

W. W. Korschak und **W. A. Ssergejew,** *Über die Bildung polymerer Kohlenwasserstoffe beim Zerfall aliphatischer Diazoverbindungen.* Diazomethan (I) u. Diazoäthan (II) werden in Ggw. von $B(OCH_3)_3$ (III) unter Bldg. von *Polymethylen* (IV) bzw. *Polyäthyliden* (V) u. N_2 zers.; das Gas enthält keine KW-stoffe. Mit Cu statt III beträgt die Ausbeute an IV nur 10—15%, die an V 40%. Azine entstehen nur in geringer Menge, während sie bei Diazotoluol u. Diazophenylmethan allein neben N_2 entstehen. Bei Polymerisation von I-II-Gemischen erhält man als *Copolymeres* (VI) ein IV mit CH_3-Seitengruppen, das dem Hochdruckpolyäthylen (VII) analog ist, bei I : II = 1 : 1 dem Polypropylen. Die Verformungskurve von IV ist dieselbe wie die von Niederdruck-VII (Temppp. bis 120°, konstante Belastung 100 g/4 mm), die von V liegt noch bei niedrigerer Temp. als die von Hochdruck-VII. IV u. Niederdruck-VII sind zu 90—100% krist., V nur zu 25% (ähnlich Hochdruck-VII). VI (aus I-II-Gemisch mit 3% II) erweicht wie V bei ca. 60°. Ein durch Copolymerisation von I mit Diazotoluol in Ggw. von BF_3 erhaltenes *Polystyrol* hat hohen F. (220—224°), ist unlösl. in A. u. Heptan u. ähnelt dem „isotakt." Polystyrol. Als maßgebender Faktor für die regelmäßige Lage der Substituenten wird der regelnde Einfl. der Seitengruppen bei der Entstehung angenommen, wie er als ster. Einfl. bei der Polymerisation von Monomeren vom Vinyltyp auftritt. Bei der Polymerisation liegt ein Ionenprozeß vor. Bei Radikalpolymerisation tritt diese regelmäßige Anordnung infolge des flächigen Charakters des Radikals mit gleicher Wahrscheinlichkeit des Übergangs in tetraedr. Struktur nach beiden Seiten nicht auf. (Доклады Академии Наук СССР [Ber. Akad. Wiss. UdSSR] **115.** 308—11. 11/7. 1957. Inst. für metallorgan. Verbb. der Akad. der Wiss. der UdSSR.) R. K. Müller. 4010

Malcolm Dole und **W. H. Howard,** *Schmelzverhalten von bestrahltem Polyäthylen.* Mit $50 \cdot 10^6$ r bestrahltes *Polyäthylen* (maximaler F. 113,8 ± 0,4°) zeigt im Gegensatz zu mit $1 \cdot 10^6$ r bestrahltem oder einem therm. Neutronenstrom von $1 \cdot 10^{13}$ Neutronen/cm². sec ausgesetzten Proben einen um 1,5 ± 0,5° niedrigerer maximalen F., obwohl visuell noch kein Schmelzen zu erkennen ist. Trotzdem der kristalline Anteil der mit Neutronen bestrahlten Probe um 5,7% sinkt, ändert sich F. nicht, was man durch eine Änderung der Mol.-Gew.-Verteilung erklären kann. Der G-Wert für die H_2-Entw. beträgt 3,75 Mol H_2/100 eV. (J. physic. Chem. **61.** 137—39. Febr. 1957. Evanston, Ill., Northwestern Univ., Chem. Labor.) Klaus Müller. 4010

Marian Kryszewski, *Die Photopolymerisation von Vinylbromid.* 3. Mitt. *Kinetik der Polymerisation des in Cyclohexanon gelösten Vinylbromids unter dem Einfluß unterbrochener Belichtung mit Ultraviolettlicht.* (2. vgl. C. **1959.** 10595; 1. vgl. C. **1957.** 142.) Aus kinet. Messungen der Polymerisation von *Vinylbromid* (I) bei 20 u. 50° unter dem Einfl. von Lichtblitzen der Wellenlänge 3100 Å folgt, daß die kinet. Koeffizienten der Arrhenius-Gleichung $k = A e^{-E/RT}$ für die Polymerisation von I kleiner sind als die von *Vinylchlorid* (II) u. größer als die von *Vinylacetat.* Entsprechend ist auch der mittlere Polymerisationsgrad P bei I nur 600 gegenüber 5800 bei II. Ursache dessen ist der Einfl. der Mol.-Größe auf die Diffusionsgeschwindigkeit der Radikale. Bei tiefer Temp. überwiegt der Kettenabbruch durch Rekombination (RA), bei höherer Temp. u. bei hohen Monomerkonzz. der „Monomerabbruch" (MA) mit Bldg. eines mesomer stabilisierten Radikals. Die Aktivierungsenergie E der Photopolymerisation von I entspricht mit 2500 (cal/Mol) der von II. E_{RA} beträgt 3800 u. E_{MA} 8200. Die Stoßzahlen A betragen für das Kettenwachstum $1{,}9 \cdot 10^6$, für RA $5{,}3 \cdot 10^{11}$ u. für MA $4{,}2 \cdot 10^5$. Die mittlere Quantenausbeute des photochem. Primärschritts ist 1, bei höheren Inhibitorkonzz. (p-Chinon) ist sie kleiner. Mit Hilfe der intermittierenden Bestrahlung lassen sich bei konstanter Lichtintensität die kinet. Absolutwerte bestimmen. Die absol. Größe der Intensität ist ohne Einfluß. Das als Lösungsm. verwendete Cyclohexanon hat keinen Einfl. auf die Rk., es wirkt auch nicht als Kettenüberträger. (Roczniki Chem. [Ann. Soc. chim. Polonorum] **31.** 893—913. 1957.) F. Urban. 4010

A. Ss. Schewljakow, W. Ss. Etliss, K. Ss. Minsker, L. M. Degtjarewa, G. T. Fedossejewa und **M. M. Kutscherenko,** *Die Gewinnung von isotaktischem Polystyrol.* (Vgl. C. **1957.** 1691.) Zwecks Ermittlung der Bedingungen der stereospezif. Polymerisation von *Styrol* haben Vff. Polymerisationsverss. unternommen, die bei 30—120° in N_2-Atmosphäre u. in Ggw. von $Al(C_2H_5)_3$-$TiCl_3$ als Katalysator durchgeführt wurden. Die Polymerisationsgeschwindigkeit sowie der Geh. der isototakt. Fraktion sind von der Konz. des $Al(C_2H_5)_3$ u. des Lösungsm. abhängig. Ferner wurde die Ausbeute des *Polystyrols* im Verhältnis zum Koeff. K [mol. Verhältnis $Al(C_2H_5)_3 : TiCl_3$] sowie zur Temp.

untersucht. Eine Erhöhung des $TiCl_3$ ergab nur einen größeren Anteil der amorphen Fraktion, die isotakt. bleibt konstant, was sich durch die konstante Größe der akt. Oberfläche des Katalysators erklärt. Vff. gelang es, bis zu 98,5—100% krist. *Polystyrol* zu gewinnen. Die krist. Substanz hat eine höhere Erweichungstemp., sie wurde auch röntgenograph. identifiziert. (Доклады Академии Наук СССР [Ber. Akad. Wiss. UdSSR] **122.** Nr. 6. 1076—78. 21/10. 1958.) G. Schreiber. 4010

Jean-Baptiste Donnet und **Gaston Henrich,** *Über den Radikalcharakter von Ruß. Inhibierung der Radikalpolymerisation.* (Vgl. C. **1959.** 3048.) Vff. untersuchen im Hinblick auf seinen ausgesprochenen Radikalcharakter den Einfl. von *Ruß* (**I**; Philblack O) auf die Polymerisation von *Styrol* (**II**) u. *Acrylonitril* (**III**). Die therm. Blockpolymerisation von **II** wird durch Zusatz von 5% **I** schon stark gehemmt, während 30% **I** selbst nach 87 Std. eine Polymerisation noch vollständig unterdrücken. Bei der Emulsionspolymerisation von **II** wird die Inhibitorwrkg. von **I** stark von der Wirksamkeit des verwendeten Emulgators beeinflußt; so ist bei Verwendung von $K_2S_2O_8$ als Polymerisationskatalysator in Ggw. von Na-Oleat noch eine starke Polymerisation zu beobachten, während in Ggw. eines Emulgators auf der Basis von Na-Alkylnaphthalinsulfonaten u. von 3% $K_2S_2O_8$ bei 50° noch nach 14 Std. keine Polymerisation auftritt. Auch bei **III** wird die Radikalpolymerisation, eingeleitet durch Benzoylperoxyd, weitgehend unterdrückt. (C. R. hebd. Séances Acad. Sci. **246.** 3341—44. 16/6. 1958.) Herbert Müller. 4010

J. W. L. Fordham und **C. L. Sturm,** *Mechanismus der durch Bortrialkyle induzierten Polymerisation.* Die Polymerisation von Vinylverbb. mittels Bortrialkylen soll nach einem freien Radikalmechanismus u. nicht, wie bisher angenommen, nach einem ion. Mechanismus ablaufen. Die unter gleichen Bedingungen mit Bortrialkylen oder Peroxyden erhältlichen Copolymeren, jeweils aus *Methylmethacrylat* mit *Acrylonitril* oder *Styrol,* zeigen nahezu ident. Zusammensetzungen. (J. Polymer Sci. **33.** 503—04. Dez. 1958. Painesville, Ohio, Diamond Alkali Comp., Central Res. Dep.) F. Vohwinkel. 4010

N. M. Atherton, H. W. Melville und **D. H. Whiffen,** *Die Schätzung von in einem polymeren Gel eingefangenen freien Radikalen durch Elektronenspinresonanzspektroskopie.* Vff. berichten, daß sie Elektronenspinresonanzspektren der freien Radikale beobachtet haben, die bei der Copolymerisation von *Methylmethacrylat* u. *Glykoldimethacrylat* in dem dreidimensionalen Netzwerk eingefangen worden waren. Die Änderung ihrer Konz. mit der Zus. u. der Zeit wurde bei 23 u. 0° für die photochem. mit Hilfe der Hg-Linie 3650° angeregte Rk. gemessen. (Trans. Faraday Soc. **54.** 1300—03. Sept. 1958. Birmingham, Univ., Chem. Dep.) C. Gottfried. 4010

W. W. Korschak und **Ss. W. Winogradowa,** *Über Polyester mit ungleichartiger Kette.* 4. Mitt. *Polyester der Sulfonyldivaleriansäure.* (3. vgl. C. **1959.** 11594.) Zum Vgl. mit *Polyestern der ω.ω'-Thiodivaleriansäure* (**II**) (vgl. C. **1958.** 11542) wurden *Polyester der ω.ω'-Sulfonyldivaleriansäure* (**I**) mit nachst. Glykolen hergestellt u. untersucht (in Klammern F. u. Löslichkeit in A. u. Bzl. in g/Liter): *Äthylenglykol* (82—86°; —; —); *Tetramethylenglykol* (86—88°; 4,0; 0,77); *Pentamethylenglykol* (**III**) (84—86°; —; —); *Hexamethylenglykol* (90—92°; 2,05; 0,98); *Dekamethylenglykol* (98—101°; 1,65; 1,8); *Eikosamethylenglykol* (114—117°; —; 0,8); *Propylenglykol* (65—68°; —; —); *Butandiol-(1.3)* (32—35°; —; 2,1; im Gegensatz zu allen andern **I** durchsichtig); *Diäthylenglykol* (64—66°; —; —); *Triäthylenglykol* (24—27°; —; —). Der F. der **I** nimmt mit der Kettenlänge des Glykols zu (Ausnahme **III**-Polyester). Ein Vgl. der **I** mit den entsprechenden Polyestern (**IV**) der Sebacin- u. der Azelainsäure zeigt, daß die polaren SO_2-Gruppen den F. erhöhen. Die **I** schm. bedeutend höher als die **II**. Die Löslichkeit der **I** in Bzl. u. A. ist geringer als die der **II**. Die Herabsetzung des F. durch eine S-Brücke in den **II** u. die Erhöhung durch die SO_2-Brücke in den **I** gegenüber den entsprechenden S-freien Verbb. wird auf ster. Einfll. zurückgeführt. Eine —S-Brücke soll gegenüber der —CH_2-Brücke die Drehbarkeit erhöhen, eine —SO_2-Brücke dagegen vermindern. Die Kristallisationstendenz bei den **I** ist im Gegensatz zu den **II** u. den **IV** gering, was darauf zurückgeführt wird, daß das große Vol. der SO_2-Gruppe eine dichtere Packung der polymeren Ketten verhindert. (Известия Академии Наук СССР, Отделение Химических Наук [Nachr. Akad. Wiss. UdSSR, Abt. chem. Wiss.] **1957.** 863—65. Juli Inst. für metallorgan. Verbb. der Akad. der Wiss. der UdSSR.) O. Dold. 4010

W. W. Korschak und **Ss. W. Winogradowa,** *Über Polyester mit ungleichartiger Kette.* 5. Mitt. *Polyester der Diglykolsäure.* (4. vgl. vorst. Ref.) Es wird der Einfl. einer Ätherbrücke in der Dicarbonsäure auf die Eigg. der Polyester am Beispiel der *Diglykolsäurepolyester* (**I**) untersucht. Der F. der **I** wird durch Verlängerung der Glykolkette erhöht. Bei Polyestern aus Glykolen mit ungerader C-Atomzahl [*Tri-* (**II**) u. *Pentamethylenglykol* (**III**)] liegt der F. niedriger als bei den Polyestern aus geradzahligen Glykolen; auch zeigen die **II**- u. **III**-Polyester nur geringe Kristallisationstendenz, u. ihre bes. niedrigen

Übergangstempp. in den zähfl. Zustand (**A**) weisen auf eine biegsame polymere Kette hin. Die Einführung einer Ätherbrücke in den Glykolteil der **I** [*Di*- (**IV**) u. *Triäthylenglykol* (**V**)] bewirkt eine weitere Senkung des F.; durch eine Methylseitenkette im Glykol wird im Fall des *Propylenglykols* (**VI**) die **A**-Temp., nicht aber der F., im Fall des *Butandiols-(1.3)* (**VII**) auch der F. erniedrigt. Die **I** sind in Bzl. u. A. nur wenig lösl., in Bzl. weniger als in Alkohol. Die Erniedrigung des F. von Polyestern durch eine Ätherbrücke im Glykol wurde mit der größeren Biegsamkeit der Ketten (geringerer Raumbedarf von —O— gegenüber $-CH_2-$) erklärt. Dagegen ruft der Ersatz einer CH_2-Gruppe der *Glutarsäurepolyester* durch eine Ätherbrücke im Säurerest eine Erhöhung der FF. hervor, die sich jedoch mit Verlängerung der Glykolkette vermindert. Diese Erhöhung der FF. wird durch die erhöhte Polarität der Carboxylgruppe der *Diglykolsäure* (**IX**) erklärt; auch die Dissoziationskonstanten der **IX** sind gegenüber denen der Glutarsäure größer. Es wird angenommen, daß die CO-Gruppen der **I** die benachbarten Ätherbrücken blockieren u. daher die Drehung um die C—O—C-Achse erschweren. Dagegen sind z. B. beim **IV**-Polyester der Glutarsäure die CO-Gruppen so weit von der O-Brücke entfernt, daß sich ihr ster. Einfl. nicht mehr auswirkt.

V e r s u c h e: Die Darst. der *Diglykolsäurepolyester* (**I**) erfolgte nach früher beschriebenen Methoden (vgl. C. **1958.** 11834 u. C. **1958.** 6848) (in Klammern F.; **A**-Temp.; Löslichkeit in A. u. Bzl. in g/Liter; Mol.-Gew.; Aussehen): *Äthylenglykol* (17—20°; —20°; 0,25; —; 3450; zähe Fl.); **II** (29—32°; —42°; —; —; 3940; krist. nach längerem Stehen); *Tetramethylenglykol* (67—70°; 70°; 3,95; 0,8; 4260; farblos undurchsichtig); **III** (30—33°; 14°; —; —; 2600; krist. nach längerem Stehen); *Hexamethylenglykol* (47—51°; 42°; 8,05; —; 7400; undurchsichtig); *Dekamethylenglykol* (61—64°; 65°; 2,5; —; 7840; undurchsichtig); *Eikosamethylenglykol* (86—89°; 91°; 0,85; 2,1; 8350; undurchsichtig); **VI** (17—21°; —27°; —; 2,1; 2440; kautschukähnlich, durchsichtig); **VI** (18—21°; —; —; —; 2790; kautschukähnlich, durchsichtig); **VII** (1—5°; —; 25,45; 5,5; 2270; zähfl.); **VII** (3—8°; —; —; —; 3810; zähfl.); **IV** (2—6°; —34°; 35,3; 1,2; 2790; fl.); **V** (—6 bis —3°; —; —; —; 3990; fl.). (Известия Академии Наук СССР, Отделение Химических Наук [Nachr. Akad. Wiss. UdSSR, Abt. chem. Wiss.] **1957.** 866—70. Juli.) O. DOLD. 4010

W. W. Korschak, W. W. Golubew und **G. W. Karpowa,** *Über Polyester mit ungleichartiger Kette.* 6. Mitt. *Gemischte Polyester aus Äthylenglykol und zwei Dicarbonsäuren.* (5. vgl. vorst. Ref.) Vff. stellten durch gemeinsame Polykondensation der Bis-[β-hydroxyäthylester] von a) Terephthalsäure (**I**) u. b) Oxal-, Bernstein-, Glutar-, Adipin-, Azelain- bzw. Sebacinsäure *gemischte Polyester* (**II**) dar, deren Eigg. in Abhängigkeit von der quantitativen Zus. des Ausgangsgemisches wiedergegeben sind. Es zeigt sich, daß das F.-Minimum der **II** allg. bei einem Geh. von 10—30% **I** liegt; den tiefsten F. (—18°) besitzt der **II** aus **I** u. Glutarsäure im Verhältnis 10:90. Bei > 70% **I** sind die FF. der **II** nahezu ident., d. h. geringe Gehh. an aliphat. Säurekettengliedern beeinflussen die Schmelztemp. nicht. Der **I**-Geh. wirkt sich auch auf die Löslichkeit aus; die **II** mit 50—60% **I** sind in Bzl. u. Cyclohexan unlöslich. (Известия Академии Наук СССР, Отделение Химических Наук [Nachr. Akad. Wiss. UdSSR, Abt. chem. Wiss.] **1958.** 88—95. Jan.) H.-E. TOUSSAINT. 4010

Georges Champetier, Bernard Chauvel und **Michel Lavalou,** *Darstellung und Polykondensation einer ungesättigten Aminosäure: 11-[N-(ω-undecenyl)-amino]-undecansäure.* (Vgl. C. **1958.** 10668.) Beim Erhitzen des NH_4-Salzes von Undecan-10-carbonsäure auf 100—250° entsteht ein Gemisch aus dem entsprechenden *Amid* u. *Nitril*; durch Hydrieren des Gemisches mit $LiAlH_4$ wird daraus *Undecenyl-(10)-amin* (**I**), $C_{11}H_{23}N$, erhalten. **I** adsorbiert sehr rasch CO_2 aus der Luft. Wird das Gemisch aus 3,3 Mol **I** u. 1 Mol 11-Bromundecansäure unter N_2 auf 80° erhitzt, so wird 11-[ω-*Undecenylamino*]-*undecansäure* (**II**), $C_{22}H_{43}O_2N$, erhalten. Nach Kristallisation in W.–A. u. Sublimation im Vakuum F. 120 bis 121°. Beim Erhitzen von **II** auf 210° unter N_2 findet eine Polykondensation statt. Der Polymerisationsgrad beträgt nach 20 Std. 17. Das *Polyamid* ist farblos u. lösl. in A.; es enthält die Äthylenbindungen als Seitengruppen. Wird **II** auf 255° erhitzt, so entsteht ein unlösl. elast. *Polyamidgel.* Wird das lösl. Polyamid in Ggw. von Co u. Luft auf 50 bis 100° erhitzt, so erfolgt eine oxydative Vernetzung der Moll. unter Beteiligung der Äthylenbindungen. (C. R. hebd. Séances Acad. Sci. **246.** 428—31. 20/1. 1958.) O. FUCHS. 4010

Ray L. Hauser, Charles A. Walker und **F. L. Kilbourne jr.,** *Quellung von Siliconelastomeren.* Nach einer von früheren Verff. abweichenden Meth. messen Vff. die Quellung des *Siliconelastomeren SE-76* vom Polydimethylsiloxantyp (Mol.-Gew. 480000) nach Vulkanisation mit 0,5, 2 u. 8% Benzoylperoxyd (15 Min. bei 250° u. 24 Std. bei 300°) in Bzl., Toluol, Xylol, n-Octan, n-Hexan, Methyläthylketon, Cyclohexan, Methylcyclohexan, Perfluormethylcyclohexan u. d-Limonen volumetrisch. Dazu werden die Herst.

der Testproben, die Immersionsgefäße, deren Eichung u. das Messen des Vol. beschrieben. Bei allen Unterss. tritt beim Quellen eine geringe Extraktion des Polymeren ein, welche durch Korrekturfaktoren erfaßt wird. Ferner wurde der Einfl. der Konz. des Dibenzoylperoxyds u. die Rk. mit den Quellungsagentien untersucht. Aus den Löslichkeitsparametern δ_1 der genannten Lösungsmittel wurden die Wechselwirkungskoeffizienten μ zwischen Polymerem u. Lösungsm. bestimmt. (Ind. Engng. Chem. **48.** 1202—08. Juli 1956. New Haven, Conn., Yale Univ., Dep. of Chem. Engng.; Connecticut Hard Rubber Co.) H. Elchlepp. 4010

Jon Gjønnes und **Nicolai Norman,** *Die Verwendung der Halbwertsbreite und der Lage der Linien in Röntgenbeugungsdiagrammen von nativer Cellulose zur Charakterisierung der strukturellen Eigenschaften der Proben.* In Fortsetzung früherer Unterss. von Gjønnes u. Mitarbeitern (vgl. C. **1959.** 1484) stellten Vff. Pulveraufnahmen von 11 verschied. Arten von *Cellulose I* mit Quarzpulver als Eichsubstanz her u. bestimmten durch Messung die Lagen u. die Halbwertsbreiten der (0 0 2)-Interferenz. Nach der Meth. von Ellefsen u. Mitarbeitern (vgl. C. **1958.** 9695) wurde der Anteil amorpher Substanz in den Proben bestimmt u. mit den Werten der gefundenen Halbwertsbreiten verglichen. Es wurde gefunden, daß der Anteil amorpher Substanz monoton mit der Halbwertsbreite wächst. Die strukturelle Deutung der Halbwertsparameter ist zweifelhaft, doch sollte ihr Wert mit dem Durchmesser u. dem Ordnungszustand der Mikrofibrillen in Zusammenhang stehen. (Acta chem. scand. **12.** 2028—33. 1958. Oslo, Central Inst. für Ind. Res.) C. Gottfried. 4050

W. I. Iwanow, B. A. Sacharow, G. A. Krylowa und **N. G. Wjunowa,** *Eine chemische Methode der Cellulosehomogenisierung nach dem Molekulargewicht.* Wie Vff. finden, läßt sich *Baumwollcellulose* durch 1std. Behandlung mit 0,2n HNO_3 bei 92° in bezug auf die Molekülkettenlänge wesentlich homogenisieren. Hierbei wurde das Maximum der Massenverteilung bei einem DP von 410 gefunden. HCl erwies sich weniger wirksam. Auch *Sulfatcellulose* ließ sich durch eine 30 Min. währende Behandlung mit HNO_3 physikal.-chem. homogenisieren. Es resultiert ein Massenverteilungsmaximum bei einem DP von 220; bei einer andersartigen Behandlung liegt dieser Punkt bei einem DP von 850. (Доклады Академии Наук СССР [Ber. Akad. Wiss. UdSSR] **123.** 691—92. 1/12. 1958. Zelinsky-Inst. für organ. Chem. der Akad. der Wiss. der UdSSR.) M. Ulmann. 4050

Bertha A. Lewis und **F. Smith,** *Durch Elektrophorese auf Glasfaserpapier aufgeklärte Heterogenität von Polysacchariden.* Durch Elektrophorese auf Glasfaserpapier mit 2n NaOH als Elektrolyt lassen sich verschied. Polysaccharide gut in ihre Komponenten auftrennen: *Glykogene* verschied. Herkunft (2 Komponenten), *Maisamylopektine* (3), *Maisamylose* (mehrere), *Amylit* aus Maisamylose durch Red. mit $NaBH_4$ (1). Heterogen sind *Gummen von Acacia arabicum, A. pychnantha, A. senegal, A. seyal, Anogeissus latifolia, Traganthgummi. Gummi von A. decurrens* u. *Prosopis juliflora* sind homogen. *Gummen* der Samen von *Cyamopsis tetragonaloba, Ceratonia siliqua L., Gymnocladus dioica, Phytelphas macrocarpa, Caesalpinia spinosa, Linum usitatissimum* u. *Plantago lanceolata* bestehen aus 2 Komponenten. Die *Hemicellulosen* aus *Maishülsen, Weizen-* u. *Flachsstroh, Ramiegras, Espenholz,* einiger *Fichtenarten* u. *Hemlock* sind heterogen. Die krist. *Xylane* aus *Birkenholz* u. *Gerstenstroh* u. ein *Galaktoaraban* von Zuckerrübensaft sind homogen. Die *Fructosane* von *Roggenmehl* u. *Dahlien* sind homogen, dagegen von *Cordyline terminalis* u. *Dactylis glomerata* heterogen. *Carragheenin, Agar, Floridastärke, Laminarin* von *Laminaria digitata* u. *L. cloustoni* sind heterogen; *red. Laminarin* von *L. cloustoni* ist homogen. *Hefemannan* u. die *Glucomannane* aus *Konjakmannan* u. *Ilesmannan* sind heterogen. Die *Mucopolysaccharide Heparin, Hyaluronsäure* u. *Chondroitinsulfat* sind homogen. (J. Amer. chem. Soc. **79.** 3929—31. 20/7. 1957. St. Paul, Minn., Univ. of Minnesota, Dep. of Agric. Biochem.) K. H. Wolf. 4050

Hans Bouveng und **Bengt Lindberg,** *Untersuchungen an Arabogalaktanen.* 1. Mitt. *Produkte der milden Hydrolyse eines Arabogalaktans aus Larix occidentalis.* Die Hydrolyse eines *Arabogalaktans* aus *Larix occidentalis* liefert ein Gemisch aus 5,9% *L-Arabinose,* 2,2% *D-Galaktose,* 2% *3-β-L-Arabopyranosyl-L-arabinose* (**I**), 0,8% *6-β-D-Galaktopyranosyl-D-galaktose* (**II**) u. ein noch nicht vollständig aufgeklärtes *Trisaccharid.*

Versuche (FF. korr.): *Arabogalaktan,* mit Ae. u. Methanol extrahiertes Holzpulver von Larix occidentalis wird mit W. extrahiert u. mit A. gefällt; $[\alpha]_D^{20}$ +7,5° (c = 2,0; W.). Hieraus (4,5 g) durch partielle Hydrolyse mit 0,01n HCl (2 Std. bei 100°) u. Chromatographie an Kohle 1,47 g *L-Arabinose,* 0,54 g *D-Galaktose,* 0,51 g **I** {$[\alpha]_D^{20}$ +212° (c = 2,0; W.)}, 0,20 g **II** {$[\alpha]_D^{20}$ +30° (c = 2,0; W.)} u. 0,19 g von mindestens zwei Trisacchariden. — Methylierung von **I** u. Hydrolyse gibt *2.4-Di-O-methyl-L-arabinose* (*2.4-Di-O-methyl-L-arabonsäureamid,* F. 160—161°. *2.4-Di-O-methyl-N-phenyl-L-arabinosylamin,* F. 142—144°) u. *2.3.4-Tri-O-methyl-L-arabinose* (*2.3.4-Tri-O-methyl-L-arabon-*

amid, F. 104—105°). — Methylierung von **II** u. Hydrolyse gibt *2.3.4.6-Tetra-O-methyl-D-galaktose* (*2.3.4.6-Tetra-O-methyl-N-phenyl-D-galaktosylamin*, F. 199—200°) u. *2.3.4-Tri-O-methyl-D-galaktose* (*2.3.4-Tri-O-methyl-N-phenyl-D-galaktosylamin*, F. 167—169°). (Acta chem. scand. **10.** 1515—19. 1956. Stockholm, Kungl. TH, Organ.-kem. Inst., Träkem. Inst.) K. H. Wolf. 4050

Sven Gardell, *Trennung von Mucopolysacchariden an einer Cellulosesäule.* Durch Aufbringen einer Polysaccharidlsg. in 0,3%ig. wss. Ba-Acetatlsg. auf eine Cellulosesäule u. Eluieren mit Lsgg. fallender A.-Konzz. lassen sich *Mucopolysaccharide* auftrennen. Die präparative Fraktionierung von 4 g *Mucopolysaccharide* von *Nucleus pulposus* führt zu einer Fraktion aus 21,1 (g) *Glucosaminhydrochlorid* (**I**), 0,3 *Galaktosaminhydrochlorid* (**II**) 16,8 *Galaktose* u. 2,3 *Fucose* u. einer Fraktion aus 0,3 **I** u. 22,8 **II**. Die Fraktionierung gelingt sowohl durch Eluieren mit fallenden A.-Konzz. als auch in diskontinuierlicher Arbeitsweise. Das Kohlenhydratgemisch aus Rinderhornhaut u. ein Gemisch aus *Chondroitinsulfat* u. *Heparinmonosulfat* werden ebenfalls in die Komponenten **I** u. **II** zerlegt. (Acta chem. scand. **11.** 668—75. 1957. Stockholm, Karolinska Inst., Chem. Dep. II.) K. H. Wolf. 4050

J. O. Warwicker, *Röntgenuntersuchungen von Verbindungen aus basischen Farbstoffen mit sauren Oxycellulosen und Alginsäure.* Charakterist. Farbstoffaufnahmen ergaben sich bei Faserröntgenogrammen von *Perjodat-* u. *Chloritoxycellulosen* sowie *Alginsäure,* die mit den bas. Farbstoffen *Methylenblau, Pseudocyanin, Phenosafranin, Astraphloxin* u. *Isochinolinrot* gefärbt wurden. Dies wird damit erklärt, daß die an Carboxylgruppen von benachbarten Ketten gebundenen Farbstoffkationen durch van der Waalssche Kräfte verbunden werden u. dadurch Streusysteme bilden. (J. Textile Inst., Trans. **49.** T148—T169. März 1958. Didsbury, Manchester, Shirly Inst., Brit. Cotton Ind. Res. Assoc.) Gottfried Lange. 4050

M. L. Wolfrom, G. G. Maher und **Alan Chaney,** *Chitosannitrat.* Vff. stellen aus *Chitosan* (**I**; mit 87% NH_2), das nach dem Verf. von Rigby (A. P. 2040879; 1936) aus Garneelen-Chitin, einem Kondensationspolymeren der 2-Acetamido-2-desoxy-D-glucopyranose mit β-1→4-Bindungen, gewonnen wurde, sowie aus dessen *Desacetylierungsprod.* (**Ia**; mit 97% NH_2) durch Einw. eines HNO_3- bzw. $HClO_4$–Essigsäure-Gemisches **I**- u. **Ia**-*Nitrat* bzw. -*Perchlorat* dar. **I** ist in wasserfreier HNO_3 lösl. u. wandelt sich, wie auch in einem Säuregemisch aus wasserfreier HNO_3, Essigsäure u. Essigsäureanhydrid, in das *Nitrat* des **I**-*Salpetersäureesters* (**Ib**) um, der einen Substitutionsgrad von ca. 1,7 (ca. 85% der in **I** enthaltenen OH-Gruppen sind verestert) besitzt. Die Überführung des **Ib**-Nitrats in **Ib** läßt sich bei vorsichtiger Behandlung des in 50%ig. wss. Aceton gelösten Salzes mit verd. Alkali in einer Ausbeute von 80% durchführen. **Ib** liefert durch Behandlung mit wasserfreier $HClO_4$ in Ggw. von Eisessig **Ib**-*Perchlorat,* das bei Zimmertemp. unbeständig ist u. sich langsam zersetzt. Die Instabilität von **Ib** u. seinen Derivv. beruht einerseits auf ihrer strukturchem. Verwandtschaft mit den Nitraten der Salpetersäureester des monomeren Mono-, Di- u. Triäthanolamins, die in vorst. Reihenfolge eine zunehmende Unbeständigkeit zeigen, andererseits werden durch die alkal. Verseifung von Chitin zu **I** geringe Mengen funktioneller Gruppen (z. B. Carbonyl) eingeführt, die die Stabilität des polymeren **Ib** vermindern.

Versuche: *Chitosan* (**I**), $C_6H_9O_4(NHCOCH_3)_{0,15}(NH_2)_{0,85}$, aus dem nach Rigby (l. c.) erhaltenen rohen **I** in 10%ig. Essigsäure durch 24std. Zentrifugieren, Behandlung der Fl. mit 40%ig. NaOH u. Zentrifugieren der Fällung. — *Desacetyliertes* **I** (**Ia**), $C_6H_9O_4\cdot(NH_2)$, durch 1std. Rühren von **I** mit 40%ig. NaOH bei 90° unter N_2 u. Zentrifugieren. — **I**-*Perchlorat*, $C_6H_9O_4(NHCOCH_3)_{0,15}(NH_3^+ClO_4^-)_{0,85}$, aus **I** u. einem Gemisch aus Eisessig u. 60%ig. $HClO_4$ (4 : 1), 16 Std. bei 8°; 99% (Ausbeute). *Nitrat*, $C_6H_9O_4(NHCOCH_3)_{0,15}\cdot(NH_3^+NO_3^-)_{0,85}$, wie vorst. mit 70%ig. HNO_3; 94%. — *Desacetyliertes* **I** (**Ia**)-*Perchlorat*, $C_6H_9O_4(NH_3^+ClO_4^-)$, aus **Ia** u. $HlCO_4$/Essigsäure. — **I**-*Salpetersäureesternitrat*, $C_6H_7O_2\cdot(ONO_2)_{1,65}(OH)_{0,35}(NHCOCH_3)_{0,15}(NH_3^+NO_3^-)_{0,85}$, $[\alpha]_D^{23}$ +43° (c = 1; Aceton/W. = 1 : 1), aus **I** u. einem Gemisch aus wasserfreier Essigsäure, HNO_3 u. Essigsäureanhydrid (1 : 1,3 : 1), 5½ Std. bei 0—5°; 90%; bzw. durch Lösen von **I** in wasserfreier HNO_3, 1std. Stehen bei 0—5° u. Gießen in Essigsäure; 84%. — **I**-*Salpetersäureester*, $C_6H_7O_2\cdot(ONO_2)_{1,65}(OH)_{0,35}(NHCOCH_3)_{0,15}(NH_2)_{0,85}$, aus vorst. Verb. in 50%ig. wss. Aceton durch Einw. von 0,3n Alkali (p_H 7); 80%. — **Ia**-*Salpetersäureesternitrat*, $C_6H_7O_2(ONO_2)_{1,75}(OH)_{0,25}(NH_3^+NO_3^-)$, aus **Ia** u. wasserfreier HNO_3; 76%. *Freier Ester*, $C_6H_7O_2(ONO_2)_{1,75}\cdot(OH)_{0,25}(NH_2)$, aus vorst. Salz durch Behandlung mit Alkali; 93%. **I**-*Salpetersäureesterperchlorat*, $C_6H_7O_2(ONO_2)_{1,65}(OH)_{0,35}(NHCOCH_3)_{0,15}(NH_3^+ClO_4^-)_{0,85}$, aus **Ib** u. einem Gemisch aus Essigsäure, $HClO_4$ u. Acetanhydrid, 90 Min. bei Zimmertemp.; 55%; zers. sich nach 14wöchigem Stehen bei Zimmertemp. z. T. unter Explosion. (J. org. Chemistry **23.** 1990—91. Dez. 1958. Columbus, Ohio, Ohio State Univ., Dep. of Chem.) P. Fahrnlaender. 4050

Koichiro Aoki und **Yasushi Suzuki,** *Wechselwirkung zwischen oberflächenaktiven Substanzen und Proteinen.* 4. Mitt. *Reaktionswärme zwischen Natriumdodecylsulfat und Eialbumin.* (3. vgl. Bull. chem. Soc. Japan **29.** [1956.] 758.) Änderungen der Temp. beim Mischen von Lsgg. von *Natriumdodecylsulfat* (**I**) u. *Eialbumin* (**II**) wurden bei p_H 6,8 u. 25,00° gemessen u. die Reaktionswärme errechnet. Eine entsprechende App. dazu wird beschrieben. Die Konz. der Lsg. von **II** wurde konstant bei 1,00% gehalten, die der Lsgg. von **I** schwankte zwischen 0,05 u. 1,0%. Im Bereich, in dem das Mischungsverhältnis **II**/**I** zwischen 99,4/0,6 u. 80/20 liegt, werden 40 Moll. **I** an 1 Mol. **II** gebunden u. es ergibt sich folgende Gleichung: **II** + 40 Moll. **I** = Komplex + 92,1 kcal. Im Bereich, in dem das Mischungsverhältnis **II**/**I** zwischen 80/20 u. 35/65 liegt, lautet diese Gleichung: Komplex + **I** = Komplex′ + 0,3 kcal. (Bull. chem. Soc. Japan **30.** 53—56. Jan. 1957. Banares, Indian, Hindu Univ., Dep. of Chem. [Orig.: engl.]) H. LIESE. 4070

Robert H. Maybury, *Denaturierung von bestrahltem Ovalbumin durch Harnstoff.* 120 Min. mit einer γ-Strahlung von $2 \cdot 10^{17}$ eV/g·min bestrahltes *Ovalbumin* (**I**) wurde in einer 8mol. Harnstofflsg. bei p_H 7,7 denaturiert. Die Rk. wurde polarograph. verfolgt; die opt. Rotation bei bestrahltem **I** ist die gleiche wie bei natürlichem. Im Gegensatz zum natürlichen **I** (Halbwertszeit 24 Min.) verläuft die Denaturierung des bestrahlten **I** (Halbwertszeit 12 Min.) mit größerer Geschwindigkeit. Es wird angenommen, daß durch die Bestrahlung mehr Wasserstoffbindungen gelöst werden, als für die Denaturierung benötigt werden. (J. physic. Chem. **61.** 140—41. Febr. 1957. Redlands, Calif., Univ.) KLAUS MÜLLER. 4070

Roy Wade, Milton Winitz und **Jesse P. Greenstein,** *Untersuchungen an Polycysteinpeptiden und -proteinen.* 3. Mitt. *Konfigurationen der durch Oxydation von L-Cysteinyl-L-cystein erhaltenen L-Cystinpeptide.* (2. vgl. OTEY, Arch. Biochem. Biophysics **53.** [1954.] 501.) Die durch Belüftung von L-Cysteinyl-L-cystein in wss. Lsg. in dem p_H-Bereich von 4,5—10,7 u. dem Konzentrationsbereich von 0,015—3,0% erhaltenen Oxydationsprodd. zeigen im Papierchromatogramm mindestens 3 *ninhydrinpositive Verbb.* mit den R_F-Werten (in Phenol) 0,00 bis 0,15 (**I**), 0,18 (**II**) u. 0,49 (**III**). Die **I**-Konz. im Reaktionsprod. nimmt bei der Oxydation mit der Verdünnung ab, während die **II**- u. **III**-Konzz. vom p_H abhängig sind u. bei p_H 8,5 ein Maximum besitzen. Bei p_H 6,5 entsteht ausschließlich **III**. Bei der Hydrolyse der Dinitrophenyl (DNP)-Derivv. entstehen aus **II** *Mono-DNP-L-cystin* u. aus **III** hauptsächlich *L-Cystin* u. *Bis-DNP-L-cystin.* Die Mol.-Gew.-Best. mit der Ultrazentrifuge ergibt, daß **III** ein als „*Cyclo-L-cystinyl*" bezeichnetes Monopeptid ist. **II** besteht hauptsächlich aus „parallelem"

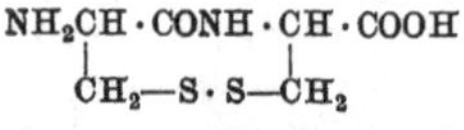

III

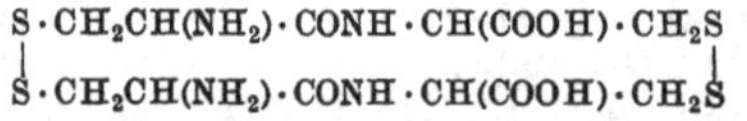

II

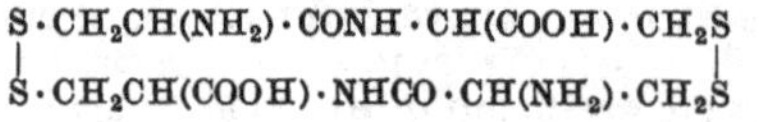

IV

Cystinylcystin, wobei die Ggw. des „antiparallelen" Isomeren (**IV**) nicht ausgeschlossen werden kann. (J. Amer. chem. Soc. **78.** 373—77. 20/1. 1956. Bethesda, Md., Nat. Inst. of Health, Nat. Cancer Inst., Labor. of Biochem.) E. SCHWERDTFEGER. 4070

T. Sakaki, A. Knobloch und **R. Vendrely,** *Fraktionierung durch Ultrazentrifugieren eines Kalbsthymusnucleoproteins mit starker Resistenz gegen Deproteinisierung.* Vf. erhielten ein *Kalbsthymusnucleoprotein* (**I**), das sich durch große Stabilität gegenüber gesätt. NaCl-Lsg. auszeichnet, wenn die Extraktion bereits < 1 Std. nach dem Tod des Tieres erfolgte, während ein anderes **I**-Präp., dessen Extraktion erst 2 Std. nach dem Tode erfolgte, leicht durch NaCl-Lsg. gespalten wird. Unterss. in der Ultrazentrifuge zeigten, daß das resistente **I**-Präp. eine heterogene Proteinzus. aufweist. Aus dem Überstand konnte ein Protein erhalten werden, daß ein Verhältnis Arginin-N/Protein-N von 8,1% (n. Histon 25%) aufweist. Diese Arginin-arme Fraktion macht 26,3% des Protein-N des **I**-Präp. aus. (Experientia [Basel] **13.** 35. 15/1. 1957. Strasbourg, France, Labor. de Recherch. sur les Macromol.) E. SCHWERDTFEGER. 4070

L. Robert, G. Boussier und **M. F. Jayle,** *Sulfhydrylgruppen des Haptoglobins und seines Komplexes mit Hämoglobin.* Vff. untersuchten die freien u. maskierten SH-Gruppen von *Haptoglobin* (**I**), *Pferdehämoglobin* (**II**) u. dem *Komplex* **I**—**II** sowohl durch amperometr. Titration mit Ag^+ bzw. Hg^{2+} u. durch die spektrophotometr. Meth. von BOYER unter Verwendung von p-Chlormercuribenzoat (**III**). Während **I** keine freien SH-Gruppen enthält, können nach Denaturierung durch Guanidin bis zu 9 SH-Gruppen/Mol. **I** nachgewiesen werden. Der Komplex **I**—**II** reagiert mit der gleichen Anzahl von Hg^{2+}-Ionen wie freies **II**, jedoch mit einem Ag^+-Ion weniger; das 4. Ag^+-Ion wird nur in Ggw. denaturierender Verbb. (Dodecylsulfat) aufgenommen. Hg^{2+}, Ag^+, Cu^{2+}, **III** u. J_2 hem-

men die Bldg. des I–II-Komplexes nicht u. vermindern nicht seine Peroxydaseaktivität. Nach Ansicht der Vff. sind daher keine SH-Gruppen an diesen Rkk. beteiligt. (Experientia [Basel] **13**, 111–12. 15/3. 1957. Paris, Fac. de Méd., Serv. de Chim.)
E. SCHWERDTFEGER. 4070

Geneviève Boussier, *Reindarstellung eines Serummucoproteins, des Haptoglobins.* Im Blutserum befindet sich ein Mucoprotein, das Hämoglobin binden kann u. als *Haptoglobin II* (**I**) bezeichnet wird. Die Reindarst. des **I**-Dimeren erfolgte durch fraktionierte Fällung mit 40%ig. $(NH_4)_2SO_4$ u. Dialyse, wobei *γ*- u. *β-Globulin* gefällt wird, erneute fraktionierte Fällung mit $(NH_4)_2SO_4$ u. Dialyse, wobei *Albumine*, *β*-, α_1- u. α_2*-Globulin* gefällt werden. Bei der dritten Wiederholung des Prozesses werden neben α_2-Globulin 55% **I** erhalten. Anschließend Stärkeelektrophorese bei p_H 5,8. Dabei erfolgt eine 50–100%ig. Reinigung von **I**. Zur völligen Reinigung nochmalige Elektrophorese (Stärkegel) u. Extraktion durch Elektrodialyse. Weitere Angaben über method. Einzelheiten s. Original. (C. R. hebd. Séances Acad. Sci. **246**. 1769–71. 17/3. 1958.)
W. SCHELER. 4070

M. Daniels, G. Scholes, J. Weiss und **C. M. Wheeler**, *Chemische Wirkung ionisierender Strahlung in Lösung.* 17. Mitt. *Der Abbau von Desoxyribonucleinsäure in wässeriger Lösung durch Röntgenbestrahlung.* (*200 kV*). (16. vgl. C. **1959**. 12192.) Unter besonderer Berücksichtigung der Wrkg. mol. O_2 wurde die Viscositätsänderung wss., mit Röntgenstrahlen (200 kV, 1185 u. 6000 rep/Min.) bestrahlter *Desoxyribonucleinsäure* (**I**)-Lsgg. untersucht. Der strahlungsbedingte Viscositätsverlust kann auf Grund einer Spaltung der Internucleotidphosphatbindungen durch die Einw. primär durch Strahlungswrkg. auf W. entstandener freier Radikale gedeutet werden. Die langsame Viscositätsabnahme nach der Bestrahlung („Nachteffekt"), welche in Lsgg., die in O_2-Ggw. bestrahlt worden sind, auftritt, wird durch Annahme einer Labilisierung der C—P-Bindungen, z. B. intermediäre Bldg. labiler Phosphorsäureester, die langsam hydrolysieren, verständlich. In Ggw. von O_2 bestrahlte Nucleinsäure-Lsgg. enthalten *Hydroperoxyde*, die sich jedoch wahrscheinlich nur von den beiden Pyrimidinbasen ableiten. Der LIPMANN-TUTTLE-Test auf *Acylphosphat* in bestrahlten **I**-Lsgg. war positiv. (J. chem. Soc. [London] **1957**. 226 bis 234. Jan. Newcastle-upon-Tyne, Univ. of Durham, Kings Coll.) K. MAIER. 4090

E. Biologische Chemie. Physiologie. Medizin.

E_1. Allgemeine Biologie und Biochemie.

W. Eschke, *Über ein hochempfindliches integrierendes UV-Strahlungsmeßgerät auf biophysikalischer Grundlage.* Es wird eine Anordnung zur Messung von UV-Dosen u. mittleren UV-Bestrahlungsstärken mit Hilfe eines *Bakteriophagen*-Dosimeters beschrieben. Benutzt werden T_1-Bakteriophagen des *Escherichia coli*, Stamm B (Phagenlsgg. in Konzz. von 10–20000 Phagen/cm^3). Die photochem. Wrkg., die nur durch UV (bis ca. 310 mμ) u. nicht durch sichtbare oder IR-Strahlen erfolgt, ist für die Phagen im extracellulären Stadium irreversibel. Die Empfindlichkeit des Dosimeters, das in absol. Einheiten geeicht werden kann, gestattet, Intensitäten bis 10^{-10} W/cm^2 zu messen. Auch kurzzeitige Strahlenwrkgg. (Blitze) sind meßbar. Zur Best. der Konz. der akt. Phagen dient ein Plattentest. Anwendungsbeispiele u. Anwendungsaussichten der Dosimeter (auch für Röntgen- u. Korpuskularstrahlen) werden behandelt. (Exp. Techn. Phys. **4**. 122–34. 1956. Berlin, Dtsch. Akad. der Wiss., Inst. für Strahlungsquellen.)
J. RUDOLPH. 4100

Michel Descharmes und **Jean Villoutreix**, *Die Wirkung von Ultraviolettbestrahlung von Rhodotorula mucilaginosa. Gewinnung von verschieden gefärbten Mutanten. Untersuchung ihres Steringehalts.* Durch 4. Min. langes Bestrahlen von *Rhodotorula mucilaginosa* mit UV-Licht der Wellenlänge 2537 Å wurden 4 verschied. Mutanten mit verschied. Farben erhalten. Die Mutantenkolonien wurden auf ihren Geh. an *Sterinen*, *Stickstoff* u. *Desoxyribonucleinsäure* (**I**) pro g Trockengewicht untersucht u. mit dem Geh. der Stammkolonie verglichen. Der Geh. an Sterinen sinkt von 6,7 mg auf minimal 3,9 mg/g der Geh. an N schwankt um ca. ±10% um den Geh. des n. Stammes, der **I**-Geh. steigt von 7,8 mg/g auf maximal 10,1 mg/g. (C. R. Séances Soc. Biol. Filiales **149**. 1453–55. Juli 1955. Nancy, Fac. de Pharmacie, Labor. de Chim.) A. GUDE. 4130

Robert W. Mowry, *Eine empfehlenswerte Methode zur Färbung saurer Polysaccharide mit Müllers kolloidalem (wässerigem) Ferrioxyd und die Kombination derselben mit der Feulgenschen und der Schiffschen Perjodsäure-Reaktion.* Vf. beschreibt die Herst. der MÜLLERschen koll. wss. Ferrioxydlsg. u. eine Modifikation zur noch stärkeren selektiven histolog. Darst. *saurer Polysaccharide* sowie die Kombination dieser Meth.

mit der FEULGENschen histochem. Rk. zur gleichzeitigen Darst. der *Desoxyribonucleinsäure* u. ihre Kombination mit der Perjodsäure-SCHIFF-Rk. zur Darst. saurer Gruppen u. vicinal gebundener OH-Gruppen an komplexen Kohlenwasserstoffverbindungen. (Lab. Invest. **7.** 566—76. Nov./Dez. 1958. Birmingham, Ala., Univ. of Alabama, Med. Center, Dep. of Pathol.) HEINRICH HERMANN. 4150

Samuel W. Thompson, Frank B. Johnson und **Allan L. Forbes,** *Farbkennzeichnung eines in Verbindung mit intravenöser Fettzufuhr auftretenden Pigments.* Aus Milz- u. Leberzellen von Menschen, Kaninchen u. Hunden, denen intravenös eine Fettemulsion zugeführt wurde, konnte ein bisher unbekannter, brauner Pigment–Lipoid–Komplex isoliert werden. Der Pigment-Lipoid-Komplex war unlösl. in den meisten Fettlösungsmitteln u. leicht lösl. in wasserfreiem Pyridin. Sein Verh. gegenüber einigen in der Cytochemie verwendeten Reagentien wird beschrieben. (Lab. Invest. **7.** 533—43. Sept./Okt. 1958. Denver, Colo., US Army Medical Nutritional Labor.) W. VOIGTLÄNDER. 4150

B. Baccetti, *Imprägnierung des Nervensystems der Insekten nach einer modifizierten Samuel-Methode.* Vf. teilt eine modifizierte SAMUEL-Meth. zur Imprägnierung von Insekten-Nervengewebe mit. — 5 photograph. Abb. von imprägniertem Nervengewebe (Gehirnneuronen, motor. Neuronen des Ganglion thoracicum von Anacridium aegyptium L. [Orthoptera]). (Boll. Soc. ital. Biol. sperim. **34.** 844—47. 15/8. 1958. Florenz, Staz. di Entomol. Agraria.) O. POLLAK V. EMHOFEN. 4150

C. W. M. Adams, *Eine genauere Erklärung der Ferriferricyanidreaktion unter besonderer Berücksichtigung des Nachweises der proteingebundenen Sulfhydryl- und Disulfidgruppen.* Red. von *Ferricyanid-Lsgg.* (**I**) führt entweder zur Bldg. von *Preussisch-Blau* (**II**) oder von *Preussisch-Grün* ($Fe_4Fe_3[FeCN_6]_6$; **III**), je nachdem, ob sie durch stark reduzierte Stoffe oder schwach reduzierte Stoffe erfolgt (möglich ist allerdings auch die Vortäuschung einer grünen Färbung durch Spuren von **II** in **I**, da gelbliche Färbungen in Ggw. niedriger **II**-Konzz. grün erscheinen können). **I** wird zu **II** red. durch SH-Gruppen, Phenole, Indole, Pyrrole, aromat. Amine, Harnsäure u. Ascorbinsäure, während es zu **III** red. wird durch verschied. Öle, aliphat. Amine, Aldehyde u. einige anorgan. Reagentien. SH-Gruppen lassen sich am besten durch 5 Min. langes Eintauchen von in Trichloressigsäure–A. fixiertem Gewebe in **I** nachweisen. Reicher Geh. von Geweben an proteingebundenen Disulfiden (mehr als 1% S) läßt sich durch vorherige Red. mittels Thioglykolat u. Nachw. der entstandenen SH-Gruppen durch 1½ Min. langes Eintauchen in **I** sicher erkennen. (J. Histochem. Cytochem. **4.** 23—35. Jan. 1956. London, London Hosp., Bernhard Baron Inst. of Pathol.) U. TAUSENDFREUND. 4150

Ronald C. Fraser, *Gewebedifferentiation: Proteinsynthese bei der Neubildung von Gewebe.* Vf. berichtet über die neueren Ergebnisse der Zellchemie bzgl. der Bldg. von lebendem Zellgewebe aus *Aminosäuren* (**I**), *Ribonucleinsäure* (**II**) u. *Desoxyribonucleinsäure* (**III**). Man hält **II** für das akt. Agens bei synthet. Zellprozessen, während **III** genet. Spezifität besitzt. Die Biosynth. des Zellproteins geht über folgende Zwischenstufen: Aktivierung der **I** durch energiereiche Phosphatbindungen; Einordnung der **I** in die **II**-Schablone; Bldg. eines **I**-**II**-Komplexes; weitere **I** werden durch Peptidbindung ankondensiert. So bildet sich artspezif. *Nucleoprotein* (**IV**) u. *Lipoprotein.* Mikrosomen bestehen hauptsächlich aus **IV** u. Enzymen. Die Synth. des Zellproteins wird durch Bldg. der Hüllen-Membrane vollendet. Weiter berichtet Vf. über folgende Gebiete: Proteine, **II**, **III** des Zellkerns; nucleare Polymere; Aktion des Zellkerns; Zellgewebe in der differenzierenden Zelle; möglicher Mechanismus des Protein-Austausches. — 223 Literaturzitate. (Amer. Naturalist **93.** 47—80. Jan./Febr. 1959. Knoxville, Tenn., Univ., Dep. of Zoology and Entomology.) H. BÜTTNER. 4150

I. A. Alow, *Einfluß von Cortison auf die Differenzierung von Zellen.* In Verss. mit 2,5 Monate alten weißen Mäusen, denen subcutan oder intraperitoneal je 2,5 mg *Cortison* (**I**) zugeführt wurden (1mal bzw. 2mal in 48 Std. bzw. 5mal in 72 Std.), wird festgestellt, daß **I** eine wichtige Rolle bei der Differentiation der Zellen zukommt. **I** beschleunigt die Differentiation der Fibroplasten u. unterdrückt ihre Fähigkeit zur Mitose. Vf. nimmt an, daß der **I**-Einfl. auf die Differentiation sich nicht auf alle Zellen erstreckt u. daß daran verschied. neuro-humorale Mechanismen beteiligt sind. (Доклады Академии Наук СССР [Ber. Akad. Wiss. UdSSR] **118.** 584—87. 21/1. 1958. Chabarowsk, Med. Inst.) F. DU MANS. 4150

J. L. Peel, *Trennung von Flavinen durch Papierelektrophorese und deren Anwendung bei der Untersuchung von Mikroorganismen auf deren Flavingehalt.* Die zu untersuchenden Mikroorganismen wurden mit 50%ig. wss. Trichloressigsäure-Lsg. extrahiert, wobei möglichst im Dunkeln oder bei künstlichem Licht gearbeitet wurde. Die im Extrakt vorliegenden *Flavine* wurden auf einer Florisil-Säule adsorbiert u. mit 25%ig. wss. Pyridin-Lsg. eluiert. Der Pyridinextrakt wurde mit Chlf. u. Ae. gewaschen. Schließlich wurde mit W. extrahiert u. die wss. Extrakte papierelektrophoret. bei 20 V/cm u. 10 mA Anfangsstrom aufgetrennt. Die elektrophoret. Beweglichkeiten von 6 Flavinen werden angegeben. Bei 450 mμ wurden spektrophotometr. die Gehh. an Flavinen miteinander verglichen. Als Hauptkomponenten wurden *Lactoflavin, Flavinmononucleotid* u. *Flavinadenindinucleotid* identifiziert. Der Flavingeh. von zahlreichen Mikroorganismen wird angegeben. (Biochem. J. **69.** 403—16. Juli 1958. Sheffield, Univ., Agricult. Res. Council Unit for Microbiol.) L. TRÄGER. 4150

A. M. Michelson, *Hyperchromizität und Nucleinsäuren.* Eine Anzahl kleiner Oligonucleotide wird auf deren Hyperchromizität hin untersucht u. deren p_H-Abhängigkeit ermittelt. Der Effekt tritt schon bei Dinucleotiden auf. Bei der *Polyguanylsäure* wird eine starke p_H-Abhängigkeit der Hyperchromizität festgestellt. Die zahlreichen Einfll. auf die UV-Absorption der Nucleinsäuren, bes. die Rolle der π-Elektronen der Purine u. Pyrimidine, werden erläutert. Die Unters. der Farbstoffabsorption an kurzen Oligonucleotiden u. *Polyglycerophosphat* beweist die Stereospezifität der Färbung im Hinblick auf die Phosphatbindungen. (Nature [London] **182.** 1502—03. 29/11. 1958. Dublin, Irland, Arthur Guinness, Son and Co. Ltd.) L. TRÄGER. 4150

Jean Rotherham und **Walter C. Schneider,** *Desoxyribosylverbindungen in tierischen Geweben.* In einer Anzahl n. u. maligner Ratten- u. Mäusegewebe wurden die Konzz. an *Desoxynucleosiden, Desoxynucleosidmonophosphaten* u. *„digestiblen" Desoxynucleotiden* (Nucleotide, die zur Umwandlung in Nucleotidmonophosphate oder Nucleoside einer enzymat. Spaltung bedürfen) bestimmt. Anscheinend ist, von einigen Ausnahmen abgesehen, der Spiegel der Nucleotide (I) u. „digestiblen" I in malignen Geweben größer als in n. u. relativ höher in regenerierender Leber (24 Std. nach dem Eingriff) als bei den Kontrollen. Dieser Unterschied ist möglicherweise für wachsendes Gewebe charakteristisch. (J. biol. Chemistry **232.** 853—58. Juni 1958. Bethesda, Md., Unit. Stat. Dep. of Health, Educat. and Welfare, Publ. Health Serv., Nat. Insts. of Health.) K. MAIER. 4150

M. L. Fenwick, *Intracelluläre Partikel des Heuschreckenfettkörpers.* Homogenisate des Fettkörpers der Wüstenheuschrecke, *Schistocerca gregaria Forsk.*, weisen 2 Partikeltypen auf (Sedimentation bei 4500 bzw. 14000·*g*), die Säugerlebermitochondrien (**A**) bzw. -mikrosomen (**B**) ähneln u. Enzyme gebunden enthalten. Folgende Aktivitäten wurden gemessen: *Cytochromoxydase* (**I**) 80 (% in **A**) bzw. 20 (% in **B**), *Fumarase* (**II**) 79 bzw. 21, *Schradan-oxydierendes Enzym* (**III**) 16 bzw. 84, *Aconitase* (**IV**) 0 bzw. 0, *Isocitronensäuredehydrogenase* (**V**) 0 bzw. 0 u. *Phenylesterase* (**VI**) 42 bzw. 38. Der 14000·*g*-Überstand enthielt 0 (%) **I** (-Aktivität); 0 **II**; 0 **III**; 100 **IV**; 100 **V**; 20 **VI**. Die Mitochondrienfraktion (4500·*g*) enthält ferner einige schwere Partikel, die frei von den genannten Enzymen sind u. vermutlich aus *Glykogen* bestehen. (Nature [London] **182.** 607. 30/8. 1958. Leeds, Univ., Dep. of Biochem.) K. MAIER. 4150

Béla Jámbor und **Márta Dévay,** *Dehydrogenaseaktivitätsmessung in Pflanzen.* Gewebe mit viel endogenem Substratgeh. müssen statt der gebräuchlichen 1—2 Std. 15 Std. lang mit *Triphenyltetrazoliumchlorid* incubiert werden, damit einerseits das endogene Substrat verbraucht wird u. andererseits TTC in das Innere der Gewebe eindringen kann. Es wurde die vorgeschlagene Meth. weiter vereinfacht u. andere Fehlerquellen beseitigt. (Magyar Kémiai Folyóirat [Ung. Z. Chem.] **64.** 288—89. Juli/Aug. 1958. Budapest, Eötvös Loránd Tudományegyetem Növényélettani Tanszék és Martonvásár, M. Tud. Akad. Mezögazdasági Kutató Intézete.) G. HALMI. 4150

Erhard Geissler, *Über eine Aufhebung des photodynamischen Effektes bei Bestrahlung auf Agar.* Der photodynam. Effekt — starke Wachstumshemmung mit 3.4-Benzpyren behandelter u. anschließend in wss. Suspension mit UV bestrahlter Hefe *Saccharomyces carlsbergensis* — bleibt aus, wenn die Hefe auf Bierwürze-Agar bestrahlt wird. Unter Berücksichtigung der Tatsache, daß die Hefe auf Agar allein schlecht wächst, findet man auch dann keine Wachstumshemmung, wenn die Hefe auf einem Agar bestrahlt u. dann mit Bierwürze-Gelatine überschichtet wird. (Naturwissenschaften **46.** 19. 1. Jan.-H. 1959. Berlin-Buch, Dtsch. Akad. der Wiss., Inst. für Med. u. Biol., Arbeitsbereich Biol.) J. DITTMANN. 4150

Guy Deysson und **René Truhaut,** *Über die antimitotischen Eigenschaften von β-Hydroxyäthylcarbamat und verschiedenen Derivaten.* Vff. bestimmten an Wurzelknollengewebe von Allium cepa L. nach einer quantitativen Meth. die antimitot. Wirksamkeit (aW) folgender Verbb.: *Urethan* (*Äthylurethan*), *β-Hydroxyäthylcarbamat* (**I**), *β-Hydroxyäthyl-N-äthylcarbamat, β-Hydroxyäthyl-N.N-diäthylcarbamat, β-Hydroxyäthyl-N-[β-hydroxyäthyl]-carbamat, β-Hydroxyäthyl-N-aminocarbamat* (**II**), *Bis-[β-hydroxyäthylcarbamat]*, *β-Chloräthylcarbamat* (**III**) u. *Bis-[β-chloräthylcarbamat]*. Es wurde festgestellt, daß alle untersuchten Verbb. sich im wesentlichen gegenüber der Pflanzenzelle als präprophas. Inhibitoren von mäßiger Wirksamkeit u. schwacher Toxizität verhalten. I zeigt im Vgl. zu Urethan eine geringfügig verminderte aW; **II** u. **III** besitzen hingegen recht ausgeprägte antimitot. Eigenschaften. (C. R. hebd. Séances Acad. Sci. **244**. 2189—91. 15/4. 1957.) H. BÜTTNER. 4150

P. P. Segschneider und **E. Strobel,** *Klinische Erfahrungen bei der cytostatischen Therapie maligner Tumoren mit E 39 und A 139 (Bayer).* 50 Tumorkranke mit inoperablen Tumoren bzw. generalisierten Metastasen wurden mit den Äthyleniminochinonen *Bayer E 39* u. *A 139* bis zu einer Gesamtdosis von 400—600 mg behandelt. Dabei konnten bei den weit fortgeschrittenen Krankheitsbildern objektiv nur bei wenigen Patienten kurzfristiger Wachstumsstillstand oder Rückbldg. beobachtet werden. An Nebenerscheinungen traten vor allem Leukopenien auf, die in einzelnen Fällen Abbruch der Therapie erforderlich machten. Subjektiv ergab sich in der Hälfte der Fälle Nachlassen der Schmerzen sowie vorübergehende Besserung des Allgemeinzustandes. (Münchener med. Wschr. **100**. 2011—14. 19/12. 1958.) R. PREUSSMANN. 4160

H. Kleinfelder und **H. Bracharz,** *Erfahrungen in der Behandlung der Polycythämia vera mit Daraprim.* Bei 9 Patienten mit Polycythämia vera wurden mit dem Folsäureantagonisten *Daraprim* (*2.4-Diamino-5-p-chlorphenyl-6-äthylpyrimidin*) bei wöchentlicher Verabreichung von 4mal 25 mg ausreichende therapeut. Erfolge erzielt. Bei höherer Dosierung ist mit einer Thrombopenie zu rechnen. Bei Patienten, die nicht mit ^{32}P behandelt werden können, sollte Daraprim versucht werden. (Ärztl. Wschr. **14**. 16—20. 2/1. 1959. Würzburg, Univ., Med. Poliklinik.) G. KIMMERLE. 4160

E. Schütze, *Bayer E 39 und Stoffwechsel bei Krebskranken.* Bei 3 Krebskranken wird geprüft, ob Cytostatica (Präp. *Bayer E 39*) ihre Wrkg. nur lokal, d. h. am Eigenstoffwechsel der Krebszellen entfalten oder ob sie den allg. Körperstoffwechsel, d. h. ob sie die Systembewegungen im Sinne LEUPOLDs, beeinflussen, E 39 beeinflußt beim Gesunden u. Krebskranken den Stoffwechsel des Cholesterins, Phosphors u. Zuckers nicht, u. legt man die Theorien LEUPOLD zugrunde, so ist somit ein bedeutender Einfl. von E 39 auf den Tumorstoffwechsel nicht festzustellen. (Z. ges. inn. Med. Grenzgebiete **13**. 814—16. 15/10. 1958. Schwerin, Bezirkskrankenhaus, Chirurg. Klinik.) G. KIMMERLE. 4160

J. H. Müller, *Zur Therapie mit künstlich radioaktiven Isotopen. Mit ersten Fünfjahresergebnissen der intraperitonealen Radiogoldbehandlung des Ovarialcarcinoms und Hinweis auf die Radiogoldbehandlung des Brustkrebses.* Es werden die allg. therapeut. Grunsätze bei der Verwendung von Radioisotopen besprochen, um dann näher auf die Radiogoldbehandlung des Ovarialcarcinoms u. des Brustkrebses einzugehen. (Dtsch. med. Wschr. **83**. 2243—48. 12/12. 1958. Zürich, Univ., Frauenklinik, Radiol. Abt., Histopathol. Labor.) H. STRUCK. 4160

H. Holzer und **S. Frank,** *Zum Mechanismus der Wirkung von Röntgenstrahlen auf Krebszellen.* Verss. ergaben, daß das durch Röntgenbestrahlung entstehende H_2O_2 ein Absinken der *Diphosphopyridinnucleotid*-Konz. in Ascitestumorzellen verursacht, wodurch die *Triosephosphatdehydrierung* u. damit die *Glykolyse* gehemmt wird. Der Effekt ist vergleichbar der Wrkg. der krebserzeugenden *Äthylenimin*-Verbb. u. *N-Lost.* Die Wrkg. von H_2O_2 bleibt bei Zusatz von *Nicotinsäureamid* aus. (Angew. Chem. **70**. 570—71. 23/9. 1958. Freiburg/Breisgau, Univ., Physiol.-Chem. Inst.) H. DOSSMANN. 4160

P. F. Hahn, D. G. Lareau, B. L. Feaster, E. L. Carothers, F. Gollan, G. R. Meneely und **D. Sherman,** *Intravenös verabreichtes radioaktives Gold bei der Behandlung der chronischen Leukämie. Vergleich von Ergebnissen mit konventioneller Röntgentherapie der Milz.* Einmalige Injektion von 50 mC ^{198}*Au* (koll.) zeitigt bei lymphat. u. chron. myeloischer Leukämie etwa die gleichen Ergebnisse wie die bisher übliche Röntgenbestrahlung der Milz. (Acta radiol. [Stockholm] **50**. 565—72. Dez. 1958. Nashville, Tenn., Meharry Med. Coll., Cancer Res. Labors., Dep. of Radiol.; Vet. Admin. Hosp., Radioisotope Unit.) U. TAUSENDFREUND. 4160

W. A. Kirssanowa, *Untersuchung der kombinierten Wirkung von Dopan und 4-Aminopteroylaminoadipinsäure auf das Wachstum einiger überimpfter Geschwülste und auf die Biosynthese der Nucleinsäuren.* Bei Behandlung des EHRLICH-Mäusetumors mit *Dopan* (**I**) bzw. *4-Aminopteroylaminoadipinsäure* (**II**) wurde das Tumorwachstum zu 48—60% gehemmt. Kombinierte Behandlung mit **I** u. **II** verstärkte die anticarcinöse Wrkg. nicht, erhöhte jedoch die Toxizität. In Verss. mit dem Rattensarkom 45 konnte bei **I**-Therapie das Tumorwachstum bis zu 90—92% gehemmt werden, während **II**-Behandlung nur wenig wirksam war. Auf den Einbau von ^{14}*C-Formiat* in die Nucleoproteide u. Nucleinsäuren des EHRLICH-Tumors u. des Sarkoms 45 hatten **I** u. **II** keine gesetzmäßige Wirkung. **I** u. **II** verhinderten die *Nucleinsäure*-Biosynth. in der Milz. **II** hemmte den ^{14}C-Formiat-Einbau in die Nucleoproteide u. Nucleinsäuren der Milz stärker als **I**.

Der DNS- u. RNS-Geh. der Nucleoproteide der Milz waren in mehreren Fällen nach II-Behandlung höher als nach I-Therapie. I verminderte den RNS-Geh. im Rattensarkom u. den DNS-Anstieg in der Milz. (Вопросы Медицинской Химии [Fragen med. Chem.] **4.** 431—38. Nov./Dez. 1958. Moskau, Inst. für exp. Pathol. u. Therap. des Krebses der Akad. der med. Wiss. der UdSSR, Biochem. Labor.) H.-D. BOCK. 4160

C. Mauri, U. Torelli und **G. Grossi,** *Untersuchungen über die Konstitution der Antigene der lymphatischen Gewebe bei lymphoider Leukose und Histioleukämie.* Die Unterss. werden an chron. hypertrophen Tonsillen von 5 Kindern u. an Lymphknoten von 9 Patienten mit lymphoider Leukose bzw. Histioleukämie durchgeführt. Die Gewebe zeigen bei chron. Lymphadenose bei der Analyse nach der OUCHTERLONY-Meth. eine Konst. der Antigene (I), die verschieden von der n. Lymphgewebes ist. Akute u. chron. Formen der Leukose der Lymphe ergeben keinen grundlegenden Unterschied. Dagegen besteht das Gewebe bei der akuten Histioleukämie fast nur aus reticulohistiocytären Elementen, u. der Geh. an I ist stark erhöht. (Boll. Soc. ital. Biol. sperim. **34.** 814—17. 15/8. 1958. Modena, Univ., Ist. di Patol. Med.) O. POLLAK V. EMHOFEN. 4160

E. E. Polli und **K. V. Shooter,** *Die Sedimentationscharakteristika von Desoxyribonucleinsäure aus normalem oder krankem menschlichem Gewebe. Desoxyribonucleinsäure* (I) wurde aus menschlichen Leukocyten u. Milz mit 0,01 mol. wss. NaCl-Lsg. extrahiert. Die jeweiligen Sedimentationskonstanten von I wurden bestimmt. I aus Leukocyten von gesunden oder an Leukämie erkrankten Personen hatten unterschiedliche Konstanten. Für die Deutung werden drei mögliche Ursachen diskutiert: Änderung von I mit dem Grad der Zellreife, durch Änderung des Verhältnisses zwischen verschied. Zelltypen oder durch spezif. Wechsel der I-Gestalt. Die Verfolgung der Sedimentationskoeffizienten von I aus Leukocyten kann zur Frühdiagnose von lymphat. Leukämie angewandt werden. (Biochem. J. **69.** 398—403. Juli 1958. Mailand, Univ., Inst. de Clin. Med. Gen. e di Terap. Med.; London, Royal Cancer Hosp., Chester Beatty Res. Inst., Inst. of Cancer Res.) L. TRÄGER. 4160

D. E. Clark, *Bestrahlung und Schilddrüsenkrebs bei Kindern und Jugendlichen.* Unterss. an 15 Fällen, die 3—10 Jahre früher wegen gutartiger Schäden an Thorax, Nacken, Kopf oder Mandeln Röntgenbestrahlungen mit Totaldosen von 200—725 r erhalten hatten. Die Entw. dieser Fälle war n., sie waren bis auf einen Fall carcinomfrei. Vom Vf. behandelte Jugendliche mit Schilddrüsenkrebs hatten früher alle derartige Bestrahlungen erhalten. Die Wahrscheinlichkeit eines Zusammenhangs zwischen Röntgenbestrahlung im Kindesalter u. dem Auftreten von Schilddrüsenkrebs bei Jugendlichen ist nach Vf. sehr groß. Zur Bestätigung werden umfangreiche Unterss. von WINSHIP (Trans. Amer. Soiter Assoc. [1951.] 364) über die Zunahme von Schilddrüsenkrebs bei Jugendlichen besprochen. (Proc. int. Conf. peaceful Uses Atomic Energy **11.** 146—48. 1956. Chicago, Ill., Argonne Cancer Res. Hosp.; Univ. of Chicago, Dep. of Surgery.) H. DOSSMANN. 4160

Miriam P. Finkel, *Interne Strahler und Tumorentstehung.* Allg. Betrachtungen über die Tumorentstehung in Abhängigkeit von verabreichten Radioisotopen u. ihrer Dosierung, die von verschied. physikal. u. biol. Faktoren beeinflußt wird. Angaben über die Dauer der Latenzperiode, der Zeit zwischen der Isotopenverabreichung u. dem Eintreten des Todes durch den entstandenen Tumor bei Mäusen. Verabreicht wurden: ^{89}Sr, ^{90}Sr, ^{45}Ca, ^{233}U, ^{232}U, ^{226}Ra, ^{239}Pu in verschied. Dosis. Außerdem auch Angaben über die Latenzperiode bei anderen Species: Ratten, Kaninchen, Hunden, Menschen. Im allg. nimmt die Latenzperiode mit steigender Dosis ab, u. das Auftreten maligner Tumoren nimmt mit steigender Dosis zu. — 25 Literaturangaben. (Proc. int. Conf. peaceful Uses Atomic Energy **11.** 160—64. 1956. Argonne National Labor.) H. DOSSMANN. 4160

H. Cember und **J. A. Watson,** *Bronchogene Carcinome durch radioaktives Bariumsulfat.* Nach wöchentlicher intratrachealer Zufuhr von je 375 μC ^{35}S in Form von feinverteiltem $Ba^{35}SO_4$ ergaben sich bei 5 von 16 überlebenden n. Albinoratten Anzeichen von schuppigen Carcinombildungen im Bronchial- u. Lungenraum. (A.M.A. Arch. ind. Health **17.** 230—35. März 1958. Pittsburgh, Univ., Graduate School of Public Health, Dep. of Occupat. Health.) W. REUSSE. 4160

Joseph C. Arcos und **Martha Arcos,** *Veränderungen der Feinstruktur von Zellbestandteilen während der chemischen Carcinogenese.* 1. Mitt. *Der Einfluß der Verfütterung von Aminoazofarbstoffen auf die Schwellung von Rattenleber-Mikrosomen und die Auflösung ihrer Proteine.* Männlichen Albinoratten wurden im Futter 0,06% *3'-Methyl-p-dimethylaminoazobenzol* (I) gegeben. Nach verschied. Zeiten wurden die Ratten getötet u. die Schwellung der isolierten Mikrosomen in Barbituratpuffer opt. gemessen. Die Mikrosomen schwollen innerhalb 3 Std. um 18—39% an. Maximum der Schwellung, wenn überhaupt kein I oder sehr lange (24 Wochen) I gefüttert. Minimum nach 4 wöchiger Fütterung u. in Tumoren. Bei Verfütterung des fast nicht carcinogen wirkenden 2-Methyl-p-dimethylaminoazobenzols (II) nach 4 Wochen noch keine Abnahme des Schwellungsvermögens. Einfl. des p_H auf das Schwellungsvermögen: bei Lebermikrosomen liegt bei p_H 8,1 ein Maximum, bei Hepatommikrosomen ist bei p_H 8,1 ein Wendepunkt; zu höheren p_H-Werten hin folgt weiterer Anstieg. Einfl. der Temp.: bei 0^0 langsamere Schwellung als bei Zimmertemp., bei 38^0 anfangs noch schneller, dann jedoch Verlangsamung. Durch Röntgenstrahlen keine Beeinflussung der Schwellung. Folgende Verbb. hemmen die Schwellung (quantitativ, teilweise in Abhängigkeit von der Konz., untersucht): $CaCl_2$ $MgCl_2$, $MnSO_4$, $CuCl_2$, $HgCl_2$, KCN, Äthylendiamintetraessigsäure, Gerbsäure, Alloxan, Indolessigsäure, Jodessigsäure, Histamin, Dinitrophenol, N-Lost, α.α-Dipyridyl, Colchicin, Thyroxin, Protaminsulfat. — Cytochrom c u. Polyvinylpyrrolidon sind ohne Einfl., Glutathion u. Heparin fördern schwach die Schwellung. Die Menge des in den Mikrosomen gebundenen I ist zeitabhängig, sie erreicht nach 2—3 Wochen ein Maximum. Bei der Schwellung der Lebermikrosomen löst sich ein Teil der Proteine. Die geringe Schwellung der Hepatommikrosomen ist von viel höherer Auflsg. der Proteine in der Pufferlsg. begleitet. Die Auflsg. steigt mit der Temp. an. In den aufgelösten Proteinen ist kein I. Die aufgelösten Proteine lassen sich durch Stärkeelektrophorese in 2 Fraktionen trennen. (Biochim. biophysica Acta [Amsterdam] **28.** 9—20. April 1958. Madison, Wis., Univ. of Wisconsin, Med. School, McArdle Mem. Labor. and Dep. of Pharmacol.) J. DITTMANN. 4160

I. Berenblum und **R. Schoental,** *Der Stoffwechsel von 3.4-Benzpyren.* Mäuse scheiden nach Injektion von *3.4-Benzpyren* (I) 4 Stoffwechselprodd. des I aus, von denen eins als *8-Hydroxy-3.4-benzpyren* identifiziert wurde. Die Konst. der 3 anderen Verbb. ist noch nicht geklärt. Ein zur Klärung der Konst. u. der stoffwechselmäßigen Beziehungen von WEIGERT u. MOTTRAM aufgestelltes Schema (Cancer Res. **6.** [1946.] 97. 109) konnte nicht gesichert werden u. enthält Widersprüche. (Science [Washington] **122.** 470. 9/9. 1955. Rehovoth, Israel, Weizmann Inst. of Sci., Dep. of Exp. Biol.; Glasgow, Scotland, Royal Beatson Mem. Hosp., Cancer Res. Dep.) J. DITTMANN. 4160

Halvor N. Christensen, Diagnostic biochemistry: quantitative distributions of body constituents and their physiological interpretation. New York, London: Oxford U. P. 1959. (IX + 291 S. m. Abb., Tab. u. Diagr.) 52 s.

G. E. W. Wolstenholme and **Cecilia M. O'Connor,** eds., Symposium on the regulation of cell metabolism. London: Churchill. 1959. (XII + 387 S. m. Tab. u. Diagr.) 52 s. 6 d.

E_2. Enzymologie. Gärung.

E. A. Barnard und **W. D. Stein,** *Die Funktionen von Imidazol in biologischen Systemen.* Übersicht. Chem. Konst. u. Reaktionsfähigkeit von Imidazol (I), Histidin in Peptiden u. Proteinen (II; einfacher Peptideffekt, weitere Effekte in II); I-Gruppen in Enzymen: Akt. Zentren, Identifizierung von I-Gruppen (p_H-Aktivitätswerte, thermodynam. Daten, Metallbindungsdaten, blockierende Reagentien); I-Gruppen in Esterasen (III) u. Proteasen: Nachw., Hemmung durch Organophosphate, Rk. mit Nitrophenylacetat, I-Modelle zur Enzymwrkg. [chem. N-substituierte Imidazole (Ia) in Beziehung zu deren katalyt. Funktion, Ia-Katalysen]; katalyt. I-Funktion in III (Phosphorylierungen), I-Reste als Reservoire für Acetyl- u. Phosphorylgruppen; H-Bindung: Nachw., Kohlenhydrat-spaltende Enzyme, Permeabilitätssysteme; I-Metallwechselwrkgg.: II-Metallbindung, Metalle innerhalb einer prosthet. Gruppe; Nucleoproteine; Ia in anderen II: Enzyme, nichtenzymat. Funktionen; weitere I-Verbindungen. — 264 Literaturangaben. (Advances Enzymol. **20.** 51—110. 1958. London, Kings Coll., Dep. of Zool.) K. MAIER. 4200

N. M. Sissakian, *Enzymologie der Plastiden.* Übersicht. Genese u. Struktur der *Plastiden* (P); Isolierungsmethoden; P-Proteine, -Nucleinsäuren, -Enzyme (III): Kohlenhydratstoffwechsel (Invertase, Amylase, Phosphorylase, Phosphoglucomutase), Esterasen (Lipase, Adenosintriphosphatase, Ribonuclease, Oxydoreduktasen [Peroxydase (I) u. Cytochrom-I, Katalase, Polyphenoloxydase, Cytochromoxydase, Oxydation von Fettsäuren (II), Glykolsäureoxydase, Dehydrogenasen]; Synth. von Peptidbindungen, II u. Phospholipiden; II des KREBS-Cyclus u. des Photosynthesecyclus; III-Zustand in P. — 165 Literaturangaben. (Advances Enzymol. **20.** 201—36. 1958. Moscow, Acad. of Sci., Bach Inst. of Biochem.) K. MAIER. 4210

E. C. Slater, *Der Aufbau der Atmungskette in tierischen Geweben.* Übersicht. Nomenklatur; bei der Unters. der Atmungskette (A) verwendete Präpp.; Bau von A: Succinodehydrogenase (II), Cytochrom (I) b, c, a, a_3; spezif. auf red. Diphosphopyridinnucleotid eingestellte Flavoproteine; Oxydation von red. Triphosphopyridinnucleotid

(III), Ic_1; BAL- u. antimycinempfindliche Faktoren (Wirkungsmechanismus von BAL); Vitamin E; Vitamin K; derzeitiges Bild von **A**; Zerlegung von **A**: Succino-I c-Reduktase, II, Ib, c_1, Ic-Oxydase, III-Dehydrogenase, III-Ic-Reduktase, Ic. — 226 Literaturangaben. (Advances Enzymol. **20.** 147—99. 1958. Amsterdam, Univ., Labor. voor Physiol. Chem.) K. MAIER. 4210

S. Rapoport, E. C. G. Hofmann und **Anna Ghiretti-Magaldi,** *Über die Atmungsenzyme des Seeigeleies.* Mittels photometr.-kinet. Methoden wurde in befruchteten u. unbefruchteten Seeigeleiern die Wirksamkeit folgender Enzyme nachgewiesen: *Cytochromoxydase* (**I**), *diphosphopyridinnucleotidabhängige Cytochrom-c-Reduktase* (**II**), *Bernsteinsäuredehydrogenase* (**III**) u. geringe Aktivitäten von *triphosphopyridinnucleotidabhängiger Cytochrom-c-Reduktase* (**IV**). Nach dem Homogenisieren der Eier wurden Mitochondrien u. Mikrosomen durch fraktioniertes Zentrifugieren getrennt. **I** u. **III** waren nur in den Mitochondrien vorhanden. **II** wurde in Mikrosomen u. Mitochondrien nachgewiesen. Die Mikrosomen enthalten ein Cytochrom mit einem Maximum in der γ-Bande bei 428—30 mμ, das dem Mikrosomencytochrom (b_5) der Säugetiere ähnelt. Zwischen befruchteten u. unbefruchteten Seeigeleiern konnten keine Unterschiede festgestellt werden. (Experientia [Basel] **14.** 169—70. 15/5. 1958. Berlin, Humboldt-Univ., Physiol.-chem. Inst.; Neapel, Zool. Stat., Physiol. Abt.) F. RADLER. 4210

Paulette Chaix, Jean-François Petit, Roger Monier und **François Zajdela,** *Die Mikrosomencytochrome der Leberzelle.* Die Lebern jugendlicher WISTAR-Ratten wurden mit Saccharose bei 37° durchspült, homogenisiert u. fraktioniert zentrifugiert. Der gewonnene Mikrosomenbrei wurde mit Diphosphorpyridinnucleotid red. u. spektroskop. untersucht. Bei Zimmertemp. zeigte sich eine asymm. Absorptionslinie zwischen 554 u. 562 mμ, die sich bei —190° (fl. N_2) in drei α-Linien mit Maxima bei 552, 558 u. 575 mμ u. β-Maxima bei 525 u. 532 mμ aufspaltet. (Bull. Soc. Chim. biol. **40.** 1897—1903. 15/2. 1959. Paris, Fac. des Sci., Labor. de Chim. biol.; Inst. du Radium.) U. BALZER. 4210

Anna Ghiretti-Magaldi und **F. Ghiretti,** *Ein Cytochrom c aus dem Hepatopankreas von Sepia officinalis L.* Nach erfolglosen Verss. zur sauren Extraktion u. Reinigung gelang es, aus dem Hepatopankreas von Sepia officinalis L. durch alkal. Extraktion, Abscheidung von Verunreinigungen mit Pb-Acetat, Fällung mit 75% $(NH_4)_2SO_4$, Dialyse u. mehrfaches Zentrifugieren ein *Cytochrom c* (**I**) anzureichern u. weitgehend zu reinigen. Dieses **I** hatte in der oxydierten Form Maxima bei 408 u. 530 mμ, red. zeigte es Absorptionsbanden bei 416, 520 u. 550 mμ. Die Papierelektrophorese ergab, daß die isolierte Substanz aus einem Hauptbestandteil u. 2 weiteren Komponenten bestand; eine weitere Reinigung blieb erfolglos. **I** aus Sepia hat große Ähnlichkeit mit dem Säugetiercytochrom c, es wird jedoch durch Säugetiercytochromoxydase nicht oxydiert. (Experientia [Basel] **14.** 170—72. 15/5. 1958. Neapel, Stat. Zool., Dep. of Physiol.) F. RADLER. 4210

Hugo Theorell, *Kinetik und Gleichgewichte des Leberalkoholdehydrogenasesystems.* Übersicht. Fluorescenzmessung; Alkoholdehydrogenase (I)-Diphosphopyridinnucleotid $(II)_{red}$-System. Reinheit krist. Leber-I, Mol.-Gew., Gleichgewichtskonstante (K),-Dissoziationskonstante von II_{red}-I (D_{red}) u. II-I (D_{oxyd}), Redoxpotential. — 33 Literaturangaben. (Advances Enzymol. **20.** 31—49. 1958. Stockholm, Nobel Med. Inst., Biochem. Dep.) K. MAIER. 4210

Ichiro Sekuzu, Bunji Hagihara, Fumio Hattori, Takeshi Shibata, Mitsuhiro Nozaki und **Kazuo Okunuki,** *Denaturierung und Inaktivierung von Enzymproteinen.* 5. Mitt. *Denaturierung und Inaktivierung der Alkoholdehydrogenase von Hefe und der Glycerinaldehyd-3-phosphatdehydrogenase des Muskels.* (4. vgl. C. **1958.** 2765.) Die früher beschriebene Meth. (mittels Bakterienproteinase) zur Best. des „Denaturierungsverhältnisses" als Hinweis auf interstrukturelle Änderungen bei Enzymen wurde auf zwei DPN-abhängige Dehydrogenasen, nämlich *Alkoholdehydrogenase* (**I**) der Hefe u. *Glycerinaldehyd-3-phosphatdehydrogenase* (**II**) des Muskels unter partieller Hemmung durch die SH-Inhibitoren *Monojodacetat* (**III**) u. *p-Chlorquecksilberbenzoat* (**IV**) angewendet; zugleich wurde der Einfl. von *Harnstoff* (**V**), der als typ. Mittel der Proteindenaturierung bekannt ist, untersucht. Bei Einw. von **V** auf **I** u. **II** stimmten „Denaturierungsverhältnis" u. „Inaktivierungsverhältnis" überein; bei Einw. von **IV** war das „Inaktivierungsverhältnis" größer, während bei Einw. von **III** trotz starker Inaktivierung keine Denaturierung beobachtet wurde. (J. Biochemistry [Tokyo] **44.** 587—94. Sept. 1957. Osaka, Univ., Fac. of Sci., Dep. of Biol. [Orig.: engl.]) A. HESSE. 4210

Mitsuhiro Nozaki, Ichiro Sekuzu, Bunji Hagihara, Takashi Yonetani, Masashi Nakai und **Kazuo Okunuki,** *Denaturierung und Inaktivierung von Enzymproteinen.* 6. Mitt. *Einfluß von Diphosphopyridinnucleotid auf die Denaturierung der Glycerinaldehyd-3-phosphatdehydrogenase.* (5. vgl. vorst. Ref.) Die in der vorst. Mitt. beschriebene

Inaktivierung der *Glycerinaldehyd-3-phosphatdehydrogenase* (I) durch *p-Chlorquecksilberbenzoat* (II) bzw. durch *Monojodacetat* wird durch Ggw. von *Diphosphopyridinnucleotid* (*DPN*$^+$) nicht herabgesetzt; dagegen ist die durch Harnstoff oder **II** bewirkte Denaturierung in Ggw. von DPN$^+$ wesentlich verringert. Offenbar ist DPN$^+$ nicht nur als Aktivator wichtig, sondern dient auch als Stabilisator für **I**, indem die intramol. Struktur so gefestigt wird, daß Spaltungen im Proteinteil erschwert sind. (J. Biochemistry [Tokyo] **44**. 595—600. Sept. 1957. [Orig.: engl.]) A. HESSE. 4210

Ichiro Sekuzu, Jinpei Yamashita, Mitsuhiro Nozaki, Bunji Hagihara, Takashi Yonetani und **Kazuo Okunuki,** *Denaturierung und Inaktivierung von Enzymproteinen.* 7. Mitt. *Einfluß von Coenzym und Substraten auf die Denaturierung von Dehydrogenasen.* (6. vgl. vorst. Ref.) Mittels der *Bakterienproteinase*-Meth. zur Best. des Denaturierungsverhältnisses u. der amperometr. Titration zur Messung der Zahl der reaktionsfähigen SH-Gruppen im Enzymprotein wurde gezeigt, daß bei *Milchsäuredehydrogenase* (I) in *Harnstoff*-Lsg. Inaktivierung u. Denaturierung parallel laufen. Unter diesen Verhältnissen wurden **I** u. *Alkoholdehydrogenase* (II) durch DPN$^+$ sowie DPNH u. Substrate geschützt, wobei für **I** folgende Reihenfolge der Schutzwrkg. gilt: DPNH $>$ DPN$^+$ $\gg$ *Pyruvat* (III) $>$ *Lactat.* Durch die Kombination DPN$^+$ $+$ **III** wurde **I**, nicht aber **II**, deutlich gegen Denaturierung geschützt; **II** wurde dagegen durch DPN$^+$ $+$ A. geschützt. — *Adenosintriphosphat* in höheren Konzz. schützt **I**; diese Wrkg. wird durch Zusatz von **III** nicht verstärkt. — **I** u. **II** werden durch DPN$^+$ u. DPNH auch gegen Hitzedenaturierung geschützt. (J. Biochemistry [Tokyo] **44**. 601—14. Sept. 1957. [Orig.: engl.]) A. HESSE. 4210

Tateo Yamanaka, Taneaki Higashi, Takekazu Horio und **Kazuo Okunuki,** *Denaturierung und Inaktivierung von Enzymproteinen.* 8. Mitt. *Thermodynamische Gesichtspunkte der Denaturierung von kristallisierter α-Amylase aus Bacillus subtilis.* (7. vgl. vorst. Ref.) Die von OKUNUKI u. Mitarbeitern (C. **1958**. 2764) beschriebene Meth. der Einw. von *Protease* aus Bac. subtilis (lyophylisierte Kristalle; p_H 7,6) zwecks Best. des Denaturierungsgrades wurde auf *α-Amylase* (I) aus Bac. subtilis nach Denaturierung mittels Harnstoff (II), Hitze oder Säure (III) (u. zwar in Ggw. wie in Abwesenheit von Ca^{2+}, das **I** nach HAGIHARA gegen Denaturierung schützt) angewendet. Ca^{2+} schützt **I** gegen Einw. von **II**, nicht aber vor Hitze, wenn Na_2HPO_4 fehlt. Die Denaturierung folgt, entsprechend der **I**-Konz., der Kinetik einer Rk. 1. Ordnung. Die bei verschied. Tempp. erhaltenen thermodynam. Werte werden in Tabellen u. Kurven wiedergegeben. — Die Aktivierungsenergie der Denaturierung hat für alle 3 Denaturierungsarten in Abwesenheit u. in Ggw. von Ca^{2+} den gleichen Wert; die Aktivierungsenergie für Hitzedenaturierung ist doppelt so groß wie die für Denaturierung mittels **II**. Bei Denaturierung mittels **III** wird offenbar die gesamte globulare Konfiguration von **I** angegriffen u. nicht nur das akt. Zentrum. (J. Biochemistry [Tokyo] **44**. 637—48. Okt. 1957. [Orig.: engl.]) A. HESSE. 4210

Ss. Je. Ssewerin und **N. K. Nagradowa,** *Über die Besonderheiten der Wirkung der Phosphoglycerinaldehyddehydrase.* Untersucht wurde der hemmende Einfl. der KH_2PO_4 (I)-Konz. im Puffer aus $5 \cdot 10^{-2}$mol. $NaHCO_3$ $+$ **I** auf die Oxydation des Phosphoglycerinaldehyds (II) durch *Phosphoglycerinaldehyddehydrase* (III). Die Reaktionsgeschwindigkeit erreicht ihr Maximum bei $5 \cdot 10^{-3}$mol. **I**. Bei $1 \cdot 10^{-2}$mol. **I** wird **III** teilweise inaktiviert. Bei Zusatz von Histidin (IV) erreicht die **III**-Aktivität ihr Maximum bei $5 \cdot 10^{-2}$mol. **I**. Während $1 \cdot 10^{-4}$mol. **IV** die **III**-Aktivität um mehr als das 3fache erhöht, bewirkt die gleiche Menge Glycin eine Erhöhung von nur 5%. Die Wrkg. von **IV** ist fast gleich der von Cystein. Neben den SH-Gruppen spielt offenbar auch der Imidazolrest eine Rolle bei der **III**-Aktivität. Mit zunehmender Konz. des Substrats steigt die hemmende Wrkg. von **I**. Bei der Besetzung der akt. Zentren auf dem Eiweiß konkurriert **II** mit **I**. Die Schutzwrkg. der Aminosäuren beruht auf der Reinigung der SH-Gruppen nicht nur von den Schwermetallionen, sondern auch von anderen möglichen Inhibitoren. Die aktivierende Rolle der Aminosäuren besteht in der Fernhaltung von **I** von den akt. Zentren. Der Einfl. der Aminosäuren nimmt mit steigender **II**-Konz. zu. (Доклады Академии Наук СССР [Ber. Akad. Wiss. UdSSR] **121**. 519—22. 21/7. 1958. Moskau, Lomonossow-Univ.) OTTO MAIER. 4210

I. Haupt und **H. Giersberg,** *Untersuchungen über die Heterogenität und Organspezifität von Enzymen, speziell der Milchsäuredehydrogenase, innerhalb der Wirbeltierreihe.* In Rohextrakten aus Herz, Leber, Niere u. Extremitätenmuskel verschied. Vertreter der Wirbeltierreihe wurde *Milchsäuredehydrogenase* (I) papierelektrophoret. (Veronalpuffer, 0,033 mol., p_H 8,6, 10 V/cm, 5 Std.) untersucht. **I** (Rohextrakt) eines bestimmten Organs zeigt bei den niederen Wirbeltieren (Fische, Amphibien, Reptilien) maximal 2 Banden, bei den Säugetieren bis zu 5, während bei Vogel-**I** jeweils nur eine Bande in jedem Organ beobachtet wurde. I verschied. Organe desselben Tieres unterscheidet sich in der Wanderungsgeschwindigkeit u. in der Zahl der Komponenten (Hamster: Leber- u. Muskel-I, 1 Bande; Herz-I, 2; Nieren-I, 5). Die Einheitlichkeit der Vogel-I äußert sich auch in der übereinstimmenden Wanderungsgeschwindigkeit. Die Auftrennung von Skelettmuskelextrakt des Huhns durch Hochspannungselektrophorese ergab im Stärkepherogramm folgende Enzyme bzw. deren Komponenten: I, 1 (Bande) anod.; *Äpfelsäuredehydrogenase*, 2, eine hiervon weit anod.; *Pyruvatkinase*, 1, kaum anod.; *Glycerophosphatdehydrogenase*, 2, anod.; *Aldolase*, 1, am Start. (Naturwissenschaften **45.** 268—69. 1. Juni-H. 1958. Frankfurt/M., Univ., Zool. Inst.) K. MAIER. 4210

Antonio Giuditta und **Thomas P. Singer,** *Untersuchungen über Bernsteinsäuredehydrogenase.* 10. Mitt. *Reaktivität mit Elektronenüberträgern bei Atmungskettenpräparaten aus Herz.* (9. vgl. C. **1958.** 10967.) Um die Brauchbarkeit zur Best. der *Bernsteinsäuredehydrogenase* (I)-Aktivität zu prüfen, wurden die relativen Aktivitäten verschied. Elektronenüberträger mit KEILIN-HARTREE-I-Präpp. u. Bernsteinsäure ermittelt. (Alle Werte wegen der starken Konzentrationsabhängigkeit auf unendliche Elektronenüberträgerkonzz. extrapoliert.) Nur *Phenazinmethylsulfat* (II) ist brauchbar, da es die Aktivität des Bernsteinsäureoxydase (III)-Syst., gemessen mit *Cytochrom c* u. O_2, noch übertrifft. Durch 24std. Altern der Präpp. in der Kälte kann die III- zugunsten der I-Aktivität vermindert werden. *$Fe(CN)_6^{3-}$* (IV), *Methylenblau* (V), *2.6-Dichlorphenolindophenol* (VI) u. *Brillantkresylblau* (VII) haben in dieser Reihenfolge stark abnehmende Aktivität (II, V, VI u. VII wurden in Anwesenheit von 10^{-3}mol. CN^- getestet). *Red. Flavinmononucleotid* (VIII) u. *Leukoviologen* haben als Elektronendonatoren bei der Red. von Fumarat ebenfalls sehr geringe Aktivität. — Bei I- bzw. III-Präpp. aus Herz, die nach 5 verschied. Methoden isoliert wurden, haben II, V, VII u. VIII stets etwa die gleiche Aktivität, während O_2 + Cytochrom c, IV u. VI von Präp. zu Präp. stark wechselnde Aktivität haben. — Trotz der Brauchbarkeit von II zur Best. der I-Aktivität ist nicht sicher, ob es bei anderem als Herzgewebe die volle I-Aktivität mißt. (J. biol. Chemistry **234.** 662—65. März 1959. Detroit, Mich., Henry Ford Hosp., Edsel B. Ford Inst. for Med. Res.) S. DITTMANN-MITZSCHERLICH. 4210

Antonio Giuditta und **Thomas P. Singer,** *Untersuchungen über Bernsteinsäuredehydrogenase.* 11. Mitt. *Die Inaktivierung durch Cyanid und ihr Mechanismus.* (10. vgl. vorst. Ref.) Die Rk. zwischen *Succinat* (I) u. folgenden Elektronenacceptoren ist durch Vorincubation mit 0,02—0,03mol. CN^- hemmbar: *Phenazinmethylsulfat* (II; maximal 50%ig. Hemmung), *$Fe(CN)_6^{3-}$* (maximal 65—70%), *Methylenblau* (III), *Brillantkresylblau, Cytochrom c* (jeweils maximal 100%). Die *Fumarat*-Red. durch *Leukomethylviologen* ist durch CN^- um maximal 50% hemmbar, während die Red. durch red. *Flavin-5-phosphat* nicht hemmbar ist. Die Inaktivierbarkeit der Rkk. mit II u. III nimmt mit steigendem p_H zu. Die Rk. mit III ist eine Rk. 1. Ordnung, die mit II nicht. Bei Berücksichtigung der Tatsache, daß II durch CN^- nur um 50% gehemmt werden kann, läßt sich auch hier eine Rk. 1. Ordnung errechnen. Sämtliche Inaktivierungen gelingen nur bei aus Herzgewebe isolierten *Bernsteinsäuredehydrogenase* (IV)-Teilchen. Gereinigte, lösl. IV ist nicht inaktivierbar. Wegen der p_H-Abhängigkeit der Hemmung, die bei II u. III verschieden ist, wird angenommen, daß die Wrkg. von der ionisierten HCN ausgeht. Sie kann durch Zugabe von I, *Hydrosulfit* u. *Diphosphopyridinnucleotid* — nicht jedoch durch Fumarat — aufgehoben werden. — Die Abnahme der beobachteten Affinität zum II ist reversibel, denn bei Einw. von I nach CN^--Zugabe sinkt die Hemmwrkg. wieder. Da die MICHAELIS-MENTEN-Konstante von I in unbehandelten u. CN^--behandelten Fermentproben gleich ist, kann geschlossen werden, daß die prim. Rk. zwischen I u. der prosthet. Gruppe der IV durch CN^- nicht beeinträchtigt wird. Bei IV-Präpp. aus Gehirn u. Hefe wurde keine CN^--Inaktivierung beobachtet. (J. biol. Chemistry **234.** 666—71. März 1959.) S. DITTMANN-MITZSCHERLICH. 4210

James A. Shepherd, *Faktoren, welche die Bestimmung der intracellulären Verteilung der Isocitronensäuredehydrogenase in der Kaninchengroßhirnrinde beeinflussen. Isocitronensäure* (I)-Aktivität läßt sich sowohl in der Mitochondrienfraktion als auch in der lösl. Fraktion von Kaninchenhirnrindenhomogenaten nachweisen, ohne daß beide eine direkte Beziehung zu einander haben bzw. sich voneinander herleiten lassen; es konnte auch bisher noch nicht geklärt werden, ob es sich dabei um dasselbe oder um verschied. Fermente handelt. Die Aktivität der an die Mitochondrien gebundenen I kann durch Einfrieren u. anschließendes Tauen, Einw. von Schall oder Mixmessern u. durch Waschen gesteigert werden. Es wird für möglich gehalten, daß beim Waschvorgang ein Permeabilitätsfaktor, der durch Entfernung von Isocitrat aktiviert wird, für die Aktivitätssteigerung von I verantwortlich ist. (J. Histochem. Cytochem. **4.** 47—54. Jan. 1956. Iowa City, Io., Univ. of Iowa, Gen. Hosp., Dep. of Neurol.)
U. TAUSENDFREUND. 4210

H. Robert Horton und **John M. Franz,** *Die Wirkung von Äthionin auf die durch Cortison hervorgerufene Stimulierung der Tryptophanperoxydaseoxydaseaktivität.* SPRAGUE-DAWLEY-Ratten erhielten eine spezielle Diät, der bei einem Teil der Tiere noch Tryptophan zugesetzt wurde. 5 Std. vor der Tötung erhielten die Tiere intraperitoneal physiol. NaCl-Lsg. (I) oder *L-Methionin* (II) oder *L-Äthionin* (III) oder *Cortison* (IV) oder III u. IV oder II, III u. IV. In Leberhomogenaten wurde nach KNOX die Aktivität der *Tryptophanperoxydaseoxydase* (TPO) bestimmt. Wie die tabellar. Wiedergabe der Resultate zeigt, steigert IV die TPO-Aktivität, während II u. III sie unbeeinflußt lassen. Gleichzeitige Gaben von III u. IV hemmen u. gleichzeitige Gaben von II, III u. IV vernichten die steigernde Wrkg. von IV auf die TPO-Aktivität. (Endocrinology **64.** 258—61. Febr. 1959. Columbia, Mo., Missouri Med. Center, Dep. of Biochem.) HEINRICH HERMANN. 4210

K. K. Nair, *Die Wirkung einiger üblicher Fixierungsmittel auf die enzymatische Aktivität von Ribonuclease.* Es wird gezeigt, daß *Ribonuclease* (I) von den Fixierungsmitteln A.-Essigsäure u. SERRA-Lsg. (formaldehydhaltig) nicht inaktiviert wird. Durch ZENKER-Lsg. wird I vollständig inaktiviert. Es wird darauf hingewiesen, daß I die Ribonucleinsäure in histolog. Gewebeschnitten abbauen kann, wenn durch die Fixierung keine vollständige, irreversible Inaktivierung der I bewirkt wird. (Experientia [Basel] **14.** 172—73. 15/5. 1958. Bruxelles, Univ. libre, Labor. de Morphol. animale.)
F. RADLER. 4210

Jens G. Hauge, *Nucleotidaktivierte Säuren als Zwischenprodukte in der Biosynthese.* Übersicht über neuere Arbeiten. — 28 Literaturhinweise. (Tidsskr. Kjemi, Bergves. Metallurgi **17.** 175—78. 1957. Oslo, Univ., Inst. for Ernaeringsforskn.)
R. K. MÜLLER. 4210

Hermann M. Kalckar, *Uridindiphosphogalaktose: Stoffwechsel, Enzymologie und Biologie.* Übersicht. Galaktokinase (V), Enzyme für Uridindiphosphohexosen, α-Galaktose-1-phosphaturidyltransferase = PGal-Transuridylase (I), Uridindiphosphogalaktose (III)-4-epimerase (II): physiol. Funktion, II u. I bei *Lactobacillus bulgaricus*;Uridindiphosphoglucosepyrophosphorylase; III als akt. Galaktosyldonator; Unterss. über Galaktose (IV)-Mangelmutanten: Mensch (Zellschädigung bei Galaktosämie), IV-Mutanten u. Induktion von IV angreifenden Enzymen bei Mikroorganismen (IV-Stoffwechsel in Hefe u. *E. coli*, IV-Wrkg. auf das Wachstum I- u. V-freier Mutanten). — 96 Literaturangaben. (Advances Enzymol. **20.** 111—34. 1958. Baltimore, Md., Johns Hopkins School of Biol.) K. MAIER. 4210

R. Fried, *Die Wirkung von Phosphat auf Milch-Xanthinoxydase.* Die Wrkg. von *Milchxanthinoxydase* (I) wird von PO_4^{3-} beeinflußt. Dient *2.6-Dichlorphenolindophenol* (II) als H_2-Acceptor, so wird durch PO_4^{3-} die Aktivität von frischem Enzym gehemmt, während PO_4^{3-} ohne Einfl. ist, wenn O_2 als H_2-Acceptor dient. Die Aktivität von gealterter I wird dagegen durch PO_4^{3-} gesteigert, wenn O_2 als H_2-Acceptor fungiert. Bei gealterter oder anderweitig inaktivierter I wirkt PO_4^{3-} auf die Red. von II nicht mehr hemmend. *Folsäure* (III) u. andere Pteridine hemmen I. Diese Hemmung wird durch PO_4^{3-} teilweise aufgehoben. Es wird angenommen, daß Enzymalterung, Hemmung durch III u. Wrkg. von PO_4^{3-} alle dieselben Wirkgruppen des Enzyms, möglicherweise das Fe- oder Mo-Atom, beeinflussen. Durch den Geh. an PO_4^{3-} kann der Verlauf des Elektronentransportes bei der I gelenkt werden. (Experientia [Basel] **14.** 173—74. 15/5. 1958. Hines, Ill., Veterans Admin. Hosp., Res. Div.; Chicago, Ill., Northwestern Univ., Med. School, Dep. of Biochem.) F. RADLER. 4210

M. Wachstein und **R. Sigismondi,** *„5-Nucleotidaseaktivität" und „Adenosintriphosphataseaktivität" in menschlichem Serum.* Im Serum n. Personen u. Patienten mit Leber- u. Gehirnerkrankungen wird bei p_H 7,5 u. 9,3 die *Phosphatase*-Aktivität bestimmt; als Substrate werden Glycerophosphat, Adenosin-5-monophosphat u. Adenosintriphosphat verwendet. Bei den Leber- u. Gehirnkranken zeigt sich ein Ansteigen der *„5-Nucleotidase"*-Aktivität, welche sich aus der Differenz zwischen Adenosin-5-phosphatase u. Glycerophosphatase bei p_H 7,5 ergibt. Die Best. der *„5-Nucleotidase"* bei alkal. p_H oder der *Adenosintriphosphatase* bei p_H 7,5 oder 9,3 ergibt keinen prakt. Nutzen. (Amer. J. clin. Pathol. **30.** 523—27. Dez. 1958. Brooklyn, N. Y., St. Catherine's Hosp., Div. of Labor.) H. STRUCK. 4210

A. N. Ponomarewa, *Die Aktivität der Adenosintriphosphatase des Weizens bei der Keimung.* Aus den Verss. folgt, daß bei der Keimung des Weizens ohne Zufuhr von Nährstoffen u. ohne Lichtzutritt die Aktivität der *Adenosintriphosphatase* (I) in den Extrakten der Schößlinge in den ersten 4 Tagen stark ansteigt, danach abnimmt u. am 10. Tag fast 6 mal geringer wird. In den Würzelchen u. im Endosperm ist I sehr schwach. In den ersten Keimtagen bei Lichtzutritt nimmt in den Schößlingen die hydrolyt. I-Aktivität zu u. erreicht ihr Maximum am 7. Tag; danach nimmt sie ab u. ist am

15. Tag 3mal geringer. In den bei Lichtzutritt gewachsenen Keimlingen ist I nach Überschreitung des Maximums aktiver als bei etiolierten. Beim Wachstum in KNOPscher Lsg. steigt die I-Aktivität mit u. ohne Lichtzutritt bis zum 6. bzw. 5. Tag an. In allen Varianten der Verss. wurde festgestellt, daß am 15. Tage des Wachstums in den Schößlingen die I-Aktivität stark abnimmt. (Доклады Академии Наук СССР [Ber. Akad. Wiss. UdSSR] **121.** 515—18. 21/7. 1958. Rostow/Don, Univ.) OTTO MAIER. 4210

Kunio Yagi und **Jun Okuda,** *Die Phosphorylierung von Riboflavin durch Transferasewirkung.* 200fach angereicherte alkal. Darm-*Phosphomonoesterase* (I) [Homogenisat, Zentrifugieren, Ausfrieren, $(NH_4)_2SO_4$-Fällung, Dialyse] bildete bei Incubation mit *Riboflavin* (II) u. *β-Glycerophosphat* (IV) in Ggw. von Mg^{2+} in Veronalpuffer, p_H 9,4, 15 Min. bei 37°, *Flavinmononucleotid* (III). Die III-Synth. u. die Abspaltung anorgan. Phosphate nahm mit der IV-Konz. zu. Als Phosphatdonatoren für die II-Phosphorylierung eigneten sich ferner *Phenylphosphat* u. *Adenosinmonophosphat.* Das p_H-Optimum der III-Synth. lag bei 9,0—10,0, das gleichzeitig das Optimum für die Hydrolysewrkg. von I ist. Diese Beobachtungen machen es wahrscheinlich, daß die in vivo-Phosphorylierung von II teilweise auf der Transferasewrkg. von Dünndarm-I beruht. (Nature [London] **181.** 1663—64. 14/6. 1958. Nagoya, Univ., School of Med., Dep. of Biochem.) K. MAIER. 4210

F. Windisch, H. Haehn, W. Heumann, W. Nordheim und **H. Kerner,** *Ausbleiben der energetischen Koppelung zwischen anaerobem Zuckerabbau und endergonischen Zellreaktionen.* Krebs- u. Hefezellen enthalten einen thermostabilen Wirkstoff, der in Form O_2-freier Gewebe- u. Organismendekokte die anoxybiot. induzierte Cytostase aufhebt u. endergon. Enzym-Rkk. in Gang setzt, die normalerweise nur in Ggw. von O_2, d. h. in Kupplung mit der Zellatmung ablaufen. Es liegt hier ein anaerober, von Gärung u. Glykolyse verschied. Energieprozeß vor, der einen 3. Zuckerabbauweg darstellt. Bisher wurde, ohne experimentellen Beweis, die Funktion der anaeroben Energiebldg. allg. dem Spaltungsstoffwechsel (Gärung, Glykolyse) zugeschrieben. Gegen eine endergon. nutzbare Energielieferung durch die Gärung spricht die obligate O_2-Gebundenheit der protoplasmat. *Phosphat* (I)-Versorgung bei Hefen. Im P-Hungerzustand befindliche anabiot. Gärungszellen vermögen in P-reicher Nährlsg. anaerob kein I aufzunehmen, während sie sich aerob damit übersättigen. Zahlreiche generative Befunde sprechen ebenfalls für die energet. Insuffizienz der Gärung. Verss. mit Paralysatoren zeigen, daß die Gärung völlig außerstande ist, der antimetabolit. Wachstumshemmung entgegenzuwirken. Zellfortpflanzung (Eiweißsynth.) u. I-Wechsel sind mit der Gärung nicht endergon. koppelbar. Letzte kann nicht mehr zu den energieliefernden Prozessen des anaeroben Zellstoffwechsels gerechnet werden, die bei An- oder Hypoxie ergon. Funktionen der Atmung übernehmen. (Naturwissenschaften **45.** 245. 2. Mai-H. 1958. Berlin-Buch, Deutsche Akad. der Wiss., Inst. für Med. u. Biol., Zellphysiol. Abt.) K. MAIER. 4210

K. K. Tsuboi, J. Estrada und **Perry B. Hudson,** *Enzyme der menschlichen Erythrocyten.* 4. Mitt. *Phosphoglucoseisomerase, Reinigung und Eigenschaften.* (3. vgl. C. **1958.** 158.) Vff. berichten über die Gewinnung von *Phosphohexoseisomerase* (I) in hoher Reinheit aus menschlichen Erythrocyten. I wird nach selektiver Denaturierung des Hämoglobins mit Chlf.-CH_3OH-Gemischen durch A. fraktioniert gefällt. Das Enzym katalysiert die Rk. *Glucose-6-phosphat* (II) $\rightleftharpoons$ *Fructose-6-phosphat* (III); nach Einstellung des Gleichgewichts enthält das Gemisch 60% II u. 40% III. Gereinigte I besitzt ein scharfes p_H-Optimum um p_H 8; die Aktivierungsenergie beträgt 11000 cal. Sulfhydrylreagentien u. Schwermetalle außer Zn^{2+}, Cd^{2+} u. Hg^{2+} inaktivieren I nicht. (J. biol. Chemistry **231.** 19—29. März 1958. New York, N. Y., Columbia Univ., Inst. of Cancer Res.; Francis Delafield Hosp., Deps. of Biochem. and Urol.) H. GOEBEL. 4210

O. Hoffmann-Ostenhof, C. Jungwirth und **I. B. Dawid,** *Enzymatische Phosphorylierung von Myoinosit durch ein Enzym aus Hefe.* Ein angereichertes Hefe-*Hexokinase* (IV)-Präp. (SIGMA CHEM. CORP., St. Louis, Mo.) katalysierte die Rk. *Adenosintriphosphat* (I) + *Myoinosit* (II) → *Adenosindiphosphat* + *Inositmonophosphat* (III). Pro Mol des von I auf II übertragenen Phosphats wird ein Äquivalent Protonen frei. Die Säurebldg. wurde titrimetr. verfolgt. III wurde von freiem II mittels eines bas. Ionenaustauschers (Dowex-1) abgetrennt, zu II verseift (5,8n HCl, 110°, 20 Std.) u. II papierchromatograph. identifiziert. Es bleibt zu klären, ob es sich um eine Nebenaktivität von IV oder um ein besonderes Enzym, eine *Inositkinase* (I-II-*Phosphoryltransferase*), handelt. (Naturwissenschaften **45.** 265. 1. Juni-H. 1958. Wien, Univ., 1. Chem. Inst.) K. MAIER. 4210

Jörgen B. Dalgaard, *Erhaltung der Phenylphosphataseaktivität bei Paraffineinbettung.* Nach Fixation u. Dehydratation in A., Spülung in Methylbenzoatcelloidin u. Einbettung in *Paraffin* (I) bei Tempp. bis 53° läßt sich die Aktivität der *Phosphomono-*

esterase erhalten, während höhere Einbettungstempp. eine steigende Inaktivierung verursachen. Es wird die Zumischung geringer Mengen von **I** mit F. 42° zum gewöhnlichen **I** mit F. 55° u. Einbettung bei 52—53° für Phosphataseunterss. empfohlen. (J. Histochem. Cytochem. **4.** 14—16. Jan. 1956. Bergen, Gede's Inst., Dep. of Pathol.) U. TAUSENDFREUND. 4210

W. Bartley, M. Sobrinho-Simões, Brenda M. Notton und **Grazia Montesi,** *Der anaerobe Citratstoffwechsel in Rattenleber.* Vff. untersuchten den *anaeroben Citratstoffwechsel* von gewaschenen Rattenleberpartikeln (**P**). Aerob verbrauchen die **P** doppelt soviel *Citrat* (**I**) wie anaerob. Beim anaeroben **I**-Abbau entstehen 10% *Malat* + *Fumarat,* 4% *α-Ketoglutarat,* 34% *Succinat* u. 32% *Glutamat*; daneben wurden *Kohlenhydrate, Lactat* u. *β-Hydroxybutyrat* gebildet. Das Verhältnis der gebildeten Verbb. ist abhängig von der eingesetzten **P**-Menge u. der Konz. an *Di-* u. *Triphosphopyridinnucleotid* u. *Adenosintriphosphat*; die vorst. 3 Verbb. erhöhen den **I**-Verbrauch, *Dithionit, Hydroxylamin* u. *Äthylendiamintetraessigsäure* vermindern ihn; mit CN^- tritt vollständige Hemmung ein. Beim anaeroben **I**-Abbau durch **P** laufen folgende Rkk. ab: **I** + *Coenzym A* (**II**) ⇌ *Oxalacetat* (**III**) + *Acetylcoenzym A* (**IV**); **IV** → *Acetat* + **II**; **III** + 2 H ⇌ *Malat* ⇌ *Fumarat* (**VI**); *Isocitrat* — 2 H → *α-Ketoglutarat* (**V**) + CO_2; **V** — 2 H → *Succinat* (**VIII**) + CO_2; **V** + 2 H + NH_3 ⇌ *Glutamat*; **III** → *Pyruvat* (**VII**) + CO_2; **VII** + 2 H ⇌ Lactat; **VI** + 2 H ⇌ **VIII**. *Glutaminsäure* wird durch **P** sowohl in Ggw. als auch in Abwesenheit von **I** als Substrat gebildet. (Biochem. J. **71.** 26—32. Jan. 1959. Oxford, Univ., Dep. of Biochem., Cell Metabolism Res. Unit.) H. GOEBEL. 4210

H. Baier, K. H. Bässler und **K. Lang,** *Über Wirkungen von Blei im Intermediärstoffwechsel.* Es wird der Einfl. von Blei auf die Rkk. des Citronensäurecyclus, des Fettsäurecyclus u. auf die anaerobe Glykolyse untersucht. Pb hemmt die oxydative Decarboxylierung von *Brenztraubensäure* u. *α-Ketoglutarsäure* sowie die *Fettsäure*-Oxydation. Somit greift Pb in die Energiegewinnung der Zelle ein. Die Hemmung im Fettsäurecyclus geschieht zwischen der Stufe der enzymat. Aktivierung u. der *β-Ketothiolase*-Reaktion. Es wird angenommen, daß die Hemmung des *Pyruvatoxydase-* u. des *α-Ketoglutaratoxydase*-Syst. durch Blockierung der *Liposäure* infolge *Mercaptid*-Bldg. mit den beiden SH-Gruppen stattfindet. Der gesamte Citronensäurecyclus sowie das *Coenzym A* werden durch Pb nicht gehemmt. (Naunyn-Schmiedebergs Arch. exp. Pathol. Pharmakol. **229.** 495—504. 13/11. 1956. Mainz, Univ., Physiol.-chem. Inst.) G. KIMMERLE. 4210

Irwin A. Rose, *Der Wirkungsmechanismus von Aldolase und die asymmetrische Markierung von Hexose.* Vf. untersucht die Austausch-Rk. in einem Muskelaldolase (**I**; 0,067—0,01 E./ml), *Dihydroxyacetonphosphat* (**II**; 0,3—0,095 [μMol]), *Glyceraldehyd-3-phosphat* (**III**; 0,3—0,095), *Triäthanolamin-HCl* (25), *EDTA* (1) u. *Rinderserumalbumin* (1 mg/ml) enthaltenden, mit ^{32}*P-Diphosphoglucose* (**IV**; 0,9—0,10 μMol; 46 bis 53000 cpm/μMol Phosphatrest) incubierten Substrat durch Best. der Radioaktivitätsanteile eines jeden Triosephosphates sowie der ^{32}P-Verteilung im isolierten **IV**-Mol. nach der Reaktion. Zur Durchführung der Aktivitätsanalyse beider PO_4-Reste wird ein **IV**, Triäthanolamin-HCl (25 [μMol], p_H 7,5), EDTA (1) u. Na-Arsenat (1) enthaltendes Gemisch mit *Diphosphopyridinnucleotid* (**V**, 1), *Triosephosphatdehydrogenase* u. **I** bzw. red. **V**, *Glycerophosphatdehydrogenase* u. **I** versetzt. *Fructosediphosphat* (**VI**) liefert bei Behandlung mit *Phenylhydrazin* $C_{(1)}$-P als Orthophosphat. Aus den Ergebnissen geht hervor, daß während der Umsetzung unter den Bedingungen des chem. Gleichgewichtes (Gleichgewichtskonstante K = 0,09 mMol) die Aktivität von $C_{(6)}$-^{32}P rascher verlorengeht als die von $C_{(1)}$-^{32}P sowie die Verhältnisse Δ $C_{(6)}$-^{32}P : Δ $C_{(1)}$-^{32}P u. ^{32}P-**III** : ^{32}P-**II** einander entsprechen. Es besteht also zwischen **II, III** u. **IV** ein radioakt. Gleichgewicht, u. es findet zwischen $C_{(4,5,6)}$ von **VI** u. **III** eine Austausch-Rk. statt. Die Geschwindigkeit, mit welcher das Gleichgewicht erreicht wird, ist hauptsächlich abhängig vom Verhältnis **III** : **I**, das, wenn es hoch liegt, zur asymm. Markierung des Hexosemol. führt. Ein solches erhöhtes **III** : **I**-Verhältnis kommt bei der Hexosesynth. aus exogenen Substraten vor, wobei die mit **I** in vitro beobachtete Asymmetrie größer ist als die in vivo hervorgerufene. (Proc. nat. Acad. Sci. USA **44.** 10—15. Jan. 1958. New Haven, Conn., Yale Univ., Dep. of Biochem.) P. FAHRNLAENDER. 4210

Bengt Borgström und **Arne Dahlqvist,** *Zellokalisierung, Solubilisierung und Abtrennung von Intestinalglykosidasen.* (Vgl. C. **1959.** 8191.) Die *Invertase* (**I**)-, *Maltase* (**II**)-, *Lactase* (**III**)- u. *Trehalase* (**IV**)-Aktivität von Schweinedünndarmmucosa ist in der *Mikrosomen*-Fraktion lokalisiert. Durch *Trypsin* werden diese *Glykosidasen* aus den Mikrosomen gelöst; arbeitet man dabei in Phosphatpuffer, p_H 7,5, so werden **I** u. **II** nicht, **III** u. **IV** nur wenig angegriffen; *Phosphat-* kann durch *Borat-* oder *Tris-[hydroxymethyl]-aminomethan-*, aber nicht durch *Veronal*-Puffer ersetzt werden. Die **IV**-Aktivität in lösl. Präpp. wird durch A. bei 4° zerstört, während die **I**- u. **II**-Aktivität nicht beeinflußt werden. Dies zeigt, daß Intestinal-**IV** ein von **I** u. **II** getrenntes Enzym sein muß. **IV** läßt sich aus dem Glykosidasengemisch durch Säulenchromatographie an Diäthylaminoäthylcellulose abtrennen; **I** u. **II** konnten nicht vollständig voneinander getrennt werden (Entw. u. Elution des Chromatogramms mit Phosphatpuffer, p_H 6,0, 0,01—0,16mol.). (Acta chem. scand. **12.** 1997—2006. 1958. Lund, Sweden, Univ., Dep. of Physiol. Chem.) H. GOEBEL. 4210

H. Deuel und **E. Stutz,** *Pektinsubstanzen und Pektinenzyme.* Übersicht. Pektinsubstanzen (**I**): Konst., Nomenklatur, Vork.; Analyse; Derivv.; Abbau durch verschied. Reagentien u. Behandlung (Alkalien, Säuren, Ionenaustauscher, Schwermetallionen, Oxydations- u. Reduktionsmittel, Bestrahlung, mechan. Behandlung); Eigg.: lösl., opt. Eigg., Acidität, Viscosität, Quellungsverh., Ionenaustauscheigg., Koagulationsverh., Gelierung; physiol. Bedeutung; Pektinenzyme (**II**): Pektinesterasen u. Polygalakturonasen (Wrkg., Spezifität, Einfl. äußerer Faktoren auf die Aktivität, Vork., Bldg., Herst.); **II** in Pflanzenphysiol. u. -pathol.; **I**-Biosynthese. — 452 Literaturangaben. (Advances Enzymol. **20.** 341—82. 1958. Zürich, ETH, Agrikulturchem. Inst.) K. MAIER. 4210

Bo Sörbo, *Über den Stoffwechsel von Thioschwefelsäureestern.* Rattenleber enthält ein Enzym, das *Sulfocystein* (**I**) in *Thiosulfat* (**II**), NH_3 u. *Pyruvat* überführt; aus *β-Aminoäthylthioschwefelsäure* (**III**) entsteht kein **II**. Bei Bebrütung von **I** oder **III** mit Leberhomogenat unter aeroben Bedingungen wird *Sulfit* gebildet; diese Rk. ist verstärkt bei Hitzedenaturierung des Homogenats; die Rk. ist verknüpft mit einer nichtenzymat. Rk. von an Protein gebundenen SH-Gruppen (Hemmung durch p-Chlormercuribenzoat). Aus Rattenlebertrockenpulver läßt sich durch Aceton ein akt. Prinzip extrahieren, das bei Dialyse gegen 0,01mol. CH_3COONa bei 4° nicht inaktiviert wird. Die **II**-Bldg. aus **I** verläuft nach einer Rk. nullter Ordnung. (Acta chem. scand. **12.** 1990—96. 1958. Stockholm, Sweden, Res. Inst. of Nat. Defense, Med. Dep.; Nobel Med. Inst., Biochem. Dep.) H. GOBEEL. 4210

D. R. Davies und **A. L. Green,** *Der Mechanismus der Hydrolyse durch Cholinesterase und verwandte Enzyme.* Übersicht. Selektive chem. Modifizierung von Aminosäurebausteinen hydrolyt. wirkender Enzyme, wie Cholinesterase, Chymotrypsin, Trypsin, Abbau phosphorylierter Esterasen (**I**); p_H-Einfl. auf die enzymat. Hydrolyse von Estern ohne ionisierbare Gruppen, auf die Enzymhemmung durch Verbb. ohne ionisierbare Gruppen, auf Substrate u. Inhibitoren mit ionisierbaren Gruppen, Bldg. instabiler Zwischenstufen während der enzymat. Hydrolyse, Kinetik der **I**-Phosphorylierung u. anschließende Entphosphorylierung durch nucleophile Reagentien; Mechanismus der hydrolyt. Wirkung. — 120 Literaturangaben. (Advances Enzymol. **20.** 283—318. 1958. Porton Down, Salisbury, Wiltshire, Ministry of Supply, Chem. Defence Exp. Establ.) K. MAIER. 4210

V. Bonavita und **V. Scardi,** *Die Beziehungen zwischen Pyridoxal-5-phosphat und Argininapodecarboxylase.* Die Umsetzung von *Pyridoxal-5-phosphat* (**I**) mit *KCN* ergibt ein Cyanohydrin, das weder als Coenzym für *Argininapodecarboxylase* aus *Escherichia coli* MAC LEOD ATCC 10536 wirksam ist, noch die Coenzymwrkg. von **I** hemmt. Aus diesem Vers. wird geschlossen, daß die Aldehydgruppe von **I** bei der Bindung an das Apoenzym beteiligt ist. (Experientia [Basel] **14.** 133. 15/4. 1958. Neapel, Univ., Inst. of Human Physiol.) F. RADLER. 4210

W. L. Kretovich, *Die Biosynthese von Aminodicarbonsäuren und enzymatische Umwandlungen von Amiden in Pflanzen.* (Vgl. C. **1958.** 11852.) Übersicht. Enzymat. Oxydation von Aminodicarbonsäuren (**I**), Wege der Glutaminsäure u. Asparaginsäurebiosynth., Teilnahme von **I** an Transaminierungen u. der Alaninbiosynth., Biosynth. u. enzymat. Umwandlungen von Asparagin u. Glutamin. — 59 Literaturangaben. (Advances Enzymol. **20.** 319—40. 1958. Moscow, Acad. of Sci., Bach Inst. of Biochem.) K. MAIER. 4210

Patricia J. Keller, Elaine Cohen und **Hans Neurath,** *Procarboxypeptidase.* 2. Mitt. *Chromatographische Isolierung, weitere Charakterisierung und Aktivierung.* (1. vgl. C. **1957.** 7970.) Es wird eine neue Meth. zur Isolierung von *Procarboxypeptidase* (**I**) aus Rinderleber beschrieben. Die Isolierung wird in 3 Schritten durchgeführt: Extraktion eines Acetontrockenpulvers bei 5° über Nacht mit W. u. anschließend Abzentrifugieren; $(NH_4)_2SO_4$-Fällung des Überstehenden mit 0,39-Sättigung bei p_H 7,4; Auflösen des. Nd. in K-Phosphatpuffer (0,005mol., p_H 8,0), Dialyse gegen den gleichen Puffer u. Trennung auf einer Anionenaustauschersäule (Diäthylaminoäthylcellulose) bei p_H 8,0 u. steigender Phosphatkonz. von 0,005—0,32molar. Chromatograph. lassen sich 2 **I**-Formen nachweisen, die aber die gleiche Sedimentationskonstante u. spezif. Aktivität besitzen. Der größere u. stärker bas. I-Anteil erweist sich bei der Sedimentationsanalyse u. Elektrophorese einheitlich. Das Mol.-Gew. beträgt auf Grund der Diffusionsmessung 94000. I u. *Carboxypeptidase* (II) enthalten unterschiedliche Anteile an Arginin u. Lysin. Aus I entsteht bei 0° u. Zusatz einer kleinen Menge an Trypsin (III; 10^{-4} mg N/ml) eine Endopeptidase, die Acetylthyrosinäthylester spaltet, u. nach Incubation mit einer größeren III-Menge (10^{-2} mg/ml) bei 37° II-Aktivität besitzt. (J. biol. Chemistry **230**. 905—15. Febr. 1958. Seattle, Wash., Univ. of Washington, Dep. of Biochem.) H. G. SCHWEIGER. 4210

A. M. Ugolew, *Über die Bedeutung des Trypsins und Chymotrypsins bei normaler Funktion der Bauchspeicheldrüse.* Es wurde die gesamtproteolyt. Aktivität des Pankreassaftes u. von kristallin. Präpp. von Trypsin (I) u. Chymotrypsin (II) bestimmt. Ihre Wrkg. wurde an Muskeleiweiß, Casein u. Pflanzenproteinen geprüft. Die Sekretionen des I u. des II sind bis zu einem bestimmten Grad voneinander unabhängig. Die Konzz. dieser beiden Proteinasen verlaufen nicht unbedingt parallel. Bei Hunden mit chron. Fisteln des Pankreasganges enthält der Saft, der nach Brot entsteht, verhältnismäßig mehr II u. weniger I als nach Verfütterung von Fleisch. Die gesamte proteolyt. Aktivität ist im „Brotsaft" etwas niedriger als im „Fleischsaft", die vom II abhängige Chymaseaktivität erheblich höher. Duodenalsaft ist nach der Verfütterung von Brot gegenüber Pflanzenproteinen aktiver. Der nach der Fleischverfütterung erhaltene Saft spaltet tier. Eiweißstoffe stärker. Die Veränderungen im Verhältnis I : II im Duodenalsaft hängen mit der Anpassung des Verdauungssyst. an die Art der Nahrung zusammen. Nur bestimmte Verschiebungen im Verhältnis I : II haben adaptive Bedeutung. In den Verss. mit kristallin. Präpp. dieser Fermente konnte festgestellt werden, daß die Kombination I + II die Eiweißstoffe energischer spaltet, u. zwar solche pflanzlicher u. tier. Herkunft, als nur I oder II. Die stärkste Hydrolyse erfolgte bei Zugabe von II nach Einw. von I, die schwächste bei Zusatz von I nach vorheriger Incubation mit II. Es wird vermutet, daß die Zerreißung der „trypsinotropen" Bindungen jene Bindungen zugänglicher macht, auf die II einwirkt. Umgekehrt senkt das Zerreißen der „chymotrypsinotropen" Bindungen die Hydrolyse unter der Einw. von I. I ist eine Pankreasproteinase der 1., II eine Proteinase der 2. Stufe. (Доклады Академии Наук СССР [Ber. Akad. Wiss. UdSSR] **118**. 618—20. 21/1. 1958.) F. DU MANS. 4210

Zdeněk Placer, *Quantitative Bestimmung der Aktivität von pankreatischen Proteasen.* Während bei bekannten Methoden zur Best. von Proteasen zunächst die unverdauten Proteine entfernt werden müssen u. dann im Filtrat eine colorimetr. Best. der Spaltprodd. erfolgt, hat Vf. (vgl. Rev. Czechoslovak. Med. **1.** [1955.] 126; Gastroent. botema [Buenos Aires] **10.** [1956.] 202) eine Meth. mit nur einem Arbeitsgang ausgearbeitet. Zur Best. von *Trypsin* (I) werden 5 cm^3 Substrat (2% Casein in 0,02mol. $NaHCO_3/Na_2CO_3$-Puffer vom p_H 8,9) mit 0,5 cm^3 der zu prüfenden Lsg. gemischt u. 15 Min. bei 38° (Wasserbad) gehalten. Dann werden 5 cm^3 0,4n NaOH u. 5 cm^3 Kupferlsg. (0,3mol. $CuSO_4$ in 0,5mol. H_3BO_3) zugesetzt, filtriert u. das Filtrat bei 640 mμ photometriert. Die Einheiten der I-Wrkg. werden in mg Cu^{2+} je 10 cm^3 einer 1n NH_4OH-Lsg. angegeben, welche diese ammoniakal. Lsg. gleich intensiv färben wie die freigesetzten Aminogruppen im Filtrat. Die Eichkurven werden durch verschied. Verdünnung von Cu^{2+} mit 1n NH_4OH bestimmt. — Für die Best. von *Pepsin* dient eine ähnliche Meth., wobei die Intensität der violetten Filtratfarbe der Biuret-Rk. der hydrolyt. Spaltprodd. u. so der Aktivität des Enzyms entspricht. (Klin. Wschr. **36**. 538. 1/6. 1958. Prag, Forschungsinst. für Volksernähr.) A. HESSE. 4210

Toshio Ando, Hideko Fujioka und **Yasuhiro Kawanishi,** *Die C-endständige Folge des Lysozyms.* Vff. untersuchten die Abspaltung C-endständiger Reste (a) durch die sukzessive Einw. von diisopropylfluorphosphatbehandelter Carboxypeptidase A u. B auf n. u. perameisensäureoxydiertes *Lysozym* (I). Außerdem wurde (b) das nach Einw. von Carboxypeptidase A erhaltene Reaktionsgemisch nach Dialyse einer Hydrazinolyse unterworfen. Nach allen Rkk. wurde N-endständig stets nur Lysin gefunden, so daß sek. Spaltungen unwahrscheinlich sind. Während nach a bei n. I nur Leucin u. Arginin gefunden wurden, konnte bei oxydiertem I außerdem Asparagin u. Alanin nachgewiesen werden. Nach b wurde neben Leucin nur Ornithin (aus Arginin gebildet) gefunden. Aus den Ergebnissen schließen Vff. auf eine C-endständige Folge — Ala·Asp·NH_2·Arg·Leu im Lysozym. (Biochim. biophysica Acta [Amsterdam] **31**. 553—55. Febr. 1959. Tokyo, Univ., Fac. of Sci., Dep. of Biophys. and Biochem.) E. SCHWERDTFEGER. 4210

Alfred Gottschalk, *Neuraminidase: Substrat und Wirkungsmechanismus.* Übersicht. Definition der *Neuranimidase* (I) als Glykosidase, die endständige Sialsäure vom nichtreduzierenden Ende von Di-, Oligo- u. Polysacchariden abspaltet; biol. I-Nachw. in *Influenzavirus* u. *Vibrio cholerae*; Isolierung u. chem. Eigg. des aus Mucoproteinen (II) durch Virus- u. Bakterienenzym abgespaltenen Prod.; Identifizierung als acetylierte Neuraminsäure (III); Konst. von N-Acetyl-III; III-Lokalisierung in der prosthet. Gruppe von II-Substraten; Bindungsweise von III in I-angreifbaren Verbb. (I-Spezifität); natürliche I-Substrate; Vork. von I. — 70 Literaturangaben. (Advances Enzymol. **20.** 135—46. 1958. Melbourne, Walter and Eliza Hall Inst. of Med. Res.) K. MAIER. 4210

Howard J. Saz, Arthur Vidrine jr. und **Jeanette A. Hubbard,** *Die Bildung von α-Acetylmilchsäure und Acetylmethylcarbinol durch Ascaris lumbricoides. Acetylmethylcarbinol* (I) stellt ein n. Stoffwechselprod. von Ascaris lumbricoides var. suis. dar. Die I-Bldg. wird durch Pyruvat u. Acetaldehyd stimuliert. Muskelhomogenate von Ascaris katalysieren die enzymat. Synth. von I u. *α-Acetylmilchsäure* (II) aus Brenztraubensäure. Es wurde keine II-Decarboxylase in Ascarismuskeln entdeckt, so daß II nicht als Vorläufer von I anzusehen ist. Möglicherweise führt die Bldg. von I u. II über „akt." Acetaldehyd, der durch Decarboxylierung von Brenztraubensäure entsteht u. der dann entweder mit Brenztraubensäure zu II kondensiert oder mit freiem dissoziiertem Acetaldehyd unter Bldg. von I reagiert. (Exp. Parasitology **7.** 477—90. Sept. 1958. New Orleans, La., Univ., Dep. of Pharmacol.) S. WIRTZ. 4210

P. Vignes und **J. Cariou,** *Die Serumhistaminase und ihre Beziehungen zur Entwicklung normaler Schwangerschaft und Wochenbett.* Vff. haben bei schwangeren Frauen zu verschied. Zeiten der Gravidität sowie bei Frauen mit patholog. Gravidität in einer detailliert beschriebenen, an das Vorgehen von WICKSELL sich anlehnenden Meth. im Serum *Histaminase* (I) u. im Urin *17-Ketosteroide* (II) bestimmt u. die Resultate tabellar. wiedergegeben. Der I-Geh. des Serums zeigt individuelle Schwankungen. Hohen I-Werten entsprechen niedrige II-Werte bei derselben Person u. umgekehrt. Die Menge des im Serum vorhandenen I steht auch nicht mit der Menge ausgeschiedenen Pregnandiols oder östrogener Substanz in Relation. Bei Frühgeburten ist der I-Geh. im Serum n., bei Retention abgestorbener Feten ist er erhöht u. bei Albuminurie, Hochdruck oder Vorhandensein des Rh-Faktors gegenüber der Norm unverändert. (Gynécol. et Obstétr. **57.** 399—414. 1958. Cochin, Pharm. de l'Hôp.) HEINRICH HERMANN. 4210

E. Vischer und **A. Wettstein,** *Enzymatische Umwandlungen von Steroiden durch Mikroorganismen.* (Vgl. C. **1958.** 758.) Übersicht. Rkk.: Hydroxylierung, Epoxydierung, direkte Ketonbldg., Hydrierung, Dehydrierung u. Seitenkettenspaltung, gemischte Rkk.; Enzyme: Bldg., Reinigung u. Charakterisierung, Cofaktoren u. Inhibitoren, Spezifität; Reaktionsmechanismen (3β- u. 17β-Hydroxysteroiddehydrogenase, Isomerase, Hydroxylasen); Anwendungen. — 193 Literaturangaben. (Advances Enzymol. **20.** 237—82. 1958. Basel, Ciba.) K. MAIER. 4210

M. J. Osborn und **F. M. Huennekens,** *Die Beteiligung von Anhydroleucovorin am Hydroxymethyltetrahydrofolsäuredehydrogenasesystem. Hydroxymethyltetrahydrofolsäure* (I)*-Dehydrogenase* (II), die die reversible Umwandlung akt. I in akt. *Formyltetrahydrofolsäure* (III, Stellung der C_1-E. nicht festgelegt) katalysiert, wurde, ausgehend von Hühnerleberacetonpulver-Phosphatpufferextrakten (p_H 7,5) durch Protaminbehandlung, Fällen mit $(NH_4)_2SO_4$-Lsg. (p_H 8; 25—45%), Fällen mit Zn^{2+} ($5 \cdot 10^{-3}$mol., p_H 6), Behandlung mit Versene zwecks Lösen des Nd., $Ca_3(PO_4)_2$-Geladsorption bei p_H 6,4, II-Elution mit Phosphatpuffer, p_H 7,5, u. erneutes Fällen mit $(NH_4)_2SO_4$ weitgehend, auch von *Cyclohydrolase,* gereinigt. Bei Unterss. der Rück-Rk. der Gleichung I + TPN^+ ⇌ III + TPNH + H^+ diente *Anhydroleucovorin* (mit 5—10-Brücke) als Substrat, während N^{10}-III völlig unwirksam war. (Biochim. biophysica Acta [Amsterdam] **26.** 646—47. Dez. 1957. Seattle, Wash., Univ., Dep. of Biochem.) K. MAIER. 4210

S. R. Wagle, Ranjan Mehta und **B. Connor Johnson,** *Vitamin B_{12} und Proteinbiosynthese.* 3. Mitt. *Der B_{12}-Komplexcharakter des im Zellüberstand vorhandenen Einbauenzyms.* (2. vgl. C. **1958.** 6020.) Für den Einbau von Aminosäuren (I) in Eiweiß ist (neben Lebermikrosomen) ein aus Leberhomogenisatüberstand bei p_H 5 fällbares Enzym („p_H-5-*Enzym*", „B_{12}-*Enzym*"; II) erforderlich. 8 Std. nach ^{60}*Co-Vitamin-B_{12}* (III)-Injektion (Ratte) fanden sich >80% von radioakt. Überstand-III in der II-Fraktion. Unters. des ^{14}*C*-Alanineinbaus in Protein in Ggw. von Mikrosomen u. II aus Lebern von n. u. III-Mangelratten ergab eine 2fache Steigerung in Ggw. von II gegenüber der Aufnahme mit Mikrosomen allein, wobei letztere ebenfalls beträchtlich II enthalten. II-Präpp. aus Lebern von III-Mangeltieren bewirkten, n. Mikrosomen zugesetzt, nur eine ca. 10%ig. Zunahme des I-Einbaus. II aus Ratten nach III-Injektion war rötlich gefärbt u. enthielt I relativ vollständig. ^{60}*Co*-III wurde bei Incubation in Ggw. von Adenosintriphosphat (IV), Guanosintriphosphat u. Fructosediphosphat in die II-Fraktion des Überstands u. in die Mikrosomen im Verhältnis 1 : 2 eingebaut. Die III-Aktivität war durch Waschen mit heißer Trichloressigsäure, A. oder W. sowie durch Dialyse nicht entfernbar. Möglicherweise wirkt III-Enzym als „Aktivator-Carrier" (nach Carboxylaktivierung durch **IV**) für **I**. (Arch. Biochem. Biophysics **72**. 241—43. Nov. 1957. Urbana, Ill., Univ., Dep. of Animal Sci.) K. MAIER. 4210

P. Ohlmeyer, *Zymohexase aus Trockenhefe.* Eine Suspension gewaschener Trockenhefe katalysiert die *Triosephosphat* (**I**)-Bldg. aus *Fructosediphosphat,* wobei die Geschwindigkeit der **I**-Bldg. in einem gewissen Bereich der Menge der Suspension proportional ist u. die maximale **I**-Endkonz. der durch die *Zymohexase* (= Aldolase + **I**-Isomerase) bewirkten Gleichgewichtslage entspricht. Die Enzymwrkg. gewaschener Zellreste nimmt zu, wenn diese mit Hefeextrakt–Kochsaft in der Wärme incubiert werden. (Naturwissenschaften **45**. 245—46. 2. Mai-H. 1958. Tübingen, Univ., Leibniz-Kolleg u. Physiol.-chem. Inst.) K. MAIER. 4270

Po Chao Huang und **O. Neal Miller,** *Der Stoffwechsel von Milchsäurealdehyd.* 5. Mitt. *Stoffwechsel von L-Fucose.* (4. vgl. C. **1958**. 11854.) Es wird gezeigt, daß *L-Fucose* u. *L-Fuculose* von einem zellfreien Extrakt von Escherichia coli in Ggw. von Adenosintriphosphat in $C_{(1)}$ phosphoryliert werden. — Eine *Phosphoketopentoseepimerase* aus Lactobacillus pentosus (PKPE) scheint den Übergang L-Fuculose-1-phosphat→6-Desoxy-L-sorbosephosphat zu bewirken. Die letzte Verb. könnte aus L-Lactaldehyd u. Dihydroxyacetonphosphat mit Hilfe von Aldolase entstehen u. über die Reaktionsfolge 6-Desoxy-L-sorbose-1-phosphat $\xrightleftharpoons{\text{PKPE}}$ L-Fuculose-1-phosphat $\xrightleftharpoons{\text{Isomerase}}$ L-Fucose-1-phosphat zu L-Fucose-1-phosphat führen. (J. biol. Chemistry **231**. 201—05. März 1958. New Orleans, La., Tulane Univ., School of Med., Dep. of Med., Dep. of Biochem., Nutr. and Metabolism Res. Labor.) K. HEYNS. 4270

E₃. Mikrobiologie. Bakteriologie. Immunologie.

C. S. Venkata Ram, *Untersuchungen über die Aminosäurezusammensetzung von Fusarium mycelium.* Es soll untersucht werden, ob ein Zusammenhang zwischen der Schädlichkeit von *Fusarien* u. ihrer Aminosäurezus. besteht. Zu diesem Zweck werden die freien u. gebundenen Aminosäuren von 22 Fusarienarten papierchromatograph. bestimmt. Es werden geringe qualitative u. quantitative Unterschiede festgestellt, die aber keinen Zusammenhang mit der Schädlichkeit aufweisen. In den meisten Arten liegen *Asparagin-* u. *Glutaminsäure, Serin, Glykokoll, Threonin, Alanin, Glutamin, Lysin, Isoleucin, Phenylalanin* u. *Tyrosin* sowohl frei als auch gebunden vor (mit Ausnahme von *Glutamin*). *Prolin* kommt nur gebunden vor. In einigen Arten wurde *γ-Aminobuttersäure* nachgewiesen. (Proc. nat. Inst. Sci. India, Part B **22**. 227—35. 26/10. 1956. Madras, Univ., Bot. Labor.) U. BAUMANN. 4315

Pedro Alonso Carrion und **Genoveva Tejerina Dominguez,** *Lipoide in Mikroorganismen.* Zusammenfassende Darstellung. — Das Literaturverzeichnis ist unvollständig. (Medicamenta [Madrid] **9** (**17**). Nr. 149. 247—51. 23/5. 1957. Madrid, Inspekt Farmac. Municipales.) M. DICK. 4315

H. de Barjac und **J. Pochon,** *Abschätzung der Erdmikroflora, die anaerobisch auf organischem Schwefel wirksam ist.* Unter anaeroben Bedingungen wird die Erdmikroflora von verschied. Gegenden auf ihre Stoffwechselverwertbarkeit von organ. S-Verbb. (Methionin, Cystin) untersucht u. gefunden, daß diese über Zwischenprodd. (Mercaptane) in die Endprodd. H_2S u. Sulfat umgewandelt werden. (Ann. Inst. Pasteur **89**. 591—93. Nov. 1955. Paris, Inst. Pasteur, Serv. de Microbiol. du Sol.) G. KIMMERLE. 4320

H. Baumgärtner und **Chr. Wardsack,** *Vergleichende Untersuchungen über den Einfluß von Fluoressigsäure und Komplexon auf das Wachstum und den Zuckerabbau von Schimmelpilzen.* Die Entw. von *Aspergillus niger* auf verschied. Kulturböden u. der Zuckerabbau werden durch *Fluoressigsäure* (**I**) mit steigender Konz. (10^{-4} bis 10^{-2}mol.) gehemmt, aber auch *Komplexon* (**II**) wirkt auf den Zuckerabbau etwas verlangsamend. Das Mycelwachstum von Asp. oryzae wird durch **I** gefördert, während sich die Sporenbldg. in starkem Maße verlangsamt. **II** wirkt auf Asp. oryzae ähnlich hemmend wie **I** auf Asp. niger. Der Zuckerabbau durch Asp. oryzae wird durch **I** gar nicht, durch **II** erheblich verlangsamt. (Ernährungsforschung **3**. 186—92. 1958. Potsdam-Rehbrücke, Inst. für Ernähr.) M. ULMANN. 4320

H. L. Kornberg, *Der Stoffwechsel von C_2-Verbindungen in Mikroorganismen.* 1. Mitt. *Einbau von $^{14}C_{(2)}$-Acetat in Pseudomonas fluorescens und Corynebacterium bei Wachstum auf Ammoniumacetat.* Gewaschene Zellen von *Pseudomonas fluorescens KB 1 ox.* nach Wachstum auf Ammoniumacetat als einziger C-Quelle oxydierten Acetat u. alle Glieder des Tricarbonsäurecyclus. Nach kurzfristiger Bebrütung von 3 Sek. bis 5 Min. fand sich das Isotop, ebenso wie bei einem grampositiven Corynebacterium, sowohl in der wss., äthanollösl. als auch in der Proteinfraktion. Glieder des Tricarbonsäure (TCS)-

Cyclus sowie direkt hiervon abgeleitete Aminosäuren wurden schnell markiert. Obwohl später die Aktivität in Citrat u. Glutamat höher ist, lagen ursprünglich über 70% des Isotops in den C_4-Verbindungen. Hiernach wird unter Umgehung von Citronensäure zunächst Äpfelsäure markiert, u. es besteht somit bei diesen Organismen eine zweite Eintrittsmöglichkeit von Acetat in den TCS-Cyclus. (Biochem. J. **68.** 535—42. März 1958. Oxford, Univ., Med. Res. Unit, Dep. of Biochem.) G. JAGNOW. 4320

H. L. Kornberg und **J. R. Quayle,** *Der Stoffwechsel von C_2-Verbindungen in Mikroorganismen.* 2. Mitt. *Der Einfluß von CO_2 auf den Einbau von ^{14}C-Acetat in auf Acetat gewachsenem Pseudomonas KB 1.* (1. vgl. vorst. Ref.) Unmarkiertes Bicarbonat oder Brenztraubensäure setzen den anfänglichen Einbau des Isotops in Protein herab. Die spezif. Radioaktivität des Proteins von Zellen, die unter einem Strom von unmarkiertem CO_2 gewachsen sind, liegt um 15—17% niedriger als die von ohne CO_2 gewachsenen Zellen. Unmarkiertes CO_2 beeinflußte die Isotopenverteilung bei Alanin nicht, bewirkte aber eine gleichmäßige Herabsetzung der Radioaktivität der Carboxylgruppen des Asparagats. Hiermit ist bewiesen, daß die CO_2-Fixierung keine Rolle bei der Synth. des Alanins, wohl aber teilweise eine solche bei der Asparaginsäuresynth. spielt. Die Verteilung der Markierungen macht das Bestehen des Glyoxalsäurecyclus in diesen Organismen offensichtlich. (Biochem. J. **68.** 542—49. März 1958. Oxford, Univ., Med. Res. Counc., Dep. of Biochem.) G. JAGNOW. 4320

H. L. Kornberg und **N. B. Madsen,** *Der Stoffwechsel von C_2-Verbindungen in Mikroorganismen.* 3. Mitt. *Malatsynthese aus Acetat über den Glyoxalsäurecyclus.* (2. vgl. vorst. Ref.) Zellfreie Extrakte von auf Acetat gewachsenem *Pseudomonas KB 1* katalysieren die Bldg. von Acetylcoenzym A aus Acetat. Dieses reagiert mit Oxalessigsäure (I) unter Bldg. von Citronensäure (**II**) u. mit Glyoxalsäure (**III**) unter Bldg. von Äpfelsäure (**IV**). Diese Rkk. werden durch verschied. Fermente ermöglicht, wie durch Verwendung von Extrakten der *Escherichia coli*-Mutante M 22—64 gezeigt wurde. Die Aldolspaltung der Isocitronensäure (**V**) in Bernsteinsäure (**VI**) u. **III** liefert die für die Bldg. von **IV** notwendige **III**. Die zellfreien Extrakte bewirken die anaerobe Bldg. von **IV** u. **VI** aus Acetat u. **V**. Diese Rkk., zusammen mit denen, die von Acetat zu **II**, von **II** zu **V** u. von **IV** zu Oxalessigsäure führen, wurden in den Bakterienextrakten nachgewiesen u. stellen eine aufbauende Variante des Tricarbonsäurecyclus dar, die zur Bldg. eines Mol. einer C_4-Dicarbonsäure aus zwei Moll. Acetat führt. Die Bldg. von **IV** aus Acetat u. **V** beträgt mindestens 3 μMol/Std./Extrakt aus 1 mg Bakterientrockenmasse. Diese Menge reicht aus, um das beobachtete Wachstum von Pseudomonas KB 1 auf Ammoniumacetat zu ermöglichen, zumal **IV** als Vorstufe der meisten Zellbestandteile bekannt ist. Die Extrakte bewirken ebenfalls die gegenseitige Umwandlung von **IV** in Brenztraubensäure u. CO_2, welche mit TPN in Zusammenhang steht. Zusammenfassend verläuft der aufbauende Glyoxalsäurecyclus in folgender Weise: Oxalessigsäure + Acetat → **II** → **V** (—**VI**) → **III** (+Acetat) → **IV** → Oxalessigsäure. (Biochem. J. **68.** 549—57. März 1958. Oxford, Univ., Med. Res. Counc., Dep. of Biochem.) G. JAGNOW. 4320

A. Schubert, K. Heller, R. Siebert, K. Zetsche und **G. Langbein,** *Mikrobielle Hydroxylierung von Progesteron in 7α-Stellung.* Bei Incubation von *Progesteron* u. *14α-Hydroxyprogesteron* mit *Curvularia*-Arten entsteht ein *Dihydroxyprogesteron* (I), $C_{21}H_{30}O_4$, F. 252—255°; $[\alpha]_D$ +175° (Chlf.); *Acetat* (II), $C_{23}H_{32}O_5$, F. 222—225°; $[\alpha]_D$ +63±3° (Chlf.). Die beiden **I**-OH-Gruppen sind gegen CrO_3 beständig. Auf Grund der Ultrarotspektren, die auf das Vorliegen einer intramol. H-Brückenbindung in **II** zwischen Acetyl-CO u. einer OH-Gruppe hinweisen, kommt **I** die Konst. eines *Δ^4-7α.14α-Dihydroxypregnen-(3.20)-dions* zu. (Naturwissenschaften **45.** 264. 1. Juni-H. 1958. Jena, VEB Jenapharm, Wiss. Labors.) K. MAIER. 4320

Glenn H. Hamor, *Notiz über Fungicide: 2-Trichlormethansulfenyl-6-nitrosaccharin und verwandte Verbindungen. 2-Trichlormethansulfenyl-6-nitrosaccharin, 2-[Trichlormethylmercapto]-6-nitro-1.2-benzisothiazolinon-(3)-dioxyd-(1.1)* (I), $C_8H_3Cl_3N_2O_5$, F. 143—146° (Aceton), aus Trichlormethansulfenylchlorid u. Na-6-Nitrosaccharin in CCl_4-W., Ausbeute 79%, hemmte die Sporenkeimung von *Stemphylium sarcinaeforme* u. *Sclerotinia fruticola* etwas stärker als *2-Methylsaccharin* u. viel stärker als *N-Methylphthalimid.* (J. Amer. pharmac. Assoc., sci. Edit. **46.** 207—08. März 1957. Los Angeles, Calif., Univ., School of Pharm.) K. MAIER. 4330

T. Vályi-Nagy, J. Uri und **I. Szilágyi,** *Das Primycin, ein neues von Actinomyceten stammendes Antibioticum.* 1. Mitt. Inhaltlich ident. mit C. **1950/54.** 361 S. (Pharmazie **11.** 304—12. Mai 1956. Debrecen, Univ., Pharmakol. Inst.; Ungar. Akad. der Wiss., Exp. Med. Forschungsinst., Antibioticum-Abt.) H. GOEBEL. 4340

W. D. Kusnetzow, *Actinomyceten, welche das Wachstum einiger Bakterien in Böden unter Monokultur stimulieren und hemmen.* Aus Böden unter Monokulturen

(Luzerne, Hundsweizen u. Sandhafer) des Gebietes Tschita wurden 3680 *Actinomyceten*-Stämme isoliert u. auf ihren Einfl. auf das Wachstum der örtlichen Stämme von *Bac. mycoides* u. *Az. chroococcum* untersucht. In den meisten Fällen wird bei Kultivierung der Luzerne (u. ihrer Gemenge mit Getreide) innerhalb von 5 Jahren die Anzahl der Actinomyceten, die das Wachstum von Bact. m. u. Az. c. stimulieren, allmählich gesteigert; die Anzahl der hemmenden nimmt allmählich ab. Dadurch wird die Entw. der am N-Umsatz teilnehmenden B. mycoides u. A. chroococcum im Boden intensiviert. (Агробиология [Agrobiologie] **1959**. Nr. 1. 134—36. Jan./Febr. Moskau, Allunions Wiss. Forschungsinst. für Antibiotica.) OTTO MAIER. 4340

L. Rzucidło, A. Lichtensztejn und **S. Kwiek**, *Der Einfluß verschiedener Extraktionsmethoden auf die biologischen Eigenschaften von Mycobacterium tuberculosis.* Ein Gemisch von humanpathogenen Stämmen von M. tuberculosis wurde 2 Std. auf 100° erhitzt, mit W. gründlich gewaschen, mit Aceton getrocknet u. dann zu folgenden Fraktionen extrahiert: Extraktion mit *A.-Ae.* (1 : 1) u. *Chlf.* (A); anschließend bei 65° am Rückflußkühler mit 85 % ig. *Phenol* (F_1); dies wurde noch 2mal wiederholt (F_2 u. F_3). F_1 wurde in physiol. Kochsalzlsg. (p_H 8,2) 9 Tage lang mit *Trypsin* verdaut (T). F_1 wurde außerdem 3mal mit *Bzl.* extrahiert (B). A wurde mit 10% ig. *NaOH* hydrolysiert (Hy). Es wurde dann jeweils der Bakterienrückstand in einer Kugelmühle zerkleinert u. mit einer konstanten Menge *Staphylococcus aureus* gemischt u. Mäusen intraperitoneal appliziert. Kontrolle erfolgte gegen unbehandeltes M. tuberculosis oder nur St. aureus. Die Pathogenität von St. aureus wurde durch A, F_1, F_2, F_3 u. T merklich gesteigert; Hy war nur wenig wirksam, u. B blieb ohne Einfluß. Je nach dem Alter der Kulturen, die in „SANTONs Medium" gezogen wurden, ergaben sich unterschiedliche biol. Wirkungen. (Bull. Acad. polon. Sci., Sér. Sci. biol. **5**. 419—24. 1957. Warsaw, School of Med., Dermatol. Clinic; Central Military Labor. of Sanitat. and Hyg.)
H. FRANK. 4350

S. Szturm-Rubinstein und **D. Piéchaud**, *Wirkung von Shigella auf ein Phenylpropionsäuremilieu.* 434 Stämme von verschied. Shigellabakterien werden auf das Auftreten einer ALESSANDRO-Rk. (C. **1954**. 4410) in einem schwachen Milieu von *Phenylpropionsäure* geprüft. (Ann. Inst. Pasteur **89**. 589—91. Nov. 1955. Paris, C. N. R. S.; Inst. Pasteur, Serv. de Microbie gén.) G. KIMMERLE. 4350

Bertha Schär und **F. W. Kahnt**, *Unterschiede der Stabilität von Lipopolysacchariden aus Proteus vulgaris OX 19 in Serum und Plasma.* Die leukocytenemigrationsfördernde Wrkg. eines *Lipopolysaccharids* (I) aus dem Kulturmedium von Proteus vulgaris OX 19 wird in einer Verdünnung von 10^{-7} bis 10^{-9} durch Serum von Kaninchen u. Huhn während 2—24 Std. bei 4 u. 18° kaum verändert, bei 37° verliert das I seine Wrkg. in 24 Std. vollständig. Im Plasma derselben Tiere erfolgt dagegen auch bei 37° keine Inaktivierung. Die Ursachen für das unterschiedliche Verh. von I in Serum u. Plasma werden diskutiert. (Experientia [Basel] **14**. 70—71. 15/2. 1958. Basel, Ciba Akt.-Ges., Pharm. Abt., Forschungslabor.) F. RADLER. 4370

H. Bielka und **A. Graffi**, *Untersuchungen zur Bedeutung von Nucleinsäuren für die Wirksamkeit des Rous-Virus.* Es wird der Einfl. der Nucleinsäuren auf die Wirksamkeit des ROUS-Virus untersucht. Dabei zeigt sich, daß weder eine Behandlung des ROUS-Agens mit *Desoxyribo-* u. *Ribonuclease* einen Einfl. auf die Aktivität hat, noch daß mit *Ribo-* u. *Desoxyribonucleinsäure*, welche aus dem Agens isoliert wurden, eine Infektion erzielt werden konnte. (Naturwissenschaften **45**. 320. 1. Juli-H. 1958. Berlin, Deutsche Akad. der Wiss., Inst. für Med. u. Biol., Abt. für Krebsforsch.) H. STRUCK. 4374

Bienvenido C. Sison jr. und **Walter J. Schubert**, *Glycerinstoffwechsel des Braunfäulepilzes Poria vaillantii.* Zur Gewinnung eines cellulolyt. Enzyms wurde die Kultur des holzzerstörenden Pilzes *Poria vaillantii* nicht in einem Glucose enthaltenden Medium durchgeführt, da diese die Erprobung des Enzyms stören würde, sondern mit Glycerin als alleiniger Kohlenstoffquelle. Nach 4—6 Wochen wurden in dem Kulturfiltrat Acetaldehyd, Dihydroxyaceton u. Glucose gefunden. Der von HORECKER (Brewers Digest **28**. [1953.] 214) aufgestellte Stoffwechselcyclus, bei dem Glucose aus Glycerin entstehen kann, scheint von dem Pilz durchgeführt zu werden. (Nature [London] **181**. 1015. 5/4. 1958. New York, N. Y., Fordham Univ., Dep. of Organ. Chem. and Enzymol.)
W. WERGIN. 4380

Walter William Krueger and **Karl Richard Johansson**, Principles of microbiology. 2nd ed. Philadelphia, London: Saunders. 1959. (XXIV + 563 S. m. Abb., Tab. u. Diagr.) 47 s.

—, Virus growth and variation: ninth symposium of the Society for General Microbiology held at the Senate House, University of London, April 1959. Cambridge: Cambridge U. P. 1959. (272 S. m. Tab. u. Diagr.) 35 s.

E_4. Pflanzenchemie. Pflanzenphysiologie. Pflanzenpathologie.

A. F. Kleschin, I. A. Schulgin und **M. M. Bokowaja,** *Über die spezifische Wärme und das gebundene Wasser in Pflanzen.* Die spezif. Wärme (c) der völlig trockenen Maissamen beträgt 0,295, die der Erbsen 0,353 (cal/g·Grad). Die Zunahme des Wassergeh. in den Samen führt zu einem c-Anstieg. Bei 45% Wassergeh. erreicht sie 0,61—0,67. Bei hohem Wassergeh. steigt c linear an. Bei niedrigen Feuchtigkeitsgraden (bis 25%) zeigt sie deutliche Abweichungen von der Geraden. Die mathemat. Analyse der Kurve der Änderung der mittleren c des W. bei Veränderungen des Wassergeh. in den Samen zeigt, daß die wahre c des W. von 0,5 auf 1 ansteigt, u. zwar bereits im Bereich der Änderungen des Wassergeh. der Samen von 5—15%. Das erlaubt die Schlußfolgerung, daß in den Geweben der Pflanzen mindestens 3 Formen des W. enthalten sind: fest bzw. locker gebundenes u. freies W. (c = 0,5 bzw. 0,5—1 bzw. 1). Das Verhältnis zwischen fest u. locker gebundenem W. beträgt in den Samen 1 : 2. Das Keimen der Samen beginnt erst beim Auftreten des freien Wassers. Ein maximaler Geh. an fest u. locker gebundem W. findet sich in den Blättern der Mesophyten (32,46%) u. Xerophyten (24,99%), ein minimaler Geh. bei Hygrophythen (8,61%) u. Sukkulenten (5,76%). Bei den n. Blättern hängt c von der ökolog. Zugehörigkeit der Pflanzen ab. Sie ist minimal bei Xerophyten (0,709), höher bei Mesophyten (0,820) u. Hygrophyten (0,908) u. erreicht den maximalen Wert bei Sukkulenten (0,956). (Доклады Академии Наук СССР [Ber. Akad. Wiss. UdSSR] **122.** 940—43. 11/10. 1958. Timirjasew-Inst. für Pflanzenphysiol. der Akad. der Wiss. der UdSSR.) F. DU MANS. 4410

Jane Marie Touzé-Soulet und **Charles Montant,** *Die organischen Säuren einiger höherer Basidiomyceten.* In *Homobasidiomyceten* wurden durch Extraktion der Karpophoren, Filtration des Extrakts durch Permutit 50, Deacidit 200 oder Amberlit IR 4B u. anschließender Papierchromatographie folgende organ. Säuren identifiziert: In *Polyporus sulfureus* Bull.: *Äpfel-* (**I**), *Citronen-* (**II**), *Pyrrolidoncarbon-* (**III**), *Phosphor-* (**IV**), *Glutar-* (**V**), *Bernstein-* (**VI**), *Wein-* (**VII**), *Oxal-* (**VIII**), *Glykolsäure*, HCl, H_2SO_4 u. HNO_3, außerdem 2 nicht identifizierte Säuren mit R_F 19,4 u. 17,7; *Coriolus versicolor* L. Fr.: HCl, HNO_3, **I, II, III, IV**, H_2SO_4, **V, VI, VII**, Spuren **VIII**, u. Verb. R_F 17,7; *Coriolus hirsutus* Wulf.: HCl, HNO_3, **I, II, III, IV, V, VI, VII**, H_2SO_4, **VIII**, u. Verb. R_F 17,7; *Xanthochrous hispidus* Bull.: **I**, HCl, HNO_3, **II, III, IV, V, VI, VIII**, H_2SO_4, Verb. R_F 17,7; *Lenzites quercina* L. Fr.: HCl, **I, II, III, IV**, Spuren HNO_3 u. H_2SO_4. (C. R. hebd. Séances Acad. Sci. **245.** 1825—28. 18/11. 1957. Toulouse, Fac. des Sci., Labor. de Botan. agric.) ANTJE SCHMIDT. 4420

N. N. Karawajewa, *Bestimmung der qualitativen und quantitativen Zusammensetzung der Aminosäuren des Proteins der Baumwollsamen nach der papierchromatographischen Methode.* Im Gesamteiweiß der Baumwollsamen wurden folgende Aminosäuren gefunden: Cystin, Lysin, Histidin, Arginin, Asparagin- u. Glutaminsäure, Serin, Threonin, Glykokoll, Alanin, Valin, Leucin, Tyrosin, Phenylalanin, Tryptophan, Prolin. Der höchste Geh. entfällt auf Glutamin- u. Asparaginsäure u. Arginin (19,0 bzw. 15,0 bzw. 12,1%). (Доклады Академии Наук УзССР [Ber. Akad. Wiss. UsbekSSR] **1958.** Nr. 1. 27—31.) E. STEINBERG. 4420

Chaman Lal Madan, *Die Verteilung der freien Aminosäuren in der Pflanze und ihre Beeinflussung durch photoperiodische Induktion* (*Untersuchungen an Kalanchoe Blossfeldiana*). Untersucht mit Papierchromatographie wurden die quantitativen Zuss. der freien Aminosäuren von *Kalanchoe Blossfeldiana.* Vegetative, blühende u. photoperiod. induzierte Pflanzen wurden untersucht. Vegetative Pflanzen enthielten Cystein, Histidin, Lysin, Asparagin, Arginin, Glutamin, Asparaginsäure, Serin, Glykokoll, Glutaminsäure, Threonin, α-Alanin, β-Alanin, γ-Aminobuttersäure, Valin, Phenylalanin, Leucin u./oder Isoleucin. Nicht nachweisbar waren Methionin, Tyrosin, Prolin u. Oxyprolin. In den Wurzeln, die die größte Menge der freien Aminosäuren enthielten, war Asparaginsäure vorherrschend; im Sproß Glutaminsäure; in den ältesten Blättern α-Alanin. Über 50% der gesamten Aminosäurefraktion bestand aus Asparaginsäure, Glutaminsäure u. α-Alanin. Die Blütenstände hatten einen höheren Geh. an freien Aminosäuren als Laubblätter. Asparaginsäure war in den Blütenständen vorherrschend. Im Verlaufe der photoperiod. Induktion wurden die Veränderungen der Aminosäuren untersucht. In der Spitzenregion fiel die gesamte Menge der Aminosäuren bis zum 4. Induktionstag ab, dann erfolgte ein schwacher Anstieg. In den Laubblättern mittleren Alters fiel die Aminosäurekonz. ständig ab. In der Wurzel fiel sie zunächst u. stieg dann. Parallel zu der Änderung der Aminosäurekonz. änderte sich auch das Verhältnis der Einzelkomponenten. Die gesamte Menge der Aminosäuren u. der Anteil der Einzelkomponenten wurden untersucht nach Abschluß der Schwelleninduktion. Die Pflanzen wurden bis 30 Tage unter induzierenden Bedingungen gehalten. Bei K. Blossfeldiana enthielten die

Laubblätter den größten Anteil der 3 Grundaminosäuren, Asparaginsäure, Glutaminsäure u. α-Alanin, die Wurzeln aber den kleinsten. Im Laufe der photoperiod. Induktion waren in den Blättern die Änderungen der Mengenverhältnisse dieser 3 Aminosäuren von großer Bedeutung. (Planta **47.** 53—80. 29/3. 1956. Göttingen, Univ., Botan. Inst.) D. CLAUS. 4420

Marie-Hélène Laur-Henry, *Histochemische Untersuchungen von Lipoiden der Süßwasser-Rotalge Lemanea nodosa (Kütz).* Durch Anfärben der vorbehandelten Alge mit fettlösl. Farbstoffen (z. B. Neutralrot, Sudanrot, Sudanschwarz, BZL-Blau) werden Fetteinschlüsse im Gewebe identifiziert, die sich durch absol. A. bzw. sd. Ae. entfernen lassen. Vf. vermutet, daß diese ungesätt. Lipoide aus *Triglyceriden* bestehen, die in Zucker u. höhere Fette umgewandelt werden. (C. R. hebd. Séances Acad. Sci. **244.** 2187—89. 15/4. 1957.) H. BÜTTNER. 4420

M. O. Farooq, I. P. Varshney und **W. Rahman,** *Über das Vorkommen von Apiin in Samen des indischen Selleries (Apium graveolens).* Von den in ind. Selleriesamen aufgefundenen Anthoxanthinglykosiden *Graveobiosid-A* (*Luteolin-7-apiosylglucosid*) u. *-B* (*Chrysoeriol-7-apiosylglucosid*; **I**) wurde **I** nochmals papierchromatograph. untersucht. Es besteht aus *Apiin* u. **I.** (Naturwissenschaften **45.** 265. 1. Juni-H. 1958. Aligarh, India, Muslim Univ., Dep. of Chem.) K. MAIER. 4420

H. V. Brewerton, *Extraktstoffe aus dem Kernholz von Podocarpus spicatus.* Aus dem Acetonextrakt des Kernholzes von Podocarpus spicatus wurden 4 krist. Verbb. isoliert, die auf Grund der Farb-Rkk. u. UV-Spektren (vgl. Original) in die Gruppe der *Flavonoide* gehören. Podocarpsäure, Matairesinol, Totarol u. Ferruginol konnten nicht nachgewiesen werden.

V e r s u c h e: *Verb. I,* F. 212°, durch Extraktion von trockenem Kernholzpulver mit sd. Aceton (7 Std.), Eindampfen, Extraktion des Rückstandes mit Ae. u. fraktionierte Kristallisation; 0,68% (Ausbeute); $FeCl_3$-Rk. grün, Rk. mit Mg u. HCl in CH_3OH negativ. — *Verb. II,* F. 252°, neben vorst. Verb.; 0,25%; $[\alpha]_D^{20}$ +28°, $FeCl_3$-Rk. grün; Rk. mit Mg u. HCl in CH_3OH orangefarben. — *Verb. III,* F. 226° (A.–Bzl.), durch Extraktion der äther. Mutterlauge vorst. Verb. mit 5%ig. Na_2CO_3-Lsg.; 2,31%; $[\alpha]_D^{20}$ +10°; $FeCl_3$-Rk. purpurbraun; Rk. mit Mg u. HCl in CH_3OH rot. — *Verb. IV,* F. 301° (A.–Chlf.), aus der äther. Lsg. nach Abtrennung vorst. Verbb. durch Extraktion mit 4%ig. NaOH; 0,74%; $FeCl_3$-Rk. grün; Rk. mit Mg u. HCl in CH_3OH negativ. (New Zealand J. Sci. **1.** 220—23. Juni 1958. Wellington, Dominion Labor., Dep. of Sci. and Ind. Res.) F. HELLER. 4420

K. V. Jagannadha Rao, L. Ramachandra Row und **Y. Suryanarayana Murty,** *Chemische Untersuchung von Aristolochia bracteata Retz.* Aus dem ätherlösl. Anteil des alkoh. Extraktes frischer Wurzeln (1,5 kg) von Aristolochia bracteata Retz. wurde neben *Aristolochsäure* [**I**; 0,1% (Ausbeute)] eine aus A. in orangegelben Nadeln kristallisierende Verb. vom F. 240—252° (**II**; 26 mg) isoliert. Aus den Samen (600 g) wurde mit PAe. ein grünlichbraunes, nicht trocknendes *Öl* (D. 0,908; VZ. 195; JZ. 82; 6%), durch weitere Extraktion mit Aceton **I** (55 mg) u. **II** (18 mg) erhalten, die durch fraktionierte Kristallisation aus A getrennt wurden. — **I,** $C_{17}H_{11}NO_7$, F. 275—277° (Zers.), aus A. hellgelbe Nadeln; R_F 0,92 (Butanol–Essigsäure–W.; 25:0,1:25). *Methylester,* $C_{18}H_{13}NO_7$, F. 278—280°, aus **I** u. CH_2N_2. — *1-Methoxy-9-nitro-5.6-methylendioxyphenanthren,* $C_{16}H_{11}NO_5$, F. 204—205°, durch Decarboxylierung von **I** mit Cu-Bronze in Chinolin; orangefarbene Nadeln. — UV-Spektr. von **I** s. Original. (Current Sci. **27.** 168. Mai 1958. Waltair, Andhra Univ., Dep. of Chem.) F. HELLER. 4420

R. Miram und **S. Pfeifer,** *Über den Gehalt von Mohnpflanzen an Narcotolin.* Vff. bestimmen den Geh. von *Narcotolin* (**I**), *Morphin, Narcotin* (**II**), *Kodein* u. *Thebain* im Mohnkraut 2—4 Wochen nach der Keimung. **I** wird im frühen Wuchsstadium als Hauptalkaloid bezeichnet. Papierchromatograph. Unterss. bestätigen die Methylierung von **I** zu **II**, während eine Spaltung von **I** in Meconin u. Cotarnolin in der Frischpflanze nicht beobachtet werden kann. (Naturwissenschaften **45.** 573. 1. Dez.-H. 1958. Berlin, Humboldt-Univ., Pharmazeut. Inst.) R. LENSCHAU. 4420

N. N. Sacharow und **Je. Ja. Alexandrowa,** *Der Vitamingehalt in Diospyros japonica.* Die Unters. der gelbfleischigen Sorte von *Diospyros japonica* von der Schwarzmeerküste ergab im Frühling ein Geh. von 3,2—3,5, im Herbst von 2,1—5,2 mg% *Vitamin C.* (Вопросы Питания [Fragen d. Ernähr.] **17.** Nr. 6. 63—64. Nov./Dez. 1958. Leningrad, San.-Epidemiol. Station des Petrograder Bezirks.) E. RENTZ. 4425

O. P. Petruschenko, *Die Entwicklung des Azotobacters in der Rhizosphäre der Baumwollpflanze bei Impfung des Saatgutes.* Die mit einer Suspension verschied. Stämme des *Azotobacters* bzw. der Milchsäurebakterien vor der Aussaat behandelten Baumwoll-

samen keimten im Vegetationsvers. rascher u. brachten höhere Pflanzen als die nichtbehandelten Samen. Der Stamm AN-92 beschleunigte merklich die Blattbildung. Alle untersuchten Stämme, bes. die aus Wiesenböden u. der typ. Grauerde, isolierten 1, 92 u. 97, entwickelten sich gut in der Rhizosphäre der Baumwollpflanzen. Dadurch wird die Ansicht widerlegt, die Baumwollpflanze unterdrücke die Entw. des Azotobacters. Die in der Blüteperiode der Baumwollpflanzen im Feldvers. vorgenommene mikrobiol. Analyse der Versuchsböden zeigte, daß in der Rhizosphäre der Pflanzen größere Mengen von Azotobacter dort vorkamen, wo das Saatgut vor der Aussaat mit Suspensionen von Azotobacter bzw. von Azotobacter mit Milchsäurebakterien behandelt wurde; in der Kontrolle fehlte der Azotobacter fast völlig. Größere Mengen von Azotobacter wurden auch auf den Parzellen ermittelt, auf denen man 6 kg Azotobakterin/ha im Gemisch mit mineral. Dünger einbrachte. (Известия Академии Наук УзССР, Серия Биологических Наук [Nachr. Akad. Wiss. UsbekSSR, Ser. biol. Wiss.] **1957.** Nr. 3. 75—82.)
M. GORDIENKO. 4450

Ss. Ss. Ssadykow und **N. N. Nasirow,** *Eintritt und Fortbewegung von Radiophosphor bei gepfropften Baumwollpflanzen.* In Verss. an verschied. Sorten u. Formen der Baumwollpflanze wird mit ^{32}P ein ständiger Stoffaustausch zwischen Unterlage u. Reis beobachtet. Dies bedingt den Charakter des Wachstums u. der Entw. der Nachkommenschaft der Baumwollsetzlinge. Es konnte eine Fortbewegung von ^{32}P sowohl in aufsteigender Richtung aus der Unterlage in das Reis als auch umgekehrt festgestellt werden. Je jünger physiol. das Gewebe ist, um so mehr ^{32}P enthält es u. umgekehrt. Der P-Stoffwechsel ist folglich am intensivsten in den physiol. jungen Geweben u. Organen der Baumwollpflanze. (Доклады Академии Наук УзССР [Ber. Akad. Wiss. UsbekSSR] **1958.** Nr. 6. 43—47. Inst. für Genetik u. Physiol. der Pflanzen der Akad. der Wiss. der UdSSR.)
F. DU MANS. 4460

H. Reznik und **R. Urban,** *Die Aufnahme ^{14}C-markierter Ligninbausteine in Fichtennadeln.* Durch mikroautoradiograph. Analyse u. Zählung der Granula wurde der Einbau von ^{14}C-Ligninbausteine in Fichtennadeln von *Picea excelsea* untersucht. Die applizierten Ligninbausteine waren $^{14}C_{(\beta)}$-D-Coniferin, $^{14}C_{(CH_2OH)}$-D-Coniferin, $^{14}C_{(CO)}$-D-Glucovanillin u. $^{14}C_{(CO)}$-D-Glucosyringaaldehyd. Die Arbeit bezog sich auf die geringe Menge unlösl. Fraktionen. Der Einbau der radioakt. Verbb. in verschied. Zellarten der Nadel wurde festgestellt. Die Zellwände des Mesophyllparenchyms zeigten die größte Zunahme der Aktivität. Einzelne Zellarten, wie Hypoderm u. Harzgänge, stellten Nester mit besonders hoher Aktivität dar. Mit der Meth. der CASPERSSON-UV-Histospektroskopie waren die Mittellamelle u. Cambialwand verholzter Zellen höher im Ligningeh. als die Sekundärwand u. Tertiärwand. Die radioakt. Monomeren wurden hauptsächlich in ligninfreien u. wenig verholzten Zellen gefunden. Vermutlich beruht dieser Zusammenhang auf dem Zeitpunkt der Isotopenapplikation. (Planta **47.** 1—15. 29/3. 1956. Heidelberg, Univ., Botan. Inst.)
D. CLAUS. 4460

W. L. Kretowitsch, A. A. Bundel, M. R. Frascheri und **N. W. Borowikowa,** *Über die Teilnahme des Hydroxylamins an der Synthese der Aminosäuren in den Pflanzen.* Bei Unterss. am Brei u. Auszügen aus den Blättern von 10—12 Tage alten Weizen- u. 20—24tägigen Kürbiskeimlingen wurden diese beiden Pflanzen gewählt, weil sie im Charakter ihres Stoffwechsels sehr stark verschieden sind. Bei beiden gingen in Ggw. von *Hydroxylamin* (**I**) eine intensive Synth. von *Serin* (**II**) u. eine ausgeprägte Synth. von *Glutaminsäure* (**III**) vor sich. Bei Kürbis betrug der Zuwachs an **III** 36% u. an **II** 79%, bei Weizen 74 bzw. 43%. Der Mechanismus der Synth. der Aminsäuren in Ggw. von **I** bleibt zunächst ungeklärt. Der wahrscheinliche Vorgänger des **II** ist die Hydroxybrenztraubensäure, der der **III** α-Ketoglutarsäure. Es ist denkbar, daß **I** mit diesen Säuren Oxime bildet, welche dann zu Aminosäuren red. werden. (Доклады Академии Наук СССР [Ber. Akad. Wiss. UdSSR] **122.** 1065—67. 21/10. 1958. Bach-Inst. für Biochem. der Akad. der Wiss. der UdSSR.)
F. DU MANS. 4460

Hedwig Claes, *Biosynthese von Carotinoiden bei Chlorella.* 4. Mitt. *Die Carotinsynthese einer Chlorellamutante bei anaerober Belichtung.* (3. vgl. C. **1958.** 168.) Die *Chlorella*-Mutante 5/520 synthetisiert u. speichert im Dunkeln stärker hydrierte Polyene (**I**) (z. B. Protetrahydrolycopin), während bei Belichtung die n. Wildtypcarotinoide gebildet werden. Im Licht werden anaerob n. Carotine synthetisiert. Die Xantophyll (**II**)-Bldg. erfordert Licht + O_2. Die im Dunkeln vorkultivierte Mutante 5/520 bildet im Licht unter N_2 48 Std. lang α- u. β-Carotin sowie Carotin X. Anschließend macht sich eine Schädigung der Alge bemerkbar. Die in Licht u. N_2 beobachteten Veränderungen des Farbstoffgeh. beruhen vorwiegend auf der Wrkg. des Lichts. Im Dunkeln u. in N_2 erfolgt nur eine geringfügige **I**-Abnahme der bei Züchtung im Dunkeln angestauten **I**. Die **II**-Synth. im Licht ist wahrscheinlich von der Photosynth. unabhängig. (Z. Naturforsch. **13b.** 222—24. April 1958. Tübingen, Max-Planck-Inst. für Biol.)
K. MAIER. 4460

André Pirson und **Ludwig Bergmann,** *Manganbedarf und Kohlenstoffquelle bei Chlorella.* Mn-Mangel im Medium war ohne Einfl. auf das Wachstum von *Chlorella vulgaris* (Chl.) unter heterotrophen Bedingungen im Dunkeln (1% Glucose, Luft + 3% CO_2). Bei Belichtung war die Photosynth. dieser Zellen stark herabgesetzt u. verlief nach Zugabe von Mn wieder mit n. Intensität. Autotroph u. mixotroph (Glucose + Licht) kultivierte Chl.-Zellen wurden bei Mn-Mangel im Wachstum gehemmt. Hierbei wurde in der mixotrophen Kultur die Glucose nur unvollständig genutzt. Eine Überführung dieser Mn-Mangelzellen in Dunkelheit war mit einer Wiederaufnahme von Glucoseverbrauch u. Wachstum verbunden. Umgekehrt wurden Glucoseverbrauch u. Wachstum gestoppt, sobald heterotroph im Dunkeln kultivierte Mn-Mangelzellen belichtet wurden. — Die Ergebnisse weisen auf einen im Licht bzw. im Dunkeln verschieden ablaufenden Glucosestoffwechsel hin, der an den Photosyntheseapp. der Zelle gekoppelt ist. Mn-Mangel manifestiert sich bei Chl.-Zellen nur, sofern sie ihren Photosyntheseapp. gebrauchen; unter heterotrophen Bedingungen wirkt er sich demzufolge nicht aus. (Nature [London] **176.** 209—10. 30/7. 1955. Marburg, Univ., Botan. Inst.)

WILFRIED WERNER. 4460

Martin Bopp und **Gerhard Tauchmann,** *Über die Anthocyanverteilung in bunten Laubblättern.* Der zwischen der Ausbldg. von Silberflecken auf der Oberseite von Begonienblättern u. dem Fehlen von Anthocyan (I) (Cyanidinglycoside) auf der Blattunterseite bestehende Zusammenhang wurde jetzt auch bei *Melastomataceen, Gesneriaceen* u. *Piperaceen* festgestellt. Diese Beziehung tritt unabhängig von der spezif. anatom. Struktur, die die Silberfleckenbldg. bewirkt, u. von der Art des I auf. Die in erster Linie durch die Schattenwrkg. der Silberflecken bedingte verminderte Lichtintensität in den unteren Blattschichten (Mesophyll, Epidermis) hat im allgemeinen eine geringere I-Synth. zur Folge. Die Schattenwrkg. wurde durch Belichtungsverss. an *Begonia lubbersii* bewiesen. (Naturwissenschaften **45.** 265—66. 1. Juni-H. 1958. Freiburg i. Br., Univ., Bot. Inst.)

K. MAIER. 4460

V. C. Runeckles und **H. K. Porter,** *Einige Wirkungen von 2.4-Dinitrophenol auf den Kohlenhydratstoffwechsel in Schnitten von Tabakblättern.* Die Atmung von Tabakblätterschnitten wurde in n. Zustand u. nach Kohlenhydrat (I)-Verarmung mit u. ohne Zusatz von Rohrzucker in Ggw. steigender Mengen *2.4-Dinitrophenol* (II) in der WARBURG-App. bei p_H 4,6 gemessen. Die Atmungsintensität stieg bis zu einem Maximum bei $5 \cdot 10^{-5}$ mol. **II**, wobei die **I** in der Atmung immer mehr durch andere Stoffe ersetzt wurden u. der Respirationsquotient sank. Bei noch höheren Konzz. werden die Stoffwechselprozesse gehemmt. (Biochem. J. **59.** XXIII. März 1955. London, Imperial Coll. of Sci. and Technol., Res. Inst. of Plant Physiol.) W. SCHÖNBORN. 4460

G. Ss. Iljin und **K. B. Sserebrowskaja,** *Die Demethylierung des Nicotins und die Sauerstoffaufnahme durch Tabakpflanzen.* Bei der Infiltration von *Nicotin* (I) in die Blätter von *Nicotiana glutinosa* findet eine intensive O_2-Aufnahme statt; es steigt entsprechend die Ausscheidung von CO_2. Der Atmungskoeff. vermindert sich. Infiltration von *Anabasin* beeinflußt weder die O_2-Aufnahme, noch die CO_2-Ausscheidung. Dieser Unterschied im Verh. beider Alkaloide erklärt sich aus dem Unterschied ihrer Struktur (bei I Ggw. einer N-Methylgruppe). — Infiltration von I in die Blätter verschied. *Nicotiana* bewirkte eine beträchtliche Steigerung der O_2-Aufnahme bei den Nornicotin (II) enthaltenden Arten u. keine Steigerung bei I-haltigen. Die Steigerung der O_2-Adsorption betrug in μ/g Blattmasse: bei *N. glutinosa* von 35,01 auf 54,61, *N. glauca* von 28,18 auf 44,36, *N. multivalvis* von 44,93 auf 66,26, *N. longiflora* von 31,50 auf 63,27, *N. tabacum* von 40,84 auf 45,0. Bei *N. petiolaris* u. *N. affinis* verminderte sich die O_2-Adsorption entsprechend von 46,37 auf 37,14 bzw. von 76,28 auf 64,35. Die ersten vier Arten zeigen eine erhöhte Fähigkeit zur I-Umwandlung bei zusätzlicher O_2-Adsorption (umgewandelt 60—100% I); in *N. tabacum* u. *N. petiolaris* findet keine wesentliche Änderung des I-Geh. statt (umgewandelt 6—23%). Somit wurde gezeigt, daß die labile N-Methylgruppe im Pyrrolidinring des I sich leicht abspaltet, wodurch eine Umwandlung des I in II u. dessen Akkumulation in *Nicotiana* bedingt werden. Parallel mit der Demethylierung des I geht eine intensive O_2-Adsorption vor sich; entsprechend erhöht sich die ausgeschiedene CO_2-Menge. (Доклады Академии Наук СССР [Ber. Akad. Wiss. UdSSR] **118.** 139—41. 1/1. 1958. Bach-Inst. für Biochem. der Akad. der Wiss. der UdSSR.) M. GORDIENKO. 4460

C. Pyriki und **R. Müller,** *Die Veränderung der Alkaloide innerhalb der Pflanzenorgane verschiedener Nicotianaarten in Abhängigkeit vom Alter der Pflanzen.* Mit zunehmender Verholzung wird die Wurzel zum alkaloidreichsten Organ der Tabakpflanze. Erst später tritt dann eine Verlagerung der Alkaloide (I) in die Blätter ein. Nur bei den alkaloidarmen Sorten hat die Wurzel stets die meisten I. Es werden dann eine Reihe von

Tabakarten u. Kultursorten davon untersucht u. die Verteilung der Hauptalkaloide *Nicotin, Nornicotin* u. *Anabasin* in den verschied. Pflanzenorganen u. zu verschied. Altersstadien geprüft. (Ber. Inst. Tabakforsch. Dresden **5.** 127—44. 1958.)
H. FRANK. 4460

Raffaele Ciferri, Dino Rui, Giovanni Scaramuzzi, Renzo Candussio und **Silvio Bonfante,** *Die Bormangel-„Leptonekrose" des Ölbaums.* 3. Mitt. (2. vgl. Ann. Sperimentaz. agrar. [N. S.] **10.** [1956.] 25.) Die Symptome der Phloemnekrose von Ölbäumen verschwanden vollständig nach „Injektion" von *B(OH)*$_3$ in den Stamm. Je ca. 0,5 g $B(OH)_3$ in Pulverform wurden ca. 2 cm tief eingeführt. Die Ergebnisse der *Borsäure*-Düngung wurden hiermit bestätigt. (Ann. Sperimentaz. agrar. [N. S.] **10.** 335—56. 1956. Pavia, Labor. crittogam. ital. e Osservatorio per le Malattie della Plante; Verona, Osservatorio fitopatol. per il Veneto; Udine, Staz. chim.-agraria sperimentale.)
EBERHARD MÜLLER. 4470

Jiro Kato und **Masayuki Katsumi,** *Die Wirkung der Gibberelline auf Indolyl-(3)-essigsäureoxydase.* Die *Indolyl-(3)-essigsäureoxydase* (**I**)-Aktivität wurde durch *Gibberellsäure* (**II**) u. *Gibberellin A* im p_H-Bereich 3—8 nicht beeinflußt. Besprühung etiolierter Erbsenkeimlinge an 2 folgenden Tagen im Dunkeln (25°) mit **II**-Lsg. veränderte die **I**-Aktivität gegenüber derjenigen bei unbehandelten Kontrollen ebenfalls nicht. Die *Gibberelline* wirken anscheinend nicht auf den Auxinhaushalt u. haben offensichtlich einen anderen Wirkungsmechanismus als Auxin. (Naturwissenschaften **45.** 344. 2. Juli-H. 1958. Kyoto, Japan, Univ., Fac. of Sci., Dep. of Bot.) K. MAIER. 4485

N. S. Subba-Rao, *In vivo-Nachweis von Gibberellsäure in mit Fusarium infizierten Reispflanzen (Oryza sativa L.).* Es wird eine chromatograph. Meth. zum quantitativen u. qualitativen Nachw. von *Gibberellsäure* (**I**) in mit Fusarium moniliforme infizierten Reispflanzen beschrieben. **I**-Konz. u. Umfang der Bande bei Rundfilterpapierchromatographie (Entw. mit n-Butanol/CH_3COOH/W. 4:1:5; R_F 0,404) stehen in linearer Beziehung. Bei Oryza sativa var. MTU 9 wurde im Schößling stärkere **I**-Anreicherung gefunden als in Wurzeln. (Proc. Indian Acad. Sci., Sect. B **45.** 91—94. Febr. 1957. Madras, Univ., Botany Labor.) H. GOEBEL. 4485

Mürüvvet Hasman, *Die Beziehungen zwischen der molekularen Struktur verschiedener Wuchsstoffe und der Semipermeabilität lebender Membranen.* Vf. kontrolliert die Wrkg. verschied. lipophile Gruppen enthaltender Wuchsstoffe (*Phenyl-, Indolyl-, Naphthylessigsäure*) auf die Grenzschichtpermeabilität für W. der Wurzeln von Roten Rüben u. Kartoffeln. Die Ergebnisse der colorimetr. Best. (Anthocyaninexosmose) lassen keinen Einfl. auf die Semipermeabilität der Protoplasten erkennen. (Naturwissenschaften **45.** 573. 1. Dez.-H. 1958. Istanbul, Univ., Inst. für allgem. Botanik.)
R. LENSCHAU. 4485

Fred W. Tanner jr. und **Samuel C. Beesch,** *Antibiotica und Pflanzenkrankheiten.* Übersicht. Transport von *Antibioticis* (I) in Pflanzen, in vitro-Wrkg. gegenüber Pflanzenpathogenen; Krankheiten von Gemüsen (Bohne, Limabohne, Tomate, Erbse, Pfeffer usw.), Getreide, Kartoffeln, Tabak, Obst, Zierpflanzen, Gräsern, Pflanzenvirus u. Krongallen, neue Antibiotica. — 120 Literaturangaben. (Advances Enzymol. **20.** 383—406. 1958. Brooklyn, N. Y., Chas. Pfizer & Comp., Inc., Biochem. and Develop. Dep.)
K. MAIER. 4490

E_5. Tierchemie. Tierphysiologie. Tierpathologie.

Francis E. Luddy, R. A. Barford, Roy W. Riemenschneider und **John D. Evans,** *Die Fettsäurezusammensetzung der Lipidkomponenten aus Humanplasma und Atheromen.* Gewebelipide (**I**; aus Humanplasma u. Atheromen) wurden mittels fraktionierter Elutionschromatographie an Kieselsäuresäulen in die Komponenten *Kohlenwasserstoffe* (wenig PAe. + 1% Ae.), *Sterinester* (Elution mit PAe. + 1% Ae.), *Glyceride* (**III**; PAe. + 4% Ae.), *Sterine + freie Fettsäuren* (**II**; PAe. + 8 Ae.) u. *Phospholipide* (CH_3OH–Ae.; 1:3 u. 1:1) zerlegt. Die **II**-Zus. der **I**-Fraktionen wurde spektrophotometr. untersucht. Der Geh. der Plasma-**I** an mehrfach ungesätt. Säuren war viel größer als derjenige der entsprechenden Atherom-**I**. Bei letzten war der Ölsäuregeh. bedeutend höher. Der Geh. der Cholesterinester u. **III** aus Atheromen an gesätt. Säuren lag beträchtlich unter dem der entsprechenden Plasmafraktionen. (J. biol. Chemistry **232.** 843—51. Juni 1958. Philadelphia, Pa., Eastern Reg. Res. Labor., and Temple Univ., School of Med.)
K. MAIER. 4520

W. Mański und **H. Kozdroj,** *Ein Mucoprotein mit Blutgruppenaktivität.* Vff. beschreiben Darst. eines *Mucoproteins* (**I**) mit Blutgruppenaktivität (BA) aus Human- oder Schweinemagengewebe durch Pepsinverdauung des Gewebes bei p_H 2,0 u. 50°, anschließender fraktionierter Fällung u. fraktionierter Extraktion mit Äthanol. Gereinigtes **I**

war in Veronalpuffer, p_H 8,8, 8,0 u. 8,6, elektrophoret. einheitlich. Die Wanderungsgeschwindigkeit in Veronalpuffer, p_H 8,0, betrug $4{,}0 \cdot 10^{-5}$ $cm^2 \cdot sec^{-1} \cdot V^{-1}$. I zers. sich nicht während der Elektrophorese u. zeigte auch keine Veränderung bei Erhitzen im p_H-Bereich von 4—8. I wird bei 25%ig. Sättigung an Na_2SO_4 ausgesalzen; durch 10%ig. Trichloressigsäure wird I ohne Abspaltung von Peptiden gefällt. Die BA steigt an mit erhöhtem Reinheitsgrad, so daß für 100 Hämagglutinationseinheiten in 1 cm^3 Serum 6 γ I zur vollständigen Hemmung erforderlich sind. (Bull. Acad. polon. Sci., Sér. Sci. biol. **5.** 357—63. 1957. Warszawska, Polen, Polish Acad. of Sci., Inst. of Biochem. and Biophys.) G. BRATFISCH. 4520

J. J. Connell, *Untersuchungen über die Proteine des Fischskelettmuskels.* **4.** Mitt. *Ultrazentrifugenuntersuchung von Kabeljauextrakten.* (3. vgl. C. **1955.** 4136.) Vf. extrahierte frischen Kabeljaumuskel bei 0° u. so schnell wie möglich mit Puffer-Lsgg. von p_H 6,5 u. 7,5 u. verschied. Ionenstärke (0,05—0,50) u. untersuchte die Extrakte durch freie Elektrophorese u. Sedimentation in der Ultrazentrifuge. Es wurde gefunden, daß die bei niedriger Ionenstärke ($\leqq$0,2) lösl. Proteine eine unterschiedliche Extrahierbarkeit zeigen. Actomyosin ließ sich aus sehr frischem Muskel (aber nicht mehr nach Eintritt der Totenstarre) bei p_H 7,5 u. der Ionenstärke 0,1 extrahieren. In Extrakten der Ionenstärke $\geqq$0,3, bei p_H 6,5 u. 7,5 konnte monodisperses Myosin (**I**) nachgewiesen werden. **I** ist extrem labil u. aggregiert sowohl beim Stehen in der Kälte, als auch während der Fällung. (Biochem. J. **69.** 5—12. Mai 1958. Aberdeen, Food Invest. Org., Torry Res. Stat., Dep. of Sci. and Ind. Res.) E. SCHWERDTFEGER. 4520

I. N. Petrenko und **A. A. Karassikowa,** *Die Aminosäurezusammensetzung von Eiweißstoffen während des Reifeprozesses der Geschlechtsprodukte des Strömlings des Rigaer Meerbusens.* Der *Arginin* (**I**)-Geh. in den Muskeln der Strömlinge zeigte im 4. Reifungsstadium (RSt.) einen Abfall von 9,30 auf 5,18%. Bis zum 5. RSt. stieg *Histidin* (**II**) von 1,21 auf 1,65% im 5. RSt. fiel sein Geh. auf 0,90%. Während der Ovogenese ging der Geh. der Muskeln an *Tryptophan* (**III**) von 2,73 auf 1,02% u. an *Tyrosin* (**IV**) von 3,65 auf 2,66% zurück. Mit der Reifung der Gonaden verminderte sich der relative Geh. an *Methionin* (**V**) in den Muskeln von 3,69 aus 1,68%. Während des 6. RSt. stieg die Menge von **V**, **I** u. **II** unbedeutend an. Während des 2. RSt. der ♂ fanden sich einige essentielle Aminosäuren (*Lysin*, **II**, **I**, **V** u. **III**, in den Gonaden der ♀), außerdem *Threonin.* Während des 3. RSt. fand sich in den Gonaden beider Geschlechter die Gruppe der *Leucine.* Im 4. bis 5. RSt. fand sich in den Gonaden ein Komplex aus beinahe sämtlichen Aminosäuren, allerdings trat in den Gonaden der ♂ im Verlaufe der Spermatogenese eine Verminderung des **IV**-Geh. von 6,21 auf 0,74% ein. Die Speicherung des **II** in den Gonaden der ♂ war intensiver als bei den ♀. Bei diesen blieb der **II**-Geh. unverändert. In den Gonaden der ♀ u. ♂ vermehrte sich mit der Reifung **I** (7,70 auf 10,41%). In den Muskeln stieg **I** bei den ♂ mit der Reifung der Gonaden an; bei den ♀ ging sein Geh. zurück. (Доклады Академии Наук СССР [Ber. Akad. Wiss. UdSSR] **122.** 1071—72. 21/10. 1958. Allunions Forsch.-Inst. für Seefischerei u. Ozeanographie.) F. DU MANS. 4520

A. Dupont, *Pteridine in Fischschuppen.* In Schuppen nachstehender siames. Süßwasserfischspecies wurden papierchromatograph. (3%ig. NH_4Cl-Lsg. u. Butanol-5n Essigsäure, 2:1) *Xanthopterin* (**I**), *Ichthyopterin* (**II**) u. *Isoxanthopterin* (**III**) identifiziert: *Cyprinus carpio*, + (**I**), + (**II**), + (**III**); *Tilapia mossambica*, +, +, —; *Puntius javanicus*, —, +, +; *Osteochilus kasselti*, —, +, —; *Trichocaster trichopterus*, +, —, +; *T. pertoralis*, +, —, +; *Monopterus albus*, —, —, —; *Helostoma temmincki*, —, +, —; *Osphronemus goramy*, +, —, +; *Chanos chanos*, +, +, —. (Naturwissenschaften **45.** 267—68. 1. Juni-H. 1958. Bogor, Indonesia, Univ., Labor. for Org. Chem.)
K. MAIER. 4520

E. J. Dimelow, *In Armen und Stacheln des Haarsterns Antedon bifida (Pennant) vorkommende Pigmente.* Arme u. Stacheln von Antedon bifida (Pennant) wurden mit CH_3OH + 0,75% konz. HCl extrahiert u. der Extrakt mit PAe. u. W. versetzt (Carotinoide u. Lipide gehen in die Petrolätherphase). Die wss. CH_3OH-Phase enthält ein *rotes Pigment* (**I**), das sich bei p_H 5 ausäthern läßt. **I** erinnert an Hydroxynaphthochinonpigment aus *Arbacia* u. *Diadema*; in Ae. besitzt es Absorptionsbanden bei 262, 337 u. 460 mμ u. eine Inflektion bei 510 mμ. Die gelbbraunen Lipidgranula von Antedon enthalten *Lipofuscin.* In der Carotinoidfraktion wurden *β-Carotin, verestertes* u. *freies Astaxanthin* u. *Xanthophyll* nachgewiesen. (Nature [London] **182.** 812. 20/9. 1958. Reading, Univ., Dep. of Zool.) H. GOEBEL. 4520

E. Schreider, *Die Veränderungen von Na^+, Ca^{2+}, K^+ und H^+ im menschlichen Blut.* Die Unters. von kurz hintereinander u. dann im Abstand von 2 oder 3 Wochen entnommenen Blutproben ergab, daß die direkt zu bestimmenden interindividuellen Veränderungen des Na^+-, Ca^{2+}- u. K^+-Geh. des Plasmas nicht zu vernachlässigen sind u. daß die indirekt durch die Koeffizienten ermittelten intraindividuellen Schwankungen beträchtlich sind. — Bei Verwendung der H-Ionenkonz. statt des „mathemat.-logarithm. Begriffs“ des p_H-Wertes wurden nicht zu vernachlässigende interindividuelle Unterschiede zwischen venösem u. arteriellem Blut gefunden. Für die Homöostase lehnt Vf. deshalb die traditionelle Voraussetzung eines prakt. konstanten Milieus als mißverständlich ab. (Experientia [Basel] **14.** 74—76. 15/2. 1958. Paris, Labor. d'Anthropol.) H. CARLS. 4550

Hans Winterstein, *Die Hendersonsche Gleichung und die Reaktionstheorie.* Die von HENDERSON [1909] aufgestellte Gleichung wird hinsichtlich ihrer Bedeutung für den Säure–Basen-Haushalt des Organismus diskutiert. Dabei kommt Vf. zu dem Schluß, daß eine physikal.-chem. u. pharmakol. Analyse der unter verschied. physiol. u. patholog. Bedingungen zu beobachtenden Änderungen der Atemtätigkeit ein Verständnis der zugrunde liegenden Elementarvorgänge gestattet. Im Mittelpunkt stehen hier, vor allem bei erhöhter Atemtätigkeit, die durch Änderungen des Pufferungsvermögens des Blutes gemäß der HENDERSONschen Formel bewirkten Verschiebungen des dynam. Säure–Basen-Gleichgewichtes u. ihre Deutung durch die Reaktionstheorie. Bei depressor. Erscheinungen der Atmung scheint jedoch die stoffwechsellähmende sowie die narkot. Wrkg. der Kohlensäure die prim. Rolle zu spielen. (Klin. Wschr. **36.** 356—60. 15/4. 1958. München.) E. ÜHLEIN. 4550

Meier Burstein und **Jacques Oudin,** *Immunochemische Analyse einer Lipoproteinfraktion des menschlichen Serums.* Die *β-Lipoproteine* (**I**) des menschlichen Serums lassen sich in Ggw. von $CaCl_2$ quantitativ u. selektiv durch *Dextransulfat* fällen. Es wurde die immunochem. Rk. von **I** mit verschied. Kaninchenantiseren mittels eindimensionaler Geldiffusion untersucht. Die Ergebnisse zeigen, daß **I** nur ein Antigen aufweist u. daß die Fällung spezif. ist, da sich **I** im Überstand immunochem. nur in Spuren nachweisen läßt. Vff. schließen, daß **I** immunochem. homogen ist. (C. R. hebd. Séances Acad. Sci. **246.** 2187—90. 9/4. 1958.) E. SCHWERDTFEGER. 4551

William H. Boyce, Chalmers S. Pool, I. Meschan und **J. Stanton King jr.,** *Organische Matrix von Nierensteinen. Mikroradiographischer Vergleich der kristallinen Struktur mit mikroskopischen und histochemischen Untersuchungen.* Die Bldg. von Nierensteinen geht über Zusammenballung u. mol. Ausrichtung von *Mucoproteinen* (*Uromucoid* aus dem Übergangsepithel) u. anschließende, sek. Kristallablagerung der anorgan. Substanzen vor sich. (Acta radiol. [Stockholm] **50.** 543—60. Dez. 1958. Winston-Salem, N. C., Bowman Gray School of Med., and North Carolina Baptist Hosp., Dep. of Urol., Radiol. and Biochem.; North Little Rock, Ark., Vet. Administr. Hosp., Dep. of Radiol.) U. TAUSENDFREUND. 4552

John Campbell, *Fluor und Zahncaries. Fünfzig Jahre der Forschung.* Übersicht über die Erfahrungen bei Unterss. der Abhängigkeit der Zahncaries von dem F-Geh. des Trinkwassers in verschied. Städten. Bei minimalem oder fehlendem F-Geh. ist das Auftreten der Caries erheblich häufiger als in Orten mit höherem F-Gehalt. Extrem hohe F-Konzz. wirken sich zwar auf die Caries günstig aus, aber es treten unter solchen Bedingungen verfärbte oder fleckige Zähne auf. Als günstigster F-Geh. des W. wurde nach Großverss. der Wert 1 p.p.m. $\pm$ 10% festgelegt, bei dem keine Neben-Wrkgg. auftreten. Künstlich auf diesen Wert gebrachtes W. ist dem natürlichen mit 1 p.p.m. F gleichwertig. (Advancement of Sci. **15.** 221—30. Dez. 1958. Glasgow, Univ., Dep. of Preventive Dentistry u. Dental Hosp.) H. DOSSMANN. 4552

Patricia C. Brown, R. Consden und **L. E. Glynn,** *Beobachtungen über die Schrumpfungstemperatur von Kollagen und ihre Veränderung mit dem Alter und bei Krankheit.* (Vgl. C. **1959.** 526.) An *Kollagen* (**I**)-Fasern von Ratten u. Menschen (Autopsie u. Operationen) wurde n. in Phosphatpuffer (p_H 4 u. 7) u. nach Vorbehandlung mit 1 u. 2 mol. Salicylat (**II**) u. nachfolgender Trypsinbehandlung in einer beschriebenen Versuchsanordnung die Schrumpfungstemp. (T) bestimmt. Mit dem Alter stieg T beim Menschen signifikant an (53—62^0 beim Foetus 12—40 Wochen, 59—68^0 bei 45—88jährigen je nach **I**-Art). **II**-Behandlung erhöhte die Empfindlichkeit um ca. 30^0. **I** aus Uterus verhielt sich gleichsinnig, aber mit Werten ähnlich denen von Foeten. Auch fehlte hier vor dem Klimakterium die sonst typ. Fluorescenz im UV. 2 mol. **II**-Vorbehandlung ließ bei nachfolgender Trypsinverdauung ca. 50% von **I** abbauen. **I** aus Rheumaknoten fluorescierte nur sehr schwach, u. T. lag deutlich unter den Normalwerten für das betreffende Alter. (Ann. rheumatic Diseases **17.** 196—208. Juni 1958. Taplow near Maidenhead, Berks., Canadian Red Cross, Memorial Hosp., Special Unit for Juvenile Rheumatism.) H. FRANK. 4552

Ju. A. Sserebrowskaja, *Endokrines System, Coenzym A und Pantothensäure.* Übersicht. — 139 Literaturhinweise. (Проблемы Эндокринологии и Гормонотерапии [Probleme Endokrinol. Hormontherap.] **5.** Nr. 1. 108—20. Jan./Febr. 1959. Moskau, Bestrahlungslabor. des Unionsinst. für exp. Endokrinol.) F. DU MANS. 4558

T. Nicol und **D. L. J. Bilbey,** *Über Substanzen, die die Phagocytenaktivität des reticuloendothelialen Systems verringern.* Es wurde die Verringerung der Phagocytenaktivität (gemessen durch die Geschwindigkeit des Verschwindens einer bekannten Menge Kohle aus dem Blutkreislauf) einer Reihe von Verbb. nach subcutaner Zufuhr bei Mäusen ermittelt: a) subcutan in wss. Lsg. (Phagocytenindex *K* der Kontrolltiere nach Kohlegaben 26); *Cortison,* 7 (K-Wert nach Darreichung in wss. Lsg.); *Prednison,* 8; *Prednisolon,* 8; Kontrollen 13 (K-Wert, nach 0,05 ml Erdnußölgabe), *4-Hydroxytetraphenylmethan,* 8 (K-Wert; in Erdnußöl gelöst); *Sitosterin,* 10; *Androstalon,* 10; *Desoxycortonacetat,* 10; *Ergosterin,* 10; *1-[p-Hydroxyphenyl]-1.1.-diphenylpropan,* 10; *Lanosterin,* 11; *Cholesterin,* 11; *Stilben,* 11; *4.4'-Dihydroxydibenzyl,* 11; *4.4'-Dihydroxystilben,* 11; *3-[p-Hydroxyphenyl]-3-phenyl-n-pentan,* 11. Keine der Verbb. besaß große östrogene Wirksamkeit. (Nature [London] **182.** 606. 30/8. 1958. London, King's Coll., Dep. of Anat.) K. MAIER. 4558

Karl-Ludwig Petersohn, *Autoradiographische Untersuchungen über die Lokalisation von ^{32}P im Ovar von Kaninchen und Meerschweinchen.* Um Einblick in den Phosphorstoffwechsel des Ovars zu erhalten, wurde Kaninchen u. Meerschweinchen markiertes ^{32}P-Orthophosphat verabreicht. 6—48 Std. danach wurden die Tiere getötet u. Autoradiogramme von Gefrierschnitten der Ovarien angefertigt. Die vergleichende chem. Unters. der Gewebeschnitte zeigte, daß der Radiophosphor vorwiegend in *Nucleinsäuren* u. *Phospholipoiden* eingebaut war. Gesteigerter Nucleinsäureumsatz wurde in den Granulosabezirken wachsender u. reifender Follikel festgestellt, während der in blühenden Gelbkörpern aufgefundene hohe ^{32}P-Lipoidgeh. einen erhöhten Phospholipoidstoffwechsel anzeigte. (Geburtshilfe u. Frauenheilkunde **18.** 1399—1408. Dez. 1958. Kiel, Univ.-Frauenklinik.) S. WIRTZ. 4559

R. Eliasson, *Die in vitro-Bildung von Prostaglandin.* Aus Organen u. Samen-Fl. wurden durch Extraktion mit angesäuertem Aceton, Extraktion der nach Verdampfen enthaltenen wss. Phase mit Äthylacetat bei $p_H < 3$ u. Rückextraktion mit Phosphatpuffer bei $p_H > 7,5$ *Prostaglandin* (I)-Präpp. hergestellt u. die Aktivität am isolierten, atropinisierten Kaninchenduodenum bestimmt. Prostatadrüsen u. Schafvesiculardrüsen enthalten hiernach ca. 3—5 E./g Organ, Samen-Fl. 30—50 E./cm³. Nach Incubation von Vesiculardrüsenhomogenisat (V) in Phosphatpuffer, p_H 7,15, 38°, enthielt 1 g des Organs bis zu 50 E. I. Nach Incubation von V mit *Lecithinase A* (Quelle: *Naja naja*-Gift) stieg der I-Geh. auf 60 E./g (Kontrolle 25 E.). *Histaminliberator 48/80,* der nicht nur Histamin, sondern auch eine langsam reagierende Substanz freisetzt, hemmte die I-Bldg. (15 E./g). (Nature [London] **182.** 256—57. 26/7. 1958. Stockholm, Karolinska Inst., Dep. of Physiol.) K. MAIER. 4559

Scht. Milku und **A. Wrabijessku,** *Zur Frage der Follikulinwirkung auf die motorische Funktion des Darmes.* Bei Kaninchen mit chron. Darmfistel steigt innerhalb 2 bis $3^1/_2$ Std. nach Einführung von *Follikulin* (I) die Empfindlichkeit der Darminterreceptoren gegenüber Acetylcholin, u. zwar als Folge des Anstieges der Erregbarkeit der Nervenzentren, die eine führende Rolle in der Motilität des Darmes spielen. Zugleich sinkt die Erregbarkeit der effektor. Elemente des Darmes. Die Veränderungen sind im Frühling ausgeprägter als im Winter, wo die Empfindlichkeit der Receptoren u. des Nervenzentrums gegenüber I stark herabgesetzt ist. In den ersten 2 bis $3^1/_2$ Std. u. innerhalb weiterer 24 Std. nach Einführung von I tritt eine ausgeprägte Verminderung der Erregbarkeit der motor. Darminterreceptoren u. Nervenzentren ein. Die Reaktivität des effektor. Darmes weist dagegen keine Veränderungen auf. In den höheren Abschnitten des Zentralnervensyst. tritt in den ersten Std. nach Einführung von I ein Anstieg der Fähigkeit ein, die motor. bedingten Reflexe des Darms mit spontaner Depression während der nächsten Phase zu fixieren. Diese Ergebnisse zeigen, daß I eine 2phas. Veränderung in der Reaktivität der Elemente des visceralen Reflexbogens in der Höhe des Darmes hervorruft. Während der 1. Phase tritt funktionelles Gleichgewicht zwischen den zentralen u. effektor. Elementen ein. Während der 2. Phase ist das Gleichgewicht gestört; es ist durch herabgesetzte Reaktivität der Nervenzentren charakterisiert, ohne daß die Reaktivität des effektor. Organs ansteigen würde. Die Folgen dieser Störung sind eine Herabsetzung der Motilität des Darms u. eine Verlangsamung seiner Entleerung. (Проблемы Эндокринологии и Гормонотерапии [Probleme Endokrinol. Hormontherap.] **5.** Nr. 1. 44—50. Jan./Febr. 1959. Parhon. Inst. für Endokrinol. der Rumän. Volksrepublik.) F. DU MANS. 4559

Ss. K. Lessnoi, Je. A. Kakuschkina und **W. G. Orlowa,** *Zur Erforschung des Östrogenumsatzes bei Frauen mit akuten und subakuten entzündlichen Erkrankungen der Geschlechtsorgane.* Im 24-Std.-Harn beträgt der Gesamtgeh. an *Östrogenen* bei gesunden Frauen mit n. Menstruationcyclus (4 Beobachtungen) 60,8—221 γ, das Verhältnis von

Östradiol (I) + *Östron* (II) : *Östriol* (III) 0,6—2,5. Ähnliche Werte finden sich bei entzündlichen Erkrankungen der inneren Geschlechtsorgane mit n. Menstruation (3 Frauen; 18,8—181,2 γ bzw. 0,8—2,3), während bei gleichzeitigen Uterusblutungen (5 Frauen) an Östrogenen 28,2—257 γ ausgeschieden werden u. der Index bis auf 13,5 erhöht ist, was auf eine vermehrte Ausscheidung von **I** u. **II** im Vgl. zur Norm hinweist. Bei akuten eitrigen Prozessen der inneren Geschlechtsorgane (5 Frauen) wurden an Östrogenen 14,5 bis 229 γ ausgeschieden; der Index stieg bis auf 16, wobei in einigen Fällen überhaupt kein **III** mehr im Harn nachzuweisen war. Uterusblutungen bei akuten entzündlichen Erkrankungen der inneren Sexualorgane werden als Symptome einer Dysfunktion, nicht einer Hyperfunktion der Ovarien angesehen. (Проблемы Эндокринологии и Гормонотерапии [Probleme Endokrinol. Hormontherap.] **4.** Nr. 6. 72—77. Nov./Dez. 1958.)
E. RENTZ. 4559

N. W. Swetschnikowa, *Die Anwendung der Androgene in der klimakterischen Periode.* Übersicht über nichtsowjet. Literatur. — 28 Literaturhinweise. (Проблемы Эндокринологии и Гормонотерапии [Probleme Endokrinol. Hormontherap.] **5.** Nr. 1. 103—07. Jan./Febr. 1959. Kiew, Med. Bogomoletz-Inst., Lehrstuhl für Geburtshilfe u. Gynäkol., Städt. Ambulanz für Kropfbekämpfung.) F. DU MANS. 4559

N. W. Nowikowa und **I. I. Kusmenko,** *Einfluß von Natriumbromid, Methyltestosteron und Methyltestosteron in Kombination mit Natriumbromid auf die Eiweißstoffe des Blutserums von kastrierten Tieren.* In Verss. an 64 erwachsenen Kaninchen (♂, davon 54 kastriert) zeigte sich 3, 6 bzw. 9 Monate nach der Kastration im Blut ein Anstieg der polarograph. Wellenhöhe der Eiweißstoffe u. des Albumin-Globulin-Koeffizienten. *NaBr* führte zur Normalisierung des Pherogramms der kastrierten Tiere. *Methyltestosteron* (I) für sich u. in Kombination mit NaBr führte zu einer noch ausgeprägteren Normalisierung des Proteinbildes. Die Ergebnisse sprechen für die Wrkg. des Zentralnervensyst. auf den Eiweißstoffwechsel im Körper; daher kommen seine Verschiebungen unter der Einw. eines Br-Präp. u. **I**, vor allem einer Kombination der beiden. (Проблемы Эндокринологии и Гормонотерапии [Probleme Endokrinol. Hormontherap.] **5.** Nr. 1. 51—54. Jan./Febr. 1959. Charkow, Ukrain. Inst. für exp. Endokrinol., Physiol. Abt.)
F. DU MANS. 4559

P. Pots, *Testierung der peroralen Gestagenwirkung von Äthinylnortestosteronacetat.* Bei Kastration nach Ovarektomie oder Röntgenbestrahlung der Ovarien u. bei Frauen mit prim. oder langdauernder Amenorrhoe ergab sich, daß die orale Verabreichung von 5 mg *17α-Äthinyl-19-nortestosteronacetat* (*SH 420,* SCHERING) in 10 Tagen im Grundvers. nach KAUFMANN eine noch unvollständige Transformation des Endometriums bewirkt. Durch Gesamtdosen von 10—20 mg war eine Schleimhaut in n. Sekretionsphase zu sehen. (Klin. Wschr. **36.** 824—25. 1/9. 1958. Berlin, Univ.-Frauenklinik der Charité.)
G. KIMMERLE. 4559

George L. Foss und **S. Leonard Simpson,** *Orales Methyltestosteron und Gelbsucht.* Durch Leberfunktionsprüfungen wird gezeigt, daß durch *Methyltestosteron* eine Beeinträchtigung der Leberfunktion möglich ist. Da die beim Menschen durch Methyltestosteron auftretende Leberschädigung selten ist u. nicht zu einem Leberzellschaden führt, so daß nach Absetzen des Stoffes diese Symptome bald wieder verschwinden, ist von einer bes. Gefährdung durch Verabreichung dieses Stoffes nicht zu sprechen. Es wird nur empfohlen, Methyltestosteron nicht an Patienten zu geben, die einmal einen schweren Leberschaden gehabt haben. (Brit. med. J. **1959. I.** 259—63. 31/1. Bristol, United Bristol Hosp.; London, St. Mary's Hosp.) G. KIMMERLE. 4559

F. K. Beller und **U. Göbelsmann,** *Der Abbau von natürlichem und synthetischem Oxytocin durch Oxytocinase.* Nach Ausschaltung von vorhandenen Fehlermöglichkeiten, die in der Beeinflussung durch Lösungsmittel liegen, u. damit Schaffung gleicher Ausgangsbedingungen für den Abbau von natürlichem *Oxytocin* (*Orasthin,* HOECHST) u. dem synthet. Prod. (*Syntocinon,* SANDOZ) durch *Oxytocinase* (I) konnte keine Differenz zwischen n. u. synthet. Hormon festgestellt werden; beide Hormontypen wurden völlig gleichmäßig durch **I** abgebaut. (Klin. Wschr. **36.** 1005—08. 1/11. 1958. Tübingen, Univ., Frauenklinik.) U. TAUSENDFREUND. 4560

A. Dollander und **J. F. Brouant,** *Wirkung von LiCl und anderer Chemikalien auf die Reaktion von Melanocyten mit Adrenalin und Intermedin. Rana temporaria* wurden einmal auf schwarzem, ein anderes Mal auf weißem Untergrund 24 Std. gehalten, getötet u. die Hinterbeine abgetrennt. In eins davon wurde die Versuchslsg., in das andere eine Vergleichslsg. injiziert. In die Beine der auf schwarzem Untergrund gehaltenen Frösche wurde nach 30 Min. 0,0005 g *Adrenalin,* in die Beine der auf weißem Untergrund gehaltenen Frösche wurden 50 Elritzeneinheiten *Intermedin* injiziert u. der Farbwechsel beobachtet. Keine der untersuchten Verbb. gab ohne Hormon eine positive Reaktion.

Die Hemmwrkg. der Verbb. auf die Melanocyten-Rk. sinkt in folgender Reihenfolge ab: LiCl, Monojodessigsäure, KCl, NaCl u. Glucose (diese hat nur eine sehr geringe Hemmwrkg.). (C. R. Séances Soc. Biol. Filiales **149.** 1455—57. Juli 1955. Nancy, Fac. de Méd., Section d'Embryologie du Labor. d'Histologie.) A. GUDE. 4560

Ss. M. Leitess und **T. Ss. Jakuschewa,** *Der Einfluß des somatotropen Hypophysenhormons auf den Gehalt an Glykogen und Fett in der Leber und an Glykogen in den Herz- und quergestreiften Muskeln von normalen Tieren und bei experimenteller toxischer Hepatitis.* Bei gesunden weißen Ratten steigerte das somatotrope Hormon (I) 5 Std. nach seiner Verabfolgung den Fettgeh. der Leber u. verminderte die Glykogen (II)-Menge. Der II-Geh. in den quergestreiften Muskeln änderte sich nicht, im Herzmuskel stieg er bei bestimmter Dosierung an. Bei 5tägiger Einführung von I trat bei n. Tieren keine wesentliche Änderung der Fettmenge in der Leber bzw. der II-Menge in der quergestreiften u. Herzmuskulatur ein. Das II in der Leber zeigte eine Tendenz zur Abnahme. Bei tox. Hepatitis, hervorgerufen durch CCl_4, beugt 5tägige Einführung von I dem Gewichtsabfall der Tiere vor u. hemmt in Dosen von 2—3 mg etwas die Fettspeicherung in der Leber. (Проблемы Эндокринологии и Гормонотерапии [Probleme Endokrinol. Hormontherap.] **5.** Nr. 1. 3—7. Jan./Febr. 1959. Allunions Inst. für Endokrinol., Abt. für pathol. Physiol.) F. DU MANS. 4560

J. J. Kocsis, *Aufnahme von ^{32}P in verschiedenen phosphorhaltigen Fraktionen normaler, hypophysektomierter und ATCH-behandelter, hypophysektomierter Ratten.* In Unterss. verschied. ^{32}P-enthaltender Fraktionen des Gehirns zeigte Vf., daß sich das Absinken der ^{32}P-Aufnahme bei hypophysektomierten Ratten (♂, SPRAGUE-DAWLEY) durch subcutane Verabreichung von 10 I.E. *Adrenocorticotropen Hormons* auf den n. Stand rückgängig machen ließ. (Endrocinology **59.** 591—93. Nov. 1956. Chicago, Ill., Univ. of Chicago, Dep. of Pharmacol.) R. LESCHBER. 4560

B. B. Wosnessenski, *Über die Einwirkung des adrenocorticotropen Hormons (ACTH) auf den Blutkreislauf im Experiment.* Die Höhe des arteriellen Blutdruckes änderte sich in Verss. an Hunden nach ACTH nur unbedeutend. Bei 2 Tieren trat eine gewisse Senkung des Blutdrucks ein (von 170/120 auf 140/90 bzw. 140/90 auf 130/80 mmHg). Bei einem Tier stieg der Blutdruck von 150/110 auf 170/130. Beim 4. Tier mit einem hohen Anfangsblutdruck (180/130 mmHg) traten unregelmäßige Schwankungen ein. Das EKG wurde durch ACTH nicht vermindert. Die Rk. auf Adrenalin war unbedeutend verstärkt, nur beim 4. Tier unbedeutend verändert. Sämtliche Tiere zeigten Situationshypertensie: der Blutdruck stieg infolge bedingter Reflexe. in der Kammer um 20—30 mm. Am Tage nach der 1. Injektion von ACTH trat eine Umkehrung der bedingten Blutdruck-Rk. ein (Hemmung). Ab 3. Tag nach ACTH trat eine Verstärkung der durch Aminazin (I) verursachten Bradycardie ein. Die Sinusarrhythmie war gleichzeitig gegenüber der Kontrolle erhöht. Die hypotensive Wrkg. von I war dagegen erheblich vermindert. Nur beim 4. Tier trat nach der ACTH-Behandlung eine erhebliche Verstärkung der hypotensiven Wrkg. von I ein. Die adrenolyt. Wrkg. von I wurde durch ACTH verstärkt. Wiederholte Einführung von ACTH rief deutliche funktionelle Verschiebungen innerhalb des Kreislaufes hervor, der nun gewisse Veränderungen der Empfindlichkeit der Tiere gegenüber einigen humoralen u. neurogenen Einww. aufweist. Der Ausfall der Verss. hing vielfach von individuellen Eigenheiten der Tiere ab, vor allem von der Art ihrer vegetativen Reaktionen. (Проблемы Эндокринологии и Гормонотерапии [Probleme Endokrinol. Hormontherap.] **5.** Nr. 1. 24—30. Jan./Febr. 1959. Moskau, 1. Med. Ssetschenow-Inst., Lehrstuhl für pathol. Physiol.) F. DU MANS. 4560

Herbert Wells, F. Norman Briggs und **Paul L. Munson,** *Die Inhibitorwirkung von Reserpin auf die ACTH-Sekretion in bezug auf Stressanreger.* Reserpin (I)-Injektionen riefen bei jungen ♂ Albinoratten akute Hypersekretion des adrenocorticotropen Hormons hervor. Vff. ermittelten dies durch Konzentrationsbest. von *Ascorbinsäure* (II) in der Nebenniere. Nach 5—7tägiger Anwendung in Dosen von 0,125 mg I/100 g/Tag blieb die Rk. aus, u. bei der Anwendung von 2 Stress-Stimulantien, *Ae.* u. *Histamin,* zeigte I Inhibitorwirkung. Die behandelten Tiere überstanden Hypophysektion u. zeigten keine Beeinträchtigung der basalen Nebennierenrindensekretion. Hypophysektomierte Tiere zeigten ebenfalls wie n. bei Behandlung mit I Erniedrigung der II in der Nebenniere. *Nalorphindihydrochlorid* zeigte keinen Antagonismus zu I. (Endocrinology **59.** 571—79. Nov. 1956. Boston, Mass., Harvard Univ., School of Dent. Med. and Med. School, Biol. Ress. Labors., Dep. of Pharmacol.) R. LESCHBER. 4560

F. M. Sturtevant, *Die Biologie der metacorticoiden Hypertonie.* Unter metacorticoider Hypertonie versteht man das Krankheitsbild nach fortlaufender Überdosierung von *Desoxycorticosteronacetat* u. *Na* in der Kost. Die Symptome ähneln sehr stark der essentiellen Hypertonie. Über die bisher dazu bekannte Literatur wird berichtet. — 102 Literaturangaben. (Ann. intern. Med. **49.** 1281—93. Dez. 1958. Chicago, Ill., Searle and Co., Div. of Biol. Res.) G. KIMMERLE. 4561

M. Herrmann und **G. Winkler,** *Volumen der Nebennierenrindenzellkerne und 17-OH-Corticoidausscheidung bei Diphtherietoxin-vergifteten Meerschweinchen nach langfristiger Cortisonvorbehandlung.* Meerschweinchen erhielten nach *Cortison* (**I**)-Vorbehandlung (28 Tage je 5 mg) *Diphtherietoxin* (**II**)-Gaben. Erst vom 11. Tage ab nach Absetzen der **I**-Vorbehandlung traten die nach **II**-Vergiftung typ. Veränderungen auf: Hämorrhag. Nekrose des Nebennierenrindengewebes infolge verstärkter Ausschüttung von corticotropem Hormon, ferner Vergrößerung der Zellkernvolumina in der Zona fasciculata aber das Normalmaß u. deutlicher Anstieg der *17-Hydroxycorticoidausscheidung* im Harn. (Naturwissenschaften **45.** 267. 1. Juni-H. 1958. Gießen, Justus-Liebig-Univ., Anatom. Inst.) K. MAIER. 4561

J. V. Hurley, E. Storey und **K. N. Ham,** *Die Wirkungen von Aminoacetonitril und Cortison auf den Heilungsprozeß von durch Terpentin hervorgerufenen Abszessen bei der Ratte.* Vff. rufen bei n. ernährten SPRAGUE-DAWLEY- u. WISTAR-Ratten durch subcutane Injektion von Terpentin (**I**; 0,25 ml) u. Luft (0,75 ml) künstlich Abszesse hervor u. geben den Tieren innerhalb einer Versuchszeit von 2—19 Tagen nach **I**-Zufuhr Aminoacetonitril (**II**; 10—20 mg/Tag) bzw. *Cortisonacetat* (**III**; 5 mg/Tag) bzw. **II** u. **III** zusammen in gleicher Dosis. Die gebildeten Geschwüre werden histolog. mit Hilfe verschied. Anfärbemethoden untersucht. Ferner werden die Kontraktionstempp. der Wandungen des Abszesses u. die capilläre Permeabilität (durch intravenöse Injektion von 0,5 ml 1%ig. Evansblau-Lsg.) bestimmt. **II** u./oder **III**-Applikationen bewirken bei Jungtieren Wachstumsverzögerungen u. Skelettdeformationen, die bei erwachsenen nicht auftreten. Diese zeigen jedoch ein apath. Verh. u. einen Verlust des Fellglanzes nach 7tägiger **II**-Behandlung. Die Entw. der Geschwüre wird durch **II** oder **III** in den ersten Tagen nach **I**-Zufuhr kaum beeinflußt. **II** verzögert die Bldg. von eitrigem Kollagen in den Wandungen des Abszesses u. die Proliferation der Fibroblasten, ohne daß das Auftreten patholog. amorpher intracellulärer Substanz vermieden wird, während das am stärksten wirksame **III** nicht nur eine Lokalisation der Abszesse verhindert, sondern auch die Entw. derselben unter Bldg. von neuem u. Bindegewebe hemmt. Die Kontraktionstemp. verändert sich im Vgl. mit den Kontrolltieren nach **II**- oder **III**-Gaben nicht. **II** besitzt keine lokale dilatator. Wrkg. auf die Capillaren. Die Ergebnisse zeigen, daß **II** u. **III** unabhängig voneinander die Bldg. von n. Bindegewebe stimulieren u. bes. **III** den Heilungsprozeß unter Verminderung der Entzündungstendenz fördert. (Brit. J. exp. Pathol. **39.** 119—27. April 1958. Melbourne, Univ., Dep. of Pathol.) P. FAHRNLAENDER. 4561

H. Starlinger, *Die tageszeitlichen Schwankungen in der Elektrolyt- und 17.21-Dihydroxy-20-ketosteroid-Ausscheidung im Harn und ihre Änderungen durch verschiedene Arbeits- und Klimabedingungen.* Im Verlauf eines Tages wurde an gesunden Personen bei wechselnden Versuchsbedingungen die Ausscheidung von Na^+, K^+, Cl^- u. PO_4^{3-} untersucht. Ferner wurde als Kontrolle der Nebennierenrindenfunktion die Best. von *17.21-Dihydroxy-21-ketosteroiden* (**I**) im Harn durchgeführt. Die Ergebnisse über die Änderungen der Elektrolytkonz. stimmten im ganzen gesehen weitgehend mit den aus der Literatur bekannten Befunden überein. Eine einfache Beziehung zwischen der Na^+-, K^+- u. **I**-Ausscheidung im Harn war nicht zu erkennen. (Int. Z. angew. Physiol. einschl. Arbeitsphysiol. **17.** 341—70. 1958. Dortmund, Max-Planck-Inst. für Arbeitsphysiol.) S. WIRTZ. 4561

Erik Andersson und **Mogens Schneidel-Bach,** *Bestimmung von 17-Hydroxycorticoiden im Harn. 17.21-Dihydroxy-20-ketosteroide.* Nach der von REDDY (Metabolism **3.** [1954.] 489) modifizierten Meth. von PORTER u. SILBER wurde im Harn von 67 Männern ein Durchschnittswert von 8,42 ± 4,56 mg Gesamt-*17.21-Dihydroxy-20-ketosteroide* (**I**)/ 24 Std., bestimmt als Cortison, gefunden, bei 37 Frauen 8,22 ± 4,88. Die Nachtwerte betrugen ca. 50% der Tageswerte. Nach Stimulation mit ACTH, sowie bei Cortisonbehandlung von Morbus-Addisoni-Patienten erfolgt ein Anstieg der **I**-Werte. Bei Patienten mit Nebenniereninsuffizienz wurden deutlich herabgesetzte **I**-Werte gefunden. (Ugeskr. Laeger **120.** 1316—19. 2/10. 1958. København, Militaerhospital.) S. BECKMANN. 4561

O. Grüner, *Adrenalin und Blutalkoholkurve im Rahmen unfallbedingter „Stress"-Wirkung.* 10 jugendliche Versuchspersonen erhielten nach einem A.-Trunk (0,75 g A./kg Körpergewicht) 1 ml 1‰ *Suprarenin*-Lsg. (**I**) subcutan. 2—4 Std. nach Versuchsbeginn erfolgte eine halb-, nach der Injektion (3. Std.) 2mal ¼std. Best. der Blutproben nach WIDMARK. — Die Blutkonz. an A. fällt innerhalb der ersten 3—3¼ Std. nach dem

Probetrunk im Durchschnitt bei 9 von 10 Versuchspersonen um 0,08% A./15 Min. ab, maximal um 0,16‰ Alkohol. Danach erfolgt innerhalb ca. 15 Min. ein steiler Wiederanstieg auf die Höhe vor dem Kurvenabfall. Ein Fall zeigte keine durch **I** ausgelöste Zacke. Der Konzentrationsabfall durch **I** beruht auf Regulationen durch das Hypophysen-NNR-Syst., so daß das „Stunden β" (durchschnittlicher Abfall der Konzentrationskurve im Gegensatz zu vorübergehenden Konzentrationsschwankungen) kein Maß für den Abfall im Blut u. für die Rückrechnung der aufgenommenen A.-Menge sein kann. (Dtsch. Z. ges. gerichtl. Med. **48.** 4—13. 1958. Frankfurt/M., Univ., Inst. für gerichtl. u. soziale Med.) H.-W. Kreysel. 4561

A. Je. Paschtschenko, *Das Adrenalin im Blut von Kaninchen mit experimenteller Hypercholesterinämie (Atherosklerose).* Während im Blut n. Kaninchen der Gesamt-*Cholesterin* (**I**)-Geh. bei der Mehrzahl der Tiere zwischen 33 u. 90 mg% schwankt, kommt es nach täglicher Verabreichung von 0,2 g **I**/kg in 10%ig. Öllsg. mit der Schlundsonde nach 105—125 Tagen zu einer Hypercholesterinämie (Hch.) von 870—1800 mg%. Gesamt-*Adrenalin* (**II**) wird n. bei ca. 24% der Kaninchen, bei Hch. etwa doppelt so häufig gefunden, u. zwar in einer Konz. von 13—38 γ%. Die Häufigkeit von freiem u. gebundenem **II** folgt der gleichen Gesetzmäßigkeit wie das Gesamt-**I**. **I**-ähnliche Substanzen (Chromogene), welche n. bei ca. 70% der Kaninchen in der Konz. von 13—57 γ% gefunden werden, lassen sich während der ersten 15—30 Tage der **I**-Fütterung seltener, während der letzten 105—125 Tage des Vers. häufiger feststellen als in der Norm. Mit der Entw. der Hch. kommt es auf der Basis einer gesteigerten Erregbarkeit der Großhirnrinde zu einer Erhöhung des Tonus des sympathico-adrenalen Systems. (Вопросы Медицинской Химии [Fragen med. Chem.] **4.** 125—30. März/April 1958. Charkow, Med. Inst., Lehrstuhl für biol. Chem.) E. Rentz. 4561

L. M. Golber und **M. P. Ratnijetze,** *Einfluß des Barbamyls auf den Charakter der glykämischen Reaktion nach Zufuhr von Adrenalin bei experimenteller toxischer Hepatitis* Bei erwachsenen Kaninchen wurde durch Verabfolgung von CCl_4 eine Hepatitis erzeugt. Die Veränderung der durch Adrenalin erzeugten glykäm. Rk. unter den Einfl. von *Barbamyl* (**I**) war bei den hepatitiskranken Tieren weniger stark als bei den normalen. Der hyperglykäm. Koeff. war vermindert. Nur der postglykäm. Koeff. war bei den vergifteten Tieren erheblich höher als bei den n. (1,63 gegen 1,28). Damit wird die Verstärkung der Adrenalinhyperglykämie durch **I** bestätigt. Die weniger ausgeprägte hyperglykämierende Wrkg. des **I** bei kranken Tieren hängt mit der Verminderung des Glykogenvorrats in der Leber zusammen. (Проблемы Эндокринологии и Гормонотерапии [Probleme Endokrinol. Hormontherap.] **5.** Nr. 1. 63—65. Jan./Febr. 1959. Riga, Med. Inst., Lehrstuhl für pathol. Physiol.) F. du Mans. 4561

H. Weil-Malherbe, *Die fluorimetrische Bestimmung von Adrenalin und Noradrenalin im Plasma.* Vorläufige Mitt. der C. **1958.** 2533 referierten Arbeit. (J. Physiology **135.** 44 P—45 P. 15/2. 1957. Wickford, Essex, Runwell Hosp.) K. Bohle. 4561

Olavi Eränkö, *Histochemischer Nachweis von Noradrenalin im Nebennierenmark des Hamsters.* Sowohl bei Verwendung der Fluorescenzmeth. zum Nachw. von *Noradrenalin* (**I**) (durch Bldg. einer schwach wasserlösl. fluorescierenden Verb. bei Einw. von Formalin [**II**] auf **I**) als auch bei Verwendung der chem. völlig verschiedenen Jodatmeth. (durch Einw. einer Kaliumjodat [**III**]-Lsg. auf **I**) lassen sich prinzipiell die gleichen Ergebnisse bei topograph. Best. des **I**-Geh. in Nebennierenmarkschnitten erzielen. Die Methoden unterscheiden sich durch die Anwendungsmöglichkeit der ersten bei frischen Schnitten (gefrorene Schnitte tauenlassen in 10% **II** mit 1% $CaCl_2$, nach 2—6 Std. Einbetten in Glycerin u. Prüfung der Fluorescenz) u. die Verwendung der zweiten nur an größeren Organteilen (diese über Nacht in gesätt. **III**-Lsg., dann Fixierung für 2—6 Std. in **II** u. Anfertigung von Schnitten). Die bei mkr. Unters. bei der zweiten Meth. feststellbare Ausdehnung der Färbung außer auf das Cytoplasma der betreffenden Zellen auch auf die Kerne läßt sich durch Diffusion erklären. (J. Histochem. Cytochem. **4.** 11—13. Jan. 1956. Helsinki, Inst. of Occupat. Health, Physiol. Dep.) U. Tausendfreund. 4561

A. H. Schein, *Ist Xanthinoxydase in Schilddrüsen von Säugetieren zugegen?* In den Schilddrüsengeweben von Kühen, Ochsen, Kaninchen, Schweinen, Katzen u. Hunden, konnte keine Xanthinoxidase-Aktivität gefunden werden. (Endocrinology **59.** 596—97. Nov. 1956. Burlington, Vt., Univ. of Vermont, Coll. of Med., Dep. of Biochem.) R. Leschber. 4562

Joseph P. Kriss, Francis S. Greenspan, William H. Carnes und **William Lew,** *Durch Kobalt in der Schilddrüsenfunktion von Küken verursachte Veränderungen.* Es wurde jungen Leghornküken *thyreotropes Hormon* (**I**; 25 mE. U.S.P.), *$CoCl_2$* (0,2—5,8 mg Co^{2+}/Tier), *Propylthiouracil* (**II**; 10 mg/Tier) u. *L-Trijodthyronin-Natrium* (**III**, 2,5 μg/

Tier) intraperitoneal einzeln oder kombiniert u. 1 Std. danach 2 μC ^{131}J intracardial oder 25 μC ^{32}P intraperitoneal gleichzeitig verabreicht. I verursachte neben II einen Anstieg der ^{131}J- u. ^{32}P-Aufnahme. Erste wurde durch Co^{2+} unterdrückt, letzte proportional der Menge Co^{2+} gesteigert. Große Mengen Co^{2+} üben jedoch einen negativen Einfl. bzgl. der Erschöpfung an Kolloiden („colloid depletion") aus. Durch Verss. mit II u. III wurde bewiesen, daß Co^{2+} in der Schilddrüsenzelle eine Rk. hervorruft, die durch Hemmung der endokrinen Funktion u. Anstieg der ^{32}P-Aufnahme sichtbar wird. Vff. neigen zu der Auffassung, daß eine krit. Co^{2+}-Konz. bei der Goitrogenese insofern mitbeteiligt sein kann, als sie schon die ^{131}J-Aufnahme unterbindet, andererseits aber die I-induzierte Hyperplasie noch nicht blockiert. (Endocrinology **59.** 555—64. Nov. 1956. San Francisco, Calif., Stanford Univ., School of Med., Dep. of Med. and Pathol.) R. LESCHBER. 4562

A. M. Ermans, *Einfluß der thyreoidalen Aktivität auf die Austauschgeschwindigkeit des in den Erythrocyten enthaltenen Phosphors. Physiologische und klinische Untersuchungen.* Vf. überprüfte die Radioaktivität des zirkulierenden Blutes, nachdem zuvor mit ^{32}P markierte Erythrocyten injiziert worden waren, u. die Geschwindigkeit mit der der in den Erythrocyten enthaltene P an das Plasma abgegeben wurde. Es wurde gezeigt, daß die P-Abgabe an das Plasma von einem an die Glykolyse gebundenen Stoffwechselprozeß bestimmt wird u. daß es sich bei der für diesen Austausch verantwortlichen Rk. wahrscheinlich um die Phosphorolyse der Adenosintriphosphorsäure handelt. Das thyreoidale Hormon hat einen merklichen Einfl. auf die P-Abgabe der Erythrocyten, wobei die jeweils feststellbaren Unterschiede mit den durch das Hormon allg. ausgelösten metabol. Prozessen deutlich parallel verlaufen. (Ann. Bull. Soc. roy. Sci. méd. natur. Bruxelles **11.** 319—472. 1958. Bruxelles, Univ., Clin. Méd. de l'Hôp. Saint-Pierre et Labor. de Méd. Expér., Dép. des Isotopes Radioactifs.) H. P. FIEDLER. 4562

A. M. Ermans und **P. A. Bastenie,** *Austauschgeschwindigkeit von Phosphat in roten Blutzellen. Wirkung von Schilddrüsenhormonen.* (Vgl. auch vorst. Ref.) Mit der von Vff. früher ausgearbeiteten Meth. der Best. des ^{32}P-Koeff. wurde beim euthyreoiden Menschen ein mittlerer Wert von $4{,}4 \pm 0{,}3 \cdot 10^{-4}$/Min. gefunden, beim hyperthyreoiden ein solcher von $5{,}3 \pm 0{,}4$ u. beim hypothyreoiden $3{,}3 \pm 0{,}4$. Bei der Ratte mit einem mittleren Wert des $s^{32}P$ von $7{,}9 \pm 0{,}5 \cdot 10^{-4}$/Min. wurde nach 30 Tagen Behandlung mit Schilddrüsenextrakt ein Mittelwert von $7{,}9 \pm 0{,}4$ erreicht u. nach gleichdauernder Behandlung mit Methylmercaptoimidazol ein solcher von $5{,}7 \pm 0{,}5$. Die lösl. Phosphatkonz. war bei diesen verschied. Bedingungen nicht merklich verändert. Es bestand eine enge Beziehung der Schwankung des $s^{32}P$-Koeff. u. des Grundsauerstoffverbrauchs. Verss. in vitro ergaben, daß das Schilddrüsenhormon offenbar direkt auf den Phosphatumsatz wirkt. (Nature [London] **183.** 679—80. 7/3. 1959. Brussels, Univ., St. Peter Hosp., Med. Clin. and Isotop. Labor.) J. SCHWAIBOLD. 4562

J. Ramsey Bronk, *Einige Thyroxineffekte auf die oxydative Phosphorylierung in Mitochondrien-Bruchstücken und intakten Mitochondrien.* Vf. untersuchte die Wrkg. von *Thyroxin* u. einiger Analoga auf die oxydative Phosphorylierung in Rattenlebermitochondrien u. deren Bruchstücken die durch Beschallung hergestellt wurden. Best. der O_2-Aufnahme mit der O_2-Elektrode nach CLARK; P-Aufnahme mit ^{32}P. Thyroxin bewirkt einen Anstieg der Phosphorylierungsprozesse, jedoch eine Hemmung, wenn im Reaktionsmedium präincubiert wird. Reaktionsmedium: Für Mitochondrien 2 (μMol) Adenosindiphosphat (ADP), 15 Adenosinmonophosphat (AMP), 5 Bernsteinsäure, 20 Phosphat, p_H 7 (10^6 Impulse/Min.), 200 Rohrzucker, 0,7 mg Protein-N; Thyroxin in Konzz. von $2 \cdot 10^{-5}$ mol. Für Mitochondrien-Bruckstücke: 10 (μMol) ADP, 10 AMP, 10 $MgCl_2$, 20 Phosphat, 0,19 mg Protein-N. Der Anstieg der Phosphorylierungsprozesse ist jedoch nicht mit einer Hemmung der *Adenosintriphosphatase*-Aktivität identisch. Bei Mitochondrienbruchstücken ist gleichzeitig ein Anstieg der allg. Oxydationsaktivität zu beobachten, die bei intakten Mitochondrien fehlt. Von den drei ebenfalls untersuchten Analogen *Trijodthyronin, Dijodthyornin* u. *Tetrachlorthyronin* hatte nur das erste eine dem Thyroxin entsprechende, jedoch viel geringere Wirkung. (Biochim. biophysica Acta [Amsterdam] **27.** 667—68. März 1958. Bethesda, Md., Nat. Heart Inst., Nat. Inst. of Health, Labor. of cell. Physiol. and Metabol.) U. LASCHET. 4562

Kathleen E. Roberts, George Firmat, John Prunier, Morton K. Schwartz und **Rulon W. Rawson,** *Steigender Einfluß von Phosphat auf die Wirkungsweise des Trijodthyronins.* Hunden wurden Trijodthyronin (I) u. *4 Na_2HPO_4 + NaH_2PO_4* (0,07 bis 0,2 Mol) verabfolgt u. nur bei gleichzeitiger Anwendung folgende Symptome beobachtet: Tachycardie, Tachypnoe, Hyperthermie, ansteigender O_2-Verbrauch, Erniedrigung des Plasma-Mg^{2+}-Geh. u. respirator. Alkalose. Der Tod trat innerhalb 3 Std. ein. (Endocrinology **59.** 565—70. Nov. 1956. Sloan-Kettering Inst., Mem. Center, Dep. of Med., Surg. and Biochem.; and Andre and Bella Meyer Physiol. Labors.)
R. LESCHBER. 4562

Thorkild Friis, *Thyroxinstoffwechsel beim Menschen, geprüft mittels ^{131}J-L-Thyroxin.* 31 Patienten mit verschied. Schilddrüsenerkrankungen erhalten intravenös 40 bis 60 μC *^{131}J-L-Thyroxin* (I). Bei hypermetabol. u. strumektomierten Patienten wurde der gleiche I-Stoffwechsel wie bei n. Versuchspersonen ermittelt, bei denen die biol. I-Halbwertzeit im Plasma zwischen 7 u. 9 Tagen schwankt; sie ist bei thyreotox. u. hepatit. Patienten verkürzt, bei 4 von 6 hypometabol. Patienten u. einem Patienten mit Myxödem verlängert. Bei den meisten Patienten wurden im Verlauf von 10 Tagen 25—30% der Radioaktivität in der Leber, 20—30% im Urin u. 10% in den Faeces nachgewiesen. Bei hepatit. Patienten war der I-Geh. der Leber meist geringer, der der Faeces erhöht. Bei allen Patienten wurde im Urin nur radioakt. J^-, aber kein I gefunden. (Acta endocrinol. [Copenhagen] **29.** 587—601. Dez. 1958. Copenhagen, Copenhagen County Hosp., Med. Dep.) H. P. FIEDLER. 4562

Pablo E. Fletcher, Jorge Litvak und **John B. Stanbury,** *Fähigkeit normaler Versuchspersonen zur Dejodierung von Jodthyrosin.* Um die in vivo-Fähigkeit des Gewebes, Jodthyrosin zu dejodieren, zu ermitteln, wurden 15—50 μC mit ^{131}*J* markiertes *l-Monojodthyrosin* (I) u. *l-Dijodthyrosin* (II) zusammen mit unterschiedlichen Dosen an stabilem *l*-I u. *l*-II intravenös oder oral an n. Versuchspersonen verabreicht. Die Menge an dejodiertem u. mit dem Urin ausgeschiedenem II war von der verabreichten II-Dosis abhängig. I wurde selbst bei hohen Dosen im Urin stets abgebaut nachgewiesen. Es wird angenommen, daß bei der Kontrolle der II-Dejodinaseaktivität in vivo in einem Bereich, in dem die Dejodierung der Dosis proportional ist, eine maximale Differenzierung zwischen n. Versuchspersonen u. solchen Patienten möglich ist, bei denen ein partieller II-Dejodinasedefekt feststellbar ist. Die rechtsdrehenden Isomeren des I u. II werden kaum oder gar nicht weder in vivo nach intravenöser Verabreichung noch in vitro durch Leber- oder Thyreoideahomogenate dejodiert. (Acta endocrinol. [Copenhagen] **29.** 307—14. Okt. 1958. Boston, Mass., Harvard Med. School, Dep. of Med.; Massachusetts Gen. Hosp., Med. Serv.) H. P. FIEDLER. 4562

S. W. Mayer, B. W. Dimick und **F. H. Kelly,** *Weitere Beobachtungen über den ^{131}J-Stoffwechsel eingefrorener Schilddrüsenschnitte.* Vff. untersuchten an Rinderschilddrüsenschnitten, die 2 Wochen in isoton. Salzlsg. bei —16° eingefroren u. nach dem Auftauen mit 20 μC ^{131}J in KREBS-RINGER-Bicarbonatpuffer incubiert worden waren, den Stoffwechsel von ^{131}J. Sie fanden proteingebundenes ^{131}J bes. im Follikularepithel lokalisiert, wie durch Autoradiogramme von Gewebeschnitten u. deren Papierchromatogramme (tert.-Amylalkohol–Aceton–NH_4OH) gezeigt wurde. Frische Schnitte, die in N_2 oder Luft incubiert wurden, banden ^{131}J vornehmlich als *Monojodthyrosin* (Spuren *Dijodthyrosin*). (Endocrinology **59.** 586—90. Nov. 1956. Long Beach, Calif., Veterans Admin. Hosp., Radioisotope Res. Unit.) R. LESCHBER. 4562

Th. Meese und **C. Winkler,** *Über die Nierenausscheidung von radioaktivem Jodid als Maßstab der Schilddrüsenfunktion.* An zahlreichen Schilddrüsenpatienten wurde nach intravenöser Verabreichung von 50 μC ^{131}*J* die Urinausscheidung von ^{131}J untersucht. Die Verss. zeigen, daß dem Urinausscheidungstest nach 24 Std. für die Beurteilung der Thyreoidalfunktion nur eine begrenzte prakt. Bedeutung zukommt. (Dtsch. med. Wschr. **83.** 1855—57. 17/10. 1958. Bonn, Chirurg. Univ.-Klinik, Isotopenlabor.; Med. Univ.-Poliklinik.) H. P. FIEDLER. 4562

Jean Roche, Raymond Michel und **Marcelle Gruson,** *Über die biliäre Ausscheidung des 3.5.3'-Trijodthyronins als gepaarte Schwefelsäure nach Thyroxininjektion.* Thyreoidektomierten Ratten wurden 3 Wochen nach der Operation 0,4 μg *L-Thyroxin* (I), das in 3- u. 5-Stellung radioakt. markiert war, injiziert. Durch Choledochusfistel wurde 18 Std. lang Galle aufgefangen, sie enthielt 13% der radioakt. Substanz. Die Elektrophorese [WHATMAN-Papier 3 MM, Träger 0,05 mol. $(NH_4)_2CO_3$, p_H 9, 480 V, 15 mA, 5 Std.] zeigt in 2 Bändern die radioakt. Bestandteile. Außer I findet sich noch eine Substanz, die *dem Schwefelester des 3.5.3'-Trijod-L-thyronins* (II) entspricht. Im Chromatogramm mit n-Butanol, gesätt. durch 2n NH_4OH, wird II bestimmt. Aus der II-Ausscheidung nach I-Injektion wird die endogene II-Bldg. gefolgert. Es ist nicht unmöglich, daß das veresterte II ein extrahepat. Prod. ist u. sowohl nach I- als auch nach II-Injektion auch im Plasma gefunden wird. (C. R. Séances Soc. Biol. Fialiales **152.** 1324—28. 1958, herausg. 31/1. 1959. Paris, Coll. de France, Labor. de Biochim. gén. et comparée.) U. BALZER. 4562

Oscar Bodansky, Richard S. Benua und **Gina Pennacchia,** *Eine Schnellmethode zur Bestimmung des gesamten und des proteingebundenen Jods in Serum.* Die Chlorsäuremeth. zur Best. des gesamten u. des proteingebundenen *J* in Serum wird von Vff. in einigen Punkten abgeändert, mit dem Ergebnis, daß die nunmehr vorgeschlagene u. ausführlich beschriebene Meth. binnen kurzem brauchbare Werte liefert. (Amer. J. clin.

Pathol. **30.** 375—83. Nov. 1958. New York, N. Y., Mem. Hosp., Dep. of Biochem. and Med.; Sloan-Kettering Inst. for Cancer Res., Div. of Metabol. and Enzyme Studies of Clin. Invest.) H. P. FIEDLER. 4562

Gottfried Härtel, *Über die Bedeutung der Schilddrüse für das Auftreten von erhöhten Serumcholesterinwerten bei Ratten nach Fütterung von N^1-Sulfanilyl-N^2-n-butylcarbamid* (*BZ 55*). Nach Verfütterung von 0,5 g *N^1-Sulfanilyl-N^2-butylcarbamid* (*BZ 55*; **I**)/kg/Tag für 4 Wochen wurden bei Ratten Hypocholesterinämie, Hypoglykämie u. Abnahme des Körpergewichtes in gleicher Weise wie nach Thyreoidektomie beobachtet. Wurde **I** thyreoidektomierten Ratten verabreicht, so kam es in 4 Wochen nur zu einem stärkeren Abfall der Blutzuckerwerte, während die Serumcholesterinwerte u. das Körpergewicht unbeeinflußt blieben. **I** wird eine thyreostat. Wrkg. zugeschrieben. (Acta endocrinol. [Copenhagen] **29.** 267—72. Okt. 1958. Helsinki, Finnland, Arzneimittelfabrik Lääketehdas Orion Oy, Wihuri-Forschungsinst. u. pharmakol. Labor.) H. P. FIEDLER. 4562

James W. Craig, Valerie J. Molzahn, William R. Drucker, Max Miller und **Hiram Woodward,** *Ein Vergleich der Wirkungen von Tolbutamid und Insulin auf den peripheren menschlichen Glucoseverbrauch.* Vff. untersuchen bei 6 Versuchspersonen die Änderungen des *Glucose* (**I**)-Stoffwechsels im Unterarm nach intraarterieller Injektion von *Tolbutamid* (**II**) u. glukagonfreiem *Insulin* (**III**), indem der **I**-Geh. der Arteria brachialis bzw. der oberen Antecubitalvene bestimmt wird. Es zeigt sich, daß **III** in den ersten 30 Min. die arteriovenöse **I**-Differenz erhöht, während **II** hierbei keine Änderung hervorruft. (J. Lab. clin. Med. **50.** 806. Nov. 1957.) R. LAFFERENZ. 4564

Alfred Kaeding, *Störungen der Leukopoese nach oraler Diabetesbehandlung.* Bei 161 mit *BZ 55* (*Oranil, Nadisan*) u. 90 mit *D 860* (*Orabet, Rastinon*) behandelten Diabetikern wurde das Blutbild im Laufe von 3 Jahren kontrolliert. Es zeigte sich, daß bei 56% aller mit BZ 55 u. bei 39% aller mit D 860 behandelten Fälle eine Leuko- bzw. Granulocytopenie oder beides vorlagen. Eine Oranilagranulocytose endete tödlich. Da man meist auch eine Eosinophilie findet, kann man annehmen, daß durch diese blutzuckersenkenden Sulfonamide eine Knochenmarkschädigung stattfindet. Daher muß die Erstbehandlung mit diesen Sulfonamiden stationär durchgeführt werden. (Dtsch. Gesundheitswes. **14.** 345—48. 19/2. 1959. Rostock, Univ., Med. Poliklinik.) G. KIMMERLE. 4564

Heinzjürgen Meyer-Leddin, *Über den Wert des akuten Versuches mit dem oralen Antidiabeticum D 860.* 43 Diabetiker erhielten 50 mg *D 860*/kg Körpergewicht. Bei 32 trat darauf Normoglykämie ein. Von diesen ließen sich 84% befriedigend mit D 860 einstellen. (Med. Klin. **53.** 1938—39. 7/11. 1958. Bremerhaven, Med. Klinik der Städt. Krankenanstalten.) E. CARSTENS. 4564

Arne N. Wick, Ellen R. Larson und **George S. Serif,** *Ein Wirkungsort des Phenäthylbiguanids, einer hypoglykämischen Verbindung.* Es wurde die Hemmung der hypoglykäm. wirksamen Verb. *N^1-β-Phenäthylbiguanidhydrochlorid* (**I**) auf die Oxydation von ^{14}C-Glucose (**III**), $^{14}C_{(1)}$-Acetat (**IV**), $^{14}C_{(1,5)}$-Citrat (**VI**), $^{14}C_{(2)}$-Succinat (**V**) u. $^{14}C_{(1)}$-Fumarat (**VII**) durch epididymales Fettgewebe der Ratte in vitro untersucht. 0,002mol. **I** vermindert erheblich die Oxydation von **III, IV** u. **V**, jedoch viel weniger diejenige von **VI** u. **VII**. Ein **I**-Angriffspunkt ist das mit der Bernsteinsäureoxydase (**II**) der Rattenlebermitochondrien verknüpfte Elektronentransportsystem. Der Nachw., daß Cytochromoxydase durch **I**-Konzz., die das Gesamt-**II**-Syst. stark hemmen, nicht blockiert wird, erlaubt eine weitere Lokalisierung des empfindlichsten Wirkungswerts zwischen Bernsteinsäuredehydrogenase u. red. Cytochrom c. Der Succinatblock ruft möglicherweise eine Hemmung des PASTEUR-Effekts hervor u. die resultierende Glykolyse eine verstärkte **III**-Verwertung, d. h. einen hypoglykäm. Effekt. (J. biol. Chemistry **233.** 296—98. Aug. 1958. La Jolla, Calif., Scripps Clin. and Res. Foundat.) K. MAIER. 4564

B. Issekutz jr., *Über den Kohlenhydratstoffwechsel beim experimentellen Diabetes.* Eine summar. Zusammenfassung der heutigen Kenntnisse über den Wirkungsmechanismus des *Insulins* (**I**) deutet auf zwei Möglichkeiten: entweder begünstigt **I** die *Glucose* (**II**)-Versorgung des Organismus u. regt so sek. alle synthet. Vorgänge an, oder **I** bewirkt eine direkte oder indirekte (über den Tricarbonsäurecyclus) Steigerung der Regeneration energiereicher P-Verbb., die sek. eine Wrkg. auf die **II**-Permeabilität der Zellmembran entfalten. **II**-Belastung allein zieht nur einen Teil der **I**-Wrkgg. nach sich, so daß die **II**-Erhöhung im Blut nicht als kompensator. Ersatzmaßnahme des Organismus bei **I**-Mangel aufgefaßt werden kann. (Wiss. Z. Ernst-Moritz-Arndt-Univ. Greifswald **5.** 701—12. 1955/56. Szeged, Ungarn, Physiol. Inst.; Greifswald, Physiol. Inst.) U. TAUSENDFREUND. 4564

O. M. Helmer, W. R. Kirtley und **A. S. Ridolfo,** *Durch Glukagon bedingte klinische und Stoffwechselveränderungen bei Patienten mit rheumatoider Arthritis.* Vff. verabreichen 3 Patienten mit rheumatoider Arthritis täglich 12,5 mg krist. *Glukagon* (I) intravenös über 3 Tage. I bewirkt hierbei im Blut eine sehr starke Verminderung des *Amino-N* u. Erhöhung des *Glucose*-Gehalts. Im Harn zeigt sich vermehrte Ausscheidung von *N*, PO_4^{3-}, *Harnsäure* u. *17-Hydroxycorticosteroiden* neben geringer Glucosurie. Subjektiv ergibt die I-Behandlung Verminderung der arthrit. Schmerzen u. bessere Beweglichkeit der Gelenke. (J. Lab. clin. Med. **50.** 824. Nov. 1957.) R. LAFFERENZ. 4564

D. Santenoise, P. L. Biget, W. Ramanamanjary, C. Szalewska und **R. Thevenot,** *Wirkung des Centropneins auf die pulmonale Ventilation beim Hund und beim Menschen.* Das im Pankreas gebildete u. von dort nach Extraktion gewonnene, gereinigte *Centropnein* erhöht beim Hund u. Menschen die pulmonale Ventilation. (C. R. Séances Soc. Biol. Filiales **152.** 925—29. 25/11. 1958. Paris, Centre de Biol. thermo-climatique.) G. KIMMERLE. 4564

George L. Tritsch und **D. W. Woolley,** *Die Isolierung und Strukturaufklärung von Peptiden mit Strepogeninaktivität.* 2. Mitt. *Das Disulfid des Leucylvalylcysteinylglycylglutamylarginins aus Insulin.* (1. vgl. C. **1956.** 10050.) Krist. Rinderinsulin wurde durch Einw. von Pepsin, Chymotrypsin u. Trypsin abgebaut u. das Reaktionsgemisch an Dowex-2-X 4, Dowex-50-X 4 u. Amberlite IRC-50 (XE 64) fraktioniert. Es wurde ein Peptid (I) erhalten, das durch Papierelektrophorese gereinigt nach Hydrolyse Glutaminsäure, Glycin, Cystin, Valin, Leucin, Arginin (u. in Spuren Asparaginsäure u. Phenylalanin) lieferte. Die Struktur von I wurde durch Oxydation mit Perameisensäure u. partielle Hydrolyse unter Identifizierung der Bruchstücke als das Disulfid des Leucylvalylcysteinylglycylglutamylarginins ermittelt. I besitzt eine Strepogeninaktivität von ca. 200 E./mg. Das isolierte I macht 4,2% der Strepogeninaktivität des enzymat. Insulinhydrolysates aus. (J. Amer. chem. Soc. **80.** 1490—93. 20/3. 1958. New York, N. Y., Rockefeller Inst. for Med. Res., Labor.) E. SCHWERDTFEGER. 4564

O. Kraupp, H. Stormann, B. Pillat und **P. H. Clodi,** *Kontraktionsverlauf und Kaliumfreisetzung durch Acetylcholin an der innervierten und denervierten Skelettmuskulatur bei verschiedenen Calciumkonzentrationen.* Am isolierten Gastrocnemiusmuskel der hinteren Extremität werden bei Katzen die Einfll. von verschied. Ca-Konzz. auf die durch intraarterielle Injektion von Acetylcholin (I) bewirkte K-Freisetzung u. auf die Muskelspannung untersucht. Bei subnormalem Ca-Geh. (0,5—0,0 mMol/Liter) werden die Schwellendosen von I, die nötig sind, um beim innervierten Muskel Kontraktionen zu bewirken, mehr als 100fach herabgesetzt; die K-Freisetzung bleibt jedoch unverändert. Beim denervierten Muskel besteht bei Ca-Konzz. von 0,5—5,0 mMol/Liter eine Übereinstimmung zwischen der K-Freisetzung u. der maximalen Muskelspannung, die durch 0,1—2,0 μMol I bewirkt werden, solange die Kontrakturen reversibel sind. Während hier subnormale Ca-Konzz. (2—9 mMol/Liter) keinen Einfl. auf die I-Kontrakturschwellendosen haben, wird durch hohe Ca-Konzz. die K-Freisetzung nach I-Injektionen herabgesetzt. Beim müden, denervierten Muskel nimmt die Kontraktionsfähigkeit ab, aber die K-Freisetzung bleibt unverändert. Vff. schließen, daß die K-Freisetzung hauptsächlich an den depolarisierten Endplatten stattfindet u. die Kontraktur die Auswrkg., nicht aber die Ursache der K-Freisetzung ist. (Naunyn-Schmiedebergs Arch. exp. Pathol. Pharmakol. **229.** 419—31. 13/11. 1956. Wien, Univ., Pharmakol. Inst.) G. KIMMERLE. 4569

V. P. Whittaker, *Identität von natürlichem und synthetischem β.β-Dimethylacryloylcholin.* Aus der Hypobranchialdrüse der Schnecke *Thais floridana* wurde *β.β-Dimethylacryloylcholin* (I), ein biol. akt. Cholinester, als reines krist. *Aurichlorid* isoliert u. die natürlich vorkommende Verb. mit der synthet. dargestellten verglichen; beide stimmen in ihren physikal. u. chem. Eigg. überein (Abb. der IR- u. UV-Absorptionsspektren).

Versuche: *β.β-Dimethylacrylsäureanhydrid,* $Kp._{0,5}$ 82,5°; durch 24std. Kochen von 27 g Dimethylacrylsäure mit 75 ml Acetanhydrid; hellgelbe Fl.; n_D^{25} 1,4866; 12,5 g (26%) (Ausbeute). — *β.β-Dimethylacrylsäure-N.N-dimethylaminoäthylester,* $Kp._{0,5}$ 60 bis 65°; aus 12,5 g vorst. Verb. u. 6,25 g Dimethylaminoäthanol bei 12std. Kochen; 15 g (roh). — *β.β-Dimethylacryloylcholinjodid,* $C_{10}H_{20}JNO_2$, F. 160°; aus 10 g vorst. Verb. u. 20 g CH_3J in absol. Ae. bei 25° u. 3tägigem Stehen; hellgelbes Pulver; 5 g. Daraus, durch Behandeln mit De-Acidite FF (PERMUTIT CO. LTD.) das *Chlorid,* das mit $NaAuCl_4$ das *Aurichlorid,* $C_{10}H_{20}AuCl_4N$, F. 97° (W.), gelbe Nadeln, liefert; 12 mg. I wurde auch aus Schneckendrüsen nach KEYL (C. **1958.** 8979) isoliert u. ins *Aurichlorid* übergeführt. (Biochem. J. **71.** 32—34. Jan. 1959. Babraham, Cambridge, A. R. C. Inst. of Animal Physiol.) H. GOEBEL. 4569

J. W. Black, E. W. Fisher und **A. N. Smith,** *Die Wirkungen von 5-Hydroxytryptophan (5-HTP) auf die Sekretion von saurem Magensaft bei anästhetisierten Hunden.*

(Vgl. C. **1959.** 7532.) Vff. stellen fest, daß *5-Hydroxytryptophan* (**I**, 5—20 µg/kg/Min.) bei mit Chloralose u. Urethan anästhetisierten Hunden die durch *Histamin* (5 µg/kg/Min.) stimulierte Magensaftsekretion nach einer Latenzperiode von > 30 Min. hemmt. Wiederholte **I**-Gaben steigern die Inhibition der Säuresekretion. Die Wrkgg. von **I** ähneln denen von *5-HT* (**III**, *5-Hydroxytryptamin?*). Neben Abnahme der Sekretion werden Blutdruckveränderungen innerhalb von 2 bzw. > 10 Min. beobachtet. Durch bilaterale, cervicale Vagotonie wird die **I**-Wirksamkeit vermindert. **I** wird als **III**-Vorläufer angesehen. (J. Physiology **143.** 21 P—22 P. 29/8. 1958. Glasgow, Univ., Dep. of Surg. and Vet. Physiol.) P. FAHRNLAENDER. 4569

P. Cartier, J. Moreau und **Y. Geffroy,** *Harnausscheidung von 5-Hydroxyindolylessigsäure nach Einnahme von Bananen.* In Bananen werden ca. 29 γ *5-Hydroxytryptamin* (*Serotonin*, **I**)/g gefunden. Es wird nun bei n. erwachsenen Personen der Einfl. der Aufnahme verschied. Bananenmengen auf die Ausscheidung von *5-Hydroxyindolylessigsäure* (**II**), dem n. Ausscheidungsprod. von **I** im Harn, untersucht. Normalerweise werden 3,93 ± 0,86 mg **II**/24 Std. ausgeschieden. Durch das Essen von Bananen wird die **II**-Ausscheidung wesentlich erhöht. Da diese Erhöhung sofort nach dem Essen der Bananen auftritt, muß für das exogene **I** eine gute u. schnelle Resorption im Magendarmkanal stattfinden. Ebenfalls muß das exogene **I** im Körper schnell durch die Aminoxydase zu **II** oxydiert werden. Die **II**-Ausscheidung durch die Nieren geht dann auch sehr schnell vor sich. Es wird bes. darauf hingewiesen, daß für **II**-Bestimmungen im Urin mindestens 2 Tage vorher keine Bananen gegessen werden dürfen. (C. R. Séances Soc. Biol. Filiales **152.** 902—05. 25/11. 1958. Rouen, Hôtel-Dieu, École de Méd., Labor. M. Polonovski, Biochim.) G. KIMMERLE. 4569

H. Pigeaud, R. Burthiault, R. Bethoux und **S. Nelken,** *Die Bestimmung der 5-Hydroxyindolylessigsäure (des mit dem Urin ausgeschiedenen Stoffwechselproduktes des Serotonins) im Verlaufe der normalen Schwangerschaft und des normalen Wochenbettes.* Kurze Übersicht über Vork., Bedeutung, Meth. zur Best. von *Serotonin* (**I**) u. *5-Hydroxyindolylessigsäure* (**II**), die Pharmakologie von **I** u. seine Bedeutung unter patholog. Bedingungen. — Vff. haben bei n. ♂ u. ♀ u. bei gesunden Schwangeren in allen Stadien der Gravidität u. im Wochenbett **II** im Urin bestimmt. Der **II**-Geh. des Urins zeigt starke individuelle Schwankungen. Er steigt vom Beginn der Schwangerschaft von 1,350 γ/Tag auf 3,282 γ/Tag am Ende derselben an u. sinkt im Wochenbett innerhalb 1 Woche auf den n. Wert von 1,3 γ/Tag ab. (Gynécol. et Obstétr. **57.** 415—25. 1958.) HEINRICH HERMANN. 4569

E. Wollheim, G. Becker und **K. W. Schneider,** *Die Bestimmung der aktiven Blutmenge mittels Evans Blue, radioaktivem ^{32}P und ^{51}Cr.* Vff. beschreiben eine Modifikation der Evans Blue-Meth., die zusammen mit dem Hämatokritwert die Berechnung der akt. Blutmenge gestattet. — Parallelunterss. (131 Probanden) mittels markierter Erythrocyten (mit ^{32}P bzw. ^{51}Cr) stimmten damit gut überein, so daß die Isotopenmeth. auf spezielle Fälle beschränkt werden kann. (Klin. Wschr. **36.** 800—08. 1/9. 1958. Würzburg, Univ., Med. Klinik.) H. CARLS. 4572

Yves Derrien, Georgette Laurent und **Suzette Bouscayrol,** *Über die Heterogenität der Hämoglobine.* 2. Mitt. *Löslichkeit im Milieu steigender Salzkonzentration und Heterogenität des menschlichen Erwachsenenhämoglobins.* (1. vgl. C. **1955.** 138.) Es werden Löslichkeitskurven des n. Erwachsenen-*Hämoglobins* (**I**-A) sowie der **I** bei verschied. Krankheiten in Lsgg. steigender Salzkonz. wiedergegeben. Sie zeigen die Existenz verschied. Fraktionen des **I**. Es wird geschlossen, daß die Heterogenität des **I** nicht von der Bldg. mehrerer fester Phasen des **I** in Lsgg. steigender Salzkonz. herrührt. Die Gruppen a_1 u. a_2 im **I**-A werden auf die Existenz zweier n. **I** beim Erwachsenen bezogen. (Bull. Soc. Chim. biol. **40.** 99—109. 12/3. 1958. Marseille, Fac. de Méd. et de Pharm., Labor. de Chim. biol.) W. SCHELER. 4572

J. A. M. Ager, H. Lehmann und **F. Vella,** *Hämoglobin „Norfolk": Ein neues Hämoglobin in einer englischen Familie. Mit Bemerkungen über die Benennung von neuen Hämoglobintypen.* In einer engl. Familie wurde erstmalig ein anomales *Hämoglobin* (**I**) nachgewiesen, das ähnlich, aber etwas schneller als **I**-J bei der Papierelektrophorese (Barbituratpuffer, p_H 8,6) wanderte. Es wird als **I**-*Norfolk* bezeichnet. Es lag bei 3 Mitgliedern der Familie in einem Anteil von 27% des Gesamt-**I** vor. Es erfolgt ein Vorschlag zur Unterteilung u. Bezeichnung aller anomalen **I**-Typen. (Brit. med. J. **1958 II.** 539—41. 30/8. London, St. Thomas's Hosp., Jenner Labor.; St. Bartholomew's Hosp., Dep. of Pathol.; Singapore, Univ. of Malaya, Dep. of Biochem.) W. SCHELER. 4572

W. Künzer und **E. Ambs,** *Zur Trennung und Gewinnung von fetalem Hämoglobin (Hb F) aus Nabelschnurblutfarbstoff mittels Hochspannungselektrophorese.* Mit der Hochspannungselektrophorese unter Verwendung eines Stärketrägers aus mit Veronalpuffer,

p_H 8,6 (1,2%ig), angerührter lösl. Stärke gelang die Auftrennung des Nabelschnurfarbstoffes in *Hb A* u. *Hb F* aus 0,1 ml *Hb*-Lsg. u. die Darst. dieser Hämoglobine aus 0,1 ml 5—10%ig. *Hb*-Lösung. Hierzu wurde der Hochspannungselektrophoreseapp., Pherograph Original Frankfurt (Hersteller: F. HORMUTH, Heidelberg-Wiesloch), welcher durch eine Kühlkammer, auf die der Träger aufgebracht wird, Temperaturkonstanz gewährleistet, benutzt. (Klin. Wschr. **36.** 831—32. 1/9. 1958. Würzburg, Univ., Kinderklinik.) H. CARLS. 4572

E. G. Brown, *Nachweis der Beteiligung von Ferroionen an der Biosynthese von δ-Aminolävulinsäure durch Hühnererythrocytenpräparate.* Die Hemmung der *δ-Aminolävulinsäure* (**I**)-Synth. in frischen Partikelpräpp. von Hühnererythrocyten durch *5.6-Dimethylbenzimidazol* (**II**) wird durch Fe^{2+} verringert. In **II**-freien Präpp. hemmt $FeSO_4$ die Synth., in gealterten Präpp. (0—4°, >24 Std.) wird diese jedoch aktiviert. Anscheinend ist Fe^{2+} an der **I**-Synth. beteiligt u. wird beim Altern zur unwirksamen Fe^{3+}-Stufe oxydiert. Hierfür sprechen auch die Aktivierung der **I**-Synth. in gealterten Präpp. bei Zusatz eines Reduktionsmittels, wie Ascorbinsäure, sowie die Hemmung der **I**-Bldg. in Ggw. von α.α'-Dipyridyl. Fe^{2+} dient möglicherweise zur Stabilisierung (Chelatbldg.) der bei der Porphyrinsynth. angenommenen SCHIFFschen Base aus Glycin u. Pyridoxal-5'-phosphat. (Nature [London] **182.** 313—15. 2/8. 1958. London, Univ., Med. School, Coll. Hosp., Dep. of Chem. Pathol.) K. MAIER. 4573

G. Riecker, *Über den intracellulären Wasser- und Elektrolytstoffwechsel. Untersuchungen an Erythrocyten.* 1. Mitt. *Methodik, Trink- und Durstversuche. Salzentzug und Salzzufuhr.* Der Wasser- u. Elektrolytgeh. von *Erythrocyten* (E) des Venenblutes von 23 kreislauf- u. nierengesunden Personen wurde bestimmt. Er erwies sich als in sehr engen Grenzen konstant (H_2O 65,50%, s = 0,264; Na 16,8 mÄquivalente/Liter, s = 1,33; K = 80,5, s = 4,42). Im Verlauf einer oralen Wasserbelastung wurde eine Zunahme des Wasser- u. Na-Geh. gefunden, im Durstzustand eine Abnahme des Wassergeh., bes. stark bei patholog. Dehydratation (Diabetes insipidus). Durch chron. Salzentzug, unterstützt durch Gaben des Kationenaustauschers Natrantit, wurde ein laufender Abfall der Na-Konz. u. des Wassergeh. der E bewirkt. Die K-Konz. war etwa isomol. zum Abfall des Na erhöht. Anschließende Zufuhr von isoton. NaCl-Lsg. u. n. orale Salzzufuhr bewirkten rasch deutlichen Anstieg des Na- u. Wassergeh. der E. (Klin. Wschr. **35.** 1158—63. 1/12. 1957. München, Univ., I. Med. Klinik.) J. SCHWAIBOLD. 4573

A. Szeinberg, Ch. Sheba und **A. Adam,** *Selektives Auftreten einer Glutathioninstabilität in roten Blutzellen bei verschiedenen jüdischen Bevölkerungsgruppen.* Mit Hilfe des Glutathionstabilitätstestes konnte gezeigt werden, daß eine Glutathioninstabilität in Erythrocyten nur bei den jüd. Bevölkerungsgruppen im Irak, Yemen u. in Nordafrika, nicht aber in West-, Mittel- u. Osteuropa auftritt. Die instabilen Erythrocyten wiesen teilweise *Glucose-6-phosphatdehydrogenase*-Aktivität auf. (Blood **13.** 1043—53. Nov. 1958. Tel Hashomer, Israel, Government Hosp.) H. MATTHIES. 4573

Aaron J. Marcus und **Theodore H. Spaet,** *Blutplättchenphosphatide: Ihre Trennung, Identifizierung und Gerinnungsaktivität.* Grobe Phospholipoidextrakte aus *Blutplättchen* ergeben papierchromatograph. u. durch Chromatographie an Silicagel: *Phosphatidyläthanolamin* (**I**), *Phosphatidylserin* (**II**), *Lecithin* (**III**), *Sphingomyelin* (**IV**) u. *Inositphosphatid* (**V**). **II** vermag die Blutplättchen bei der Thromboplastindarst. u. beim Prothrombinverbrauchstest zu ersetzen. Ebenso war **I** akt., allerdings war es noch mit **II** u. **V** verunreinigt. **III** u. **IV** erwiesen sich als unwirksam. Verschied. Phosphatide scheinen in hoher Konz. als Antikoagulantien zu wirken. (J. clin. Invest. **37.** 1836—47. Dez. 1958. New York, N. Y., Montefiore Hosp., Dep. of Hematol.) H. STRUCK. 4573

Jon Lundevall, *Serologische Untersuchungen an Blutplättchen vom Menschen.* 1. Mitt. *Die unspezifische Verklumpung der Thrombocyten.* 2. Mitt. *Thrombocytenantigene und Antikörper.* Übersicht. — 126 Literaturangaben. (Scand. J. clin. Lab. Invest., Suppl. **10.** Nr. 34. 4—122. 1958. Oslo, Univ., Inst. of forensic Med.)
E. FISCHOEDER. 4573

S. Awwaad und **E. A. Eisa,** *Der Gehalt des Serums normaler ägyptischer Säuglinge und Kinder an anorganischem Phosphor.* Vff. haben bei 14 Neugeborenen u. bei 100 Kindern im Alter von 1 Tag bis zu 14 Jahren im Blut nach FISKE u. SUBBAROW (J. biol. Chemistry **66.** [1925.] 375) anorgan. P bestimmt. Wie die tabellar. Wiedergabe der Resultate zeigt, steigt der P-Geh. von der Geburt (5,33 μmg%) bis zum 7. Monat (6,2 μmg%), um alsdann kontinuierlich auf 3,7 μmg% bei 14jährigen abzufallen. Tabellar. Vgl. dieser Werte mit den von anderen Autoren bei Kindern anderer Nationalität erhaltenen. (Arch. Pediatrics **75.** 501—05. Dez. 1958. Cairo, Ain Shams Univ., Dep. of Pediatry.)
HEINRICH HERMANN. 4574

E. Göltner, *Das Serumeisen bei Dauerblutspendern.* Bei Dauerblutspendern kann ein n. Hämoglobingeh. über eine bereits vorhandene *Eisen*-Stoffwechselstörung hinwegtäuschen. Deshalb werden bei 142 Dauerblutspendern mit n. Hämoglobingeh. Serumeisenbestimmungen 7—10 Wochen nach der letzten Blutspende durchgeführt. Das Serumeisen hängt von der im letzten Jahre u. auch von der früher gespendeten Blutmenge ab. Die Serumeisenwerte liegen beim Dauerspender um so niedriger, je größer die vor mehr als einem Jahr entnommene Gesamtblutmenge ist. Frauen sind in ihrem Eisenstoffwechsel durch Dauerblutspenden gefährdeter als Männer. Zwischen dem Alter u. dem Serumeisengeh. der Dauerspender besteht kein Zusammenhang. (Med. Klin. **54.** 351—53. 27/2. 1959. Mainz, Univ., Frauenklinik u. Transfusionszentrale.)

G. KIMMERLE. 4574

H. E. Schultze, R. Schmidtberger und **H. Haupt,** *Untersuchungen über die gebundenen Kohlenhydrate in isolierten Plasmaproteiden.* Vff. liefern einen Beitrag zur Methodik der colorimetr. Best. von *Galaktose* (**I**), *Mannose* (**II**), *Fucose* (**III**), *Hexosamin* (**IV**), *Sial-* (*Neuramin-*) *säure* (**V**) u. *Hexuronsäure* (**VI**) in folgenden homogenen, n. Plasmaproteiden: α_1-*Seromucoid* (**VII**, Mol.-Gew. 41000), α_2-*Makroglobulin* (**VIII**, 846000), β_1-*metallbindendes Globulin* (**IX**, 88000), *Fibrinogen* (vom Rind, **X**, 350000), *Pseudo-γ-globulin* (**XI**, 161000) u. *Eu-γ-globulin* (**XII**, 161000). Der Gesamtkohlenhydratgeh. in diesen Proteiden schwankt zwischen 3—40%. Vor der Analyse werden die Eiweißpräpp. salzfrei dialysiert, gefriergetrocknet u. dann 15 Std. bei 70° im Hochvakuum über P_2O_5 konstant getrocknet. Zur colorimetr. Best. dienen Stammlsgg. (0,2—2,0%ig), die einen Anhaltspunkt über den jeweils geeignetsten Meßbereich, in dem die Bezugskurven mit den reinen Zuckern linear verlaufen, geben. Die Ermittlung des Hexosengeh. geschieht nach der Meth. von SÖRENSEN u. HAUGAARD (Biochem. Z. **260.** [1933.] 247; Einw. von Orcin–H_2SO_4-Reagens [2 g Orcin gelöst in 50 ml H_2O u. mit 53%ig. H_2SO_4 auf 100 ml aufgefüllt] auf 20—100 μg **I** u./oder **II** enthaltende Proteide bei 80° in der Dunkelheit). Zur Messung der Absorptionsmaxima bei 425 u. 520 mμ ist eine Erhitzungsdauer von 15 Min. ausreichend, obwohl das erste (stärkere) noch nicht vollständig entwickelt ist, aber das zweite (schwächere) die für die Charakterisierung von **I** u. **II** wichtige Umkehr der Farbintensität am deutlichsten zeigt. Ein Mengenverhältnis von 2 Gewichtsteilen **I** u. 1 Gewichtsteil **II** ist daran zu erkennen, daß die bei 425 u. 520 mμ gemessenen Extinktionen zusammenfallen, während in Ggw. von geringeren Mengen **I** die Absorption bei 425 mμ größer u. bei höheren **I**-Konzz. kleiner wird als die bei 520 mμ. **III**-Gehh. bis 5% der Gesamthexosen erhöhen die Absorptionen des **I**–**II**-Gemisches in gleicher Weise wie die entsprechenden **I**–**II**-Mengen, so daß die durch ein spezielles **III**-Bestimmungsverf. ermittelte Menge vom Geh. an Gesamthexosen subtrahiert werden kann. Bei **III**-Konzz. von >5% sind für beide Wellenlängen neue Eichkurven mit **III**-Zusatz aufzustellen, da das Absorptionsmaximum von **III** bei 425 mμ zwischen dem von **I** u. **II**, bei 520 mμ unterhalb beider Hexosen liegt. **V** beeinflußt die Hexosebest. nicht. **IX**, **X** u. **XI** müssen mit 3n H_2SO_4 (8 Std., 100°) zur Freilegung der Zucker vorhydrolysiert werden. Zur Ermittlung des **III**-Geh. wird 2—20 μg **III** enthaltendes Proteid nach Hydrolyse (27,8n H_2SO_4, 100°, 10 Min.) bei 20—22° mit frisch bereiteter Cysteinhydrochloridlsg. (3%ig) 2½ Std. stehengelassen. Die gebildete Grüngelbfärbung wird bei 396 u. 430 mμ gemessen. Die durch **I** u. **II** auftretende Störung wird dadurch ausgeschaltet, daß von der Absorption bei 396 mμ (**III**- u. Hexosefärbung) die bei 430 mμ (Hexosefärbung) gemessene Extinktion (nach Vgl. mit einer Eichkurve für reine **III**) subtrahiert wird. **IV** wird nach der von BLIX (Acta chem. scand. **2.** [1948.] 467) modifizierten Meth. von ELSON u. MORGAN [Hydrolyse des Proteids mit 5n H_2SO_4 (8 Std., 100°), Neutralisieren mit 2,5n NaOH, Entfernung der Huminsubstanzen u. Behandeln des 30—90 μg **IV** enthaltenden Filtrates mit Acetylacetonreagens (0,75 ml Acetylaceton in 25 ml 1,25n Na_2CO_3-Lsg.) bei 96° (20 Min.) u. Messung der durch Versetzen mit A. u. EHRLICH-Reagens nach 45 Min. Stehen (bei 20°) gebildeten Rotfärbung bei 530 mμ bestimmt. Der der ermittelten Extinktion entsprechende **IV**-Wert wird einer Eichkurve entnommen, wobei die HCl-Menge abzuziehen ist. Da **IV** in Serumproteiden als Acetylverb. vorliegt, werden alle Werte auf *Acetylhexosamin* (**IVa**) bezogen (Multiplikation mit 1,24). Die Unterscheidung zwischen *Glucosamin* u. *Galaktosamin* ist auf colorimetr. Wege nicht möglich. — **V** läßt sich nach BÖHM (Klin. Wschr. **32.** 1954. 289) durch Erhitzen von 30—180 μg **V** enthaltenden Proteidlsgg. mit BIALS-Reagens (100 mg Orcin in 40,7 ml 12,5n HCl u. 1 ml 1%ig. $FeCl_3$-Lsg. gelöst u. mit W. auf 50 ml aufgefüllt; 15 Min., 100°), Extraktion der auf 0° abgekühlten, rotvioletten Lsg. mit Amylalkohol u. Messung des wasserfreien, graublauen, amylalkoh. Auszuges bei 580 mμ bestimmen. Die Naphthoresorcin-HCl-Rk. nach TOLLENS ist zur Ermittlung der **VI**-Menge am geeignetsten, wird aber durch Hexosen konzentrationsabhängig gehemmt. Dieser Störung wird dadurch begegnet, daß bei der Aufstellung von Eichkurven

von den jeweiligen Glykoproteidhydrolysaten ausgegangen u. ihr Anstieg auf Zusatz steigender **VI**-Mengen (*Glucuronsäure*) bestimmt wird; die ohne **VI**-Zusatz ermittelten Extinktionen werden substrahiert. Zur Durchführung der **VI**-Best. wird die Proteidprobe hydrolysiert (2n HCl, 100°, 4 Std.) u. das klare Hydrolysat auf 5 verschied. Schliffgläser verteilt. Zu 4 derselben werden steigende Mengen (0,25—1 ml) 0,01 %ig. **VI**-Lsg. zugegeben, während in ein 6. Glas die dem Geh. des zu untersuchenden Proteids entsprechende Menge an **I**, **II** u. **IV** (aus Stammlsgg.) eingefüllt wird. Sämtliche Proben werden nach Erhitzen mit Naphthoresorcinlsg. u. 12n HCl (30 Min., 100°), Versetzen mit A. (nach Abkühlung auf 0°) u. Extraktion des blaugrünen Farbkomplexes mit Ae. bei 570 mμ gemessen. Die Differenzen der Extinktionen von Proteidhydrolysat mit u. ohne **VI**-Zusatz liefern die Eichkurven. Die Unterschiede der Absorptionen von Hydrolysat u. **I**–**II**–**IV**-Leerwert ergeben, von der betreffenden Eichkurve abgelesen, die **VI**-Konz. der Probe. Die auf papierchromatograph. Wege (Lösungsm.: Butanol/Pyridin/W. = 8:6:3), Reagens: Anilinphthalat) durchgeführte Analyse von (mit Dowex-50) hydrolysierten, hochgereinigten Proteidpräpp. zeigt in Übereinstimmung mit den colorimetr. Ergebnissen, die Einheitlichkeit dieser Proteide, u. läßt erkennen, daß die gebundenen Zucker ebenso wichtige konstitutive Bestandteile in Eiweißmoll. vom Glyko–Polypeptid-Typ sind wie die Aminosäuren. — Es werden folgende Anteile an Einzelzuckern (bezogen auf Gesamtkohlenhydratgeh.) in den Plasmaproteiden gefunden: **VII**: 23,2% **I**; 11,6% **II** (2:1); 1,7% **III**, 33,3% **IVa**; 29,0% **V**; 1,2% **VI**. — **VIII**: 21,0% **I**; 21.0% **II** (1:1); 1,6% **III**; 33,8% **IVa**; 21,0% **V**; 1,6% **VI**. — **IX**: 27,2% **I**; 13,6% **II** (2:1); 1,2% **III**; 34,1% **IVa**; 23,9% **V**. — **X**: 13,2% **I**; 26,4% **II** (1:2); 32,4% **IVa**; 21,5% **V**; 6,5% **VI**. — **XI**: 12,0% **I**; 24% **II** (1:2); 6,5% **III**; 39,2% **IVa**; 9,8% **V**; 8,5% **VI**. — **XII**: 13,0% **I**; 26,0% **II** (1:2); 7,1% **III**; 39,3% **IVa**; 10,7% **V**; 3,9% **VI**. Aus den Ergebnissen geht hervor, daß sich große Unterschiede in der Verteilung der einzelnen Zucker u. Zuckerderivv. ergeben: **VII** u. **VIII** (mit 40 u. 8,5% gebundenem Gesamtkohlenhydrat differieren im **II**-Geh., **IX** enthält keine **VI**; **X** keine **III**. Die **III**-Konz. von **XI** u. **XII** ist ziemlich hoch, die **V**-Menge relativ niedrig. Die Globuline nehmen auch hinsichtlich des **I**–**II**-Verhältnisses eine Sonderstellung ein. Die Bedeutung spezif. Merkmale in der Kohlenhydratzus. wird hinsichtlich charakterist. chem. Konstitutionseigentümlichkeiten zahlreicher Eiweißkörper u. ihrer immunolog. Eigg. erörtert. (Biochem. Z. **329**. 490—507. 15/1. 1958. Marburg/Lahn, Behringwerke.)
P. FAHRNLANDER. 4574

J. W. L. Davies, C. R. Ricketts, J. P. Bull, *Serumalbuminkatabolismus und Stickstoffausscheidung.* Es wird bei 2 Fällen mit größeren Gewebezerstörungen (Verbrennung, Unfall) mittels injiziertem ^{131}*J-Serumalbumin* vom Menschen gezeigt, daß der Albuminkatabolismus 2mal so hoch ist wie bei n. Fällen u. ebenso die N-Ausscheidung im Urin 2—3mal höher ist. Umgekehrt sind der Albuminkatabolismus u. die N-Ausscheidung bei einem Fall von chron. Hepatitis u. Ascites mit einem Serumalbuminspiegel von 1,9 g/100 ml auf die Hälfte vermindert. (Lancet **1**. 346. 14/2. 1959. Birmingham, B. Accident Hosp., Med. Research Council Ind. Injuries; Burns Research Unit.) G. KIMMERLE. 4574

Toru Nakamichi, *Untersuchungen über die Bindung von Serumproteinfraktionen mit Bilirubin und mit alkalischer Phosphatase.* Mit einer Bilirubin (**I**)-Lsg. in vitro gemischtes ikter. u. n. menschliches Serum wurde fraktioniert ausgesalzen; die einzelnen Fraktionen wurden papierelektrophoret. auf ihre Proteinzus. hin untersucht u. **I**-Geh. sowie Höhe der Aktivität an alkal. Phosphatase (**V**) jeder Fraktion bestimmt. „Direktes" u. „indirektes" **I** sind in der *Albumin* (**II**)-Fraktion nachweisbar, bei hohen Konzz. auch in der α_1-*Globulin* (**III**)-Fraktion; das Bindungsverhältnis **I**/**II** beträgt 2,75 oder weniger, das Verhältnis **I**/**III** 0,34 oder weniger. Die **V** ist bei n. Serum in der α-*Globulin*-(**IV**)-Fraktion, bei ikter. Serum in der **II**- u. β- u. γ-Globulin-Fraktion zusammen mit erhöhter Fermentaktivität zu finden. Das höchste Bindungsverhältnis von **V** zur **IV**-Fraktion lag bei 5 BODANSKY-E. pro 1 mg, wie in klin. Material festgestellt wurde. (Fukuoka Acta med. [Fukuoka-Igaka-Zassi] **49**. 1078—96. Mai 1958. Fukuoka, Kyushū Univ., Fac. of Med., Dep. of Int. Med. [Orig.: japan.; Auszug: engl.])
U. TAUSENDFREUND. 4574

Anne M. Kovacs-Jung, *Untersuchung an Serummakroglobulinen mit Hilfe der Ultrazentrifugierung.* Vf. untersucht Seren von Patienten mit WALDENSTRÖM-Symptomen in der Ultrazentrifuge u. erhält folgende Fraktionen: *Albumine, Globuline* u. 3 *Makroglobulin*-Fraktionen (MG). Der Einfl. niedriger Tempp. (2°) bewirkt eine beschleunigte Trennung der schwereren Fraktion. In verd. n. Seren wird bei 2° eine vermutlich enzymat. bedingte Auflsg. der MG-Fraktionen beobachtet. Vf. nimmt auf Grund elektrophoret. Messungen an, daß die MG aus polysaccharidreichen α_2-Globulinen entstanden sind. (C. R. hebd. Séances Acad. Sci. **246**. 3690—94. 30/6. 1958.)
R. LENSCHAU. 4574

C. F. Garbers und **F. J. Joubert,** *Der Einfluß des Borations in Puffern auf die Elektrophorese von Rattenserum.* Unterwirft man Rattenserum der Elektrophorese mit einem-Borat–Phosphat-Puffer vom p_H 8,6 u. der Ionenstärke 0,05, so ergeben sich für die Albuminfraktion drei Komponenten: *Albumin, Makroglobulin* u. eine Verb. mit der Sedimentationskonstanten eines Globulins u. der Anfärbung eines Glykoproteins. Bei der Elektrophorese mit einem Veronalpuffer mit gleichem p_H ist die dritte Komponente verschwunden. Aus dieser Beobachtung wird geschlossen, daß bei der Ratte die meisten Blut–Muco-Polysaccharide mit der α_1-Globulinfraktion wandern. (Nature [London] **182.** 530—31. 23/8. 1958. Johannesburg, Univ. of Witwatersrand, Joint Nutr. Unit of the South African Council for Sci. and Ind. Res.; Pretoria, Nat. Chem. Res. Labor.)
H. STRUCK. 4574

R. N. Johntson und **I. Steven,** *Zonenelektrophorese in Stärkegelen. Ein Bericht über die Methode von Smithies bei normalen Erwachsenen und bei Tuberkulosepatienten.* Mittels der von SMITHIES (C. **1956.** 4773) angegebenen Meth. wurden die *α-2-Globuline* des Serums (eindimensionale Stärkeelektrophorese) bei 65 n. erwachsenen Personen u. 25 Tuberkulosekranken untersucht. Ein qualitativer Unterschied ließ sich dabei bei den beiden Gruppen nicht erkennen. (Amer. Rev. Tubercul. Pulmonary Diseases **78.** 932—33. Dez. 1958. Dundee, Großbrit., Univ. of St. Andrews, Dep. of Tuberculosis.)
G. KIMMERLE. 4574

G. Herrmann, W. Licht, H. J. Keutel und **E. Krug,** *Zur Frage der Identität von menschlichen Spermaplasmaproteinen und Serumeiweißen.* Zur Unters. der fraglichen Identität von *Eiweißkörpern* aus Serum u. Spermaplasma (SP) wurde spermienfreies SP in Agargel in Veronal-HCl-Puffer (p_H 8,2), 3 Std., ca. 60 mA, 120 V) aufgetrennt (Färbung mit wss. Amidoschwarz- oder Azokarminlsg.) u. anschließend *Antihumanserum* (**I**; Pferd) mehrere Tage bis 3 Wochen in wechselndem Mengenverhältnis eindiffundiert. Die Elektrophorese von frischem SP gab meist 8, nach 32—48 std. Stehen (4°) bis zu 10 Fraktionen, von denen eine konstant gleich schnell wie *Serumalbumin* (**II**) wandert u. wie dieses im Kreuzvers. mit **I** deutlich ausfällt, so daß auch immunolog. Identität mit **II** besteht. Präcipitationsringe im Bereich der mit Serum-α- u. *-β-Globulinen* (**III**) gleich schnell wandernden SP-Eiweiße waren inkonstant oder unscharf, d. h. anscheinend uneinheitlich, wobei Teilfraktionen mit **III** ident. sein könnten. Weitere Fraktionen liegen im γ-Bereich. Sie bestehen wahrscheinlich überwiegend aus Proteosen, die nicht mit Serum-γ-Globulinen ident. sind. (Naturwissenschaften **45.** 268. 1. Juni-H.)1958. Homburg/Saar, Univ. des Saarlandes, Urol. Univ.-Klinik; Inst. für Hygiene u. Mikrobiol.)
K. MAIER. 4574

Jules Hirsch, William Insuli jr. und **Edward H. Ahrens jr.,** *Eine chromatographische Untersuchung über die chemische Zusammensetzung der menschlichen Serumlipide.* Unterss. zeigen, daß sich Veränderungen in der Zus. der verabfolgten *Fettsäuren* (**I**) alsbald in allen Lipidklassen (Triglycerid-**I**, Cholesterinester-**I** u. Phospholipid-**I**) zeigen. Vff. finden hierbei in einer großen Zahl n. u. anormaler Seren keine Mono- u. Diglyceride der Fettsäuren. (J. Lab. clin. Med. **50.** 826. Nov. 1957.) R. LAFFERENZ. 4574

H. Götz und **F. Scheiffarth,** *Zur Frage der Darstellbarkeit von Fibrinogen aus menschlichem Plasma mit Hilfe der Immunoelektrophorese nach Grabar.* Vff. untersuchten mittels Immunoelektrophorese in Agargel unter Verwendung von Antinormalserum u. Antiplasmaserum 16 Plasma- u. Serumproben von n. Personen u. Patienten mit erhöhtem *Fibrinogen* (**I**)-Spiegel. Die Ergebnisse zeigen, daß **I** als einheitliche Fraktion im Bereich der Auftragstelle verbleibt u. sich gegen die benachbarten Fraktionen eindeutig abgrenzen läßt. Bei den patholog. Plasmen konnten keine grundsätzlichen Abweichungen in der Darst. der **I**-Fraktion beobachtet werden. Die Ergebnisse zeigen darüber hinaus, daß im Antinormalserum ein Immunkörper auftritt, der spezif. mit **I** reagiert. (Z. Naturforsch. **14b.** 37—41. Jan. 1959. Erlangen, Univ., Med. Klink.)
E. SCHWERDTFEGER. 4574

W. Niesert, *Die Eisenbindungskapazität in der Schwangerschaft.* Da es im Verlaufe von Schwangerschaften zu einer Zunahme des Fe-transportierenden Eiweißkörpers (*Transferrin* aus der β_1-Globulinfraktion; **I**) kommt, wodurch offenbar dem erhöhten Fe-Bedarf des Organismus Rechnung getragen werden soll, sind Fe-Transportstörungen nicht als Ursache eventueller Sideropenien anzusehen; allerdings wird aus noch nicht bekannten Gründen immer nur bis ca. $^1/_3$ des zur Verfügung stehenden **I** ausgenutzt. Trotz der Zunahme der Transportfähigkeit nimmt die Fe-Sättigung bei n. Schwangeren sogar noch ab, so daß geschlossen werden kann, daß die Fe-Depots nicht entleert sind u. somit bei n. Gravidität ein ausgeglichener Fe-Stoffwechsel vorliegt. (Arch. Gynäkol. **191.** 291—96. 1958. Rostock, Univ., Frauenklinik.) U. TAUSENDFREUND. 4583

R. Sivaramakrishnan und **P. S. Sarma,** *Untersuchungen der Biochemie von Insekten.* 1. Mitt. *Der wasserunlösliche Wachstumsfaktor in Hefe.* Die Larven der Reismotte *Corcyra cephalorica St.* benötigen zum Wachstum neben *Casein, Glucose, Mineralsalzen* u. *Vitaminen* einen in W. unlösl. *Wachstumsfaktor*, der in Hefe enthalten ist. Dieser Faktor kann durch Biotin oder Liposäure nicht ersetzt werden. Er ist unlösl. in Ae., wird von Kohle adsorbiert u. durch 2n HCl in 2 Std. bei 120° hydrolysiert. Nach trypt. Verdauung der Hefe ist der Faktor in der Lsg. u. im Rückstand nachweisbar. Es wird vermutet, daß es sich bei diesem Wachstumsfaktor um ein Peptid handelt. (J. sci. ind. Res. [New Delhi], Sect. C **17.** 4—6. Jan. 1958. Madras, Univ., Biochem. Labor.) F. RADLER. 4584

R. W. Luecke, J. A. Hoefer, W. S. Brammell und **D. A. Schmidt,** *Calcium und Zink bei Parakeratose des Schweines.* (Vgl. J. Animal Sci. **15.** [1956.] 347.) In Fütterungsverss. mit 29—45 p.p.m. Zn in der Nahrung trat mit 0,65% Ca u. 0,53% P in der Nahrung gutes Wachstum ein, bei 10% der Tiere jedoch Parakeratose; mit 1,25% Ca u. 0,95% P sehr schlechtes Wachstum u. bei allen Tieren Parakeratose. Mit 0,51% Ca u. 0,61% P war das Wachstum verringert u. bei 40% der Tiere trat Parakeratose auf, bei 1,21 bzw. 1,90% Ca u. jeweils 0,61% P war das Wachstum stark verringert, u. Parakeratose entwickelte sich bei allen Tieren. Bei Zusatz von 50 p.p.m. Zn als $ZnCO_3$ wurden Wachstum u. Nahrungsausnutzung bedeutend verbessert u. Parakeratosesymptome vollständig verhindert. Durch Zn wurde die Aktivität der alkal. Phosphatase im Serum erhöht. (J. Animal Sci. **16.** 3—11. Febr. 1957. East Lansing, Mich., State Univ., Deps. of Agric. Chem., Animal Husbandry and Animal Pathol.) J. SCHWAIBOLD. 4585

S. D. Frumin und **Ss. M. Bessonow,** *Die Assimilation der Nährstoffe in Abhängigkeit von der technologischen Behandlung der Kleie.* Verss. an weißen Ratten ergaben, daß das Autoklavieren der Kleie die Assimilation der Proteine herabsetzt (nach 1 Std. von 72,64 auf 70,78%, nach 5 Std. auf 58,79%), unabhängig davon, ob die autoklavierte Kleie mechan. zerkleinert wurde oder nicht, während die Assimilation der Kohlenhydrate u. Cellulose, bes. bei längerer Bearbeitung, gefördert wird. Die Aufnahme von Fett wird durch eine kurzdauernde Hitzebehandlung herabgesetzt, durch längere gefördert (von 81,77% in 1 Std. auf 75,84, in 5 Std. auf 88,10%). (Вопросы Питания [Fragen d. Ernähr.] **17.** Nr. 6. 44—49. Nov./Dez. 1958. Moskau, Ernährungsinst. der Akad. der med. Wiss. der UdSSR, Labor. für Stoff- u. Energieumsatz, Abt. für Nahrungsmitteltechnol.) E. RENTZ. 4585

Dewey Johnson jr., Gilbert A. Leveille und **Hans Fisher,** *Der Einfluß von Aminosäuremangel und Eiweißspiegel auf das Plasmacholesterin beim Hühnchen.* Bei jungen Hühnchen wird der Einfl. von Mangel an Arginin, Lysin, Methionin u. Tryptophan bei verschied. Aufnahme von Eiweiß auf das Wachstum u. den Cholesterinspiegel geprüft. Ein Eiweißdefizit bewirkt stets eine Hypercholesterinämie, die durch Verabreichung der fehlenden Aminosäuren rasch wieder verschwindet. Eine reichliche Arginingabe bei Eiweißkost mit Argininmangel verursacht eine Erniedrigung des Cholesterinspiegels, nicht aber Lysin oder Tryptophan, wenn sie zu der Eiweißkost gegeben werden, der Lysin oder Tryptophan fehlen. Bei Methionin besteht ein Cholesterin-senkender Effekt, der in keiner Beziehung zur Eiweißqualität oder dem Wachstumsbetrag steht. Obwohl die Fütterung von Cholesterin eine durch Eiweißmangel bestehende Hypercholesterinämie noch verstärkt, werden die Cholesterinwerte n., wenn der Eiweißmangel behoben wird. (J. of Nutrit. **66.** 367—76. 10/11. 1958. New Brunswick, N. J., Rutgers Univ., Dep. of Poultry Sci.) G. KIMMERLE. 4585

P. Fárby, R. Petrásek und **J. Fodor,** *Der Respirationsquotient bei mit fett- und cholesterinreicher Diät gefütterten Ratten.* Bei Ratten mit durch fettreiche Kost erniedrigtem Respirationsquotienten (RQ) hat die Zulage von Cholesterin (I) zum Futter keinen Einfl. auf den RQ, wenn dieser am satten Tier ermittelt wird. Nach 48std. Fasten ist der RQ von fettreich ernährten Ratten gegenüber dem von n. ernährten Tieren noch wesentlich weiter abgesunken. Bei Tieren, die zu reichlichem Fett I zusätzlich erhielten, war jedoch nach dem Fasten der RQ etwa so groß wie derjenige n. ernährter Tiere. — Kurze Diskussion dieser Ergebnisse. (Naturwissenschaften **45.** 444—45. 2. Sept.-H. 1958. Prag, Forschungsinst. für menschl. Ernährung, Inst. für Kreislaufforsch.) F. KRUSEN. 4585

R. A. Morton, *Die Lipide und das Problem der Arteriosklerose, ein Überblick.* Überblick über die zum Problemkomplex Arteriosklerose in Beziehung stehenden Lipide, *Lipoproteine*, essentiellen *Fettsäuren* u. das *Cholesterin* sowie Erörterung der ihnen am Gesamtgeschehen zukommenden Bedeutung. Im Hinblick auf die Zunahme der cardiovasculären Erkrankungen sollten Präventivmaßnahmen, Einschränkungen des Fettverzehrs für ältere Menschen u. die Klärung der Frage, ob animal. u. pflanzliche Fette getrennt oder zusammen verzehrt werden sollten, angestrebt werden. — 102 Literaturangaben. (J. Sci. Food Agric. **8.** 445—57. Aug. 1957. Liverpool, Univ., Dep. of Biochem.) K. BÖHM. 4585

L. Křikava und **K. Ošancova,** *Zum Problem des Fettgehaltes der Nahrung.* Unterss. zwecks Feststellung eines zweckmäßigen Fettgeh. in der aufgenommenen Nahrung ergaben, daß in der Tschechoslowakei bei Männern, welche über 30% der Gesamtkalorien in Form von Fett aufnahmen, die Zahl der Übergewichtigen größer ist als die Zahl der Mageren. Bei Frauen unter 40 Jahren sind 30%, über 40 Jahren 25% der Gesamtkalorien in Form von Fett als zweckmäßig anzusehen. Der *Cholesterin* (I)-Geh. des Blutes ist bei Fettsüchtigen höher als bei Mageren, bei der tschechoslowak. Bevölkerung niedriger als bei den Skandinaviern u. höher als bei Spaniern u. Italienern; er ist im Juli am niedrigsten (im Mittel 153 mg% beim Mann u. 167 mg% bei der Frau) u. im April für den Mann (198 mg%) u. im September für die Frau (224 mg%) am höchsten. Der I-Geh. des Blutes nimmt beim Mann bis zum 40. Lebensjahr zu u. dann allmählich ab, während er bei der Frau bis zum 80. Lebensjahr allmählich weiter ansteigt. Bei schwerer körperlicher Arbeit ist der I-Geh. des Blutes bei kaloriengleicher Ernährung niedriger als bei leichter oder Nichtarbeit (beim Mann 152—166 bzw. 175—190 mg%, bei der Frau 142—191 bzw. 172—213 mg%). (Вопросы Питания [Fragen d. Ernähr.] **17.** Nr. 6. 12—18. Nov./Dez. 1958. Prag, Inst. für Volksernährung.) E. RENTZ. 4585

P. Blaizot und **M. T. Mellier,** *Die essentiellen Fettsäuren.* Kompilator. Ausführungen an Hand des Schrifttums über die biofunktionelle Bedeutung der 3 essentiellen Fettsäuren, der *Linol-*, *Linolen-* u. der *Arachidonsäure.* Behandelt werden bes. die Darst. der 3 Säuren, ihr chem. Verh., ihre Biogenese, ihr chem. u. ihr biol. Nachw., ihre biol. Maßeinheit (als SHEPHERD-LINN-Einheit), ihr Schutz gegen autoxydative Zerstörung z. B. durch Zugabe von Tocopherol. Hinweis auf andere polyungesätt. Fettsäuren, deren biol. Wirksamkeit noch nicht sicher bekannt ist. (Oléagineux **12.** 1—6. Jan. 1957.) K. TÄUFEL. 4585

H. H. Draper (unter Mitarbeit von **B. C. Johnson**), *Physiologische Aspekte der Alterung.* 1. Mitt. *Die Wirksamkeit der Resorption und Phosphorylierung von radiomarkiertem Thiamin.* Albinoratten wurde eine Dosis von 120 γ $^{14}C_{(Thia\text{-}2)}$-*Thiamin* oral verabfolgt. An Thiamin (I)-Mangeltieren, an n. ernährten (25000 I.E. Vitamin A/Monat) u. an I-überfütterten Tieren wurden bis zu einem Alter von 2 Jahren die I-Aufnahme als Funktion des Alters u. der I-Ernährungszustand geprüft. Bis zum 20. Monat wurden unabhängig vom I-Ernährungszustand 95% des markierten I aufgenommen, nach dem 20. Monat sank die Aufnahme bis auf 75% ab. Der Anteil von verestertem u. unverestertem, markiertem I in den Lebern alter Ratten war geringer (1,83%) als bei jungen Tieren (3,8%). Nach Meinung der Vff. ist die Ursache hierfür eine Abnahme der Proteinbindungsfähigkeit oder eine höhere I-Austauschgeschwindigkeit in der Leber. (Proc. Soc. exp. Biol. Med. **97.** 121—24. Jan. 1958. Urbana, Ill., Univ. of Illinois, Div. of Animal Nutr.) H. FRANK. 4587

Ss. G. Aptekar, *Der Verlauf der Thiamininsuffizienz von Tauben bei verschiedenem Verhältnis von Eiweißstoffen, Fetten und Kohlenhydraten in der Nahrung.* Wurden Tauben mit thiaminfreier Gerste ernährt, von welcher man 10 bzw. 40% kalorienmäßig durch Casein ersetzte, so nahm die Intensität der sich entwickelnden *Thiamin* (I)-Avitaminose entsprechend dem Caseingeh. ab (geringerer Gewichtsverlust, späteres Auftreten von Krämpfen u. Lähmungen), während die Entw. der Bradycardie u. die Zunahme des Brenztraubensäuregeh. im Blut nicht aufgehalten werden konnten. Erhielten die Tauben ein an Protein bzw. Fett reiches Futter (75% als Casein, 18% als Stärke u. 7% als Sonnenblumenöl bzw. 8% als Casein, 17% als Stärke u. 75% als Sonnenblumenöl), so trat die I-Avitaminose später ein als nach Kohlenhydratdiät (18% Casein, 75% Stärke u. 7% Sonnenblumenöl), u. die Tiere lebten länger als bei dieser (23—85 bzw. 23—73 bzw. 15—26 Tage). Während bei Tauben beim Ersatz eines Teils des Proteins durch Fett die I-Avitaminose nicht beeinflußt wird, wird sie bei Ratten durch die gleiche Diät gefördert. Auch wird bei Steigerung des Fettgeh. auf Kosten der Kohlenhydrate die Entw. der I-Avitaminose bei Tauben weniger gehemmt als bei Ratten. (Вопросы Питания [Fragen d. Ernähr.] **17.** Nr. 6. 32—37. Nov./Dez. 1958. Moskau, Ernährungsinst. der Akad. der med. Wiss. der UdSSR, Labor. für pathol. Physiol.) E. RENTZ. 4587

Iwao Yamasaki, *Das quantitative Verhältnis von Vitamin B_1 und Magnesium in menschlichen Blutzellen.* Die *Mg*-Konz. ist sowohl in n. Erythrocyten (E) als in solchen von kranken Versuchspersonen etwa gleich hoch. Der Quotient Vitamin B_1 (I)/Mg der E variiert sowohl bei n. wie bei erkrankten Personen; bei Anämien ist der I- u. Mg-Geh. der E im Vgl. zu anderen Erkrankungen u. n. Personen erhöht. Langdauernde subcutane I-Verabreichung hat eine Erhöhung sowohl des I- als auch des Mg-Geh. der E zur Folge. (Fukuoka Acta med. [Fukuoka-Igaku-Zassi] **49.** 1236—45. Mai 1958. Fukuoka, Kyushu Univ., Fac. of Med., Dep. of Int. Med. [Orig.: japan.; Auszug: engl.]) U. TAUSENDFREUND. 4587

Edward E. Kupstas und **Douglas J. Hennessy,** *Die Einwirkung von Fischgewebe auf Thiamin.* 5. Mitt. *Untersuchungen über die Biosynthese von Icthiamin.* (4. vgl. C. **1958.** 11824.) Zur Aufklärung der Biosynth. von *Icthiamin* (**I**), das durch Einw. von Muschelgewebeextrakt auf *Thiamin* gebildet wird, haben Vff. a) Cystein, b) 2-Aminoäthylmercaptan, c) Cysteinsulfinsäure u. d) Hypotaurin (**II**) 24 Std. auf Thiamin in Ggw. von dialysiertem Muschelgewebeextrakt (enthält nur noch Thiaminase) bei p_H 3,6 u. Raumtemp. einwirken lassen. Bei allen 4 Proben wurde beträchtliche Abnahme der Thiaminaktivität (Best. vgl. TENMATAY, Diss. Fordham Univ. [1950]) beobachtet. Die Reaktionsprodd. wurden nach der Meth. von BARNHURST u. HENNESSY (vgl. 1. Mitt., J. Amer. chem. Soc. **74.** [1952.] 353) aufgearbeitet, jedoch nur im Papierchromatogramm von der Rk. mit **II** wurden größere Mengen an **I** mit Sicherheit nachgewiesen. Der Extrakt wurde der Rk. mit $NaHSO_3$ mit u. ohne Hydrochinon unterworfen u. im Chromatogramm Hypotaurin bzw. Taurin identifiziert. Auf Grund dieser Ergebnisse u. der Tatsache, daß Taurin (vermutlich als Oxydationsprod. von Hypotaurin) im Muschelextrakt vorhanden ist (vgl. z. B. SUGINO u. Mitarbeiter, J. chem. Soc. Japan [Nippon Kwagaku Kwaishi] **72.** [1951.] 252), nehmen Vff. an, daß die Bldg. von **I** in der von ihnen erhaltenen Weise auch in vivo erfolgt. (J. Amer. chem. Soc. **79.** 5222—25. 5/10. 1957.) S. SINGER. 4587

M. M. Patess, *Die Veränderung der Riboflavinausscheidung mit dem Harn bei gesunden Ratten nach Zufuhr von Serum der Ratten mit bösartigen Neubildungen.* In Verss. an 112 weißen Ratten, welche außer *Riboflavin* (**I**; 30 γ subcutan) noch 1,5—2 ml Serum von Ratten mit überimpftem Sarkom M-1, Ascites-Fl. von Mäusen mit EHRLICH-Carcinom, Extrakt aus Rattentumoren bzw. Serum von Patienten mit malignen Neubildungen subcutan erhielten, betrug die in 24 Std. mit dem Urin ausgeschiedene **I**-Menge im Mittel 3,4—5,0 γ, während in Verss. an 69 Ratten, welche Serum von gesunden Ratten, Extrakt aus Rattenmuskeln, Extrakt aus gekochten Tumoren bzw. Serum von Patienten mit akuten entzündlichen Prozessen subcutan erhielten, die in 24 Std. ausgeschiedene **I**-Menge 19,7—23,0 γ betrug. Die Abnahme der **I**-Ausscheidung mit dem Urin bei Neubildungen wird nicht als Folge eines erhöhten Bedarfs der wachsenden Tumorzellen, sondern durch die veränderten troph. Prozesse als Folge der Rk. des Organismus mit den pathogenen Erregern gedeutet. (Вопросы Питания [Fragen d. Ernähr.] **17.** Nr. 6. 29—32. Nov./Dez. 1958. Archangelsk, Med. Inst., Lehrstuhl für pathol. Physiol.) E. RENTZ. 4587

Henry Foy und **Athena Kondi,** *Tropische hypochrome Anämien mit Pyridoxin- und Nicotinsäuremangel.* Bericht über zwei Fälle von hypochromen Anämien. Im einen Fall bewirkte Pyridoxin, im anderen Nicotinsäure eine Besserung. Der Wirkungsmechanismus ist in beiden Fällen ungeklärt. (Blood **13.** 1054—62. Nov. 1958. Nairobi, Kenya, Wellcome Trust., Res. Labor.) H. MATTHIES. 4587

A. Knapp, H. Gebauer und **J. Proll,** *Über die Toxizitätsminderung von Arsenik durch Vitamin B_6 bei der Ratte.* Ratten, die 1 Std. vor einer peroralen Dosis von 50 bis 66 mg As_2O_3/kg (als (K_3AsO_3) 1, 25 oder 100 mg Vitamin B_6 (**I**) intraperitoneal erhielten, zeigten eine höhere durchschnittliche Überlebenszeit u. eine höhere Überlebensrate als Tiere ohne **I**-Gaben. Das Ausmaß der Schutzwrkg. von **I** ist von Geschlecht, Gewicht, Alter u. Fütterung der Ratten abhängig. (Naturwissenschaften **45.** 445—46. 2. Sept.-H. 1958. Potsdam-Rehbrücke, Inst. für Ernährungsforsch.) F. KRUSEN. 4587

Harvey Gurian und **David Adlersberg,** *Die Wirkung von großen Dosen Nicotinsäure auf die zirkulierenden Lipoide und die Kohlenhydrattoleranz.* Die tägliche orale Verabreichung von 3 g *Nicotinsäure* (**I**) erniedrigt die Serumlipoidfraktionen sowohl bei n. Personen als auch bei solchen mit erhöhtem Serumlipoidspiegel erheblich. Dabei wird der Serumcholesterinspiegel deutlich mehr erniedrigt als der der Serumphosphatide. Bei gesunden, nichtdiabet. Personen setzt **I** die Kohlenhydrattoleranz signifikant herab. Beim Altersdiabetes hat **I** keinen Einfl. auf die Stoffwechsellage. Als Nebenwrkgg. bei der **I**-Behandlung werden hauptsächlich Pruritus, Nausea u. Erbrechen angegeben. Über den möglichen Wirkungsmechanismus von **I** wird diskutiert. (Amer. J. med. Sci. [N. S.] **237.** 12—22. Jan. 1959. Middletown, N. Y., Med. State Hosp.; New York, N. Y., Mount Sinai Hosp.; Columbia Univ., Coll. of Physic. and Surg.) G. KIMMERLE. 4587

Robert C. Baldridge, *Der Stoffwechsel des Histidins.* 2. Mitt. *Wirkungen von Folsäuremangel.* (1. vgl. C. **1958.** 1902.) Verss. an *Folsäure* (**I**)-verarmten (a) u. **I**-Cholinverarmten (b) jungen ♂ Albinoratten ergaben ein Absinken der Urocanase-, aber nicht der Histidaseaktivität, während die Leberrhodaneseaktivität bei a prakt. unverändert u. bei b wenig erniedrigt war. Die Histidaseaktivität wurde durch Messung der gebildeten Urocansäure während 10—15 Min. Incubation mittels einer spezif. spektrophotometr. Meth. bestimmt. Vf. nimmt an, daß **I** bzw. ein **I**-Deriv. als Cofaktor bei den Anfangs-

stufen des Urocansäureabbaues wirksam ist. (J. biol. Chemistry **231**. 207—10. März 1958. Philadelphia, Pa., Temple Univ., School of Med., Dep. of Physiol. Chem.)
E. SCHWERDTFEGER. 4587

Robert S. Nelson und **Vasant M. Doctor,** *Der durch biologische Untersuchung von Nadelbiopsiematerial bestimmte Vitamin-B_{12}-Gehalt der menschlichen Leber.* Um beim lebenden Menschen den Geh. an *Vitamin B_{12}* (I) in der Leber zu bestimmen, werden transthorakal Leberbiopsien durchgeführt. Zur Best. wird als Testorganismus Lactobacillus leichmanii ATCC 7830 benutzt. Bei gesunden Personen (11) wurden in der Leber durchschnittlich 1,940 (1,410—2,580) mγ I/g Leber gefunden; bei unbehandelten Perniciosakranken $<$0,030 mγ I/g u. bei Kranken mit bösartigen Lebertumoren von $<$0,030 bis zu 2,760 mγ I/g. Bei Lebertumoren ist der I-Geh. meist erniedrigt, er kann aber auch n. sein. (Ann. intern. Med. **49**. 1361—67. Dez. 1958. Houston, Texas, Univ., Anderson Hosp.; Tumor Inst., Dep. of Med.) G. KIMMERLE. 4587

J. J. Brignon und **R. Wolff,** *Über die Beziehung von Saponin und Vitamin B_{12} beim Kükenwachstum.* In Fütterungsverss. mit Küken wird nachgewiesen, daß *Saponin* (MERCK) wohl das Wachstum beeinträchtigt, aber keinen Einfl. auf die *Vitamin-B_{12}*-Speicherung in der Leber hat. Dabei ist es gleichgültig, ob Vitamin B_{12} allein oder mit Magenschleimhautextrakt zusammen oral oder intramuskulär verabreicht wird. (C. R. Séances Soc. Biol. Filiales **149**. 1451—52. Juli 1955. Nancy, Fac. de Méd., Labor. de Chim. biol.) A. GUDE. 4587

Ágoston Simon, *Beobachtungen bei der Vitamin-B_{12}-Produktion von Streptomyces griseus.* Vf. versuchte die *Vitamin-B_{12}* (I)-Produktion von Streptomyces griseus-Stämmen durch Zugabe von Vorstufen verschied. Art zu steigern. Es bewährte sich, wie bekannt, allein Co^{2+}, selbst $K_3[Co(CN)_6]$ war erfolglos. Weiter wurde untersucht, wie sich die Stämme in I enthaltenden Nährlsgg. verhalten, u. festgestellt, daß die Stämme in weniger I-enthaltenden Nährböden so viel I erzeugen, wie sie in I-freien synthetisieren würden. Ist im Nährboden mehr I vorhanden, nimmt dieses das Mycelium auf u. zers. es langsam bis auf die n. Menge. Die Zers. verläuft scheinbar bei 25° langsamer als bei 27°. Die negativen Ergebnisse lassen folgern, daß die Anwendung von Vorstufen wenig aussichtsreich ist. (Élelmezési Ipar [Lebensmittelind.] **12**. 94—95. März 1958.)
J. PLANK. 4587

H. C. Heinrich, *Die Strukturspezifität der Resorbierbarkeit und Intrinsic factor-Bindung von Vitamin B_{12}.* Resorption, Retention u. Exkretion der *^{60}Co-Vitamin-B_{12}* (I)-Analogen *3.5.6-Trimethylbenzimidazolcyanocobamid* (= *$B_{12}Nm$*; **II**), *5.6-Dichlorbenzimidazolcyanocobamid* (**III**), *Benzimidazolcyanocobamid* (**IV**), *5-Methoxybenzimidazolcyanocobamid* (*Faktor IIIm*; **V**) u. *5-Hydroxybenzimidazolcyanocobamid* (*Faktor III*; **VI**) wurden am Menschen mittels des Radio-I-Urin- u. Faecesexkretionstestes untersucht. Für volle Resorbierbarkeit eines I-Analogen ist die intakte koordinative Bindung zwischen N^3-Stellung der Benzimidazolgruppe u. zentralem Co-Atom des I-Mol. entscheidend (23%ig. **II**-Rsorption, I = 100%). Ersatz der CH_3-Gruppen in 5.6-Stellung durch 2 Cl-Atome (**III**) beeinflußt Resorption, Retention u. Exkretion nicht wesentlich. Die freie phenol. OH-Gruppe in 5-Stellung (**VI**) vermindert die Resorption stark (25% der von I), während deren Methylierung (**V**) sie verbessert (74%). Bei Patienten mit perniciöser Anämie erfordert die intestinale Resorption der resorbierbaren I-Analogen Zusatz von *Intrinsic factor* (**VII**). Die Unters. der Bindung der I-Analogen an ein rohes u. ein gereinigtes Schweine-**VII**-Präp. ergab bei I—**VI** weder qualitative noch quantitative Unterschiede. Einer ausgeprägten Konstitutionsspezifität der Resorbierbarkeit des I-Mol. steht eine Konstitutionsunspezifität I—**VII**-Bindung gegenüber. (Naturwissenschaften **45**. 269—70. 1. Juni-H. 1958. Hamburg, Univ., Physiol.-Chem. Inst.) K. MAIER. 4587

W. Ju. Ioffe und **B. Ch. Chamsalijew,** *Der Ascorbinsäureumsatz bei gesunden Menschen unter den Bedingungen eines heißen Klimas.* Unterss. des Blutplasmas u. des Tagesharns von 10 gesunden Versuchspersonen im Gebiet von Samarkand ergaben, daß der *Ascorbinsäure* (I)-Geh. im Frühling am geringsten (im Mittel 0,542 mg% bzw. 19,597 mg), im Sommer höher (0,708 mg% bzw. 25,041 mg) u. im Herbst am höchsten ist (0,811 mg% bzw. 29,703 mg). Bei körperlich schwer arbeitenden Personen ist bes. im Sommer wegen der hohen Temp. der I-Geh. niedriger (im Mittel 0,552 mg% bzw. 19,183 mg), was sich durch Elimination von I mit dem Schweiß erklärt, welcher davon 0,05—0,138 mg% enthält. (Вопросы Питания [Fragen d. Ernähr.] **17**. Nr. 6. 37—40. Nov./Dez. 1958. Samarkand, Med. Pawlow-Inst., Lehrstuhl für hospit. Therapie.)
E. RENTZ. 4587

Richard N. Matzen, *Über die Wirkung von Vitamin C und Hydrocortison auf das durch Ozon entstandene Lungenödem bei Mäusen.* Vor Beginn der Verss. erhalten die Versuchstiere intraperitoneal 10 mg *Vitamin C* (I) in physiol. Kochsalzlsg. u./oder

1 mg *Hydrocortison* (II) u. die Kontrolltiere 5 cm³ physiol. Kochsalzlösung. Alle Tiere werden 4 Std. einem Luft/O_3-Gemisch ausgesetzt. Mortalität u. Wassergeh. der Lungen werden krit. bewertet. I erniedrigt die Mortalität u. verringert die Ödemgröße. Bei II-Zusatz wird eine Abschwächung der I-Wrkg. beobachtet, während bei den Tieren, die nur II erhalten haben, erhöhte Mortalität u. stärkere Ödeme festgestellt werden. Die Schutzwrkg. von I beruht wahrscheinlich auf einer Hemmung der Steigerung der Capillarpermeabilität durch Ozon. (J. appl. Physiol. **11.** 105—09. Juli 1957. Cincinnati, Ohio, Occupat. Health Field Headquarters, Public Health Serv.) R. LENSCHAU. 4587

A. A. Dmitrowsky, *Zur Frage des Bedarfs an Vitamin A und D.* Bei Best. des Geh. an *Vitamin A* (I) in vitaminisierter Margarine ergab die biol. Meth. wesentlich höhere Werte als die chem., was Vf. auf die Anwendung von Emulgatoren bei der Margarineherst. zurückführen konnte. Verss. mit Ratten, Küken u. Kühen ergaben, daß I in Form einer feindispersen Emulsion 1,5—2mal besser aufgenommen wird als I in Fett gelöst. Wie bei Küken u. Kühen gezeigt wird, gilt das gleiche auch für *Vitamin* D_2. (Ernährungsforschung **3.** 276—81. 1958. Moskau, Bach-Inst. für Biochem. der Akad. der Wiss. der UdSSR.) M. ULMANN. 4587

Albert Chatzinoff, Nathan Millman, William Oroshnik und **Fred Rosen,** *11-cis-Vitamin-A zur Verhinderung der Netzhautstäbchendegeneration. Eine Untersuchung am Tier.* Subminimale Gaben (intramuskulär) von *11-cis-Vitamin A* (I) schützen die Retina (keine Stäbchendegeneration) neugeborener Ratten, verhindern jedoch nicht die durch *Vitamin-A* (II)-Mangel bedingten somat. Veränderungen (Gewichtsverlust, Xerophthalmie), während Subminimaldosen *all-trans*-II unwirksam sind. Nach diesem Befund ist I anscheinend für die Funktionsfähigkeit wie für die n. Physiologie der Stäbchen unentbehrlich. Der n. tier. Organismus muß *all-trans*-II oder *all-trans-Retinen* an einer Stelle des Körpers zur *11-cis-Form* (I) isomerisieren. Bei der Retinitis pigmentosa nehmen Vff. eine erblich oder konstitutionell bedingte Unfähigkeit des Stoffwechsels zur Durchführung dieser Rk. an. — Diskussionsbemerkungen. (Amer. J. Ophthalmol. [3] **46.** Nr. 5. Part 2. Proc. Assoc. Res. Ophthalmol. 205—10. Nov. 1958. New York, N. Y., Mount Sinai Hosp.; Raritan, N. J., Ortho Res. Foundat.) K. MAIER. 4587

F. Whiting und **L. M. Bezeau,** *Das Calcium-, Phosphor- und Zinkgleichgewicht bei Schweinen unter dem Einfluß des Gewichts des Schweines und des Gehalts der Nahrung an Calcium, Zink und Vitamin D.* Bei Schweinen von 20—80 lbs. Gewicht u. in der Nahrung 0,40—0,86% Ca, 34—140 p.p.m. Zn u. 0—800 I.E. *Vitamin D* (I) je lb. wurden Gewichtszunahme u. Nahrungsaufnahme durch Zusätze dieser 3 Stoffe nicht beeinflußt. Symptome von Parakeratose traten nur dann nicht auf, wenn die Nahrung Zn-Zusätze enthielt. Die scheinbare Resorption u. Retention von Ca wurde durch Zusatz von Ca oder I zur Nahrung oder durch das Tiergewicht nicht beeinflußt, durch Zn-Zusatz jedoch erhöht. Die scheinbare Resorption von P wurde durch Zusatz von Ca oder I vermindert, durch Zn-Zusatz jedoch nicht beeinflußt. Die P-Retention wurde durch Ca, Zn, I oder Tiergewicht nicht beeinflußt. Die scheinbare Resorption u. Retention von Zn wurden durch Zusatz von Zn erhöht, durch I-Zusatz vermindert u. durch Ca-Zusatz nicht beeinflußt. Die scheinbare Zn-Resorption durch 20 lbs.-Tiere war größer als die durch die anderen Tiere, diejenige durch 35 lbs. Tiere kleiner. Das Zn wurde größtenteils in den Faeces ausgeschieden. Die Ergebnisse weisen darauf hin, daß hoher I-Geh. der Nahrung u. das Tiergewicht bei der Entw. von Parakeratose von Bedeutung sind. (Canad. J. Animal Sci. **38.** 109—17. Dez. 1958. Lethbridge, Alberta, Canada, Dep. of Agricult., Div. of Animal Husbandry.) J. SCHWAIBOLD. 4587

J. G. Bieri, G. M. Briggs und **C. J. Pollard,** *Die Steigerung des Vitamin-E-Mangels beim Hühnchen durch Torulahefe.* Vff. geben New Hampshire-Hühnchen eine Vitamin-E (I)-freie Kost, die als N-Quellen Aminosäuren oder Sojabohnenprotein enthält u. beobachten, daß ein Zusatz von 7,5—30% Torulahefe (*Torulopsis utilis*) die Entw. exsudativer Diathese steigert. Die aus 60% Hefe u. 4% I-freiem Schweinespeck bestehende Grunddiät verursacht innerhalb von 14—18 Tagen das Auftreten patholog. Symptome u. ein Absterben nach 4 Wochen. Diese Wrkg. ist nicht an die in der Hefe vorkommende Fettkomponente gebunden. Die Aktivität der Hefe wird weder durch Waschen mit W. noch durch 48std. Erhitzen auf 105° zerstört; während der nach dem Veraschen bei 400° erhaltene Rückstand eine starke Wirksamkeit besitzt. Die Fähigkeit, appliziertes *α-Tocopherol* zu speichern sowie die I-Gehh. in Leber u. Serum werden durch Torulahefe enthaltende Nahrung vermindert. (J. of Nutrit. **64.** 113—26. 10/1. 1958. Bethesda, Md., US Dep. of Health, Educat. and Welfare, Publ. Health Serv., Nat. Inst. of Arthritis.) P. FAHRNLAENDER. 4587

K. Täufel, *Die Vitamine in Nahrung und Ernährung.* Vortrag. (Ernährungsforschung **3.** 230—36. 1958. Potsdam-Rehbrücke, Inst. für Ernähr.) M. ULMANN. 4587

H.-K. Gräfe, *Vitaminbedarfsnormen. Vorschläge zur Aufstellung einer Vitamin-Tagesbedarfstabelle.* Vortrag. Im Anschluß an eine krit. Besprechung von 5 weitverbreiteten Tabellenwerken für Vitaminbedarfsnormen wird eine Vitamin-Tagesbedarfstabelle als Diskussionsbasis vorgelegt, in der die Höhe des wünschenswerten täglichen Angebotes nach Geschlecht, Arbeitsschwere u. Altersstufen unterteilt wird. (Ernährungsforschung **3.** 250—76. 1958. Potsdam-Rehbrücke, Inst. für Ernähr.) M. ULMANN. 4587

W. W. Jefremow, A. N. Tichomirowa, E. M. Maslenikowa, S. A. Kossenko, E. A. Kraiko und **L. G. Gwosdowa,** *Versuche zur optimalen Vitaminversorgung von Arbeitern der Eisenhüttenindustrie.* Der wahrscheinliche optimale Vitaminbedarf beträgt bei Arbeitern der heißen Betriebe metallurg. Werke: ca. 200 mg *Vitamin C*, 2—3 mg *Vitamin A*, mindestens 5 mg *Vitamin* B_1, 3—5 mg *Vitamin* B_2 u. ca. 30 mg *Nicotinsäure*. (Ernährungsforschung **3.** 237—49. 1958. Inst. für Ernähr. der Akad. der Med. Wiss. der UdSSR, Abt. für Vitaminforsch.) M. ULMANN. 4587

H. Haenel, *Darmflora und Vitaminhaushalt.* Vortrag. (Ernährungsforschung **3.** 282—88. 1958. Potsdam-Rehbrücke, Inst. für Ernähr.) M. ULMANN. 4587

H. Gebauer, *Vor- und Nachteile des biologischen Vitamintestes.* Vortrag. Nur die gleichzeitige Anwendung biol., chem. u. mikrobiol. Teste vermag ein klares Bild über den Geh. u. den biol. Wert der *Vitamine* zu geben. (Ernährungsforschung **3.** 289—99. 1958. Potsdam-Rehbrücke, Inst. für Ernähr.) M. ULMANN. 4587

B. Gassmann, *Über Vor- und Nachteile der chemischen Vitaminbestimmung.* Vortrag. Bei den *Vitaminen* B_1, B_2, *C, A, E* u. *F* sowie bei *Nicotinsäureamid* genügen die chem. Verff. den zu stellenden Ansprüchen an Zuverlässigkeit, Kostenaufwand u. Zeitaufwand sowie einfacher Arbeitstechnik. (Ernährungsforschung **3.** 300—07. 1958. Potsdam-Rehbrücke, Inst. für Ernähr.) M. ULMANN. 4587

H. Haenel, *Über Vor- und Nachteile der mikrobiologischen Vitaminbestimmung.* Vortrag. Mikrobiol. Teste sind wohl zeitraubend u. oft kompliziert, haben dafür aber den Vorteil großer Empfindlichkeit, ausreichender Genauigkeit u. verschiedenartigster Anwendbarkeit. (Ernährungsforschung **3.** 308—20. 1958. Potsdam-Rehbrücke, Inst. für Ernähr.) M. ULMANN. 4587

Edward R. Woodward, Louis Plzak, William E. Trumbull und **Herbert Schapiro,** *Einfluß verschiedener Stimulantien der Magensekretion auf Serum- und Harnpepsinogen.* Es wurden Verss. an Hunden durchgeführt, um die *Pepsin*-Sekretion im Magen zu stimulieren. Folgende Methoden wurden mit befriedigendem Erfolg angewandt: Oesophagotomie u. Scheinfütterung; Verabreichung von *ACTH*, sowohl akut als auch chron.; Verabreichung von *Urecholin*, sowohl akut als auch chronisch. (Amer. J. Digest. Diseases [N. S.] **3.** 417—26. Juni 1958. Los Angeles, Calif., Univ. of California, Med. Center, Dep. of Surg.) K. F. MÜLLER. 4594

Henry Foy, Athena Kondi und **W. H. Austin,** *Wirkung von Nahrungsphytat auf die fäkale Resorption von radioaktivem Ferrichlorid.* Da die meisten trop. Ernährungsarten reich an Phosphat u. Phytat sowie arm an Ca sind, u. daher als die Fe-Resorption hemmend anzusehen sind, wurden Fe-Stoffwechselunterss. bei n. Erwachsenen mit einer Brotmahlzeit mit u. ohne Zulage von 3 g 12-Na-Phytat durchgeführt. Es wurde gefunden, daß die bei der Fe-Ausscheidung auftretenden Schwankungen keinen Zusammenhang mit den Phytatzulagen zeigten. Ein störender Einfl. von Phytat bzw. der daraus freigesetzten Phosphorsäure auf die Fe-Resorption ist demnach nicht erwiesen. (Nature [London] **183.** 691—92. 7/3. 1959. Nairobi, Kenya, Wellcome Trust Res. Labors.) J. SCHWAIBOLD. 4594

A. N. Kusnetzowa, *Die Ausscheidung von Harnstoff und Ammoniak durch die Magenschleimhaut.* In Verss. an 3 Hunden mit chron. Magenfistel nach BASSOW wird festgestellt, daß deren n. Mageninhalt 2,7—3,2 mg% *Harnstoff* (I) u. 6,8—7,5 mg% *Ammoniak* (II) enthält. Nach Zufuhr von 0,2 g I/kg in Form der 50%ig. wss. Lsg. intravenös steigt der Geh. von I u. II auf 3,4—4,1 bzw. 6,5—8,3 mg% u. bei Zufuhr von 0,4 g I/kg auf 4,5—6,8 bzw. 10,5—11,0 mg% an. Bestimmte Beziehungen zwischen dem Anstieg von I u. II u. der Menge des Magensaftes waren nicht feststellbar. (Вопросы Медицинской Химии [Fragen med. Chem.] **4.** 114—19. März/April 1958. Moskau, Chirurg. Wischnewski-Inst. der Akad. der Med. Wiss. der UdSSR, Physiol. Labor.) E. RENTZ. 4594

B. Maymone, M. Tiberio und **G. A. Triulzi,** *Vergleichende Untersuchungen über die Verdaulichkeit von Maulbeerblättern bei den Larven von Bombyx mori und bei höheren Tieren.* Verdaulichkeitsverss. mit Blättern von Morus alba ergaben bei Widdern wie bei Seidenraupen im 4. Stadium ähnliche u. sehr hohe Ausnützung von Eiweiß, Rohfett, Rohfaser u. K-freiem Extrakt sowie sehr hohen Nährwert. B. mori im 5. Stadium zeigte eine starke Abnahme der Verdaulichkeit von organ. M., Rohfaser u. N-freiem Extrakt. (Ann. Sperimentaz. agrar. [N. S.] **10.** 619—46. 1956. Roma, Ist. sperim. zootecnico.) EBERHARD MÜLLER. 4594

Ray H. Rosenman und **Malcolm K. Smith,** *Die Wirkung bestimmter Chelat-bildender Substanzen (EDTA) auf den Cholesterinstoffwechsel der Ratte.* Salze von *Dinatriumäthylendiamintetraessigsäure* (*EDTA*; I) verursachen bei oraler Applikation eine deutliche Verstärkung der nahrungsbedingten Hypercholesterinämie bei der Ratte infolge Verstärkung der intestinalen Cholesterinresorption. Die Cholesterinsynth. in der Leber, das Verschwinden von Cholesterin aus dem Plasma u. die Cholesterinablagerung in der Leber wird durch I nicht beeinflußt. Die Hypercholesterinämie nach Injektion von *Triton WR-1339* wird durch I-Verabreichung nicht signifikant gesteigert. (J. clin. Invest. **35.** 11—19. Jan. 1956. San Francisco, Calif., Mount Zion Hosp., Harold Brunn Inst.) WOLFGANG ALBRECHT. 4594

P. Mandel, R. Bieth und **J. D. Weill,** *Untersuchungen über den Energiestoffwechsel des Rattengehirns bei der Entwicklung.* 1. Mitt. *Sauerstoffverbrauch.* 2. Mitt. *Säurelösliche Phosphorverbindungen.* Die Verss. wurden an Hirnen von weißen Ratten im Alter von 3 Tagen bis zu 30 Monaten ausgeführt. Der O_2-Verbrauch der Präpp. wurde in der WARBURG-App. bestimmt. Als Substrat diente Glucose in 1%ig. Lsg., z. T. mit 10^{-2}mol. Natriumcitrat zur Best. der Desoxypentosenucleinsäure (I). — Der O_2-Verbrauch pro mg Gehirnmasse steigt in den ersten 15 Tagen nach der Geburt stark an u. erreicht am 21. Tage die Größenordnung, wie sie bei erwachsenen Tieren beobachtet wird. — Die Gesamtmenge des säurelösl. Phosphats im Verhältnis zur I-Menge verändert sich vom 3. Tag ab nicht wesentlich. — Die Menge des anorgan. Phosphats im Verhältnis zu I steigt vom 3. zum 8. Tag stark an u. ändert sich dann nur noch wenig. Die Kreatinphosphorsäuremenge pro Zelle zeigt keine systemat. Änderungen. — Die Adenosinphosphorsäuremenge (ATP u. ADP) im Verhältnis zu I ist in den ersten 15 Tagen am größten u. sinkt dann ab. — Die Mengen von Glucose-1- u. Glucose-6-phosphat u. Adenylsäure zeigen im Lauf der Entw. keine systemat. Änderungen. (Bull. Soc. Chim. biol. **37.** 475—83. 1955. Strasbourg, Fac. de Méd., Inst. de Chim. biol.) A. GUDE. 4595

P. Mandel und **J. D. Weill,** *Untersuchungen über den Energiestoffwechsel des Rattengehirns bei der Entwicklung.* 3. Mitt. *Glucoseverbrauch und Milchsäureproduktion.* (1. u. 2. vgl. vorst. Ref.) Rattenhirnschnitte von 3 Tage bis 6 Monate alten Ratten wurden im WARBURG-App. mit Glucose versetzt, u. die produzierte Milchsäure nach BARKER u. SUMMERSON bestimmt. — Der Glucoseverbrauch pro mg Hirnsubstanz steigt in den ersten 15 Tagen nach der Geburt stark an u. bleibt dann konstant. Die Milchsäureproduktion pro mg Hirngewicht steigt auch bis zum 15. Tag an u. bleibt dann konstant. — Unter der Voraussetzung, daß der anaerobe Glucoseabbau zu 2 Moll. Milchsäure führt, berechnen Vff. die anaerob abgebaute Glucose. Die oxydativ abgebaute Glucose wird auf Grund des Sauerstoffverbrauchs berechnet. Der aerobe Glucoseabbau steigt nach diesen Berechnungen vom 3 Tage alten bis zum erwachsenen Tier laufend an, während der anaerobe Glucoseabbau etwa konstant bleibt. Vff. schließen daraus, daß das junge Rattenhirn sich im Laufe der Entw. immer mehr von der Glykolyse auf den aeroben Glucoseabbau umstellt, was mit der gleichzeitig verlaufenden Zellvermehrung u. Aktivitätssteigerung des Cytoplasmas einhergeht. (Bull. Soc. Chim. biol. **37.** 839—45. 27/10. 1955. Strasbourg, Fac. de Méd., Inst. de Chim. biol.) A. GUDE. 4595

Ebba Enghoff, *Über gasanalytische und spriometrische Gaswechselbestimmungen.* Grundumsatzbestimmungen nach KROGH ergaben, daß es auch bei unregelmäßiger Atmung möglich ist, durch die Expirationskurven eine Linie zu legen, die der n. Expirationsstellung des Patienten entspricht. Der gasanalyt. bestimmte O_2-Verbrauch liegt im allg. etwas höher als der mit KROGH-Spirometer gefundene Wert. (Kungl. svenska Vetenskapsakad. Handl. [5] **8.** Nr. 2. 1—17. 1958. Uppsala, Univ., Med. Klinik.) H. DOSSMANN. 4595

Benjamin A. Barnes, Oliver Cope und **Ruth Moore,** *Magnesiumstoffwechsel bei schwer verbrannten Patienten.* Bei 2 schwer verbrannten Patienten werden Analysen des Exsudates durchgeführt, u. es kann der schon früher berichtete Verlust an N, Na u. K bestätigt werden. Die *Mg*-Ausscheidung/Tag im Urin beträgt weniger als 11 mÄquivalent, in den Faeces ca. 50 mÄquivalent u. im Exsudat 40 mÄquivalent bei konstanter Mg-Aufnahme in der Kost. Aus diesen Werten wird geschlossen, daß Mg aus dem Körper (wahrscheinlich aus dem Skelett) mobilisiert wird. (Ann. Surgery **148.** 755—66. Nov. 1958. Boston, Mass.) G. KIMMERLE. 4596

H. Brunner, G. Kuschinsky, O. Münchow und **G. Peters,** *Der Tag–Nacht-Rhythmus der Diurese, Elektrolytausscheidung und Clearance des echten endogenen Krea-*

tinins bei der Ratte. Spontan trinkende u. gefütterte ♂ u. ♀ Ratten trinken während der Aktivitätsperiode (Nacht) ca. 5 mal mehr W. als bei Tag. Während bei ♂ Ratten die Diurese nachts gesteigert (um ca. $^1/_5$) ist, ist sie bei ♀ kaum signifikant erhöht. Bei ♂ Ratten ist die Clearance des echten Kreatinins während der Nacht erhöht, nicht aber bei ♀ Ratten. Auch die Ausscheidung von *Na* u. *Cl* im Harn ist nur bei ♂ Ratten nachts vermehrt. Die Urin-*K*-Ausscheidung wird nachts nur wenig erhöht. Hungernde u. dürstende Ratten scheiden nachts mehr titrierbare saure Verbb. u. mehr NH_4-Ionen aus als am Tage. (Naunyn-Schmiedebergs Arch. exp. Pathol. Pharmakol. **229.** 482—94. 13/11. 1956. Mainz, Univ., Pharmakol. Inst.) G. KIMMERLE. 4596

May S. Reynolds, Dorothy L. Steel, Evelyn M. Jones und **C. A. Baumann** (unter technischer Mitarbeit von **Eleanor Halter, Miriam McTeer, Saranya Reddy, Frances Schmidt** und **Gertrude Skerski**), *Stickstoffgleichgewichte bei Frauen, die verschiedene Mengen an Methionin und Cystin erhalten haben.* Vff. geben ♀ Versuchspersonen innerhalb 6 bis 16 Tagen eine Methionin (I) u. Cystin (II) enthaltende halbsynthet. Kost u. untersuchen das N-Gleichgewicht durch Best. des Aminosäuregeh. der aufgenommenen Nahrung sowie der Faeces u. des Harns. Es zeigt sich, daß bei II-Zufuhren von 500 bzw. 10 mg + 30 bis 80 bzw. 30—150 mg I N-Verluste auftreten; erst höhere I-Gaben (240—850 mg) bedingen ein ausgeglichenes oder leicht positives N-Gleichgewicht. Verss. mit 10 bzw. 140 bzw. 260 mg II + 290 mg I u. 90 mg II + 190 mg I ergeben prakt. nur im ersten Falle negative Werte. Eine Gesamtmenge von 550 mg S-haltiger Aminosäuren wird zur Wahrung des Gleichgewichtes als ausreichend erachtet. (J. of Nutrit. **64.** 99—111. 10/1. 1958. Madison, Wis., Univ. Coll. of Agricult., Dep. of Biochem., and School of Home Economics, Depp. of Foods and Nutrition.) P. FAHRNLAENDER. 4596

Corrado Buonocore und **Gastone Magnani,** *Untersuchungen über die Blutlymphe von Bombyx mori L. als Funktion des unterdrückten Ausscheidens und Spinnens der Seide.* Nach einer Übersicht über den Stand der Forschung über den Stoffwechsel der Seidenraupen (Sdr) berichten Vff. über analyt. Best. verschied. Proteine u. Aminosäuren (I) im Blut von I nach Entfernung des Spinnorgans bzw. der seidebildenden Drüsen (Dr). Bes. beim Fehlen der Dr wurde ein stark erhöhter Geh. an Gesamt- u. Nichteiweiß-N in der Lymphe gefunden, was auf eine Stauung von I in der Blutlymphe schließen läßt u. sich refraktometr. sowie biol. im Coelom nachweisen ließ. Nach Vff. fressen die Dr-losen Sdr 40—50% weniger als n. Larven, scheiden weniger Exkremente aus u. zeigen eine geringere Ausnutzung der trocken aufgenommenen Nahrung. Die N-Ausscheidung ist erhöht, ebenso auch der N-Geh. in den MALPIGHIschen Gefäßen u. im Kot. In der Lymphe steigt der Gesamt-N-Geh. von (%) 1,46 auf 2,67, während die freien Aminosäuren 0,9645 N enthielten u. der Brechungsindex merklich anstieg. Auch die Konz. der *Harnsäure* war in den aus operierten Sdr gewonnenen Chrysaliden fast verdoppelt. Die mangels Spinnfähigkeit angehäuften Urate verursachen eine erhöhte Exkrementausscheidung. Aus den Unterss. geht hervor, daß die Blutlymphe als Reservegewebe bzgl. der Seidenbestandteile wirkt. — 41 Literaturangaben. (Ann. Sperimentaz. agrar. [N. S.] **12.** 727—45. 1958. Ascoli Piceno, Versuchsstat. für Maulbeerbaum- u. Seidenraupenkultur, Staz. sperim. di Gelsicoltura e Bachicoltura; Camerino, Univ., Ist. di chimica biol.)
A. SANDER. 4596

James H. Sang, *Verwertung der in der Nahrung enthaltenen Purine und Pyrimidine durch Drosophila melanogaster.* Die Entw. von Drosophilalarven wird durch Zusatz von *Ribonucleinsäure* (I) zur Nahrung beschleunigt. Die günstigste Menge liegt bei 0,4—0,7% I. Vf. untersuchte, wieweit sich I durch verschied. Purine, Pyrimidine, Nucleoside u. Nucleotide ersetzen läßt. Es wurden Adenin, Guanin, Xanthin, Xanthosin, Hypoxanthin, 2.6-Diaminopurin, Cytosin, Uracil, Thymin, Orotsäure, Adenosin, Guanosin, Cytidin, Uridin, Adenylsäure, Guanylsäure, Cytidylsäure, Uridylsäure u. Inosin einzeln u. im Gemisch zur Nahrung der Larven zugesetzt. Einzelne Purine u. Pyrimidine können I nicht vollständig ersetzen. Adenin, Adenylsäure, Adenosin, Guanylsäure u. Guanosin begünstigen das Wachstum der Larven. Inosin, Hypoxanthin, Xanthin u. Xanthosin können z. T. Adenin u. seine Derivv. vertreten. Es scheint, daß die Drosophilalarven I nur als Quelle für Adenin u. dessen Derivv. benötigen, während Guanin, Cytosin u. Uracil oder deren Nucleoside u. Nucleotide keine Verwendung finden. (Proc. Roy. Soc. Edinburgh, Sect. B **66.** 339—59. 1956—1957. Edinburgh, Poultry Research Centre.)
W. VOIGTLÄNDER. 4596

Ivan D. Frantz jr. und **James B. Carey jr.,** *Beobachtungen über die Wege der Cholesterinausscheidung im Menschen.* Unterss. an einem Gesunden, der 20 µC $^{14}C_{(4)}$-*Cholesterin* (I) intravenös erhielt, zeigen, daß I zu 85% als *Koprosterin* bzw. I im Stuhl gefunden wird; nur 15% der täglich ausgeschiedenen Strahlungsaktivität werden in der Gallensäurenfraktion gefunden, davon $^2/_3$ als *Desoxycholsäure.* (J. Lab. clin. Med. **50.** 814—15. Nov. 1957.) R. LENSCHAU. 4596

Frederick A. Fuhrman und **Geraldine J. Fuhrman,** *Über den Stoffwechsel der Haut nach Erfrierungen.* Vff. führen nach WARBURG Bestimmungen von Q_{O_2} u. $Q_{O_2}^{N}$ an Rattenhaut durch, die 15 Sek. bis 2 Std. einer Temp. von -25^0 ausgesetzt u. anschließend bei 23^0 oder 42^0 aufgetaut worden war. Die geringsten Frostschäden werden nach dem sofortigen Einbringen des gefrorenen Gliedes in W. von 42^0 beobachtet. — 27 Literaturangaben. (J. appl. Physiol. **11.** 45—50. Juli 1957. Stanford, Univ. of Stanford, Calif., School of Med., Dep. of Physiol.) R. LENSCHAU. 4597

J. M. O'Connor, *Einfluß von Fettsäuren und der Nebennierenrinde auf den Sauerstoffverbrauch bei wechselnder Temperatur.* Der O_2-Verbrauch der Haut in Abhängigkeit von der Temperatur wird nach der VIERORDT-Meth. bei Ratten untersucht. Es zeigte sich, daß er von der physikal. Beschaffenheit (Löslichkeit, Bldg. monomolekularer Schichten) der in der Zelle vorhandenen *Fettsäuren* abhängt. Nebennierenrindenhormone beeinflussen ihn. (Amer. J. Physiol. **181.** 89—96. April 1955. Dublin, Irland, Univ. Coll., Dep. of Physiol.) G. KIMMERLE. 4597

M. C. Bhattacharya und **J. D. B. MacDougall,** *Die Respiration von Cardiovasculärgewebe aus sich entwickelnden Küken und ausgewachsenen Hühnern.* Unterss. über den Q_{O_2} von Herzgeweben aus Hühnern in verschied. Entwicklungsstadien wurden mit dem Mikrorespirometer durchgeführt. Die O_2-Aufnahme nimmt mit zunehmendem Alter des Embryos bzw. geschlüpften Tieres ab. (Biochem. J. **71.** 205—08. Jan. 1959. Dundee, Univ. of St. Andrews, Queen's Coll., Deps. of Biochem. and Anatomy.) H. GOEBEL. 4597

Jacques Wajzer, Jean Nekhorocheff und **Jacques Dondon,** *Über die Desaminierung von Adenylnucleotiden während der Muskelkontraktion.* Bei 0^0 wird einer der beiden in sauerstoffgesätt. RINGER-Lsg. befindlichen symm. Muskeln des Rectus internus major von Rana temporaria elektr. gereizt. Beide Muskeln werden dann in der Kälte mit 0,3n Perchlorsäure mechan. zerkleinert u. zentrifugiert. Die Analysenwerte für *Adenylnucleotide* (**I**) u. *Inosinsäure* (**II**) zeigen, daß im gereizten Muskel eine Desaminierung von **I** in **II** stattgefunden hat. (C. R. hebd. Séances Acad. Sci. **246.** 3694—96. 30/6. 1958.) R. LENSCHAU. 4597

J. C. Dreyfus, G. Schapira, F. Schapira und **J. Demos,** *Die Biochemie der Myopathien beim Menschen.* Bei Patienten mit Myopathien ist der Geh. des Blutserums an bestimmten Fermenten stets deutlich höher als bei Gesunden. So beträgt die Aktivität der *Aldolase* (**I**) im Mittel 3,7 $\pm$ 0,265 statt n. 0,4 $\pm$ 0,035 MEYERHOF-Einheiten, der *Milchsäuredehydrase* 1045 $\pm$ 250 statt 276 $\pm$ 24 WROBLWSKI-Einheiten, der *Glutaminsäure-Brenztraubensäure-Aminopherase* 3,8 $\pm$ 0,4 statt 0,72 $\pm$ 0,06 u. der *Glutaminsäure-Oxalessigsäure-Aminopherase* 4,3 $\pm$ 0,34 statt 1,3 $\pm$ 0,13 mMol Glutaminsäure pro Liter u. Std. u. die Aktivität der *Phosphohexoisomerase* (**II**) 12,6 $\pm$ 0,8 statt 5,2 $\pm$ 0,5 mg Fructose auf 1 Liter Serum. Die Ergebnisse der **II**-Best. waren am wenigsten deutlich. Die Tatsache der Erhöhung vor allem des **I**-Geh. ist von großer diagnost. Bedeutung, da bei Muskelerkrankungen neurogener Natur (Poliomyelitis, angeborene Amyotonie, Myasthemie, amyotroph. Lateralsklerose) keine oder nur eine sehr geringe Zunahme von **I** im Blutserum feststellbar ist. Die Myopathie ist bei Frauen, bei welchen sie selten vorkommt, von einem n. **I**-Geh. begleitet. Der **I**-Geh. ist bei Patienten bis zum 15. Lebensjahr höher als bei Erwachsenen, zu Beginn der Erkrankung höher als beim liegenden, gehunfähigen Patienten, im Oktober—Dezember höher als im Mai—Juli u. bei Lokalisation der Erkrankung in der unteren Körperhälfte höher als bei Erkrankung der oberen Körperhälfte. Im Muskelgewebe finden sich bei Myopathien eine absol. Herabsetzung der Aktivität der glykogenolyt. Fermente (*Phosphorylase* 1 $\pm$ 0,2 statt 4,0 $\pm$ 0,4, *Phosphoglykomutase* 0,7 $\pm$ 0,13 statt 1,95 $\pm$ 0,13 u. **I** 0,75 $\pm$ 0,15 statt 3,2 $\pm$ 0,45 auf 1 g frisches Gewebe) u. eine relative Abnahme der Aktivität der Oxydationsfermente (*Cytochromoxydase* 3,01 $\pm$ 0,4 statt 6,94 $\pm$ 0,3, *Succinoxydase* 1,25 $\pm$ 0,2 statt 2,66 $\pm$ 0,2, *Succindehydrase* 1,14 $\pm$ 0,2 statt 1,81 $\pm$ 0,4, *Aconitase* 0,9 $\pm$ 0,06 statt 1,96 $\pm$ 0,2 u. *Fumarase* 0,26 $\pm$ 0,06 statt 0,68 $\pm$ 0,01 auf 1 g frisches Gewebe) bei Berechnung auf 1 g Muskelprotein. Die Abnahme der Konz. des *Nichthämineisens* (**III**) ist nur eine scheinbare, bedingt durch die Anreicherung des Muskels an Fett u. fibrösem Gewebe, während es bei der neurogenen Muskelatrophie zu einer wirklichen Erhöhung des **III**-Geh. kommt. (Вопросы Медицинской Химии [Fragen med. Chem.] **4.** 97—108. März/April 1958. Paris, Kinderhospital, Lab. für med. u. biol. Chem.) E. RENTZ. 4597

H. Schwalm und **K. Cretius,** *Über den Gehalt der menschlichen Uterusmuskulatur an kontraktilen Proteinen, an wasserlöslichen Proteinen und an Stromaeiweiß.* Nach Best. der wasserlösl., kontraktilen u. von *Stromaproteinen* (**I, II** bzw. **III**) nach KJELDAHL stehen diese in der menschlichen Uterusmuskulatur gegenüber der Skelettmuskulatur in folgenden Verhältnissen zueinander: Der n. Uterus enthält weniger **I** u. **II** als die Skelettmuskulatur, die Cervix enthält dabei etwas weniger als das Corpus uteri; Schwangerschaften führen zum Anstieg von **I** u. **II** im Uterus, beim Einsetzen der Wechseljahre sinkt der **I**- u. **II**-Gehalt. N. Uterusmuskulatur enthält jedoch mehr **III** als die Skelettmuskulatur, die Cervix mehr noch als das Corpus uteri; während Schwangerschaften nimmt der **III**-Geh. des Uterus ab u. ist nach den Wechseljahren wieder am höchsten. (Arch. Gynäkol. **191**. 271—82. 1958. Mainz, Univ., Frauenklinik.) U. TAUSENDFREUND. 4597

Einar Blegen, Torleiv Lygren und **Aud Vogt,** *Die Ausscheidung von Harnstoff durch die Niere.* Im Gegensatz zu den Ergebnissen von FÖLDI u. SZABÓ (Acta med. Acad. Sci. hung. **2**.[1951.] 449) konnte keine tubuläre Sekretion von *Harnstoff* (**I**) bei **I**-Belastung von Hunden nachgewiesen werden, obwohl die Clearancewerte vor der **I**-Belastung n. waren. Es wird auch auf die Wichtigkeit der Verwendung der sogenannten echten *Kreatinin* (**II**)-Best. statt der Gesamtchromogenwerte bei Clearance-Bestimmungen beim Hunde hingewiesen, da die nicht durch **II** bedingten Chromogenwerte beim Hund höher als beim Menschen liegen, so daß das Verhältnis **I**-Clearance/**II**-Clearance bei Verwendung der Gesamtchromogenwerte zu hoch ausfällt; außerdem ergeben die echten **II**-Werte eine gute Übereinstimmung mit den Inulinwerten. (Acta physiol. scand. **39**. 47—54. 10/4. 1957. Oslo, City Hosp., Dep. Krohgstötten; Ullevål Hosp., Univ. Inst. for Exper. Med. Res.) U. TAUSENDFREUND. 4597

Antonio Delgado Portillo, *Die Bestimmung von Urobilin im Urin. Unsere Interpretierung der Hyperbilirubinurie in einer ländlichen Gegend.* Übersicht über den Stoffwechsel des *Bilirubins* mit Hinweisen auf die diagnost. Bedeutung von Urobilin im Urin. (Medicamenta [Madrid] **18(9)**. Nr. 153. 96—98. 15/8. 1957. Badajoz, Fregenal de la Sierra.) HEINRICH HERMANN. 4597

Bernard Katz, *Die Mikrophysiologie der neuromuskulären Verknüpfung.* 1. Mitt. *Ein „physiologisches Wirkungsquantum" bei neuromuskulärer Verknüpfung.* Vortrag. — Nach einer histor. Übersicht der wichtigsten Arbeiten über die Vorgänge der synapt. Übertragung geht der Vf. auf eigene theoret. Konzeptionen über die Wrkg. des Acetylcholins u. dessen Verh. in Abhängigkeit von Ca u. Mg ein. (Bull. Johns Hopkins Hosp. **102**. 275—95. Juni 1958. London, England, Univ. Coll.) K. GÄBELEIN. 4598

Bernard Katz, *Die Mikrophysiologie der neuromuskulären Verknüpfung.* 2. Mitt. *Die chemoreceptorische Funktion der motorischen Endplatten.* (1. vgl. vorst. Ref.) Vortrag. — Vf. entwirft eine Vorstellung der Wirkungsweise chemoreceptor. Vorgänge an den motor. Endplatten auf Grund der neueren Literatur u. eigener Arbeiten. — 31 Literaturangaben. (Bull. Johns Hopkins Hosp. **102**. 296—312. Juni 1958. London, Univ. Coll. for Biophysics.) K. GÄBELEIN. 4598

Brigitte Schultze, Wolfgang Oehlert und **Werner Maurer,** *Autoradiographische Untersuchung zum Mechanismus der Eiweißneubildung in Ganglienzellen.* (*Untersucht mit ^{35}S-Thioaminosäuren beim Kaninchen*). Nach Verfütterung von Hefe, deren Eiweiß mit ^{35}S-Thioaminosäuren markiert war, an Kaninchen u. Tötung derselben nach 3 bzw. 8 Std. wurden Serienschnitte der Gehirne angefertigt. Die ^{35}S-Aktivitätsverteilung innerhalb der Schnitte wurde autoradiograph. untersucht. Starker Einbau von ^{35}S-Thioaminosäuren fand sich innerhalb des Karyoplasmas, während im Nucleolus wahrscheinlich gar kein Einbau von Thioaminosäuren in Eiweiß stattfindet. (Beitr. pathol. Anatom. allg. Pathol. **120**. 58—84. 1959. Köln, Univ., Inst. für Medizin, Isotopenforschung.)
W. VOIGTLÄNDER. 4598

Eugene Roberts, Morton Rothstein und **Claude F. Baxter,** *Stoffwechseluntersuchungen der γ-Aminobuttersäure.* In Übereinstimmung mit früher durchgeführten enzymat. Unterss. fanden Vff., daß bei intracerebral (i.c.) verabreichter $^{14}C_5$-*L-Glutaminsäure* (**I**) an gesunde Mäuse die **I**-C-Kette in die C-Kette der γ-Aminobuttersäure (**II**) bei deren Bldg. im Hirn umgewandelt wird. Thiosemicarbazid hemmt die Umwandlung von **I** in **II**. Bei intraperitonealer Verabreichung von $^{14}C_{(1)}$-**II** an gesunde Ratten kann die C-Kette von **II** an der Stelle des Succinats in den Tricarbonsäurecyclus eintreten. Bei i.c.-Injektion von $^{14}C_{(1)}$-**II** an Mäuse oder Incubation mit Mäusehirnhomogenat zeigten Vff., daß die Ausnützung der **II** im Hirn wahrscheinlich in der gleichen Weise erfolgt wie beim ganzen Tier. (Proc. Soc. exp. Biol. Med. **97**. 796—802. April 1958. Duarte, Calif., City of Hope, Med. Center, Med. Res. Inst., Dep. of Biochem.) G. BRATFISCH. 4598

Masao Yoshida, *Ein Acetylcholinhydrolysierendes Enzym in den isolierten inneren und äußeren Segmenten der Receptorzellen der Froschretina.* Durch Zentrifugieren gewonnene innere u. äußere Retinareceptorzellsegmente von Bufo vulgaris japonicus zeigten colorimetr. vor allem in den inneren Segmenten eine starke *Acetylcholin*-spaltende Wrkg., die sich unabhängig von der Beleuchtung mit hellem künstlichem Licht (100 W) erwies. (Jap. J. Physiol. **8**. 155—59. 15/6. 1958. Oita Univ.; Labor. of Biochem., Inst. of Biol. [Orig.: engl.]) G. RENTSCH. 4598

Teruhiko Hosoi, *Adenosin-5'-phosphate als stimulierende Agentien des Blutes auf den Freßakt der Moskitos.* Aus Blutzellen wurde durch Extraktion mit Ae.–A.–W. u. Ionenaustauschchromatographie eine Verb. (I) isoliert, die in 10^{-4} bis 10^{-5} mol. Konz. bei Moskitos den Freßakt auslöst. I wurde als *Adenosin-5'-phosphorsäure* identifiziert. *Adenosindi-* u. *triphosphat,* die allerdings etwas Monophosphat enthielten, gaben ebenfalls positive Reaktion. Für Aktivität sind Nucleotidkonfiguration u. Adeninteil Voraussetzung. I-Umwandlung im Sulfat oder Red. der Ribosekomponente in Desoxyribose heben die Wrkg. nicht völlig auf, die Wanderung der Phosphatgruppe von 5'- in 2'- oder 3'-Stellung jedoch vollständig. (Nature [London] **181.** 1664—65. 14/6. 1958. Tokyo, Inst. of Technol., Biol. Labor.) K. MAIER. 4598

Z. Dvořák, *Der Abbau von Adeninnucleotiden im Rindermuskel nach dem Tode und seine Beziehung zum Ammoniakgehalt.* Der postmortale Abbau von *Adenosintriphosphat* im Rindermuskel (Musculus psoas major) wurde mit der Ammoniakbldg. in Verbindung gebracht. Die Temperaturabhängigkeit des Ammoniakgeh. im Rindermuskel wurde untersucht. Die Ammoniakbldg. aus Nucleotiden ist mit dem Eintreten der Leichenstarre beendet. (Experientia [Basel] **14.** 133—34. 15/4. 1958. Brno, Inst. for Res. of Meat and Fish.) K. HEYNS. 4599

E₆. Pharmakologie. Therapie. Toxikologie. Hygiene.

George W. Casarett und **John B. Hursh,** *Wirkungen niedriger täglicher Röntgenstrahldosen auf die Spermatogenese bei Hunden.* (Proc. int. Conf. peaceful Uses Atomic Energy **11.** 184—87. 1956. Rochester, N. Y., Univ. of Rochester School of Med. and Dent., Dep. of Radiat. Biol.) H. DOSSMANN. 4601

A. P. Lachapèle, J. Biraben und **G. Delmon,** *Enzyme und Strahlen.* Nach allg. Betrachtungen über die Wrkg. von Röntgenstrahlen auf Enzyme in vitro u. in vivo wird über Verss. an der Leber-*Arginase* von Mäusen berichtet. 30, 45 Min. bzw. 1, 2, 3, 4 oder 6 Std. nach einer Röntgenbestrahlung mit 700 r (250 kV-Strahlen, Filter 4 mm Al) wurden die Tiere getötet u. der Harnstoffgeh. der Leber nach entsprechender Präparierung des Gewebes bestimmt. Als Funktion der nach der Bestrahlung verstrichenen Zeit ergibt sich, daß nach ca. 24 Min. die Enzymaktivität ein Minimum durchläuft (25% Abnahme), nach 1. Std. wird der Ausgangswert, nach 2 Std. ein Maximum (15—20% über Normalwert) erreicht, dann erfolgt bis zu 6 Std. nach der Bestrahlung progressiv wachsende Inaktivierung. Der Mechanismus der Inaktivierung wird unter dem Gesichtspunkt der infolge der Bestrahlung veränderten Zellwandpermeabilität u. der Peroxydbldg. erörtert, u. es werden Beziehungen zur Carcinogenese behandelt. (J. Radiol. Électrol. Méd. nucléaire **39.** 650—51. 1958.) W. REUSSE. 4601

D. W. van Bekkum und **J. A. Cohen,** *Das Ausmaß des chemischen Schutzes gegenüber ionisierender Strahlung bei Säugetieren.* Die chem. sehr verschied. Präpp. zum Schutz gegen Strahlungen weisen auf unterschiedliche Wirkungsmechanismen bei Erzielung des Schutzeffektes hin. Ein Vgl. der Wrkg. verschied. Schutzstoffe an Mäusen u. an isolierten Rattenlymphocyten der Thymusdrüse in vitro ergab mit *Histamin, l-Epinephrin* u. *β-Phenyläthylamin* nur Schutzwrkg. im Mäuseversuch. Positive Wrkg. in beiden Versuchsreihen wurde mit *Cystein, Glutathion, β-Mercaptoäthylamin* u. *Diäthyldithiocarbamat* festgestellt. An chem. Schutzstoffen werden außerdem erwähnt *p-Aminopropiophenon, Cyanid* u. Derivv. der *Dithiocarbaminsäure.* (Proc. int. Conf. peaceful Uses Atomic Energy **11.** 330—31. 1956. Rijswijk (Z. H.) Netherlands, National Defence Res. Council T.N.O., Med. Biol. Labor.) H. DOSSMANN. 4601

Lorentz Eldjarn, Alexander Pihl und **Bernard Shapiro,** *Cysteamin–Cystamin: Über den Mechanismus der Schutzwirkung gegenüber ionisierender Strahlung.* Besprechung u. Diskussion neuer Unterss. der Vff. über die strahlungschem., biochem. u. physiol. Eigg. von Cysteamin (I) u. Cystamin (II), die als die vielversprechendsten Schutzmittel gegenüber Röntgenbestrahlung gelten. I u. II schützen Zellen u. Gewebe durch ihre Verb. mit akt. Radikalen, die von Wassermolekülen gebildet werden, wobei I u. II eine chem. Umwandlung erfahren. Durch Markierung mit ^{35}S ließen sich geringe I-II-Mengen u. ihre strahlungschem. Abbauprodd. feststellen u. papierchromatograph. identifizieren. Bestrahlung von I-Lsgg. ergibt Umbldg. in II; bei Bestrahlung von II-Lsgg. Nachw. von *2-Aminoäthansulfinsäure, Taurin* u. I. Es konnte nachgewiesen werden, daß im Serum die gleichen Abbauprodd. von II wie in reinen wss. Lsgg. auftreten. Besprechung von Verss. mit dem Ergebnis, daß I u. II sich in vivo u. in vitro an *Serumproteine* u. *Hämoglobin* anlagern; alle Proteine, die I u. II binden, besitzen freie *SH*-Gruppen. Die Schutzwrkg. verschied. SH-enthaltender Substanzen hängt nach Vff. ab von ihrer Fähigkeit, die Zellmembran zu durchdringen u. durch Oxydation in die Disulfidform überzugehen sowie von ihrer Affinität gegenüber den Protein-SH-Gruppen. (Proc. int. Conf. peaceful Uses Atomic Energy **11.** 335—42. 1956. Oslo, Norwegian Radium Hosp., Norwegian Cancer Soc.; Philadelphia, Pa., Hosp. of the Univ. of Pennsylvania.) H. DOSSMANN. 4601

J. P. Benhamou, F. H. Afifi, A. Loverdo und **R. Fauvert,** *Die Fixierung von kolloidalem Radiogold* (*^{198}Au*) *in der isolierten Kaninchenleber.* 1. Mitt. *Messung des Wirkungsgrades der Abscheidung.* An der isolierten Leber des Kaninchens wurde mittels Katheter im Durchflußverf. untersucht, inwieweit im Blut enthaltenes koll. Au, als Radiogold (^{198}Au) gegeben, in der Leber einbehalten wird. Durch Aktivitätsbest. im Blut wird ermittelt, daß das der Leber zugeführte Au zu 71 $\pm$ 7,8% gespeichert wird. Der Befund steht im Einklang mit Meßergebnissen anderer Autoren. (C. R. Séances Soc. Biol. Filiales **151.** 442—44. 15/10. 1957. Beaujon, Hôp., Centre des Isotopes.) W. REUSSE. 4601

F. H. Afifi, J. P. Benhamou, A. Loverdo und **R. Fauvert,** *Die Fixierung von kolloidalem Radiolgold* (*^{198}Au*) *in der isolierten Kaninchenleber.* 2. Mitt. *Der Einfluß der durchströmenden Menge auf den Wirkungsgrad der Abscheidung.* (1. vgl. vorst. Ref.) Die Messung der Abscheidung von ^{198}Au in der Kaninchenleber als Funktion der pro Zeiteinheit die Leber durchströmenden Menge ^{198}Au-Lsg. ergab, daß diese im Bereich von 0 bis 15 ml/Min. im Mittel konstant ist. (C. R. Séances Soc. Biol. Filiales **151.** 495—96. 15/10. 1957. Beaujon, Hôp., Centre des Isotopes.) W. REUSSE. 4601

E. A. Hathaway und **A. J. Finkel,** *Medikamentöse Behandlung von Wunden bei Verunreinigung durch radioaktive Materialien.* Bes. hervorgehoben wird die Gefahr innerlich gespeicherter radioakt. Isotopen. Intravenöses *Zr-Citrat* red. die Ablagerung metall-Radioelemente; Behandlung von Vergiftungen durch Schwermetalle mit *Ca-Dinatriumäthylendiamintetraacetat* (*Ca-EDTA*); gegenüber ^{227}Th, ^{24}Na, ^{42}K ist Wasserbelastung erfolgreich. Ferner Angaben über Vorsichtsmaßnahmen für die Anlage der Räume u. zum Schutz des Personals bei Atomenergieinstituten. (Proc. int. Conf. peaceful Uses Atomic Energy **11.** 362—69. 1956. Argonne Nat. Labor.) H. DOSSMANN. 4601

Kenneth S. Warren und **David G. Nathan,** *Die Passage von Ammoniak durch die Blut-Hirn-Schranke und ihre Beziehung zum Blut-p_H.* 5 verschied. Ammoniumsalze (Chlorid, Acetat, Bicarbonat, Carbonat u. Hydroxyd) werden Mäusen injiziert (DL_{50}) u. sowohl in Blut u. Hirn das Ammoniak bestimmt als auch der p_H im Blut. Obwohl die DL_{50} der Salze recht verschieden ist, zeigten sich im Hirn verhältnismäßig geringe Ammoniakdifferenzen. Das hängt mit dem Einfl. der Salze auf den Blut-p_H zusammen, je stärker dieser erhöht wird, desto geringer ist die Dissoziation der Salze, u. in dieser Form durchdringen sie leichter die Blut-Hirn-Schranke. (J. clin. Invest. **37.** 1724—28. Dez. 1958. Bethesda, Md., Nat. Cancer Inst., Nat. Inst. of Allergy and Inf. Dis., Lab. of Tropical Dis.) H. STRUCK. 4606

M. L. Keplinger, H. E. Tebrock und **W. B. Deichmann,** *Die pharmakologischen Wirkungen von phosphorescierendem Magnesiumarsenat bei Versuchstieren.* Die angenäherte Dosis von *Magnesiumarsenat* (**I**), das als phosphorescierender Stoff verwendet wird, beträgt nach einmaliger oraler Verabreichung bei Kaninchen 0,08, bei Ratten 0,28 u. bei Mäusen 4,70 u. nach intraperitonealer Injektion bei Ratten 2,10 g/kg. Als Vergiftungserscheinungen werden Lethargie, Anorexie, Gastroenteritis, schwere Diarrhöen u. Gewichtsabnahme beobachtet. Diese Erscheinungen entsprechen einer As-Vergiftung. Bei Hunden kommt es nach oraler Gabe von 0,17 bzw. 0,184 g/kg zu schwerstem Erbrechen. Nach intramuskulärer Injektion wird **I** beim Hund nur wenig resorbiert u. bewirkt schwere lokale Reizerscheinungen. Die 3mal wöchentliche orale Verabreichung von 0,14 g **I**/kg verursacht bei Ratten eine Lymphocytopenie, Neutrophilie, Gewichtsverlust u. den Tod nach ca. 40 Tagen. Nur bei Ratten, nicht bei Kaninchen, schützen Gaben von *Dimereaprol* (*BAL*) vor tödlichen oralen Mengen **I**. Die Erhöhung der Außentemp. fördert die Toxizität von **I**. (Amer. ind. Hyg. Assoc. J. **19.** 504—07. Dez. 1958. Coral Gables, Fa., Univ. of Miami, School of Med., Dep. of Pharmacol.) G. KIMMERLE. 4606

Tetsuo Sibuya, *Nucleinsäureveränderungen bei Bleivergiftung.* Vf. stellt fest, daß nach intraabdominaler Verabfolgung von *Pb-Acetat* (**I**) an Ratten keine Veränderung des Nucleinsäure (**II**)-Geh. der Leber feststellbar ist. Wird jedoch **I** 2 Wochen lang subcutan an Kaninchen verabfolgt, so machen sich in den verschied. Organgeweben folgende Veränderungen des **II**-Geh. bemerkbar: Der *Desoxyribonucleinsäure* (**III**)-Geh. von Hirngewebe ist nach 2 u. 4 Wochen post injectionem signifikant geringer als bei Kontrolltieren; hingegen wird der *Pentosenucleinsäure* (**IV**)-Geh. nicht verändert. In der Milz treten nach 4 Wochen die ersten Veränderungen des **III**-Geh. in Erscheinung; der **IV**-Geh. ist schon nach 2 Wochen reduziert. Der **II**-Geh. von Leber, Nieren u. Knochenmark bleibt unverändert. (Fukuoka Acta med. [Fukuoka-Igaku-Zassi] **49.** 972—89. Mai 1958. Fukuoka, Kyushu Univ., Fac. of Med., Dep. of Hyg. [Orig.: japan.; Auszug: engl.]) U. TAUSENDFREUND. 4606

Tatsuro Kuroki, *Eine experimentelle Untersuchung der Acetylenvergiftung.* Bei Atemverss. an Kaninchen u. Ratten über einen längeren Zeitraum bewirken gereinigtes u. ungereinigtes *Acetylen* (I) etwa die gleichen hämatolog. u. histolog. Veränderungen, ungereinigtes I hat jedoch ausgeprägtere klin. Symptome zur Folge u. führt infolge seines Geh. an PH_3 u. H_2S u. anderen Verunreinigungen schließlich im Gegensatz zum gereinigten I zum Tode. (Fukuoka Acta med. [Fukuoka-Igaka-Zassi] **49.** 1029—50. Mai 1958. [Orig.: japan.; Auszug: engl.]) U. TAUSENDFREUND. 4607

G. Abele und **R. Kropp,** *Der Anstieg der Blutalkoholkonzentration nach dem Trinken von Schnaps* (38—40 Vol.-%). 95 Männer erhielten bei n. Diät 45—150 g absol. A. mit 0,5—1,8 g A./kg als 38—40%ig. Schnapstrunk. Unter Berücksichtigung der Magenfülle wurden 3 Gruppen gebildet. Die Frage der Anstiegsgeschwindigkeit der A.-Konz. wird diskutiert. Magenkranke u. Patienten mit 6 Std. zurückliegender Nahrungsaufnahme zeigten einen steilen u. hohen Anstieg der Blutalkoholkurve. (Dtsch. Z. ges. gerichtl. Med. **48.** 68—72. 1958. Münster, Westfäl. Wilhelms-Univ., Inst. für gerichtl. Med.)
H.-W. KREYSEL. 4607

John A. Sacklin, L. C. Terriere und **LeMar F. Remmert,** *Wirkung von DDT auf die enzymatische Oxydation und Phosphorylierung.* In vitro-Verss. mit Fliegenhomogenat zeigen, daß die Oxydation u. die oxydative Phosphorylierung durch $5 \cdot 10^{-5}$ mol. *DDT* vollständig u. durch $5 \cdot 10^{-6}$ mol. teilweise gehemmt werden. In erster Linie wird die Oxydation durch Hemmung der Fermente des Citronensäurecyclus verhindert, u. nur in sehr hohen DDT-Konzz. wird auch die Cytochromoxydase gehemmt. (Science [Washington] **122.** 377—78. 26/8. 1955. Corvallis, Oregon State Agricult. Experim. Station, Dep. of Agricult. Chem.) G. KIMMERLE. 4607

Je. A. Antonowitsch, *Experimentelle Daten zur Bewertung der Toxizität des γ-Isomers von Hexachlorcyclohexan und seiner Normung in Lebensmittelprodukten.* Das techn. *γ-Isomer von Hexachlorcyclohexan* (I; mit 98% des wirksamen Prinzips) wirkt bei Katzen u. Hunden in Dosen von 5—10 mg/kg (in öliger 0,5—1%ig. Lsg.) tox.; die geringste letale Dosis beträgt 25 mg/kg. Für die Maus betragen diese Dosen 15—30 bzw. 50 mg/kg. Die DL_{50} für die Maus u. Ratte liegt bei 75 bzw. 100 mg/kg, die DL_{100} bei 200 bzw. 300 mg/kg. In chron. Verss. (1—5 mg/kg 2—12 Monate lang täglich per os) wirken 3 mg/kg bei der Katze tox. (Erregung, Salivatien, Tumor, Krämpfe) u. 4—5 mg/kg tödlich (nach 3—9 Monaten). Die Funktion der Leber u. Nieren wird gestört (histolog. finden sich dystroph. Veränderungen), ebenso der Kreislauf u. die immunbiol. Reaktivität. Die organolept. Eigg. der Kartoffeln von Feldern, welche mit 2,5%ig. I-Pulver (100—200 kg/ha) bearbeitet wurden, ändern sich nur wenig. Die Restmengen von I in den Kartoffeln gehen über die zuverlässige Menge (2,3 mg/kg) nicht hinaus. I ist deshalb als Insekticid für die Landwirtschaft zulässig. (Вопросы Питания [Fragen d. Ernähr.] **17.** Nr. 6. 54—59. Nov./Dez. 1958. Kiew, Ukrain. Wiss. Forsch.-Inst. für Ernährung, Toxikolog. Labor.) E. RENTZ. 4607

Knut Naess und **Erling Sögnen,** *Gemeinsame Wirkung von Diisopropylfluorphosphat (DFP) und Botulinustoxin auf das Zwerchfellpräparat der Ratte.* Die gleichzeitige Testung von *Botulinustoxin* (I) mit *Diisopropylfluorphosphat* u. *Physostigminsalicylat* am Phrenicus-Zwerchfellpräp. der Ratte ergab keinerlei Beeinflussung der durch die Cholin. esteraseblocker hervorgerufenen Hemmung tetan. Kontraktionen durch I. Theoret. Erwägungen über den Wirkungsmechanismus der Cholinesteraseblocker. (Acta pharmacol. toxicol. [Köbenhavn] **14.** 333—40. 1958. Oslo, Univ., Dep. of Pharmacol.)
G. RENTSCH. 4607

Felipe G.-Alorda y Ayala, *Einwirkung verschiedener pharmakologischer Produkte auf das Kalium der Blutflüssigkeit.* Zusammenfassende Darstellung. — 45 Literaturangaben. (Medicamenta [Madrid] **9** (**17**). Nr. 149. 252—54. 23/5. 1957. Sevilla.)
M. DICK. 4607

D. K. Shone, J. R. Philip und **G. J. Christie,** *Agalaktie bei Schweinen nach Fütterung des Mutterkorns der Binse Pennisetum typhoides.* Das Mutterkorn der Binse Pennisetum typhoides verursacht bei Schweinen eine vollständige Hemmung der Milchdrüsenhypertrophie in den letzten Wochen der Schwangerschaft u. dadurch eine Agalaktie u. eine erhebliche Mortalität bei den Jungen. Das allg. gute Wohlbefinden aller betroffenen Schweine u. die Abwesenheit aller Symptome, die sonst bei der Mutterkornvergiftung auftreten, lassen annehmen, daß die Alkaloide bei dieser Mutterkornart sich von den üblichen Mutterkornalkaloiden unterschieden. (Veterin. Rec. **71.** 129—32. 14/2. 1959. Salisbury, Southern Rhodesia, Veterinary Res. Labor.) G. KIMMERLE. 4608

R. Santi, *Kaliumatractylat, ein neuer Inhibitor des Tricarbonsäurecyclus.* Die früher therapeut. verwendeten Wurzeln der Mittelmeerkomposite *Atractylis gummifera* enthalten *K-Atractylat* (I), ein Glykosid mit noch unbekanntem Aglykon. I bewirkt, Mäusen, Ratten, Kaninchen u. Hunden injiziert, zuerst Hyperglykämie (bis zum Verbrauch der Glykogen [II]-Reserven in Leber u. Muskeln), dann Hypoglykämie mit typ. Krämpfen, Acidose u. vermindertem O_2-Verbrauch. Die Empfindlichkeit der Tiere gegen I ist im Sommer wesentlich kleiner. Nach Glucose verschwinden die Krampfzustände, während der Depressionszustand bestehen bleibt (irreversible Stoffwechselblockierung). I hemmt in sehr niedrigen Konzz. ($3{,}5 \cdot 10^{-6}$ mol.) die II-Synth. in isoliertem Rattenzwerchfell u. die Oxydation in Leberhomogenisat. II wirkt wahrscheinlich selektiv auf den Tricarbonsäurecyclus, bes. auf die die oxydative Decarboxylierung u. Phosphorylierung regulierenden Systeme u. hemmt die Adenosintriphosphatbildung. Die Oxydationsgeschwindigkeit von Brenztraubensäure u. Ketoglutarsäure wird stärker als die von Oxalessigsäure vermindert. (Nature [London] **182.** 257. 26/7. 1958. Perugia, Univ., Dep. of Pharmacol.) K. MAIER. 4608

E. Grasset und **D.-E. Schwartz,** *Fraktionierung des Giftes von Vipera Russellii. Eigenschaften und Bestimmung der koagulierenden und antikoagulierenden Faktoren dieses Giftes.* Das Gift von *Vipera Russellii* wird mittels Papierelektrophorese zwischen p_H 8 u. 9,3 in 8 Fraktionen zerlegt. Diese werden auf ihre koagulierenden u. antikoagulierenden Eigg. untersucht. Die koagulierende (antikoagulierende) Aktivität findet sich in den anod. (kathod.) Fraktionen wieder. Die koagulierende u. proteolyt. Aktivität der Fraktion 3 konnte nicht aufgetrennt werden. Die tödliche Dosis für das totale Schlangengift beträgt bei der Maus nach subcutaner Injektion $250\,\gamma/20$ g Körpergewicht. (Ann. Inst. Pasteur **88.** 271—81. März 1955. Genf, Univ., Inst. d'Hygiene.) G. KIMMERLE. 4609

Wolfgang Vömel, *Ein Vergleich zwischen den experimentellen Grundlagen der Tuberkulosebehandlung mit Schwermetallpräparaten und neueren Chemotherapeuticis.* Übersicht über die Entw. der Chemotherapie der Tuberkulose mit besonderer Berücksichtigung der Schwermetallbehandlung. In eigenen Verss. war die antituberkulöse Wrkg. in vitro in folgender Reihenfolge abnehmend: *Isoniazid, Dihydrostreptomycin, Ebesal* (schwach), *Solganal B* (unwirksam). Bei der experimentellen Mäusetuberkulose war Isoniazid wirksamer als Dihydrostreptomycin; unwirksam waren Solganal B u. Ebesal. — 214 Literaturangaben. (Z. Immunitätsforsch. exp. Therap. **116.** 31—91. Juli/Aug. 1958. Frankfurt/M., Univ., Hygien. Inst.) G. KIMMERLE. 4610

Sumner S. Cohen, Wen Y. Yue und **Shih H. Tsai,** *Vergleich der Verträglichkeit, Resorption und klinischer Wirksamkeit von verschiedenen p-Aminosalicylsäurepräparaten bei 300 Tuberkulosepatienten.* Es wurde bei 300 Tuberkulosekranken ein Vgl. der Verträglichkeit, Resorption u. klin. Wirksamkeit von *Rezipas* (*p-Aminosalicylsäure, PAS,* an anion. Austauscherharz gebunden; SQUIBB) u. der *K-*, *Ca-* u. *Na*-Salze von *PAS* nach oraler Verabreichung durchgeführt. Es zeigte sich, daß bei Rezipas die wenigsten gastrointestinalen Unverträglichkeitserscheinungen vorkamen (Verss. zwischen 2—12 Monaten). Es bestand kein Zusammenhang zwischen der Resorption u. dem PAS-Geh. der Präpp., da das K-Salz, welches am besten resorbiert wurde, die geringste Menge an PAS/Dosis lieferte. Alle 4 PAS-Präpp. verhinderten die Entw. einer Resistenz bei Isoniazid u. anderen Tuberkulostaticis, wenn diese Medikamente gleichzeitig mit PAS verabreicht wurden. In ihrer klin. Wirksamkeit zeigten die 4 Präpp. keinen Unterschied. (Amer. Rev. Tubercul. Pulmonary Diseases **78.** 899—905. Dez. 1958. Oak Terrace, Minn., Glen Lake Sanator., Med. Dep.) G. KIMMERLE. 4610

A. Knapp, B. Gassmann und **W. Zimmermann,** *Über Vitamin-B_6-Mangel und die Harnausscheidung von Xanthurensäure und anderen Tryptophan-Metaboliten bei Kranken.* 2. Mitt. *Der Einfluß von Isonicotinsäurehydrazid auf den Vitamin-B_6-Stoffwechsel und Vitamin-B_6-Mangelzustände bei Schwangeren.* (1. vgl. C. **1959.** 5212.) Der durch den Tryptophan–Xanthurensäure-Test bei n. u. tuberkulösen, mit *Isonicotinsäurehydrazid* (I) behandelten Personen nachweisbare *Vitamin-B_6* (II)-Mangel wird vermutlich durch eine kompetitive Anti-II-Wrkg. von I verursacht. Durch Pyridoxin-Injektion kommt es zu einer Normalisierung. Es sollte deshalb der Vers. gemacht werden, die neurotox. Wrkgg. von I durch gleichzeitige II-Gaben zu vermeiden. Mit Hilfe des obigen Testes konnte auch bei Schwangeren ein fast immer bestehender II-Mangel nachgewiesen werden, der durch Substitutionstherapie ausgeglichen werden kann. (Klin. Wschr. **36.** 819—23. 1/9. 1958. Potsdam-Rehbrücke, Dtsch. Akad. der Wiss., Inst. für Ernährung; Güterfelde, Heilstätte für Haut- u. Drüsentuberkulose.) U. TAUSENDFREUND. 4610

Georg Schabinski und **Rolf Althammer,** *Untersuchungen über die Darmwirksamkeit von Streptomycin.* Bei langdauernder peroraler *Streptomycin*-Therapie (täglich bis zu 1 g, Gesamtmenge 30 g) kommt es nur im Verlaufe der ersten beiden Wochen zu Verminderungen der Coli-, Enterokokken- u. Bifiduskeimzahlen. Danach treten resistente Bakterienpopulationen auf (zuerst bei den Enterokokken, dann bei Coli- u. schließlich bei Bifiduskeimen), was sich jedoch nicht in klin. manifesten Nebenerscheinungen äußert. (Klin. Wschr. **36.** 1013—17. 1/11. 1958. Jena, Univ., Hyg. Inst., Med. Klinik u. Tuberkuloseklinik.) U. TAUSENDFREUND. 4611

William M. Sweeney, Stanton M. Hardy, A. C. Dornbush und **James M. Ruegsegger,** *Desmethylchlortetracyclin. Ein klinischer Vergleich eines neuen Antibioticums mit Chlortetracyclin und Tetracyclin. Desmethylchlortetracyclin* (I), das in $C_{(6)}$ entmethylierte Chlortetracyclin, wurde im Wechsel mit *Chlortetracyclin* (II) u. *Tetracyclin* (III) an 16 freiwillige, gesunde Versuchspersonen oral verabreicht. Durch laufende Bestimmungen der Serum- u. Urinspiegel des verabreichten Antibioticums wurde nachgewiesen, daß I bei etwa gleicher Resorptionsgeschwindigkeit wesentlich länger im Organismus verweilt als II u. III. Eine antibiot. Wirksamkeit des Serums konnte bei I noch 120 Std. nach der oralen Verabreichung gefunden werden. Nach II- u. III-Verabreichungen zeigten sich höchstens bis zu 72 Std. antibiot. Wirkungen. Diese auffallend verlängerte Verweildauer des I im Serum ist wahrscheinlich auf die verhältnismäßig langsame Ausscheidung durch die Nieren zurückzuführen, die bei 43 % im Vgl. zu III liegt. (Antibiotics and Chemotherapy **9.** 13—26. Jan. 1959. Pearl River, N. Y., Lederle Labor. Div.; American Cyanamid Co.) W. VOIGTLÄNDER. 4611

J. C. Gentles, M. J. Barnes und **K. H. Fantes,** *Das Vorkommen von Griseofulvin im Haar von Meerschweinchen, die dieses oral erhalten hatten.* Meerschweinchen erhielten 23 Tage lang orale Gaben von *Griseofulvin* (I). Alsdann wurden aus ihren Haaren Extrakte hergestellt u. auf ihre Wrkg. biol. an Alternaria solani geprüft u. in ihnen so I nachgewiesen. Diese Ergebnisse zeigen, daß I in die Haarsubstanzen übergeht u. in diesen eine Infektion mit pathogenen Pilzen (Trichophyton mentagrophytes, Microsporon canis) an der Ausbreitung hindert. (Nature [London] **183.** 256—57. 24/1. 1959. Glasgow, Univ., Dep. of Bacteriol.) HEINRICH HERMANN. 4611

Diether Neubert, *Hemmstoffe von Fermenten als Heilmittel.* Nach einleitenden allg. Grundsätzen über Hemmstoffe von Fermenten werden solche als Heilmittel wirksame besprochen. Im einzelnen werden Cholinesterasegifte, Carboanhydrasehemmstoffe, Quecksilberdiuretica, Folsäure-Antagonisten, Purin- u. Pyrimidin-Antagonisten u. p-Aminobenzoesäure-Antagonisten im obigen Sinne abgehandelt. (Dtsch. med. Wschr. **83.** 2159—64. 5/12.; 2202—07. 12/12. 1958. Berlin, Freie Univ., Pharmakol. Inst.) H. STRUCK. 4614

Julius J. Carr, George J. Mouratoff und **Robert C. Batterman,** *Steigerung der Natriumsalicylatresorption durch Mephenesin.* Bei mehreren Personen wird beobachtet, daß die gleichzeitige orale Verabreichung von *Natriumsalicylat* u. *Mephenesin* [*3-o-Toloxypropandiol-(1.2)*] bzw. *Mephosal* (1 Kapsel enthält je 500 mg Natriumsalicylat u. Mephenesin; CROOKES-BARNES LABOR.) die Resorption von Natriumsalicylat im Magen-Darm-Kanal stark beschleunigt wird. Dagegen hat Mephenesin auf die Resorption von *Acetylsalicylsäure* keinen Einfluß. (J. Pharmacol. exp. Therapeut. **124.** 312—17. Dez. 1958. New York, N. Y., Dep. of Med. and Arthritis Serv., Metropolit. Med. Center and 5th Avenue Hosp. and Bird S. Coler Mem. Hosp.) G. KIMMERLE. 4615

M. Vest, *Studien zur Entwicklung des Glucuronidbildungsvermögens der Leber beim Neugeborenen. Das Verhalten des Aminophenol-Glucuronids im Blut nach Verabreichung von Acetanilid.* Bei Erwachsenen wird nach oraler Verabreichung von *Acetanilid* (I) dieses in der Leber zunächst zu *N-Acetyl-p-aminophenol* oxydiert u. danach an der Hydroxylgruppe mit Glucuronsäure gekoppelt. So werden innerhalb von 24 Std. 70 bis 80% des oral verabreichten I im Urin als *N-Acetyl-p-aminophenolglucuronid* (II) ausgeschieden. Es wird nun nach oraler Gabe von 10 mg I/kg die Bldg. von II im Serum bei Neugeborenen u. Säuglingen u. zum Vgl. bei älteren Kindern verfolgt. Bei Neugeborenen war die II-Bldg. sehr verlangsamt, u. somit wurde I verzögert ausgeschieden. Da in der Leber die Glucuronsäure durch eine Transferase von Uridindiphosphoglucuronsäure auf das Substrat übertragen wird, wird angenommen, daß die an die Mitochondrien der Leberzelle gebundene Glucuronsäure-Transferase bei Neugeborenen noch unvollständig ausgebildet ist. Nach 4 Monaten Lebensalter wurde eine n. Glucuronsäurekopplungsfähigkeit gefunden. Die Bedeutung dieser Befunde für die Genese des Neugeborenenikterus wird diskutiert im Hinblick darauf, daß Bilirubin ebenfalls mit Glucuronsäure gekoppelt werden muß, um es ausscheidungsfähig zu machen. (Schweiz. med. Wschr. **89.** 102—05. 24/1. 1959. Basel, Univ.-Kinderklinik.) G. KIMMERLE. 4615

A. Psychoyos, *Betrachtungen über Zusammenhänge zwischen Chlorpromazin und hypophysärem Luteotropin.* Zum Zeitpunkt des Östrus werden Ratten mit 1 mg *Reserpin* (*Serpasil,* I; CIBA)/kg oder 20 mg *Chlorpromazin* (*Largactil,* II; SPECIA)/kg sowie mit 20 mg *888 F* (*Prosympal;* SPECIA)/kg + 20 mg II/kg, mit 10 oder 20 mg *Banthine* (*Pro-Banthine,* III; GREMY)/kg + 20 mg II/kg oder mit 10 mg *Dibenamin*/kg + 20 mg II/kg subcutan injiziert. I u. II hemmen die Freisetzung von hypophysärem *Luteotropin* (*Corpus* luteum Hormon). Die luteotrope Wrkg. von II wird durch III u. 888 F mehr oder weniger stark verhindert. Bei Dibenamin ist dieser Antagonismus weniger deutlich. Diese Ergebnisse werden diskutiert. — 24 Literaturangaben. (C. R. Séances Soc. Biol. Filiales **152.** 918—20. 25/11. 1958. Paris, Coll. de France, Labor. de Morphol. exp. et Endocrinol.) G. KIMMERLE. 4620

Horst Ankermann, *Der Stoffwechsel im Erstickungsversuch unter Chlorpromazin und Regitin.* Eine 16—20std. Nahrungskarenz bewirkt bei ♂ Mäusen, die sich in einem Erstickungsgefäß befinden, sofort eine Herabsetzung des RQ-Wertes weit unter 1,0. Gegen Ende des Vers. erfolgt ein Anstieg über 1,0 (Gesamtdurchschnitt 0,72). Durch Verabreichung von 8 mg Regitin (I)/kg oder 4 bzw. 8 mg *Propaphenin* (*Chlorpromazin;* II)/kg bleibt RQ während des ganzen Vers. bei Werten bedeutend unter 1,0 (0,67 bzw. 0,62—0,63). Durch Fütterung der Tiere nach einer 14—16std. Nüchternheit mit *Hafer* vor dem Erstickungsvers. werden die RQ-Werte erhöht. Bei gleicher Haferaufnahme liegt RQ für den Gesamtvers. zwischen 0,9 u. 1,0. Behandlung mit I läßt die RQ-Werte in gleicher Weise ansteigen, nicht aber nach Behandlung mit II, wobei die RQ-Werte bei 0,7 bleiben. II hemmt also die Verwertung zugeführter Kohlenhydrate, I aber nicht. (Naunyn-Schmiedebergs Arch. exp. Pathol. Pharmakol. **229.** 476—81. 13/11. 1956. Berlin, Humboldt-Univ., Inst. für Pharmakol. u. Toxikol.) G. KIMMERLE. 4620

P. Chauchard und **H. Mazoué,** *Heptaminol und nervöse Müdigkeit.* Bei durch Bewegung müde gemachten Ratten findet man eine Erhöhung der peripheren nervösen Chronaxie. Durch die Injektion von *Heptaminol* [*2-Amino-6-methylheptanol-(6)-hydrochlorid*] kommt es bei n. Ratten zu einer Verminderung der nervösen u. der corticalen motor. Chronaxie, wobei das Maximum 5—10 Min. nach der Injektion von 30 mg auftritt. Aus diesen Unterss. ist also zu schließen, daß Heptaminol bei der Bekämpfung der nervösen Müdigkeit zu verwenden ist. (C. R. Séances Soc. Biol. Filiales **152.** 923—25. 25/11. 1958. Paris, Fac. des Sci., École des Hautes Études, Labor. de Neurophysiol.) G. KIMMERLE. 4622

Emil A. Pfitzer, *Chemische Konstitution und toxische Wirkung der Narkose.* Es wird am *Barbitursäure*-Mol. der Einfl. von verschied. Substituenten auf die Art der Narkose u. die Beziehung von chem. Struktur u. Toxizität, bes. für Inhalationsnarkotica besprochen. Die physiko-chem. Voraussetzungen für die narkot. Wrkg. von Verbb. werden beschrieben. (Amer. ind. Hyg. Assoc. J. **19.** 508—13. Dez. 1958. Pittsburgh, Pa., Univ., Graduate School of Public Health.) G. KIMMERLE. 4627

Byron D. Petersen, J. Albert Jackson, Joseph J. Buckley und **Frederick H. van Bergen,** *Einfluß der Veränderungen des arteriellen Blut-p_H und der CO_2-Spannung auf den K-Gehalt im menschlichen Plasma nach Anästhesie mit Stickoxydul, Thiopental und Succinyldicholin.* Vff. untersuchenbei 30 n. Erwachsenen den K^+-Geh. des Plasmas bei Hypo- (a), Normo- (b) u. Hypercapnie (c) nach Anästhesie mit N_2O, *Thiopental* oder *Succinyldicholin.* Bei b u. c ist der K^+-Geh. unverändert, während er bei a abnimmt. (J. appl. Physiol. **11.** 93—96. Juli 1957. Minneapolis, Minn., Univ. of Minnesota, Coll. of Med., Dep. of Anesthesiology.) R. LENSCHAU. 4627

H. Leube, *Klinische Erfahrungen mit einem neuen Tranquilizer.* Das Präp. *H 87* (*Carbaminsäure-1-phenyl-2-methyl-n-propylester;* KALI-CHEMIE) eignet sich zur Behandlung aller mit Unruhe, Angstgefühlen u. vegetativer Fehlsteuerung einhergehenden psych. Erkrankungen; es übt sedierende, euphorisierende u. auch analget. Wrkgg. aus. (Med. Klin. **53.** 2113—15. 5/12. 1958. Andernach/Rh., Landesnervenklinik.) U. TAUSENDFREUND. 4627

P. Mollaret, J. J. Pocidalo, J. F. Monsallier und **M. Rapin,** *Wirkung der Veränderungen des Blut-p_H auf den cellulären-extracellulären Austausch von Phenobarbital.* Es wird bei nephrektomierten, mit Chloralose narkotisierten Hunden die Wrkg. einer Alkalose oder Acidose im Blut auf die celluläre u. extracelluläre Verteilung von *Phenobarbital,* einem Barbitursäurederiv., das im Körper wenig verändert wird, untersucht. Die p_H-Blutveränderungen werden durch Hypo- oder Hyperventilation, intravenöse Injektion von NH_4Cl oder hyperton. Bicarbonatlsg. (3,5%ig) bewirkt. Durch die respirator. oder metabol. Alkalose wird der Plasmaspiegel des intravenös verabreichten Phenobarbitals (60—200 mg/kg) erhöht u. durch eine Acidose vermindert. Diese Veränderungen deuten an, daß ein dauernder cellulärer-extracellulärer Austausch des Phenobarbitals im Organismus vorliegt, der vom p_H des Blutes abhängig ist. (C. R. Séances Soc. Biol. Filiales **152.** 913—17. 25/11. 1958. Paris, Hôp. Claude-Bernard, Centre de Réanimation neuro-resp.) G. KIMMERLE. 4627

J. A. Guimarãis, A. Malafaya-Baptista, J. Garret und **W. Osswald,** *Barbiturate und Speichelsekretion. Antagonismus der Wirkung von sekretorischen Hemmstoffen.* Bei mit

Chloralose oder Ae. narkotisierten Hunden mit Speicheldrüsenfistel (Glandula submaxillaris) wird der Einfl. der Barbiturate auf die Speichelsekretion nach elektr. Reizung des sensor. Nerven (Chorda tympani) oder nach kontinuierlicher Infusion von Pilocarpin oder Adrenalin untersucht. Eine speichelsekretionshemmende Wrkg. ist ist in abschwächender Reihenfolge bei *Hexobarbital* (*Evipan*; BAYER), *Eunarcon* (MERCK), *Amobarbital* (*Amytal*; LILLY), *Pentobarbital* (*Pentothal*; ABBOTT) u. *Phenobarbital* (*Luminal*; MERCK) vorhanden. Die durch Verabreichung der Barbiturate verminderte Speichelsekretion kann durch Gaben von *Natriumfumarat oder Natriumsuccinat* teilweise wieder normalisiert werden. Der Angriff der hemmenden Wrkg. der Barbiturate kann an den ganglionären Synapsen (Amobarbital) oder an den sekretor. Zellen direkt (Thiopental) erfolgen. (Arch. int. Pharmacodynam. Thérap. **102.** 235—48. 1/6. 1955. Porto, Portugal, Univ., Faç. de Méd., Labor. de Physiol. et Labor. de Pharmacol.) G. KIMMERLE. 4627

Anna J. Eisenman, H. F. Fraser, Jewell Sloan und **Harris Isbell,** *17-Ketosteroidausscheidung im Harn während der Morphinsucht.* Eine einmalige Verabreichung von 45 mg oder mehr *Morphinsulfat* bewirkt bei Personen eine verminderte Ausscheidung der *17-Ketosteroide* im Harn. Bei Morphinsüchtigen wird diese Ausscheidung noch erheblich geringer. Nach Morphinentzug kommt es am 2.—4. Tag zu einer über den Betrag hinausgehenden, vermehrten 17-Ketosteroidausscheidung im Urin. Die Höchstwerte fallen mit den schlimmsten Entziehungserscheinungen u. dem tiefsten Absinken der Eosinophilen im Blut zusammen. Durch die Verabreichung von 2,5—10 I.E. *ACTH* oder 5000 E. *Choriongonadotropin* kommt es bei Normalen, Süchtigen u. bei Rekonvaleszenten zu einer vermehrten 17-Ketosteroidausscheidung. Bei gleichzeitiger Gabe von ACTH u. Gonadotropin addieren sich die Wrkgg. auf die 17-Ketosteroidausscheidung im Urin nicht. Während der Morphinsucht wird das mit Butanol extrahierbare Jod im Blutserum nicht verändert. (J. Pharmacol. exp. Therapeut. **124.** 305—11. Dez. 1958. Lexington, Ky., U.S. Dep. of Health, Educat. and Welfare, Nat. Inst. of Mental Health, Addict. Res. Center.) G. KIMMERLE. 4627

Endre Komlós und **István Földes,** *Ausbildung bedingter Reflexe während Morphingewöhnung.* Werden Ratten täglich mit einer subcutanen Injektion von 10 mg *Morphinhydrochlorid* (I) pro kg behandelt, so zeigt sich, daß sich diese Ratten mehr bewegen (Zitterkäfig) als die Kontrollen. Im Gefolge bilden sich bedingte Reflexe aus, welche nach Beendigung der I-Behandlung noch 5—20 Tage bestehen bleiben. Die Wrkg. von I auf den Darm ist während der Behandlung immer gleich (Faeces-Entleerung). Es bildet sich jedoch auf diese Wrkg. ein bedingter Reflex aus, welcher erst nach 25—35 Tagen nach der Beendigung der I-Behandlung nicht mehr nachzuweisen ist. (Naunyn-Schmiedebergs Arch. exp. Pathol. Pharmakol. **229.** 463—68. 13/11. 1956. Budapest, Korányi Landesinst. für Tuberkulose, Pathophysiol. Abt.) G. KIMMERLE. 4627

G. J. Mannering und **L. S. Schanker,** *Stoffwechselschicksal von Lävo-3-hydroxy-N-allylmorphinan* (*Levallorphan*). Nach Verabreichung von *Lävo-3-hydroxy-N-allylmorphinantartrat* (*Levallorphan*; HOFFMANN-LA ROCHE; **III**) wurde bei Ratte, Maus, Meerschweinchen, Kaninchen u. Hund der Stoffwechsel durch Unterss. des Urins u. der Leber dieser Tiere geprüft. Bei beiden Untersuchungsarten wurden 2 Stoffwechselprodd. (**I** u. **II**) von **III** chromatograph. gefunden. Krist. **I** hat F. 235—240° u. R_F-Wert von 0,33—0,39. Das UV-Spektr. von **I** in 0,2n NaOH zeigte wie das von **III** Maxima bei 240 u. 300 mμ, in 0,2n H_2SO_4 ein Maximum bei 280 mμ. **I** entspricht der empir. Formel $C_{19}H_{25}NO_2$. **I** gab die FOLIN-CIOCALTEU-Reaktion. **I** war nicht ident. mit *l*-3-Hydroxy-N-(2-hydroxypropyl)-morphinan, *l*-3-Hydroxy-N-acetonylmorphinan oder *l*-3-Hydroxy-N-[3-hydroxypropyl]-morphinan. Bei **II** (R_F-Werte 0,55—0,65) handelte es sich um *l-3-Hydroxymorphinan*, F. 236—240° (Zers.); *-Hydrobromid*, F. 220—222°. Nach subcutaner Injektion von 250 mg **III**/kg wurden im Rattenurin in den ersten 24 Std. 5,1% **III**, 6,9% **I** u. 1,5% **II** nachgewiesen. Diese 3 Verbb. wurden in gebundener Form (**III** 75%, **I** 48%, **II** 80%) ausgeschieden. Von den 3 Verbb. fand sich in den Faeces nur ca. 1%. Nach Incubation von **III** mit Leberschnitten verschwand **III** sehr schnell. Nach 3 Std. Incubation fand man nur noch 3,0% **III**, 12% **I** u. 3,4% **II** in der Leber vor. Alle untersuchten Tierarten bildeten **II**; **I** konnte beim Hund u. Meerschweinchen nicht nachgewiesen werden. (J. Pharmacol. exp. Therapeut. **124.** 296—304. Dez. 1958. Madison, Wis., Serv. Mem. Inst., Univ., Dep. of Pharmacol. and Toxicol.) G. KIMMERLE. 4627

M. H. Harmel, B. D. King und **Frederick F. Kao,** *Die doppelte Natur der Wirkung von Succinylcholin auf die Atmung bei Hunden mit kreuzgeschaltetem Kreislauf.* Bei Hunden mit paarweise kreuzgeschaltetem Kreislauf bewirkt die intravenöse Injektion von *Succinylcholin* (**I**) in das Spendertier eine Atmungshemmung bei beiden Tieren; bei Injektion aber in den Empfängerhund nur eine Atmungsstörung bei diesem Tier. Die Injektion von **I** in die A. carotis des Empfängertieres verursacht zuerst eine Stimulierung, dann

Hemmung der Atmung bei diesem Tier u. eine Hemmung beim Spendertier. Die Art der I-Wrkg. auf die Atmung wird diskutiert. (J. Pharmacol. exp. Therapeut. **124.** 333—39. Dez. 1958. Brooklyn, N. Y., Univ., Downstate Med. Center, Dep. of Anesthesiol. and Physiol.) G. KIMMERLE. 4628

E. Schmid, F. Scheiffarth, S. Witte und **W. Roschinsky,** *Zur spasmolytischen Wirkung von Heparin und Thrombocid. Heparin*-Handelspräpp. (**I**; *Liquemin, Thrombophob*), reines *Heparin-Natrium* (**II**; NORDMARK-WERKE) u. das Heparinoid *Thrombocid* (**III**; *Xylanschwefelsäureester*; DR. BENEND) haben allg.-spasmolyt. Wrkg. gegen *Histamin, Serotonin, Doryl* u. *$BaCl_2$*. Die Wrkg. von **II** ist ca. 2—3mal schwächer als die von **I**. **III** hat annähernd gleiche Wrkg. wie **II**. — *Phenol* (**IV**) soll in der den **I**-Präpp. zugesetzten Konz. ebenfalls deutlich kontraktionshemmend wirken, jedoch nur teilweise für die spasmolyt. Wrkg. von **I** verantwortlich sein. Konzentrationsangaben über die Verss. mit **IV** fehlen. — Antikoagulantien der *Cumarin*-Reihe scheinen ähnliche spasmolyt. Eigg. zu haben. (Arzneimittel-Forsch. **8.** 246—47. April 1958. Erlangen, Univ., Med. Klinik.) H. CARLS. 4628

I. A. Drshewetzkaja, *Der Einfluß ganglienblockierender Stoffe auf die Reaktivität der Kaninchen gegenüber Insulin.* Einmalige subcutane Einführung von *Gangleron* (**I**), *Pentamin* (**II**) oder *Dicolin* (**III**) hat bei unbehandelten Kaninchen keine Einw. auf den Zuckerspiegel im Blut. Sie steigern jedoch bei durch intravenöse Einführung von *Insulin* (**IV**) vorbehandelten Kaninchen die Reaktivität der Tiere gegenüber **IV**, bes. **II** u. **III**. Der hyperglykäm. Effekt des Adrenalins wird durch diese Stoffe nicht behoben. In einigen Verss. trat sogar eine Verstärkung ein. **II** u. **III** heben die Wrkg. von ACTH auf die durch **IV** verursachte Hypoglykämie auf. Es handelt sich hier anscheinend um einen der Mechanismen, die den Anstieg der Körperreaktivität gegenüber **IV** nach Einführung ganglienblockierender Stoffe bedingen. Der Anstieg der Empfindlichkeit des Organismus gegenüber **IV** nach subcutaner Einführung von 6 bzw. 2 mg **II** u. **III**/kg hält nicht länger als 6 Std. an. (Проблемы Эндокринологии и Гормонотерапии [Probleme Endokrinol. Hormontherap.] **5.** Nr. 1. 8—16. Jan./Febr. 1959. Stalino, Med. Inst., Lehrstuhl für pathol. Physiol.) F. DU MANS. 4628

H. W. Pabst, *Über die Wirkung einer neuen coronarerweiternden Substanz. 2.6-Bis-[bis-(β-hydroxyäthyl)-amino]-4.8-dipiperidinopyrimidino-[5.4-d]-pyrimidin.* Das im pharmakol. Test dem Papaverin u. Theophyllin überlegene coronarerweiternde *2.5-Bis-[diäthylamino]-4.8-dipiperidinopyrimido-(5.4-d)-pyrimidin* (*RA 8, Persantin*; THOMAE) wird in seiner Wrkg. auf Herz, Kreislauf, Atmung u. Diurese an 52 Patienten im akuten Vers., sowie an 77 Patienten in länger dauernden Therapievers. geprüft. Bei essentieller Hypertonie sinkt der Blutdruck deutlich ab, bei normo- u. hypotonen Blutdruckwerten kann er leicht ansteigen. RA 8 senkt also den peripheren Gefäßwiderstand, bewirkt eine Zunahme von Schlag- u. Minutenvol., u. daraus entsteht eine Zunahme der peripheren Durchblutung (Radiojodmeth.). Gute therapeut. Erfolge sind bei Coronarinsuffizienz vorhanden. Als hauptsächliche Indikationsgebiete für RA 8 gelten die coronaren Durchblutungsstörungen u. die essentielle Hypertonie. (Med. Klin. **54.** 257—60. 13/2. 1959. München, Univ., Inst. u. Poliklinik für Physikal. Therapie u. Röntgenologie.) G. KIMMERLE. 4630

K. Wezler, *Zur Herzwirkung der Crataegus-Wirkstoffe.* Unabhängig von der Höhe des arteriellen Druckes kommt es bei niedrigen Dosen eines standartisierten wss. *Crataegus* Extraktes (**I**; *Esbericard*; SCHAPER u. BRÜMMER) am isolierten Froschherzen zu Steigerungen des Schlagvol., während hohe Dosen das Schlagvol. vermindern u. mittleres unverändert lassen. Es kommt dabei zu einer Beeinflussung der Vorhofzentren u. des Reizleitungssyst. wie auch der Herzmuskulatur direkt. Es wird für möglich gehalten, daß der Extrakt in gleichem Sinne auch auf die Muskulatur der Blutgefäße wirkt. (Arzneimittel-Forsch. **8.** 175—81. April 1958. Frankfurt/M., Univ., Inst. für animal. Physiol.) U. TAUSENDFREUND. 4630

I. R. Innes, O. Krayer und **D. R. Waud,** *Die Wirkung von Rauwolfiaalkaloiden auf die Herzfrequenz und auf die funktionelle refraktäre Periode der atrioventriculären Übertragung im Herz–Lungen-Präparat des Hundes.* Am Herz–Lungen-Präp. des Hundes wird die Wrkg. von 10 Rauwolfiaalkaloiden auf die Herzfreuqenz, die funktionelle refraktäre Periode der atrioventriculären Überleitung untersucht. *Ajmalin, Serpentin, Aricin, Reserpinin* u. *α-Yohimbin* verursachen eine Bradycardie u. eine Verlängerung der funktionellen refraktären Periode der atrioventriculären Überleitung. *Raunescin, Isoraunescin, Deserpidin, Reserpin* u. *Rescinnamin* bewirken zunächst eine Tachycardie, u. die funktionelle refraktäre Zeit wird verkürzt. Nach 90—150 Min. (Dosis entsprechend 3 mg Reserpin) geht die Herzbeschleunigung zurück, u. auch die Überleitungszeit wird n. u. kann dann sogar verlängert werden. Diese vorübergehende tachycarde Wrkg. wird bei diesen

Rauwolfiaalkaloiden auf die Freisetzung von sympathomimet. Aminen, bes. *Noradrenalin* aus dem Herzen, zurückgeführt. Bei voller Alkaloidwrkg. wird diese Aminwrkg. unterdrückt, u. die volle depressive Wrkg. der Alkaloide kommt zum Vorschein. (J. Pharmacol. exp. Therapeut. **124.** 324—32. Dez. 1958. Boston, Mass., Harvard Med. School, Dep. of Pharmacol.) G. KIMMERLE. 4630

Douglas R. Waud, Sri R. Kottegoda und **Otto Krayer,** *Schwellendosis und Zeitverlauf der Noradrenalinausschüttung des Säugetierherzens durch Reserpin.* (Vgl. auch vorst. Ref.) Am Herz-Lungen-Präp. des Hundes kann nach Verabreichung von 3 mg *Reserpin* an der Zunahme der Herzfrequenz durch Freisetzung von sympathomimet. Aminen, hauptsächlich *Noradrenalin,* auf den Herzgeh., an diesen Aminen geschlossen werden. *Hexamethonium* verhindert die Freisetzung von Noradrenalin nicht. Eine intraperitoneale Injektion von 100 γ Reserpin/kg entleert das Herz in 24 Std. von Noradrenalin, ohne daß Nebenwrkgg. auftreten. Die Dosis von 3 γ Reserpin/kg kann wiederholt verabreicht durch kumulative Wrkg. zu einer Entleerung des Herzens an Noradrenalin führen. Da solche Dosen auch therapeut. angewendet werden, ist auf diesen Effekt in der Klinik zu achten, bes. bei Narkosen. (J. Pharmacol. exp. Therapeut. **124.** 340—46. Dez. 1958. Boston, Mass., Harvard Med. School, Dep. of Pharmacol.) G. KIMMERLE. 4630

Alfred Pletscher, Parkhurst A. Shore und **Bernard B. Brodie,** *Serotoninfreisetzung als möglicher Mechanismus der Reserpinwirkung.* Nach intraperitonealer Injektion von 5 mg *Reserpin* (I)/kg werden Kaninchen nach 16 Std. getötet u. der *Serotonin* (II)-Geh. im Dünndarm bestimmt. Der II-Geh. im Darm sinkt dabei laufend ab u. beträgt nach 16 Std. nur noch 10—20% der n. Werte. Dieser niedrige Wert bleibt ca. 16 Std. bestehen, steigt dann langsam wieder an, u. ein n. Wert liegt nach 5 Tagen wieder vor. Eine Abnahme des II-Geh. im Darm konnte noch durch intraperitoneale Verabreichung von 0,25 mg I/kg erreicht werden. Während der durchschnittliche II-Geh. des gesamten Darmes bei Kaninchen (2 kg) ca. 1 mg beträgt, ist er 16 Std. nach der intraperitonealen Injektion von 5 mg I/kg nur noch 0,350 mg. Da bei höheren I-Dosen Diarrhöen auftreten, werden die Purgativa *Ricinusöl* u. *$MgSO_4$* sowie *Prostigmin* geprüft. Diese Verbb. haben aber keinen Einfl. auf den II-Geh. im Darm. Aus diesen Verss. ist also ebenfalls zu schließen, daß I seine Wrkg. durch Freisetzung von II im Gewebe (Gehirn, Darm) entfaltet. (Science [Washington] **122.** 374—75. 26/8. 1955. Bethesda, Md., U.S. Public Health Serv., Nat. Inst. of Health, Nat. Heart Inst., Labor. of Chem. Pharmacol.) G. KIMMERLE. 4630

Ralph V. Ford, *Untersuchung der Wirkungsmechanismen von Diureticis durch Potenzierungsversuche.* Die durch *Merallurid* (*Mercuhydrin;* I) erreichbare maximale Na-Ausscheidung im Harn wird durch zusätzliche Gaben von *Azetalzolamid* (II) noch wesentlich gesteigert, indem I u. II zwei nichtkompetitive Mechanismen der tubulären Na-Reabsorption inhibieren. Verabreichung von I u. II in umgekehrter Reihenfolge führt nicht zur Steigerung der prim. Na-Ausscheidung. Die maximale I-II-Diurese läßt sich nochmals durch *Chlorthiazid* (*Diuril*) erhöhen. (J. Lab. clin. Med. **50.** 814. Nov. 1957.) R. LAFFERENZ. 4634

J. B. Rochelle III, John H. Moyer und **Ralph V. Ford** (unter technischer Mitarbeit von **Ann Alexander, Carol Marsh** und **Jean Gaffney**), *Dichlorphenamid als Diureticum.* Die diuret. Wrkg. von *Dichlorphenamid* (I) (*4.5-Dichlorbenzol-1.3-disulfonamid; Daranide*) wurde an 32 Hunden in Narkose u. an 20 Herzkranken untersucht. Den Hunden wurde I intravenös in Dosen von 0,5, 1, 2 u. 10 mg/kg gegeben. In jedem Falle zeigten sich danach eine Zunahme des Urinvol., eine verstärkte Natriurese u. Zunahme der K-Ausscheidung. Nach 10 mg/kg hielt die diuret. Wrkg. für 4 Std. an. — Für Menschen liegt die optimale Dosierung zwischen 50—100 mg, ab 200 mg wurden tox. Nebenwrkgg. beobachtet. I ist etwa doppelt so wirksam wie Diamox. Es bewirkt eine verstärkte Na- u. Cl-Ausscheidung, wobei es zu keiner merkbaren Acidose kam. Deshalb soll I sich gut zur Behandlung von Ödemen über längere Zeit eignen. (Amer. J. med. Sci. [N. S.] **235.** 168—78. Febr. 1958. Houston, Texas, Baylor Univ., Coll. of Med., Dep. of Med. and Pharmacol.; Veterans Adm. Hosp.) E. GÖRES. 4634

Georg-Winfried Schmidt, *Über die Aminosäurenausscheidung mit dem Harn beim Kinde vor und nach Hemmung der Carbanhydrase (mittels Diamox); zugleich ein Hinweis auf einen Tagesrhythmus der Aminostickstoff-Ausscheidung mit dem Harn beim Kinde.* In 4-Std.-Sammelurin aus allen Tageszeiten von 19 Kindern zwischen 1,5 u. 15 Jahren hat Vf. die Aminosäuren u. den Elektrolytgeh. vor u. nach Gaben von *Diamox* (I) bestimmt. Die Aminostickstoffausscheidung läßt einen Tagesrhythmus mit einem Minimum am Vormittag u. einem Maximum am Nachmittag erkennen. Nach Gaben von I sinkt die Menge des mit dem Urin ausgeschiedenen Aminostickstoffes. Bei 9 Kindern bewirkte I eine 8—12 Std. anhaltende Cystin-Lysin-Urie, bei 4 davon zusätzlich eine Argininurie. Bei 8 anderen trat unter I Phenylalanin im Harn auf. Vf. schließt, daß I nicht nur die

Carboanhydrase, sondern auch die Phosphatase hemmt. Die Wirkungsdauer von **I** beträgt ca. 8 Stunden. (Z. klin. Med. **155.** 456—82. 1958. Gießen, Univ.-Kinderklinik.) HEINRICH HERMANN. 4634

Jerry K. Aikawa und **James P. Pilliod,** *Die rectale Resorption von Mercaptomerin, markiert mit* ^{203}Hg. (Vgl. C. **1958.** 1367.) An drei aufeinanderfolgenden Tagen wurde 10 Patienten je ein Suppositorium mit 0,5 g *Mercaptomerin-Na* verabreicht. Die dabei resorbierte Hg-Menge reichte nicht aus, um eine diuret. Wrkg. hervorzurufen. (Amer. J. med. Sci. [N. S.] **235.** 179—82. Febr. 1958. Denver, Colo., Univ. of Colorado, School od Med., Dep. of Med.) E. GÖRES. 4634

Karl H. Beyer jr., John E. Baer, Horace F. Russo und **Ronald Noll,** *Beeinflussung der Elektrolytausscheidung durch Chlorthiazid. Chlorthiazid (6-Chlor-7-sulfamyl-3.4-dihydro-1.2.4-benzothiadiazin-1.1-dioxyd; Diuril;* **I**) ist ein oral wirksames Diureticum. Es steigert vorwiegend die Na^+- u. Cl^--Ausscheidung bei erhöhter Ausschwemmung retinierten Wassers. Hierin ähnelt es den organ. Quecksilberdiureticis, von denen es sich der Struktur u. dem Wirkungsmechanismus nach unterscheidet. Die Chlorurese unter scheidet **I** von den Carboanhydrasehemmern, die beim Hund u. beim Menschen mehr einen Anstieg der Bicarbonat- als der Chlorid-Ausscheidung bewirken. (Science [Washington] **127.** 146—47. 17/1. 1958. West Point, Pa., Merck Inst. for Therap. Res.) K. BÖHM. 4634.

Albert F. Esch, Ilse M. Wilson und **Edward D. Freis,** *3.4-Dihydrochlorthiazide: Klinische Bewertung eines neuen Diureticums. Vorläufiger Bericht.* Mit täglichen oralen Gaben von 3 g, 1,5 g oder 150 mg *3.4-Dihydrochlorthiazid* (*Hydrodiuril,* MERCK; *Esidrix,* CIBA; **I**) sind beim Menschen gute diuret. Wrkgg. zu erreichen. Durch 37,5 mg **I** ist eine Diurese noch erkennbar, nicht aber mit 18,5 mg **I**. Es wird angegeben, daß 125 mg **I** ungefähr die Wrkg. von 1,5 g *Chlorthiazid* (**II**) haben (Wirkungsverhältnis 12:1). Die Serumelektrolytspiegel werden wie bei **II** verändert (Senkung des K-Spiegels). Auch die Indikationen sind für **I** u. **II** die gleichen. Neben-Wrkgg. sind bei der **I**-Behandlung nicht aufgetreten. (Med. Ann. District Columbia **28.** 9—10. Jan. 1959. Washington, D. C., Veterans Administr. Hosp. and Georgetown Univ., Med. Center, Dep. of Med. and Cardiovascular Research Labor.) G. KIMMERLE. 4634

Seiji Kume, *Chemotherapie der Filariasis beim Hund.* Die bekannten, gegen Filariainfektionen beschriebenen (89 Literaturangaben) Chemotherapeutica, hauptsächlich organ. *Sb-* u. *As-Verbb.*, sowie *Piperazinderivv.*, werden am Hund untersucht. Die Aktivität der substituierten Piperazine u. der organ. Sb-Verbb. richtet sich hauptsächlich gegen Mikrofilarien, u. diese Stoffe haben auf erwachsene *Filarien* keinen Einfluß. *Acriflavin, Naphthalin, Formalin* u. *organ. Hg-* oder *Bi-Verbb.* haben bei dieser Infektion keinen Effekt. Die organ. As-Verbb. (bes. *Dichlorphenarsinhydrochlorid*) sind gegen *Dirofilaria immitis* stark wirksam. (Amer. J. veterin. Res. **18.** 912—23. Okt. 1957. Fuchu, Tokio, Univ. of Agriculture and Technol.) G. KIMMERLE. 4649

Ulrich Legler, *Intoxikationen durch Nasentropfen im Säuglings- und Kleinkindesalter.* Nach Instillation von 6 Tropfen *Tyzine-Nasentropfen* (BOEHRINGER) in 10 Min. entstand bei einem 8 Mon. alten Kind ein komatöses Zustandsbild (Bewußtlosigkeit, flache Atmung, Bradycardie, enge Pupillen, blasse u. kühle Haut). Durch O_2-Insufflation konnte das Kind gerettet werden. Auf die sedative u. narkot. Neben-Wrkgg. schon geringer Mengen Tyzine oder auch *Privin* beim Kleinkind wird hingewiesen. (Dtsch. med. Wschr. **84.** 69—70. 9/1. 1959. Mannheim, Städt. Krankenhaus, HNO-Abt.) G. KIMMERLE. 4650

F. F. Doerr und **H.-J. Heite,** *Farbe und Wärmeabgabe der Haut nach Einwirkung von Nicotinsäurebenzylester, insbesondere bei Neurodermitikern.* Vff. messen bei je 14 Neurodermitikern (a) u. Personen mit anderen Hautkrankheiten die Wärmeabgabe der Haut unter dem Einfl. von 2,5%ig. *Nicotinsäurebenzylester* (**I**)-Salbe mit Hilfe des Strömungscalorimeters von HENSEL. In einer 2. Versuchsreihe wird bei 11 Patienten neben der Wärmeabgabe die Hautfarbe mittels des elektr. Remissionsphotometers, Elrepho' ZEISS (unter Verwendung von grünem Licht, Filtermaximum: 530 mμ) festgestellt. In allen Fällen, auch bei anäm. Rk., findet sich ein Anstieg der Wärmeabgabe. Der Kurvenverlauf ist aber bei a uneinheitlicher ausgebildet, u. es zeigt sich bei ihnen sowohl für die Latenzzeit als auch für das Maximum der Wärmeabgabe eine größere Variationsbreite. Die anäm. Rk. von a auf **I** besteht in der Ausbldg. einer blassen, warmen Haut, wobei die vermehrte Wärmeabgabe von der gleichen Größenordnung ist wie bei hyperäm. Reaktion. Die Ergebnisse zeigen, daß a auf **I** uneinheitlicher reagieren als Personen, die diese Hautkrankheit nicht besitzen. In den Befunden wird als Ursache die „vegetative Disharmonie" der a gesehen. (Arch. klin. exp. Dermatol. **204.** 543—53 1957. Marburg/L., Philipps-Univ., Hautklin. u. Physiol. Inst.) P. FAHRNLAENDER. 4661

Marvin J. Seven, Bernard Kliman und **Ralph E. Peterson,** *Klinische Untersuchung mit Penicillamin bei der hepatolenticulären Degeneration.* Bei der hepatolenticulären Degeneration (WILSONsche Krankheit) kommt es zu starken Cu-Ablagerungen in vielen Geweben, bes. im Gehirn u. Leber. Nachdem man schon früher versucht hatte, Cu mit komplex bindenden Verbb. (BAL, EDTA) auszuscheiden, werden nun Verss. mit *DL-Penicillamin* (*2-Amino-3-mercapto-3-methylbuttersäure*), einem Abbauprod. von Penicillin, das auch Cu komplex binden kann, gemacht. Durch die orale Verabreichung von Penicillamin (bis zu 4 g täglich) wird die Cu-Ausscheidung im Urin bei den Patienten mit WILSONscher Krankheit erheblich erhöht. (Amer. J. med. Sci. [N. S.] **237.** 49—58. Jan. 1959. Bethesda, Md., Nat. Inst. of Health, Nat. Inst. of Arthritis and Metabolic Diseases.) G. KIMMERLE. 4670

H. Gattner, *Eine akute, schwere, percutane Vergiftung mit Äthylenchlorhydrin.* Die klin. Erscheinungen bei einem Vergiftungsfall mit *Äthylenchlorhydrin* (**I**) werden beschrieben. **I** wurde wahrscheinlich percutan aufgenommen. Die Behandlung wurde mit Analepticis durchgeführt. — Hinweis auf Schutzmaßnahmen. (Z. ges. inn. Med. Grenzgebiete **13.** 803—05. 15/10. 1958. Halle-Wittenberg, Univ., Inst. für Arbeitshygiene u. Berufskrankheiten.) G. KIMMERLE. 4675

Bernard E. Conley, *Untersuchungen über chemische Schutzstoffe gegen tödliche Parathionwirkung.* An intraperitoneal mit *Parathion* vergifteten Mäusen wurde die Reaktivierungspotenz auf die Cholinesterase von *Nalline, Methyläthylglutarimid, Metrazol, Procainamidhydrochlorid, Procainhydrochlorid, Kreatin, Cholin, Äthylglycin, p-Nitrophenol, 5-Aminoacridinhydrochlorid; 2.5-Diamino-6-äthoxyacridinlactat; 3.7-Diaminophenthiazoniumchlorid; 2.8-Diamino-10-methylacridiniumchlorid; 2-Aminopyridin, Polyvinylpyrrolidon* (**I**), *Isonicotinsäurehydrazid, Cysteamin* (**II**), *Hydroxylamin, Hydroxylaminmethojodid, Pyridyl-(3)-acethydroxamsäure, Pyridyl-(3)-acethydroxamsäuremethojodid* (**III**) u. *Atropin* (**IV**) getestet. Die Wrkg. war außerordentlich verschied. u. reichte von völliger Unwirksamkeit des **I** u. **II** bis zu der als stark schützend gefundenen Kombination **III** u. **IV**, deren Überlegenheit sich statist. einwandfrei sichern ließ. (Arch. int. Pharmacodynam. Thérap. **116.** 375—88. 1/9. 1958. Chicago, Ill.; Univ., Dep. of Pharmacol.) G. RENTSCH. 4675

F. Portwich und **H. Maron,** *Tödlich verlaufene allergische Thrombopenie nach Grippeprophylaxe mit Phenylhydrargyrum boricum (Merfen).* Bei einer Frau kam es nach Einnahme von *Merfen-Halspastillen* (*Phenylquecksilberborat,* ZYMA-BLAES) zu einer allerg. entstandenen Thrombopenie mit ausgedehnten Hautblutungen u. Anämie u. tödlichem Ausgang. Die Frau hatte vor einem halben Jahr diese Tabletten symptomlos benutzt. Die PRAUSNITZ-KÜSTNERschen Antikörperübertragungsverss. u. Epicutanteste zeigten eine Überempfindlichkeit gegen das im Präp. organ. gebundene Hg an. (Ärztl. Wschr. **14.** 65—66. 16/1. 1959. Kiel, Univ., Med. Klinik u. Hautklinik.) G. KIMMERLE. 4675

Emil A. Pfitzer, Paul P. Yevich, Earle A. Greene und **Keith H. Jacobson,** *Die akute Inhalationstoxizität eines Dampfgemisches aus rauchender Salpetersäure und Fluorwasserstoff.* Ratten u. Mäuse wurden Dämpfen von HNO_3 + 0,1% HF u. HNO_3 + 0,5% HF ausgesetzt (die durchgeführten Konzentrationsbestimmungen wurden auf NO_2 bezogen). Die LC_{50} (letale Konz.)-Werte für Ratten betrugen: 119 p. p. m. für NO_2 aus HNO_3, 113 p.p.m. für NO_2 aus dem Gemisch HNO_3 + 0,1% HF u. 112 p.p.m. für NO_2 aus dem Gemisch HNO_3 + 0,5% HF. Die LC_{50}-Werte betrugen bei Mäusen in allen 3 Verss. 150 p.p.m., bezogen auf NO_2. 12 freiwillige Versuchspersonen wurden für die Best. der Geruchsschwelle eines Gemisches aus HNO_3 + 0,1% HF herangezogen, die bei 8 p.p.m. lag. — Aus den Unterss. wird geschlossen, daß der Zusatz bis zu 0,5% HF zu HNO_3 die akute Toxizität der HNO_3-Dämpfe nicht signifikant verändert. Hauptgefahr bleibt das Lungenödem durch Inhalation der Dämpfe. (A. M. A. Arch. ind. Health **18.** 218—21. Sept. 1958. Pittsburgh, US Army Chem. Warfare Labors., Direct. of Med. Res.) H. ZELLER. 4681

J. Lange, E. Pichardt und **E. Weinig,** *Zur Diagnostik und Therapie von Bleischäden mit Komplexbildnern.* Bei 2 Arbeitern mit schweren Erscheinungen einer *Blei-*Vergiftung kam es nach intravenöser Verabreichung von *Calciumdinatriumäthylendiamintetraacetat* (*Mosatil,* BAYER) zu einem raschen Abklingen der Vergiftungserscheinungen. Das Pb wurde in stark vermehrtem Maße im Urin ausgeschieden. Die parenterale Behandlung war der oralen überlegen. Neben-Wrkgg. oder eine Veränderung des Fe-, Cu- u. Ca-Stoffwechsels traten durch diese Behandlung nicht auf. Eine gute Wirksamkeit hatten Tagesdosen von 25—30 mg/kg. Bei Nierenkranken sollte man Mosatil nicht verwenden. Durch probator. Mosatilgaben kann man noch vorliegende Bleidepots entdecken. (Ärztl. Wschr. **14.** 105—11. 6/2. 1959. Bonn, Univ., Med. Klinik für Innere u. Nervenkrankheiten; Erlangen, Univ., Inst. für gerichtl. Med.) G. KIMMERLE. 4681

M. Savićević, Lj. Petrović, M. Stanković und **S. Djordjević**, *Unsere Erfahrungen mit $CaNa_2$ EDTA (Mosatil-Bayer) bei chronischer Bleiexposition.* 34 Arbeiter, die einer *Blei*-Einw. (Bleidampf, Bleistaub) ausgesetzt waren (5—16 Jahre), wurden mit intravenösen, intramuskulären oder oralen Gaben von *Mosatil* (*Calciumdinatriumäthylendiamintetraacetat*, BAYER) behandelt. Eine Besserung des Hämoglobinstatus wie auch der Erythrocytenzahl war dadurch feststellbar. Die Zahl der basophil punktierten Erythrocyten blieb unverändert. Die Reticulocytenzahl nahm mäßig ab. Die Bleiausscheidung erhöhte sich im Harn wesentlich. Der Koproporphyringeh. im Urin wurde normal. Der Bleisaum nahm ab u. verschwand bei 26% der Fälle. Weiterhin verschwand die Obstipation völlig, die Arthralgie bei 36% u. die Gesichtsblässe bei 56%. Nebenwrkgg. kamen durch die Mosatilbehandlung nicht vor. Mosatil wird zur Behandlung der Bleivergiftung empfohlen. (Zbl. Arbeitsmed. Arbeitsschutz **9.** 6—12. Jan. 1959. Belgrad, Hygien. Inst., Arbeitsmed. Abt.; Zvečan, Betrieb Trepča, Gesundheitsstation.) G. KIMMERLE. 4681

Tetsuo Sibuya, *Benzolhexachloridvergiftung.* In Benzolhexachlorid (I)-verarbeitenden Fabriken, in deren Arbeitsräumen teilweise I-Gehh. von 23—59 mg/cm³ Luft festgestellt wurden, erlitten die Arbeiter I-Vergiftungen, die mit Leibschmerzen, Mattigkeit oder bitterem Geschmack begannen u. in Bewußtlosigkeit u. klon. Spasmen ihre Hauptanzeichen fanden. Intravenöse Gaben von *Glucose*, *Na-Thiosulfat*, *Glucuronsäure* u. *Vitamin C* u., wenn nötig, von cardioton. Mitteln, wurden in 7 derartigen Fällen mit Erfolg angewandt; die Heilung war vollständig, es traten keine unerwünschten Nachwrkgg. auf. (Fukuoka Acta med. [Fukuoka-Igaka-Zassi] **49.** 991—97. Mai 1958. Fukuoka, Kyushu Univ., Fac. of Med., Dep. of Hyg. [Orig.: japan.; Auszug: engl.])
U. TAUSENDFREUND. 4681

A. F. Bijuger, Die Nitrofurane und ihre Anwendung in der Medizin. Riga: Akad. der Wiss. der LettSSR. 1958. (180 S.) [russ.]

Rudolph M. Grebe, Dorothy S. Dittmer and others eds., Handbook of toxicology. Vol. 3: Insecticides. Vol. 4: Tranquilizers. Vol. 5: Fungicides. Philadelphia, London: Saunders. 1959. 3: (XXV + 854 S. m. Tab. u. Diagr.) 98 s. 4: (VIII + 120 S. m. Diagr.) 28 s. 5: (IX + 242 S. m. Tab. u. Diagr.) 38 s. 6 d.

William D. McElroy and **Bentley Glass**, eds., A symposium on the chemical basis of development. Baltimore: John Hopkins P.; Oxford U. P. 1958. (XIV + 934 S. m. Abb., Tab. u. Diagr.) = Contributions no. 234. 6 £.

F. Pharmazeutische Chemie. Desinfektion.

H. Seel, *Achter Jahresbericht der Deutschen Arzneibuch-Kommission in Berlin.* (Vgl. C. **1958.** 5449.) (Pharmazie **13.** 765—68. Dez. 1958. Berlin. — C. **1959.** 7560.)
W. BARZ. 4750

J. S. Faber, *Die chemischen Artikel des Niederländischen Arzneibuches VI.* Aufzählung u. Besprechung der im Niederländ. Arzneibuch VI enthaltenen chem. Artikel. (Pharmac. Weekbl. **94.** 209—18. 4/4. 1959. Groningen, Rijksuniv., Farmaceut. Labor.)
W. WESLY. 4750

Erwin Vevera, *Das Polnische Arzneibuch, 3. Ausgabe, 1. Nachtrag 1956. Pharmacopoea Polonica, Editio III, supplementum primum 1956.* (Vgl. C. **1958.** 2811.) Kurze krit. Besprechung. (Dtsch. Apotheker-Ztg. **99.** 111. 29/1. 1959.) W. BARZ. 4750

Erwin Vevera, *Das Rumänische Arzneibuch, 7. Ausgabe.* Krit. Besprechung des im Oktober 1956 in Kraft getretenen Rumän. Arzneibuchs (7. Ausgabe), der Pharmacopoea Romină editia a VII. (Dtsch. Apotheker-Ztg. **99.** 349—50. 9/4. 1959. Tübingen.)
W. BARZ. 4750

Elsa Ullmann und **Reinhold Bendel**, *Zur Methodik und Anwendung des Verfahrens der Gefriertrocknung.* Überblick (Vortrag) über Theorie u. Praxis des Verf. u. seine Anwendung in der Pharmazie. — 7 Abbildungen. (Dtsch. Apotheker-Ztg. **98.** 539—41. 5/6. 1958. München, Univ., Inst. für Pharmazie u. Lebensmittelchemie.)
W. BARZ. 4750

W. Wetzel, *Gedanken zur Normung der Infusionsflaschen.* 2. Mitt. (1. Vgl. C. **1958.** 3105. (Dtsch. Apotheker-Ztg. **98.** 85—86. 23/1. 1958. Tübingen, Univ.-Apotheke.)
W. BARZ. 4758

F. Gstirner, *Spreng- und Gleitmittel der Tablettenfabrikation.* Überblick über Eigg., Verträglichkeit u. Anwendung von Spreng- u. Gleitmitteln für die Tablettenherstellung. Davon besitzt Stärke Spreng- u. Gleitmitteleigg., aber keine Schmiereigg., während Talk Gleit- u. Schmierwrkg. vereinigt. (Pharmaz. Rdsch. **1.** Nr. 2. 8—12. April 1959.)
I. GEIBLER. 4766

Hans Wunder, *Eine neue Zäpfchenform.* Vf. beschreibt die Vor- u. Nachteile einer neuen, segmentweise gegliederten Zäpfchenform, die durch große Spannweite,

Variationsmöglichkeit u. Elastizität der Dosierung ausgezeichnet ist u. dadurch allen Anforderungen, die an ein Kinderzäpfchen gestellt werden, gerecht wird. (Dtsch. Apotheker-Ztg. **99.** 179—80. 19/2. 1959. Fürth.) I. GEIBLER. 4766

D. G. Kolessnikow, N. P. Maxjutina und **P. I. Besruk,** *Die spasmolytischen Stoffe des Petersiliensamens.* Aus Petersiliensamen wurden 5 Stoffe durch Adsorptionschromatographie mittels Al_2O_3 isoliert. Durch physikal.-chem. Unterss. konnten *Allyltetramethoxybenzol, Apiol* (**I**; *4-Allyl-3.6-dimethoxy-1.2-methylendioxybenzol*) (**I**) u. *Myristicin* (**II**; *4-Allyl-6-methoxy-1.2-methylendioxybenzol*) identifiziert werden. Mit einer Ausbeute von 0,1% wurde die gelblichorange gefärbte Verb. $C_{14}H_{10}O_5$ erhalten; Mol.-Gew. 258,2; F. 145°; unlösl. in W., schwer lösl. in organ. Lösungsmitteln. Ferner konnte eine rotbraune, amorphe Verb. in 0,7%ig. Ausbeute erhalten werden, leicht lösl. in W., schwer lösl. in organ. Lösungsmitteln, die als Gemisch von Flavonglykosiden angesehen wird. Die gefäßerweiternde Wrkg. der Petersiliensamen ist bedingt durch den Geh. an **I** u. **II**, wobei **I** stärker wirksam ist. Die pharmakol. Unterss. zeigen, daß die spasmolyt. Eig. **I** zuzuschreiben ist. (Аптечное Дело [Apothekenwesen] **7.** Nr. 4. 27—30. Juli/Aug. 1958.) K. WOLFF. 4782

L. Zechner und **M. Vrba,** *Arbutin in Pirus communis.* Nach BOURQUELOT u. FICHTENHOLZ [1911] u. MOSER [1940] enthalten Birnbaumblätter ein Hydrochinonglykosid. Die Frage, ob es sich um Arbutin (I) handelte oder ein noch unbekanntes Hydrochinonglykosid, blieb offen. — Die Isolierung des Hydrochinonglykosids gelang Vff. schließlich durch Extraktion frischer Birnbaumblätter mit heißem absol. A. u. Reinigung des Extrakts. Das gereinigte Kristallisat, F. 199,5—200°, $[\alpha]_D^{20}$ —60°, erwies sich als I. I wird beim Trocknen der Blätter rasch abgebaut. Die Blätter sind prakt. gerbstofffrei. Im Spätsommer finden sich die höchsten I-Mengen. (Scientia pharmac. **26.** 145—53. 30/9. 1958. Graz, Univ., Pharmazeut.-Chem. Inst.) W. BARZ. 4782

T. G. Ssultanow und **N. A. Kambulin,** *Beitrag zur Pharmakologie der Samen von Gemüseranunkel.* Aus dem Samen der in Usbekistan vorkommenden *Gemüseranunkel* (Corchorus olitorius L.) sind in wss. u. alkoh. Auszügen *Glykoside* isoliert worden, die eine strophanthinähnliche Wrkg. aufweisen. Die übrigen Teile der Pflanze (Blätter, Stengel, Wurzeln u. Samenschalen) besitzen diese Eig. nicht. Die biol. Aktivität der Samen erreicht ihr Maximum (250 FE/g) bei der Reife der Pflanze u. fällt beim Aufbewahren der Pflanze. Das aus den Samen der Pflanze isolierte Glykosid kommt seiner Aktivität nach dem Corchorisid A u. dem Convallotoxin nahe u. ist etwas wirksamer als Strophanthin k. Die Aktivität des *Aglykons* ist ähnlich oder gleich der des Strophanthidins. 1 g Glykosid entspricht 70000 FE oder 12450 KE, 1 g Aglucon 5950 FE bzw. 4150 KE. Das Glykosid bewirkt in der Konz. 1:20 Millionen eine Verengung der Kaninchenohrvene um 10—20%, bei 1:10 um 25 bis 50%, bei 1:1 um 50—70%. Im Katzenvers. sind 0,0808 (mg/kg) Glykosid u. 0,241 Aglucon tödlich. (Доклады Академии Наук УзССР [Ber. Akad. Wiss. UsbekSSR] **1958.** Nr. 1. 33—36. Taschkent, Med. Inst.) E. STEINBERG. 4782

H. Sander, *Über die Gewinnung tomatinreicher Tomatenpflanzen als Ausgangsmaterial für Steroidhormonsynthesen.* Im Gewächshaus gezogene Kulturvarietäten von *Tomaten* (Lycopersicum esculentum × L. pimpinellifolium) wurden auf den Geh. an *Tomatin* (I) überprüft, das als Rohmaterial für Synthesen in der Sterinreihe vorgeschlagen worden ist (vgl. SATO u. Mitarbeiter, J. Amer. chem. Soc. **73** [1951.] 880). Best. von I nach KERN (C. **1956.** 4187) durch Auskochen des trockenen Pulvers der einzelnen Pflanzenorgane mit 2%ig. Essigsäure, Fällung mit NH_4OH, Extraktion mit Methanol, abermaliges Auskochen mit Essigsäure u. NH_4OH-Fällung. Papierchromatograph. Charakterisierung. Bei der Hydrolyse Bldg. von *Tomatidin,* Glucose, Galaktose u. Xylose. Im Juni bis Aug. fanden sich in den Blättern u. Triebspitzen der verschied. Varietäten bei fruchtenden Pflanzen 1,78—3,56% I (auf Trockenmasse berechnet). Nach Entfernung der Blütenknospen stieg der I-Geh. auf 5,13—7,04%, wobei die entfernten Blütenknospen selbst Werte von ca. 3% aufwiesen. Früchte, Sproßachsen u. Wurzeln enthielten nur geringe Mengen I. (Arch. Pharmaz. Ber. dtsch. pharmaz. Ges. **289/61.** 308—12. Juni 1956.) Berlin, FU, Pflanzenphysiol. Inst. K. ZOPFF. 4782

G. Wichmann, *Beiträge zur Biologie der Santoninpflanzen.* 2. Mitt. *Photoperiodische Untersuchungen und Beobachtungen an Artemisia maritima L.* (1. vgl. C. **1959.** 559.) (Pharmazie **13.** 562—88. Sept. 1958. Halle-Wittenberg, Univ., Botan. Anstalten, Pharmakognost. Inst.; Gatersleben, Inst. für Kulturpflanzenforschung der Dtsch. Akad. der Wissenschaften zu Berlin.) W. BARZ. 4782

F. Kaczmarek und **E. Steinegger,** *Chromatographische Untersuchung der Basenfraktion von Lobelia cardinalis, insbesondere von Lobinalin und dem neuen Cardinalis-*

alkaloid 2. In Ergänzung zu früheren Unterss. wurde festgestellt, daß in Lobelia cardinalis L. außer dem bisher bekannten *Lobinalin* (**I**) ein weiteres Alkaloid, das von Vff. als *Cardinalisalkaloid 2* (**II**) bezeichnet wurde, enthalten ist. Nach Petrolätherextraktion der Droge u. Chromatographie des Extraktes an Al_2O_3 können **I** u. **II** aus W.-Aceton krist. erhalten werden. **I** hat einen R_F-Wert von 0,50, **II** von 0,86. F. von **I** 92,5—95°, von **II** 192—195°. **II** sublimiert von 145° an langsam, schneller ab 165°. **II** kommt vorzugsweise in Blüten, weniger in Stengeln u. Blättern vor. Der Gesamtalkaloidgeh. der oberird. Teile der Pflanze beträgt 0,46%. (Pharmaz. Acta Helvetiae **33.** 852—57. Nov./Dez. 1958. Bern, Univ., Pharmazeut. Inst., Pharmakognost. Abt.) S. Erbe. 4782

R. Miram und **S. Pfeifer,** *Über die Veränderungen im Alkaloidhaushalt der Mohnpflanze während einer Vegetationsperiode.* 1. Mitt. Es werden die bei der Überprüfung von einzelnen Teilen der Mohnpflanze während einer Vegetationsperiode festgestellten Gehh. an *Morphin, Kodein, Thebain, Narcotin, Narcotolin* u. *Papaverin* tabellar. zusammengestellt. Die Ergebnisse bei Frischpflanzenunterss. werden mit denen von getrocknetem Material verglichen. Berücksichtigung der tageszeitlichen Schwankungen. (Scientia pharmac. **27.** 34—53. 31/3. 1959. Berlin, Humboldt-Univ., Pharmazeut. Inst.) W. Barz. 4782

I. Esdorn, *Der heutige Stand der Ginsengforschung.* Überblick über Botanik, Inhaltsstoffe, Pharmakologie u. Geschichte. — 26 Literaturangaben. (Pharmazie **13.** 556—62. Sept. 1958. Hamburg, Staatsinst. für angewandte Botanik.) W. Barz. 4782

H. von Czetsch-Lindenwald, *Galenische Betrachtungen über Aerosil.* 2. Mitt. (1. vgl. C. **1958.** 2513.) Mit *Aerosil* (**I**) verarbeitete Wirkstoffe von Pudern (mit Ausnahme der klebrigen Fette) haften besser an der Haut. Äther. Öle haften länger in Pudern bei Ggw. von **I.** Pflanzenextrakte können unter Zusatz von **I** leichter getrocknet werden, ihre Hygroskopizität wird deutlich verringert. (Pharmazie **12.** 810—11. Dez. 1957. Baden bei Wien, Labor. für Galenik u. pharmazeut. Technol.) W. Barz. 4786

G. Kristen und **W. Schmidt,** *Kamille und Azulene. Pharmakologie, Therapie, Galenik.* An Hand neuerer Literatur läßt sich bei Anwendung geeigneter pharmakolog. Methoden die therapeut. Wrkg. der *Kamillenwirkstoffe* u. *Azulene* (**I**) eindeutig nachweisen. — Nachprüfungen der Vff. ergaben, daß alle analyt. **I**-Bestimmungsverff. so lange fehlerhaft bleiben, wie nicht an allen Stellen bei der **I**-Best. die gleichen, genau definierten Bedingungen zugrunde liegen. — Die Haltbarkeit wss.-alkoh. Kamillenextrakte ist begrenzt, wie Vff. an *Kamillosan-Liquidum* nachwiesen. — Wss. Guajazulenzubereitungen können nur mittels Lösungsvermittlern hergestellt werden, welche die Stabilität beeinflussen. Im *Azulonliquidum* Homburg (wss. Zubereitung mit 200 mg% S-Guajazulen) betrug bei 2—9monatiger Lagerung der durchschnittliche **I**-Geh. 99% des Sollwertes. — Stabile **I**-Verreibungen, -tabletten oder -dragées lassen sich ohne bes. Zusätze nicht erhalten. — Stabile **I**-Salben lassen sich auch mit anderen Grundlagen als Vaseline herstellen. — 39 Literaturangaben. (Arch. Pharmaz. Ber. dtsch. pharmaz. Ges. **290/62.** Nr. 8/9. Mitt. dtsch. pharmaz. Ges. **27.** 105—14. 1957. Aug./Sept. Frankfurt/M., Chemiewerk Homburg A.-G.) W. Barz. 4790

W. Horsch und **D. Wedler,** *Über die Herstellung einer Perubalsam enthaltenden Emulsion unter besonderer Berücksichtigung von Tween 20.* Zur Anfertigung einer Emulsion aus Pantocain (**I**), Perubalsam (**II**), Rinderklauenöl (**III**), Tyloseschleim (**IV**) u. W. mischt man **IV, II, III, I** u. W., wobei die Einhaltung dieser Reihenfolge von Wichtigkeit ist. An Stelle von **IV** hat sich als Stabilisator Äthylcelluloseschleim wesentlich besser bewährt als Cellulose- u. Stärkeglykolate. Als Emulgatoren sind zweckmäßigerweise *Tween 20* u. *Emulgade K* einzusetzen. Es wird bei Zusatz von Emulgatoren eine intensivere Wrkg. der Arznei vermutet, die durch den größeren Verteilungsgrad bedingt ist. Vff. empfehlen eine Erprobung der abgewandelten technolog. verbesserten Rezepturen am Kranken. (Pharmazie **1959.** Nr. 2. Beilage: Pharmaz. Prax. Nr. 2. 21—24. Leipzig, Univ., Pharmazeut. Inst.) S. Erbe. 4790

W. Beuttner, H. P. Jaspersen und **K. Steiger,** *Sirupus roborans PM Nr. 1206Ⓐ.* Vff. stellen einen neuen, dem Syrupus Glycerophosphatum compositum des Brit. Pharm. Cod. 1954 nachgebildeten, alkoholfreien u. schwach bitteren Sirupus roborans PM Nr. 1206 A her u. untersuchen die schnelle Verfärbung, die Bldg. des Nd., den Geschmack u. den therapeut. Wert dieses Präparates. (Schweiz. Apotheker-Ztg. **97.** 368—72. 2/5. 1959. Schweiz. Apothekerverein, Wissenschaftliche Zentralstelle.) I. Geibler. 4790

Joachim Anschel, *Neue Hilfsmittel zur Herstellung von Injektionen in den USA.* 1. Mitt. Übersicht über den Werdegang der Herst. von Injektions-Lsgg. u. die Reinigung der Gefäße. — 4 Abbildungen. (Pharmaz. Ind. **21.** 95—98. März 1959. Morris Plains, N. J., Warner-Lambert Res. Inst.) W. Barz. 4790

Arnold Nordal, *Natürliche und synthetische Arzneimittel mit morphinähnlicher Wirkung, vom pharmakognostischen Gesichtspunkt.* Inhaltlich ident. mit der C. **1957.** 5645 referierten Arbeit. (Bull. on Narcotics **8.** Nr. 1. 18—27. Jan./März 1956. Oslo, Norwegen, Univ., Pharmaceut. Inst.) W. BARZ. 4806

Rudolf Springer und **Hans Weigand,** *Die Kapazität von Aluminiumoxyd gegenüber Salbengrundstoffen.* 5. Mitt. *zur Analytik dermatologischer und kosmetischer Salbenzubereitungen.* (4. vgl. C. **1958.** 13300.) 15 g Al_2O_3 („bas.", Aktivitätsstufe I „Woelm") adsorbieren folgende Mengen Salbengrundstoffe, die sich auch mit großen Mengen *Trichloräthylen* (**I**) nicht eluieren lassen: Polyäthylenglykol (**II**) 200 (Polydiol 200) 0,522 g, **II**-1500 (Polywachs 1500) (**III**) 0,985 g, **II**-3000 (Polywachs 3000) 0,105 g, **II**-4000 (Polywachs 4000) 0,055 g, Unguentum **II** (Lanogen 1500) 0,600 g, Sorbitanum monooleinicum polyoxaethylat. (Tween 80) 0,850 g, Ol. ricini polyoxaethylat. (Präp. VP 2813) 0,465 g, **II**-stearinicum (Präp. VP 2869) 0,650 g, Ol. Arachidis hydrogenatum 0,540 g Oleylium oleinicum (Cetiol) 0,255 g, Alcoholes Lanae 0,640 g, Cetostearylium (Lanette 0) 0,950 g, Glycerinum monostearinicum (Tegin) ca. 0,7 g. Bei der **II**-Adsorption besteht ein Zusammenhang mit dem **II**-Polymerisationsgrad. Der Befund bei **III** ist noch nicht deutbar. Die bei Überschreitung der genannten Mengen im Eluat befindlichen Anteile werden graph. dargestellt, man erhält verschied., aber stoffcharakterist. Kurven. Die Sorptionskraft verschied. Sorten Al_2O_3 weist keine beträchtlichen Unterschiede auf. Der Einfl. des Lösungsm. ist erheblich. Die genannten Substanzen werden aus Bzl. u. **I** am besten adsorbiert. (Arch. Pharmaz. Ber. dtsch. pharmaz. Ges. **291/63.** 339—42. Juli 1958. München, Univ., Inst. für Pharmazie u. Lebensmittelchem.) PH. FRESENIUS. 4880

J. Buur Jensen, *Untersuchungen über die quantitative Analyse fester Stoffe mittels Infrarotspektroskopie und der Kaliumbromidpreßtechnik.* Vf. erörtert die Vorteile von KBr als Träger bei der IR-Spektroskopie. In systemat. Verss. mit Benzanilid als Probesubstanz u. KBr als Träger werden verschied. Pulverisiermethoden vergleichend geprüft. Als Maß für die Reproduzierbarkeit wird die Konstanz der „base-line"-Extinktionen (BE) gewählt. Gute BE werden meist bei Mischung mit KBr, Pressen, Pulverisieren u. wiederholtem Umpressen erreicht. Zuverlässig ist auch Vibratorbehandlung (5 Min.) des Gemisches. Wenn die Scheiben detailarme Spektren liefern, wird eine Verbesserung durch 5 Min. Erwärmen auf 100° oder 2 Monate Aufbewahrung bei Raumtemp. erreicht. Unterschiede im Spektr. können durch in KBr physikal. gebundenes W. bedingt sein. (Dansk Tidsskr. Farmaci **32.** 205—20. Nov. 221—35. Dez. 1958. København, Specialitetskontrollen.) R. K. MÜLLER. 4880

Melanie Rink, Rosemarie Lux und **Evelyn Franken,** *Titration einiger Alkalisalze organischer Säuren mit Perchlorsäure im wasserfreien Medium.* Vff. beschreiben die Titration einiger organ. Alkali- u. Erdalkalisalze des DAB 6 u. des Nachtrags zum DAB 6 in Eisessig als Lösungsm., mit 1/10n $HClO_4$–Eisessig als Titrant u. Fettblau B als Indicator. Dabei wurden bei Veronal-Na, Luminal-Na, PAS-Na, Na-Salicylat, Saccharin-Na u. Na-Benzoat gut reproduzierbare Werte mit scharfen Umschlagspunkten erhalten, während bei Arsacetin, Ca-Lactat, Phanodormcalcium u. Ca-Pantothenat der Farbumschlag schleppend war u. die Werte streuten. (Dtsch. Apotheker-Ztg. **99.** 157—58. 12/2. 1959. Bonn, Univ., Pharmazeut. Inst.) I. GEIBLER. 4880

Helmut Wunderlich, Dresden, *Herstellung von synthetischen Muskelrelaxantien* der allg. Formel $[R_1R_2R_3NCH_2CH_2N(R_4)CO-(CH_2)_n-COOCH_2CH_2NR_1R_2R_3]X_2$ (n = mindestens 2; R_1—R_3 = niedere Alkylreste, bes. CH_3 u. C_2H_5; R_4 = Alkyl- oder Alalkylrest; X = Halogenatome), dad. gek., daß reaktionsfähige Derivv. der Bernsteinsäure (**I**) mit sek. Aminen zu **I**-Halbamidderivv. umgesetzt u. diese in β-Dimethylaminoäthylester u. deren quartäre Salze übergeführt werden. — **I**-*Mono-β-dimethylaminoäthylester* (**II**)-*mono-β-dimethylaminoäthylmethylamid,* $Kp._1$ 173—177°, aus je 40 g **I**-Anhydrid u. β-Dimethylaminoäthylmethylamin durch 2std. Kochen in Aceton, Abdest. des Lösungsm., ½std. Kochen mit 150 cm³ absol. A. u. 9,2 g Na, Abdest. des A. unter Ersetzen durch Toluol u. 2std. Kochen mit 62 g β-Dimethylaminoäthylchlorid; ca. 50 g (Ausbeute). Aus 50 g in sd. Aceton entsteht durch Zutropfen von 100 g CH_3J in Aceton, Dekantieren u. Lösen des Öls in heißem A.–CH_3OH-Gemisch das *Dimethojodid,* F. 189—190°; ca. 67 g. — **II**-*Mono-β-dimethylaminoäthylbenzylamid,* $Kp._4$ 236—240°, analog aus β-Dimethylaminoäthylbenzylamin; 70%. *Dimethojodid,* F. 194—196° (A.–CH_3OH). (**D. P.** [**DDR**] **14764** Kl. 12q vom 7/9. 1955, ausg. 19/5. 1958 [Wirtschaftspatent].) H.-J. NITZSCHKE. 4807

E. I. du Pont de Nemours & Co., übert. von: **Rudolf Richard Grunert,** Wilmington, Del., **Carl S. Marvel,** Urbana, Ill., und **Isaac Fletcher Walker,** Hockessin, Del., V. St. A., *Mittel gegen Metallvergiftungen,* enthaltend organ. Verbb. mit einem nicht über 500 liegenden Mol.-Gew., die der Formel R—R′—COR″ entsprechen, wobei R ein einwertiger Rest der Formeln **I**—**IV** oder ein C-Alkylderiv. davon ist, wobei der Alkylsubstituent nicht mehr als 4 C-Atome aufweist, R′ einen Alkylenrest mit höchstens

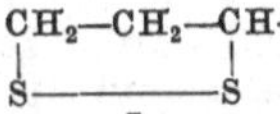
I
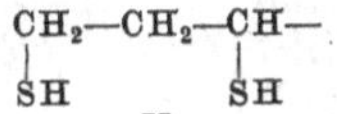
II
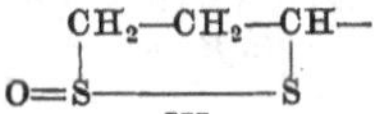
III
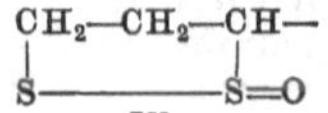
IV

8 C-Atomen u. R″ eine OH-Gruppe oder eine zu OH hydrolysierbare Gruppe bedeutet. — Man gibt 0,05—100 mg/kg im Tag, z. B. α-Liponsäure der Formel **V** (*5′-[1′.2′-Dithiolan-3′-yl]-pentansäure*) Wirksam gegen Vergiftungen mit Pb-Tetraäthyl, $HgCl_2$, $NaAsO_3$ u. andere giftige Verbb. von As, Au, Bi, Sn oder giftige Metalle selbst, z. B. gegen Pb. (**A. P. 2 840 505** vom 9/4. 1954, ausg. 24/6. 1958.) K. KOEBKE. 4807

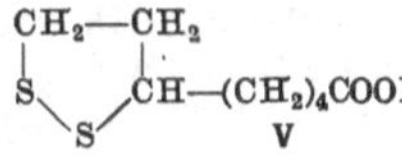
V

Soc. des Usines Chimiques Rhône-Poulenc, Paris (Erfinder: **Robert Michel Jacob,** Ablon-sur-Seine, und **Jacques Georges Robert,** Paris), Frankreich, *Herstellung von racemischen und optisch-aktiven Aminophenthiazinen* der allg. Formel **I** (X = S, SO, SO_2; R_1 u. R_2 [gleich oder verschieden] = H, niedrigmol. Alkylreste [höchstens 4 C-Atome] oder NR_1R_2 = Pyrrolidin-, Piperidin-, Morpholinrest), ihrer Salze, quartären Ammoniumverbb. u. Additionsverbb., dad. gek., daß man a) ein Phenthiazin **II** mit einem halogenierten Amin Hal-ANR_3R_4 [A = $-CH_2-CH(CH_3)-CH_2-$ oder in diesen überführbaren Rest; R_3, R_4 = R_1 u. R_2 oder in diese überführbare Reste] umsetzt oder b) ein Phenthiazin **III** (Y = Rest eines reaktionsfähigen Esters) mit einem Amin HNR_3R_4 reagieren läßt, oder daß man, falls R_1 u. R_2 Alkylreste sind, c) die entsprechenden prim. u. sek. Amine alkyliert, oder daß man d) ein Nitril **IV**, gegebenenfalls in Ggw. eines prim. oder sek. Amins, red., oder e) eine Verb. der allg. Formel **X** cyclisiert, oder f), falls

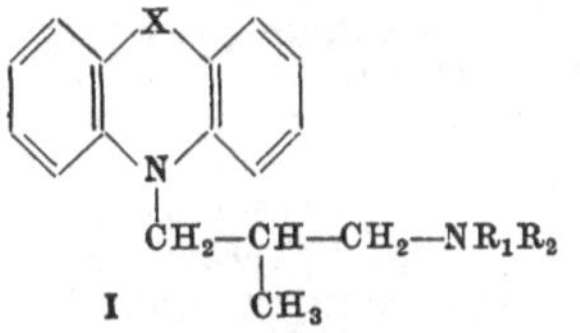
I
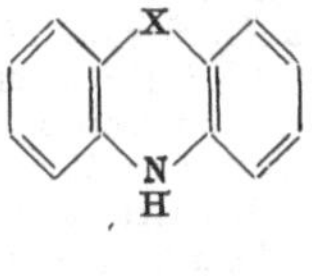
II
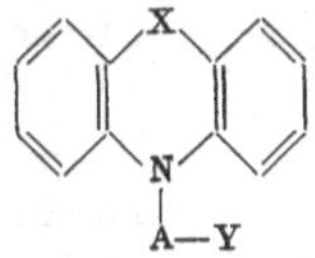
III
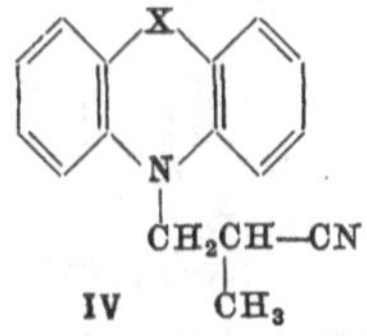
IV

X = SO oder SO_2, die entsprechenden Phenthiazine mit X = S oxydiert. — Phenthiazine: *10-[2′-Methyl-3′-dimethylaminopropyl]-* (**V**), $Kp._{0,3}$ 150—175°, aus 9,6 g Phenthiazin in Xylol durch Zugabe von 2,27 g $NaNH_2$ bei 130°, 2 std. Kochen, Addition von 90 cm³ 0,61 n Lsg. von 1-Chlor-2-methyl-3-dimethylaminopropan (**XI**) in Xylol, 20 std. Kochen, Behandeln mit W. u. n-Methansulfonsäure, Alkalisieren der wss. Schicht u. Ausäthern; Ausbeute 12,6 g. *Hydrochlorid*, F. 216—217°. — Analog *10-[2′-Methyl-3′-diäthylaminopropyl]-*, $Kp._{0,5}$ 180—182°, aus 1-Chlor-2-methyl-3-diäthylaminopropan. *Hydrochlorid*, F. 158° (Aceton–Isopropanol). — *10-[2′-Methyl-3′-piperidinopropyl]-*, Kp. ca. 215°, aus 1-Chlor 2-methyl-3-piperidinopropan. *Hydrochlorid*, F. 186° (Aceton–Isopropanol). — *10-[2′-Methyl-3′-pyrrolidinopropyl]-*, aus 1-Chlor-2-methyl-3-pyrrolidinopropan. *Saures Oxalat*, F. 188° (50%ig. A.). — **V**, F. 68°, entsteht auch durch 2 std. Schütteln von 5 (g) rac. 10-[2′-Methyl-3′-aminopropyl]-phenthiazin (**IX**; F. 100—104°) mit 10 30%ig. Formalin u. 1 Pd-Kohle (5% Pd) in Essigsäure in H_2-Atmosphäre, wobei das Ausgangsprod. durch Rk. von p-Toluolsulfochlorid (**VIII**) mit 1-[Phenthiazinyl-(10′)]-propanol-(2) zu *Phenthiazinyl-(10)-isopropyl-p-toluolsulfonat*, F. 150—151°, dessen Rk. mit KCN in sd. wss. A. zu *3-[Phenthiazinyl-(10′)]-2-methylpropionitril* (**VII**), F. 104°, u. dessen Red. mit RANEY Ni in Ggw. von NH_3 unter Druck gewonnen wird. — **V** wird auch durch 4 std. Erhitzen von 3 g 3-[Phenthiazinyl-(10′)]-2-methylpropyl-p-toluolsulfonat (**VI**; F. 134—135°) mit 1,5 g Dimethylamin in Propanol im Rohr auf 100° über das *saure Maleat*, F. 187°, erhalten. **VI** entsteht aus **VII** durch Hydrolyse zu *3-[Phenthiazinyl-(10′)]-2-methylpropionsäure*, F. 148°, CH_2N_2-Veresterung zum *Methylester*, $LiAlH_4$-Red. zu *3-[Phenthiazinyl-(10′)]-2-methylpropanol*, F. 115°, u. Rk. mit **VIII**. — Linksdrehendes **IX** (F. 100°; $[\alpha]_D^{15}$ −6,3° [c = 3,7% in CH_3COOH]) gibt nach Rk. mit 30%ig. Formalin in CH_3COOH, ADAMS-Pt-Katalysator u. H_2 u. Überführung in das saure Maleat ein *saures* **V**-*Maleat* mit F. 175° u. $[\alpha]_D^{17}$ +10,7° (c = 4,4% in CH_3OH) u. daraus ein **V** mit $[\alpha]_D^{17}$ +5,5° (c = 3% in A.). Das *linksdrehende* **IX** wird durch Überführung von *l*-Propandiol-(1.2) in *l-1-Brompropanol-(2)* u. von diesem in *opt.-akt.* *p-Toluolsulfonsäure-1-[phenthiazinyl-(10′)]-propyl-(2)-ester*, Rk. mit KCN in wss. A. zu *linksdrehendem* **VII**, F. 119—120°, $[\alpha]_D^{13}$

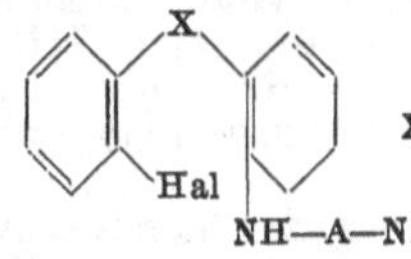
X

— 11,2° (c = 4,5% in Tetrahydrofuran) u. Red. mit $LiAlH_4$ gewonnen. — Rechtsdrehendes **IX** gibt wie oben *linksdrehendes* **V**. *Saures Maleat*, F. 174—175°; $[\alpha]_D^{17}$ — 12,5° (c = 4% in CH_3OH). — *10-[2'-Methyl-3'-methylaminopropyl-(1')]-*, aus **VI** u. Methylamin wie oben. *Hydrochlorid*, F. 195—196° (Aceton–Isopropanol, 8 : 2). — Analog mit Äthylamin *10-[2'-Methyl-3'-äthylaminopropyl-(1')]-*; *Hydrochlorid*, F. 200—201° (Isopropanol). — **V** wird auch durch $LiAlH_4$-Red. von 2-Methyl-3-[phenthiazinyl-(10')]-N.N-dimethylpropionamid in Ae. dargestellt; dieses entsteht aus der Säure über das Chlorid durch Rk. mit $(CH_3)_2NH$. — **V**-*9-Oxyd*, F. 98°, aus **V** in Eisessig u. wenig H_2SO_4 (D. 1,83) durch Zugabe von Eisessig + H_2O_2, 16std. Stehen, Zugabe von W. u. NaOH, Ausziehen mit Essigester, Einengen u. Zugabe von Petroläther. *Saures Maleat*, F. 160° (A.–Ae.). — **V**-*9.9-Dioxyd*, F. 115° (Heptan), ähnlich, aber bei 60°. *Hydrochlorid*, F. 250° (A.–Isopropanol). — **V**-*Äthojodid*, F. 180—190°, aus **V** u. Äthyljodid in Aceton. — **V** wird auch aus rac. **VII** durch Red. in CH_3OH mit $(CH_3)_2NH$ in Ggw. von 10%ig. Pd-$BaSO_4$-Katalysator bei 2—3 kg H_2-Druck erhalten u. auch auf folgendem Wege: 1½std. Kochen von 2-Brom-2'-aminodiphenylsulfid mit $NaNH_2$ in Xylol, Eintropfen von 31%ig. **XI**-Lsg. im Sieden, 5std. Kochen, Ausziehen mit n-HCl, Alkalisieren, Ausäthern, Vakuumdest. des erhaltenen *2'-[3''-Dimethylamino-2''-methylpropylamino]-2-bromdiphenylsulfids*, $Kp._{0,25}$ 179—187°, 56std. Erhitzen mit Dimethylformamid, K_2CO_3 u. Cu-Pulver, Gießen des Filtrats in W. u. Ausäthern. *Neutrales Tartrat*, F. 162—163° (Kofler-Block). — *Antihistaminica, Ganglienblocker, Mittel gegen Parkinsonismus, Spasmolytica, Lokalanästhetica, Analgetica.* (**D. P.** [**DDR**] **14 792** Kl. 12p vom 26/11. 1955, ausg. 27/5. 1958. F. Priorr. 22/2. u. 13/5. 1955 [Ausschließungspatent].)

H.-J. Nitzschke. 4807

Soc. des Usines Chimiques Rhône-Poulenc, Paris (Erfinder: **Robert Michel Jacob,** Ablon-sur-Seine, und **Gilbert Louis Regnier,** Paris), Frankreich, *Herstellung neuer Aminderivate des Phenthiazins* der Formel I in vorst. Ref., dad. gek., daß ein Phenthiazincarbonsäureester der allg. Formel **II** bis zur Beendigung der CO_2-Entw. auf 150—220° erhitzt wird. Der Ester braucht nicht als solcher eingesetzt zu werden, sondern es kann auch Phenthiazin-10-carbonsäure (**III**)-Äthylester mit einem Aminoalkohol unter Abspaltung von A. u. CO_2 erhitzt werden. — *10-[3'-Dimethylamino-2'-methylpropyl-(1')]-phenthiazin*, F. 67—68°, $Kp._{0,1}$ 168—170°, durch Erhitzen von 9 g **III**-2-Methyl-3-dimethylaminopropyl-(1)-ester (F. 62—63°, aus 3-Dimethylamino-2-methylpropanol-(1) u. **III**-Chlorid) durch ca. 50 Min. Erhitzen auf 200—220°; Ausbeute 6,7 g. — *Heilmittel.* (**D. P.** [**DDR**] **16 032** Kl. 12p vom 18/9. 1956, ausg. 9/12. 1958. F. Prior. 22/10. 1955 [Ausschließungspatent]. **Zusatz zu D. P. [DDR] 14792; s. vorst. Ref.**)

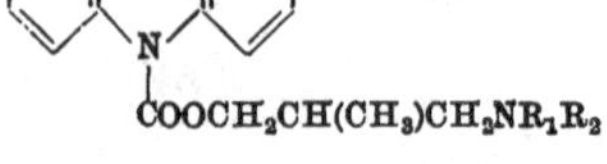
II

H.-J. Nitzschke. 4807

Soc. des Usines Chimiques Rhône-Poulenc, Paris (Erfinder: **Robert Michel Jacob,** Ablon-sur-Seine, und **Gilbert Louis Regnier,** Paris), Frankreich, *Herstellung neuer Aminophenthiazinderivate* der allg. Formel I (Y = S, SO, SO_2; X = niedermol. Alkyl- oder Alkoxyrest, bes. in 3-Stellung; R_1 = niedermol. Alkylrest, bes. CH_3 u. C_2H_5; R_2, R_3 = niedermol. Alkylreste, R_2 oder R_3 auch = H, NR_2R_3 auch = Pyrrolidin-, Piperidin-, Morpholinrest) sowie ihrer Salze u. quartärer Ammoniumverbb., dad. gek., daß ein Phenthiazin-10-carbonsäureester der allg. Formel **II** bis zur Beendigung der CO_2-Abspaltung auf 150—220° erhitzt wird. Diese Ester brauchen nicht in reiner Form der Decarboxylierung unterworfen zu werden, sondern es können auch die Äthylester gemeinsam mit dem entsprechenden Aminoalkohol unter Abspaltung von CO_2 u. A. erhitzt werden. — *3-Methoxy-10-[3'-dimethylamino-2'-methylpropyl-(1')]-phenthiazin*, F. 101—102°, $Kp._{0,2}$ 187—191°, durch 1std. Erhitzen von 10 g 3-Methoxyphenthiazin-10-carbonsäure-3'-dimethylamino-2'-methylpropyl-(1')-ester (**III**) von 175 auf 215°, Lösen in Ae., Ausziehen mit HCl, Alkalisieren u. Ausäthern; Ausbeute 4,6 g. **III** (*Hydrochlorid*, F. 195°; *Methojodid*, F. 161°) wird aus 3-Methoxyphenthiazin durch Rk. mit $COCl_2$ zu 3-Methoxyphenthiazin-10-carbonsäurechlorid u. Kondensation mit 3-Dimethylamino-2-methylpropanol-(1) erhalten. — *3-Äthyl-10-[3'-dimethylamino-2'-methylpropyl-(1')]-phenthiazin*, $Kp._{0,17}$ 177 bis 179°, aus 3-Äthylphenthiazin-10-carbonsäure-3'-dimethylamino-2'-methylpropyl-(1')-ester (aus 3-Äthylphenthiazin über 3-Äthylphenthiazin-10-carbonsäurechlorid wie oben; *Hydrochlorid*, F. 170—172°; *Methojodid*, F. 158° unter Zers.) wie vorst.; *Hydrochlorid*, F. 160—163°. — *Heilmittel* (Narkosehilfsmittel; Anwendung in der Psychiatrie). —

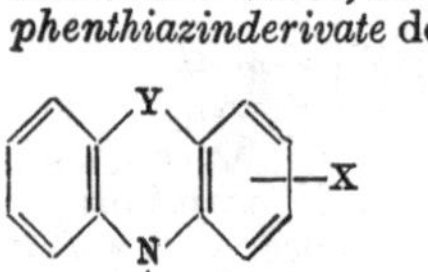
I

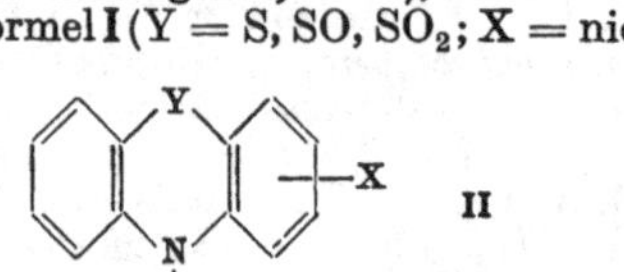
II

Vgl. D. P. [DDR] 16 032; vorst. Referat. (**D. P. [DDR] 16 066** Kl. 12p vom 18/9. 1956, ausg. 15/12. 1958. F. Prior. 22/11. 1955 [Ausschließungspatent]. **Zusatz zu D. P. [DDR] 14061; C. 1959. 221.**) H.-J. Nitzschke. 4807

E. Merck Akt.-Ges. (Erfinder: **Heinrich Brass**), Darmstadt, *Herstellung von haltbaren Vitamin-B_{12} (I)-Kombinationspräparaten* in Kapselform, die noch andere wirksame Bestandteile enthalten, welche wie die Vitamine B_1, C u./oder E mit I nicht verträglich sind, dad. gek., daß man das I der Gelatinemasse zusetzt, die zur Herst. der Kapselhülle dient u. daß man die übrigen wirksamen Bestandteile, soweit sie das I schädigend beeinflussen können, in der Füllmasse der Kapsel unterbringt. Die Kapselhülle kann 5—35% Glycerin enthalten. (**D. A. S. 1 052 637** Kl. 30h vom 3/5. 1956, veröff. 12/3. 1959.) K. Koebke. 4809

Aschaffenburger Zellstoffwerke Akt.-Ges., Redenfelden (Erfinder: **Konrad Bernhauer, Wilhelm Friedrich** und **Gisela Gross**, Aschaffenburg), *Gewinnung von Vitaminen der B_{12}-Gruppe* durch Elution von diese Stoffe enthaltenden Montmorillonitadsorbaten nach D. B. P. 929 987, dad. gek., daß als Elutionsmittel wss. Gemische verwendet werden, die Phenol (I) bzw. ein Monomethyl- oder Monohalogenderiv. des I enthalten. Nach der Eluierung kann vor dem Filtrieren ein gegebenenfalls halogenierter KW-stoff zugegeben werden. (**D. A. S. 1 051 461** Kl. 30h vom 16/2. 1957, veröff. 26/2. 1959. **Zusatz zu D. B. P. 929987; C. 1956. 3111.**) K. Koebke. 4809

Armour & Co., Chicago, Ill., V. St. A., *Herstellung eines Intrinsic faktor-Präparates* mit potenzierter Wrkg., dad. gek., daß man Pylorusschleimhaut bei einer Temp. $< 15^0$ mit einer wss. Lsg. vom p_H 2—5 extrahiert, den Extrakt auf ein p_H von 4—6, bes. 4,5—5,5, bringt, den Nd. entfernt, den klaren Extrakt bei ca. 0^0 so lange mit A., CH_3OH oder einem aliphat. Keton versetzt, bis die Konz. der organ. Lösungsmittel zwischen 20 u. 60 Vol.-% beträgt, den ausgefallenen Wirkstoff abtrennt u. gefriertrocknet. (**E. P. 791 186** vom 27/3. 1956, ausg. 26/2. 1958. A. Prior. 28/3. 1955.) W. Heyer. 4809

N. V. Philips' Gloeilampenfabrieken, Eindhoven (Erfinder: **Pieter Westerhof**, Weesp), Holland, *Dihydrotachysterine* der allg. Formel I (R_1 = H, aliphat. oder aromat. Acylrest; R = gesätt. oder ungesätt. aliphat. KW-stoffrest) erhält man durch Red. von Verbb. der allg. Formel II (R_1 u. R wie vorst.) mit einem Alkali- oder Erdalkalimetall in fl. NH_3 u. in einem inerten Lösungsm., Zers. u. gegebenenfalls Verseifung des Reaktionsproduktes.

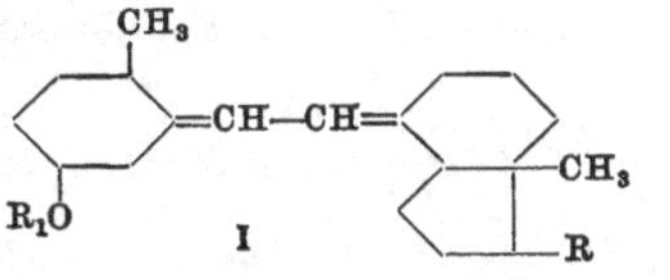

I

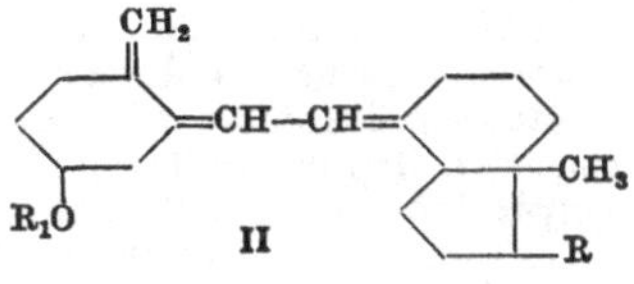

II

— Man red. z. B. Ergocalciferol mit $Li/NH_{3\,fl.}$ in Ae. → *Dihydrotachysterin*$_2$. — Analog: Cholecalciferolbutyrat → *Dihydrotachysterin*$_3$ (**III**); *p-Phenylazobenzoat*, F. 107—109°; daraus durch Verseifung mit methanol. KOH → **III**, F. 101—102,5°. — *Heilmittel*. (**D. A. S. 1 040 547** Kl. 12o vom 11/2. 1957, veröff. 9/10. 1958. Holl Prior. 14/2. 1956.) U. Sievers. 4809

Laboratoires Français de Chimiothérapie, Paris (Erfinder: **Léon Velluz, Gaston Amiard**, Noisy-le-Sec, und **Jacques Martel**, Bondy), Frankreich, *Polycyclische Lactone*. Man erhitzt z. B. 17.17-Bishydroperoxy-1.3.5-östratrien-3-ol-3-acetat in Toluol unter Rückfluß, entfernt das Lösungsm., verseift den Rückstand, filtriert vom Östron ab u. lactonisiert das Filtrat durch Erhitzen mit konz. HCl (20 Min. bei 80°). Nach Absaugen des gebildeten Prod. u. fraktionierter Sublimation bei 210°/2—3 mm erhält man *lumi-Östrololacton*, F. 308°; $[\alpha]_D^{20}$ 10° (Formel I; R = H_2; R' = nicht vorhanden; X = phenol. OH-Gruppe, Ring A phenol.). — Analog: 17.17-Bis-hydroperoxytestan-3α-ol-11-on-3α-acetat → *D-Lumilacton* der Formel I (R = O; R' = CH_3; X = CH_3COO), Ring A hydriert), F. 265—266°; $[\alpha]_D^{20}$ 6°. — *Heilmittel* sowie *Zwischenprodd.* zu deren Herstellung. (**D. A. S. 1 046 041** Kl. 12o vom 4/3. 1958, veröff. 11/12. 1958. F. Prior. 22/3.1957.) U. Sievers. 4809

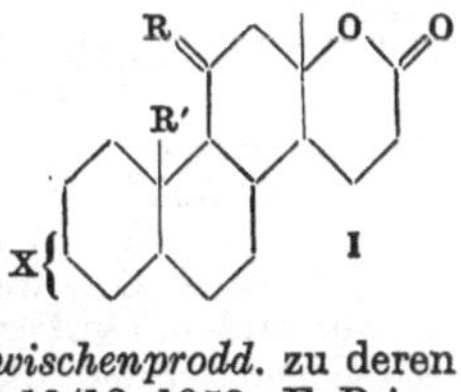

I

Schering Akt.-Ges. (Erfinder: **Eugen Griebsch, Gerhard Zühlsdorff** und **Klaus Pirner**), Berlin, *Lagerfähige, gut wasserlösliche Salze des Östronsulfats* (**I**) erhält man durch Überführung in dessen Salze mit quaternären Ammoniumbasen. — **I** + N-β-Hydroxyäthyl-N-methylmorpholiniumhydroxyd in CH_3OH → *N-(β-Hydroxyäthyl)-N-methylmorpholiniumsalz des* **I**, F. 135—142°; $[\alpha]_D$ 84°. — Analog: *N.N-Dimethylmorpholiniumsalz des* **I**, F. 173—176°; $[\alpha]_D$ 91°. — *Tetramethylammoniumsalz des* **I**, F. 229—230° (Zers.); $[\alpha]_D^{20}$ 96,9°. — *N-Methylpyridiniumsalz des* **I**, F. 152—155°; $[\alpha]_D^{24}$ 93,3°. — *N-β-Hydroxyäthyl-N-methylpiperidiniumsalz des* **I**, F. 147—149°; $[\alpha]_D^{24}$ 85°. — *N-β-Hydroxyäthyl-N-methyl-*

pyrrolidiniumsalz des **I**, F. 148—150°; $[\alpha]_D^{24}$ 82°. (**D. A. S. 1 032 740** Kl. 12o vom 14/11. 1956, veröff. 26/6. 1958. **A. P. 2 828 306** vom 21/10. 1957, ausg. 25/3. 1958. D. Prior. 14/11. 1956.) U. Sievers. 4809

Schering Akt.-Ges. (Erfinder: **Emanuel Kaspar, Rudolf Wiechert** und **Martin Schenck**), Berlin, *Methylsteroide.* Man setzt z. B. 16-Dehydropregnenolon in Tetrahydrofuran mit $CHBr_3$ unter Eiskühlung u. in Ggw. von K-tert.-Butylat u. N um → *16ξ-Tribrommethyl-Δ^5-pregnenolon,* F. 260° (Zers.); daraus durch Red. mit Raney-Ni/H_2 in A. → *16ξ-Methylpregnenolon,* F. 184—187°; daraus durch Oppenauer-Oxydation → *16ξ-Methylprogesteron,* F. 136,5—138°; $[\alpha]_D$ 172°. — Analog: *16ξ-Trichlormethyl-3β-tert.-butoxy-Δ^5-pregnen-20-on,* F. 114—117°; $[\alpha]_D^{20}$ 25°. — *16α-Tribrommethylpregnan-3α-ol-11.20-dion* u. *16α-Methylpregnan-3α-ol-11.20-dion,* F. 153—155°; $[\alpha]_D$ 108°. — *Zwischenprodd. zur Herst. von Heilmitteln.* (**D. A. S. 1 043 333** Kl. 12o vom 23/11. 1957, veröff. 13/11. 1958.) U. Sievers. 4809

Chas. Pfitzer & Co., Inc., Brooklyn, übert. von: **Gerald D. Laubach,** Jackson Heights, und **Karl J. Brunnings,** Malba, N. Y., V. St. A., *Isomerisierung von Steroiden.* Man behandelt 5(6).7(8)-Steroiddiene oder 5(6).7(8).9(11)-Steroidtriene, die in den Ringen B u. C keine weiteren Substituenten tragen, in Ggw. eines Polymerisationsinhibitors mit SO_2 u. erhält die entsprechenden in 6.8(14)- oder 6.8(14).9(11)-Stellung ungesätt. Verbindungen. Man versetzt z. B. Dehydroergosterylacetat in Bzl. u. in Ggw. von Pyridin u. Hydrochinon bei —78° mit fl. SO_2 u. erhitzt das Gemisch im geschlossenen Gefäß sodann 16½ Std. auf 100°. Als Reaktionsprod. wird *Isodehydroergosterylacetat,* F. 149—151°; $[\alpha]_D^{22}$ —93,8°, erhalten. — Analog: 3β-Acetoxy-$\Delta^{5,7,9(11)}$-pregnatrien-20-on → *3β-Acetoxy-$\Delta^{6,8(14),9(11)}$-allopregnatrien-20-on,* F. 125,8—127,8°; $[\alpha]_D^{26}$ 23°. — *Zwischenprodd.* für die Herst. von *Heilmitteln.* (**A. P. 2 838 527** vom 17/3. 1954, ausg. 10/6. 1958.) U. Sievers. 4809

Merck & Co., Inc., Rahway, übert. von: **Robert E. Harman,** Avenel, **Norman G. Brink,** Westfield, **Edward A. Ham,** Plainfield, und **Lewis H. Sarett,** Princeton, N. J., V. St. A., *18-Oxigenierte Ätiocholensäurederivate.* Man führt z. B. das 18.20-Lacton der Δ^4-3-Oxo-18-hydroxy-11β.18-epoxyätiocholen-17β-carbonsäure durch Behandlung mit methanol. NaOH über in *Δ^4-3.18-Dioxo-11β-hydroxyätiocholen-17β-carbonsäure,* F. 285—300°, red. diese mit $NaBH_4$ → *Δ^4-3.11β.18-Trihydroxyätiocholen-17β-carbonsäure,* welche durch Erhitzen auf 195—205° im Vakuum in das *18.20-Lacton der Δ^4-3.11β.18-Trihydroxyätiocholen-17β-carbonsäure* übergeführt wird; daraus erhält man durch selektive Oxydation der 3ständigen OH-Gruppe mit MnO_2 u. anschließend durch CrO_3-Oxydation das *18.20-Lacton der Δ^4-3.11-Dioxo-18-hydroxyätiocholen-17β-carbonsäure,* F. 230—237°. — *Zwischenprodd.* für die Herst. von *Heilmitteln.* (**A. PP. 2 847 412** u. **2 847 425** vom 13/10. 1954, ausg. 12/8. 1958.) U. Sievers. 4809

Upjohn Co., übert. von: **John A. Hogg, Philip F. Beal,** Portage, und **Frank H. Lincoln jr.,** Kalamazoo, Mich., V. St. A., *11β-Hydroxy-21-acetoxy-4.17(20)-[cis]-pregnadien-3-on,* F. 183—186°, erhält man durch saure Hydrolyse von 11β.21-Dihydroxy-4.17(20)-[cis]-pregnadien-3-on-3-äthylenketal u. anschließende Acetylierung des erhaltenen *11β.21-Dihydroxy-4.17(20)-[cis]-pregnadien-3-ons,* F. 156—158°; $[\alpha]_D^{23}$ +128°. — *Zwischenprod.* für die Herst. von *Hydrocortison.* (**A. P. 2 844 604** vom 10/6. 1955, ausg. 22/7. 1958.) U. Sievers. 4809

Upjohn Co., übert. von: **Frank H. Lincoln jr.** und **John A. Hogg,** Kalamazoo, Mich., V. St. A., *20-Cyansteroide* erhält man durch Rk. eines α-Halogen-20-ketosteroids mit HCN u. anschließende Rk. mit einer Base. — Man kocht z. B. 3α.17α-Dihydroxy-21-brompregnan-11.20-dion mit NaCN in verd. A. u. erhält *3α.17α-Dihydroxy-20-cyan-20.21-oxidopregnan-11-on,* F. 243—246°. Analog: 3α-Acetoxy-17α-brompregnan-11.20-dion → *3α-Acetoxy-17.20-oxido-20-cyanpregnan-11-on,* F. 99—103°. — *Heilmittel, Emulgatoren.* (**A. P. 2 832 774** vom 31/12. 1954, ausg. 29/4. 1958.) U. Sievers. 4809

Merck & Co., Inc., Rahway, N. J., V. St. A., *Arzneimittel.* Zur Behandlung von Dermatitiden, akutem Sonnenbrand, Ekzemen, Pruritus, verwendet man Salben, Puder, Emulsionen oder Lsgg., die ein *9α-Fluor-11-(keto- oder -hydroxy)-Δ^4-pregnen-17α-ol-3.20-dion,* in welchem wenigstens eines der H-Atome in 21-Stellung durch eine funktionelle Gruppe ersetzt ist, z. B. 9α-Fluor-Δ^4-pregnen-11β.17α.21-triol-3.20-dion, u. ein *Antibioticum* (Bacitracin, Neomycinsulfat, Tetracyclin, Aureomycin, Procain–Penicillin) oder ein *Sulfonamid* enthält. (**E. P. 799 902** vom 10/8. 1955, ausg. 13/8. 1958. A. Prior. 11/8. 1954.) K. Koebke. 4809

N. V. Organon (Erfinder: **Willem Jacob van der Burg**), Oss, Holland, *Ungesättigte Verbindungen der Cyclopentanpolyhydrophenanthrenreihe* erhält man durch Rk. von entsprechenden 3-Ketosteroiden, die in mindestens einer α-Stellung zur Ketogruppe gesätt. sind, mit einer Jodsauerstoffverb., bes. HJO_4, HJO_3, J_2O_5 oder Verbb., die diese Jodverbb. während der Rk. zu liefern imstande sind. — Man setzt z. B. Δ^4-17α.21-Dihydroxy-3.11.20-triketopregnen-21-acetat in tert.-Butanol u. Eisessig mit HJO_4 um → *$\Delta^{1,4}$-17α.21-Dihydroxy-3.11.20-triketopregnadien-21-acetat,* F. 228—233°; $[\alpha]_D$ 190°. — Analog: *$\Delta^{1,4}$-3.17-Diketoandrostadien,* F. 139—140°. — *Δ^{1}-3.17-Diketoandrosten,* F. 137 bis 138°. — *$\Delta^{1,4,6}$-3.17-Diketoandrostatrien,* F. 166°; $[\alpha]_D$ 72°. — *$\Delta^{1,4,6}$-11β.17α.21-Trihydroxy-9α-halogen-3.20-diketopregnatriene.* — *Heilmittel bzw.* Zwischenprodd. zu deren Herstellung. (**D. A. S. 1 042 580** Kl. 12o vom 22/10. 1957, veröff. 6/11. 1958. Holl. Priorr. 23/10. 1956 u. 6/3. 1957.) U. SIEVERS. 4809

British Drug Houses Ltd. (Erfinder: **Winifred June Adams, Bernard Ellis, Vladimir Petrow** und **Isobel Ann Stuart-Webb**), London, England, *6α-Methyl-3-oxo-Δ^4-steroide der Androstan- und Pregnanreihe* erhält man durch Rk. eines entsprechenden 5α-Hydroxy-6β-methyl-3-oxosteroids mit tert.-Aluminiumbutylat (I) in Toluol oder einem sauren Dehydratisierungsmittel in einem Alkanol, welches bis zu 4 C-Atome enthält. — Man setzt z. B. 5α-Hydroxy-6β-methylandrostan-3.17-dion in Toluol mit I in Toluol um → *6α-Methylandrost-4-en-3.17-dion,* F. 167—168°; $[\alpha]_D^{22}$ 172°. — Analog: *6α.17α-Dimethyltestosteron,* F. 129—131°. — *17α-Äthinyl-17β-hydroxy-6α-methylandrost-4-en-3-on,* F. 195 bis 197°. — *6α-Methylprogesteron,* F. 121—123°. — *Heilmittel* sowie Zwischenprodd. zu deren Herstellung. — Vgl. D. A. S. 1 028 993; C. **1959.** 6233. (**D. A. S. 1 040 544** Kl. 12o vom 12/6. 1956, veröff. 9/10. 1958. E. Priorr. 22/10. 1955 u. 6/6. 1956. **E. P. 802 005** vom 22/6. 1955, ausg. 24/9. 1958.) U. SIEVERS. 4809

Olin Mathieson Chemical Corp., New York, N. Y., übert. von: **Josef Fried,** New Brunswick, und **Richard W. Thoma,** Somerville, N. J., V. St. A., *1-Dehydrotestololactonverbindungen.* Man bebrütet z. B. Progesteron (I) mit einer Kultur von Cylindrocarpon radicicola unter üblichen aeroben Bedingungen u. erhält *1-Dehydrotestololacton* (II), F. 218—219°; $[\alpha]_D^{23}$ —44°. **II** auch analog aus Testosteron. — Analog: I $\xrightarrow[\text{var. ensiforme}]{\text{Fusarium javanicum}}$ II, *11α-Hydroxy-1-dehydrotestololacton,* F. 251—253°; $[\alpha]_D^{23}$ —58° u. *$\Delta^{1,4}$-Androstadien-11α-ol-3.17-dion,* neben *$\Delta^{1,4}$-Androstadien-11α.17β-diol-3-on,* F. 183 bis 185° (nach chromatograph. Trennung). (**A. P. 2 823 171** vom 18/11. 1955, ausg. 11/2. 1958.) U. SIEVERS. 4809

Upjohn Co., übert. von: **Raymond L. Pederson** und **Arnold C. Ott,** Kalamazoo, Mich., V. St. A., *4-Androsten-3.17-dion,* F. 142—144° u. 173—174°, erhält man durch Rk. von 3-Keto-bisnor-4.17(20)-choladien-22-al (I), F. 124—133°, mit NaCN in CH_3OH bei —20° u. in Ggw. von Eisessig → I-*Monocyanhydrin,* F. 178—183° (Zers.), u. anschließende Ozonolyse. — *Heilmittel* sowie *Zwischenprodd.* zu deren Herstellung. (**A. P. 2 844 600** vom 10/10. 1955, ausg. 22/7. 1958.) U. SIEVERS. 4809

Laboratoires Français de Chimiothérapie, Paris (Erfinder: **Julien Warnant,** Neuilly, und **Robert Joly,** Montmorency), Frankreich, *Testan-3α-ol,* F. 131—132°; $[\alpha]_D^{20}$ 56,5°; *3-Acetat,* F. 130°; $[\alpha]_D^{20}$ 74°; *3-Succinat,* F. 125—126°, $[\alpha]_D^{20}$ 67°, erhält man durch Rk. von Testan-3α-ol-11.17-dion mit Hydrazinhydrat in Ggw. von KOH in Diäthylenglykol nach WOLFF-KISHNER beim Kp. des Lösungsm. u. übliche Aufarbeitung bzw. anschließende Acylierung. — *Heilmittel.* (**D. A. S. 1 050 765** Kl. 12o vom 8/1. 1958, veröff. 19/2. 1959. F. Prior. 29/1. 1957.) U. SIEVERS. 4809

Upjohn Co., Kalamazoo, Mich., V. St. A., *Prednisolon-21-cyclopentylcarboxylat* erhält man durch Rk. von Prednisolon mit Cyclopentylcarbonsäurechlorid in Bzl.-Pyridin. — *Heilmittel.* (**E. P. 799 494** vom 8/6. 1955, ausg. 6/8. 1958. A. Prior. 31/1. 1955.) U. SIEVERS. 4809

Nathaniel Mandel Elias, New York, N. Y., V. St. A., *Arzneimittelgrundlage,* die bei Einw. von Feuchtigkeit einen feinen beständigen Schaum bildet, enthaltend eine mehrbas. ungiftige organ. Säure, ein Alkalibicarbonat u. ein anion., kation. oder nichtion. Netzmittel. — Beispiel: 35 (Teile) Weinsäure, 35 $NaHCO_3$, 3 p-Triisopropylphenoxypolyäthoxyäthanol mit ca. 9—11 Äthoxygruppen, 27 Saccharose. Die Mischung kann z. B. zusammen mit *Penicillin* u. *Bacitracin* tablettiert werden u. als Prophylakticum gegen Infektion mit *Gonokokken u. Spirochäten* verwendet werden. (**E. P. 794 798** vom 7/9. 1956, ausg. 7/5. 1958. A. Prior. 22/9. 1955.) K. KOEBKE. 4811

Olin Mathieson Chemical Corp., New York, N. Y., V. St. A., *Reinigen von basischen Antibiotica,* z. B. *Neomycin* oder *Streptomycin,* durch Behandeln der Fermentations-Fl. oder ihres sauren Filtrats mit einem *Kationenaustauscher* in seiner Aminsalzform u. Eluieren des Antibioticums mit verd. Mineralsäure. Hierzu wird die Säureform des Austauschharzes mit einer wss. alkoh. Lsg. einer organ. Aminbase behandelt, z. B. Triäthylamin in Methanol. — Mengenbeispiele. (**E. P. 793 491** vom 2/5. 1956, ausg. 16/4. 1958. A. Prior. 27/6. 1955.) H. SCHINDLER. 4811

Farbenfabriken Bayer Akt.-Ges., Leverkusen (Erfinder: **Fritz Ziegler,** Wuppertal), *Herstellung schwerlöslicher kristallisierter Streptomycin-* (I) *und Dihydrostreptomycin* (II)-

Salze, dad. gek., daß man **I**- oder **II**-Salze mit Salzen der *Diphenyl-4-monosulfonsäure* (**III**) bzw. die freien Basen mit der freien Säure, bes. in wss. Lsg., umsetzt. — Man erhält das **I**- bzw. **II**-Salz der **III**, F. (aus heißem W., Methanol–W. oder Methanol-Aceton) 182—184° (unter Verfärbung) bzw. 174—176°, feine Nadeln, in quantitativer Ausbeute. — Depotpräpp., die im Tiervers. noch nach 54 Std. therapeut. wirksame Blutspiegel zeigen. (**D. B. P. 963 515** Kl. 12o vom 26/3. 1955, ausg. 9/5. 1957. Anmeldung bekanntgemacht 22/11. 1956.) R. Link. 4811

Lepetit, S. p. A., Mailand, Italien, *Tetracyclin* wird auf üblichem biol. Wege durch Fermentation eines Nährmediums aus 3—10 (%) Kohlenhydrate, 0,1—1,5 $(NH_4)_2SO_4$ oder Na_2SO_4, 0,2—0,9 $CaCO_3$ u. 1—3 Malzextrakt mit *Streptomyces persimilis* während 20—172 Std. bei 24—36° hergestellt. Morphologie u. Physiologie des Mikroorganismus. — Fermentationsbeispiele. (**E. P. 799 051** vom 18/1. 1956, ausg. 30/7. 1958. It. Prior. 20/1. 1955.) H. Schindler. 4811

Hans Julius Wolf und **Norbert Gerlich** (Erfinder: **Norbert Gerlich**), Bielefeld, *Gewinnung von Wirkstoffen zur Bekämpfung bösartigen Wachstums weißer Blutkörperchen* aus Milzen, dad. gek., daß man feinzerkleinerte, vom Fett befreite Milzen gesunder Tiere in W. bei stark saurer oder alkal. Rk. homogenisiert, unter Rühren langsam bis zu ca. 80° erhitzt, wobei der Temperaturbereich von 25 bis ca. 45° möglichst rasch durchschritten wird, die nicht in Lsg. gegangenen Bestandteile abtrennt, das Eiweiß ausfällt, die Filtrate bis zu p_H 4—4,5 ansäuert, die Ndd. abtrennt, die Mutterlauge aussalzt, die Ndd. in Eisessig löst, durch wiederholte fraktionierte Fällung mit Ae., Aceton u. PAe. zerlegt u. aus der PAe.-Fraktion den angereicherten Wirkstoff isoliert. (**D. A. S. 1 048 676** Kl. 30h vom 21/1. 1956, veröff. 15/1. 1959.) W. Heyer. 4813

Hydrior Akt.-Ges., Wettingen, Schweiz, *Baktericide Reinigungs- und Zahnpflegemittel*, bestehend aus Dispersionen von baktericid bzw. bakteriostat. wirkenden Stoffen, z. B. kationakt. oder ampholyt. Verbb., in Polyglykolen. (**Schwz. P. 333 017** vom 17/6. 1954, ausg. 15/11. 1958.) C. Lüttgen. 4823

Asta-Werke Akt.-Ges., Chemische Fabrik, Deutschland, *Gefahrlose Gewinnung lebender Bakterien am Orte der Verwendung*. In einen mit Nähr-Fl. (**I**) gefüllten, bei 120° sterilisierten transportablen Behälter ragt eine mit Bakterien im Ruhezustand gefüllte verschlossene Röhre hinein, deren Verschluß beim Gebrauch entfernt wird, so daß **I** in die bakterienhaltige Röhre eindringen u. die Bakterien zur Entw. bringen kann, ohne Gefahr der Infektion weder der Umgebung noch der **I** mit Fremdbakterien. — Verwendung in der *Human-* u. *Veterinärmedizin, Milch-* u. *Brauereiindustrie*. — 4 Zeichnungen. (**F. P. 1 160 678** vom 14/4. 1953, ausg. 24/7. 1958. D. Prior. 23/5. 1952.) G. Weltzien. 4829

Dow Chemical Co., übert. von: **Raymond H. Rigterink**, Midland, Mich., V. St. A., *Alkylen-bis-benzoxazine* der allg. Formel $(Z)_2 = R$, in der R = Alkyliden (C_{1-4}) oder Cyclohexyliden u. Z = Reste der Formeln **I** oder **II** bedeuten (Y = Cyclohexyl, Benzyl, Phenyl, Halophenyl oder Alkyl C_{1-12}; X = H, Halogen oder CH_3), lassen sich in der Weise

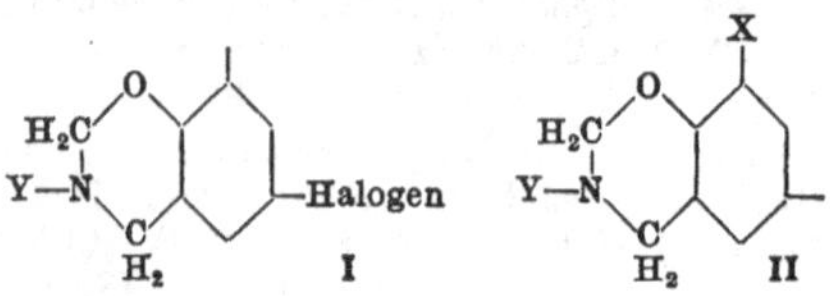

I II

darstellen, daß prim. Amine der allg. Formel $Y{-}NH_2$ mit HCHO bei 0—50° zu einem Zwischenprod. kondensiert werden, das dann mit einem Bis-phenol der allg. Formel $(A)_2 = R$ bei 30—100° zur Rk. gebracht wird, wobei A = 2-Hydroxy-4-halogenphenyl- oder 3-D-4-hydroxyphenyl (D = H, Halogen oder CH_3) bedeuten soll. — 60 g Paraformaldehyd + 1 KOH + 150 ml CH_3OH (bei 65°) + 99 g Cyclohexylamin + 114 g 4.4′-Isopropyliden-bis-phenol bei 82—86° → *6.6′-Isopropyliden-bis-(3-cyclohexyl-3.4-dihydro-2H-1.3-benzoxazin)*, viscose Fl. vom Mol.-Gew. 474,7. — Folgende *1.3-Benzoxazine* werden ferner beschrieben: *8.8′-Methylen-bis-(6-chlor-3.4-dihydro-3-phenyl-2H-1.3-benzoxazin)*, F. 155—157°; *6.6′-Isopropyliden-bis-(3.4-dihydro-3-p-chlorphenyl-2H-1.3-benzoxazin)*, F. 150—153°; *8.8′-Methylen-bis-(3-n-butyl-6-chlor-3.4-dihydro-2H-1.3-benzoxazin)*, F. 78—80°; *8.8′-Methylen-bis-(3-benzyl-6-chlor-3.4-dihydro-2H-1.3-benzoxazin)*, F. 119,5—121,5°; *8.8′-Methylen-bis-(6-chlor-3.4-dihydro-3-methyl-2H-1.3-benzoxazin)*, F. 152—154,5°; *8.8′-Methylen-bis-(6-chlor-3.4-dihydro-3-p-chlorphenyl-2H-1.3-benzoxazin)*, F. 187—190°. — *Antiparasitäre Mittel gegen Seuchen u. Fliegen*. (**A. P. 2 825 728** vom 12/12. 1956, ausg. 4/3. 1958.) K. Gäbelein. 4833

Imperial Chemical Industries Ltd. (Erfinder: **Eric Kay**), *Baktericides Reinigungsmittel*, bestehend aus einem nichtionogen Alkylphenylpolyglykoläther u. einer baktericiden quaternären NH_4-Verb., bes. Cetyl- oder Oleyltrimethylammoniumbromid oder Cetylpyridiniumbromid. (**Aust. P. 205 232** vom 22/12. 1955, ausg. 31/1. 1957. E. Prior. 24/12. 1954.) C. Lüttgen. 4833

—, Pharmaceutical chemists, annual register, 1959. London: Pharmaceutical Pr. 1959. (736 S.) 70s.

G. Analyse. Laboratorium.

William I. Martin, Sidney S. Grossman und **J. J. McGovern,** *Eichabweichung von mehrfach auf* -30^0 *abgekühlten Quecksilberthermometern.* Die Korrekturwerte von mehrmals täglich auf -30^0 abgekühlten Hg-Thermometern zeigen in 7 Monaten eine Abweichung von $+0,16^0$, wogegen der entsprechende Wert der nur 1mal täglich abgekühlten Vergleichsthermometer $+0,02^0$ beträgt. (ASTM Bull. **1958.** Nr. 231. 62—64. Juli. Verona, Pa.; Port Reading, N. J., Koppers Co., Inc., Res. Dep.) W. WESLY. 5016

J. C. Harrison, *Steigerung der Genauigkeit von Gefrierpunktsbestimmungen.* Vf. umgeht die bei Gefrierpunktsbestimmungen häufig auftretenden Unterkühlungserscheinungen dadurch, daß er in die über ihren F. erhitzte Substanz von oben einen Draht eintauchen läßt, an dessen oberen Ende ein kleines Gefäß zur Aufnahme eines Kühlmittels (z. B. Eis, feste CO_2, fl. Luft) befestigt ist. An diesem Draht, dessen Temp. um 50^0 unter dem F. der Verb. liegen soll, findet schon lange vor dem Festwerden derselben eine Abscheidung von Kristallen statt, die durch geeignete Anbringung eines Rührers abgestreift u. gleichmäßig in der fl. Verb. verteilt werden. Damit stehen genügend Kristallkeime zur Verfügung, um eine auftretende Unterkühlung sofort aufzuheben. (Analyst **83.** 483—84. Aug. 1958. London, Post Office Engng. Dep., Test & Inspection Branch, London Materials Sect.) K. FRENKLER. 5018

Gy. Kovács, *Theoretische Untersuchung der Mikrofiltration.* (Acta techn. Acad. Sci. hung **21.** 173—96. 1958.) — C. **1959.** 1889. J. PLANK. 5024

Ulrich Gradmann, *Ein Phasenkontrastmikroskop zur Messung des Phasen- und Amplitudeneinflusses isolierter Objekte.* Vf. beschreibt das Prinzip des Verf. u. ein für diese Zwecke abgeändertes Phasenkontrastmikroskop. (Ann. Physik [7] **1.** 238—54. 1958. Marburg, Univ., Inst. für Angew. Phys.) C. GOTTFRIED. 5056

Nicholas H. Martin, *Zonenelektrophorese. Angabe einiger grundlegender Überlegungen.* Vf. diskutiert ausführlich die wichtigsten Faktoren, die bei der Ausführung von Unterss. mit Hilfe der Zonenelektrophorese an *Cellulose* (Filtrierpapierstreifen oder -brei), *Stärke-* oder *Agar-*Gelen zu berücksichtigen sind, um reproduzierbare Ergebnisse zu erhalten. Behandelt werden die Art u. die Anbringung der Elektroden, die Auswahl des Puffers u. die Erhaltung der Pufferkapazität während der Analyse, die Temperaturkontrolle u. der Einfl. des Trägermaterials. Weiterhin wird der Aufbau einer App. angegeben, mit deren Hilfe weitgehend reproduzierbare Ergebnisse erzielt wurden. (Analyst **84.** 89—94. Febr. 1959. London, St. George's Hosp., Dep. of Chem. Pathol.) HERBERT MÜLLER. 5062

D. L. Mould und **J. Stephen,** *Ein Apparat zur Zonenelektrophorese in vertikal gefüllten Säulen.* Vereinfachung des von PORATH (C. **1957.** 6230) beschriebenen Apparates. (Biochem. J. **69.** 44P. Juli 1958. Bucksburn, Aberdeenshire, Rowett Res. Inst.) F. KRUSEN. 5062

W. Bockemüller, *Zonenelektrophorese in Agar-Gel.* 2. Mitt. *Ein interferometrisches Verfahren.* (1. vgl. C. **1958.** 1382; vorl. Mitt. C. **1957.** 3084.) Es wird eine interferometr. Meth. zur opt. Registrierung des Elektrophoreseverlaufs in Agargel beschrieben, die direkt auswertbare Konzentrationskurven liefert. Die App. besteht aus der Beleuchtungseinrichtung, (Na-Lampe, Gitterspalt u. Beleuchtungsobjektiv), dem Aufnahmegerät (Objektiv, Zylinderlinse, Photoverschluß u. Plattenhalter) u. dem Mittelteil (Elektrophoresezelle mit Doppelspalt u. 2 Glasprismen), der eingehend beschrieben wird. Auf allg. Phänomene der Zonenelektrophorese wird an Hand von Beispielen eingegangen. (Z. Naturforsch. **13b.** 772—83. Dez. 1958. Frankfurt/M., Georg Speyer-Haus, Chemotherapeut. Forsch.-Inst.) E. SCHWERDTFEGER. 5062

Hiroshi Yoshinaga, Shigeo Minami und **Shigeru Fujita,** *Über die Inhomogenität von Proben bei der spektrochemischen Analyse.* Die Schwankungen in der spektrometr. Metallanalyse (mit Quantometer) überschreiten zuweilen die Meßgenauigkeit der Apparatur. Vff. untersuchten die Verteilung der Legierungslemente in Abhängigkeit von der Schichtdicke des abgehobenen Spans u. fanden einen klaren Einfl. der ungleichmäßigen Verteilung der Elemente als Ursache für die schwankenden Ergebnisse bei der Best. bes. von *Fe* in *Al*, *Ti* in *Stahl*, *Mg* in *Schmiedeeisen.* (Nippon Kinzoku Gakkai-Si [J. Japan Inst. Metals] **19.** 271—74. April 1955. [Orig.: japan.; Auszug: engl.]) EBERH. MÜLLER. 5063

Gianfranco Fabbri, *Quantitative Mikromethoden der Ultrarotspektroskopie.* Es wird ein Verf. beschrieben, das es ermöglicht, IR-Spektren an Proben von ca. $10\,\gamma$ aufzuzeichnen, die mit einer gewöhnlichen Presse für KBr-Scheiben von 12 mm Durchmesser hergestellt werden. Für quantitative Messungen werden Relativverff. an Stelle der bisher üblichen Absolutverff. empfohlen, da sie keine problemat. Dickenmessungen, sondern nur 3 Wägungen des KBr, der Probe u. der Eichsubstanz erfordern. Als letzte ist

$K_3[Fe(CN)_6]$ (I) mit nur 2 IR-Banden (4,7 u. 4,9 μ) am besten geeignet, um davon 0,3 g mit 10 g KBr feingepulvert zu vermischen u. im Exsikkator aufzubewahren. Als Probesubstanz diente *Dipyrrylketon* (**II**) (vgl. Bonino u. Mitarbeiter, C. **1958**. 3266), das zu 1,9% u. zu 6,1% mit KBr vermischt wurde. Die beiden Gemische wurden in verschied. Verhältnissen zusammengebracht u. mit einer stets gleichen Menge Eichmischung versetzt, so daß in 5 mg der endgültigen Probe die gleiche Menge **I**, aber verschied. Mengen (5,6—124 γ) **II** waren. Solche Proben zu 5 mg wurden je in einen Spalt einer KBr-Scheibe gefüllt u. gepreßt, die dann im Perkin-Elmer 21-NaCl-Prismenspektrographen gemessen wurden. Aus dem Vgl. von verschied. IR-Banden des **II** mit der stärkeren des **I** ergibt sich, daß man fallweise die beste Bezugslinie aussuchen muß, so für niedrige **II**-Konzz. die stärkeren Linien 9,08 u. 11,90; für höhere **II**-Konzz. die schwächeren 8,07 u. 10,59 μ. Vorteile, Begrenzungen u. Anwendungsmöglichkeiten werden erörtert. (Ann. Chimica **48**. 310—21. April/Mai 1958. Bologna, Univ., Ist. chim. „G. Ciamician"; C. N. R., Centro Studi Chim. fis. ed idrolog.) W. Metzener. 5063

K. Cruse, *Die Hochfrequenztitration. Eine neue Analysenmethode.* (Vgl. C. **1959**. 2237.) Es wird eine kurze Zusammenfassung über die Meth. der Hochfrequenztitration gegeben. Da der Meßwert durch Leitfähigkeit, DK. u. Permeabilität der Lsg. gegeben ist, können diese Größen einzeln oder ihre Änderungen bestimmt werden. Das Blindkomponentenverf., Wirkkomponentenverf. u. Ausschlagsverf., die jeweils günstigsten Meßbedingungen u. die dazu nötigen im Handel erhältlichen App. werden besprochen. Als bes. vorteilhaft gilt die elektrodenlose Messung, wodurch der Anwendungsbereich erweitert wird. Als Anwendungen wird auf verschied. Arten von Titrationen (Fällungstitration, acidimetr., komplexometr. u. Redoxtitrationen), Löslichkeitsbestimmungen, Herst. von Zustandsdiagrammen u. Verwendung bei chromatograph. Unterss. hingewiesen. (Chem. Rdsch. [Solothurn] **11**. 441—43. 15/9. 1958. Clausthal-Zellerfeld.) H. Pluskal. 5066

Milan Pauček, *Ein Hochfrequenztitrierapparat mit 500 MHz-Frequenz.* Es wurde ein Gerät für Hochfrequenztitrationen, bei dem die Meßzelle in einen Schwingungskreis eingeschaltet ist u. die Dämpfung des Resonanzkreises gemessen wird, entwickelt. Das Schaltbild u. die Arbeitsweise werden angegeben. (Chem. Listy **52**. 1367—69. Juli 1958. Brno, Vys. škola zemědělská, Agronom. fakulta, Biochemický ústav.) M. Ryba/Prag. 5066

T. Domokos, *Ein neuer ungarischer Polarograph, Typ 7-77-4/b.* Beschreibung eines neuen, mit Tintenschreiber u. RC-Derivierglied ausgestatteten Polarographenmodells. (Periodica polytechn. [Budapest], Elektrotechn. **2**. 189—92. 1958. Budapest, Polytechn. Univ., Dep. of Inorg. Chem. [Orig.: engl.]) F. Moisar. 5066

A. A. Abd el Raheem und **Abdel-Aziz Amin**, *Omegachromschwarz PPV, ein neuer Metallindicator. Omegachromschwarz PPV* (**I**, *Chromschwarz L, C. I. Mordantschwarz 39*) gibt bei p_H 8,35 mit *Zn-, Mn-, Ni-, Pb-, Zr-, Cu-, Co-, Ce(II)-, Ce(IV)-, Bi-, Al-, Fe(II)-* u. *Fe(III)*-Salzlsgg. eine Farbänderung von Graublau nach Weinrot oder Violett. Cd-, Th-, Hg-, Ba-, Sr-, Tl-Salze geben keinen Farbumschlag bei p_H 8,35 in der Kälte. Bei p_H 10 geben (gegebenenfalls in Ggw. eines Komplexbildners) Al-, *Ca-*, Co-, Cu-, *Mg-*, Mn-, Ni- u. Zn-Salze in der Kälte, Cd- u. Zr-Salze in der Hitze einen Farbumschlag mit **I**. — Vff. empfehlen die Verwendung von **I** bei der ÄDTA-Titration von Mg, Zn u. Mn bei p_H 10 in der Kälte, bei Best. von Ni bei p_H 8,35 u. 60° oder bei p_H 10 u. 80—100° u. von Cd bei p_H 10 u. 60°. Zur Titration von Pb werden 0,2 ml eines Mn-ÄDTA-Komplexes zugesetzt, da Pb bei p_H 10 den Indicator unverändert läßt. Zur Best. von Zn u. Mn nebeneinander wird nach Zusatz von Ascorbin- u. Weinsäure sowie Puffer mit wenig 3%ig. KCN das Zn maskiert, worauf mit ÄDTA bis zum Farbumschlag nach Blau titriert wird. Nach Zusatz von Formaldehyd kann anschließend das Zn titriert werden. (Z. analyt. Chem. **165**. 416—21. 1958. Cairo, Egypt, Ministry of Publ. Health, Labor., and Nat. Res. Centre.) H. Dehmlow. 5068

Boleslav Bieber und **Zdenék Večeřa**, *Die Verwendung der Überchlorsäure im Hüttenlaboratorium.* Übersicht, behandelt die Verwendungsmöglichkeiten u. Sicherheitsvorschriften bei $HClO_4$-Verwendung im Hüttenlaboratorium. Verff. für Trennungs- u. photometr. Bestimmungen; Beschaffenheit der Abzugsvorrichtungen. — 52 Literaturangaben. (Hutnické Listy **13**. 637—39. Juli 1958. Brno, Státní výzk. ústav materiálu a technol. slévâren výzk.) H. Tůma. 5072

R. N. Sen Sarma, *Thioäpfelsäure in der anorganischen Analyse.* Vorläufige Übersicht der Verwendbarkeit der *Thioäpfelsäure* (**I**). Fe^{3+}, Cu^{2+}, Cr^{6+}, Mn^{7+} u. V^{5+} können gegen **I** titriert werden, wobei eine Red. der Kationen Fe^{3+}, Cr^{6+} u. V^{5+} stattfindet. Zur Endpunkterkennung kann man sich der Violettfärbung der Cu^{2+}-(**I**)-Verb. bedienen. Stabile farbige Verbb. bildet **I** mit Fe^{2+} u. Ni^{2+} (rotviolett in schwach alkal. Medien),

mit Co^{2+} (braungelb neutral–schwach alkal.), mit U^{6+} u. Mo^{6+} (gelb ammoniakal.–schwach sauer). Maskiert werden durch I-Überschuß die Elemente Fe, Mn, Pb, Bi, Hg u. UO_2^{2+} in ammoniakal. Medium, so daß die Seltenen Erden, Cr, Ti, Zr, Th, Al usw. durch Hydrolyse mit NH_4OH abgetrennt werden können. In der Komplexometrie können Cu^{2+}, Fe^{2+}, Mn^{2+} u. Ni^{2+} mit Komplexon bestimmt werden, wobei I als Indicator dient. Fällungsanalyt. können ferner Hg^+, Pb^{2+}, Hg^{2+}, Zn^{2+}, Cd^{2+}, Sn^{2+}, Ag^+ u. W^{6+} bestimmt werden, da sie in schwach saurem Medium mit I Ndd. bilden. Ausführliche Berichte folgen. (Sci. and Cult. **23.** 434—35. Febr. 1958. Kalkutta, Jadavpur Univ., Chem. Engng. Dep.)
R. Frydrych. 5072

Ernst Schubert, *Polarographische Sauerstoffbestimmung bei Drucken über 1 at und ihre Anwendung zur Sauerstoffverbrauchsmessung bei biologischen Versuchen.* Durch Wahl geeigneter Elektrolysierzellen ist eine polarograph. O_2-Best. auch bei Drucken bis 10 at, z. B. bei Unterss. des O_2-Verbrauchs von Gewebe, möglich. In diesem Bereich besteht Linearität zwischen O_2-Druck u. dem bei — 0,6 V Kathodenpotential gemessenem Diffusionsstrom. (Naturwissenschaften **45.** 571—72. 1. Dez.-H. 1958. Leipzig, Univ., Physiol. Inst.)
E. Moisar. 5086

K. H. Gertz und **H. H. Loeschcke,** *Elektrode zur Bestimmung des CO_2-Druckes.* Eine Glaselektrode wurde so mit einer Polyäthylenhülse (10—20 μ) überzogen, daß ein capillarer Spalt entstand, der mit mol./1000 $NaHCO_3$-Lsg. gefüllt wurde. Die Bezugselektrode befand sich im Kontakt mit dieser Pufferlösung. Wird diese Anordnung in eine zu untersuchende Lsg. (z. B. Blut) getaucht, so gleicht sich der CO_2-Druck zwischen dieser Lsg. u. der Pufferlsg. aus. Wegen der geringen Menge der letzteren erfolgt dieser Ausgleich fast ohne CO_2-Verlust. Nach der Gleichung von Henderson-Hasselbalch läßt sich dann aus dem gemessenen p_H-Wert der CO_2-Druck ermitteln. Die experimentelle Prüfung ergab die Brauchbarkeit dieser Meth., die Einstellzeit beträgt nur 8—15 Minuten. (Naturwissenschaften **45.** 160. 1. April-H. 1958. Göttingen, Univ., Physiol. Inst.)
H.-U. Woelk. 5086

E. Svîncă-Selegean, L. Cariadi und **N. Racoveanu,** *Polarographische Bestimmung von Schwefeldioxyd in der Luft.* Auf Grund von Eichkurven mit Luft von bestimmtem SO_2-Geh. kann SO_2 in Luft polarograph. in salzsaurer Lsg. nach dem Verf. von Batmanowa [C. **1952.** 4193) mit hoher Genauigkeit bestimmt werden. Gegenüber anderen Methoden hat das Verf. vor allem den Vorteil großer Spezifität. (Rev. Chim. [Bucureşti] **9.** 39—44. Jan. 1958.)
R. K. Müller. 5088

Zbigniew Jaszczewski, *Elektrische Apparate zur Bestimmung des Kohlenwasserstoffgehaltes.* Beschreibung tragbarer App. zur Best. kleiner Mengen KW-stoffe in atmosphär. Luft u. in Bodenluft. (Nafta [Katowice] **14.** 305—10. Nov. 1958. Inst. Naftowy.)
F. Urban. 5088

a) Elemente und anorganische Verbindungen.

J. M. Pappenhagen, *Colorimetrische Bestimmung von Nitraten.* Die Best. von NO_3^- erfolgt nach der Red. mit Fe^{2+} als NH_3. Die Probe wird mit Lsgg. von Ag_2SO_4, $FeSO_4$ u. NaOH versetzt u. das gebildete NH_3 durch Wasserdampfdest. abgetrieben. Nach dem Zusatz von Chloramin T zum Destillat werden eine wss. Lsg. von *3-Methyl-1-phenyl-5-pyrazolon* u. eine Lsg. von *3.3'-Dimethyl-1.1'-diphenyl-4.4'-bis-[pyrazolin]-5.5'-dion* in Pyridin zugefügt u. der gebildete gelbe Farbstoff mit CCl_4 extrahiert. Die Extinktion des Extraktes wird bei 450 mμ gemessen. Eine Störung durch NH_4^+ kann durch Kationenaustauscher beseitigt werden; NO_2^- wird mit erfaßt. (Analytic. Chem. **30.** 282—84. Febr. 1958. Gambier, Ohio, Kenyon Coll.)
Herbert Müller. G 243

Otto Richard Gottlieb und **Mauro Taveira Magalhães,** *Volumetrische Bestimmung von Nitrat. Simultanbestimmung von Nitrit.* Die Rk. $HNO_3 + H_2NSO_3H \rightarrow N_2O + H_2SO_4 + H_2O$ verläuft mit konz. HNO_3 bzw. Nitraten u. konz. H_2SO_4. Sie wird zur Titration von Nitraten benutzt. Nitrite stören dabei nicht. Man läßt die Analysenlsg. in mit 10%ig. H_2SO_4 angesäuerte 0,08 mol. *Sulfaminsäure* (I) laufen; neutralisiert nach 3 Min. gegen Phenolphthalein u. dampft zur Trockene ein. Den Rückstand nimmt man mit 2 ml konz. H_2SO_4 auf u. verd. nach beendeter Gasentwicklung. Den Überschuß von I titriert man mit $NaNO_2$ zurück. Mit einer 2. Probe wird ebenso verfahren, jedoch versetzt man den Rückstand erst mit W. u. säuert dann an, so daß Nitrat nicht angegriffen wird. Aus der Differenz beider Werte errechnet sich der Nitratgehalt. Zur Best. von Nitrit wird eine Blindprobe ohne Analysenlsg. angesetzt. Aus der Differenz des 2. u. 3. Wertes ergibt sich der Nitritgehalt. Mittlerer Fehler 0,1% bei 5—100 mg Nitrat. Cl^- muß als AgCl gefällt werden. Co^{2+} verursacht einen Nitritfehler. In Ggw. von großen Mengen fester Substanz fallen die Werte zu tief aus. Leicht oxydierbare organ. Verbb. müssen durch Peroxyd zerstört werden, stabile, auch Nitrogruppen enthaltende Verbb. stören nicht. (Analytic. Chem. **30.** 995—97. Mai 1958. Rio de Janeiro, Min. da Agricult., Inst. de Quím. Agrícola.) M. LASER. G 243

E. E. Archer, *Die argentometrische Titration von Halogenid- und Cyanidionen mit Dithizon als Indicator.* Die Titration von Cl^-, Br^-, J^- u. CN^- mit Ag^+ unter Verwendung von Dithizon (I) als Indicator ist möglich, da unter bestimmten Bedingungen das Löslichkeitsprod. der Ag-Ndd. kleiner ist als die Komplexbildungskonstante für Ag-Dithizonat. Br^-, J^- u. CN^- können in Ggw. beträchtlicher Mengen W. titriert werden, während eine Titration von Cl^- nur in organ., mit W. mischbaren Lösungsmitteln (n-Propanol) mit Lsgg. von $AgNO_3$ im selben Lösungsm. möglich ist. Vf. führt folgende Titrationen durch: von 0,05—0,2 mMol J^- u. Br^- in 10 ml wss. Lsg. unter Zusatz von 50 ml Aceton, 2 ml H_2SO_4 (1 + 1) u. 4 ml einer 0,01%ig. Lsg. von I in Aceton mit wss. 0,01 n $AgNO_3$-Lsg.; von 0,05—0,15 mMol CN^- in 10 ml wss. Lsg. unter Zusatz von 50 ml A., 1 ml n NaOH u. 2 ml 0,01%ig. I-Lsg. in Aceton mit wss. 0,01 n $AgNO_3$-Lsg.; von 0,02 bis 0,05 mMol Cl^- in 1 ml wss. Lsg. unter Zusatz von 50 ml Aceton, 0,2 ml H_2SO_4 (1+1) u. 4 ml 0,01%ig. I-Lsg. in Aceton mit 0,01 n $AgNO_3$ in n Propanol. In jedem Fall muß eine Titration der I-Lsg. ohne Halogenidzusatz durchgeführt werden. Das Verf. wird auf die Best. von CN^- in Acrylnitril u. von Cl^- in Aufschlüssen organ. Verbb. nach CARIUS angewendet. (Analyst **83.** 571—79. Okt. 1958. Epsom, Surrey, Distillers Co. Ltd., Res. and Developm. Dep.) HERBERT MÜLLER. G 245

E. E. Creitz, *Spektrographische Bestimmung von Beryllium in verschieden zusammengesetzten Grundmassen.* Vf. beschreibt eine schnelle u. genaue Best. von *Be* im Bereich von 0,002—5% in Mineralien. 5 mg-Proben werden mit 2 aus wasserfreiem Borax (I; Durchlauf nach Pulverisierung durch 65 Maschensieb), feingepulvertem V_2O_5 (II) u. Flockengraphit (III; Durchlauf durch 100 Maschensieb) zusammengesetzten Flußmitteln (400 mg; 1. 49,75% I + 0,25% II + 50% III für Be-Gehh. bis 0,2% u. 2. 24,25% I + 0,75% II + 50% III für Be-Gehh. von 0,1—5%) geschmolzen, gepulvert u. zu Elektroden gepreßt, die mit einer Graphitgegenelektrode einer Hochspannungsfunkenentladung ausgesetzt werden, um ihren Be-Geh. spektrograph. zu ermitteln. Der mittlere Fehler war $<3\%$. Weitere spektrograph. Verff. werden beschrieben. (U. S. Dep. Interior, Bur. Mines, Rep. Invest. **1958.** Nr. 5407. 1—10. U. S. Dep. of the Int. Bur. of Mines.) E.-M. KREBS. G 281

Helmut Hartmann, Wilhelm Hofmann und **Gerhard Ströhl,** *Stand der Sauerstoffbestimmung in Zink und Magnesium.* Die O-Best. in Zn u. Mg beruht auf der Rk. der Oxyde mit H_2S. Das dabei entstehende W. wird gewogen. Als Trägergas dient N_2. Für Roh-Zn u. Fein-Zn wurden O-Gehh. zwischen 0,0001 u. 0,0003% gemessen. In derselben Größenordnung lagen die O-Gehh. bei Umschmelz-Zn, wesentlich höher dagegen bei Hart-Zn, was auf Oxydablagerungen in den Spalten des spröden Metalls zurückgeführt wird. (Z. Metallkunde **49.** 461—63. Sept. 1958. Braunschweig, TH.) F. VIER. G 288

Franz A. Pohl und **Willy Bonsels,** *Die polarographische Bestimmung von Verunreinigungen in reinstem Indium.* Zur Best. von Spurenelementen in Reinst-*In* wird ein Verf. zur Extraktion dieser Elemente, Anreicherung u. polarograph. Analyse beschrieben. In einer geschlossenen Quarzapp. wird die In-Probe (5 g) in 30 ml HBr gelöst, mit W. auf 5n HBr-Konz. eingestellt u. 3 Std. im Perkolator mit 300 ml Isopropyläther (I) extrahiert, wobei In in die äther. Phase übergeht. Die Säurephase, die *Cu, Cd, Pb, Bi* u. *Zn* enthält, wird im Quarzgefäß nach Zugabe von 2 ml $HClO_4$ eingedampft. Im nochmals mit H_2SO_4 abgerauchten Rückstand werden in Tartratpuffer (p_H 4,5) Cu, Bi u. Pb sowie in ammoniakal. Lsg. eines anderen Rückstandteiles Cd u. Zn polarograph. bestimmt. Zur Best. von *Tl* u. *Fe* wird eine weitere In-Probe (5 g) in 30 ml HCl gelöst, auf 6n HCl-Konz. verd., mit etwas H_2O_2 durchoxydiert u. dreimal mit je 20 ml I extrahiert. Die äther. Lsgg., die $FeCl_3$ u. $TlCl_3$ enthalten, werden zweimal mit 20 ml 6n HCl zur Entfernung geringer Mengen In zurückextrahiert. Der Eindampfrückstand der äther. Schicht wird mit $HClO_4$ abgeraucht, mit H_2SO_4 u. Hydrazin red. u. nach Zusatz eines Tropfens 1%ig. Metollsg. in NH_4-Tartratpuffer polarographiert. Es können noch Spuren von 10^{-6}% mit einer relativen Genauigkeit von besser als $\pm 10\%$ erfaßt werden. (Z. analyt. Chem. **161.** 108—13. 1958. Belecke/Möhne, AEG-Forschungsinst.) E. MOISAR. G 296

Tôru Nozaki und **Yoshimasa Takashima,** *Bestimmung von Metallionen mit Hexamminkobalt(III)-chlorid und Natriumfluorid.* 4. Mitt. *Indirekte colorimetrische Bestimmung von Scandium.* (3. vgl. C. **1959.** 1564.) Die auf p_H 3,5 angesäuerte Sc-haltige Lsg., die >6 mol. an NaF ist, wird mit der wss. Lsg. von Hexamminkobalt(III)-chlorid versetzt, wobei $[Co(NH_3)_6]ScF_6$ quantitativ ausfällt. Der Nd. wird in wss. NH_3 gelöst u. Co unter Zusatz von Na-Acetat u. 0,1%ig. Lsg. von *Nitroso-R-Säure* colorimetr. bestimmt.

Die Menge an Sc (4 g—0,8 mg) kann dadurch indirekt bestimmt werden. (J. chem. Soc. Japan, pure Chem. Sect. [Nippon Kagaku Zassi] **79.** 1024—26. Sept. 1958. Niihama, Ehime-Daigaku. [Orig.: japan.]) E. MAEKAWA. G 299

G. Brunisholz, *Verfahren zur Kontrolle des p_H-Wertes während der Trennung Seltener Erden durch Chromatographie auf Ionenaustauschern.* Bei der Elution Seltener Erden mit EDTA-Lsgg. von Ionenaustauschern müssen bestimmte p_H-Bereiche eng eingehalten werden, weil bei zu hohem p_H-Wert die Elution zu langsam verläuft, bei zu geringem p_H-Wert eine Fällung der schwerlösl. H_4-EDTA oder H[R-EDTA]·6 H_2O (R = seltenes Erdmetall) erfolgt. Vf. verwendet zur Elution eine realtiv hochkonz. $(NH_4)_3$H-EDTA-Lsg. (0,2 ml), die zur Neutralisation der beim Austausch frei werdenden H^+-Ionen berechnete Mengen $HCOONH_4$ (Trennung der Yttererden, p_H ca. 3) oder CH_3COONH_4 (Trennung der Ceriterden, p_H ca. 4) enthält. Die Menge der freien H^+-Ionen der $(NH_4)_3$H-EDTA wird vorher acidimetr. in Ggw. eines $ZnSO_4$-Überschusses gegen den Mischindicator Methylrot/Methylenblau ermittelt. (Chimia [Zürich] **12.** 180. 16/6. 1958. Lausanne, Univ., Labor. de Chim. minérale et analyt.) F. UMLAND. G 303

Sol Berman, *Bestimmung von Yttrium, Lanthan, Cer, Neodym und Ytterbium in Testproben des Granits G-1 und des Diabas W-1 durch kombinierte chemische und spektrochemische Untersuchungen.* Die Mineralien werden mit HF–H_2SO_4 aufgeschlossen, die R_2O_3-Gruppen mit NH_3 abgeschieden, Fe durch Ä.-Extraktion entfernt, die R_2O_3-Gruppen anschließend mit NH_3 gefällt u. zu R_2O_3 verascht. Die Oxyde werden spektrochem. oder röntgenspektrograph. auf ihre Bestandteile in mg/kg Ausgangssubstanz ermittelt. — Zahlentafel. (Geochim. cosmochim. Acta [London] **12.** 271—72. 1957. Washington, D. C., U.S. Geolog. Survey.) H. ECKSTEIN. G 316

Toshiko Ichikawa, Hayanari Shimoda, Takeo Murase und **Hidetake Kakihana,** *Mikrobestimmung von Zirkonium durch Brenzcatechinviolett mit Hilfe von gekörntem Ionenaustauscher.* Einem Tropfen der 0,1n salzsauren Probelsg., die $>$0,01 g Zr enthält, werden in der angegebenen Reihenfolge ein Tropfen einer 0,5—1n schwefelsauren Lsg. von K_2SO_4, 2—3 Körnchen des Ionenaustauschers *Amberlite IRA-411* (SO_4^{2-}-Form) u. eine 0,05%ig. wss. Lsg. von Brenzcatechinviolett zugegeben, wobei an der Änderung der Farbe des Austauschers die Menge des Zr ungefähr bestimmt werden kann. *Amberlite IR-112* (Na-Form) ist auch verwendbar. (J. chem. Soc. Japan, pure Chem. Sect. [Nippon Kagaku Zassi] **79.** 989—96. Aug. 1958. Nagoya, Univ., Naturwiss. Fak. [Orig.: japan.]) E. MAEKAWA. G 322

B. Sieber und **J. Waldmann,** *Beitrag zum qualitativen Zinn-Nachweis.* Mit Diphenylcarbazon (I) ist der Nachw. von Sn^{2+} auch in großer Verdünnung möglich, wenn keine anderen Schwermetalle vorhanden sind. Meth.: 5—6 ml einer 1%ig. schwach sauren $SnCl_2$-Lsg. werden tropfenweise mit einer I-Lsg. (1 g I in 100 ml A. gelöst) versetzt, bis die Rotfärbung bestehen bleibt. Darauf werden einige Tropfen 2n $K_3[Fe(CN)_6]$-Lsg. zugegeben u. kräftig geschüttelt, violetter Niederschlag. Dieser läßt sich mit Ae. extrahieren u. bleibt nach Verdampfen des Ae. auf dem Uhrglas als violetter Farbstoff zurück. Nachw. von 1 mg Sn^{2+} in 1 ml Metalle der I., II. u. III. Gruppe geben andersfarbige Niederschläge. (Chimia [Zürich] **10.** 237. 15/10. 1956. Cellulosefabrik Attisholz AG, Analyt.-Chem. Labor.) E. SAJAK. G 327

Ken Sugawara, Motoharu Tanaka und **Akiya Kozawa,** *Schnelle colorimetrische Vanadinbestimmung in kohlehaltigem Material.* Das Verf. behandelt die *V*-Best. in Kohleanoden, (Koks u. Graphit, zur Cl-Elektrolyse) u. ihren Rohstoffen. Da nach den bisherigen Arbeitsmethoden bei der Veraschung ein V-Verlust eintrat, empfehlen Vff. einen Zusatz von 2 g Soda zu der feinstgeriebenen Probe (0,5—1 g). Die Veraschung wird im Quarztiegel bei 650—750° durchgeführt u. der Rückstand in H_2SO_4 kurze Zeit unter Aufkochen gelöst. Durch den Sodazusatz wird die Aufschlußdauer von 60 auf 20 Min. herabgesetzt. — Zur quantitativen Erfassung des V wird die Lsg. mit 2 mg Fe^{3+} u. 50 ml W. versetzt, mit 3n NaOH unter Rühren neutralisiert (p-Nitrophenol als Indicator), der Nd. in 20 ml warmer H_3PO_4 (1:3) gelöst u. mit 1 ml 0,5 mol. Na-Wolframatlsg. kurz aufgekocht. Die Best. wird nach Verdünnen auf 25 ml spektrophotometr. bei 410 mμ durchgeführt. Bei V-Gehh. $<$30 μg in 1 g Probe sind besondere Vergleichs-Lsgg. erforderlich. — Der störende Einfl. größerer Fe- u. Mn-Mengen kann durch Zusatz von H_2O_2 u. Alkali vermieden werden. (Bull. chem. Soc. Japan **28.** 492—94. Sept. 1955. Nagoya, Univ., Fac. of Engng. [Orig.: engl.]) H. ECKSTEIN. G 330

K. Jordan und **K. Picard,** *Die spektrochemische Bestimmung von Niob und Titan in technischer Tantalsäure.* Zur Best. von 2—20% Nb_2O_5 u. 0,1—3% TiO_2 in techn. Tantalsäure wird das Oxydgemisch mit Graphit zu Tabletten verpreßt u. mit einer kondensierten Niederspannungsentladung (eine Kapazität von maximal 2640 μF wird auf 250 V aufgeladen u. über eine passende Induktivität entladen) angeregt. Als Analysen-

linien dienen: Nb 3098,47 Å, für Ti 3017,19 u. für Ta 3098,0 Å. Relative Abweichung der Analysenergebnisse 0—5%. (Techn. Mitt. Krupp **15.** 203—07. Dez. 1957.)
H.-G. MOSLÈ. G 331

Hiroichi Kawamura, *Einfluß von Chromcarbid auf die Bestimmung von Cr in Eisen und Stahl.* 1. Mitt. Bei einem *Cr-Mo-Stahl* (0,42% C, 2,17 Cr u. 0,59 Mo) erscheinen nach Abschrecken von 900° u. 1 Std. Wasserkühlen u. Tempern bei 700° (2 Std., Luft) 1,72% *Cr* in Lsg. u. 0,44% im unlösl. Rückstand. Nach Tempern bei 450° (oder Abkühlen von 900° im Ofen) erscheint kein Cr im Rückstand. (Tetsu to Hagane [J. Iron Steel Inst. Japan] **41.** 391—93. März 1955. Sumitomo Metallwerke. [Orig.: japan.])
L. SCHULER. G 335

Takaaki Shimose, *Untersuchung über die Probenahme für geschmolzenen Stahl.* Für die Probenahme muß Luftoxydation vermieden werden u. die Probe rasch erstarren. Das Verf. nach GIRARDI wird durch Holzdeckel verbessert. Beim HERTY-Verf. ist Zusatz von 1% Al (bei Ggw. von Silicat), wobei für die Red. 10 Sek. genügen, hinreichend. (Tetsu to Hagane [J. Iron Steel Inst. Japan] **41.** 393—95. März 1955. K. K. Kobe Stahlwerk. [Orig.: japan.]) L. SCHULER. G 354

Ferenc Sterbenz, *Angaben zur betriebsmäßigen Schnellanalyse des Gußeisens.* Vf. gibt auf Grund langjähriger Praxis genaue Vorschriften zur Ausführung von Schnellanalysen im Betrieb. Es sind die photometr. Methoden zur Best. von Si, Mn, P, Cr u. Ni angegeben. (Kohászati Lapok **14** (**92**). Nr. 1. Öntöde **10.** 11—16. Jan. 1959.)
J. PLANK. G 354

Takeshi Akutagawa, *Untersuchung über die mikroskopische Bestimmung der im Stahl enthaltenen Einschlüsse durch den Unterausschuß für nichtmetallische Einschlüsse des 19. Ausschusses der Japanischen Gesellschaft zur Förderung der Naturwissenschaften.* Aufstellung von 7 Programmpunkten hinsichtlich 7 zu klärender Fragen. (Tetsu to Hagane [J. Iron Steel Inst. Japan.] **41.** 369—70. März 1955. Tokyo Univ. [Orig.: japan.])
L. SCHULER. G 354

Tsuneo Nakashima, *Untersuchungen über die Analyse der gasförmigen Elemente in Gußeisen.* 1. Mitt. *Über die Bestimmung von Wasserstoff in Gußeisen.* Aus verschied., ähnlichen Gußeisenproben wird H_2 durch Erwärmen auf 800—1650° im Vakuum befreit u. die bei verschied. Tempp. erhaltenen H_2-Mengen verglichen, z. B. erhält man bei 800° je nach Material 31—68%, bei 900° nur noch 4—7% u. bei 1650° den Rest (25—61%) des H_2. Bei Raumtemp. entweichen in 3 Wochen 13—30% des H_2. Einzelheiten der Ausführung sind erörtert. (Tetsu to Hagane [J. Iron Steel Inst. Japan] **41.** 385—87. März 1955. Kobe, Mitsubishi, Schiffswerft. [Orig.: japan.]) L. SCHULER. G 354

Fernand Marion, *Bestimmung von freiem und gebundenem Kohlenstoff durch selektive Oxydoreduktion. Anwendung auf Mischungen von Zementit, metallischem Eisen und Graphit sowie auf technisches Gußeisen.* Werden Gemische von *Zementit* (I) u. *Graphit* (**II**) in Mischungen von H_2 u. H_2O-Dampf auf 500—600° erhitzt, so wird lediglich I unter Bldg. verschied. KW-stoffe angegriffen, während **II** bei der Behandlung unverändert bleibt. Trockener H_2 greift in dem Temperaturbereich weder I noch **II** in merkbarem Ausmaß an. Die Anwendung dieser Oxydoreduktion auf Fe mit verschied. Gehh. an freiem u. gebundenem C gestattet demnach eine einfache, selektive Best. des gebundenen C. Wird die Rk. in einer Atmosphäre mit 10% H_2O-Dampf ausgeführt, so entsteht vorwiegend Fe; bei einem H_2O-Dampfgeh. von 45% wird dagegen ein Gemisch von Fe-Oxyden gebildet. Bei der Ausführung der Best. an elektrolyt. gewonnenen Isolaten ist der Geh. von 45% H_2O zweckmäßig, während die Best. an weißem Gußeisen am schnellsten bei einem Geh. von 10% H_2O durchgeführt werden kann. Die Reaktionsbedingungen für verschied. Fälle sind angegeben. (Bull. Soc. chim. France **1958.** 1181—87. Aug./Sept. Nancy, Fac. des Sci.; École Nat. Sup. de la Métallurg. et de l'Ind. des Mines, Labor. de Phys. de l'État Métall.) HERBERT MÜLLER. G 354

Fernand Marion, *Vorschlag einer Apparatur zur Bestimmung von gebundenem Kohlenstoff in Stählen und Gußeisen durch selektive Oxydoreduktion.* (Vgl. vorst. Ref.) Als wesentliche Teile der App. zur Best. des an Fe gebundenen C werden zwei Rohröfen verwendet: der erste arbeitet bei 500—600° u. dient zur Umwandlung des gebundenen C in CH_4 u. höhere KW-stoffe; im zweiten werden die KW-stoffe an CuO zu CO_2 verbrannt. Das gebildete CO_2 wird in $Ba(OH)_2$-Lsg. absorbiert u. das nicht verbrauchte $Ba(OH)_2$ durch Rücktitration mit HCl ermittelt. Die Rk. wird in äquimol. Gemischen von H_2 u. N_2, die mit geeigneten Mengen H_2O-Dampf beladen werden, durchgeführt. Der notwendige H_2O-Partialdruck muß für jede Best. ermittelt werden, um die Best. in annehmbaren Zeiten durchführen zu können. Ein Blindwert aus dem CH_4-Geh. des verwendeten H_2 muß jeweils berücksichtigt werden. (Bull. Soc. chim. France **1958.** 1187—88. Aug./Sept.) HERBERT MÜLLER. G 354

Hidehiro Gotô, Toshio Watanabe und **Kyôhei Suzuki,** *Eine vereinfachte Bestimmung von Mikromengen Kohlenstoff in Eisen, Stahl und Eisenlegierungen.* Zur Best. von kleinen Mengen C ($<$ 0,1%) in Fe, Stahl u. Fe-Legierungen benutzen Vff. ein vereinfachtes Verf. nach der von SMILEY (C. **1956.** 7618) u. HOLT (C. **1957.** 1006) beschriebenen Methode. Die zu untersuchende Probe (0,5—1 g) wird im O_2-Strom verbrannt, das entstandene CO_2 ausgefroren u. anschließend in ein bekanntes Vakuum hinein verdampft. Das gefundene CO_2 wird manometr. bestimmt. Die Resultate stimmen gut mit den nach einer gravimetr. Meth. gefundenen überein. Die Meth. läßt sich ebenso auf die Analyse von Cr- u. Mn-Metall anwenden. Dauer einer Analyse 24—26 Minuten. (Sci. Rep. Res. Inst. Tôhoku Univ., Ser. A **10.** 97—102. April 1958. Res. Inst. for Iron, Steel and other Metalls. [Orig.: engl.]) A.-M. FRETZDORFF. G 354

Masuo Ono, *Anwendung der quantitativen spektrographischen Analyse auf Eisen und Stahl.* (*Ein Beispiel der quantitativen spektrographischen Analyse von Cu und Cr in flacher Analysenprobe von weißem Roheisen.*) Das chem. Verf. wird mit dem spektrograph. in guter Übereinstimmung befunden (7% Genauigkeit). (Tetsu to Hagane [J. Iron Steel Inst. Japan] **41.** 387—89. März 1955. Sumitomo Metallwerke. [Orig.: japan.]) L. SCHULER. G 354

L. Vecsernyés, *Spektrochemische Analyse der Elektronenröhren-Kathodennickellegierungen.* Mit der spektrochem. Meth. können die im Kathoden-Ni enthaltenen Metalle Zn, Pb, Al, Mg, Mn, Fe, Cu, Cr u. Co in einem Bereich von 0,001—1,0% bestimmt werden. Die Meth. ermöglicht die Analyse der fertigen Kathoden u. ihrer Einzelteile. Die nötige Materialmenge ist 2 mg. Die Best. erfolgt mit der Lösungstropfenmeth. durch Einbringen des Tropfens in die Bohrung einer Spektralkohlenhilfselektrode. Die Eichung des Syst. erfolgt mit synthet. Standardlösungen. Die Genauigkeit der Meth. ist $\pm 5\%$. (Z. analyt. Chem. **160.** 332—35. 1958. Budapest, Távközlési Kutató Intézet.) G. HALMI. G 356

John T. Stock, *Trennung von Arsen und Kupfer in der qualitativen Analyse.* Die Meth. beruht auf der bekannten Löslichkeit von CuS in NH_4-Polysulfid in Ggw. der As-Gruppe. Quantitative Unterss. zeigen, daß die Menge an herausgelöstem Cu stark von der vorhandenen As-Menge abhängt. Einleiten von H_2S zur Darst. von CuS soll bei Tempp. zwischen 95 u. 100° stattfinden, was am besten durch Erwärmen des zur Fällung benutzten Reagensglases im Wasserbad geschieht. (J. chem. Educat. **35.** 402. Aug. 1958.) R. WOTSCHKE. G 358

Helen G. Husted, *Nachweis von Kupfer und Cadmium, eine Methode ohne den Gebrauch von KCN.* Im gewöhnlichen Trennungsgang der qualitativen Analyse werden Cu u. Cd als Tetramminkomplexe isoliert u. mit einer KCN-Lsg. in die Komplexionen $Cu(CN)_2^-$ u. $Cd(CN)_4^{2-}$ übergeführt. Es wurde eine neue Meth. entwickelt, die unter Beibehaltung des nassen Analysenganges den Gebrauch der giftigen KCN-Lsg. umgeht. Eine teilweise Trennung wird mit Hilfe eines Überschusses an starker NaOH erreicht, wobei das Cu in das lösl. komplexe Cuprat $Cu(OH)_4^{2-}$ übergeht, während das Cd den gewöhnlichen $Cd(OH)_2$-Nd. bildet. Nach dem Zentrifugieren wird das Dekantat, welches durch leichte Dissoziation des Tetrahydroxocuprats(II), Cu^{2+}-Ionen enthält, angesäuert u. durch Zugabe von $K_4[Fe(CN)_6]$ das Cu als rotes $Cu_2[Fe(CN)_6]$ gefällt u. nachgewiesen. Das beim Zentrifugieren durch das gelatinöse $Cd(OH)_2$ z. T. mitgerissene Cuprat wird in Ggw. des Cd red., um das Cd als Sulfid nachweisen zu können. Zu diesem Zweck wird der unreine $Cd(OH)_2$-Nd. in 1 Tropfen 5mol. HCl gelöst. Dazu gibt man 3 Tropfen 30%ig. Na-Citratlsg. (unter Vertiefung der blauen Farbe), dann 3 Tropfen 20%ig. Glucoselsg. u. 2 Tropfen 4mol. NaOH. Nach 2 Min. im Wasserbad zentrifugiert man den braunroten Cu_2O-Nd. u. dekantiert die bernsteingelbe Lsg., in der Cd^{2+} als CdS-Fällung identifiziert wird. (J. chem. Educat **35.** 403—04. Aug. 1958.) R. WOTSCHKE. G 358

Clifford C. Boyd und **William K. Easley,** *Trennung des Kupfer(II) von Cadmium(II) in der qualitativen Analyse.* Die Meth. beruht auf der selektiven Extraktion von Cu(II)-Ionen durch eine Lsg. von 8-Hydroxychinolin (I) in Chloroform. Zu 5 Tropfen der tiefblauen Lsg., welche $Cu(NH_3)_4^{2+}$ u. $Cd(NH_3)_4^{2+}$ sowie NH_3 im Überschuß enthält, wird tropfenweise 6mol. HCl bis zur Entfärbung zugegeben. Mit 1mol. Na-Acetat-Lsg. wird p_H 6 eingestellt, dann 1 ml gesätt. KCl-Lsg. zugegeben. Extrahiert wird durch 6 Min. Schütteln mit einer Lsg. gleicher Voll. 0,04mol. I-Lsg. u. $CHCl_3$. Die Mischung wird zentrifugiert u. die wss. Phase, die nun frei von Kupferionen ist, mit 5 Tropfen 4mol. NaOH behandelt u. anschließend mit H_2S gelbes CdS gefällt. Es konnte nachgewiesen werden, daß eine Extraktion der beschriebenen Art ausreicht, wenn das mol. Verhältnis von Cu(II)-Ionen zu Cd(II)-Ionen < 6 ist, vorausgesetzt, daß in den 5 Tropfen der Analysenlsg. $\leqq 2$ mg Cu(II)-Ionen enthalten sind. (J. chem. Educat. **35.** 406—07. Aug. 1958.) R. WOTSCHKE. G 358

Ch. Ja. Lewitman und **N. F. Jermolenka,** *Amperometrische Bestimmung von Kupfer in galvanischen Bädern für die Vernickelung, Verzinkung und Vercadmung.* Die Best. des Cu in den Bädern für die Vernickelung, Verzinkung oder Vercadmung erfolgt amperometr. mit Hilfe einer Standardlsg. von Rubeanwasserstoffsäure. Die hierbei angewandte Stromspannung beträgt 0,8 bzw. 0,2 bzw. 0,2 V. Die angewandten Bäder haben die folgende Zus.: 140 (g/Liter) $NiSO_4 \cdot 7H_2O$, 80 $Na_2SO_4 \cdot 10H_2O$, 20 KCl u. 20 H_3BO_3; 430 $ZnSO_4 \cdot 7H_2O$, 45 $KAl(SO_4)_2 \cdot 12H_2O$ u. 50 $Na_2SO_4 \cdot 10H_2O$; 1008 $CdSO_4 \cdot 3H_2O$, 20 H_3BO_3, 30 NaCl u. 5 Gelatine. In der essigsauren Lsg. kann die Cu-Best. nach diesem Verf. bei Ggw. von Fe, Zn u. Pb ohne deren vorherige Abscheidung erfolgen. Die Fehlergrenze beträgt 6%. (Известия Академии Наук Белорусской ССР, Серия Физико-Технических Наук [Nachr. Akad. Wiss. BelorussSSR, Ser. physik.-techn. Wiss.] **1956.** Nr. 4. 133—37.) O. LEBTAG. G 358

R. M. McKenzie, A. C. Oertel und **K. G. Tiller,** *Analysen der Standardgesteine G-1 und W-1.* Die Standardgesteine G-1 (Granit) u. W-1 (Diabas) wurden nach der spektrograph. Meth. durch Zugabeeichung auf Co, Cu, Ga, Mn, Mo, Ni, V u. Zr untersucht u. die wahren Werte extrapoliert. Diese betragen mit 90% Sicherheit in p.p.m. (g/t) in G-1: Co ca. 2, Cu 13 ± 3, Ga 18 ± 2, Mn 217 ± 18, Mo ca. 7, Ni ca. 2, V 21 ± 7 u. Zr 218 ± 28. Für W-1 sind die Werte: Co 36 ± 7, Cu 112 ± 19, Ga 17 ± 3, Mn 1330 ± 81, Mo ca. 5, Ni 71 ± 7, V 255 ± 35 u. Zr 84 ± 10. (Geochim. cosmochim. Acta [London] **14.** 68—72. Aug. 1958. Adelaide, Commonwealth Sci. and Ind. Organiz., Div. of Soils.) F. ENSSLIN. 5290

b) Organische Verbindungen.

R. Belcher, R. A. Shah und **T. S. West,** *Submikromethoden zur Analyse organischer Verbindungen.* 4. Mitt. *Die Bestimmung von Jod und Brom.* (3. vgl. C. **1959.** 908.) Zur Best. von *J* oder *Br* in organ. Verbb. wird eine Probe von ca. 50 μg 15 Min. in einem zugeschmolzenen Röhrchen aus Borsilicatglas mit Na bei 350 bzw. 350—380° zersetzt. Nach Zers. des überschüssigen Na mit möglichst wenig W. u. Abfiltrieren des koll. C wird im Falle der J-Best. das Filtrat in Ggw. von Methylrot mit 2n H_2SO_4 neutralisiert, 2 Tropfen Br_2-W. u., nach 30 Sek., 2 Tropfen 90%ig. HCOOH werden hinzugefügt. Nach 7 Min. Rühren, Abpumpen der Luft über der Fl. fügt man 1 Tropfen 2n H_2SO_4 u. 3 Tropfen 10 % ig. KJ-Lsg. hinzu u. titriert das J innerhalb ½ Min. mit 0,01n $Na_2S_2O_3$-Lsg. unter Verwendung von „Thyodene“-Indicator. Bei der Best. von J in N-haltigen Verbb. wird zur Entfernung des Cyanids das mit 4n CH_3COOH gegen Methylrot neutralisierte Filtrat mit 30 μl 4n CH_3COOH angesäuert, auf 3 ml verd. u. 2 Min. gelinde zum Sieden erwärmt. — Bei der Best. von Br wird das alkal. Filtrat mit 2n HCl gegen Methylrot neutralisiert u. mit 300 μl 1n Hypochloritlsg. u. 350 μl NaH_2PO_4-Lsg. versetzt (p_H ca. 6,2) u. 15 Min. auf $94 \pm 1°$ erwärmt. Dann fügt man 3 Tropfen 50%ig. HCOONa-Lsg. hinzu u. läßt nach 30 Sek. abkühlen. Nach Zusatz von 6 Tropfen 12n H_2SO_4, 3 Tropfen 10%ig. KJ-Lsg. u. 1 Mikrotropfen NH_4-Molybdatlsg. wird das frei gewordene J mit 0,01n $Na_2S_2O_3$-Lsg. titriert. — Der absol. Fehler der Meth. beträgt $\pm 0,4$%. (J. chem. Soc. [London] **1958.** 2998—3002. Sept. Birmingham, Univ., Chem. Dep.) K. F. MÜLLER. 5352

Hermann Stegemann, *Eine Mikrobestimmung von Amidstickstoff, speziell in Proteinen.* Es wird eine Meth. zur einfachen u. sicheren Best. der Amidgruppen in Asparagin-, Glutamin- u. einigen anderen Aminosäureamiden sowie in Peptiden u. Proteinen beschrieben. Die Meth. beruht auf einer gleichzeitigen alkal. Hydrolyse der Proteine u. Diffusion des gebildeten NH_3 in vorgelegte H_2SO_4. Die Prüfsubstanzen können sowohl in fester Form als auch in Lsg. vorliegen. Unter den Versuchsbedingungen spaltet nur Cystin meßbare NH_3-Konzz. ab. Diese Störungen können durch vorherige Oxydation des Cystins mit Perameisensäure zur Cysteinsäure umgangen werden. — In einen 50-ml-Schliff-ERLENMEYER-Kolben wird das Probeschälchen (Durchmesser ca. 20 mm, Höhe ca. 15 mm), das die Substanz (3—30 γ Amid-N) enthält u. sich in einem Polyäthylenhalter befindet, eingebracht. In das Schälchen wird 1 ml W. gegeben, auf den Boden des Kolbens wird 1 ml 0,8n H_2SO_4 pipettiert u. in das Schälchen 1 Plätzchen NaOH (ca. 200 mg) gegeben. Der mit einem Polyäthylenstopfen verschlossene Kolben wird 16—40 Std. aufbewahrt. Danach wird das Schälchen entfernt, es werden 7 ml W. u. 1 ml 0,8n NaOH in den Kolben gegeben u. die NH_4-Ionen mit NESSLERs Reagens photometr. bestimmt. (Hoppe-Seyler's Z. physiol. Chem. **312.** 255—63. 18/12. 1958. Göttingen, Med. Forschungsanst. der Max-Planck-Ges., Silikoselabor.) E. SCHWERDTFEGER. 5352

Mae I. Fauth und **Harry Stalcup,** *Überprüfung von sechs Methoden zur Bestimmung von Stickstoff in Nitroguanidin.* Zur Best. des N in *Nitroguanidin* wurden 6 Methoden überprüft.: Best. des Gesamt-N durch Mikro-DUMAS u. Makro-KJELDAHL, Best.

des Nitro-N durch die Nitrometermeth., die $TiCl_3$-Meth. in Acetatpufferlsg., die Transnitrierungsmeth. mit Salicylsäure u. die Meth. von Bowman-Scott (Ind. Engng. Chem. **7.** [1915.] 766). Die Nitrometermeth. liefert die geringste Standardabweichung; die Werte sind etwas zu niedrig. Die Transnitrierungsmeth. gibt etwas zu hohe Werte. Nitrometer-, Transnitrierungs- u. $TiCl_3$-Meth. sind etwa gleich befriedigend; die Bowman-Scott-Meth. ist weniger geeignet. Bei der Best. des Gesamt-N ist die Mikro-Dumas-Meth. der Makro-Kjeldahl-Meth. vorzuziehen. (Analytic. Chem. **30.** 1670—72. Okt. 1958. Indiae Head, Md., US Naval Powder Fact.) K. F. Müller. 5352

H. Roth und **Ph. Schuster,** *Bestimmung der Peroxydgruppe (aktiver Sauerstoff).* Vff. geben ein einfaches Verf. zur Best. von Mikromengen organ. Peroxyde an. 5—10 mg Probe werden in einen 10—15-ml-Schliffkolben eingewogen. Nach Verdrängen der Luft durch CO_2 (Trockeneis) oder N_2 werden 2 ml Reduktionsgemisch zugefügt (1,5 g KJ in 10 ml Eisessig gelöst, der vorher durch Zugabe von etwas Trockeneis von O_2 befreit wurde). Das Kölbchen wird verschlossen 15 Std. im Dunkeln stehengelassen. Ohne Zugabe von W. wird dann nach Zufügen einiger Körnchen Stärke das ausgeschiedene J_2 gegen 0,01 n $Na_2S_2O_3$-Lsg. titriert. Auf weitere Verff. zur Best. von akt. O_2 wird hingewiesen. (Mikrochim. Acta [Wien] **1957.** 840—43. Ludwigshafen/Rh., BASF, Landwirtsch. Versuchsstat. Limburgerhof.) K. Pavel. 5364

D. A. Wjachirew und **L. Je. Reschetnikowa,** *Trennung und Analyse von Gemischen der Chlorderivate des Methans nach der chromathermographischen Methode.* Die Chromathermographie, d. h. Chromatographie mit Temperaturgradient (vgl. Shuchowski u. Mitarbeiter, C. **1951.** II. 1932; C. **1955.** 9632; C. **1956.** 11805), wird auf Gemische (G_{Cl}) der Cl-Derivv. von CH_4 ($CH_3Cl + CH_2Cl_2 + CHCl_3 + CCl_4$) angewandt. Als Sorbens wird Silicagel MSM u. Kieselgur, getränkt mit Vaselinöl, verwendet. Das fl. G_{Cl} wird schwach erwärmt u. ein langsamer N_2-Strom durchgeleitet. Ein elektr. Ofen wird der Sorbenssäule entlang bewegt. Das Verf. hat den Vorteil rascher Ausführung (20—40 Min.), getrennter Best. der Komponenten des G_{Cl} aus einer kleinen Probe (0,005—0,2 ml Fl. oder 5—30 ml Gas), objektiver Analyse durch automat. Aufzeichnung der Ergebnisse auf einem Chromathermogramm, dessen Spitzenhöhen der Menge der einzelnen Komponenten entsprechen. — Abb. der App. u. Diagramme. (Журнал Прикладной Химии [J. angew. Chem.] **31.** 802—05. Mai 1958.) R. K. Müller. G 510

S. P. Spragg, *Chromatographie von Mercaptoverbindungen.* Zur Verhinderung der sehr schnellen Oxydation der Mercaptane während der Chromatographie wird der Ausgangslsg. ein Überschuß von 0,1%ig. $HgCl_2$-Lsg. in 40%ig. A. bei p_H 4 zur Komplexbldg. zugesetzt. Bei der absteigenden Meth. wird das Lösungsmittelsyst. Butanol/Essigsäure/W. (4 : 1 : 1 Vol.) u. Whatman-Papier Nr. 4 verwendet. Die Entw. wird 18 Std. bei 25° durchgeführt. Beim Besprühen mit 0,3%ig. ammoniakal. Diphenylthiocarbazonlsg. bei leichter Wärme treten nach dem Trocknen lachsrosa Flecke auf, die bei Lichteinw. nach 1—2 Tagen verschwinden (im Dunkeln 3 Monate sichtbar). Für die Komplexbldg. der Mercaptane mit $HgCl_2$ ist die Stellung der Carboxylgruppe bes. wichtig. Weder *o-Mercaptobenzoesäure* noch *2-Mercaptoäthanol* reagieren unter Komplexbldg., dafür aber *2-Mercaptobernsteinsäure, Cysteinsäure, Cystein* u. *Glutathion*; bei letzterem sind 10 µg gerade noch sichtbar. (Nature [London] **182.** 1314—15. 8/11. 1958. Warwick, Wellesbourne, Nat. Vegetable Res. Stat.) I. Zoeke. G 600

Jaromír Petránek und **Miroslav Večeřa,** *Identifizierung organischer Verbindungen.* 24. Mitt. *Trennung und Identifizierung von Sulfiden durch Papierchromatographie.* (23. vgl. C. **1959.** 7580.) Vff. haben gefunden, daß die auf Grund der Rk. von Sulfiden mit *p-Nitrobenzolsulfochloramin* (I) hergestellten *p-Nitrobenzolsulfonylsulfilimine* (II) infolge schneller u. einfacher Darst. u. Möglichkeit der anschließenden empfindlichen Sichtbarmachung nach der Red. der NO_2-Gruppe zur Identifizierung von Sulfiden durch Papier- bzw. Säulenchromatographie geeignet sind. In dieser Mitt. wird die Verwendung der absteigenden Chromatographie der angeführten Derivv. auf Whatman-Papier Nr. 4, das mit 10%ig. A.-Lsg. von Formamid imprägniert war, beschrieben. Als Lösungsmittelsysteme wurden Bzl., Bzl.-Cyclohexan = 1 : 1 (S_1) bzw. 3 : 2 (S_2) angewandt. — 1—10 µg Sulfilimine wurden als Chloroform-Lsgg. auf das Papier aufgetragen. Nach der Entw. (Laufstrecke 35—40 cm/70—90 Min.) wurden die Chromatogramme mit frischer $SnCl_2$-Lsg. (0,7 g/100 ml 15%ig. HCl) besprüht u. nach 30 Min. langem Stehen bei Raumtemp. wurden die Sulfilimine mit 1%ig. alkoh. p-Dimethylaminobenzaldehydlsg. unter Zusatz von 5% HCl als gelbe Flecken sichtbar gemacht. — Das Na-Salz von I wurde aus einer auf 10° abgekühlten Lsg. von 5 g p-Nitrobenzolsulfonamid in 10 ml 10%ig. NaOH, zu der eine gekühlte NaOCl-Lsg. (1,95 g/17 ml) kurz vor dem Kristallisationsbeginn hinzugefügt wurde, hergestellt; gelbliche, in W. u. A. lösl. Kriställchen (stark gelbe Lsg.); Ausbeute 6 g (aus W., Geh. an akt. Cl 23,5—25,3%).

— II wurden zur chromatograph. Behandlung auf folgende Weise dargestellt: Zu dem Gemisch von Sulfiden (0,5 mMol/2 ml Methanol) u. Na-I (200 mg/5 ml Methanol) wurden nach 15 Min. nacheinander 20 ml W. u. 10 ml 2n NaOH zugefügt. Der Chloroformextrakt dieses Gemisches wurde auf das Papier zur chromatograph. Trennung aufgebracht. Enthält I Alkalien, so wird das Reaktionsgemisch mit einem Tropfen 1%ig. HCOOH in Methanol angesäuert. Diese Behandlung wird auch bei den langsam reagierenden Phenylalkylsulfiden empfohlen. — Die vorgeschlagene Meth. ermöglicht gute Trennung u. Unterscheidung homologer Reihen von Dialkyl-, Benzylalkyl-, Alkylaryl- bzw. Diarylsulfiden. In Dibutylsulfid konnte noch die Ggw. von 0,1% Diäthylsulfid erfaßt werden. Mit steigender Polarität der mobilen Phase (Cyclohexan, Bzl., Chlf.) werden die R_F-Werte höher. Durch geeignete Kombination der angeführten Lösungsmittel können die R_F-Werte geändert werden, wodurch die beste Trennung des II-Gemisches erreicht werden kann. Die C_2—C_7-Dialkylsulfide werden am besten unter Verwendung von Bzl., die C_5—C_{10}-Dialkylsulfide im Gemisch S_1 u. die Benzylalkylsulfide in S_2 aufgetrennt. Die Verlängerung der C-Kette von aliphat. Sulfiden führt zur Erhöhung der R_F-Werte; innerhalb des R_F-Bereiches von 0,1—0,75 liegen die entsprechenden R_M-Werte auf einer Geraden. Die Iso- u. Metameren besitzen fast dieselben R_F-Werte. — Der Reihe nach werden folgende R_F-Werte von Dialkyl-II in Bzl., S_2 bzw. S_1 angegeben: *Dimethyl*-II 0,08, 0,02, —, *Methyläthyl*- 0,21, 0,08, 0,01, *Diäthyl*- 0,37, 0,19, 0,05, *Äthylpropyl*- 0,57, 0,35, 0,11, *Dipropyl*- 0,73, 0,55, 0,24, *Diisopropyl*- 0,72, 0,53, —, *Propylisopropyl*- 0,73, 0,54, —, *Äthylisobutyl*- 0,72, 0,53, —, *Äthylbutyl*- 0,74, 0,54, —, *Propylbutyl*- 0,83, 0,71, 0,40, *Dibutyl*- —, 0,80, 0,57, *Diisoamyl*- —, 0,89, 0,75. In S_2 wurden folgende R_F-Werte festgestellt: *Methylbenzyl*-II 0,18, *Äthylbenzyl*- 0,33, *Propylbenzyl*- 0,53, *Butylbenzyl*- 0,69, *Dibenzyl*- 0,0, *Diphenyl*- 0,86, *Äthylphenyl*- 0,56, *Propylphenyl*- 0,74, *Äthyl-p-tolyl*- 0,74, *Äthyl-o-tolyl*- 0,77. (Chem. Listy **52.** 1279—82. Juli 1958. [Orig.: tschech.]; Collect. czechoslov. chem. Commun. **24.** 718—22. März 1959. [Orig.: deutsch]. Pardubice-Rybitví, Výzkumný ústav organ. syntes.) J. Vaněček/Prag. G 600

A. M. Gaddis und **Rex Ellis**, *Papierchromatographie von 2.4-Dinitrophenylhydrazonen. Trennung von Alkanonen-(2), n-Alkanalen, Alken-(2)-alen und Alkdien-(2.4)-alen.* Vff. beschreiben die Trennung von Mischungen der 2.4-Dinitrophenylhydrazone von Alkanonen-(2), n-Alkanalen, Alken-(2)-alen u. Alkdien-(2.4)-alen mit einer Kettenlänge bis C_{14} durch Papierchromatographie. Die Trennung in die einzelnen Klassen erfolgt bes. günstig durch aufsteigende Entw. mit PAe. auf unbehandeltem Papier. Zur Trennung der Klassen in die Komponenten wurden bekannte Verff. benutzt. Aceton findet sich bei den n-Alkanalen, Methanal u. Äthanal bei den Alken-(2)-alen. Die untrennbaren Stoffe sind Aceton–Propanal, Aceton–Butanal u. Äthanal–Propenal. Vff. geben die R_F-Werte der isolierten Verbb. u. bekannter u. unbekannter Mischungen an. (Analytic. Chem. **31.** 870—75. Mai 1959. Beltsville, Md., US Dep. of Agric., Dairy and Meat Labor.) R. Unger. G 700

Masahide Nonaka, E. L. Pippen und **Glen F. Bailey**, *Trennung und Identifizierung von n-Alkanalen, Alkanonen-(2), Alken-(2)-alen und Alkdien-(2.4)-alen durch Papierchromatographie und direkte spektrophotometrische Untersuchung.* Eine empfindliche Mikrometh. zur Best. der 2.4-Dinitrophenylhydrazone der Alkanone-(2), C_3—C_9, der n-Alkanale C_1—C_{14}, der n-Alken-(2)-ale C_3—C_{11} u. der n-Alkdien-(2.4)-ale C_5—C_{12} beruht auf Papierchromatographie u. anschließender direkter Spektrophotometrie, wobei Mengen von $\geqq 5\gamma$ jeweils ein charakterist. Maximum ergeben. Die Chromatographie wurde in mit 2-Phenoxyäthanol gesätt. n-Heptan in 15½ Std. durchgeführt. Die Maxima u. Minima der untersuchten Gruppen mit der Kettenlänge C_1—C_{12} sind angegeben u. liegen zwischen 300 u. 400 mμ. Die Chromatogramme der n-Alkdien-(2.4)-ale sind luft- u. lichtempfindlich. Für unbekannte Mischungen ist eine vorherige Trennung notwendig. Die 2.4-Dinitrophenylhydrazone von Verbb. mit verzweigter C-Kette wandern schneller als die mit gerader Kette, aber langsamer als das nächsthöhere, geradkettige Homologe. — Spektren verschied. Verbb. sind angegeben. (Analytic. Chem. **31.** 875—77. Mai 1959. Albany, Calif., US Dep. of Agric.) R. Unger. G 700

V. Palo, V. Koman und **Z. Hrabě**, *Trennung höherer Fettsäuren durch Papierchromatographie unter Ausnützung der Konzentrationsänderung des Lösungsmittels während des Entwickelns.* Es werden eine Meth. u. die Ergebnisse der Trennung von höheren Fettsäuren durch Papierchromatographie auf einer Vorr. mit kontinuierlicher Änderung der mobilen Phase beschrieben. Diese Trennung wird auf der gesamten Breite des Filtrierpapiers Whatman Nr. 3 vorgenommen. Durch diese Meth. kann man gleichzeitig eine fast beliebige Anzahl von Proben trennen. (Chem. Zvesti **12.** 525—32. Sept. 1958. Bratislava, Slovenská vysoká škola technická, Spišska Nová Ves, Východoslovenský rudný prieskum. [Orig.: slowak.; Auszug: deutsch].) J. Schneider. G 800

Ed. Hofmann und **A. Wünsch,** *Verwendung von Nitroprussidreagens in der Papierchromatographie.* Zum papierchromatograph. Nachw. von *Cyanamid* (I) u. verwandten Verbb. wird empfohlen, die getrockneten Papierchromatogramme mit einer Mischung von 2 ml 5%ig. *Nitroprussid*-Lsg., 1 ml 10%ig. NaOH, 5 ml 3%ig. H_2O_2 u. W. auf 15 ml zu besprühen. Nachst. Verbb. werden mit dem Reagens erfaßt u. ergeben meist orange bis rötliche Farbflecke: I, *Dicyandiamid, Guanylharnstoff, Guanidin, Arginin, Kreatin, Kreatinin, Arcain, Agmatin, Guanidinoessigsäure, Thioharnstoff* u. *Harnstoff*. (Naturwissenschaften **45**. 338. 2. Juli-H. 1958. Weihenstephen, TH München, Inst. für Agrikulturchem.) E. MOISAR. G 900

A. Singewald, *Zur Farbreaktion von Anhydro-bis-indandion. Mikrobestimmung von Fettaminen bei der Kalisalzaufbereitung.* Vf. beschreibt ein Verf. zur Best. von Spuren prim. aliphat. *Amine*, bes. der bei der techn. Kalisalzflotation verwendeten Fettamine, in Ggw. eines großen Überschusses von Alkali- oder Erdalkalisalzen mit *Anhydro-bis-indandion* (I). Bei der Farb-Rk. handelt es sich nicht um eine Verbindungsbldg. zwischen I u. den Aminen, sondern um eine mit Farbumschlag verbundene p_H-abhängige Tautomerie. Die Best. erfolgt spezif. im Zweiphasensyst. wss. Lsg.–Ae. auf Grund der selektiven Löslichkeit der kationenakt. Amine in Äther. Die Amine entfalten in der organ. Phase eine sogenannte scheinbare Basizität, welche die Enolform von I induziert u. so die Färbung der organ. Phase verursacht. Die Extinktion, gemessen zwischen 510 u. 545 mμ, gehorcht dem LAMBERT-BEERschen Gesetz; für $C_{16}H_{33}NH_2 \cdot HCl$ zwischen 5 u. 50 μg. Gleichzeitig anwesende Salze u. bes. alkal. reagierende Verbb. werden in der wss. Phase gelöst u. durch einen Phosphat–Citrat-Puffer (p_H 6,5—7,0) abgefangen. (Z. analyt. Chem. **164**. 219—32. 1958. Neuhof/Fulda, Wintershall AG., Flotationsentwicklungslabor.) HERBERT MÜLLER. G 910

J. Moreno Calvo und **A. Santos Ruiz,** *Papierchromatographische Identifizierung einiger Aminosäuren und Derivate unter Verwendung des Systems Äthylacetat–Pyridin–Wasser.* Vff. untersuchten das Verh. verschied. Aminosäuren bei der Papierchromatographie (WHATMAN Nr. 1) in Äthylacetat/Pyridin/W. (2 : 1 : 2; organ. Phase). Es wurden folgende R_F-Werte erhalten: *Glykokoll* 0,296 (0,304); *β-Alanin* 0,349; *DL-Methionin* 0,600; *L-Tyrosin* 0,611; *L-Prolin* 0,461; *L-Asparaginsäure* 0,236; *L-Asparagin* 0,262; *L-Glutaminsäure* 0,316; *L-Lysin* 0,250; *DL-Lysin* 0,250; *DL-α-Alanin* 0,436; *DL-Serin* 0,366; *L-* u. *DL-Valin* 0,526; *DL-Leucin* 0,654; *DL-Isoleucin* 0,645; *DL-Threonin* 0,425; *DL-Dihydroxyphenylalanin* 0,570; *Tyramin* 0,776; *L-Arginin* 0,291; *DL-Histidin* 0,266; *DL-Prolin* 0,470; *β-2-Thienylalanin* 0,630. Opt. Isomere zeigten keine Unterschiede in den R_F-Werten. Die Aminosäuren können auch in Form ihrer Salze aufgesetzt werden. Die mit Ninhydrin erhaltenen Farbnuancen werden angeführt. (Bull. Soc. Chim. biol. **39**. 1557—64. 12/2. 1958. Madrid, Inst. Espagnol de Physiol. et Biochim., Dep. de Biochim.; Centre Exp. du Froid.) E. SCHWERDTFEGER. G 950

M. Wiewiórowski, J. Przybylska und **Z. Kociałkowski,** *Analyse der Faktoren, die die quantitative Bestimmung von Aminosäuren mit Ninhydrin beeinflussen.* Bei der nach YEMM u. COCKING (C. **1956**. 1986) durchgeführten Best. von α-Aminosäuren mit Ninhydrin haben die Zeit u. die Temp. den größten Einfl. auf das Ergebnis. Optimal ist 15—30 Min. Erwärmen auf 100—110°. Im Bereich 0,7—4,2 γ N in 5,9 ml Analysenvol. ist die ermittelte opt. Dichte direkt proportional der N-Konz. von Alanin, Lysin, Phenylalanin, Tryptophan u. Prolin. Die Best. von Prolin ist trotzdem unsicher, da der angefärbte Fleck gelbbraun u. die Blindprobe schwachviolett ist. Im allg. bewirkt Wasserdampf Vertiefung der Farbe der Blindprobe. Das Erwärmen der Proben soll deshalb in einem Glycerinthermostaten vorgenommen werden, der auch das Erreichen von 110° ermöglicht. (Roczniki Nauk rolniczych, Ser. A **79**. 453—65. 1958. Poznań, PAN, Zakł. Hodowli Roślin.) F. URBAN. G 950

James E. deVay, Albert R. Weinhold und **Gunter Zweig,** *Eigenschaften der Äthylester gewisser Aminosäuren in Beziehung zu nachträglich bei der Chromatographie gebildeten Verbindungen.* Lsgg. von *L-Asparaginsäure, β-Alanin, L-Glutaminsäure* u. *γ-Aminobuttersäure* in 70%ig. A. bei p_H 1,5—3,0 zeigen nach 36std. Stehen bei der Chromatographie unerwartete ninhydrinpositive Flecken, die sich als die Monoäthylester erweisen. Die übrigen häufigeren Aminosäuren bilden selbst nach 5 Monaten in A. keine Ester u. die erstgenannten werden in A. bei p_H >3 oder in 10%ig. Propanol-(2) gleichfalls nicht verestert. (Analytic. Chem. **31**. 815—17. Mai 1959. Davis, Calif., Univ. of California.) E. DEHMLOW. G 950

D. B. Coult, *Die polarographische Bestimmung von Aminosäuren mit Thiol- und Disulfidgruppen.* Die Best. von *Aminosäuren* mit SH- u. —S—S-Gruppen [*Cystin, Cystein* (I), *Homocystin, Homocystein, Glutathion* (II), *oxydiertes* II u. *Penicillamin*] wurde mittels eines Kathodenstrahlpolarographen durchgeführt. Die untersuchten Verbb.

lieferten im Konzentrationsbereich 1 g bis 1 mg/ml Wellen mit konzentrationsproportionaler Stufenhöhe. Als Leitelektrolyte wurden 0,05n HCl u. 0,1n $HClO_4$ verwandt. Die Meth. gestattet die Analyse von *Serum*-Hydrolysaten u. wurde zur Unters. der Kinetik der Rk. zwischen I u. Stickstofflost benutzt. (Analyst **83.** 422—25. Juli 1958. Porton Down, Salisbury, Wilts., Chem. Defence Exp. Establ., Chem. Sect.) E. Moisar. G 950

Kazuo Satake und **J. Murray Luck,** *Die spektrophotometrische Bestimmung von Arginin durch die Sakaguchi-Reaktion.* 2 ml der Probelsg. [1—25 μg Arginin (I)/ml] werden nacheinander mit 2 ml 0,02%ig. 8-Hydroxychinolinlsg. in 3n NaOH u. 1 ml 0,1%ig. N-Bromsuccinimidlsg. (oder 1.3-Dibrom-5.5-dimethylhydantoin in 0,5%ig. Succinimid) versetzt u. die Farbtiefe bei 500 mμ 5—30 Min. später gemessen. Nach der gleichen Meth. kann auch 2.4-Dinitrophenyl (DNP)-L-I bestimmt werden. Um bei Proteinhydrolysaten die Störung durch andere *Aminosäuren* (II) zu verhindern, können a) die II mit 2.4-Dinitrofluorbenzol umgesetzt werden, wodurch DNP-I nach dem Ausäthern in der wss. Phase verbleibt, oder b) es wird zu 1 ml Hydrolysat (200—500 μg Protein) 1 ml einer I-Eichlsg. gegeben u. weiter wie oben verfahren; aus der opt. Dichte des Hydrolysats mit u. ohne I-Zusatz läßt sich der I-Geh. des Hydrolysats berechnen. Der Einfl. verschied. Faktoren auf die I-Best. wurde untersucht. (Bull. Soc. Chim. biol. **40.** 1743—56. 15/2. 1959. Stanford, Calif., Univ., Dep. of Chem.) E. Schwerdtfeger. G 950

James Kolmerten und **Joseph Epstein,** *Colorimetrische Bestimmung von Tetramethylphosphoniumion.* Vff. teilen mit, daß *Tetramethylphosphoniumchlorid* (I), das an sich schwer oxydierbar ist, in verd. wss. Lsg. leicht durch $S_2O_8^{2-}$ in PO_4^{3-} (II) umgewandelt u. colorimetr. bestimmt werden kann. Da bei der Oxydation von I durch $S_2O_8^{2-}$ in saurer oder neutraler Lsg. Cl_2 entsteht u. so eine unvollständige Umwandlung in II erzielt wurde, wird empfohlen, stets in alkal. Lsg. zu arbeiten. P-Verbb., die nicht mit bestimmt werden sollen, können von I durch Ionenaustausch abgetrennt werden. Herst. der Reagentien u. Ausführung der Verss. werden beschrieben. (Analytic. Chem. **30.** 1536—37. Sept. 1958. Army Chem. Center, Md., Sanitary Chem. Branch, US Army Chem. Warfare Labors.) E.-M. Krebs. G 980

J. Kolšek und **M. Perpar,** *Über die Farbreaktionen einiger mehrwertiger Phenole mit p-Dimethylaminobenzaldehyd.* Die Farb-Rkk. zwischen p-Dimethylaminobenzaldehyd (I) u. Resorcin (II) bzw. Phloroglucin (III) in W. u. A. wurde zu einer quantitativen photometr. Bestimmungsmeth. ausgearbeitet. Für die Rk. von I mit II erfolgt die Messung bei der Grenzkonz. 5 μg II/ml bei 518 mμ nach 30 Min., für die Rk. von I mit III erfolgt sie bei 550 mμ u. einer Grenzkonz. von 200 μg nach 20 Minuten. Die Spektren sind angegeben. Die Maxima sind von der Temp. u. vom Verhältnis Phenol/I unabhängig. (Z. analyt. Chem. **167.** 161—64. 1959. Ljubljana, Univ., Inst. für organ. Chem.) R. Unger. G 1060

Ferdinand Klinkhammer, *Ein neues Nachweisreagens auf Phenole für die Papierchromatographie.* Zum Nachw. von *Phenolen* auf Papierchromatogrammen werden diese zuerst mit einer gesätt. wss. NH_4VO_3-Lsg. besprüht, getrocknet u. anschließend mit einer filtrierten Lsg. von 0,5 g p-Anisidin in 2 ml H_3PO_4 (mit absol. A. auf 100 ml) behandelt. Nach Trocknen bei 80° erscheinen die Flecke auf rosafarbenem Hintergrund. Nachgewiesen wurden: *Quercetin* (gelb), *Quercitrin* (braun), *Kaffeesäure* (rot), *Chlorogensäure* (rosa), *Ferulasäure* (graugrün), *d-Catechin* (graubraun) u *Phloroglucin* (blaugrün). (Naturwissenschaften **45.** 571. 1. Dez.-H. 1958. Salzgitter-Ringelheim, Schaper & Brümmer, Biochem. Labor.) E. Moisar. G 1060

R. Reiss, *Quantitative Bestimmung von Hydrazobenzol mit alkalischer Permanganatlösung.* Zur Best. von *Hydrazobenzol* (I) schüttelt man die Probe in Xylol 10 Min. lang mit einer wss.-alkal. 0,1n $KMnO_4$-Lösung. Nach Zugabe von KJ u. Ansäuern wird das ausgeschiedene Jod mit $Na_2S_2O_3$ titriert. I wird bei dieser Rk. quantitativ zu trans-Azobenzol oxydiert. Anilin u. Phenylhydroxylamin stören; Azobenzol, Azoxybenzol, Nitrobenzol u. Nitrosobenzol haben keinen Einfluß. (Z. analyt. Chem. **164.** 402—07. 1958. Konstanz, Chem. Fabrik G. m. b. H. Byk-Gulden Lomberg, Analyt. Labor.) E. Dehmlow. G 1300

Yoshirô Yoshihiro und **Matao Nakamura,** *Colorimetrische Bestimmung von 5-[Hydroxymethyl]-furfurol in wässeriger Lösung von Glucose mit Benzidin.* Durch Farb-Rk. des aus wss. Lsg. von *Glucose* (I) mit W. gesätt. n-Butanol ausgezogenen *5-Hydroxymethylfurfurols* (II) mit Benzidin wird II colorimetr. bestimmt. Das Verhältnis I : II in wss. Lsg. darf höchstens 10000 : 1 betragen; die Fehler liegen unterhalb 5%. (J. chem. Soc. Japan, ind. Chem. Sect. [Kōgyō Kagaku Zassi] **61.** 972—75. Aug. 1958. Tiba, Univ. Tokyo, Seiken. [Orig.: japan.]) E. Maekawa. G 3061

W. Yaphe, *Bestimmung von Galaktosediäthylmercaptal und 3.6-Anhydrogalaktose diäthylmercaptal mit Anthron und Seliwanoff-Reagens.* Es wurde eine Meth. zur Best.

von Mercaptalen mit colorimetr. Zuckerreagentien entwickelt. Die bei saurer Hydrolyse frei werdenden Mercaptane stören die Farbteste u. müssen entfernt werden. Durch die Empfindlichkeit der Anthron-Rk. gegen Äthylmercaptan ist ein einfacher Index zur Best. optimaler Bedingungen zur vollständigen Demercaptolyse von Zuckermercaptalen gegeben. Mit 10 Mol $HgCl_2$ ½ Std. bei 50° war die Ausbeute an Galaktose u. 3.6-Anhydro-L-galaktose quantitativ. (Nature [London] **183.** 44—45. 3/1. 1959. Halifax, Nova Scotia, Nat. Res. Council, Atlantic Reg. Labor.) K. H. SCHAUERTE. G 3400

J. Stockx, *Die Trennung zyclischer Nucleotide mittels Papierchromatographie.* Zur papierchromatograph. Trennung der cycl. Nucleotide *Adenosin-*, *Uridin-* u. *Cytidin-2'.3'-cyclophosphat* wird eine Lsg. von 9,6 g $(NH_4)_2CO_3$ in 250 ml W. u. 750 ml Isopropanol empfohlen. Da die R_F-Werte, die in der angegebenen Reihenfolge abnehmen, nur klein sind, gelingt die Trennung nur im Durchlaufverfahren. Die Chromatogramme werden photograph. im UV-Licht ausgewertet. (Naturwissenschaften **45.** 570. 1. Dez.-H. 1958. Gent, Rijksuniv., Labor. voor Fysiol. Scheikunde.) E. MOISAR. G 3450

c) Bestandteile von Pflanzen und Tieren.

Werner Menzel, *Entwicklung einer Methode zur Bestimmung von Phosphatid-Phosphorsäure in Pflanzensubstanz.* Bei der Extraktion von Pflanzensubstanzen mit wasserfreien organ. Lösungsmitteln wird der gesamte Lipoproteidkomplex (I) neben geringen Mengen anorgan. Phosphorsäure (II), erhalten. Zur Best. der Phosphatide (III) nach I-Spaltung neben anorgan. u. aus dem Proteidanteil stammender II wird der CH_3OH-Extrakteindampfrückstand mit Bzl. u. n/10 HCl ausgeschüttelt u. hierdurch Trennung von reinen III (im Bzl.) u. anorgan. II + II aus Proteidanteil + wasserlösl. III-Anteil (W.) erzielt. Eine Adsorptionsfiltration der wss. Phase trennt I-Proteidanteil u. anorgan. II + wasserlösl. III-Anteil (reine III-II = benzollösl. II + organ. II im Filtrat). Anorgan. II wird colorimetr., die eigentlichen II-Bestimmungen werden nach der Vanadat-Molybdat-Meth. ermittelt. Die Zerstörung organ. Substanz erfolgt mit HNO_3 u. $HClO_4$, die CH_3OH-Extraktion in der Kälte. (Z. Pflanzenernähr., Düng., Bodenkunde **75** (**120**). 143—61. 1956. Berlin-Charlottenburg, TU, Inst. für Pflanzenernähr., Bodenchem. u. Bodenbiol.) K. MAIER. 5666

I. Reifer, *Eine Mikromethode zur Bestimmung der Äpfelsäure in Pflanzenmaterial.* Biol. Material mit Ae. extrahieren, dann mit wasserfreiem Na_2SO_4 mischen u. mit verd. H_2SO_4 ansäuern. Ae. abdest., mit W. aufnehmen u. neutralisieren. Diese Lsg. (0,5 bis 16 γ *Äpfelsäure*; I) mit KBr u. $KMnO_4$ in Ggw. von verd. H_2SO_4 bei 20° oxydieren. Überschuß von $KMnO_4$ mit Na_2SO_3 entfernen. 2.4-Dinitrophenylhydrazinlsg. zusetzen u. erhitzen. Verdünnen, ausschütteln mit Bzl., nochmals waschen, trocknen, Zusatz von trocknem Na_2CO_3 u. alkoh. NaOH-Lsg., schütteln, filtrieren u. photometrieren. Genauigkeit: ±8% (für maximal 2 γ I) bzw. ±4% (2—1,6 γ). (Bull. Acad. polon. Sci., Cl. III **3.** 207—10. 1955. Warschau, Univ., School of Agric., Dep. of Biochem.) G. KIMMERLE. 5666

Maria Luisa Scarpati und **Giovanna Oriente,** *Nachweis von Cynarin in Pflanzen neben anderen Kaffeesäurederivaten.* Zum chromatograph. Nachw. von Cynarin (I) in Pflanzen neben *Chlorogensäure* (II) u. *Kaffeesäure* (III) wird mit n/10 HCl u. dann mit Phenol-W. als Lösungsm. nach der aufsteigenden Meth. gearbeitet u. Begasen mit NH_3 sowie Besprühen mit $FeCl_3$-Lsg. zum Entwickeln verwendet; die Flecke sind bei III leuchtendgrün, bei I u. II dunkelgrün. Als 2. Lösungsm. für zweidimensionale Verss. ist gegebenenfalls Butanol-Essigsäure-W. geeignet. 10—20 g frische Blätter geben 1 cm^3 Probelsg. u. reichen für den Nachw. von I. Die auf das Papier aufzubringende Probelsg. wird aus den wss. Auszügen durch Abscheiden der o-Diphenole mit Pb-Acetat u. Entfernen des Pb mit H_2S bereitet, gegebenenfalls durch Verdünnen mit A. u. Zentrifugieren gereinigt u. 0,01—0,04 cm^3 neben je 50 γ von I, II u. III als Vergleichssubstanzen auf das Papier gebracht. Flecke in gleicher Höhe wie derjenige des Vergleichs-I zeigen in n/10 HCl die Ggw. von I in der Pflanze an; aus den Probe-Lsgg., in denen es auf diese Weise nachgewiesen wird, kann I kristallin abgeschieden werden. Von ca. 30 untersuchten Pflanzen enthalten nur 5, bes. Compositen, I. — Bei direkter Verwendung von Phenol-W. zur Probelsg. erscheinen die Flecke nicht in der Höhe von I, sondern mehr nach II verschoben; diese wahrscheinlich durch Ggw. von Polycarbonsäuren verursachte Störung wird durch Arbeiten mit den Na-Salzen (durch Zugabe von NaOH bis zu p_H 6,7 der Lsg.) vermieden. Mit Phenol-W. kann durch Vgl. der Fleckengröße der Geh. an I von anderen Pflanzen im Verhältnis zu dem der Artischocke grob geschätzt werden; die Werte liegen zwischen ½ u. ¼ des Geh. der letzten. (Ann. Chimica **47.** 155—62. Febr. 1957. Roma, Univ., Ist. di Chim. organ.) G. v. DECHEND. 5666

Masaharu Yamagishi und **Isao Nakamura,** *Untersuchungen über die Bestimmung des Sapogenins in den zu Dioscorea gehörenden Pflanzen in Japan.* 1. Mitt. *Colorimetrische Bestimmung von Diosgenin und Tokorogenin. Diosgenin* (**I**) löst sich bei 60° in Nitrobenzol, das $SbCl_3$ enthält u. kurz vor dem Lösen mit wss. Methanol versetzt wird, mit roter Farbe (λ_{max} 500 mμ). Unter diesen Bedingungen färbt sich „*Tokorogenin*" (**II**) gar nicht. **II** löst sich in Phenol, das $SbCl_3$ enthält, mit rötlichvioletter Farbe (λ_{max} 560 mμ bei $SbCl_3$: Phenol 4 : 5 Gewichtsteile). Beide Farb-Rkk. sind zur colorimetr. Best. von **I** bzw. **II** geeignet. (J. pharmac. Soc. Japan [Yakugakuzasshi] **78.** 1068–71. Sept. 1958. Ôsaka, Takeda Pharm. Ind. [Orig.: japan.; Auszug: engl.]) E. MAEKAWA. 5666

B. A. Sacharow, *Reagensglasmethode zur Bestimmung von reinem Eiweiß in Pflanzen.* 0,1–0,2 (genaue Einwaage) des zu untersuchenden gemahlenen Materials werden in Reagensgläsern mit je 5 ml dest. W. (50–60°) versetzt, 10 Min. bei 50–60° gehalten, danach das Eiweiß nach BARNSTEIN (unter Verringerung der Reagentienmengen um das 10fache gegenüber der Originalmeth.) gefällt. Nach Zusatz von Ätznatron wird zentrifugiert, danach die Lsg. mit Hilfe eines SCHOTT-Filters abgesaugt, der Rückstand im Reagensglas mit ca. 5 ml W. geschüttelt u. erneut zentrifugiert. Diese Operation wird bis zum Verschwinden von SO_4^{2-} im Waschwasser wiederholt. Nach Verbrennung des Rückstandes (H_2SO_4 u. $KMnO_4$) erfolgt die NH_3-Best. nach KJELDAHL. (Селекция и Семеноводство [Selekt. u. Samenzucht] **23.** Nr. 6. 65–67. Nov./Dez. 1958.) OTTO MAIER. 5666

W. N. Dawydoff, Bestimmungen des Molekulargewichts von Polyamiden. Berlin: VEB Verlag Technik. 1959. (156 S. m. 51 Abb.) DM 13,—.

A. G. Jones, Analytical chemistry: some new techniques. New York: Academic Press. 1959. (276 S. m. Abb.) 8°. $ 7,50.

M. T. Kelley, ed., Analytical chemistry. Vol. 1. London: Pergamon P. 1959. (XII + 362 S. m. Tab. u. Diagr.) = Progress in nuclear energy-series 9. 5 £. 5 s.

Konrad Sagel, Tabellen zur Röntgen-Emissions- und Absorptions-Analyse. Berlin, Göttingen, Heidelberg: Springer. 1959. (VII + 135 S. m. Abb. u. 6 Taf.) 8° = Anleitungen f. d. chemische Laboratoriumspraxis. Bd. 9. DM 27,—.

N. I. Tarassewitsch, Leitfaden für das Praktikum der Gewichtsanalyse (für die chemischen Fakultäten der Hochschulen). Moskau: Verl. der Univ. Moskau. 1958. (240 S. m. Abb.) 5 Rbl. 30 Kop. [russ.]

Luiz Paulo Ribeiro, Emilio Mitidieri, Ottilia R. Affonso, *Electroforese em papel e métodos relacionados.* Rio de Janeiro: Servico Gráfico do I. B. G. E. 1958. (553 S., 127 Abb., 42 Tab.) Ohne Preisangabe.
Das durch ein Vorwort von Prof. GILBERTO G. VILLELA (Leiter der Abt. Chemie u. Pharmakolog. am Inst. Oswaldo Cruz in Rio de Janeiro) eingeleitete Werk gibt einen umfassenden Überblick über den internationalen Entwicklungsstand der Methoden der Papierelektrophorese für die mannigfaltigen Probleme der Biochemie, Physiologie, Pathologie u. klin. Medizin. Die 2547 Literaturhinweise, denen sich ein Autoren- u. Sachregister anschließt, erstrecken sich bis zum Jahr 1955. In den einzelnen Kapiteln werden behandelt: Geschichtl. Entw., allg. theoret. Betrachtungen, Methoden u. Apparaturen, Best. der Proteine (pflanzliche u. tier. Proteine, Blutkoagulation u. Hämoglobine, Proteine anderer biol. Fll., Lipoproteine, Glyko- u. Mucoproteine), Enzyme, Hormone, Vitamine, Kohlenhydrate u. Polyalkohole, Nucleinsäuren u. verwandte Substanzen, Aminosäuren, Peptide u. Amine, Immunochemie u. sonstige Anwendungsgebiete wie organ. Säuren, Toxine, Porphyrine, carcinogene Substanzen, Antibiotica u. andere baktericide Agentien, Indol u. Derivv., Viren, Tannine. Ein besonderes Kapitel beschäftigt sich mit der Anwendung der Papierelektrophorese anorgan. Verbindungen. H. GUISCHARD.

H. Angewandte Chemie.

I. Allgemeine chemische Technologie.

R. E. Gee und **J. B. Lyon,** *Nichtisothermes Fließen von viscosen nicht-Newtonschen Flüssigkeiten.* Mit einer Rechenmaschine werden für den Fall des nichtisothermen, laminaren Fließens von nicht-NEWTONschen Fll. entsprechende Viscositäts- u. Energiegleichungen gelöst, wobei die Änderung der Viscosität u. des Wärmeübergangs mit der Temp., die Reibungswärme u. die Abkühlung durch Expansion berücksichtigt werden. Die zu erwartenden Temperaturprofile, Geschwindigkeitsverteilungen u. Druckgradienten werden angegeben. Während das Geschwindigkeitsgefälle sich mit der Rohrlänge prakt. nicht ändert, treten deutliche Unterschiede in der Temperaturverteilung u. im Druckgradienten auf. Die erhaltenen Ergebnisse stimmen sehr gut mit Viscositätsmessungen an einem Acrylharz mit einer Viscosität von ca. 10^4 P bei 150–250° in einem außen gekühlten Rohr überein. Die berechnete u. die gefundene Fließgeschwindigkeit sind gleich. (Ind. Engng. Chem. **49.** 956–60. Juni 1957. Wilmington, Del., E. I. du Pont de Nemours, Polychem. Dep.) E. PASCHKE. 5800

Frank H. Slade, *Konstruktion und Arbeitsweise von Wärmeaustauschern.* 4. Mitt. (1. bis 3. vgl. C. **1958.** 11628.) Die Vorteile des Wärmeaustauschers werden diskutiert, wenn man das flüssigkeits- oder gasdurchflossene Rohr, dessen Inhalt durch außen strömendes Gas erwärmt oder abgekühlt werden soll, mit Drahtschleifen umgibt, die den Wärmeübergang vergrößern. Je dünner der Draht in gewissen Grenzen ist, um so vorteilhafter ist es für den Wärmeübergang. In schmutzigen Betrieben haben sich die Drahtschleifen nicht bewährt. In der Kälteindustrie sind besondere Maßnahmen notwendig. (Chem. Products chem. News **20.** 283—84. Juli 1957.) H. MIETHING. 5814

R. Koch und **K. Feind,** *Druckverlust und Wärmeübergang in Ringspalten.* Nach Festlegung der theoret. Grundlagen werden an einem Rohr mit Ringspalten (Verhältnis von Kernrohr- zu Mantelrohrdurchmesser zwischen 0,2 u. 0,84) der Druckverlust u. die Widerstandsziffer festgestellt u. in Kurven wiedergegeben. Im laminaren Bereich stimmen Vers. u. Theorie überein, im turbulenten sind die Widerstandsziffern größer. Den Wärmeübergang berechnet man mit dem hydraul. oder therm. Durchmesser, letzterer hat sich zweckmäßiger gezeigt. Bei Wandschubspannungsmessungen befriedigt keine Art des Durchmessers. Man kommt mit beiden nur zu Näherungswerten. (Chemie-Ing.-Techn. **30.** 577—84. Sept. 1958. Göttingen, Max-Planck-Inst. für Strömungsforsch., Forschungsgruppe für Wärme- u. Kältetechn.) H. MIETHING. 5816

A. B. Paschkow und **W. Ss. Titow,** *Grundcharakteristik einiger sowjetischer Ionenaustauscher.* Beschreibung der Eigg. u. Typen. Kationenaustauscher: Sulfokohle (akt. Gruppen SO_3, COOH, OH), KU-1 (SO_3H, OH), KU-2 (SO_3H), SsBSs, SsBSsR (SO_3H), KB-4, KB-4 P-2 (COOH), KFU (COOH, OH), SsG-1 (COOH); Anionenaustauscher: AN-1 (=NH, ≡N), AN-2 F (desgleichen), EDE-10 P (aus Polyäthylenpolyaminen u. Epichlorhydrin), AW-16 (=NH, ≡N, $=NC_6H_5$), N—O, MMG-1 (=NH, ≡N). Tabelle der stark (KU) u. schwach (KB) sauren Kationenaustauscher, schwach (AN) u. stark (AW) bas. Anionenaustauscher mit Angabe der Ausgangsstoffe, Dimensionen u. stat. Austauschkapazitäten. Ionenaustauschmembranen. — 44 Literaturangaben, darunter 19 sowjet. Patente. (Химическая Промышленность [Chem. Ind.] **1958.** 270—76. Juli/Aug. Wiss. Forschungsinst. für plast. Massen.) R. K. MÜLLER. 5826

Ss. S. Kagan, M. E. Aerow, T. Ss. Wolkowa und **W. N. Wosstrikowa,** *Untersuchung von Extraktoren mit mechanischer Phasenmischung (Rotor-Scheiben-Extraktoren).* Der untersuchte Extraktor besteht aus einer senkrechten Kolonne, in der auf einer zentralen Achse angeordnete Scheiben zwischen den an der Wand befestigten Statorringen rotieren. Die Prüfung der Extraktionsleistung an verschied. Systemen zeigt, daß diese nur von der der Zentrifugalextraktoren nach PODBIELNIAK übertroffen wird. (Химическая Промышленность [Chem. Ind.] **1958.** 432—38. Okt./Nov.) R. K. MÜLLER. 5862

P. D. Jones und **Matthew Van Winkle,** *Wirkungsgrad und Druckabfall in Siebbodenkolonnen. Effekt der Bodenplattenstärke und von Systemeigenschaften.* Zur Unters. wird ein n-Octan–Toluol, n-Heptan–Methylcyclohexan- u. Tetrachlorkohlenstoff–Bzl.-Gemisch verwendet, 5 verschieden starke Platten je Gemisch. Der allg. Plattenwirkungsgrad (für 5 Platten) u. der Druckabfall über 5 Platten sind in Abhängigkeit von der Dampfgeschwindigkeit in der Bohrung dargestellt. Die Knickpunkte, in denen die Platten die Fl. nicht mehr halten (Regenpunkt), sind scharf markiert. Mit zunehmender Geschwindigkeit sinkt der Wirkungsgrad langsam. Eine merkbare Änderung des Wirkungsgrades mit der Stärke der Bodenplatte ist nicht festzustellen. Eine Gleichung, welche die Dampfgeschwindigkeit in den Löchern am Regenpunkt mit der Oberflächenspannung, der Dichte von Dampf u. Fl., dem Lochdurchmesser, der Flüssigkeitshöhe auf der Bodenplatte in Beziehung setzt, wird angegeben. Der Regenpunkt verschiebt sich bei Änderung der Zusammensetzung. Die Ursachen dieser Erscheinung werden eingehend diskutiert. — 1 Skizze, 9 Diagramme, 4 Tabellen, 28 Literaturangaben. (Ind. Engng. Chem. **49.** 232—38. Febr. 1957.) A. RABES. 5864

C. L. Umholtz und **Matthew Van Winkle,** *Wirkungsgrad und Druckabfall in Siebbodenkolonnen. Der Effekt von freier Fläche, Lochdurchmesser, Lochabstand, Überlaufhöhe und Ablaufquerschnitt.* Es wird der Einfl. verschied. Konstruktionsdaten von Siebboden u. Kolonne auf die Höhe des Wirkungsgrades u. der Größe des Druckabfalls experimentell untersucht. Die Verss. wurden an zwei durchsichtigen Kolonnen von nur kleinem Durchmesser mit einem Gemisch genau abgestimmter Zus. ausgeführt u. sind streng nur auf Böden gleicher Größenordnung anzuwenden. Aus der experimentell erhaltenen Zus. am Boden u. Kopf der kleinen Kolonnen wird eine theoret. Bodenzahl ermittelt. Durch Vgl. mit der effektiven Bodenzahl wird der allg. Plattenwirkungsgrad (es sind 5 Platten in der Versuchsapp.) erhalten, der in fast allen Diagrammen in Abhängigkeit von der Dampfgeschwindigkeit für verschied. Variablen aufgetragen ist. Als Variable sind untersucht: Dampfgeschwindigkeit, Gemischzus., freie Fläche, Verhältnis von Lochabstand : Lochdurchmesser, Überfallhöhe, Ablaufquerschnitt, Lochdurchmesser, Kolonnendurchmesser. Der Druckverlust ist in Abhängigkeit von der Dampfgeschwindigkeit für verschied. Lochdurchmesser aufgezeichnet. Die Tropfpunkte, bei denen das Tropfen der Fl. durch die Bodenlöcher einsetzt, sind als Knickpunkte in der Wirkungsgradkurve augenfällig zu erkennen. — 2 Figuren, 9 Diagramme. (Ind. Engng. Chem. **49.** 226—32. Febr. 1957.) E. Rabes. 5864

Junji Furukawa und **Tsutomu Ohmae,** *Flüssigkeitsähnliche Eigenschaften von Wirbelschichten.* Ergebnisse experimenteller Unterss. deuten an, daß die Bewegung u. die Eigg. der Teilchen in Wirbelschichten durch Potentialkräfte zwischen den Teilchen verursacht werden. Die Analogie zwischen Potentialkräften u. den zwischenmol. Kräften einer Fl. zeigt, daß die Teilchenbewegung durch Reibungskräfte des fluiden Mediums u. der Schwerkraft bedingt ist. Das Prod. aus Geschwindigkeit u. Viscosität des fluiden Mediums charakterisiert die mittlere kinet. Energie der Teilchen, so wie die Temp. die mol.-kinet. Energie einer Fl. ausdrückt. Das flüssigkeitsähnliche Verh. einer Wirbelschicht wird durch Expansions-, Viscositäts-, Oberflächenspannungs- u. Mischbarkeitsmessungen bewiesen. (Ind. Engng. Chem. **50.** 821—28. Mai 1958. Kyoto, Kyoto Univ., Dep. of Ind. Chem.) R. Maas. 5904

Union Carbide Corp., New York, N. Y., V. St. A., *Wärmeisoliermaterial* zum Ausfüllen des Zwischenraumes zwischen der inneren u. äußeren Wand eines doppelwandigen Behälters zur Verhinderung des Wärmeüberganges zwischen diesen Wänden, dad. gek., daß es aus einer im wesentlichen einheitlichen pulverförmigen Mischung besteht, welche als eine Komponente Teilchen (Maximalgröße 1500 μ) eines Materials hohen Widerstandes gegen den Wärmeübergang durch Wärmeleitung (SiO_2) u. als zweite Komponente (Maximalgröße der Teilchen 500 μ) ein davon verschied. Material mit hohem Widerstand gegen den Wärmeübergang durch Strahlung enthält (z. B. Al-, Cu-Flitter, mit Cu überzogene Glimmerblättchen, MgO, ZnO, TiO_2, Ruß, Graphit). — 2 Zeichnungen. (**Oe. P. 199 624** vom 26/4. 1957, ausg. 25/9. 1958. A. Prior. 26/4. 1956.) T. Oppermann. 5817

Asahi Kasei Kogyo Kabushiki Kaisha, Osaka, Japan (Erfinder: **Yoshio Tsunoda** und **Maomi Seko**), *Herstellung großdimensionierter, bei der Herstellung keine Risse bildender Anionenaustauscherharze,* die in wenigstens 2 Richtungen eine Ausdehnung $>$1cm aufweisen. Man polymerisiert 100 (Teile) einer aromat. Vinylverb., 1—80 Plastiziermittel u. 0,1—100 wenigstens einer monomeren aromat. Mehrfachvinylverb. u./oder mehrfach olefin. Verb. im Block, extrahiert das Plastiziermittel, worauf der hochmol. Mutterkörper haloalkyliert u. aminiert wird. — Ein Blockpolymerisat aus 370 Styrol, 30 m-Vinyltoluol, 40 Divinylbenzol, 60 Äthylvinylbenzol u. 120 Dimethylphthalat wird in Form von Platten mit A. extrahiert. Die Platten werden 24 Std. in mit $ZnCl_2$ gesätt. Chlormethyläther bei 25° gehalten u. in Bzl. gewaschen: Cl-Geh. 20,5%. Die 0,8 mm starken u. 15 $\times$ 15 cm breiten Platten gibt man in Bzl. u. leitet 1 Std. bei 25° wasserfreies $(CH_3)_3N$-Gas ein, steigert in $\frac{1}{2}$ Std. auf 50° u. hält hier 5 Std., gibt in 4n NaCl, erhitzt 10 Std. auf 55° u. neutralisiert. (**Jap. A. S. 1240/1958** vom 6/5. 1955, veröff. 25/2. 1958.) M. Pankow. 5827

Asahi Kasei Kogyo Kabushiki Kaisha, Osaka, Japan (Erfinder: **Yoshio Tsunoda, Maomi Seko, Masaaki Watanabe, Akira Ehara** und **Teruyuki Misumi**), *Herstellung von körnigen oder in wenigstens 2 Richtungen eine Ausdehnung von über 1 cm aufweisenden kationischen Austauscherharzen,* die bei der Herst. keine Risse bilden. Man polymerisiert 1. monomere Sulfonsäuren, $CH_2{:}C(R_1)R_2SO_3H$ (R_1 = H, Alkyl, Aryl, Aralkyl, Alkaryl, Halogen; R_2 = Alkylen $(CH_2)_n$ mit n = 0—4, Arylen, Aralkylen, Alkarylen) oder deren zu solchen Sulfonsäuren hydrolysierbare Derivv., wie Halogenide, Anhydride, Amide, Ester; 2. monomere aromat. u./oder aliphat. Monovinylverbb.; 3. Polymere von 1. oder 2. + 2.; 4. monomere aromat. Mehrfachvinylverbb. u./oder Mehrfacholefinverbb. u. gegebenenfalls 5. Plastiziermittel enthaltende Mischungen zu körnigen oder in 2 Richtungen eine Ausdehnung von über 1 cm aufweisenden polymeren Mutterkörpern, die gegebenenfalls hydrolysiert u. in kation. Austauscherharze übergeführt werden. — 1000 (Teile) frisch dest. Butyläthylensulfonat werden 14 Std. bei 65° teilpolymerisiert: ca. 24% Polymerisat. Hierzu gibt man 80 Divinylbenzol, 120 Äthylvinylbenzol, 350 Diäthylphthalat u. 1 Benzoylperoxyd u. hält unter N_2 15 Std. bei 70° u. 6 Std. bei 90°. 10 Platten aus diesen Polymeren von 0,7 mm Stärke u. 10 $\times$ 10 cm werden mit 80 NaOH in 1000 A. 72 Std. unter Rückfluß erhitzt. (**Jap. A. S. 1241/1958** vom 8/6. 1955, veröff. 25/2. 1958.) M. Pankow. 5827

Asahi Kasei Kogyo Kabushiki Kaisha, Osaka, Japan (Erfinder: **Yoshio Tsunoda, Maomi Seko, Masaaki Watanabe, Akira Ehara** und **Teruyuki Misumi**), *Herstellung von körnigen, beim Herstellungsprozeß nichtbrechenden Kationenaustauscherharzen vom Sulfonsäuretyp,* die in wenigstens 2 Richtungen eine Ausdehnung von $>$1 cm aufweisen. Die Teilpolymerisatlsg. einer von Sulfonsäuregruppen freien Monovinylverb. wird mit Sulfonsäuren der Formel $CH_2{:}C(R_1)R_2SO_3H$ oder $CH_2{:}C(R_1)R_2ASO_3H$ (R_1 = H,

Alkyl, Aryl, Aralkyl oder Halogen; R_2 = Alkylen $(CH_2)_n$ mit n = 0—4, Arylen, Aralkylen; A = Benzol-, Naphthalin oder Anthracenring, der unsubstituiert ist oder bis zu 3 Substituenten, wie Alkyl, Aryl, Aralkyl, Halogen, OH, Amido, Nitril, Nitro, Acetyl, Methoxyl, enthalten kann oder deren zu Sulfonsäuren hydrolysierbaren Derivv.), wenigstens einer aromat. oder olefin. Mehrfachvinylverb.; gegebenenfalls weiteren Vinylverbb., ferner mit Plastiziermittel u. Katalysator vermischt u. in M., Lsg. oder Suspension polymerisiert u. das Polymerisat bei Verwendung von Sulfonsäurederivv. zu Sulfonsäuren hydrolysiert. — 145,6 (Teile) frisch dest. Styrol werden unter N_2 bei 100° 12 Std. polymerisiert, wobei ein Teilpolymeres mit 25% Polymeren erhalten wird. Zu dieser Lsg. gibt man 254,4 Butyläthylensulfonat (I), 32 Divinylbenzol, 48 Äthylvinylbenzol, 160 Diäthylphthalat u. 0,4 Benzoylperoxyd u. polymerisiert unter N_2 je 24 Std. bei 60 u. 80° u. 6 Std. bei 100°. Weißtrübes, nichttransparentes formbares Polymeres. — 10 Platten von 0,7 mm Stärke u. 10 × 10 cm Fläche werden in 80 NaOH in 1000 A. 72 Std. auf Rückflußtemp. erhitzt. Statt I kann man auch Butylstyrolsulfonat verwenden (Jap. A. S. 1242/1958). — Man kann auch mindestens 3% (der Gesamtmenge) der Verbb. der beiden obengenannten Formeln, über 0,1% aliphat. oder aromat. Monovinylverbb., 5—60% Weichmacher u. höchstens 40% aromat. oder olefin. Mehrfachvinylverbb., gegebenenfalls nach Zusatz indifferenter Stoffe u. Polymerisationskatalysatoren in M. oder Lsg. polymerisieren u. gegebenenfalls nach Aufarbeitung das im wesentlichen Hochmol., wenn es verseifbare Gruppen enthält, in die Sulfonsäuren umwandeln. — Eine Mischung aus 200 (Teilen) frisch dest. I, 200 frisch dest. Styrol, 32 Divinylbenzol, 48 Äthylvinylbenzol, 140 Dibutylphthalat u. 0,4 Benzoylperoxyd wird im N_2-Strom je 24 Std. bei 60 u. 80° u. 48 Std. bei 100° gehalten. Transparentes Polymeres, das sich beliebig formen läßt. Ohne den Styrolzusatz erfolgt eine heftige, zu blasenhaltigem, weißtrübem, ungleichmäßigem Polymeren führende Polymerisation. Verseifung des Mischpolymerisats in Tafelform wie oben angegeben durch 120std. Erhitzen. (**Jap. A. SS. 1 242/1958** u. **1 243/1958** vom 30/6. 1955, veröff. 25/2. 1958.)
M. PANKOW. 5827

Dow Chemical Co., Midland, Mich., V. St. A., *Trennung von in Wasser gelösten Stoffen,* durch selektiv adsorbierende *Ionenaustauscher.* Die Lsg. wird einem intermittierend nach oben bewegten Austauscherbett zu- u. darüber abgeführt. Die adsorbierten Stoffe werden dann in einem nachgeschalteten gleichen Bett in bekannter Weise eluiert. — Abbildungen. (**E. P. 797 163** vom 20/4. 1956, ausg. 25/6. 1958. A. Prior. 25/4. 1955.)
O. STEIL. 5829

Gesellschaft für Lindés Eismaschinen Akt.-Ges., Höllriegelskreuth (Erfinder: **Ernst Karwat,** Pullach), *Abscheiden von festem Kohlendioxyd aus Luft bei deren Zerlegung durch Druck und Kälte,* bei dem das CO_2 teils im gasförmigen Auspuff einer arbeitsleistenden Entspannungsmaschine, teils im verflüssigten Anteil abgedrosselter Luft als Schnee ausgeschieden wird, der durch Inberührungbringen des schneehaltigen Gases mit verflüssigtem Gas in die Fl. übergeführt, durch Filtration u. Adsorption aus ihr vor ihrer Entspannung in die Niederdruckrektifikationssäule entfernt wird. Die gasförmige, CO_2-Schnee mitführende Luft wird (zwecks Entfernung des CO_2-Schnees) mit einem Gemisch aus dem verflüssigten Anteil der Drosselluft u. aus der durch weitere Druckrektifikation der gasförmigen Luft gebildeten Fl. im Gegenstrom gewaschen u. gleichzeitig rektifiziert. — Vorr., Zeichnung. (**D. A. S. 1 044 127** Kl. 17g vom 31/7. 1957, veröff. 20/11. 1958.)
H. JASS. 5857

Rütgerswerke Akt.-Ges., Deutschland, *Kondensation von Stoffen,* deren Kondensations-, Siede- u. Zersetzungstemp. nahe beieinander liegen, gelingt durch Ableiten der Kondensationswärme in W., dessen Dampfdruck so geregelt wird, daß die Verdampfungstemp. zwischen der Kondensations- u. der Siedetemp. der zu kondensierenden Stoffe liegt. (**F. P. 1 154 780** vom 12/7. 1956, ausg. 16/4. 1958. D. Prior. 31/8. 1955.)
S. BÖTTCHER. 5865

Farbenfabriken Bayer Akt.-Ges. (Erfinder: **Werner Müller,** Köln, **Werner Zeiß, Walter Noll, Max Zimmermann** und **Walther Retter**), Leverkusen, *Hydraulische Flüssigkeit* auf der Basis eines Kieselsäurebutylesters, gek. durch einen Geh. von 0,05 bis 5 Gew.-%, bezogen auf die Kieselsäureesterbasis eines halogensubstituierten Bis-(3-hydroxyaryl)-sulfids der allg. Formel I, in der z die Zahl 1 oder 2 bedeutet, X_1, X_2, X_3, X_4, X_5 u. X_6 für Halogen oder einen Alkylrest u. Y_1 u. Y_2 für Halogen, einen Alkylrest oder H stehen u. in der die Anzahl der Alkylreste höchstens gleich der Anzahl der Halogensubstituenten ist. — Beispiel: Basis: sek.-Butylpolysilicat mit 1% Bis-(3-hydroxy-2.4.5.6-tetrachlorphenyl)-disulfid oder

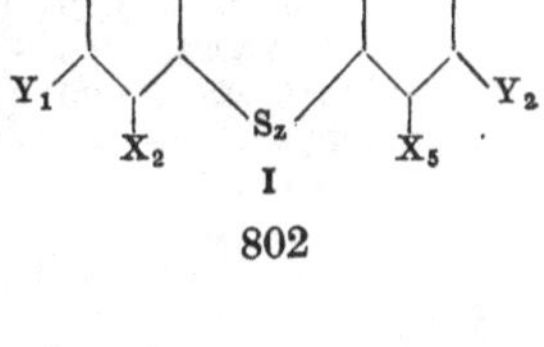

I

Bis-(3-hydroxy-2.4.6-tribromphenyl)-disulfid. (**D. A. S. 1 042 810** Kl. 23c vom 24/12. 1955, veröff. 6/11. 1958.) E. Drews. 5893

Stichting Reactor Centrum Nederland, Den Haag (Erfinder: **Bernard Louis Anton van der Schee,** Arnhem), Holland, *Kernreaktor.* Der Kernbrennstoff ist eine den Reaktor durchströmende, sich schnell absetzende Suspension von U-Oxyd oder einem ähnlichen Spaltstoff in einer Moderator-Fl., die kontinuierlich aufwärts durch ein Reaktorgefäß mit senkrechten Wänden geleitet wird, u. zwar so, daß prakt. keine Wirbelungen der Träger-Fl. auftreten u. die suspendierten Teilchen sich hinsichtlich der Träger-Fl. frei absetzen können. (**D. A. S. 1 026 452** Kl. 21g vom 22/6. 1956, veröff. 20/3. 1958. **E. P. 795 421** vom 20/6. 1956, ausg. 21/5. 1958. Beide Holl. Prior. 25/6. 1955.) H. Kessel. 5895

C. A. Parsons & Co. Ltd. (Erfinder: **Claude Dixon Gibb**), Newcastle-upon-Tyne, Northumberland, England, *Kernreaktor.* In jedem Brennstoffkanal des Moderatorgehäuses sind jeweils mehrere mit Hüllen versehene, untereinander verbundene Brennstoffelemente übereinander angeordnet, die untereinander durch in verschied. Ebenen bewegliche Gelenke verbunden sind. (**D. A. S. 1 050 923** Kl. 21g vom 19/11. 1956, veröff. 19/2. 1959. E. Priorr. 22/11. 1955 u. 7/11. 1956.) H. Kessel. 5895

United States Atomic Energy Commission, übert. von: **Leo Szilard,** Chicago, Ill., und **Gale J. Young,** Hawthorne, N. Y., V. St. A., *Kernbrennstoffelement.* Rundstäbe aus n. U sitzen stramm in Al-Schutzhüllen, deren Enden mit dicken Al-Kappen verschlossen sind, die in die U-Stabenden eingeschraubt u. untereinander sowie mit den Schutzhüllen in gutem wärmeschlüssigem Kontakt stehen. (**A. P. 2 825 689** vom 25/4. 1946, ausg. 4/3. 1958.) H. Kessel. 5895

C. A. Parsons & Co. Ltd., Newcastle-upon-Tyne, Northumberland, England (Erfinder: **William Macrae** und **Arnold Leslie Howie**), *Kontrollorgan für Kernreaktoren* ist als Kette von Gliedern ausgebildet, die stab- oder röhrenförmig u. Neutronenabsorber von verschied. Stärke sein können. Einzelne röhrenförmige Glieder können auch Brütmaterial enthalten, z. B. Th^{232}. (**E. P. 798 466** vom 29/11. 1955, ausg. 23/7. 1958.) H. Kessel. 5895

Imperial Chemical Industries Ltd., London (Erfinder: **Dennis Albert Dowden, Leslie Victor Johnson** und **George Clarkson Vincent,** Norton-on-Tees), England, *Herstellung alkalifreier Aluminiumoxyd–Kieselsäure-Katalysatoren in Form von Glas mit Skelettstruktur,* dad. gek., daß man eine alkalifreie Mischung, die Al_2O_3, SiO_2, B_2O_3 u. ein Erdalkalioxyd oder MgO (oder ein unter den Verfahrensbedingungen in das Oxyd überführbares Erdalkali- oder Mg-Salz) enthält — wobei in der Mischung auch Verbb. zwischen den bas. u. sauren Oxyden vorliegen können — zu einem Glas (**I**) schm., **I** bis zur Abscheidung von Phasen (**II**) erhitzt, von denen mindestens eine in einem Extraktionsmittel lösl. ist, u. mindestens einen Teil mindestens einer lösl. **II** extrahiert. — Beispiel: 20 (Teile) Al_2O_3, 35 SiO_2, 10 MgO u. 40 B_2O_3 werden bei 1400° geschmolzen, nach dem Erstarren in Stücke von 3,18—6,35 mm zerbrochen, zwecks Phasentrennung 24 Std. mit heißer 2n HCl extrahiert. — Verwendung zur Entalkylierung u. Isomerisierung von KW-stoffen u. zur Wasserabspaltung aus Alkohol. — Vgl. E. P. 765 468; C. **1958.** 3416. (**D. B. P. 961 254** Kl. 12g vom 8/12. 1954, ausg. 4/4. 1957. Anmeldung bekanntgemacht 11/10. 1956. E. Priorr. 18/12. 1953 u. 15/11. 1954.) H. Kobs. 5905

N. V. de Bataafsche Petroleum Mij., 's-Gravenhage (Erfinder: **Johannes Hermanus Choufoer, Jacob Nijman,** Amsterdam, Holland, und **Gunnar Gjaldbaek Petersen,** Skovlunde, Dänemark), *Fraktionieren von feinen porösen Katalysatorteilchen in Fraktionen mit verschiedenen Eigenschaften* mittels einer Scheide-Fl., deren D. zwischen den scheinbaren Dichten der Fraktionen liegt, dad. gek., daß ein Teil der vollkommen zu entfernenden Fraktion durch direktes Inberührungbringen mit der Scheide-Fl. u. der andere Teil nach Füllen seiner Poren mit einer anderen Fl. als die Scheide-Fl. in bekannter Weise abgeschieden werden. (**Holl. P. 87 504** vom 19/4. 1955, ausg. 15/2. 1958.) K. Demmler. 5905

Houdry Process Corp., Wilmington, Del., übert. von: **Theodore A. Burtis,** Media, Pa., V. St. A., *Inkontaktbringen von Feststoffteilchen mit Kohlenwasserstoffen.* Von einem über der eigentlichen Reaktionszone angeordneten Sammelbehälter werden die Feststoffteilchen in verschied. Strömen nach unten auf die Oberfläche eines Feststoffbettes geleitet. Die fl. KW-stoffe werden unterhalb der Oberfläche des Feststoffbettes in die Feststoffe eingeblasen, u. zwar mit solcher Geschwindigkeit nach oben, daß die Feststoffteilchen mit nach oben gerissen werden u. im freien Fall auf das Feststoffbett zurückkehren. — Vorr., Zeichnungen. (**A. P. 2 767 128** vom 2/5. 1951, ausg. 16/10. 1956.) E. Kahles. 5905

III. Elektrotechnik.

Gerhart K. Gaulé, James T. Breslin und **John R. Pastore,** *Sinterverfahren für Halbleitermaterial.* Es wird eine Meth. beschrieben, die es gestattet, das durch chem. Prozesse in kleinen Körnern entstehende *Si* zu größeren Aggregaten zusammenzusintern. Das Material wird in einem Quarzrohr im Vakuum unter mechan. Druck nach Vorheizung durch Strahlung durch einen hindurchgeschickten Wechselstrom u. in den Körnern induzierte HF-Ströme in den Berührungsstellen verschweißt. Die entstehenden Stücke können im Zonenschmelzverf. weiter behandelt werden. (Rev. sci. Instruments [N. S.] **29.** 565—67. Juli 1958. Fort Monmouth, N. J., US Army Res. and Developm. Labor.) K. ZÜCKLER. 5952

Tokujiro Takagaki, *Untersuchung über Pasten für Bleiakkumulatoren.* 6. Mitt. *Über das bei 170° in der Paste sich abspaltende gebundene Wasser.* (5. vgl. C. **1958.** 4894.) Nach dem Diagramm für $PbO-H_2SO_4$ werden aus Bleiglätte u. H_2SO_4 Pasten mit 0—49% $PbSO_4$ hergestellt u. bei 70° getrocknet. Verss. mit der Thermowaage zeigen, daß gebundenes W. bei 120° u. bei 170° abgespalten wird. Die Höchstmenge des bis 120° gebundenen W. ist 0,4% (in Pasten mit 10—20% $PbSO_4$), die Höchstmenge des bis 170° gebundenen W. ist 1% (in Pasten mit 20—25% $PbSO_4$). — 4 Diagramme in englisch. (J. electrochem. Soc. Japan **23.** 567—74. Nov. 1955. Jap. Akk. Co. [Orig.: japan.; Auszug: engl.]) L. SCHULER. 5970

Tokujiro Takagaki, *Untersuchung über Pasten für Bleiakkumulatoren.* 2. Mitt. *Über die Härte der Paste.* (1. vgl. C. **1958.** 1946.) Die *Paste* wird aus 1 kg *Bleiglätte* durch inniges Vermischen mit 175 cm^3 14%ig. H_2SO_4 bei 20° hergestellt. Durch Stehen steigt die Härte bes. in den ersten 6—10 Tagen, gleichzeitig mit einer noch weiterhin ansteigenden Gewichtszunahme (Diagramm). Die Erscheinung rührt vornehmlich von Luftfeuchtigkeit u. CO_2 her. Es besteht keine lineare Beziehung zwischen der Härte vor u. nach der Formierung zur akt. M. der positiven Platte. Die Härtezunahme durch Stehen an der Luft vor der Formierung ist nachteilig für den Lade-Entlade-Cyclus der positiven Platte. (J. electrochem. Soc. Japan **23.** 232—35. Mai 1955. Kyoto, Jap. Akk. Co. [Orig.: japan.; Auszug: engl.]) L. SCHULER. 5970

Oak Mfg. Co., Chicago, Ill., V. St. A., *Elektrische Kontakte und deren Herstellung.* Auf einen Kontakt, bei dem mindestens die Oberfläche aus Edelmetall besteht, wird ein Hg-Film aufgebracht. Bei einem Kontakt aus einem nichtamalgamierbaren Metall wird der betreffende Teil vergoldet, in eine Hg-haltige Lsg. getaucht, dann in ein Goldplattierungsbad als Anode für ca. 10 Sek. eingebracht u. schließlich gegen den elektr. Kontakt gerieben, wobei ein Hg-Film auf der Kontaktoberfläche entsteht. — Zeichnungen. (**E. P. 778 229** vom 26/8. 1954, ausg. 3/7. 1957. A. Prior. 11/9. 1953.) G. APEL. 5953

Diamond Alkali Co., V. St. A. (Erfinder: **Carl C. Hardman**), *Behandlung von Kohleelektroden* zur Stabilisierung, dad. gek., daß man sie mit einem sikkativierten Leinöl tränkt u. dieses durch Bestrahlen mit γ-Strahlen auf der Elektrode polymerisiert. Als Sikkative werden Pb- oder Co-Naphthenat für das Öl u. ein Fumarsäuresikkativ für die Oberfläche verwendet. (**F. P. 1 155 150** vom 20/6. 1956, ausg. 23/4. 1958. A. Prior. 21/6. 1955.) S. BÖTTCHER. 5953

British Thomson-Houston Co. Ltd., London, England (Erfinder: **Harold Rawson**), *Elektrischer Widerstand mit negativem Temperaturkoeffizient.* Die M. besteht aus Glas mit mindestens 30 (Gew.-%) V_2O_5, 70—75 P_2O_5 oder 70—40 TeO_2 oder <10 PbO. — Beispiel: 74 V_2O_5, 18,5 P_2O_5, 7,5 PbO. Widerstand $26 \cdot 10^4$ Ω/cm. — Vgl. F. P. 1 136 764; C. **1958.** 14419. (**E. P. 790 363** vom 16/3. 1954, ausg. 5/2. 1958.) G. FRIKELL. 5955

Siemens & Halske Akt.-Ges., Berlin und München (Erfinder: **Bernhard Schrader,** Berlin), *Leiterisolierung.* Auf den Leiter (z. B. Cu) wird eine Schicht aus Sn oder einer Sn-Legierung aufgebracht, die dann durch anod. Behandlung in einem sauren Elektrolyten oxydiert wird. (**D. A. S. 1 047 894** Kl. 21c vom 17/7. 1954, veröff. 31/12. 1958.) H. KESSEL. 5957

ISOLA S. p. A. per la Fabbricazione di Isolanti Elettrici, Mailand, Italien, *Isolieren von elektrischen Kabeln.* Man verwendet eine mit Weichmachern versehene Polyvinylchloridfolie, die beidseitig mit einer Cellulosefolie (Papier oder Cellophan) belegt wird. Man verbindet die Schichten untereinander durch einfaches Pressen oder Kalandrieren oder mit Klebemitteln oder klebenden Zwischenschichten. (**It. P. 494 300** vom 15/11. 1952.) K. KOEBKE. 5957

Plessey Co. Ltd., England, *Keramisches Dielektrikum.* Zur Herst. wird ein pulverförmiges Gemisch aus einer elektr. leitenden Substanz oder einer Substanz, die beim Erhitzen in reduzierender Atmosphäre eine leitende Substanz ergibt u. $BaTiO_3$ in reduzierender Atmosphäre erhitzt. — Man erhitzt z. B. 5—25 (Gewichtsteile) Fe_2O_3 u. 95 bis 75 $BaTiO_3$ in Luft auf 1100° u. dann nach dem Mahlen u. Pressen in H_2 auf 1200°. (**F. P. 1 154 650** vom 11/7. 1956, ausg. 14/4. 1958.) H. KESSEL. 5957

Sprague Electric Co., North Adams, übert. von: **Preston Robinson**, Williamstown, Mass., V. St. A., *Ferroelektrische, keramische Erdalkalititanatkörper*, bes. Ba-Titanate, in denen ein Teil des Erdalkalis, bes. Ba, durch Cs, Sc, Y oder La ersetzt ist (Beispiel: Cs–La–Ba-Titanat, Cs–La–Sr-Titanat, Cs–Y–Ba-Titanat) werden z. B. dadurch erhalten, daß 1 (Mol) Cs_2CO_3, 1 La_2O_3, 6 TiO_2 u. 2 BaO miteinander vermahlen werden u. das feinteilige Gemisch unter 20000 lbs./sq.in. zu Körpern verpreßt wird. Die Preßlinge werden, nachdem sie 1 Std. auf 1430° erhitzt wurden, gemahlen, wieder verpreßt u. nochmals auf 1430° oder zur Erlangung dichterer Körper auf 1600—2000° erhitzt. Die Titanate eignen sich z. B. als *Dielektrika für Kondensatoren*. (**A. P. 2 812 234** vom 23/11. 1953, ausg. 5/11. 1957.) K. WOLK. 5957

N. V. Philips' Gloeilampenfabrieken (Erfinder: **Johan Frederik Gugelot**, Scheyville, Australien, und **Cornelis Martinus van der Burgt**), Eindhoven, Holland, *Herstellung ferromagnetischen Ferritmaterials*, das aus prakt. homogenen Mischkristallen mit Spinellstruktur auf Basis von gegebenenfalls Zn-haltigem Li-Ferrit besteht. Zur Erzielung möglichst weitgehender Temperaturunabhängigkeit der Anfangspermeabilität u. anderer Eigg. sorgt man für einen gewissen Co-Gehalt. Man sintert ein Gemisch von Oxyden oder in der Hitze in Oxyde umwandelbarer Verbb., das in seiner Zus. der Formel $Co_x[(Li_{1/2}, Fe_{1/2}^{3+})_y Zn_{(1-y)}]_{(1-x)} Fe_2O_4$ entspricht, bei 900—1200° ($y = 0{,}3-1$; wenn $y = 0{,}5$ ist $x = 0{,}01-0{,}05$; wenn $y = 1$ ist $x = 0{,}001-0{,}004$; die übrigen Werte für x ergeben sich durch lineare Inter- bzw. Extrapolation). (**Holl. P. 89 846** vom 29/3. 1956, ausg. 15/1. 1959.) F. BÖHM. 5959

Caldwell Heaters Ltd., London, England (Erfinder: **Percy Graham Caldwell** und **Joseph Caldwell**), *Akkumulatoren*. Um Akkumulatoren u. Primärelemente vor extrem tiefen oder hohen Tempp. zu schützen, z. B. in Raketen, umgibt man die Batterien mit einem zweiteiligen, doppelwandigen Mantel, der evakuiert wird. Die in den Batterien entstehenden Gase werden durch Ventile abgeführt, die durch den Mantel hindurchgehen. (**E. P. 738 985** vom 5/11. 1952, ausg. 26/10. 1955.) F. LAASS. 5971

Power-Gas Corp. Ltd., Stockton-on-Tees, Durham, England (Erfinder: **Thomas Brown**), *Aufbewahrungs- und Applikationsvorrichtung für radioaktive Strahler*. Diese besteht aus einem zylindr. Strahlenschutzbehälter mit einseitig verschlossener zylindr. axialer Bohrung. Ein absorbierender zylindr. Stopfen, der an seinem einen Ende (wiederum in einer zylindr. axialen Bohrung) das radioakt. Präp. trägt, wird zur Aufbewahrung mit dem strahlenden Ende voraus in den Schutzbehälter u. zur Vornahme einer Bestrahlung in eine besondere Halterung (wiederum mit zylindr. Bohrung) eingeführt. (**E. P. 797 309** vom 5/1. 1956, ausg. 2/7. 1958.) H. KESSEL. 5975

IV. Wasser. Abwasser.

Seiichi Ishizaka und **Yoshiro Wada**, *Untersuchungen über die Abscheidung von Rohstoffen aus Meerwasser. 5. Mitt. Reaktion zwischen Natriumcarbonat und Mg^{2+}-freiem, aufbereitetem Meerwasser.* (4. vgl. C. **1958**. 9880.) Die Unters. erfolgte zwecks Ca^{2+}-Entfernung aus dem W., um Kesselsteinbldg. in den Verdampfern zu verhindern. Vff. ermittelten die Reaktionsbedingungen mit Soda, die optimale Reaktionstemp. u. -zeit. Der Geh. des aufbereiteten W. an Rest-Ca wurde nach dem EDTA-Verf. (Versenatverf.) bestimmt. — Ergebnisse: Der Rest-Ca-Geh. in der aufbereiteten Lsg. betrug 0,07 mMol/Liter unter der Voraussetzung, daß der Sodazusatz 1,2 Äquivalent/Ca^{2+} bei 100° betrug. — Einfl. der Temp. auf die Bldg. von *Aragonit* bzw. *Calcit*. (Rep. Government chem. ind. Res. Inst., Tokyo **52**. 187—96. Juni 1957. [Orig.: japan.; Auszug: engl. S. XXI.]) H. ECKSTEIN. 6024

Shigeao Iwata, *Untersuchungen über die Abscheidung von Rohstoffen aus Meerwasser. 6. Mitt. Eigenschaften des konzentrierten, Mg^{2+}- und Ca^{2+}-freien Meerwassers.* (5. vgl. vorst. Ref.) Das in den Vorberichten von Ca^{2+} u. Mg^{2+} befreite Meerwasser wurde auf verschied. Konzz. eingedampft. Die Kpp. wurden bei 1,1 at bestimmt u. die spezif. Gewichte, Viscositäten u. Oberflächenspannungen bei Tempp. zwischen 20 u. 96° ermittelt. (Rep. Government chem. ind. Res. Inst., Tokyo **52**. 197—200. Juni 1957. [Orig.: japan.; Auszug: engl. S. XXI.]) H. ECKSTEIN. 6024

Seiichi Ishizaka und **Matsuo Terada**, *Untersuchungen über die Abscheidung von Rohstoffen aus Meerwasser. 7. Mitt. Ca-Entfernung aus Meerwasser.* (6. vgl. vorst. Ref.) Zur direkten Abscheidung von Ca-Verbb. aus Meerwasser wird der Zusatz von Na_2CO_3–$NaHCO_3$ zu dem heißen W. empfohlen, um Ca^{2+} selektiv auszufällen. — Arbeitsvorschriften u. Ergebnisse. (Rep. Government chem. ind. Res. Inst., Tokyo **52.** 201—04. Juni 1957. [Orig.: japan.; Auszug: engl. S. XXII.]) H. ECKSTEIN. 6024

J. H. Rigdon und **C. W. Beardsley,** *Betonkorrosion durch autotrophe Organismen.* Vork. u. Wrkg. verschied. S-Bakterien (*Thiobacilli*) (I), wie sie bes. in Abwasserkanälen auftreten u. dort in 3 Stufen Zerstörung der Betonrohre verursachen: 1. Entw. von H_2S durch Sulfat-Red. oder durch proteolyt. Bakterien; 2. Oxydation des H_2S zu H_2SO_4 u. 3. Zerstörung der Ca-Silicate des Portlandzements durch die H_2SO_4. — Als Gegenmaßnahmen werden neben der Errichtung von Kanälen mit starkem Gefälle u. Ventilierung die Verwendung von Schutzschichten (z. B. *Copolymere* von *Butadien, Styrol, Vinylchlorid* u. *Biphenylepichlorhydrin*) empfohlen; auch bituminöse Stoffe, wie *Asphalt* u. *Steinkohlenteer* sind weitgehend säureresistent. (Corrosion [Houston] **14.** Nr. 4. 60—62. April 1958. Los Angeles, Calif.) H. ECKSTEIN. 6036

Ken Sugawara, Tadashiro Koyama und **Kikuo Terada,** *Neues Verfahren zur spektrophotometrischen Jodbestimmung in natürlichen Wässern.* Sehr geringe *J*-Mengen (bis zu 0,2 μg J^- in 3 Liter W. herab) können in natürlichen Wässern nach folgender Arbeitsvorschrift bestimmt werden: 3—5 Liter der Wasserprobe werden über mit HCl gereinigte Baumwolle filtriert; nach Zusatz von reiner 0,1n NaCl-Lsg. zum Filtrat (bis zur Cl^--Konz. von ca. 15 mg/Liter) u. 0,1n $AgNO_3$-Lsg. bleibt der AgCl-Nd. in 3n H_2SO_4 (1 ml/Liter Lsg.) 20 Std. lang im Dunkeln stehen. Der filtrierte u. gereinigte Nd. wird mit 2 ml 0,1n NaCl-Lsg. u. 10 ml 0,5 mol., mit Br_2 gesätt. Acetatpuffer (p_H 2,8) versetzt. Nach 1std. Rühren bei 20° ist das gesamte J zu JO_3 oxydiert; nach völliger Austreibung des Br_2 durch Erwärmen auf dem Wasserbad setzt man 0,2 ml 1%ig. Na_2SO_3-Lsg. (zur Entfernung etwa entstandener $HBrO_3$) u. 10 ml Acetatpuffer bei $< 20°$ hinzu. Nach Eindampfen auf 10 ml, Verdünnen auf 20 ml u. Zugabe von je 1 ml 0,5%ig. Stärkelsg. u. 5%ig. CdJ_2-Lsg. wird nach ca. 15 Min. (Tiefblaufärbung) mit 0,3 ml 25%ig. Na-Acetatlsg. auf p_H 4,2 eingestellt u. die Lsg. bei $\lambda = 580$ mμ spektrophotometriert. — 3 Abbildungen (Kurven), 3 Tabellen, 5 Literaturhinweise. (Bull. chem. Soc. Japan **28.** 494—97. Sept. 1955. Nagoya Univ., Fac. of Sci. [Orig.: engl.]) H. ECKSTEIN. 6060

—, *Bestimmung des Sauerstoffbedarfs.* Zusammenfassende Übersicht über die Bestimmungsverff. des BSB (mit $K_2Cr_2O_7$ oder $KMnO_4$), bes. in gewerblichen Abwässern (WINKLER-Verf., mit Abänderung durch ALSTERBERG unter Verwendung von NaN_3, u. nach RIDEAL-STEWART). — Begriffsbest. des BSB, Berechnung der Resultate, Einfl. des Cl_2 auf die BSB-Best. in Abwässern, manometr. Bestimmungsverfahren. — Es wird darauf hingewiesen, daß bes. für gewerbliche Abwässer die BSB_5-Best. durchaus nicht immer unfehlbar ist; sie kann nur in Verb. mit anderen Bestimmungen ausgewertet werden (z. B. hoher Salzgeh. beeinflußt die BSB-Bestimmung). — 66 Literaturhinweise. (Analyst **82.** 683—708. Okt. 1957.) H. ECKSTEIN. 6068

William W. Ullmann und **Wallace W. Sanderson,** *Methoden zur Messung von „Schmierfett" in städtischem Abwasser.* Die Vff. haben die mit PAe. als Lösungsm. auszuführende SOXHLET-Extraktionsmeth. daraufhin untersucht, ob sie nicht ebensogut mit n-Hexan als Lösungsm. durchgeführt werden kann, u. ob es nicht möglich ist, das extrahierte „Schmierfett" in 2 Hauptgruppen zu zerlegen. Die Anwendung von n-Hexan als Lösungsm. würde die Rückgewinnung u. Wiederverwendung des Lösungsm. gestatten, da es sich ja hier im Gegensatz zum PAe. um einen einheitlichen Stoff mit definiertem Siedepunkt handelt. Es wurde nachgewiesen, daß die Genauigkeit der „Schmierfett"-Best. mittels der SOXHLET-Extraktionsmeth. bei Anwendung von n-Hexan an Stelle von PAe. erhalten bleibt. Bzgl. der Fraktionierung des extrahierten „Schmierfettes" in 2 Hauptgruppen wurde eine Meth. entwickelt, die eine genügend genaue Aufteilung in einen KW-stoffanteil (aus Erdölprodd. kommend) u. in einen Anteil tier. oder pflanzlichen Ursprungs ermöglicht. Damit werden wichtige Unterlagen für die Modifizierung des Abwasseraufbereitungsverf. erhalten. Das Fraktionierungsverf. besteht in der Anwendung einer mit akt. Tonerde gefüllten Kolonne, durch die das in n-Hexan gelöste „Schmierfett" gegeben wird. Aus dem hierbei adsorbiertem „Schmierfett" wird durch mehrmaliges Aufgeben von reinem n-Hexan der KW-stoffanteil ausgewaschen. Dieser wird dann durch Abdestillieren des n-Hexans gewichtsmäßig bestimmt u. der Fettstoffhaltige Anteil des ursprünglichen „Schmierfettes" als Differenz ermittelt. Als „Schmierfett" wird hierbei das Material verstanden, das aus einer angesäuerten Abwassermenge durch n-Hexan extrahiert wird. (Sewage ind. Wastes **31.** 8—19. Jan. 1959. Albany, N. Y., New York State Department of Health, Laboratories for Sanitary and Analytical Chemistry.) R. KÜHN. 6068

Werner N. Grune und **Roy C. Peek jr.,** *Neue Möglichkeiten zur Verbesserung der Überwachung der Schlammvergärung.* 2. Mitt. *Messungen der elektrischen Leitfähigkeit stellen die Gesamt- und gelöste Trockenmasse fest.* (1. vgl. C. **1959.** 2254.) Die Leitfähigkeit der Fl. in den Schlammgärbehältern steht in direkter Beziehung zur Gesamttrockenmasse in Kloakenschlamm. Verss. mit einer „Durchflußzelle“ zur Verhinderung der Polarisation ergeben, daß man an Hand der Leitfähigkeit den Zustand des Schlamms (frisch oder vergoren) erkennen u. den Grad der Zers. mit der Zeit verfolgen kann. Die Beziehung zwischen Leitfähigkeit u. lösl. Trockenmasse der Fl. kann mit der „Zentrifugenmeth.“ bewiesen werden. (Wastes Engng. **29.** **424**—26. **443.** Aug. 1958. Georgia Inst. of Technol., School of Civil Engng.) PH. FRESENIUS. 6068

V. Anorganische Industrie.

R. J. Gray, W. C. Thurber und **C. K. H. DuBose,** *Bearbeitung von im Lichtbogen erschmolzenen Urancarbiden.* U-Carbide mit hohen Gehh. an ^{235}U sind vorgesehen als Brennstoffelemente in Atomreaktoren wegen ihrer hohen D. u. der Möglichkeit der sogenannten Bilderrahmentechnik zur Herst. von Blechen. Beim Lichtbogenschmelzen werden Gemische von *UC* u. UC_2 mit C-Gehh. zwischen 4,5 u. 9,4% C erhalten. Die mikrograph. Unters. zeigt bei einem Carbid mit 5,75% C 90 UC u. 10 UC_2. Bei 7,98% C liegt 80 UC_2 u. 20 UC vor. Zur Herst. der Brennstoffbleche wird Al-Pulver mit nach dem Lichtbogenschmelzen gepulvertem U-Carbid nach der Bilderrahmentechnik verarbeitet. (Metal Progr. **74.** Nr. 1. 65—70. Juli 1958. Oak Ridge, Tenn., Oak Ridge Nat. Labor.) ——————— F. VIER. H 339

Welsbach Corp., Philadelphia, Pa., übert. von: **William E. Cromwell,** Titusville, N. J., V. St. A., *Herstellen von Ozon* unter Erhöhung der Ausbeute an O_3 im Verhältnis zur angewendeten elektr. Energie, dad. gek., daß man dem zu ozonisierenden O_2 vor seiner Einführung in den Ozonisator CO in Mengen von 0,1—6,1 Vol-%·zusetzt. — Verfahrensschema. Diagramme. (**A. P. 2 857 323** vom 20/10. 1955, ausg. 21/10. 1958.) K. DEMMLER. H 239

Soc. d'Électro-Chimie, d'Électro-Métallurgie et des Aciéries Électriques d'Ugine, Paris (Erfinder: **Joseph Sanlaville, Pierre Benite** und **Louis Foulletier,** Lyon), Frankreich, *Abtrennung von Fluorwasserstoffsäure aus andere Säuren enthaltenden Lösungen* unter Verwendung von calciniertem Al_2O_3, dad. gek., daß ein durch Calcinieren von Hydroargillit oder anderen Aluminiumhydraten, Al_2O_3-Gelen oder amorphem Al_2O_3 bei 1000—1200° erhaltenes α-Al_2O_3 verwendet wird u. die HF enthaltende Lsg. damit in Berührung gebracht wird; das mit HF beladene Al_2O_3 wird mit W. gewaschen, getrocknet oder calciniert. (**D. A. S. 1 052 962** Kl. 12i vom 3/5. 1956, veröff. 19/3. 1959. F. Prior. 20/5. 1955.) K. DEMMLER. H 246

Kali-Chemie Akt.-Ges., Hannover (Erfinder: **Peter Wolfgang Schenk,** Berlin), *Herstellung eines unlöslichen, plastischen, rasch erhärtenden Schwefels* durch Umsetzung von SO_2 mit H_2S in wss. Lsg. in Ggw. von Salzsäure. Eine ca. 15 (%) NaCl u. 4 HCl enthaltende Lsg. wird bei Raumtemp. mit SO_2 gesätt. u. dann durch Einleiten von H_2S der S ausgefällt. (**D. A. S. 1 036 831** Kl. 12i vom 16/6. 1954, veröff. 21/8. 1958.) E. MIESSGANG. H 253

Dominion Tar & Chemical Co. Ltd., Montreal, Canada (Erfinder: **Zygmunt Krzesz**), *Alkalihyposulfite* werden aus SO_2 u. einem Alkaliamalgam in einem niederen aliphat. einwertigen Alkohol (z. B. Methanol) in Abwesenheit von W. bei $\leqq 40°$ in Ggw. wenigstens einer organ. Base (I) als Katalysator hergestellt. Beispiele für **I**: Alkanolamine, Piperidin, Anilin, Chinolin, Hexamethylentetramin, Harnstoff, Guanidin, Cyanursäure. (**E. P. 786 212** vom 8/3. 1955, ausg. 13/11. 1957.) H. KOBS. H 253

Karl-Heinz Hennenberger, Hameln, *Herstellung von Natriumphosphaten,* dad. gek., daß durch Säureaufschluß aus Rohphosphaten gewonnene wss. $Ca(H_2PO_4)_2$-Lsgg. mit durch Laugung von bei der Entschwefelung von Roh-Fe anfallenden Sodaschlacke erhaltenen Lsgg., umgesetzt werden. (**D. A. S. 1 050 739** Kl. 12i vom 28/11. 1955, veröff. 19/2. 1959.) A. GRADL. H 264

Michigan Chemical Corp., übert. von: **J. R. Gump,** Alma, und **Herbert C. Wohlers,** St. Louis, Mich., V. St. A., *Herabdrücken der Konzentration an Alkalisalzen in Calciumchloridlaugen.* Man kühlt die Lauge so ab, daß gerade noch kein $CaCl_2$ auskrist., wohl aber schon etwas NaCl. Dieses trennt man ab u. dampft die Lauge so weit ein, daß deren $CaCl_2$-Geh. 68—70 (Gew.-%) beträgt. Dann erhitzt man die Lauge auf 162—169°, wobei sich ein $CaCl_2 \cdot KCl$-Doppelsalz bildet, ausfällt u. abgetrennt wird. (**A. P. 2 839 360** vom 24/2. 1955, ausg. 17/6. 1958.) H. NEBELSIEK. H 283

Aluminium-Industrie Akt.-Ges., Chippis, Schweiz (Erfinder: **Pierre de la Bretèque,** Marseille, Frankreich), *Elektrolytische Behandlung einer Alkalialuminatlösung.* Die Lsg. wird mit Hilfe einer Kathode aus kräftig gerührtem Hg u. einer oder mehreren Anoden aus einem unter den Bedingungen der Elektrolyse unlösl. Metall bei erhöhter Temp. elektrolysiert. Dabei beträgt die Klemmenspannung mindestens 3 V, bes. 3,8—4 V, das kathod. Potential mindestens 1,6 V, bes. 1,9—2,2 V, u. die kathod. Stromdichte mindestens 0,35, bes. 0,45—0,60 Amp./dm². — Zeichnung. (**D. A. S. 1 051 827** Kl. 12m vom 29/5. 1956, veröff. 5/3. 1959. Schwz. Priorr. 13/6. 1955 u. 22/5. 1956.) H. NEBELSIEK. H 294

Werner Fischer (Erfinder: **Werner Fischer** und **Karl-Jürgen Bramekamp**), Hannover, *Trennen der dreiwertigen Lanthanide voneinander oder vom Yttrium durch Verteilen* zwischen 2 fl. Phasen. Dabei verteilt man die Rhodanide von Gemischen 3wertiger Lanthaniden oder von einem oder mehreren dieser Elemente mit Y zwischen W. u. einem organ. Lösungsm., z. B. Methylisobutylketon. (**D. A. S. 1 052 968** Kl. 12m vom 20/7. 1956, veröff. 19/3. 1959. **Zusatz zu D. B. P. 957478; C. 1957. 9749.**) H. NEBELSIEK. H 303

LICENTIA Patent-Verwaltungs-G. m. b. H., Hamburg (Erfinder: **Franz A. Pohl,** Belecke/Möhne), *Herstellung von hochgereinigten Metallen oder Metallsalzen,* dad. gek., daß aus einer wss. Lsg. die neben *Al, Ti* oder den *Seltenen Erden* etwa vorhandenen Elemente *Ag, As, Bi, Cd, Co, Cr, Cu, Fe, Ga, Hg, In, Mn, Mo, Ni, Pb, Sb, Se, Sn, Te, Tl, V* u. *Zn* durch metallorgan. Reagentien in Komplexe übergeführt u. diese mit nicht mischbaren organ. Solventien extrahiert werden u. dann das Al, Ti oder die Seltenen Erden aus der wss. Lsg. ausgefällt u. in das Metall oder in ein Salz dieser Metalle übergeführt wird. Als metallorgan. Reagentien werden *disubstituierte Dithiocarbamate,* z. B. *Ammoniumpyrrolidindithiocarbamat,* u. zur Extraktion *Chloroform* verwendet. — Fließschema. (**D. A. S. 1 039 238** Kl. 40a vom 29/4. 1954, veröff. 18/9. 1958.) M. NECKERMANN. H 303

Röhm & Haas G. m. b. H. (Erfinder: **Herbert Zima**), Darmstadt, *Trennen von Edelmetallsalzen.* Man belädt zunächst polymere HCN mit dem Salz oder den Salzen des gleichen Pt-Metalls oder der gleichen Pt-Metalle, die in der aufzuarbeitenden Mischlsg. vorhanden sind, bis zur Sättigung u. bringt das so vorbehandelte Polymerisat mit der Au- bzw. Pb- u. Pt-Metallsalz enthaltenden Lsg. in Berührung. Dabei erfolgt eine vollständige Aufnahme des Au- u./oder Pb-Salzes, so daß die abgetrennte Lsg. lediglich die noch vorhandenen Salze des oder der Pt-Metalle enthalten. (**D. A. S. 1 053 482** Kl. 12n vom 6/12. 1957, veröff. 26/3. 1959. **Zusatz zu D. B. P. 965635; C. 1958. 4295.**) H. NEBELSIEK. H 368

VI. Silicatchemie. Baustoffe.

Tōru Kishii, *Thermische Nachwirkung von Blei–Kalium–Natrium-Gläsern.* Na_2O u. K_2O-haltige Pb-Gläser zeigen eine starke therm. Nachwirkung. Verss. an diesen Gläsern ergaben, daß die therm. Nachwrkg. unabhängig von der Vorgeschichte des Glases ist. Es konnte auch gezeigt werden, daß die durch therm. Nachwrkg. erzeugten Dichteschwankungen reversibel sind. Ausdehnungskurven rasch gekühlter Gläser wurden aufgenommen u. diskutiert. (J. ceram. Assoc., Japan [Yogyo Kyokai Shi] **66.** Nr. 8. 170—74. 1958. [Orig.: japan.; Auszug: engl.]) H. SAALFELD. 6200

Franklin Fu-Yen Wang und **F. V. Tooley,** *Bestimmung der Reaktionsprodukte zwischen Wasser und Natron–Kalk–Kieselsäure-Glas.* (Vgl. C. **1959.** 11379.) Zur Identifizierung der Reaktionsprodd. von W. mit einem Na_2O–CaO–SiO_2-Glas (der Zus. $SiO_2 : Na_2O : CaO = 74 : 14 : 12$ Gew.-%) bei 90° u. Reaktionszeiten bis zu 4 Std. wurden die Einww. von nachgeahmten Extrakten (I) mit denen von Glasextrakten (II) (fl. Teil des Glas-W-Syst.) an Hand der von ihnen aus dem Versuchsglas extrahierten Mengen an Na_2O, CaO u. SiO_2 verglichen. Die **II** wurden durch Rk. des Glases mit W. bei 90° u. bei verschied. Versuchszeiten erhalten, während die **I** aus Na-Metasilicat bzw. NaOH, aus Metakieselsäure u. aus Ca-Metasilicat bzw. $Ca(OH)_2$ hergestellt waren. Es wird gefolgert, daß **I** u. **II** dieselbe chem. Beschaffenheit haben, wenn sie dieselbe Rk. mit der frischen Glasoberfläche zeigen, bzw. dieselben Mengen an Na_2O, CaO u. SiO_2 extrahieren. Unter den Versuchsbedingungen ergaben sich als Reaktionsprodd. Na-Metasilicat, Ca-Metasilicat u. Metakieselsäure. (J. Amer. ceram. Soc. **41.** 467—69. 1/11. 1958. Urbana, Ill., Univ. of Illinois, Dep. of Ceramic Engng.) H.-O. MULFINGER. 6200

A. G. Verduch, *Kinetik der Cristobalitbildung aus Kieselsäure.* Kieselsäure (**I**) wurde in Luft bei mehreren Versuchstempp. zwischen 945 u. 1085° erhitzt u. die Röntgenpulveraufnahmen der erhaltenen Proben quantitativ ausgewertet. Aus den Versuchsergebnissen wird auf das Entstehen einer intermediären, metastabilen Cristobalit (**II**)-Phase mit definiertem Fehlordnungsgrad als erstes Prod. der **I**–**II** Umwandlung geschlossen. Dieses ist wahrscheinlich das einzige Endprod. beim Erhitzen von **I** über den ganzen genannten Temperaturbereich. Sein Fehlordnungsgrad könnte mit dem einer Überstruktur mit wohldefiniertem Folgerhythmus von abwechselnden 3- u. 2-Schichtstruktureinheiten übereinstimmen. Die Umwandlung von I in dieses Prod. schließt 2 Schritte ein. Den einer Keimbldg., für die aus Verss. mit verschied. Tempp. eine Aktivierungsenergie von 102,8 kcal/Mol berechnet wurde u. den des Wachsens der neuen Phase, dem eine Aktivierungsenergie von 50,9 kcal/Mol zukommt. Es wird ferner gezeigt, daß der Fehlordnungsgrad vom Kern zur Oberfläche des umgewandelten II-Kristalles hin zunimmt. (J. Amer. ceram. Soc. **41.** 427—32. 1/11. 1958. Alfred, N. Y., Alfred Univ., State Univ. of New York, Coll. of Ceramics.) H.-O. MULFINGER. 6206

M. F. Nasarenko und **W. A. Swiridenko,** *Wassermethode zur Anreicherung von Feldspatgesteinen.* Während der maximal zulässige Geh. an Fe_2O_3 im Feldspat, welcher bei der Erzeugung von Gebrauchs- u. Kunstporzellan benutzt wird, 0,2% beträgt, erreicht er in Feldspatgesteinen der Scholtas-Fundstätte 0,81%. Naßmahlung des bis zu 2—3% Rückstand auf einem 10000-Maschensieb vorbehandelten Feldspates u. 2—3 maliges Auswaschen mit W. ermöglicht es, den Geh. an Fe_2O_3 auf $^1/_5$—$^1/_4$ zu senken u. ein normgerechtes Prod. 1. Sorte zu erhalten. Mit den Waschwässern wird vor allem der Pelit entfernt, der große Dispersität u. Adsorptionskraft gegenüber Fe-Verbb. besitzt. (Вестник Академии Наук Казахской ССР [Nachr. Akad. Wiss. KasachSSR] **14.** Nr. 11. 51—58. Nov. 1958.) E. v. PEZOLD. 6208

Friedrich Erdmann-Jesnitzer, Armin Petzold und **Ditmar Mrowka,** *Einfluß von Wasserstoff auf die Fischschuppenbildung bei Stahlblechemails.* Der für die „Fischschuppen" verantwortlich zu machende H_2 rührt weder von der Stahlschmelze des Bleches noch vom Beizvorgang her, sondern ist auf das chem. gebundene W. des Emailschlickers zurückzuführen. Erheblichen Einfl. auf die Bldg. der „Fischschuppen" haben auch Si- u. Cu-Gehh. des Blechmaterials. Durch die Versprödung infolge des Wasserstoffs wird die Biegezahl u. die Dehnung herabgesetzt, während elektr. Widerstand u. andere Eigg. ansteigen. (Bergakademie [Freiberg] **10.** 576—86. Nov. 1958.) N. PETERS. 6212

W. J. Smothers, *Einfluß von Wasser auf die mechanische Festigkeit von ausgewählten keramischen Zusammensetzungen.* Der Einfl. von W. u. von verschied. anderen anorgan. u. organ. Fll. sowie von Gasen, von Glasuren u. anderen Überzügen auf die mechan. Festigkeit von Porzellanstangen (der Zus. 50% Ton, 30% Feldspat u. 20% SiO_2) wurde untersucht. Für die Verss. wurde ein DILLON-Bruchfestigkeitsprüfgerät mit einem Ladungszuwachs von 1515,02 kg pro Min. verwandt. Die Festigkeit unglasierter Proben nahm in dem Maße ab, wie sich der Feuchtigkeitsgeh. der Luft im Augenblick des Vers. erhöhte. [Setzt man als Ausgangswert die Bruchfestigkeit (BF) einer in W. getauchten Stange, so weist eine Probe, die bei 54% relativer Luftfeuchtigkeit untersucht wurde eine Zunahme der BF um 9% u. bei 17% relativer Luftfeuchtigkeit eine Zunahme um 15% auf]. Die Änderung der Ergebnisse bei den Verss. im Vakuum u. mit verschied. Gasen (N_2, H_2, O_2 u. CO_2) ist abhängig von der Menge des adsorbierten W., welches durch das Vakuum bzw. durch die trocknen Gase von der Oberfläche entfernt wird. Bei den untersuchten Fll. u. Überzügen konnte keine ihrer physikal. Eigg. mit ihrer Einw. auf die BF in Zusammenhang gebracht werden. Nur der jeweilige Wassergeh. der Fll., in die die Proben eingetaucht wurden, ergab einen deutlichen Einfl. auf die Änderung der BF. Unterschiede in der H^+- bzw. OH^-- Ionenkonz. in ausgesuchten Fll. zeigten nur geringen Einfluß. Ein großer Teil der Festigkeit eines keram. Körpers wird durch die Anwendung von sogenannten Preßglasuren bewirkt, möglicherweise durch den einfachen Effekt, daß die Glasur die Feuchtigkeit von der stark beanspruchten Zone, wo der Bruch beginnt u. fortschreitet, fernhält. (J. Amer. ceram. Soc. **41.** 440—44. 1/11. 1958. Barberton, Ohio, Ohio Brass Comp., Ceramic Res. Labor.) H.-O. MULFINGER. 6214

P. A. Kagan, *Silicalcit.* Nach einem neuen sowjet. Verf. von CHINT wird aus Kalk u. Quarzsand durch Behandlung in einem Desintegrator mit anschließendem Pressen, Rütteln, Stampfen oder Gießen in Formen ein Baustoff „Silicalcit" hergestellt, der bis 500° verwendbar ist. Seine mechan. Eigg. werden beschrieben. (Stavivo **36.** 241. Juni 1958. Moskau.) R. K. MÜLLER. 6218

Z. Došlý, *Neue Arten feuerfester Siliciumcarbiderzeugnisse.* SiC erleidet bei 1400° mit der Zeit Oxydation; der SiO_2-Geh. nimmt zunächst rascher, dann langsamer zu u. erreicht nach ca. 1000 Std. 25%. Als Zusatz zu SiC bei der Herst. feuerfester Stoffe eignen sich Pulvermetalle, am besten Ferrosilicium mit 75% Si u. Braunstein. Solche Prodd. werden unter dem Namen „*Sicafrax*" mit z. B. 92 u. 94% SiC hergestellt; sie werden mit ausländ. Erzeugnissen verglichen. (Stavivo **36.** 226—28. Juni 1958. Benátky nad Jizerou, Spoj. záv. na výrobu karborundu a elektritu.) R. K. MÜLLER. 6218

Z. Engelthaler und **K. Engelthaler,** *Hochwertige Schamotteerzeugnisse mit hohem Gehalt an SiO_2.* Aus sauren, mergelarmen, feuerfesten Tonen u. Quarzsand (Hydrocyclonsand), z. B. im Verhältnis 66 : 34, werden saure Schamotteprodd. hergestellt, die bei 0,32% Glühverlust 74,06% SiO_2 u. 22,48% Al_2O_3 enthalten; Druckfestigkeit 174 bis

194 kg/cm², Feuerfestigkeit SK 29/30, Verformungsfestigkeit unter Belastung t_a 1360 bis 1390°, t_e 1525—1530°. (Stavivo **36.** 150—55. April 1958. Horní Bříza, ÚTHK.) R. K. MÜLLER. 6218

Toshiyoshi Yamauchi und **Hiroshige Suzuki,** *Untersuchungen über feuerfeste Materialien aus Graphit.* 1. Die chem. Zus. der Aschen u. andere Eigg. der in Japan gebräuchlichen Tiegel (I)-Qualitätsgraphite (II) hängen hauptsächlich vom Ausgangsmaterial ab. 2. Die Ergebnisse, die durch die Differential-Thermoanalyse in einem Luftstrom für die 4 Arten der natürlichen II in den 3 Körnungen, d. h. bei einem 50—80 u. 100—150 Maschensieb u. den kleineren Partikeln erhalten wurden, zeigen keinen erkennbaren Unterschied zwischen den kleineren Partikeln, jedoch wurden für die gröberen Partikel Unterschiede, die größer als 100° waren, zwischen den exothermen Temperaturspitzen der flockigen II aus Korea, Madagaskar oder Ceylon gefunden. 3. Die Widerstandsfähigkeit gegenüber Oxydation u. die Schichtung waren die hervorstechendsten Eigg. der Graphittiegel. 4. Vff. stellten eine Unters. an über die physikal. u. chem. Eigg. von II-Ziegeln, wobei die japan. mit den amerikan. verglichen werden. 5. Vff. berichten über die Ergebnisse der Unters. über die Oxydation von SiC-Pulver u. seinen geschmolzenen Stücken. 6. Vff. arbeiteten eine Meth. aus zur Formung der dichten Schichten an den oxydierten Oberflächen von feuerfesten Gegenständen aus II, um den Oxydationsverbrauch des inneren II zu kontrollieren. (Bull. Tokyo Inst. Technol. **1956.** 235—63. Tokyo, Tokyo Inst. für Technologie. [Orig.: engl.]) R. WALCKER. 6218

Shoichiro Nagai und **Atsushi Otsuka,** *Untersuchung über Zumischungen zu Zement.* 2. Mitt. *Reaktion von Kalk mit Portlandzementzumischungen von puzzolanartiger Natur.* (1. vgl. J. ceram. Assoc., Japan [Yogyo Kyokai Shi] **62.** [1954.] 403.) Aus Beppu-Hakudo (I; 94,2% SiO_2), Matsuyama-Hakudo (II; 71% SiO_2, 13,13% Al_2O_3) u. Oyaishi (III; 69% SiO_2, 11,23% Al_2O_3), mit 9—47% Unlöslichem, werden jeweils Mischungen mit gelöschtem Kalk (1 : 1) u. 75% W. hergestellt. Die Rk. während der Härtung wird verfolgt durch Best. des freien CaO, der lösl. SiO_2, des Al_2O_3 u. Fe_2O_3. Bei II u. III bildet sich $CaO \cdot SiO_2 \cdot H_2O$, bei I schwankt CaO/SiO_2 zwischen 1 u. 2. — 8 Diagramme (in engl.). (J. ceram. Assoc., Japan [Yogyo Kyogai Shi] **63.** 523—27. 1955. Tokyo, Univ. [Orig.: japan.; Auszug: engl.]) L. SCHULER. 6222

R. H. Heiskell, R. H. Black, R. J. Crew und **H. Lee,** *Abtragung von Oberflächenschichten von Portlandzementmischungen durch Hitzeeinwirkung.* Zementoberflächen lassen sich wegen ihrer Porigkeit mit Fll. für radiolog. Zwecke nicht befriedigend reinigen. Beim Erhitzen der Proben auf 1100°F im Ofen gelingt eine Entfernung von Oberflächenschichten auf Grund der durch Zers. bedingten Absplitterung des Zementes bei dieser Temperatur. Mit Propan-Al-Brennern gelingt eine Erhitzung auf 200—800°F. Nur bei einer Brennergeschwindigkeit <2 Fuß/Min. erfolgt damit die erstrebte Absplitterung von Oberflächenschichten. (J. Amer. Concrete Inst. **29.** Proc. 54. 591—603. Jan. 1958.) G. FRIKELL. 6222

Ernö Reichard, *Leichtbetone.* Allg. Ausführungen. — 254 Literaturhinweise. (Építöanyag [Baumaterial] **10.** 283—97. Aug. 1958.) J. PLANK. 6224

P. A. Rehbinder, *Einige Ergebnisse der Entwicklung der physikalisch-chemischen Mechanik.* (Vgl. C. **1957.** 12388; **1958.** 353, 12901; **1959.** 2046.) Übersicht über die Bldg. u. die Eigg. von Koagulations- u. Kristallisationsstrukturen, ihre Bedeutung für die Bldg. u. Verbesserung von *Beton* u. die Umkristallisierprozesse in Beton, Temp. u. Charakter des Spannungszustandes u. die Wrkg. oberflächenakt. Medien u. Zusätze. — 25 Literaturhinweise. (Известия Академии Наук СССР, Отделение Химических Наук [Nachr. Akad. Wiss. UdSSR, Abt. chem. Wiss.] **1957.** 1284—97. 1 Tafel. Nov. Inst. für physik. Chem. der Akad. der Wiss. der UdSSR; Moskau, Lomonossow-Univ., Lehrstuhl für Kolloidchemie.) R. K. MÜLLER. 6224

Anton W. Rick, *Neuere Entwicklungen bei Mörtelzusätzen.* Es wird ein Überblick über die Technologie der Zusatzstoffe für Mörtel u. Beton gegeben. Es werden vorzugsweise Betonverflüssiger, Luftporenbildner, Eindringhilfen, Abbindeverzögerer u. a. sowie die hierfür erforderlichen Werkstoffe u. Prüfvorschriften behandelt. (Seifen-Öle-Fette-Wachse **83.** 583—85. 25/9. 1957.) N. PETERS. 6224

B. Ss. Lissin und **W. W. Rodnikowa,** *Untersuchung der Kristallisation von gegossenen Steinen.* Der Volumenverlust der bei der Schlackenkristallisation auftritt beträgt 6—11,8%. Durch eingehende Unterss. des Kristallisationsvorganges wird die günstigste Arbeitstemp., zur Herst. von Schlackensteinen bestimmt. Zur Verhinderung von Strukturrissen ist bes. langsames Abkühlen der Schlacken notwendig. (Доповіді Академії Наук Української РСР [Ber. Akad. Wiss. UkrainSSR] **1958.** 760—63. Kiew, Polytechn. Inst.) G. PRETZSCHNER. 6228

K. Norrish und **E. W. Radoslovich,** *Einfluß von Biotit auf die Brenneigenschaften gewisser verwitterter Schiefer.* Vff. untersuchten chem., analyt. u. röntgenograph. 5 Tonproben aus den Steinbrüchen der Onkaparinga Brickworks, von denen sich einige gut zu Ziegelsteinen verarbeiten ließen, während andere beim Brennen zerbröckelten. Die Unterss. ergaben, daß die schlechten Brenneigg. durch einen teilweise verwitterten Biotit verursacht werden. Frischer Biotit u. vollständig verwitterter Biotit beeinflußt die Brenneigg. nicht. (Clay Minerals Bull. 3. 189—92. Dez. 1957. Adelaide, C.S.I.R.O., Div. of Soils.) C. GOTTFRIED. 6228

Z. Uhlíř und **J. Sodomka,** *Möglichkeit einer Qualitätsverbesserung von Erzeugnissen aus durch Wasser schweraufschließbaren Rohstoffen.* Lehmmergel u. Löß werden für sich u. im Gemisch miteinander auf Ziegel verarbeitet. Laborunterss. zeigen, daß für die Qualität der Prodd. eine möglichst weitgehende Mahlung von Bedeutung ist. (Stavivo **35.** 5—8. Jan. 1957. Stíčany, Východočeské cihelny n.p.) R. K. MÜLLER. 6228

E. I. du Pont de Nemours & Co., Wilmington, Del., übert. von: **Alden J. Deyrup,** Niagara Falls, N. Y., V. St. A., *Verbesserung der Ritzhärte und Festigkeit von Glas.* Dieses wird bei einer zwischen Entspannungs- u. Erweichungsbereich liegenden Temp. (450 bis 600°) mit dem Dampf eines metallorgan. Esters, wie Alkyltitanat, -zirkonat oder -aluminat behandelt, wobei Metalloxyde auf der Glasoberfläche entstehen. Nach dem Erhitzen auf 550° wird ein Gemisch von N_2 u. Triisopropylaluminat während 10 Min. zur Wrkg. gebracht. Während dieser Zeit bildet sich unter Abkühlen eine 50—100$\mu\mu$ starke Al_2O_3-Schicht. (**A. P. 2 831 780** vom 21/4. 1955, ausg. 22/4. 1958.) G. FRIKELL. 6181

Comp. Réunies des Glaces & Verres Speciaux du Nord de la France, übert. von: **Bernard Long,** Paris, Frankreich, *Doppelbrechendes Glas* mit permanenten Eigg. wird hergestellt aus einem Glas mit 50—75 (Gew.-%) SiO_2 5—25 B_2O_3 u. >5 Al_2O_3. Durch Erhitzen wird zunächst eine Viscosität von 10^{10}—10^{13} Poise eingestellt, dann wird die Temp., nachdem das Glas äußeren mechan. Einfll. ausgesetzt wurde, unter Aufrechterhaltung der Spannung schrittweise auf Zimmertemp. abgekühlt. — Beispiel: 68 (Gew.-%) SiO_2, 22 B_2O_3, 1 Al_2O_3, 9 $Na_2O + K_2O$. Temp. I = 620° (35 Min.), Temp. II = 400°. Anschließend Anwärmen auf 530° (3) Std.) u. Abkühlen um 150°/Stunden. — Zeichnungen. (**A. P. 2 823 491** vom 3/5. 1955, ausg. 18/2. 1958. F. Prior. 18/10. 1950.) G. FRIKELL. 6201

N. V. Philips' Gloeilampenfabrieken (Erfinder: **Pieter Willem Haaijman, Petrus Cornelis van der Linden, Dirk Veeneman** und **Gerardus Hendricus Janssen**), Eindhoven, Holland, *Überziehen von anorganischem, isolierendem, hitzebeständigem Material mit einer elektrisch leitenden Schicht.* Keram. Material, Quarz oder Glas, z. B. Fensterscheiben von Flugzeugen oder Kraftfahrzeugen, die elektr. beheizt werden sollen, werden auf mindestens 300°, z. B. 650°, erhitzt u. dann mit einer Lsg. bespritzt oder in eine solche getaucht, die ein hydrolysierbares Sn-Salz, bes. $SnCl_4$, u. eine oxydbildende P-Verb., z. B. PCl_5, PCl_3, $POCl_3$, $(NH_4)_3PO_4$ oder Trikresylphosphat, enthält. — Vgl. Schwed. P. 146 468; C. **1950/54.** 2042 S. (**Holl. P. 85 813** vom 3/11. 1951, ausg. 15/8. 1957.) F. BÖHM. 6201

Turner Mfg. Co., übert. von: **Jonathan Turner,** Chicago, Ill., V. St. A., *Herstellung von durch Ornamente verzierten Spiegeln.* Auf die Rückseite wird zunächst zur Maskierung ein abziehbare Filme bildender Lack, entsprechend dem gewünschten Muster, z. B. im Siebdruck, aufgebracht u. dann nach dem Trocknen zu einem geschlossenen Film die ganze Fläche mit einer üblichen wss. Versilberungslsg. überzogen. Nach dem Entfernen der Maskierung wird eine mit dem entsprechenden Muster versehene thermoplast. Folie aufgebracht. (**A. P. 2 807 111** vom 18/9. 1953, ausg. 24/9. 1957.) P. KRUG. 6203

Westinghouse Electric Corp., East Pittsburgh, Pa., übert. von: **Kenneth L. Rohrer,** Elmira, N. Y., V. St. A., *Herstellen von Tinten.* 15—50 (Gew.-%) eines unlösl. Pigments werden in 85—50 einer Fl. verteilt, die aus 30—60 eines Gemisches aus 1—2 Gewichtsteilen Glycidylpolyäther u. 1 Gewichtsteil $Al(NO_3)_3$ sowie 40—70 eines flüchtigen organ. Lösungsm. („Butyl Cellosolve") besteht. Die Tinte dient bes. zum Kennzeichnen *keram.* Gegenstände. (**A. P. 2 836 573** vom 31/10. 1956, ausg. 27/5. 1958.) F. REINHART. 6207

United States of America, übert. von: **Dwight G. Bennet,** Champaign, und **William J. Plankenhorn,** Lombard, Ill., V. St. A., *Hitzebeständiges Email.* Dieses besteht aus 34—40 (Gew.-%) SiO_2, 5—10 B_2O_3, 22—28 BaO, 8—12 BiO_2, 4—6,5 CeO_2, 4—6 ZnO, 4+6 CaO u. 3—10 TiO_2. — Beispiel für die Zus. einer Emailfritte: 37 SiO_2, 8 B_2O_3, 25 BaO, 10 BiO_2, 5 CeO_2, 5 ZnO, 5 CaO u. 5 TiO_2. (**A. P. 2 846 325** vom 7/2 1956, ausg. 5/8. 1958.) HANS HOFFMANN. 6213

Omnium Tangérois d'Intérêts Mobiliers et Immobiliers, O.T.I.M.I, Tanger (Erfinder: **Samuel Jaquier,** Lausanne, Schweiz), *Herstellung von feuerfestem, leichtem Material.* 3,2 (Teile) nichtgetrockneter Torf werden mit einer Mischung aus 0,9 $MgCl_2$, 0,1 $MgSO_4$,

0,2 $CuSO_4$ u. 2,0 MgO versetzt. Die M. wird in Formen gefüllt; sie erhärtet innerhalb einiger Stunden. (**Schwz. P. 329 389** vom 27/5. 1955, ausg. 14/6. 1958.) G. FRIKELL. 6219

Electric Storage Battery Co., Philadelphia, Pa., V. St. A., *Herstellung von porösen Kohleelektrodenplatten.* Als auswaschbarer Füllstoff wird ZnO, NaCl usw. in einer Partikelgröße von 1 μ u. in einer Menge verwendet, daß das Kohlenstoffmaterial eine Porosität von 75—80% erhält. Nach Erwärmen des verformten Materials auf 650—700° wird der Füllstoff herausgewaschen, das poröse Material alsdann auf 2200—2400° erhitzt. (**Dän. P. 81 040** vom 19/10. 1949, ausg. 28/5. 1956. F. Prior. 12/9. 1949.) K. H. KÄHLER. 6221

N. V. de Bataafsche Petroleum Mij., 's Gravenhage (Erfinder: **Gerrit Jan Harmsen** und **Johan Gustaaf Stuve,** Amsterdam), Holland, *Zementieren von Bohrlöchern* großer Tiefe unter Verwendung eines feinverteilten hydraul. Bindemittels, eines feinverteilten Puzzolans u. einer wss. Anmach-Fl., dad. gek., daß als hydraul. Bindemittel gemahlene, unterkühlte, bas. Hochofenschlacke, die mindestens insoweit frei von Aktivatoren ist, daß bei n. Temp. kein Abbinden erfolgt, gebraucht wird; als Puzzolan kann Quarzmehl verwendet werden u. in der Anmach-Fl. ein saures NH_4-Salz enthalten sein. (**Holl. P. 87 545** vom 12/11. 1954, ausg. 15/3. 1958.) K. DEMMLER. 6223

Konrad Maly, Wien, Österreich, *Dichten von Rauchfangmauerwerk* mittels einer aus Magnesit, einem Stoff mit einer niedrigeren Wärmeleitzahl als übliche Mauerziegel (Asbest, Kieselgur, Porzellanerde, Talkum, Korkmehl), $MgCl_2$ u. Quarzsand bestehenden Mörtelmasse. Nach dem Abbinden wird die M. mit einer unbrennbaren Bitumenlösung verkleidet. (**Oe. P. 200 059** vom 27/3. 1956, ausg. 10/10. 1958.) O. KAYSER. 6227

VII. Agrikulturchemie. Schädlingsbekämpfung.

G. L. Terman, O. H. Long und **J. L. Antony,** *Der Einfluß der Granulierung im Vergleich zu der mechanischen Mischung und der Art der Düngung der Bestandteile von NPK-Mischdünger auf den Pflanzenertrag.* Die Granulierung von NH_4NO_3 oder $(NH_4)_2SO_4$ mit $CaHPO_4$ erhöht die Verwertbarkeit von P durch Hirse, Weizen u. Mais im Vgl. mit der mechan. Mischung der Granulierbestandteile. Die Granulierung der N-Verbb. mit konz. Superphosphat erhöht den Ertrag nicht merklich im Vgl. mit der mechan. Mischung. Feldverss., bei denen die NPK-Bestandteile in der gleichen Weise oder in Reihendüngung mit 6″ Abstand verwendet worden sind, führen zu gleichen Weizen- u. Baumwollerträgen. Mit NH_4NO_3 (—6 + 14 Maschensieb) granuliertes $CaHPO_4$ liefert in Topfverss. keine befriedigenden Weizen-, Hirse- u. Hafererträge. Feines $CaHPO_4$ (>35 Maschensieb) gibt bessere Erträge, die aber unter denen bleiben, die granuliertes oder feines, konz. Superphosphat liefert. (Farm Chemicals **122.** Nr. 1. 24—26. Jan. 1959. Wilson Dam, Ala., Tennessee Valley Authority, Soils and Fertilizer Branch; Knoxville, Tenn., Agricult. Exp. Stat.; State Coll., Miss., Agricult. Exp. Stat.) W. WESLY. 6290

H. H. Tucker, *Verwendung von Harnstoff in Ammoniumnitrat–Ammoniak–Wasser-Lösungen.* Der Zusatz von *Harnstoff* (I) zu NH_4NO_3-NH_3-W.-Lsgg. vermindert die Sättigungs- u. Aussalztemp. u. den Dampfdruck der Lösung. I erhöht die Plastizität von Mischdüngern, die NH_4NO_3 u. KCl enthalten, verbessert die Granulierung u. verändert die Kristallstruktur, so daß sich die Gefahr des Zusammenbackens vermindert. (Farm Chemicals **122.** Nr. 1. 28. Jan. 1958.) W. WESLY. 6290

Adrás Gábriel, *Daten über die Wasserdurchlässigkeit unserer tonigen Wiesen- und Waldböden.* Unterss. zur Wasserdurchlässigkeit eines tonigen Wiesenbodens u. dreier toniger Waldböden Ungarns ergaben, daß dieselbe weitgehend von dem Porenvol., dem Geh. an wasserfesten Krümeln, dem Quellvermögen, der mechan. Zus., dem Pflanzenbestand u. der Tiefe der Ackerkrume abhängt. (Agrártudományi Egyetem Agronóm. Kar Kiadványai [Ber. Fak. Agronom. Univ. Agrarwiss.] **3.** Nr. 4. 1—16. 1956.) M. WINIKER. 6302

František Vřeský, *Ein Beitrag zur Untersuchung der Wasserdurchlässigkeit des Bodens.* Durch Zufuhr von Seifenlsg. als capillarakt. Stoff konnte die Wasserdurchlässigkeit des Bodens erhöht werden. (Sborník Československ. akad. zemědělských věd, rostlinná výroba **3** (**30**). 1261—68. Dez. 1957. Brno, Výs. učen. techn., Úst. zeměd. a lesn., kat. hydromel.) E. VEVERA. 6302

Sándor Arany, *Der Boden und das Bewässerungwasser.* Behandelt werden: Verwendung von salzhaltigem W. zur Bewässerung, Wechselwrkg. von Boden u. W., erforderliche Eigg. eines guten Bewässerungswassers, Verbesserung von salzhaltigem Wasser. (Int. Z. Landwirtsch. [Sofia/Berlin] **1959.** Nr. 1. 84—95. Debrecen, Staatl. Inst. für Qualitätskontrolle der landwirtsch. Produkte, Labor. für Bodenkunde.) M. WINIKER. 6304

Alva A. Preston jr., „*Vom Boden produzierte*" *Superphosphate.* Bei Ausbringung von Rohphosphat auf den Boden mit nachfolgender Zufügung von H_2SO_4 oder H_3PO_4

wird das Superphosphat im Boden gebildet. Bei Verss. auf einem P-armen Boden konnten bei Weizen im Vgl. zu n. Superphosphat gleiche Ernteerträge erzielt werden. Die Nachteile des Verf. liegen in dem hohen Anteil an Handarbeit. (Agric. Chemicals **14.** Nr. 1. 43. 114. Jan. 1959. Columbia, Miss., Agric. Extension Serv.) W. KNÖPKE. 6304

Thomas Geissler, *Die Abhängigkeit der Düngewirkung von der Einbringungsform der Phosphorsäuredünger in den Boden.* Zusammenfassender Überblick an Hand der Literatur. — 152 Hinweise. (Wiss. Z. Humboldt-Univ. Berlin, math.-naturwiss. R. **7.** 173—93. 1957/58.) M. WINIKER. 6304

J. A. Bonnet, A. R. Riera und **M. A. Lugo-López,** *Fehlende Reaktion alter Kaffeebäume auf Alonso-Ton auf Kalk- und Phosphatdüngung.* Auf einem sauren laterit. Tonboden (p_H 4,2) mit hohem Geh. an „verfügbarem" P wurde an Kaffeebäumen ein vierjähriger Düngungsvers. mit steigenden P-Gaben (0—200 lbs./acre) ohne bzw. mit gleichzeitiger Aufkalkung (4 tons/acre) durchgeführt. Innerhalb der verschied. Düngungsvarianten konnten keine gesicherten Ertragsunterschiede festgestellt werden. Daraus wird gefolgert, daß auf dem betreffenden Boden beim Anbau von Kaffee keine Phosphatdüngung notwendig ist. (J. Agric. Univ. Puerto Rico **42.** 161—67. Juli 1958.) WILFRIED WERNER. 6304

Elmer R. Roth und **Thomas C. Evans,** *Die Wirkung der Bodendüngung auf das Wachstum der kurznadligen Kiefer.* In 8—11jährigen Düngungsverss. an 15—35 Jahre alten Kiefern (Düngung im 3-Jahre-Turnus) wurde der beste Ertragszuwachs (gemessen an der Zunahme des Stammdurchmessers) bei Anwendung von 2000 lbs./acre eines N, P, K-Volldüngers (3 : 9 : 6) u. einer zusätzlichen N-Gabe von 1000 lbs. $NaNO_3$ erzielt. (J. Forestry **56.** 215—16. März 1958.) WILFRIED WERNER. 6304

K. Schmid, *Gefäßversuch über die Ausnutzung von Mehrstoffdüngemitteln oder „Volldüngern" durch die Tabakpflanze.* Gefäßverss. zufolge sind Volldünger oder Mehrnährstoffdünger auch im Qualitätstabakbau anwendbar, wenn sie den strengen Anforderungen der bisher gut bewährten Einzeldünger bzgl. Chlorfreiheit u. Löslichkeit der Phosphorsäure entsprechen u. ein günstiges Nährstoffverhältnis aufweisen. (Dtsch. Tabakbau **39.** 41—44. 15/4. 1959. Forchheim.) M. WINIKER. 6304

Orfeo Turno Rotini, *Vorteile und Gefahren von Harnstoff (als Düngemittel).* (Agricoltura [Roma] **8.** Nr. 2. 42—51. Febr. 1959.) M. WINIKER. 6304

Hans Dümlein, *Stickstoffdüngung und Qualität im Braugerstenbau.* Bei Applikation hoher N-Gaben zu Braugerste besteht die Gefahr, daß der Eiweißgeh. derselben so gesteigert wird, daß sie für Brauzwecke ungeeignet wird. Zur Verminderung dieser Gefahr wird empfohlen: 1. Frühzeitige Aussaat u. Berücksichtigung der Vorfrucht. 2. Schaffung eines Boden-p_H von 6,1—7. 3. Verabreichung von N vor der Saat. 4. Verwendung sulfathaltiger N-Dünger, z. B. Ammonsulfatsalpeter. 5. Anbau eiweißarmer u. standfester Sorten. (Mitt. dtsch. Landwirtschafts-Ges. **74.** 85—86. 22/1. 1959. Nürnberg.) M. WINIKER. 6304

José Vicente-Chandler und **Jacinto Figarella,** *Wachstumskennzeichen von Guinea-Gras auf der semiariden Südküste Puerto Ricos und Wirkung der Stickstoffdüngung auf Futterertrag und Proteingehalt.* In einem Weidedüngungsvers. an Guinea-Gras konnte durch Anwendung von 100 lbs./acre N gegen Ende der Regenzeit der Trockenmasseertrag in der darauf folgenden Trockenzeit von 3555 auf 5520 lbs./acre erhöht werden, bei gleichzeitigem Anstieg des Proteingeh. von 6,7 auf 8,8%. Auch in der nächstjährigen Regenzeit war noch eine beachtliche Nachwrkg. der N-Düngung zu verzeichnen (Proteinertrag 608 bzw. 921 lbs./acre). Die Ausnutzung des verabreichten N war relativ gering (50%). Höhere N-Gaben (200—400 lbs./acre) brachten keine Erhöhung der Trockenmasseerträge mehr u. beeinflußten den Proteingeh. u. die Proteinerträge noch geringfügig. (J. Agric. Univ. Puerto Rico **42.** 151—60. Juli 1958.) WILFRIED WERNER. 6304

K. S. Nair, S. Varadarajan und **A. Mariakulandai,** *Untersuchungen über Gründüngdünger.* 2. Mitt. *Jahreszeitliche Veränderungen im Stickstoff- und Kohlenstoffgehalt bei Gründüngern.* (3. vgl. C. **1956.** 13535.) Vff. untersuchten den N- u. C-Geh. von Blättern der Arten Gliricidia maculta, Pongamia glabra, Delonix regia, Enterolobium saman, Thespesia populnea u. Azadirachta indica, die zur Gründüngung von Reisfeldern Verwendung finden, in verschied. Jahreszeiten. Dabei war der Geh. u. das Verhältnis der beiden Elemente bei den verschied. Arten während der gesamten Vegetationsperiode nahezu konstant, die Arten unterschieden sich dagegen in gewisser Hinsicht. Ergebnisse in Tabellen. (Madras agric. J. **45.** 114—19. März 1958.) W. KNÖPKE. 6304

Wilhelm Gärtel, *Beobachtungen über den Einfluß der Kaliumernährung auf das Auftreten von Oidium bei Amerikanerreben.* Bei Amerikanerreben konnte eine gesicherte lineare Korrelation zwischen dem Grad der Kalimangelschäden u. dem Oidiumbefall nachgewiesen werden. Durch ausreichende Versorgung mit K gelingt es, den Oidiumbefall auf ein Minimum zu reduzieren. (Weinberg u. Keller **6.** 81—85. März 1959. Bernkastel-Kues/Mosel, Biol. Bundesanst. für Land- u. Forstwirtschaft, Inst. für Rebenkrankheiten.) M. WINIKER. 6304

Heinrich Zakosek, *Zum Kalkgehalt von Weinbergböden in Hessen und zur bodenbedingten Chlorose.* Es wurde festgestellt, daß in den hess. Weinbaugebieten die bodenbedingte Chlorose vorwiegend auf Mergelböden u. nur unter bestimmten Voraussetzungen auf Löß-Pararendzinen auftritt. Voraussetzung für die Chlorose ist offenbar auch der hohe Kalkgeh. der Böden, jedoch wird dieselbe anscheinend in Verbindung mit mangelhafter Durchlüftung ausgelöst. Bei der Beurteilung der Chlorose in den hess. Weinbergböden kommt somit den Werten für den Kalkgeh. nur eine sehr begrenzte Bedeutung zu. (Weinberg u. Keller **6.** 85—88. März 1959. Wiesbaden, Hess. Landesamt für Bodenforsch.) M. WINIKER. 6304

Wilhelm Gärtel, *Über das Auftreten von Wachstumsstörungen an Reben auf den Lehmböden der Moselterrassen. Ein Beitrag zur Frage der Vorratsdüngung.* Behandelt werden Kali-, Magnesium- sowie Bormangel bei Reben u. die zur Verhütung geeigneten Maßnahmen. — 23 Literaturhinweise. (Weinberg u. Keller **6.** 56—70. Febr. 1959. Bernkastel-Kues/Mosel, Biol. Bundesanst. für Land- u. Forstwirtschaft, Inst. für Rebenkrankheiten.) M. WINIKER. 6304

G. W. J. Agnew, *Maßnahmen zur Behebung von Magnesiummangel bei Citrus(bäumen).* Allg. Ausführungen. (Queensland agric. J. **85.** 11—13. Jan. 1959.) M. WINIKER. 6304

C. Bonnier, *Beimpfung von Sojabohnensaatgut mit Bakterien unter den Bedingungen der landwirtschaftlichen Praxis.* Bericht über erfolgreiche Verss. zur Ertragssteigerung bei Sojabohnen durch Saatgutbeimpfung mit einer fl. Rhizobium-Kultur. (Bull. agric. Congo belge **48.** Nr. 2. Bull. Inf. de l'INÉAC **6.** 87—92. April 1957. Gembloux, Inst. agron. de l'État.) M. WINIKER. 6304

J. E. Crosse, *Versuche mit dem Antibioticum Streptomycin zur Bekämpfung von Bakterienkrebs der Kirsche.* (Vgl. C. **1958.** 3722.) Zur Bekämpfung von bakteriellen Blattflecken im Frühjahr u. Krebs im Herbst wurden Spritzungen mit Streptomycin durchgeführt. Im Frühjahr zeigte sich ein über 90%ig. Red. der Blattflecken gegenüber unbehandelten Kirschen, im Herbst war der Erfolg nicht ganz so gut, aber noch immer zufriedenstellend (ca. 70%ig. Red. der Infektion). (Annu. Rep., East Malling Res. Stat., Near Maidstone, Kent **44.** 170—72. 1956, herausgeg. April 1957.) W. KNÖPKE. 6312

K. M. Aiyappa, *Citruskrebs, Xanthomonas citri (Hasse) Dowson.* Zusammenfassender Überblick über Erreger, Schadbild u. Bekämpfungsmöglichkeiten. — 24 Literaturhinweise. (Mysore agric. J. **33.** 164—67. Juli/Sept. 1958. Gonicoppal, Coorg.) M. WINIKER. 6312

J. Decelle, *Phytosanitäre Maßnahmen in Kaffeeplantagen (Sorte Robusta).* Überblick über die wichtigsten Schädlinge sowie Krankheiten bei Kaffeebäumen der Sorte Robusta u. die Möglichkeiten ihrer chem. Bekämpfung. (Bull. agric. Congo belge **48.** Nr. 2. Bull. Inf. de l'INÉAC 93—99. April 1957.) M. WINIKER. 6312

R. S. Kirby, *Mehltau (Podosphaera leucotricha und P. oxyacanthae) an Äpfeln.* Besprechung der Biologie u. Entw. des Apfelmehltaus. Die Bekämpfung ist durch mehrmalige Anwendung von *S, Karathane* u. *Mildex* möglich. (Agric. Chemicals **12.** Nr. 5. 41—42. 115. 117. Mai 1957.) W. KNÖPKE. 6312

W. L. Thompson, R. B. Johnson und **J. W. Sites,** *Bekämpfung von Greasy spot.* Es wird vorgeschlagen, vom 1. Juli bis 7. Aug. eine neutrale Cu-Lsg. mit 0,4—0,5 lbs. Cu je 100 gallons anzuwenden, diese kann mit *Netz-S* (**I**) u. *Parathion* (**II**) kombiniert werden. Bei weniger stark befallenen Pflanzen kann eine Ölemulsion von 1,3% oder 0,7% Öl u. **II** im Juli angewandt werden. Wenn es nötig ist, Grapefruchtpflanzungen bereits im Juni oder nach dem 1. Aug. mit Öl zu spritzen, kann eine Anwendung von **I** u. Cu entweder 3 Wochen nach der Ölspritzung im Juni oder 3 Wochen vor der Ölspritzung im August gegeben werden. Cu mit Öl kann zu jungen, noch nicht tragenden Bäumen gegeben werden. Man muß darauf achten, daß die Pflanzen nicht bei heißem Wetter durch das Cu verbrannt werden. Zu Orangen wird im Juli Öl oder Öl mit **II** zusammen mit einer Spritzung mit Schwefelkalk (**III**) u. **I** empfohlen. Zu bestimmten Sorten darf aber **III** nicht nach Juni gegeben werden. Eine Cu-Spritzung kann gegeben werden, wenn die Früchte für die Verarbeitung bestimmt sind u. das Aussehen keine Rolle spielt. (Citrus Ind. **36.** Nr. 6. 5—10. 14. Juni 1955. Lake Alfred, Fla., Florida Citrus Exp. Stat.) A. JACOB. 6312

D. V. Murthy, *Gibberellin, ein neues Phytohormon.* Kurzer Überblick über bisher mit *Gibberellin* im Pflanzenschutz gemachte Erfahrungen. — 3 Literaturhinweise. (Mysore agric. J. **33.** 162—63. Juli/Sept. 1958.) M. WINIKER. 6312

W. den Boer, *Durch Natriumchlorat bedingte Schäden.* Vf. diskutiert die durch $NaClO_3$ bedingten Schäden an Wein-, Salat-, Gurken-, Tomaten- u. Blumenkohlpflanzen. Allg. tritt eine Gefäßaufhellung auf, der eine Grau- oder Braunfärbung folgt. Gurkenpflanzen sind bes. empfindlich. Junge Pflanzen werden im Herbst stärker geschädigt als im Sommer. Die Möglichkeiten des Hineingelangens von $NaClO_3$ in den Boden werden besprochen (Unkrautbekämpfung). Abhilfe kann nur Auswaschen mit möglichst viel W. bringen. (Tijdschr. Planteziekten **64.** 144—49. 1958. Naaldwijk, Proefstat. voor de Groenten en Fruitteelt onder Glas.) HANS THIELE. 6312

Hans-Christoph Löliger, *Experimentelle Toxizitätsprüfung des quecksilberhaltigen Fungicides „Germisan" beim Haushuhn (Gallus gallus).* In einem Vers. von 31 Tagen Dauer erwies sich die Verfütterung von vorschriftsmäßig mit *Germisan* (**I**) gebeiztem Getreide an Hühner als unschädlich. Einmalige Gaben von 1,0 γ **I**-Wirkstoff pro kg Körpergewicht (entsprechend 30 mg Hg) bewirken beim Huhn schwere Erkrankung ohne unbedingt tödlichen Ausgang. (Z. angew. Zool. **1955.** 453—55. Celle, Bundesforschungsanst. für Kleintierzucht.) M. WINIKER. 6312

T. W. Graham, *Unkraut- und Nematodenbekämpfung in Tabaksaatbeeten.* Vf. testete verschied. Bodenuntersuchungsmittel in ihrer kombinierten Wrkg. gegen Unkräuter u. Nematoden. *Methylbromid* hatte eine gute herbicide u. nematocide Wrkg., aber auch *N 521* u. *Mylone* (beide auf Basis von *3.5-Dimethyltetrahydro-1.3.5-thiadiazinthion-[2]*) sowie *Vapam* allein oder kombiniert mit *Ca-Cyanamid* zeigten fast gleiche Wrkg. u. auch Ertragssteigerungen. *DCB 60* [Gemisch von *Dichlorbutenen* u. *PRD* (Zus. nicht angegeben)] konnten dagegen nicht befriedigen. Ergebnisse der verschied. Versuchsreihen in Tabellen. (Farm Chemicals **120.** Nr. 2. 49—51. Febr. 1957.) W. KNÖPKE. 6312

W. Madel und **W. Biegel,** *Lindane in Deutschland.* Bericht über die Entw. u. Anwendung von Lindane in Deutschland. (Agric. Chemicals **12.** Nr. 3. 36—37. 127. 129. 131. März 1957. Ingelheim/Rh., CELA G.m.b.H.) W. KNÖPKE. 6312

R. O. Drummond, *Laboratoriumsversuche zur Auswahl systemischer Insekticide für Tiere.* Meerschweinchen wurden mit Zeckennymphen (Amblyomma americanum L., **a**) u. Drehwürmern (Callitroga hominivorax Cqrl., **b**) besetzt, oral u. subcutan mit den zu prüfenden Insekticiden behandelt u. dann Stallfliegen (Stomoxys calcitrans L., **c**) angesetzt. *Am. Cyanamid 12880* (*O.O-Dimethyl-S-[N-methylcarbamyloxymethyl]-dithiophosphat*; **I**), *Bayer 23129* (*O.O-Dimethyl-S-[2-(äthylmercapto)-äthyl]-dithiophosphat*; **II**) u. *Bayer 23453* (*O.O-Dimethyl-S-[2-(äthylsulfinyl)-äthyl]-dithiophosphat*) waren gegen alle 3 Schädlinge wirksam. *Bayer 21/199* u. *Dow ET-57* (**III**) gegen **b** u. **c**, nicht aber gegen **a**, *Hercules AC-528*, *Tedion*, *Thiodan* u. *Trithion* waren unwirksam. Als Sprühguß bei Schafen u. Ziegen waren **I**, **II** u. **III** gegen **b**, **I** auch gegen **a** u. **c** wirksam. — 14 Literaturangaben. (J. econ. Entomol. **51.** 425—27. Aug. 1958.)
FRITZ MÜLLER/Ludwigshafen. 6312

Jean Lhoste, *Ein neues systemisches Insekticid, das CMDP.* Kurzer Überblick über Eigg., Wirkungsweise u. Einsatzmöglichkeiten von *CMDP.* (*Carbomethoxymethylvinyldimethylphosphat*). (Engrais **73.** Nr. 119. 17—18. März 1959.)
M. WINIKER. 6312

Wolfgang Wachtendorf, *Bemerkungen zur Lebensweise und Bekämpfung des Kieferntriebwicklers Evetria (Rhyacionia) buoliana Schiff.* Bei Verss. zur Bekämpfung des Schädlings mit *Systox* (**I**), *Metasystox* (**II**) u. *Dipterex* (**III**) wirkt **III** relativ am besten. Die erforderlichen hohen Konzz. bei der Verwendung von **I**-Spritzbrühen sind so bedenklich, daß **I** im Gegensatz zu **II** u. **III** für die Praxis nicht empfohlen werden kann. *Dieselöl* bewährt sich als Trägermittel bei allen 3 Insekticiden, ist jedoch wegen phytotox. Nebenwrkgg. als ungeeignet anzusehen. (Anz. Schädlingskunde **32.** 59—61. April 1959. München.) M. WINIKER. 6312

H. F. Jung, *Erfahrungen mit neuen mindertoxischen Phosphorsäureestern in der Fliegenbekämpfung.* Zusammenfassender Überblick über die Einsatzmöglichkeiten von *Chlorthion*, *Dipterex* u. *Resitox* in der Fliegenbekämpfung. — 16 Literaturhinweise. (Z. angew. Zool. **1955.** 423—31. Leverkusen, Farbenfabriken Bayer Akt.-Ges., Biol. Inst.)
M. WINIKER. 6312

P. G. Piquett, B. H. Alexander und **W. F. Barthel,** *Untersuchung einiger Acetale auf ihre Verwendbarkeit als Synergisten für Pyrethrine oder Allethrin in Sprühmitteln gegen Hausfliegen.* Auf ihre synergist. Wrkg. bei der Bekämpfung der Hausfliege (Musca domestica L.) mit Pyrethrinen (**I**) u. Allethrin (**II**) wurden folgende synthet. Acetale geprüft: *4-{[1-(2-Äthylhexyloxy)-äthoxy]-methyl}-1.2-methylendioxybenzol*; *4-[(1-Äthoxyäthoxy)-methyl]-1.2-methylendioxybenzol*; *4-{[1-(2-Chloräthoxy)-äthoxy]-methyl}-1.2-methylendioxybenzol*; *4-[(1-Butoxyäthoxy)-methyl]-1.2-methylendioxybenzol*; *4-[(1-Isobutoxy-*

äthoxy)-methyl]-1.2-methylendioxybenzol; 4-{1-[2-(2-Äthoxyäthoxy)-äthoxy]-äthoxymethyl}-1.2-methylendioxybenzol; 4-{3-[1-{2-[2-(Äthoxy)-äthoxy]-äthoxy}-äthoxy]-2-methylpropyl}-1.2-methylendioxybenzol; 5-Allyl-4-[{1-[2-(2-äthoxyäthoxy)-äthoxy]-äthoxy}-methyl]-1.2-methylendioxybenzol; 4-[{1-[2-(2-Äthoxyäthoxy)-äthoxy]-äthoxy}-methyl]-1.2-methylendioxy-5-propenylbenzol; 3-[(1-Butoxyäthoxy)-methyl]-1.2-dimethoxybenzol; 3-[(1-Isobutoxyäthoxy)-methyl]-1.2-dimethoxybenzol; 3-{[1-(2-Chloräthoxy)-äthoxy]-methyl}-1.2-dimethoxybenzol; 3-{[1-(2-Äthylhexyloxy)-äthoxy]-methyl}-1.2-dimethoxybenzol; 3-[(1-Äthoxyäthoxy)-methyl]-1.2-dimethoxybenzol; 4-{[1-(2-Äthylhexyloxy)-äthoxy]-methyl}-1.2-dimethoxybenzol; 4-[(1-Äthoxyäthoxy)-methyl]-1.2-dimethoxybenzol; 4-{[1-(2-Chloräthoxy)-äthoxy]-methyl}-1.2-dimethoxybenzol. Die ersten neun dieser Verbb., die die 3.4-Methylendioxy-Gruppe enthalten, zeigten mit I oder II in einem Mischungsverhältnis von 10 : 1 deutlich synergist. Wirkungen. Die übrigen acht Verbb. mit der Dimethoxygruppe waren nicht synergist. wirksam. Alle 17 Verbb. allein erwiesen sich als nicht tox. für Hausfliegen. (J. econ. Entomol. **51.** 39—40. Febr. 1958. US Dep. of Agricult., Agric. Res. Serv., Entomol. Res. Div.) W. KREIPE. 6312

N. R. Lockmillar und **M. J. Thomas,** *Anlockstoffe für Insekten. Benutzung von Proteinhydrolysaten als Anlockstoffe für Insekten.* In Freilandverss. konnte festgestellt werden, daß durch Köder mit hydrolysierten Proteinen eine Anlockung von Fruchtfliegen stattfindet. Durch Kombination von Hydrolysaten aus Mais mit einem Insekticid (Parathion, Malathion usw.) konnte eine wirksame Bekämpfung der Mittelmeerfruchtfliege durchgeführt werden. — 8 Literaturangaben. (Agric. Chemicals **12.** Nr. 3. 34—35. 120. März 1957. Decatur, Ill., A. E. Staley Mfg. Co.) W. KNÖPKE. 6312

Tracy I. Storer, *Bekämpfung von im Freien lebenden Nagern in Kalifornien.* Überblick über zur Bekämpfung verschied. Arten von Eichhörnchen, Maulwürfen, Mäusen u. Ratten sowie von Wildkaninchen geeignete Giftstoffe. (Univ. Calif., Coll. Agric., agric. Exp. Stat., Circ. Nr. **434.** 1—50. Okt. 1958.) M. WINIKER. 6312

J. A. Bonnet, A. R. Riera und **J. Roldán,** *Das Ansprechen der Erträge auf unterschiedlichen N-P-K-Spiegel und Beziehungen zu Blattanalysen in Sandkulturuntersuchungen mit Mais, Zuckerrohr und Baumwolle.* In Gewächshausverss. wurden in Sandkultur die Erträge von Mais, Zuckerrohr u. Baumwolle durch steigende N-, P- u. K-Gaben deutlich erhöht. In unterschiedlichen Vegetationsstadien der Pflanzen vorgenommene Blattanalysen auf N, P u. K zeigen, daß enge Korrelationen zwischen dem Geh. der Blätter an den Hauptnährstoffen in einem ganz bestimmten Alter der Pflanzen u. den relativen Ertragswerten bestehen. Auf Grund dieser Befunde wird auf die Möglichkeit hingewiesen, an Hand der Blattanalysen eine Ertragsvoraussage vorzunehmen. (J. Agric. Univ. Puerto Rico **42.** 168—84. Juli 1958.) WILFRIED WERNER. 6320

Jaroslav Benada, *Histochemische Verfolgung des Eindringens von quecksilberhaltigen Beizmitteln in Körner.* Von den in Paraffin eingebetteten Körnern wurden 30 μ starke Schnitte hergestellt, die nach Einw. von mit KNO_3 gesätt. A. unter dem Mikroskop mit 1 Tropfen 0,1%ig. alkal. Diphenylcarbazonlsg. 10 Min. behandelt wurden. Das eingedrungene Hg färbte sich blauviolett. (Sborník Československ. akad. zemědělských věd, rostlinná výroba 3 (**30**). 1191—96. Dez. 1957. Brno, Vys. škola zeměd.) E. VEVERA. 6328

A. P. Kole und **Louis Hsu Wei Tchong,** *Ein Verfahren zur vergleichenden Untersuchung über die Gesamtwirkung und die Dampfwirkung von trockenen und feuchten Samendesinfektionsmitteln.* Trockene u. feuchte Desinfektionsmittel werden auf Filterpapierstreifen verstäubt oder verspritzt. Zur Best. der Gesamtwrkg. legt man einen Streifen unmittelbar auf einen Nährboden mit einem Prüfschimmel. Wenn man die Dampfwrkg. ermittelt, vermeidet man die Berührung zwischen Papier u. Nährboden, indem man das Filterpapier auf einen Glasstreifen legt. (Tijdschr. Plantenziekten **64.** 297—300. 1 Tafel. 1958. Wageningen, Landbouwhogeschool, Labor. voor Phytopathol.) W. WESLY. 6328

Monsanto Chemical Co., übert. von: **David J. Beaver,** Richmond Heights, und **Paul J. Stoffel,** St. Louis, Mo., V. St. A., *3.4-Dichlorcarbanilate.* Durch Rk. von 3.4-Dichlorphenylisocyanat mit 3.4-Dichlorphenol erhält man *3.4-Dichlorphenyl-3.4-dichlorcarbanilat,* F. 148,1—149,9°. Analog werden dargestellt: *2-Chlorphenyl-* (F. 150,6—151,5°), *3-Chlorphenyl-* (F. 112,0—112,6°), *4-Chlorphenyl-* (F. 149,5—150,7°), *3-Methyl-4-chlorphenyl-* (F. 147,2—148°), *3.5-Dimethyl-4-chlorphenyl-* (F. 173,7—174,2°) u. *2.4.5-Trichlorphenyl-3.4-dichlorcarbanilat,* F. 166,4—167,2°. — *Herbicide, Fungicide.* (**A. P. 2 858 328** vom 23/5. 1955, ausg. 28/10. 1958.) A. BRÖSAMLE. 6313

Rohm & Haas Co., Philadelphia (Erfinder: **Richard Sherrard Cook,** Doylestown, und **Charles Harlan McKeever,** Meadowbrook), Pa., V. St. A., *Schädlingsbekämpfungsmittel,* gek. durch die Verwendung von *Dinitrophenylmethacrylaten,* bei denen in den Phe-

nylrest weiterhin eine Alkylgruppe mit 6—9 C-Atomen, eine Phenylgruppe, eine Alkylphenylgruppe mit nicht > 9 C-Atomen, eine Cyclohexylgruppe oder Alkylcyclohexylgruppe mit nicht > 9 C-Atomen eingeführt ist. — Die Herst. der Verbb. ist bekannt. — Beispiele: 2.4-Dinitro-6-capryl-, 2.6-Dinitro-4-tert.-octyl-, 2.6-Dinitro-4-nonyl-, Dinitrohexyl-, 2.4-Dinitro-6-cyclohexyl-, 2.6-Dinitro-4-cyclohexyl- oder 2.4-Dinitro-6-phenylphenylmethacrylat. — Die Mittel sind bes. wirksam gegen verschied. Arten von Mehltau; dabei wendet man Spritzungen an, die 7—65 g Wirkstoff in 400 Liter W. enthalten. (**D. A. S. 1 053 859** Kl. 45 l vom 31/5. 1957, veröff. 26/3. 1959. A. Prior. 1/6. 1956.)
H. NEBELSIEK. 6313

Fahlberg-List G. m. b. H. (Erfinder: **Bernhard Gaudian** und **Günter Goege**), Wolfenbüttel, *Pflanzenschutzmittel* auf der Basis fungicid wirksamer, in W. schwerlösl. Cu-Verbb., wie Kupferoxychlorid, Kupfer(I)-oxyd, Kupfercarbonat. Sie enthalten zusätzlich in W. schwerlösl. Mn- oder Ni-Salze oder Chromate — mit Ausnahme von Zinkchromat — in geringer Menge u. andere Fungicide u./oder Insekticide. — Beispiel: 35 (%) Kupferoxychlorid, 4 Ba-Chromat, 5 Netz- u. Emulgiermittel u. 56 Haft- u. Inertstoffe. (**D. A. S. 1 052 162** Kl. 45 l vom 18/11. 1955, veröff. 5/3. 1959.)
H. NEBELSIEK. 6313

Badische Anilin- & Soda-Fabrik Akt.-Ges. (Erfinder: **Heinz Appler** und **August Spaeth**), Ludwigshafen/Rh., *Spritzbrühe zur Schädlingsbekämpfung,* bestehend aus einer wss. Suspension von Wirkstoffen mit einem Geh. an oxyäthylierten Harzsäuren (I), gek. durch einen geringen Geh. an wasserunlösl. Reaktionsprodd. von 1 (Mol) Harzsäure mit ca. 4—6 Äthylenoxyd bzw. Veresterungsprodd. von Harzsäuren mit Polyglykolen entsprechender Kettenlänge. — Beispiele für I: Kolophonium bzw. Abietinsäure. — Die Haftfähigkeit von Wirkstoffen, die in wss. Spritzbrühen suspendiert sind, wird auf diese Weise wesentlich erhöht. — Beispiel: In eine Brühe, die 1 (%) eines Kupferoxychloridpräp. als wirksamen Bestandteil enthält, gibt man unter Rühren als Haftmittel 0,1 des Reaktionsprod. von 5½ (Mol) Äthylenoxyd mit 1 einer Harzsäure. Der nach dem Spritzen dieser Mischung auf den zu schützenden Pflanzenteilen aufgetrocknete Belag zeigt gegenüber dem gleichen Wirkstoff ohne Haftmittelzusatz eine um 75% verbesserte Haftfähigkeit. (**D. A. S. 1 051 564** Kl. 45 l vom 19/9. 1952, veröff. 26/2. 1959.)
H. NEBELSIEK. 6313

Dow Chemical Co., Midland, Mich., übert. von: **Charles R. Youngson,** Long Beach, und **Cleve A. I. Goring,** Garden Grove, Calif., V. St. A., *Räuchermittel,* bestehend aus 1 (Gewichtsteil) 3-Brompropin, $Kp._{760}$ 88—90°, u. 0,1—9 1.2-Dibrom-3-chlorpropan, $Kp._{760}$ 185°, bzw. 0,3—4 1.3-Dichlorpropan, $Kp._{760}$ 107—111°, oder 1 1.4-Dichlor-2-butin, $Kp._{760}$ 162—165°, u. 0,3—9 1.2-Dibrom-3-chlorpropan oder 1 Äthylendibromid, $Kp._{760}$ 131,5°, u. 0,1—9 1.4-Dichlor-2-butin oder 1 3-Brompropin u. 0,1—9 1.4-Dichlor-2-butin oder 1 1.3-Dichlorpropen u. 0,3—9 1.4-Dichlor-2-butin oder 1 Äthylendibromid u. 3—10 1.2-Dibrom-3-chlorpropan oder 1 Äthylendibromid u. 3—9 3-Brompropin unter Zusatz von 70—99 (Gew.-%) feinverteilten, bekannten Trägerstoffen, 1—20 Emulgier- u. Dispergiermitteln oder 15—90 Erdöldestillaten. — Die Mittel werden bes. angewendet zur Behandlung landwirtschaftlich genutzter Böden bzw. zur Bekämpfung von *Nematoden.* (**A. PP. 2 849 361, 2 849 362, 2 849 363, 2 849 364, 2 849 365, 2 849 366, 2 849 367** vom 1/2. 1957 u. **2 849 368** vom 24/10. 1957, alle ausg. 26/8. 1958.)
H. NEBELSIEK. 6313

Farbenfabriken Bayer Akt.-Ges., Leverkusen (Erfinder: **Bernhard Homeyer,** Köln, und **Georg Schäfer,** Marl), *Nematodenbekämpfungsmittel,* enthaltend *3-Chlor-2-chlormethylpropen-(1)* oder dessen Isomerengemisch mit *1.3-Dichlor-2-methylpropen-(1).* Diese Verb. zeichnet sich durch eine relativ gute Pflanzenverträglichkeit aus, so daß z. B. Gurken u. Salat 8 Tage u. Tomate 14 Tage nach der Bodenbehandlung gepflanzt werden können. (**D. A. S. 1 055 285** Kl. 45 l vom 20/4. 1957, veröff. 16/4. 1959.)
H. NEBELSIEK. 6313

Commercial Solvents Corp., übert. von: **Robert J. Harker,** Terre Haute, Ind., V. St. A., *Insekticide Mittel* mit erhöhter, sofortiger Wrkg., bestehend aus *2-Nitro-1.1-bis-(p-chlorphenyl)-propan* u./oder *2-Nitro-1.1-bis-(p-chlorphenyl)-butan* u./oder *1.1.1-Trichlor-2.2-bis-[p-chlorphenyl]-äthan* u. 5—60 Gew.-% Baumwollsaatöl, Cocosnußöl oder Erdnußöl in einem gemeinsamen Lösungsm., z. B. Xylol. Die Herst. der Mittel ist bekannt. Das Mittel eignet sich bes. zum Versprühen u. zur Bekämpfung von Hausfliegen. (**A. P. 2 830 928** vom 27/4. 1954, ausg. 15/4. 1958.) H. NEBELSIEK. 6313

Hercules Powder Co. (Erfinder: **George Allen Buntin,** Wilmington, **William Russell Diveley,** Brookside Park, **Albert Howard Haubein,** Christiana, und **Roads McClellan Speek,** New Castle, Del.), V. St. A., *Schädlingsbekämpfungsmittel,* enthaltend einen Dithiophosphorsäureester der Formel I, in der R einen niederen Alkylrest bedeutet u. X, X', Z, m u. n eine Anzahl von Kombinationen bilden können, wobei X für S oder O, X' für S, O oder CH_2, Z für 1 oder 2, m für 3, 4, 5, 6 oder 7 u. n für 0, 1, 2, 3 oder 4 stehen kann. — Die Herst. der Prodd. ist bekannt. — Von den I werden wss. Dispersionen hergestellt, bei denen ein oberflächenakt. Dispergiermittel u. W. die Hauptbestandteile bilden. Bei Verdünnungen zum Besprühen von Pflanzen beträgt die Menge an I in den wss. Dispersionen ca. 0,001—10%. Wirksam gegen Stubenfliege, mexikan. Bohnenkäfer, Erbsenblattlaus, Heerwurm u. Spinnenmilbe. (**D. A. S. 1 052 161** Kl. 45l vom 30/8. 1956, veröff. 5/3. 1959. A. Prior. 30/8. 1955.) H. NEBELSIEK. 6313

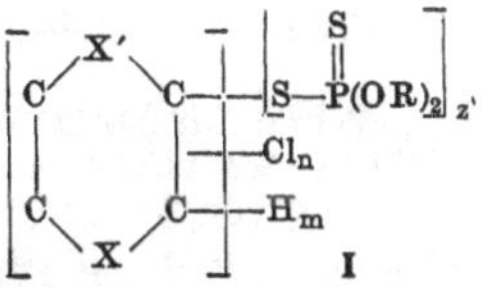

I

Farbwerke Hoechst Akt.-Ges., vormals Meister Lucius & Brüning (Erfinder: **Otto Scherer, Helmut Hahn** und **Gerhard Stähler**), Frankfurt/M., *Chlormethylierte O.O-Dialkylthiophosphorsäureester* erhält man durch Rk. der Salze von O.O-Dialkylthiophosphorsäuren der allg. Formel R—O—P(=S)(O—R')—X—H (R oder R' = gleiches oder verschied. Alkyl; X = O oder S) mit Chlorbrommethan bei mäßig erhöhter Temp., bes. bei 50—70°. Die Ausbeute kann durch Zusatz einer geringen Menge Alkalijodid erhöht werden. — Aus 336 g K-O.O-Diäthylthionothiolphosphat u. 1000 g $BrCH_2Cl$ bei 60°, Entfernen des entstandenen KBr → 210 g *O.O-Diäthylthionothiolphosphorsäure-S-chlormethylester*, $Kp._1$ 93—95°. Der nichtdestillierbare Rest besteht aus *Bis-(O.O-diäthylthionothiolphosphoryl)-formal*. — K-O.O-Dimethylthionothiolphosphat → *O.O-Dimethylthionothiolphosphorsäure-S-chlormethylester*, $Kp._{10}$ 100°. — NH_4-O.O-Diäthylthionophosphat → *O.O-Diäthylthionophosphorsäure-O-chlormethylester*, $Kp._{1,5}$ 118 bis 122°. — *Insekticide* u. *Zwischenprodd.* zur Herst. von *Schädlingsbekämpfungsmitteln.* (**D. A. S. 1 015 794** Kl. 12o vom 31/12. 1955, veröff. 19/9. 1957.) G. KRAUSS. 6313

VIII. Metallurgie. Korrosion.

C. C. Cheriton, *Verwendung der Luftphotographie und Geologie zur Erforschung in New Brunswick.* Die Kombination von Luftaufnahmen mit geolog. Daten führte im BATHURST-Distrikt zur Lokalisierung mehrerer Sulfiderzkörper, Beschreibung des Verf. mit Skizzen. (Canad. Mining J. **79.** Nr. 4. 88—91. April 1958. Anaconda Co. [Canada] Ltd.) H. ECKHARD. 6354

K. E. Eade, *Geologische Aufklärung mit Hubschrauber in New Quebec.* Kurze Beschreibung des Verf. u. seiner Vor- u. Nachteile gegenüber der Erforschung mit Kanu oder zu Fuß u. Zusammenstellung der Ergebnisse. (Canad. Mining J. **79.** Nr. 4. 118—21. April 1958. Geol. Surv. of Canada.) H. ECKHARD. 6354

S. W. Holmes, *Die Uran führenden Konglomerate im Blind River-Algoma-Gebiet.* Die genannten, präkambr. Vorkk. — ähnlich dem afrikan. Witwatersrand u. der Serra de Jacobina in Bahia, Brasilien — sind in Canada häufig u. führen außer *U* meist auch *Au, Th* u. *Seltene Erden.* Geologie u. Mineralogie der Lagerstätten sind mit Skizzen u. Bildern näher beschrieben. (Canad. Mining J. **79.** Nr. 4. 103—08. April 1958. Cons. Denison Mines Ltd.) H. ECKHARD. 6354

J. F. Davies, *Chromitlager in Südost-Manitoba.* Kurze geolog. u. mineralog. Beschreibung der z. Z. noch nicht abbauwürdigen ca. 20 Mill. t betragenden Chromitvorkk. am BIRD-River. (Canad. Mining J. **79.** Nr. 4. 112—14. April 1958. Winnipeg, Dep. of Mines and Nat. Resources.) H. ECKHARD. 6354

J. M. Harrison, *Schürfung von Eisenerz in Kanada.* (Vgl. C. **1956.** 10584.) Beschreibung der an 6 Stellen in Canada vorkommenden u. im Abbau befindlichen Fe-Erze. (Canad. Mining J. **77.** Nr. 5. 64—66. Mai 1956. Geolog. Surv. of Canada.) W. WESLY. 6354

Petri Bryk, John Ryselin, Jorma Honkasalo und **Rolf Malmstrom,** *Schwebeschmelzen von Kupferkonzentraten.* Beschrieben wird das OUTOKUMPU-Verf., bei dem die aus *CuS*- u. *NiS*-Konzentraten bestehenden Schwebeteilchen durch O_2 oxydiert werden u. durch die Reaktionswärme schmelzen. Die für die Durchführung des Verf. in Harjavalta, Finnland, erstellten Anlagen werden erläutert. (J. Metals **10.** 395—400. Juni 1958. Finnland, Outokumpu Oy.) F. VIER. 6360

Reinhard Kleinert, *Die Kupfer–Zink-Hütte Flin Flon, Canada.* Es wird über die Lage der Hütte, ihren Aufbau u. ihre Arbeitsweise berichtet. Das anfallende Kupferkonzentrat wird geröstet, in einem Flammenofen eingeschmolzen u. in Konvertern auf Roh-Cu verblasen. Die vorher abgetrennte Edelmetallfällung u. das in geringen Mengen auftretende hochwertige Roherz mit hohen Cu-Gehh. werden ebenfalls in den Konverter eingesetzt u. mit dem Roh-Cu gewonnen. Bei der Raffination des

Roh-Cu werden außerdem *Edelmetalle, Se* u. *Te,* bei der Zn-Gewinnung *Cd* gewonnen. (Z. Erzbergbau Metallhüttenwes. **10.** 383—91. Aug. 435—42. Sept. 1957. Aachen.) F. VIER. 6360

Willy Lindenlaub, *Beitrag zur Abscheidung von suspendierten Metallen oder Metallverbindungen aus Schlacken, dargestellt an Mansfelder Rohhüttenschlacken.* Die Abtrennung von *Cu* durch Sedimentation auf Gehh. < 0,1 % ist auch bei Schlackentempp. von 1400° u. mehrstd. Absitzdauer ohne Änderung der Schlackenzus. nicht möglich. Cu läßt sich nicht direkt elektrolyt. abscheiden. Elektr. Felder können der Schlacke nicht aufgezwungen werden. Suspendierte Metallverbb. lassen sich aus Schlacken durch Zentrifugieren im Erstarrungsgebiet bei Zähigkeiten von 1000 Poise abtrennen; die zentrifugierte Schlacke enthält 0,01 (%) *Cu,* 0,004 *Ni,* 0,004 *Co,* 0,063 *V.* Die in zentrifugierter Schlacke mkr. nachweisbaren Cu-Steintröpfchen sind um eine Zehnerpotenz kleiner als in sedimentierter Schlacke. In der Rohhüttenschlacke liegt Cu als unlösl. Cu–S- bzw. Cu–Fe–S-Verb. suspendiert vor u. kann durch geeignete Verff. abgetrennt werden. Ni u. Co liegen in der Schlacke zu ca. 90%, V liegt zu ca. 13% u. *Fe* zu ca. 25% als unlösl. Metallverbb. vor. Fe ist zu ca. 75% in Form der Ofensau enthalten. (Bergakademie [Freiberg] **10.** 393. Juli 1958. Berlin.) W. WESLY. 6360

Martin Clement, *Verwendung neuer Flockungsmittel zur Verbesserung des Klär- und Filtereffekts bei der Ausbereitung der Rammerlsberger Erze.* Der Zusatz von hochpolymeren Stoffen zu Trüben zur Verbesserung des Klär- u. Filtereffektes verbessert in Eindickern die Koagulation u. beschleunigt die Sedimentation der Feststoffteilchen. Die Viscosität der aus dem Filtergut austretenden Fl. bei der Filterung von Erztrüben wird durch Erhöhung der hydrophoben Eigg. der Feststoffteilchen vermindert. So wird durch den Zusatz von 6,5 g/t Feststoff *Separan* zu den Trüben der feinverwachsenen Erze von Rammelsberg eine Verbesserung der Absetzgeschwindigkeit zwischen den Flotationsstufen erreicht. Beim Eindicken der Bergetrübe ist der Zusatz von *Gelatine* wirtschaftlicher. Bei der Schwerspatfilterung kann durch Zusatz von 10—20 g/t Feststoff *Separan* oder *Tween,* dem Filtertrog als Emulsion bzw. Lsg. zugegeben, ein gut weiterverwendbares Filterprod. erhalten werden. Zum Pyritkonzentrat müssen größere Mengen Separan zum Konzentrateindicker u. Tween zum Filtertrog zugesetzt werden, um die Verarbeitbarkeit des Konzentrates zu erleichtern. (Z. Erzbergbau Metallhüttenwes. **10.** 421—27. Sept. 1957. Goslar.) F. VIER. 6360

F. B. Michell, *Schaumflotation.* 1. Mitt. *Schäumer und Sammler für die Zinnaufarbeitung.* Laboratoriumsverss. über die Wrkg. verschied. Schäumer, des p_H-Wertes u. von Zusätzen auf die Sn-Ausbeute beim Flotieren eines synthet. Gemisches aus 25 (%) *Kassiterit,* 30 *Pyrit* u. 45 SiO_2. (Mining J. **251.** 196—97. 22/8. 1958.) H. ECKHARD. 6362

F. B. Michell, *Schaumflotation.* 2. Mitt. *Die Flotation beeinflussende Faktoren bei der Zinnerzaufarbeitung.* (1. vgl. vorst. Ref.) Einige Verss. u. kurze Erörterungen über die Wrkg. der Badacidität, des p_H-Wertes u. von Fe- u. Cu-Ionen auf die *Arsenopyrit-* u. *Chalkopyrit*-Flotation. (Mining J. **251.** 222—23. 29/8. 1958.) H. ECKHARD. 6362

S. W. Pearson, M. W. Thring, J. H. Chesters, E. J. Burton, J. A. Chapman, R. E. Copland, C. Holden, K. H. Hoyle, C. Hulse, J. R. Lakin, K. F. Lane, J. Mackenzie, M. J. McInerney, G. R. Mattocks, E. Rotkirch, S. N. Sarkar und **M. Thomas,** *Verbrennung und Wärmeübertragung in einem Siemens-Martin-Ofen.* (Iron Steel Inst., spec. Rep. **1956.** 1—82. — C. **1959.** 3627.) H. HOCHSTEIN. 6370

Toshihiko Kumano, *Beispiel eines Gas-Carbonitrierofens für Blankabschrecken.* Beschreibung u. Skizze des Versuchsofens für 900—1000° mit Luft–Propan (8—10 : 1), 17—23% *CO* u. 24—29% *H.* Die Kohlung dringt bis 0,35—0,40 mm tief. (Tetsu to Hagane [J. Iron Steel Inst. Japan] **41.** 362—63. März 1955. Shimano Werke Akt.-Ges. [Orig.: japan.]) L. SCHULER. 6370

P. Foch und **R. Busso,** *Wahl der Kohlenmischungen in den lothringischen Hüttenkokereien.* Die Richtlinien zur Best. von Kohlenmischungen aus Saar–lothring. Kohlen zwecks Erzielung eines hochwertigen Hüttenkokses werden behandelt. (Rev. Ind. minérale **40.** 669—85. Sept. 1958. Stat. Exp. de Marienau.) H. HOCHSTEIN. 6370

László Visnyovszky und **Tiborné Holló,** *Die Möglichkeit der Sinterung von Erzfeinpulver und Schlämmen in Saugsinterbetrieben.* Da in Ungarn viel Erzstaub u. industrielle Abfälle (Pyritabbrand, Flugstaub, Rot- u. Mn-Schlamm) im Hochofen verwertet werden müssen, ist die Agglomerierung eine wichtige Aufgabe. Viel Feinstaub stört das Saugsintern. Befeuchten allein genügt nicht, nur wenn das Erz ursprünglich wenig Ton enthält. Durch Zumischen von Schlamm mit bis 10% Wassergeh. u. Vorpelletieren, können Kügelchen von 1—10 mm erhalten werden, welche am Sinterband gut durchbrennen. Trockenes Erzpulver wie Abbrand oder Flugstaub nehmen 30—50% Schlamm auf, dabei ist aber das Ausbilden von Brocken zu vermeiden, weil diese schwer durchbrennen. (Kohászati Lapok 13 (91). 477—81. Okt./Nov. 544—48. Dez. 1958.) J. PLANK. 6376

Kyoichi Akamatsu, *Über die Gasdurchlässigkeit von Pyritabbränden für die Sinterung.* Für 3 verschied. Proben von *Pyritabbränden* mit 30—38% (Gewicht) vom Maschensieb 4—6 u. 2—10% bis 150 u. den Abbrandstaubanteilen wird in einer Versuchsapp. der Gasdurchlässigkeitsgrad K bestimmt u. berechnet. Die beste Durchlässigkeit zeigen Proben mit 12—16% W., wobei aber die Dichte der Charge noch zu berücksichtigen ist. Bei drohender Verstopfung durch zu starke Feinanteile sollte der Einfl. der Wassergehh. nicht vernachlässigt werden. Durch Koks wird die Durchlässigkeit der Feinanteile (Staubrückläufe) verbessert. — Apparaturskizze. (Tetsu to Hagane [J. Iron Steel Inst. Japan] **41.** 180—81. März 1955. Kyoto Univ. [Orig.: japan.]) L. SCHULER. 6378

H. G. Levelink, *Der Einfluß der Erwärmung auf die Druckfestigkeit von Wasserglassand.* Unterss. über die Druckfestigkeit von Sand, der mit Na_2SiO_3 gebunden ist, nach Erwärmung u. Abkühlung u. die Einfll. von Erwärmungsgeschwindigkeit, Dauer der CO_2-Behandlung, pulverförmigen Zusätzen, Trocknung u. $SiO_2 : Na_2O$-Verhältnis des Wasserglases (Diagramme) zeigen, daß die Druckfestigkeit bei hoher Temp. u. die Restfestigkeit in starkem Maße durch das Dissoziationsgleichgewicht von Wasserglas bei der betreffenden Temp. bestimmt werden. Das Gleichgewicht kann durch Zusätze von feinkörnigen Stoffen u. kurze Vorbehandlung mit CO_2 beeinflußt werden. (Metalen **13.** 326—33. 30/9. 340—47. 15/10. 1958. Gieterijcentrum, Metaalinst., T.N.O.) W. WESLY. 6382

Ottó Rácz, *Einfluß der Wetterverhältnisse auf die durch Selbsttrocknung bindenden Formstoffe.* Beim Gießen in selbsttrocknende Formen verursachen Temperatur- u. Luftfeuchtigkeitsänderung oft Fehlgüsse, indem die schon trockenen Formen wieder feucht werden. Die Bindemittel sind — die öligen Kernbindemittel ausgenommen — hygroskop., u. die wieder feuchten Formen verlieren an Festigkeit. Am auffallendsten ist der Rückgang der Festigkeit bei Verwendung von Melasse, daher ist Pektin bei der Bereitung von Formen für heikleren Guß geeigneter. Um die Fehler der Oberflächenfeuchtigkeit von mit Zement oder Wasserglas gebundener Formen zu verhindern, wird die Oberfläche der Sandform mit einer dünnen Schicht Füllsand, mit höchstens 1—2% Wassergeh. aufgestampft. (Kohászati Lapok **13** (**91**). Nr. 10/11. Öntöde **9.** 242—45. Okt./Nov. 1958. Budapest, Csepeli Vas- és Acélöntöde.) J. PLANK. 6382

F. W. Wood, S. L. Ausmus und **E. D. Calvert,** *Eine Gußtechnologie für reaktionsfähige Metalle.* (Mod. Castings **34.** Nr. 1. 80—86. Juli 1958. Albany, Ore., United States Dep. of the Interior, Bur. of Mines. — C. **1959.** 10711.) W. WESLY. 6382

I. N. Plakssin, *Forschungsergebnisse und Aufgaben zur Einführung der modernen Technik zur Anreicherung von Eisenerzen.* Übersicht über die in den letzten Jahren in der UdSSR ausgearbeiteten Methoden zur Anreicherung von Fe-Erzen, die Einführung der Verff. in die Praxis der verschied. Erzbecken u. die weiteren Aufgaben. — 15 Literaturzitate. (Горный Журнал [Berg-J.] **1956.** Nr. 3. 42—50. März. Berginst. der Akad. der Wiss. der UdSSR.) H. TŮMA. 6390

F. Colombey, *Fortschritt und aktuelle Orientierung der französischen Eisenhüttenindustrie.* Überblick über die Entw. u. Leistung der französ. Eisenhüttenindustrie seit 1952. (Rev. Ind. minérale **40.** 717—24. Sept. 1958.) H. HOCHSTEIN. 6390

Nobunao Nishida, *Sinterungsprobe von Eisenerzen mit einer kleinen Sinterapparatur nach Greenawalt.* 1. Mitt. 3 Sorten Fe-Erze mit Gehh. von 50—67 (%) Fe, 2,8 bis 7,8 SiO_2, 3—11 Al_2O_3 u. 9,24 TiO_2 (bei Fe-Sand) werden auf 5 mm gemahlen u. gesiebt u. in einer kleinen Sinterapp. nach GREENAWALT bei verschied. Temp. (über 150°) auf verschied. Festigkeitsgrade gesintert u. der Zusammenhang mit dem Koksverbrauch (KV) ($<$ 3 mm), Wassergeh. u. den Rückläufen untersucht. Der KV ist bei 4—9% W. 3—7%. Die Festigkeit (Härte) steht in umgekehrtem Verhältnis zum KV. Zwischen KV u. Wassergeh. besteht kein klarer Zusammenhang. — Apparaturskizze. Diagramm. (Tetsu to Hagane [J. Iron Steel Inst. Japan] **41.** 178—79. März 1955. Sendai, Tohoku Univ. [Orig.: japan.]) L. SCHULER. 6390

Ken-o Yazuka, *Schmelztemperatur einiger Eisenerze und deren Volumenänderung beim Aufheizen.* 17 Arten oxyd. *Fe-Erze* in Brocken u. Teilchen vom 100-Maschen-Sieb zeigen Schmelztempp. (Tabelle) von 1420—1640°, wobei die Feinkörner niedriger schmelzen. Die FF. liegen teilweise höher als der für Fe_2O_3 in der Literatur angegebene F. (1560°), Fe_3O_4-Erze schm. entsprechend tiefer. Gesinterte Erze zeigen tieferen Schmelzpunkt. Magnetit. Erze dehnen sich über 1100° deutlich aus, Brauneisenerze schrumpfen (auch Roteisenerze etwas) $>$ 1000°. Bei größerem Zuschlag an *Brauneisenerzen* ist an den Wandpartien mit Bldg. von Klüften zu rechnen, so daß durch die Hauptcharge weniger Gas durchpassiert. — Apparaturskizze, 6 Diagramme. (Tetsu to Hagane [J. Iron Steel Inst. Japan] **41.** 186—88. März 1955. Fuji Eisenw.[Orig.: japan.]) L. SCHULER. 6390

R. E. Barthelemy, *Die Gewinnung von Eisenerz durch Trennung mit elektrostatischer Hochspannung.* Beschreibung einer Anlage (Fließbilder) zur Aufbereitung von Fe-Erzen nach dem Verf. der elektrostat. Hochspannung mit Ausbeuten bis zu 94,9%. (Engng. Mining J. **159.** Nr. 12. 87—89. 91. Dez. 1958. Jacksonville, Fla., Carpco Res. and Engng., Res. Dep.) W. WESLY. 6390

Chikao Yoshii, *Untersuchung über Preßlinge aus Limonit.* Ein für den Hochofen ungeeigneter *As*-haltiger *Limonit* (49,35 [%] *Fe*, 3,89 *Si*, 0,07 *P*, 0,51 *S* u. 4,57 *As*) wird als Pulver (150-Maschen-Sieb) mit 20% W. zu Preßlingen (1 cm Durchmesser) geformt u. verschied. Zeiten bei 800—1300° im Wasserstrahlvakuum mit u. ohne H_2 erhitzt. Bei kurzem Erhitzen über 1300° gehen 90—92% des *As* fort, doch wird mit steigender Temp. (> 1200°) infolge des Dichterwerdens der M. die Red. schlechter. Verss. unter Zumischung von Kokspulver sind im Gang. — 2 Diagramme. (Tetsu to Hagane [J. Iron Steel Inst. Japan] **41.** 177—78. März 1955. Sapporo, Hokkaido Univ. [Orig.: japan.]) L. SCHULER. 6390

Ss. K. Grebnew, *Besonderheiten des magnetisierenden Röstens der Kertsch-Erze.* Die leicht zu weit gehende Red. der Eisenerze von Kertsch (ca. 39 [%] Fe, 18 SiO_2, 14 Glühverluste, 3—5,6 CO_2) beim Rösten (Körnung 0,1 mm, Partialdrucke P_{CO} = 0,08 at, P_{CO_2} = 0,32 at) unter Anwendung eines gasförmigen Reduktionsmittels wird auf den Siderit- u. C-Geh., vor allem aber auf die hohe Dispersität der Fe-Oxyde zurückgeführt. Das Rösten verläuft bei längerem Verweilen bei 500° bereits bis zum metall. Fe ($Fe_2O_3 \rightarrow Fe_3O_4 \rightarrow Fe$), so daß der Temp. sowie dem Zeitverlauf des Röstens besondere Aufmerksamkeit gewidmet werden muß. (Горный Журнал [Berg-J.] **1956.** Nr. 4. 49—51. April.) H. TŮMA. 6390

D. Iturrioz, *Neuerungen im Schmelzen von Eisen. Der Heißwindkupolofen.* (Metalurgia y Electr. **21.** Nr. 242. 53. 55—57. 59. 61—62. Nov. Nr. 243. 54—56. 59. 61—64. Dez. 1957. **22.** Nr. 244. 229—31. 233—35. 237. Jan. Nr. 245. 57—59. 61—65. Febr. 1958.) M. GEHLEN-KELLER. 6390

Isao Nakamoto, *Über die Zusammensetzung der Calciumsilicidschlacken und deren SiC-Gehalt.* Nach der üblichen Analysenmeth. ergibt die Gesamtzus. der *Ca-Silicid*-Schlacken über 100%. Das gemischte Syst. (CaO–SiO_2-Schlacke)-(SiC–CaC_2–C) ergibt bei 750° keine Oxydation von SiC, nur CaC_2 (2—4,1%) u. C werden wegoxydiert, der verbleibende C läßt sich nach Verbrennungsanalyse bestimmen u. auch *SiC* abtrennen. Nach allem stammt die Hälfte des C-Geh. der Schlacke aus SiC (11,22—18,87%) u. die Analyse läßt sich hinsichtlich SiO_2 (16,94—25,67%) korrigieren u. gibt so 99 bis fast 100% Metall. Einschlüsse u. SiO sind ziemlich sicher auszuschließen. CaO/SiO_2 = 1,90—3,13. (Tetsu to Hagane [J. Iron Steel Inst. Japan] **41.** 224—27. März 1955. Toka Ind. K.K. [Orig.: japan.]) L. SCHULER. 6390

Josef Lemfeld, *Untersuchungen über die Einflüsse einer Siliciumgehaltschwankung im Thomas-Roheisen.* Vf. erörtert die einzelnen, den Si-Geh. im THOMAS-Roheisen beeinflussenden Faktoren, bes. den Einsatz u. Ofengang. — Beim Einhalten von konstanten Bedingungen kann ein Einsatz mit Si-reichen tschech. Erzen u. Kriwoi-Rog-Erz einen niedrigeren Si-Geh. liefern als der Einsatz von viel Si-armen Kriwoi-Rog-Erz. Bei einem großen Anteil von Kriwoi-Rog-Erz im Einsatz kann der Si-Geh. nur durch ein Herabsetzen des *S*-Geh. erniedrigt werden. Die Herabsetzung des Si-Geh. mittels Si-reicher tschech. Erze wird durch die leichte Schmelzbarkeit u. kleine Viscosität der entstehenden Schlacke erklärt. (Hutnické Listy **13.** 675—79. Aug. 1958. Kladno, Spoj. ocelárny n. p.) H. TŮMA. 6400

R. H. T. Dixon, *Die Reinigung von Gußeisen durch Oxydation.* Beschrieben wird der Betrieb u. bewertet die Wirksamkeit der drei verschied. Arten der Reinigung von Roheisen oder synthet. Gußeisen durch Oxydation durch Aufblasen eines O_2-Strahles auf die Oberfläche von geschmolzenem Eisen mit oder ohne kalkbas. Schlacke, durch blasenweises Durchleiten von O_2 durch das fl. Eisenbad sowie durch Verwendung von zwei verschied. Arten oxydierender Schlacken. Hierbei wird festgestellt, daß alle drei Verff. die Gehh. einiger Elemente, welche normalerweise als Verunreinigungen im Gußeisen gehalten werden, ohne überstarken Verlust an C verringern. Die entfernten oder verminderten Elemente sind *Si*, *Mn*, *Cr*, *Ni*, *Cu*, *Al*, *Ti* u. *Pb*. *S* u. *P* werden ebenfalls stark durch eine oxydierende Behandlung unter bes. Bedingungen verringert. (Brit. Foundryman **51.** 197—203. April 1958. Mond Nickel Co.) H. HOCHSTEIN. 6402

Pierre Détrez, *Zusätze von Ferrosilico–Zirkonium zu flüssigem Grauguß.* An im Tiegel sowie im Kalt- oder Heißwindkupolofen erschmolzenem u. bei mit Ferrosilicium oder Ferrosilicozirkonium behandeltem fl. Grauguß werden Zugfestigkeit, Elastizitätsmodul, Gefüge u. Bearbeitbarkeit ermittelt. Hierbei wird auch der Einfl. des Probendurchmessers festgelegt. — Die Einschlüsse im Gefüge des Graugusses werden metallograph. bestimmt u. ihre Auswrkg. auf die Graugußeigg. erörtert. (Fonderie **1958.** 374—84. Aug.) H. HOCHSTEIN. 6402

Katsumi Kimura, *Untersuchung über die Desoxydationstechnik und deren Einfluß auf die Eigenschaften des Stahls.* 1. Mitt. In den Gußblöcken ist mit steigendem Zusatz (0—0,3%) an *Al* bessere Homogenität zu beobachten. Anlassen bei 600, 700 u. 900° ergibt allseitig äquiaxiale, keine gestreckte Körnung. Die Wrkg. von Heißwalzen, Anlassen (750°), Kaltwalzen u. Anlassen auf den ERIKSEN-Wert in Ggw. von 0—0,3% Al wird graph. dargestellt. — 4 Diagramme. (Tetsu to Hagane [J. Iron Steel Inst. Japan] **41.** 336—37. März 1955. Forschungsinst. für Mechanik. [Orig.: japan.]) L. SCHULER. 6408

Takeshi Kato, *Über den Zusammenhang zwischen Desoxydation durch Aluminium und den Einschlüssen.* Untersucht werden *Stähle* mit 0,10—15 [0,68—73(%)] *C*, 0,24—32 (0,14—35) *Si*, 0,40—61 *Mn*. Ausführliche Darst. der Zusammenhänge zwischen zugesetztem *Al* u. dem Geh. an *Si* (bzw. SiO_2) u. Al_2O_3 im Guß. Die A-förmige Seigerung hinsichtlich Al_2O_3 (auch bei starkem Al-Zusatz) ist nur gering. (Tetsu to Hagane [J. Iron Steel Inst. Japan] **41.** 378—79. März 1955. Yawata Werke. [Orig.: japan.]) L. SCHULER. 6408

József Verö, *Untersuchungsmethoden von Einschlüssen im Stahl.* Beschreibung der Methoden u. Zusammenfassung der Ursachen u. Bildungweisen der Einschlüsse. (Kohászati Lapok **13 (91).** 449—59. Okt./Nov. 1958.) J. PLANK. 6408

Tsuruo Shibasaki, *Über die Verteilung von Sand in kleineren Gießblöcken einiger Legierungsstähle.* 2 Schaubilder zeigen 2 Haupttypen der Verteilung der Einschlüsse in Legierungsstählen. Über den Bildungsmechanismus der Seigerungen der Einschlüsse herrscht noch keine Klarheit, doch scheint kein einfacher Zusammenhang mit der Erstarrung des Gußblockes zu bestehen. (Tetsu to Hagane [J. Iron Steel Inst. Japan] **41.** 383—85. März 1955. K. K. Nippon Stahlwerke. [Orig.: japan.]) L. SCHULER. 6410

—, *Ein neuer Stahl für Flugzeuge und Raketen. Zwischenbericht über den amerikanischen Fortschritt.* Angegeben werden die Festigkeitseigg., bes. die Warm- u. Dauerstandfestigkeiten bei erhöhten Tempp. des Armco-Stahls PH15-7 Mo mit bis 0,09(%) *C*, bis 1 *Mn*, bis 0,04 *P*, bis 0,04 *S*, bis 1,00 *Si*, 14,00—16,00 *Cr*, 6,50—7,75 *Ni*, 2,00—3,00 *Mo*, 0,75—1,50 *Al*, Rest *Fe*. Der Stahl ist ausscheidungshärtungsfähig u. besitzt eine gute Verformbarkeit. Er eignet sich für geschweißte Hochdruckbrennstofftanks für Raketen. (Brit. Steelmaker **24.** 77—79. März 1958.) H. HOCHSTEIN. 6410

Kozo Uwano, *Einfluß der Korngröße von sphäroidalem Zementit auf die Härtbarkeit von Lagerstahl.* Bei 2 *Lagerstählen* mit 1,07 [0,96(%)] *C*, 0,45 (0,5) *Si*, 0,94 (1,0) *Mn*, 0,08 (0,01) *Ni*, 1,05 (1,0) *Cr* u. 0,13 (0,12) *Cu* wird in Kurven die Wrkg. der Fe_3C-Größe (1—4 μ) u. der Erhitzungstemp. auf die Umwandlung (dilatometr. bestimmt) dargestellt, desgleichen der Einfl. der Fe_3C-Größe auf die Umwandlungstemp. bei verschied. Abkühlungsgeschwindigkeiten: Bei Glühen bei tiefen Tempp. (bis 200°) bleiben die Fe_3Ci Körner dichtgedrängt u. die Härtbarkeit ist besser, bei hohen Tempp. ist die grobe Fe_3C-Struktur für die Härtbarkeit günstiger. (Tetsu to Hagane [J. Iron Steel Inst. Japan] **41.** 309—11. März 1955. Hitachi Werke. [Orig.: japan.]) L. SCHULER. 6410

Masanobu Kitahara, *Einfluß von C auf die Eigenschaften von Schnellstahl.* Bei 7 Proben von *Schnellarbeitsstahl* (18-4-1) mit 0,46—0,85(%) *C* steigert *C*-Zusatz die Härte, senkt aber die Zähigkeit. Die Zugfestigkeit bei hoher Temp. wird durch C kaum beeinflußt, aber die Schlagfestigkeit nimmt mit C-Zusatz ab. — Diagramme. (Tetsu to Hagane [J. Iron Steel Inst. Japan] **41.** 326—27. März 1955. Sonderstahl K. K. [Orig.: japan.]) L. SCHULER. 6410

Ryoichi Sasaki, *Einfluß von Mo auf die mechanische Festigkeit von 13% Cr-Stahl.* Durch *Mo*-Zusatz wird die Hochtemperaturzugfestigkeit etwas erhöht (z. B. bei 500° von 44,3 kg/mm² bei 0,38% Mo auf 50,3 bei 1,06% Mo). Der CHARPY-Wert wird kaum von Mo beeinflußt, ebensowenig die Ermüdungsgrenze, erst viel Mo erniedrigt die relative Alterung. Die Kriechgrenze wird durch Mo gegenüber Mo-freiem Stahl verdoppelt. (Tetsu to Hagane [J. Iron Steel Inst. Japan] **41.** 314—16. März 1955. Hitchi Forschungslabor. [Orig.: japan.]) L. SCHULER. 6410

H. Schwartzbart und **J. P. Sheehan,** *Der Einfluß von Kohlenstoff auf die Schlagzähigkeit von Stählen.* 1. Mitt. Durch eingehende Unterss. wird die Übergangstemp. der Kerbschlagzähigkeit von *Stählen* mit ca. 1. 1,7(%) *Mn*; 2. 1 *Mn* u. 3,5 *Ni*; 3. 0,6 *Cr* u. 1,3 Ni; 4. 1 Cr u. 0,2 *Mo*; 5. 1,1 Cr, 0,2 Mo u. 1,65 Ni; 6. 0,3 Cr, 0,2 Mo u. 1,8 Ni; 7. 1 Cr u. 8. 0,6 Cr, 0,2 Mo u. 0,7 Ni in Abhängigkeit vom *C*-Geh. bis jeweils ca. 0,8% sowie der durch die Wärmebehandlung veränderten Härte ermittelt. Es wird der schädliche Einfl. erhöhter *P*- u. *S*-Gehh. sowie eines Mo/P-Verhältnisses von weniger als 5 festgestellt. (Iron Age **178.** Nr. 6. 85—89. 9/8. 1956. Chicago, Inst. of Technol.) H. HOCHSTEIN. 6410

H. Schwartzbart und **J. P. Sheehan,** *Der Einfluß von Bor und der Korngröße auf die Kerbschlagzähigkeit.* 2. Mitt. (1. vgl. vorst. Ref.) Ermittelt wird der Einfl. von B-Zusätzen u. Zugaben von Seltenen Erden auf die Kerbschlagzähigkeit von Stahl. Die Übergangstemp. wird durch B etwas erhöht. Mit kleiner werdender Korngröße sinkt die Übergangstemperatur. (Iron Age **178.** Nr. 7. 102—06. 16/8. 1956.) H. HOCHSTEIN. 6410

H. Schwartzbart und **J. P. Sheehan,** *Der Einfluß des Bruchgefüges und der Probengröße auf die Kerbschlagzähigkeit.* 3. Mitt. (2. vgl. vorst. Ref.) Der Einfl. der Probenlage u. der Probenabmessungen auf das Bruchgefüge sowie die Bedeutung des Bruchgefüges auf die Lage der Übergangstemp. der Kerbschlagzähigkeit niedriglegierter *Stähle* wird untersucht u. hierbei wird festgestellt, daß der Einfl. der Probengröße bei höherer Stahlhärte ausgeprägter als bei niedrigerer Härte ist. Das Bruchgefüge ist für das Kerbschlagzähigkeitsverh. der Stahlproben sehr aufschlußreich. In einem martensit. Gefüge kann sowohl die Verformungsfähigkeit als auch Sprödbrüche häufig auf die Anlaßtemp. zurückgeführt werden. (Iron Age **178.** Nr 8. 107—10. 23/8. 1956.) H. HOCHSTEIN. 6410

Kunio Kusaka, *Einfluß von Mn und C auf die Eigenschaften von formbeständigem W–Cr-Werkzeugstahl.* Bei einem *Werkzeugstahl* mit 1,05(%) *C*, 1,2 *W*, 0,75 *Cr* bzw. 0,95 *C*, 1,2 *W* u. 1 Cr bringt *Mn*-Zusatz (0,4—1%) Steigerung der Härtbarkeit bei nur geringer Deformation beim Glühen, *C*-Zusatz etwas geringere Härtbarkeit, aber größere Härte, was für Präzisionsstahl günstig ist. (Tetsu to Hagane [J. Iron Steel Inst. Japan] **41.** 328—30. März 1955. Sonderstahl K. K. [Orig.: japan.]) L. SCHULER. 6410

J. F. Klement und **N. A. Birch,** *Eine neue hochfeste Kupferlegierung.* Die neue Cu-Legierung *Superston 40* mit 12(%) *Mn*, 8 *Al*, 3 *Fe*, 2 *Ni*, Rest *Cu* zeichnet sich durch bessere Gieß- u. mechan. Eigg. als die bisher bekannten hochfesten Bronzen aus. (Metal Progr. **70.** Nr. 5. 106—09. Nov. 1956. Milwaukee, Wis., Ampco Metal Co., Inc., u. St. Louis, Mo., American Brake Shoe Co., Nat. Bearing Div.) W. WESLY. 6432

Zdeněk Tischer, *Entwicklung einer verformbaren Dauermagnetlegierung.* Beschreibung der Erzeugungstechnologie u. Bearbeitung der magnet. harten Legierung der Zus. 20(%) *Ni*, 20 *Fe* u. 60 *Cu*, welche hervorragende magnet. Eigg. in anisotropem sowie isotropem Zustand besitzt. Die Legierung ist nach Glühen u. Härten vorzüglich verformbar, so daß Gegenstände mit komplizierten Formen u. Gewinden sowie Bleche u. Drähte von 0,1—0,05 mm hergestellt werden können. — Eigg.: F. 1300°; Gießtemp. 1330°; Homogenisieren 1000°/10 Std., unter H_2; Härten 1050°/3 Std. unter H_2, Luft; magnet. Aushärtung 650°/1 Std., unter H_2; 2 mm starkes isotropes Blech; Remanenz 3300 G; Koerzitivkraft 300 Oe; 0,3 mm starkes anisotropes Blech; Remanenz 5600 G; Koerzitivkraft 370 Oe; CURIE-Punkt 460°; spezif. Gew. 8,60 g/cm³; Zugfestigkeit zwischen 60—78,5 kg/mm²; Ausdehnungskoeff. (20—300°) $17 \cdot 10^{-6}$; Härte (nach der Wärmebehandlung) HV_{30} 145. (Hutnické Listy **13.** 669—74. Juli 1958. Panenské Břežany, Výzk. ústav kovů.) H. TŮMA. 6432

J. P. Dennison, *Beobachtungen über die mechanischen Eigenschaften von zwei aushärtbaren Kupfer-Aluminium-Legierungen.* Die Ergebnisse von Bestimmungen der Zugfestigkeit, der 0,1%-Dehngrenze, der Dehnung u. der Härte von zwei *Co*- bzw. *Co* + *Ni*-haltigen *Cu–Al*-Legierungen (ca. 6% Al) werden mitgeteilt. Der Einfl. des Kaltwalzens, der Ausscheidungshärtung u. von Kombinationen dieser beiden Behandlungen auf die durch eine Lösungswärmebehandlung erhaltene ursprüngliche Einphasenstruktur wird hinsichtlich der genannten Eigg. untersucht. (J. Inst. Metals **84.** 115—17. Jan. 1956. Swansea, Univ.) H. HOCHSTEIN. 6432

J. J. Gray und **A. Carter,** *Chemie und Metallurgie der Titangewinnung.* Zusammenfassender Überblick. — 99 Literaturhinweise. (Roy. Inst. Chem., Lectures, Monogr. Rep. **1958.** Nr. 1. 1—56.) M. WINIKER. 6448

Willibald Machu und **Venice Kámel,** *Über die elektrolytische Abscheidung von Titan aus wässerigen Lösungen von Kaliumtitanfluorid.* Wie an Strom–Spannungs-Kurven gezeigt wird, läßt sich Ti aus wss. Lsgg. von K_2TiF_6 abscheiden, wenn an Kathoden aus Metallen mit hoher Überspannung gearbeitet wird. Dabei werden die TiF_6^{2-}-Ionen in TiO^{2+}-Ionen übergeführt, die durch den nascierenden H chem. red. werden. An Al-Kathoden wird $Al(OH)_3$ mitgefällt, was zur Bedeckung u. damit Passivierung der Kathoden führt u. damit die Stromausbeute herabsetzt. Durch Zusätze von *Gelatine*, *Thioharnstoff* u. *Glucose* kann die Bldg. von $Al(OH)_3$ vermindert u. damit die Ti-Ausbeute erhöht werden. An Zn-Kathoden kann Ti nur dann abgeschieden werden, wenn in den Lsgg. außer H_2O_2 auch *Citronen-* oder *Ascorbinsäure* zugegen ist. Da diese Kathoden nicht passiviert werden, ist der Anteil von Ti im Nd. größer als bei Al-Kathoden. (Werkstoffe u. Korrosion **10.** 14—26. Jan. 1959. Cairo-Dokki, Nat. Res. Centre.) F. VIER. 6448

Ichiji Obinata und **Keizo Nishimura,** *Über die Rekristallisation von kaltgewalztem handelsüblich reinem Titan.* Die Rekristallisation von kaltgewalztem handelsüblich reinem Ti wird mkr. untersucht. Hierbei werden zwei Arten von Rekristallisation gefunden, die gleichzeitig stattfinden; nämlich eine ohne Keimbldg. u. die andere, welche durch den üblichen Keimbildungs- u. Wachstumsmechanismus voranschreitet. Eine bemerkenswerte Erscheinung ist der Mangel an Gleichförmigkeit sowohl bei der Entw. der Rekristallisation als auch in der Korngröße unmittelbar nach Beendigung der Rekristallisation. Dies wird auf die Ungleichförmigkeit bei der Zwillingsbldg. während des Beginns der Kaltverformung zurückgeführt. Die Rekristallisationstemp. von Ti ist als eine Funktion der Abnahme bei der Kaltverformung festgestellt worden. Ein Rekristallisationsdiagramm wird auf Grund von Korngrößebestimmungen nach dem Glühen als Funktion von der Walzabnahme u. der Glühzeit aufgestellt. Es wird festgestellt, daß die als Ergebnis des Kaltwalzens in leicht verformten Körnern erscheinende Zwillingsstreifung eine ausgesprochene Ausrichtung aufweisen. Dies wird auf kristallograph. Grundlage erklärt. (J. Inst. Metals **84.** 97—101. Jan. 1956. Sendai, Tohoku Univ.; Nikko, Furukawa Electric Co.) H. HOCHSTEIN. 6448

W. E. Lusby jr., L. J. Barron und **R. J. Pardo,** *Das Vordringen von Titan in das neue Anwendungsgebiet der tiefgezogenen Teile.* Beschreibung der Herst. von tiefgezogenen Ti-Teilen u. ihrer Anwendung (nahtlose Kesselhälften zum Kochen von Lebensmitteln) auf Grund ihrer Korrosionsfestigkeit. (Iron Age **177.** Nr. 13. 68—70. 29/3. 1956. Wilmington, Del., E. I. du Pont de Nemours & Co., Inc.; Baltimore, B. H. Hubbert Co.) W. WESLY. 6448

Gh. Vanci, *Uran, der nucleare Brennstoff.* Ausführlicher Bericht über das Vork. von U u. über die industriellen Gewinnungsmethoden im Hinblick auf die Bedeutung von U als nuclearen Brennstoff. — 6 technolog. Schemata für die Gewinnung von U u. 27 Literaturangaben. (Rev. Minelor **6.** 314—26. Okt. 1955.) M. MOLDENSCHARDT. 6448

W. B. H. Lord und **R. J. Wakelin,** *Herstellung von Plutonium-Aluminium-Brennstoffelementen für Atomreaktoren.* Beschreibung von ferngesteuerten Anlagen zum Schmelzen, Vergießen u. Verformen von Pu-Al-Legierungen. (Rev. Metallurgie **55.** 620—26. Juli 1958.) F. VIER. 6448

H. P. Bonebrake, *Gallium.* Übersicht über die Eigg. von Ga u. seine Anwendung. (Metal Progr. **70.** Nr. 2. 105—06. Aug. 1956. Pittsburgh, Aluminum Co. of America.) W. WESLY. 6448

R. R. Wells, M. M. Johnson und **F. T. Sterling,** *Gewinnung von Quecksilber aus Zinnober-Antimonit-Erz durch Schwimmaufbereitung und Wirbelschichtröstung.* Beschreibung der Hg-Gewinnung aus Zinnober-Antimonit-Erz mit 1,55(%) *Hg*, 2,87 *Sb*, 0,67 *As*, 4,2 *Fe*, 62,2 SiO_2, 2,4 *CaO*, 16,1 Al_2O_3, 0,96 *MgO* durch Schwimmaufbereitung (Ausbeute an Hg 95,7, an Sb 82,6%) u. Wirbelschichtröstung des Konzentrates bei 485—490° mit einer Gesamt-Hg-Ausbeute von ca. 94%. (U. S. Dep. Interior, Bur. Mines, Rep. Invest. Nr. **5433.** 1—19. 1958. Juneau, Alaska; Albany, Oreg., Bur. of Mines, Region I.) W. WESLY. 6456

A. H. Mokken, *Fortschritte in der Arbeitsweise eines Goldgewinnungsbetriebes.* Beschreibung einiger techn. Verbesserungen, vorzugsweise durch Mechanisierung von Handarbeit u. durch automat. Regelung von Durchsätzen. — 8 Literaturangaben. (J. South African Inst. Mining Metallurgy **58.** 307—42. Febr. 1958. Van Dyk Cons. Mines Ltd.) H. ECKHARD. 6462

G. Vidal, F. Girard und **P. Lanusse,** *Mikrodauerprüfmaschine für Zug-Druck-Beanspruchung bei 5000 Lastwechsel pro Sekunde.* Beschreibung eines Hochfrequenzmikropulsators. (Rev. Metallurgie **55.** 613—19. Juli 1958.) F. VIER. 6480

Jimpei Omori, *Untersuchung über die Kriechfestigkeit von Metallen, die durch Lichtbogenschweißen aufgebracht wurden.* 1. Mitt. *Über milde Stähle und Cr-Mo-arme Stähle.* Für 7 verschied., durch Schweißen aus 1(%) Cr + 0,5 Mo-*Schweißdrähten* (mit Schutzüberzug versehen) aufgeschweißte Proben wird die Dehnung/Zeit-Kurve bei 450 bzw. 500° gegeben. Mit steigender Anlaßtemp. vermindert sich der Kriechwiderstand. Durch Anlassen bei 900° nimmt die Kriechfestigkeit von 500—600° weniger stark ab als beim Anlassen bei 750° (Diagramm). Weitere Diagramme der Beziehung zwischen Dehnung beim Kriechen u. Anlaßbedingungen. (Tetsu to Hagane [J. Iron Steel Inst. Japan] **41.** 353—55. März 1955. Sumitomo Metall-A.-G. [Orig.: japan.]) L. SCHULER. 6480

V. J. Haddrell, E. C. Sykes und **B. W. Mott,** *Kunststoffschwabbel zur Vorbereitung von Proben für die metallographische Untersuchung.* Unterss. haben gezeigt, daß polythengebundene Schwabbels sich gut zur Vorbereitung von Proben für eine metallograph. Unters., bes. für die Endbearbeitungsstufen der Proben, eignen, u. daß hierbei keine Mühen zum Reaktivieren u. Abziehen aufgewendet werden müssen, wie dies bei der Verwendung von Wachs- oder Pb-Schwabbels der Fall ist. Mit *Terylen*-Plaste bedeckte *Polythen*-Scheiben eignen sich sehr gut zu einem mechan. angreifenden Polieren der Proben. (J. Inst. Metals **84.** 112—14. Jan. 1956. Harwell, Atomic Energy Res. Establ.) H. HOCHSTEIN. 6482

M. J. Fraser und **A. A. Burr,** *Ein einfaches Halbmikroröntgenverfahren.* Beschreibung eines Halbmikroröntgengerätes (Abb.) zur Unters. von Blechen. (Metal Progr. **70.** Nr. 5. 114. Nov. 1956. Troy, N. Y., Rensselaer Polytechn. Inst., Dep. of Metallurg. Engng.) W. WESLY. 6484

C. B. Moore, *Der Nutzen von Radioisotopen für den Metallbearbeiter.* Übersicht über die Anwendung von Radioisotopen bei der Metallbearbeitung zur Überwachung der Fertigung u. zu Forschungszwecken. (Iron Age **177.** Nr. 13. 63—65. 29/3. 1956.) W. WESLY. 6484

Plate, *Mokume.* Beschreibung der *Mokume*-Technik, bei der mehrere, verschied. gefärbte Legierungen u. Metalle so miteinander verbunden, bearbeitet u. geätzt werden, daß der Eindruck einer kunstvollen Tauschierung oder einer ornamental gehaltenen Damaszierung entsteht. (Dtsch. Goldschmiede-Ztg. **57.** 261. Mai 1959.) M. GEHLEN-KELLER. 6490

R. C. Hall, *Bearbeitung harter und spröder Werkstoffe.* Beschreibung eines Laboratoriumsgerätes zur Bearbeitung von harten oder spröden Werkstoffen nach dem (elektr.) Funkenverfahren. (Metal Progr. **70.** Nr. 2. 78—80. Aug. 1956. East Pittsburgh, Pa., Westinghouse Electric Corp., Magnet. Materials, Developm. Labor.) W. WESLY. 6490

Martial Renouard und **Yves Bresson,** *Die Verfahren zur Herstellung von isotropen Blechen aus Leichtmetallegierungen für Tiefziehzwecke.* Die Herst. von Tiefziehteilen ohne Zipfel erfordert als Ausgangsmaterial Bleche ohne bevorzugte Orientierung, tritt sie aber doch auf, dann sollen 2 bevorzugte Orientierungen vorliegen, deren Wrkg. sich aufheben. Das halbkontinuierliche Gießen der Walzplatten mit einer bevorzugten Orientierung, die die Herst. isotroper Bleche sehr erschwert. Bei Al–Mn-Legierungen kann die bevorzugte Orientierung durch Glühen bei hoher Temp., durch das sogenannte „Homogenisieren", beseitigt werden. Bei Al handelsüblicher Reinheit kann ein Gleichgewicht zwischen 2 Systemen bevorzugter Orientierung durch eine partielle Wärmebehandlung oder durch Red. der bevorzugten Orientierung durch eine Modifikation des halbkontinuierlichen Gießens oder durch ein geeignetes Homogenisieren der Platten erreicht werden. (Rev. de l'Aluminium **34.** 833—41. Sept., 969—80. Okt., 1083—92. Nov. 1957. Issoire, Cégédur, Labor. de Rech., usine d'Issoire, Serv. Métallurg.) F. VIER. 6490

H. Kalpers, *Über das Blankglühen und Glühen von Drähten mit gesteuerter Atmosphäre in geschlossenen Behältern.* (Draht-Welt **44.** 219—21. Aug. 1958.) M. GEHLEN-KELLER. 6492

Hiizu Kuzuu, *Über die durch Carburieren und folgende Wärmebehandlung verursachte Verzerrung.* Die Probe mit 0,17 (%) *C*, 0,25 *Si*, 0,85 *Mn*, 0,019 *P*, 0,024 *S*, 1,15 *Cr* u. 0,24 *Mo* wird einer Reihe von Wärmebehandlungen (Anlassen, Normalisieren, cycl. Anlassen, Abschrecken–Tempern u. Sphäroidisieren) unterworfen; an einem platten Ringstück werden die Deformationen verfolgt, welche sehr gering sind. (Tetsu to Hagane [J. Iron Steel Inst. Japan] **41.** 361—62. März 1955. Nichino Diesel A.-G. [Orig.: japan.]) L. SCHULER. 6492

Hideo Akasu, *Wasseranlassen von Schnellarbeitsstahl.* Zur schnellen Enthärtung ist das Wasseranlassen (WA) dem im Vakuum überlegen, man erreicht besser die für maschinelle Bearbeitbarkeit günstige Härte. Die Erhitzungszeit für das WA ist am wirksamsten bei 120 Min. u. 800°. Bei raschem Erhitzen u. kurzer Temperaturhaltung erreicht man bei rascher Wasserabkühlung keine Härteminderung. Bei größeren Stücken muß länger konstante Temp. gehalten werden. Bei kleineren Stücken wiederholt man das WA mindestens 5 mal zur Erreichung der gewünschten Härteminderung. Glüht man über den Umwandlungspunkt (UP), so muß für das WA 800° (also unter dem UP) streng eingehalten werden. — Tabelle u. Diagramm. (Tetsu to Hagane [J. Iron Steel Inst. Japan] **41.** 324—25. März 1955. Eisenbahntechn. Forschungsinst. [Orig.: japan.]) L. SCHULER. 6492

Masuo Kawakami, *Untersuchung über das Blankglühen von rostfestem Stahl.* Es wird zur Verhinderung der Bldg. schwer angreifbarer Oxydschichten (aus dem Cr) empfohlen, dosierte Mengen an $TiCl_4$ bzw. $SiCl_4$ dem verwendeten Wasserdampf zuzumischen. — Ausführliche Erörterung der Schwierigkeiten beim Blankglühen rostfreien Stahls. (Tetsu to Hagane [J. Iron Steel Inst. Japan] **41.** 367—68. März 1955. Tokyo, TH. [Orig.: japan.]) L. SCHULER. 6492

K. H. Kopietz und **J. G. J. van Overvest,** *Mit Wasser abwaschbare Härtungsöle.* Eigg. u. Anwendung von Abschrecköle, die mit W. abwaschbar sind. (Metalen **13.** 273—79. 15/8. 1958. Verenigde Ingenieurbureaux „Viba", N. V.) W. WESLY. 6492

O. Borchert, *Cyanhaltige Abwässer und Salzrückstände in der Härterei.* Entstehung, Eigg., Entgiftung, Nachw. u. Bestimmung. — 20 Literaturangaben. (Fertigungstechnik **6.** 169—71. April 1956. Magdeburg, VEB Härtol-Werk, Labor.) M. GEHLEN-KELLER. 6492

Robert Sathicq, *Preßkaltschweißen.* Nach einer Erörterung der Bedingungen, unter denen das Preßkaltschweißen vor sich geht, werden an Hand von Beispielen das Schweißen von *Al* u. Al-Legierungen untereinander u. mit *Cu, Sn, Zn, Ag* beschrieben. (Rev. de l'Aluminium **34.** 875—80. Sept. 1957. Soc. Soudfroid.) F. VIER. 6506

E. C. De Gaeta und **A. M. De Gaeta,** *Hochfeste Drahtstumpfschweißung.* Beschreibung eines neuen Verf. zum Schweißen von Draht, gek. durch geringen Energieverbrauch, Erhaltung der Kaltbearbeitungseigg. u. Eliminierung der Schweißfunken, gezeigt an P-Bronze-Draht. (Wire and Wire Products **31.** 303. 341—42. März 1956. Brooklyn, N. Y., Emmco Developm. Corp.) W. WESLY. 6506

O. R. Carpenter und **R. D. Wylie,** *16-8-2-Cr-Ni-Mo für Schweißelektroden.* Zum Schweißen von rostfreien Stählen, die hohen Tempp. ausgesetzt werden, eignet sich eine Schweißelektrode mit 0,07(%) *C*, 1,70 *Mn*, 0,45 *Si*, 15,60 *Cr*, 8,20 *Ni*, 1,45 *Mo*, 0,018 *S*, 0,015 *P*. Die Eigg. der Schweißen sind (mit Ausnahme der Festigkeit gegen interkrist. Korrosion) denen solcher Schweißen überlegen, die mit der üblichen Elektrode Typ 347 mit 0,08(%) C, 1,72 Mn, 0,43 Si, 17,80 Cr, 12,00 Ni, 0,016 S, 0,012 P, 0,75 *Nb* ausgeführt worden sind. (Metal Progr. **70.** Nr. 5. 65—73. Nov. 1956. Barberton, Ohio, Babcock and Wilcox Co.) W. WESLY. 6506

Manfred Beckert, *Beitrag zum Verhalten des Kohlenstoffes an Schweißübergängen bei unterschiedlicher Zusammensetzung von Schweißgut und Grundwerkstoff.* Unterss. über den Einfl. der unterschiedlichen Zuss. von Schweißgut (mit Zusätzen von Ti, V, Cr, Mn, Co, Ni, Mo u. W in Gehh. bis ca. 4%) u. Grundwerkstoff (unlegierter Stahl mit 0,18% C) auf das Verh. des C beim Erwärmen unter Verwendung von kalkbas. umhüllten Elektroden mit unlegiertem Kerndraht u. von Legierungszusätzen für die Umhüllung in Form von Fe-Legierungen oder als Metallpulver zeigen, daß für das Wachstum der ferrit. Zone im Grundwerkstoff am Schweißübergang als Folge der Entkohlung ein parabol. Gesetz begrenzt gültig ist. Die Wirksamkeit des Legierungszusatzes im Schweißgut äußert sich in der Höhe der Rand-C-Konz. (CK) im Grundwerkstoff an der Übergangsfläche zum Schweißgut u. im Wert der Wachstumskonstanten. Je kleiner die CK ist, desto größer ist die Wachstumsgeschwindigkeit der ferrit. Randschicht, d. h. um so tiefer ist die Entkohlung in gleicher Zeit. Ti, V, Cr, Mn u. Ni zeigen für gleiche Gehh. im Schweißgut eine dieser Reihenfolge entsprechende, abnehmende Wirksamkeit, d. h. einen zunehmenden CK-Wert. Co verursacht keine feststellbare Entkohlung. Mo u. W entkohlen weniger tief, als erwartet wird. Für die Temperaturabhängigkeit des Wachstums der ferrit. Randschicht ist das Prod. aus dem Diffusionskoeff. von CK in α-Fe u. der Differenz zwischen der maximalen Löslichkeit von CK in α-Fe u. CK maßgebend. (Bergakademie [Freiberg] **10.** 393—94. Juli 1958. Halle/S.) W. WESLY. 6506

L. C. Barton, *Rommeln und Strahlreinigen mit organischen Stoffen.* Übersicht über Verff. u. Zubehör zum Putzen von Gießereierzeugnissen, bes. von Spritzguß aus *Leichtmetallen* u. *Zn-Legierungen* in Scheuertrommeln u. Verwendung von Nußschalen als Scheuermittel für Trockentrommeln u. zum Strahlreinigen. (Foundry Trade J. **106.** 237—39. 26/2. 1959.) W. WESLY. 6510

F. R. Sherliker, *Schnelltrocknen von Metalloberflächen.* Um zu verhindern, daß sich beim Behandeln von feuchten Metalloberflächen mit Trichloräthylen u. folgendem Trocknen Wasserflecken bilden, wird dem Trichloräthylen ein kation. oberflächenakt. Mittel, wie *Trisec*, zugesetzt. An Beispielen wird gezeigt, daß die Fl. zusammenhängend abfließt, ohne einzelne Tröpfchen zu bilden. (Metal Ind. [London] **94.** 143—44. 20/2. 1959.) F. VIER. 6512

Fred G. Brune, *Die Elektrochemie und der Galvanisierer.* 1.—3. Mitt. Übersicht über die Grundzüge der Elektrochemie u. ihre prakt. Anwendung in der Galvanisiertechnik. (Products Finishing **21.** Nr. 11. 44—48. Aug.; **22.** Nr. 2. 68—70. 72. 74. Nov. 1957. Nr. 6. 36—38. 40. 42. März 1958. Chrysler-Operated Naval Ind., Reserve Aircraft Plant.) W. WESLY. 6514

G. E. Stempfel, *Allgemeines über die elektrolytischen Metallniederschläge.* Allg. Übersicht unter besonderer Berücksichtigung neuerer Verfahren. (Bull. Soc. franç. Électriciens [7] **6.** 57—72. Jan. 1956.) F. VIER. 6516

Karel Janecký, *Die Qualitätserhöhung der durch Tauchen in geschmolzenes Zink erhaltenen Überzüge.* In Abhängigkeit vom bin. Fe–Zn-Diagramm wird die Entstehung u. Zus. der Überzüge u. der einzelnen Phasen erklärt. Der Einfl. verschied. Bedingungen auf die Eigg. der Überzüge wird angeführt. (Korose Ochrana Materiálu **1.** 76—83. 1957. Výzk. ústav ochrany materiálu G. V. Akimova.) E. L. SCHMELING. 6522

F. A. Lowenheim und **R. T. Gore,** *Verbesserung der Zinn–Zink-Plattierung der Fertigwaren.* Ausführung u. Vorteile (Lötbarkeit, Korrosions- u. Abriebfestigkeit, plast. Verformbarkeit, elektr. Hochfrequenzeigg.) von galvan. Sn–Zn-Überzügen für die meisten Grundmetalle. (Iron Age **177.** Nr. 11. 92—95. 15/3. 1956. New York City, N. Y., Metal and Thermit Corp., Techn. Serv., Electrochem. Res.) W. WESLY. 6522

J. Jorand, *Das Palmöl bei der Hitzeverzinnung.* An Hand des Schrifttums wird das technolog Verf. der Hitzeverzinnung von Eisenblech im Prinzip dargestellt u. der Einsatz von Palmöl als „Verzinnungsöl" erörtert; dieses Öl muß so beschaffen sein, daß ein einwandfreier Sn-Belag zustande kommt; es darf bei 240° nicht flüchtig sein u. nicht zur Oxydation u. Polymerisation neigen, muß rasch vom Blech abtropfen u. sich restlos entfernen lassen; hinterbleiben davon Spuren auf dem Blech, dann müssen dieselben geruchlich u. geschmacklich indifferent sein u. nicht die Disposition zum Ranzigwerden aufweisen. Es werden theoret. Betrachtungen über die Wirksamkeit des Palmöls bei der Verzinnung angestellt u. unter diesem Blickpunkt erörtert: der Einfl. der freien Fettsäure, der JZ., VZ., Hydroxylzahl, des Unverseifbaren, der Asche, der D., der Viscosität sowie die Veränderung einiger dieser Kennzahlen beim Prozeß der Verzinnung. Es wird bes. gezeigt, daß die Viscosität ansteigt, woran der Grad des ungesätt. Charakters u. Oxydation durch den Luftsauerstoff beteiligt sind; der Einfl. freier Säure ist gering, weil sie partiell flüchtig geht, partiell in die Zinnseifen umgesetzt wird; das Verh. der polyolefin. Fettsäuren des Palmöls, das Ausmaß der Polymerisation, die Wrkg. der Zinnseifen, diese Fragen werden nur kurz erörtert. (Oléagineux **14.** 73—81. Febr. 1959.) K. TÄUFEL. 6524

A. G. Atanassjanz, N. T. Kudrjawzew und **W. M. Karatajew,** *Hartvergoldung.* Während elektrolyt. erhaltene Überzüge von reinem Au eine Härte von ca. 100 (kg/mm²) zeigen, haben *Au-Ni*-Überzüge (< 2% Ni) Härte 160—190. Sie werden mit einer Stromausbeute von 20—60% erhalten, wenn man in einem Bad mit 1,5 (g/Liter) *Au*, 3,5 *Ni*, 15 *KCN*, bis 35 K_2CO_3 mit Au-Anode bei kathod. Stromdichte 0,2 A/dm² u. 20° (bei Verhältnis anod:kathod. Oberfläche 2:1) oder 60° (3:1) elektrolysiert. Haftfestigkeit u. Korrosionsfestigkeit der Ndd. sind etwa dieselben wie bei reinem Au, der Verschleiß beträgt bei Kaltelektrolyse 25%, bei Heißelektrolyse 50% desjenigen von reinem Au. (Журнал Прикладной Химии [J. angew. Chem.] **30.** 876—81. Juni 1957.) R. K. MÜLLER. 6526

Walter E. Pocock, *Die Zurichtung von Aluminiumlegierungen.* 2. Mitt. *Chemische oder Konversionsüberzüge.* (1. vgl. C. **1959.** 4620.) Herst., Eigg., bes. Korrosionsfestigkeit u. Anwendung von Überzügen auf Al durch chem. Rk. mit Chromatlösungen. (Metal Progr. **70.** Nr. 5. 97—101. Nov. 1956. Baltimore, Md., Allied Res. Products, Inc.) W. WESLY. 6528

P. W. Schtschigolew, *Elektrochemische Methoden zur dekorativen Behandlung der Oberfläche von Aluminiumerzeugnissen.* (Vgl. C. **1956.** 558; **1957.** 6956.) Für das elektrolyt. Polieren von Al werden folgende Bedingungen empfohlen: Badzus.: 500 ml H_2SO_4, D. 1,6, 500 ml H_3PO_4, D. 1,55, 60 g CrO_3, anod. Stromdichte D_A 20—30 A/dm², 80 bis 90°, Dauer 3—6 Min., Badspannung 10—15 V, Pb-Kathode. Ein durchsichtiger, den Glanz kaum beeinträchtigender Al_2O_3-Film wird anod. erhalten in 20%ig. H_2SO_4 mit D_A 2 A/dm² bei 18—20°, Dauer 20—30 Min. (Wechselstrom) bzw. 15—20 Min. (Gleichstrom). Als Färbebad für Goldfärbung (3—10 Min. bei 70—80°) der anod. vorbehandelten Oberfläche wird angegeben: 1 g Ätzgelb, 0,14—0,3 g Alizarinrot C (oder 0,15 bis 0,3 g Alizarinorange P), 1 Liter dest. W.; ein rötlicher Goldfarbton wird erhalten, wenn eine anod. Vorbehandlung mit 0,5—1 A/dm² bei 20° vorausgeht; bei höherer Farbstoffkonz. (1 g/Liter) lassen sich rote, orange u. gelbe Farbtöne erzielen. Nach Behandlung in sd. W. sind die anod. Überzüge nicht mehr färbbar; sd. W. zerstört auch die Färbung, wenn sie nicht mit $NiSO_4$-Lsg. fixiert ist. (Журнал Прикладной Химии [J. angew. Chem.] **30.** 882—87. Juni 1957.) R. K. MÜLLER. 6534

D. M. Brasher, *Klassifizierung von Fortschritten auf dem Gebiet der Korrosion.* Kurze Beschreibung einer Anordnung, die auf dem Abstract Filing Index der NATIONAL ASSOCIATION OF CORROSION ENGINEERS beruht u. mit deren Hilfe in Teddington über 1000 Anfragen u. mehrere Tausend Reff. klassifiziert wurden. (Corrosion [Houston] **15.** Nr. 5. 254t—257t. Mai 1959. Teddington, Middlesex, Nat. Chem. Labor., Dep. Sci. and Ind. Res.) M. GEHLEN-KELLER. 6538

Ivan Sekerka, Karel Smrček, Jan Vorlíček und **Eduard Beránek,** *Korrosionsuntersuchungen.* 18. Mitt. *Zum Problem der die Kinetik der Auflösung von Metallen leitenden Prozesse.* (17. vgl. C. **1959. 281.**) Die Auflsg. von Metallen wird je nach der Konz. der angewandten Säure oder Base durch verschied. leitende Prozesse bestimmt. In einem Konzentrationsbereich bis zu 0,1n ist die Lösungsgeschwindigkeit von der Geschwindigkeit der Diffusion der Wasserstoffionen zu der Metalloberfläche abhängig; bei höheren Konzz. als 0,5n wird sie dagegen von der Geschwindigkeit des Ladungsverlustes der H^+-Ionen bestimmt; in Konzentrationsgebieten zwischen 0,1 u. 0,5n kommen beide Vorgänge zur Geltung. Die Werte der Aktivationsenergien einiger Metalle (Mg, Fe, Al, Zn) in verschied. Medien wurden für drei Lösungsmittel (HCl, H_2SO_4, NaOH) ermittelt. (Chem. Listy **52.** 1206—11. Juli 1958. [Orig.: tschech.]; Collect. czechoslov. chem. Commun. **23.** 1864—70. Okt. 1958 [Orig.: deutsch]. Praha, Výzkumný ústav ochrany materiálu G. V. Akimova.) O. KNESSL/Prag. 6538

Karel Smrček, Ivan Sekerka, Jaroslav Průšek, Eduard Beránek und **Jan Vorlíček,** *Korrosionsuntersuchungen.* 19. Mitt. *Kinetik der Metallauflösung.* (18. vgl. vorst. Ref.) Die Zeitabhängigkeit der Lösungsgeschwindigkeit von Metallen in wss. Lsgg. wurde bei konstanten Konzz. der aggressiven Komponente des Mediums für diejenigen Fälle bestimmt, in denen an der Oberfläche des Metalls keine festen, unlösl. Reaktionsprodd. entstehen. Die Lösungsgeschwindigkeit folgt einer kinet. Gleichung nullter Ordnung. Die Temperaturabhängigkeit der Lösungsgeschwindigkeit wurde für diese Fälle ermittelt u. eine empir. Gleichung aufgestellt, nach welcher die Metallauflsg. in Abhängigkeit von der Konz. der aggressiven Komponente, der Temp. sowie der Zeit verläuft, u. der Gültigkeitsbereich dieser Gleichung wurde bestimmt. (Chem. Listy **52.** 1212—17. Juli 1958 [Orig.: tschech.]; Collect. czechoslov. chem. Commun. **24.** 452—59. Febr. 1959 [Orig.: deutsch]. Praha, Výzkumný ústav ochrany materiálu G. V. Akimova.) O. KNESSL/Prag. 6538

Ivan Sekerka, Karel Smrček, Eduard Beránek und **Jan Vorlíček,** *Korrosionsuntersuchungen.* 20. Mitt. *Über den Einfluß des Lichtes auf die Kinetik der Korrosionsprozesse.* (19. vgl. vorst. Ref.) Es wurde festgestellt, daß Licht diejenigen Korrosionsprozesse, bei denen an der Oberfläche des Metalls keine Schichten von Korrosionsprodd. entstehen, beschleunigt. Diese Beschleunigung wird dadurch verursacht, daß unter dem Einfl. des Lichtes die Kathoden- sowie die Anodenvorgänge schneller werden. Die Lichtenergie bewirkt nur eine Beschleunigung des Prozesses, sein Mechanismus wird jedoch dabei nicht verändert. (Chem. Listy **52.** 1218—21. Juli 1958 [Orig.: tschech.]; Collect. czechoslov. chem. Commun. **24.** 460—64. Febr. 1959 [Orig.: deutsch]. Praha, Výzkumný ústav ochrany materiálu G. V. Akimova.) O. KNESSL/Prag. 6538

M. H. Davies, *Rißbildung in DTD 247. Versagen einer sich bei hohen Temperaturen ausdehnenden Legierung.* Unterss. über die Einw. von sd. 42%ig. $MgCl_2$-Lsg. u. 3%ig. intermittierend versprühter Salzlsg. auf Rohre aus DTD-247-Legierung mit $<0,7$ (%) *C*, $<0,5$ *Si*, 3,5—5,5 *Mn*, 11—14 *Ni*, >3 *Cr*, $<0,05$ *S*, $<0,05$ *P*, $<0,25$ *V*, $<0,5$ *Mo*, <1 *W*, Rest *Fe* zeigen, daß in maschinell bearbeiteten Rohren u. in Proben, die durch Zug vorbeansprucht worden sind (mit oder ohne Oberflächenverformung) transkristalline Risse auftraten. Mit einer Ausnahme blieben die Risse aus in geglühten, gezogenen Rohren u. in Rohren, die aus Stangen herausgeschnitten u. an der Oberfläche auch sorgfältig abgeschliffen worden waren. Maschinell bearbeitete Proben ohne Oberflächenverformung blieben rißfrei. Korngrößenunterschiede u. Ggw. oder Abwesenheit von organ. Schutzüberzügen beeinflußten die Rißbldg. nicht. Die visuelle Beobachtung ergab, daß die maschinell bearbeiteten Proben durch Salzversprühen am stärksten angegriffen wurden. (Iron and Steel **29.** 321—22. Juni 1956.) W. WESLY. 6538

Ewald Baerlecken, Klaus Lorenz und **Gerhard Kalwa,** *Über Korrosionserscheinungen durch Schwefelverbindungen bei Stahl und Stahllegierungen.* Unterss. über den Einfl. von S(-Verbb.) auf das Korrosionsverh. zahlreicher (legierter) Stähle zeigen, daß der S-Angriff bei hohen Tempp. unter oxydierenden Bedingungen durch geringe Zusätze von zunderbeständigkeitssteigernden Elementen, z. B. *Cr*, bekämpft werden kann; unter reduzierenden Bedingungen sind dazu höhere Legierungsanteile nötig. Gegen Spannungsrißkorrosion durch H_2S enthaltende Kondensate zeigen die untersuchten Stähle prakt. eine von der Zus. unabhängige Empfindlichkeit. Die Lebensdauer wird durch die Größe der äußeren Spannungen, die H^+-Konz. des Elektrolyten u. die Festigkeit des Werkstoffes beeinflußt (Diagramme). Die Möglichkeit des anod. Schutzes wird erörtert. (Erdöl u. Kohle **11.** 537—43. Aug. 1958. Düsseldorf, Phoenix-Rheinrohr AG., Metallurg. Abt.) W. WESLY. 6538

W. L. Nelson, *Die Bekämpfung der durch schwefelreiche Brennstoffe verursachten Korrosion.* Zus. von S-reichen Brennstoffen, ihr Angriff auf Dampfkesselluftvorwärmer

u. Zus. der korrosionsfesten Stähle für die Luftvorwärmer. (Oil Gas J. **56.** Nr. 39. 61—62. 29/9. 1958.) W. WESLY. 6538

Klára Farkas-Mayr, *Durch Abgase verursachte Korrosion.* Diskussion der beim Verbrennen von S-haltigen Brennstoffen verlaufenden Rkk., Bldg. von SO_2, SO_3 u. H_2SO_4, der dadurch verursachten Korrosion u. einige Vorschläge zum Paralysieren der schädlichen Verbindungen. (Kohászati Lapok **13** (**91**). 504—08. Okt./Nov. 1958.) J. PLANK. 6538

Tihomil Marković, *Die Inhibitoren der Korrosionen in der Erdölindustrie.* Es werden die mannigfachen Möglichkeiten zur Bekämpfung der Korrosion in der Erdölindustrie, bes. bei Erdölleitungen, besprochen. (Nafta [Zagreb] **9.** 270—74. Sept. 1958. Zagreb, T.H.) D. KOLBAH. 6538

M. N. Desai, J. D. Talati und **A. M. Trivedi,** *Der Einfluß einiger Schutzkolloide auf die Korrosion von Messing.* Die Wrkg. von Schutzkolloiden, wie *Pulvis Acacia, Eialbumin, Agar, Dextrin* u. *Kartoffelstärke* auf die Korrosion von Messing in Citronensäure, HCl u. H_2SO_4 wurde untersucht u. die Ergebnisse in Tabellenform vorgelegt. Bei Citronensäure wurde eine deutliche Schutzwrkg. beobachtet, bei HCl dagegen bei den gleichen Konzz. die Korrosion verstärkt u. Entzinkung verursacht. — 16 Literaturangaben. (Werkstoffe u. Korrosion **10.** 26—29. Jan. 1959. Ahmedabad, Indien, L. D. Arts Coll.; M. G. Sci. Inst.) F. VIER. 6538

Tihomil Marković, *Durchführung des kathodischen Schutzes im Boden.* Überblick über die theoret. Grundlagen des kathod. Schutzes von Rohrleitungen im Boden, die Potentialmessung im Boden, seinen p_H-Wert, die Ausführung des Verf. mit äußerer Stromquelle u. auf galvan. Wege, Schutzpotential u. Schutzstromdichte. (Nafta [Zagreb] **9.** 38—46. Febr. 1958. Zagreb, Centar za zaštitu materijala.) R. K. MÜLLER. 6538

Donald Warren, *Salpetersäure–Fluorwasserstoffsäure-Test für rostfreien Stahl Type 316 L.* Beschreibung des neuen Testverf. zur Best. der Widerstandsfähigkeit gegen interkristalline Korrosion. Optimale Bedingungen: 2-Std.-Perioden in 10% HNO_3–3% HF-Lsg. bei 70°. — Ausführliches Tabellenmaterial. 17 Literaturangaben. (ASTM Bull. **1958.** Nr. 230. 45—56. Mai. E. I. du Pont de Nemours & Co., Inc., Engng. Res. Labor.) WOLFGANG SIMON. 6540

„Berzelius" Metallhütten-G. m. b. H. (Erfinder: **Hansgeorg Brunion**), Duisburg, *Verflüchtigung von Metallen im Drehrohrofen,* wobei das zu behandelnde Gut zusammen mit Reduktionsstoffen gemischt, einem Drehrohrofen kontinuierlich aufgegeben u. in dem Ofen im Gegenstrom zu den Gasen, z. B. verflüchtigten Metallen sowie gegebenenfalls Heizgasen, bewegt wird, wobei Gase von beiden Enden des Drehrohrofens abgezogen werden, dad. gek., daß mittels eines Gebläses, das Gase von der Austragsseite des Drehrohrofens absaugt u. wieder in das Austragsende des Ofens zurückführt, die Zugverhältnisse im Ofen derart eingestellt werden, daß in bzw. nahe der Austragsseite des Ofens im Dauerbetrieb ein Überdruck vorhanden ist. Das Verf. ist bes. für die Verflüchtigung von *Zn* aus Erzen, metall Rückständen u. Schlacken geeignet. — Vorr., Diagramm. (**D. A. S. 1 032 551** Kl. 40a vom 7/3. 1955, veröff. 19/6. 1958.) M. NECKERMANN. 6381

Deutsche Magnesit Akt.-Ges., München (Erfinder: **Walter Dawihl** und **Ludwig Wesch**), *Hochtemperatur- und Druckgasmetallurgie.* Herst. oder Behandlung von Metallen zur Förderung der chem. Umwandlung u. der Legierungsbldg., dad. gek., daß die Behandlung bei einem Druck von wenigstens 100 at u. bei Tempp. über 400° in Ggw. von H_2 durchgeführt wird. Das Verf. eignet sich zur Herst. von Metallen, wie *Ti, V, W* oder *Nb* aus ihren Oxyden oder zur Herst. von *Carbiden, Siliciden* oder *Boriden* der Metalle der Gruppen IV, V u. VI des Period. Syst. der Elemente. Es eignet sich auch zur Herst. von gesinterten Gegenständen aus Metallpulver. — Abbildung. (**E. P. 789 374** vom 15/4. 1954, ausg. 22/1. 1958.) M. NECKERMANN. 6381

Carnegie Institute of Technology, Pittsburgh, übert. von: **Gerhard Derge,** Aspinwall, Pa., V. St. A., *Entfernung gasförmiger Ausscheidungen aus Metallen* im festen Zustand. Der metall. Gegenstand wird erhitzt u. benachbarte Abschnitte dieses Gegenstandes nacheinander abgekühlt. Der letzte Abschnitt wird so lange auf der Erhitzungstemp. gehalten, bis die Gase in die umgebende Atmosphäre abdiffundiert sind. Als Beispiel ist die Entfernung von H aus *Stahl* angegeben. (**A. P. 2 798 018** vom 29/9. 1952, ausg. 2/7. 1957.) M. NECKERMANN. 6381

Air Reduction Co., Inc., New York, N. Y. (Erfinder: **James Taylor Clenny,** Wantagh, N. Y., und **Donald Keith Rowen,** Vallejo, Calif.), V. St. A., *Einblasen von Zusatzmitteln in Metallschmelzen oder dergleichen* in abgemessenen Mengen u. verschied. Zus. hintereinander, z. B. zur Entschwefelung von *Gußeisen* mit CaC_2 u. anschließendem

Einblasen von granulierten *Mg-Verbb.* zur Erzeugung von *sphärolith. Guß.* Dazu steht ein unter Gasdruck stehender Füllrumpf mit mehreren Nebenbehältern für verschiedenartige Zusatzmittel zur Verfügung. — Vorrichtung. (**D. A. S. 1 039 237** Kl. 40a vom 11/3. 1955, veröff. 18/9. 1958. A. Prior. 16/5. 1954.) M. NECKERMANN. 6381

ILVA Alti Forni e Acciaierie d'Italia, Soc. p. A. und **Soc. Finanziaria Siderurgica Finsider per Azioni Istituto Siderurgico,** Genua, Italien, *Verwertung von metallurgischen Schlacken,* bes. von den bei der Veredlung von *Fe* anfallenden, dad. gek., daß man diese noch in fl. Zustand unter Ausnutzung der ihnen innewohnenden therm. Energie u. der niedrigen Oxydationsstufe der Red. unterwirft. (**It. P. 494 442** vom 30/10. 1952.) K. KOEBKE. 6381

Armco International Corp., Middletown, Ohio, V. St. A., *Herstellung von Magnetstahl.* Fe mit ca. 2,5—4,0% Si wird in Form von Barren auf 1260—1400°, z. B. ca. 1290°, erhitzt, in Platten von 7,5—15 cm Stärke gewalzt, auf gerade noch ohne Verbrennen mögliche Temp. erhitzt, in der Wärme so rasch als möglich auf 5,5—9fache endgültige Stärke gewalzt, offen auf 760—1095° erhitzt, mit Säure gewaschen, in der Kälte auf 1,3—35fache endgültige Stärke gewalzt, auf 760—1010° erhitzt, in der Kälte auf endgültige Stärke gewalzt, in Entkohlungsatmosphäre auf 815° erhitzt u. in geschlossenem Gefäß in trockenem H_2 auf 1095—1150° erhitzt. (**It. P. 487 836** vom 21/1. 1952.) K. KOEBKE. 6411

Borolite Corp., Pittsburgh, Pa., übert. von: **Robert Steinitz,** New York, N. Y., V. St. A., *Harte und feste Legierungen für Schneidwerkzeuge* bestehen aus 75—25 (%) der tern. Verb. Mo_2MeB_2, wobei Me gleich *Ni* oder *Co* bedeutet, Rest 25—75 der bin. Verb. Mo_2B. Die tern. Verb. ist aus 70—30 (At.-%) *Mo,* 15—60 *B* u. 1—40 *Me* zusammengesetzt. — Tern. Zustandsdiagramm. (**A. P. 2 776 468** vom 22/6. 1953, ausg. 8/11. 1957.) C. GÖTZE. 6441

American Smelting & Refining Co., New York, N. Y. (Erfinder: **Yurii Eugene Lebedeff,** Metuchen, N. J., und **William Henry Wetherill,** Tottenville, N. Y.), V. St. A., *Anreicherung von Germanium in oxydischen Erzen,* die *Ge, As* u. *Zn* in Oxydform enthalten, dad. gek., daß man das in ihm enthaltene As u. Zn mit einer ammoniakal. Lsg. von einem p_H oberhalb 8 auslaugt. Bes. wird eine mit NH_4SO_4 gepufferte Lsg. verwendet, die 30—250 g $(NH_4)_3SO_4$ je Liter enthält. (**D. A. S. 1 041 258** Kl. 40a vom 13/10. 1956, veröff. 16/10. 1958. A. Prior. 20/8. 1956.) G. APEL. 6449

Allegheny Ludlum Steel Corp., Brackenridge, Pa., übert. von: **Schuyler A. Herres,** Albany, und **Raymond L. Southern,** Troy, N. Y., V. St. A., *Elektrode aus Titanlegierungen.* In einen länglichen Stahlzylinder werden Ti-Schrottstücke eingebracht, der Zylinder gegen Luft abgedichtet u. auf 1700—1950° F erhitzt. Durch Druck oder Hämmern wird der Zylinderinhalt verdichtet u. darauf gesintert. Es kann dem Zylinderinhalt auch Ti-Schwamm mit gegebenenfalls Legierungsbestandteilen beigemischt werden. — Apparatur. (**A. P. 2 753 262** vom 27/6. 1952, ausg. 3/7. 1956.) C. GÖTZE. 6475

Hans Eckstaedt, Wuppertal-Barmen, *Schweißstab,* bes. Gußeisenschweißstab mit in einer offenen Rinne eingelegtem Flußmittel, dad. gek., daß das Flußmittel durch ein zugemischtes hydraul. Bindemittel abgebunden wird. Der Anteil des Bindemittels beträgt 5—50% der Füllmittelmenge. Dem Flußmittel kann *Tonerdezement* beigemischt werden. — Zeichnungen. (**D. A. S. 1 037 815** Kl. 49h vom 8/7. 1953, veröff. 28/8. 1958.) G. APEL. 6507

Fairchild Engine and Airplane Corp., Hagerstown, Md., V. St. A., *Herstellung von Bimetallgegenständen* von vorzugsweise zylindr. Form, z. B. von Bremstrommeln oder dgl., welche beim Gebrauch starken Temperaturschwankungen mit unregelmäßigen Perioden hoher Tempp. bei gleichzeitig starker mechan. Beanspruchung unterworfen werden, u. bei denen das Al oder die Legierung auf Al-Basis an dem Fe- oder Stahlteil über einen Film einer Fe-Al-Legierung gebunden ist, dad. gek., daß die Stärke der auf einem Stützkörper aus Fe oder Stahl durch Angießen aufgebrachten Hülle aus Al oder einer Al-Legierung nach der Formel $t = K/\alpha \cdot \mathrm{ctg}\,\beta$; $(\beta = T - T_r/T)$ bestimmt wird, wobei die Konstante K ca. $1{,}165 \cdot 10^{-6}$ beträgt, α der therm. Ausdehnungskoeff. des Metalls der Hülle, T die höchste Betriebstemp. des Gegenstandes u. T_r die Umkehrtemp. der therm. Beanspruchung bedeuten. (**Oe. P. 188 864** vom 23/12. 1953, ausg. 25/2. 1957. A. Prior. 15/9. 1949.) G. APEL. 6479

Elektro-Thermit G. m. b. H., Essen, *Reparaturschweißen von Werkstücken,* bei dem durch Aufschmelzen von Grundwerkstoff u. Abschmelzen von Zusatzwerkstoff eine die Ränder der Werkstücke an der Schweißstelle bedeckende Schmelze gebildet wird, dad. gek., daß dieser Schmelze aluminotherm. erzeugter *Stahl* zugesetzt wird. (**D. A. S. 1 043 760** Kl. 49h vom 27/10. 1955, veröff. 13/11. 1958.) G. APEL. 6507

American Chemical Paint Co., Ambler (Erfinder: **Albert J. Saukaitis**, Wayne und **George S. Gardner**, Elkins Park), Pa., V. St. A., *Sparbeizmittel* zum Beizen von Metallen, wie Fe u. seine Legierungen, Mg, Al, Zn u. als Schutz gegen die Wrkg. saurer Bohr-Fll., wie HCl, CH_3COOH u. andere. Die Prodd. haben lange Haltbarkeit auch bei erhöhter Temperatur. Sie bestehen aus harzsauren Ketonaminen nach der Formel $R-N\langle{}^{X}_{Y}$, in der R einen Rest der Abietinsäure (I), der hydrierten oder dehydrierten I, Y die Gruppe $-CH_2-R'$, X die Gruppe $-CH_2-R'$ oder H u. R eine α-Ketonylgruppe bedeutet. — Beispiel: Aus 217 g dehydriertem Harzsäureamin in 293 cm^3 Aceton, 163 cm^3 CHOH (37%) u. 70 cm^3 HCl (32,1%) wird nach dem Kochen u. Abdest. überschüssiger Lösungsmittel eine ölige M. gewonnen, die mit W. verd. als Sparbeize dient. (**D. A. S. 1 037 229** Kl. 48d vom 26/9. 1953, veröff. 21/8. 1958. A. Prior. 10/6. 1953.) G. FRIKELL. 6513

DEHYDAG Deutsche Hydrierwerke G. m. b. H. (Erfinder: **Wennemar Strauss, Alfred Kirstahler, Wolfgang Gündel** und **Hermann Haas**), Düsseldorf, *Galvanische Bäder zur Herstellung von Metallüberzügen.* Bädern, die nach D. A. S. 1 001 078 halogen-, cyan- oder rhodansubstituierte organ. Sulfonsäuren bzw. deren wasserlösl. Salze enthalten, sollen zusätzlich Thioalkansulfonsäuren der allg. Formel $G-R-SO_3H$ zugesetzt werden, in welcher G einen organ. Rest, der ein ausschließlich mit Heteroatomen verbundenes C-Atom besitzt, das über ein S-Atom an den Rest $R-SO_3H$ gebunden ist, u. R einen 2wertigen aliphat. Rest, der auch substituiert sein kann, bedeutet. Die Stoffe können auch in Form ihrer wasserlösl. Salze zugesetzt werden. Als Verbb. dieser Art sind z. B. u. a. genannt: N-N-diäthyldithiocarbaminsäure-n-propylester-1-sulfosaures Natrium, isothioharnstoff-S-propen-1-sulfosaures Natrium. (**D. A. S. 1 004 009** Kl. 48a vom 13/8. 1954, veröff. 7/3. 1957. **Zusatz zu D. A. S. 1 001 078; C. 1957. 8644. E. P. 798 034** vom 12/8. 1955, ausg. 16/7. 1958. D. Prior. 13/8. 1954. **Zusatz zu E. P. 762 257; C. 1958. 14 520.**) H. HÄNLE. 6515

DEHYDAG, Deutsche Hydrierwerke G. m. b. H. (Erfinder: **Wennemar Strauss**), Düsseldorf, *Galvanisch abgeschiedene Metallüberzüge* erzielt man aus Bädern, die nach D. A. S. 1 004 009 solche Thioalkansulfonsäuren, die am S-Atom ein mit weiteren Heteroatomen verbundenes C-Atom besitzen u. halogen-, cyan- oder rhodansubstituierte organ. Sulfonsäuren enthalten, dadurch, daß sie außerdem Polymerisationsprodd. der Acryl- oder Methacrylsäure oder deren Salze enthalten. (**D. A. S. 1 011 242** Kl. 48a vom 16/12. 1954, veröff. 27/6. 1957. **Zusatz zu D. A. S. 1 004 009; s. vorst. Ref.**) H. HÄNLE. 6517

Ulisse Pratesi, Turin, Italien, *Galvanische Vernickelung*, gek. durch die Verwendung eines Bades der Zus.: 1200 (g) $NiSO_4$, 200 H_3BO_3, 100 $MgSO_4$, 5 *Na-Formiat*, 20 *Bier*. An Stelle von Bier kann man auch ein anderes glanzgebendes Mittel, wie eine Mischung von *äther. Ölen, A., Zucker* u. fermentiertem *Eiweiß*, verwenden. (**It. P. 494 271** vom 23/10. 1952.) K. KOEBKE. 6521

Julius Giliard, München, *Rostschützende Oberflächenbehandlung von Metallen* bes. Eisen u. Stahl, gek. durch die Anwendung von Lsgg. solcher Säuren, die mit dem Metall stabile Verbb. bilden, bes. von H_3PO_4, Oxalsäure oder H_2F_2. Den Lsgg. können Netzmittel (Alkohole, Sulfonate), reduzierende Stoffe (Salze des Fe, Cr, Pb, CH_2O, Aldehyde, Hydrochinon), koll. Stoffe (Al_2O_3-Hydrat), ferner Farbstoffe, Öle u. Fettsäuren zugesetzt werden. (**It. P. 494 010** vom 17/10. 1950.) K. KOEBKE. 6539

G. B. Shilinski, Die Zinnfündigkeit von Zentralkasachstan. Die zinnführenden Formationen und ihre Stellung in der Gesamtmetallogenie der Region. Alma-Ata: Akad. der Wiss. der KasachSSR. 1959. (210 S.) 14 Rbl. 90 Kop. [russ.]

—, The physical chemistry of metallic solutions and intermetallic compounds; proceedings of a symposium held at the National Physical Laboratory on 4th, 5th and 6th June, 1958. 2 v. London: H. M. S. O. 1959. 1: (439 S. m. Tab. u. Diagr.) 2: (315 S. m. Abb. u. Diagr.) 37 s. 6 d.

IX. Organische Industrie.

Zdeněk Nerad, *Die kontinuierliche Absorption von Propen in Schwefelsäure in einer Kolonne unter Druck.* Vf. untersucht die kontinuierliche Absorption von C_3H_6 aus Crackgasen, die entweder 6—8% C_3H_6 oder 15—22% C_3H_6 enthielten, ohne vorherige Reinigung von übrigen Olefinen in H_2SO_4 im Konzentrationsbereich von 80—93% unter Druck. Die besten Resultate wurden mit 90—93%ig. H_2SO_4 erzielt. Die noch verwendbare Grenze der Konz. ist 87%, bei der Verwendung von 80%ig. H_2SO_4 ist die Reaktionsgeschwindigkeit zu niedrig. Der Gradient der Absorptionskolonne wurde bei der optimalen Konz. (93% H_2SO_4) festgestellt. (Chem. Průmysl **7 (32)**. 469—72. Sept. 1957. Pardubice-Rybitví, Východočeské chemické závody, n. p.) J. SCHNEIDER. 6566

M. Mihalcu, *Die radioaktiven Isotope in der chemischen Technologie.* Übersicht mit Anwendungsbeispielen: Polymerisation von Vinylchlorid u. von Äthylen, Benzolchlorierung. (Rev. Chim. [Bucureşti] **8.** 100. Febr. 1957.) R. K. MÜLLER. H 480

Harry Schlief und **Eberhard Leibnitz,** *Zur Harnstoffaddition technischer Paraffine.* Besprochen wird die Abtrennung von Olefinen aus techn. Paraffinen. Die Möglichkeit der fraktionierten Harnstoffaddition von Paraffingemischen zur Gewinnung reiner n-Alkane ist begrenzt. Weiter wird festgestellt, daß die im Harnstoffgitter eingeschlossenen Moll. geringer Additionsaffinität gegen Moll. höherer Affinität ausgetauscht werden können. Auf die techn. Bedeutung dieser Möglichkeit wird hingewiesen. (Chem. Techn. **10.** 345—50. Juni 1958. Leipzig, Inst. für organ. Grundstoffchem.) E. BOYE. H 510

W. Langenbeck, H. Fürst und **G. Reinisch,** *Die katalytische Hydrolyse von 1.2.4-Trichlorbenzol in der Dampfphase.* Das aus Gammexanrückständen gewonnene *1.2.4-Trichlorbenzol* wurde mit Wasserdampf bei 500—600° unter N_2 drucklos katalyt. an feinverteiltem Fe u. Cu auf Silicagel in 11%ig. Ausbeute zu *2.5-Dichlorphenol,* einem Vorprod. der herbiciden 2.4.5-Trichlorphenoxyessigsäure, hydrolysiert. Die Herst. der Katalysatoren aus den Metallchloriden bzw. -nitraten wird beschrieben. — Apparatur. (J. prakt. Chem. [4] **2.** 308—15. Nov. 1955. Halle/Saale, Martin-Luther-Univ., Chem. Inst.; Dresden, Inst. für organ. u. organ.-techn. Chem.) H. FECHTER. H 1050

Ss. W. Dobrowolski, K. K. Gofmeister und **P. N. Lamechow,** *Herstellung von Phthalonitril aus Phthalsäureanhydrid und Ammoniak.* Die Umsetzung von Phthalsäureanhydrid (**I**) mit NH_3 zu *Phthalonitril* (**II**) erfolgt in reversibler, endothermer Rk. mit der Wärmetönung —30,2 kcal/Mol. Bei 500° ist die **II**-Ausbeute hoch, aber die Qualität wird durch Nebenprodd. beeinträchtigt. Optimal wird die Rk. bei 420—460° mit NH_3 : **I** = 100 : 1 (Mol) bei einer Verweilzeit von 0,15 Sek. (ca. 300 g **I**/Liter Katalysator · Std.) durchgeführt. Als Katalysator ist synthet. Al-Silicat allen bisher vorgeschlagenen Katalysatoren überlegen. Eine vollständig mechanisierte u. automatisierte Anlage für die kontinuierliche Darst. von **II** wird in schemat. Abb. gezeigt u. erläutert. Das mit einer Katalysatorleistung von 230 g **II** je Liter Katalysator u. Std. erhaltene **II** ist 98—99%ig mit F. 139—140°. **I** wird fl. bei 180° eingeführt u. mit auf 320° erhitztem NH_3 verdampft; das restliche NH_3 kann zurückgeführt werden. (Химическая Промышленность [Chem. Ind.] **1958.** 458—63. Dez.) R. K. MÜLLER. H 1220

Miloš Procházka, *Thiirane* (*Äthylensulfide*). Herst. u. chem. Verh., zusammengestellt an Hand der Literatur bis 1956. — 56 Literaturangaben. (Chemie [Praha] **9.** 870—77. Dez. 1957. Praha, Karlova úniv., ústav organ. chemie.) H. WEJNAR. H 3030

Lucienne Bézanger-Beauquesne, *Die Nutzung von Algen.* Übersicht. Verwendung in der Landwirtschaft, Ernährung (Tier, Mensch), Therapie, Industrie. — 37 Literaturangaben. (Produits pharmac. **13.** 339—51. Juli 1958. Lille, Fac. de Méd. et de Pharm.) HEINZ WALTER. H 4050

Hercules Powder Co. (Erfinder: **Willard Preston Conners jr.** und **William Edward Davis**), Wilmington, Del., V. St. A., *Aufbau höhermolekularer aliphatischer und aromatischer Verbindungen* aus den entsprechenden nicht polymerisierenden niedermol. organ. Verbb. (Alkohole, Äther, Ester, Ketone, Carbonsäureanhydride, S-Analoge dieser Verbb., Nitrile, Amine, Amide, KW-stoffe, deren Halogenderivv., organ. P-Verbb., oder deren Gemische mit KW-stoffen) durch Bestrahlung, dad. gek., daß man diese Verbb. mit kernspaltbaren anorgan. Verbb. mischt u. diese durch Neutronenbeschuß zur Kernspaltung anregt. — Aus 20 cm^3 Methanol, das 40 mg U je cm^3 als dispergiertes UO_2 mit einer Teilchengröße $< 3\,\mu$ enthält, in Ggw. von 10^{12} Neutronen je cm^2/sec in einem Quarzrohr nach mehreren Std. → *Äthylenglykol,* 27% (Ausbeute), *HCHO,* 22%, neben H_2, CO u. CH_4. — Essigsäure in Ggw. von Uranylacetat u. anschließende Veresterung des Reaktionsprod. mit Methanol → *Bernsteinsäuremethylester.* — A. + Hexan → *Butandiole, Octanole* + *Dodecan* neben Butan, Äthylen u. Methan. — Acetonitril → *Bernsteinsäuredinitril,* 15%. — Essigsäuremethylester → *Glykoldiacetat,* 11%, *Bernsteinsäuredimethylester,* 9%, *β-Acetoxypropionsäuremethylester,* 20%. — Anisol → *Dimethoxydiphenyl,* 50%, *Diphenylglykoläther,* neben wenig Bzl., Phenol u. Methanol. — Essigsäureanhydrid → *Bernsteinsäureanhydrid,* 20%. — Methanol + W. → *Glykol* + *HCHO,* 35%. Aus einwertigen Alkoholen entstehen Dialkohole, aus Nitrilen Dinitrile, aus Monocarbonsäuren Dicarbonsäuren, aus einwertigen Alkoholen u. KW-stoffen höher mol. Alkohole. (**D. A. S. 1 045 403** Kl. 12o vom 26/5. 1955, veröff. 4/12. 1958. **E. P. 770 594** vom 23/5. 1955, ausg. 20/3. 1957. Beide A. Prior. 28/5. 1954.) G. KRAUSS. 6551

Herta Fehr geb. **Fortmann** (Erfinder: **Karl Fehr** † und **Herta Fehr** geb. **Fortmann**), Castrop-Rauxel, *Kontinuierliche Oxydation organischer Verbindungen,* die aus Kohle oder

Erdöl hergestellt worden waren, u./oder deren Reinigung von organ. Begleitstoffen durch Oxydation mit O_2 oder O_2-haltigen Gasen oder ozonisierter Luft, gegebenenfalls in Ggw. von Wasserdampf, u. unter Zerstäubung der zu oxydierenden Verb., dad. gek., daß man der unter erhöhtem Druck im Erhitzungsgefäß einer kontinuierlich arbeitenden Destillationskolonne unterhalb, bei oder oberhalb des Kp. gleichmäßig erhitzten organ. Verb. auf ihrem Weg zu dem unter schwächerem Druck oder Vakuum stehenden Entspannungsgefäß, an einer oder mehreren Stellen des Verbindungsrohres zwischen diesen u. dem Erhitzungsgefäß durch Einsaugen u./oder durch Einpressen kalte oder erhitzte O_2-haltige Gase in kontinuierlichem u. regelbarem Strom zuführt u. die Trennung der Oxydationsprodd. im Entspannungsgefäß, gegebenenfalls unter Verwendung von Wasserdampf, durchführt. Die Oxydation u. die Reinigung der Ausgangsverb. kann in einem Arbeitsgang erfolgen, wobei kurz hinter dem Erhitzungsgefäß O_2-haltiges Gas u. an der Stelle des Rohres, an der der O_2 verbraucht ist, Wasserdampf zum Reinigen eingeleitet wird. — Durch Oxydation von Paraffin bei 180° u. 1,5 atü mit Luft oder 42% O_2 enthaltender Luft → *Fettsäure* mit der gleichen C-Anzahl wie das Paraffin. — Naphthalin → *Phthalsäure* bzw. *-anhydrid.* Ferner können *gereinigt* werden: *Straßenteer,* der dann nicht mehr durch Luft, Sonne u. Feuchtigkeit verändert wird; *hochsd. Mineralöle, ein- u.mehrwertige Phenole* (das enthaltene Thiophenol geht dabei in nichtflüchtiges Diphenyldisulfid über), *Rohxylenol, Naphthalin* u. *Carbazole.* (**D. A. S. 1 040 030** Kl. 12o vom 18/6. 1955, veröff. 2/10. 1958.) G. KRAUSS. 6583

Union Oil Co. of California, Los Angeles, übert. von: **Raymond N. Fleck,** Whittier, Calif., V. St. A., *Kohlenwasserstofftrennung.* Ein Gemisch von nahe beieinander sd. KW-stoffen mit unterschiedlichem C/H-Verhältnis unterwirft man einer extraktiven Dest. in Ggw. eines Lösungsm., welches aus einem aliphat. Dinitril mit 3—7 C-Atomen u. aus Mononitrilen u. Monoaminen mit 3—10 C-Atomen besteht. Jeder dieser Lösungsmittelbestandteile hat einen Kp., der mindestens ca. 30° höher liegt, als irgendein Kp. der zu behandelnden KW-stoffe. Dabei wird die Flüchtigkeit der KW-stoffe mit einem relativ hohen C/H-Verhältnis vermindert im Vgl. zur Flüchtigkeit der KW-stoffe mit einem niedrigeren C/H-Verhältnis. Man gewinnt so überkopf eine KW-stoff-Fraktion mit einem relativ niedrigen C/H-Verhältnis, u. streift die Bodenprodd. des Lösungsm. aus der Dest. ab, um daraus eine KW-stoff-Fraktion mit einem relativ hohen C/H-Verhältnis zu erhalten. — Zeichnung. (**A. P. 2 842 484** vom 30/12. 1954, ausg. 8/7. 1958.) P. UNGER. H 500

Leon A. Kolker, Larchmont, N. Y., V. St. A., *Kontinuierliche Herstellung von Methylchlorid.* Man führt CH_3OH u. wss. HCl (5—35 Gew.-%) in eine 1. wss. $ZnCl_2$-Lsg. (I), führt das Gemisch aus nicht umgesetzten HCl u CH_3OH sowie dem gebildeten CH_3Cl in eine 2. wss. **I** u. das hier gebildete Gemisch von HCl, CH_3OH u. W. nach Abtrennen von CH_3Cl wieder in die 1. **I**. Die Rk. erfolgt mit **I**-Lsgg. von 65—75% bei 115—145°, wobei 4—10 (Mol) CH_3OH u. wss. HCl auf 1 $ZnCl_2$ in jeder **I**-Lsg. pro Std. kommen. — Vorrichtung. (**A. P. 2 847 484** vom 1/3. 1957, ausg. 12/8. 1958.) J. MÜHLEISEN. H 510

Stauffer Chemical Co., übert. von: **Robert P. Obrecht,** Concord, und **Harry Bender,** Torrance, Calif., V. St. A., *Herstellung von Tetrachlorkohlenstoff, Perchloräthylen oder deren Gemischen.* Man führt Cl_2, gesätt. oder olefin. 1—3 C-Atome aufweisende, gegebenenfalls partiell chlorierte aliphat. KW-stoffe u. als Kühlmittel CCl_4, C_2Cl_4, C_2Cl_6, Hexachlorbutadien oder deren Gemische im Wirbelstrom in eine auf eine Temp. zwischen 450 u. 800° gehaltene Reaktionszone, zieht die Reaktionsprodd. als Gase ab, wobei die Maximaltemp. in der Zone nicht $>$100° über der Temp. des Gasstromes liegt. (**A. P. 2 857 438** vom 22/1. 1957, ausg. 21/10. 1958.) J. MÜHLEISEN. H 510

California Research Corp., V. St. A. (Erfinder: **Robert P. Sieg**), *Dehydrierung von Kohlenwasserstoffen* mit 3—5 C-Atomen, dad. gek., daß man z. B. n-Butan in Ggw. von viel Al_2O_3 u. wenig Cr_2O_3 in 2 Phasen, bei 565—607° u. 127—508 mm u. bei 600—650°, gleichem Druck u. mit 1—10 Vol. überhitztem Dampf zu *Buten* u. *Butadien* dehydriert. (**F. P. 1 158 062** vom 22/9. 1956, ausg. 6/6. 1958. A. Prior. 30/9. 1955.) S. BÖTTCHER. H 520

Badische Anilin- & Soda-Fabrik Akt.-Ges. (Erfinder: **Alfred Helms, Helmut Nonnenmacher,** Ludwigshafen/Rh., und **Ernst Bartholomé,** Heidelberg), *Gewinnung von gasförmigen Olefinen, insbesondere Äthylen,* durch *Spalten* von fl. KW-stoffen in der Wirbelschicht, dad. gek., daß die Ausgangsstoffe in einer 1. Stufe in einer Wirbelschicht von körnigen Feststoffen, deren äußere Schalen aus dem bei der Spaltung entstehenden Koks gebildet werden, bei ca. 630—800° gespalten werden, gegebenenfalls unter Rückführung mindestens eines Teiles der über ca. 115° sd. fl. Reaktionsprodd., u. daß die gasförmigen Reaktionsprodd. nach Abtrennung mindestens eines Teiles der Olefine in einer 2. Stufe bei ca. 650—850° in einer 2. Wirbelschicht, die aus den aus der 1. Stufe abgezogenen Feststoffen gebildet wird, gespalten werden. Die zur Durchführung der Spaltung benötigte Wärme wird dadurch zugeführt, daß laufend oder period. Feststoffe aus den Wirbelschichten in aufgewirbeltem Zustand durch teilweise Verbrennung mit O_2-haltigen Gasen, bes. Luft, auf ca. 800—1100° erhitzt werden, wobei mindestens ein Teil der über 300° sd. fl. Reaktionsprodd. der 1. Stufe verbrannt werden. — Aus Erdöldestillationsrückstand u. Rückführöl in Ggw. von Ölkoks als Wirbelbett, O_2 u. Wasserdampf bei 670° → *Äthylen*. (**D. A. S. 1 029 363** Kl. 12o vom 2/6. 1955, veröff. 8/5. 1958.) G. KRAUSS. H 520

Chempatents, Inc., New York (Erfinder: **Robert B. Egbert,** Roslyn Heights), N. Y., V. St. A., *Oxydation von Olefinen, insbesondere zur katalytischen Teiloxydation von Äthylen* mit O_2, erfolgt in einem Reaktionsgefäß mit einer Vielzahl von korrosionsbeständigen, mit einem Katalysator gefüllten Rohren, die von einem fl. Kühlmittel umspült werden. Die Rohre bestehen aus im wesentlichen Ni-freiem, rostfreiem Stahl, mit 8 bis 18 Gew.-% Cr. — Skizzen. (**D. A. S. 1 038 025** Kl. 12o vom 11/6. 1953, veröff. 4/9. 1958. A. Prior. 12/6. 1952.) G. KÖNIG. H 520

Knapsack-Griesheim Akt.-Ges. (Erfinder: **Armin Jacobowsky** und **Kurt Sennewald**), Knapsack b. Köln, *trans-1.2-Dihalogenäthylene* entstehen durch Einleiten von Acetylen in eine wss. halogenwasserstoffsaure Cu(II)-Salzlsg. in der Wärme unter 120°, bes. 60—100° u. bei Überdruck. Das als Katalysator dienende $CuCl_2$ wird dabei zu Cu_2Cl_2 red., dann durch Einleiten von Cl_2 wieder in $CuCl_2$ übergeführt. Ausbeute an trans-1.2-Dichloräthylen (**I**) 91%. Nach dem anderen Verf. wird zur Aktivierung des Acetylens ein Cu(I)-Geh. aufrecht erhalten, der bei einem Mol.-Verhältnis von Cu(I)-Salz zu Cu(II)-Salz bei 4—9 liegt. Man kann das Acetylen u. den Halogenwasserstoff in eine Mischung, eine Suspension oder Emulsion der Cu-Salzlsg. mit bereits erhaltenen **I** einleiten, Ausbeute an **I** 97%. (**D. B. PP. 968 921** Kl. 12o vom 8/6. 1952, ausg. 10/4. 1958. Anmeldung bekanntgemacht 30/5. 1956 u. **969 191** Kl. 12o [Zusatz-Pat.] vom 28/12. 1952, ausg. 8/5. 1958. Anmeldung bekanntgemacht 26/7. 1956.) G. KRAUSS. H 520

Farbwerke Hoechst Akt.-Ges., vormals Meister Lucius & Brüning, Frankfurt/M. (Erfinder: **Günter Rummert,** Burghausen/Salzach), *Gewinnung von reinem Acetylen* (**I**) *aus Spaltgasen der Kohlenwasserstoffspaltung,* dad. gek., daß man diese im Gegenstrom mit einem selektiven Lösungsm., bestehend aus tiefschm. Gemischen von Dimethylsulfoxyd u. 1.4-Thioxan-S-oxyd (**II**), bes. bei n. oder mäßig erhöhtem Druck u. zwischen 0 u. 30°, wäscht u. anschließend das im Lösungsm. gelöste **I**, bes. bei n. Druck oder im Vakuum bei 70—170°, austreibt. Aus den Spaltgasen werden zweckmäßig vor der Absorption von **I** CO_2, S-Verbb. u. andere Verunreinigungen entfernt. — Aus einem Spaltgas mit 8,6 (%) **I**, 2 Äthylen, 4,2 CO, 62,4 H_2, 20,6 Methan u. 2,2 N_2 entsteht ein 97,4%ig. **I**, das noch 0,6 Äthylen, 0,4 H_2, 1 Methan u. 0,6 N_2 enthält. — Vorr., Zeichnung. (**D. A. S. 1 026 302** Kl. 12o vom 25/9. 1956, veröff. 20/3. 1958.) G. KRAUSS. H 530

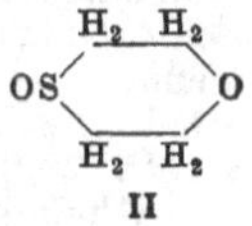

II

Columbia-Southern Chemical Corp., Allegheny, übert. von: **Joseph A. Neubauer** und **Francis W. Theis,** Pittsburgh, Pa., V. St. A., *Herstellung von Acetylen und Natriumbicarbonat.* $CaCO_3$ wird unter Bldg. von CaO u. CO_2 calciniert. Das CaO wird mit C erhitzt u. CaC_2 gebildet. Der CaC_2 wird mit W. zers. u. C_2H_2 u. $Ca(OH)_2$ hergestellt. Das $Ca(OH)_2$ u. NH_4Cl werden unter Gewinnung von NH_3 u. $CaCl_2$ miteinander umgesetzt u. das NH_3 mit dem beim Calcinieren erhaltenen CO_2 zu NH_4HCO_3 u. dieses intermediär mit NaCl zu $NaHCO_3$ u. NH_4Cl umgesetzt. Das NH_4Cl wird vom $NaHCO_3$ abgetrennt u. wieder mit $Ca(OH)_2$ zur Rk. gebracht. — Zeichnung. (**A. P. 2 845 329** vom 19/9. 1955, ausg. 29/7. 1958.) E. KAHLES. H 530

Badische Anilin- & Soda-Fabrik Akt.-Ges. (Erfinder: **Hans Nienburg, Gert Elschnig, Richard Sinn, Adolf Meier, Bernhard Seid,** Ludwigshafen/Rh., und **Hans Böhm,** Speyer/Rh.), *Gewinnung von salzfreien mehrwertigen Alkoholen* aus ihren wss. salzhaltigen Lsgg., dad. gek., daß man die mehrwertigen Alkohole in einem Dünnschichtverdampfer mittels überhitzten Wasserdampfes abtreibt. Aus dem erhaltenen Dampfgemisch trennt man bei einer Temp., die 10° über der Sättigungsdampftemp. des W. bei dem jeweils herrschenden Druck liegt, durch partielle Kondensation nur den mehrwertigen Alkohol ab, während man den verbleibenden Wasserdampf in einen Dampfstrahler abzieht oder in einem zweiten, nachgeschalteten Kühler kondensiert. (**D. A. S. 1 052 383** Kl. 12o vom 2/3. 1957, veröff. 12/3. 1959.) G. KÖNIG. H 550

E. Merck Akt.-Ges. (Erfinder: **Wolfgang Fruhstorfer** und **Karl Schulte**), Darmstadt, *Herstellung von Hexahydrofarnesol* nach D. A. S. 1 013 275, dad. gek., daß man 6.10-Dimethylundecatrien-(3.5.10)-on-(2) mit Halogenessigsäureester nach REFORMATSKI kondensiert, den entstandenen Hydroxyester mit wasserabspaltenden Mitteln behandelt u. im so erhaltenen 3.7.11-Trimethyldodecatetraen-(2.4.6.11)-säureester-(1) nach an sich

bekannten Verf. die aliphat. Doppelbindungen hydriert u. die Estergruppe zur Alkoholgruppe reduziert. Als Katalysatoren verwendet man für die partielle oder vollständige Hydrierung der Doppelbindungen des ungesätt. Esters vorzugsweise Metalle der 8. Gruppe des Period. Syst., z. B. Pd. Für die Hochdruckhydrierung eignen sich $Cu\text{-}Cr_2O_3$-Katalysatoren. Zur Red. der Estergruppe verwendet man $LiAlH_4$. — Zn-Späne u. J_2 werden in thiophenfreiem Bzl. zum Sieden erhitzt, hierauf fügt man eine Lsg. von 6.10-Dimethylundecatrien-(3.5.10)-on-(2) u. Bromessigsäureäthylester in thiophenfreiem Bzl. zu u. erhitzt, bis die Rk. einsetzt. Man kocht noch 1 Std. unter Rückfluß, gießt nach dem Erkalten in ein Gemisch von H_2SO_4 u. Eiswasser u. rührt 20—30 Minuten. Nach Abtrennen der wss. Schicht u. Waschen mit W. kocht man die benzol. Lsg. mit Toluolsulfonsäure. Man filtriert über Kieselgur u. engt die benzol. Lsg. im Vakuum ein, löst den Rückstand in Methanol oder A. u. hydriert in Ggw. von RANEY-Ni bei 100 at zuerst bei n. Temp. u. anschließend bis ca. 150°. Man erhält beim fraktionierten Destillieren *3.7.11-Trimethyldodecatetraen-(2.4.6.11)-säureäthylester-(1)*, $Kp._{3}$ 137—140°, n_D^{20} 1,4395. Man hydriert diese Verb. in thiophenfreiem Bzl. in Ggw. eines Pd–MgO-Katalysators bei 2 at u. 20—54°. Man erhält nach Aufarbeiten des Reaktionsmediums ein Estergemisch, das im Mittel noch 2 Doppelbindungen pro Mol. enthält u. einen $Kp._{3}$ 139—142° sowie n_D^{20} 1,4637 aufweist. Das Estergemisch wird in Ggw. von $Cu\text{–}Cr_2O_3$ bei 260° u. ca. 250 at zu *Hexahydrofarnesol*, $Kp._{3}$ 127—129°, n_D^{20} 1,4491 hydriert. (**D. A. S. 1 043 307** Kl. 12o vom 1/3. 1957, veröff. 13/11. 1958. **Zusatz zu D. A. S. 1 013 275; C. 1958. 9060**).
G. KÖNIG. H 560

Dow Chemical Co., Midland, Mich. (Erfinder: **Rolland M. Waters**, Freeport, und **John M. Lee**, Lake Jackson, Texas), V. St. A., *Herstellung von Ketalen* durch Rk. eines gesätt. Alkohols mit 1—2 C-Atomen u. eines gesätt. aliphat. Ketons mit 3—4 C-Atomen in Ggw. von H_2SO_4 oder einer Halogenwasserstoffsäure, dad. gek., daß die Säure in einer Menge von 2—20 Gew.-% des reagierenden Gemisches verwendet u. die Rk. nahezu unter Ausschluß von W. begonnen wird. Das Ketal wird aus der Reaktionslsg. mit einem gesätt. flüchtigen KW-stoff in Mengen von dem 2- bis 5fachen des Vol. des Gemisches extrahiert. Die extrahierte Menge wird sofort neutralisiert. Aus der neutralisierten Lsg. entfernt man eingesetztes Keton u. Alkohol mit einer ätzalkal. Lsg. von 1—5 Gew.% u. die durch Schichtung erhaltene obere KW-stoffphase wird dest., um das Ketal vom KW-stoff zu trennen. — Methanol u. Aceton werden mit H_2SO_4 in Methanol bei 25° umgesetzt. Man erhält *2.2-Dimethoxypropan*. — Skizze. (**D. A. S. 1 051 268** Kl. 12o vom 4/4. 1957, veröff. 26/2. 1959. A. Prior. 23/4. 1956.) G. KÖNIG. H 570

Rheinpreußen Akt.-Ges. für Bergbau und Chemie, Homberg (Erfinder: **Walter Grimme**, Utfort, und **Johannes Wöllner**, Moers), *Herstellung von 1.1.3.3-Tetramethylolbutanol-(2)* (I) dad. gek., daß man 5-Acetyl-5-methyl-1.3-dioxan mit CH_2O zu 5-(α-Hydroxymethyl-β-hydroxypropionyl)-5-methyl-1.3-dioxan kondensiert, die Carbonylgruppe red. u. anschließend den Dioxanring des erhaltenen 5-(α.γ-Dihydroxy-β-hydroxymethylpropyl)-5-methyl-1.3-dioxans öffnet. Die Kondensation u. Red. der Carbonylgruppe wird gleichzeitig unter Anwendung von CH_2O u. Alkali- oder Erdalkalihydroxyd als Reduktionsmittel vorgenommen. Die Abspaltung des CH_2O aus dem Dioxanring wird durch Erhitzen in verd. Säuren u. in gleichzeitiger Ggw. von 1.3-Diolen vorgenommen, wobei das mit dem W. azeotrop destillierende, leichter flüchtige Diolformal laufend aus dem Reaktionsgemisch entfernt wird. I, F. 66° (Essigester). (**D. A. S. 1 049 841** Kl. 12o vom 7/8. 1957, veröff. 5/2. 1959.) G. KÖNIG. H 580

J. R. Geigy Akt.-Ges., Basel (Erfinder: **Heinrich Hopff**, Küsnacht), Schweiz, *Mischung aus Thioalkoholen und Thioäthern* erhält man durch Rk. von aliphat. oder hydroaromat. KW-stoffen mit bes. monoklinem S in Ggw. von FRIEDEL-CRAFTS-Katalysatoren ($AlCl_3$, $AlBr_3$, AlJ_3, BF_3, $FeCl_3$, $GaCl_3$) u. Halogenwasserstoff bei n. oder erhöhter Temp., bes. 50—150°, notfalls unter Druck nach dem Reaktionsschema: RH + S → RSH; 2 RH + 2 S → R—S—R + H_2S. — Aus 250 (Teilen) n-Pentan, 32 S-Blumen, 132 wasserfreiem $AlCl_3$ in Ggw. von 10 at HCl im Druckgefäß bei 60° nach 15 Std. → *Pentanthiol*, Kp. 114—116°, + *Dipentylsulfid*, Kp. 180—182°; Gesamtausbeute an S-Prodd. 85—90%. — *Cyclohexan* → vermutlich *1-Methylcyclopentan-2-thiol* + entsprechendem *Thioäther*. — Olefinfreies Petroleum, Kp. 150—250° → hochsd. *Mercaptane* + *Thioäther*, die nach einiger Zeit fest werden. — Polymerisationsregler; Zwischenprodd. zur Herst. von Textilhilfsmitteln u. *Farbstoffe*; Schädlingsbekämpfungsmittel. (**Schwz. P. 329 039** vom 4/11. 1954, ausg. 31/5. 1958. **E. P. 783 037** vom 3/11. 1955, ausg. 18/9. 1957. **A. P. 2 817 685** vom 31/10. 1955, ausg. 24/12. 1957. Beide Schwz. Prior. 4/11. 1954.)
G. KRAUSS. H 600

Phillips Petroleum Co., übert. von: **John M. Stewart**, Missoula, Mont., V. St. A., *Halogensulfonylhalogenide* und *Halogenthioester von Sulfonsäuren* erhält man durch Rk. eines Olefinsulfids der allg. Formel I (die freien Valenzen an den C-Atomen sind durch

Alkyl, Cycloalkyl, Aryl, Alkaryl, Aralkyl, Alkenyl, Cycloalkenyl, Alkinyl, Cycloalkinyl, H, Halogen, Alkoxy, Thioalkyl, Carboxy, NO_2 oder CN besetzt) mit Cl_2 oder Br_2 in einem wss. Mittel je nach der Menge der angewendeten Reaktionsteilnehmer bei −20 bis +30°. — Aus Propylensulfid in W. u. Cl_2 bei 0—15° → *1-Chlor-2-propansulfonylchlorid*, $Kp._1$ 55—56°; $Kp._8$ 77—78°; n_D^{20} 1,4859; Ausbeute 70%. — Chlorpropylensulfid → $ClCH_2CH(SO_2Cl)\cdot CH_2Cl$, $Kp._1$ 84—87°; n_D^{20} 1,5140. — 2 (Mol) Propylensulfid + 3 Cl_2 + 2 H_2O → $CH_3CH\cdot(CH_2Cl)-SO_2-S-CH(CH_3)-CH_2Cl$, $Kp._1$ 127—137°; n_D^{20} 1,5283. Weitere Ausgangsstoffe sind: Äthylen-, Isobutylen-, 1.2-Buten-, 2.3-Buten-; 3.4-Hexen-; 4.5-Decen-; 5.6-Dodecen-; 3.4-Hexadecen-; 9.10-Octadecen-; Cyclopenten-; Cyclohexen-; Phenyläthylen-, Tolyläthylen-; Cyclohexyläthylen-; Phenylpropylen-; 3-Cyan-1.2-propen-; 2-Chlor-2.3-decen-; 5-Äthyl-3.4-octen-; 5-Chlor-2.3-octen-; 2-Methyl-5-phenyl-2.3-penten-; 1-Chlorphenyl-2.3-buten-; 2.3-Dimethyl-2.3-hexen-; 1-Chlor-3.4-cyclohexen-; 1.4-Diäthyl-2.3-cyclohexen-; 1-(β-Chloräthyl)-2.3-cyclohexen-; 2-Brom-5-äthyl-5.6-nonen-; 2-Brom-3.4-nonen-; 3-Äthoxy-5.6-octen-; 6-Mercaptoäthyl-2.3-dodecen-; 4-Carboxy-6.7-decen-; 3-Nitro-4.5-octensulfid. — Zwischenprodd. zur Herst. von Heilmitteln u. Farbstoffen; Weichmacher für Polymere, bes. SO_2-Olefinharze. (**A. P. 2 743 290** vom 22/9. 1952, ausg. 24/4. 1956.) G. KRAUSS. H 600

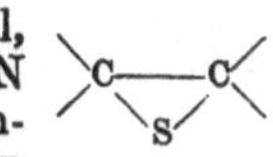

I

Chemische Verwertungsgesellschaft Oberhausen m. b. H. (Erfinder: **Otto Roelen, Karl Büchner** und **Josef Meis**), Oberhausen/Rhld., *Anlagerung von Kohlenoxyd und Wasserstoff an Olefine* bei erhöhten Drücken u. Tempp. in Ggw. saurer wss. Metallsalz-Lsgg. als Katalysator, dad. gek., daß das fl. Olefin in senkrechten zylindr. Druckgefäßen kontinuierlich von unten nach oben durch eine ölige Reaktionsschicht fließt, die mit einer wss. Metallsalzlsg. unterschichtet ist, an deren Boden das CO- u. H_2-haltige Gas zugeführt wird u. die Hauptmengen der beiden fl. Schichten unvermischt bleiben. Die Höhe der öligen Schicht soll so groß sein, daß der kontinuierlich abgezogene Aldehyd keine nennenswerten Mengen der wss. Schicht mitreißt. Das Verhältnis der beiden Schichten soll 1 : 4 bis 4 : 1 betragen, wobei die wss. Schicht fortlaufend u./oder absatzweise erneuert wird. — Aus C_8- bis C_9-Olefin in Ggw. von wss. $CoSO_4$ bei 170° u. 250 at → *C_9- bis C_{10}-Aldehyd*; daraus durch Hydrierung mit H_2 in Ggw. von MgO-Kieselgur als Katalysator bei 180° → C_9- bis *C_{10}-Alkohol*. — Dicyclopentadien → *Aldehyd* → *Tricyclodecanmethylol, Tricyclodecandimethylol, Cyclopentanmethylol* + *Harz*. — Vorr., 3 Zeichnungen. (**D. A. S. 1 034 167** Kl. 12 o vom 18/12. 1956, veröff. 17/7. 1958.) G. KRAUSS. H 660

Badische Anilin- & Soda-Fabrik Akt.-Ges., Deutschland, *Herstellung verzweigter ungesättigter Ketone*, dad. gek., daß man tert. β.γ-ungesätt. Alkohole mit Kp. < 140° bei 160—200° mit Acetessigsäureestern umsetzt. — *2-Methylhepten-(2)-on-(6)*, Kp. 173 bis 174°, aus 2-Methylbuten-(3)-ol-(2) u. Acetessigester. — *3-Methylocten-(3)-on-(7)* Kp. 91 bis 92° (*Semicarbazon*, F. 113°), aus 3-Methylpenten-(4)-ol-(3). (**F. P. 1 162 042** vom 10/12. 1956, ausg. 8/9. 1958. D. Prior. 10/12. 1955.) S. BÖTTCHER. H 710

E. I. du Pont de Nemours & Co., Wilmington, Del., V. St. A., *Ester* erhält man durch Rk. von CO mit ungesätt. KW-stoffen (**I**) u. 1wertigen prim. oder sek. Alkoholen (**II**) bei 30—325° u 100—3000 at in Ggw. eines Katalysators, bestehend aus einem Gemisch alkohollösl. Salze, bes. von Chloriden des Sn oder Ge, u. eines Edelmetalls der 8. Gruppe des Period. Syst., bes. von Pt. Als **I** verwendet man bes. Alkanole C_1-C_3 oder Cycloalkanole mit bis zu 7 C, als **II** Verbb. wie Allen, C_2H_4, Propylen, Cyclohexen, Butadien, 2-Buten, 1-Propin, 1-Butin, 3-Hexin. (**E. P. 809 496** vom 24/6. 1957, ausg. 25/2. 1959. A. Priorr. 28/6. 1956 u. 4/4. 1957.) O. MÜLLER-MEININGEN. H 800

Procter & Gamble Co., übert. von: **Nathaniel Beverly Tucker**, Cincinnati, Ohio, V. St. A., *Herstellung von Fettsäureestern nichtreduzierender Oligosaccharide*, z. B. *Rohrzucker*. Man erhitzt die Oligosaccharide bei 20—150° in Ggw. eines Katalysators, z. B. CH_3ONa, mit Fettsäureestern von aliphat. prim. Monoalkoholen mit 1—16 C-Atomen oder aliphat. Polyalkoholen, z. B. mit Triglyceriden. Die Fettsäure soll 8—22 C-Atome aufweisen. Als Lösungsm. dienen Verbb. der allg. Formel **I** (X = O oder CH_2; R = HCO, CH_3CO oder C_2H_5CO), z. B. *Formylpiperidin, Formylmorpholin* oder *Acetylmorpholin*. (**A. P. 2 831 856** vom 15/12. 1955, ausg. 22/4. 1958.) K. FABEL. H 810

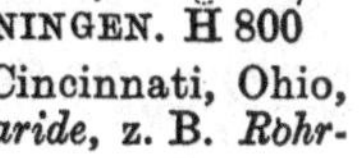

I

Badische Anilin- & Soda-Fabrik Akt.-Ges. (Erfinder: **Hans Wilhelm**), Ludwigshafen/Rh., *Stabilisieren von wässerigen, besonders salzhaltigen Lösungen und Gemischen ungesättigter Carbonsäureamide*, bes. von *Acryl-* u. *Methacrylsäureamid*, auch bei höheren Tempp., erfolgt durch Zusatz von zweckmäßig 0,05—0,3% einer Cyan- oder Rhodankomplexverb. des Fe[K-Hexacyanoferrat(III), K-Hexacyanoferrat(II), Fe(III)-Rhodanid, $FeCl_3+NH_4SCN$]. — Zu einer Mischung aus 330 (Teilen) Methacrylsäureamid u. 1890 einer 900 $(NH_4)_2SO_4$ enthaltenden wss. Lsg. gibt man 0,66 K-Hexacyanoferrat(III), erwärmt auf 70°, wobei sich fl. Methacrylsäureamid auf der wss. Sulfatschicht abscheidet, das nach 4 Std. noch beständig ist. (**D. A. S. 1 030 826** Kl. 12o vom 3/2. 1955, veröff. 29/5. 1958.) G. KRAUSS. H 810

Monsanto Chemical Co., St. Louis, Mo., übert. von: **David W. McDonald, Marvin L. Owens jr.,** Texas City, und **Keith M. Taylor,** La Marque, Texas, V. St. A., *Reinigung von geringe Mengen Methylvinylketon enthaltendem Acrylsäurenitril* erfolgt durch Behandeln des Rohnitrils mit festem oder einer wss. Lsg. von Hydroxylaminhydrochlorid oder Alkali-, Erdalkali- oder NH_4-Disulfit bei 0—78, bes. 0—40°. — Vgl. A. PP. 2 784 216, 2 784 217 u. 2 784 218; C. **1958.** 1699. (**A. PP. 2 770 644** u. **2 770 645** vom 29/12. 1954, ausg. 13/11. 1956.) G. KRAUSS. H 810

B. F. Goodrich Co., New York, N. Y., V. St. A. (Erfinder: **Alan Edric Ardis**), *Stabilisieren von monomerem Vinylidencyanid* (= Dicyanäthylen), das durch Pyrolyse von 1-Acetoxy-1.1-dicyanäthan erhalten wurde, gegen ion. Polymerisation u. Verhinderung der Wrkg. der darin enthaltenen unerwünschten Polymerisationskatalysatoren erfolgt durch Zusatz von ca. 0,01—10% organ. Sulfonsäuren oder Sulfonylhalogenide der allg. Formel RSO_2X (R = Alkyl, Aryl, Aralkyl, Cycloalkyl, die auch Halogen enthalten können; X = OH, Cl, Br, F), wie Methan-, Äthan-, Butan-, Chlorbutan-, Decan-, Benzol-, Chlorbenzol-, Brom- bzw. Fluor- bzw. Jodbenzol-, Toluol-, Chlortoluolsulfonsäure, Naphthalinsulfonsäuren, Phenylmethan-, Cyclohexansulfonsäure u. die entsprechenden Sulfonylsäurechloride, -fluoride u. -bromide. Das Stabilisierungsmittel kann bereits vor der Pyrolyse zugesetzt werden. — Vgl. E. PP. 653 468; C. **1952.** 2080; 677 825; C. **1955.** 6621 u. F. P. 1 089 005; C. **1957.** 13182. (**E. P. 746 509** vom 24/9. 1953, ausg. 14/3. 1956.) G. KRAUSS. H 810

Farbwerke Hoechst Akt.-Ges., vormals Meister Lucius & Brüning (Erfinder: **Eberhard Mundlos,** Frankfurt/M., und **Hans Fernholz,** Bad Soden), *Sorbinsäure* (**I**) erhält man durch Rk. von Keten mit Crotonaldehyd in Ggw. eines Lösungsm. (Hexan, Heptan, Bzl., Xylol, Cyclohexan, CCl_4, Chlorbenzol, Nitrobenzol) bei mindestens ca. 25, bes. 25—35°, in Ggw. einer geringen Menge (ca. 0,1—5 bes. 0,5—2%) mindestens eines fettsauren Salzes mit mindestens 4 C-Atomen im Fettsäurerest u. mindestens eines 2wertigen Metalls der 2. bis 8. Nebengruppe des Period. Syst. (Zn-, Cd-, Hg-, Co-, Ni-, Fe-Salze von Butter-, α-Methylbutter-, Diäthylessig-, 2-Äthylcapron-, Stearin-, Ölsäure). Das entstandene polymere, noch katalysatorhaltige Prod. (Polyester) wird alkal. verseift u. die entstehende alkal. Lsg. mit mindestens einer starken Säure (H_2SO_4, HCl) auf erhöhte Temp., bes. ca. 90—100°, erhitzt. — Aus 800 g Crotonaldehyd u. 420 g Keten in 1200 cm^3 Toluol in Ggw. von 8 g Zn-Isovalerianat bei 25—35°, dann nach Entfernen des Lösungsm. Zusatz von 1400 g 35%ig. NaOH u. 1400 g W., 1 std. Erhitzen auf 90—100°, Zugabe von 2900 g 90%ig. H_2SO_4, 1 std. Erhitzen auf 90—100° → 1100 g hellbraune ca. 90%ig. Roh-**I**, F. 126—130°, die nach D. A. S. 1 035 656; C. **1959.** 4969, gereinigt werden kann. (**D. A. S. 1 042 573** Kl. 12o vom 7/6. 1956, veröff. 6/11. 1958.) G. KRAUSS. H 810

Goodyear Tire & Rubber Co., übert. von: **Jonas Kamlet,** New York, N. Y., V. St. A., *Adipinsäure* (**I**) erhält man durch Zugabe von Cyclohexanol (**II**) u./oder Cyclohexanon zu 4 bis 10 n HNO_3 (**III**) in Ggw. einer V-, Cu-, Mn-, Co-, Mo-, Ni-, Pb-, Cr-, Fe- oder Hg-Verb. bei 60—70° u. einem Druck von 5—150 lbs./sq.in. unter Durchleiten von so viel Luft oder dgl., daß die N-Oxyde zu NO_2 oxydiert werden, wobei man die Reaktionsgase im Kreislauf führt u. das Syst. zeitweise mit einem Inertgas, z. B. N-Oxyden oder N_2, durchspült. **I** erhält man durch Abkühlen der Reaktionslsg. auf 5—10°. Man erhält so z. B. 1000 (Teile) **I** (F. 151—152°) aus 768 **II**, 500 **III** (berechnet als 100%ig. Säure) u. 381 O_2 in Ggw. von NH_4-Vanadat. (**A. P. 2 844 626** vom 27/5. 1955, ausg. 22/7. 1958.) O. MÜLLER-MEININGEN. H 820

National Distillers & Chemical Corp., New York, N. Y., übert. von: **Charles E. Frank, John F. Nobis,** Cincinnati, und **John Leenrick,** Miamiville, Ohio, V. St. A., *Gemische gesättigter aliphatischer isomerer Dinitrile* (**I**) *beziehungsweise der entsprechenden Diamine* (**II**) mit mindestens 10 C-Atomen in denen die CN- bzw. NH_2-Gruppen durch mindestens 4 bzw. 6 C-Atome voneinander getrennt sind. Man leitet z. B. innerhalb 4 Std. 168 (Teile) Butadien bei — 25° in 1000 $(CH_3)_2O$, 3 p-Terphenyl, 69 Na u. 69 Isooctan ein, behandelt das Reaktionsgemisch mit festem CO_2, red. das erhaltene Alkalisalzgemisch von ungesätt. Dicarbonsäuren in Ggw. von Ni u. erhält nach Ansäuern 87% eines Gemisches aus 52% α-Äthylkork-, 38 Sebacin- u. 10 α.α'-Diäthyladipinsäure. 40 dieses Gemisches werden in Ggw. von 20 $CO(NH_2)_2$ 5 Std. mit NH_3-Gas auf 160°, anschließend noch 15 Min. auf 220° erhitzt. Man erhält 45% eines bei 180—200/14 mm sd. **I**-Gemisches, aus dem man durch Red. in fl. NH_3 in Ggw. von RANEY-Ni 93% eines bei 120—130°/10 mm sd. Gemisches verzweigtkettiger **II** (Dihydrochlorid, F. 122—125°) u. *Dekamethylendiamin* (Kp.$_{10}$ 135—140°; F. 60—61°) erhält; *Dihydrochlorid,* F. 258—260° (Ae.). —

Weitere Beispiele beschreiben die Gewinnung von *α-Äthylkorksäuredinitril*, $C_{10}H_{16}N_2$, Kp.$_{15}$ 184—186°; n_D^{25} 1,4440; D.$^{25}_4$ 0,9229. — *α.α'-Diäthyladiponitril*, $C_{10}H_{16}N_2$, Kp.$_{15}$ 163—167°; n_D^{25} 1,4540; D.$^{25}_4$ 0,9437. — *Sebacinsäuredinitril*, Kp.$_{15}$ 199—200°. *1.8-Diamino-2-äthyloctan*, $C_{10}H_{24}N_2$, F. 26—27°; Kp.$_{10}$ 138—142°; *Dihydrochlorid*, $C_{10}H_{26}Cl_2N_2$, F. 160—161°. *1.6-Diamino-2.5-diäthylhexan*, $C_{10}H_{24}N_2$; Kp.$_6$ 106—110°; *Dihydrochlorid*, $C_{10}H_{26}Cl_2N_2$; F. 154—156°. (**A. P. 2 824 118** vom 17/6. 1954, ausg. 18/12. 1958.) O. MÜLLER-MEININGEN. H 820

National Research Corp., Cambridge, übert. von: **Thomas R. Steadman**, Waban, und **John O. H. Peterson jr.**, Medford, Mass., V. St. A., *Reinigung von Undecandi- und Dodecandisäure* von beigemengter Stearinsäure erfolgt durch Erhitzen mit verd., bes. 30%ig. CH_3COOH (**I**) zum Sieden u. Abtrennen der Ölphase von der heißen **I**-Lsg., aus der man durch Abkühlen das reine Säuregemisch erhält. (**A. P. 2 847 467** vom 14/11. 1956, ausg. 12/8. 1958.) O. MÜLLER-MEININGEN. H 820

Gerhard Dost, Wolfen, **Walter Voss**, Dessau-Haideburg, und **Rolf Zimmermann**, Wiesbaden, *Gleichzeitige Herstellung von aliphatischen α-Hydroxy- und α.α'-Dihydroxydicarbonsäuren und Phenolgemischen* aus Lignin u. Polysaccharide enthaltenden Substanzen (Holz) durch Erhitzen mit wss. 12—25%ig. Alkalihydroxyd-Lsgg. oder Erdalkalihydroxydsuspensionen unter Druck auf 160—250° in Ggw. von Katalysatoren (Metalle oder Oxyde der 2. Nebengruppe des Period. Syst.). — Erhitzen von 100 (Gewichtsteilen) Buchenholzmehl mit 100 NaOH in 330 W. u. 6,7 CdO im Autoklaven bei 175° Anfangstemp. (Enddruck ca. 30 at nach 50—70 Min.), Filtration, Sättigen mit CO_2 unter Kühlung, Abtrennen des Lignins, Ausäthern des Filtrats u. Abdampfen liefert 9 Phenolgemisch mit ca. 25% *Guajacol*. Durch Ansäuern des Extraktionsrückstandes mit HCl u. Ausäthern werden 50,5 organ. Säuren erhalten, von denen 9,7 wasserdampfflüchtig sind (*HCOOH*, *CH_3OOH*, etwas *Milchsäure*). Aus dem wss. Extraktionsrückstand lassen sich noch 6,2 organ. Säuren als Ca-Salz abscheiden (bes. *α.α'-Dihydroxyadipinsaures Ca*). Gesamtausbeute an *α-Hydroxyglutarsäure* u. *α.α'-Dihydroxyadipinsäure* 12,0 Gewichtsteile. — Weiteres Beispiel. (**D. P. [DDR] 14 796** Kl. 12o vom 22/2. 1955, ausg. 24/5. 1958 [Wirtschaftspatent].) H.-J. NITZSCHKE. H 850

Union Carbide & Carbon Corp., V. St. A. (Erfinder: **Frederick Charles Frostick jr.** und **Benjamin Phillips**), *Herstellung von 3.4-Epoxy-2-hydroxyalkanallylestern*, dad. gek., daß man einen 2-Hydroxyalken-(3)-carbonsäureallylester bei 0—100° mit Peressigsäure in einem inerten organ. Lösungsm. umsetzt. — *2-Hydroxy-3.4-epoxybuttersäureallylester*, Kp.$_1$ 82—90°, n_D^{20} 1,4590—1,4601, bzw. *-pentansäureallylester*, Kp.$_5$ 100°, n_D^{30} 1,4526, aus 2-Hydroxybuten-(3)- bzw. -penten-(3)-säureallylester. — Analog die *Allylester* der *2H-ydroxy-3-methyl- u. -3-äthyl-3.4-epoxypentansäure, 2-Hydroxy-3-methyl-3.4-epoxyhexansäure, 2-Hydroxy-3-äthyl-3.4-epoxyheptansäure* u. *2-Hydroxy-3-propyl-3.4-epoxynonansäure* aus den Allylestern der 2-Hydroxy-3-methyl- u. -3-äthylpenten-(3)-säure, 2-Hydroxy-3-methylhexen-(3)-säure, 2-Hydroxy-3-äthylhepten-(3)-säure bzw. 2-Hydroxy-3-propylnonen-(3)-säure. — Ausgangsstoffe für *Polymerisate* u. *Copolymerisate*. (**F. P. 1 156 649** vom 7/9. 1956, ausg. 19/5. 1958. A. Prior. 16/9. 1955.) S. BÖTTCHER. H 850

E. I. du Pont de Nemours & Co., Wilmington, Del., übert. von: **Robert James Crawford**, Urbana, Ill., **Vaughn A. Engelhardt**, Claymont, und **Howard E. Holmquist**, Wilmington, Del., V. St. A., *4-Ketokorksäure* [$C_8H_{12}O_5$, F. 135—137° (Chlf. u. W.); *Semicarbazon*, $C_9H_{15}O_5N_3$, F. 146° (A.)] erhält man durch Red. von 4.5-Dihydroxyoctatrien-(2.4.6)-disäure-(1.8)-dilacton ($C_8H_4O_4$) der Zus. **I** bzw. **II** (erhalten aus C_2H_2 u. CO in Ggw. von Dikobaltoctacarbonyl bei 1000 at) mit H_2 in Ggw. eines Pd-Katalysators bei 20—40°, 1—3000, bes. 1—1000 lbs./sq.in., u. in einem Reaktionsmedium vom $p_H < 2$,

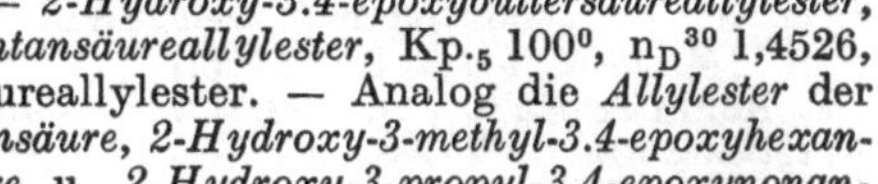

I II

z. B. CH_3COOH + konz. HCl. Bei Verwendung von Dilactonen, in denen die H-Atome einer Ring-Doppelbindung durch Alkoxyaryl mit nicht $> C_{12}$, Aryl mit nicht $> C_{10}$, Halogenaryl mit nicht $> C_{10}$ oder 1 wertigen KW-stoffresten, die keine aromat. Doppelbindung enthalten, substituiert sind, erhält man entsprechend substituierte 4-Ketokorksäuren. (**A. P. 2 840 608** vom 28/8. 1956, ausg. 24/6. 1958.)
O. MÜLLER-MEININGEN. H 870

Dr. C. Otto & Co. G. m. b. H. (Erfinder: **Erich Heinz Becker-Boost** und **Heinrich Bartsch**), Bochum, *Synthese von Blausäure* durch Hindurchleiten von CO u. NH_3 durch hintereinanderliegende Kontaktschichten. Dabei wird sowohl CO als auch NH_3 in mehreren Teilströmen stufenweise den einzelnen Kontaktschichten zugeführt, wobei das dem Wärmebedarf entsprechend über die Reaktionstemp. aufgeheizte CO als Wärmeträger bzw. -regler dient u. das Kontaktofengas unmittelbar nach dem Ausströmen aus der letzten Kontaktschicht rasch abgekühlt wird. — Zeichnung. (**D. A. S. 1 049 838** Kl. 12k vom 24/8. 1956, veröff. 5/2. 1959.) H. NEBELSIEK. H 890

E. I. du Pont de Nemours & Co., übert. von: **Hilmer Ernest Winberg,** Wilmington, Del., V. St. A., *Quaternäre Vinylidenammoniumsalze,* z. B. der allg. Formel $CH_2 = C([CH_2]_mH)-(CO)_mO(CH_2)_n-N(R')_2(X)-R-COO(CH_2)_pH$ (m = 0,1; n = höchstens 3; p = höchstens 4; R' = Alkyl mit 1—4 C-Atomen; R = Alkylen mit 1—3 C-Atomen; X = Anion einer Säure mit Mol.-Gew. bis höchstens 250) erhält man durch Rk. eines tert.-Vinylidenamins mit einem Monochlor- oder Monobromalkylcarbonsäurealkylester oder dessen Lacton. Man kann auch ein Alkylhalogenid, -sulfat oder Arylsulfonat mit einem tert.-Amin, das eine Vinyliden- u. Carbalkoxygruppe enthält, umsetzen. — Aus 11,5 (Teilen) β-Vinyloxyäthyldimethylamin u. 12,3 Chloressigsäureäthylester in 88 absol. Bzl. nach 4 Tagen bei n. Temp. → *β-Vinyloxyäthylcarboäthoxymethyldimethylammoniumchlorid,* $C_{10}H_{20}ClNO_3$, aus Methyläthylketon Nadeln, F. 85—88°. — Chloressigsäure-tert.-butylester → *β-Vinyloxyäthylcarbo-tert.-butoxymethyldimethylammoniumchlorid,* $C_{12}H_{24}\cdot ClNO_3$, lösl. in W. u. absol. A.; unlösl. in heißem Methyläthylketon, Aceton, Essigsäureäthlyester u. Dioxan. — Methacrylsäure-β-dimethylaminoäthylester + Chloressigsäuremethylester → *β-Methacryloxyäthylcarbomethoxymethyldimethylammoniumchlorid,* $C_{11}H_{20}ClNO_4$, F. 138—139°. — β-Propiolacton → *N-Methacryloxyäthyl-N.N-dimethyl-β-aminopropionsäurebetain,* $C_{11}H_{19}NO_4$, F. 102—105°, hygroskopisch. — *N-Vinyloxyäthyl-N.N-dimethyl-β-aminopropionsäurebetain.* — Chloressigsäure + n-NaOH bis p_H 7, + β-Vinyloxyäthyldimethylamin → *N-Vinyloxyäthyl-N-N-dimethylglycinbetain;* 5 davon lassen sich mit 95 Acrylsäurenitril in das Mischpolymere überführen, das sich mit sauren Farbstoffen, unabhängig vom p_H, färben läßt. — 3-Chlormethyl-6-hydroxybenzoesäuremethylester → *β-Vinyloxyäthyl-(p-hydroxy-m-carbomethoxybenzyl)-dimethylammoniumchlorid,* $C_{15}H_{22}ClNO_4$, hygroskop.; lösl. in W. u. absol. A.; unlösl. in heißem Essigsäureäthylester, Aceton u. Methyläthylketon. — 4-Vinylpyridin + Chloressigsäure → *quaternäre Verbindung.* — *N-β-Methacrylyloxyäthyl-N-β-carbomethoxyäthyl-N.N-dimethylammoniumchlorid.* — *N-Carbomethoxyäthyl-2-vinylpyridiniumchlorid.* — *N-γ-Methacrylyloxypropyl-N-β-carbomethoxyäthyl-N-dimethylammoniumchlorid.* — *N-γ-Vinyloxypropyl-N-β-carbäthoxyäthyl-N-dimethylammoniumbromid.* — Zwischenprodd. zur Herst. von Polymeren, bes. Mischpolymeren mit wenigstens 80% Acrylsäurenitril, die sich leicht färben lassen, von photograph. Filmen u. Papieren. Die Monomeren u. Polymeren lassen sich als oberflächenakt. Mittel, Baktericide u. antistat. Mittel für Textilien verwenden. Die Monomeren reagieren leicht mit Mercaptanen, Aminen, Halogenen u. Alkoholen. (**A. P. 2 744 130** vom 11/4. 1952, ausg. 1/5. 1956.) G. KRAUSS. H 900

Rohm & Haas Co., übert. von: **John J. Nedwick,** Philadelphia, Pa., V. St. A., *Vinylieren von Lactamen.* Man sättigt eine fl. Mischung eines Lactams (**I**), das ein an N gebundenes H aufweist, bes. Pyrrolidinon (**II**) u. ε-Caprolactam u. eines Katalysators, z. B. Na, bei —20 bis + 30° u. einem Druck von 100—500 lbs./sq.in. mit CH≡CH, erhitzt bei einem Druck von 1000—5000 lbs./sq.in. auf 150—280° u. trennt das gebildete N-Vinyllactam ab. Man kann auch so verfahren, daß man das Na erst zum erhitzten u. mit C_2H_2 gesätt. **I** gibt. Man erhält aus **II** u. C_2H_2 N-Vinylpyrrolidinon in einer Ausbeute von 85 (%) nach dem 1. Verf. u. von 94 nach dem 2. Verfahren. — Analog: N-Vinylcaprolactam, 1-Vinyl-3.3.5-trimethylpyrrolidinon u. 1-Vinyl-5.5-dimethylpyrrolidinon (**A. PP. 2 806 847** vom 5/10. 1955 u. **2 806 848** vom 10/9. 1956, beide ausg. 17/9. 1957.) C. LÜTTGEN. H 950

Jean Vernin und **Jean Gueyne,** Frankreich, *Herstellung von Betainphosphaten, -acetylmethionat und -ascorbat,* dad. gek., daß man Betainchlorid oder -bromid in Methanol oder A. in Ggw. eines Pb- oder Ag-Salzes (zur Ausfällung von Cl' oder Br') mit Phosphor-, Acetylmethionin- oder Ascorbinsäure umsetzt. Die Rk. läßt sich entweder in 2 Stufen u. Isolierung von Betainhydrat oder durch doppelte Umsetzung in einem Arbeitsgang durchführen. (**F. P. 1 163 827** vom 20/4. 1956, ausg. 1/10. 1958.) S. BÖTTCHER. H 950

Imperial Chemical Industries Ltd., London, England (Erfinder: **Gwilym Thomas Jones**), *Quaternäre Ammoniumsalze* der allg. Formel $CH_2{=}C[R]-CO-NH-R'-N[tert.]-X$ (R = H, Methyl; R' = Alkylen; N[tert.] = Atomgruppen, die ein aliphat. cycloaliphat., araliphat. oder heterocycl. tert. Amin bilden; X = einwertiges Anion einer salzbildenden Säure) erhält man durch Quaternisierung der entsprechenden Amide, bes. mit Alkyl-, Aralkylhalogeniden, Alkylsulfaten oder halogensubstituierten fettsauren Salzen, zweckmäßig in Ggw. von 2.4-Dimethyl-6-tert.-butylphenol als Polymerisationsverhinderer. — Aus 7,8 (Teilen) N-(β-Dimethylaminoäthyl)-methacrylamid [hergestellt aus Methacrylylchlorid (**I**) u. N.N-Dimethyläthylendiamin] u. 6,3 Dimethylsulfat (**II**) in 50 Bzl. in Ggw. von 0,16 2.4-Dimethyl-6-tert.-butylphenol nach ½ std. Sieden unter Rückfluß → *Trimethyl-(β-methacrylylaminoäthyl)-ammoniummethylsulfat,* schwach viscoses Öl. — I + N-(β-Aminoäthyl)-piperidin → N-(β-Piperidinoäthyl)-methacrylamid + II → *Methyl-(β-methacrylylaminoäthyl)-piperidiniummethylsulfat*, schwach viscoses Öl. — N.N-Diäthyläthylendiamin + I → N-(β-Diäthylaminoäthyl)-methacrylamid + II → *Diäthylmethyl-(β-methacrylylaminoäthyl)-ammoniummethylsulfat*, schwach viscoses Öl. — I + γ-Dimethylaminopropylamin → N-(γ-Dimethylaminopropyl)-methacrylamid + II → *Trimethyl-(γ-methacrylylaminopropyl)-ammoniummethylsulfat*. — I + γ-Diäthylaminopropylamin → N-(γ-Diäthylaminopropyl)-methacrylamid + II → *Methyldiäthyl-(γ-methacrylylaminopropyl)-ammoniummethylsulfat*. — Methyl-p-toluolsulfonat → *Methyldiäthyl-(γ-methacrylylaminopropyl)-ammonium-p-toluolsulfonat*, wasserlösl. Öl. — Butylbromid → *Butyldiäthyl-(γ-methacrylylaminopropyl)-ammoniumbromid*, wasserlösl. Öl. — Benzylchlorid → *Diäthylbenzyl-(γ-methacrylylaminopropyl)-ammoniumchlorid*, $C_{18}H_{29}\cdot ClN_2O$, aus A.–Äthylacetat, F. 138—140°. — I + γ-Dibutylaminopropylamin → N-(γ-Dibutylaminopropyl)-methacrylamid + II → *Methyldibutyl-(γ-methacrylylaminopropyl)-ammoniummethylsulfat*, viscoses wasserlösl. Öl. — Butylbromid → *Tributyl-(γ-methacrylylaminopropyl)-ammoniumbromid*, wasserlösl. Öl. — Benzylchlorid → *Benzyldibutyl-(γ-methacrylylaminopropyl)-ammoniumchlorid*, wasserlösl. Öl. — Allylbromid → *Allyldiäthyl-(β-methacrylylaminoäthyl)-ammoniumbromid*, sehr viscoses Öl. — Acrylylchlorid + N.N-Dimethyläthylendiamin → N-(β-Dimethylaminoäthyl)-acrylamid + II → *Trimethyl-(β-acrylylaminoäthyl)-ammoniummethylsulfat*. — Acrylylchlorid + N.N-Diäthyläthylendiamin → N-(β-Diäthylaminoäthyl)-acrylamid + II → *Methyldiäthyl-(β-acrylylaminoäthyl)-ammoniummethylsulfat*. — *Trimethyl-(γ-acrylylaminopropyl)-ammoniummethylsulfat*. — Acrylylchlorid + γ-Dibutylaminopropylamin → N-(γ-Dibutylaminopropyl)-acrylamid + II → *Methyldibutyl-(γ-acrylylaminopropyl)-ammoniummethylsulfat*, viscoses wasserlösl. Öl. — Zwischenprodd. für Textilhilfsmittel. (**E. P. 785 992** vom 20/6. 1955, ausg. 6/11. 1957.) G. KRAUSS. H 950

Shell Development Co., New York, N. Y., übert. von: **Forrest J. Watson, Rupert C. Morris,** Berkeley, und **John L. Van Winkle,** San Lorenzo, Calif., V. St. A., *Aminsalze von Phosphonsäuren* erhält man durch Neutralisation von α-Monochloralkylphosphonsäuren (I) mit verzweigten prim. aliphat. Aminen, die mindestens 8 C-Atome enthalten, z. B.: 1.1.3.3-Tetramethylbutyl-, 1.1.3.3.5.5-Hexamethylhexyl-, 2.2.4.4-Tetramethylpentyl-, tert.-Tridecyl- u. Isoheptyldiäthylcarbinylamin. I sind bes. Monochlormethyl- u. α-Chloräthylphosphonsäure. — Korrosionsschutzmittel, Insekticide u. Fungicide u. Zusätze zu Schmiermitteln, Schneidölen, Überzugsmassen u. Flammschutzmitteln. (**A. P. 2 858 332** vom 17/8. 1956, ausg. 28/10. 1958.) J. MÜHLEISEN. H 980

Metal & Thermit Corp., Carteret, N. J. (Erfinder: **Elliot Lawrence Weinberg,** Long Island City, N. Y., und **Eugene George Rochow,** Winchester, Mass.), V. St. A., *Herstellung von Dimethylzinndichlorid*, dad. gek., daß man CH_3Cl bei ca. 300—325° durch eine Kolonne leitet, die eine Legierung von Sn u. Cu mit mindestens 40% Cu-Geh. in Form einer aus einzelnen Teilchen bestehenden porösen M. enthält, u. das ausströmende Gas kondensiert. — Bis zu 84%ig. Umwandlung von CH_3Cl in $(CH_3)_2SnCl_2$. (**D. A. S. 1 046 052** Kl. 12o vom 27/8. 1953, veröff. 11/12. 1958.) J. MÜHLEISEN. H 980

N. V. de Bataafsche Petroleum Mij., 'sGravenhage, Holland, *Herstellung von Diisopropylbenzol aus Cumol und Propen* unter Anwendung einer Heteropolysäure (Phosphorwolfram-, Phosphormolybdän-, Siliciummolybdänsäure usw.) oder ihrer Salze als Katalysator, dad. gek., daß die Rk. bei 30—95° ausgeführt wird. — Beispiel: 4 Liter Cumol werden mehrmals mit konz. H_2SO_4 gereinigt, fraktioniert u. in Ggw. eines aus auf Kieselgel niedergeschlagener Siliciumwolframsäure bestehenden Katalysators bei 85° mit Propen im Mol-Verhältnis 3 : 1 behandelt, wobei 82% des Propens umgesetzt werden. (**Holl. P. 87 523** vom 31/1. 1956, ausg. 15/2. 1958.) K. DEMMLER. H 1010

Esso Research and Engineering Co., Elizabeth, N. J., V. St. A., *Entalkylieren von aromatischen Kohlenwasserstoffen*. Ein heißer inerter Strom von Feststoffteilchen wird mit den zu entalkylierenden dampfförmigen KW-stoffen u. H_2 in Kontakt gebracht, wobei die Temp. der heißen Feststoffteilchen höher als die der KW-stoffe gehalten wird. In einer langgestreckten Reaktionszone von 1100—1600° F u. 400—1000 lbs./sq.in. wird in 2—120 Sek. eine disperse Phase von Feststoffteilchen u. KW-stoffen gebildet, wobei deren D. 2—20 lbs. Feststoffteilchen je Kubikfuß ausmacht. — Zeichnung. (**E. P. 790 595** vom 29/6. 1956, ausg. 12/2. 1958. A. Prior. 21/7. 1955.) E. KAHLES. H 1010

Goodyear Tire & Rubber Co., Akron, übert. von: **Rowland H. Mayor,** Cuyahoga Falls, Ohio, V. St. A., *Seitenkettenhalogenierung von araliphatischen Verbindungen* in Ggw. von Katalysatoren u. unter Belichtung erfolgt bei Verwendung von Cl_2 oder Br_2 in Ggw. von offenkettigen Alkylenpolyaminen. In 200 g m-Xylol u. 1 cm³ Tetraäthylenpentamin (I) wird in einem mit Eisenrührer versehenen Kolben nach Erhitzen auf 125—150° Cl_2 unter Belichtung mit einer 150 W-Lampe 18 Std. eingeleitet. Es wird dann nach Zusatz von ½ cm^3 I nochmals 32½ Std. Cl_2 eingeleitet. Nach Entgasen u. Kristallisation des Prod. erhält man rohes *Hexachlor-m-xylol* in 84%ig. Ausbeute. (**A. P. 2 844 635** vom 28/9. 1954, ausg. 22/7. 1958.) J. MÜHLEISEN. H 1010

Distillers Co. Ltd., Edinburgh, England (Erfinder: **Maurice Dudley Cooke** und **Dennis James George Long**), *Einwertige Phenole und aliphatische Ketone.* Man zers. ein Monohydroperoxyd (I) der allg. Formel $(R_1)(R_2)C(Ar)OOH$, in der R_1 u. R_2 Alkylgruppen u. Ar eine Aryl- oder Alkarylgruppe sind. Die Zers. findet in einem homogenen Reaktionsmedium (II) statt, das durch Vermischen von Aceton u. H_2SO_4 in Ggw. von W. u. darauffolgende Zugabe von I erhalten wird. Die Konz. der H_2SO_4 im II soll nicht $>$ 10 Gew.-% betragen. Bes. liegt sie bei 0,05—0,5%. Die Menge an W. muß ungenügend sein, um II heterogen zu machen. Bes. mischt man die Säure mit Aceton in Ggw. von 2 bis 8 Gew.-% Wasser. (**E. P. 802 524** vom 19/10. 1955, ausg. 8/10. 1958. **Zusatz zu E. P. 684 039; C. 1955. 4934.**) E. SCHWECHTEN. H 1060

Ernst Terres, München, *Trennen von in Phenolfraktionen aus Steinkohlenteer oder Braunkohlenschwelteeren enthaltenen Methylphenolen* in Gruppen oder einzelne Komponenten, dad. gek., daß aus den Phenolfraktionen durch Behandlung mit Methanol oder Methanol–W.-Gemischen diejenigen Di- u. Trimethylphenole als Additionsverbb. entsprechend ihren Bildungstempp. abgeschieden werden, deren beide der OH-Gruppe benachbarte Stellungen unbesetzt oder bei denen nur eine dieser benachbarten Stellungen u. gleichzeitig die p-Stellung zur OH-Gruppe unsubstituiert sind. (**D. A. S. 1 043 341** Kl. 12q vom 12/12. 1955, veröff. 13/11. 1958.) E. SCHWECHTEN. H 1060

Research Corp., New York, N. Y., übert. von: **Louis A. Carpino**, Amherst, Mass., V. St. A., *Säurechloride* von Carbonsäuren erhält man durch Umsetzung des prim. Hydrazids einer aliphat. oder aromat. Mono- oder Polycarbonsäure oder heterocycl. Carbonsäure mit Cl_2 in inerter Fl. (Nitro- oder Chlor-KW-stoff) in Ggw. von HCl. (**A. P. 2 845 429** vom 1/8. 1956, ausg. 29/7. 1958.) L. STADELMANN. H 1200

Henkel & Cie. G. m. b. H. (Erfinder: **Hartwig Schütt** und **Werner Stein**), Düsseldorf, *Aromatische Di- und Polycarbonsäuren* erhält man durch Erhitzen der Alkalisalze von aromat. oder heterocycl.-aromat. Monocarbonsäuren auf 300—400° unter Druck in Ggw. von CO_2, K_2CO_3 als säurebindendem Mittel u. katalyt. wirkenden Cd-, Zn-, Fe- oder Hg-Salzen von anorgan. oder organ. Säuren, wobei man diese Salze vor der Rk. in einer KOCN-Schmelze auflöst u. die Schmelze dem Reaktionsgemisch zusetzt. Die Katalysatormenge beträgt 0,1—5%, bezogen auf das Gemisch. (**D. A. S. 1 036 841** Kl. 12o vom 19/1. 1957, veröff. 21/8. 1958. **Zusatz zu D. A. S. 1 030 825; C. 1959. 6635.**) L. STADELMANN. H 1200

California Research Corp., San Francisco, übert. von: **Irving E. Levine**, Albany, und **William G. Toland jr.**, San Rafael, Calif., V. St. A., *Phthalsäuremonoalkylester* (Alkyl mit 1—4 C-Atomen) erhält man durch Oxydation einer fl. Mischung aus Toluylsäurealkylester u. Xylolen im Verhältnis 1 : 5 bis 5 : 1 mit O_2 enthaltenden Gasen bei 200—400° F, bes. 220—375° F, in Abwesenheit oder in Ggw. eines Katalysators, z. B. einer öllösl. Verb. der Metalle der 7.—8. Gruppe des Period. Systems. — Eine Mischung aus 61,8 (%) m-, 30,6 p- u. 4 o-Xylol, 3,6 Paraffin mit Kp. des Xylols, 85 m- u. 15 p-Toluylsäuremethylester wird in Ggw. von Co-Naphthenat (6 Co) unter Durchblasen von Luft bei 325° F u. 50 lbs./sq.in. zu *Phthalsäuremonomethylester* oxydiert, der durch Dest. abgetrennt wird. Die nichtumgesetzten Verbb. können im Kreislauf geführt werden. (**A. P. 2 772 305** vom 26/8. 1952, ausg. 27/11. 1956.) G. KRAUSS. H 1220

Distillers Co. Ltd., Edinburgh, England (Erfinder: **David James Hadley**), *Herstellen von Phthalonitrilen* durch Rk. des Gemisches von m- u. p-Xylol in der Dampfphase mit NH_3 u. O_2 bei 300—450° in Ggw. von Vanadinoxyd oder Molybdänoxyd. Das kondensierte Gemisch von Terephthalo- u. Isophthalonitril wird durch Extraktion mit Alkohol, Essigsäure oder Xylol, worin die Isoverb. leichter lösl. ist, bei 40—120° in die Isomeren getrennt. (**E. P. 796 766** vom 17/12. 1955, ausg. 18/6. 1958.) L. STADELMANN. H 1220

Mid-Century Corp., Chicago, Ill., übert. von: **Ralph Landau, Roslyn Heights** und **Alfred Saffer**, Bayside, N. Y., V. St. A., *Herstellen von Terephthalsäure* (I) durch Oxydation von Diisopropylbenzol mit O_2 in Ggw. von Mn-Verbb., bes. Mn-Acetat, u. in Ggw. einer Mischung aus Benzoesäure u. einer gesätt. aliphat. Monocarbonsäure mit 5—6 C bei 150—275°. I wird in hoher Reinheit gewonnen. (**A. P. 2 833 818** vom 30/7. 1956, ausg. 6/5. 1958.) L. STADELMANN. H 1220

Farbwerke Hoechst Akt.-Ges., vormals Meister Lucius & Brüning (Erfinder: **Bernhard Popp**, Neuenhain, **Alfons Steinmetz**, Kelkheim, **Otto Scherer, Hans Wolfram** und

Adolf Turk), Frankfurt/M., *Einkernige aromatische Carbonsäuren* erhält man durch Oxydation der Seitenketten aromat. Verbb. mit HNO_3 bei $> 230^0$ u. > 80, bes. > 90 at in homogener Lsg. in waagerecht liegendem Strömungsrohr, wobei die Strömungsgeschwindigkeit (Weg/Sek.) des Reaktionsgemisches je oxydierbares Alkyl-C-Atom mindestens das 5fache des Radius des Strömungsrohres beträgt. Die Reaktionswärme wird zum Aufheizen des Reaktionsgemisches verwendet. Hohe Ausbeuten, Explosionssicherheit. — Beispiel: p-Xylol → *Terephthalsäure.* — Zeichnung. (**D. A. S. 1 051 840** Kl. 12o vom 25/9. 1956, veröff. 5/3. 1959.) L. Stadelmann. H 1220

Chemische Fabrik, Joh. A. Benckiser G. m. b. H., Ludwigshafen/Rh. (Erfinder: **Arno Debo,** Heidelberg), *Herstellung von N-substituierten Derivaten der Imidodiphosphorsäure* der allg. Formel $R^1R^2P(:O)N(R^0)P(:O)R^3R^4$, wobei R^1, R^2, R^3, R^4 Alkoxy- oder Aryloxy- oder sek. Amidoreste, R^0 eine Alkyl- oder Arylgruppe bedeuten, dad. gek., daß ein Halogenphosphorsäurederiv. der Formel $R^1R^2P(:O)X$ (X = Halogen) u. ein Phosphorsäurederiv. mit einer prim. Amidogruppe der Formel $R^3R^4P(:O)NH(R^0)$, wobei R^1, R^2, R^3, R^4 u. R^0 die obige Bedeutung haben, in einem inerten Lösungsm. gelöst, unter Rühren mit NaH umgesetzt werden. — Durch Rk. von Phosphorsäure-di-n-propylesteranilid mit Monochlorphosphorsäuredi-n-propylester in Ggw. von Ae. mit NaH, Filtrieren, Abdest. von Ae. u. Ausschütteln des wasserunlösl. Öls mit W. erhält man *Anilidodiphosphorsäuretetra-n-propylester,* n_D^{20} 1,4775. Analog erhält man: *Äthylimidodiphosphorsäuretetraäthylester,* $Kp._2$ 125—150°, n_D^{20} 1,4338; *Methylimidodiphosphorsäuretetrakisdimethylamid,* $Kp._2$ 160—170°, F. 58° (Cyclohexan), u. *Methylimidodiphosphorsäuretetraphenylester,* F. 68°, lösl. in A., Bzl. u. Nitrobenzol. (**D. A. S. 1 041 044** Kl. 12o vom 5/7. 1957, veröff. 16/10. 1958.) J. Mühleisen. H 1380

Deutsche Gold- & Silberscheideanstalt vormals Roessler, Deutschland, *Herstellung von Styroloxyd,* dad. gek., daß man Styrolchlorhydrin oder dessen Gemische mit Styroldichlorid bei 50—100, bes. 60—80°, 3—100 Min. einer kontinuierlichen Verseifung mit 20—30%ig. Alkalihydroxydlsg. unterwirft. (**F. P. 1 131 621** vom 21/9. 1955, ausg. 25/2. 1957. D. Prior. 24/11. 1954.) S. Böttcher. H 3030

British Oxygen Co. Ltd., übert. von: **Samuel Aaron Miller** und **Harold Davidge,** London, England, *Reinigen von N-Vinylcarbazol.* Man erhitzt aus Carbazol von Kohlenteer u. CH≡CH gewonnenes N-Vinylcarbazol (I) in Ggw. von 0,25—2,5% einer freie Radikale liefernden Azoverb., bes. 1% 2.2'-Azo-bis-isobutyronitril oder 2.2'-Azo-bis-(methylisobutyrat), auf eine Temp., die oberhalb des F. von I aber $< 120^0$ liegt, z. B. 30 Min. auf 100°, u. krist. nach dem Abkühlen um. Der S-Geh. von I wird auf ca. 0,01% vermindert. (**A. P. 2 830 059** vom 22/10. 1957, ausg. 8/4. 1958. E. Prior. 5/11. 1956.) C. Lüttgen. H 3081

Imperial Chemical Industries Ltd., London (Erfinder: **Vincent Kerrigan** und **Arthur Lambert,** Manchester), England, *2-Benzthiazolylsulfenmorpholid* wird erhalten durch Rk. eines Metallsalzes von 2-Mercaptobenzthiazol u. N-Chlormorpholin in äquimol. Mengen in einem organ. Lösungsm. (z. B. Bzl., Toluol, Xylol, Dioxan, PAe. oder chlorierte KW-stoffe) bei Tempp. von 40—70°, bes. 50—60°. (**E. P. 774 710** vom 8/9. 1954, ausg. 15/5. 1957. **A. P. 2 839 531** vom 19/9. 1955, ausg. 17/6. 1958.) H. Bräucker. H 3142

United States of America, Secretary of Agriculture, übert. von: **Godfrey E. Mann,** New Orleans, La., V. St. A., *Acylierte Proteine* mit wenigstens doppelter innerer Viscosität erhält man durch Behandeln von langkettigen Polypeptiden, bes. natürlichen Proteinen, mit Terephthalyldichlorid nach Schotten-Baumann bei 0—30° in Ggw. von wss. Alkali-, Erdalkali- oder quaternären Ammoniumhydroxyden oder Pyridin bei $p_H > 7$. — 20 g Erdnußprotein werden in 100 g W. unter Zusatz von n-NaOH bei 26° gelöst, bis das p_H 9,5 beträgt; dann gibt man 1600 g Terephthalyldichlorid in 60 cm^3 Ae. zu, erhöht das p_H nach 5 Std. mit n-NaOH auf 11, dialysiert die Lsg. gegen W. 6 Tage bei 6°, friert das *Terephthalylprotein* aus u. trocknet es im Vakuum bei 0,05 mm; Ausbeute 20,1 g; N-Geh. 15,71%; innere Viscosität in 10mol. Harnstoff als Lösungsm. 0,72 dm^3/g; Ausgangsviscosität 0,24 dm^3/g. Ferner können umgesetzt werden: *Sojabohnenprotein, Casein, Eialbumin* u. *Blutalbumin.* — *Textilhilfsmittel* in der *Spinnerei.* (**A. P. 2 729 628** vom 31/10. 1952, ausg. 3/1. 1956.) G. Krauss. H 4070

A. V. Topchiev and others, Boron fluoride and its compounds as catalysts in organic chemistry. London: Pergamon Pr. 1959. (450 S. m. Abb.) 80 s.

X. Färberei. Organische Farbstoffe.

—, *Farbstoffe und Hilfsmittel.* Cassella Farbwerke Mainkur AG., Frankfurt/M.-Fechenheim: *Kunstseidenschwarz GSE* verändert durch schwach saure Ausrüstungsflotten nicht den Farbton. Der Farbstoff färbt ein grünstichiges, gedecktes Schwarz auf natürlicher u. regenerierter Cellulosefaser. — *Indocarbon CLN Suprafix Teig* ergibt nicht nur auf Baumwolle, Reyon u. Zellwolle, sondern auch auf Naturseide, Acetat u. Polyamidfasern ein blumiges sattes Schwarz. Das Prod. eignet sich für den Laugenkreppartikel u. die Kunstharzausrüstungen. Die Licht- u. Naßechtheiten sind gut bis sehr gut. — Musterkarte Nr. C 474 „*Immediallichtfarbstoffe auf Baumwollstück*“ veranschaulicht Farbtöne u. -weise sowie Kombinationsfärbungen. — SANDOZ AG., Basel: *Artisilblau 2 RP ultradispers* färbt sämtliche Acetat- u. synthet. Fasern (außer Polyacrylnitrilfasern). Karte Nr. 1371. — Die ultradisperse Form der Artisilfarbstoffe gewährleistet eine tadellose Dispersion in W., gute Faserdurchfärbung u. störungsfreie Zirkulation der Flotte. Musterkarte „*Artisilfarbstoffe auf Acetat*“ Nr. 1371/58. — „*Lanasyn- und Lanasynreinfarbstoffe*“ werden in einer zusammenfassenden Musterkarte Nr. 1279/58 neu illustriert. — FARBWERKE HOECHST AKT.-GES., VORMALS MEISTER LUCIUS & BRÜNING, Frankfurt/M.-Höchst: *Lanigan S* dient zur Behandlung von Kammgarnartikeln aus Wolle, Halbwolle u. Polyesterfasern/Wolle. — *Lanigan-Schmälze SG* findet in der Streichgarnindustrie Anwendung. Es zeigt guten antistat. Effekt u. enthält weder Olein noch Mineralöle. — *Imperonmarineblau R* liefert als Selbstfarbe sowie als Nuancierungskomponente zahlreiche Blautöne. Sehr gute Beständigkeit gegen Bzn., CCl_4 u. Perchloräthylen. Hoe 2473. — *Lanigan W* eignet sich für die Walke u. Wäsche von Woll- u. Halbwollwaren. Auf Grund weichmachender Eigg. u. antistat. Wrkg. eignet es sich gut zum Ausrüsten von Trevira/Woll-Artikeln u. Mischungen. Hoe 2481. — *Lanigan-Schmälze KG* ist ein Schmälzmittel für die Kammgarnspinnerei. Das Prod. verleiht der Ware gute Gleitfähigkeit u. besitzt gute antistat. Wirkung. Hoe 2482. — *Lanigan-Schmälze KGN* ist für das Spinnen auf Schnelläufern geeignet u. zur Verbesserung der Reißfestigkeit, wenn unter Zusatz von Kieselsäurederivv. geschmälzt wird. Hoe 2483. — *Remazol rot 3S* eignet sich auf Grund guter Chlor- u. Waschechtheit zur Herst. von ätzbaren Wäschefonds sowie Möbel- u. Dekorationsstoffen. Hoe 2441 d—e—f. (Reyon, Zellwolle andere Chemiefasern **8.** 826. Nov. 1958.) P. ECKERT. 7018

F. Mindermann und **A. Franz,** *Eine neue Apparatur zur Löslichkeitsbestimmung.* Es wird eine App. beschrieben mit der man in rationeller Weise genaue u. reproduzierbare Löslichkeitswerte erhält. Die App. dient zur Best. der Wasserlöslichkeit von Farbstoffen. (Melliand Textilber. **40.** 192—96. Febr. 1959.) P. ECKERT. 7020

J. A. Fowler und **C. Preston,** *Die Anwendung von Reaktivfarbstoffen für Viscosereyon.* Reaktivfarbstoffe vom Prociontyp sind vielseitig verwendbar u. geben gut waschechte Färbungen. Sie reagieren mit der Faser, können aber auch andere Verbb. eingehen. Ihre Fixierung erfolgt bei Raumtemp. u. milder Alkalinität sehr langsam u. steigt mit dem Ansteigen der Temp. u. der Alkalinität an. Je nach den zur Verfügung stehenden Mitteln läßt sich so die günstigste Färbemeth. auswählen. (J. Soc. Dyers Colourists **74.** 372—81. Mai 1958. Manchester, Dyehouse Dep.; I.C.I. Ltd., Dyest. Div.) GOTTFRIED LANGE. 7020

H. R. Hadfield, *Das Färben der Acrilan–Acryl-Faser.* 100%-Acrilanstückware kann mit Ausnahme dunklerer Töne nur schwierig mit sauren Wollfarbstoffen egal gefärbt werden. Egale Färbungen werden mit Dispersionsfarbstoffen erhalten. Chrom- u. 1 : 2-Metall-Komplexfarbstoffe gaben meist ausgezeichnete naßechte Färbungen. Bei Verwendung von Mischungen gewisser Dispersionsfarbstoffe erhält man auch echte tiefe Nuancen. Der Egalisiereffekt ist zumal bei langsam diffundierenden Dispersionsfarbstoffen (Dispersolechtscharlach) von der Temp. abhängig. HT-Färben ist wenig vorteilhaft. Für Schwarzfärbungen auf Acrilan werden gewisse Azokombinationen, Chromfarbstoffe, Ultralanschwarz RN u. Duranolschwarz 2 BN empfohlen. Ferner werden die mit den genannten Farbstoffklassen erzielbaren Ergebnisse auf losem Material, Kammzug u. Garn beurteilt u. die jeweils geeigneten Farbstoffe angegeben. Unifärbungen auf Mischungen mit Cellulosefasern werden einbadig mit Dispersions- u. Direktfarbstoffen erzielt. Zweibadig können Procion- oder Küpenfarbstoffe mitverwendet werden. Für Acrilan-Wolle-Mischungen ist Säurevorbehandlung erforderlich, oder man arbeitet nach der Kationenkomplexmethode. (SVF Fachorgan Textilveredlung **13.** 156—73. März 1958. Manchester, England, Insp. Chem. Ind. Ltd.) G. LANGE. 7020

H. G. Sommer, *Das Färben von Darvan. Darvan* ist eine Faser auf Basis Vinylidendinitril (Dinitrilfaser). Sie wird als Form von Stapelfasern aus einem äquimol. Mischpolymerisat von Vinylidenchlorid u. Vinylacetat hergestellt. Die Eigg. der neuen Faser werden angeführt. Zum Färben geeignete Dispersionsfarbstoffe werden angeführt u. Färbevorschriften gegeben. (Melliand Textilber. **40.** 179—81. Febr. 1959. Avon Lake, Ohio.) P. ECKERT. 7020

Lee Bidgood jr. und **William Bell,** *Neue Entwicklungen in der Orlonfärbung.* Bericht über neue Färbeverff. für Mischgewebe aus den synthet. Polyacryl- bzw. Polyesterfasern Orlon bzw. Dacron. Eine neue Einbadfärbemeth. ermöglicht im Vgl. zu der bisherigen Zweibadfärbung die genauere Wiedergabe u. raschere Kontrolle der Farbtöne. Einen wichtigen Fortschritt bedeuten ferner *kation. Farbstoffe* von außergewöhnlicher Wetterechtheit, die sich auch zum Färben von 100%ig. Orlongeweben eignen u. erst nach 500std. Bewitterung am „*Weather-Ometer*" eine deutliche Bleichwrkg. erkennen ließen. Am „*Fade-Ometer*" zeigten sie eine Echtheit von 200—300 Stunden. Farbstoffe u. Rezepturen zum Färben in Modetönen werden mitgeteilt. — 7 Tabellen. (Amer. Dyestuff Reporter **48.** P51—P54. 26/1. 1959. E. I. du Pont de Nemours & Co., Inc., Textile Fiber Dep., Tecn. Serv. Sect.) A. SANDER. 7020

Ch. Weimann, *Das Chitosan und seine Verwendung als Verdickungsmittel beim Druck von Pigmentfarbstoffen.* (Vgl. SSADOW u. WILDT, C. **1959.** 4974.) (Teintex **23.** 558—64. 15/8. 1958.) H. ROSSOW. 7022

Hermann B. Goldstein und **David N. Koenig,** *Einfluß der Knitterfreiausrüstung auf die Lichtechtheit empfindlicher Farbstoffe.* In einer zusammenfassenden Unters. wird der Einfl. von 18 verschied. Knitterfreiausrüstungen auf die Lichtechtheit mit verschied. Farbstoffklassen gefärbter Baumwollgewebe aufgezeigt. Hierbei wurde gefunden, daß Färbungen mit Direkt-, Diazo- u. den neuen Reaktivfarbstoffen am empfindlichsten bei Harzausrüstung reagieren. Die im einzelnen erhaltenen Ergebnisse sind in 15 Tabellen u. 4 Figuren zusammengestellt. (Textile Res. J. **29.** 66—73. Jan. 1959. Wood River Junktion, R. I., Warwick Chem. Div., Sun Chem. Corp.) H.-G. FRÖHLICH. 7028

Eastman Kodak Co., übert. von: **William F. Fowler jr.** und **Richard J. Hellmann,** Rochester, N. Y., V. St. A., *Mischpolymerisate von Vinylpyridinen oder Vinylchinolinen, Acrylsäureestern und Acrylnitril* erhält man in W. unter Zusatz eines oberflächenakt. Stoffes u. $K_2S_2O_8$ als Katalysator bei 80—82°. Beispiele mit 4-Vinylpyridin, n-Butylacrylat (ersetzbar durch Äthylacrylat) u. Acrylnitril. Die erhaltenen Hydrosole sind mit Gelatine-Lsgg. bestimmter Konzz. vergleichbar u. dienen bes. als *Farbbeizen für saure Farbstoffe.* — Vgl. auch F. P. 1 123 624; C **1958.** 4076 (**A. P. 2 798 063** vom 5/2 1954, ausg. 2/7. 1957. **E. P. 765 520** vom 4/2. 1955, ausg. 9/1. 1957. A. Prior. 5/2. 1954.) H. SCHINDLER. 7007

Imperial Chemical Industries Ltd., England, *Behandeln von Baumwolle enthaltenden Geweben* als Vorbereitung z. B. für das Färben oder Drucken. Man führt das Stück kurze Zeit durch ein oder mehrere Bäder eines KW-stoffs oder chlorierten KW-stoffs, z. B. Trichloräthylen, beim Kp. desselben, um das Wachs zu entfernen, anschließend durch sd. W. u. darauf durch ein Entschlichtungs- u. Bleichbad vom p_H 11—12, das außer Na-Silicat u. einem Weichmachungsmittel ein Peroxyd, z. B. 10—15 g/Liter Na_2O_2, enthält, dämpft kurz, wäscht u. trocknet. — Vgl. auch E. P. 747 481; C. **1958.** 2315. (**F. P. 1 095 881** vom 20/1. 1954, ausg. 7/6. 1955. E. Prior. 20/1. 1953.) G. HOPPE. 7017

Ciba Ltd., übert. von: **Jakob Brassel,** Basel, und **Arthur Buehler,** Rheinfelden, Schweiz, *Färben von stickstoffhaltigen Fasern mit metallhaltigen Monoazofarbstoffen.* Man färbt Wolle, Polyamide u. -urethane, Seide u. Leder aus schwach alkal. bis schwach sauren Bädern mit solchen Farbstoffen, die 2 verschied. Farbstoffreste an 1 Metallatom komplex gebunden enthalten u. die außer in o-Stellung zur Azogruppe keine COOH-Gruppen, u. insgesamt 1 SO_3H-Gruppe enthalten, z. B. mit dem Komplex enthaltend Cr, 1-Amino-2-hydroxynaphthalin-4-sulfonsäure → 2-Hydroxynaphthalin u. 4-Chlor-2-amino-1-hydroxybenzol-5-sulfonsäuremethylamid → 2-Hydroxynaphthalin. — Vgl. D. A. S. 1 008 254; C. **1958.** 14178. (**A. P. 2 806 760** vom 4/6. 1954, ausg. 17/9. 1957. Schwz. Prior. 10/6. 1953.) F. BÖHM. 7021

Badische Anilin- & Soda-Fabrik Akt.-Ges., Ludwigshafen/Rh., *Färben künstlicher Fasern,* wie solche aus Celluloseacetat, Polyacrylnitril, Polyamiden, Polyurethanen oder Polyestern. Man verwendet *1-Aminobenzophenonsulfone* der Formel **I,** z. B. 1-Amino-4-methylbenzphenonsulfon oder 1-(o-Carboxyphenylamino)-4-methylbenzophenonsulfon, als Dispersionsfarbstoffe (R, R' = H, Alkyl, Hydroxyalkyl, Cycloalkyl, Aralkyl, Aryl oder Bestandteile eines gemeinsamen gesätt. Ringes; Z = H, Methyl, Äthyl, Acyl, COOH oder Estergruppe; A, B = H, Methyl, Äthyl, Alkoxy, NO_2 oder Halogen). (**E. P. 792 396** vom 26/4. 1956, ausg. 26/3. 1958. D. Prior. 29/4. 1955.) F. BÖHM. 7021

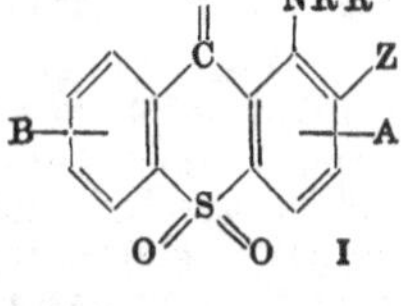

I

Farbenfabriken Bayer Akt.-Ges. (Erfinder: **Winfried Kruckenberg**), Leverkusen, *Färben und Bedrucken von Polymerisaten und Mischpolymerisaten des Acrylnitrils beziehungsweise asymmetrischen Dicyanäthylens.* Man färbt aus saurer Lsg. mit Farbstoffen

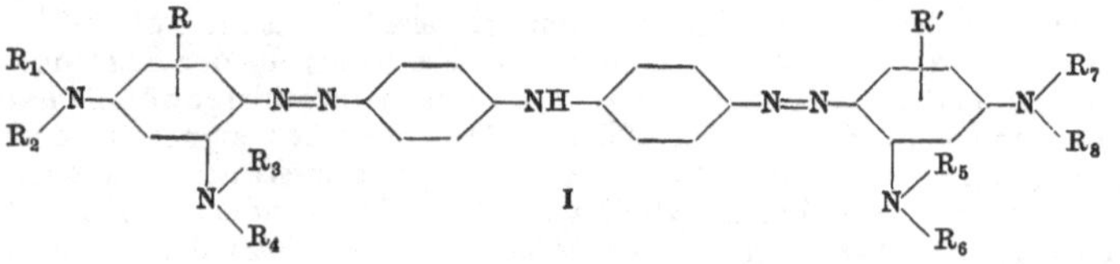

I

der Formel I, die zweckmäßig als saure Salze eingesetzt werden (R, R' = H, Alkyl, Alkoxy oder COOH; R_{1-8} = H oder gegebenenfalls substituierter Alkylrest). — Beispiel: 4.4'-Diaminodiphenylamin → 2.4-Diaminobenzoesäure. (**D. A. S. 1 051 240** Kl. 8m vom 16/10. 1957, veröff. 26/2. 1959.) F. BÖHM. 7023

General Aniline & Film Corp., New York, N. Y., übert. von: **Wilhelm Schmidt-Nickels**, Little York, N. J., V. St. A., *Herstellung von Benzimidazobenzoisochinolinen*

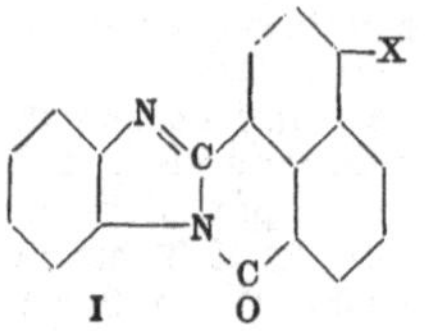

I

der Formel I (X = CN, COOH oder COCl). 4-Brom-1.8-naphthoylenbenzimidazol wird mit CuCN u. Pyridin 25 Std. im Autoklaven unter Rühren auf 150° erhitzt. Nach Zugabe von wss. NH_3 zu der abgekühlten Lsg. fällt *4-Cyan-1.8-naphthoylenbenzimidazol* aus, F. 257—260°. Dieses wird mit einer Mischung von gleichen Teilen konz. H_2SO_4, W. u. Eisessig 5 Std. bei 120° gerührt. Beim Versetzen mit W. fällt *1.8-Naphthoylenbenzimidazol-4-carbonsäure* aus. Diese Säure wird in Nitrobenzollsg. 30 Min. bei 175—180° mit $SOCl_2$ behandelt. Beim Abkühlen der Reaktionsmischung fällt *1.8-Naphthoylenbenzimidazol-4-carbonsäurechlorid* aus. — *Zwischenprodd. für Farbstoffe.* (**A. P. 2 820 037** vom 24/5. 1956, ausg. 14/1. 1958.) I. LERCH. 7049

Sandoz Akt.-Ges. (Erfinder: **Reinhard Neier**, Basel, und **Walter Wehrli**, Riehen), Schweiz, *Herstellung sulfonsäuregruppenfreier, wasserlöslicher, metallhaltiger Disazofarbstoffe.* Sulfonsäuregruppenfreie, wasserlösl. Disazoverbb. der allg. Formel I [R_1 =

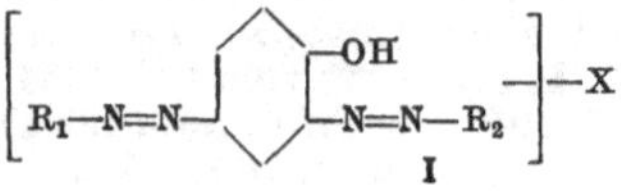

I

Rest einer Diazokomponente der Benzol- oder Naphthalinreihe, R_2 = o-ständig zu einer phenol. oder enol. OH-Gruppe gekuppelter Rest einer Azokomponente der Oxybenzol-, Oxynaphthalin-, Pyrazolon- oder Acetessigsäureallylamid- bzw. arylamidreihe u. X = mindestens 1 wasserlösl. machende Gruppe, z. B. COOH, Alkylsulfonyl oder SO_2NH_2] werden mit metall., bes. Cr u. Co abgebenden Mitteln derart behandelt, daß bes. pro Mol. Farbstoff weniger als 1 Atom Metall gebunden wird. Die Farbstoffe färben Wolle, Seide, Polyamidfasern u. Leder. — Z. B. *3-Amino-4-oxy-1.1'-azobenzol-3'-sulfonsäure-(2''-oxy)-äthylamid* (**I**) → *1-Carbo-(2-äthoxy)-äthoxyamino-7-hydroxynaphthalin.* Die Cr-Verb. färbt in graustichigolivfarbenen Tönen von guter Licht-, Wasch-, Walk- u. Pottingechtheit. — **I** → *Acetoacetylaminobenzol.* Die Co-Verb. färbt orange. — **I** → *1-Phenyl-3-methyl-5-pyrazolon* (**II**). Die Co-Verb. färbt rot. — *3-Amino-4-hydroxy-1.1'-azobenzol-4'-sulfonsäureamid* → **II**. Die Cr-Verb. färbt orange. (**D. B. P. 964 265** Kl. 22a vom 15/1. 1954, ausg. 23/5. 1957. Anmeldung bekanntgemacht 6/12. 1956. Schwz. Priorr. 21/1., 11/3. u. 29/6. 1953.) F. RATH. 7055

XIa. Farben. Anstriche. Lacke. Naturharze.

L. A. Sonsthagen, *Probleme der Farbenindustrie.* 2. Mitt. *Erfordernisse für die Anlage verschiedener Fabriken.* (1. vgl. C. **1956.** **11077.**) Es werden Vorschläge gemacht für die Einrichtung großer, mittlerer u. kleiner Fabriken. (Paint Manufact. **25.** 422—24. 430. Nov. 1955.) E. PREU. 7090

J. Baker, *Die Vorzüge thixotroper Anstrichfarben.* Vorzüge sind: Keine Neigung zum Absetzen, bessere Streichbarkeit, keine Läuferbldg., kein Schwimmen verschied. Pigmente. Als Bindemittel für thixotrope Anstrichfarben eignen sich Mischpolymerisate von Alkydharzen mit Polyamiden nach A. P. 2 663 649 der T. F. WASHBURN CO. (Paint Manufact. **25.** 451—52. 458. Dez. 1955.) E. PREU. 7090

Maksymilian Kranz, *Die Stabilisierung von Mangancarbonat.* $MnCO_3$, gefällt mit Na_2CO_3 bei 0—20°, wird durch Zusatz von 5—10% SiO_2 oder Na_2SiO_3 bei der Fällung gegen Luft-O_2 beständig. Höhere SiO_2-Zusätze erhöhen nicht mehr die Beständigkeit, im Gegenteil, das gebildete $MnSiO_3$ wird wesentlich leichter oxydiert. Die Stabilisierung beruht wahrscheinlich auf einer Blockierung der akt. Zentren des $MnCO_3$-Gitters durch Komplex-, nicht durch Silicatbildung. Die stabilisierten Präpp. sind gegen W. u. SO_2 beständig, Alkalien, NH_3 u. H_2S verfärben sie. Sie können als billige Weißpigmente verwendet werden. (Przemysł chem. **37.** 522—25. Aug. 1958. Poznań, Uniw. A. Mickiewicza, Kat. Chem. nieorgan.) F. URBAN. 7092

S. Ss. Pawlowa, Ss. I. Rubina und **M. L. Morguliss,** *Der Einfluß des Dispersitätsgrades der Pigmente auf die Färbung von Polyvinylchlorid und Kautschuk.* Erhöhung des Dispersionsgrades von organ. Lacken u. anorgan. Pigmenten bis zu einem gewissen Grade erhöht die Deckung u. Qualität der Färbung an Polyvinylchloridfilmen. Dispergierung von trockenen organ. Lacken in der Vibrationsmühle ruft Aggregation der Teilchen u. Verschlechterung ihrer Eigg. hervor. Dispergierung in einem Weichmacher (Dibutylphthalat) ergibt einen erhöhten Dispersionsgrad u. bessere Deckung der Pigmente u. verhindert eine Aggregierung. (Легкая Промышленность [Leicht-Ind.] **18.** Nr. 11. 25—26. Nov. 1958.) J. v. SCHROEDER. 7092

G. Rankoff, A. Popoff und **D. Tschobanoff,** *Untersuchungen über das bulgarische Tallöl in Bezug auf seine Verwendung als Basis für die Firnis- und Lackbereitung.* Vff. stellten fest, daß das bulgar. Tallöl nach Kennzahlen u. Zus. dem ausländ. annähernd gleich ist, u. versuchten, Lacke aus Standölen auf Basis des bulgar. Tallöls u. dessen an Fettsäure angereicherten Fraktionen herzustellen. Sie stellten aus dem Rohöl beim Vakuum von 1 mm Torr erst 2 Fraktionen (**A** bis 215°, **B** 215—230°) her. Nach Entfernung der mitdest. Harzsäure aus **B** wurden beide Fraktionen bei gleichen Bedingungen erneut destilliert. Aus **A** wurden 2 neue Fraktionen $\mathbf{A}_1$ (bis 200°) u. $\mathbf{A}_2$ 200—210°) u. aus **B** ebenfalls 2 Fraktionen $\mathbf{B}_1$ (bis 210°) u. $\mathbf{B}_2$ (220°) abgefangen. Proben dieser Prodd. (je 25 g) wurden in Ggw. von 0,5% Katalysator ($ZnCl_2$) mit 98,2%ig. Glycerin (80 bis 90% der theoret. Menge) 5—6 Std. beim Vakuum von 1 mm u. 135—145° erhitzt, bis die SZ. auf 15—20 gesunken war. So hergestellte Proben wurden dann im CO_2-Strom mit 1% Mn-Resinat unter n. Druck bei 280—300° bis zur gewünschten Viscosität (3—4 cSt) verkocht. Die Proben von je 10 g wurden in 40 cm^3 Lackbenzin aufgestrichen u. auf ihre anstrichtechn. Eigg. untersucht. Bei sonst guten Eigg. mangelte es bei diesen Anstrichen an Wasserfestigkeit u. Trocknungsfähigkeit. Vff. meinen, daß sich diese Prodd. zur Herst. von vollwertigen Standölen bei geringerem Zusatz von Trockenöl, als in der Literatur angegeben, eignen. (Доклады Болгарской Академии Наук [C. R. Acad. bulg. Sci.] **10.** Nr. 6. 469—72. Nov./Dez. 1957.) K. WEKUA. 7096

C. Lvovský, M. Svobodą und **A. Trdlica,** *Materialien für Schutzanstriche von Stahlkonstruktionen.* Übersicht über die verschied. Arten u. Bezeichnungen der Schutzanstrichstoffe. (Inž. Stavby **6.** 24—25. 15/1. 1958. Praha.) E. L. SCHMELING. 7106

D. R. Meserve, *Plastisole als zähe Schutzüberzüge für Galvanisieranlagen.* Beschreibung der Plastisole u. ihre Anwendung als resistente Schutzüberzüge bei Galvanisieranlagen. (Plating **43.** 1244—47. Okt. 1956. Metal & Thermit Corp., Organic Coatings.) B. SCHEIFELE. 7106

Ernst Roßmann, *Das Spatelviscosimeter.* Beschreibung eines neuen einfach zu handhabenden Viscosimeters für den Einsatz in der Betriebspraxis. (Farbe u. Lack **64.** 655—56. Dez. 1958. München.) L. KEMPF. 7158

A. S. Koslow, *Herstellen von Mineralfarben* durch Ausfällen von Cu- u./oder Cd-Salzen mittels Ferrocyanidlsg. in Ggw. anderer Schwermetallsalze u. in schwach ammoniakal. Medium mit überschüssigen NH_4-Salzen. Es werden Ferrocyanide von K, Na, Ca u.a. verwandt. Die Bruttoformel des Reaktionsprod. ist $(NH_4)_2(Me, Cu)Fe(CN)_6$, wobei Me = Cd, Ni, Mn, Co oder Mg. (**UdSSR. P. 112 347** vom 10/5. 1957, gedruckt 28/5. 1958.) B. PANKOW. 7093a

Ciba Akt.-Ges., Basel, Schweiz, *Verbesserung der Korneigenschaften organischer Farbpigmente,* dad. gek., daß man das Rohpigment eines organ. Farbstoffes, welcher in seiner höchsten beständigen Oxydationsstufe vorliegt, mit W. mehrere Std. auf Tempp. über 90°, bes. 100—300°, erhitzt u. die wss. Phase danach wieder entfernt. Zur Beschleunigung der Umwandlung verwendet man als Zusätze z. B. H_2SO_4, HCl, H_3PO_4, Alkali- oder Erdalkalihydroxyde, anorgan. Carbonate, Sulfate, Chloride, Ameisen-, Essig-, Oxal-, Benzoe-, Phthal-, Benzoesulfonsäure oder deren Salze u. Amide, Äthanolamin, Diäthanolamin, Anilin, Pyridin oder Cholin, Chlor- oder o-Dichlorbenzol oder in W. lösl., organ. oberflächenakt. Verbb. in einer Menge von höchstens 10%, bezogen auf die Wassermenge. Als Pigment verwendet man *hochchlorierte Phthalocyanine,* wie man sie durch Erhitzen von Phthalocyaninen mit Chlorsulfonsäure in der $AlCl_3$–NaCl-Schmelze erhält, oder Küpenfarbstoffe der Anthrachinonreihe, z. B. *Dibromanthrachinon* oder *5.5'-Dibenzoylamino-1.1'-dianthrimidcarbazol.* (**Oe. P. 199 775** vom 19/7. 1957, ausg. 25/9. 1958. Schwz. Priorr. 20/7. 1956 u. 26/3. 1957.) T. OPPERMANN. 7093b

Richard Nilsson Aktiebolag, Stockholm, Schweden, *Herstellung und Verbesserung trocknender Öle.* Naturöle werden mit solchen synthet. Ölen gemischt, die durch Kondensieren von mindestens einer Fettsäure u. einer organ., enol. Al-Verb. hergestellt sind. Filme aus solchen Ölmischungen sind wasserfest u. gegen den Angriff von Schimmel u.

Pilzen abweisend. — 75 kg gekochtes Leinöl werden bei Raumtemp. mit 25 kg eines synthet. Öles gemischt, das durch Kondensieren von Kokosfettsäure u. einer organ. Al-Verb. (des Acetessigesters, Malonsäurediäthylesters, Acetonylacetons) hergestellt ist. (**Oe. P. 194 502** vom 10/8. 1956, ausg. 10/1. 1958. Schwed. Priorr. 24/8. u. 7/11. 1955.)
M. PANKOW. 7097

Harper I. Ransburg Co., Indianapolis, Ind., V. St. A., *Elektrostatisches Überzugsverfahren.* Das in einem auswärts gerichteten, geteilten Strahl versprühte Gut (Lack, Anstrichmittel) wird elektrostat. (die Teilchen des Überzugsmittels sind aufgeladen) auf in vorbestimmter Bahn vorbeibewegten Gegenständen, die gegebenenfalls noch um ihre eigene Achse gedreht werden können, niedergeschlagen. Das Sammeln der nicht auftreffenden Teilchen des Überzugsgutes erfolgt möglichst dicht bei der Sprühvorr., um so Verluste zu vermeiden. (**E. P. 773 800** vom 29/6. 1954, ausg. 1/5. 1957. A. Prior. 24/7. 1953.)
P. KRUG. 7107

Standard Oil Development Co., V. St. A. (Erfinder: **Donald F. Koenecke** und **Joseph F. Nelson**), *Herstellung von Lacken, Grundierungen und dergleichen.* Sie enthalten ein ölartiges Polymerisat aus 70—100 Teilen Butadien-(1.3) u. 0—30 Styrol u. mindestens 1% einer in W. unlösl. Seife eines mehrwertigen Metalles u. einer organ. Säure (z. B. Al-, Mg-, Ca-, Ba-Stearat oder -Palmitat). — Vgl. auch A. P. 2 773 780; C. **1958.** 3173. (**F. P. 1 105 028** vom 24/5. 1954, ausg. 25/11. 1955. A. Prior. 16/6. 1953.)
T. OPPERMANN. 7107

B. F. Goodrich Co., New York, N. Y., übert. von: **Donald V. Sarbach**, Cuyanoga Falls, und **Vernon G. Boger**, Akron, Ohio, V. St. A., *Nach dem Auftrocknen feuerbeständige Überzüge bildende Massen in Form wässeriger Dispersionen.* Diese enthalten als Festkörper: 12—52 (Gew.-%; bezogen auf Trockengewicht) eines Alkalimetallsilicates, 10—34 eines kautschukartigen Polymerisats (I) u. 21—74 eines feuerfesten Füllstoffes. I ist hergestellt aus wenigstens 50 eines konjugierten Dien-KW-stoffs mit 4—8 C-Atomen u. 50—10 eines Monomeren aus der Gruppe Acrylnitril, Methyl-, Äthyl-, Chloracrylnitril u. deren Mischungen. Der Wassergeh. der Dispersion beträgt 70—500, bezogen auf die vereinigten Gewichte des Silicats u. I. Als Füllstoffe sind geeignet: Diatomeenerde, Al_2O_3, Ton, MgO, Asbest, Schlacke, Vermiculit. — Vgl. E. P. 756 894; C. **1958.** 5785. (**A. P. 2 821 514** vom 18/8. 1953, ausg. 28/1. 1958.)
P. KRUG. 7107

Marino Coppini, Tizzana, Pistoia, Italien, *Festhaftende Farbe für Steinfußböden,* enthaltend 20—50 (%), bes. 35, Stärke u. 50—80, bes. 65, Eisenoxyd. (**It. P. 492 127** vom 8/3. 1952.)
K. KOEBKE. 7107

Karsten, Lackrohstofftabellen, 2. völlig neubearb., erw. Aufl. Hannover: Curt R. Vincentz Verlag. 1959. (248 S.) DM 19,80.

W. M. Münzinger, Weichmachungsmittel für Kunststoffe und Lacke. Stuttgart: Konradin-Verlag Robert Kohlhammer. 1959. (360 S. m. Tab. u. Abb.) DM 34,50.

XIb. Plaste (Kunstharze. Plastische Massen).

J. Remond, *Eigenschaften und Anwendungen von Moplen, dem neuen italienischen Thermoplasten.* Es wird über die auf den Arbeiten von NATTA u. Mitarbeitern über isotakt. u. andere stereoisomere Polymere fußende Fabrikation von Poly-α-propylenen berichtet. Die neue Gruppe von Linearpolymeren zeichnet sich durch Regelmäßigkeit der Struktur u. Kristallisationstendenz aus. Die krist. Struktur ergibt hohe mechan. u. therm. Beständigkeit, während der thermoplast. Charakter bequeme Verarbeitung erlaubt. Angaben über physikal. u. chem. Eigg., Verarbeitung u. Anwendung im Vgl. mit Polyäthylen. — 26 Literaturzitate. (Rev. Produits chim. **60.** 479—89. 30/11. 1957.)
B. T. LASSER. 7172

T. H. G. Michael, *Alicyclische Weichmacher.* Vf. diskutiert die Bedeutung der Weichmacher für die Herst. von Plastisolen u. Organosolen aus PVC, speziell *Dicyclohexylphthalat* (I) u. *Dimethylcyclohexylphtalat* (II; *Sextolphthalat*). I u. II zeigen hohen Widerstand gegen Auswanderung, bessere Lichtbeständigkeit u. chem. Widerstandsfähigkeit. I, F. ca. 145° F, dient hauptsächlich als Weichmacher für wärmehärtende Lacke. Vf. bespricht weiter die Eigg. der Ester von I u. II mit *Adipin-* u. *Sebacinsäure,* die eine bessere Zugfestigkeit, einen höheren Widerstand gegen Abrieb, Auswanderung u. Auswaschen durch Öle erzielen. (Canad. Plastics **1955.** 42—43. Aug.) F. SCHIPKE. 7172

W. J. Peppel, *Darstellung und Eigenschaften von Alkylencarbonaten.* Nach Beschreibung der techn. Herst. von Äthylen- u. Propylencarbonat in einer Pilotanlage behandelt Vf. die chem.-physikal. Eigg., Rkk. u. Verwendungsmöglichkeiten der Alkylencarbonate für Synthesen u. als selektive Lösungsmittel bes. für organ. Polymere. Fließschema, App., stofflicher Verlauf, Katalysatoren u. analyt. Best. der Prodd. werden mitgeteilt. — 20 Literaturhinweise. (Ind. Engng. Chem. **50.** 767—70. Mai 1958. Austin, Texas, Jefferson Chemical Co., Inc.) A. SANDER. 7176

C. D. Miller, *Kinetik und Mechanismus der Alkydphotooxydation.* Vf. untersucht das Verh. eines *Leinöl–Holzöl-Alkyds* (mit 50% Ölgeh., SZ. 18) unter der Einw. von UV- u. sichtbarem Licht sowie IR-Strahlen. Es zeigt sich, daß der Abbau des Harzes ungefähr proportional der Lichtintensität u. unabhängig von der Wellenlänge vor sich geht. Die Quantenausbeute ist für die verschied. Wellenlängen nahezu konstant. Bei dem durch kurzwelliges Licht hervorgerufenen Abbau handelt es sich um eine wahre Oberflächen-Rk., während langwelliges Licht eine Schichtdickenabnahme bewirkt, die etwa proportional der ursprünglichen Schichtdicke innerhalb des ganzen Filmes verursacht wird. Der Abbauprozeß läßt sich IR-spektroskop. verfolgen. Man beobachtet, daß im Verlauf des Photoabbaus ($\lambda > 2950$ Å) eine Verbreiterung der Hydroxyl- u. Carbonylbanden erfolgt. Die beobachteten Intensitätsänderungen zeigen, daß die Zahl der aliphat. CH-Gruppen stetig abnimmt, während die Zahl der OH- u. CO-Gruppen zunimmt. Dieses Ergebnis läßt sich deuten, wenn man annimmt, daß die H-Atome des trocknenden Öls zu Hydroxyl-, Hydroperoxyl- bzw. Carbonylgruppen oxydiert werden. Die letzteren nehmen zunächst zu u. dann mit Abnahme der vorhandenen oxydierbaren CH-Bindungen (die stabiler werden) ab, weil ihre Zersetzungsgeschwindigkeit schließlich größer wird als ihre Bildungsgeschwindigkeit. Komplexe, bes. konjugierte, Carbonylstrukturen sind gegenüber UV-Licht instabil u. zers. sich unter Kettenaufspaltung unter Bldg. flüchtiger Prodd., freier Radikale u. neuer Olefine u. Ketone, die von neuem oxydiert werden. Bei Einw. von langwelligem Licht erwiesen sich aromat. Kerne als stabiler als die aliphat. Anteile des Polymeren. Unter Einw. von ungefiltertem Licht werden jene jedoch sehr schnell u. bevorzugt zerstört. Bei sehr kurzen Wellenlängen verläuft deshalb die Rk. grundsätzlich anders u. sehr viel weniger spezifisch. Der aliphat. Anteil wird zunehmend gegenüber einem Photoabbau stabiler, während das Phthalat direkt zers. wird. Bei längeren Wellenlängen ist das Phthalat dagegen durchlässig u. wird in einem Sekundärprozeß, der durch die Zers. eines Teils der aliphat. Gruppen induziert wird, abgebaut. (Ind. Engng. Chem. **50.** 125—28. Jan. 1958. Wilmington, Del., E. I. Du Pont de Nemours & Co., Inc., Fabrics and Firnishes Dep., Exp. Stat.) J. FRENKLER. 7176

D. Gray Weaver und **Ralph J. O'Connors,** *Herstellung von Silicongrundprodukten.* Zusammenfassender Überblick über die Entw. der Siliconproduktion u. der techn. Anlagen. (Ind. Engng. Chem. **50.** 132—36. Febr. 1958.) K. WEKUA. 7188

D. C. R. Miller, *Siliconharze als plastische Werkstoffe.* Vf. bespricht den Einsatz von *Siliconharzen* als Folienmaterial, als Hoch- u. Niederdruckharze, zur Herst. von Spulen in der Elektrotechnik, als Gießharze u. Schaumstoffe. Die Hochdruck- u. Niederdruckharze haben gute physikal. u. dielektr. Eigg. bei hohen Tempp. u. werden in Verbindung mit anorgan. Materialien, wie Glasfasern oder Asbest, verwendet, die damit getränkt werden. Für die Herst. von Spulen ist der geringe dielektr. Verlust bedeutsam. Das Wicklungsmaterial wird bei hohen Tempp. im Kontakt mit den Widerstandsdrähten nicht angegriffen. Die Herst. von Schaumstoffen erfolgt nach den bekannten Methoden. (Canad. Plastics **1955.** 36—40. Aug. Toronto, Dow Corning Silicones Ltd.) F. SCHIPKE. 7188

G. R. Rugger, *Lagerfähigkeit von Cellulosenitrat.* Durch Außenbewitterung wird Celluloid in 3 Monaten unbrauchbar, in wärmeren Gebieten früher als im Norden. Tempp. von 70° werden über 1 Jahr im Dunkeln ohne vorherige Belichten der Muster gut vertragen, während schon eine 1-tägige vorherige Bewitterung die Proben nach 1 Monat Wärmelagerung unbrauchbar werden läßt. Dieses Zusammenwirken von Sonnenstrahlung u. Temp. wird dadurch erklärt, daß die Strahlung flüchtige Spaltprodd. erzeugt, die den weiteren Abbau katalysieren, da auch unbelichtete Muster bei der Wärmelagerung abbauen, wenn sie zusammen mit vorbelichteten Proben gelagert werden. (SPE Journal **14.** Nr. 7. 29/31. Juli 1958. Dover, N. J., Picatiny Arsenal, Ordnance Corps' Plastic Labor.) H. BECKER. 7198

George Telep und **Robert Ehrlich,** *Spektrophotometrische Bestimmung von Phosphor in Polyäthylenterephthalat.* Zur Best. kleiner Mengen P in Polyäthylenterephthalat wurde eine Halbmikro- u. eine Mikrometh. ausgearbeitet, die 5 γP/50 ml bzw. 0,1 γ P/50 ml erfassen. Die Meth. besteht aus dem oxydativen Aufschluß der Probe (1 g mit ca. 0,25 mg P bzw. 5 mg mit ca. 0,5 γ P) mit H_2SO_4/HNO_3 u. $HClO_4$ bzw. H_2SO_4 u. $HClO_4$ u. der spektrophotometr. Auswertung der Molybdänblau-Rk. unter Verwendung von Hydrazinsulfat als Reduktionsmittel. (Analytic. Chem. **30.** 1146—47. Juni 1958. Kinston, E. I. du Pont de Nemours & Co., Textile Fibers Dep.) K. F. MÜLLER. 7210

Josef Majer und **Oldřich Peroutka,** *Fällungstitration von N-Methoxymethylpolycaprolactam.* Lsgg. von N-Alkoxymethylpolyamiden in wss. A. bilden ein Syst., aus welchem man durch Zugabe von W. oder Aceton die Polymeren ausfällen kann. Das Vol.

des verwendeten Fällungsmittels ist bei gleichem Anfangsvol. der Lsg. linear abhängig vom Grad der Substitution u. wird nur wenig durch die Konz. des Polymeren beeinflußt. Die Reproduzierbarkeit dieser Abhängigkeit ermöglicht die Verwendung dieser Meth. zur schnellen analyt. Best. des Substitutionsgrades von Polycaprolactam mit N-Methoxymethylgruppen. Dagegen ist γ [Volumenbruch des Fällungsmittels im Trübungspunkt] fast unabhängig von ln c (c = Endkonz. des Polymeren). (Chem. Průmysl 7 (**32**). 617—19. Nov. 1957. Brno, Výzk. úst. makromol. chem.) J. SCHNEIDER. 7210

United States Rubber Co., New York, N. Y. (Erfinder: **David Daniel Martin Streed,** South Bend, und **Eugene Augustus Luxenberger,** Mishawaka, Ind.), V. St. A., *Herstellen hohler Gegenstände aus Kunststoff im Sturzgießverfahren,* dad. gek., daß zur Auskleidung der hohlen Gegenstände mit einer wärmeisolierenden Kunststoffschicht mit Porenstruktur zuerst in der erwärmten Gießform eine Schicht aus einer kein Blähmittel enthaltenden thermoplast. Kunststoffpaste zum Angelieren gebracht u. auf diese so entstandene Schicht eine zweite Schicht aus einer mit einem Blähmittel versetzten Kunststoffpaste aufgebracht wird, worauf die Form so erhitzt wird, daß die zweite Kunststoffschicht gebläht u. gleichzeitig beide Schichten ausgelatiniert u. miteinander innig verbunden werden. — Abbildungen. (**D. A. S. 1 030 017** Kl. 39a vom 8/9. 1953, veröff. 14/5. 1958. A. Prior. 17/10. 1952.) H. NATHER. 7171

Badische Anilin- & Soda-Fabrik Akt.-Ges., Ludwigshafen/Rh., *Polymerisation von olefinisch ungesättigten Kohlenwasserstoffen* mittels einer Mischung aus Halogeniden der Metalle der 4.—6. Nebengruppe des Period. Syst. oder deren Verbb. der Formel MO_mX_p u. Verbb. der Formel $[R_{n-1}Me^{(n)}]_2O$ (M = Metall der 4.—6. Nebengruppe, X = Halogen, m = 1 oder 2, p = 1—4; Me = Metall der 4. Hauptgruppe des Period.Syst., R = KW-stoffrest, n = ganze Zahl, die sich aus der Wertigkeit des Metalls ergibt). — Man läßt zu 192 (Teilen) Mg-Spänen, die 20 Ae. u. etwas J enthalten, 864 C_2H_5Br in 1000 Bzl. u. 650 $ZnCl_4$ in 1500 Bzl. getrennt in 2 Std. einlaufen, saugt nach 12 std. Kochen ab, schüttelt die Benzollsg. mit 1000 2n NaOH u. erhält $(C_2H_5)_4Sn$, Kp. 75—80°, u. *Hexaäthyldistannoxan* (I), $[(C_2H_5)_3Sn]_2O$, Kp. 145—147°, stark lichtbrechende Fl., die mit W. *Triäthylzinnhydroxyd,* F. 44°, gibt. 4 I von 60° in 250 Bzl. u. 250 Octan werden mit Äthylen gesätt. u. mit 4 $TiCl_4$ versetzt. Nach 3—4 Std. wird abgesaugt u. mit 3%ig. HCl bei Raumtemp. gerührt. Das *Polyäthylen* hat F. 135—137°. Im Filtrat sind 5 ölige Paraffin-KW-stoffe. Entsprechend kann man Butadien bei 20 at mit $(C_2H_5)_4Sn$, I u. $TiCl_4$ zu *Polybutadien,* F. 135—136°, polymerisieren. (**Oe. P. 197 581** vom 12/12. 1956, ausg. 10/5. 1958. D. Prior. 28/12. 1955.) M. PANKOW. 7173

Badische Anilin- & Soda-Fabrik Akt.-Ges., Ludwigshafen/Rh. (Erfinder: **Herbert Friederich,** Worms), *Herstellung von Polymerisaten aus Olefinen,* dad. gek., daß als Katalysatoren Verbb. verwendet werden, die durch Rk. von Al mit Alkyl- u./oder Alkylendihalogeniden u. Ti-Halogeniden, gegebenenfalls unter Zusatz von Halogen oder Halogenwasserstoff, hergestellt u. aus dem Reaktionsgemisch abgetrennt werden. Beispiele mit Al, $TiCl_4$, Äthylen- oder Ähtylbromid u. CH_2Cl_2 als Reaktionskomponenten. Polymerisationsbeispiele für Äthylen, wobei mit 5—200 at u. 25° gearbeitet wird. — Tabelle. (**D. A. S. 1 026 524** Kl. 39c vom 13/10. 1955, veröff. 20/3. 1958.) H. SCHINDLER. 7173

Imperial Chemical Industries Ltd., London, England (Erfinder: **Leslie Seed**), *Stabilisieren von Polyäthylen,* das nach irgendeinem bekannten Verf. hergestellt wird, durch Zusatz eines Antioxydans während der Polymerisation. Als solches dienen ein- oder mehrwertige Phenole oder sek. oder tert. Amine, wie z. B. Di-o-kresylpropan, 2.6-Di-tert.-butyl-p-kresol, 2.4-Dimethyl-6-tert.-butylphenol, Bis-(2-hydroxy-3-tert.-butyl-5-methylphenyl)-methan, Bis-(2-hydroxy-3-α-methylcyclohexyl-5-methylphenyl)-methan, N.N'-Di-β-naphthyl-p-phenylendiamin oder Dilauryl-β-thiodipropionat. — Mengenbeispiele. Vergleichstabellen. (**E. P. 797 344** vom 9/4. 1954, ausg. 2/7. 1958.) H. SCHINDLER. 7173

Farbwerke Hoechst Akt.-Ges., vormals Meister Lucius & Brüning (Erfinder: **Fritz Rochlitz,** Frankfurt/M., und **Karl Frank,** Bad Soden/Taunus), *Herstellung verformter hochvernetzter Resol-Formaldehyd-Harze,* dad. gek., daß man entsprechende Gießharze mit Säuren oder deren Derivv., die in W. zu $<1\%$, dagegen in Resol zu $>10\%$ klar lösl. sind, mischt, in Formen gießt u. vernetzen läßt, wobei gegebenenfalls schwach erwärmt wird. Es werden vorzugsweise aromat. Sulfin- bzw. Phosphinsäuren oder deren Derivv. verwendet. Die Härter werden in einer Menge von 1—20, vorzugsweise 5—15%, bezogen auf das Gewicht von Resol, verwendet. (**D. A. S. 1 044 397** Kl. 39b vom 21/4. 1956, veröff. 20/11. 1958.) H. v. SCHILLER. 7177

E. I. du Pont de Nemours & Co., übert. von: **Tod Wildy Campbell,** Wilmington, Del., V. St. A., *Lösungsmittel für lineare Polyäther* aus Oxyäthanen, bes. für Poly-3.3'-bischlormethyl)-oxyäthan, ist das Trisdimethylaminophosphinoxyd, $[(CH_3)_2N]_3P{=}O$. Dieses löst die wiederkehrenden Einheiten der allg. Formel $-O-CH_2-C(CH_2Halogen)_2-CH_2$- u. einen hohen F. (180°) aufweisenden Harze schon bei n. Temp. zu ca. 20%ig. Lsgg., die als Klebstoff u. zur Herst. von Filmen dienen. In geringerer Konz. dient es, gegebenenfalls zusammen mit Glycerin, als Weichmacher für diese Harze, bes. beim Verspinnen der Schmelze. (**A. P. 2 831 825** vom 16/3. 1956, ausg. 22/4. 1958.) G. TEWES. 7177

Ferro Chemical Corp., übert. von: **Albright M. Nicholson,** Warrensville Heights, und **Stanley B. Elliot,** Bedford, Ohio, V. St. A., *Ultraviolettstabilisierungsmittel für ungesättigte Polyestermassen,* bes. der Malein-, Fumar-, Endomethylentetrahydrophthalsäure u. Glykolen, sowie daran anpolymerisierbaren monomeren Verbb., sind 0,01—10 (%) eines Gemisches aus 10—90 Resorcinmonobenzoat u. 90—10 2.4-Dihydroxy-, 2-Hydroxy-4-methoxy-, 2.2'-Dihydroxy- u. 4.4'-Dihydroxybenzophenon. (**A. P. 2 835 649** vom 15/3. 1957, ausg. 20/5. 1958.) G. TEWES. 7177

Goodyear Tire & Rubber Co. (Erfinder: **John Kaga Sullivan**), *Mischpolyester.* Man kondensiert Äthylenglykol mit esterbildenden Verbb. eines Gemisches aus 90 bis 15 (Mol.-%) Terephthalsäure u. 15—90 o-Phthalsäure zu den entsprechenden Glykolphthalaten u. mischpolymerisiert diese, bis das gebildete Polymer eine Viscosität von wenigstens 0,4 besitzt, F. ca. 205°. Beispiele von Mischpolyestern je nach dem Verhältnis Äthylen-Terephthalat (**I**):Äthylen-o-Phthalat (**II**); — **I**:**II** = 100:0, F. 265°, Viscosität 0,750; 80:20, F. 225°, Viscosität 0,695; 75:25, F. 205°, —; 60:40, F. 179°, Viscosität 0,531; 40:60, F. 65°, Viscosität 0,634; 20:80, F. —, Viscosität 0,435 u. 0:100, F. —, Viscosität 0,560. (**Aust. P. 205 394** vom 3/11. 1955, ausg. 7/2. 1957. A. Prior. 12/5. 1955.) H. NEBELSIEK. 7177

Union Carbide Corp., New York, N. Y., V. St. A., *Herstellung von Epoxydpolymeren* durch Polymerisation von Epoxyden (Äthylen-, Propylen-, Styroloxyd, 1.2-oder 2.3-Epoxybutan) in Ggw. einer Verb. aus N, H u. einem Metall der II. Gruppe des Period. Syst. mit einer Ordnungszahl >19 u. <57, z. B. Ca-, Sr-, Ba-, Zn-, Cd-Amiden oder Hexaammoniakaten oder den Zersetzungsprodd. letzterer. Man kann nach dem Blockpolymerisationsverf. arbeiten oder indifferente Verdünnungsmittel anwenden. Das Reaktionsgefäß wird mit reinem O_2- u. CO_2-freiem N_2 gefüllt. — 1000 g trockenes Heptan, 340 cm^3 fl. Äthylenoxyd u. 4 g Ca-Amid, das vor Berührung mit Luft gut geschützt war, werden 16 Std. bei 25—32° im Autoklaven gerührt: feinverteiltes Polymeres. — Verwendung als *Verdickungs-, Appretur-* u. *Bindemittel* u. Herst. von *Preßkörpern.* (**Oe. P. 199 876** vom 28/5. 1957, ausg. 25/9. 1958. A. Prior. 29/5. 1956.) M. PANKOW. 7177

Ciba Akt.-Ges. (Erfinder: **Heinz Zumstein**), Basel, Schweiz, *Mehrere Epoxydgruppen aufweisende Kunstharze* (Polyäther wie Epoxyharze, bes. aus 4.4'-Dioxydiphenyldimethylmethan, u. Epoxydgruppen aufweisende Polyester, z. B. aus Dicarbonsäuren u. Epichlorhydrin) werden durch harzartige Polyamide aus di- u. trimeren ungesätt. Fettsäuren u. aliphat. Polyaminen in Ggw. von tert. MANNICH-Basen der allg. Formel **I** (x = 1—4, R_1 Rest eines ein- oder mehrkernigen ein- oder mehrwertigen Phenols u. R_2 bzw. R_2' Alkyl-, Oxyalkyl-, Aryl- oder Oxyalkylrest, wobei R_2 u. R_2' zusammen auch Glieder eines heterocycl. Ringes bilden können) bes. zwischen 50 u. 100° gehärtet. Die **I** beschleunigen die Rk. u. sind z. B. Tri-(dimethylaminomethyl)-phenol, Tetra-(dimethylaminomethyl)-diphenyldimethylmethan oder Derivv. des Piperidins, Morpholins, Naphthols, Dioxydiphenyls oder Diphenylolpropans, gegebenenfalls im Gemisch mit aliphat. oder aromat. Polyaminen. — Die härtbare M. dient als *Spachtel-, Überzugsmasse, Gießharz, Klebmittel* u. zur Herst. von *Schichtstoffen.* (**D. A. S. 1 043 629** Kl. 39b vom 24/9. 1957, veröff. 13/11. 1958. Schwz. Prior. 2/10. 1956.)

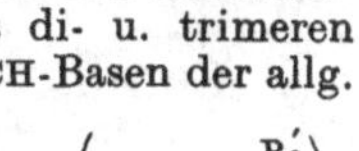

I

G. TEWES. 7177

American Cyanamid Co., New York, N. Y., übert. von: **Tzeng Jiueq Suen,** New Canaan, und **Yun Jen,** Stamford, Conn., V. St. A., *Harnstoff-Formaldehyd-Dicyandiamidkondensationsprodukte.* Zunächst werden die beiden erstgenannten Verbb. in wss.-alkal. Medium zum Methylolderiv. umgesetzt u. dann bei p_H 3—6,5 weiter zur Rk. gebracht. Tempp. 0—70°. Nach dem Neutralisieren wird die 3. Komponente zugesetzt u. die Rk. bei 50—90° zu Ende geführt. Die trockenen Endprodd. haben nach den Beispielen FF. von 84—127° u. eignen sich bes. für Spritzguß bei niederen Tempp. u. Drucken. (**A. P. 2 829 126** vom 10/9. 1953, ausg. 1/4. 1958.) H. SCHINDLER. 7181

Gevaert Photo-Producten N. V., Mortels (Erfinder: **Ferdinand Leonard Schouteden,** Antwerpen), Belgien, *Umsetzung Nitrilgruppen enthaltender Hochmolekularer mit Amidoximen,* wobei mindestens ein Teil der Nitrilgruppen verändert wird, nach dem Schema $M-(CN)_x + y\ NH_2OH \rightarrow M-[C(NH_2NOH)]_y$, (M = Rest des Hochmolekularen). Solche Hochmoll. sind Polymere, Mischpolymere oder Sproßpolymere mit Nitrilgruppen oder mit Acrylnitril cyanäthylierte Verbb., etwa des Polyvinylalkohols, der Cellulose, Gelatine usw. — Verwendung der Reaktionsprodd. für *Farben, Lacke, Klebstoffe, Überzüge, Verpackungsmaterial, Papierimprägnierung, Kunstfasern, Photofilme, Dispersions-u. Bindemittel in Photoemulsionen, Zigarettenfilter, Ionenaustauscher.* — Zu 50 g Polyacrylnitril in 500 cm³ Dimethylformamid gibt man 105 g $NH_2OH \cdot HCl$ u. 75 g wasserfreies Na_2CO_3 u. heizt 3—4 Std. bei 75°, preßt aus u. fällt mit CH_3OH. Das Prod. ist in W. von p_H 7 unlösl., bei $p_H \lesseqgtr 7$ löslich. Die HCl-Lsg. gibt in Ggw. von $FeCl_3$ eine Rötung. Das Prod. gibt mit Croceine Brillante (C. I. 252) ein organ. Pigment. (**F. P. 1 147 427** vom 22/9. 1955, ausg. 25/11. 1957. **Jap. A. S. 10 192/1957** vom 23/9. 1955, veröff. 6/12. 1957. Beide E. Prior. 24/9. 1954.) M. PANKOW. 7181

Goodyear Tire & Rubber Co., Akron, Ohio, V. St. A., *Herstellung von Polymeren aus ω-Aminocarbonsäuren,* die aus Dicarbonsäuren (C_{6-10}) durch Rk. oberhalb ihres F. mit NH_3 über das Diamid (I) erhalten werden. I wird bei 200—300° u. bei Unterdruck in das NH_4-Salz der ω-Cyanocarbonsäure übergeführt, die Nitrilgruppe katalyt. hydriert u. das NH_4-Salz der Aminosäure bei 200—300° zur freien Säure zersetzt. Durch unmittelbares Fortsetzen der Erhitzung wird dann das Polyamid gebildet. Als Ausgangssäuren werden Adipin-, Pimelin-, Suberin-, Azelain- u. Sebacinsäure genannt. Beispiele. — Fäden, Fasern, Filme, Formteile. (**E. P. 795 755** vom 4/5. 1956, ausg. 28/5. 1958. A. Prior. 24/5. 1955.) H. SCHINDLER. 7181

Siemens-Schuckertwerke Akt.-Ges., Berlin und Erlangen (Erfinder: **Robert Schwarz,** Aachen, und **Fritz Weigel,** Schwabach), *Herstellung von thermostabilen siliciumhaltigen hochpolymeren Kunstharzen* durch Polymerisation in der Hitze in Ggw. organ. Peroxyde, dad. gek., daß der Kieselsäure-bis-2.2'-diphenylester, welcher mindestens eine polymerisierbare ungesätt. Gruppe enthält, allein oder mit anderen polymerisierbaren ungesätt. Verbb. polymerisiert wird. — Aus o-Allyldiphenol u. $Si(OC_2H_5)_4$ wird bei 145° Kieselsäure-6.6'-diallyl-bis-2.2-diphenylenester als Weichharz gewonnen, das durch Erhitzen mit Benzoylperoxyd polymerisiert wird. — Gießharze, Lackrohstoffe, Folien. (**D. A. S. 1 053 187** Kl. 39c vom 17/3. 1956, veröff. 19/3. 1959.) J. MÜHLEISEN. 7189

General Aniline & Film Corp., New York (Erfinder: **Jesse Werner,** Holliswood), N. Y., V. St. A., *Durch Wärme härtbare Polyestermassen* enthalten als Bindemittel ein Gemisch (I) aus 45 (Gewichtsteilen) eines ungesätt. Polyesters [aus Fumarsäure, Äthylenglykol u. Isopropyliden-bis-(p-phenylenoxypropanol-2)] u. 55 Styrol sowie 2,5 bis 18 (bezogen auf I) einer monomeren Verb. (**II**) der allg. Formeln $CH_2{=}CRONR_1R_2$ u. $CH_2{=}CH{-}CO{-}NH{-}R_3{-}NH{-}CO{-}CH{=}CH_2$ ($R = H$ oder Halogenatom, Alkyl-, Chloralkyl- oder Alkoxyrest, $R_1 = H$ oder Alkylrest, $R_2 = H$ oder Alkyl-, Oxyalkyl-Cycloalkyl-, Pyridyl- oder Chinolylrest u. R_3 Methylen-, Äthylen-, Butylen oder Phenylengruppe, z. B. gegebenenfalls N-substituierte Acrylamide oder Alkylacrylamide, ferner N.N'-Methylen-bis-acrylamid, N.N-Bis-(2.2-difluoräthyl)-acrylamid u. dergleichen. Die M. wird in üblicher Weise mit organ. Peroxyden gehärtet, wobei durch Geh. an den **II** deren Luftempfindlichkeit verringert wird. Sie dient gegebenenfalls unter Zusatz von Füllmitteln (Silicate, Holzmehl, Stahlwolle, Papierstoff u. Pigmente) zur Herst. von *Schichtstoffen.* (**D. A. S. 1 049 574** Kl. 39b vom 27/6. 1956, veröff. 29/1. 1959. A. Prior. 28/6. 1955.) G. TEWES. 7205

Ernest C. Bernhardt, ed., Processing of thermoplastic materials. New York: Reinhold. 1959. (705 S. m. Abb. u. Diagr.) 8°. $ 18,—.

Bernard Albert Dombrow, Polyurethanes. 1st ed., 2nd printing. New York: Reinhold, London: Chapman & Hall. 1958. (IX + 176 S. m. Abb., Tab. u. Diagr.) 36 s.

J. Alex Neumann and **Frank J. Bockhoff,** Welding of plastics. New York: Reinhold bds. 1959. (287 S. m. Abb. u. Diagr.) 8°. $ 7,25.

Henry Alexander Perry, Adhesive bonding of reinforced plastics. New York, London: McGraw-Hill. 1959. (XI + 275 S. m. Abb. Tab. u. Diagr.) 68 s.

XII. Kautschuk.

H. J. Lanning, *Flammbeständigkeit von Neoprene und Hypalon.* Neoprene (**N**) steht in seinem Bau dem Naturkautschuk nahe, von dem es sich nur durch die Natur der Seitenketten unterscheidet. Hypalon (**H**) steht als chlorsulfoniertes Polyäthylen durch seinen gesätt. Charakter zwischen Kautschuk u. Kunststoff. **H** kann durch Metalloxyde vulkanisiert werden, wobei unter HCl-Entw. eine Verkettung eintritt. **N** ist im Gegensatz zu **H** kein einheitliches Prod.; bei letzterem können die Eigg. durch Auswahl der aufbauenden Bestandteile variiert werden. Durch die vorhandenen Cl-Atome sind **N** u. **H** sehr gut flammbeständig. Beim Brennen entwickeln sich CO, CO_2 u. HCl, Phosgen konnte im **N**-Rauch bisher nicht nachgewiesen werden. Es werden weiter besprochen: der einfache Flammtest (Einbringen der Probe in die Flamme des BUNSEN-Brenners) u. die von DU PONT entwickelte Vertikalröhrenmeth., die darin besteht, daß die Probe in einer Pyrexröhre in direktem Kontakt mit der Spitze einer Flamme steht. Weiter werden einige Anwendungsmöglichkeiten besprochen. (Rubber Plastics Age **37**. 227—32. April 1956. Durham Raw Materials Ltd.) F. SCHIPKE. 7224

H. A. Winkelmann und **M. P. Marks**, *Eine Untersuchung von GR–S-Mischungen mit glatten Oberflächen*. GR–S-Mischungen, die sich zur Herst. von Formteilen mit glatten Oberflächen eignen, können aus „low temperature polymers" hergestellt werden. Die Reißfähigkeit dieser Verbb. ist besser, als nach dem bisherigen Standard verlangt wurde. Die Einfriertemp. ist ausreichend. Die Verbb. können so eingestellt werden, daß sie bei niedriger Temp. eine gute Biegsamkeit haben. Allg. haben sie eine geringere Härte, dagegen eine hohe Zug- u. Zerreißfestigkeit. Die zur Unters. verwendeten Polymeren sind mit ihrer Codebezeichnung tabelliert. Die einzelnen Untersuchungsmethoden sind beschrieben. — 14 Tabellen, 23 Figuren. (Rubber Age [New York] **77**. 233—46. Mai 1955. Chicago, Ill., Sheller Mfg.. Corp., Dryden Rubber Div.; Maryland, Army Chem. Center, Chem. Radiol. Labor.) F. SCHIPKE. 7224

A. A. Berlin und **Je. T. Beljanina**, *Darstellung von Weichmacherestern unter Verwendung von Kationenaustauschern und Adsorbenten*. Am Beispiel der Darst. von Dibutylphthalat wird gezeigt, daß bei der Veresterung Kationenaustauscher mit SO_3H-Gruppen weniger akt. Katalysatoren sind u. hellere Prodd. bei geringerer Verharzung zu gewinnen gestatten, als sie bei der Katalyse mit H_2SO_4 oder Benzolsulfonsäure entstehen. Ihre katalyt. Aktivität nimmt mit zunehmender Austauschkapazität zu, ist aber bei wiederholter Verwendung ohne Zwischenregeneration geringer. Teilweise können sie als Verunreinigung in Lsg. gehen. Hellere Weichmacher erhält man auch, wenn man 2 Mol Triäthylenglykol (I) + 1 Mol Adipinsäure (oder Phthalsäure) + 2 Mol Caprylsäure oder 2 Mol I mit 3 Mol Sebacinsäure in Ggw. konz. H_2SO_4 unter Zusatz von 5% Entfärbungskohle verestert. Durch Zusatz solcher Adsorbenten kann das Fraktionieren u. Bleichen entbehrlich werden. (Химическая Промышленность [Chem. Ind.] **1958**. 340—42. Sept.) R. K. MÜLLER. 7226

B. A. Dogadkin, *Vulkanisationssysteme für Reifengummi*. Nach Zusammenstellung der für eine Reifenmischung notwendigen Eigg. beschreibt der Vf. genau den Vulkanisationsvorgang mit folgenden Beschleunigersystemen: 1. *Altax* 0,5% u. *Diphenylguanidin* (*DPG*) 1%; 2. *Santocure* (I); 3. *Sulfenamid BT* (II). I u. II werden als bes. günstig für *Butadienstyrolkautschuk* (*BSK*) durch den S-förmigen Verlauf ihrer Vulkanisationskurve angegeben. Dieser Verlauf der Kurve entspricht einer längeren Fließperiode mit einer dann sehr stark einsetzenden Vernetzungsreaktion. Dadurch ergeben sich neben Scorchsicherheit (für die Mischungsherst. wichtig) auch verarbeitungstechn. Verbesserungen. So kann u. a. bei höheren Tempp. vulkanisiert werden. Um eine zu schnelle Reversion bei 160—170° zu vermeiden, werden Zusätze von Thiurammonodisulfid bzw. Urotropin zu I empfohlen. Als Beschleunigerkombination für ölgestreckten BSK wird Santocur + DPG angegeben. Als bes. günstig für hohe Vulkanisationstemp. werden Di- u. Polythiomorpholine beschrieben, die erst bei über 110° zerfallen u. wirksam werden. Beim Vulkanisieren von verschied. Mischungen (Laufstreifen-, Polstergummi) muß auf den synchronen Verlauf der Vulkanisation geachtet werden. Bestehen diese Mischungen aus verschied. Kautschuktypen, müssen Zwischenschichten eingebaut werden, die eine Affinität zu beiden zeigen (Block-, Graft-Polymere). Abschließend wird noch auf die Möglichkeit hingewiesen, mit γ-Strahlen zu vulkanisieren. (Каучук и Резина [Kautschuk u. Gummi] **17**. Nr. 11. 6—11. Nov. 1958.) O. KRAMM. 7228

A. Schallamach, *Was geschieht bei der Abnutzung von Gummireifen*. Während früher angenommen wurde, daß die Abnutzung von Reifenmaterial durch therm. u. oxydativen Abbau an örtlich heißen Stellen erfolgt, der von der Reibung eingeleitet wird, konnte durch Verss. eindeutig bewiesen werden, daß prim. ein Abrieb von Teilchen erfolgt. (Rubber India **7**. Nr. 6. 15—16. Juni 1955. Welwyn Garden City, Brit. Rubber Prod. Res. Ass., Labor.) F. SCHIPKE. 7230

W. Viehmann, *Abriebstudien mit einer modifizierten Dunlop-Lambourn-Maschine*. (Vortrag.) Erweiterung u. Ergänzung der C. **1958**. 1440 referierten Arbeit. (Kautschuk u. Gummi **10**. WT 115—WT 122. Mai 1957.) M. WINIKER. 7248

K. E. Kress, *Schnelle Halbmikrorückflußmethode für Lösemittelextraktion von Gummiprodukten*. Ein Lösungsmittelextraktionsverf. von Gummiprodd. mit Rückfluß wird beschrieben, das mit Prüfmustern von 100 mg u. mit Methyläthylketon (I) arbeitet. Die Verss. haben gezeigt, daß 75% I mit 25% denaturiertem A. als Extraktions-Fl. in weniger als $^1/_2$ Std. für die Praxis brauchbare Resultate ergibt, die der gebräuchlichen

Acetonextraktion nach ASTM-Standards Part 6 (D 297—55 T) in 16—24 Std. entsprechen. (Rubber Wld. **134.** 709—17. Aug. 1956. Akron, Ohio, Firestone Tire & Rubber Co.) H. STRAUCH. 7248

W. A. Scherschnew, *Die Bestimmung von Thiuram und dessen Umwandlungsprodukten durch konduktometrische Titration.* Vf. beschreibt eine Anlage für die Best. von *Tetramethylthiuramdisulfid* (**I**) u. Zn-Dithiocarbamat (**II**), wie sie von SCHEELE u. Mitarbeitern entwickelt worden ist. Als Verbesserung wird das Zwischenschalten verschied. Widerstände vor die WHEASTONsche Brücke bezeichnet. Titriert wird nicht in Aceton-W.-Lsg., sondern in A.-W.-Lsg. bei 25°, wobei Genauigkeiten von 1,7—2,5% (11—24 mg auf 100 ml A.) für **I** u. 2,2—4,5% für **II** (18—8 mg auf 100 ml A.) angegeben werden. Die Extraktion von **I** u. **II** aus den Vulkanisaten erfolgte mit sd. A.; danach wurde mit A. oder Bzl. (haltbarer) aufgefüllt. **I** konnte nur in Rohmischungen u. Vulkanisaten bis 10 Min. bei 143° bestimmt werden. Bei längerer Vulkanisation wurde nur noch **II** gefunden. Bei Ggw. von Stearinsäure wird weniger **II** gefunden. Phenyl-β-naphthylamin stört die Best. nicht. (Каучук и Резина [Kautschuk u. Gummi] **17.** Nr. 11. 33—34. Nov. 1958. Moskau, Lomonossow-Inst. für Chem. Feintechnol.) O. KRAMM. 7248

United States Rubber Co., New York, N. Y., übert. von: **Dexter C. Seymour** und **Verne G. Simpson,** Wyckoff, N. J., V. St. A., *Polymerisation von Vinylchlorid* erfolgt in wss. Emulsion oder Suspension bei 25—60° in Ggw. eines üblichen, freie Radikale bildenden Katalysators u. eines Trihalogenmethans, z. B. Dibromchlor- oder Bromdichlormethan, oder eines Br enthaltenden Polyhalogenäthans, z. B. 1-Brom-1.1-dichlor-, 1.2-Dibrom-1.1-dichlor-, 1-Brom-1.1.2-trichloräthan, als Regler. — Mengenbeispiele. *Latices* oder Granulate mit niedrigem Mol.-Gew. u. besserer Löslichkeit, die sich bei niedrigen Tempp. verarbeiten lassen. (**A. PP. 2 831 843** vom 1/8. 1955 u. **2 831 844** vom 8/9. 1955, beide ausg. 22/4. 1958.) H. SCHINDLER. 7225

Esso Research and Engineering Co., Elizabeth, N. J., übert. von: **Frederick W. Lampe** und **Henry G. Schutze,** Baytown, Texas, V. St. A., *Modifizieren von Mischpolymerisaten aus tert. Isoolefinen und Diolefinen,* bes. Isobutylen u. Isopren. Zunächst werden die Monomeren, gelöst in Bzl., in Ggw. von CBr_4 mit Licht der Wellenlängen von 3000—4000 Å bestrahlt u. dann das bromierte Polymerisat in einer Vinylverb., z. B. Styrol oder Acrylnitril, gelöst. Nach Zusatz eines Kettenüberträgers, z. B. CCl_4, CBr_4 oder Pentaphenyläthan, wird nochmals bestrahlt. Die erhaltenen Pfropfpolymerisate sind mit Natur- u. Kunstkautschuk verträglich. (**A. P. 2 824 055** vom 25/8. 1955, ausg. 18/2. 1958.) H. SCHINDLER. 7225

Minnesota Mining & Mfg. Co. (Erfinder: **Frank A. Bovey** und **Joseph F. Abere**), St. Paul, Minn., V. St. A., *Herstellung von Polymerisaten oder Mischpolymerisaten,* dad. gek., daß monomere n. 3-Perfluoralkoxy-2.2.3.3-tetrafluorpropylester der Acrylsäure der Formel $CH_2{:}CHCOOCH_2CF_2CF_2O(CF_2)_nF$, worin $n = 1-4$, in Lsg., Suspension, Emulsion oder in der M. für sich oder mit anderen polymerisierbaren Monomeren polymerisiert werden. Die Herst. der Acrylsäureester erfolgt durch Rk. von Acrylsäurechlorid mit 3-Perfluormethoxy-, -äthoxy-, -propoxy- oder -butoxy-2.2.3.3-tetrafluorpropylalkoholen in Ggw. von Hydrochinon oder durch Veresterung der Acrylsäure mit den fluorierten Alkoholen in Ggw. von Perfluoressigsäureanhydrid. — *3-Perfluoräthoxy-2.2.3.3-tetrafluorpropylester der Acrylsäure,* $Kp._{30}$ 53—54°, *3-Perfluorpropoxy-2.2.3.3-tetrafluorpropylester der Acrylsäure,* $Kp._9$ 44—45°. Diese Ester werden nach den Beispielen in O_2-freiem W. in Ggw. von Na-Laurylsulfat, $Na_2B_4O_7$, $K_2S_2O_8$ u. $Na_2S_2O_8$ in Emulsion bei 50°, gegebenenfalls mit Butadien, (misch-)polymerisiert. Es entstehen *kautschukartige Prodd.,* die Vulkanisate mit guten physikal. Eigg. (Tabellen) ergeben. (**D. A. S. 1 032 539** Kl. 39c vom 17/12. 1954, veröff. 19/6. 1958. A. Prior. 21/12. 1953.) H. SCHINDLER. 7225

Monsanto Chemical Co., St. Louis, Mo., übert. von: **Richard O. Zerbe,** Nitro, W. Va., V. St. A., *Zweitbeschleuniger* neben S enthaltenden Erstbeschleunigern, bestehend aus der krist. Additionsverb. aus Harnstoff u. einer geradlkettigen aliphat. Verb. mit 8—32 C-Atomen. (**A. P. 2 812 373** vom 2/8. 1951, ausg. 5/11. 1957.) W. OVERBECK 7227

Columbia-Southern Chemical Corp., Pittsburgh, Pa., V. St. A., *Herstellung eines nichtkristallinen, flockenförmigen Erdalkalisilicates* als Verstärkungspigment für die Gummi- u. Papierindustrie, dad. gek., daß man eine wss. Erdalkalisalzlsg. mit einer Alkalisilicatlsg. im gewünschten Verhältnis des Endprod. unter lebhaftem Rühren zur Rk. bringt. Das Endprod. ist ca. 100—800 Å dick, mindestens 10 μ breit u. hat ein Verhältnis von Erdalkalioxyd:SiO_2, das zwischen 1 u. 5 liegt. (**E. P. 797 543** vom 12/8. 1955, ausg. 2/7. 1958. A. Prior. 24/11. 1954.) A. GRADL. 7227

Firestone Tire & Rubber Co., übert. von: **Harry E. Albert**, Akron, Ohio, und **Lloyd O. Bentz**, Lancaster, Pa., V. St. A., *Ozonschutzmittel für Naturkautschuk*, bestehend aus einem Bis-(2-alkyl-4-alkoxyphenol)-monosulfid, in dem die Alkylgruppe 3—9 C-Atome enthält u. die Alkoxygruppe aus Methoxy, Äthoxy oder Propoxy besteht. (**A. P. 2 822 415** vom 23/11. 1954, ausg. 4/2. 1958.) W. OVERBECK. 7227

United States Rubber Co., New York, N. Y., übert. von: **Pliny O. Tawney**, Passaic, und **George H. Brice**, Glen Rock, N. J., V. St. A., *Vulkanisieren von Butylkautschuk* mit 2—12 (Teilen) einer Verb. der Formel **I**, in der R ein niederer Alkylrest ist, u. 0,5—10 eines Schwermetallhalogenids. (**A. P. 2 829 132** vom 27/9. 1955, ausg. 1/4. 1958.) W. OVERBECK. 7229

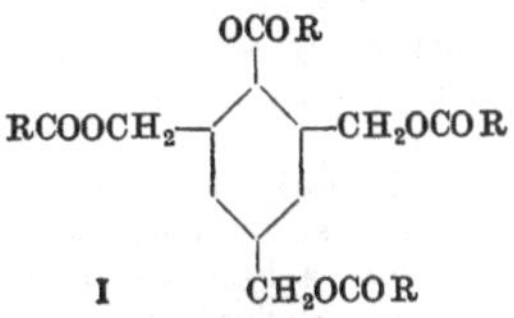

I

B. F. Goodrich Co., New York, N. Y. (Erfinder: **Harold Probert Brown**, Akron, Ohio), V. St. A., *Vulkanisieren von plastischen Polymerisaten* aus einem oder mehreren Acrylsäureestern mit 4—18, bes. 4—8 Alkylgruppen, bes. Butylacrylat (I), durch Erhitzen mit Dicumylperoxyd, auch unter Zusatz von Ruß, das die Vulkanisation beschleunigt. — 100 (Teile) I, 30 Ruß, 8 Dicumylperoxyd werden 60 Min. auf 280° F erhitzt. (**Jap. A. S. 1238/1958** vom 28/12. 1956, veröff. 25/2. 1958. A. Prior. 30/12. 1955.) M. PANKOW. 7229

Esso Research and Engineering Co., Elizabeth, N. J., V. St. A., *Butylkautschukfaserbindung*. Die Haftfestigkeit von Textilien an Butylkautschuk wird verbessert durch eine Vorbehandlung der Fasern mit einer wss. Dispersion von Phenol-CH_2O-Harz u. Butylkautschuk mit einem p_H-Wert zwischen 7,5 u. 9. (**E. P. 788 771** vom 27/2. 1956, ausg. 8/1. 1958. A. Prior. 1/11. 1955.) W. OVERBECK. 7231

Firestone Tire & Rubber Co., übert. von: **Walter C. Rowe** und **John I. Stearns**, Akron, Ohio, V. St. A., *Butylkautschuk mit Gewebeeinlage*. Zur Erhöhung der Bindefestigkeit taucht man das Gewebe vor der Einbettung in eine wss. Lsg., enthaltend eine Mischung aus einem Phenolaldehydharz mit einer Butadienstyrol–Vinylpyridinpolymerisatdispersion. Nach dem Trocknen taucht man in eine Lsg. von bromiertem Butylkautschuk, dem 5—30% seines Gewichts an Br zugeführt wurde, u. trocknet erneut. (**A. P. 2 822 311** vom 3/3. 1955, ausg. 4/2. 1958.) W. OVERBECK. 7231

United States Rubber Reclaiming Co., übert. von: **Edward F. Sverdrup**, Buffalo, N. Y., V. St. A., *Kautschukregeneration*. Zerkleinerte Vulkanisationsabfälle werden mit einem auf 230—390° erhitzten Trennpulver, z. B. Kreide, Aktivkohle, Talkum, Baryt, Mica, Graphit, Lithopone, Al- oder Ca-Silicat oder Kryolith, ohne Druck erhitzt, bis sie mit dem Pulver völlig fest überzogen sind, u. wie üblich regeneriert. Pulvermenge $\geqq$23 Vol.-% der Abfälle. — Zeichnung. (**A. P. 2 800 462** vom 12/2. 1953, ausg. 23/7. 1957.) W. OVERBECK. 7233

XIII. Ätherische Öle. Parfümerie. Kosmetik.

Maria Calvarano, *Untersuchung des Mandarinenöles mittels Gaschromatographie*. Kennzahlen des untersuchten *Mandarinenöles*: $D.^{15}$ 0,8523, $[\alpha]_D^{15}$ 70,68°, n_D^{20} 1,4752, Aldehyde (berechnet als Decylaldehyd) 0,73%, SZ. 0,56, Ester (berechnet als Linalylacetat) 1,70%, freie Alkohole (berechnet als Linalool) 2,50%. Nach gaschromatograph. Trennung wurden in der Terpenfraktion nachgewiesen: α-Pinen, Camphen, β-Pinen, γ-Phellandren, d-Limonen u. p-Cymol, in der sauerstoffhaltigen Fraktion Linalool, Terpinylacetat, N-Methylmethylanthranilat u. erstmalig in Mandarinenöl Bergapten, F. 188°, dessen UV-Spektr. angegeben wird, u. in der Alkohol- bzw. Esterfraktion Linalool, Linalylacetat, Terpinylacetat, Terpineol u. Nerol. (Essenze Deriv. Agrumari **28.** 107—18. Juli/Sept. 1958. Reggio Calabria, Centro di Studio per le Essenze del C.N.R.) H. P. FIEDLER. 7262

Yves-René Naves, *Über die Analyse von Rosenölen mit Gaschromatographie und Infrarotspektroskopie*. Französ. Wiedergabe der C. **1959.** 325 referierten engl. Fassung. (Perfum. essent. Oil Rec. **49.** 368—74. Juli 1958. Vernier-Genève, L. Givaudan & Cie. S.A.) H. MÜHLMEISTER. 7262

G. A. Fester, E. A. Martinuzzi, J. A. Retamar und **A. I. A. Ricciardi**, *Ätherische Öle argentinischer Verbenaceen*. 3. Mitt. (2. vgl. C. **1956.** 7101.) Die Öle verschied. Lippiaarten wurden analysiert u. spektroskop. untersucht. L. turbinata enthielt neben den beiden neuen Hydroxyketonen „Lippion" u. „Dihydrolippion" daraus durch Umlagerung gebildete phenolartige Substanzen wie „Lippiaphenol" (Diosphenolen). In L. alba fand man d-Limonen, Lippion, *l*-Piperiton u. ein weiteres Keton; in L. junelliana *l*-α-Pinen, *l*-Borneol, *l*-Campher u. Sesquiterpenalkohole; in Acantholippia seriphioides p-Cymol u.

65% Phenole (Thymol, Carvacrol) u. in Acantholippia hastulata β-Thujon. (An. Asoc. quím. argent. **45.** 176—93. Sept. 1957.) F. GROH. 7262

Hadar, *Wirkungen der Alkalität der Toiletteseife auf die Parfümzusammensetzung.* 1. Mitt. Aus der Zahl a der für die Titration einer Seife verbrauchten ml n/10 KOH u. dem Gewicht p des Prod. ergibt sich das als NaOH ausgedrückte Neutralisationsäquivalent zu e = 0,40·a/p. Es wird an Beispielen gezeigt, daß der %-Geh. an Komponenten eines Parfümrezepts aus den e-Werten der einzelnen Komponenten berechnet werden kann. (Riv. ital. Essenze, Profumi, Piante officin., Olii veget., Saponi **37.** 40—42. 15/1. 1955.) R. K. MÜLLER. 7276

Hadar, *Wirkungen der Alkalität von Toiletteseife auf die Parfümzusammensetzung.* 2. Mitt. (1. vgl. vorst. Ref.) An Hand von Laborverss. wird der Einfl. einer wss. NaOH-Lsg. auf äther. Öle untersucht, wobei bes. die Veränderungen in der Farbe u. im Geruch berücksichtigt werden. Es wird dem Parfümeur empfohlen, ähnliche Verss. mit dem für seine Toilettenseifen zu verwendenden Parfümkompositionen durchzuführen, um Fehl- oder schlecht haltbare Fabrikate zu vermeiden. — Diskussion. (Riv. ital. Essenze, Profumi, Piante officin., Olii veget., Saponi **37.** 670—71. 15/12. 1955.) H. PATZSCH. 7276

Irwin I. Lubowe, *Die Auswertung von Mitteln gegen Seborrhoe in Laboratorium und Klinik.* (Soap, Perfum. Cosmet. **30.** 1274—77. Dez. 1957. New York, N. Y., Med. Coll., Metropolitan Hosp. Center. — C. **1958.** 12840.) H. MÜHLMEISTER. 7284

H. J. Hediger, *Gaschromatographie — eine neue Analysenmethode.* Es wird über einen Gaschromatographen, seine Arbeitsweise u. die Anwendungsmöglichkeiten berichtet. (Riechstoffe u. Aromen **7.** 65—68. März 1957. Zürich, Perkin-Elmers-A.G.) E. BOYE. 7286

N. V. Polak & Schwarz's Essencefabrieken (Erfinder: **Muus Gerrit Jan Beets, Harm van Essen** und **Wilhelmina Meerburg**), Hilversum, Holland, *Geruchs- und Aromastoffe,* gek. durch die Verwendung von Indanderivv. mit Moschuscharakter, die im aromat. Ring eine Acylgruppe u. eine sek. oder bes. tert. Alkylgruppe tragen u. in 1-Stellung des nicht aromat. Rings mit 1 oder bes. 2 niederen Alkylgruppen substituiert sind, wobei gegebenenfalls die übrigen Stellungen mit niederen Alkylgruppen besetzt sein können u. die Gesamtzahl der Substituenten in den Stellungen 1 u. 2 höchstens 3 beträgt, wie: *4-Acetyl-1.1-dimethyl-6-tert.-butylindan,* F. 77,2—77,7°, u. *4-Formyl-1.1-dimethyl-6-tert.-butylindan,* F. 54—54,5° (korr.). Die Herst. der Verbb. erfolgt durch Einführung einer Acylgruppe in die entsprechend substituierten Indane. (**D. A. S. 1 037 622** Kl. 23a vom 28/3. 1956, veröff. 28/8. 1958. Holl. Prior. 2/4. 1955.) C. LÜTTGEN. 7277

F. Hoffmann-La Roche & Co. Soc. An., Schweiz (Erfinder: **Joseph Donald Surmatis**), *Herstellung neuer ungesättigter Ketone,* dad. gek., daß man einen ungesätt. Alkohol mit HCl oder HBr halogeniert, das Halogenid mit einem Acetessigsäureester kondensiert u. den entstehenden Ester verseift u. decarboxyliert. — Beschrieben wird die Rk. von 3-Methylpenten-(1)-ol-(3) mit HCl zu *1-Chlor-3-methylpenten-(2),* dessen Rk. mit Acetessigsäureäthylester in Ggw. von Na-Methylat zu *3-Carbäthoxy-6-methylocten-(5)-on-(2),* Verseifung zu *3-Carboxy-6-methylocten-(5)-on-(2)* (*K-Salz*) u. Decarboxylierung zu *6-Methylocten-(5)-on-(2),* $Kp._{10}$ 65°, n_D^{25} 1,4412; ferner *5-Cyclohexylidenpentanon-(2),* $Kp._6$ 103°, n_D^{25} 1,476, aus 1-Vinylcyclohexanol-(1) über *2-Cyclohexylidenäthylchlorid* oder *-bromid; 6.8-Dimethylnonen-(5)-on-(2),* $Kp._{35}$ 120°, n_D^{25} 1,4432 (*2.4-Dinitrophenylhydrazon,* F. 47°; *Semicarbazon,* F. 114°), aus 3.5-Dimethylhexen-(1)-ol-(3) über *1-Chlor-3.5-dimethylhexen-(2)* u. *3-Carbäthoxy-6.8-dimethylnonen-(5)-on-(2).* — (**F. P. 1 135 482** vom 1/9. 1955, ausg. 29/4. 1957. A. Priorr. 13/9., 1/10. u. 7/12. 1954.) S. BÖTTCHER. 7277

F. Hoffmann-La Roche & Co. Akt.-Ges., Basel, Schweiz, *Herstellung von ungesättigten aliphatischen und alicyclischen Ketonen.* Zu D. A. S. 1 010 066; C. **1958.** 10797 ist nachzutragen: *1-Äthinyl-1.5-dimethylhexen-(4)-yl-α-methylacetoacetat,* gelbes Öl, n_D^{20} 1,4622; 96% (Ausbeute). — *3.6.10-Trimethylundecatrien-(3.5.9)-on-(2),* helles Öl, $Kp._{0,1}$ 95 bis 110°, $Kp._{0,05}$ 88°; n_D^{20} 1,5332; UV-Absorptionsmaximum bei 293 mμ; $E_{1\,cm}^{1\%}$ = 1,350 (in A.); 36,5%; *Semicarbazon,* F. 157 bzw. 191° (2 Stereoisomere). — *4-[2'.6'.6'-Trimethylcyclohexen-(2')-yl]-3-methylbuten-(3)-on-(2),* farbloses Öl, $Kp._{0,1}$ 67°; n_D^{20} 1,5010; *Semicarbazon,* F. 204°. — *4-[2'.6'-Dimethyl-6'-äthylcyclohexen-(2')-yl]-3-methylbuten-(3)-on-(2),* $Kp._{0,1}$ 75°; n_D^{20} 1,5050; *Semicarbazon,* F. 190—191°. — *4-[2'.5'.6'.6'-Tetramethylcyclohexen-(2')-yl]-3-methylbuten-(3)-on-(2),* $Kp._{0,1}$ 78°; n_D^{20} 1,4990; *Semicarbazon,* F. 200 bis 201°. — *4-[2'.3'.6'.6'-Tetramethylcyclohexen-(2')-yl]-3-methylbuten-(3)-on-(2),* $Kp._{0,1}$ 77°; n_D^{20} 1,5068; *Semicarbazon,* F. 186—188°. — *3-Propyl-6.10-dimethylundecatrien-(3.5.9)-on-(2),* $Kp._{0,05}$ 88°; n_D^{20} 1,5100; UV-Absorptionsmaximum bei 295 mμ; $E_{1\,cm}^{1\%}$ = 900. — *4-[2'.6'.6'-Trimethylcyclohexen-(1')-yl]-3-propylbuten-(3)-on-(2),* $Kp._{0,05}$ 65—68°; n_D^{20}

1,4974; *Semicarbazon*, F. 146—148°. — *4-[2'.5'.6'.6'-Tetramethylcyclohexen-(2')-yl]-3-propylbuten-(3)-on-(2)*, $Kp._{0,05}$ 74°; n_D^{20} 1,4975; *Semicarbazon*, F. 188—190°. — *3-Äthyl-6.10-dimethylundecatrien-(3.5.9)-on-(2)*, $Kp._{0,1}$ 98°; n_D^{20} 1,5270; UV-Absorptionsmaximum bei 297 mμ; *Semicarbazon*, F. 173—175°. — *4-[2'.2'-Dimethyl-6'-äthylcyclohexen-(2')-yl]-3-äthylbuten-(3)-on-(2)*, $Kp._{0,07}$ 85°; n_D^{20} 1,5001; *Semicarbazon*, F. 185—187°. — *3.6.10-Trimethyldodecatrien-(3.5.9)-on-(2)*, $Kp._{0,15}$ 92°; n_D^{20} 1,5310; UV-Absorptionsmaximum bei 294 mμ; *Semicarbazon*, F. 182—184°. — *3-Äthyl-6.10-dimethyldodecatrien-(3.5.9)-on-(2)*, Kp. 0,01 94°; n_{D20} 1,5250; UV-Absorptionsmaximum bei 294 mμ; Semicarbazon, F. 163—164°. — *3.6.9.10-Tetramethylundecatrien-(3.5.9)-on-(2)*, $Kp._{0,1}$ 102°; n_D^{20} 1,5300; UV-Absorptionsmaximum bei 296 mμ; *Semicarbazon*, F. 195°. — *3.6.7.10-Tetramethylundecatrien-(3.5.9)-on-(2)*, $Kp._{0,01}$ 89°; n_D^{20} 1,5318; UV-Absorptionsmaximum bei 294mμ; *Semicarbazon*, F. 164—166°. — *Riechstoffe* mit Veilchen- u. Irisgeruchnoten. (**E. P. 788 680** vom 5/10. 1955, ausg. 8/1. 1958. Schwz. Prior. 5/10. 1954.) R. LINK. 7277

N. P. Ssokolnikow und A. P. Kondratzki, Die Technologie der Gewinnung von ätherischen Ölen. Moskau: Pischtschepromisdat. 1958. (204 S.) 7 Rbl. 5 Kop. [russ.]

—, Essential oils. London: British Standards Institution. 1959. (37. S.) 8 s. 6 d.

XV. Gärungsindustrie.

Fred D. Johnson, *Bekämpfung der Schimmelbildung.* (Vgl. C. **1958.** 12538.) Probleme des Pilzbefalls von Wandanstrichen in Brauereien werden besprochen. Zur Prüfung wurden in Petrischalen Agarkulturen von grünem Penicillium u. grauschwarzer oder schwarzer Pullularia gezüchtet. Wenn die ersten Schimmelpünktchen zu sehen sind, wird ein Tropfen der zu untersuchenden pilzbeständigen Anstrichfarbe aufgetropft u. die Ausbreitung des Pilzbefalls auf dem Anstrich in den nächsten Tagen beobachtet. (Amer. Brewer **88.** Nr. 9. 50—52. 96. Sept. 1955.) E. PREU. 7500

Minoru Ôhashi, *Geschwindigkeit der Atmung und der Gärung von Brothefe in Melasse.* Die Atmungs- u. Gärungsgeschwindigkeit von Brothefe im Kulturboden aus Rohrzuckermelasse wurden unter Lufteinleiten mit der WARBURG-App. sowie polarograph. gemessen. Als N-Quelle werden $(NH_4)_2SO_4$ u. zum Vgl. durch Säure hydrolysiertes Casein verwendet. Mit steigender N-Menge nehmen die Atmungsgeschwindigkeit mäßig u. die Gärungsgeschwindigkeit sehr stark zu. Die Gärungsgeschwindigkeit steigt auch mit steigender Melassekonz. im Kulturboden. Der Respirationsquotient ist unabhängig von der Lufteinleitung u. viel größer als der bei gewöhnlichem Wachstum von Brothefe. Um die Gärung möglichst zu unterdrücken u. um die maximale Hefeausbeute zu erreichen, muß die Konz. der Melasse ziemlich niedrig sein. (J. chem. Soc. Japan, ind. Chem. Sect. [Kōgyō Kagaku Zassi] **61.** 996—1001. Aug. 1958. Urawa, Nittô-Riken. [Orig.: japan.]) E. MAEKAWA. 7506

M. Fockedey, *Unsere gegenwärtigen Kenntnisse über die Bestandteile des Hopfens und seine rationelle Verwertung in der Brauerei.* Vf. zeigt, daß bei genauer Kenntnis der Hopfenbestandteile u. bei geeigneten Maßnahmen beim Brauen optimale Ausbeuten an Aroma u. Bittere erzielt werden können. (Petit J. Brasseur **66.** 788—91. 5/12. 1958. Gand, Inst. Supérieur des Fermentations.) K. H. SCHAUERTE. 7540

Jakob Blom, *Ein Beitrag zur Chemie des Brauwesens im Lichte der neuesten Strukturchemie.* Kurzer Einblick in die Probleme der räumlichen Anordnung der Atome u. allg. Erläuterung der Tatsachen, die auf der opt. Isomerie von asymmetr. C-Atomen beruhen. (Brauerei, wiss. Beilage **11.** 219—21. Nov. 1958. Kopenhagen, Tuborgs Brauereien.) K. H. SCHAUERTE. 7544

W. Steinhoff, *Zur Heißabfüllung von Bier.* Vf. erläutert die techn. Durchführung der Heißabfüllung u. zeigt ihre Vorteile u. die Haltbarkeit der Biere an Hand von Untersuchungsergebnissen. Eine Organismenentw. in heiß abgefüllten Proben wurde in keinem Falle festgestellt. Die koll. Stabilität der Biere wird durch das kleinere Luftvol. in der Flasche erhöht. Nachteilige Einfll. der Heißabfüllung auf das Bier wurden nicht bemerkt. (Brauwelt, Ausg. B **1958.** 1645—49. 24/10. 1669—72. 28/10. 1691—92. 31/10. München, Wiss. Stat. für Brauerei e. V.) K. H. SCHAUERTE. 7550

J. Schneyder, *Gaschromatographische Untersuchungen. Das Weinhefeöl.* Bei der Dest. von Wein wird in geringer Menge im Destillat ein Öl erhalten, das *Weinhefeöl* oder auch Önanthäther genannt wird. Die bisherigen Angaben über die Zus. dieser Substanz weichen stark voneinander ab. Gaschromatograph. wurde nachgewiesen, daß das Weinhefeöl aus Estern besteht; nach Verseifung wurde nur A. als alkoh. Komponente gefunden. Die Carbonsäuren wurden als Äthylester chromatographiert. Reines Weinhefeöl enthielt ca. 50% *Caprinsäure-*, ca. 20% *Laurinsäure-*, ca. 10% *Caprylsäure-*, ca. 3% *Myristinsäure-*, ca. 3% *Palmitinsäure-* u. ca. 1% *Stearinsäureäthylester*, außerdem geringe Mengen von A. u. Wasser. (Mitt. Klosterneuburg, Ser. A **8.** 186—92. 1958 Wien, Landwirtschaftl.-chem. Bundesversuchsanst. — Sep.) F. RADLER. 7554

L. R. Bishop, *Neuere Analysenmethoden für α-Säuren und andere Harzkomponenten.* Vf. zeigt an Hand von Analysenergebnissen die Vor- u. Nachteile der verschied. Methoden zur Best. der Harzkomponenten im Hopfen. (Brewers Digest **32.** 40—46. Aug. 1957. London, Stag Brewery.) K. H. SCHAUERTE. 7598

B. Trolle und **R. Djurtoft,** *Erfahrungen mit einer konduktometrischen Bestimmungsmethode der α-Säuren des Hopfens im Hinblick auf den Brauwert.* Für die Meth. wird folgende App. empfohlen: ein EBC-Probenteiler, eine FUCHS-KLEIN-Messermühle, ein LKB-Homogenisator zur Extraktion mittels Chlf., ein Leitfähigkeitsmesser, Typ CDM 2, mit Platinelektrode PP 1042 (RADIOMETER, Kopenhagen) zur konduktometr. Titration des filtrierten Chloroformextraktes mit Pb-Acetat. Das Analysenergebnis wird als % bleifällbare Bestandteile des Chloroformextraktes berechnet u. in % α-Säuren in der Hopfenprobe ausgedrückt. (Brauwissenschaft **11.** 283—86. Dez. 1958. Beilage zu: Brauwelt, Ausg. B; Kopenhagen, Carlsberg Brauereien, Labors.) K. H. SCHAUERTE. 7598

H. R. Stocker, *Beitrag zur papierchromatographischen Schnellbestimmung von Kohlenhydraten in Würzen und Bieren. Verfolgung des Kohlenhydratabbaues während der Gärung.* Mit dem aufsteigenden Chromatographieverf. auf speziell geformten Streifen wurden nach maximal 15 Std. durch ein Gemisch von n-Propanol u. W. ausgezeichnete Trennungen der in Bier, Würze u. Gärsubstraten enthaltenen Zucker erreicht. Die Sichtbarmachung erfolgte mit Diphenylamin–Anilin–H_3PO_4. Gärsubstrate wurden durch Kieselgur filtriert. (Schweiz. Brauerei-Rdsch. **69.** 167—68. Okt. 1958.) K. H. SCHAUERTE. 7600

D. J. D. Hockenhull, ed., Progress in industrial microbiology. Vol. 1. London: Heywood. 1959. (K. S.) 50s.

Samuel Cate Prescott und **Cecil Gordon Dunn,** Industrielle Mikrobiologie. Berlin: Deutscher Verl. d. Wissenschaften. 1959. (XV + 783 S. m. 123 Abb.) 8°. DM 61,60.

XVI. Nahrungs-, Genuß- und Futtermittel.

Edward M. Hoshall, *Lebensmittelkonservierung ohne Wärme(anwendung).* Vortrag, der einen Überblick über die derzeitigen Möglichkeiten einer Lebensmittelkonservierung durch Zusatz von Antibioticis, Entwässerung, Gefrieren, Anwendung von Ultraschall, Überzügen (z. B. solche aus Wachsen), Mikrowellen u. ionisierenden Strahlen sowie durch Zusatz von Antioxydantien u. Enzympräpp. vermittelt. (Assoc. Food Drug Officials U. S., quart. Bull. **21.** 200—10. Okt. 1957.) M. WINIKER. 7634

F. D. Tollenaar, *Der Zusatz chemischer Hilfsstoffe zu Nahrungsmitteln.* Vortrag, der die gesamte Problematik der Verwendung chem. Zusatzstoffe bei der Lebensmittelzubereitung behandelt. (Centr. Inst. Nutrit. Res. T. N. O. Utrecht **1956.** 1—26. Sep.) M. WINIKER. 7642

M. Rothe, *Versuche zur Aufklärung der Bitterstoffbildung in Getreideprodukten.* Auf Grund zahlreicher Modellverss. wird das folgende Schema für die Entw. von Bitterstoffen in Getreideprodd. aufgestellt: Prim. entstehende *Peroxyde* werden durch ein antioxygenes Fermentsyst. zerstört u. der Sauerstoff übertragen. Die prim. peroxydierten Fettsäureverbb. (überwiegend ungesätt.) polymerisieren sich nach erfolgter Sauerstoffabspaltung zu verschied. bitteren Substanzen. Dieser Vorgang kann nur in zerkleinerten Samenkörnern eintreten, weil durch das Vermahlen die Oberfläche außerordentlich vergrößert wird, wodurch der Luftsauerstoff vermehrt einwirken kann. Ferner wird dadurch die Lokalisation der Fermente aufgehoben. (Ernährungsforschung **1.** 315—24. 1956. Potsdam-Rehbrücke, Inst. für Ernährungsforsch.) G. ANDERSEN. 7670

E. Anders, *Versuche zur Verbesserung der Kleberqualität von Weizen durch Ultraschall und Infrarotstrahlen.* Bzgl. der Backfähigkeit der daraus hergestellten Mehle ließ sich durch *Ultrabeschallung* von Weizen kein Erfolg erzielen. Dagegen ist eine IR-Behandlung etwa bei Auswuchsmehlen mit Kleberschäden in von Fall zu Fall wechselnder Intensität von Vorteil. (Ernährungsforschung **1.** 379—85. 1956. Potsdam-Rehbrücke, Inst. für Ernährungsforsch.) G. ANDERSON. 7670

G. Spicher, *Neuere Erkenntnisse auf dem Gebiet der Sauerteigflora.* Aus Sauerteigen wurden 5 verschied. Gruppen von Milchsäurebakterien isoliert, von denen 3 den homofermentativen u. 2 den heterofermentativen Arten nahestehen. Die aufgefundenen Varianten lassen sich nicht nur durch ihr Vermögen, bestimmte Kohlenhydrate zu verwerten, sondern auch durch den Grad, zu dem die vergärbaren Zucker von ihnen ausgenutzt werden, unterscheiden. (Brot u. Gebäck **13.** 32—35. Febr. 1959. Detmold, Bundesforschungsanst. für Getreideverarbeit.) M. WINIKER. 7674

A. Schulz, *Untersuchung über die Beeinflussung der Triebkraft des Weizenteiges.* 2. Mitt. (1. vgl. C. **1958.** 4645.) Bei geringer Zusatzhöhe hat Fett keinen Einfl. auf die

CO_2-Bldg. bei gleichzeitiger Verbesserung der Krumebeschaffenheit u. des Gebäckvolumens. Das Gashaltevermögen der Teige wird durch Fett erhöht, was sich bei gleichzeitigen Zuckerzusätzen, bes. bei längeren Abstehzeiten des Teiges, qualitätsverbessernd auswirkt. (Brot u. Gebäck **11.** 147—50. Juli 1957.) H. HAEVECKER. 7674

B. Thomas und **K. Fuchs,** *Kleieextrakt zur Erhöhung des Nährwertes von Brot?* Unterss. über den Wert des FRIESE-Verf. (Zusatz eines wss. Kleiepreßsaftes zu hellen Brotteigen) zeigten, daß die ernährungsphysiol. u. backtechn. Vorteile in keiner Weise die Mehrkosten u. den Arbeitsaufwand lohnen. In Tierverss. (Ratten) wurde nachgewiesen, daß durch das Verf. bei weitem nicht die günstige Wrkg. des Vollkornbrotes erreicht werden kann. (Ernährungsforschung **1.** 304—14. 1956. Potsdam-Rehbrücke, Inst. für Ernährungsforsch.) G. ANDERSEN. 7674

B. Thomas und **K. Fuchs,** *Die Brotqualität in Abhängigkeit von der Backzeit.* Bericht über Verss. mit verschied. Brotarten, aus deren Ergebnissen die große Bedeutung der Einhaltung der optimalen Backzeit für die Krumenelastizität, die Krumenklebrigkeit, die Capillarität, den Stärkeaufschließungsgrad, das Quellvermögen, den Geschmack, die Krumenfarbe u. den Lagerverlust hervorgeht. (Brot u. Gebäck **13.** 12—20. Jan. 1959. Potsdam-Rehbrücke, Inst. für Ernähr. der Deutschen Akad. der Wiss. zu Berlin.) M. WINIKER. 7674

H. Schmidt, *Backen mit Hochfrequenz.* Erfahrungsbericht. (Brot u. Gebäck **13.** 4—7. Jan. 1959. Lünen.) M. WINIKER. 7674

A. Menger, *Die Stellung der Dauerbackwaren in der heutigen Ernährung.* Allg. Ausführungen. — 10 Literaturhinweise. (Brot u. Gebäck **13.** 1—4. Jan. 1959. Detmold, Bundesforschungsanst. für Getreideverarbeit.) M. WINIKER. 7674

William B. Bradley, *Brot — für Menschen oder Ratten?* Vf. berichtet über Ernährungsverss. an Kindern u. Ratten. In der gemischten täglichen Diät wurden 18,9% der zur Verfügung gestellten Calorien in Form von Brot verabreicht, u. zwar in 3 Gruppen: Vitaminangereichertes Brot, Weizenvollkornbrot u. CORNELL-Brot, bestehend aus ungebleichtem Mehl, 6% vollfettem Sojamehl, 8% nichtfetter Trockenmilch u. 2% Weizenkeimling. Aus den Ergebnissen werden Empfehlungen für die Herst. von im Nährwert verbesserten Broten u. Nahrungsmitteln angegeben. (Cereal Sci. today **3.** 76—79. 97. April 1958. Chicago, Ill., American Inst. of Baking.) H. HAEVECKER. 7674

A. Rotsch und **E. Teßmer,** *Über die Herstellung von Schnitt- und Dressiergebäck.* Allg. Ausführungen mit Rahmenrezepten. (Brot u. Gebäck **13.** 29—32. Febr. 1959. Detmold, Bundesforschungsanst. für Getreideverarbeit.) M. WINIKER. 7674

Carl E. Hendel, Horace K. Burr und **Mildred M. Boggs,** *Die nichtenzymatische Bräunung und der Sulfitgeruch von getrockneten weißen Kartoffeln. Auswirkung des Sulfitgehaltes und der Art seiner Zugabe.* Bericht über Verss., aus deren Ergebnissen hervorgeht, daß die Schutzwrkg. von *Sulfit* (**I**) gegen die nichtenzymat. Bräunung von weißen Kartoffeln von der Art der **I**-Applikation (als Spray bzw. als Gas) sowie von der **I**-Konz. abhängt. Am besten bewährte sich **I**-Behandlung u. gleichzeitige möglichst weitgehende Verminderung des Wassergeh. der Trockenkartoffeln. (Food Technol. **9.** 627—29. Dez. 1955. Albany, Calif., US Dep. of Agric.) E. WIEHR. 7678

Leonard L. McKinney, Eugene H. Uhing, John L. White und **Joseph C. Picken jr.,** *Autoxydationsprodukte von Trichloräthylen.* Vff. führen Toxizität von Sojaextrakten auf Autoxydationsprodd. von *Trichloräthylen* (**I**) zurück. Bei Laboratoriumsverss. bei 45—70° wurden $COCl_2$, CO, HCl u. *Dichloracetylchlorid* (**II**) gefunden, daneben eine Substanz, die als Trichloräthylenoxyd (**III**) angesehen wird. Als Katalysator wurden dem gereinigten **I** Spuren von solchem **I** zugesetzt, das bei der Sojaextraktion bereits verwendet worden war. **III** lagert sich mit W. zu **II** u. Chloral um, bei Hydrolyse mit viel W. oder Alkali entsteht Glyoxylsäure, CO, HCOOH u. HCl. Zusatz von Triäthylamin verhindert die Autoxydation, jedoch geht das wasserlösl. Amin beim techn. Extraktionsprozeß bald verloren. — 50 Literaturangaben. (J. agric. Food Chem. **3.** 413—19. Mai 1955. Preoria, Ill., US Dep. of Agric., North Utilizat. Res. Branch.) G. MEINHARDT. 7684

R. T. Whittenberger und **G. C. Nutting,** *Der Einfluß der Tomatenzellstruktur auf die Konsistenz des Tomatensaftes.* Mkr. Unterss. zeigten, daß das Hauptstrukturelement des Tomatensaftes die frische Zelle ist. Tomaten wurden in 4 getrennte Gewebefraktionen zerteilt, die zu Saft verarbeitet wurden. Saft von der äußeren Schale u. vom inneren Gewebe war verschieden viscos. Freier Saft aus Samenhöhlungen war sehr dünnfl. u. frei von Zellwandteilchen. Saft vom gelatinösen Samen war stark viscos. Nicht erhitzte, grüne Tomaten gaben einen Saft mit geringer Konsistenz u. Zellgehalt. Werden die Saftpektinstoffe enzymat. abgebaut, so erfolgt eine Beeinträchtigung der Konsistenz, was jedoch durch Homogenisieren ausgeglichen werden kann. Abbau der Zellwandcellulose bewirkt eine enzymat. Verminderung der Konsistenz, die irreversibel ist. (Food Technol. **11.** 19—22. Jan. 1957. Philadelphia, Pa., Eastern Reg. Res. Labor.) I. KEINERT. 7688

Z. Samish und **D. Dimant,** *Die Bakterienflora frischer, gesunder Gurken.* Vff. konnten nachweisen, daß entgegen einer weit verbreiteten Ansicht im Innern frischer, nicht beschädigter Gurken Bakterien vorkommen. Die Bedeutung dieses Befundes für die Herst. von Einlegegurken wird eingehend diskutiert. — 18 Literaturhinweise. (Food Manufact. **34.** 17—20. 1/1. 1959. Rehovot, Israel, Hebrew Univ.) M. WINIKER. 7690

J. R. Burrell, *Essiggemüse und Soßen.* Fortschrittsbericht 1958. Behandelt werden: Rohstoffe, Zusatzstoffe sowie Fragen der Herst. u. der Betriebskontrolle. (Food Manufact. **34.** 12—16. 1/1. 1959.) M. WINIKER. 7690

Lieselotte Nicolaisen-Scupin, *Moderne Methoden zur Einlagerung und Frischhaltung von Gemüse.* Vortrag, der einen allg. Überblick vermittelt. — 20 Literaturhinweise. (Arch. Dtsch. Landwirtschafts-Ges. **18.** 115—33. 1957. Wehrda.) M. WINIKER. 7690

E. Einset und **Walter L. Clark,** *Der Einfluß einer Verschmutzung durch Kupfer auf die Entwicklung der Farbe bei der Verarbeitung und Lagerung von Honig.* Proben von dunklem u. hellem Blütenhornig (**a**) wurden in Ggw. u. Abwesenheit von metall. Cu verschieden lange Zeiten verschied. Tempp. ausgesetzt. Ein merklicher Einfl. des metall. Cu auf die Farbe von **a** konnte nicht festgestellt werden. Die Empfehlung, Cu als Werkstoff bei der Honigverarbeitung zu vermeiden, erscheint somit unbegründet. (Food Technol. **11.** 12—14. Jan. 1957. Ithaca, N. Y., Cornell Univ.) I. KEINERT. 7700

G. H. Rauch, *Jams und (Obst)präserven.* Fortschrittsbericht 1957. — 7 Literaturhinweise. (Food Manufact. **33.** 143—48. April 1958.) M. WINIKER. 7702

G. Feldmann und **K. Täufel,** *Zum Chemismus der Gelierung der Pektinstoffe.* In einem Übersichtsref. werden unter Benutzung eines Teils der auf diesem Gebiet vorliegenden Literatur die für die Bldg. von Pektingelen verantwortlichen Faktoren aufgezeigt. (Ernährungsforschung **1.** 260—70. 1956. Potsdam-Rehbrücke, Inst. für Ernährungsforsch.) G. ANDERSEN. 7702

D. R. Felstaed, *Süßwaren.* Fortschrittsbericht 1958. (Food Manufact. **34.** 9—12. 1/1. 1959.) M. WINIKER. 7704

Francis F. Wong und **George S. Bohart,** *Beobachtungen der Farbe von im Vakuum getrocknetem Tomatensaftpulver während der Lagerung.* (Vgl. C. **1957.** 4841.) Beobachtungen der Farbstabilität von im Vakuum getrocknetem Tomatensaftpulver lassen erkennen, daß Farbänderungen bes. bei unter Luft verpacktem Material auftreten. Für diese Veränderungen scheinen mehrere Faktoren bestimmend zu sein, so z. B. die nichtenzymat. Bräunung, die ihrerseits von der Austrocknung in der Verpackung beeinflußt wird. Der Geh. an *Lycopin* (**I**) wird durch die Austrocknung in der Packung nicht vermindert, nimmt aber bei unter Luft verpacktem Material mit der Zeit ab. Bei vakuumverpacktem oder unter N_2 verpacktem Tomatensaftpulver nimmt der **I**-Geh. nach längerer Lagerung anscheinend wieder zu. (Food Technol. **11.** 293—96. Mai 1957. Albany, Calif., US Dep. of Agric., Western Utilizat. Res. Branch.) PH. FRESENIUS. 7706

Ernest E. Lockhart, *Die Chemie des Kaffees.* Zusammenfassender Überblick. — 41 Literaturhinweise. (Coffee Tea Ind. Flavor Field **80.** Nr. 9. 71. 73. 90. 97. Sept.; Nr. 10. 21. 23. 25. 54. Okt.; Nr. 11. 16. 30—31. Nov. 1957.) M. WINIKER. 7720

James Saunders, *Eine Untersuchung der Trocknung von Milchcrumb.* Die Trocknung von Milchcrumb im Vakuumtrockner erfolgt nicht einheitlich, wie durch Temperatur- u. Feuchtigkeitsmessungen in der M. festgestellt werden konnte. Auf die mögliche Bedeutung dieser Tatsache für die Weiterverarbeitung von Milchcrumb (Herst. von Milchschokolade) wird hingewiesen. (J. Sci. Food Agric. **6.** 110—16. Febr. 1955. Edinburgh, W. u. M. Duncan Ltd.) M. WINIKER. 7726

Heinz Schade, *Mikroeisenteilchen in Schokolade.* Durch Verarbeitung von Zucker, der mikrofeine Eisenteilchen enthält, können diese bei der Schokoladenherst. in die Schokolade gelangen. Nachteilig wirkt sich dieser Eisengeh. infolge seiner katalyt. wirkenden Fettzers. auf die Haltbarkeit von fetthaltigen Füllmassen aus. Für die Herst. derartiger Massen wird die Verarbeitung eines völlig reinen Zuckers empfohlen. (Gordian **58.** Nr. 1399. 18—20. 12/3. 1959. Darmstadt.) K. KAPPELLER. 7726

F. Haberler, H. Kuhn und **H. Michl,** *Beitrag zur Kenntnis der in fermentierten Tabaken vorkommenden niedrigmolekularen Peptide.* Bei der papierchromatograph. Unters. wss. Extrakte von Tabak der Sorten Burley, Bright Virginia, Xanthi u. Havanna auf niedere Peptide konnte nur im Falle der Sorte Burley das Vorliegen von Oligopeptiden wahrscheinlich gemacht werden. (Fachl. Mitt. österr. Tabakregie **1955.** Nr. 1. 12—18. Mai. Wien, Univ., II. Chem. Labor.; Austria Tabakwerke A. G., Chem. Labor.) M. WINIKER. 7734

Wolfgang Behrenz, *Biologische Bestimmung des Wirkstoffgehaltes im Fleisch von Schafen und Rindern zu verschiedenen Zeiten nach peroraler Behandlung mit Neguvon.* Vf. stellte fest, daß bei Schafen u. Rindern, denen zwecks Dassellarvenbekämpfung *Neguvon* (= *Dipterex*) peroral verabreicht worden war, der **I**-Spiegel 1 Std. nach der Applikation seinen Maximalwert (bis zu 100 mg/kg Fleisch) im Fleisch erreicht. Innerhalb von 4—6 Std. nach der Behandlung sinkt der **I**-Geh. auf $>$0,1 mg/kg ab, so daß die Tiere von diesem Zeitpunkt an wieder als wirkstofffrei gelten können. Durch 1 std. Kochen wird der **I**-Geh. des Fleisches auf einen biol. (mittels Fliegenlarven der Arten Chrysomyia chloropyga oder Lucilia sericata) nicht mehr meßbaren Wert vermindert. Geschmackliche Veränderungen des gekochten oder gebratenen Fleisches wurden nicht festgestellt. (Arch. Lebensmittelhyg. **10.** 64—67. 20/3. 1959. Wuppertal-Elberfeld, Farbenfabriken Bayer A. G., Veterinärmed. Labor.) M. WINIKER. 7750

H. Niederehe, *Pergamentersatzpapier als Ursache der erheblichen Geruchsabweichung des verpackten Frischfleisches.* Die chem. Unters. des die Geruchsabweichung verursachenden Pergamentersatzpapiers ergab einen Geh. an schwefliger Säure von 8,2 mg%. (Schlacht- u. Viehhof-Ztg. **59.** 18. Jan. 1959. Witten/Ruhr, Städt. Schlachthof.) M. WINIKER. 7750

E. L. Pippen und **E. J. Eyring,** *Charakterisierung der flüchtigen Stickstoff- und Schwefelverbindungen in gekochten Hühnern und ihre Beziehung zum Geschmack.* Im Destillat von Hühnerbrühe konnten als flüchtige N- bzw. S-Verbb. lediglich NH_3 bzw. H_2S festgestellt werden. Zum typ. Hühnergeschmack tragen die flüchtigen S-Verbb., nicht aber die flüchtigen N-Verbb. bei. (Food Technol. **11.** 53—56. Jan. 1957. Albany, Calif., US Dep. of Agric.) I. KEINERT. 7750

E. L. Pippen, M. Nonaka, F. T. Jones und **Fred Stitt,** *Flüchtige Carbonylverbindungen bei gekochten Hühnern.* 1. Mitt. *Durch Lufteinleitung erhaltene Verbindungen.* Vff. leiteten 20 Std. lang Luft durch eine gelinde kochende Brühe aus zerkleinertem Huhn u. W. u. führten die austretenden Gase durch eine Lsg. von 2.4-Dinitrophenylhydrazin. Auf diese Weise wurden 7,8 g 2.4-Dinitrophenylhydrazone (**I**) aus 31,4 kg Hühnerbestandteilen gewonnen. Fraktionierung der **I** führte zur Isolierung von 18 Verbb., darunter Derivv. des *Diacetyls, Acetons* u. *n. aliphat. gesätt. Aldehyde* (C_2—C_9). Weiter wurden **I** von *n. α.β-ungesätt. Aldehyden* (C_5—C_{11}) sowie von *Heptadien-(2.4)-al-(1)* gefunden. Außerdem lagen Anzeichen für die Ggw. von **I** des *Methyläthylketons* u. zweier nicht bestimmter *Dien-(2.4)-aldehyde* vor. Diese Ergebnisse vermitteln die Kenntnis der in gekochtem Huhn vorkommenden flüchtigen Verbb. u. ermöglichen ein Urteil darüber, inwieweit diese Verbb. zum typ. Huhngeschmack bzw. zu Geschmacksfehlern beitragen. (Food Res. **23.** 103—13. Jan./Febr. 1958. Albany, Calif., Western Reg. Res. Labor.) HANS THIELE. 7750

Joachim Moschell, *Die Kühlung von Fischen und Fischwaren unter Einhaltung der Kühlkette vom Fangplatz bis zum Verbraucher.* Vortrag. — 23 Literaturhinweise. (Wiss. Z. Humboldt-Univ. Berlin, math.-naturwiss. R. **5.** 245—51. 1955/56.) M. WINIKER. 7752

A. Behre, *Hexamethylentetramin als Konservierungsstoff für Kaltmarinaden.* Allg. Ausführungen zum Problem der Zulässigkeit von *Hexamethylentetramin* als Konservierungsstoff für Kaltmarinaden. — 19 Literaturhinweise. (Dtsch. Lebensmittel-Rdsch. **53.** 81—84. April 1957. Hamburg.) M. WINIKER. 7752

O. A. Roels, *Dehydratisiertes Frischfischmehl für die menschliche Ernährung.* Vf. schildert die Herst. von dehydratisiertem Frischfischmehl u. berichtet über erfolgreiche Verss. zum Einsatz desselben in der menschlichen Ernährung. — 25 Literaturhinweise. (Bull. agric. Congo belge **48.** 423—38. April 1957. Lwiro, Kivu, IRSAC, Labor. de Nutrit.) M. WINIKER. 7752

Ferdinand Kirchner, *Untersuchungen über die Haltbarkeit der Höhenmilch.* In umfassenden Unterss. wurde festgestellt, daß die Höhenmilch (Almmilch) im Vgl. zur Niederungsmilch (Talmilch) eine Reihe von Unterschieden aufweist, die mit den Haltbarkeitseigg. zusammenhängen. Diese Unterschiede werden eingehend diskutiert. — 25 Literaturhinweise. (Milchwiss. Ber. **9.** 31—36. 1959. Komperdell, Tirol, Milchwirtschaftl. Höhenversuchsstat.) M. WINIKER. 7756

F. A. Siino, R. B. Czarnecki und **W. K. Harris,** *Das Vorkommen von Penicillin in der Konsummilch eines örtlichen Bezirkes in Neu-England.* Spuren von *Penicillin* (**I**) in der Trinkmilch können zu allerg. Rkk. (Dermatitis) führen. Frühere Unterss. zeigten, daß in den USA 6—20% aller Milchproben **I** in nachweisbaren Mengen enthielten. Vff. bestimmten den **I**-Geh. von 122 Milchproben (14 Verteiler) nach der Filterscheibenmethode. Zwischen dem I-Geh. u. der Keim- bzw. Colizahl der Milch war keine Beziehung erkennbar. Der Phosphatasetest war bei allen I-positiven Proben negativ. Danach wird I durch die Pasteurisierung nicht inaktiviert. In Milchproben von 5 der 14 Verteiler wurde kein I gefunden. (J. Milk Food Technol. **21.** 211—14. Aug. 1958. Amherst, Mass., Univ. of Massachusetts; Amherst Board of Health.) HANS THIELE. 7756

F. Schönberg, *Über dringend notwendige Maßnahmen zur Qualitätsverbesserung der pasteurisierten Trinkmilch.* Vf. fordert Maßnahmen zur Vermeidung der Infektion von Milch durch Kaseolyten. Weiter tritt er für eine Pasteurisation bei 71° (mit einer Heißhaltezeit von 15 Sek.) ein, soweit es sich um Milch von tuberkulose- u. brucellosefreien Kühen handelt. (Dtsch. Molkerei-Ztg. **77.** 1543—44. 8/11. 1956. Hannover, Tierärztl. Hochsch., Inst. für tierärztl. Lebensmittelkunde u. Milchhyg.) M. WINIKER. 7756

Gerhart Söhn, *Über das Gerinnen der Milch im Kaffee.* Verss., den experimentellen Nachw. dafür zu erbringen, daß das Gerinnen von Milch im Kaffee auf den Säuregeh. des letzteren zurückzuführen sei, waren erfolglos. (Milchwissenschaft **12.** 382—84. Okt. 1957. Düsseldorf.) K. FROBOESE. 7756

D. F. Siddall, *Die Benutzung von Kunststoffen in der Milchindustrie.* Neben der Anwendung als Verpackungsmaterial ergibt sich die Möglichkeit der Verwendung von Kunststoffen innerhalb des Verarbeitungsprozesses. Vf. diskutiert zunächst die Eigg. der verschied. thermoplast. u. thermogehärteten Kunststoffe, bes. ausführlich besprochen werden *Nylon, Acrylverbb., Fluorcarbonharze, Polyäthylen* u. *Vinylharze.* Er geht sodann auf die Herstellungsmethoden sowie die an einen Kunststoff für die Verwendung in der Milchindustrie zu stellenden Anforderungen ein. (J. Milk Food Technol. **21.** 215—22. Aug. 1958. Akron, Ohio, US Stoneware Co.) HANS THIELE. 7756

H. Baumgärtner, *Beitrag zur Frage der Hitzeresistenz von Schimmelsporen in Pappe.* In den Pappscheiben von Kronenkorken zum Verschließen von Sterilmilchflaschen wurden extrem hitzeresistente *Penicilliumsporen* (I) nachgewiesen. Infolge des Aufreißens der isolierenden PVC- u. Polystyrolschichten beim Sterilisieren konnten I sich schließlich auf der Milchoberfläche entwickeln. (Ernährungsforschung **1.** 325—29. 1956. Potsdam-Rehbrücke, Inst. für Ernährungsforsch.) G. ANDERSEN. 7756

Wennemar Storck, *Erfahrungen mit der Herstellung von Trink-Bioghurt nach Schwedenmilchart.* (Molkerei- u. Käserei-Ztg. **10.** 505—07. 16/4. 1959. Duisburg.) M. WINIKER. 7756

David P. Webster, *Die Verwendung von Maissirup und Mischsirup bei der Eiscremeherstellung.* Allg. Ausführungen. (Ice Cream Trade J. **55.** Nr. 2. 12. 14. 106—08. Febr. 1959. New York, N. Y., Penick & Ford Ltd.) M. WINIKER. 7756

André Eck, *Reduktionsvermögen der zum Impfen von Rahm bestimmten Milchhefen.* Das Reduktionsvermögen von Milchfermentkulturen wird durch die zur Entfärbung von Methylenblau notwendige Zeit bei 20° gemessen. Auf 8° abgekühlter, geimpfter, angesäuerter Rahm zeigt nach 11 Std. das gleiche Reduktionsvermögen wie die Hefen bei 20°. Der ranzige Geschmack von Butter wird durch Verwendung von höchstens 10 Std. alten Hefen u. durch Beschränkung ihrer Wirksamkeit im Rahm auf 10—11 Std. bekämpft. (Ind. laitière [N. S.] **1959.** 12—14. Jan.) W. WESLY. 7758

M. Sainclivier, S. Vallée und **J. Vallée,** *Einfluß der Abkühlung und der Aufbewahrung von Rahm bei +1° auf seine bakteriologischen und organoleptischen Eigenschaften und die der Butter.* Unterss. über den Einfl. der Abkühlung u. der 7tägigen Aufbewahrung von Rahm bei +1° auf dessen Eigg. u. die der daraus erzeugten Butter zeigen (Zahlentafeln), daß die Acidität des Rahms steigt u. die Entw. von säurebildenden Fermenten verhindert wird. Die Entw. der Psychrophilen (**a**) führt zu einem Rahm, aus dem keine gute Butter erzeugt werden kann. Dagegen entspricht die aus demselben Rahm gewonnene, pasteurisierte Butter den Anforderungen. Eine leichte Ansäuerung des Rahms vor der Abkühlung hemmt die Entw. der **a**. Die Abkühlung von Milch u. Rahm vermag eine gute Beschaffenheit zu bewahren, nicht dagegen eine schlechte Beschaffenheit zu verbessern. (Ind. laitière [N. S.] **1959.** 40—48. Febr. Rennes, École Nat. d'Agric.; École Nat. d'Enseignement Ménager de Coëtlogon.) W. WESLY. 7758

Lubomír Kratochvíl und **Miloslav Vedlich,** *Fettverlust in der Buttermilch bei verschiedener Art der Rahmerhitzung.* Bei der Buttererzeugung aus *Rahm* (**a**), der im Trommelerhitzer pasteurisiert worden war, erwies sich der Fettgeh. der Buttermilch als etwas höher (0,2—0,25%) als bei der Buttererzeugung aus im Plattenerhitzer pasteurisiertem **a**. Auf Grund der Ergebnisse diesbzgl. Unterss. vertreten Vff. die Ansicht, daß bei der Erhitzung des **a** im Trommelerhitzer die Fettkügelchen teilweise geschlagen werden, wodurch ein höherer Fettaustritt in die Buttermilch erfolgt. (Milchwissenschaft **12.** 394—97. Okt. 1957. Prag, Forschungsanst. für Milch u. Eier.) K. FROBOESE. 7758

E. J. Mann, *Milchprodukte.* Fortschrittsbericht 1957. Behandelt werden: Ultrazentrifugierung sowie Strahlungssterilisation der Milch, Herst. von gefrorener Milch, Instant-Milchpulver, Fortschritte bei Butterungsverff., Käserei, verschied. Milchprodukte. — 43 Literaturhinweise. (Food Manufact. **33.** 149—54. April 1958. Reading, Commonwealth Bur. of Dairy Sci. and Technol.) M. WINIKER. 7760

E. Flückiger, *Die Reinigungs- und Desinfektionsprobleme auf dem Bauernhof und in der Käserei.* (Vortrag.) Allg. Ausführungen. (Schweiz. Milchztg. **85.** 201—02. 17/4. 1959. Liebefeld-Bern, Eidg. Milchwirtschaftl. Versuchsanst.) M. WINIKER. 7760

Erik Lundstedt, *Die Grundlagen der Herstellung von Quark (cottage cheese).* Zusammenfassender Überblick. (Milk Dealer **48.** Nr. 4. 47—48. 74—75. 78—79. Jan.; Nr. 5. 48. 118. 120—23. Febr. 1959. Boston, Mass., H. P. Hood and Sons.) M. WINIKER. 7760

John Geminder, *Verlängerung der Lagerbeständigkeit von Rahmquark (creamed cottage cheese) mittels Sorbinsäure.* (Milk Dealer **48.** Nr. 4. 44—45. 133—34. 140. Jan. 1959. Brooklyn, N. Y., Chas. Pfizer & Co., Inc.) M. WINIKER. 7760

Bruno Wauschkuhn und **Fritz Busch,** *Fett-in-Trockenmasse-Schwankungen im Käse.* (Vgl. C. **1957.** 5137.) Auf Grund der Ergebnisse eigener Unterss. zeigen Vff. einige Ursachen für Schwankungen des Fettgeh. in der Trockenmasse von Käse auf u. geben Hinweise zur Vermeidung derselben. (Molkerei- u. Käserei-Ztg. **8.** 374—79. 28/3. 1957.) M. WINIKER. 7760

W. J. A. Payne, *Ipomoea reptans, Poir. Eine nützliche tropische Futterpflanze?* Vf. weist auf die bisher ungenutzte Möglichkeit eines Einsatzes von Ipomoea reptans als Futtermittel (z. B. für Schweine) hin. — 7 Literaturhinweise. (Trop. Agric. **33.** 302—05. Okt. 1956. Fiji, Sigatoka, Dep. of Agric., Agric. Stat.) M. WINIKER. 7782

Heinrich Sudholt, *Dicksaure Magermilch — ihre Herstellung und Verfütterung.* (Molkerei- u. Käserei-Ztg. **10.** 502—05. 16/4. 1959. Münster/Westf., Molkereilehr- u. -untersuchungsanst.) M. WINIKER. 7786

B. G. Creech, R. A. Hearn, B. L. Reid und **J. R. Couch,** *Ausnutzbarkeit von Phosphor in Futtermittelzusätzen.* Vff. geben eine Literaturübersicht (22 Hinweise), aus der hervorgeht, daß Dicalciumphosphat u. Rohphosphate, denen F entzogen wurde, im allg. gute P-Quellen für Geflügel u. Wiederkäuer darstellen. (Cereal Sci. today **2.** 254—57. Nov. 1957. Texas A & M College System, Coll. Stat. Texas.) H. HAEVECKER. 7786

Kenton L. Harris, *Zusatzbibliographie über Methoden zur Untersuchung von Lebensmitteln auf Verunreinigung (1946—1954).* Zusammenstellung amerikan. Schrifttums. (J. Assoc. off. agric. Chemists **38.** 1016—19. 15/11. 1955. Washington, D. C., Dep. of Health, Educat. and Welfare, Food and Drug Admin., Div. of Microbiol.) M. WINIKER. 7788

G. Schricker, *Farbkennzeichnung von Lebensmitteln durch objektive Farbmessung.* Objektive Farbmessungen können sowohl mittels des Spektralverf. (a) als auch mittels des Helligkeitsverf. (b) durchgeführt werden. a benötigt einen erheblichen Zeitaufwand, u. b kann zur Zeit nur unter ganz bestimmten Voraussetzungen angewandt werden. Eine absol. Farbmessung scheidet daher für die Betriebskontrolle fast immer aus. Sie ist jedoch auch in vielen Fällen gar nicht erforderlich, sondern kann durch die Messung von Merkmalsunterschieden gegen einen im Normalvalenzsyst. festgelegten Farbstandard ersetzt werden. — Beispiele. — 35 Literaturhinweise. (Fette, Seifen, Anstrichmittel **59.** 98—106. Febr. 1957. München, Inst. für Lebensmitteltechnol. u. Verpackung.) M. WINIKER. 7788

S. M. Charlett, *Schnellmethoden in der industriellen Mikrobiologie.* Vf. gibt einen Überblick über zum Nachw. von Bakterien in Lebensmitteln geeignete Schnellmethoden. — 30 Literaturhinweise. (Food Manufact. **33.** 137—42. April. 199—203. Mai 1958.) M. WINIKER. 7788

Henri Cheftel, *Technische Gesichtspunkte bei der Beurteilung von Konserven.* Allg. Ausführungen zur bakteriolog. Unters. von Konserven. — 43 Literaturhinweise. (Établ. J.-J. Carnaud Forges Basse-Indre, Lab. Rech., Bull. Nr. **13.** 1—52. Juli 1957.) M. WINIKER. 7790

E. Drews, *Neue Untersuchungsverfahren zur Bestimmung des Auswuchsgrades von Brotgetreidemehlen und Brotgetreide.* Zusammenfassender Überblick. — 9 Literaturhinweise. (Brot u. Gebäck **13.** 43—46. März 1959. Detmold, Bundesforschungsanst. für Getreideverarbeit.) M. WINIKER. 7798

W. Schmieder, *Die Prüfung der Backfähigkeit von Weizenmehlen mit modernen Geräten.* Vf. behandelt die Anwendungsmöglichkeiten des Farinographen, des Extensographen u. des Fermentographen. (Getreidemühle **3.** 78—81. April 1959. Riesa, Zentrallabor.) M. WINIKER. 7798

H. Rönnebeck, *Über eine einfache Methode zur Bestimmung der inneren Oberfläche (Capillarität) von Brotkrume.* Bei einer krit. Nachprüfung der (Wasser-) Meth. von MELJNIKOW zur Best. der Capillarität von Brot wird festgestellt, daß nach Ausschaltung der Quellungserscheinungen prakt. keine Unterschiede mehr in der Porenstruktur nachweisbar sind. Es wird darum eine quellungsunabhängige Meth. entwickelt, die auf der Steigfähigkeit von Xylol in Brotkrume beruht. Die Steighöhe ist ein Maß für die Capillarität des Brotes. (Ernährungsforschung **1.** 372—78. 1956. Potsdam-Rehbrücke, Inst. für Ernährungsforsch.) M. WINIKER. 7800

K. Fuchs, *Schnellfeuchtigkeitsbestimmungen in Brotteigen.* Beschreibung eines Geräts zur Feuchtigkeitsbest. in Brotteigen mittels IR-Trocknung u. seiner Leistungsfähigkeit. (Bäcker u. Konditor **13.** Nr. 4. 13—14. April 1959. Potsdam-Rehbrücke, Inst. für Ernährungsforsch.) M. WINIKER. 7800

E. Drews, *Fehlerbreite einiger Wertmerkmale bei Standardbackversuchen.* (Brot u. Gebäck **13.** 7—12. Jan. 1959. Detmold, Bundesforschungsanst. für Getreideverarbeit.) M. WINIKER. 7800

Ian J. Tinsley, A. P. Sidwell und **R. F. Cain,** *Methoden der Vorbereitung von Himbeer- und Erdbeerproben für den Hunter-Farb- und -Farbdifferenzmesser.* Mit Hilfe des HUNTER-Farb- u. -Farbdifferenzmessers wurde eine objektive Bestimmungsmeth. für die Farbintensität von frischen u. gefrorenen Erd- u. Himbeeren ausgearbeitet. Die Werte zwischen den frischen u. gefrorenen Beeren stimmen gut überein, eine Farbvorhersage für die verarbeiteten Prodd. kann jedoch nur annähernd gemacht werden. (Food Technol. **10.** 339—44. Aug. 1956. College, Carvallis, Ore., Oregon State Coll., Dep. of Food Technol.) HEINZ SCHULZ. 7808

O. Prändl, *Über die Einbettung von Wurstproben für die histologische Untersuchung.* Als Einbettungsmaterial wird *Ca-Alginat* empfohlen. (Arch. Lebensmittelhyg. **10.** 62—63. 20/3. 1959. München, Univ., Tierärztl. Fak., Inst. für Nahrungsmittelkunde.) M. WINIKER. 7850

Hans Huber, *Untersuchungsergebnisse bei Frikadellen. Frikadellen* (**a**) sind Fleischwaren, die unter Verwendung von Ei, Brot u. Gewürzen als Zutaten hergestellt werden. Bei fertigen a ist ein Brotzusatz bis zu 20% als zulässig anzusehen. Der Eigeh. muß nachweisbar sein (ca. 0,3 g Ei auf 100 g a). (Dtsch. Lebensmittel-Rdsch. **53.** 86—87. April 1957. Remscheid, Chem. Untersuchungsanst.) M. WINIKER. 7850

Richard Schober und **Helmut F. Hetzel,** *Untersuchungen zur Fraktionierung der Proteine im Milchserum durch Fällungsmethoden.* Nach Entfernung von Milchfett (durch Zentrifugieren) u. Casein (mittels 0,1 n HCl) werden bei Zimmertemp. aus dem Milchserum durch Zugabe von bis zu 30 (Vol.-%) *Methanol* (**I**) bei einem p_H von 6,1 *Euglobulin* (**II**), *Pseudoglobulin* (**III**) u. etwas *β-Lactoglobulin* (**IV**) ausgefällt. Zur quantitativen Abscheidung von **II, III** u. **IV** sind 40 **I** u. ein p_H von 6,2 erforderlich. Bei Zusatz von 50 **I** werden bei einem p_H von 5,2 **II, III, IV** u. *α-Lactalbumin* ausgefällt. Das Verf. wurde an Milchproben von gesunden u. kranken Kühen erprobt. Sowohl der Gesamtproteingeh. als auch die Proteinkomponenten wiesen von Tier zu Tier Schwankungen auf. Der Globulingeh. von Milchproben von gesunden Tieren war im allg. nicht $>25\%$. (Milchwissenschaft **12.** 384—87. Okt. 1957. Wangen, Allgäu, Staatl. Milchwirtschaftl. Lehr- u. Forschungsanst.) K. FROBOESE. 7856

J. L. Csenge und **F. J. Doan,** *Der Neotetrazoliumtest zum Nachweis der Qualitätsminderung bei gelagerter Sahne, eingedickter Milch und Quark. Tetrazoliumblau* u. *Triphenyltetrazoliumfarbstoffe* wurden auf ihre Eignung als Ersatz des *Neotetrazoliums* (**I**) im Haltbarkeitstest nach DAY u. DOAN (C. **1957.** 1313) untersucht. Für Flaschenmilch war jedoch **I** am besten geeignet. Der **I**-Test ist in unveränderter Form für Sahne, Flaschensahne u. eingedickte Magermilch anwendbar u. erlaubte den Nachw. einer Qualitätsminderung durch psychrophile Keime während der Lagerung bei niedrigen Temperaturen. In prakt. allen Fällen erlaubte der Test die Feststellung beginnender Qualitätsminderung mehrere Tage bevor organolept. eine Verschlechterung festzustellen war. Das ist immer dann von besonderer Bedeutung, wenn entsprechende Prodd. in größeren Mengen als Vorrat gehalten werden (Eiscremeherst.). Übererhitzte Milch zeigte im allg. keine bessere Haltbarkeit als n. erhitzte, was erneut auf die Bedeutung der Wiederverunreinigung nach der Erhitzung hinweist. Ein modifizierter **I**-Test zum Nachw. einer durch Psychrophile bedingten Qualitätsminderung bei Quark u. Quarkbruch hat nur begrenzten Wert, da der hier zu findende Oberflächenwuchs durch den **I**-Test nicht erfaßt wird. (J. Milk Food Technol. **21.** 223—25. Aug. 1958. University Park, Pa., Pennsylvania Agric. Exp. Stat.) HANS THIELE. 7856

Herbert Jager, *Die Wasserbestimmung im Käse.* Ein Vgl. der mit verschied. Methoden der Wasserbest. in Käse erhaltenen Werte ergab: Trocknung mit Seesand bei 105° im Trockenschrank, KARL-FISCHER-Titration u. IR-Trocknung liefern gut übereinstimmende Ergebnisse. Folientrocknung, Trocknung mit dem Plan-Wägegläschen u. Xylolmeth. befriedigen nicht ganz. Für die Belange der Praxis hinreichend genau sind die Schnellmethoden (Trocknung mit Seesand bzw. Folientrocknung bei 130°). (Milchwiss. Ber. 9. 1—14. 1959. Rotholz, Bundeslehr- u. -versuchsanst. für Hartkäserei.) M. WINIKER. 7860

Amandus Kahl Nachf. (Erfinder: **Adolf R. Carstens**), Hamburg, *Herstellung von gepreßten Futtermitteln in Granularform* aus gehäckseltem u. getrocknetem Grünfutter, ohne die Verwendung von Bindemitteln, dad. gek., daß das gehäckselte Grünfutter auf einen Feuchtigkeitsgeh. von ca. 10% getrocknet u. anschließend in Rollen- oder Kollerpressen in kon. Führungen zusammengepreßt, dann in Strangform weitergeführt u. in gewünschte Längen abgeschnitten wird. Die Nährstoffe in dem Futtermittel bleiben prakt. unverändert erhalten. Es weist unbegrenzte Haltbarkeit auf u. beansprucht sehr viel weniger Raum. — Vorrichtung. (**D. B. P. 971 550** Kl. 53g vom 25/7. 1952, ausg. 12/2. 1959. Anmeldung bekanntgemacht 16/6. 1954.) H. KARST. 7787

Eastman Kodak Co. (Erfinder: **James Grove Baxter**), Rochester, N. Y., V. St. A., *Herstellung von Beifuttermitteln mit Vitamin-E-wirksamen Substanzen,* dad. gek., daß der aus der Dampfdesodorierung pflanzlicher Öle stammende Desodorierschlamm mit einem α-Tocopherolgeh. von wenigstens 0,2% unter im wesentlichen wasserfreien Bedingungen mit 2—4 C-Atome enthaltenden Acylresten acyliert wird, wobei im wesentlichen die gesamten freien Tocopherole in die entsprechenden Tocopherolester umgesetzt werden. Der Desodorierschlamm von der Dampfdesodorierung von Sojabohnen-, Baumwollsaatöl oder Mischungen dieser Öle wird z. B. mit Essigsäureanhydrid acyliert. Der acylierte Desodorierschlamm wird mit inerten, festen u. feinverteilten, trockenen Trägerstoffen, z. B. Sojabohnenmehl, mit einer Teilchengröße von ca. 15—1500 Maschen/cm^2 gleichmäßig vermischt u. dann den Tierfuttermitteln zugefügt. Als Trägermaterial kann hydriertes Fett oder Öl, bes. hydrierter Rindstalg, verwendet werden, wobei die geschmolzene Mischung so verfestigt wird, daß ein frei fließendes, feinverteiltes, trockenes Zuschlagmaterial einer Teilchengröße von ca. 15—1500 Maschen/cm^2 gebildet wird. Es wird ein Desodorierschlamm eines Pflanzenöls verwendet, der wenigstens 50% freie Fettsäuren enthält, die nach der Acylierung zu Alkali- oder Erdalkaliseifen umgesetzt werden. Zur Acylierung können auch Propionsäure-, n-Buttersäure- u. Isobuttersäureanhydrid, Acetyl- u. Propionylchlorid, n-Butyrylbromid, Isopropenylacetat u. dgl. verwendet werden. Zusatzmengen an den Beifuttermitteln: 0,225—4,5 kg je t Tierfuttermittel. Die Futtermittel zeigen bei $>$6monatiger Lagerung nur eine sehr geringe Abnahme der Vitamin-E-Wirksamkeit. (**D. A. S. 1 053 909** Kl. 53g vom 14/5. 1957, veröff. 26/3. 1959. A. Prior. 28/6. 1956.) H. KARST. 7787

XVII. Fette. Seifen. Wasch- u. Reinigungsmittel. Wachse. Bohnermassen usw.

Taketami Sakuragi und **Fred A. Kummerow,** *Antioxydative Wirksamkeit von Derivaten des Vitamins B_6 und strukturell verwandten Verbindungen.* Es wird die Synth. einiger fettlösl., strukturell mit Vitamin B_6 verwandter Verbb. beschrieben, u. es werden diese sowie einige Vitamin-B_6-Derivv. auf antioxydative Wrkg. an (von Tocopherol befreitem) Schmalz u. Vitamin A bei 37 u. 80° geprüft. Die Pyridoxylverbb. (3-Hydroxy-4-hydroxymethyl-2-methylpyridyl-(3)-methylverbb.) waren im Gegensatz zu den N-Alkyl-p-aminobenzoesäureäthylestern (bes. der N-Vanillylverb.), Nicotinoyl- u. Isonicotinoylhydrazonen von Aldehyden (bes. des Vanillins) wirkungslos. Das *Isonicotinoylhydrazon* des *3.5-Di-tert.-butyl-4-hydroxybenzaldehyds* stabilisiert Schmalz stärker als *3.5-Di-tert.-butyl-4-hydroxytoluol,* vermutlich infolge Aktivierung der phenol. Komponente u. der Maskierung von Schwermetallkatalysatoren durch Chelatbindung. — Untersuchte Verbb.: N-Alkyl-p-aminobenzoesäureäthylester: *N-[p-Hydroxybenzyl]-*, $C_{16}H_{17}NO_3$, F. 142—142,5° (Methanol/W.), aus p-Aminobenzoesäureäthylester u. p-Hydroxybenzaldehyd in Methanol/Dioxan (1:1) bei Zimmertemp. mit H_2 (20 lbs.) in Ggw. von PtO_2. — Analog: *N-p-Hydroxyphenyl-*, F. 128,5—130,0° (Isopropanol/Methanol). *N-Salicyl-*, $C_{16}H_{17}NO_3$, F. 146,5—148,0° (Methanol). *N-Vanillyl-*, $C_{17}H_{19}NO_4$, F. 149,0—150,8° (Isopropanol/Methanol). — *N-Vanillyl-β-phenyläthylamin, Hydrochlorid,* $C_{16}H_{19}NO_2 \cdot HCl$, F. 185,5—186,5° (A./Ae.), analog aus Vanillin u. 2-Phenyläthylamin mit nachfolgendem Einleiten von HCl. — Isonicotinoylhydrazone (aus A./W. krist.), aus dem entsprechenden Säurehydrazid u. dem entsprechenden Aldehyd: *Pyridoxal-*, F. 263° (Zers.), *Salicylaldehyd-*, F. 249,0—251,8°, *Vanillin-*,

F. 230,0°. — *Vanillinnicotinoylhydrazon*, F. 213,0—215,0°. — *3.5-Di-tert.-butyl-4-hydroxybenzaldehyd*, $C_{15}H_{22}O_2$, F. 188,0—189,5° (A.), aus 25 g 2.6-Di-tert.-butylphenol mit Hexamethylentetramin in Glycerin in Ggw. von Borsäure u. Zers. mit verd. H_2SO_4; 5 g Ausbeute. *Isonicotinoylhydrazon*, $C_{21}H_{27}N_3O_2$, F. 300,0° (Pyridin/W.), durch 40 Min. Kochen von 2,3 g Aldehyd mit Isonicotinsäurehydrazid in A. in Ggw. von Na-Acetat, 24std. Stehen; 2,7 g. — *Pyridoxin-5-monopalmitat, N-Pyridoxyl-p-aminobenzoesäureäthylester, 2.4.5-Trimethylpyridinol-(3)* (prakt. unwirksam), *2.3.6-Trimethylphenol* (wirksam). Die Unwirksamkeit der Pyridoxylverbb. ist danach z. T. auf die Natur des Pyridinringes zurückzuführen. (J. Amer. Oil Chemists' Soc. **35.** 401—04. Aug. 1958. Urbana, Ill., Univ., Dep. of Food Technol.) H. OTTERBACH. 7878

Ibrahim A. Eldib und **Lyle F. Albright,** *Variierung der Arbeitsbedingungen bei der Hydrierung von Baumwollsamenöl.* Vff. hydrierten Baumwollsamenöl in einer genau beschriebenen App. bei unterschiedlichen Arbeitsbedingungen (115—160°, 1,5—9,8 kg/cm², 0,03—0,15% Ni-Katalysator u. 550—1760 U/Min.) u. trugen die JZ. logarithm. gegen die Zeit auf. Die JZ. ist der Gesamthydriergeschwindigkeit proportional. Wird der *Linolsäure* (**I**)- u. der *Isoölsäure* (**II**)-Geh. gegen die JZ. aufgetragen, so ergibt sich, daß die Geschwindigkeitskonstante k' (pseudo- 1. Ordnung) die Gleichung k' = 0,0000821 (T-103) (P) (W) erfüllt, wobei T die Temp., P den Druck u. W die Katalysatorkonz. bedeutet. Die Haupt-Rkk. bei der Hydrierung von Baumwollsamenöl laufen vermutlich nach nebenstehendem Schema ab. Jede Rk. dürfte eine Rk. 1. Ordnung darstellen u. irreversibel sein. Es wird gezeigt, daß **I** bevorzugt an der Katalysatoroberfläche adsorbiert u. die verdrängte Ölsäure zu **II** isomerisiert wird. (Ind. Engng. Chem. **49.** 825—31. Mai 1957. Norman, Okla., Univ. of Oklahoma.) HANS THIELE. 7894

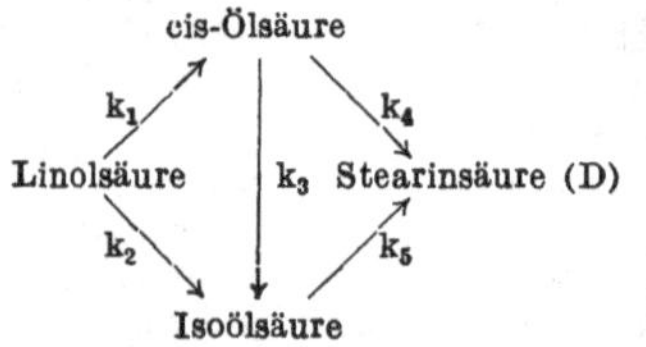

Robert W. Howell und **F. I. Collins,** *Faktoren, die den Gehalt von Sojaöl an Linolen- und Linolsäure beeinflussen.* Im Hinblick auf den abwertenden Effekt, den die Linolensäure bei Sojaöl u. den damit hergestellten Prodd. bei der Lagerung entfaltet, werden systemat. Anbauverss. im Feld bzw. in der Kulturkammer unter kontrollierten Bedingungen mit definierten Samensorten durchgeführt; variiert werden beim Wachstum Temp., Intensität u. Art des Lichtes (Tageslänge, Schatten, Blau- oder Rosalicht), Düngung (Zugabe von N, P, K, S bzw. von düngenden Pflanzensorten). Das Öl wird aus den Samen in üblicher Weise extrahiert u. als Rohöl untersucht; Best. des Geh. an Linol- u. Linolensäure nach dem UV-spektrometr. Verf. von COLLINS u. SEDGWICK (C. **1956.** **14215**). Aus den tabellar. u. graph. mitgeteilten Befunden geht hervor, daß sich der Einfl. des Anbauortes bei einer Varietät durch Variation des Geh. an Linolsäure zwischen 46,9—53,9%, an Linolensäure zwischen 5,1—8,6% äußert; innerhalb der Varietäten schwankt er zwischen 45,7—53,0 bzw. 5,6—7,7%. Der Geh. an beiden Fettsäuren ist umgekehrt proportional der maximalen Tagestemp. während der Samenreife. Die Menge an Linolensäure nimmt bei Behandlung des kalkhaltigen Bodens mit Eisenchelaten um ca. 1% zu; die übrigen variierten Faktoren haben prakt. keinen Einfluß. Zwischen beiden Fettsäuren besteht im Sojaöl eine gewisse Korrelation. (Agronomy J. **49.** 593—97. Nov. 1957. Urbana, Ill., US Regional Soybean Labor.) K. TÄUFEL. 7894

A. N. Wrigley, F. D. Smith und **A. J. Stirton,** *Reaktion von Äthylen- oder Propylenoxyd mit langkettigen Fettsäuren. Bildung von Mono- und Diestern.* Zur Herst. nichtioniger Reinigungsmittel auf Fettbasis durch katalysierten Umsatz von Fettsäuren (Laurin sowie Stearinsäure) mit Äthylenoxyd werden systemat. Verss. mit der Zielsetzung durchgeführt, zu ermitteln, ob es sich um die Bldg. von nur Monoestern oder auch Diestern handelt; fernerhin wird die Möglichkeit einer sek. Transesterifizierung oder einer Alkoholyse diskutiert. Unter Heranziehung der bereits veröffentlichten Arbeitsweise wird das Gemisch aus Fettsäure (Laurin-, Stearin-, Ölsäure) u. 0,5—1,0% KOH bzw. 2-Methylchinolin als Katalysatoren in strömendem N_2 unter Rühren erhitzt (Entfernen der Feuchtigkeit); bei 155—190° werden Äthylen (**I**)- bzw. Propylenoxyd (**II**) in berechneter Menge zugesetzt. Man neutralisiert mit HCl, filtriert u. untersucht das Reaktionsprod. auf Mono- u. Diester sowie auf Glykole nach MALKEMUS u. SWAN. Das Verhältnis der Reaktionsprodd. zueinander ist von gleicher Größenordnung, wenn durch geringe Konz. von **I** bzw. **II** nur die ersten Stufen des Umsatzes vollzogen werden; im übrigen ist der Umsatz recht komplex. Durch fraktionierte Dest. werden folgende Verbb. isoliert u. charakterisiert: Äthylenglykolmonolaurat ($Kp._{0,005}$ 114°; F. 31,6—32,0°; n_D^{60} 1,4330), Äthylenglykoldilaurat ($Kp._{0,025}$ 188°; F. 51,6—52,1°; n_D^{60} 1,4348),

Diäthylenglykoldilaurat ($Kp._{0,04}$ 200°; F. 38,8—39,7°; n_D^{60} 1,4360), Äthylenglykoldistearat (F. 74,4—75,0°; n_D^{75} 1,4369), 1.2-Propylenglykolmonolaurat ($Kp._{0,005}$ 126°; F. 6—6,5°; n_D^{30} 1,4417), 1.2-Propylenglykoldilaurat ($Kp._{0,04}$ 196°; F. 21,9°; n_D^{30} 1,4343), 1.2-Propylenglykoldistearat (F. 58,2—59,0°; n_D^{60} 1,4412). Ein Monoester des Propylenoxyds erwies sich als ein Gemisch aus 1- sowie 2-Monolaurat ($C_{11}H_{23}CO_2 \cdot CH_2CHOH \cdot CH_3$ bzw. $C_{11}H_{23}CO_2CH(CH_3)H_2OH$). (J. Amer. Oil Chemists' Soc. **36.** 34 bis 36. Jan. 1959. Philadelphia, Pa., Eastern Regional Res. Labor.)
K. TÄUFEL. 7908

W. Kling, *Einige chemisch-physikalische Gesichtspunkte des Waschvorganges.* Überblick über den augenblicklichen Stand der chem.-physikal. Kenntnisse des Waschvorganges an verschmutzten Natur- u. Chemiefasergeweben, das Verh. von natürlicher u. künstlicher Verschmutzung unter dem Elektronenmikroskop bei gleichen Reinigungsbedingungen, den Einfl. von Struktur, Konst. u. der Wrkg. von verschied. Reinigungsmitteln, die Micellebldg., Grenzflächenwirksamkeit u. mechan. u. elektr. Kräfte, Adsorptions- u. Benetzungseigg. (Abbildungen u. Tabellen). — 22 Literaturzitate. (Olii minerali, Grassi Saponi, Colori Vernici **35.** 177—84. Düsseldorf, Böhme Fettchemie GmbH.)
G. PLATZER. 7912

Robert Jungkunz, *Zur annähernden Bestimmung von Olivenöl in Seifen und Kosmetica nach dem Verfahren von Hadorn-Jungkunz.* Die Best. erfolgt mit Hilfe des im Unverseifbaren des Olivenöls vorhandenen Squalens (**I**). Die Trennung der KW-stoffe von den übrigen Bestandteilen des Unverseifbaren erfolgt durch Chromatographie an Al_2O_3. In dieser Fraktion wird der **I**-Geh. jodometr. bestimmt. Das Ergebnis bezieht sich auf mg **I** in 100 g Öl (SqZ.). Als mittlere Squalenzahl von Olivenöl wird eine solche von 300 vorgeschlagen. Alle anderen Öle besitzen SqZZ. von nur 5—35, feste Fette $<$ 10. Genaue Beschreibung der Methode. JZ.-Best. erfolgt nach HANUS. (Seifen-Oele-Fette-Wachse **84.** 383—84. 25/6. 1958. Basel, Schweiz.)
G. MEINHARDT. 7938

Metallgesellschaft Akt.-Ges., Frankfurt/M. (Erfinder: **Friedrich August Oetken,** Homburg v. d. Höhe, und **Philipp König,** Frankfurt/M.), *Extraktion von Ölen, Fetten und anderen extrahierbaren Stoffen aus Reiskleie, Getreidekleie, Kakao, Bleicherden* u. ähnlichem pulverigem Ausgangsgut, dad. gek., daß man dieses, bes. unter Anfeuchten mit W. oder anderen Fll., z. B. Extraktionsmitteln, einer Kornvergrößerung, z. B. durch Granulieren oder Kneten, unterwirft u. die erhaltenen Formlinge gegebenenfalls trocknet. Die Formgebung kann auch ohne Zusatz von Fl. durch mechan. Mittel erfolgen. — Zeichnung. (**D. B. P. 970 855** Kl. 23a vom 8/1. 1954, ausg. 6/11. 1958. Anmeldung bekanntgemacht 2/8. 1956. **D. A. S. 1 023 843** Kl. 23a [Zusatz-Anmeldung] vom 28/2. 1956, veröff. 6/2. 1958.)
C. LÜTTGEN. 7873

Unilever N. V., Holland, *Speiseöl.* Man neutralisiert, entfärbt u. desodoriert Palm- oder Kopraöl mit einem Geh. von 8% freier Fettsäure nach bekanntem Verf. u. setzt 0,01—0,05% Stearylamin zu, worauf das Prod. auch nach Bestrahlung mit UV-Licht sich im Geschmack nicht ändert. — Ausführungsbeispiele. (**F. P. 1 166 949** vom 21/2. 1957, ausg. 17/11. 1958. E. Prior. 23/2. 1956.)
G. WELTZIEN. 7895

Unilever N. V., Rotterdam, Holland, *Herstellung von Lactonen gesättigter geradkettiger ε-Hydroxycarbonsäuren* mit 9—13 C-Atomen, dad. gek., daß α-Alkylcyclohexanone mit 3—7 C-Atomen in der Alkylgruppe entweder direkt mit Peroxymonoschwefelsäure (CAROscher Säure) oder konz. H_2SO_4 u. H_2O_2 zum Lacton oxydiert oder in die entsprechenden ε-Hydroxycarbonsäuren übergeführt u. diese lactonisiert werden. — Durch Kondensation von 69 (g) Cyclohexanon mit 53 Butanal bei 0—5° in Ggw. von 45 ml 15%ig. NaOH u. 45 ml Ae., Dehydratisieren mit Oxalsäure, fraktionierte Dest., Red. des so erhaltenen 15 *n-Butylidencyclohexanons* ($Kp._{15}$ 128—132°) in A. mit H_2 in Ggw. von Pd-Holzkohle (7% Pd), Filtration, Oxydation des entstandenen *n-Butylcyclohexanons* (**I**) in A. mit CAROscher Säure (aus 84 $K_2S_2O_8$, 157 ml 83%ig. H_2SO_4 u. A.) bei 1—15°, Extraktion, Veresterung u. Reinigung über das Hydrazid werden *ε-Hydroxydecansäure* (**II**) gewonnen. 15 davon liefern in Bzl. nach Einlaufen in Bzl. + 2 p-Toluolsulfonsäure, Abdest. des azeotropen Bzl.-W.-Gemisches, Chromatographie an Al_2O_3 u. Dest. 3,7 **II**-*Lacton*, $Kp._{1,3}$ 94°; 12 polymeres Nebenprod. lassen sich durch Hydrolyse, Ansäuern zu **II** u. Lactonisierung in weitere 3,5 Lacton umwandeln; n_D^{20} 1,4601. — Durch Oxydation von **I** mit 1,3 (Teilen) CrO_3 in 11 35%ig. H_2SO_4 bei 30° entsteht *ε-Keton-decansäure*, die mit Xylol aus dem Gemisch extrahiert wird. Sie wird mit Al-Isopropylat bei höchstens 80—82° zu der Al-Verb. des Gemisches aus **II** u. *Isopropyl-ε-hydroxy-n-decanoat* reduziert. Abdest., Behandlung mit 25%ig. NaOH u. erneutes Abdest. von Isopropanol liefert das **II**-*Na-Salz* u. Na-Aluminat. Dieses Gemisch gibt nach Zusatz von

5%ig. HCl bis p_H 1, Ausziehen mit Bzl., Abdest., Vervollständigung der Lactonisierung durch Erhitzen auf 100° bei 20 mm u. Abdest. bei 1—2 mm II-Lacton. — *ε-Hydroxynonansäurelacton*, $Kp._{1,7}$ 100°; n_D^{20} 1,4577. — *ε-Hydroxyundecansäurelacton*, $Kp._{1,9}$ 128°. — *ε-Hydroxydodecansäurelacton*, $Kp._{1,8}$ 130°; n_D^{20} 1,4627. — *ε-Hydroxytridecansäurelacton*, $Kp._{1,8}$ 140°; n_D^{20} 1,4648. — Verwendung zur Verlangsamung der Geschmacksrückläufigkeit von Fetten während der Lagerung u. als Butteraroma für *Margarine*. — Vgl. E. P. 748 801; C. **1957.** 3690. (**Oe. P. 195 907** vom 8/8. 1953, ausg. 25/2. 1958. E. Prior. 8/8. 1952.) H.-J. NITZSCHKE. 7901

Piero Dametti Bonetti, Mailand, Italien, *Herstellung von Seifen mit dauerhafter Beschriftung.* Man überzieht die beschriftete Seite der Seife mit einer undurchlässigen, aber durchsichtigen u. festhaftenden Schicht, die kalt oder warm aufgebracht werden kann, z. B. aus Paraffin, Wachs oder einem anderen plast. Material. (**It. P. 492 023** vom 17/3. 1952.) K. KOEBKE. 7911

Henkel & Cie. Akt.-Ges. (Erfinder: **Walter Hübner, E. Lange** und **E. Rindlisbacher**), Pratteln, Basel, Schweiz, *Herstellung körniger Perborate*, dad. gek., daß man kristallwasserhaltige Perborate, wie $NaBO_2 \cdot H_2O_2 \cdot 3\,H_2O$ durch Erwärmen, z. B. auf ca. 50°, unter Druck erweicht bzw. teilweise schm., die plast. deformierbare, jedoch nicht zerfließbare M. durch Pressen in Gebilde verformt, die wenigstens in einer Dimension geringe Ausmaße besitzen, die Gebilde durch Abkühlen verfestigt u., falls erforderlich, nachzerkleinert u./oder klassiert. (**D. A. S. 1 052 372** Kl. 12i vom 4/11. 1955, veröff. 12/3. 1959.) K. DEMMLER. 7913

XVIIIa. Holz. Cellulose. Zellstoff. Papier. Papierdruck. Celluloid. Linoleum.

Helmut Lampert, *Verfahren zur Herstellung von Bauplatten aus Fichtenlohe.* Der Vf. gibt einleitend eine Beschreibung des morpholog. Aufbaus der Fichtenrinde, ihrer Gewinnung für die Gerbstoffherst. u. des Gerbprozesses. Die nach der Auslaugung der Gerbstoffe anfallende Fichtenlohe enthält 75% Feuchtigkeit. Der Gewichtsverlust der Rinde infolge der Extraktion beträgt 25—30%. Die bisher übliche Verbrennung der Lohe in Kesselanlagen ergibt nur einen geringen Nutzeffekt. Zur Nutzbarmachung dieses Abfallprod. sollten die Möglichkeiten zur Verarbeitung zu Faserplatten geprüft werden. Die notwendige techn. Anlage setzt sich wie folgt zusammen: Die mit 65° anfallende ausgelaugte Rinde wird durch eine Förderanlage in einen Bunker übergeführt, von dem das Aufschlußgerät kontinuierlich gespeist wird. Der unterschiedliche strukturelle Aufbau der Rinde verhindert einen chem. Aufschluß. Zum mechan. Aufschluß eignen sich am besten Schubenrefiner mit Mahlscheiben aus Kunststein (Kiesel u. Korundabfälle) mit einer Körnung von 3 u. 5 mm. Der Mahlscheibendurchmesser beträgt 400 mm, der Scheibenabstand 0,1 mm, die Umfangsgeschwindigkeit 9 m/sec, die Umdrehungszahl 450 U/min. Die Schnitzellänge der Lohe liegt zwischen 10 u. 40 mm. Es wird ein Mahlgrad von 18—20° SR erreicht. Die Leistung der Refiner liegt bei 10 mm Schnitzellänge u. einem Kraftbedarf von 12 kW bei 200 kg/h, bei 40 mm Schnitzellänge u. 10 kW bei 90 kg/h. Die Aufschlußqualität ist stark temperaturabhängig. Der aufgeschlagene Stoff wird in Bütten geleitet, mit 2% Bitumenemulsion versetzt u. mit H_2SO_4 auf p_H 4—5 gebracht. Durch eine Dickstoffpumpe gelangt der Stoff über ein Dosiergerät zum Gießkasten, dort wird unter Vakuum von 0,5 kp/cm² u. einen gleichzeitigen spezif. Druck von 10 kp/cm² nach oben u. unten entwässert. Dieser Vorgang dauert für eine 11 mm dicke Platte von 0,48 kg/dm³ 3—4,5 min. Die fertige Platte hat einen Trockengeh. von 30% u. wird in einer Kaltpresse auf 40% Trockengeh. gebracht u. anschließend in einem Trockenkanal mit verschied. Zonen getrocknet, wobei eine genaue Steuerung der Feuchtigkeitsabfuhr beachtet werden muß, da sonst Verschalungserscheinungen auftreten können. Eine Wärmevergütung bei 160° verbessert das Wasserabweisevermögen erheblich. Ein Arbeitsschema, Diagramme u. eine Tabelle der physikal. Prüfwerte erläutern den Bericht. (Zellstoff u. Papier **6.** 80—83. März 1957. Inst. für Holztechnologie u. Faserbaustoffe. Dresden.) D. H. BRÜNING. 7952

Pijush Kanti und **Choudhury,** *Untersuchungen der Lichtstreuung von Celluloselösungen in konzentrierten Säuren.* 1. Mitt. *Papierbrei und Baumwollcellulose in Phosphor- und Schwefelsäure.* An Lsgg. von Cellulosen in H_2SO_4 u. H_3PO_4 vorgenommene Unterss. der Lichtstreuung ergaben die Bldg. eines größeren, stark verzweigten Polymeren des 5-Hydroxymethylfurfurols während des Hydrolysevorganges, wobei sich Schnelligkeit u. Umfang der Entstehung der Verb. in H_2SO_4 bedeutend größer als in H_3PO_4 zeigte. Die Bldg. der Verb. wurde durch Messung der opt. D. u. des Absorptionsspektr. der hydrolysierten Lsg. nachgewiesen. (J. sci. ind. Res. [New Delhi], Sect. C **16.** 289—94. Juli 1957. Calcutta, Calcutta Univ., Dep. of Appl. Chem.) R. SCHÖLLHORN. 7954

W. H. Rapson und **C. B. Anderson,** *Dreistufenbleiche von Kraftzellstoffen zu hoher Helligkeit.* Im 3-Stufenverf. wurden GE.-Helligkeiten von 85—87 nach folgender Meth. erhalten: 1. 1,8% Cl_2 u. 0,1% ClO_2 1 Std. 25° bei 3% Stoffdichte; 2. 4% NaOH u. 2% Cl_2 3 Std. 60° bei 1,5% Stoffdichte; 3. 1—2% ClO_2 u. NaOH zum Einstellen von p_H 6,5—7 nach dem Mischen, 3 Std. bei 70° u. 6% Stoffdichte. Der Helligkeitsabfall nach Alterung betrug ca. 9 Einheiten GE. (Pulp Paper Mag. Canada **59.** Nr. 12. 123—27 Dez. 1958. Univ. of Toronto.) H. BECKER. 7956

Yehia A. Fahmy und **Mohamed H. Fadl,** *Aufschluß von Weizenstroh zwecks wirtschaftlicher Herstellung kieselsäurearmer Edelzellstoffe.* Vff. berichten über neuere Unterss. zur Herabsetzung des Aschegeh. von nach dem Vorhydrolyse-Sulfatverf. hergestellten Strohzellstoffen. Demnach liefert folgende Arbeitsweise für die Herst. von Viscose geeignete, gut filtrierende Zellstoffe: Vorhydrolyse, nasse oder trockene Sortierung des vorhydrolysierten Materials u. anschließend milder alkal. Aufschluß (z. B. 30 Min. bei 160°, bzw. 4 Std. bei 130°). Es entstehen Zellstoffe mit Aschegehh. von 0,07 bzw. 0,04% bei Ausbeuten von ca. 30%. — 24 Literaturangaben. (Textil-Rdsch. [St. Gallen] **13.** 709—19. Dez. 1958. Kairo, Nat. Res. Centre.) F. LANG. 7960

Ju. G. Butko und **M. M. Kopanzew,** *Der Sulfitaufschluß von Cellulose in der Dampf-Gas-Phase.* Eingehende Unters. der bei Durchführung des Aufschlusses vorliegenden Verhältnisse wiesen auf eine ganze Reihe von Vorteilen gegenüber dem üblichen Sulfitaufschluß hin, so daß von Vff. die neue Arbeitsweise allg. empfohlen wird. Die Ausbeute an Zellstoff mittlerer Härte liegt bei Anwendung von *Ca* als Base um 1,0—1,5%, bei NH_4 als Base um 2,5—3,0% höher; die Menge des Unaufgeschlossenen ist geringer, die Zähigkeit der Celluloselsgg. ist höher, die mechan. Eigg. der gewonnenen Cellulose sind besser. Der Geh. an α-Cellulose entspricht dem Arbeiten unter üblichen Verhältnissen. Eine Auffrischung der Kochlauge ist erst nach längerer Arbeitsdauer notwendig. Im prakt. Betrieb ließ sich die Aufschlußdauer beim Vorliegen einer Kochsäure von 8,5—10% Gesamt-SO_2 auf 4½ Std. abkürzen. (Бумажная Промышленность [Papier-Ind.] **34.** Nr. 1. 6—10. Jan. 1959. Leningrad, Technol. Inst.; Kaliningrad, Verwaltung für Cellulose- u. Papierind.) M. ULMANN. 7962

E. Oltus, *Veredelung von Zellstoffgemischen.* Nach der Literatur lassen sich Mischungen von Zellstoffen (I) schlechter zu Viscose verarbeiten. Da in I-Betrieben sehr leicht verschied. Partien vermischt werden können, wurde geprüft, ob durch eine nachfolgende Bleiche u. Veredlung eine Vergleichmäßigung eintritt. Ausgegangen wurde von 3 I mit fast gleicher P—Cl-Zahl, aber verschied. Viscosität (cp): 15, 21, 40. Je 2 I wurden so gemischt, daß die Anteile sich um 25% veränderten. Chlorierung mit 2% Cl: I, einzeln chloriert u. dann gemischt, unterschieden sich nicht von der chlorierten Mischung; die P—Cl-Zahl änderte sich linear mit dem Mischungsverhältnis. Veredlung: 2 Std. bei 95° in 0,5%ig. NaOH, 5% Stoffdichte. Anschließend wurden bestimmt: α-Cellulose % (α), Ausbeute % (A), cp, Löslichkeit in 10 (L 10) u. 17,5%ig. (L 17) NaOH. Gegenüber den reinen I ergaben die Mischungen: a) eine Senkung von A, im A-Minimum um 7—20%, b) ein höheres α, dessen Maximum jedoch nicht mit dem Minimum von A zusammenfiel, c) Veränderungen von cp, L 10 u. L 20 ebenfalls in solcher Weise, daß für eine bestimmte Mischungsreihe keine Beziehung zwischen dem Gang der Zahlen bei den verschied. Bestimmungen ersichtlich war. Bei der Veredlung ist wichtig das Verhältnis: % Stoffverlust/Erhöhung α%. Bei den einzelnen I betrug es 3,1—3,8; bei den Mischungen immer mehr, bis 7,2. Nach Vf. soll man I (z. B. zwecks Ausgleich der cp) nicht mischen u. veredeln, a) wegen der größeren Stoffverluste u. b) weil die angestrebten Eigg. nicht vorausberechnet werden können, somit eine schlechtere Verarbeitung zu erwarten ist. (Papír a Celulosa **13.** **245—47.** Nov. 1958. Bratislava, Výsk. úst. prcem. celul.) H. DEMUS. 7964

Paavo Kajanne, Olavi Perilä und **Matti Tuominen,** *Über die Möglichkeiten der Anwendung von UV-Reflexionsmessungen zur Aufschlußgradbestimmung von Zellstoff.* Vff. entwickelten eine Meth. zur opt. Messung des Ligningeh. in Zellstoffblättern, wobei die Reflexion der UV-Strahlen eines BECKMAN-DU-Spektrophotometers von 286 mμ bestimmt wurde. Als Muster dienten 3 im Labor. stufenweise aufgeschlossene ungebleichte Sulfitzellstoffe sowie 2 Sulfatkraftzellstoffe, außerdem 1 Betriebssulfitzellstoff. Von den Mustern einschließlich der separat zerfaserten aussortierten Splitter wurden Prüfblätter im Standardapp. „Keskuslaboratorio" gefertigt, die 3–4 Std. in einer Trockentrommel bei 60° getrocknet wurden. Parallel dazu wurden der Ligningeh. nach Meth. HALSE gemäß Standard A 4051 des Keskuslaboratorio sowie die Tappi-$KMnO_4$-Zahl bestimmt. Die Übereinstinmung zwischen opt. u. chem. Methoden bei Sulfitzellstoffen war befriedigend, wenn auch die Prüfblattherst. noch standardisiert werden muß. Für Sulfatkraftzellstoff eignet sich die opt. Meth. nicht, da dieser zu wenig reflektiert. — 8 Diagramme. (Paperi ja Puu **40.** 147—52. April 1958. Helsinki, Finland Inst. of Technol.)

E. BORCHERS. 8006

Hermann Bernzott, Leuna, **Heinz Gölitzer,** Leutenberg/Thür., und **Fritz Seiter,** Leuna, *Behandlung von Destillationsrückständen aus Rohphenolölen,* die bes. aus der Braunkohlenverarbeitung (Schwelung, Hydrierung) stammen, durch Zumischen von konz. Mineralsäuren, Abfallsäuren, sauren Ölen u./oder Säureharzen bei Tempp. zwischen 40 u. 120°, vorzugsweise zwischen 50 u. 80°. Verwendung als *Imprägniermittel* für *Holz,* in der *Dachpappen-Industrie,* als *Bauten-Schutzanstrich.* (**D. P. [DDR] 15 638** Kl. 22h vom 23/4. 1954, ausg. 21/10. 1958 [Wirtschaftspatent].) W. WITTHOLZ. 7953

Soc. An. des Manufactures des Glaces et Produits Chimiques de Saint-Gobain, Chauny & Cirey, Frankreich, *Kochen von Lignocellulosematerial* mit den üblichen Aufschlußmitteln, wie Na_2S u. NaOH, oder einem Gemisch von Ca- u. Mg-Bisulfit, Na_2SO_3 u. Na_2CO_3, unter Zusatz von 0,3—2,0 Gew.-% Na- oder Zn-Hydrosulfit (berechnet auf Trockencellulosematerial) u. eines Stabilisierungsmittels für das Hydrosulfit, z. B. Formaldehyd. (**F. P. 1 145 782** vom 18/2. 1956, ausg. 29/10. 1957.)

M. F. MÜLLER. 7963

Imperial Chemical Industries Ltd., London, England (Erfinder: **James Arnot Horn**), *Plastifizierte Nitrocellulose* (I) in *Körnerform.* Wasserfeuchte I wird durch Zentrifugieren auf einen Wassergeh. von 25—40% gebracht u. dann mit einem Weichmacher, wie Dibutylphthalat (II), in einer zur Bldg. einer plast. M. unzureichenden Menge vermischt. Hierbei benötigt man bei Verwendung von **II** eine Menge von 20—30%, bezogen auf das Gewicht des getrockneten Endproduktes. Man unterwirft nun die Mischung einer solchen mechan. Behandlung bei Tempp. bis 40°, daß die Teilchen der **I** unter gleichzeitiger Einw. von Scherkräften wiederholt miteinander in Berührung gebracht werden. Diese Behandlung, durch die die Adsorption des Weichmachers durch die I-Teilchen erfolgt u. diese ihre ursprüngliche Struktur verlieren, wird so lange fortgesetzt, bis das Gemisch über die Form einer kompakten M. zuletzt Körnerform angenommen hat. Diese Körner werden bei 40—80° getrocknet, wobei kein Verschmelzen der Körner zu einer plast. M. erfolgen darf. (**E. P. 795 402** vom 15/2. 1956, ausg. 21/5. 1958.)

R. SCHWECHTEN. 7971

Elco, S. r. L., Rom, Italien, *Herstellung von Papier* für automat. Fernschreiber, die nach dem Perforiersyst. arbeiten, dad. gek., daß man Papierstreifen mit KW-stoff-Ölen imprägniert. (**It. P. 494 141** vom 4/12. 1952.) K. KOEBKE. 7987

Soc. Technique d'Applications Chimiques & Physiques, Frankreich, *Herstellung lithographischer Platten* mit poröser Oberfläche, dad. gek., daß man die aus einer Al–Mg-, Al–Zn- oder anderen Legierungen bestehenden Platten in Ggw. von $BaSO_4$ mit $Fe(ClO_4)_2$ behandelt. (**F. P. 1 154 639** vom 9/7. 1956, ausg. 14/4. 1958.) S. BÖTTCHER. 7989

Ralph Blaisdell Atkinson (Erfinder: **Ralph Blaisdell Atkinson** und **Steven George Ellis**), Los Angeles, Calif., V. St. A., *Wiedergabe oder Vervielfältigung von Bildern oder dergleichen unter Verwendung eines magnetisierbaren Aufzeichnungsträgers,* dad. gek., daß ein Abtaststrahl eine Aufzeichnungsvorr. steuert, die entsprechend den Helligkeitsunterschieden des Originals auf einem magnetisierbaren Aufzeichnungsträger eine magnet. Aufzeichnung erzeugt, auf die ein magnetisierbares Pulver, z. B. Eisenoxyd, aufgebracht wird, worauf der nichthaftende Überschuß des Pulvers entfernt u. das verbleibende Pulver gegebenenfalls zum Zwecke der Vervielfältigung auf einen anderen Träger, z. B. Papier, übertragen wird, 2. daß zur Erzeugung einer negativen Kopie des Originalbildes die Steuerimpulse des Abtaststrahls derart auf die magnet. Aufzeichnungsvorr. übertragen werden, daß die Stärke der Erregung des Aufzeichnungsmagnets proportional mit dem Helligkeitsgrad des von dem Abtaststrahl abgetasteten Originalbildes zunimmt. — Weitere Ansprüche. Vorrichtung. (**D. A. S. 1 044 118** Kl. 15k vom 5/4. 1952, veröff. 20/11. 1958. A. Prior. 14/4. 1951.) K. KITTLER. 7989

Peter Marx, Bregenz, *Herstellung eines mehrschichtigen, fugenlosen Bodenbelages* aus einer Spachtelmasse, die aus einer Kunstharzdispersion, bes. von Polyvinylacetat, mit Füllmitteln, wie Quarzstaub, Schwerspat, Farbpigmenten u. dgl. besteht, u. einem Bindemittel, das eine wss. Latexdispersion mit einem Schutzkoll. darstellt. Der Geh. an dem Bindemittel, in dem als Schutzkoll. für die Latexdispersion ammoniakal. Casein u. Polyacrylsäureester enthalten ist, wird in den aufeinanderfolgenden Auftrageschichten immer größer gewählt. (**Oe. P. 196 117** vom 24/5. 1954, ausg. 25/2. 1958.)

H. HEYER. 7999

MAPIA S. r. L., Varese, Italien, *Konfektionieren von Kunstschwämmen* aus regenerierter Cellulose. Man tränkt die Schwämme mit der Lsg. eines nichtflüchtigen Klebstoffes, verdampft so viel Lösungsm., bis dieser pastöse Konsistenz besitzt, u. preßt die

Schwämme unter Erwärmen auf ihr kleinstes Vol. zusammen. Als Klebstoffe werden Dextrine, Pflanzengummis, Äther u. Celluloseester genannt. (**It. P. 490 129** vom 12/4. 1954.)
K. KOEBKE. 8001

XVIIIb. Textilfasern.

S. G. Bhat, *Untersuchungen über Tamarindensamen.* 1. Mitt. *Das Schlichten von Rohgarn mit Tamarindenkernpulver.* Vergleichende Unterss. über das Schlichten von Rohgarn mit Pulver (I) aus entkernten Tamarindensamen (*Tamarindus undica* LINN), entfettetem I, gewaschenem I u. Stärke (II) ergaben, daß I hinsichtlich Steigerung der Zugfestigkeit mit II vergleichbar ist. Die halbe I-Menge gibt den gleichen Schlichteffekt wie II. Entfetten von I zur Verwendung als Schlichtemittel ist nicht wesentlich, da das enthaltene Öl dem zu verarbeitenden Garn Weichheit verleiht. $NaClO_2$ u. $(NH_4)_2SO_4$ entfernen, unter gleichzeitigem Bleichen, I vollständig vom Garn. (J. sci. ind. Res. [New Delhi], Sect. A **16.** 563—67. Dez. 1957. Bombay, Univ., Dep. of Chem. Technol.)
K. MAIER. 8030

Karlheinz Stukenbrock, *Die Silicone als Imprägnierungsmittel in der Textilindustrie.* Allg. Übersicht. (Reyon, Zellwolle andere Chemiefasern **8.** 813—17. Nov. 1958.)
P. ECKERT. 8032

F. Duhm, *Schrumpffestappretur.* Es werden verschied. Verff. erläutert, die der *Krumpfecht*-Ausrüstung von Textilstoffen dienen, darunter die kompressive Krumpfung auf mechan. Wege, die Behebung der Quellungskontraktion durch Einlagerung von Kunstharzen in die Faser als chem. Ausrüstung, sowie die Kombination beider Verfahren. In Beispielen werden die erzielten Ergebnisse unter Verwendung von *Lyofix CH* (CIBA) mitgeteilt. (Melliand Textilber. **39.** 784—86. Juli 1958.) E. KUNTZ. 8032

Marjorie W. Sandholzer, *Verschiedene Eigenschaften nicht entflammbarer Gewebe.* Proben ungefärbter u. gefärbter Baumwoll- u. Reyongewebe wurden mit 7 verschied. Flammenschutzmitteln (FM.) ausgerüstet u. vor u. nach 14maligem Waschen auf Flammenschutz (FS.) u. mechan. Festigkeitseigg. geprüft. Bei einigen FM. ergab sich eine Neigung des Gewebes sich zu versteifen u. bestimmte Färbungen zu verändern, woraus sich eine gewisse Begrenzung ihrer Anwendbarkeit ergibt. Einige Gewebe zeigten eine beträchtliche Schwächung der Zugfestigkeit, der aber im Vgl. zu FS. eine geringere Bedeutung zukommt. Die Dauer des FS. war im allg. auch nach wiederholtem Waschen gut, bes. bei Behandlung mit „THPC—BAP“ (vgl. REID, DRAKE JR. u. ARCENEAUX, Textile Res. J. **26.** [1946.] 137). In der Praxis eignen sich nach Vf. dicht gewebte mittelschwere u. schwere Stoffe am besten für eine Ausrüstung mit FM. Die Verminderung der Zugfestigkeit durch FM. hatte merklichen Einfl. auf die Bruchfestigkeit. Ausführung der Ausrüstung u. Prüfung ist ausführlich beschrieben. — 6 Tabellen. (Amer. Dyestuff Reporter **48.** 37—41. 26/1. 1959. Washington, D. C., Fire Protection Section, Nat. Bureau of Standards.) A. SANDER. 8036

D. N. E. Cooper und **D. K. Ashpole,** *Die Sorptionswärme von Cellulosefasern, aus calorimetrischen Messungen abgeleitet.* Die ausgeführten Unterss. haben gezeigt, daß zwischen der Benetzungswärme (q_c) für Cellulosefasern bei 0% relativer Luftfeuchtigkeit u. für Fasern, die bei einer bestimmten Feuchtigkeit (c) konditioniert wurden, folgende Beziehung besteht: $q_c = q_0 \exp.(-\alpha c)$. Die gefundenen Unterschiede für bei verschied. Cellulosefasern deuten auf echte Unterschiede in der Sorptionswärme hin, die nicht auf Unterschiede in der Energie der Cellulose–W.-Bindungen zu beruhen brauchen. Die Variationen von α für die bei 25° untersuchten Cellulosefasern entsprechen etwa der Beziehung $100\,\alpha = \alpha_0 - \alpha_1 q_0 - \alpha_2 q_0^2$ in welcher q_0 die einzige Variable darstellt. — 5 Figuren, 5 Tabellen. (J. Textile Inst., Trans. **50.** T 223—T 232. Febr. 1959. Bocking, Essex, Courtaulds Ltd.) H. G. FRÖHLICH. 8044

P. Simor, *Untersuchungen der Bastfasern mittels Prüfgeräten.* Die Bastfasern wurden aus industriellen Gesichtspunkten bis jetzt mittels der Sinnesorgane untersucht. Behandelt wird ein Verf., mit dem man die wichtigsten Eigg. des Flachses in bezug auf Ausspinnbarkeit schnell feststellen kann. (Melliand Textilber. **40.** 134—37. Febr. 1959. Schwed. Textilforschungsinst. Gädeborg.) P. ECKERT. 8050

S. K. Chowdhury, *Über die Röntgenbeugungsbilder und die Micelldimensionen von einigen Ersatzstoffen für Jutefaser.* Von den Fasern *Mesta* (**I**), *Abutilon* (**II**), *Dhanchya* (**III**) u. *Altissima* (**IV**) wurden die Abmessungen der Micellen röntgenograph. zu 40 u. 82 Å (**I** u. **III**), 32 u. 113 Å (**III**), 40 u. 93 Å (**IV**) bestimmt. Für die innere Festigkeit F/M (F = Reißfestigkeit des Faserbündels, M = dessen Gewicht pro Einheitslänge) wurde für **I—IV** (in Einheiten von 10^6 g/g/cm) 1,1, 1,0, 1,6 u. 1,2 erhalten. Diese Daten sind von gleicher Größenordnung wie die vom Vf. für Jute (**V**) gefundenen (vgl. C. **1957.** 13844).

Der höhere (F/M)-Wert von **III** wird auf die größere Micellänge zurückgeführt (in Übereinstimmung mit den vom Vf. u. SIRKAR, Indian J. Physics Proc. Indian Assoc. Cultivat. Sci. **22.** [1948.] 39, für **V** erhaltenen Daten). Die Orientierung der Kristallite um die Faserachse ist bei **I** u. **IV** wie bei **V**, bei **II** schwächer u. bei **III** stärker als bei **V**. (Indian J. Physics Proc. Indian Assoc. Cultivat. Sci. **31** (**40**). 572—76. Nov. 1957. Tollygunge, Calcutta, Ind. Central Jute Committee, Technol. Res. Labor.) O. FUCHS. 8052

D. Hildebrand, *„p_H und Wolle".* Nach einem kurzen Überblick über die chem. Struktur der Wolle wird auf die Amid- bzw. Peptidbindung eingegangen u. dann die Schwefelquervernetzung, die Cystin- u. die Lanthioninbindung besprochen. (SVF Fachorgan Textilveredlung **14.** 34—38. Jan. 1959. Aachen, TH, Dtsch. Wollforschungsinst.) P. ECKERT. 8060

H. Sommer, *Untersuchungen über das Kälteverhalten von Textilien.* (Melliand Textilber. **40.** 196—202. Febr. 311—14. März 1959. — C. **1958.** 890. 5255.) P. ECKERT. 8096

Günter Hummel, *Herstellung von Textilmikrotomschnitten mit neuen Bettungssubstanzen.* Das neue Bettungsmittel *Leguval* ist ein Gemisch aus ungesätt. Polyestern u. Monostyrol. Als weiteres Bettungsmittel wird *Plexigum* angeführt. Es ist eine dem Plexiglas ähnliche Verb. aus Methacrylsäurebutylester. Beschrieben wird die Methodik der Bettung. — 17 Abb., 22 Literaturnachweise. (Reyon, Zellwolle andere Chemiefasern **8.** 801—07. Nov. 1958. Mannheim, Frauenhofer Ges. e. V. München, Inst. für angew. Mikroskopie, Photographie u. Kinematographie.) P. ECKERT. 8096

W. Armfield, *Die quantitative Analyse binärer, Triacetat enthaltender Fasermischungen.* Die ausgeführten Unterss. haben gezeigt, daß bei Mischungen von Triacetat mit Courtelle, Orlon 42, Nylon, Terylene, Fibrolan BX u. Acetatfaser im Bereich von 10 bis 90% Triacetatgeh. eine gute Trennung möglich ist, wenn man das Triacetat durch Behandlung mit CH_2Cl_2 entfernt. Nur bei Mischung mit Acetatfaser arbeitet man mit 70 Vol.-% Aceton (70 ml Aceton mit dest. W. auf 100 ml auffüllen), um die Acetatfaser zu lösen. Liegen Mischungen von Triacetat mit Wolle, Reyon oder Baumwolle vor, so muß nach der Behandlung mit CH_2Cl_2 2mal je 5 Min. mit W. ausgekocht werden, um das Lösungsm. restlos zu entfernen. Die Arbeitsmethoden werden ausführlich beschrieben u. die Ergebnisse in Tabellenform wiedergegeben. (J. Textile Inst., Proc. **50.** P51—P 55. Jan. 1959. Manchester, England, Courtaulds Ltd., Res. Labor.) H.-G. FRÖHLICH. 8100

F. S. Young und **W. R. Hindson,** *Nachweis einer Schädigung ligninhaltiger Fasern. Ein neuer mikroskopischer Test unter Verwendung von Jod und Schwefelsäure.* Zum Nachw. von Schädigungen an *Jute* u. *Sisalfasern* behandelt man zunächst 15 Min. bei 20° mit der 100fachen Gewichtsmenge 1,6n NaOH-Lsg., spült gut mit kaltem W., kocht anschließend noch 5 Min. in W. u. trocknet dann an der Luft. Danach schneidet man die so vorbehandelte Faserprobe in 1 mm lange Stücke, versetzt dieselben auf einem Objektträger mit 2 Tropfen J_2-Lsg. (0,5 g J_2 + 1,5 g KJ + 100 ml dest. W.), läßt 3 Min. einwirken u. entfernt den Überschuß mit Filterpapier. Jetzt gibt man eine Lsg. von 3 Vol. Glycerin + 3 Vol. H_2SO_4 konz. + 1 Vol. H_2O zu u. läßt bei Zimmertemp. bis zu 18 Std. stehen, bevor man die hierbei entstehende Färbung beurteilt. Eine nicht geschädigte Faser färbt sich gelb, ebenso wie eine säure- u. oxydativ geschädigte Faser. Bei sauren Oxydationsschäden färbt sich die Faser ebenfalls gelb, während eine durch Hitze, Witterungseinfl. u. alkal. Oxydationsmittel geschädigte Faser sich grün bis blau färbt. Die Auswertung der Färbeergebnisse wird ausführlich beschrieben. (J. Textile Inst., Trans. **49.** T 554—T 560. Nov. 1958. Melbourne, Australien, Australian Defence Sci. Serv., Defence Standards Labor.) H.-G. FRÖHLICH. 8104

Ciba Ltd., Basel, übert. von: **Armin Hiestand,** Binningen, und **Otto Albrecht,** Neuewelt, Schweiz, *Herstellung von salzbildenden Aminkondensationsprodukten.* 1 (Mol) Polyalkylenpolyamin, wie Diäthylentriamin (**I**) oder Triäthylentetramin, wird mit wenigstens 2 an nicht aromat. Monocarbonsäuren (8—40 C-Atome), wie Capryl-, Laurin-, Stearinsäure (**II**), Öl-, Linolen-, Abietin- oder Naphthensäure, oder deren funktionellen Derivv. u. wenigstens 1 an gegebenenfalls substituierten Acryl-, Methacrylnitril, Acrylsäure- oder Methacrylsäureamid oder gleich wirksamen Halogenpropionsäuren umgesetzt. Die erhaltenen, wenigstens 1 Aminogruppe u. 2 Amidgruppen aufweisenden Prodd. ergeben mit Säuren (HCl, H_2SO_4, Essig- oder Ameisensäure) wasserlösl. Salze, bzw. mit Benzylchlorid oder Dimethylsulfat quaternäre Ammoniumverbb., die als Textilhilfsmittel, bes. zur *Verbesserung des Griffes von Kunstfasermaterial* dienen. — Zu 26 (Teilen) **I** werden unter Kühlen 13,25 Acrylnitril (**III**) zugetropft. Zu der 1 Std. auf 65—70° erhitzten Mischung werden 135 **II** zugegeben u. die M. unter N_2-Atmosphäre unter Entfernen des W. auf 160—165° erhitzt, bis sie sich nach ca. 4—5 Std. klar in verd. Essigsäure löst. Man kann das erwähnte bas. Kondensationsprod. aus **I**, **II** u. **III** bei 120—125° mit 32,5 Benzylchlorid (**IV**) 2—3 Std. umsetzen u. gewinnt nach Entfernen des überschüssigen **IV** im Vakuum u. Eingießen der Schmelze bei 70—80° in 600 W. eine homogene Paste, die sich in W. löst. — Vgl. auch Schwz. P. 320 305; C. **1958**. 1729. (**E. P. 773 336** vom 11/8. 1954, ausg. 24/4. 1957. **Belg. P. 531 024** vom 10/8. 1954, ausg. 8/11. 1957. Beide Schwz. Priorr. 11/8. 1953 u. 16/7. 1954. **A. P. 2 785 092** vom 2/8. 1954, ausg. 12/3. 1957. Schwz. Prior. 11/8. 1953.) G. TEWES. 8029

Alexander Smith, Inc., New York, N. Y., V. St. A., *Verringerung der Schmutzadsorption an (Pol-)Geweben aus Baumwolle, Wolle, Nylon, Polyesterfasern oder dergleichen.* Das Gut enthält einen Überzug von 0,25—5% Al-Phosphatteilchen (**I**) mit $< 70\,\mu$ Durchmesser. Die wss. Dispersion, aus der **I** aufgebracht wird, kann ein Netz- oder Dispergiermittel, auch feinverteiltes Al_2O_3 enthalten. — Z. B. wird 1 (Teil) $AlPO_4$, 0,25 $Na_3PO_4 \cdot 12\,H_2O$ u. 0,25 Carbowax (hochmol. Polyäthylenglykol) in 98,75 salzfreiem W. verteilt u. auf ein Polgewebe aus Teppichwolle u. Viscoseseide aufgebracht u. getrocknet. — Auch 0,25 Carboxymethylcellulose können noch zugesetzt werden. Schließlich kann man auch eine Dispersion von 1 (Teil) $AlPO_3$ in 100 A. oder Isopropylalkohol für den gleichen Zweck verwenden. — Vgl. F. P. 1 124 633; C. **1958**. 4662. (**E. P. 787 476** vom 28/3. 1955, ausg. 11/12. 1957. A. Prior. 13/4. 1954.) H. MÖLLERING. 8033

Celastic Corp., Arlington, Del., V. St. A., *Textiles Versteifungsmittel*, bes. Schuhsteifmittel. Faserige Flächengebilde, z. B. Flanell, werden im 2-Badverf. erst mit einer wss. 20—60%ig. Dispersion an Polyvinylharz mit einem Geh. von 0,1% anionakt. Netzmittel u. vorher oder danach mit der wss. Lsg. eines mehrwertigen Metallsalzes behandelt, worauf getrocknet wird. Das trockne flexible Material versteift nach der Einw. von Lösungsmitteln. — 3 (Teile) einer wss. 50%ig. *Polystyroldispersion*, 1 einer wss. 45%ig. Dispersion von *Styrol-Butadien-Mischpolymerisat* u. 0,5% Netzmittel (organ. Phosphat) werden gemischt u. zur Imprägnierung eines Baumwollflanells verwendet, der mit einer wss. 1%ig. $Al_2(SO_4)_3$-Lsg. vorbehandelt u. getrocknet ist. Die Harzbeladung des Flanells soll 69% betragen. Das imprägnierte Gut wird mit einer 90 : 10 Toluol-Bzl.-Lsg. gefeuchtet u. verformt. — Vgl. auch A. P. 2 760 884; C. **1958**. 2314. (**E. P. 785 058** vom 25/3. 1955, ausg. 23/10. 1957. **D. A. S. 1 024 481** Kl. 8k vom 22/7. 1955, veröff. 20/2. 1958. Beide A. Prior. 22/7. 1954.) H. MÖLLERING. 8037

United States of America, übert. von: **Wilson A. Reeves** und **John D. Guthrie**, New Orleans, La., V. St. A., *Verätherung von Cellulosefasern.* Die Anlagerung eines Restes der Formel $-CH_2CH_2CONH_2$ an Cellulose erfolgt durch Imprägnierung des Gutes mit einem 1—12 (%) gelöstes Alkalihydroxyd oder bes. NH_4OH u. 1—55,2 *Acrylamid* enthaltenden inerten Lösungsm., wie W., Pyridin, Bzl., Toluol oder Hexan, Abquetschen des überschüssigen Lösungsm. u. Erwärmen des imprägnierten Gutes auf 100° während mindestens 20 Minuten. Die so mit Aminogruppen versehene Cellulose ist z. B. mit *sauren Wollfarbstoffen anfärbbar.* (**A. P. 2 824 779** vom 9/3. 1955, ausg. 25/2. 1958.)
H. MÖLLERING. 8043

State of Israel und **Menachem Levin** (Erfinder: **Menachim Levin**), *Schrumpf- und Filzfestmachen von Wolle.* Man taucht diese in wss. Säure, die eine Bromat u. ein Alkali- oder Erdalkalichlorid enthält. — Ein wss. Bad enthält z. B. pro Liter 3,55 g HCl (0,097), 2,1 g $KBrO_3$, 14,6 g NaCl u. 0,12 g eines säurefesten Netzmittels, wie „Tergito 7". (**Aust. P. 211 982** vom 16/1. 1956, ausg. 23/1. 1958. Israel. Prior. 5/6. 1955.)
J. MÜHLEISEN. 8061

Courtaulds Ltd., London, England, *Herstellung von Fäden aus regenerierter Cellulose* mit etwa kreisrundem oder bohnenförmigem Querschnitt u. einer hautartigen Struktur. Man zieht Viscose mit einem durchschnittlichen Polymerisationsgrad von mindestens 400, die Polyäthylenoxyd vom Mol.-Gew. 300—10000, bes. 600—6000, in Mengen von 0,5—10 Gew.-% (des Cellulosegewichts) enthält, bes. einer Salzzahl von 6—15, bei 8,5—12, in ein wss. Koagulierungsbad mit einer Abzugsgeschwindigkeit y ab, die nicht größer ist als der Wert, der, bezogen auf die Viscosität x $(x + 66{,}4)(10\,y - 73{,}5) = 26\,356$ ist. — Viscose mit 6% Cellulose vom Polymerisationsgrad 585, 7% Soda u. 3% Polyäthylenoxydkondensationsprod. vom Mol.-Gew. 1000, Kugelfallviscosität 100 Sek., wird mit einem Ausspritzverhältnis von 0,7 u. bei einer Salzzahl von 9,2 in ein Spinnbad von 55° Temp. gesponnen, das gleichlaufend mit den Fäden durch ein Rohr fließt u. 7% H_2SO_4, 12% $ZnSO_4$ u. 11% Na_2SO_4 enthält. Abzugsgeschwindigkeit 14 m/Minute. Das Garn wird in einem zweiten Bad von 95°, das 3% H_2SO_4 u. $< 1{,}5$% Salze enthält, um 95% verstreckt. (**Oe. P. 199 785** vom 18/4. 1957, ausg. 25/9. 1958. E. Prior. 25/7. 1956.)
M. PANKOW. 8075

Vereinigte Glanzstoff-Fabriken Akt.-Ges., Wuppertal-Elberfeld (Erfinder: **Wolfgang Jurgeleit**, Rock Island, Ill., V. St. A.), *Herstellung von feinen Fäden aus hoch-*

molekularen aliphatischen Polyolefinen. Man löst die Polyolefine in Ölen aus Paraffin- oder Naphthen-KW-stoffen zu einer höchstens 2%ig. Lsg. u. kühlt ab, worauf eine stabile Dispersion entsteht, der im Bedarfsfall gleichartige Polymere bis zur Bldg. einer 18%ig. Dispersion zugesetzt werden können. Die Dispersion wird durch Erwärmen in eine Lsg. umgewandelt, die versponnen wird. — Man löst 1% Polyäthylen (Mol.-Gew. 50000) bei 150° in Gasöl vom Kp. 225—230°, kühlt ab, rührt 13% Polyäthylen (Mol.-Gew. 150000) ein, löst nach 24 Std. durch Erhitzen u. verspinnt in Propanol. (**Oe. P. 200 713** vom 26/11. 1957, ausg. 25/11. 1958. D. Prior. 8/12. 1956.) M. Pankow. 8081

American Cyanamid Co., New York, übert. von: **William J. van Loo jr.,** Rye, N. Y., **Theodore F. Cooke,** Martinsville, und **Louis J. Moretti,** Somerville, N. J., V. St. A., *Antistatische Ausrüstung von Textilien aus Nylon, Celluloseacetat, Polyäthylenglykolterephthalat oder Polyacrylnitril.* Man belädt das Gut mit einer wss. 22 bis 90%ig. Lsg. eines härtbaren, in W. lösl. Melamin-CH_2O-Kondensates mit einem Geh. an $MgCl_2$ als Katalysator u. 0,5—20% Harzfestteilen u. vergütet durch Erwärmen auf 93—204°. — In 93,4 (Teilen) W. löst man 1,1 $MgCl_2$ u. 5,5 einer Lsg. von methyliertem Trimethylolmelamin (80%ig). Mit der Lsg. wird Gewebe imprägniert u. nach dem Trocknen bei 107° noch $1\frac{1}{2}$ Min. auf 177° erwärmt. (**A. P. 2 839 506** vom 16/11. 1953, ausg. 17/6. 1958.) H. Möllering. 8081

Owens Corning Fiberglas Corp., Toledo, Ohio, V. St. A., *Herstellung von Fasern aus Glas.* Man schm. das Ausgangsmaterial u. führt einen Gebläsestrahl (Wasserdampf, Luft oder Brennstrahl eines zündfähigen Gemisches) so über eine Öffnung in der Seitenwand des Schmelzgefäßes, daß die Schmelze in Form von Fasern herausgerissen wird. — Vorr., Zeichnungen. (**It. P. 489 122** vom 27/11. 1951. A. Prior. 28/11. 1950.) K. Koebke. 8083

—, Flameproof industrial clothing. London: British Standards Institution. 1959. (7 S.) 3 s.

XIX. Brennstoffe. Erdöl. Mineralöle.

N. Braksch, B. Wimba und **A. Kalinin,** *Über die Eigenschaften und die Wege der Ausnutzung der Sapropele der LettischenSSR.* Die *Sapropele* (I) auf dem Territorium der LettSSR zeigen in ihrem Aschegeh. Schwankungen von 5—77%, wobei jedoch der größere Teil aschearm ist. Ihre brennbare M. enthält 50,8—59,2% C, 6,6—7,4% H, 4,7—5,4% N, 0,6—1,4% S u. 27,9—35,2% O. Auf Grund eingehender Verss. bringen Vff. Hinweise auf die Verwendungsmöglichkeiten der I für die Halbverkokung u. ihr Verh. bei der therm. Lsg., Extraktion u. Oxydation u. Hydrolyse. Auch als Bindemittel bei der Herst. von Faserplatten ist I geeignet. (Известия Академии Наук Латвийской ССР [Nachr. Akad. Wiss. LettSSR] **1958.** Nr. 8. 43—50. Inst. für Forstwirtschaftl. Probleme der Akad. der Wiss. der LettSSR.) M. Ulmann. 8122

Kotaro Akao, Kin-ichi Sato und **Kazuo Ôtsuka,** *Über den Einfluß einiger Chemikalien auf die Entzündungstemperatur von Kohle.* Der Einfl. von NaCl, Na_2CO_3 u. $MgCl_2$ auf die Entzündungstemp. dreier japan. Kohlen wurde untersucht, wobei man folgende Erkenntnisse gewann: 1. Die Entzündungstemp. der Kohle wird von $MgCl_2$ am stärksten beeinflußt; 2. mit einer Mischung von 40 g Zusätzen u. 50 g Kohle ist der Unterschied in der Auswrkg. der einzelnen Chemikalien klar ersichtlich; 3. an Hand der Sättigungskurve kann der mengenmäßige Einfl. der verschied. Zusätze auf die Entzündungstemp. gezeigt werden. (J. Mining metallurg. Inst. Japan **74.** 159—63. März 1958. [Orig.: japan.; Auszug: engl.]) H. Schöberl. 8126

Donald P. Duclos, Allan Schaffer und **Ali Bulent Cambel,** *Die flammenstabilisierenden Einflüsse geneigter Luftdüsen.* Vorgemischte, jedoch nicht vorgewärmte *Propan*(I)/Luft-Gemische mit 96% I wurden zugeführt: 1. zwei zueinander horizontal, in verschied. Abständen gegeneinander stehenden Düsen oder 2. Düsen, die $^1/_8$ in. weit in ein horizontales Rohr aus 96%ig. Quarz von 1,75 in. Durchmesser u. 15 in. Länge hineinragten, so daß die Eintrittswinkel α von 0—15° variiert werden konnten. Der Druck p des eintretenden I an der Düse betrug 70 lbs./sq.in., die Strömungsgeschwindigkeit v = 0,105—0,145 pound/Minute. Die Düsen bestanden aus V 2a-Stahl mit $^1/_8$ in. Außendurchmesser, 6 in. Länge u. waren in der Mitte um 90° gebogen. Bei 1. betrug der Innendurchmesser 0,036 in., bei 2. 0,055 in., so daß der Gesamtmassenfluß an I in beiden Fällen gleich war. Untersucht wurde die Stabilität der über diesen Düsen stehenden Flammen, in dem das jeweilige v_{kr} (ausgedrückt in ft./sec.) bestimmt wurde, das gerade für das Ausblasen der Flammen unter den einzelnen Bedingungen nötig war. Die Ergebnisse sind in Form von Kurven aufgezeichnet. Bei 2. nahm v_{kr} schnell ab, wenn $\alpha > 0°$ wurde; mehrere nicht konvergierende Düsen zeigten keinen Vorteil gegenüber einfachen Düsen bei gleichem α, obgleich die Stabilität bei gegebenem α mit mehreren Düsen bedeutend besser war, wenn diese konvergierten. Die bei 2. mit $\alpha = 0^0$ erhaltene Stabilität ist die größte, die bei konstantem v u. p erhalten werden kann. (Ind. Engng. Chem. **49.** 2063—66. Dez. 1957. Evanston, Ill., Northwestern Univ., Gas Dynamics Labor.) E. ROEDER. 8128

J. Kunc und **J. Holub,** *Der Einfluß technologischer Bedingungen der Verkokung auf die Koksqualität.* Vff. untersuchten den Einfl. des Einsatzschüttgewichtes auf die Koksqualität an einigen Steinkohlen des Kohlenreviers Ostrava-Karvína. (Paliva **39.** 45—47. Febr. 1959. Praha, ÚVP.) E.-L. SCHMELING. 8142

B. A. Onussaitiss, *Über Besonderheiten bei der Bildung von Grundtypen der Struktur im metallurgischen Koks.* Die Kokse (aus Kohlengemischen) stellen sich in 2 Grundtypen dar: 1. Kokse monolith. Struktur, gebildet aus einem dichten Gel, das nur durch Schrumpfungsrisse Abweichungen von der monolith. Struktur aufweist; 2. Kokse mit Konglomeratstruktur, bei denen die Trennungsflächen zwischen den Einzelkörnern leicht (bei geringer Vergrößerung) sichtbar sind; hier bildet ein Teil der Komponenten die Gelstruktur, wobei das Gel die Grundmasse oder das Bindemittel darstellt. Wesentlich ist das Tempo des Schrumpfens, das man durch feines Mahlen der Komponenten günstig verlangsamen kann. Neu ist die Erkenntnis, daß der Koks erst durch hohe Tempp. (1000°) hart wird. Bei hohem Geh. an flüchtigen Stoffen soll einerseits die therm. Stabilität gesteigert, andererseits überschüssige fl. Phase entfernt werden, um das Schrumpfungstempo zu verlangsamen. Schlechte Benetzbarkeit kann durch Zusätze von etwas Teer u. Pech behoben werden. (Известия Академии Наук СССР, Отделение Технических Наук [Nachr. Akad. Wiss. UdSSR, Abt. techn. Wiss.] **1956.** Nr. 4. 85—93. April. Moskau.) A. v. WILPERT. 8144

Jan Jurkiewicz, Józef Janczur und **Józef Kula,** *Die Stabilisierung der Erstarrungstemperatur von Naphthalin.* Der E. von Rohnaphthalin-Preßgut erfährt während des Transportes Änderungen; die Ursache hierfür liegt in der Verringerung des Feuchtigkeitsgeh. (bis ca. 0,6%), was eine Verschiebung des E. bis zu 0,8° führen kann. Um einen unveränderlichen E. zu erhalten, muß ein stabilisiertes Naphthalin (**I**), d. h. ein **I** mit entsprechendem Feuchtigkeitsgeh. durch Modifikation des bisherigen Herstellungsverf. erzeugt werden. (Koks-Smoła-Gaz **2.** 71—75. März/April 1957. Zabrze, Inst. Chem. Przeróbki Węgla.) A. BABCZYŃSKI. 8166

V. Cerchez und **L. Deutsch,** *Beiträge zur Verwertung von sauren Teeren.* Die in der erdölverarbeitenden Industrie erhaltenen sauren Teere können direkt als Brennstoff, zur Gewinnung von SO_2 durch therm. Zers. oder zur Gewinnung von H_2SO_4 durch Waschen mit W. bzw. Dampfbehandlung verwertet werden. Bei der Verflüssigung haben sich vor allem entphenolierte Öle von mittlerem Siedebereich als Zusatz bewährt; solche Gemische sind 2—3 Monate stabil, sie erleiden zwischen —15 u. +30° keine irreversiblen Veränderungen; ihre Entsäuerung kann mittels Na_2SO_4 in $NaHSO_4$-Lsgg. erfolgen, wobei $NaHSO_4$ gewonnen wird u. im MANNHEIM-Ofen zu Na_2SO_4 regeneriert werden kann. Das bei dieser Arbeitsweise erhaltene Teer-Öl-Gemisch läßt sich leicht transportieren. (Minist. Ind. Petrol. Chim., Inst. Cercetări petrolifere **1957.** 1—67. Sep.) R. K. MÜLLER. 8176

Jerzy Kowalski und **Józef Szczurek,** *Erfahrungen bei Extraktion von Kreosotöl aus Braunkohlenschwelteer.* 80%ig. wss. A. extrahiert Phenole aus Kreosotöl (22,5% Phenol) zu 92%, wenn gleiche Voll. Öl u. A. verwendet werden. Die Extraktion wird quantitativ bei angereichertem Öl (40% Phenol). Bei Zusatz von Kogasin (20% bezogen auf Öl) wird quantitative Extraktion schon bei niedrigerem A.-Geh. erzielt. Bei geeigneten Mischungsverhältnissen bildet sich beim Extrahieren eine 3. Schicht, die prakt. reines W. ist u. kein Phenol enthält. (Koks-Smoła-Gaz **3.** 47—50. März/April 1958. Wrocław, Politechn., Kat. Chem., Techn. Węgla brunat.) F. URBAN. 8178

N. D. Tairow und **M. M. Kussakow,** *Untersuchung des Einflusses von Druck und Temperatur auf das Benetzen einer Quarzoberfläche durch Erdöl und Wasser.* Vff. untersuchten den Einfl. des Druckes (bis 250 kg/cm²) u. der Temp. (20—80°) auf die Benetzung einer Quarzplatte durch Erdöllsgg. in Toluol (**I**) bei verschied. Konzz. (0—100%), durch reines **I** u. durch Lsgg. von Stearinsäure in **I** an der Grenze mit verschied. Wässern (dest. W., Meerwasser u. W. aus der Erdölschicht) bei Sättigung der Fl. mit N_2 oder Naturgas (95—98% CH_4) u. stellten fest, daß in Ggw. eines wss. Films auf der Quarzoberfläche eine Hydrophobierung durch das Erdöl oder dessen Lsgg. erfolgt. Hierbei nimmt die Hydrophobierung mit zunehmender Erdölkonz. in **I** zunächst zu, dann ab. Der Randwinkel der Benetzung Θ ist abhängig von Druck, Temp., physikal.-chem. Eigg. des Erdöls u. des W. u. von der Natur des Sättigungsgases. Eine Erhöhung der Temp. auf 80° bei n. Druck beeinflußt Θ prakt. nicht. Bei hohem Druck, bes. bei Sättigung der Fl. mit CH_4, führt die Temperaturerhöhung zu einer Abnahme von Θ. Bei erhöhtem Druck u. erhöhter Temp. benetzt alkal. W. die Quarzoberfläche stärker als dest. u. Meerwasser.

Vff. nehmen an, daß die Θ-Abhängigkeit von der Temp. in der Hauptsache durch die Abnahme der Löslichkeit des Gases u. seiner Adsorption an der festen Oberfläche bedingt ist. Aus den Ergebnissen wird geschlossen, daß unter den natürlichen Bedingungen die Verdrängung des Erdöls durch W. bei alkal. Rk. des letzteren verstärkt wird. Ein Erwärmen des Pumpwassers verbessert die Benetzung des Gesteins durch W. u. damit auch die Ausbeute an Erdöl. (Известия Академии Наук Азербайджанской ССР [Nachr. Akad. Wiss. AserbaidshanSSR] **1957.** Nr. 4. 47—62. April.) O. LEBTAG. 8190

K. P. Kurnossow, S. Ch. Fedotina, Ss. D. Rasumowski und **Ju. I. Chanukajewa,** *Pyrolyse von Gasbenzin. Untersuchung der Pyrolyse unter Laboratoriumsbedingungen.* Gasbenzin mit 1,7 (Gew.-%) Isobutan, 10 n-Butan, 47,5 Pentanen u. 40,4 höheren KW-stoffen wird mit einer dosierten Menge Wasserdampf (I) in einem Quarzrohr bei Tempp. bis 900° der therm. Zers. unterworfen. Optimale Bedingungen für 96%ig. Zers. mit 40% C_2H_4 im erhaltenen Gas: 825—835°, Kontaktdauer < 1 Sek., Verdünnung mit I auf 10—15 Gew.-%. Mit steigender Temp. u. abnehmender Kontaktdauer nimmt die C_2H_4-Ausbeute zu. (Химическая Промышленность [Chem. Ind.] **1958.** 330—32. Sept.) R. K. MÜLLER. 8200

M. A. Dalin, R. Ss. Burmisstrowa und **K. D. Tanijanz,** *Pyrolyse von Gasbenzin. Untersuchung der Pyrolyse unter halbtechnischen Bedingungen.* (Vgl. vorst. Ref.) Bei halbtechn. Durchführung der therm. Zers. von Gasbenzin mit Zusatz von Wasserdampf (I) werden bei den optimalen Bedingungen (820°, 1 Sek. Kontaktdauer, 20 Gew.-% I) 82 Gew.-% Gas mit 31,8 (Vol.-%) C_2H_4, 7 C_3H_6 u. 4 C_2H_6 sowie 16% fl. KW-stoffe, davon 45,6% bei 78—112° sd. Bzl.-Toluol-Fraktion, erhalten. Das Gas ist von ähnlicher Zus. wie das bei der Zers. der C_2H_6- u. C_3H_8-C_3H_6-Fraktion von Naturgas erhaltene u. kann mit anderen Gasen auf die einzelnen Olefine verarbeitet werden. (Химическая Промышленность [Chem. Ind.] **1958.** 333—35. Sept.) R. K. MÜLLER. 8200

István Hlinyánszky, *Möglichkeiten der Verbesserung der Octanzahl von in Ungarn handelsüblichen Benzinen.* Vf. empfiehlt zur Verbesserung der OZ. der ungar. Benzine die Herabsetzung der Benzinausbeute des Rohöls u. die Verwendung von Äthylfluorid (I) bzw. Monomethylanilin (II). Vergleichende Verss., hinsichtlich der Wirtschaftlichkeit u. Angabe der erreichbaren OZ., zwischen **I** u. **II.** (Magyar Kémikusok Lapja [Z. Ver. ung. Chemiker] **13.** 13—15. Jan. 1958. Budapest, Ásványolajforgalmi Vállalat.) G. HALMI. 8206

Futoru Yoshimura, *Einwirkung rauchender Schwefelsäure auf Mineralöl.* Spindelöl wurde 1 Std. bei 90° mit 20%ig. rauchender H_2SO_4 versetzt, wobei aromat. KW-stoffe sulfoniert u. Naphthene dehydriert werden. In den Reaktionsgemischen werden auch polymerisierte sowie oxydierte KW-stoffe gefunden. Der größte Teil, der durch die Dehydrierung aus Naphthenen gebildeten aromat. KW-stoffe, wird weiter sulfoniert. (J. chem. Soc. Japan, ind. Chem. Sect. [Kōgyō Kagaku Zassi] **61.** 976—81. Aug. 1958. Sakai, Ôsakahuritu-Daigaku. [Orig.: japan.]) E. MAEKAWA. 8220

W. J. Mueller und **R. A. Clark,** *Zusammensetzung von Acrylatpolymeren, die gegen ein Diesterschmiermittel beständig sind.* Das Ziel ist, einen Acrylatgummi herzustellen, welcher einer Behandlung in einem synthet. Diesterschmiermittel bei 350° F während 500 Std. widersteht. Die Minimalforderung wurde in keinem Falle ganz erfüllt, doch wurden mit *Hycar 4021* gute Ergebnisse erzielt, bei denen lediglich die Quellung 10% höher lag als das von der Air-Force gesetzte Maximum von 30%. Die besten Ergebnisse wurden erzielt, wenn mit einer Kombination von Triäthylentetramin, Schwefel u. Tetramethylthiuramdisulfid vulkanisiert wurde. (Ind. Engng. Chem. **48.** 982—91. Juni 1956. Columbus, O., Batelle Mem. Inst.) K. L. WOLF. 8222

Błażej Roga und **Bohdan Karabon,** *Bitumina aus Steinkohle.* Übersicht über Zus. u. Trennungsmethoden der Extrakte aus Steinkohle im Vgl. zu Braunkohlenbitumina. — 48 Literaturangaben. (Wiadomości chem. **11.** 649—61. Nov. 1957. Wrocław, Politechn., Kat. Chem., Technol. Węgla.) F. URBAN. 8224

F. Breimer, H. I. Waterman und **A. B. R. Weber,** *Hydroisomerisation von Paraffin.* Paraffinwachs mit einem durchschnittlichen Mol.-Gew. von 375 wird mit H_2 verdampft u. mit verschied. Katalysatoren bei einer stündlichen Durchsatzgeschwindigkeit von 0,89—1,04 kg/Liter/h bei 410—450° u. 30—102 atü H_2-Druck u. einem Mol-Verhältnis H_2/Paraffin von 61:183 in Kontakt gebracht. Das Reaktionsprod. betrachten Vff. als Pseudo-3-Komponentensyst., d. h. Öl, nichtumgesetztes Paraffin u. Spaltprodukte. Es wurde gefunden, daß der Ölgeh. der Reaktionsprodd. in Beziehung steht zur Menge der Spaltprodd. u. daß diese Beziehung durch eine Gleichung zweiten Grades, die 2 Konstanten enthält, ausgedrückt werden kann. Auf dieser Gleichung basiert eine Meth. zur Katalysatorauswahl. Die bei den Verss. erhaltenen Öle haben einen Kp. von —21 bis 35°, einen Viscositätsindex von 106—145, eine Viscosität bei 100° F

von 8,0—10 cS u. eine Viscosität bei 210° F von 2,1—2,8 cS. Mit einem Katalysator vom Platintyp wurde eine Maximalausbeute an Öl von 67 Gew.-% erhalten; die Menge an Spaltprodd. belief sich auf 10—20 Gew.-%. Herst. der verschied. Katalysatoren wird beschrieben. Die Versuchsergebnisse sind tabellar. u. graph. gebracht. (J. Inst. Petroleum **43**. 297—306. Nov. 1957. Delft, Holland, Univ. of Chem. Engng.)
K. O. MÜLLER. 8226

Jerzy Szuba und **Helena Wołk-Łaniewska,** *Versuche zur Gewinnung hochwertiger Cumaron- und Indenharze mittels Schwefelsäure als Katalysator.* Vff. stellten durch Unterss. die optimalen Bedingungen für die Polymerisation der in Solventnaphtha enthaltenen harzbildenden Verbb. unter Anwendung von H_2SO_4 u. den Einfl. verschied. Faktoren wie Konz., Neutralisation, Harzausscheidung auf die Qualität der erhaltenen Cumaron- u. Indenharze fest. Es ergab sich, daß die Polymerisation mittels H_2SO_4 bei Einhaltung der festgelegten Polymerisationsbedingungen helle, hochschm. Harze ergibt. (Koks-Smoła-Gaz **2**. 65—71. März/April 1957. Zabrze, Inst. Chem. Przerobki Wegla.)
A. BABCZYŃSKI. 8228

L. Ss. Terletzkaja, *Über die Rolle der Struktur des Füllmittelkornes bei der Strukturbildung von Bitumensuspensionen.* Die mit Elektronenmikroskop u. Farbstoffadsorption untersuchten Füllmittel für Bitumen (verschied. Carbonate u. Silicate) zeigen eine verschied. innere Struktur: Dicht, feinporig, porig u. grobporig. Die Luminescenzanalyse der Bitumensuspensionen ergab auf den Schnitten der feinporigen Füllmittel (Kalkstein u. a.) eine zonale Verteilung des Bitumens: Im Zentrum nur Öle, nach außen Teere; Asphaltene drangen überhaupt nicht ein. In den grobporigen Füllmitteln findet keine Fraktionierung statt, in den dichten dringt Bitumen nur in die Mikrospalten ein. Durch die Unterschiede in der Art des Eindringens des Bitumens ergibt sich eine Verschiedenartigkeit der Struktur der Suspensionen. So bilden die feinporigen Füllmittel Suspensionen von hoher mechan. Festigkeit, die grobporigen nur Gemische von geringer plast. Festigkeit. (Коллоидный Журнал [Kolloid-J.] **19**. 760—61. Nov./Dez. 1957. Charkow, Autobahn-Inst., Lehrstuhl für Chem.) J. V. SCHROEDER. 8230

D. H. Mathews, *Adhäsion bei bituminösen Straßenbaustoffen; ein Überblick über den gegenwärtigen Stand unserer Kenntnisse.* Vf. schildert den von dem ROAD RES. LABOR. gesammelten Stand der Technik über Faktoren, die das Haftvermögen von Bitumen an Straßenbaustoffen beeinflussen u. über das Haftvermögen unter trockenen bzw. nassen Bedingungen. Die physikal.-chem. Beziehungen des Syst. W.-Stein-bituminöse Bindemittel werden untersucht u. Adhäsionsteste krit. beleuchtet. Die Wrkg. von Additiven, die das Haftvermögen verbessern, wird an Hand zahlreicher Literaturzitate besprochen. (J. Inst. Petroleum **44**. 423—32. Dez. 1958. Harmondsworth, Middlesex, Road Res. Labor., D.S.I.R.) K. O. MÜLLER. 8236

David J. Kusler, *Gravimetrisches Verfahren zur Untersuchung von Gichtgas.* Vf. beschreibt ein automat. ununterbrochen arbeitendes Verf. zur Unters. von Gasgemischen aus CO_2, CO, H_2 u. N_2. Das Gemisch wird durch ein Absorptionssyst. geleitet, wobei CO_2, CO u. H_2O zurückgehalten werden, während der N_2 als Restgas bestimmt wird. Die Genauigkeit der Meth. wurde durch gleichzeitige Unters. des Gases mit dem ORSAT-App. bewiesen. Das Verf. wurde in der Hauptsache zur Unters. von Gichtgas entwickelt. Es gestattet, die wechselnde Zus. des Gichtgases laufend zu verfolgen. Die Angaben werden in Vol.-% gemacht. Auf die Best. von CH_4 u. O_2 wurde bewußt verzichtet, da diese im Gichtgas höchstens in Spuren vorhanden sind. Die benötigte App. u. der Gang des Verf. werden eingehend beschrieben. (U. S. Dep. Interior, Bur. Mines, Rep. Invest. **1959**. Nr. 5452. 1—12. Pittsburgh, Pa., Bur. of Mines.)
F. ROSENDAHL. 8242

A. K. Schubnikow, G. N. Ssobolewa, T. M. Bronowetz und **A. I. Chrissanfowa,** *Anwendung der Spektralanalyse bei der Untersuchung der Asche fossiler Kohlen.* Die mittels eines Lichtbogenspektrographen durchgeführte Unterss. zeigen, daß bei der Best. des Geh. an SiO_2, Al_2O_3, Fe_2O_3, CaO u. MgO in Steinkohlenasche die spektroskop. Meth. der chem. Analyse hinsichtlich der Schnelligkeit u. Genauigkeit überlegen ist. Die mittleren Abweichungen zwischen den spektroskop. u. chem. Werten liegen innerhalb der für Spektralanalysen zulässigen Fehlergrenze (1—10%). Die Analysenwerte werden einer Eichkurve entnommen; als Eichsubstanzen dienen künstliche Mischungen chem. reiner Substanzen oder Ascheproben, deren Zus. auf chem. Wege ermittelt wurde. (Химия и Технология Топлива и Масел [Chem. Technol. Brennstoffe Öle] **1957**. Nr. 10. 1—5. Okt.) H.-E. MESSERKNECHT. 8246

Vladimir Vorobjov, *Analytische Bestimmung von höheren Phenolfraktionen der Kohlenteere in Hinsicht auf die Herstellung von Phenol-Formaldehyd-Harzen.* (Vorl. Mitt.) Nach der beschriebenen Meth. werden die höheren Phenolfraktionen der Kohlenteere durch 0,1n $KBrO_3$-KBr-Lsg. in saurem CH_3OH-Medium bromiert. Der Äquivalenzpunkt wird mit rotierender Elektrode festgestellt. Die Resultate sind gut reproduzierbar. Die Meth. eignet sich als ein Kriterium für die Verwertbarkeit von Rohstoffen. (Chem. Průmysl **8** (**33**). 50—51. Jan. 1958. Bratislava, Výsk. ústav káblov a izolantov.) J. SCHNEIDER. 8248

D. Meltzer, *Eine Schnellmethode zur Ermittlung von Kohlenoxyd in Generatorgas, in carburiertem Wassergas und in Leuchtgas bei der Kokserzeugung.* Nachdem CO_2 u. O_2 mittels ORSAT-App. ermittelt sind, wird der Geh. an CO unmittelbar aus Diagrammen abgelesen, die auf Grund experimentell ermittelter Verhältniswerte zwischen CO_2, O_2 u. CO in Generatoren- u. Leuchtgas aufgestellt sind. — Nähere Erläuterung der Ableitung dieser Tabellen. (South African ind. Chemist **12.** 119—20. Juni 1958. Johannesburg, City Council, Health Dep.) K. O. MÜLLER. 8250

N. Je. Podkletnow und **E. K. Brjanskaja,** *Gas–Flüssigkeits-Chromatographie flüssiger Erdölkohlenwasserstoffe.* Zusammenfassende Übersicht. — 100 Literaturangaben. (Успехи Химии [Fortschr. Chem.] **27.** 1354—60. Nov. 1958. Nowo-Alexandrowsk, Sachalin.) E. KLEVER. 8252

Karl-Heinz Braun, *Quantitative Bestimmung von Bleitetraäthyl in Kraftstoffen.* Man versetzt 100 ml Kraftstoff im Scheidetrichter mit 4 g $KClO_3$ u. nach u. nach in 10 Min. mit 20 ml konz. HCl, versetzt nach beendeter Rk. mit 20 ml W., schüttelt, läßt die untere Lsg. ab, spült den Kraftstoff mit 20 ml W., dampft die Pb-Lsgg. bis zum Beginn der Salzausscheidung ein, verd. mit 300 ml W., neutralisiert mit NH_3-W. (Lackmuspapier), versetzt mit 10 ml Pufferlsg. (54 g NH_4Cl u. 350 ml konz. NH_3-W. auf 1 Liter W. auffüllen), 25 ml 0,01mol. Komplexon III-Lsg. u. 0,3 g Indicator (1 g Eriochromschwarz T mit 100 g NaCl verreiben) u. titriert die blaue Lsg. mit 0,01mol. $ZnCl_2$-Lsg. (653,8 g Zn in HCl lösen u. auf 1 Liter W. auffüllen) auf rotviolett zurück. 1 ml 0,1mol. Komplexon III-Lsg. entspricht 2,07 mg Pb. (Chem. Techn. **10.** 159. März 1958.) W. WESLY. 8254

R. König, *Untersuchung von Transformatorenölen auf Alterungsneigung.* Es wird ein Schnelltestverf. zur Beurteilung der Alterungsbeständigkeit von Ölen auf Grund der Messung der „opt. Wertzahl" mit dem ZEISS-Photometer mitgeteilt, dessen Ergebnisse mit denjenigen des langwierigen BAADER-Testes parallel gehen. (Schmiertechnik **5.** 277. Nov./Dez. 1958. Nordhausen, Mineralölwerk.) K. L. WOLF. 8256

A. Sonntag, *Die Wirkungsweise von Schmiermitteln beim „Einlaufen" neuer Maschinen.* Es werden die Einlaufvorgänge mit einer abgeänderten TIMKEN-Prüfmaschine untersucht unter besonderer Berücksichtigung des Einfl. von MoS_2-Paste. (Schmiertechnik **5.** 267—73. Nov./Dez. 1958. Stamford, Conn., Alpha-Molykote Corp.) K. L. WOLF. 8258

G. H. Göttner, *Eine Methode zur Bestimmung der Flammpunkte der Grundöle von Seifenschmierfetten.* Schmierfette mit Gasölen sind solchen mit Schmierölen unterlegen, auch wenn sie sich in den üblichen Kennwerten nicht unterscheiden. Es wird ein Verf. angegeben, das Vorhandensein von Gasöl durch Ermittlung des Flammpunktes des Grundöls nachzuweisen. (Schmiertechnik **5.** 273—75. Nov./Dez. 1958. Hannover, Inst. für Erdölforschung.) K. L. WOLF. 8258

Bergwerksverband zur Verwertung von Schutzrechten der Kohlentechnik G. m. b. H., Dortmund-Eving, *Entaschung und Entwässerung von Steinkohle enthaltendem Rohgut.* (**Oe. P. 181 580** vom 18/10. 1951, ausg. 12/4. 1955. D. Priorr. 7/12. 1950, 19/3. u. 24/3. 1951. — C. **1958.** 9392. [E. P. 744 131.]) J. SCHWERIN. 8135

Bergwerksverband zur Verwertung von Schutzrechten der Kohlentechnik G. m. b. H., Dortmund-Eving, *Entaschung und Entwässerung von Steinkohle enthaltendem Rohgut.* Unter Tage gewonnene Steinkohle wird in Nähe des Füllortes unter Zusatz von W. zerkleinert u. in einen pumpfähigen Brei übergeführt, der durch Rohrleitungen zu Tage gefördert u. einer Nachbehandlung unterzogen wird. Unter Tage kann vorher eine Zerkleinerung durch Prallmühlen u. Absiebung der gröbsten Berge erfolgen. Die Nachbehandlung besteht in einer innigen Durchmischung der zerkleinerten Kohle mit Benetzungsmitteln, wie minderwertigen Ölen u. Teeren, die in einer Menge von 2—10% u. mehr, bezogen auf trockene Reinkohle, zugesetzt werden unter gleichzeitiger Dispergierung dieser Mischung in Wasser. Die Trennung der ölbenetzten Kohle von den Bergeteilchen erfolgt durch Filtern oder Schleudern in schnellaufender Siebschleuder. (**Oe. P. 190 465** vom 3/7. 1952, ausg. 10/7. 1957. D. Prior. 11/7. 1951. **Zusatz zu Oe. P. 181 580; vgl. vorst. Ref.**) J. SCHWERIN. 8135

Demag Akt.-Ges., Duisburg (Erfinder: **Ludwig Weber,** Berlin), *Erzeugung von Brenn- oder Reduktionsgas* durch Entgasen bzw. therm. Spalten eines festen oder fl.

Brennstoffes mit nachfolgender Vergasung des festen Entgasungs- oder Spaltungsrückstandes mittels umlaufender fester Wärmeträger. Dieser wird in mehreren Stufen mit dem zu behandelnden Brennstoff in Berührung gebracht, indem er nach der jeweiligen Trennung vom Brennstoff mit anderen Mengen des Brennstoffes von anderer Temperaturhöhe in Berührung kommt. (**D. A. S. 1 048 382** Kl. 24e vom 11/5. 1950, veröff. 8/1. 1959.) W. HAUSWALD. 8149

N. V. de Bataafsche Petroleum Mij. (Erfinder: **Johannes Augustinus Te Nuyl** und **Willem Nagelkerke**), Den Haag, Holland, *Herstellung H_2 und CO enthaltender Gase* durch partielle Verbrennung fl. KW-stoffe (I) mit O_2 bei $\geqq 3$ at, gegebenenfalls in Ggw. von Wasserdampf, dad. gek., daß man in einer Reaktionskammer einen doppelt toroiden Wirbel erzeugt, indem man die I zusammen mit dem in einer Vorkammer infolge tangentialen Eintritts in Rotation gebrachten O_2 durch eine gegenüber dem Durchmesser der Vorkammer u. der Reaktionskammer verengte Öffnung axial hohlkegelförmig in die zylindr. Reaktionskammer einsprüht, deren Länge $<$5fache Durchmesser ist. Man arbeitet bei 1200—1500°, bes. bei 1300°, u. 10 at. Die Verweilzeit im Reaktionsraum beträgt $<$4 Sekunden. Prakt. kein Rußanfall. (**D. A. S. 1 041 013** Kl. 12i vom 27/10. 1955, veröff. 16/10. 1958. Holl. Prior. 29/10. 1954. **E. P. 780 120** vom 27/10. 1955, ausg. 31/7. 1957.) H. KOBS. 8155

Humphreys & Glasgow Ltd. (Erfinder: **Wilfred Hartley** und **Norman Henry Williams**), *Herstellung von Brenngas* aus fl. oder gasförmigen KW-stoffen, bei der die Gasströme durch Wärmespeicher (I) u. ein Bett aus Kontaktmasse (II), in dem das Brenngas erzeugt wird, im Cyclus geführt werden, dad. gek., daß die Gasströme in Richtung u. Folge period. wechselnd die I durchströmen, die Richtung durch II jedoch bei allen Phasen der Herst. nicht gewechselt wird. — Zeichnung. (**Aust. P. 205 490** vom 14/1. 1955, ausg. 14/2. 1957. E. Prior. 20/1. 1954.) C. LÜTTGEN. 8157

Alfred William Newbery, Tongdean (Erfinder: **Michael Steinschläger,** London), England, *Herstellung von carburiertem Wasergas* im Wechselbetrieb in einem Gaserzeuger, der derart betrieben wird, daß am Boden desselben ein auf einem Rost ruhendes Aschenbett u. darüber eine durch Blasen (mit einem nacheinander den Rost u. das von einer vorhergehenden Verfahrensstufe heiße Aschenbett durchströmenden Luftstrom) zum Glühen gebrachte Reaktionszone gebildet wird, u. über dieser eine Brennstoffschicht liegt u. die heißen, den oberen Teil der Reaktionszone verlassenden Blasegase durch einen Regenerator zu dessen Erhitzung geleitet werden. Gemäß der Erfindung wird der Gasbereitungscyclus eingeleitet, indem Dampf oder CO_2 durch den erhitzten Regenerator u. von dort in Abwärtsrichtung durch die Reaktionszone nach unten in das Aschebett geleitet u. durch einen Auslaß in der Gaserzeugerwandung abgeführt wird. Dieser ist in einer solchen Höhe über dem Rost angeordnet, daß die Höhe des Aschenbettes zwischen der Abzugsstelle des Wassergases u. der unteren Grenze der Reaktionszone zur Speicherung eines Teiles der fühlbaren Wärme des hindurchströmenden Wassergases in dem Aschebett ausreicht. Die so während des Abwärtsgasens gespeicherte Wärme wird zur Vorerhitzung von Gasen benutzt, die bei dem darauffolgenden Aufwärtsgasen durch das Aschebett der Reaktionszone zugeführt werden. In das erzeugte Wassergas wird zum Carburieren ein KW-stoff eingespritzt. (**D. A. S. 1 038 224** Kl. 24e vom 22/9. 1950, veröff. 4/9. 1958. E. Priorr. 11/8. 1942 u. 26/5. 1943.) W. HAUSWALD. 8159

Humphreys & Glasgow Ltd., London, England, *Herstellung von brennbaren Gasen aus flüssigen Kohlenwasserstoffen,* dad. gek., daß während der Beheizungsphasen zusätzlich Luft den Heizgasen hinzugefügt wird, nachdem diese ein Katalysatorbett durchquert haben, jedoch ehe sie durch die Verdampfungskammer oder einen Verdampfungsraum gegangen sind, wobei die zusätzliche Luft eine wesentlich niedrigere Temp. als die Heizgase besitzt, die das Katalysatorbett durchquert haben, u. in einer derartigen Menge zugeführt wird, daß die zusätzliche Luft zumindest zusammen mit irgendwelchem freiem O_2 in den Heizgasen, die die Katalysatorkammer verlassen, zur Verbrennung der Kohlenstoffablagerungen in der Verdampfungskammer oder dem Verdampfungsraum im gewünschten Umfang genügt. — Vorr., Zeichnungen. (**D. A. S. 1 043 570** Kl. 26a vom 19/2. 1957, veröff. 13/11. 1958. E. Prior. 22/2. 1956.) E. KAHLES. 8161

Ruhrgas Akt.-Ges. (Erfinder: **Walther Wunsch,** Elfringhausen, und **Fritz Horn**), Essen, *Abscheiden kondensierbarer Dämpfe aus Brenngasen für Fernleitungen und Speicher* mit schwankenden Tempp. u. Drucken, dad. gek., daß das Gas auf einen konstanten niedrigen Druck ein- oder mehrstufig komprimiert, abgekühlt, von den Kondensaten befreit wird, sodann in einer Expansionsmaschine bis zur Tiefkühlung entspannt u. anschließend auf Fernleitungs- oder Speicherdruck komprimiert wird. (**D. A. S. 1 018 185** Kl. 26d vom 7/11. 1953, veröff. 24/10. 1957.) A. HEINSEN. 8165

Standard Oil Co., Cleveland (Erfinder: **Franklin Veatch**, Cleveland, und **Everett Clark Hughes**, Shaker Heights), Ohio, V. St. A., *Verhinderung des Verdampfens flüchtiger Komponenten von Mineralöl* durch Bedecken der Oberfläche des Mineralöls mit einer schwimmenden Schicht, die kleine, hohle, lochfreie Teilchen u. ein nichtflüchtiges Öl enthält, wobei diese Teilchen einen mittleren Durchmesser von 1—500 μ u. eine D. (nach der Flüssigkeitsverdrängungsmeth. bestimmt) von 0,05—0,6 g/cm³ aufweisen u. 20—70% des Vol. der Schicht ausmachen. (**Schwz. P. 328 757** vom 26/5. 1953, ausg. 14/5. 1958.) P. UNGER. 8187

Union Oil Co. of California, Los Angeles, übert. von: **George P. Maly**, Fulterton, Calif., V. St. A., *Erhöhung der Durchlässigkeit von Formationen zwecks Steigerung der Erdölproduktion.* Durch die Bohrung, die Schichten verschied. Durchlässigkeit passiert, wird eine Fl. eingeleitet, die sich in den Formationen verfestigt. Der Flüssigkeitsdruck muß ausreichend sein, um in die Formation mit der größten Durchlässigkeit zu gelangen, aber unzureichend für den Eintritt in die Formation mit der geringsten Durchlässigkeit. Danach wird eine 2. Fl. mit einer geringen Eindringungsviscosität eingeführt, deren Druck ausreichend sein muß, diejenigen Formationsschichten aufzubrechen, die die verfestigte Fl. enthalten. Die 1. Fl. besteht z. B. aus einen Kondensprod. aus Phenol u. Aldehyd u. einem Kondensationskatalysator u. die 2. aus einem gelierten KW-stoff. (**A. P. 2 805 721** vom 12/12. 1955, ausg. 10/9. 1957.) W. HAUSWALD. 8191

N. V. de Bataafsche Petroleum Mij. (Erfinder: **Jan van Heiningen, Hendrik Jan de Haan**, Amsterdam, und **Jean Daniel Jansen)**, Den Haag, Holland, *Gewinnung von Erdöl durch Verdrängung aus den ölhaltigen Formationen mit Wasser.* Damit das W. dem Druck nicht ausweichen kann, erhöht man seine Viscosität durch einen Zusatz schleimbildender Mikroorganismen, z. B. *Betacoccus dextranicus*, u. von Nährstoffen für diese, z. B. Saccharose. (**Holl. P. 89 580** vom 5/12. 1956, ausg. 15/11. 1958.) F. BÖHM. 8191

Dow Chemical Co., übert. von: **Noland Poffenberger** und **Victor S. Morello**, Midland, Mich., V. St. A., *Extraktion und Gewinnung von Aromaten aus Kohlenwasserstoffgemischen.* Man leitet das Gemisch aus mehreren Aromaten der Benzolreihe mit nichtaromat. KW-stoffen in die Mitte einer mehrstufigen Gegenstromextraktionsanlage, ein selektives, glykolartiges Lösungsm. (nicht mischbar mit den Nichtaromaten) in das eine Ende der Anlage, wo es mit dem Extraktionsgut in Berührung kommt. Man hält die Anlage unter solchem Druck, daß die Reaktionsteilnehmer in fl. Phase verbleiben; die Temp. wird bei $>40^0$ gehalten. An der Seite der Einführungsstelle des Lösungsm. zieht man ein glykol- u. aromatenfreies Raffinat ab, den aromatenreichen, glykol. Extrakt von dem entgegengesetzten Ende der Anlage. In einer Vorabstreifung entfernt man aus dem Extrakt den größten Teil der flüchtigsten Aromaten zusammen mit den Nichtaromaten gleicher Flüchtigkeit. Man kondensiert die gebildeten Dämpfe u. benutzt das erhaltene Kondensat als einziges Rückflußmittel in dem Extraktor u. leitet es zu diesem Zwecke in denselben ein. Den Rest des Extraktes leitet man in eine Heizzone u. streift in dieser Zone die restlichen Aromaten von dem Lösungsm. ab, rektifiziert sie u. zieht sie als Prod. aus dem System. Das von KW-stoffen freie Lösungsm. leitet man in das Extraktionssyst. zurück. — Zeichnung. — Vgl. F. P. 1 080 165; C. **1956.** 11563. (**A. P. 2 803 685** vom 2/6. 1952, ausg. 20/8. 1957.) P. UNGER. 8193

N. V. de Bataafsche Petroleum Mij. (Erfinder: **Cornelis D. Ten Have** und **Willem Johan Pieters)**, *Mercaptanfreie Kohlenwasserstoffe*, bes. *Treibstoffe.* Man behandelt das Gut, z. B. in einem Propellermischwerk, mit einer wss. Lsg. von Alkalihydroxyd in Ggw. von O_2, wobei zur Verbesserung der Löslichkeit der Mercaptane techn. Kresol zugesetzt werden kann. — Geeignet ist eine Lsg. von 48(%) W., 27 KOH u. 25 techn. Kresol. (**Aust. P. 204 576** vom 26/1. 1956, ausg. 3/1. 1957. Holl. Prior. 28/1. 1955.) H. MÖLLERING. 8195

Badische Anilin- & Soda-Fabrik Akt.-Ges. (Erfinder: **Willi Oettinger**, Ludwigshafen, und **Otto Göhre**, Heidelberg), *Herstellung von Katalysatoren für Umwandlungs- und Erzeugungsverfahren von Kohlenwasserstoffen*, dad. gek., daß die Erhitzung der Trägersubstanz mindestens teilweise in bewegtem Zustand in einem heißen Gasstrom vorgenommen wird, wobei von der Erhitzung des mit der katalyt. wirkenden Substanz versehenen Trägers in bewegtem Zustand abgesehen werden kann. (**D. B. P. 970 872** Kl. 23b vom 13/8. 1954, ausg. 6/11. 1958. Anmeldung bekanntgemacht 28/6. 1956.) E. KAHLES. 8197

Thomas W. Pratt, Rutherford, N. J., V. St. A., *Herstellung von Ausgangsmaterial für die katalytische Spaltung.* Man erhitzt unter n. Druck getopptes Rohöl (reduced crude) u. leitet es bei genügend hoher Temp. in einen Vakuum-flash-turm, um darin eine Flashtemp. von ca. 200^0 F unterhalb der therm. Zersetzungstemp. aufrechtzuerhalten. Aus diesem Turm zieht man ein Vakuumdestillat ab, ebenso Vakuumbodenprodd., die mindestens 25% des in dem getoppten Rohöl vorhandenen Öls ausmachen u. für die katalyt. Spaltung geeignet sind. Man kühlt die Bodenprodd. ab u. leitet sie gekühlt in eine Fraktionierzone ein, wo man sie im Gegenstrom mit einem normalerweise gasförmigen KW-stofflösungsm. bei Tempp. innerhalb von 100° F der krit. Temp. dieses Lösungsm. behandelt, um die Vakuumbodenprodd. in ein asphalt. Raffinat u. einen entkohlten Ölextrakt (dessen CONRADSON-Rückstand niedriger ist als derjenige der Vakuumbodenprodd.) zu fraktionieren. Man verwendet den größeren Teil des Vakuumdestillats u. den entkohlten Ölextrakt als Ausgangsmaterial für die katalyt. Spaltung. — Zeichnung. (**A. P. 2 834 715** vom 3/6. 1954, ausg. 13/5. 1958.) P. UNGER. 8197

Esso Research and Engineering Co., Elizabeth, N. J., V. St. A., *Umwandlung asphaltischer Kohlenwasserstoffe* in KW-stoffe mit niedrigerem Siedebereich, dad. gek., daß man eine Mischung aus einem asphalt. KW-stoff u. nicht weniger als 0,5 Teilen einer unbehandelten Gasöl-Erdöl-KW-stoff-Fraktion pro Teil asphalt. KW-stoffes herstellt, diese Mischung mit einem Entschwefelungskatalysator bei 385—440° in Ggw. von 8,9—107 m^3/hl des Gemisches H_2 bei 7—140 atü u. einer Raumgeschwindigkeit von 0,25—5 Vol. des Gemisches pro Vol. Katalysator pro Std. zusammenbringt u. die Prodd. isoliert. — Zeichnung, Tabellen. (**D. A. S. 1 034 302** Kl. 23b vom 7/3. 1957, veröff. 17/7. 1958. A. Prior. 14/3. 1956.) E. KAHLES. 8197

Ethyl Corp., V. St. A., *Herstellung von Pb-Tetraäthyl*, dad. gek., daß man $PbCl_2$ mit Al-Triäthyl oder Zn-Diäthyl, die man aus Al bzw. Zn u. H_2 u. Rk. des Hydrids mit Äthylen hergestellt hat, umsetzt. (**F. P. 1 149 267** vom 24/3. 1956, ausg. 23/12. 1957.) S. BÖTTCHER. 8209

„Shell" Research Ltd., London (Erfinder: **Denis Raymond Bailey** und **Phillip Hervey Daniels**, Chester), England, *Peroxydhaltiger Dieseltreibstoff*, gek. durch einen Geh. von < 0,1 Gew.-% eines organ. Peroxyds. — Beispiele: Di-tert.-butylperoxyd, Cumolhydroperoxyd. Weiterer Geh. an Metalldesaktivatoren, z. B. Disalicylaläthylendiamin. (**D. A. S. 1 050 112** Kl. 46a[6] vom 18/7. 1957, veröff. 5/2. 1959. E. Prior. 20/7. 1956. **E. P. 790 978** vom 20/7. 1956, ausg. 19/2. 1958.) E. DREWS. 8213

„Shell" Research Ltd., London (Erfinder: **John Owen Cliffe**, Whitby, und **Donald Reece**, Birkenhead), England, *Schmieröl* auf der Basis fl. Ester der allg. Formel R'OOCRCOOR'', worin R ein 2wertiger gesätt. aliphat. KW-stoffrest u. R' u. R'' Alkyl-, Aralkyl- oder Cycloalkylreste mit > 2 C-Atomen sind, dad. gek., daß es ein KW-stoffschmieröl mit einem Viscositätsindex > 70 u. einer Viscosität von mindestens 374 SUS/38° in einer Menge von 2—50 Gew.-%, berechnet auf das Gesamtgewicht der Mischung, sowie 0,01—1 Gew.-%, berechnet auf das Metall eines Salzes einer aromat. Carbonsäure oder eines Phenols mit einem Metall der 2. Gruppe des Period. Syst. enthält. — Beispiel: Schmieröl aus 63 (Gewichtsteilen) Estergemisch [70 Gew.-% Di-(3.5.5-Trimethylhexyl)-sebacat, 20 Di-(2-äthylhexyl)-sebacat, 10 Di-(3.5.5-trimethylhexyl)-adipat], 34 solventraffiniertem u. entparaffiniertem Mineralschmieröl (Viscositätsindex 96, Viscosität/60° = 739 SUS), 3 „Konzentrat A" (Ca-Salz des p-Octylphenols in Schmieröl, Ca-Geh. 1,29%). (**D. A. S. 1 047 356** Kl. 23c vom 12/4. 1956, veröff. 24/12. 1958. E. Prior. 14/4. 1955. **E. P. 768 905** vom 14/4. 1955, ausg. 20/2. 1957. **Zusatz zu E. P. 703 445; C. 1958. 7328.**) E. DREWS. 8221

„Shell" Research Ltd., London, England, übert. von: **Arthur Donald Shellard** und **Charles Norman Thompson**, *Verbesserung der Schmiereigenschaften von Kohlenwasserstoffschmierölen.* Zur Erhöhung des Spreizdruckes (Ausbreitungsdruckes) von KW-stoffschmierölen an festen Oberflächen behandelt man das Öl mit einer kleinen Menge — nicht > 1,5 Gew.-%, bezogen auf das Ölgewicht — einer organ. Persäure (Trichlorperessigsäure). (**E. P. 801 418** vom 13/9. 1956, ausg. 10/9. 1958.) P. UNGER. 8221

Standard Oil Co., Chicago, Ill., übert. von: **Fred W. Schuessler**, Valparaiso, und **Norman E. Lemmon**, Hammond, Ind., V. St. A., *Bariumsulfonate* mit hohem Ba-Gehalt. Die durch Behandeln von KW-stoffölen mit rauchender H_2SO_4 erhaltenen Sulfonsäuren werden mit wss. A. extrahiert, der Extrakt wird mit $Ba(OH)_2 \cdot 8 H_2O$ neutralisiert u. die Mischung mit Luft bei 300—400° F geblasen bis das W. u. der A. entfernt sind. Das trockne Ba-Sulfonat wird in einem Mineralöl gelöst u. nach Zusatz von 2—3 Mol eines Phenols (je Mol Sulfonat) u. ca. 2—6 Mol W. je Mol $Ba(OH)_2$ zuerst auf 160—200° F, dann unter Einleiten von CO_2 auf 400° F u. schließlich mit Wasserdampf auf 300—400° F erhitzt, um das nichtumgesetzte Phenol zu entfernen. — *Schmierölzusatzmittel.* (**A. P. 2 791 558** vom 21/10. 1954, ausg. 7/5. 1957.) G. KRAUSS. 8221

Standard Oil Co., Cleveland, übert. von: **Everett C. Hughes**, Shaker Heights, und **Harrison M. Stine**, Lyndhurst, Ohio, V. St. A., *Schneidöl.* Dasselbe besteht aus einer

Mineralölbasis u. enthält 0,5—5 Gew.-% einer Mischung organ. Polysulfide der allg. Formel $R_1—C_6H_4—CH_2—S_x—CH_2—C_6H_4—R_2$. Hierin sind R_1 u. R_2 Methyl-, Äthyl- u. Propylreste, x = 4—5. Die Herst. erfolgt aus Gemischen aromat. KW-stoffe, die ca. 9 (%) Xylol, 3 Isopropylbenzol, 36 Methyläthylbenzole, 39 Trimethylbenzole u. 13 gemischte Monoalkylbenzole enthalten, durch Chlormethylierung u. Rk. mit Na_2S_4 u. mit S, wenn n > 4 ist. (**A. P. 2 790 772** vom 19/5. 1954, ausg. 30/4. 1957.) E. DREWS. 8221

Esso Research and Engineering Co., Elizabeth, übert. von: **Alfred H. Matuszak**, Westfield, und **Ernest V. Wilson**, Roselle, N. J., V. St. A., *Esterschmiermittel.* Dasselbe besteht aus 20—95 (Vol.-%) eines Esters einer Dicarbonsäure mit einem verzweigtkettigen C_{6-16}-Alkohol, 80—5 eines Komplexesters aus Monocarbonsäuren, Dicarbonsäuren, Glykolen u. einwertigen Alkoholen, u. 0,1—0,5 eines Kondensationsprod. aus einem aromat. Aldehyd u. einem Diamin. — Beispiel: Die Schmierölbasis besteht aus 30—35 Diester der Azelainsäure mit C_8-Oxoalkohol (I) u. 70—65 Komplexester C_8-Oxoalkohol–Azelainsäure(II)–Polyäthylenglykol (III; Mol.-Gew. 200)–Azelainsäure–C_8-Oxoalkohol, u. wird hergestellt aus 2 (Mol.)II, 1 III u. 2,4 I in Toluol in Ggw. von Na-Bisulfat. Zugegeben werden 0,2—0,4 Gew.-% Reaktionsprodd. äquimol. Mengen Äthylendiamin u. Salicylaldehyd als Antikorrosionsmittel. — Turbinenschmiermittel. (**E. P. 774 457** vom 3/6. 1955, ausg. 8/5. 1957. A. Priorr. 25/6. u. 28/7. 1954. **A. P. 2 743 234** vom 25/6. 1954, ausg. 24/4. 1956.) E. DREWS. 8223

Texas Co., New York, übert. von: **John P. Dilworth**, Fishkill, **George W. Eckert**, Glenham, und **William J. Coppoc**, Beacon, N. Y., V. St. A., *Lagerschmierfette* von hohem Tropfpunkt, guter Oxydationsbeständigkeit u. gutem Tieftemperaturverh., bestehend aus einer Mischung von 15—25 (%) Alkaliseifen eines seifenbildenden Materials (I) mit einer JZ. von mindestens 90, u. 60—80 Mineralöl mit einem Geh. von 1,7—2,3 freiem Alkali. Die Herst. erfolgt durch Mischen von I mit dem Mineralöl, Zugabe von Alkalihydroxyd in zur Verseifung von I erforderlicher stöchiometr. Menge + dem Überschuß von 1,7—2,3, Verseifen, Erhitzen auf 480—550° F unter Rühren, während 2½—5 Std., Abkühlen auf 500° F u. darauffolgendes rasches Abkühlen u. Mahlen. — Beispiel: Fett aus 20 (%) Na-Seifen von Menhadenöl-„Snodottesäuren" (hydrierte Fischöl-Fettsäuren), 1,9 NaOH-Überschuß, 1,6 Glycerin (vom Fett), 67,3 paraffin. Mineralöl SAE, 20,5 Al-Stearat, 3 Na-Petroleumsulfonat, 1 Diphenylamin. (**A. P. 2 755 247** vom 27/4. 1951, ausg. 17/7. 1956.) E. DREWS. 8223

Godfrey L. Cabot, Inc., Boston (Erfinder: **James C. MacKenzie**, Wellesley Hills), Mass., V. St. A., *Wasserbeständiges Hochtemperaturschmierfett* auf der Basis eines mit einem anorgan. Verdickungsmittel bis zur Schmierfettkonsistenz verdickten Schmieröls mit einem Geh. an wenigstens 5 Gew.-%, bezogen auf Verdickungsmittel, eines prakt. wasserunlösl. Polyamins, dad. gek., daß das Polyamin ein Polyalkylenpolyamin mit nur einer einzigen prim. Aminogruppe u. einer bis drei nichtprim. Aminogruppen der allg. Formel I ist, wobei R ein einwertiger KW-stoffrest mit insgesamt 8—24 C-Atomen, von denen wenigstens 5 aufeinanderfolgend in einer offenen Kette angeordnet sind. R_1 ist H oder ein einwertiger KW-stoffrest, n eine ganze Zahl von 1—3 u. n·x vorzugsweise nicht größer als 6. — Beispiel: Schmierfett aus 750 (Teilen) Mineralschmieröl, 52 pyrogener Kieselsäure u. 5 N-(Talg-KW-stoff)-propylen-1.3-diamin. (**D. A. S. 1 049 522** Kl. 23c vom 30/4. 1957, veröff. 29/1. 1959. A. Prior. 4/5. 1956.) E. DREWS. 8223

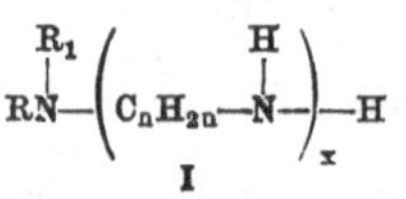

I

Alox Corp., New York, N. Y., übert. von: **Reginald Theodore Whittleton**, Niagara Falls, N. Y., V. St. A., *Dampfzylinder- und Schiffsdieselschmiermittel.* Dasselbe besteht aus einer Mineralölbasis u. enthält als Emulgator ein teilverestertes Prod. (I) aus einem C_{2-10}-Polyalkohol u. einem hochmol. aliphat. Carbonsäuregemisch, das durch Oxydation einer KW-stoffmischung einer mittleren Kettenlänge von 26—50 C-Atomen bis zu einer SZ. von 8—10 u. einer VZ. von 42—46 hergestellt ist. I hat z. B. die allg. Formel $(RCOO)CH_2 \cdot CHOH \cdot CH_2 \cdot (OOCR)$, in welcher R ein C_{26-50}-Alkylrest ist. Zusatz von I in Mengen von 2—5%. (**A. P. 2 814 596** vom 26/3. 1952, ausg. 26/11. 1957.) E. DREWS. 8223

Franziska Matzka, St. Aegyd am Neuwalde, Niederösterreich, *Ziehmittel für das Ziehen von Metalldrähten*, bes. Fe- u. Stahldrähten, mit einem Geh. an Naturharz, z. B. Fichtenharz, u. gegebenenfalls Seife, gek. durch einen Harzgeh. von über 50%, wobei die Harzkomponente z. T. aus Rohharz u. z. T. aus Kolophonium besteht, u. durch einen Geh. an Borax. — Eine bevorzugte Zus. ist z. B. ca. 41,6 (%) Kolophonium, ca. 16,8 Rohharz, ca. 13,9 Borax u. ca. 27,7 Schmierseife. (**Oe. P. 191 534** vom 12/3. 1956, ausg. 26/8. 1957.) T. OPPERMANN. 8223

XXI. Leder. Gerbstoffe.

G. H. Green, *Die Erwärmung aufgestapelter, geschwödeter Schaffelle: Ursachen und Einfluß auf die Qualität von Basils und Chromhandschuhleder in Abhängigkeit von der Zusammensetzung des Schwödebreies.* Ausführliche Unterss. über die Ursachen der Selbsterwärmung in Stapeln geschwödeter Schaffelle sowie deren Einfl. auf die Eigg. der aus diesen Fellen hergestellten Leder. Hinsichtlich der Selbsterwärmung wurde gefunden, daß dieselbe durch das Bakterienwachstum an feuchten u. schmutzigen Fellen verursacht wird. Bei Tempp. von 35—38° u. einem Geh. von 2% Na_2S im Schwödebrei wurde bei Handschuhleder bereits eine Schädigung des Narbens beobachtet, die jedoch durch Verwendung von NaHS an Stelle von Na_2S vermieden werden konnte. (J. Soc. Leather Trades' Chemists **42.** 304—12. Sept. 1958. Egham, Surrey, Milton Park, Brit. Leather Manufacturers' Res. Assoc.) H.-G. FRÖHLICH. 8334

James M. Cassel, *Der Abbau von Kollagen durch Hitze.* Kollagen wurde 1. durch Behandlung bei 100° während 3 Tagen bei 20—90% relativer Luftfeuchtigkeit in Ggw. von Luft u. 2. durch Behandlung im Vakuum, in Luft u. in O_2 ebenfalls während 3 Tagen bei trockener Hitze von 125—170° abgebaut. Hierbei wurde gefunden, daß das bei trockener Hitze abgebaute Kollagen eine erhöhte Wasserlöslichkeit u. eine verringerte Wasserdampfaufnahme aufweist. Mit zunehmender Behandlungstemp. nimmt bes. der Geh. an Threonin, Serin, Methionin u. Tyrosin ab, vor allem bei Behandlung in O_2. Bei Einw. von feuchter Hitze wird zwar auch die Wasserlöslichkeit erhöht, jedoch die Aminosäurezus. weniger stark verändert. — 12 Tabellen, 3 Figuren. (J. Amer. Leather Chemists Assoc. **53.** 507—24. Sept. 1958. Washington, D. C., Nat. Bur. of Stand.) H. G. FRÖHLICH. 8334

A. G. Passynski und **A. M. Tongur,** *Periodische Verformung von Kollagen in Elektrolytlösungen und Gerbstoffen.* Bei der period. Deformierung der Blöße sind die Relaxationsperioden gering, die Blöße verhält sich wie ein elast. Eiweißgel. Bei der mit Chrom angegerbten Blöße wurde jedoch das Auftreten von großen Relaxationsperioden festgestellt, die zur Beschleunigung der nachfolgenden vegetabil. Gerbung benutzt werden konnten. (Коллоидный Журнал [Kolloid-J.] **19.** 483—89. Juli/Aug. 1957. Moskau, biochem. Bach-Inst. der Akad. der Wiss. der UdSSR.) J. v. SCHROEDER. 8336

K. H. Gustavson, *Einfluß der Vorchromierung von Hautpulver mit Oxalatochromaten auf die Fixierung von pflanzlichen Gerbstoffen.* Mit Tetraoxalatodiolchromat vorbehandeltes Hautpulver wurde anschließend mit verschied. vegetabil. Gerbstoffen (Mimosa, Myrtan, Tannin u. sulfitierter Quebracho) nachgegerbt. Hierbei wurde gefunden, daß durch die Vorgerbung des Hautpulvers mit dem anion. Oxalatochromat das irreversible Bindevermögen des Hautpulvers für vegetabil. Gerbstoffe prakt. unverändert bleibt. (J. Soc. Leather Trades' Chemists **42.** 312—19. Sept. 1958. Stockholm, Garverinäringens Forskningsinst.) H.-G. FRÖHLICH. 8336

Wolfgang Grassmann, Horst Endres und **Norbert Münch,** *Über Sumachgerbstoffe.* 2. Mitt. *Notiz über die „Gerbstoffsäure" des Hirschkolbensumach.* (1. vgl. C. **1958. 4974.**) Beim Ausschütteln des acetonlösl. Rohprod. des Hirschkolbensumachs mit Essigester bei p_H 7 steigt der p_H-Wert durch Entfernen des freien Sumachtaninns (*Gerbstoffphenol*; **I**), dessen Hydroxylgruppen teilweise undissoziiert, teilweise anion. vorliegen, aus dem Gleichgewicht auf Werte über 8 an, so daß das restliche **I** nicht mehr als Na-Salz ausgeschüttelt werden kann, obwohl noch **I** in der wss. Phase vorhanden ist. Dieses wird zusammen mit *Gallussäure* (**III**) u. *Digallussäure* (**IV**) bei p_H 3 als *Gerbstoffsäure* (**II**) ausgeschüttelt. Aus **II** konnte mit Ae. **III** u. **IV** extrahiert u. elektrophoret. identifiziert werden. Der Rückstand besteht aus **I**. Die Gesamtmenge **I** wird erhalten, wenn der p_H-Wert bei wiederholtem Ausschütteln jedesmal auf 7 eingestellt wird. (Chem. Ber. **90.** 838—39. 25/5. 1957. München, MPI für Eiweiß u. Lederforschung.) L. BÜRGER. 8336

Heinz Wicki, *Die Herstellung von Velourleder.* Einige Methoden der Herst. wurden vom Vf. mit eigenen Verss. ausgebaut. — Diskussion. (Kožařství **8.** 215—16. Juli 1958. Basel, Výzkumné oddělení firmy Sandoz.) E. L. SCHMELING. 8340

R. Schubert, *Die Anwendung von nicht thermoplastischen Bindern in der Zurichte von Leder mit Harzen.* Im Zusammenhang mit der Deckausrüstung von Leder unter Verwendung von Kunstharzen werden die Eigg. u. die Anwendung von 2 neuen Bindern der BASF, *Luronbinder U* u. *UW*, besprochen. (Leather and Shoes **133.** Nr. 20. 31—32. 18/5. 1957. Ludwigshafen/Rh., BASF.) H.-G. FRÖHLICH. 8340

R. Stratta, *Über eine Bestimmung der Wasserdurchlässigkeit von Leder.* (Vgl. C. **1958.** 7008.) Nach einer Übersicht über die bisherigen auf der dynam. Meth. beruhenden Meßapp. zur Best. der Wasserdurchlässigkeit von Leder beschreibt Vf. seinen App., der den verschied. Ledersorten u. ihrer dynam. Beanspruchung angepaßt werden kann. (Leder **9.** 229—30. Sept. 1958. Turin.) A. BEUTHER. 8368

XXIII. Tinte. Hektographenmassen u. a. Spezialpräparate.

Switzer Brothers, Inc., Cleveland, übert. von: **Joseph L. Switzer,** Gates Mills, Ohio, V. St. A., *Latent fluorescierende Tinten.* Das Papier oder eine andere Oberfläche, die mit Druckfarbe oder Dokumententinte beschriftet bzw. bedruckt ist, welche neben den üblichen Trägerstoffen u. Füllmitteln fluorescierende Farbstoffe (Tetramethyldiaminodiphenylketoniminhydrochlorid, Äthylester von m-Äthylaminophenolphthaleinhydrochlorid, Diäthylaminophenolphthalein, Na-Salz des 4-Methyl-7-hydroxycumarin) enthalten, wird mit einem durchsichtig-klaren Cellulose-, Alkydharz- oder CH_2O–Harz-Lack überzogen. Die lösl. fluorescierenden Farbstoffe diffundieren in die Lackschicht u. werden so im UV-Licht wieder sichtbar. (**A. P. 2 763 785** vom 25/2. 1943, ausg. 18/9. 1956.) W. GRÄGER. 8421

Godfrey L. Cabot, Inc. (Erfinder: **Merrill E. Jordan**), V. St. A., *Gekörnter Ruß* zur Herst. von *Tinten.* Weicher, lockerer Ruß wird unter Rühren mit einem Gilsonit enthaltenen Mineralöl besprüht bis zur Gewichtszunahme von 2—15%. An Stelle von Gilsonit können auch Harze oder harzähnliche Stoffe zugesetzt werden. Zweckmäßig wird das Mineralöl auf 49—94° vorerwärmt. (**F. P. 1 130 495** vom 26/5. 1955, ausg. 6/2. 1957. A. Prior. 27/5. 1954.) M. F. MÜLLER. 8421

Rolf Heymann und **Jacob Orlean,** Frankreich, *Anilintintenentfernungsstift* als Zubehör zum Füllhalter u. dgl., bestehend aus einer festen M., erhalten durch Mischen von 40—60 (Volumenteilen) Sandarackpulver, 10—20 Alaun, 5—10 Adragant u. 30 bis 40 Paraffin u. danach Zumischen von 50—70 Volumenteilen $CaOCl_2$, 5—10 Sandarackpulver u. 15—25 Gummi arabicum oder Tragant. — Das $CaOCl_2$ kann ersetzt werden durch ein Gemisch von gleichen Teilen Citronen- u. Oxalsäure in Pulverform, ebenso das Sandarack durch Alaun, Tragant oder Dextrin u. das Paraffin durch Stearinsäure, ein Stearat oder Kakaobutter. — 3 Zeichnungen. (**F. P. 1 123 390** vom 10/3. 1955, ausg. 20/9. 1956.) M. F. MÜLLER. 8421

Parker Pen Co., Janesville, Wis. (Erfinder: **Gerald A. Goessling,** Richmond Heights, Miss.), V. St. A., *Nichtstarre, radierbare Abstriche ermöglichende Kugelschreibermasse* mit einem öligen Träger, dad. gek., daß sie eine stabile koll. Dispersion von Pigmentteilchen (**I**) $<7\,\mu$ in dem Träger unter Zusatz einer gelösten klebrigen Substanz (wie Teer, Asphalt oder polymerem Harz) umfaßt, wobei die Werte für die Oberflächenspannung zwischen ca. 30 u. 40 Dyn/cm bei 25° u. die Viscosität zwischen 5000 u. 11 000 cP liegen. Als **I** kommen in Frage Graphit bzw. organ. Pigmente. (**D. A. S. 1 043 550** Kl. 22g vom 16/12. 1954, veröff. 13/11. 1958. A. Prior. 21/12. 1953.) P. KRUG. 8421

A. W. Faber-Castell (Erfinder: **Erhard Sattmann,** Stein b. Nürnberg, und **Georg Wagner,** Nürnberg), *Graphit enthaltende Schreibpaste für Kugelschreiber zur Erzielung verschiedener Schriftbildcharaktere,* dad. gek., daß sie noch weitere dunkle Pigmente in nach der Härte zu bemessender Menge enthält. Es wird z. B. für Schriftbilder, die der härteren Seite der Bleistiftskala angepaßt werden sollen, der Graphitgeh. höher gehalten als der der dunklen Pigmente (wie auf Trägerstoffen niedergeschlagene Anilinfarbstoffe oder Ruß). (**D. A. S. 1 052 019** Kl. 22g vom 14/12. 1955, veröff. 5/3. 1959.) P. KRUG. 8421

E. I. du Pont de Nemours & Co., Wilmington, Del., übert. von: **Walter Jean Bailon,** Carneys Point, und **Otto Stallmann,** Bridgeton, N. J., V. St. A., *Farbstoff für Vervielfältigungsmassen,* die zunächst farblos sind u. beim prakt. Gebrauch die Farbe in situ entwickeln, dad. gek., daß er mindestens eine Leukoverb. der Gruppe der alkohollösl. Polyaminotriarylmethane der allg. Formel I enthält.

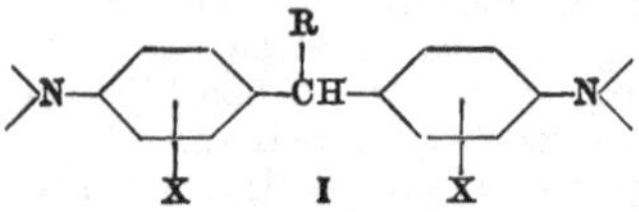

I

In der Formel bedeutet X = H oder CH_3 u. R = Phenyl, Toluyl, Xylyl, Mononitrophenyl, Mono- u. Dichlorphenyl, Aminophenyl, Aminotoluyl, Acetylaminophenyl, 1-p-Phenylaminonaphthyl, 1-p-Monoalkylamino- u. -dialkylaminonaphthyl; die N-Atome der Aminophenyle, Aminotoluylreste u. der obigen Formel stehen in p-Stellung zur —CH-Gruppe, haben ihre 2. u. 3. Valenz mit H, Alkyl, 2-Oxyäthyl, 2 Cyanoäthyl, Benzyl- oder Phenylgruppen abgesätt.; diese Leukoverbb. haben keine Sulfo, Carboxy- u. phenol. Oxygruppen u. keiner der darin enthaltenen Reste hat >4 C-Atome; die Leukoverbb. sind mit so viel quaternärem NH_4OH stabilisiert, daß das p_H nicht <8 ist. Aus der farblosen Leukoverb. wird die Farbe entwickelt durch einen oxydierenden Entwickler der Gruppen: Halogeniertes monocycl. Chinon, deren korrespondierende Haloimide, Carboxylsäureperoxyde, Triarylchlormethane, Alkylnitrile, flüchtige, fl. Jodohalogenide u. Stickoxyde. Als quaternäre NH_4OH-Verbb. kommen bes. solche in Betracht, die am quaternären N-Atom mindestens einen Rest der Gruppen Alkyl, Aralkyl, Aryl, Cycloalkyl, Oxyalkyl u. Epihydrin haben u. die lösl. in gesätt. sek. u. tert. Alkoholen mit 3—6 C-Atomen sind. — Beispiele: Kristallviolett oder dessen Carbinol wird mit Isopropylalkohol u. 36%ig. wss. Benzyltrimethylammoniumhydroxydlsg. vermischt u. unter Rückflußkühlung erhitzt. Nach dem Abkühlen erhält man farblose Kristalle, die über Monate hinaus lagerbeständig sind. Statt Isopropylalkohol können auch sek.-Butyl-, tert.-Butyl-, tert.-Amyl- oder sek.-Amylalkohol verwendet werden. An Stelle der Ammoniumbase können z. B. auch Cholin, Tetramethylammoniumhydroxyd, das Reaktionsprod. von Epichlorhydrin mit NH_4OH oder Phenyldimethylbenzylammoniumhydroxyd eingesetzt werden. Viele weitere Beispiele. — Vgl. F. P. 1 121 988; C. **1958.** 11997. (**A. PP. 2 755 200** vom 28/12. 1953, **2 755 201** vom 8/1. 1954, **2 755 202** u. **2 755 203** vom 17/9. 1954, alle ausg. 17/7. 1956. **E. P. 770 574** vom 2/2. 1955, ausg. 20/3. 1957. A. Prior. vom 3/2. u. 17/9. 1954.) A. Gradl. 8421

Fa. Günther Wagner (Erfinder: **Ludwig Harbort**), Hannover, *Kohle- und Durchschreibpapier* mit einer schwammartigen Kunststoffschicht, in der die Farbstoffe oder Farbpigmente in Form einer Lsg. oder Dispersion in einer nicht- oder schwerflüchtigen Fl. eingelagert sind, dad. gek., daß die Kunststoffschicht aus Kunststoffen unpolaren Aufbaus besteht. 2 aus Polystyrol u./oder einem oder mehreren seiner Mischpolymerisate. (**D. A. S. 1 056 152** Kl. 15 l vom 30/4. 1958, veröff. 30/4. 1959.) K. Kittler. 8423

Minnesota Mining & Mfg. Co., V. St. A., *Wärmesensibles Kopierpapier* für die Reproduktion von Dokumenten. Auf ein dünnes u. durchsichtiges Unterlagenblatt wird eine transparente Dispersion von Teilchen einer stabilen u. schmelzbaren Verb., z. B. eines Wachses vom F. 60—85°, eines hydrierten fetten Öls in Wachsform, aufgetragen, welche eine wärmeempfindliche u. nichttransparente Schicht bildet. Bei Verwendung eines Farbstoffs u. eines Celluloseblattes, welches für IR-Strahlen durchlässig ist, erhält man eine gefärbte Schicht, die für IR-Strahlen durchlässig ist. — Zur Erzeugung der Überzugsschicht wird z. B. ein Gemisch verwendet aus 11,77 (Gewichtsteilen) hydriertem Ölwachs, 4,20 Nitrocellulose „RR" Visc. 125 Sek., 0,70 Äthylcellulose „N" Visc. 50 cP, 2,11 Dioctylphthalat, 45,5 Aceton u. 35,9 Toluol. — Vgl. F. P. 1 134 534; C. **1958.** 5552. — 6 Zeichnungen. (**F. P. 1 140 363** vom 20/8. 1955, ausg. 19/7. 1957.) M. F. Müller. 8423

Fa. Günther Wagner, Hannover, *Kohlepapier mit Kunststoffrückenschicht.* Die Rückenschicht besteht aus oder enthält ungefärbte u. mit Pigmenten versetzte wasseraufnahmefähige Polyamide, wie z. B. Ultramid 1 C. (**Oe. P. 199 671** vom 26/2. 1957, ausg. 25/9. 1958. D. Prior. 8/3. 1956.) R. Glafey. 8423

Paul Meyer, Dortmund, *Papierblätter für die Anfertigung von Durchschriften ohne Kohlepapier.* Die Blätter werden gemäß der Hauptanmeldung auf der Vorderseite mit einem wachsartigen Stoff, z. B. Paraffin, u. auf der Rückseite mit einer Leim-, Spiritus- oder Benzinfarbe beschichtet, z. B. 50 Farbstoff, 50 Spiritus, 40—50 Harz. Gemäß der Zusatzanmeldung werden unlösl. Farbstoffe verwendet. (**D. A. S. 1 046 635** Kl. 15 l vom 20/9. 1956, veröff. 18/12. 1958. **Zusatz zu D. A. S. 1 041 981; C. 1959. 8766.**) K. Kittler. 8423

Fa. Günther Wagner (Erfinder: **Ludwig Harbort**), Hannover, *Hektographisches Farbpapier* für das Spiritus-Umdruckverf. im sauren Medium, dad. gek., daß die Beschichtung des Papiers an Stelle der üblichen Farbstoffe *Pseudobasen von Spiropyranen* oder deren Substitutionsprodd. enthält. (**D. A. S. 1 020 649** Kl. 15 l vom 25/1. 1956, veröff. 12/12. 1957.) A. Seelig. 8423

Fa. Günther Wagner (Erfinder: **Otto Rex**), Hannover, *Dauerschablone,* dad. gek., daß der Schichtträger hydrophobiert ist. Zur Herst. wird der Schichtträger zunächst mit einem Hydrophobierungsmittel imprägniert, dann bei erhöhter Temp. getrocknet u. in bekannter Weise mit der Schichtmasse überzogen. (**D. A. S. 1 015 824** Kl. 15 l vom 16/11. 1955, veröff. 19/9. 1957.) A. Seelig. 8423

XXIV. Photographie.

Anna Maria Ercoles, *Was ist das latente Bild und wie entsteht es?* Nach kurzen Ausführungen über die Herst. lichtempfindlicher photograph. Emulsionen wird die Theorie des latenten Bildes behandelt, wobei die Arbeiten von Gurney u. Mott besondere Berücksichtigung finden. (Atti Fondaz. Giorgio Ronchi Contr. Ist. naz. Ottica **11.** 115—21. März/April 1956.) W. Günther. 8594

Yoshitada Tomoda und **Nobuya Nakamura,** *Der Rückgang des latenten Bildes bei Bestrahlung mit γ-Strahlen.* Drei verschied. Emulsionen, ein Röntgenfilm, eine Prozeßplatte u. ein Negativfilm wurden der γ-Strahlung von ^{60}Co ausgesetzt u. der Rückgang des latenten Bildes untersucht. Unter den Versuchsbedingungen (30° u. 68,6% relative Feuchtigkeit) zeigt die hochempfindliche u. grobkörnige Röntgenemulsion den stärksten Rückgang des latenten Bildes. Auch die Prozeßemulsion zeigt die Fadingerscheinung.

Beide Emulsionen zeigen auch bei Belichtung mit weißem Licht einen bemerkenswerten Rückgang des latenten Bildes. Vff. kommen zu der Feststellung, daß das Fading nicht von der Körnigkeit abhängt u. daß die Instabilität des latenten Bildes bei Belichtung mit Strahlung hoher Energie keinen Sonderfall darstellt. Bei der Röntgenemulsion übertrifft der Rückgang des Oberflächenbildes den des internen latenten Bildes, gleich, ob mit weißem Licht oder γ-Strahlen belichtet wird. Es wird der Oberflächenempfindlichkeit der Halogensilberkristalle eine besondere Rolle bei der Fadingerscheinung zugeschrieben. (Rep. Government chem. ind. Res. Inst., Tokyo **53.** 146. April 1958. [Orig.: japan.; Auszug: engl.]) W. GÜNTHER. 8594

Ju. B. Wilenski, Ju. M. Prochotzki und **A. N. Chodtschenkow,** *Über die Bestimmung der Lichtempfindlichkeit von Photomaterialien.* Für ein panchromat. Negativ werden das Spektrosensitogramm, eine Interpolationsformel der opt. Dichte u. die Kurve der spektralen Empfindlichkeit zwischen 400 u. 650 mμ wiedergegeben. (Журнал Научной и Прикладной Фотографии и Кинематографии [J. wiss. angew. Photogr. Kinematogr.] **3.** 287—88. Juli/Aug. 1958.) M. WIEDEMANN. 8604

Bohuslav Vlček, *Die Diffusionsverfahren der photographischen Entwicklung.* Kurze Übersicht mit 15 Literaturangaben. (Chemie [Praha] **9.** 600—03. Aug. 1957. Praha, Výzkumný ústav fotografické chem.) J. SCHNEIDER. 8618

D. Klinke, R. Reuther und **Irene Schmidt,** *Mikroskopische Untersuchungen über die Abhängigkeit der Form der Silberkörner von der Entwicklung.* Vff. stellten Unterss. an 5—10 μ großen bindemittelfreien *AgBr*-Kristallen unter dem Mikroskop an, welche Faktoren die Gestalt des Silberkornes während der Behandlung mit photograph. Entwicklern beeinflussen. Untersucht wurde der Einfl. des Lichtes auf die Kornform, der Einfl. der Entwickleroxydationsprodd. u. der Einfl. des Entwicklerpotentials. — Es wurde festgestellt, daß die an Kristalloberflächen fest adsorbierten höheren Oxydationsprodd. von Entwicklersubstanzen sowie auch andere gut adsorbierbare Stoffe große Abweichungen von der ursprünglichen Kristallform verursachen. Das Entwicklerpotential u. die Stärke der Belichtung der Kristalle ist für die Form des entwickelten Silbers ebenfalls von Bedeutung. Die Unterss. wurden auf Metol, Hydrochinon u. Brenzcatechin ausgedehnt. Obwohl die einzelnen Entwicklersubstanzen Unterschiede in der Form der entwickelten Silberkörner zeigen, so verhalten sie sich im allg. annähernd gleich. — 16 Literaturhinweise. (Z. wiss. Photogr., Photophysik Photochem. **53 II.** 32—46. Dez. 1958. Dresden, TH, Wiss.-Photograph. Inst.) W. GÜNTHER. 8618

W. Vittum und **A. Weissberger,** *Neue Fortschritte in der Chemie der chromogenen Entwicklung.* Ausführlicher Bericht über den Stand der Kenntnisse auf dem Gebiet der chromogenen Entw. unter besonderer Berücksichtigung der neueren seit 1953 veröffentlichten Arbeiten (32 Literaturhinweise). Bes. haben die von TONG im KODAK-Forschungslabor. in Rochester durchgeführten Unterss. wichtige Gesichtspunkte über den Mechanismus der farbstoffbildenden Entw. gebracht. Hiernach ist dem *Chinondiimin*-Kation bei der Farbstoffbldg. eine besondere Bedeutung zuzuschreiben. Mit Hilfe kinet. Messungen konnte gezeigt werden, daß das Chinondiiminkation mit dem Anion der Kupplungskomponente zum Leukofarbstoff reagiert. Das Chinondiimin ist in wss.-alkal. Lsg. instabil. Es setzt sich mit OH-Ionen unter Abspaltung der tert. Aminogruppe um. Diese Rk. verläuft außerordentlich rasch. Die Halbwertszeiten der meisten Dialkylchinondiimine liegen in der Größenordnung von Sekundenbruchteilen. Dagegen ist das durch Desaminierung sich bildende *Chinonmonoimin* relativ stabil. Es bildet sich ein Gleichgewicht zwischen Chinonmonoimin u. überschüssigem p-Phenylendiamin einerseits u. p-Aminophenol u. Chinondiimin andererseits. Dieses Gleichgewicht liefert eine befriedigende Erklärung für die Beobachtung, daß Farbstoffbldg. in ansehnlichem Abstand von dem Ort vor sich geht, an dem der Entwickler oxydiert wird. Es werden verschied. Faktoren untersucht, die die Geschwindigkeit der Farbstoffbldg. bei Farbentw. in verschied. photograph. Systemen beeinflussen. (J. photogr. Sci. **6.** 157—69. Nov./Dez. 1958. Eastman Kodak Comp., Res. Labors.) W. GÜNTHER. 8630

J. C. Evans und **I. G. Morgan,** *Pneumatisches Gerät zum Messen der Planität von photographischen Platten.* Vff. beschreiben ein Gerät, mit dem man die Planität photograph. Platten bestimmen kann, ohne sie dem Licht aussetzen u. ohne die Emulsion berühren zu müssen. Die App. kann auch für andere Zwecke verwendet werden, z. B. da, wo die Flachheit oder Gradlinigkeit von Werkstücken gemessen werden muß. Das Gerät beruht auf der Anwendung des pneumat. Meßprinzips. Die Meßvorr. weist sechs Düsen auf, die in einer Stahlplatte montiert sind u. die drei kugelförmige Träger enthält, auf welche das Versuchsobjekt aufgelegt wird. Die Abweichungen von der Planität lassen sich in sechs Manometerrohren ablesen. Abb. u. Schemaskizze vgl. Original. Es können Platten bis 54 mm im Quadrat ausgemessen werden. (Microtecnic [Lausanne] **11.** 188–90. 1957. Tedington, England, Nat. Phys. Labor.) W. GÜNTHER. 8656

H. W. Wood, *Die Identifizierung von Zucker in Gelatine.* In einer früheren Arbeit (vgl. C. **1959.** 4673) konnte Vf. nachweisen, daß der in photograph. Gelatine vorkommende Zucker eine Aldohexose ist u. wahrscheinlich aus einem Mucopolysaccharidkomplex stammt. Um den Zucker zu identifizieren, schlägt Vf. folgenden Weg ein. Die Gelatine wird der Hydrolyse unterworfen, indem man sie 6 Std. mit 2n HCl am Rückfluß erhitzt. Das Hydrolysat wird im Vakuum eingeengt u. wieder mit W. aufgenommen. Durch Behandeln dieser Lsg. mit einem Kationenaustauscherharz („Zeokarb 225") werden die Aminosäuren aus dem Hydrolysat entfernt. Das wiederum eingeengte Filtrat wird der Papierchromatographie unterworfen. Man entwickelt das Chromatogramm mit einer Mischung von Butanol–Eisessig–W. u. fixiert nach Eintauchen in Aminobiphenyloxalat durch 20minütiges Erhitzen bei 100°. — Die Auswertung der Chromatogramme führt zu folgenden Feststellungen. Der in Knochengelatine nachgewiesene Zucker ließ sich als *Galaktose* identifizieren. Ferner wurden geringe Mengen von *Glucose* gefunden. Außerdem konnten in Knochengelatine Spuren von *Hexosamin* nachgewiesen werden. Nicht vorhanden sind *Mannose* u. *Hexuronsäuren.* Hautgelatinen enthalten hauptsächlich Galaktose u. Glucose, letztere allerdings in wesentlich geringerer Menge als Knochengelatine. Hexuronsäure kommt in Hautgelatine nicht vor. Mit Hilfe des chromatograph. Zuckernachw. lassen sich also Haut- u. Knochengelatine unterscheiden. — 21 Literaturhinweise. (J. photogr. Sci. **6.** 170–75. Nov./Dez. 1958. Ilford Ltd., Res. Labor.) W. GÜNTHER. 8658

E. I. du Pont de Nemours & Co., Wilmington, Del., V. St. A., *Herstellung polymerer Ester.* Zunächst werden Monoester mit tert. u. solche mit quaternären Aminogruppen hergestellt, indem man z. B. Diäthylaminoäthylmethacrylat entweder in wss. Lsg. oder in trockenem Aceton b. ca. 30° mit Dimethylsulfat behandelt. Die Reaktionsprodd. fallen einerseits als Lsgg. u. andererseits als Ndd. an, die abfiltriert u. in W. gelöst werden. Bei den Lsgg. setzt man zur Verhinderung bzw. zum Mäßigen der Polymerisation tert.-Butylbrenzcatechin zu. Dann werden beide Lsgg. gemischt, mit $(NH_4)_2S_2O_8$ versetzt u. bei ca. 50–55° in N_2 polymerisiert. Das p_H wird auf 6,5–7,5 mit NaOH-Lsg. gehalten u. durch Zusatz von Na-Dimethyldithiocarbamat die Polymerisation gestoppt. Die Lsg. der polymeren Ester kann dann bei n. Temp. bis zur Verwendung als *Zusatz* zu *photograph. Halogensilberemulsionen* aufbewahrt werden. — Mengenbeispiele u. Anwendungsbeispiele (Tabellen). Die Endprodd. eignen sich ferner für antistat. Überzüge, Emulgatoren u. Textilhilfsmittel. — Vgl. D. A. S. 1 000 688; C. **1958.** 4075. (**E. P. 786 592** vom 10/11. 1955, ausg. 20/11. 1957. A. Prior. 29/12. 1954.) H. SCHINDLER. 8601

Agfa Akt.-Ges., Leverkusen (Erfinder: **Johannes Götze,** Köln, und **Marie Hase,** Schildgen b. Berg.-Gladbach), *Sensibilisatoren* sind bas. oder saure Cyaninfarbstoffe oder Neutrocyanine, die sich von Benzthiazolen ableiten, die ihrerseits in 5- oder 6-Stellung durch einen Thiophenrest substituiert sind. Herst. durch Rk. von quaternären Salzen von thiophensubstituierten Benzthiazolen (I) mit den üblichen, zur Herst. von Cyaninfarbstoffen verwendeten Komponenten. Die I sind neu u. werden durch Umsetzung von Thiophen mit diazotiertem 2-Methyl-5- (oder 6)-aminobenzthiazol gewonnen. — Beispiel: Farbstoff der Formel II, orthochromat. Sensibilisator. 7 weitere, nur

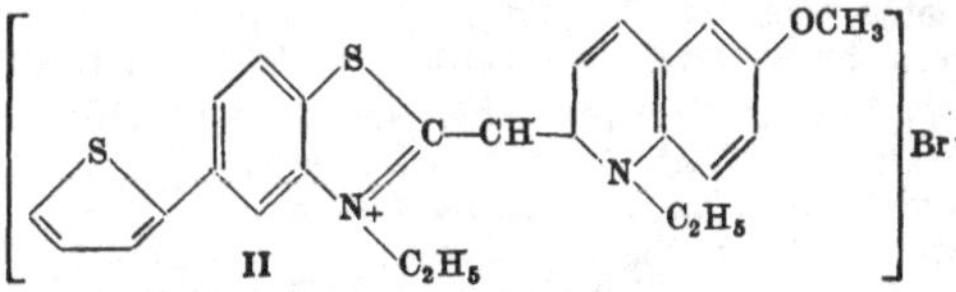

II

durch Formeln dargestellte Beispiele, ausführliche Beschreibung der Herst. der Farbstoffe. (**D. A. S. 1 053 309** Kl. 57b vom 28/3. 1957, veröff. 19/3. 1959.) A. KALIX. 8605

Edgar Gretener, Zürich, Schweiz, *Herstellung eines lichtempfindlichen Films mit beidseitigem Linsenraster.* Die glatte Seite eines Filmträgers, dessen andere Seite schon mit der Linsenrasterung mechan., z. B. durch Gauffrieren, versehen ist, wird mit einer lichtempfindlichen Schicht überzogen. Diese wird durch die bereits gerasterte Seite diffus belichtet u. dann so entwickelt, daß ein Auswaschrelief in Form der gewünschten 2. Linsenrasterung entsteht. Dieses Verf. des E. P. 682 853 wird dadurch verbessert, daß die das 1. Linsenraster tragende Seite des Films vor oder nach dem Gauffrieren verseift u. nach dem oben beschriebenen Erzeugen des 2. Linsenrasters für das Aufzeichnen des Bildes lichtempfindlich gemacht wird. (**E. P. 722 666** vom 26/1. 1953, ausg. 26/1. 1955. Schwz. Prior. 2/2. 1952.) K. KITTLER. 8605

Eastman Kodak Co. (Erfinder: **Crayton Beville Thompson** und **Duane Thomas Lyons**), Rochester, N. Y., V. St. A., *Gleitschicht für photographische Filme.* Auf die Rückseite des Films wird eine 3,5%ig. Lsg. einer polymerisierten Verb. der allg.

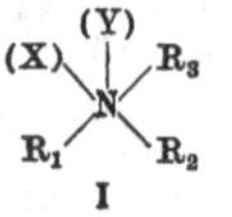
I

Formel I aufgetragen. In dieser stellen R_1, R_2 u. R_3 niedrigmol. aliphat. oder alicycl. Gruppen dar, Y ist der ungesätt. Esterteil eines Mol. u. X ein quaternierter Rest. Bes. werden Verbb. verwendet, die mindestens 200 Einheiten $-CH_2-CH(CH_3)CO-OCH_2-CH_2-N(CH)_3\!\!<\!\!\begin{smallmatrix}(C_2H_5)_2\\ SO_4CH_3\end{smallmatrix}$ enthalten, z. B. Poly-β-methacrylyloxyäthyldiäthylmethylammoniummethylsulfat. Die daraus gebildeten Schichten wirken auch antistatisch. (**D. A. S. 1 045 227** Kl. 57b vom 14/8. 1956, veröff. 27/11. 1958. A. Prior. 19/8. 1955.) A. KALIX. 8613

Farbenfabriken Bayer Akt.-Ges., Leverkusen, *Herstellung von 1-(p-Aminophenyl)-3-aminopyrazolinen* der allg. Formel I (Ac = H), in der R = H oder Alkyl u. X ein Halogen-, Alkyl-, Alkoxy-, OH-, NH_2-, Acylamino-, HOOC- oder HSO_3-Rest sein kann, dad. gek., daß aus den Acyl-I-Verbb. der Ac-Rest durch alkal. Verseifung abgespalten wird. Saure Hydrolyse führt dagegen zur NH_2-Abspaltung in (3). — Beispiele: 23,2 (g) I (Ac = CH_3CO, R = CH_3; X = H) dargestellt nach E. PP. 679 678; C. **1955.** 458 u. 757 840; C. **1957.** 8115 wird 10 Std. in 270 (ml) einer 10%ig. NaOH-Lsg. am Rückfluß gekocht. Nach dem Abkühlen krist. I (*Ac* = *H*; *R* = CH_3; *X* = *H*), F. 122° (Zers.), in farblosen Nadeln aus. — Analog ist aus I (Ac = Formyl; R = H; X = H) u. I (Ac = CH_3CO) die Verb. I (*Ac* = *H*; *R* = *H*; *X* = *H*), F. 175° (Zers.), erhältlich. — I (*Ac* = *H*; *R* = *H*; *X* = *(3)-OCH₃*), F. >136°. — I (*Ac* = *H*; *R* = *H*; *X* = *(3)-Cl*), F. >189° (Zers.). — I (*Ac* = *H*; *R* = C_2H_5; *X* = *H*), F. >104° (Zers.). — I (*Ac* = *H*; *R* = *H*; *X* = *(2)-CH₃*), F. >115° (Zers.). — Abspaltung der (3)-NH_2-Gruppe: 23,2 (g) I (Ac = CH_3CO; R = CH_3; X = H) werden in 230 (ml) einer 1n H_2SO_4 4 Std. am Rückfluß gekocht. Beim Abkühlen krist. 1-(p-Acetomethylaminophenyl)-3-hydroxypyrazolin, F. 198°, aus. — *Photograph. Entwickler.* (**E. P. 776 322** vom 14/6. 1955, ausg. 5/6. 1957. D. Prior. 14/6. 1954.) K. GÄBELEIN. 8619

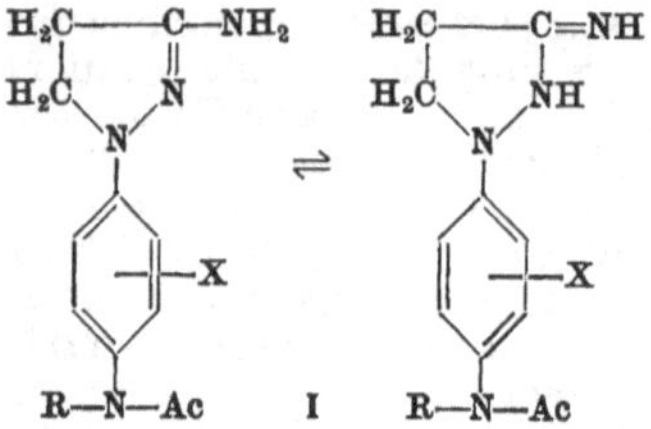

Mikrokopie G. m. b. H. (Erfinder: **Ulrich Schmiedel**, Hamburg, und **Fritz Beyer**, Winsen b. Hamburg), *Entwicklung latenter elektrostatischer Bilder.* Der Träger des latenten Bildes wird derart durch ein mit Entwicklerpulver gefülltes Gefäß geführt, daß nur seine Bildseite mit dem Pulver in Berührung kommt, wobei gleichzeitig das Pulver dauernd umgerührt wird. (**D. A. S. 1 053 310** Kl. 57b vom 12/9. 1957, veröff. 19/3. 1959.) A. KALIX. 8619

Commonwealth of Australia, Melbourne (Erfinder: **Kenneth Archibald Metcalfe**, Graymore, und **Robert John Wright**, South Payneham), Australien, *Entwicklung latenter elektrostatischer Bilder.* Auf die Bildfläche wird eine Fl. aufgetragen, die einen sehr hohen elektr. Widerstand besitzt, z. B. Toluol oder Cyclohexanon. Die Fl. enthält ein auf die Bildladung elektr. selektiv wirkendes Pigment, z. B. Ruß oder ZnO suspendiert u. ein die elektr. Selektivität verstärkendes Mittel, z. B. Leinöl, wenn die des Pigments nicht stark genug ist, z. B. bei Phthalocyaninblau. (**D. A. S. 1 047 616** Kl. 57b vom 24/12. 1956, veröff. 24/12. 1958. Aust. Prior. 29/12. 1955.) A. KALIX. 8619

Leonar-Werke Akt.-Ges., Deutschland, *Entwicklung von photographischen Bildern* unter gleichzeitiger Fixierung oder Stabilisierung von belichteten Halogensilberschichten unter Verwendung einer Lsg., die einen Entwickler, ein Alkalisulfit u. einen Stabilisator enthält. Dabei werden als Entwickler ein oder mehrere reduzierend wirkende Stoffe, wie Na-Dithionit oder Rongalit, sowie Hydrazin, Hydroxylamin, Titan(III)-Salze, farblose oder schwach gefärbte Oxydationsprodd., Na-Thiosulfat u./oder Carbamid als Stabilisator verwendet, gegebenenfalls zusammen mit einem oder mehreren, eine Schleierbldg. verhindernden Mitteln, z. B. Nitrobenzimidazol. — Man verwendet ein oder mehrere Ti(III)-Salze als Reduktionsmittel, mit Thiocarbamid als Stabilisator in Ggw. von Salzen mehrbas. organ. Säuren, wie Citrate, Tartrate oder Oxalate. — Bei Verwendung von Hydrazinen oder Hydroxylaminen als Reduktionsmittel verwendet man $Na_2S_2O_3$ als Stabilisator. — Eine auf Papier belichtete Cl–Br–Ag-Emulsion wird 30—60 Sek. in einem Bad behandelt, welches 5 (g) Na-Dithionit, 5 Na_2SO_3, 7—10 $Na_2S_2O_3$, 100 cm³ W. enthält. Anschließend wird das Bild getrocknet. — In einer Vergrößerungskammer wird eine feinkörnige Cl–Br–Ag-Emulsion unter einem Negativ belichtet u. in einem Bad entwickelt, welches 5 cm³ einer 10%ig. $TiCl_3$-Lsg., 10 g K-Oxalat oder Na-Citrat enthält, ferner 2—3 g Thiocarbamid. Man erhält nach 30 Sek. ein braunrot gefärbtes Bild. — In weiteren Beispielen sind folgende Zuss. angegeben: 100 cm³ W., 3 (g) NaOH, 5 Na_2SO_3, 15 $Na_2S_2O_3$, 0,1 Nitrobenzimidazol; 100 cm³ W., 2—3 (g) NaOH, 5 Na_2SO_3, 1,5 Hydroxylaminhydrochlorid, 15—20 $Na_2S_2O_3$; 100 cm³ W., 2 (g) KOH,

5 Na_2SO_3, 15 $Na_2S_2O_3$, 0,1 Mercaptobenzthiazol. — Vgl. auch E. P. 768 401; C. **1958.** 2324. (**F. P. 1 121 989** vom 27/1. 1955, ausg. 29/8. 1956.) M. F. MÜLLER. 8621

Kodak-Pathé (Erfinder: **Anthony Loria** und **Edward Thomas Pesch**), Frankreich, *Herstellung von Farbkupplern mit einer Isophthalyloxyacylamidgruppe und ihre Verwendung in der Photographie* wegen ihrer Fähigkeit, mit den Oxydationsprodd. des gebrauchten Entwicklers von der chromogenen Entw. unter Bldg. von lösl. Alkalisalzen zu reagieren. Die Isophthalylverbb. haben die allg. Formel **I** (R = H oder Alkyl; R' = H, CH_3 oder ein Alkaliatom; Z an ein Pyrazolon gebundener aromat. Rest, ein Phenolrest oder eine offenkettige Ketomethylengruppe). Unter diesen Verbb. sind bes. erwähnt Verbb. der allg. Formel **II** (Z' = mit der Gruppierung **III** substituierte Carbanilylgruppe oder ein phenol. Rest oder eine offenkettige Ketomethylengruppe). — Die Verbb. **II** werden hergestellt durch Kondensation einer Verb. der Formel **III** mit einer Verb. Z—NH_2, wobei Z die vorgenannte Bedeutung hat. — 26,8 (g) α-[3.5-Dicarbomethoxyphenoxy]-essigsäure werden in 200 cm³ Thionylchlorid suspendiert u. 14 Std. bei 40—45° gerührt. Es entsteht dabei *α-[3.5-Dicarbomethoxyphenoxy]-acetylchlorid.* Davon werden 8,86 g mit einem Gemisch von 5,8 g 1-Oxy-N-[β-(2-{2.4-di-tert.-amylphenoxy}-5-aminobenzamido)-äthyl]-2-naphthamid (**IV**) 10 Min. auf dem Dampfbad erhitzt u. dabei öfters geschüttelt. Nach Zusatz von 1 g Na-Acetat (wasserfrei) wird 1½ Std. unter Ausschluß von Feuchtigkeit weitererhitzt. Es bildet sich dabei *1-Oxy-N-[β-(2-{2.4-di-tert.-amylphenoxy}-5-{α-[3.5-dicarbomethoxyphenoxy]-acetamido}-benzamido)-äthyl]-2-naphthamid*

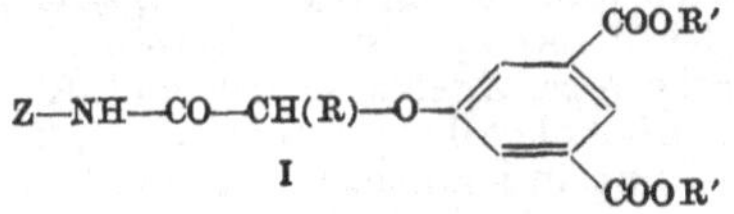

I

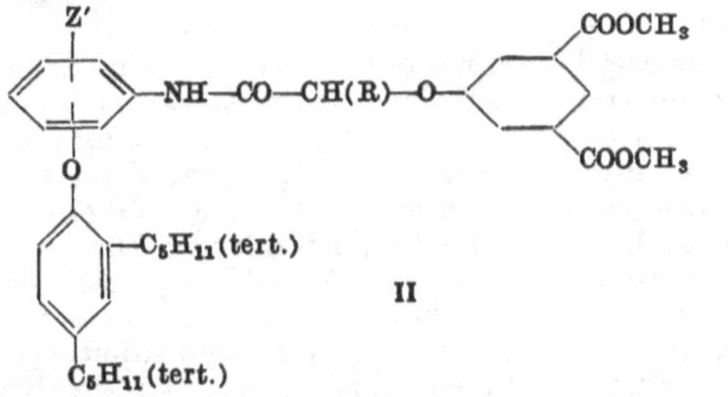

II

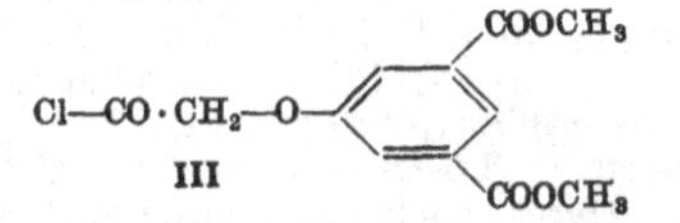

III

(**V**), $C_{48}H_{53}N_3O_{10}$, F. 149—151°. — Die Verb. **IV** wird hergestellt aus 30 (g) Äthylendiamin u. 26,4 1-Oxy-2-phenylnaphthoat durch Mischen bei 45—50° unter Eiskühlung; F. 156—159°. Darauf kondensiert man das entstandene 1-Oxy-2-[β-aminoäthyl]-naphthamid mit 2-[2'.4'-Diamylphenoxy]-5-nitrobenzoylchlorid u. red. die Nitrogruppe zur Aminogruppe. — Analog erhält man *1-Phenyl-3-[3-(2-{2.4-di-tert.-amylphenoxy}-5-{α-[3.5-dicarbomethoxyphenoxy]-acetamido}-benzamido)-benzamido]-pyrazolon-(5)* (**VI**), $C_{51}H_{53}N_5O_{10}$, F. 149—150°. — 4-Amino-2.6-dichlor-m-kresol wird mit 2-[2'.4'-Di-tert.-amylphenoxy]-nitrobenzylchlorid kondensiert unter Bldg. von 6-[5-Amino-2-(2'.4'-di-tert.-amylphenoxy)-benzamido]-2.4-dichlor-3-methylphenol. Davon werden 2,52 g mit 1,57 g α-[3.5-Dicarbomethoxyphenoxy]-butyrylchlorid in 50 cm³ wasserfreiem Acetonitril ½ Std. erhitzt u. danach 1 Std. stehengelassen. Es entsteht dabei *6-[2-(2.4-Di-tert.-amylphenoxy)-5-(α-{3.5-di-*

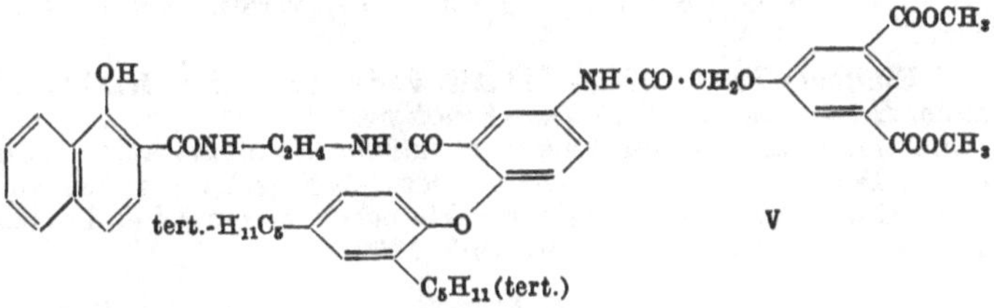

V

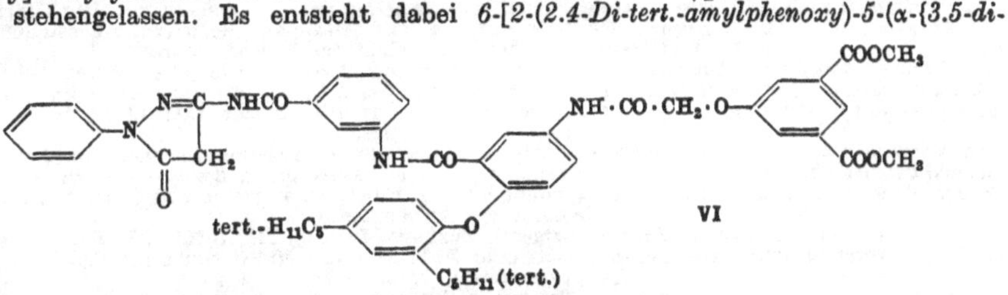

VI

carbomethoxyphenoxy}-butyramido)-benzamido]-2.4-dichlor-3-methylphenol, $C_{44}H_{50}ClN_{23}O_9$ **(VII), F. 194—196°. — Ebenso erhält man die entsprechende *Acetamidoverb.*,** $C_{42}H_{46}Cl_2N_2O_9$,

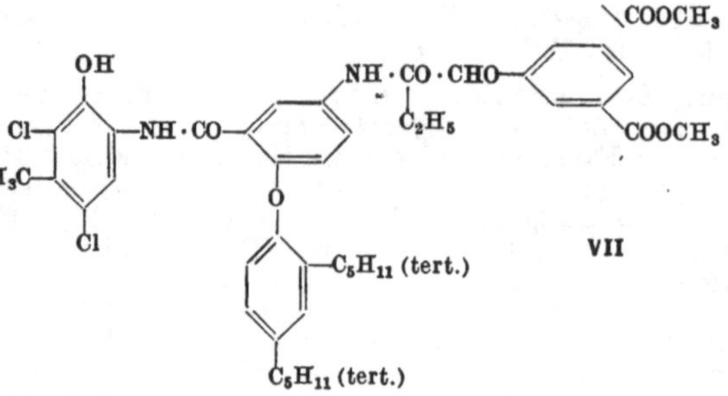

VII

F. 208—210°. — Weiter sind beschrieben: *α-[4-(α-{3.5-Dicarbomethoxyphenoxy}-acetamido)-benzoyl]-2-[2.4-di-tert.-amylphenoxy]-acetanilid*, $C_{43}H_{48}N_2O_9$, F. 287—289°. — *1-[2.4.6-Trichlorphenyl]-3-[3-(α-{3.5-dicarbomethoxyphenoxy}-n-butyramido)-benzamido]-pyrazolon-(5)*, F. 187 bis 189°. — *6-[α-(4-{α-[3.5-Dicarbomethoxyphenoxy]-n-butyramido}-phenoxy)-acetamido]-2.4-dichlor-3-methyl-phenol*, F. 185 bis 187°. — Vgl. E. P. 758 165; C. **1959**. 1996. (**F. P. 1 109 670** vom 1/9. 1954, ausg. 31/1. 1956. A. Prior. 2/9. 1953.) M. F. MÜLLER. 8631

International Polaroid Corp., Jersey City, N. J. (Erfinder: **Edwin Herbert Land**, Cambridge, Mass., **Howard Gardner Rogers**, Weston, **Elkan Rogers Blout**, Belmont, **Milton Green**, Newton Highlands, **Helen Pollak Husek**, Waltham, **Myron Sydney Simon**, Newton Centre, und **Robert Burns Woodward**, Belmont, Mass.), V. St. A., *Farbentwickler, insbesondere für das Silbersalzdiffusionsverfahren*, bilden Verbb. der allg. Formeln $(M—N{=}N—)_pQ$, $(M—N{=}N—Q_1—N{=}N—)_pQ_2$ u. $M—N{=}N—Q—NR_2—CO—(CH_2)_nX$, in denen $M = Y—R_1—Ar—(Z_1)_m$ oder $Y—Ar(Z_2)_m$ ist. Weiterhin ist R_1 eine Alkylengruppe mit 1—5 C-Atomen, Ar eine Arylgruppe, Z_1 eine niedrig mol. Alkylgruppe oder ein Halogenatom, $Z_2 = Z_1$ oder eine niedrigmol. Alkoxygruppe, Q, Q_1 u. Q_2 sind Atomgruppierungen, die mit Diazoniumverbb. kuppeln können, R_2 ist ein H-Atom oder eine niedrigmol. Alkylgruppe, X ist ein Benzolkern, der beliebig substituiert sein kann, soweit dadurch nicht seine Fähigkeit beeinträchtigt wird, Halogensilber zu entwickeln, Y ist eine 2.5-, 2.3- oder 3.4-Dioxyphenylgruppe, $m = 0$, 1 oder 2, $p = 1$ oder 2, $n = 0$, 1, 2, 3, 4 oder 5. — Beispiele: 1-Phenyl-3-amino-4-[p-(2'.5'-dioxyphenäthyl)-phenylazo]-5-pyrazolon, 1-[p-(2'.5'-Dioxyphenäthylphenylazo]-2-naphthol, 2-(α-Cyan-α-[p-(2'.5'-dioxyphenäthyl)-phenylazo]-acetyl)-cumaron, 2.5-Dimethoxy-4-[p-(2'.5'-dioxyphenäthyl)-phenylazo]-anilin. Weitere Beispiele; Herst. nach bekannten Verfahren. (**D. A. S. 1 036 640** Kl. 57b vom 12/2. 1957, veröff. 14/8. 1958. A. Priorr. 13/2. u. 25/9. 1956.) A. KALIX. 8631

Emimeta-Fabrikations-Anstalt, Vaduz (Erfinder: **Karl Wahl**, Schaan), Liechtenstein, *Herstellung von Farbraster-Kinofilmen*. Die Negative werden auf subtraktives Mehrschichtmaterial ohne zeitliche u. räumliche Parallaxe aufgenommen u. nach dem sogenannten Folgeprinzip nacheinander, aber deckungsgleich auf einen Farbrasterfilm mit schwarz-weiß entwickelbarer Halogensilberemulsion kopiert. (**D. A. S. 1 051 636** Kl. 57b vom 5/1. 1957, veröff. 26/2. 1959.) A. KALIX. 8641

REDAKTIONSSCHLUSS: 10. Juli 1959.

Herausgeber: Prof. Dr. Heinrich Bertsch, Berlin, u. Prof. Dr. Dr. h. c. Wilhelm Klemm, Münster. Chefredakteure und verantwortlich für den Inhalt: Dr. Eugen Klever, Berlin SW 61, Dessauer Straße 28—31, Fernsprecher: 665421, u. Dr. Heinz Walter, Berlin N 4, Schiffbauerdamm 19, Fernsprecher: 425571.

©

Verlag: Akademie-Verlag GmbH, Berlin W 1, Leipziger Str. 3-4 (Fernsprecher: 220441, Postscheckkonto Berlin 35021), und Verlag Chemie, GmbH, Weinheim/Bergstr. (Fernsprecher: Weinheim 3635 [Sammelnummer]; Fernschreiber: 0465516 chemieverl wnh; Postscheckkonten: Frankfurt/M. 145314 u. Berlin [West] 7430). Bestellnummer: 1007/130. Das Chemische Zentralblatt erscheint wöchentlich. Preis des Jahrganges einschl. Autoren-, Patent-, Sach- u. Formelregister: DM 960,—; einseitig bedruckte Ausgabe: DM 1050,—. Abgabe der Zeitschrift nur mit sämtlichen Registern. Abbestellungen nur bis spätestens 6 Wochen vor Ablauf des Kalenderjahres.

Satz u. Druck: VEB Leipziger Druckhaus, Leipzig, III/18/203. IX. 59.
Veröffentlicht unter der Lizenznummer ZLN 5002 des Ministeriums für Kultur, Hauptverwaltung Verlagswesen.
Printed in Germany.

Kolibri 360 GmbH
Ferdinand-Jühlke-Straße 7
99095 Erfurt, Deutschland
produktsicherheit@kolibri360.de